Um guia técnico e visual dos produtos da linha imobiliária.

A referência para o mercado de tintas.

TINTAS DE QUALIDADE

LIVRO DE RÓTULOS DA ABRAFATI

Linha Imobiliária

Tintas de qualidade: livro de rótulos da ABRAFATI – linha imobiliária

4ª edição - 2017
Editora Edgard Blücher Ltda.

Blucher

Rua Pedroso Alvarenga, 1.245, 4° andar
04531-934 – São Paulo – SP – Brasil
Tel.: 55 (11) 3078-5366
editora@blucher.com.br
www.blucher.com.br

Segundo Novo Acordo Ortográfico, conforme 5. ed.
do *Vocabulário Ortográfico da Língua Portuguesa*,
Academia Brasileira de Letras, março de 2009.

Dados Internacionais de Catalogação na Publicação (CIP)
Angélica Ilacqua CRB-8/7057

Tintas de qualidade : livro de rótulos da ABRAFATI : linha imobiliária / Associação Brasileira dos Fabricantes de Tintas – ABRAFATI. – 4. ed. – São Paulo : Blucher, 2017.
656 p. : il., color.

ISBN 978-85-212-1178-5

1. Tintas 2. Pintura de habitação I. Associação Brasileira dos Fabricantes de Tintas.

17-0362 CDD 667.9

Índices para catálogo sistemático:
1. Tintas : Pintura

TINTAS DE QUALIDADE

LIVRO DE RÓTULOS DA ABRAFATI

Linha Imobiliária

APRESENTAÇÃO

Desde o lançamento de sua primeira edição, dez anos atrás, *Tintas Imobiliárias de Qualidade – Livro de Rótulos da ABRAFATI* vem sendo uma importante ferramenta para divulgar informações que apoiem a escolha e a utilização de tintas imobiliárias qualificadas pelo Programa Setorial da Qualidade – Tintas Imobiliárias (PSQ). A obra foi originalmente concebida com base nas premissas de que a sociedade tem o direito de saber quais são os produtos de qualidade comercializados no mercado brasileiro, que cumprem os requisitos estabelecidos nas normas técnicas, e de que é nossa responsabilidade mantê-la informada. Essas ideias continuam valendo e, juntamente com a ampla aceitação que o livro teve entre todos os públicos que lidam com as tintas, nos fazem investir em uma nova e ainda mais completa versão.

Nesse aspecto, o livro atende a um dos grandes objetivos da ABRAFATI: disseminar conhecimento sobre as tintas. Buscamos sempre ampliar as possibilidades de que a sociedade tenha acesso a informações precisas e confiáveis sobre as tintas e sobre a pintura. Só assim podem ser feitas as melhores escolhas, o que faz com que esse esforço redunde em outros três efeitos benéficos – que são, ao mesmo tempo, objetivos pelos quais a nossa Associação se bate: a defesa dos interesses do consumidor, a criação de um ambiente em que impere a competição leal e sadia entre as empresas e o estímulo à inovação e ao aprimoramento técnico dos produtos.

Para finalizar, destacamos que esta edição vem a público no ano em que comemoramos 15 anos da implantação da iniciativa que mudou o panorama das tintas imobiliárias no País: o PSQ mencionado acima. Conduzido pela ABRAFATI, dentro do guarda-chuva do PBQP-H (Programa Brasileiro de Qualidade e Produtividade no Habitat, do Ministério das Cidades), esse programa trouxe enormes benefícios para o setor de tintas, o consumidor e a sociedade. Ele permitiu separar o joio do trigo, diferenciando os produtos com qualidade assegurada daqueles fora da conformidade técnica, por meio de uma avaliação que usa critérios claros, concretos e científicos – estabelecidos em mais de três dezenas de normas ABNT (NBR).

Nas páginas que se seguem, portanto, pode ser encontrado "o trigo", ou seja, as tintas com qualidade assegurada por esse vitorioso programa.

Boa leitura!

FREDDY CARRILLO
Presidente do Conselho Diretivo da ABRAFATI

TINTAS DE QUALIDADE – LIVRO DE RÓTULOS DA ABRAFATI 2017

COORDENAÇÃO GERAL

Telma Lúcia Florêncio

COORDENAÇÃO TÉCNICA

Gisele Bonfim

EQUIPE TÉCNICA E DE APOIO

Ana Paula Figuera
Anne Costa
Fabio Humberg
Jorge M. R. Fazenda
Juliana Zellauy Feres
Maria Rita Demitró de Freitas Guimarães
William Saraiva

AGRADECIMENTO

A ABRAFATI agradece aos fabricantes de tintas que participam do Programa Setorial da Qualidade – Tintas Imobiliárias e que tornaram possível a concretização desta obra.

Especial reconhecimento pela dedicação de tempo e expertise aos muitos funcionários das indústrias de tintas que contribuíram na elaboração deste livro.

O legado é definitivo para o ciclo produtivo, para os clientes e para a sociedade, contribuindo ainda mais para agregar valor à indústria, aos produtos e ao objetivo macro da entidade, que é desenvolver o setor sustentavelmente.

INTRODUÇÃO

Ao produzir esta obra, nosso objetivo é o de estimular a escolha de tintas de qualidade reconhecida, apresentando produtos com essa característica disponíveis no mercado brasileiro, referendados pelo Programa Setorial da Qualidade – Tintas Imobiliárias (PSQ).

Nesta edição, com a ampliação do número de participantes desse programa, são mostrados mais de 800 produtos, para acabamento de paredes, madeiras, metais e outras superfícies, assim como complementos (como as massas acrílicas, seladores, fundos preparadores, entre outros). Para cada um deles, o livro traz uma imagem e descreve as suas principais características (tipos de embalagem, rendimento, forma de aplicação, cores, acabamento, modo de diluição e tempo de secagem).

Trata-se de um verdadeiro catálogo das tintas imobiliárias de qualidade, que confirma a evolução técnica alcançada pela indústria, com tintas cada vez mais avançadas do ponto de vista do desempenho, da sustentabilidade e do atendimento das demandas dos usuários. Ao mesmo tempo, revela a maturidade do mercado, que exige produtos cada vez melhores e que atendam a diferentes necessidades e anseios do público.

Tintas Imobiliárias de Qualidade – Livro de Rótulos da ABRAFATI já é reconhecido como um indispensável guia de referência por um público amplo, que envolve profissionais do varejo, arquitetos, engenheiros, decoradores, construtores, pintores, responsáveis por licitações e consumidores, além de outros interessados no produto. E essa é realmente a função principal para a qual foi desenvolvida esta obra.

Seu conteúdo, porém, é muito mais abrangente, sendo oferecida uma grande quantidade de informações úteis para todos aqueles que revendem, especificam, escolhem, compram e aplicam as tintas: os procedimentos para a preparação da superfície a ser pintada e para a aplicação de produtos complementares e das tintas; dicas para solucionar os problemas mais comuns na pintura; explicações sobre as ferramentas e acessórios a serem usados; informações sobre o uso de cores; recomendações sobre segurança ao pintar; instruções sobre a destinação correta dos resíduos da pintura e muito mais, incluindo uma seção de perguntas e respostas com as dúvidas mais frequentes.

Acompanhando o dinamismo da indústria de tintas, que lança continuamente novos produtos, incorporando inovações e aprimoramentos, todo esse conteúdo será atualizado em tempo real, ficando disponível tanto no aplicativo gratuito que desenvolvemos quanto no site www.tintasimobiliarias.com.br. Consulte-os e mantenha-os entre os seus favoritos!

DILSON FERREIRA

Presidente-executivo da ABRAFATI

PARTICIPANTES DO PROGRAMA SETORIAL DA QUALIDADE – TINTAS IMOBILIÁRIAS

Resistência a toda prova
tintas
Hidracor
A tinta que o Brasil aprovou.
Hidrotintas
Mais Qualidade. Mais Tecnologia.
Tintas
hipercor
Tintas e Resinas
Hydronorth
Preservando o seu bem estar
ibratin
Tintas e Texturas
DESDE 1977

Iquine

TINTAS
Killing
LEINERTEX
A EVOLUÇÃO DA TINTA
LUKSCOLOR
TINTAS
TINTAS
LUZTOL
TINTAS
maxvinil
Colorindo sua vida
Tintas
Maza
Paixão por Qualidade
montana
Montana Química S.A.
Qualyvinil
TINTAS

TINTAS
Real
O colorido da vida começa aqui.

TINTAS
RENNER
by PPG
Resicolor
Tintas
Revprol
Tintas e Revestimentos Acrílicos
SAYERLACK
SOLUÇÕES PARA MADEIRAS
TINTAS
SHERWIN
WILLIAMS
COBREM A TERRA
Suvinil
UNIVERSO
TINTAS
TINTAS
VERBRAS
CONFIANÇA: NOSSA HISTÓRIA

CONTEÚDO

SEÇÃO INFORMATIVA E TÉCNICA – parte 1

RÓTULOS – parte 2

SEÇÃO INFORMATIVA E TÉCNICA

PARTE 1

PROGRAMA SETORIAL DA QUALIDADE

TINTAS IMOBILIÁRIAS

HISTÓRICO E OBJETIVOS

O Programa Setorial da Qualidade – Tintas Imobiliárias foi implantado em 20 coordenação da Associação Brasileira dos Fabricantes de Tintas (ABRAFATI). Sua criação fo da preocupação existente em combater a não conformidade técnica e estabelecer parâme veis para a avaliação das tintas, tornando o mercado mais ordenado e facilitando a identific usuários, dos produtos com qualidade reconhecida.

Problemas que existiam

- Presença de tintas imobiliárias de baixa qualidade no m
- Falta de informações para os usuários sobre os diferente tintas e seus níveis de qualidade.

A oportunidade de estruturar um programa com essa finalidade, com alcance nacion mento pela sociedade e pelo poder público, surgiu por meio do Programa Brasileiro d Produtividade do Habitat (PBQP-H).

Criado pelo Ministério das Cidades, o PBQP-H nasceu com os objetivos de melhora da habitação e de modernizar os métodos construtivos. Para transformar o cenário da c civil no Brasil, evitando que a não conformidade técnica de materiais e componentes resulte bitações e obras de baixa qualidade, definiu-se a atuação em parceria com o setor privado. Foi a que nasceram os diversos Programas Setoriais da Qualidade (PSQ), para produtos como cimen Portland, tubos e conexões de PVC, louças sanitárias, fechaduras, pisos laminados e vários outros. Cada um desses PSQ conta com uma instituição responsável por sua implementação e seu funcionamento em todo o território nacional. No caso das tintas imobiliárias, esse papel cabe à ABRAFATI.

Características gerais dos PSQs

- A participação das empresas é voluntária.
- Existe um só programa para cada setor ou produto.
- São implementados por entidades de abrangência nacional que representam um percentual alto da produção.
- Estimulam a adesão de novos participantes.
- Não oneram o governo e sociedade, sendo custeado pelo setor privado.
- Os documentos de referência para a avaliação dos produtos são as normas técnicas brasileiras.
- É a empresa que se qualifica, e não cada produto individualmente.

ESTRUT A E FUNCIONAMENTO

O Program al da Qualidade – Tintas Imobiliárias verifica a qualidade das tintas imobiliárias no merc eiro por meio de um trabalho consistente e sério, que utiliza as melhores práticas intern conta com a participação de instituições reconhecidas.

Produtos avaliados

- Látex Econômica
- a Látex Standard
- ita Látex Premium
- assa Niveladora para Alvenaria (Massa Corrida) para Interiores
- Massa Niveladora para Alvenaria (Massa Acrílica) para Interior/Exterior
- Esmalte Sintético Standard e Tinta a Óleo
- Esmalte Sintético Premium
- Verniz de Uso Interior (Copal)

Trimestralmente, é feita a coleta de amostras de produtos para avaliação. Essas amostras são recolhidas em auditorias às unidades fabris das empresas participantes do programa e/ou compradas no varejo (o que é feito para produtos tanto de empresas participantes quanto de não participantes). Essas amostras, descaracterizadas para garantir total isenção na avaliação, são enviadas para ensaios de desempenho em laboratório especializado e capacitado. A partir dos resultados desses ensaios, são elaboradas a lista de fabricantes qualificados (cujos produtos estão em conformidade com as normas técnicas e a legislação) e a relação de empresas e marcas que estão fora da conformidade. Essas informações são amplamente divulgadas e disponibilizadas ao público nos sites do PBQP-H e da ABRAFATI:

- www.cidades.gov.br/pbqp-h
- www.abrafati.com.br
- www.tintadequalidade.com.br

Esse trabalho de avaliação técnica significa o monitoramento contínuo de centenas de produtos/marcas de fabricantes que participam ou não do PSQ. Isso permite ter um retrato fiel e sempre atualizado da situação do mercado.

Diferencial dos PSQs

É a empresa que se qualifica, e não cada produto individualmente, o que significa que todos os produtos de uma empresa devem atender às normas. Com esse modelo, não existe a possibilidade de uma empresa qualificada fabricar produtos que não atendam aos requisitos mínimos.

NORMAS TÉCNICAS

Todo o trabalho de avaliação das tintas imobiliárias desenvolvido pelo PSQ é baseado nas normas da Associação Brasileira de Normas Técnicas (ABNT), elaboradas com a participação de um grande número de especialistas. Elas são parâmetros claros, concretos e científicos de avaliação. Desde 2011, esse trabalho referente às normas está concentrado no Comitê Brasileiro de Tintas da ABNT, o CB-164, coordenado pela ABRAFATI.

Ao longo dos últimos anos, foram publicadas mais de trinta normas da ABNT referentes a tintas imobiliárias, e muitas delas foram revisadas posteriormente, de modo a refletir a evolução do mercado e da tecnologia. Foi isso que permitiu a padronização das metodologias de ensaios de desempenho e – o que é mais importante – a definição dos requisitos mínimos de performance ou das especificações mínimas de qualidade.

Quatro dessas normas destacam-se justamente por serem de especificação: uma para tintas látex (NBR 15079), uma para massas niveladoras (NBR 15348), uma terceira para esmaltes brilhantes/tinta a óleo (NBR 15494) e uma para vernizes brilhantes à base de solvente para uso interior (NBR 16211).

A primeira norma de especificação técnica aprovada no Brasil, em 2004, foi a NBR 15079, que tem importância capital por abranger as tintas látex, que representam a maior parte do volume de tintas para construção civil produzidas no Brasil. Ela estabelece requisitos mínimos de qualidade a que as tintas imobiliárias fabricadas e comercializadas no Brasil devem atender, de acordo com três diferentes níveis de classificação: Econômicas, Standard e Premium.

A diferença entre esses três níveis está nos requisitos mínimos a que cada um deles tem de atender, ligados a durabilidade, lavabilidade e poder de cobertura, como pode ser visto no item Como identificar uma tinta de qualidade.

PARTICIPANTES

O PSQ – Tintas Imobiliárias iniciou com 6 fabricantes de tintas e foi crescendo gradualmente. No momento da publicação deste livro, são 35 empresas que participam, e elas respondem por 85% da produção brasileira.

Qualquer fabricante de tintas pode se integrar a esta iniciativa, bastando seguir as regras do programa. As principais são:

- O fabricante deve se comprometer a fabricar tintas imobiliárias em conformidade com as normas técnicas e a legislação vigente.
- O fabricante deve ser aprovado nas avaliações feitas trimestralmente, mantendo-se em conformidade com as exigências do programa.

RESULTADOS

O PSQ teve papel decisivo para que a qualidade das tintas entrasse definitivamente na agenda dos fabricantes, fornecedores, revendedores, especificadores, compradores, construtores, arquitetos, pintores e outros públicos, incluindo os consumidores finais.

Esse processo, que fez com que a exigência por tintas de qualidade ganhasse força, é gradual e segue evoluindo. Mas já se pode considerar o PSQ como um divisor de águas no mercado brasileiro de tintas.

A partir das ações desenvolvidas pelo programa, muitos fabricantes adequaram seus produtos às normas e passaram a investir em melhorias. A maior parte das marcas não conformes foi ajustada ou retirada do mercado. Merece destaque, nesse processo, o investimento feito pelos fabricantes para melhorar ainda mais a performance das tintas, aumentando seu poder de cobertura, sua durabilidade e sua facilidade de aplicação.

Do ponto de vista da sustentabilidade, também há vantagens. As empresas que assumem o compromisso com a qualidade normalmente preocupam-se em incorporar as tecnologias mais avançadas e sustentáveis e em utilizar as melhores práticas em seus processos produtivos, assim como matérias-primas de procedência e qualidade garantidas. Por isso, de maneira geral, as tintas em conformidade com as normas técnicas também são aquelas que têm maior eficiência na sua produção, aproveitando melhor os recursos, reduzindo o uso de energia e de água, gerando menos resíduos e minimizando o impacto ambiental. Adicionalmente, em função da verificação do teor máximo de chumbo de 0,06%, estabelecido na Lei 11.762/08, garante-se que as tintas com qualidade reconhecida estejam isentas desse metal pesado.

Ao mesmo tempo, o crescente reconhecimento da importância da qualidade por parte do governo federal e de governos estaduais, assim como de órgãos de financiamento imobiliário, restringiu o espaço para a atuação dos fabricantes de marcas não conformes. Hoje, só os fabricantes que atendem aos requisitos das normas técnicas podem vender suas tintas para programas habitacionais – como o Minha Casa Minha Vida – e cadastrá-las para financiamentos a obras de construção e reformas com o uso do Cartão BNDES.

Ao mesmo tempo, o Ministério Público e órgãos estatais de defesa do consumidor têm agido com maior rigor e constância para que cessem a produção e a venda de materiais de construção – entre os quais as tintas imobiliárias – fora da conformidade técnica.

O PSQ foi responsável por uma forte transformação no panorama do setor, que passou a ter 85% do volume de tintas imobiliárias vendidas no Brasil atendendo aos requisitos mínimos de qualidade. O objetivo é continuar avançando, ampliando esse percentual para números cada vez mais próximos de 100% e estabelecendo novos níveis de qualidade, que estimulem e ao mesmo tempo reflitam a inovação e o desenvolvimento tecnológico.

TINTAS E PINTURA

PROTEÇÃO E DECORAÇÃO

POR QUE PINTAR?

A finalidade fundamental de uma pintura é proteger e embelezar edifícios e instalações industriais, além de uma ampla gama de produtos industriais, como automóveis, caminhões, geladeiras, móveis, navios, material ferroviário etc. A sinalização de estradas, ruas e aeroportos também constituem exemplos marcantes da utilização de tintas.

As tintas aqui referidas são aquelas que podem ser transformadas em revestimento das mais variadas superfícies. As tintas gráficas não estão englobadas nessa categoria de produtos por apresentarem características e utilização completamente diferentes.

As tintas imobiliárias, objeto desta publicação, são utilizadas no revestimento de edificações para uso residencial, comercial, escolar, hospitalar, dentre outros, conferindo-lhes simultaneamente proteção contra a ação do tempo (decorrente de chuva, sol, ventos e maresia), além de embelezamento, boa distribuição da luz e melhores condições de higiene.

Com o passar do tempo, todas as superfícies sofrem algum tipo de desgaste, seja pelo uso, pela ação do tempo, que provoca deterioração das películas de tinta, ou por outros agentes externos. De acordo com a superfície ou o substrato, a pintura tem funções específicas, como demonstramos nos exemplos a seguir.

> Alvenaria

A pintura evita o esfarelamento, a absorção de água da chuva e sujeira, o desenvolvimento de mofo e algas etc.

A pintura é importante na decoração de ambientes, pois permite acabamentos com uma ampla variedade de cores, texturas e brilho, dando um toque pessoal e preservando o patrimônio.

> Madeira

A pintura e o envernizamento são soluções para o problema da absorção de água e umidade que gera rachaduras e provoca o apodrecimento desse material, além de contribuir para o efeito decorativo.

> Metal ferroso (aço-carbono)

A pintura é a solução mais Econômica que se conhece atualmente para combater a corrosão, principal problema desse tipo de superfície.

> Metal não ferroso (alumínio, zinco etc.)

A pintura é a forma mais eficiente de decorar (colorir), proteger e sinalizar essas superfícies.

Produtos de qualidade

Para decorar e proteger essas superfícies, bloqueando ou retardando possíveis desgastes, os produtores de tintas participantes do Programa Setorial da Qualidade (PSQ) – Tintas Imobiliárias disponibilizam no mercado uma enorme gama de produtos, aliando tecnologia e versatilidade.

Tratam-se de produtos de alta qualidade que oferecem ao usuário uma infinidade de cores, tipos de acabamentos e texturas e, ao mesmo tempo, possibilitam revestimentos com alta durabilidade.

RELAÇÃO CUSTO-BENEFÍCIO

A avaliação das tintas sob esse ponto de vista mostra que elas constituem o produto industrial mais favorável ao usuário dentre uma gama extensa deles. Por exemplo, a pintura de um automóvel, apesar de representar menos de 1% do seu custo total, é fator essencial para a sua existência. Da mesma forma, o revestimento de latas de alumínio destinadas ao envasamento de bebidas com a espessura menor que a de um fio de cabelo – possibilita a proteção dessa superfície metálica sem que ocorra a contaminação do conteúdo a um custo muito pequeno quando comparado com o preço de aquisição da bebida envasada.

O custo das tintas e dos complementos na pintura de uma edificação representa um valor em torno de 1,7% do custo total da construção. Assim, é fácil verificar o benefício obtido com a pintura quando se compara uma edificação pintada com outra similar não pintada.

TINTAS

> Definição

A tinta é uma composição química formada por uma dispersão de pigmentos numa solução ou emulsão de um ou mais polímeros, que, ao ser aplicada na forma de uma película fina sobre uma superfície, adere a ela transformando-se num revestimento com a finalidade de proteger, colorir e embelezar.

Quando a composição não contém pigmentos, é denominada verniz.

> Componentes básicos

Os componentes básicos das tintas são: resinas, pigmentos, cargas, diluentes e aditivos.

Resinas

Entre os componentes das tintas, as resinas têm um papel de destaque, pois são responsáveis pela formação da película protetora na qual se converte a tinta depois de seca.

Existem vários tipos de resinas. Um exemplo são as chamadas dispersões (emulsões) aquosas de vários polímeros, como o acetato de polivinila (PVA), os poliacrílicos puros, os copolímeros acrílico -estirenos, o vinil acrílico etc. As resinas alquídicas são também muito importantes.

As dispersões aquosas ou emulsões são utilizadas em tintas à base de água e seus complementos, enquanto as resinas alquídicas são usadas em tintas à base de óleo, esmaltes e complementos sintéticos, vernizes etc.

As resinas epóxi e poliuretanas são utilizadas em produtos mais sofisticados, de alta resistência a atrito, umidade e/ou produtos químicos.

As tintas industriais utilizam uma variedade muito grande de resinas e polímeros, e a escolha entre elas é feita em função do tipo de substrato, da forma de aplicação, do método de cura ou secagem, das especificações do cliente etc.

Pigmentos

Os pigmentos são partículas (pó) sólidas e insolúveis que conferem cor, poder de cobertura e resistência a corrosão à tinta.

Normalmente, uma tinta é composta de vários pigmentos. O dióxido de titânio é o pigmento branco mais importante na indústria de tintas e é usado na preparação de produtos com cores brancas e/ou claras. São exemplos de pigmentos coloridos: óxido de ferro amarelo, óxido de ferro vermelho, azul ftalocianina, verde ftalocianina, azul da Prússia, entre outros.

O uso de pigmentos anticorrosivos é indicado para tintas e fundos destinados à pintura de superfícies metálicas.

Cargas

Trata-se de material inorgânico, praticamente insolúvel, natural ou sintético, que confere às tintas propriedades como enchimento, textura, controle de brilho, opacidade, resistência à abrasão, entre outras qualidades.

As cargas mais comuns são: carbonato de cálcio, caulim, diatomita, agalmatolito, dolomita, mica, sulfato de bário etc.

Diluentes

Os diluentes, também chamados de solventes, são líquidos voláteis utilizados nas diversas fases de fabricação das tintas. Eles possibilitam que o produto se apresente na forma líquida e sempre com o mesmo padrão de viscosidade. Eles são empregados com a finalidade de conferir à tinta condições ideais de pintura, facilitando sua aplicação e seu alastramento.

Nas tintas à base de água, a fase líquida é água, que também é utilizada em sua diluição. Em tintas à base de óleo e esmaltes sintéticos, a fase líquida é solvente orgânico (na maioria das vezes, aguarrás), também usado na diluição de tais produtos e na limpeza dos acessórios para pintura.

Aditivos

Aditivos são componentes que participam em pequena quantidade na composição da tinta. Geralmente, são produtos químicos sofisticados, com alto grau de eficiência, capazes de modificar significativamente as propriedades da tinta. Os aditivos mais comuns são: secantes, antiespumantes, antissedimentantes, antipele, bactericidas, fungicidas etc.

CARACTERÍSTICAS FUNDAMENTAIS

A análise das características fundamentais permite ao pintor/consumidor avaliar a qualidade de tintas, vernizes e complementos. Conheça algumas de suas principais características técnicas a seguir.

> Estabilidade

Estabilidade é a propriedade que o produto deve ter em manter-se inalterado durante o seu prazo de validade; isso é válido somente para as embalagens que não foram abertas.

> Rendimento e cobertura

O rendimento refere-se ao volume de tinta necessário para pintar uma determinada área, levando-se em conta a cobertura e a espessura definida, sendo expresso em m^2/embalagem/acabada.

O rendimento prático depende de tipo, porosidade e rugosidade da superfície, método de aplicação, condições ambientais e camada de tinta seca depositada.

A cobertura representa a capacidade de uma tinta de ocultar (cobrir) totalmente uma superfície. Uma tinta deve apresentar cobertura total com o menor número possível de demãos ou a menor espessura possível de película seca depositada.

Essas propriedades estão diretamente ligadas à quantidade e à qualidade dos pigmentos e das resinas presentes na tinta.

> Aplicabilidade

Aplicabilidade ou pintabilidade é a característica que se traduz em facilidade de aplicação, isto é, o produto não deve oferecer dificuldade na utilização. Em uma aplicação convencional, não pode haver respingos nem escorrimento da tinta.

> Nivelamento/alastramento

Nivelamento ou alastramento é a propriedade que a tinta possui de formar uma película uniforme, sem deixar marcas de aplicação.

> Secagem

Secagem é o processo pelo qual uma tinta, em seu estado líquido, se converte em uma película sólida. Em tintas imobiliárias, esse processo ocorre de quatro formas:

1. Evaporação do solvente

Após a aplicação, ocorre a evaporação do solvente, resultando numa película sólida dura, suficientemente flexível e aderente à superfície pintada. Essa evaporação ocorre à temperatura ambiente. A transformação da tinta em revestimento é um fenômeno físico e reversível, pois a película permanece sensível ao solvente. As lacas nitrocelulósicas e acrílicas são exemplos típicos.

2. Coalescência das partículas poliméricas

É o mecanismo de formação do revestimento das tintas à base de água. É um fenômeno físico irreversível, o que significa que esse revestimento, uma vez formado, não pode ser reemulsionado.

A evaporação da água após a aplicação da tinta provoca uma fusão das partículas poliméricas, resultando na formação da película seca e aderente ao substrato.

3. Secagem oxidativa

Depois da evaporação do solvente, logo após a aplicação, a formação do revestimento ocorre por meio da reação química entre grupos reativos presentes na resina da tinta sob a ação do oxigênio do ar e do efeito catalítico dos secantes. As tintas à base de óleo e os esmaltes sintéticos são exemplos desse tipo de formação do revestimento.

4. Reação entre dois componentes à temperatura ambiente

A formação do revestimento ocorre à temperatura ambiente por meio da reação química entre a resina base e um agente convertedor, desta forma os produtos são apresentados para venda em duas embalagens, uma para cada componente. Os sistemas epóxi e os poliuretanos são exemplos típicos e importantes.

Os revestimentos assim obtidos apresentam excelentes propriedades físicas e químicas, como dureza, flexibilidade, resistência química, etc.

> Lavabilidade

Lavabilidade é a qualidade que a tinta deve ter de resistir à limpeza com produtos de uso doméstico, como sabão, detergente e outros, possibilitando a remoção de manchas sem que a integridade da película seja afetada.

> Durabilidade

Durabilidade é a resistência que a tinta deve ter sob a ação das intempéries (sol, chuva, maresia etc.). A tinta com maior durabilidade é aquela que demora mais tempo para sofrer alterações em sua película, mantendo suas propriedades originais de proteção e embelezamento. Lembramos que a durabilidade é influenciada pela adequada preparação da superfície e pela correta escolha do sistema de pintura.

COMO IDENTIFICAR UMA TINTA DE QUALIDADE

As primeiras informações que se deve ter, é onde será utilizada a tinta e em qual substrato será aplicada:

Interior – sala, quarto, cozinha, banheiro, móveis, portas e janelas, etc.

Exterior – fachada, portões, portas, janelas, pisos, grades, etc.

A categoria da tinta vem impressa na embalagem. Se os produtos são qualificados pelo Programa, são de boa qualidade, porém, necessita-se de respostas para as perguntas acima.

Exemplo: Uma tinta econômica e um verniz copal, não devem ser usados em ambiente exterior, mesmo apresentando um bom desempenho para o ambiente interior.

Para obter uma pintura com qualidade, é preciso escolher uma tinta que tenha:

- Ótimo rendimento, pois será usado menos produto.
- Excelente cobertura, pois será aplicado um número menor de demãos. Isso economizará produto e tempo.
- Alta durabilidade, pois a pintura durará muito mais.

É importante, também, que seja usado um sistema de pintura apropriado. Isto é: os produtos que preparam a superfície devem ter boa qualidade semelhante a tinta de acabamento. Só assim serão garantidos um acabamento perfeito e a durabilidade da pintura.

> Diferenças entre as tintas Econômica, Standard e Premium

A diferença na qualidade e no desempenho da tinta. A seguir, estão os parâmetros dos testes classificatórios das tintas.

	★★★★★ Premium *interior/exterior*	★★★ Standard *interior/exterior*	★ Econômica *interior*
COBERTURA SECA	1L = 6m²	1L = 5m²	1L = 4m²
COBERTURA ÚMIDA	90%	85%	55%
RESISTÊNCIA À ABRASÃO (lavabilidade)	100 ciclos	40 ciclos	10 ciclos

Você sabe o que são os ciclos?

Nesse teste, a tinta aplicada é colocada em um aparelho, onde uma escova realiza sobre ela um movimento de vaivém, cada um desses movimentos é chamado de ciclo, esfregando a superfície até que a tinta comece a sair. Então, é feita uma medição de quantos ciclos a tinta suporta.

As tintas Econômicas não podem ser indicadas para uso externo, pois, como o teste comprova, têm baixa resistência às ações do sol e da chuva.

Atenção: algumas tintas rendem, mas não duram; outras cobrem, mas não rendem. Para ser de boa qualidade, uma tinta tem de atender a todos os quesitos para uma determinada categoria. Não basta atender a um quesito.

> Normas técnicas utilizadas

A ABRAFATI colabora com a Associação Brasileira de Normas Técnicas (ABNT) para padronizar os métodos de testes e definir as propriedades dos produtos e os respectivos valores que deverão ser usados na determinação de sua qualidade mínima. A elaboração dessas normas permite avaliar a qualidade de diversas tintas e complementos.

Atualmente, o programa já dispõe de especificações e métodos de avaliação suficientes para o seu funcionamento, como:

- NBR 14942 – Determinação do poder de cobertura de tinta seca.
- NBR 14943 – Determinação do poder de cobertura de tinta úmida.
- NBR 15078 – Determinação da resistência à abrasão úmida sem pasta abrasiva.
- NBR 14940 – Determinação da resistência à abrasão úmida.
- NBR 15303 – Determinação da absorção de água de massas niveladoras.
- NBR 15312 – Determinação da resistência à abrasão de massas niveladoras.
- NBR 15299 – Determinação de brilho em acabamentos.
- NBR 15311 – Determinação do tempo de secagem de esmaltes sintéticos e tintas a óleo de secagem ao ar.
- NBR 15315 – Determinação do teor de sólidos.
- NBR 15314 – Determinação da cobertura seca por extensão.

> Avaliação da qualidade

Realizar os ensaios acima citados e avaliar o desempenho conforme as normas de especificação citadas no capítulo do PSQ.

PINTURA E PREPARAÇÃO DE SUPERFÍCIES

PINTURA

A qualidade da pintura de uma superfície depende basicamente de três fatores:

- tinta;
- preparação da superfície;
- aplicação.

Esses três fatores são igualmente importantes para se conseguir a qualidade desejada na pintura. Pode-se considerar a pintura como se fosse uma mesa com três pernas.

APLICAÇÃO
PREPARO da SUPERFÍCIE
PINTURA
TINTA

> Tinta

A tinta tem de ser fabricada com a melhor tecnologia de formulação, com controle rigoroso de qualidade das matérias-primas e de todas as fases da produção, usando as técnicas mais eficientes de fabricação, e com ótima assistência técnica no pré e no pós-venda. A tinta deve ser formulada de modo a adequar-se à superfície na qual será aplicada, e o revestimento resultante deve resistir às condições a que estará sujeita a superfície pintada.

> Preparação da superfície

Para realizar uma boa preparação de superfície, é preciso conhecer e aplicar com rigor todas as exigências técnicas da NBR 13245 – Preparação de superfícies. Desse modo, é possível proporcionar uma limpeza completa, com remoção de materiais estranhos ou contaminantes da superfície, e criar condições adequadas para que o revestimento tenha as características desejadas.

> Aplicação das tintas

Tem de ser feita por meio de ferramentas adequadas, observando-se as condições atmosféricas, por profissionais treinados e conscientes, e apoiada nas melhores técnicas de boa pintura. Os pintores são profissionais extremamente importantes nos processos de pintura. A experiência aliada a uma formação técnica adequada e a conhecimentos simples, porém muito importantes, fazem toda a diferença quando se quer uma pintura de primeira.

2. No envernizamento de madeira nova, eliminar as farpas com lixa de grana mínima 180. Em superfícies internas, aplicar uma demão de seladora para madeira e, após a secagem, lixar com lixa de grana mínima 360 e eliminar o pó. No envernizamento de madeira nova que esteja sujeita ao tempo (superfícies externas), aplicar – para selar – uma demão do verniz adequado para exteriores diluído a 40% no solvente indicado na embalagem. Após a secagem, lixar com lixa grana mínima 360 e limpar o pó. Se a madeira nova for resinosa, utilizar um verniz selador de extrativos da madeira na primeira demão; há vários produtos à venda no mercado.
3. Se a madeira já estiver envernizada, observar o estado do envernizamento; se estiver bom, basta tirar o brilho com lixa de grana mínima 360 e retirar o pó. Se estiver muito ruim, será necessário eliminá-lo. Para isso, usar um removedor gel; depois, proceder como em madeira nova.
4. Se for aplicar esmalte ou tinta à base de óleo em madeira nova, depois de limpar as farpas com lixa mínima 180, aplicar uma demão de fundo branco fosco para madeira diluído da maneira indicada pelo fabricante. Esperar secar e usar lixa grana mínima 360. Corrigir as imperfeições com massa niveladora para madeira, e, finalmente, quando estiver seco, usar lixa grana mínima 360 e limpar o pó. Se a madeira for nova e resinosa, fazer como no caso do envernizamento antes de iniciar esse procedimento. Se for repintura, eliminar o brilho com a lixa grana mínima 360 e fazer o mesmo procedimento a partir da correção com a massa niveladora para madeira. No caso de haver muitas repinturas, será preciso retirar a camada de tinta com um removedor gel adequado.
5. Em madeira acinzentada por exposição ao tempo e sem nenhum tipo de pintura, fazer o lixamento vigoroso com lixa grana mínima 80 até eliminar a capa acinzentada. Em seguida, usar lixa grana mínima 180 para uniformizar a superfície e eliminar as farpas. Outra opção é fazer um tratamento químico que clareie a madeira e elimine o aspecto acinzentado utilizando produtos disponíveis no mercado.

> Metais ferrosos

No acabamento brilhante, externo e interno, de superfícies de ferro ou aço-carbono não pintadas, aplicar uma demão de fundo anticorrosivo após eliminar os pontos de ferrugem. Aplicar de duas a três demãos de esmalte sintético brilhante. Diluir conforme indicado nas embalagens. Existem no mercado esmaltes que podem ser aplicados diretamente sobre essas superfícies, dispensando o fundo anticorrosivo. Para repintura, acertar as imperfeições com uma aplicação de fundo anticorrosivo naquelas partes em que o lixamento foi até o metal. Aplicar de duas a três demãos de esmalte sintético. Diluir conforme indicado pelo fabricante. Se quiser outros aspectos de acabamento, usar esmalte sintético acetinado ou fosco. Lembrar que os acabamentos foscos não são indicados para ambientes externos.

> Metais não ferrosos

Essas superfícies são complicadas para a pintura; por isso, recomendamos fundos adequados. Para superfícies novas, usar fundo fosfatizante ou fundo especial promotor de aderência. Para superfícies a serem repintadas, quando estiverem em boas condições, basta utilizar uma lixa grana mínima 360 para tirar o brilho e depois limpar o pó. Mas, se houver descascamentos, será preciso retirar toda a pintura anterior com lixa grana mínima 180 e depois aplicar o fundo fosfatizante ou o fundo promotor de aderência (existem esmaltes que dispensam o uso desse fundo).

SISTEMAS DE PINTURA

Nesta seção, veremos quais são as combinações necessárias para termos um bom acabamento, de que tipos de materiais precisaremos e para quais superfícies. Vamos começar pelo esquema básico de pintura.

ESQUEMA BÁSICO DE PINTURA

Os materiais necessários para um esquema básico de pintura são: fundos, massas e acabamentos. Vejamos suas funções básicas.

> Fundos

Eles são usados para deixar a parede perfeita para a pintura. Servem para corrigir defeitos da superfície ou ainda para igualar o poder de absorção da tinta de acabamento. Dessa forma, a pintura dura mais e até se economiza no acabamento. Alguns fundos ainda ajudam na proteção anticorrosiva.

> Massas

Esses produtos são usados para acertar imperfeições mais profundas da superfície, ou seja, os “buracos”. Se a superfície estiver bem nivelada pelas massas, certamente a pintura ficará muito mais bela e requintada.

> Acabamentos

É o vemos como o produto final da pintura. Os acabamentos mostram a qualidade, o desempenho e a beleza do trabalho feito.

Um bom resultado requer uma boa preparação e organização dos sistemas de pintura desde o começo. Por isso, ficar atento à preparação básica de tintas e complementos.

PREPARAÇÃO BÁSICA DE TINTAS E COMPLEMENTOS

> Homogeneização

O aviso “agite antes de usar” é importante para a eficácia da tinta. Portanto, utilizar como ferramenta um instrumento que tenha o formato de uma régua, como uma colher de pau ou um pedaço de madeira. Nunca utilize uma chave de fenda para mexer a tinta.

> Diluição

Ler sempre as informações escritas na embalagem do produto e siga as instruções para a diluição. Essa informação você deve guardar para sempre, pois é muito importante. Um produto bem diluído facilita a aplicação e garante um acabamento perfeito.

> Catálise

Os produtos epóxi e a maioria dos poliuretanos possuem dois componentes que precisam ser misturados em quantidade exata e usados no tempo adequado antes que sequem. Siga corretamente as instruções do fabricante na diluição, na mistura dos componentes e na aplicação.

SISTEMAS DE PINTURA

Vamos, agora, conhecer alguns exemplos já bastante utilizados em ambientes externos e internos que vão facilitar a sua vida.

Nesses exemplos, levaremos em conta qualidade, durabilidade e economia no trabalho feito. Mas fique atento: apresentaremos sistemas que podem ser diferentes da indicação dos fabricantes devido às características próprias de cada produto e das experiências de cada empresa. Por isso, relembramos: consultar sempre o fabricante de sua preferência entre os participantes do PSQ.

Para escolher o sistema de pintura mais adequado ao trabalho a ser feito, levar em consideração o tipo e as características da superfície, as condições do ambiente – trata-se de ambiente rural, urbano (poluição), próximo do mar, próximo de grandes instalações industriais etc. – e, por fim, custo/benefício.

Todos os sistemas de pintura apresentados levam em consideração que a superfície a ser pintada já tenha sido devidamente preparada para receber a pintura. Na dúvida, rever as instruções da parte de preparação de superfícies.

> Alvenaria

1. Acabamento liso fosco, acetinado ou semibrilho – Interno

- Superfície: reboco devidamente seco e firme.
- Aplicar uma ou 2 demãos de massa corrida para interiores conforme o reboco (fino ou grosso), lixar e eliminar o pó.
- Aplicar de 2 a 3 demãos de tinta fosca Econômica, Standard ou Premium ou tinta acetinada ou semibrilho, de acordo com o aspecto desejado da pintura.
- Diluir conforme as indicações do fabricante.

2. Acabamento liso fosco, acetinado ou semibrilho – Externo

- Superfície: reboco devidamente seco e firme.
- Aplicar uma demão de fundo selador pigmentado.
- Aplicar a massa acrílica para exteriores. Se o reboco for muito grosso, aplicar 2 demãos; lixar e eliminar o pó.
- Aplicar de 2 a 3 demãos de tinta fosca, acetinada ou semibrilho, conforme o aspecto desejado.
- Diluir conforme indicação do fabricante.
- Utilizar tinta de qualidade Standard ou Premium.

3. Acabamento convencional – Interno

- Superfície: reboco devidamente seco e firme (massa fina).
- Aplicar uma demão de fundo selador pigmentado.
- Aplicar de 2 a 3 demãos de tinta fosca Econômica, Standard ou Premium.
- Diluir conforme indicação do fabricante.

4. Acabamento convencional – Externo

- Superfície: reboco devidamente seco e firme (massa fina).
- Aplicar uma demão de fundo selador pigmentado.
- Aplicar de 2 a 3 demãos de tinta látex fosca Standard ou Premium.
- Diluir conforme indicação do fabricante.

5. Repintura – Interna ou Externa

- Superfície: reboco pintado.
- Lixar e eliminar o pó.
- Acertar as imperfeições, quando necessário, com massa niveladora para interiores (massa corrida) e com massa niveladora para exterior/interior (massa acrílica), lixar e eliminar o pó.
- Aplicar de 2 a 3 demãos do acabamento, conforme indicado nos itens anteriores.

6. Acabamento texturizado – Interno e Externo

- Superfície: reboco devidamente seco e blocos de concreto.
- Aplicar 1 demão de produto texturizável diluído.
- Aplicar 1 demão de produto texturizável utilizando um rolo específico para texturização ou uma ferramenta adequada para obter o aspecto desejado. Você pode usar uma desempenadeira de aço.
- Diluir conforme indicação do fabricante.

Observação: os fabricantes de tintas e complementos possuem muitos produtos que possibilitam acabamentos texturizados com os mais diferentes efeitos: rústico, liso, em forma de "X", em forma de meia-lua, envelhecido etc., e tudo isso nas mais variadas cores. Portanto, em primeiro lugar, consulte um fabricante participante do PSQ e peça mais informações sobre a melhor escolha para o acabamento texturizado e sua aplicação.

Texturizado rústico

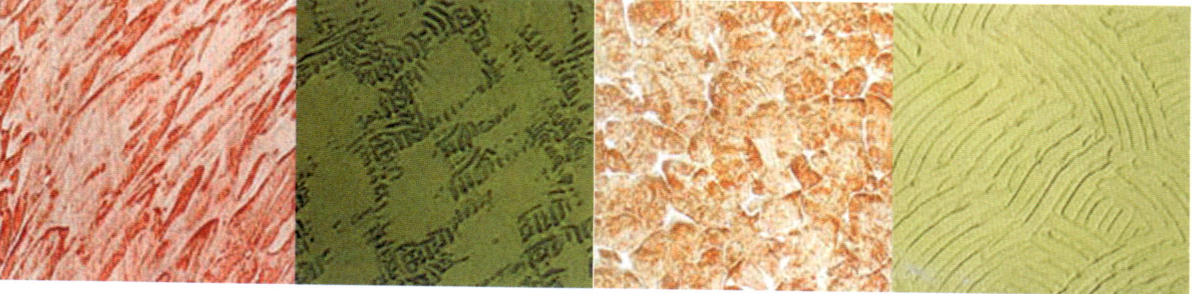

Texturizado liso

7. Acabamento em telha e em barra lisa – Interno/Externo

- Superfície: fibrocimento, cimento queimado.
- Aplicar uma demão de fundo preparador de paredes.
- Aplicar duas demãos de tinta Standard ou Premium. Utilizar tintas foscas, acetinadas ou semi-brilhantes, de acordo com o brilho desejado.
- Diluir conforme indicação do fabricante.

8. Acabamento em pisos

- Superfície: cimento rústico.
- Aplicar uma demão de fundo preparador de paredes.
- Aplicar de 2 a 3 demãos de tinta para pisos.
- Diluir conforme indicação do fabricante.
- Seguir as indicações de secagem do fabricante.

9. Acabamento brilhante para concreto e tijolo

- Superfície: cimento.
- Aplicar 2 ou 3 demãos de verniz incolor base água.
- Diluir conforme indicação do fabricante.

10. Acabamento com aspecto natural

- Superfície: concreto, tijolo e pedra.
- Aplicar uma demão carregada de silicone hidrorrepelente até encher a superfície.

11. Impermeabilização – Externa

- Superfície: argamassa.
- Aplicar uma demão de fundo preparador de paredes.
- Aplicar 3 demãos de fundo elástico impermeabilizante ou algum produto equivalente.
- Aplicar 2 ou 3 demãos de tinta látex Standard ou Premium. Diluir conforme indicação do fabricante.

> Metais ferrosos

1. Acabamento brilhante, acetinado e fosco – Interno

- Superfície: não pintada.
- Aplicar uma demão de fundo anticorrosivo após eliminar os pontos de ferrugem.
- Aplicar de 2 a 3 demãos de esmalte sintético, com o aspecto de acabamento desejado.
- Diluir conforme indicação do fabricante.

Observação: existem no mercado esmaltes que podem ser aplicados diretamente sobre superfícies, dispensando a utilização do fundo anticorrosivo. Lembrar que os acabamentos foscos não são indicados para ambientes externos.

2. Acabamento brilhante e acetinado – Externo

- Superfície: não pintada.
- Aplicar uma demão de fundo anticorrosivo após eliminar os pontos de ferrugem.
- Aplicar de 2 a 3 demãos de esmalte sintético, com o aspecto de acabamento desejado.
- Diluir conforme indicação do fabricante.

Observação: existem no mercado esmaltes que podem ser aplicados diretamente sobre superfícies, dispensando a utilização do fundo anticorrosivo.

3. Repintura com acabamento brilhante

- Acertar as imperfeições com uma aplicação de fundo anticorrosivo naquelas partes em que o lixamento foi até o metal.
- Aplicar de 2 a 3 demãos de esmalte sintético.
- Diluir conforme indicação do fabricante.

Observação: pode ser substituído por tinta óleo ou esmalte sintético. Se quiser outros aspectos de acabamento, usar esmalte sintético acetinado ou fosco. Lembrar que os acabamentos foscos não são indicados para ambientes externos.

> Metais não ferrosos

1. Acabamento brilhante – Interno e Externo

- Superfície: alumínio e aço galvanizado não pintados.
- Aplicar uma demão de fundo de aderência ou outro equivalente, conforme indicações do fabricante.
- Aplicar de 2 a 3 demãos de esmalte sintético brilhante.
- Diluir conforme indicação do fabricante.

Observação: você pode aplicar diretamente na superfície metálica um acabamento à base de água feito especialmente para aços e alumínios. Consultar o fabricante.

2. Repintura com acabamento brilhante

- Superfície: pintada.
- Lixar e eliminar o pó.
- Acertar as imperfeições, quando necessário, com aplicação de fundo promotor de aderência.
- Aplicar 2 ou 3 demãos de esmalte sintético diluído conforme indicação do fabricante.
- Diluir conforme indicação do fabricante.

3. Acabamento grafite

- Superfície: ferro e aço-carbono.
- Aplicar uma demão de fundo anticorrosivo.
- Aplicar de 2 a 3 demãos de esmalte grafite.
- Diluir conforme indicação do fabricante.

> Madeira: aplicação de esmalte

1. Acabamento brilhante liso – Interno e Externo

- Superfície: madeira nua.
- Aplicar uma demão de fundo fosco branco sintético.
- Aplicar a massa niveladora para madeira, lixar e eliminar o pó.
- Aplicar de 2 a 3 demãos de esmalte sintético brilhante diluído conforme indicação do fabricante.
- Diluir conforme indicação do fabricante.
- Seguir as indicações de secagem do fabricante.

2. Repintura

- Superfície: madeira pintada.
- Aplicar de 2 a 3 demãos de esmalte sintético ou tinta a óleo diluídos conforme indicação do fabricante depois de lixar para tirar o brilho, respeitando o tempo de secagem entre as demãos.

Observação: atualmente, já existem no mercado sistemas à base de água (esmalte e fundo) de excelente qualidade. Além de serem ecologicamente corretos, pois a parte que evapora é água, esses produtos podem substituir os tradicionais sistemas sintéticos. Possuem diversas vantagens, como o baixo odor durante a aplicação e a secagem rápida, além de poderem ser diluídos em água. A limpeza dos equipamentos também é realizada com água.

> Madeira: aplicação de verniz

1. Acabamento brilhante, acetinado ou fosco para superfícies externas

- Superfície: madeira nua.
- Aplicar 3 demãos de verniz com filtro solar brilhante, acetinado ou fosco, conforme o tipo desejado
- Diluir conforme indicação do fabricante.
- Seguir as indicações de secagem do fabricante.
- Lixar apenas após a primeira demão.

Observação: recomendamos que, na primeira demão, o verniz seja diluído conforme as instruções do fabricante. Os vernizes foscos não são indicados para exterior. Para acabamentos internos não molháveis, usar verniz do tipo copal.

2. Acabamento com aspecto encerado para superfícies internas

- Superfície: madeira nua.
- Aplicar uma demão de seladora para madeira.
- Diluir conforme indicação do fabricante.
- Aplicar 2 demãos de verniz marítimo fosco ou acetinado.
- Diluir conforme indicação do fabricante.

3. Acabamento brilhante para superfícies externas

- Superfície: madeira nua.
- Aplicar 3 demãos de verniz brilhante com filtro solar.
- Seguir as indicações de secagem do fabricante.

Observação: existem no mercado vernizes com duplo ou triplo filtro solar que apresentam excelente desempenho em ambientes externos.

> Madeira: aplicação de stain

1. Acabamento acetinado para superfícies internas e externas

- Superfície: madeira nua.
- Aplicar 3 demãos do stain.
- Sem diluição.
- Seguir as indicações de secagem do fabricante.

Observação: as demãos devem ser feitas com pinceladas longas e uniformes para que o produto penetre na madeira e não forme camada sobre a superfície.

2. Repintura ou manutenção

- Superfície: madeiras que já possuam stain.
- Lixar levemente a superfície, lavar com detergente neutro e deixar secar.
- Aplicar o stain conforme as orientações acima.

Observação: stains são acabamentos que penetram na madeira e conferem proteção contra fungos e umidade. Não necessitam de diluição, uma vez que vêm prontos para uso. São apresentados nas versões transparente e tingidos/coloridos. Devem ser aplicados diretamente sobre a madeira nua usando uma trincha/pincel.

PATOLOGIAS

PROGRAMA
SETORIAL da
ualidade
TINTAS IMOBILIÁRIAS
ABRAFATI

PATOLOGIAS: DEFEITOS MAIS COMUNS NA PINTURA DE SUPERFÍCIES

Durante o processo de pintura, é de fundamental importância seguir exatamente as recomendações sobre a preparação básica das superfícies contidas neste livro, pois os problemas que serão vistos a seguir são ocasionados, em sua grande maioria, pela má preparação das superfícies. Esses problemas podem reaparecer se o procedimento para sua correção não for devidamente seguido.

> Alvenaria

Bolhas, estufamento e/ou descascamento da tinta

Patologias que envolvem aderência ocorrem quando o estado da superfície ou algum contaminante não permite a ancoragem do produto. Em virtude de o revestimento não se fixar adequadamente à superfície, podem surgir bolhas e/ou estufamento da tinta, que, após algum tempo, ocasionarão o descascamento do filme da tinta.

Motivo 1: reboco fraco, esfarelando ou desagregando.

Medida preventiva: utilizar o traço correto 1:3 (cimento e areia) para execução do reboco.

Medida corretiva: raspar e lixar bem as áreas afetadas, aplicar uma demão de fundo preparador, corrigir as imperfeições com massa niveladora para interior (massa corrida) ou massa niveladora para interior/exterior (massa acrílica) e repintar com algum produto do programa de qualidade.

Motivo 2: cura insuficiente do reboco.

Medida preventiva: aguardar a cura total do reboco (28 dias, no mínimo).

Medidas corretivas: raspar e lixar bem as áreas afetadas, aplicar uma demão de fundo preparador, corrigir as imperfeições com massa niveladora para interior (massa corrida) ou massa niveladora para interior/exterior (massa acrílica) e repintar com algum produto do programa de qualidade.

Motivo 3: presença de umidade no substrato.

Medida preventiva: antes de iniciar a pintura, eliminar as fontes de umidade.

Medidas corretivas: depois de eliminadas totalmente as fontes de umidade, lixar bem as áreas afetadas, aplicar uma demão de fundo preparador, corrigir as imperfeições com massa niveladora para interior (massa corrida) ou massa niveladora para interior/exterior (massa acrílica) e repintar com algum produto do programa de qualidade.

Motivo 4: presença de pó de lixamento de massa.

Medidas preventivas: retirar o pó resultante do lixamento com escova de pelo, limpando em seguida com pano umedecido.

Medidas corretivas: raspar e lixar bem as áreas afetadas, aplicar uma demão de fundo preparador, corrigir as imperfeições com massa niveladora para interior (massa corrida) ou massa niveladora para interior/exterior (massa acrílica) e repintar com algum produto do programa de qualidade.

Motivo 5: caiação

Medida preventiva: nunca utilizar caiação para pintura e/ou para fundo.

Medidas corretivas: raspar e lixar bem as áreas afetadas, aplicar uma demão de fundo preparador, corrigir as imperfeições com massa niveladora para interior (massa corrida) ou massa niveladora para interior/exterior (massa acrílica) e repintar com algum produto do programa de qualidade.

Motivo 6: presença de sais solúveis (maresia).

Medidas preventivas: lavar toda a superfície com água e detergente, enxaguar e deixe secar.

Medidas corretivas: ver medida corretiva do motivo 2.

Motivo 7: utilização de uma tinta premium sobre uma tinta calcinada.

Medida preventiva: antes de aplicar uma tinta de qualidade sobre uma tinta suspeita, sempre aplicar uma demão de **fundo preparador.**

Medida corretiva: ver medida corretiva do motivo 2.

Motivo 8: aplicação de massa corrida em áreas externas.

Medida preventiva: nunca utilizar massa corrida em áreas externas.

Medidas corretivas: remover totalmente a massa e aplicar uma demão de fundo preparador, corrigir as imperfeições com massa niveladora para interior (massa corrida) ou massa niveladora para interior/exterior (massa acrílica) e repintar com algum produto do programa de qualidade.

Motivo 9: utilização de massa acrílica de baixa qualidade em áreas externas.

Medida preventiva: sempre utilizar produtos do PSQ.

Medida corretiva: ver medida corretiva do motivo 6.

Aspecto com marcas de rolo ou pincel

Após a secagem da tinta, observam-se marcas das passadas do rolo sobre a parede e dos recortes feitos com pincel, que podem ser mais claras ou escuras que a tinta (a variação depende da cor).

Motivo 1: utilização de rolos de lã alta ou pincel de cerdas muito rígidas, que não permitem o espalhamento necessário para a pintura.

Medida preventiva: usar rolos de lã baixa e pincéis de cerdas macias.

Medida corretiva: repintar toda a superfície utilizando as ferramentas adequadas.

Motivo 2: falta de homogeneização da tinta.

Medida preventiva: homogeneizar a tinta com uma ferramenta de formato retangular pelo tempo necessário, até perceber a total solubilização dos pigmentos da tinta (especialmente no caso de uso do sistema tintométrico).

Medida corretiva: repintar toda a superfície após a perfeita homogeneização do produto, utilizando as ferramentas adequadas.

Motivo 3: superfície quente.

Medida preventiva: evitar a aplicação de produtos em superfícies quentes. Preferencialmente, iniciar os trabalhos no período da manhã, quando as temperaturas são mais baixas.

Medida corretiva: repintar toda a superfície em condições adequadas e após a perfeita homogeneização do produto.

Motivo 4: fachada de grande extensão, dificultando a pintura.

Medida preventiva: recomenda-se a aplicação em toda a fachada e de forma simultânea com vários profissionais para evitar emendas que provoquem marcas de rolo e repasse.

Medida corretiva: repintar toda a superfície em condições adequadas e após a perfeita homogeneização do produto.

Microfissuras

São fissuras estreitas, rasas e descontínuas.

Motivo: aplicação de uma camada grossa da massa fina ou tempo insuficiente de hidratação da cal antes da aplicação do reboco ou da massa fina.

Medida preventiva: utilizar o traço correto 1:3 (cimento, areia) para a execução do reboco e aguardar o tempo adequado para a hidratação, que normalmente é de duas horas.

Medidas corretivas: raspar e lixar bem as áreas afetadas, aplicar uma demão de fundo preparador, corrigir as imperfeições com massa niveladora para interior (massa corrida) ou massa niveladora para interior/exterior (massa acrílica) e repintar com algum produto do programa de qualidade.

Eflorescência

Manchas esbranquiçadas sobre as quais, após um tempo, surgem pequenas partículas cristalizadas na cor branca. Posteriormente, ocasionam a degradação do filme de tinta.

Motivo 1: pintura executada em reboco ainda úmido (antes dos 28 dias de cura).

Medida preventiva: aguardar a completa cura do reboco antes de executar qualquer tipo de pintura.

Medidas corretivas: raspar e lixar bem as áreas afetadas, aplicar uma demão de fundo preparador, corrigir as imperfeições com massa niveladora para interior (massa corrida) ou massa niveladora para interior/exterior (massa acrílica) e repintar com algum produto do programa de qualidade.

Motivo 2: paredes voltadas para o lado externo ou muros que não possuem pintura ou impermeabilização.

Medida preventiva: realizar pintura utilizando sempre produtos premium/standard nos dois lados da parede ou do muro.

Medidas corretivas: raspar e lixar bem as áreas afetadas, aplicar uma demão de fundo preparador, corrigir as imperfeições com massa niveladora para interior (massa corrida) ou massa niveladora para interior/exterior (massa acrílica) e repintar com algum produto do programa de qualidade.

Motivo 3: umidade decorrente de algum tipo de vazamento.

Medida preventiva: executar sempre um bom projeto arquitetônico.

Medidas corretivas: consertar o vazamento o mais rapidamente possível, raspar e lixar bem as áreas afetadas, aplicar uma demão de fundo preparador, corrigir as imperfeições com massa niveladora para interior (massa corrida) ou massa niveladora para interior/exterior (massa acrílica) e repintar com algum produto do programa de qualidade.

Motivo 4: muros ou paredes encostados em barrancos, lajes não impermeabilizadas ou lajes sem cobertura de telhas.

Medida preventiva: impermeabilizar utilizando produtos específicos para esse fim e/ou realizar cobertura com telhas (telhado).

Medidas corretivas: após a devida impermeabilização, raspar e lixar bem as áreas afetadas, aplicar uma demão de fundo preparador, corrigir as imperfeições com massa niveladora para interior (massa corrida) ou massa niveladora para interior/exterior (massa acrílica) e repintar com algum produto do programa de qualidade.

Saponificação

Caracteriza-se pela presença de manchas na superfície da pintura e pelo descascamento da tinta.

Motivo: alcalinidade natural da cal e do cimento que compõem o reboco não curado.

Medida preventiva: aguardar a completa cura do reboco antes de executar qualquer tipo de pintura.

Medidas corretivas: raspar e lixar bem as áreas afetadas, aplicar uma demão de fundo preparador, corrigir as imperfeições com massa niveladora para interior (massa corrida) ou massa niveladora para interior/exterior (massa acrílica) e repintar com algum produto do programa de qualidade.

Manchas de sais solúveis

A presença de respingos de água nas tintas recém-aplicadas provocam a migração de sais solúveis ou substâncias solúveis que afloram e acabam marcando o filme da tinta. O tempo mínimo de cura de uma tinta é de quinze dias. Nas cores mais intensas, existe uma probabilidade maior de ocorrer esse efeito.

Motivo: respingos de água, pingos isolados de chuva (garoa) ou condensação de vapor de água na pintura (sereno) até um período de quinze dias após a aplicação da tinta.

Medida preventiva: evitar a pintura em períodos chuvosos.

Medida corretiva: recomendamos uma pronta lavagem da superfície com água e sem esfregar. Caso ocorra uma demora na execução da lavagem, as manchas não serão removidas; nesse caso, executar uma nova pintura.

> Gesso sarrafiado e/ou placas de gesso

Manchas amareladas (gesso)

Pouco tempo depois da realização da pintura em gesso, observam-se manchas amareladas em alguns pontos da área aplicada.

Motivo 1: migração do óleo desmoldante utilizado na fabricação de placas de gesso. Alguns fabricantes usam óleos de baixa qualidade que, em pouco tempo, oxidam e se tornam amarelados, manchando o gesso e qualquer pintura feita sobre ele.

Medida preventiva: utilizar somente placas de boa qualidade.

Medida corretiva: aplicar 2 demãos do fundo branco fosco e, em seguida, utilizar o acabamento desejado.

Motivo 2: oxidação dos arames de sustentação das placas de gesso.

Medida preventiva: utilizar arames galvanizados de boa qualidade.

Medidas corretivas: trocar todos os arames de sustentação por arame galvanizado. Aplicar 1 demão do fundo branco fosco e, em seguida, utilizar o acabamento desejado.

> Pisos

Descascamento da tinta

Em virtude de o revestimento não se fixar adequadamente à superfície, pode ocorrer descascamento da tinta.

Motivo 1: piso cimentado fraco, esfarelando ou desagregando.

Medida preventiva: utilizar o traço 1:3 (cimento, areia) para a execução do piso.

Medidas corretivas: raspar e lixar bem as áreas afetadas, aplicar uma demão de fundo preparador e repintar.

Motivo 2: cura insuficiente da argamassa utilizada na execução do piso.

Medida preventiva: aguardar a cura total da argamassa (28 dias, no mínimo).

Medidas corretivas: raspar e lixar bem as áreas afetadas, aplicar uma demão de fundo preparador e repintar.

> Telhas, tijolos e pedras naturais novas

Manchas esbranquiçadas em resina à base de água

Motivo 1: número de demãos insuficiente.

Medida preventiva: principalmente em superfícies porosas, trabalhar com no mínimo 3 demãos para garantir a formação de filme ideal para impermeabilizar e proteger todo o substrato.

Medidas corretivas: raspar e lixar bem a fim de remover as áreas afetadas e aplicar 3 demãos da resina acrílica.

Motivo 2: aplicação sobre superfície brilhante.

Medida preventiva: eliminar o brilho lixando toda a superfície a ser resinada.

Medidas corretivas: raspar e lixar bem a fim de remover as áreas afetadas e reaplicar 3 demãos da resina acrílica.

Motivo 3: elevada umidade no piso.

Medida preventiva: identificar e eliminar a umidade utilizando o processo de impermeabilização.

Medidas corretivas: raspar e lixar bem a fim de remover as áreas afetadas, identificar e eliminar a umidade utilizando o processo de impermeabilização e em seguida reaplicar 3 demãos da resina acrílica.

Motivo 4: superfícies enceradas.

Medida preventiva: não aplicar diretamente sobre superfícies enceradas. Remover toda a cera antes da aplicação da resina.

Medidas corretivas: raspar e lixar bem a fim de remover as áreas afetadas, inclusive toda a cera impregnada no piso. Reaplicar 3 demãos da resina acrílica.

> Metais

Enrugamento

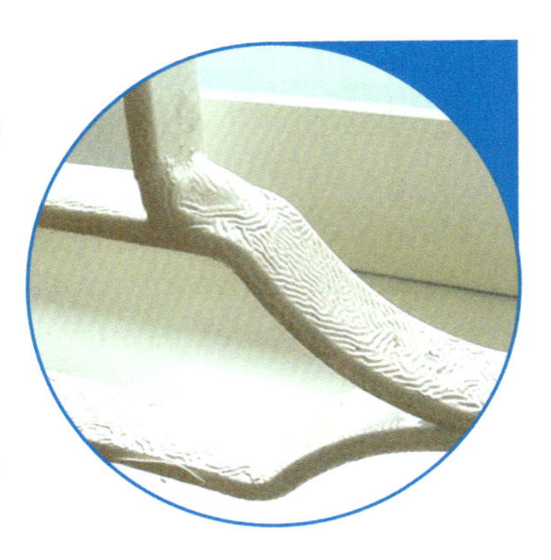

Após a aplicação do produto, no começo de sua secagem, observa-se o enrugamento do filme.

Motivo 1: aplicação de demãos excessivamente espessas.

Medida preventiva: aplicar demãos mais finas até obter o acabamento desejado.

Medidas corretivas: remover a película aplicada, cuidando para que a superfície se mantenha uniforme, e repintar.

Motivo 2: tempo insuficiente de secagem entre demãos.

Medida preventiva: observar o tempo de secagem necessário entre demãos.

Medidas corretivas: remover a película aplicada, cuidando para que a superfície se mantenha uniforme, e repintar.

Motivo 3: secagem forçada em estufa, incidência de sol ou aplicação sobre superfícies quentes.

Medidas preventivas: não pintar uma superfície quando ela estiver diretamente exposta ao sol e não acelerar a secagem em estufa sem consulta prévia com o fabricante.

Medidas corretivas: remover a película aplicada, cuidando para que a superfície fique uniforme, e repintar.

Motivo 4: uso de solventes inadequados.

Medida preventiva: utilizar somente solventes recomendados pelo fabricante.

Medidas corretivas: remover a película aplicada, cuidando para que a superfície fique uniforme, e repintar.

Casca de laranja

Efeito rugoso na superfície da tinta.

Motivo 1: excessiva pressão de ar na pistola.

Medida preventiva: regular a pressão do ar conforme orientação na embalagem. Normalmente, a pressão fica entre 30 a 40 libras/pol^2.

Medidas corretivas: lixar bem para deixar a superfície uniforme, remover o pó e repintar.

Motivo 2: uso do diluente inadequado.

Medida preventiva: utilizar somente o diluente e a diluição recomendados pelo fabricante.

Medidas corretivas: lixar bem para deixar a superfície uniforme, remover o pó e repintar.

Crateras

Crateras são pequenas depressões normalmente encontradas nas aplicações em metais, e representam pequenos pontos da superfície que, devido a algum contaminante, impossibilitou o alastramento da tinta.

Motivo: contaminação da superfície ou dos equipamentos de pintura (exemplos: derivados de silicone, óleos, água ou utilização de solventes não indicados pelo fabricante da tinta).

Medidas preventivas: certificar-se de que os equipamentos e a superfície a ser pintada estejam isentos de contaminantes. Caso não estejam, limpar com o solvente adequado (sempre diluir a tinta com o solvente indicado na embalagem).

Medidas corretivas: remover a película de tinta por meio de lixamento ou utilizando um removedor gel. Limpar a superfície com solvente, deixar secar e repintar.

Oxidação

Consiste na reação de metais com o oxigênio presente no ar e na água que provoca a formação daquele pó avermelhado mais conhecido como ferrugem. (Lembrar que o termo ferrugem se refere apenas à oxidação específica do ferro; no caso de outros metais, o termo correto é oxidação).

Motivo: metais ferrosos expostos à ação do tempo sem nenhum tipo de proteção, pintura sobre pontos enferrujados sem a devida preparação da superfície.

Medida preventiva: utilizar sempre um sistema de proteção composto por fundo anticorrosivo e acabamento.

Medidas corretivas: lixar até obter a total remoção da ferrugem e limpar com pano umedecido em solvente. Aplicar, prontamente, uma demão do fundo anticorrosivo e, em seguida, repintar.

> Madeira

Enrugamento

Após a aplicação do produto, no começo de sua secagem, observa-se o enrugamento do filme.

Motivo 1: aplicação de demãos excessivamente espessas.

Medida preventiva: aplicar demãos mais finas até obter o acabamento desejado.

Medidas corretivas: remover a película aplicada, mantendo a superfície uniforme, e repintar.

Motivo 2: tempo insuficiente de secagem entre demãos.

Medida preventiva: observar o tempo de secagem necessário entre as demãos.

Medidas corretivas: remover a película aplicada, mantendo a superfície uniforme, e repintar.

Motivo 3: uso de solventes inadequados.

Medida preventiva: utilizar somente os solventes recomendados pelo fabricante.

Medidas corretivas: remover a película aplicada, mantendo a superfície uniforme, e repintar.

> Superfícies em geral

As situações descritas a seguir podem ocorrer independentemente da superfície que se deseja pintar ou do produto aplicado.

Cobertura baixa

A cobertura é a capacidade da tinta em cobrir (ocultar) uma determinada superfície. Uma tinta deve sempre cobrir aproximadamente 100% de uma superfície com a menor quantidade de demãos possível.

Motivo 1: utilização de rolos de lã alta ou pincel de cerdas muito rígidas, que não permitem o espalhamento necessário para a pintura.

Medida preventiva: usar rolos de lã baixa e pincéis de cerdas macias.

Medida corretiva: repintar toda a superfície utilizando as ferramentas adequadas.

Motivo 2: falta de homogeneização da tinta.

Medida preventiva: homogeneizar a tinta com uma ferramenta de formato retangular pelo tempo que for necessário (até perceber a total solubilização dos pigmentos de tinta, especialmente no caso de uso do sistema tintométrico).

Medida corretiva: repintar toda a superfície após a perfeita homogeneização do produto utilizando as ferramentas adequadas.

Motivo 3: diluição em excesso.

Medida preventiva: sempre diluir conforme a recomendação do fabricante.

Medida corretiva: repintar toda a superfície após a correta diluição do produto utilizando as ferramentas adequadas.

Escorrimento

Motivo 1: aplicação de demãos excessivamente espessas.

Medida preventiva: aplicar camadas mais finas, evitando segurar a pistola de pintura no mesmo lugar por muito tempo (dar passadas longas, firmes e regulares).

Medidas corretivas: lixar a superfície até uniformizá-la, remover o pó e repintar.

Motivo 2: quantidade excessiva de diluente ou utilização do diluente incorreto.

Medida preventiva: usar o diluente e a diluição recomendados pelo fabricante.

Medidas corretivas: lixar a superfície até uniformizá-la, remover o pó e repintar.

Presença de fungos

Motivo: locais quentes e úmidos, com pouca ventilação ou mal iluminados.

Medidas corretivas: lavar o local afetado com água sanitária, deixando-a agir por uma hora. Enxaguar com água em abundância, deixar secar totalmente e repintar.

Marcas foscas

Motivo: retoques de massa e/ou superfície porosa (áreas de diferente porosidade).

Medida preventiva: aplicar 2 demãos da própria tinta utilizada no acabamento a fim de evitar a absorção da camada seguinte.

Aspecto arenoso

Motivo: falha na limpeza durante a preparação da superfície e/ou durante a aplicação da tinta (pó em suspensão na área de pintura ou sujeira nos equipamentos).

Medidas preventivas: limpeza eficiente da superfície e ventilação e isolamento mais adequados na área de pintura.

Medidas corretivas: lixar até eliminar o aspecto irregular, remover o pó e repintar.

ATENÇÃO ÀS INFILTRAÇÕES DE ÁGUA

As infiltrações de água são as causas mais frequentes de deterioração das pinturas em alvenaria, provocando, na maioria das vezes, descascamentos, desplacamentos, bolhas e outros inconvenientes.

Antes de iniciar qualquer pintura, elimine completamente todos os focos de umidade. Veja a seguir algumas dicas sobre pontos críticos que devem ser observados.

1. Andar térreo: áreas próximas do rodapé, normalmente a 30 cm ou 40 cm acima do solo, devido à possível infiltração de água pelos alicerces (baldrames). Essa infiltração ocorre por falta de impermeabilização ou em decorrência de má execução, ou ainda por desgaste natural. Também pode ser resultante de umidade retida proveniente de chuva ou de execução da obra.
2. Muros: por falta de proteção no topo, onde ocorre grande penetração de água das chuvas. Também porque, muitas vezes, somente um de seus lados recebe pintura, o que faz com que o lado sem tinta fique exposto à penetração de água. Observam-se problemas também em muros de arrimo, devido à falta ou à falha de impermeabilização na face em contato direto com a terra.
3. Tetos em geral, quando a moradia não possui telhado, deixando a laje exposta ao tempo sem impermeabilização. Problemas também podem surgir devido a desgaste. Pode ocorrer também o entupimento de calhas, causando transbordamento de água das chuvas que encharcam a laje.
4. Telhados e tubulações: infiltrações e vazamentos de água, em pontos isolados.
5. Jardineiras: quando a impermeabilização interna inexiste ou não foi devidamente executada com produtos adequados, ou, ainda, quando se encontram desgastadas.
6. Áreas de banheiros e cozinhas: rejuntes de azulejos, pisos e rodapés em consequência do desgaste da argamassa do rejunte devido ao uso e processo de limpeza; contato direto com água ou umidade.
7. Esquadrias de janelas e portas: onde não existe calafetação ou houve desgaste.

De forma geral, para corrigir os problemas, recomendamos:

1. Eliminar o foco de infiltração e/ou vazamento. Caso necessário, recomendamos contatar uma empresa especializada em impermeabilizações para que seja feito um diagnóstico preciso, bem como a adequada correção.
2. Se necessário, regularizar com argamassa de traço 1:3 (cimento-areia) e aguardar a cura por 28 dias.
3. Em seguida, aplicar uma demão de fundo preparador para paredes à base de água. Deixar secar por 4 horas.

4. Aplicar uma demão do fundo impermeabilizante para concretos e argamassas e diluir conforme recomendação do fabricante. Caso seja uma estrutura que sofra movimentação, aplicar argamassa polimérica flexível, indicada para vedar e eliminar vazamentos e umidade. Ela adere perfeitamente a concreto e alvenaria, acompanhando eventuais movimentações. Por isso, é especialmente indicada para impermeabilizar estruturas sujeitas a deformações. Aguardar a cura recomendada pelo fabricante.
5. Caso não utilize a argamassa polimérica, fixar tela de poliéster com rolo de lã embebido em fundo impermeabilizante para concretos. Secar por 6 horas.
6. Aplicar manta líquida, conforme recomendação do fabricante.
7. Aplicar massa niveladora para exterior (massa acrílica).
8. Aplicar impermeabilizante para fachadas, conforme recomendação do fabricante, ou ainda, se preferir, aplicar a tinta escolhida entre as tintas fosca, acetinada ou semibrilho premium.

REQUISITOS PARA APLICAÇÃO

FERRAMENTAS

> Pincéis e trinchas

Para a aplicação de esmaltes, vernizes, tintas à base de óleo, tintas látex e complementos, como fundos para madeiras, metais, seladores etc., usam-se o pincel e a trincha. São especialmente indicados para pinturas não lisas com muitos detalhes. Em alvenaria, são úteis para requadrar a superfície. As medidas dos pincéis e trinchas são dadas em polegadas que variam de 1/2 até 4.

A trincha é mais usada do que o pincel. Existem diversos modelos de pincéis e trinchas com variados tipos de cerdas, o que possibilita uma qualidade diferenciada no acabamento.

Para conservar os pincéis e trinchas, após o seu uso, retirar o excesso de tinta, passando-os em um pedaço de papel ou jornal. Mas, se a tinta for à base de solvente, lavar com o mesmo solvente (aguarrás) e em seguida com água e sabão ou detergente. Se a tinta usada for látex, usar apenas água e sabão ou detergente.

> Rolos

- Rolos de lã de carneiro ou lã sintética, usados para aplicação de tintas à base de água, como o látex PVA e o acrílico.
- Rolos de lã de pelo curto desenvolvidos para a aplicação de tintas à base de resina epóxi. Também podem ser usados para aplicar tintas látex, proporcionando um ótimo acabamento. Antes de usá-los na pintura com tinta látex, é preciso umedecê-los ligeiramente em água e depois retirar o excesso, deslizando-os na parede.
- Rolo de espuma poliéster para aplicação de esmaltes, vernizes, tintas a óleo e complementos, como fundos para madeiras, para metais etc. Recomendamos, após o uso desse tipo de rolo, a lavagem com aguarrás, e, em seguida, com água e sabão ou detergente.
- Rolos de espuma rígida para texturização feitos em poliéster. Recomendamos, após o uso, a lavagem com água em abundância.

As medidas dos rolos de lã variam entre 7,5 cm e 23 cm; os de espuma, entre 4 cm e 15 cm.

> Bandejas ou caçambas para pintura

Servem para adicionar a tinta ao rolo ou ao pincel durante a aplicação.

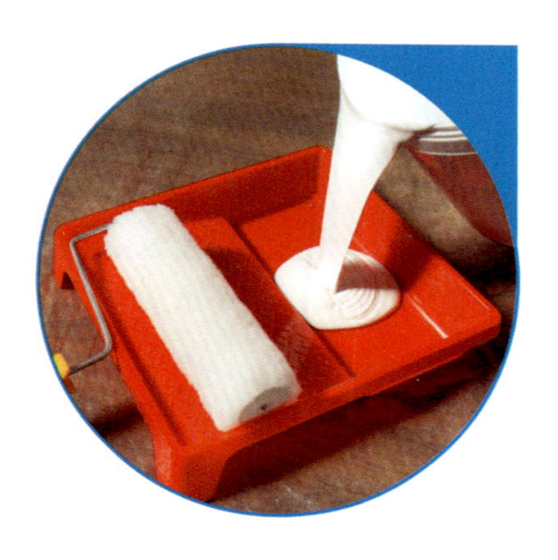

> Espátulas de aço

Você pode usá-las para aplicar massas em pequenas áreas e remover a pintura velha.

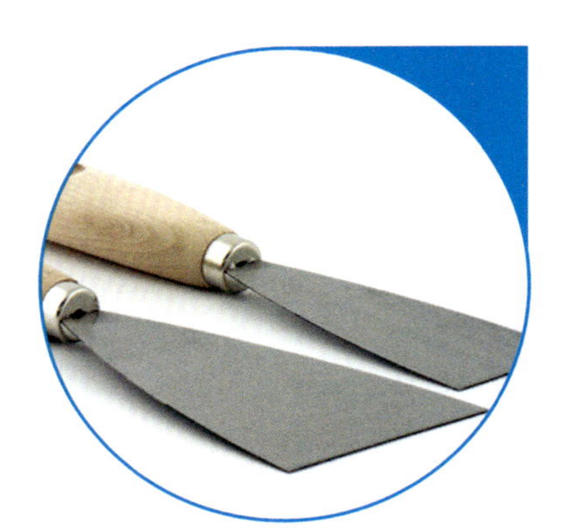

> Desempenadeira de aço

Utilizada para aplicação de massas em grandes áreas. Depois de usá-la, recomendamos retirar o excesso de massa com uma espátula, lavar a desempenadeira com água e depois a enxugar com um pano para evitar ferrugem.

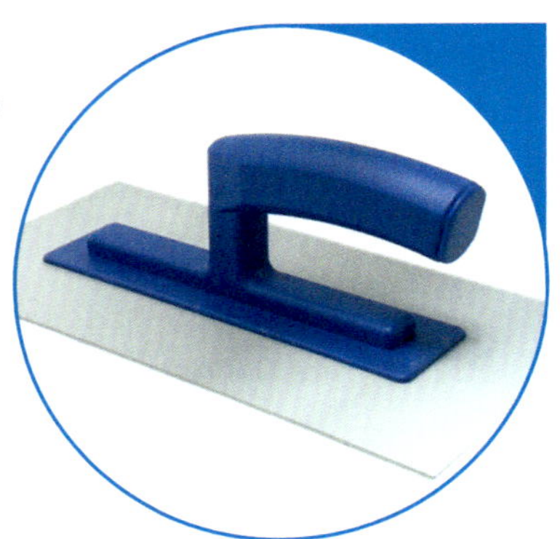

> Lixas

São usadas para deixar a superfície por igual, o que melhora a aderência da pintura, além de permitir um acabamento melhor. São utilizados, normalmente, quatro tipos de lixa:

- Lixas para alvenaria: 150.
- Lixas para madeira: 80; 180; 360.
- Lixas para metais: 80; 360.
- Lixas para massas: 220.

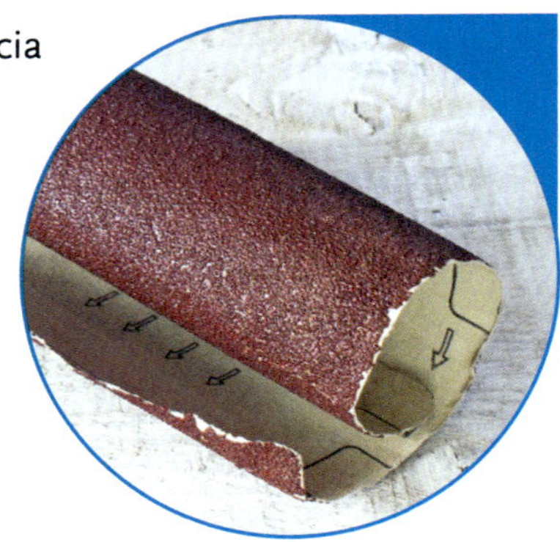

> Revólver ou pistola de pintura

Mais usados na pintura de automóveis, podem também ser usados em pinturas imobiliárias, na aplicação de esmaltes, vernizes e tintas a óleo. Só é preciso prestar atenção quanto à diluição da tinta quando se usa o revólver, pois ela é diferente da diluição que é feita quando se usa um rolo ou um pincel. Para esclarecimentos, consulte o fabricante.

> Airless

Ferramenta com capacidade para aplicar qualquer tipo de tinta látex (PVA ou acrílica), esmalte, vernizes e tintas a óleo. É muito usada, tanto em áreas internas quanto externas, na pintura de locais de difícil acesso ou em grandes áreas. Sua principal vantagem é a rapidez na execução da pintura. Sua desvantagem é que precisamos ficar mais atentos ao cuidado com a proteção de móveis, janelas, portas etc.

> Escada

Uma escada individual deve ter seu uso restrito a acessos provisórios e serviços de pequeno porte.

> Cabo guia

Nos trabalhos em telhados é obrigatória a instalação de cabo-guia para a fixação do cinto de segurança, que permite a movimentação segura dos trabalhadores.

> Cadeira suspensa

O trabalhador deve utilizar cinto de segurança do tipo paraquedista ligado ao trava-quedas em cabo-guia independente. O trabalhador deve fixar o trava-quedas ao cabo-guia antes de assentar-se à cadeira. O sistema de fixação de cadeira suspensa deve ser independente do cabo-guia do trava-quedas.

> Balancim ou andaime suspenso

Os sistemas de fixação e sustentação e as estruturas de apoio dos andaimes suspensos deverão ser acompanhados por um profissional habilitado.

Andaimes suspensos deverão possuir uma placa de identificação em local visível, onde conste a carga máxima de trabalho permitida.

SEGURANÇA

Para qualquer ferramenta de trabalho, existe a forma correta e segura de utilizá-la. Quando utilizadas sem o conhecimento de suas limitações ou desrespeitando as normas de segurança, elas podem colocar em risco a vida dos trabalhadores.

EQUIPAMENTO DE PROTEÇÃO INDIVIDUAL (EPI)

É todo dispositivo ou produto de uso individual utilizado pelo trabalhador destinado à proteção contra riscos à segurança e à saúde no trabalho.

> Tipos de EPI

Capacete – Dispositivo básico de segurança em qualquer obra. O casco é feito de material plástico rígido, de alta resistência à penetração e ao impacto.

Óculos – São especificados de acordo com o tipo de risco.

Protetores auriculares – Protegem os ouvidos em ambientes em que o ruído esteja acima dos limites de tolerância.

Máscara facial – Assegura a proteção do aparelho respiratório contra poeiras e vapores. Usualmente em pintura se usa a semifacial (abrange nariz e boca).

Luva – É o equipamento com maior diversidade de especificações.

Pode ser de:

- **PVC sem forro**: permite maior mobilidade que a versão forrada, normalmente utilizada para pintura.
- **Algodão**: utilizada para lixamento e/ou raspagem de materiais diversos. Reduz atritos e facilita atividades em que o tato seja necessário.

Calçados de segurança – Botas ou sapatos de couro com ou sem biqueira de aço.

PRECAUÇÕES DE CARÁTER GERAL

1. Atentar para condições climáticas quando for executar uma obra. Evitar a pintura em dias chuvosos ou com ventos fortes, pois essas condições trazem para a pintura muita poeira e outras sujeiras. Também não é bom pintar em temperaturas inferiores a 10 °C e umidade relativa do ar superior a 90%. Quando for necessário, consulte o fabricante.
2. Manter as embalagens de tinta sempre fechadas.
3. Nunca reutilizar embalagens vazias de tinta para armazenar outros produtos.
4. Armazenar os produtos em locais cobertos, frescos, ventilados e longe de fontes de calor. Eles também devem ser mantidos fora do alcance das crianças.
5. Sempre manter o ambiente ventilado durante a execução do trabalho.
6. Deve-se usar os EPIs conforme descrito anteriormente.
7. Em caso de contato da tinta com a pele, lavar com água potável corrente por quinze minutos. Se o contato for com os olhos, consultar um médico imediatamente.
8. Se inalar algum produto de pintura, afastar-se do local.
9. Se ingerir qualquer tipo de tinta ou produto similar, consultar um médico imediatamente, levando a embalagem do produto. Nunca provocar vômitos.
10. Todos os produtos à base de solventes são inflamáveis, e, por isso cuidados adicionais são necessários. Não fumar durante o uso e manter-se longe de qualquer fonte de calor e chamas.
11. Para mais informações sobre qualquer produto, você pode consultar a Ficha de Informação de Segurança de Produto Químico (FISPQ). Além disso, o fabricante sempre disponibiliza telefones para o serviço de atendimento ao consumidor.

SUSTENTABILIDADE NO PROCESSO DE PINTURA

As tintas têm papel muito relevante do ponto de vista da sustentabilidade. Elas protegem e evitam a deterioração dos substratos em que são aplicadas, aumentando a sua vida útil e, consequentemente, contribuindo para a diminuição do consumo de energia e de matérias-primas, necessárias para recuperar danos ou substituir bens.

Mas a pintura só será de fato sustentável se forem levados em conta alguns aspectos.

Por um lado, a escolha dos produtos certos para a utilização desejada (o que inclui a atenção à qualidade das tintas) e a sua utilização da maneira correta considerando a mão de obra capacitada contribuem para o melhor resultado em termos de cobertura, resistência e durabilidade. Esses aspectos estão detalhados em outras partes deste livro, especialmente no que trata de Sistemas de Pintura.

Por outro lado, o dimensionamento correto da quantidade de produto a ser utilizada evitará ou minimizará as sobras de tintas. Para que isso aconteça, é preciso ter conhecimento da área a ser pintada, verificar sua metragem e o rendimento do produto.

Durante a etapa de pintura recomenda-se cuidados especiais com as ferramentas, tais como pincéis, rolos, bandejas e outras, que devem ser limpas no final do dia. No restante do dia, quando não utilizadas, devem ficar imersas na tinta de tal forma que não sujem os cabos. Os respectivos recipientes devem ser cobertos com saco plásticos diminuindo a geração de efluentes e contribuindo com a eficiência do processo.

Quando sobra tinta, é importante se preocupar com a sua destinação adequada. Recomenda-se tampar bem a embalagem do produto para conservá-lo e utilizá-lo o mais rápido possível. Afinal de contas, tinta foi feita para pintar e não para ir para o lixo!

Algumas opções para a sobra de tintas:

- Aproveitá-la em outros locais.
- Misturar sobras de diferentes tintas para fazer uma cor cinza ou concreto. Mas só podem ser misturados produtos do mesmo tipo (base água com base água e base solvente com base solvente).
- Doar para ser usada por outra pessoa ou instituição.

Se a sobra for muito pequena e não for possível aproveitá-la, a recomendação é retirá-la da embalagem com pincel ou espátula, passando-a em folhas de jornal. Depois que a tinta estiver seca, o jornal pode ser descartado no lixo comum, sem nenhum problema do ponto de vista ambiental ou de saúde.

No caso de sobra de grandes volumes, a orientação é entrar em contato com empresas recuperadoras de tintas que atuem na sua região e que tenham o devido licenciamento ambiental.

Ao final de todo e qualquer processo de pintura, é preciso também dar atenção à destinação correta das embalagens vazias de tintas. Elas devem ser encaminhadas para reciclagem, por meio de coleta seletiva, cooperativas de catadores, pontos de entrega voluntária (PEVs), áreas de transbordo e triagem (ATT) e sucateiros legalizados. Para isso, as embalagens devem estar com filme de tinta seco, não precisando ser lavadas, conforme definido pela resolução CONAMA n° 469 de 29 de julho de 2015.

No caso de sobra de grandes volumes, a orientação é entrar em contato com empresas recuperadoras de tintas que atuem na sua região e que tenham o devido licenciamento ambiental.

Ao final de qualquer processo de pintura, é preciso também atentar para a destinação correta das embalagens vazias de tinta. Elas devem ser encaminhadas para reciclagem por meio de coleta seletiva, cooperativas de catadores, pontos de entrega voluntária (PEV), áreas de transbordo e triagem (ATT), usinas de reciclagem ou sucateiros legalizados. Para isso, as embalagens devem estar com filme de tinta seco, não precisando ser lavadas, conforme definido pela resolução CONAMA n° 469 de 29 de julho de 2015

ORÇAMENTO

> Por que o orçamento é tão importante?

O orçamento é uma forma clara e objetiva de apresentar o seu preço ao cliente, para que ele tenha clareza para avaliar sua proposta de serviço.

O orçamento:

- Formaliza o trabalho a ser feito: esse é o ponto principal. O orçamento é um documento que contém todos os pontos combinados entre o profissional e o cliente.

- Documenta as condições iniciais do local: é sempre muito importante que fique registrado no orçamento todos os pontos de correção observados na superfície.
- Determina o valor do serviço: é no orçamento que será registrado o valor do serviço, com a assinatura do cliente e do profissional.
- Determina as condições de pagamento: também é muito importante definir e registrar qual será a condição de pagamento.
- Define o prazo de entrega: esse é um ponto muito importante e merece muita atenção. O prazo descrito no orçamento deve ser real e possível de ser cumprido.
- Facilita resolução de imprevistos.

E o que um bom orçamento precisa ter?

- Dados do cliente: nome, endereço e telefone. O orçamento deve ser personalizado.
- Dados do pintor: nome, endereço e telefone.
- Tipo de superfície.
- Condições da superfície a ser pintada.
- Preparação da superfície.
- Descrição dos serviços.
- Materiais necessários: produtos, ferramentas, andaime etc.
- Cronograma: datas de início e de entrega da obra.
- Preço do serviço.
- Forma de pagamento.
- Assinaturas: do cliente e do pintor.

> Preços dos serviços

Deve estar claro no orçamento o preço que será cobrado. Especificando a quantia que se refere à mão de obra e a quantia que se refere aos produtos. Citar os nomes dos produtos que serão utilizados. Descrever a forma e o cronograma de pagamento. Para chegar ao preço do serviço, levar em consideração os seguintes pontos:

- Tipo de pintura e os produtos que serão usados (massas, látex, texturas, esmaltes etc.).
- Equipamentos necessários: pintura comum, revólver, andaimes etc.
- Custo calculado em diária ou por mês com transporte, almoço, ferramentas, pagamento de ajudantes etc.
- Tempo de serviço.
- O lucro que você deseja ter.

> Cálculo das quantidades dos produtos

1. Parede, tetos e fachadas

Determinar o total da área:

– Paredes: medir a altura e o comprimento de cada parede.

– Tetos: medir o comprimento e a largura do teto.

– Fachadas: medir a altura e o comprimento de cada fachada (áreas externas).

Depois, multiplicar a altura pelo comprimento (no caso das paredes) ou a largura pelo comprimento (no caso de tetos). O resultado é obtido em metros quadrados (m^2). A área total de um cômodo é a soma das áreas das paredes e do teto.

Não se esqueça de tirar desse total as paredes de azulejos ou qualquer outro espaço que não será pintado. Da mesma forma, serão retiradas da área total as medidas relativas às janelas, portas, vitrais etc.; assim, obtém-se a área real.

A área real é aquela que será pintada. Para o trabalho nessa área, você deve considerar quanto o galão de tinta rende segundo o fabricante. Geralmente, o rendimento é definido em m^2/por galão/por demão. Veja o número de demãos necessárias e calcule com a seguinte fórmula:

$$\text{Consumo de galões} = \frac{\text{área real x número de demãos}}{\text{rendimento por galão e por demão}}$$

Essa fórmula também serve para calcular massas, fundos, seladores, texturas etc.

2. Esquadrias

Grades e portas de ferro ou alumínio, portas de madeira, janelas etc.

Para determinar esses tipos de áreas, você precisa ter em mãos um número chamado fator de correção, conforme a tabela a seguir:

TIPO DE ESQUADRIA	FATOR DE CORREÇÃO
Veneziana metálica (2 folhas)	3
Vitrô basculante	3
Portão com barras lisas (sem enfeite)	3
Grades simples	3
Portões e grades com florões	4
Vitrô tipo "maxim-air"	2
Estruturas metálicas (tipo treliça)	2
Portão de chapa plana	2
Elementos vazados	5
Portas e janelas guilhotina de madeira com batentes	3
Portas e janelas guilhotina de madeira sem batentes	2
Venezianas de madeira	5
Estrutura em arco metálica ou de madeira	2,6

Com base nesses números, identificar aquele correspondente à esquadria a ser medida e executar os passos a seguir:

- Medir o comprimento ou a altura e a largura da peça a ser pintada; multiplicar os valores encontrados para obter a área em m².
- Procurar na tabela o fator de correção e multiplicar a área por esse fator; o resultado será a área real.
- O rendimento da tinta é dado pelo fabricante no rótulo da embalagem, geralmente em m² por galão e por demão.
- Considerar o número necessário de demãos.

Ver o exemplo:

$$\text{Consumo de galões} = \frac{\text{área x número de demãos x fator de correção}}{\text{rendimento de demãos por galão}}$$

Vejamos um exemplo de porta de madeira com batente com altura de 2,10 m e largura de 0,80 m. A área é de 1,68 m². Ao consultar a tabela, vemos que o fator de correção é 3.

Façamos a seguinte conta:

$$\text{Consumo de galões} = \frac{\text{1,68 (área) x 3 (demãos) x 3 (fator de correção)}}{\text{rendimento de demãos por galão}}$$

3. Cálculo da quantidade de produto conforme a especificação da ABNT

A especificação NBR-15079 define a qualidade mínima das tintas látex foscas nos níveis de qualidade Econômica, Standard e Premium; uma das características definidas é o rendimento, que é medido em metros quadrados por litro (m²/L).

Tintas látex Premium	6,0 m²/L
Tintas látex Standard	5,0 m²/L
Tintas látex Econômicas	4,0 m²/L

Para saber a quantidade de tinta látex necessária, basta dividir a área que vai pintar pelo rendimento definido nessa especificação. Exemplo: área = 100 m².

Tintas látex Premium	100:6 = 16,7 L
Tintas látex Standard	100:5 = 20 L
Tintas látex Econômicas	100:4 = 25 L

Esses valores referem-se à quantidade de tinta necessária para pintar uma área de 100 m², e não dependem do número de demãos; dependem do nível de qualidade da tinta.

CORES E HISTÓRIA DAS TINTAS

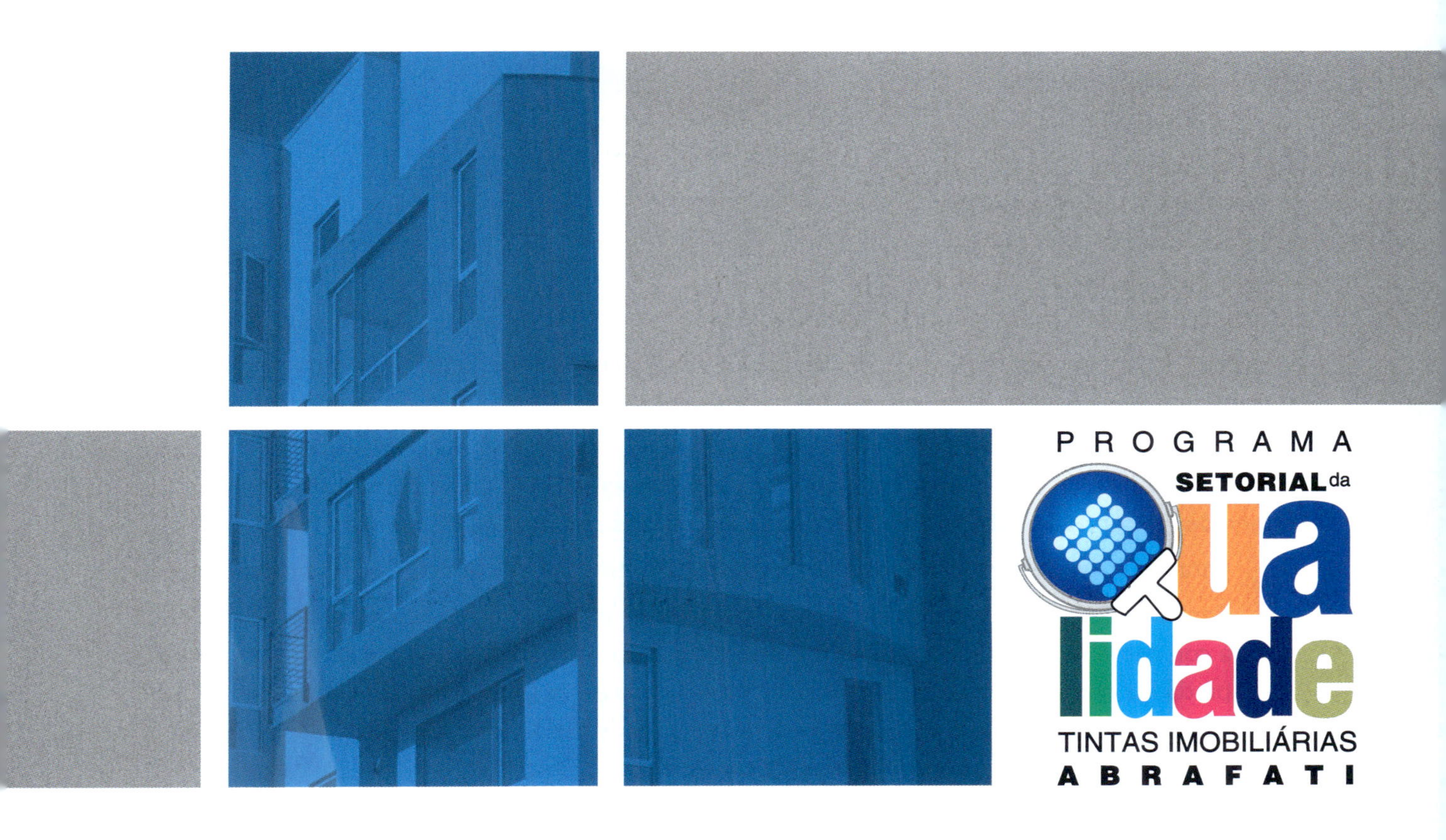

A COR E A PINTURA

Foi dito anteriormente que as tintas têm por finalidade proteger e embelezar produtos industriais, edifícios etc. O embelezamento ocorre principalmente por meio da coloração das superfícies correspondentes.

A pintura é a maneira mais eficiente de colorir o nosso mundo artificial. Essa forma de colorir é pessoal, isto é, a cor final do produto/edifício é escolhida pelo usuário.

A disponibilidade de uma extensa gama de cores por meio do sistema tintométrico das tintas imobiliárias permite que o usuário praticamente personalize o aspecto cromático de sua casa ou de seu apartamento.

O QUE É COR

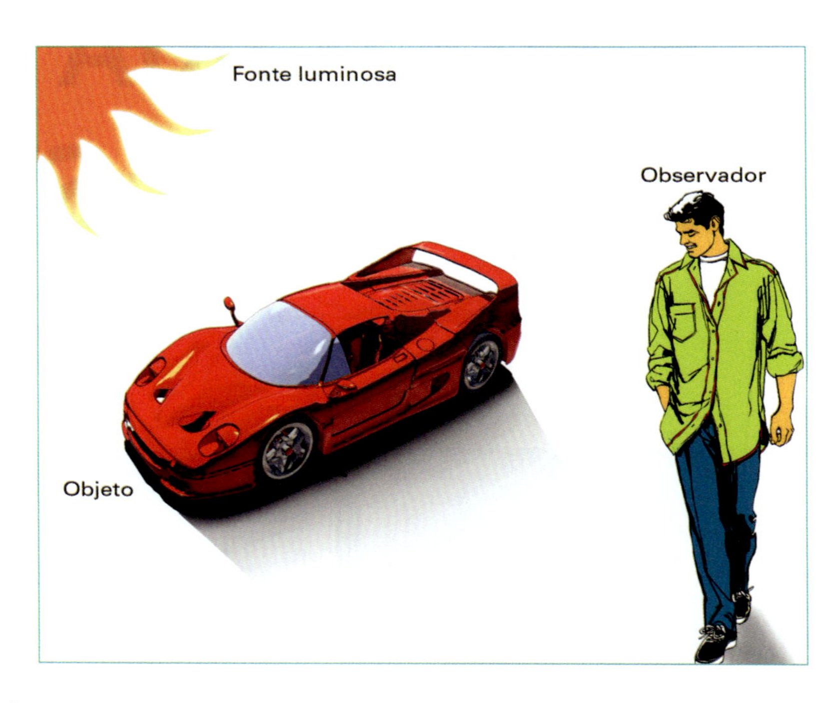

A cor de um objeto pode ser descrita como o efeito das ondas da luz visível que o ilumina. Uma parte dessa luz é absorvida pelo objeto enquanto a outra parte é refletida ou, no caso dos corpos transparentes, o atravessa. A cor desse objeto é o resultado dessa porção de luz refletida ou que passa através dele.

A luz visível é a parte do espectro eletromagnético, e corresponde à região compreendida entre o ultravioleta e o infravermelho, isto é, corresponde à faixa entre os comprimentos de onda de 400 nm a 700 nm.

A luz branca corresponde à luz que contém toda a porção visível do espectro eletromagnético. A decomposição da luz branca de acordo com o comprimento de onda resulta nas cores do arco-íris, isto é, luzes que vão do violeta até o vermelho.

Para visualizarmos a cor, é necessária a presença simultânea de três fatores: fonte luminosa, objeto e observador. A cor de um objeto é determinada sob diversas circunstâncias, como:

- Características da fonte luminosa: fontes de luz diferentes provocam cores diferentes no objeto.
- Características intrínsecas do objeto que se referem à propriedade de absorção da luz incidente: a cor, como foi dito anteriormente, é o resultado da luz refletida por um objeto (corpos opacos) ou da luz que passa através dele (corpos transparentes). Assim, um objeto é amarelo porque a porção da luz refletida corresponde ao comprimento de onda de cor amarela. Quando um corpo absorve toda a luz que incide sobre ele, a cor é preta.
- Características do observador: a percepção de uma mesma cor por diferentes observadores é certamente diferente.

Em resumo: a cor de um objeto depende da fonte luminosa, do objeto e da capacidade de percepção do observador.

A cor é o resultado da presença simultânea desses três fatores: sem luz não há cor, sem o objeto a cor não se manifesta e sem o observador não há a percepção dessa cor.

PERCEPÇÃO VISUAL

Se perguntarmos às pessoas qual é a cor de um determinado objeto, provavelmente obteremos respostas diferentes e vagas.

Algumas pessoas, ao se referirem à cor, o fazem por meio de expressões como azul-piscina, verde-bandeira, amarelo-canário etc. Por vezes, escutamos respostas do tipo: azul-claro, azul-escuro, azul médio etc.

Embora expressem a percepção das pessoas, essas respostas não são suficientes para determinar uma cor.

DIMENSÕES DA COR

A necessidade de organizar um sistema de classificação das cores levou Albert Munsell a definir as três dimensões da cor que constituem um esquema tridimensional: luminosidade, tonalidade e saturação.

> Luminosidade

É a coordenada que vai do branco até o preto mostrando em seus valores intermediários a escala de cinza; ao branco é dado o valor 100 e ao preto o valor 0 (zero). Dessa forma, os cinzas claros têm valores próximos de 100 (90, 85, 80 etc.) e os cinzas escuros, valores próximos de 0 (20, 10, 5 etc.).

> Tonalidade

Distingue entre as cores correspondentes aos diferentes comprimentos de onda da região visível do espectro eletromagnético. Assim, temos azul, amarelo, verde, laranja e vermelho e, evidentemente, todas as cores intermediárias entre as citadas.

> Saturação

Mede a pureza da cor diferenciando cores intensas (puras) de cores sujas, como vermelho-vivo, vermelho-escuro ou vermelho-claro.

Essas três dimensões são associadas a valores numéricos que possibilitam definir quantitativamente uma determinada cor e são fundamentais para a existência dos sistemas de tintas.

SIGNIFICADO DAS CORES

A escolha das cores é fundamental para manter o equilíbrio da casa, podendo influenciar beneficamente os ambientes em que são utilizadas. Cada cor provoca estímulos variados em nosso sistema nervoso, afetando nossas emoções e até o nosso humor.

> Vermelho

É a cor do fogo, da paixão, do entusiasmo e dos impulsos. Estimula movimentos, ajuda a combater o estresse e a falta de energia. Tons avermelhados são indicados em pequenas doses para salas de estar e jantar.

> Amarelo

É a cor do sol, e traz luz para as situações difíceis, ativando o intelecto, a comunicação, a harmonia do todo. É utilizado em áreas de acesso, salões sociais e quartos de estudo. Gera calor e por isso é recomendado para climas frios.

> Violeta

O violeta representa o mistério, expressa sensação de individualidade, de personalidade, e é associado à intuição e à espiritualidade, influenciando emoções e humores. Não é aconselhável pintar o ambiente inteiro com essa cor, mas em um tom mais azulado é ideal para locais de meditação.

> Laranja

É a cor da comunicação, do calor efetivo, do equilíbrio, da segurança, da confiança. É a cor das pessoas que creem que tudo é possível. Estimula o otimismo, a generosidade e o entusiasmo, é a escolha certa para aumentar o apetite. Somada ao azul, gera força. Ideal para salas de estudo e reuniões ou locais em que a família se encontra para conversar.

> Rosa

Relacionada ao coração, ao amor e à alegria. Favorece a empatia e o companheirismo.

> Azul

Transmite seriedade e confiabilidade, fluidez, tranquilidade. É a cor da purificação, do bem-estar e do raciocínio lógico. Favorece paciência, amabilidade e serenidade. Acalma, e por isso é ideal para quartos de crianças e adultos hiperativos.

> Verde

Traz paz, segurança e esperança em abundância, além de confiança, inteligência, movimento e ação. É a cor do desvendar de mistérios, e é indicada para todos os ambientes. No banheiro, é aconselhável ter toalhas ou detalhes de acabamento em verde-vivo, pois é ali que se purifica e energiza o corpo.

> Branco

Contém todas as cores, é purificador e transformador. Representa o amor divino, estimula a humildade e a imaginação criativa, a sensação de limpeza e a claridade. Ótima para qualquer ambiente, mas um local totalmente branco pode resultar em tédio.

> Preto

É a cor do poder. Induz a sensação de elegância e sobriedade. Onde o que está fora não entra e o que está dentro não sai. É a "não cor", a ausência de vibração, a cor das pessoas que buscam proteção ou afastamento. Indicada só para detalhes de acabamento ou objetos, pois pode deixar o ambiente muito escuro.

GUIA DE ORIENTAÇÃO DO USO DA COR

A tinta permite inúmeras possibilidades de criação para inovar a decoração de sua casa. Se você tiver alguma dúvida sobre o resultado, comece usando cores mais suaves com pequenos detalhes em tons intensos. Com o tempo, você vai se surpreender, criando propostas cromáticas cada vez mais ousadas e personalizadas.

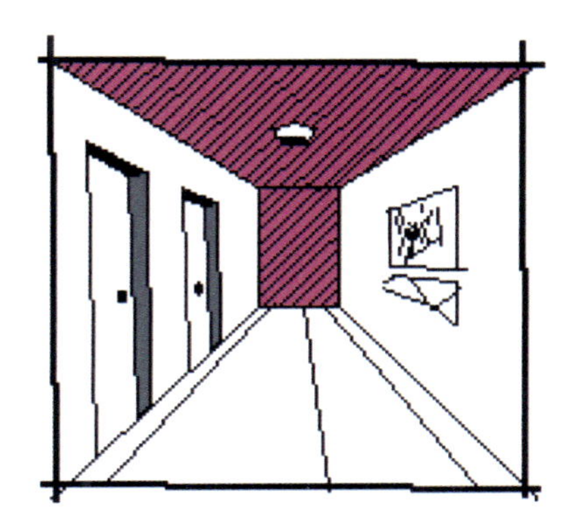

> Encurtar o ambiente

Para uma sala retangular muito comprida, por exemplo, pintar as paredes menores com uma cor mais escura.

> Alongar ambiente quadrado

Aplicar cor mais escura em duas paredes, uma de frente para a outra.

> Esconder objetos

Pintar a parede no mesmo tom do objeto que você quer esconder.

> Destacar objetos

Aplicar uma cor intensa ou contrastante na parede de fundo.

> Rebaixar o teto

Pintar o teto com uma cor mais escura do que a das paredes.

> Elevar o teto

Pintar o teto com uma cor mais clara do que a das paredes.

> Alargar o corredor

Pintar as extremidades do corredor (paredes menores) e o teto com uma cor mais escura do que a das paredes que acompanham o sentido do corredor.

> Alongar a parede

Nesse caso, é fundamental que a parede seja bicolor, com a divisa entre as duas cores à meia altura (nessa separação, pode-se inclusive aplicar um barrado). Na parte de cima da parede, o tom deve ser mais claro do que a cor da parte de baixo.

> Encurtar a parede

Exatamente a situação inversa do item anterior. A parte de cima da parede deve ser de um tom mais escuro do que a cor da parte de baixo.

USOS E TRUQUES

> Atmosfera

Se você quer criar um ambiente luminoso e amplo, utilizar cores frescas e neutras. Para uma atmosfera aconchegante, tons acolhedores, levemente acinzentados, como terracotas e mostardas. Para a atmosfera de serenidade, tons calmos. E para um clima intenso, cores vibrantes e esquemas contrastantes são a escolha certa.

> Em direção ao sol

Uma boa ideia antes de decidir entre esquemas de cores ou sensações é passar um tempo maior no ambiente que se pretende pintar; dessa forma, é possível saber quanto de luz natural entra na casa. Pouca luz solar tornará o ambiente frio e escuro. Abusar das cores frescas para iluminar os espaços. Quando o ambiente recebe bastante luz natural, cores aconchegantes mais intensas criarão uma atmosfera equilibrada.

> Luminosidade

O tamanho de janelas e portas define a quantidade de luz solar que entrará na casa; porém, é necessário considerar também o tipo de luz artificial que será utilizada, analisando o efeito da cor escolhida durante o dia e à noite.

> Influências das cores

Dificilmente começamos uma pintura com o espaço completamente vazio. Tapetes, cortinas e pisos existentes podem ser muito caros para serem substituídos, mas podem ser coordenados e misturados ao esquema novo de cores. Por exemplo, você pode aplicar na parede uma cor complementar à cor das cortinas. Outra questão importante é: há alguma característica arquitetônica (rodapé, tetos, molduras de quadros, móveis, lareiras, molduras de gesso etc.) em seu ambiente que seja interessante realçar em seu esquema de cores?

> Destaques

As características criam o estilo. Este pode ser clássico, contemporâneo e moderno, e você pode completar o estilo escolhido usando cores e sensações adequadas.

COMO SUGERIR CORES

Como tudo na decoração, a cor também é um elemento pessoal que pode e deve ser usado para alegrar, acalmar e integrar as pessoas que convivem em um mesmo ambiente. Se gostamos de uma cor, pode ser porque ela exerce grande influência sobre nós – e deveríamos procurar descobrir a razão disso para, assim, usufruir o bem que as cores nos fazem.

Pintar um imóvel ou um simples ambiente é a forma mais rápida e barata de renovar, valorizar e proteger.

Com os tons pastéis, não corremos o risco de errar na combinação. Porém, deixamos de usufruir as sensações que as cores possuem, pois esses tons emanam menos quantidade de energia. Experimente! Cor é alegria!

> Reconhecer o ambiente

- Definição dos objetivos: estéticos e funcionais.
- Classificação dos ambientes segundo o tempo de permanência dos usuários:
  a) Ambientes de longa permanência: usuários mais afetados pelo ambiente.
  b) Ambientes de curta permanência: usuários menos afetados pelo ambiente.
- Conhecer as atividades a serem exercidas no ambiente.

- Identificar os usuários: quantidade de pessoas, quem são os prioritários, faixa etária, aspectos culturais, influências regionais e aspectos psicológicos envolvidos.
- Estudar a questão do conforto da iluminação no ambiente em função dos objetivos.
- Levantar as cores disponíveis em função dos materiais adotados.

> Abordagem por ambientes

a) **Hospitais:** diversidade de funções e ambientes; diversidade de usuários (funcionários, médicos, pacientes e parentes); caracterização das atividades ali exercidas, tendo a cor como instrumento de auxílio no desenvolvimento das diversas funções. Em ambientes de internação, como quartos e enfermarias, priorizar as cores aconchegantes. Salas de cirurgia pedem concentração e as cores calmas são as mais indicadas. Salas de exames pedem cores frescas, que ajudam a distribuir a iluminação. Nos consultórios e áreas de circulação, as cores podem ter uma combinação cromática mais alegre, com detalhes vibrantes, aumentando o bem-estar.

b) **Escolas:** composições cromáticas de acordo com a faixa etária dos alunos; saturação de cores conforme a idade, visando facilitar aspectos de concentração. Nas salas de aula e em bibliotecas, cores calmas induzem à concentração e à criatividade. Nas áreas de circulação, utilizar cores vibrantes para influenciar a atividade e a interação.

c) **Restaurantes:** análise da tipologia do local (*fast-food*, regional, clássico, choperia) voltada ao estímulo visual e ao tempo de permanência exigido. É importante frisar que cores vibrantes e muito intensas podem deixar o ambiente cansativo. Optar por cores quentes e aconchegantes quando o objetivo for fazer com que as pessoas permaneçam um período maior de tempo no local.

d) **Residências:** preferências e características do morador, visando diferentes sensações. Consultar o item sobre cores e ambientes.

e) **Indústrias:** utilização de cores no auxílio e no aumento da produtividade. Em ambientes administrativos, cores frescas deixam o ambiente agradável e favorecem a criatividade. Áreas de produção podem possuir detalhes vibrantes para estimular as atividades.

CORES E AMBIENTES

Ao usarmos cores em nossos ambientes, devemos considerar que elas nos afetam diretamente. Portanto, devemos eleger uma cor predominante, escolhida de acordo com a utilidade do espaço e com a sensação que desejamos provocar, usando em alguns detalhes, como tecidos e adornos, tons dessa mesma cor, ou contrários, ou complementares.

> Hall de entrada e escadaria

O hall de entrada e a escadaria constituem lugares em que a maioria dos visitantes obtém a primeira e, quase sempre, mais forte impressão de uma casa. Normalmente, esses ambientes são bem iluminados e arrumados, e por isso pode-se utilizar neles uma grande quantidade de cores, desenhos e texturas sem a preocupação com complicações ligadas ao mobiliário e aos acessórios. Dar preferência a tonalidades quentes e aconchegantes, que "convidam" as pessoas a entrar na casa.

> Sala de estar

A sala de estar é onde muitas pessoas passam boa parte de seu tempo quando estão em casa, e por isso deve receber a maior atenção no que se refere à decoração: esses ambientes são normalmente os mais espaçosos, mais bem iluminados e bem mobiliados. Uma combinação de cor adequada deverá criar um conjunto harmônico em que se pode viver alegremente e desfrutar durante alguns anos, até que se deseje fazer mudanças. Cores aconchegantes ou vibrantes em tonalidades de amarelo e laranja melhoram a comunicação entre as pessoas. Evitar cores muito frias, como tons acinzentados.

> Estúdio e escritório

Os estúdios são ambientes visualmente "cheios", com pilhas de livros, arquivos, mesas de trabalho e lâmpadas direcionais. As cores devem induzir a concentração e ser vibrantes e estimulantes sem incomodar, ou calmas e oferecer uma luminosidade limpa. Se desejar celebrar reuniões de trabalho em casa, seu estúdio deve oferecer um local adequado. Os ambientes de trabalho, por outro lado, são espaços essencialmente práticos: as pinturas devem ser duradouras e geralmente neutras para que os objetos se destaquem claramente perante elas, sem ser opacas, negativas ou deprimentes. Cores frescas em tons de amarelo luminoso, verde e marrons calmos induzem à concentração, e, portanto, são indicados para esses ambientes.

> Cozinha

Mesmo sendo lugares principalmente práticos, as cozinhas têm um potencial decorativo imenso. Do ponto de vista de estilo, existem poucos limites com respeito a cores; os revestimentos e os móveis pintados combinam muito bem nesses ambientes. Sem dúvida, deve-se lembrar de que as superfícies pintadas nas cozinhas devem ser duráveis e fáceis de limpar, já que esses ambientes estão sujeitos a temperaturas extremas, vapor e umidade. Detalhes em tons vibrantes como laranja, amarelo e terracota favorecem o apetite.

> Sala de jantar

Formais ou informais, as salas de jantar oferecem quase tantas possibilidades decorativas quanto as cozinhas. Elas podem oferecer um aspecto rústico ou real, de uma elegância relaxante ou serem cômodas e familiares. Porém, pense em quando e como vão ser utilizadas: pela tarde e à noite, ou para a diversão com a família ao longo de todo o dia, já que isso influenciará a escolha da pintura. As salas de jantar são lugares apropriados para móveis e acessórios pintados. Escolher cores aconchegantes se desejar estimular o apetite; as cores calmas são ideais para quem faz dieta.

> Dormitório

Os dormitórios são, com frequência, os ambientes mais difíceis de decorar. São espaços privados e íntimos: nosso refúgio pessoal do mundo exterior. Também são os lugares aos quais nos retiramos quando nos encontramos bem. Idealmente, deveriam ser relaxantes e ligeiramente estimulantes ao mesmo tempo. Isso pode parecer difícil, porém, com algumas cores, como o azul-escuro em tonalidades calmas ou aconchegantes, podemos cumprir ambos os objetivos. Com relação a isso, podemos recordar que um vermelho intenso ou amarelo brilhante podem parecer maravilhosos quando se vai dormir depois de uma festa, mas podem ser horríveis quando se acorda de manhã.

> Banheiro

Nos banheiros, é possível aplicar uma gama de efeitos de pintura, como marmorizado, *stêncil* ou *tromp l'oeil* para criar um aspecto exuberante e encantador. Porém, em banheiros pequenos existem limitações como falta de espaço, de luz e a necessidade de superfícies que devem ser tanto duráveis quanto resistentes ao vapor. Um enfoque imaginativo assegura que esses aparentes problemas se convertam em vantagens. Utilizar cores frescas e luminosas para ter a sensação de um espaço mais amplo.

> Exteriores

Ainda que um acabamento resistente possa ser o objetivo principal ao pintar o exterior de uma edificação, as possibilidades decorativas são imensas. As cores e os efeitos normalmente serão escolhidos de acordo com o clima, a forma, a proporção e a época da construção da edificação. As cores brilhantes oferecem um aspecto melhor em portas e janelas. Quando se trata de grandes fachadas, principalmente as de face norte, é sempre recomendado utilizar cores "sujas" ou "derivadas do óxido", pois são cores mais resistentes que tenderão a desbotar muito menos quando comparadas a cores limpas, como vermelhos e amarelos limpos e profundos.

CORES PARA SEGURANÇA (NBR-7195)

> Branco

Assinala a localização de coletores de resíduos, bebedouros, áreas em torno de equipamentos de emergência.

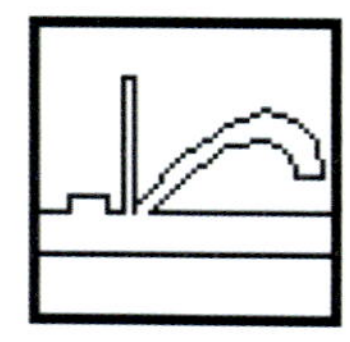

> Amarelo

"Cuidado!" Usado em corrimão, parapeitos, diferenças de nível, faixas de circulação, equipamentos de transporte e movimentação de materiais (empilhadeiras, pontes rolantes, tratores, guindastes etc.), cavaletes, partes salientes, avisos e letreiros.

> Preto

Identifica coletores de resíduos.

> Vermelho

Distingue e indica locais, equipamentos e aparelhos de proteção para combate a incêndio. Portas e saídas de emergência.

> Laranja

Indica “perigo”. Identifica partes móveis e perigosas de máquinas e equipamentos.

> Verde

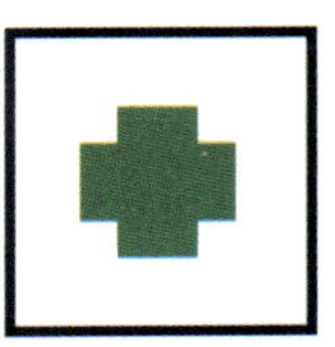

“Segurança”. Identifica portas de atendimento de urgência, caixas de primeiros socorros, faixas de delimitação de áreas de vivência de fumantes, de descanso etc.

> Azul

Indica ação obrigatória, como determinar o uso de EPI ou impedir a movimentação ou a energização de equipamentos (“não acione”).

A NBR-7195 especifica as cores citadas de acordo com escala Munsell.

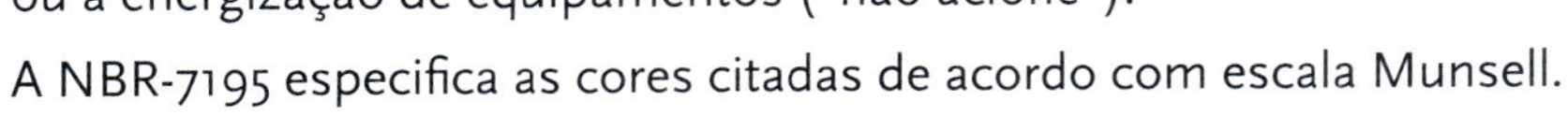

CORES PARA TUBULAÇÕES (NBR-6493)

> Vermelho

Água e substâncias para combate a incêndio.

> Azul

Ar comprimido.

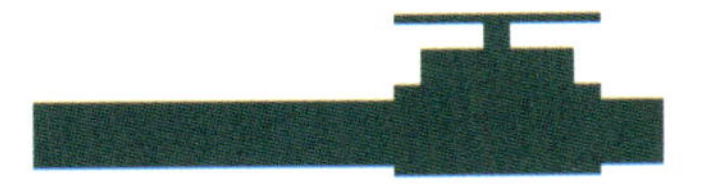

> Verde

Água, exceto aquela destinada a combater incêndio.

> Preto

Inflamável e combustíveis de alta viscosidade (óleo combustível, óleo lubrificante, asfalto, alcatrão, piche etc.).

> Amarelo

Gases não liquefeitos.

> Laranja

Produtos químicos não gasosos.

> Marrom

Materiais fragmentados (minérios).

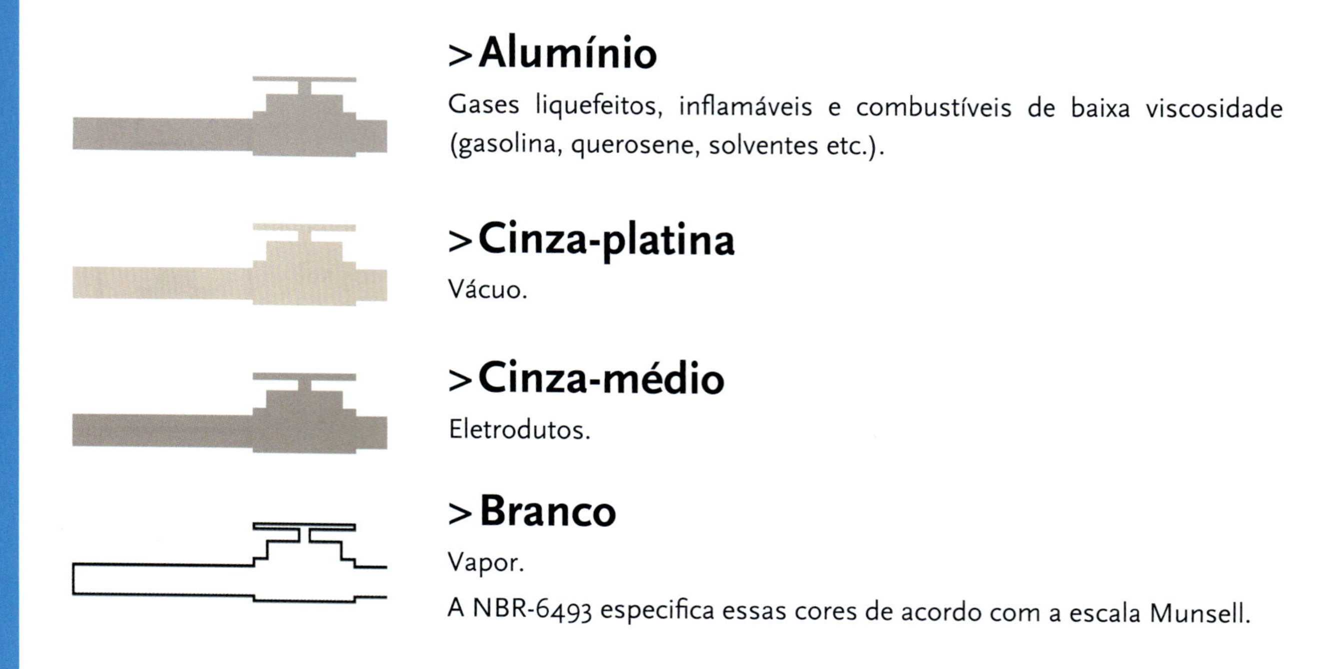

>Alumínio

Gases liquefeitos, inflamáveis e combustíveis de baixa viscosidade (gasolina, querosene, solventes etc.).

>Cinza-platina

Vácuo.

>Cinza-médio

Eletrodutos.

>Branco

Vapor.

A NBR-6493 especifica essas cores de acordo com a escala Munsell.

SISTEMA TINTOMÉTRICO

Pintar é a forma mais rápida e barata de decorar.

O sistema tintométrico permite rapidez, precisão e reprodutibilidade na obtenção, no ponto de venda, de mais de centenas, e até milhares, de cores nos principais produtos (látex, esmaltes, texturas etc.).

O sistema tintométrico é composto por bases e corantes especiais. As bases diferem por marca de produto e os corantes são universais, isto é, servem para todos os produtos inseridos no sistema.

O equipamento que compõe o sistema tintométrico é formado por:

a) Computador tipo PC em que estão armazenadas todas as informações (fórmulas, instruções de operação etc.) e o programa que controla a operação (seleção da base, seleção e medição dos corantes etc.).

b) Bombas dosadoras de alta precisão para medir as quantidades dos corantes necessários para cada cor.

c) Agitador para homogeneizar o conteúdo da embalagem.

d) Cartelas de cores e displays.

Por vezes, o equipamento possui um espectrofotômetro acoplado que permite a formulação de qualquer cor e a sua reprodução no sistema tintométrico.

Para cada produto/cor há uma fórmula que indica os corantes, as respectivas quantidades e a base correspondentes.

As quantidades de corantes que serão adicionadas dependem, para cada produto, da embalagem selecionada: lata de 18 L, galão, 0,9 L etc.

> Vantagens

- Imensa gama de cores e tonalidades.
- Disponibilidade imediata de cores e tonalidades em diferentes produtos.
- Possibilidade de combinação de cores entre móveis, paredes, carpetes e outros itens de decoração.
- Diferenciação na decoração de ambientes.
- Uma opção versátil de decorar ou redecorar o lar com um excelente custo-benefício.
- Produtos disponíveis para pronta entrega.

O custo-benefício de uma reforma e o de uma pintura são muito diferentes.

Importante

Cada fabricante de tintas tem o seu próprio sistema tintométrico, o que significa que os sistemas tintométricos existentes em um determinado ponto de venda são diferentes um do outro se forem de fabricantes distintos.

Nunca utilizar componentes de um determinado sistema tintométrico (fabricante A) em outro sistema tintométrico (fabricante B); os resultados serão negativos, pois não há certeza de compatibilidade. Além disso, perde-se a garantia da qualidade. Por exemplo, nunca utilizar bases do fabricante A com concentrados do fabricante B.

DÚVIDAS E RESPOSTAS

Nesta seção, responderemos a algumas dúvidas mais frequentes.

O uso de fundos ou seladores sobre a massa é obrigatório?

O uso dos fundos ou seladores sobre as massas tem a função de uniformizar a absorção e economizar acabamento, o que resulta em maior rendimento. Esse uso é recomendado, porém, não é obrigatório.

A tinta acrílica pode ser aplicada pura, sem diluição?

Não, pois a diluição correta do produto aumentará sua aderência e ajudará seu alastramento, tornando o acabamento mais bonito, além de facilitar sua aplicação. Faça a diluição conforme recomendado pelo fabricante.

A tinta acrílica pode ser aplicada sobre massa niveladora para alvenaria (massa corrida) para interiores?

Sim, desde que a massa para interiores esteja totalmente seca, lixada, sem pó e aplicada em superfícies internas. Para aplicação de acabamentos acrílicos acetinados ou semibrilho, recomendamos utilizar o líquido selador pigmentado diluído, conforme indicado pelo fabricante, sobre massa niveladora para alvenaria (massa corrida) para interiores, obtendo assim um acabamento de alto padrão.

É necessário aplicar fundo preparador para paredes sobre a tinta antiga?

Se a tinta antiga apresentar calcinação, bolhas ou descascamentos, é necessário. Porém, caso a tinta esteja em perfeitas condições, o fundo pode ser dispensado.

Os produtos à base de látex (acabamentos, fundos e massas) podem ser aplicados sobre a madeira?

Os produtos à base de látex (aquosos) não devem ser aplicados em madeira, pois o contato com o solvente (água) causa dilatação nas fibras da madeira, ocasionando trincamentos e descascamentos na pintura.

O que é o verniz filtro solar?

O filtro solar é um verniz aditivado, que funciona como um protetor solar para a pele, filtrando e/ou absorvendo os raios ultravioleta do sol, evitando que eles ataquem a madeira.

Qual tinta é recomendada para a pintura interna de caixas d'água?

A pintura vai ficar em contato com água potável, e por isso não deve ser tóxica. Existem sistemas especiais de pintura para tal finalidade. Consulte o fabricante de sua preferência entre aqueles mencionados neste livro. Nunca utilize produtos comuns para tal pintura!

O thinner pode ser utilizado para diluir tintas esmalte e à base de óleo ou vernizes?

O thinner nunca deve ser utilizado como solvente porque causará problemas, como esbranquiçamento, enrugamento e descascamento da película de tinta.

A pintura sobre papel de parede é recomendada?

Não é recomendada, a maioria dos papéis de parede não propiciam a aderência necessária para os produtos, causando, com o passar do tempo, descascamento da tinta aplicada. Entretanto, existem alguns tipos de papéis de parede que podem receber aplicação de tintas látex, neste caso proceder realizando a preparação do substrato da mesma forma que em repintura.

Qual tinta deve ser usada na pintura de uma superfície de fórmica?

Qualquer tinta pode ser usada, desde que se use um fundo apropriado para proporcionar aderência. Consulte o fabricante de sua preferência para a obtenção das informações necessárias.

Qual tinta é recomendada e qual é o procedimento para pintar tubos de plástico PVC?

Os esmaltes sintéticos e as tintas látex podem ser usadas. Para usá-los, é só lixar a superfície, limpar bem e aplicar o acabamento.

O verniz marítimo ou filtro solar são recomendados para a pintura de decks de piscina ou embarcações?

Os fabricantes apontados neste livro podem indicar qual o sistema de envernizamento dessas superfícies. Entretanto, de uma forma geral, o verniz marítimo ou o filtro solar da linha imobiliária não são apropriados para essas finalidades. Recomenda-se verificar com os fabricantes participantes do PSQ.

O que é acabamento acetinado?

É o acabamento que possui brilho intermediário entre fosco e semibrilho. Sua intensidade de brilho tem a capacidade de disfarçar ou não revelar imperfeições da parede, propiciando ainda facilidade na hora da limpeza.

É possível executar a pintura após a retirada do papel de parede?

Sim, desde que as superfícies recebam o tratamento específico para isso: a cola utilizada para a fixação do papel deve ser totalmente eliminada, tratando a superfície como repintura de alvenaria.

O que são stains?

Os stains possibilitam acabamentos protetores para madeira, podendo ser classificados em stains preservativos e stains de acabamento. São impregnantes formulados para a aplicação em áreas externas de intensa exposição ao tempo, mas também podem ser utilizados em ambientes internos.

O acabamento respectivo é caracterizado pela facilidade de manutenção, uma vez que não trinca e nem desprende da madeira na medida em que envelhece.

O acabamento, depois de muito tempo, esmaece, e nesse ponto pode-se fazer nova aplicação de stain, sem problemas.

Os stains possuem filtro solar?

Os stains possuem filtro solar e outros aditivos para proteger a madeira contra a umidade. Os stains preservativos possuem fungicidas para a proteção contra fungos e algas que atacam a madeira.

Os stains podem ser usados na pintura de decks de piscina?

Sim. Eles são indicados para acabamentos de todos os tipos decks.

Pretendemos, nesta seção, esclarecer as dúvidas sobre os termos mais comuns utilizados por quem trabalha diariamente com pintura.

Estabilidade: capacidade que o produto possui de se manter uniforme em aparência e desempenho.

Evaporação: fenômeno físico no qual, à temperatura ambiente e sem fornecimento de calor, um líquido passa lenta e espontaneamente ao estado gasoso.

Exaustão: retirada das partículas suspensas no ar por sucção.

Fibrocimento: material produzido a partir de uma liga de cimento, resistente ao calor e à umidade.

Fissuras: são trincas estreitas, rasas e descontínuas.

Filme de tinta: película formada após a secagem da tinta e o respectivo revestimento.

Fungicida: substância que destrói fungos.

Fungos: grupos de seres vivos vegetais que se desenvolvem em condições favoráveis, principalmente em climas quentes, úmidos, mal ventilados ou mal iluminados.

Gama: opções; variações.

Grana: unidade utilizada para identificar a textura das lixas.

Hidrorrepelência: propriedade de repelir (não aceitar) a água.

Homogênea: igual; uniforme.

Homogeneizar: misturar bem a tinta até termos uma única fase.

ISO: Organização Internacional de Normatização (do inglês International Organization for Stardization).

Impermeabilizar: tornar impermeável, ou seja, que não deixa absorver fluidos, especialmente água.

Inalação: absorção de vapores pelas vias respiratórias.

Incidência: ocorrência.

Incinerar: queimar até reduzir a cinzas.

Inertes: sem atividade.

Inflamável: que pega fogo.

Ingerir: engolir.

Intempérie: ação promovida pelo tempo (chuva, sol, vento, maresia) que provoca deterioração das películas de tinta.

Lavabilidade: Capacidade de uma tinta de resistir à limpeza com agentes químicos de uso doméstico.

Líquidos voláteis: líquidos que evaporam com facilidade.

Microbicida: aditivo utilizado para combater e prevenir a formação e a proliferação de fungos, mofo e bactérias em uma pintura e para preservar o produto na embalagem.

Migrar: sair de um local e ir para outro.

Mofo: similar a bolor.

Monocromático: utilização de uma única cor e seus diversos tons.

Nivelamento: película uniforme que ocorre quando as marcas de pincel ou rolo, após a secagem da tinta, desaparecem.

Partículas desagregadas: material em forma de pó que se soltam da superfície.

Película sólida: camada de tinta seca (pele fina) aplicada sobre uma superfície.

Pigmentos: Partículas sólidas, totalmente insolúveis no veículo, utilizadas para conferir cor, cobertura e poder de enchimento na formulação de tintas e complementos.

Pigmentos inorgânicos: classe de pigmentos que apresentam uma predominância de elementos metálicos em sua composição.

Pigmentos orgânicos: classe de pigmentos que apresentam uma predominância de carbono em sua composição, com exceção dos compostos derivados do gás carbônico (carbonatos) e do pigmento "negro de fumo", que, apesar de ser 100% carbono, é classificado como pigmento inorgânico.

Pintabilidade: facilidade de aplicação. A tinta deve espalhar-se com facilidade, sem resistir ao deslizamento do pincel ou rolo.

Poeirento: coberto por pó.

Polimeração por oxidação: reação com o oxigênio do ar. Este é o processo de formação de filme dos esmaltes sintéticos, vernizes, alguns complementos à base de solvente etc.

Poroso: que possui poros.

Preservante: aditivo utilizado para proteger as tintas no armazenamento contra a ação de micro-organismos.

Primer: denominação utilizada para definir o produto aplicado geralmente antes da tinta de acabamento, e que tem por finalidade uniformizar a absorção e dar proteção contra a corrosão.

Proteção por barreira: seu princípio baseia-se na película de tinta sólida que se forma entre a superfície e o meio ambiente, isolando a superfície da ação de agentes destrutivos como sol, chuva, vento, neve, umidade, poeira, radiações e outros, eliminando ou minimizando, assim, a deterioração dos materiais.

Pulverização: aplicação de uma camada fina de produto com o auxílio de um equipamento com pressão (revólver de pintura, por exemplo).

Pulverulento: superfície com muito pó ou poeira.

PVA: polivinil acetato ou acetato de polivinila ou acetato de vinila polimenizado.

Radiações: transmissão de energia através do espaço.

Reboco: argamassa de cal, cimento e areia que se aplica em uma parede embocada a fim de prepará-la para o revestimento.

Remoção: retirar; fazer desaparecer.

Rendimento: medida que exprime a quantidade de produto a ser consumido em uma determinada área.

Resinas: de natureza diversa, são responsáveis pela formação da película sólida e pelas principais características de uma tinta, como secagem, brilho, aderência, resistência, durabilidade etc.

Resinoso: que possui uma resina.

Respingos: pequenas gotas, pingos.

Resíduos: restos; sobras.

Rugosidade: superfície não uniforme, que apresenta picos e vales.

Sais solúveis: sais presentes nos pigmentos ou na superfície da alvenaria; solubilizam-se (misturam-se) com água, saindo do filme.

Saponificação: reação que ocorre entre uma superfície com alcalinidade alta e a umidade, afetando o filme da tinta à base de resina alquídica.

Secagem: processo em que ocorre a formação de película da tinta. Não deve ser tão rápida e tampouco lenta. Deve permitir o espalhamento e os repasses uniformes.

Secantes: aditivos utilizados em esmaltes sintéticos que promovem o processo de secagem.

Sedimentação: parte sólida da tinta que se acumula ao fundo da embalagem.

Selar: deixar a superfície com a mesma absorção; diminuir a absorção da tinta pela superfície.

Separação do veículo: separação de parte da fase líquida da tinta, que fica na superfície.

Sistema tintométrico: sistema computadorizado capaz de produzir infinitas combinações de cores em questão de minutos.

Solventes: líquidos voláteis, cujas principais funções são: facilitar a formulação, conferir viscosidade adequada para a aplicação da tinta e contribuir para o nivelamento e a secagem.

Subsequente: que se segue imediatamente a outro no tempo ou no espaço; imediato.

Substâncias sólidas: componentes das tintas que, após a evaporação dos solventes, serão os responsáveis por formar a película.

Substâncias solúveis: aditivos presentes nas tintas que se solubilizam (misturam) com água ou solvente.

Substrato: tipo de superfície.

Textura: superfície ou acabamento com massa que resulta em relevos; tipo de superfície.

Tinta: composição química pigmentada, que após a aplicação se converte em um revestimento decorativo que dá às superfícies acabamento, resistência e durabilidade.

Tixotropia: processo pelo qual tintas bem encorpadas, após homogeneização, ficam mais fluidas (líquidas) e, no repouso, voltam a encorpar novamente.

Tonalidade: subgrupo de uma cor.

Toxicidade: capacidade de causar intoxicação em organismos vivos.

Transferência: capacidade que a tinta possui de passar do equipamento com o qual está sendo aplicada para a superfície.

Uniformidade: igualdade.

Uniformizar: igualar, tornar semelhante.

Veículos: responsáveis pela formação da película sólida e pelas principais características de uma tinta, como secagem, brilho, aderência, resistência, durabilidade etc.

Viscosidade: resistência à fluidez.

Viscoso: espesso, de alta resistência à fluidez.

Volátil: que sofre evaporação.

RÓTULOS

PARTE 2

ÍNDICE DE FABRICANTES

ÍNDICE DE PRODUTOS POR FABRICANTE

CORAL

ALESSI
A tinta que dura

ANJO
TINTAS

ARGALIT

Tintas
Elit

TINTAS
Ciacollor
qualidade e economia

TINTAS
DACAR

FIBRA COLT

TINTAS
fortex
Resistência a toda prova

Futura
tintas

Mais Qualidade. Mais Tecnologia.

Tintas e Resinas
Hydronorth
Preservando o seu bem estar

ibratin®
Tintas e Texturas

DESDE
1977

Iquine

TINTAS
Irajá

TINTAS
Killing

LEINERTEX
A EVOLUÇÃO DA TINTA

TINTAS LUZTOL

Tintas
Maza
Paixão por Qualidade

montana
Montana Química S.A.

Qualyvinil
TINTAS

TINTAS
Real
O colorido da vida começa aqui.

TINTAS
RENNER
by PPG

Resicolor
Tintas

Revprol
Tintas e Revestimentos Acrílicos

SAYERLACK
SOLUÇÕES PARA MADEIRAS

Tintas
Sherwin Williams
COBREM A TERRA

Suvinil

UNIVERSO
TINTAS

CONFIANÇA: NOSSA HISTÓRIA

ÍNDICE DE PRODUTOS POR TIPO DE SUPERFÍCIE

ALVENARIA > ACABAMENTO

METAIS E MADEIRA > COMPLEMENTO

MADEIRA > ACABAMENTO

MADEIRA > COMPLEMENTO

METAL > ACABAMENTO

METAL > COMPLEMENTO

OUTRAS SUPERFÍCIES

OUTROS PRODUTOS

Tornar a vida das pessoas mais agradável e inspiradora – esse é o grande objetivo da AkzoNobel. Líder global em tintas e revestimentos, e uma das principais produtoras de especialidades químicas do mundo, a empresa fornece ingredientes, proteção e cor essenciais tanto para indústrias quanto para consumidores.

Seus produtos inovadores e suas tecnologias sustentáveis são concebidos para atender às demandas crescentes do planeta em rápida transformação. Classificada como uma das líderes em sustentabilidade, a AkzoNobel está comprometida em energizar cidades e comunidades, criando um mundo protegido e colorido, onde as pessoas são empoderadas para melhorar suas vidas a partir de suas ações. Com sede em Amsterdã, na Holanda, emprega aproximadamente 46 mil pessoas em 80 países, e seu portfólio inclui marcas conhecidas, como Sikkens, International, Interpon e Eka. No Brasil, na divisão Tintas Decorativas, destacam-se Coral e Sparlack.

A Coral, marca que atua no mercado brasileiro há mais de 60 anos, é reconhecida por inovação, tecnologia e satisfação de seus clientes. Sua expertise em cores resultou no desenvolvimento de ferramentas revolucionárias que auxiliam na escolha e na combinação de tons, como o app Coral Visualizer, decorador virtual de realidade aumentada que pode ser baixado gratuitamente, e o Colour Futures, estudo internacional de tendências de cores. Sua paleta é a mais completa do mercado, com 2.079 tons. A marca, aliás, foi pioneira ao trazer, além de códigos, os nomes das cores. A Coral ultrapassou as fronteiras da indústria química e consolidou-se como geradora de tendências nas áreas de arquitetura, decoração, design e moda. Dentre seus produtos, vale destacar: Decora, Proteção Sol & Chuva, Coralit Zero e Acrílico Total.

Já a Sparlack está presente no mercado de vernizes e stains há mais de 80 anos. Uma marca sólida e com tanta história só poderia ser líder no segmento de vernizes e contar com a maior e mais completa linha de produtos de proteção para madeiras. E mais: a alta tecnologia empregada garante a maior durabilidade possível. Em consonância com os conceitos de sustentabilidade da AkzoNobel, a marca possui amplo portfólio de produtos à base d'água, com teor residual mínimo de voláteis orgânicos e baixo nível de emissão de CO_2. Dentre eles, são destaques: Cetol Base Água, Stain Plus Base Água e Extra Marítimo Base Água.

CERTIFICAÇÕES

INFORMAÇÕES DE SERVIÇO AO CONSUMIDOR

A empresa dispõe de Serviço de Atendimento ao Consumidor pelos canais:
Telefone: atendimento das 8h às 17h, de segunda a sexta-feira, exceto feriados.
Endereço para correspondência: Avenida Papa João XXIII, 2.100 – Sertãozinho – Mauá (SP) – Brasil

www.akzonobel.com/br

SAC 08000-11-7711

Acrílico Total 1

O Acrílico Total é uma tinta de acabamento fosco com excelentes resistência e cobertura que ajuda a deixar sua casa com aspecto de nova por mais tempo. É um produto de desempenho superior, indicado para ambientes externos e internos. Possui maiores cobertura, resistência e lavabilidade. É o produto da Coral desenvolvido para o profissional de pintura.

USE COM: Massa Acrílica; Acrílico Total Semibrilho

Embalagens/rendimento

Lata (18 L): até 380 m²/demão.
Lata (16 L): até 338 m²/demão.
Galão (3,6 L): até 76 m²/demão.
Galão (3,2 L): até 68 m²/demão.
Quarto (0,8 L): até 16,9 m²/demão.

Aplicação

Utilizar rolo de lã de pelo baixo, pistola, pincel ou trincha. Normalmente, com 2 a 3 demãos, consegue-se um excelente resultado, porém, dependendo do tipo de superfície e da cor utilizada, pode ser necessário um número maior de demãos.

Cor

Disponível em 20 cores prontas e no sistema tintométrico

Acabamento

Fosco

Diluição

Diluir de 10% a 20% para todas as superfícies. Para aplicação com pistola, indicamos diluição de 30%.

Secagem

Ao toque: 30 min
Entre demãos: 4 h
Final: 4 h

Decora Acrílico Premium 2

Decora é um acrílico premium sem cheiro e indicado para ambientes internos e externos. Possui fácil aplicação, alta cobertura, acabamento perfeito e coleção de cores exclusivas. Coral Decora ajuda a deixar a casa com a sua cara, porque a cor da parede é um elemento de decoração muito importante para criar o ambiente que você tanto deseja, com o seu toque pessoal.

USE COM: Selador Acrílico; Fundo Preparador Base Água

Embalagens/rendimento

Lata (18 L): até 340 m²/demão.
Lata (16 L): até 300 m²/demão.
Galão (3,6 L): até 68 m²/demão.
Galão (3,2 L): até 60 m²/demão.
Quarto (0,8 L): até 15 m²/demão.

Aplicação

Utilizar rolo de lã de pelo baixo, pistola, pincel ou trincha. Normalmente, com 2 a 3 demãos, consegue-se um excelente resultado, porém, dependendo do tipo de superfície e da cor utilizada, pode ser necessário um número maior de demãos.

Cor

Disponível em 8 cores prontas e no sistema tintométrico. Além disso, possui uma cartela exclusiva, contendo 140 cores em 7 estilos de decoração

Acabamento

Fosco e semibrilho

Diluição

Diluir 20% para todas as superfícies.

Secagem

Ao toque: 30 min
Entre demãos: 4 h
Final: 4 h

1 2 Preparação inicial

Gesso, concreto ou blocos de cimento: lixar e eliminar o pó com pano úmido. Aplicar o Fundo Preparador de Paredes da Coral, exceto sobre gesso corrido. Neste caso, deve-se aplicar Direto no Gesso da Coral. **Reboco novo:** aguardar, no mínimo, 30 dias. Depois disso, lixar e eliminar o pó com pano úmido. Aplicar o Selador Acrílico da Coral para paredes externas e internas. Caso não seja possível aguardar os 30 dias e a secagem total do reboco, aplicar o Fundo Preparador de Paredes da Coral. **Reboco fraco, paredes pintadas com cal ou que tenham partes soltas:** remover as partes soltas. Lixar e eliminar o pó com pano úmido. Aplicar o Fundo Preparador de Paredes da Coral. **Superfícies com pequenas imperfeições:** corrigir as imperfeições. Para paredes externas, usar Massa Acrílica da Coral e, para paredes internas, usar Massa Corrida da Coral. Lixar e eliminar o pó com pano úmido. **Superfícies com mofo:** misturar água e água sanitária em partes iguais. Lavar bem a área. Esperar 6 h e enxaguar com bastante água. Esperar que seque bem para pintar. **Superfícies com umidade:** antes de pintar, resolver o que está causando o problema. **Superfícies com brilho:** lixar até tirar o brilho e eliminar o pó com pano úmido. **Superfícies com gordura:** misturar água com detergente neutro e lavar. Depois, enxaguar com bastante água. Esperar que seque bem para pintar.

1 Preparação inicial

Superfícies em bom estado: lixar e eliminar o pó com pano úmido.

2 Preparação inicial

Superfícies em bom estado (com ou sem pintura): lixar e eliminar o pó com pano úmido.

1 Precauções/dicas/advertências

Evitar pintar se o dia estiver chuvoso, com umidade relativa do ar superior a 85% ou com temperatura abaixo de 10 °C ou acima de 40 °C. O contato com água nos primeiros 20 dias pode causar manchas.

1 Principais atributos do produto 1

Oferece mais resistência: 30% maior resistência à abrasão, mantendo a proteção das superfícies pintadas após a limpeza; mais cobertura: 50% maior cobertura; e mais lavabilidade: 30% mais ciclos de lavabilidade. Não tem cheiro.

2 Principais atributos do produto 2

Tem uma coleção de cores exclusivas, acabamento perfeito e alta cobertura e não tem cheiro.

3 | 4 Preparação inicial

Superfícies em bom estado (com ou sem pintura): lixar e eliminar o pó com pano úmido. **Gessos concreto ou blocos de cimento:** lixar e eliminar o pó com pano úmido. Aplicar o Fundo Preparador de Paredes da Coral, exceto sobre gesso corrido. Neste caso, deve-se aplicar Direto no Gesso da Coral. **Reboco fraco, paredes pintadas com cal ou que tenham partes soltas:** remover as partes soltas. Lixar e eliminar o pó com pano úmido. Aplicar o Fundo Preparador de Paredes da Coral. **Superfícies com mofo:** misturar água e água sanitária em partes iguais. Lavar bem a área. Esperar 6 h e enxaguar com bastante água. Esperar que seque bem para pintar. **Superfícies com umidade:** antes de pintar, resolver o que está causando o problema. **Superfícies com brilho:** lixar até tirar o brilho e eliminar o pó com pano úmido. **Superfícies com gordura:** misturar água com detergente neutro e lavar. Depois, enxaguar com bastante água. Esperar que seque bem para pintar.

3 Preparação inicial

Superfícies com pequenas imperfeições: corrigir as imperfeições e, para paredes internas, usar Massa Corrida da Coral. Lixar e eliminar o pó com pano úmido.

4 Preparação inicial

Reboco novo: aguardar, no mínimo, 30 dias. Depois disso, lixar e eliminar o pó com pano úmido. Aplicar o Selador Acrílico da Coral para paredes externas e internas. Caso não seja possível aguardar os 30 dias e a secagem total do reboco, aplicar o Fundo Preparador de Paredes da Coral. **Superfícies com pequenas imperfeições:** corrigir as imperfeições. Para paredes externas, usar Massa Acrílica da Coral e, para paredes internas, usar Massa Corrida da Coral. Lixar e eliminar o pó com pano úmido.

4 Principais atributos do produto 4

Conta com exclusiva tecnologia Tixoplus, pinta até 500 m² e tem altíssima consistência e ótima cobertura.

3 em 1

Bactérias, mofo e cheiro não serão mais preocupação. A tinta Coral 3 em 1 protege eliminando 99% das bactérias da parede, acabando com mofos sem deixar cheiro de tinta na parede.

USE COM: Selador Acrílico; Fundo Preparador Base Água

Embalagens/rendimento

Lata (18 L): até 330 m²/demão.
Lata (16 L): até 290 m²/demão.
Galão (3,6 L): até 66 m²/demão.
Galão (3,2 L): até 59 m²/demão.
Quarto (0,9 L): até 17 m²/demão.
Quarto (0,8 L): até 15 m²/demão.

Aplicação

Utilizar rolo de lã de pelo baixo, pincel ou trincha. Normalmente, com 2 a 3 demãos, consegue-se um excelente resultado, porém, dependendo do tipo de superfície e da cor utilizada, pode ser necessário um número maior de demãos.

Cor

Disponível em 18 cores prontas e no sistema tintométrico

Acabamento

Fosco

Diluição

Diluir 40% para todas as superfícies.

Secagem

Ao toque: 30 min
Entre demãos: 4 h
Final: 4 h

Rende Muito

Rende Muito, com a exclusiva tecnologia Tixoplus, é uma tinta de altíssima consistência e ótima cobertura. Pinta até 500 m² (lata/demão). A diluição sugerida é de 50% a 80% com água.

USE COM: Selador Acrílico; Fundo Preparador Base Água

Embalagens/rendimento

Lata (18 L): até 500 m²/demão.
Lata (16 L): até 450 m²/demão.
Lata (12 L): até 330 m²/demão.
Galão (3,6 L): até 100 m²/demão.
Galão (3,2 L): até 90 m²/demão.
Quarto (0,9 L): até 25 m²/demão.
Quarto (0,8 L): até 22 m²/demão.

Aplicação

Utilizar rolo de lã de pelo baixo, pistola, pincel ou trincha. Normalmente, com 2 a 3 demãos, consegue-se um excelente resultado, porém, dependendo do tipo de superfície e da cor utilizada, pode ser necessário um número maior de demãos.

Cor

Disponível em 27 cores e no sistema tintométrico

Acabamento

Fosco

Diluição

Diluir de 50% a 80% para todas as superfícies.

Secagem

Ao toque: 30 min
Entre demãos: 4 h
Final: 4 h

0800-11-7711
www.akzonobel.com/br

Coralar Duo 1

É uma tinta acrílica standard que traz duplas soluções para as paredes da sua casa. Indicado para paredes internas, onde evita a formação de mofo, e o melhor: sem o incômodo do cheiro da tinta. Indicado para paredes externas por ser uma tinta com mais resistência e proteção contra formação de algas. É fácil de aplicar, apresenta rápida secagem e mínimo respingamento, tem excelentes cobertura e acabamento.

Embalagens/rendimento

Lata (18 L): até 370 m²/demão.
Lata (3,6 L): até 74 m²/demão.

Aplicação

Utilizar rolo de lã de pelo baixo, pincel ou trincha. Normalmente, com 3 a 4 demãos, consegue-se um excelente resultado, porém, dependendo do tipo de superfície e da cor utilizada, pode ser necessário um número maior de demãos.

Cor

Disponível em 12 cores prontas

Acabamento

Fosco

Diluição

Superfícies não seladas: diluir 50%.
Demais superfícies: diluir 20%.

Secagem

Ao toque: 30 min
Entre demãos: 4 h
Final: 4 h

USE COM: Selador Acrílico
Fundo Preparador Base Água

Construtora Acrílico Standard 2

A linha Construtora da Coral foi feita exclusivamente para a construção civil. O Acrílico Standard foi desenvolvido para garantir economia, qualidade e rendimento aos seus projetos. Oferece excelente acabamento e é indicado para exterior e interior.

Embalagens/rendimento

Lata (18 L)
Pistola: 520 m²/demão.
Rolo: 420 m²/demão.

Aplicação

Utilizar rolo de lã baixa, trincha ou pistola convencional.

Cor

Branco

Acabamento

Fosco

Diluição

Airless: diluir de 50% a 80% com água potável. Rolo: diluir de 40% a 60% com água potável.

Secagem

Final: 4 h

USE COM: Construtora Massas
Construtora Látex Acrílico

1 Preparação inicial

Superfícies em bom estado (com ou sem pintura): lixar e eliminar o pó com pano úmido. **Gesso, concreto ou blocos de cimento:** lixar e eliminar o pó com pano úmido. Aplicar o Fundo Preparador de Paredes da Coral, exceto sobre gesso corrido. Neste caso, deve-se aplicar Direto no Gesso da Coral. **Reboco novo:** aguardar, no mínimo, 30 dias. Depois disso, lixar e eliminar o pó com pano úmido. Aplicar o Selador Acrílico da Coral para paredes externas e internas. Caso não seja possível aguardar os 30 dias e a secagem total do reboco, aplicar o Fundo Preparador de Paredes da Coral. **Reboco fraco, paredes pintadas com cal ou que tenham partes soltas:** remover as partes soltas. Lixar e eliminar o pó com pano úmido. Aplicar o Fundo Preparador de Paredes da Coral. **Superfícies com pequenas imperfeições:** corrigir as imperfeições. Para paredes externas, usar Massa Acrílica da Coral e, para paredes internas, usar Massa Corrida da Coral. Lixar e eliminar o pó com pano úmido. **Superfícies com mofo:** misturar água e água sanitária em partes iguais. Lavar bem a área. Esperar 6 h e enxaguar com bastante água. Esperar que seque bem para pintar. **Superfícies com umidade:** antes de pintar, resolver o que está causando o problema. **Superfícies com brilho:** lixar até tirar o brilho e eliminar o pó com pano úmido. **Superfícies com gordura:** misturar água com detergente neutro e lavar. Depois, enxaguar com bastante água. Esperar que seque bem para pintar.

1 Principais atributos do produto 1

Conta com exclusiva tecnologia Tixoplus, pinta até 500 m² e tem altíssima consistência e ótima cobertura.

2 Principais atributos do produto 2

Oferece excelente acabamento.

A AkzoNobel é líder global em tintas e revestimentos e uma das principais produtoras de especialidades químicas do mundo. A empresa fornece ingredientes, proteção e cor essenciais tanto para indústrias quanto para consumidores.

3 Preparação inicial

Superfícies em bom estado (com ou sem pintura): lixar e eliminar o pó com pano úmido. **Superfícies com mofo:** misturar água e água sanitária em partes iguais. Lavar bem a área. Esperar 6 h e enxaguar com bastante água. Esperar que seque bem para pintar. **Superfícies com gordura:** misturar água com detergente neutro e lavar. Depois, enxaguar com bastante água. Esperar que seque bem para pintar. **Superfícies com umidade:** antes de pintar, resolver o que está causando o problema. **Gesso, concreto ou blocos de cimento:** lixar e eliminar o pó com pano úmido. Aplicar o Fundo Preparador de Paredes da Coral, exceto sobre gesso corrido. Neste caso, deve-se aplicar Direto no Gesso da Coral. **Reboco novo:** aguardar, no mínimo, 30 dias. Depois disso, lixar e eliminar o pó com pano úmido. Aplicar o Selador Acrílico da Coral para paredes externas e internas. Caso não seja possível aguardar os 30 dias e a secagem total do reboco, aplicar o Fundo Preparador de Paredes da Coral. **Reboco fraco, paredes pintadas com cal ou que tenham partes soltas:** remover as partes soltas. Lixar e eliminar o pó com pano úmido. Aplicar o Fundo Preparador de Paredes da Coral. **Superfícies com pequenas imperfeições:** corrigir as imperfeições. Para paredes externas, usar Massa Acrílica da Coral e, para paredes internas, usar Massa Corrida da Coral. Lixar e eliminar o pó com pano úmido. **Superfícies com brilho:** lixar até tirar o brilho e eliminar o pó com pano úmido.

3 Principais atributos do produto 3

Oferece excelente acabamento.

Coralar 3

Coralar é uma tinta acrílica para quem deseja economia com qualidade. Agora com uma nova fórmula, permite maior cobertura e rendimento além de ser antimofo. É de fácil aplicação, rápida secagem, mínimo respingamento e ótimo acabamento. A qualidade de sua película propicia boa aderência às mais diferentes superfícies. Indicado para pintura de superfícies de alvenaria, gesso e blocos de concreto em ambientes internos.

USE COM: Selador Acrílico; Fundo Preparador Base Água

Embalagens/rendimento

Lata (18 L): até 320 m²/demão.
Lata (3,6 L): até 64 m²/demão.

Aplicação

Utilizar rolo de lã de pelo baixo, pistola, pincel ou trincha. Normalmente, com 2 a 3 demãos, consegue-se um excelente resultado, porém, dependendo do tipo de superfície e da cor utilizada, pode ser necessário um número maior de demãos.

Cor

Disponível em 31 cores prontas

Acabamento

Fosco

Diluição

Superfícies não seladas: diluir 50%. Outras superfícies: diluir de 10% a 20%.

Secagem

Ao toque: 30 min
Entre demãos: 4 h
Final: 4 h

Produtos Construtora 4

A linha Construtora da Coral foi feita exclusivamente para a construção civil e traz três complementos: Látex Acrilico, Fundo para Gesso e Selador Acrílico, desenvolvidos para garantir economia, qualidade e rendimento aos seus projetos.

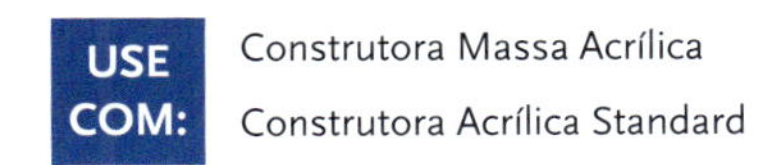

USE COM: Construtora Massa Acrílica; Construtora Acrílica Standard

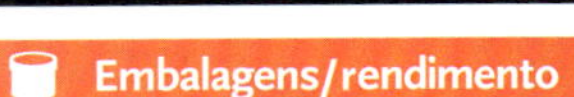

Embalagens/rendimento

Lata (18 L)
Látex Acrílico: 350 m²/demão.
Selador Acrílico: 100 m²/demão.
Fundo para Gesso: 200 m²/demão.

Aplicação

Utilizar rolo de lã baixa, trincha ou pistola convencional.

Cor

2 cores prontas

Acabamento

Fosco

Diluição

Látex Acrílico: diluir até 50%. Selador Acrílico: diluir até 10%. Fundo para Gesso: diluir de 15% a 25%.

Secagem

Final: 4 a 6 h

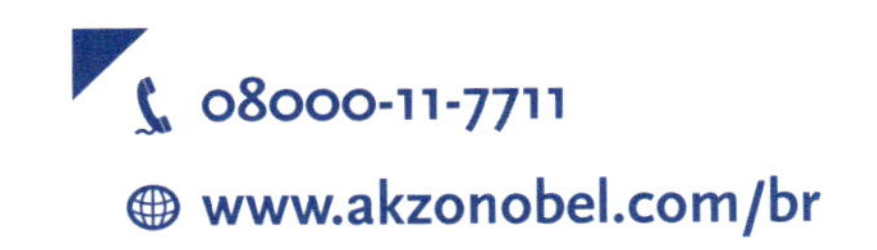

Direto no Gesso 1

O Direto no Gesso é um produto desenvolvido para aplicação diretamente sobre o gesso sem a necessidade de uso de fundo, oferecendo excelente aderência. O Direto no Gesso não amarela com o tempo e impede que o "pó" específico do gesso se solte da superfície. Disponível no acabamento branco fosco. Outras cores podem ser obtidas adicionando o Corante Base Água Coral.

Embalagens/rendimento

Lata (18 L): até 200 m²/demão.
Galão (3,6 L): até 40 m²/demão.

Aplicação

Utilizar rolo de lã de pelo baixo, pistola, pincel ou trincha. Normalmente, com 2 a 3 demãos, consegue-se um excelente resultado, porém, dependendo do tipo de superfície e da cor utilizada, pode ser necessário um número maior de demãos.

Cor

Branco

Acabamento

Fosco

Diluição

Diluir 40% na primeira demão. Nas demais demãos, diluir 20%.

Secagem

Ao toque: 30 min
Entre demãos: 4 h
Final: 4 h

Acrílico Total Semibrilho 2

O Acrílico Total Semibrilho é uma tinta de acabamento semibrilho com excelente resistência e cobertura, que ajuda a deixar sua casa com aspecto de nova por mais tempo. Possui maior resistência à abrasão, mantendo a proteção das superfícies pintadas após a limpeza, maior cobertura e mais ciclos de lavabilidade.

Embalagens/rendimento

Lata (18 L): até 340 m²/demão.
Lata (16 L): até 300 m²/demão.
Galão (3,6 L): até 68 m²/demão.
Galão (3,2 L): até 60 m²/demão.
Quarto (0,8 L): até 14 m²/demão.

Aplicação

Utilizar rolo de espuma, pistola ou pincel com cerdas macias. Normalmente, com 2 a 3 demãos, consegue-se um excelente resultado, porém, dependendo do tipo de superfície e da cor utilizada, pode ser necessário um número maior de demãos.

Cor

Disponível em 12 cores prontas e no sistema tintométrico

Acabamento

Semibrilho

Diluição

Diluir 20% para todas as superfícies.

Secagem

Ao toque: 30 min
Entre demãos: 4 h
Final: 4 h

USE COM: Selador Acrílico
Fundo Preparador Base Água

1 2 Preparação inicial

Superfícies com mofo: misturar água e água sanitária em partes iguais. Lavar bem a área. Esperar 6 h e enxaguar com bastante água. Esperar que seque bem para pintar. **Superfícies com umidade:** antes de pintar, resolver o que está causando o problema. **Superfícies com gordura:** misturar água com detergente neutro e lavar. Depois, enxaguar com bastante água. Esperar que seque bem para pintar. **Superfícies em bom estado (com ou sem pintura):** lixar e eliminar o pó com pano úmido.

1 Preparação inicial

Imperfeições acentuadas na superfície: lixar e eliminar o pó com pano úmido. Corrigir com argamassa de gesso ou Massa Corrida Coral (interiores). Se for utilizar massa corrida, aplicar antes uma demão de Direto no Gesso para selar.

2 Preparação inicial

Gesso, concreto ou blocos de cimento: lixar e eliminar o pó com pano úmido. Aplicar o Fundo Preparador de Paredes da Coral, exceto sobre gesso corrido. Neste caso, deve-se aplicar Direto no Gesso da Coral. **Reboco novo:** aguardar, no mínimo, 30 dias. Depois disso, lixar e eliminar o pó com pano úmido. Aplicar o Selador Acrílico da Coral para paredes externas e internas. Caso não seja possível aguardar os 30 dias e a secagem total do reboco, aplicar o Fundo Preparador de Paredes da Coral. **Reboco fraco, paredes pintadas com cal ou que tenham partes soltas:** remover as partes soltas. Lixar e eliminar o pó com pano úmido. Aplicar o Fundo Preparador de Paredes da Coral. **Superfícies com pequenas imperfeições:** corrigir as imperfeições. Para paredes externas, usar Massa Acrílica da Coral e, para paredes internas, usar Massa Corrida da Coral. Lixar e eliminar o pó com pano úmido.

1 Principais atributos do produto 1

Oferece excelente acabamento.

2 Principais atributos do produto 2

Tem 30% mais resistência que o mínimo exigido pelo PSQ para uma tinta premium, 30% mais cobertura que o mínimo exigido pelo PSQ para uma tinta premium e é 30% mais lavável que o mínimo exigido pelo PSQ para uma tinta premium.

A AkzoNobel é líder global em tintas e revestimentos e uma das principais produtoras de especialidades químicas do mundo. A empresa fornece ingredientes, proteção e cor essenciais tanto para indústrias quanto para consumidores.

3 | 4 Preparação inicial

Superfícies em bom estado (com ou sem pintura): lixar e eliminar o pó com pano úmido. **Gesso, concreto ou blocos de cimento:** lixar e eliminar o pó com pano úmido. Aplicar o Fundo Preparador de Paredes da Coral, exceto sobre gesso corrido. Neste caso deve-se aplicar Direto no Gesso da Coral. **Reboco fraco, paredes pintadas com cal ou que tenham partes soltas:** remover as partes soltas. Lixar e eliminar o pó com pano úmido. Aplicar o Fundo Preparador de Paredes da Coral. **Superfícies com mofo:** misturar água e água sanitária em partes iguais. Lavar bem a área. Esperar 6 h e enxaguar com bastante água. Esperar que seque bem para pintar. **Superfícies com umidade:** antes de pintar, resolver o que está causando o problema. **Superfícies com gordura:** misturar água com detergente neutro e lavar. Depois, enxaguar com bastante água. Esperar que seque bem para pintar.

3 Preparação inicial

Superfícies com brilho: lixar até tirar o brilho e eliminar o pó com pano úmido. **Reboco novo:** aguardar, no mínimo, 30 dias. Depois disso, lixar e eliminar o pó com pano úmido. Aplicar o Selador Acrílico da Coral para paredes internas. Caso não seja possível aguardar os 30 dias e a secagem total do reboco, aplicar o Fundo Preparador de Paredes da Coral. **Superfícies com pequenas imperfeições:** corrigir as imperfeições e, para paredes internas, usar Massa Corrida da Coral. Lixar e eliminar o pó com pano úmido.

4 Preparação inicial

Reboco novo: aguardar, no mínimo, 30 dias. Depois disso, lixar e eliminar o pó com pano úmido. Aplicar o Selador Acrílico da Coral para paredes externas e internas. Caso não seja possível aguardar os 30 dias e a secagem total do reboco, aplicar o Fundo Preparador de Paredes da Coral. **Superfícies com pequenas imperfeições:** corrigir as imperfeições. Para paredes externas, usar Massa Acrílica da Coral e, para paredes internas, usar Massa Corrida da Coral. Lixar e eliminar o pó com pano úmido.

3 Preparação especial

Limpar imediatamente após acontecer a sujeira. Para limpar a superfície, utilizar um pano ou uma esponja macia umedecidos com uma solução de água e detergente neutro. Fazer movimentos leves e circulares. Não esfregar com força para evitar desgaste, remoção de tinta ou diferenças de brilho. Se a sujeira for persistente, usar bem levemente o lado abrasivo da esponja. Para finalizar, utilizar um pano macio umedecido apenas com água e passar levemente até retirar o excesso de detergente, pois este pode causar manchas.

3 Principais atributos do produto 3

É 2 vezes mais resistente, repele líquidos, é fácil de limpar e sem cheiro.

4 Principais atributos do produto 4

Oferece acabamento sofisticado e não tem cheiro.

Super Lavável Antimanchas — 3

Super Lavável Antimanchas é uma tinta acrílica de alto desempenho e alta durabilidade para ambientes internos. Com a inovadora Tecnologia Ultra Resist, é duas vezes mais resistente à limpeza, repele líquidos e é sem cheiro. Seu acabamento eggshell tem um nível de brilho intermediário entre o fosco e acetinado, o que ajuda a disfarçar as imperfeições da parede.

USE COM: Selador Acrílico; Fundo Preparador Base Água

Embalagens/rendimento

Lata (18 L): até 324 m^2/demão.
Lata (16 L): até 288 m^2/demão.
Galão (3,6 L): até 65 m^2/demão.
Galão (3,2 L): até 58 m^2/demão.
Quarto (0,8 L): até 14 m^2/demão.

Aplicação

Utilizar rolo de lã de pelo baixo, pistola, pincel ou trincha. Normalmente, com 2 a 3 demãos, consegue-se um excelente resultado, porém, dependendo do tipo de superfície e da cor utilizada, pode ser necessário um número maior de demãos.

Cor

Disponível em 2 cores prontas e no sistema tintométrico

Acabamento

Eggshell

Diluição

Diluir 20% para todas as superfícies.

Secagem

Ao toque: 30 min
Entre demãos: 4 h
Final: 4 h

Acabamento de Seda — 4

Acabamento de Seda é um acrílico premium, sem cheiro, com acabamento acetinado que proporciona uma aparência sedosa e sofisticada. Possui excelente cobertura e ajuda a deixar a casa com a sua cara, porque a cor da parede é um elemento de decoração muito importante para criar o ambiente que você tanto deseja, com o seu toque pessoal. O toque perfeito para sua casa.

USE COM: Selador Acrílico; Fundo Preparador Base Água

Embalagens/rendimento

Lata (18 L): até 340 m^2/demão.
Lata (16 L): até 300 m^2/demão.
Galão (3,6 L): até 68 m^2/demão.
Galão (3,2 L): até 60 m^2/demão.
Quarto (0,8 L): até 14 m^2/demão.

Aplicação

Utilizar rolo de lã de pelo baixo, pistola, pincel ou trincha. Normalmente, com 2 a 3 demãos, consegue-se um excelente resultado, porém, dependendo do tipo de superfície e da cor utilizada, pode ser necessário um número maior de demãos.

Cor

Disponível em 3 cores prontas e no sistema tintométrico

Acabamento

Acetinado

Diluição

Diluir 20% para todas as superfícies.

Secagem

Ao toque: 30 min
Entre demãos: 4 h
Final: 4 h

Pinta Piso

Pinta Piso foi especialmente desenvolvido para ser aplicado em áreas onde há grande circulação, pois é resistente ao tráfego. Locais como estacionamentos, garagens, pisos comerciais, quadras poliesportivas, varandas, calçadas, escadarias, áreas de lazer e outras áreas de concreto rústico, se pintados com Pinta Piso, estarão sempre protegidos.

Embalagens/rendimento

Lata (18 L): 175 a 275 m²/demão.
Galão (3,6 L): 35 a 55 m²/demão.

Aplicação

Utilizar rolo de espuma, pincel ou trincha. Normalmente, com 2 a 3 demãos, consegue-se excelente resultado, porém, dependendo do tipo de superfície e da cor utilizada, pode ser necessário um número maior de demãos.

Cor

Disponível em 10 cores prontas

Acabamento

Fosco

Diluição

Diluir 30% para toda as superfícies não pintadas e 20% para superfícies pintadas.

Secagem

Ao toque: 30 min
Entre demãos: 4 h
Final: 48 a 72 h

Brilho e Proteção

2

A Brilho e Proteção é uma tinta acrílica ideal para quem procura um toque de brilho, pois forma um filme protetor que confere maior durabilidade e resistência às paredes, além de facilitar a limpeza. Possui boa cobertura, fácil aplicação, rápida secagem e mínimo respingamento. Indicado para paredes internas e externas.

Selador Acrílico

Fundo Preparador Base Água

Embalagens/rendimento

Lata (18 L): até 275 m²/demão.
Lata (16 L): até 250 m²/demão.
Galão (3,6 L): até 55 m²/demão.
Galão (3,2 L): até 50 m²/demão.
Quarto (0,8 L): até 12 m²/demão.

Aplicação

Utilizar rolo de espuma, pistola ou pincel com cerdas macias. Normalmente, com 2 a 3 demãos, consegue-se um excelente resultado, porém, dependendo do tipo de superfície e da cor utilizada, pode ser necessário um número maior de demãos.

Cor

Branco e disponível no sistema tintométrico

Acabamento

Semibrilho

Diluição

Diluir a primeira demão em até 30% para as superfícies seladas. Para as demais, indicamos diluição de 20%.

Secagem

Ao toque: 30 min
Entre demãos: 4 h
Final: 4 h

1 2 Preparação inicial

Superfícies com umidade: antes de pintar, resolver o que está causando o problema. **Superfícies com mofo:** misturar água e água sanitária em partes iguais. Lavar bem a área. Esperar 6 h e enxaguar com bastante água. Esperar que seque bem para pintar.

1 Preparação inicial

Cimentados novos lisos/queimados ou de difícil limpeza: aguardar a secagem e a cura por 30 dias. Após esse período, lavar com uma solução de água com ácido muriático na proporção de 80:20, respectivamente, e enxaguar bem. Aguardar a secagem e certificar-se de que a limpeza efetuada na superfície provocou poros para aderência do Pinta Piso. **Cimentados novos rústicos/não queimados:** aguardar a cura e a secagem por 30 dias. Lixar e eliminar o pó com pano úmido. **Cimentado antigo ou pouco absorvente:** remover as partes soltas. Se estiver desagregado, raspar e lixar. Lavar com uma solução de água com ácido muriático na proporção de 80:20, respectivamente, e enxaguar bem. Aguardar a secagem. **Imperfeições na superfície:** lixar e eliminar o pó com pano úmido. Corrigir as imperfeições utilizando argamassa de areia e cimento e proceder como no caso de cimento novo. Esperar que seque bem para pintar. **Superfície com gordura, óleo ou graxa:** lavar com uma solução de água e detergente neutro e enxaguar. Aguardar a secagem e certificar-se da total eliminação da gordura, óleo ou graxa.

2 Preparação inicial

Superfícies em bom estado (com ou sem pintura): lixar e eliminar o pó com pano úmido. **Gesso, concreto ou blocos de cimento:** lixar e eliminar o pó com pano úmido. Aplicar o Fundo Preparador de Paredes da Coral, exceto sobre gesso corrido. Neste caso deve-se aplicar Direto no Gesso da Coral. **Reboco fraco, paredes pintadas com cal ou que tenham partes soltas:** remover as partes soltas. Lixar e eliminar o pó com pano úmido. Aplicar o Fundo Preparador de Paredes da Coral. **Superfícies com brilho:** lixar até tirar o brilho e eliminar o pó com pano úmido. **Superfícies com gordura:** misturar água com detergente neutro e lavar. Depois, enxaguar com bastante água. Esperar que seque bem para pintar. **Reboco novo:** aguardar, no mínimo, 30 dias. Depois disso, lixar e eliminar o pó com pano úmido. Aplicar o Selador Acrílico da Coral para paredes externas e internas. Caso não seja possível aguardar os 30 dias e a secagem total do reboco, aplicar o Fundo Preparador de Paredes da Coral. **Superfícies com pequenas imperfeições:** corrigir as imperfeições. Para paredes externas, usar Massa Acrílica da Coral e, para paredes internas, usar Massa Corrida da Coral. Lixar e eliminar o pó com pano úmido.

1 Principais atributos do produto 1

Oferece alta resistência a tráfego e melhor aderência.

2 Principais atributos do produto 2

Facilita a limpeza (lavabilidade) e oferece mais proteção para suas paredes (resistência) e brilho mais duradouro.

3 | 4 Preparação inicial

Superfícies em bom estado (com ou sem pintura): lixar e eliminar o pó com pano úmido. **Gesso, concreto ou blocos de cimento:** lixar e eliminar o pó com pano úmido. Aplicar o Fundo Preparador de Paredes da Coral, exceto sobre gesso corrido. Neste caso, deve-se aplicar Direto no Gesso da Coral. **Reboco novo:** aguardar, no mínimo, 30 dias. Depois disso, lixar e eliminar o pó com pano úmido. Aplicar o Selador Acrílico da Coral para paredes externas e internas. Caso não seja possível aguardar os 30 dias e a secagem total do reboco, aplicar o Fundo Preparador de Paredes da Coral. **Reboco fraco, paredes pintadas com cal ou que tenham partes soltas:** remover as partes soltas. Lixar e eliminar o pó com pano úmido. Aplicar o Fundo Preparador de Paredes da Coral. **Superfícies com pequenas imperfeições:** corrigir as imperfeições. Para paredes externas, usar Massa Acrílica da Coral e, para paredes internas, usar Massa Corrida da Coral. Lixar e eliminar o pó com pano úmido. **Superfícies com umidade:** antes de pintar, resolver o que está causando o problema.

3 Preparação inicial

Superfícies com muito mofo, em camadas: camadas excessivas de mofo devem ser removidas com uma espátula para não prejudicar a aderência do produto. Após a remoção, passar uma escova ou pano úmido e aguardar a secagem.

4 Preparação inicial

Superfícies com mofo: misturar água e água sanitária em partes iguais. Lavar bem a área. Esperar 6 h e enxaguar com bastante água. Esperar que seque bem para pintar. **Superfícies com brilho:** lixar até tirar o brilho e eliminar o pó com pano úmido. **Superfícies com gordura:** misturar água com detergente neutro e lavar. Depois, enxaguar com bastante água. Esperar que seque bem para pintar.

3 Principais atributos do produto 3

Vem pronta para uso e aplicação direta no mofo.

4 Principais atributos do produto 4

Pode ser aplicada diretamente sobre o reboco, deixando as paredes mais bonitas, além de disfarçar pequenas imperfeições da superfície.

Chega de Mofo — 3

Chega de Mofo é uma tinta acrílica que pode ser aplicada diretamente sobre o mofo, sem limpar antes. As paredes ficam livres desses hóspedes desagradáveis por muito mais tempo. Indicada para paredes internas, possui secagem rápida, ótima cobertura e acabamento fosco, além de boas aderência e resistência.

Embalagens/rendimento

Lata (18 L): até 230 m²/demão.
Galão (3,6 L): até 45 m²/demão.
Quarto (0,9 L): até 11,5 m²/demão.

Aplicação

Utilizar rolo de lã de pelo baixo, pistola, pincel ou trincha. Normalmente, com 2 a 3 demãos, consegue-se um excelente resultado, porém, dependendo do tipo de superfície e da cor utilizada, pode ser necessário um número maior de demãos.

Cor

Branco

Acabamento

Fosco

Diluição

Pronta para uso.

Secagem

Ao toque: 30 min
Entre demãos: 4 h
Final: 4 h

Textura Acrílica — 4

A Textura Acrílica é a maneira mais prática de se obter um efeito de textura em suas paredes, pois ela pode ser aplicada direto sobre o reboco e disfarça pequenas imperfeições da superfície. É de cor branca e não deve ficar sem tinta de acabamento, mas você pode obter um efeito decorativo com outras cores, é só aplicar tinta de acabamento sobre a textura.

Embalagens/rendimento

Lata (30 kg): até 35 m²/demão.
Galão (6 kg): até 7 m²/demão.

Aplicação

Utilizar rolo de borracha, rolo de lã, rolo de espuma, desempenadeira, espátula, escova etc.

Cor

Branco

Acabamento

Fosco

Diluição

Alto-relevo: produto pronto para uso.
Baixo-relevo: máximo de 10% de diluição.

Secagem

Ao toque: 2 h
Para pintura: 4 h

Selador Acrílico
Fundo Preparador Base Água

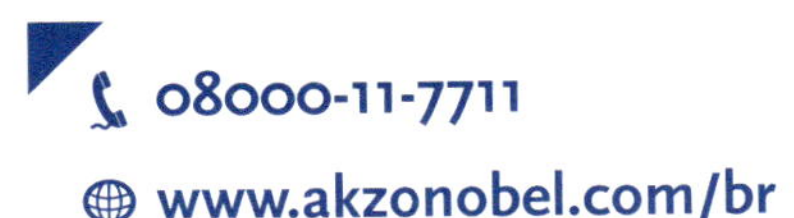

Massa Corrida 1

A Massa Corrida tem alto poder de enchimento, elevada consistência, ótima aderência, além de secagem rápida e baixo odor. Indicada para ambientes internos, é cremosa, fácil de aplicar e lixar, econômica e resistente.

Embalagens/rendimento

Massa fina
Embalagem (27 kg): até 80 m²/demão.
Embalagem (6 kg): até 16 m²/demão.
Embalagem (1,5 kg): até 4 m²/demão.
Massa grossa
Embalagem (27 kg): até 30 m²/demão.
Embalagem (6 kg): até 6 m²/demão.
Embalagem (1,5 kg): até 1,5 m²/demão.

Aplicação

Utilizar espátula ou desempenadeira de aço. Normalmente, 2 ou 3 demãos aplicadas em camadas finas são suficientes para um resultado adequado, porém, dependendo do tipo e do estado das superfícies, poderá ser necessário um número maior ou menor de demãos. Sempre lixar entre demãos.

Cor

Branco

Acabamento

Não aplicável

Diluição

Pronta para uso.

Secagem

Ao toque: 30 min
Entre demãos: 3 h
Final: 5 h

USE COM: Selador Acrílico
Fundo Preparador Base Água

Construtora Massas 2

A linha Construtora da Coral foi feita exclusivamente para a construção civil. As Massas Corrida e Acrílica foram desenvolvidas para garantir economia, qualidade rendimento nos seus projetos. Própria para interiores, a Massa Corrida Construtora nivela e corrige imperfeições.

Embalagens/rendimento

Massa Corrida e Massa Acrílica
Lata (27 kg): até 80 m²/demão.

Aplicação

Utilizar espátula ou desempenadeira de aço.

Cor

Branco

Acabamento

Não aplicável

Diluição

Pronta para uso.

Secagem

Ao toque: 30 min
Entre demãos: 3 h
Final: até 5 h

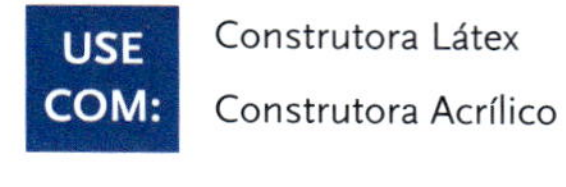

USE COM: Construtora Látex
Construtora Acrílico

1 Preparação inicial

Superfícies em bom estado: lixar e eliminar o pó com pano úmido. **Superfícies com umidade:** antes de aplicar a massa, resolver o que está causando o problema. **Gesso, concreto ou blocos de cimento:** lixar e eliminar o pó com um pano úmido. Aguardar a secagem e aplicar uma demão de Fundo Preparador de Paredes Coral, exceto sobre gesso corrido. **Reboco novo:** aguardar, no mínimo, 30 dias. Depois desse tempo, lixar e eliminar o pó. Aplicar o Selador Acrílico da Coral para paredes externas e internas. Caso não seja possível aguardar os 30 dias e a secagem total do reboco, aplicar o Fundo Preparador de Paredes da Coral. **Reboco fraco, caiações, desagregados ou partes soltas:** remover as partes soltas. Lixar e eliminar o pó com pano úmido. Aplicar o Fundo Preparador de Paredes da Coral. **Imperfeições acentuadas na superfície:** lixar e eliminar o pó com pano úmido. Corrigir previamente com argamassa de cimento. **Superfícies com partes mofadas:** misturar água e água sanitária em partes iguais. Lavar bem a área. Esperar 6 h e enxaguar com bastante água. Esperar que seque bem para aplicar a massa. **Superfícies com brilho:** lixar e eliminar o pó com um pano úmido e aguardar a secagem. **Superfícies com gordura ou graxa:** misturar água com detergente neutro e lavar. Depois, enxaguar com bastante água. Esperar que seque bem para pintar.

1 Principais atributos do produto 1

Tem secagem rápida, baixo odor e fácil aplicação.

2 Principais atributos do produto 2

Nivela e corrige imperfeições. A Massa Acrílica é indicada para interior e exterior. A Massa Corrida é indicada para interior.

A AkzoNobel é líder global em tintas e revestimentos e uma das principais produtoras de especialidades químicas do mundo. A empresa fornece ingredientes, proteção e cor essenciais tanto para indústrias quanto para consumidores.

[3] [4] Preparação inicial

Superfícies com gordura ou graxa: misturar água com detergente neutro e lavar. Depois, enxaguar com bastante água. Esperar que seque bem para pintar. **Superfícies com mofo:** misturar água e água sanitária em partes iguais. Lavar bem a área. Esperar 6 h e enxaguar com bastante água. Esperar que seque bem para pintar. **Superfícies com umidade:** antes de pintar, resolver o que está causando o problema.

[3] Preparação inicial

Superfícies em bom estado: lixar e eliminar o pó com pano úmido. **Reboco novo:** aguardar, no mínimo, 30 dias. Depois desse tempo, lixar e eliminar o pó. Aplicar o Selador Acrílico da Coral. **Superfícies com pequenas imperfeições:** corrigir as imperfeições. Para paredes externas, usar Massa Acrílica da Coral e, para paredes internas, usar Massa Corrida da Coral. Lixar e eliminar o pó com pano úmido.

[4] Preparação inicial

Reboco fraco, desagregados, com partes soltas, paredes pintadas com cal ou que estejam calcinadas ou antigas em mau estado: esperar secar bem para pintar. Remover o máximo que puder. Lixar, escovar a superfície e eliminar o pó. **Reboco novo:** deixar a superfície secar, lixar e eliminar o pó.

[3] Principais atributos do produto 3

Sela a superfície para aplicação da tinta de acabamento.

[4] Principais atributos do produto 4

Prepara superfície descascada, pintada com cal ou saponificada.

Selador Acrílico [3]

Indicado para paredes novas e antigas em reforma, o Selador Acrílico uniformiza as mais diversas superfícies de alvenaria em virtude de seu poder selante e sua ótima aderência. É um fundo branco fosco, diluível em água e de rápida secagem. Com grande poder de enchimento e cobertura, pode ser aplicado em ambientes internos e externos e prepara a superfície para a pintura necessária.

Embalagens/rendimento

Reboco
Lata (18 L): 75 a 100 m²/demão.
Galão (3,6 L): 15 a 20 m²/demão.
Bloco
Lata (18 L): 60 a 70 m²/demão.
Galão (3,6 L): 12 a 14 m²/demão.

Aplicação

Utilizar rolo de lã de pelo baixo, pistola ou pincel com cerdas macias. Normalmente, com uma demão, consegue-se excelente resultado, mas, dependendo do tipo de superfície e da cor utilizada, pode ser necessário um número maior de demãos.

Cor

Branco

Acabamento

Fosco

Diluição

Diluir até 15% com água potável.

Secagem

Ao toque: 30 min
Entre demãos: 4 h
Final: 5 h

Fundo Preparador Base Água [4]

O Fundo Preparador Base Água foi especialmente desenvolvido para preparar paredes novas que receberão pintura ou para solucionar os problemas da superfície, que pode estar descascada, saponificada ou pintada com cal. Pode ser aplicado facilmente tanto em ambientes internos quanto externos e garante maior durabilidade à pintura.

Embalagens/rendimento

Lata (18 L): até 150 a 275 m²/demão.
Galão (3,6 L): até 30 a 55 m²/demão.

Aplicação

Utilizar rolo de lã de pelo baixo, pincel ou trincha. Normalmente, com uma demão, consegue-se excelente resultado, mas dependendo do tipo de superfície e da cor utilizada, pode ser necessário um número maior de demãos.

Cor

Incolor

Acabamento

Fosco

Diluição

Pronto para uso.

Secagem

Ao toque: 30 min
Entre demãos: 4 h
Final: 4 h

Coral
tudo de cor para você

Brilho para Tinta 1

O Brilho para Tinta é um líquido incolor que aumenta o brilho das tintas. Também pode regular o brilho da tinta quando misturado gradualmente sobre tintas látex na última demão, em ambientes internos.

Embalagens/rendimento

Lata (18 L): até 225 m²/demão.
Galão (3,6 L): até 45 m²/demão.

Aplicação

Utilizar rolo de lã de pelo baixo, pistola, pincel ou trincha. Normalmente, com uma ou 2 demãos, consegue-se um excelente resultado, porém, dependendo do tipo de superfície e da cor utilizada, pode ser necessário um número maior de demãos.

Cor

Incolor

Acabamento

Brilhante

Diluição

Quando aplicado como acabamento, até 20% de diluição. Diluir de 10% a 15% nas superfícies.

Secagem

Ao toque: 1 h
Entre demãos: 4 h
Final: 4 h

Verniz Acrílico 2

O Verniz Acrílico deve ser utilizado para dar maior proteção e melhor acabamento às paredes externas e internas. É diluível em água e, quando seco, fica incolor, proporcionando maior brilho, beleza e facilidade para limpar a superfície.

Embalagens/rendimento

Lata (18 L): até 275 m²/demão.
Galão (3,6 L): até 55 m²/demão.

Aplicação

Utilizar rolo de lã de pelo baixo, pincel ou trincha. Normalmente, com 2 demãos, consegue-se um excelente resultado, porém, dependendo do tipo de superfície e da cor utilizada, pode ser necessário um número maior de demãos.

Cor

Incolor

Acabamento

Brilhante

Diluição

Diluir de 10% a 30%.

Secagem

Ao toque: 2 h
Entre demãos: 4 h
Final: 4 h

1 Preparação inicial

Superfícies com gordura: misturar água com detergente neutro e lavar. Depois, enxaguar com bastante água. Esperar que seque bem e aplicar o produto. **Superfícies com mofo:** misturar água e água sanitária em partes iguais. Lavar bem a área. Esperar 6 h e enxaguar com bastante água. Esperar que seque bem e aplicar o produto. **Superfícies com umidade:** antes de pintar, resolver o que está causando o problema. **Superfícies em bom estado:** lixar e eliminar o pó com pano úmido.

2 Preparação inicial

Superfícies em bom estado: lixar e eliminar o pó com pano úmido. **Superfícies com gordura:** misturar água com detergente neutro e lavar. Depois, enxaguar com bastante água. Esperar que seque bem e aplicar o produto. **Superfícies com mofo:** misturar água e água sanitária em partes iguais. Lavar bem a área. Esperar 6 h e enxaguar com bastante água. Esperar secar bem e aplicar o produto. **Paredes de concreto aparente, pedra mineira, tijolo à vista e ardósia:** lixar e eliminar o pó com pano úmido. Caso não seja possível aguardar a cura ou a superfície não esteja coesa, aguardar a secagem e aplicar uma demão de Fundo Preparador Base Água. **Reboco novo:** aguardar a cura por, no mínimo, 30 dias. Caso não seja possível aguardar a cura ou a superfície não esteja coesa, aguardar a secagem e aplicar uma demão de Fundo Preparador Base Água. **Superfícies com umidade:** antes de pintar, resolver o que está causando o problema. **Superfícies com brilho:** lixar até eliminar totalmente o brilho. Escovar e retirar a poeira com um pano úmido.

1 Principais atributos do produto 1

Além de aumentar ou regular o brilho da tintas, oferece maior impermeabilidade à superfície, possui secagem rápida e baixo odor.

2 Principais atributos do produto 2

Confere mais proteção e melhor acabamento às superfícies externas e internas de concreto, pedra mineira, ardósia e tijolo à vista. Possui resistência à alcalinidade e à ação da maresia.

A AkzoNobel é líder global em tintas e revestimentos e uma das principais produtoras de especialidades químicas do mundo. A empresa fornece ingredientes, proteção e cor essenciais tanto para indústrias quanto para consumidores.

3 Preparação inicial

Superfícies em bom estado (com ou sem pintura): lixar e eliminar o pó com pano úmido. **Gesso, concreto ou blocos de cimento:** lixar e eliminar o pó com pano úmido. Aplicar o Fundo Preparador de Paredes da Coral, exceto sobre gesso corrido. Neste caso, deve-se aplicar Direto no Gesso da Coral. **Reboco novo:** aguardar, no mínimo, 30 dias. Depois disso, lixar e eliminar o pó com pano úmido. Aplicar o Selador Acrílico da Coral para paredes externas e internas. Caso não seja possível aguardar os 30 dias e a secagem total do reboco, aplicar o Fundo Preparador de Paredes da Coral. **Reboco fraco, paredes pintadas com cal ou que tenham partes soltas:** remover as partes soltas. Lixar e eliminar o pó com pano úmido. Aplicar o Fundo Preparador de Paredes da Coral. **Superfícies com pequenas imperfeições:** corrigir as imperfeições. Para paredes externas, usar Massa Acrílica da Coral e, para paredes internas, usar Massa Corrida da Coral. Lixar e eliminar o pó com pano úmido. **Superfícies com mofo:** misturar água e água sanitária em partes iguais. Lavar bem a área. Esperar 6 h e enxaguar com bastante água. Esperar que seque bem para pintar. **Superfícies com umidade:** antes de pintar, resolver o que está causando o problema. **Superfícies com brilho:** lixar até tirar o brilho e eliminar o pó com pano úmido. **Superfícies com gordura:** misturar água com detergente neutro e lavar. Depois, enxaguar com bastante água. Esperar que seque bem para pintar.

4 Preparação inicial

Lajes novas: aguardar, no mínimo, 30 dias antes de iniciar o processo de aplicação. **Superfícies em bom estado:** lixar e eliminar o pó com pano úmido. **Lajes com ralos:** regularizar o caimento em, no mínimo, 1% antes de aplicar o produto. **Lajes com arestas, cantos vivos e ralos:** eliminar os cantos retos formando cantos arredondados/meia cana. **Superfícies com umidade:** antes de pintar, resolver o que esta causando o problema. **Superfícies com mofo:** misturar água e água sanitária em partes iguais. Lavar bem a área. Esperar 6 h e enxaguar com bastante água. Esperar que seque bem para pintar. **Superfícies com gordura:** misturar água com detergente neutro e lavar. Depois, enxaguar com bastante água. Esperar que seque bem para pintar.

3 4 Preparação especial

Superfícies com fissuras (pequenas aberturas no reboco, rasas e sem continuidade de até 0,2 mm de largura): limpar e escovar a superfície, eliminando o pó e as partes soltas com um pano úmido. Aplicar o Fundo Preparador de Paredes da Coral. **Superfícies com trincas (aberturas contínuas no reboco causadas por movimentos estruturais, acima de 0,2 mm de largura):** abrir a trinca em forma de V. Limpar e escovar a superfície, eliminando o pó com pano úmido e as partes soltas. Aplicar o Fundo Preparador de Paredes da Coral. Preencher as trincas com a seguinte mistura: uma parte de Coral Sol & Chuva para 2 a 3 partes de areia. Depois, aplicar uma demão de Coral Sol & Chuva sobre uma tela de poliéster. Para fazer o acabamento, aplicar, no mínimo, 3 demãos de Coral Sol & Chuva.

3 Principais atributos do produto 3

Age contra fissuras, algas e mofos.

4 Principais atributos do produto 4

É um revestimento acrílico de excelente aderência e altíssima qualidade que previne e combate inflitrações, fissuras, algas e mofos.

Proteção Sol & Chuva Impermeabilizante 3

O Proteção Sol & Chuva Pintura Impermeabilizante é um produto para quem deseja proteger as paredes externas de casas, prédios e muros, faça sol ou faça chuva. Forma uma película emborrachada flexível que previne e combate inflitrações, fissuras, algas e mofo. Você ainda pode escolher entre as mais de mil cores do leque da Coral.

USE COM: Selador Acrílico; Fundo Preparador Base Água

Embalagens/rendimento

Lata (18 L): até 200 m²/demão.
Galão (3,6 L): até 40 m²/demão.

Aplicação

Utilizar rolo de lã de pelo baixo, pincel ou trincha. Normalmente, com 3 demãos, consegue-se um excelente resultado, porém, dependendo do tipo de superfície e da cor utilizada, pode ser necessário um número maior de demãos.

Cor

Branco e disponível no sistema tintométrico

Acabamento

Fosco

Diluição

Superfícies com massa acrílica, massa corrida, repintura ou gesso, diluir em 10%.

Secagem

Ao toque: 30 min
Entre demãos: 4 h
Final: 24 h

Proteção Sol & Chuva Manta Líquida 4

O Proteção Sol & Chuva Manta Líquida é um revestimento acrílico de excelente aderência e altíssima qualidade para aplicação a frio e moldada diretamente no local. Indicado para impermeabilização de lajes e telhas sem trânsito. Forma uma película emborrachada flexível que proteje a laje contra infiltrações, fissuras, algas e mofos.

USE COM: Fundo Preparador Base Água

Embalagens/rendimento

Balde (12 kg): até 12 m²/demão.
Galão (4 kg): até 4 m²/demão.

Aplicação

Aplicar 3 demãos fartas. É recomendável o consumo de 1,5 kg por m².

Cor

Branco

Acabamento

Não aplicável

Diluição

Aplicar uma demão de Proteção Sol & Chuva Manta Líquida diluído com água a 30% para selar a superfície.

Secagem

Ao toque: 1 h
Entre demãos: 6 a 12 h

Coralit Tradicional

Coral
esmalte sintético madeiras e metais
CORALIT
Tradicional
PREMIUM

O Coralit Tradicional é o esmalte ideal para garantir brilho duradouro, alta proteção e excelente acabamento. Sua fórmula com silicone cria uma película brilhante de alta proteção, que conserva o brilho e a aparência de novo por muito tempo. A durabilidade do Coralit Tradicional é de 10 anos.

Embalagens/rendimento

Galão (3,6 L): até 75 m^2/demão.
Galão (3,2 L): até 67 m^2/demão.
Quarto (0,9 L): até 20 m^2/demão.
Quarto (0,8 L): até 18 m^2/demão.
1/6 (225 mL): até 5 m^2/demão.
1/32 (112,5 mL): até 2 m^2/demão.

Aplicação

Utilizar rolo de espuma, pistola ou pincel com cerdas macias. Normalmente, com 2 demãos, consegue-se um excelente resultado, porém, dependendo do tipo de superfície e da cor utilizada, pode ser necessário um número maior de demãos.

Cor

Disponível em 28 cores prontas e no sistema tintométrico

Acabamento

Fosco, acetinado e alto brilho

Diluição

Pincel e rolo: diluir, no máximo, 10%.
Pistola: diluir, no máximo, 30%.

Secagem

Ao toque: 1 a 3 h
Entre demãos: 8 h
Final: 18 h

Diluente Aguarrás
Fundo para Metais

Coralit Zero

O Coralit Zero é um esmalte à base d'água que permanece branco e não amarela com o tempo, indicado para ambientes internos e externos de madeiras e metais. Sua fórmula sem cheiro logo após aplicação é ideal para quem não gosta daquele cheiro forte dos esmaltes comuns à base de solvente. A diluição e a limpeza das ferramentas são feitas com água, dispensando o uso de aguarrás e tornando o processo mais fácil. Possui durabilidade de 10 anos.

Embalagens/rendimento

Galão (3,6 L): até 75 m^2/demão.
Galão (3,2 L): até 67 m^2/demão.
Quarto (0,9 L): até 20 m^2/demão.
Quarto (0,8 L): até 18 m^2/demão.

Aplicação

Utilizar rolo de lã de pelo baixo, rolo de espuma ou pistola. Detalhe: usar pincel com cerdas macias. Normalmente, com 2 demãos, consegue-se um excelente resultado, mas, dependendo do tipo de superfície e da cor utilizada, pode ser necessário um número maior de demãos.

Cor

Disponível em 10 cores prontas e no sistema tintométrico

Acabamento

Acetinado e brilhante

Diluição

Diluir 10% para todas as superfícies quando aplicado com pincel/rolo. Para aplicação com pistola, indicamos diluição de 20%.

Secagem

Ao toque: 30 min
Entre demãos: 2 h
Final: 6 h

Massa para Madeira
Fundo Preparador Coralit Zero

1 Preparação inicial

Misturar bem o esmalte Coralit com espátula de plástico, metal ou madeira, em formato de régua, antes, durante e depois da diluição.

2 Preparação inicial

Superfícies novas (madeira, metal, PVC, alumínio e galvanizado sem fundo): lixar para eliminar pontos de ferrugem no metal e farpas na madeira. **Galvanizados e alumínios:** usar lixa d'água 220 a 240. Limpar com pano umedecido em água. **Madeiras resinosas:** aplicar 2 demãos de Fundo Isolante. Aguardar 2 h. Aplicar 2 demãos de Fundo Prepreparador Coralit Zero. Esperar 4 h e pintar com Coralit Zero. Esperar 2 h e aplicar a segunda demão. **Madeiras:** se necessário, corrigir com massa e aplicar mais uma demão de fundo. **PVC:** lixar com lixa fina, limpar com pano úmido em água e aplicar 2 demãos de Coralit Zero com 2 h entre demãos.

1 Preparação especial

Metais novos: lixar e eliminar pó, mofo, graxa, óleos e ceras com um pano embebido em Diluente Aguarrás Coral. Aplicar uma demão de Fundo Zarcoral (metais ferrosos) ou Fundo para Galvanizados Coral (alumínio e galvanizado). **Metais com ferrugem:** lixar e eliminar pó, mofo, graxa, óleos, ceras e toda a ferrugem com um pano embebido em Diluente Aguarrás Coral. Aplicar uma demão de Fundo Zarcoral (metais ferrosos) ou Fundo para Galvanizados Coral (alumínio e galvanizado). **Madeiras novas:** lixar as farpas e eliminar pó, mofo, graxa, óleos e ceras da superfície com um pano embebido em Diluente Aguarrás Coral. Aplicar uma demão de Fundo Sintético Nivelador Coral. Em caso de madeiras resinosas, aplicar 2 demãos de Sparlack Fundo Isolante. Em caso de fissuras ou imperfeições, utilizar Massa para Madeira Coral e, em seguida, mais uma demão de Fundo Sintético Nivelador Coral. Coralit Transparente: aplicar uma primeira demão do produto diluído com Diluente Aguarrás Coral na proporção de 1 para 1 ou, para superfícies internas, utilizar Seladora Concentrada Sparlack. **Madeiras (repintura):** lixar até eliminar brilho; eliminar pó, mofo, graxa, óleos e ceras da superfície com um pano embebido em Diluente Aguarrás Coral. **Superfícies prontas para pintura (caso apresentem imperfeições):** madeira – corrigir utilizando Massa para Madeira Coral e, em seguida, aplicar uma demão de Fundo Sintético Nivelador Coral; metal – aplicar uma demão de Fundo Zarcoral (metais ferrosos) ou Fundo para Galvanizados Coral (alumínio e galvanizado).

2 Preparação especial

Repintura (madeira, metal, alumínio e galvanizado): lixar para eliminar todo o brilho (lixa d'água 220 a 240). Caso o substrato fique exposto, aplicar 2 demãos de Fundo Preparador Coralit Zero. Aguardar 4 h. Limpar com pano umedecido em água. Pintar com Coralit Zero. Esperar 2 h e aplicar a segunda demão.

1 Principais atributos do produto 1

Tem excelente acabamento e durabilidade de 10 anos.

2 Principais atributos do produto 2

Sem cheiro e oferece secagem rápida e excelente acabamento.

3 Preparação inicial

Metais novos: lixar e eliminar o pó com um pano embebido em Diluente Aguarrás Coral. Aplicar uma demão de Fundo Zarcoral (metais ferrosos) ou Fundo para Galvanizados Coral (alumínios e galvanizados). **Metais com ferrugem:** lixar, eliminar o pó e toda a ferrugem com um pano embebido em Diluente Aguarrás Coral. Aplicar uma demão de Fundo Zarcoral (metais ferrosos) ou Fundo para Galvanizados Coral (alumínio e galvanizado). **Madeiras novas:** lixar as farpas e eliminar o pó da superfície com um pano embebido em Diluente Aguarrás Coral. Aplicar uma demão de Fundo Sintético Nivelador Coral. Em caso de madeiras resinosas, aplicar 2 demãos de Fundo Isolante. Em caso de fissuras ou imperfeições, utilizar Massa para Madeira Coral e, em seguida, mais uma demão de Fundo Sintético Nivelador Coral. **Repintura:** lixar até eliminar o brilho, eliminando o pó da superfície com um pano embebido em Diluente Aguarrás Coral. **Superfícies prontas para pintura:** madeira – caso existam imperfeições, utilizar a Massa para Madeira Coral e, em seguida, aplicar uma demão de Fundo Sintético Nivelador Coral; metal – se a superfície ficar exposta após o lixamento, aplicar uma demão de Fundo Zarcoral (metais ferrosos) ou Fundo para Galvanizados Coral (alumínio e galvanizado).

4 Preparação inicial

Ferros e aços: lixar para eliminar ferrugem solta e outras impurezas. Em seguida, eliminar o pó da superfície e aplicar o Ferrolack na cor desejada. **Galvanizados e alumínios:** aplicar o Fundo para Galvanizados Coral antes de aplicar o Ferrolack, a fim de garantir a perfeita aderência do produto a essas superfícies. **Madeiras:** lixar para eliminar as farpas. Para madeiras resinosas, aplicar previamente o Fundo Isolante (Knotting), a fim de impedir o retardamento da secagem do Ferrolack e também a migração de manchas provenientes das resinas naturais da madeira. Em seguida, opcionalmente, poderá ser aplicado o Fundo Sintético Nivelador Coral, que proporcionará acabamento mais liso e uniforme às superfícies.

4 Preparação especial

Alvenaria, fibrocimento, concreto e cerâmicas não vitrificadas: aplicar previamente o Fundo Preparador Coral.

3 Principais atributos do produto 3

Oferece secagem rápida, excelente acabamento.

4 Principais atributos do produto 4

Esmalte dupla ação, pode ser usado como fundo e acabamento. Tem poder antiferrugem.

Coralit Secagem Rápida 3

O Coralit Secagem Rápida é um esmalte sintético de alta qualidade e secagem super-rápida. Sua fórmula especial com silicone garante excelente acabamento e alta proteção. Possui uma película brilhante que facilita a limpeza da superfície, tem ótimo rendimento e alto poder de cobertura. É indicado para madeiras, metais, galvanizados e alumínio.

Diluente Aguarrás

Fundo para Metais

Embalagens/rendimento

Galão (3,6 L): até 76 m²/demão.
Quarto (0,9 L): até 19 m²/demão.
1/32 (112,5 mL).

Aplicação

Utilizar rolo de espuma ou pincel com cerdas macias. Normalmente, com 2 demãos, consegue-se um excelente resultado, porém, dependendo do tipo de superfície e da cor utilizada, pode ser necessário um número maior de demãos.

Cor

Disponível em 19 cores prontas

Acabamento

Acetinado e brilhante

Diluição

Pronto para uso. Se necessário, diluir até 10% com Aguarrás Coral, para pincel e rolo de espuma. Misturar bem com espátula de plástico, metal ou madeira em formato de régua, antes, durante e depois da diluição.

Secagem

Ao toque: 20 min
Entre demãos: 30 min a 2 h
Final: 5 a 7 h

Ferrolack 4

PREMIUM

O Ferrolack é um esmalte brilhante que dispensa a aplicação prévia de fundo ou primers anticorrosivos, tornando o trabalho de pintura muito mais prático e rápido. Pode ser aplicado diretamente sobre superfícies ferrosas, oferecendo proteção anticorrosiva e durabilidade. É fácil de aplicar e possui ótima cobertura e ótimo rendimento. Apresenta ótimas aderência e dureza e resistência ao atrito e às intempéries.

Fundo para Metais

Embalagens/rendimento

Galão (3,6 L): até 60 m²/demão.
Quarto (0,9 L): até 15 m²/demão.

Aplicação

Utilizar rolo de espuma, pistola ou pincel com cerdas macias. Normalmente, com 2 demãos, consegue-se um excelente resultado, mas, dependendo do tipo de superfície e da cor utilizada, pode ser necessário um número maior de demãos.

Cor

Disponível em 6 cores prontas

Acabamento

Brilhante

Diluição

Diluir 10% para toda as superfícies quando aplicado com pincel/rolo. Para aplicação com pistola, indicamos 20% de diluição.

Secagem

Ao toque: 8 h
Entre demãos: 8 a 12 h
Final: 18 a 24 h
Variando de acordo com as condições meteorológicas.

Coralar Esmalte 1

O Coralar Esmalte é o esmalte sintético para quem deseja economia com qualidade. Possui ótimos acabamento e cobertura. É fácil de aplicar e oferece boa resistência. Indicado para superfícies de metais ferrosos, alumínios, galvanizados e madeiras.

Embalagens/rendimento

Galão (3,6 L): até 50 m²/demão.
Quarto (0,9 L): até 12,5 m²/demão.

Aplicação

Utilizar rolo de espuma, pistola ou pincel com cerdas macias. Normalmente, com 2 demãos, consegue-se um excelente resultado, mas, dependendo do tipo de superfície e da cor utilizada, pode ser necessário um número maior de demãos.

Cor

Disponível em 24 cores prontas

Acabamento

Acetinado e brilhante

Diluição

Diluir 10% para todas as superfícies quando aplicado com pincel/rolo. Para aplicação com pistola, indicamos 30% de diluição.

Secagem

Ao toque: 4 a 6 h
Entre demãos: 8 h
Final: 14 a 18 h

Diluente Aguarrás
Fundo para Metais

Fundo Preparador Coralit Zero 2

Coral
CORALIT Zero
SEM CHEIRO
SECAGEM RÁPIDA
PREMIUM

O Fundo Preparador Coralit Zero prepara as superfícies de madeira, corrige pequenas imperfeições e uniformiza a absorção, melhorando a performance e o acabamento do Coralit Zero. Nas superfícies de metais, como ferro, aço, alumínio e galvanizados, ele protege contra ferrugem e funciona como promotor de aderência, aumentando a resistência e a durabilidade do Coralit Zero.

Embalagens/rendimento

Galão (3,6 L): até 64 m²/demão.
Quarto (0,9 L): até 16 m²/demão.

Aplicação

Utilizar rolo de espuma, pistola e pincel com cerdas macias. Normalmente, com 2 demãos, consegue-se um excelente resultado, mas, dependendo do tipo de superfície e da cor utilizada, pode ser necessário um número maior de demãos.

Cor

Branco

Acabamento

Fosco

Diluição

Diluir 10% para toda as superfícies quando aplicado com pincel/rolo. Para aplicação com pistola, indicamos 30% de diluição.

Secagem

Ao toque: 30 min
Entre demãos: 3 h
Final: 4 h

Fundo Isolante (Knotting)

1 Preparação inicial

Metais novos: lixar e eliminar pó, mofo, graxa, óleos, ceras e toda a ferrugem com um pano embebido em Diluente Aguarrás Coral. Aplicar uma demão de Fundo Zarcoral (metais ferrosos) ou Fundo para Galvanizados Coral (alumínios e galvanizados). **Madeiras novas:** lixar as farpas e eliminar pó, mofo, graxa, óleos e ceras da superfície com um pano embebido em Diluente Aguarrás Coral. Aplicar uma demão de Fundo Sintético Nivelador. Em caso de fissuras ou imperfeições, utilizar Massa para Madeira e, em seguida, mais uma demão de Fundo Sintético Nivelador.

2 Preparação inicial

Madeiras novas: lixar e eliminar as farpas e a poeira com um pano úmido. Aplicar uma a 2 demãos de Fundo Preparador Coralit Zero. Caso a superfície apresente imperfeições, corrigir utilizando Massa para Madeira Coral e, em seguida, aplicar uma ou 2 demãos do Fundo Preparador Coralit Zero. Para madeiras resinosas, aplicar 2 demãos de Fundo Isolante (Knotting). **Metais:** lixar levemente e eliminar a ferrugem quando for o caso. Todo e qualquer outro tipo de impureza também deve ser removido. Após a preparação, limpar com um pano seco e aplicar uma a 2 demãos do Fundo Preparador Coralit Zero. **Repintura (madeira e metal):** lixar com lixa d'água 220 a 240 umedecida. Certificar-se da total eliminação do brilho. Após o lixamento, limpar com pano úmido. Tratar os possíveis pontos de ferrugem e, logo após, aplicar uma a 2 demãos de Fundo Preparador Coralit Zero.

1 Preparação especial

Metais com ferrugem: lixar e eliminar pó, mofo, graxa, óleos, ceras e toda a ferrugem com um pano embebido em Diluente Aguarrás Coral. Aplicar uma demão de Fundo Zarcoral (metais ferrosos) ou Fundo para Galvanizados Coral (alumínio e galvanizado).

1 Preparação em demais superfícies

Repintura: lixar até eliminar o brilho, eliminando pó, mofo, graxa, óleos e ceras da superfície com um pano embebido em Diluente Aguarrás Coral.

2 Precauções/dicas/advertências

Utilizar em condições de temperatura próxima a 25 °C e umidade relativa do ar em torno de 60%.

2 Principais atributos do produto 2

Protege contra ferrugem e uniformiza a superfície.

A AkzoNobel é líder global em tintas e revestimentos e uma das principais produtoras de especialidades químicas do mundo. A empresa fornece ingredientes, proteção e cor essenciais tanto para indústrias quanto para consumidores.

3 Preparação inicial

Madeiras novas: lixar e retirar as farpas. Em seguida, eliminar a poeira. Recomendamos o uso do Fundo Sintético Nivelador Coral antes da aplicação da Massa para Madeira. Para corrigir fissuras e imperfeições, aplicar a Massa para Madeira em camadas finas e sucessivas. Efetuar o lixamento, uniformizando a superfície e eliminando o pó. Em seguida, aplicar mais uma demão de Fundo Sintético Nivelador. **Madeiras novas com graxa ou gordura:** limpar com água e sabão ou detergente neutro. Enxaguar bem e esperar secar. Recomendamos o uso do Fundo Sintético Nivelador Coral antes da aplicação da Massa para Madeira. Para corrigir fissuras e imperfeições, aplicar a Massa para Madeira em camadas finas e sucessivas. Efetuar o lixamento, uniformizando a superfície e eliminando o pó. Em seguida, aplicar mais uma demão de Fundo Sintético Nivelador.

4 Preparação inicial

Madeiras novas: lixar, retirar as farpas e eliminar a poeira com um pano embebido em Aguarrás Coral. **Madeiras novas com graxa ou gordura:** limpar com água e sabão ou detergente neutro. Enxaguar bem e esperar a secagem. Aplicar uma demão de Fundo Sintético Nivelador Coral. Em caso de fissuras e imperfeições, utilizar Massa para Madeira Coral e, em seguida, mais uma demão de Fundo Sintético Nivelador Coral. **Madeiras novas com mofo:** limpar com uma solução em partes iguais de água sanitária e água potável. Deixar agir por aproximadamente 4 h. Enxaguar bem e esperar a secagem. Aplicar uma demão de Fundo Sintético Nivelador Coral. Em caso de fissuras e imperfeições, utilizar Massa para Madeira Coral e, em seguida, mais uma demão de Fundo Sintético Nivelador Coral.

3 Principais atributos do produto 3

Corrige as imperfeições na madeira.

4 Principais atributos do produto 4

Aumenta o rendimento dos esmaltes e uniformiza a absorção da superfície em madeira.

Massa para Madeira 3

A Massa para Madeira é uma massa branca própria para corrigir imperfeições em superfícies de madeira, podendo ser utilizada em interiores e exteriores. Sua nova fórmula proporciona fácil aplicação, alto poder de enchimento e fácil lixabilidade. Possui ótima aderência e secagem rápida. Seu excelente desempenho aumenta o rendimento e a proteção da tinta de acabamento.

Embalagens/rendimento

Galão (6 kg): até 15 m²/demão.
Embalagem (1,5 kg): até 3,5 m²/demão.

Aplicação

Utilizar espátula ou desempenadeira de aço. Normalmente, com uma demão, consegue-se um excelente resultado, mas, dependendo do estado da superfície, poderá ser necessário um número maior de demãos.

Cor

Branco

Acabamento

Não aplicável

Diluição

Pronta para uso.

Secagem

Ao toque: 30 min
Entre demãos: 3 h
Final: 6 h

Fundo Sintético Nivelador 4

O Fundo Sintético Nivelador é um fundo branco fosco com alto poder de enchimento. Indicado para uniformizar a absorção nas superfícies de madeiras novas, melhorando o aspecto final de pintura e aumentando o rendimento da tinta de acabamento. É fácil de aplicar e de lixar. Tem ótimo rendimento e secagem rápida. É indicado como fundo para Esmalte Sintético Coralit e Coralar.

Esmalte Coralar
Coralit Tradicional

Embalagens/rendimento

Galão (3,6 L): até 34 m²/demão.
Quarto (0,9 L): até 8,5 m²/demão.

Aplicação

Utilizar rolo de espuma, pistola ou pincel com cerdas macias. Normalmente, com uma demão, consegue-se um excelente resultado, porém, dependendo do tipo de superfície e da cor utilizada, pode ser necessário um número maior de demãos.

Cor

Branco

Acabamento

Fosco

Diluição

Diluir 10% para toda as superfícies quando aplicado com pincel/rolo. Para aplicação com pistola, indicamos 20% de diluição.

Secagem

Ao toque: 4 a 6 h
Entre demãos: 8 h
Final: 12 a 20 h

Martelado 

O Martelado é um esmalte de secagem rápida e ótima cobertura e rendimento que, quando aplicado, forma uma película metalizada com desenho característico denominado "martelado". Apresenta ótimas dureza e aderência, além de uma película lisa e impermeável que reduz a incrustação de sujeira e facilita a limpeza. Previne e interrompe o processo de ferrugem, além de resistir a até 110 °C de temperatura.

Embalagens/rendimento

Galão (3,6 L): até 48 m²/demão.
Quarto (0,9 L): até 12 m²/demão.

Aplicação

Utilizar rolo de espuma, pistola ou pincel com cerdas macias. Normalmente, com 2 demãos, consegue-se excelente resultado, mas, dependendo do tipo de superfície e da cor utilizada, pode ser necessário um número maior de demãos.

Cor

Disponível em 3 cores prontas

Acabamento

Martelado

Diluição

Normalmente, quando aplicado com rolo ou trincha, não é indicada a diluição, pois poderá prejudicar o efeito martelado. Com pistola, caso necessite diluir o produto para melhorar a aplicabilidade, pode ser usada, no máximo, 5% de Aguarrás Coral em volume.

Secagem

Ao toque: 1 h
Entre demãos e final: 5 a 7 h

Tinta Grafite 

A Tinta Grafite é uma tinta sintética fosca com dupla ação: fundo e acabamento. Indicada para superfícies interna e externa de metais ferrosos. Sua fórmula proporciona proteção, resistência e durabilidade.

Embalagens/rendimento

Galão (3,6 L): até 52 m²/demão.
Quarto (0,9 L): até 13 m²/demão.

Aplicação

Utilizar rolo de espuma, pistola ou pincel com cerdas macias. Normalmente, com 2 demãos, consegue-se um excelente resultado, porém, dependendo do tipo de superfície e do ambiente, pode ser necessário um número maior de demãos.

Cor

Disponível em 2 cores prontas

Acabamento

Fosco

Diluição

Diluir 10% para toda as superfícies quando aplicado com pincel/rolo. Para aplicação com pistola, indicamos 30% de diluição.

Secagem

Ao toque: 2 a 4 h
Entre demãos: 6 a 8 h
Final: 10 a 12 h

USE COM: Diluente Aguarrás

1 Preparação inicial

Homogeneizar bem o produto com espátula de plástico, metal ou madeira, antes e durante a diluição e a aplicação.

2 Preparação inicial

Metais novos: lixar e retirar contaminantes da superfície com um pano embebido em Diluente Aguarrás Coral. **Metais com ferrugem:** lixar e eliminar toda a ferrugem. Retirar contaminantes da superfície com um pano embebido em Aguarrás Coral. **Repintura:** lixar até eliminar o brilho e retirar contaminantes da superfície com um pano embebido em Aguarrás Coral.

1 Preparação especial

Ferros e aços: pode ser aplicado diretamente sobre superfícies ferrosas, pintadas ou sem pintura, enferrujadas ou não. **Superfícies com ferrugem:** não é necessário eliminar a ferrugem incrustada. Basta lixar a superfície para eliminar as partículas soltas de ferrugem e outras impurezas. Em seguida, eliminar o pó de lixamento da superfície e aplicar o Martelado. Desejando aumentar ainda mais a proteção anticorrosiva, pode ser aplicado, antes do Martelado, um fundo Zarcoral. **Sobre pinturas antigas:** lixar para remover partes soltas e abrandar o brilho. Eliminar o pó e outros contaminantes. Em seguida, aplicar o Martelado. **Superfícies novas:** lixar para melhorar a aderência. Eliminar o pó e outros contaminantes. Em seguida, aplicar o Martelado.

1 Preparação em demais superfícies

Galvanizados e alumínios: neste caso, para garantir a perfeita aderência do Martelado, é essencial a aplicação prévia do Fundo para Metais Coral.

1 Principais atributos do produto 1

Esconde pequenas imperfeições e dispensa o uso de fundos.

2 Principais atributos do produto 2

Fundo e acabamento 2 em 1, oferece praticidade na aplicação.

A AkzoNobel é líder global em tintas e revestimentos e uma das principais produtoras de especialidades químicas do mundo. A empresa fornece ingredientes, proteção e cor essenciais tanto para indústrias quanto para consumidores.

3 Preparação inicial

Ferros novos: efetuar a limpeza mecânica, manual ou com jato abrasivo grau SA2, dependendo da necessidade e do estado da superfície. Em seguida, eliminar pó, graxa, óleos e gordura com pano embebido em Aguarrás Coral. Aplicar Fundo Zarcoral.

4 Preparação inicial

Galvanizados novos ou alumínios: eliminar toda a oleosidade característica do galvanizado e do alumínio novos com pano embebido em Aguarrás Coral. Usar lixa grana 320 e eliminar pó, graxa, óleos e gordura novamente com pano embebido em Aguarrás Coral. Aplicar Fundo para Galvanizados Coral.

3 Principais atributos do produto 3

Fundo fosco laranja, inibe as ferrugens em metais ferrosos.

4 Principais atributos do produto 4

Proporciona película de alta aderência em galvanizado e alumínio.

Fundo Zarcoral 3

O Zarcoral é um fundo laranja fosco com ação anticorrosiva e antioxidante de fácil aplicação, excelente rendimento, secagem rápida e ótima aderência. Indicado para superfícies externas e internas de metais ferrosos.

USE COM: Coralar Esmalte
Coralit Tradicional

Embalagens/rendimento

Galão (3,6 L): até 50 m^2/demão.
Quarto (0,9 L): até 12,2 m^2/demão.

Aplicação

Utilizar rolo de espuma, pistola ou pincel com cerdas macias. Normalmente, com uma demão, consegue-se um excelente resultado, porém, dependendo do tipo de superfície, pode ser necessário um número maior de demãos.

Cor

Laranja

Acabamento

Fosco

Diluição

Diluir 10% para toda as superfícies quando aplicado com pincel/rolo. Para aplicação com pistola, indicamos 30% de diluição.

Secagem

Ao toque: 4 a 6 h
Entre demãos: 8 h
Final: 12 a 18 h

Fundo para Galvanizados 4

O Fundo para Galvanizados é um fundo branco fosco que possui excelente rendimento e secagem rápida. Indicado para superfícies externas e internas de aço, alumínio e galvanizado.

Coralar Esmalte
Coralit Tradicional

Embalagens/rendimento

Galão (3,6 L): até 50 m^2/demão.
Quarto (0,9 L): até 12,5 m^2/demão.

Aplicação

Utilizar rolo de espuma, pistola ou pincel com cerdas macias. Normalmente, com uma demão, consegue-se um excelente resultado, mas, dependendo do tipo de superfície e da cor utilizada, pode ser necessário um número maior de demãos.

Cor

Branco

Acabamento

Fosco

Diluição

Diluir 10% para toda as superfícies quando aplicado com pincel/rolo. Para aplicação com pistola, indicamos 30% de diluição.

Secagem

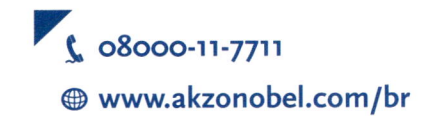

Ao toque: 4 a 6 h
Entre demãos: 8 a 12 h
Final: 18 a 24 h

Coral
tudo de cor para você

Wandepoxy Base Água

Wandepoxy Base Água é uma tinta epóxi à base d'água monocomponente e sem cheiro, de secagem rápida e ação antimofo. Forma uma película de ótima dureza, alta resistência à abrasão e durabilidade, fácil de limpar e repelente a água. Embeleza e protege as superfícies sem ocorrência de calcinação. Possui excelente aderência, além de ser fácil de aplicar.

Embalagens/rendimento

Galão (3,6 L): até 60 m^2/demão.
Galão (3,2 L): até 53 m^2/demão.
Quarto (0,9 L): até 15 m^2/demão.
Quarto (0,8 L): até 13 m^2/demão.

Aplicação

Utilizar pincel ou trincha de cerdas macias, rolo de espuma ou do tipo pelo baixo para epóxi ou pistola. Normalmente, com 2 a 3 demãos, consegue-se um excelente resultado, mas, dependendo do tipo de superfície e da cor utilizada, pode ser necessário um número maior de demãos.

Cor

Branco e disponível em mais de mil cores

Acabamento

Acetinado e brilhante

Diluição

Diluir 10% para toda as superfícies quando aplicado com pincel/rolo. Para aplicação com pistola, indicamos 30% de diluição.

Secagem

Ao toque: 1 h
Entre demãos: 4 h
Final: 12 h

USE COM:
Wandepoxy Complementos
Verniz Epóxi Catalisável Wandepoxy

Wandepoxy Complementos

A linha de Complementos Wandepoxy é bicomponente e formada por Verniz, Fundo e Massa Wandepoxy. Especialmente desenvolvida para proteger as superfícies, oferece acabamento brilhante, incolor, com elevada resistência à umidade e a produtos químicos, alta dureza, resistência à abrasão e ótima aderência. Prepara a superfície para aplicação do Esmalte Wandepoxy.

Embalagens/rendimento

Fundo Wandepoxy: 43 a 54 m^2/demão.
Verniz Wandepoxy: 40 a 50 m^2/demão.
Massa Wandepoxy: 7 a 10 m^2/demão.

Aplicação

Utilizar rolo de lã de pelo baixo para epóxi, pincel ou trincha. Pistola: 35 a 40 lbs/pol^2 ou 2,5 a 2,8 kgf/cm^2. Para Fundo Wandepoxy, uma a 2 demãos com intervalo de 12 a 48 h entre demãos. Para Verniz Wandepoxy, 2 a 3 demãos com intervalo de 12 a 48 h entre demãos. Para Massa Wandepoxy (catalisável), 2 a 3 demãos com intervalo de 12 a 48 h entre demãos.

Cor

Não aplicável

Acabamento

Não aplicável

Diluição

Quando necessário, diluir com o Diluente Wandepoxy conforme indicações.

Secagem

Ao toque: 1 a 3 h
Manuseio: 3 a 6 h
Completa: 12 a 48 h

USE COM:
Wandepoxy Base Solvente

1 Preparação inicial

Azulejos, pastilhas, vidros e PVC: remover os contaminantes, lavando a superfície com saponáceo e palha de aço n° 2, em especial as regiões de rejuntes e cantos. Deixar secar. Certificar-se de que não há contaminantes e aplicar o produto. Atenção especial à limpeza de azulejos de cozinha com incrustação de gordura e box de banheiro com. **Alvenaria:** superfícies de reboco e concreto deverão estar secas e curadas por, pelo menos, de 28 a 30 dias. Devem se apresentar firmes, bem agregadas e isentas de cal. Aplicar uma demão do produto diluído a 30% como selador. Deixar secar e aplicar as demãos posteriores com a diluição indicada. **Pisos de concreto rústico:** deverão estar secos e curados por, pelo menos, 28 a 30 dias, limpos e isentos de graxa, óleos ou outros contaminantes. Aplicar uma demão do produto diluído a 30% como selador. Deixar secar e aplicar as demãos posteriores com a diluição indicada. **Pisos de cimento queimado:** deverão sofrer tratamento prévio com solução a 10% em volume de ácido muriático antes da pintura. Enxaguar a superfície com água e deixar secar. Aplicar uma demão do produto diluído a 30% como selador. Deixar secar e aplicar as demãos posteriores com a diluição indicada. **Aços carbono:** lixar para eliminar a ferrugem, remover a poeira, aplicar um primer anticorrosivo e aplicar o produto na diluição indicada.

2 Preparação inicial

Alvenaria: superfícies de reboco e concreto deverão estar curadas por, pelo menos, 30 dias, apresentando-se firmes, bem agregadas e isentas de cal. Aplicar uma demão de Fundo Branco Wandepoxy. Se necessário, corrigir as imperfeições com Massa Wandepoxy Catalisável, lixar e aplicar outra demão de Fundo Branco Wandepoxy. **Pisos de concreto rústico:** deverão estar curados por, pelo menos, 30 dias, limpos e isentos de graxa, óleos ou qualquer outro contaminante. Aplicar uma demão de Fundo Branco Wandepoxy. Se necessário, corrigir as imperfeições com Massa Wandepoxy Catalisável, lixar e aplicar outra demão de Fundo Branco Wandepoxy. **Pisos de cimento queimado:** tratar previamente com solução a 10% em volume de ácido muriático. Enxaguar e deixar secar. Aplicar uma demão de Fundo Branco Wandepoxy. Se necessário, corrigir as imperfeições com Massa Wandepoxy Catalisável, lixar e aplicar outra demão de Fundo Branco Wandepoxy. **Madeiras internas:** deverão apresentar-se secas. Não pintar madeiras "verdes" ou úmidas. Para melhor acabamento, aplicar previamente uma demão de Fundo Branco Wandepoxy. Se necessário, corrigir as imperfeições com Massa Wandepoxy Catalisável, lixar e aplicar outra demão de Wandepoxy Fundo Branco. **Azulejos:** devem estar desengordurados, principalmente na região dos rejuntes. Pode-se aplicar o Wandepoxy Esmalte Brilhante diretamente sobre o azulejo ou, para a obtenção de um melhor padrão de acabamento, aplicar previamente o Fundo Branco Wandepoxy.

1 Preparação especial

Alumínios e galvanizados: eliminar toda a gordura e a graxa. Lixar com lixa d'água 220 a 240, limpar com um pano úmido e deixar secar para aplicar o Wandepoxy.

2 Preparação especial

Ferros, aços, alumínios e galvanizados: eliminar ferrugem e oxidação, graxas ou outros contaminantes. Aplicar previamente uma demão de Fundo Misto Wandepoxy. Se necessário, corrigir as imperfeições com Massa Wandepoxy Catalisável, lixar e aplicar outra demão de Wandepoxy Fundo Misto. Deixar secar e aplicar de 2 a 3 demãos do Wandepoxy Esmalte Brilhante.

1 Preparação em demais superfícies

Madeiras novas: deverão estar totalmente secas e com menos de 20% de umidade. Aplicar uma demão do Wandepoxy Base Água diluído 30% como selador.

3 Preparação inicial

Alvenaria: superfícies de reboco e concreto deverão estar curadas por, pelo menos, 30 dias, apresentando-se firmes, bem agregadas e isentas de cal. Aplicar uma demão de Fundo Branco Epoxy. Se necessário, corrigir as imperfeições com Massa Wandepoxy (bicomponente), lixar e aplicar outra demão de Fundo Branco Wandepoxy. Deixar secar e aplicar de 2 a 3 demãos do Wandepoxy Esmalte Brilhante. **Pisos de concreto rústico:** deverão estar curados por, pelo menos, 30 dias, perfeitamente limpos e isentos de graxa, óleos ou qualquer outro contaminante. Aplicar uma demão de Fundo Branco Wandepoxy. Se necessário, corrigir as imperfeições com Massa Wandepoxy Catalisável, lixar e aplicar outra demão de Fundo Branco Wandepoxy. Deixar secar e aplicar de 2 a 3 demãos do Wandepoxy Esmalte Brilhante. **Pisos de cimento queimado:** antes da pintura, deverão sofrer tratamento com solução a 10% em volume de ácido muriático. Enxaguar e deixar secar por completo. Aplicar uma demão de Fundo Branco Wandepoxy. Se necessário, corrigir as imperfeições com Massa Wandepoxy Catalisável, lixar e aplicar outra demão de Fundo Branco Wandepoxy. Deixar secar e aplicar de 2 a 3 demãos do Wandepoxy Esmalte Brilhante. **Madeiras internas:** deverão estar secas e com menos de 18% de umidade. Madeiras "verdes" ou úmidas não deverão ser pintadas. Para um melhor acabamento, aplicar previamente uma demão de Fundo Branco Wandepoxy. Se necessário, corrigir imperfeições com Massa Wandepoxy bicomponente, lixar e aplicar outra demão de Fundo Branco Wandepoxy. Deixar secar e aplicar de 2 a 3 demãos do Wandepoxy Epóxi Catalisável. **Azulejos:** devem estar desengordurados, principalmente na região dos rejuntes. Pode-se aplicar o Wandepoxy Esmalte Brilhante diretamente sobre o azulejo ou, para a obtenção de um melhor padrão de acabamento, aplicar previamente o Fundo Branco Wandepoxy.

4 Preparação inicial

Alvenaria: deverão estar curadas (aguardar 30 dias). **Pedras mineiras, ardósias e cerâmicas porosas em bom estado:** escovar para tirar a sujeira acumulada, eliminar o pó com água, deixar secar e aplicar a Resina Acrílica. **Cimentados lisos ou queimados:** efetuar tratamento prévio com solução de ácido muriático (2 partes de água para uma parte de ácido), cuja finalidade é permitir melhor aderência do acabamento. Enxaguar bem a superfície para remoção da solução de ácido e, depois, aguardar sua secagem completa. **Superfícies com manchas de gordura ou graxa:** lavar mais de uma vez, se necessário, com solventes ou solução de água e detergente, enxaguando bem e aguardando a total secagem. **Superfícies sujas ou envelhecidas:** escovar previamente e lavar com jato de água de alta pressão. Aguardar a secagem total para a aplicação do produto.

4 Preparação especial

Ferros, aços, alumínios e galvanizados: eliminar totalmente ferrugem, graxas ou outros contaminantes. Aplicar uma demão de Fundo Misto Wandepoxy. Se necessário, corrigir as imperfeições com Massa Wandepoxy (bicomponente), lixar e aplicar outra demão de Fundo Misto Wandepoxy. Deixar secar e aplicar de 2 a 3 demãos do Wandepoxy Esmalte.

4 Principais atributos do produto 4

Impermeabiliza e facilita a limpeza, impedindo limos, fungos e infiltração de poeira, fuligem e demais incrustações.

Wandepoxy Base Solvente 3

Esmalte epóxi catalisável de alto brilho que possui alta resistência à umidade e a produtos químicos, alta dureza e resistência à abrasão, além de ótima aderência aos mais diversos tipos de superfícies. Exclusivo com 2 tipos de catalisadores: resistência química (amina) e resistência à água (amida). Indicado, respectivamente, para tubulações e pisos de oficinas industriais e banheiros, cozinhas, áreas úmidas e molhadas.

USE COM: Wandepoxy Complementos

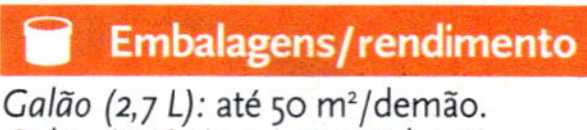

Embalagens/rendimento

Galão (2,7 L): até 50 m²/demão.
Galão (2,56 L): até 47 m²/demão.

Aplicação

Utilizar rolo de lã de pelo baixo para epóxi, pincel ou trincha. Pistola: 35 a 40 lbs/pol² ou 2,5 a 2,8 kgf/cm². Normalmente, com 2 a 3 demãos, consegue-se um excelente resultado, mas, dependendo do tipo e do estado da superfície e da cor utilizada, pode ser necessário um número maior de demãos.

Cor

Disponível em 8 cores prontas e no sistema tintométrico

Acabamento

Brilhante

Diluição

Sobre a tinta catalisada, usar Diluente Wandepoxy. Pincel ou trincha: diluir até 10%. Rolo ou pistola convencional: diluir até 20%.

Secagem

Ao toque: 2 h
Manuseio: 6 a 7 h
Completa: 12 a 48 h
Após esse período, deverá ser realizado um prévio lixamento.

Resina Acrílica 4

A Resina Acrílica é um produto para aplicação interna e externa, sobre superfícies de pedras porosas. Protege e realça a tonalidade natural das superfícies por meio da formação de uma película brilhante, incolor, de rápida secagem e alta resistência. Proporciona impermeabilização, repelindo a água. Facilita a limpeza, impedindo a formação de limos e fungos e a infiltração de poeira, fuligem e demais incrustações.

Embalagens/rendimento

Lata (18 L): até 175 m²/demão.
Lata (5 L): até 49 m²/demão.

Aplicação

Utilizar rolo de lã para epóxi, pincel ou trincha de cerdas macias ou pistola convencional. Normalmente, com 2 demãos, consegue-se um excelente resultado, mas dependendo do tipo, do estado e da absorção da superfície, poderá ser necessário um número maior de demãos.

Cor

Incolor

Acabamento

Brilhante

Diluição

Não aplicável.

Secagem

Ao toque: 30 min
Entre demãos: 4 h
Final: 12 h

Você está na seção:

1 OUTRAS SUPERFÍCIES

2 OUTROS PRODUTOS

Embeleza Cerâmica 1

Embeleza Cerâmica renova e deixa telhas e tijolos de sua casa bonitos como novos, oferecendo proteção por muito mais tempo. É fácil de aplicar e possui boa cobertura. Disponível em sua cor tradicional, Embeleza Cerâmica também é indicado para objetos cerâmicos não vitrificados (tipo porcelanato ou objetos com brilho) e elementos vazados. Indicado para aplicação interna e externa.

Embalagens/rendimento

Galão (3,6 L): 40 a 50 m²/demão.
Quarto (0,9 L): 10 a 12,5 m²/demão.

Aplicação

Utilizar pincel com cerdas macias, rolo de espuma ou pistola. Normalmente, 2 demãos aplicadas em camadas finas são suficientes para um resultado adequado, porém, dependendo do tipo e do estado das superfícies, poderá ser necessário um número maior ou menor de demãos. Sempre lixar entre demãos.

Cor

Cerâmica

Acabamento

Brilhante

Diluição

Usar Águarras Coral. Pincel/rolo: diluir 10%. Pistola: diluir 30%.

Secagem

Ao toque: 4 a 6 h
Entre demãos: 8 h
Final : 18 a 24 h

Gel para Texturas 2

O Gel para Texturas complementa a linha de decoração da Coral, pois, usando tanto a opção perolizado quanto a envelhecedor, fica fácil personalizar ainda mais o ambiente com efeitos decorativos e exclusivos. O Gel para Texturas proporciona efeitos como: esponjado, trapeado, manchado e muitas outras opções que podem ser obtidas com criatividade e ferramentas diferenciadas.

USE COM: Textura Design
Textura Rústica

Embalagens/rendimento

Galão (3,3 kg): até 48 m²/demão.
Galão (0,8 kg): até 12 m²/demão.

Aplicação

Utilizar equipamento de acordo com o efeito desejado.

Cor

Disponível no sistema tintométrico

Acabamento

Brilhante e perolizado

Diluição

Pronto para uso.

Secagem

Ao toque: 30 min
Final: 2 h

1 Preparação inicial

Tijolo de barro à vista, cerâmica ou telha nova: lixar e eliminar o pó com pano úmido. Aplicar uma demão de Fundo Preparador de Parede. **Cerâmica ou telha com manchas de gordura ou graxa:** lavar com solução de água e detergente neutro, enxaguar e esperar a secagem. A superfície estará pronta para pintura. **Cerâmica ou telha com partes mofadas:** lavar com solução de água e água sanitária em partes iguais, esperar 6 h, enxaguar e esperar a secagem. A superfície estará pronta para pintura. **Repintura em bom estado:** lixar até perder o brilho. Eliminar o pó com pano úmido. A superfície estará pronta para pintura.

2 Preparação inicial

Toda superfície deve ser preparada para receber o Gel para Texturas. Isso quer dizer que ela precisa estar firme, uniforme, limpa, seca e sem qualquer tipo de gordura ou mofo. Vale lembrar que, além da preparação, outros fatores, como homogeneização, diluição, aplicação, temperatura, tempo de secagem etc., influenciam na obtenção de um excelente resultado.

1 Preparação especial

Texturas: recomendamos aplicar uma demão de tinta acrílica na cor desejada e aguardar a secagem antes da aplicação do Gel. **Paredes:** preparar a superfície com Massa Corrida ou Acrílica Coral. **Madeiras:** lixar a superfície e corrigir as imperfeições com Massa para Madeira e Fundo Sintético Nivelador Coral. **Gesso:** lixar e retirar o pó com pano úmido e aplicar uma demão de Fundo Preparador de Paredes Coral, exceto no gesso corrido, em que deve ser aplicado o Coral Direto no Gesso. Aplicar uma demão de tinta acrílica na cor desejada.

2 Principais atributos do produto 2

Completa a linha de decoração da Coral.

A AkzoNobel é líder global em tintas e revestimentos e uma das principais produtoras de especialidades químicas do mundo. A empresa fornece ingredientes, proteção e cor essenciais tanto para indústrias quanto para consumidores.

3 4 Preparação inicial

Observar a proporção de diluição recomendada para cada produto e para cada tipo de aplicação. Limpar as ferramentas imediatamente após o uso.

3 Principais atributos do produto 3

Preserva as propriedades de secagem, acabamento e resistência da película.

4 Principais atributos do produto 4

Dilui esmalte sintético e verniz.

Diluente Wandepoxy 3

Produto especialmente desenvolvido para diluição de sistema à base de resina epóxi. Possui uma mistura especialmente balanceada de solventes, visando à garantia de que, após a aplicação, o produto final mantenha preservadas suas propriedades de secagem, acabamento e resistência da película.

Embalagens/rendimento

Embalagens (5 L e 0,9 L).

Aplicação

Não aplicável.

Cor

Não aplicável

Acabamento

Não aplicável

Diluição

Produto para diluição.

Secagem

Não aplicável

Diluente Aguarrás 4

O Diluente Aguarrás é o diluente para tintas à base de solvente da Coral. Sua formulação exclusiva foi desenvolvida especialmente para a perfeita combinação com nossos produtos. Indicado para diluição de esmaltes sintéticos, vernizes, fundo para metais e complementos à base de resina alquídica.

USE COM: Coralar Esmalte
Coralit Tradicional

Embalagens/rendimento

Embalagens (5 L e 0,9 L).

Aplicação

Não aplicável.

Cor

Não aplicável

Acabamento

Não aplicável

Diluição

Produto para diluição.

Não aplicável

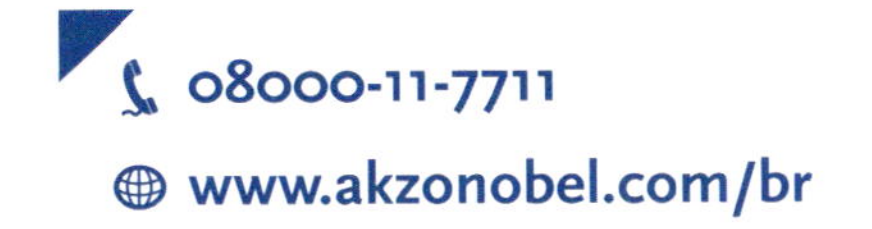

Sparlack
Tudo o que a madeira precisa

Cetol Deck 

O Cetol Deck é um revestimento de altíssima durabilidade, super-resistente aos efeitos do sol e da água e ao tráfego de pessoas. Cetol Deck é indicado para uso externo em decks, varandas e móveis de jardim.

Embalagens/rendimento

Galão (3,6 L): 70 a 120 m²/demão.
Quarto (0,9 L): 17,5 a 30 m²/demão.

Aplicação

Utilizar pincel ou trincha de cerdas macias. Aplicar 3 demãos com intervalo de secagem de 24 h.

Cor

Natural

Acabamento

Semibrilho

Diluição

Pronto para uso.

Secagem

Ao toque: 2 a 3 h
Manuseio: 8 a 12 h
Completa: 24 h

USE COM: Cetol
Cetol Deck Antiderrapante

Cetol Base Água 

O Cetol Base Água é um revestimento de alto desempenho, com fórmula à base d'água, sem cheiro após uma hora da aplicação e secagem rápida. Possui película flexível que não trinca e não descasca, capaz de acompanhar os movimentos naturais da madeira, sem permitir que ela trinque ou descasque.

Embalagens/rendimento

Galão (3,6 L): 60 a 100 m²/demão.
Quarto (0,9 L): 15 a 25 m²/demão.

Aplicação

Utilizar pincel ou trincha de cerdas macias. Aplicar 3 demãos com intervalo de secagem de 4 h.

Cor

Disponível em 3 cores prontas e no sistema tintométrico

Acabamento

Acetinado e brilhante

Diluição

Pronto para uso.

Secagem

Ao toque: 3 h
Completa: 5 h

USE COM: Cetol Deck
Cetol Deck Antiderrapante

1 Preparação inicial

Ler com atenção as instruções do rótulo. A madeira deverá estar firme, seca (contendo menos de 20% de umidade – não revestir madeiras "verdes" ou úmidas), coesa, limpa, livre de partes soltas e isenta de contaminantes. **Madeiras novas:** lixar na direção dos veios, removendo a poeira antes de aplicar o verniz. Arestas e cantos devem ser arredondados, e frestas devem ser bem rejuntadas. Não selar a madeira. **Madeiras revestidas com outros produtos:** remover completamente, por meio de raspagem e lixamento, até expor a madeira original. Proceder como no caso de madeiras novas. **Madeiras já revestidas com Cetol Base Água, Cetol (base solvente) ou Cetol Deck:** lixar levemente e aplicar uma demão restauradora, sempre da cor natural. **Madeiras resinosas e superfícies muito absorventes:** em superfícies externas, aplicar uma demão do Cetol Base Água diluído a 10% com água diretamente na madeira e 3 demãos sem diluição. Observações: se aplicado sobre vernizes antigos, diferentes de Cetol Base Água, Cetol (base solvente) ou Cetol Deck, a durabilidade externa poderá ser prejudicada.

2 Preparação inicial

A madeira deverá estar firme, seca (com menos de 20% de umidade), coesa, limpa, livre de partes soltas contaminantes. Madeiras "verdes" ou úmidas não podem ser revestidas. **Madeiras novas:** é condição ideal para utilização do produto. Não selar a madeira. Mesmo que as madeiras estejam perfeitamente lisas e aparelhadas, fazer um lixamento antes da aplicação, no sentido dos veios, para abrir os poros necessários à boa penetração e impregnação. Remover toda a poeira do lixamento antes da aplicação. Arredondar bem arestas, cantos, cavidades e áreas em que os veios ou fibras da madeira estiverem perpendiculares à superfície (end grains). Aplicar 3 demãos em camadas fartas e bem distribuídas, sempre obedecendo ao intervalo recomendado entre demãos. Aplicar o produto em todas as faces da madeira para obter uma película protetora, garantindo sua máxima durabilidade. **Madeiras revestidas com outros produtos:** remover completamente, por meio de raspagem e lixamento, até expor a madeira original. Proceder como no caso de madeiras novas. **Madeiras já revestidas por Cetol Deck e Cetol Deck Antiderrapante:** pode-se optar por um lixamento geral, aplicando, uma demão restauradora. Outra opção é lixar e aplicar uma demão restauradora apenas nas áreas onde houver falhas na película. Observações: se aplicado sobre vernizes antigos (diferentes de Cetol Deck/Antiderrapante), pode prejudicar a durabilidade externa. Aplicar pelo menos 2 demãos nas partes não visíveis. Não utilizar nenhum selador na madeira.

1 2 Precauções/dicas/advertências

Removedores podem ocasionar problemas de secagem e acabamento. Nesse caso, efetuar uma limpeza efetiva da madeira para eliminar a ocorrência desses problemas.

1 Principais atributos do produto 1

Pode ser aplicado em superfícies verticais e decks de madeira. Tem altíssima repelência a água e ação fungicida. É um triplo filtro solar com durabilidade de 6 anos. Disponível nos acabamentos brilhante e acetinado. Aplicação: casas, portas de entrada, esquadrias e decks de madeira.

2 Principais atributos do produto 2

Impregna na madeira, formando uma película flexível que não trinca e não descasca. Oferece efetiva proteção aos efeitos do sol e da água, com resistência ao tráfego de pessoas. Pronto para uso, não precisa diluir. Tem altíssima durabilidade de 6 anos. Disponível no acabamento semibrilho. Aplicação: decks, varandas e móveis de jardim.

3 4 Preparação inicial

Toda madeira deverá estar firme, seca (com menos de 20% de umidade), coesa, limpa, livre de partes soltas e sem mofo, óleos, graxas, ceras e outros contaminantes. Madeiras "verdes" ou úmidas não podem ser revestidas.

3 Preparação inicial

Madeiras novas: é a condição ideal para utilização do produto, pois o contato direto do produto com a superfície da madeira é garantido. Não selar a madeira. Mesmo que as madeiras estejam perfeitamente lisas e aparelhadas, fazer um lixamento antes da aplicação, no sentido dos veios, para abrir os poros necessários à boa penetração e impregnação. Remover toda a poeira do lixamento antes da aplicação. Arredondar bem arestas, cantos, cavidades e áreas em que os veios ou fibras da madeira estiverem perpendiculares à superfície (end grains). Aplicar três demãos em camadas fartas e bem distribuídas, sempre obedecendo ao intervalo recomendado entre demãos. Aplicar o produto em todas as faces da madeira para obter uma película protetora, garantindo sua máxima durabilidade. **Madeiras revestidas com outros produtos:** remover completamente, por meio de raspagem e lixamento, até expor a madeira original. Depois, proceder como no caso de madeiras novas. **Madeiras já revestidas por Cetol Deck e Cetol Deck Antiderrapante:** dependendo do estado do revestimento, pode-se optar por um lixamento geral, aplicando, a seguir, uma demão restauradora. Outra opção é lixar e aplicar uma demão restauradora apenas nas áreas onde houver falhas na película. Observações: se aplicado sobre vernizes antigos (diferentes de Cetol Deck/Antiderrapante), pode prejudicar a durabilidade externa. Aplicar pelo menos 2 demãos nas partes não visíveis. Não utilizar nenhum selador na madeira.

4 Preparação inicial

Madeiras novas: lixar na direção dos veios. Remover toda a poeira do lixamento antes da aplicar o verniz. Arestas e cantos devem ser arredondados, e frestas devem ser bem rejuntadas. Não selar a madeira. **Madeiras já envernizadas:** quando em boas condições, lixar para quebrar o brilho e, então, aplicar o verniz. Se em más condições, remover todo o verniz antigo e, depois, proceder como nas madeiras novas. **Madeiras resinosas e superfícies muito absorventes:** para ambientes internos, aplicar uma demão prévia de Fundo Isolante (Knotting) sobre madeiras resinosas (peroba, ipê, vinhático, sucupira, maçaranduba etc.) ou superfícies muito absorventes, como chapa dura. Essa prática impedirá o retardamento da secagem. Em ambientes externos, aplicar o verniz diretamente sobre a madeira para obter máxima durabilidade. Após aplicar Fundo Isolante (Knotting) ou a primeira demão de Solgard, lixar levemente para eliminar as fibras da madeira.

4 Preparação especial

Decks de piscinas e embarcações: deverão receber, no mínimo, 4 demãos.

3 Precauções / dicas / advertências

Removedores podem ocasionar problemas de secagem e acabamento. Nesse caso, efetuar uma limpeza efetiva da madeira para eliminar a ocorrência desses problemas.

3 Principais atributos do produto 3

Impregna na madeira, formando uma película flexível e antiderrapante que não trinca e não descasca. Oferece efetiva proteção aos efeitos do sol e da água, com resistência ao tráfego de pessoas. Tem altíssima durabilidade de 6 anos. Aplicação: decks e varandas.

Cetol Deck Antiderrapante 3

O Cetol Deck Antiderrapante é um revestimento de altíssima durabilidade, super-resistente aos efeitos do sol e da água e ao tráfego de pessoas, e ainda conta com ação antiderrapante. Cetol Deck Antiderrapante é indicado para uso externo em decks e varandas.

USE COM: Cetol; Cetol Deck

Embalagens/rendimento

Galão (3,6 L): 70 a 120 m²/demão.

Aplicação

Utilizar pincel ou trincha de cerdas macias. Aplicar 3 demãos com intervalo de secagem de 24 h.

Cor

Natural

Acabamento

Semibrilho

Diluição

Pronto para uso.

Secagem

Ao toque: 2 a 3 h
Manuseio: 8 a 12 h
Completa: 24 h

Solgard 4

O Solgard é um revestimento que oferece alta proteção às superfícies de madeira. Sua película possui ótima elasticidade, acompanhando os movimentos naturais da madeira. Proporciona tripla proteção contra a ação dos raios solares.

USE COM: Fundo Isolante (Knotting)

Embalagens/rendimento

Galão (3,6 L): 70 a 110 m²/demão.
Quarto (0,9 L): 17,5 a 27,5 m²/demão.

Aplicação

Utilizar pincel ou trincha de cerdas macias. Aplicar 3 demãos com intervalo de secagem de 24 h.

Cor

Natural

Acabamento

Acetinado e brilhante

Diluição

Diluir com Redutor Sparlack em até 5% para pincel ou trincha.

Secagem

Ao toque: 2 h
Manuseio: 8 h
Completa: 24 h

Sparlack
Tudo o que a madeira precisa

Stain Plus

1

O Stain Plus é um impregnante para madeira que oferece alta repelência à água e um lindo acabamento acetinado, que realça o relevo natural da madeira proporcionando mais beleza à superfície. Possui baixa formação de filme, que é capaz de acompanhar os movimentos naturais da madeira, não trinca e não descasca.

Embalagens/rendimento

Lata (18 L): 300 a 500 m²/demão.
Galão (3,6 L): 60 a 100 m²/demão.
Quarto (0,9 L): 15 a 25 m²/demão.

Aplicação

Utilizar pincel, rolo, trincha ou pistola convencional. Aplicar 3 demãos com intervalo de secagem de 24 h.

Cor

Disponível em 4 cores prontas e no sistema tintométrico

Acabamento

Acetinado

Diluição

Pronto para uso.

Secagem

Ao toque: 2 h
Completa: 24 h

USE COM: Tingidor
Stain Plus Base Água

Stain Plus Base Água

2

O Stain Plus Base Água é um impregnante para madeira. Sua fórmula inovadora possui ainda resistência à chuva, ou seja, se chover após 30 minutos da aplicação na primeira, na segunda ou na terceira demãos, o produto não escorre e a madeira não fica manchada. Possui baixa formação de película, é capaz de acompanhar os movimentos naturais da madeira, não trinca e não descasca.

Embalagens/rendimento

Galão (3,6 L): 50 a 90 m²/demão.
Quarto (0,9 L): 12,5 a 22,5 m²/demão.

Aplicação

Utilizar pincel, trincha ou rolo de espuma ou tipo pelo baixo para epóxi. Aplicar 3 demãos com intervalo de secagem de 4 h.

Cor

Disponível em 3 cores e no sistema tintométrico

Acabamento

Acetinado

Diluição

Pronto para uso.

Secagem

Manuseio: 3 h
Completa: 5 h

USE COM: Tingidor
Stain Plus

1 2 Preparação inicial

Antes de usar, ler com atenção as instruções do rótulo. Toda madeira deverá estar firme, seca (com menos de 20% de umidade), coesa, limpa, livre de partes soltas e sem mofo, óleos, graxas, ceras e outros contaminantes. Madeiras "verdes" ou úmidas não podem ser revestidas. **Madeiras novas:** lixar na direção dos veios, removendo toda a poeira antes de aplicar o stain. Arestas e cantos devem ser arredondados, e frestas devem ser bem rejuntadas. Não selar a madeira. **Madeiras revestidas com outros produtos:** remover completamente, por meio de raspagem e lixamento, até expor a madeira original. Depois, proceder como no caso de madeiras novas.

1 Preparação inicial

Madeiras já revestidas com Stain Plus: basta um leve lixamento, aplicando, na sequência, uma demão restauradora, sempre na cor natural. **Madeiras resinosas:** poderá haver retardamento da secagem, porém não recomendamos a utilização de qualquer tipo de selador. Isso impediria a penetração do Stain Plus na madeira.

2 Preparação inicial

Madeiras já revestidas com Stain Plus Base Água: basta um leve lixamento, aplicando a seguir uma demão restauradora, sempre na cor mais clara, no caso, o Stain Plus Base Água natural.

1 2 Precauções/dicas/advertências

Removedores podem ocasionar problemas de secagem e acabamento. Nesse caso, efetuar uma limpeza efetiva da madeira para eliminar a ocorrência desses problemas.

1 Principais atributos do produto 1

Mantém o relevo natural da madeira e tem alta repelência a água, acabamento acetinado premium e fáceis aplicação e manutenção. Aplicação: portas, janelas, deck e móveis de jardim de madeira. Tem durabilidade de até 3 anos (um ano para transparente e 3 anos para natural e cores).

2 Principais atributos do produto 2

Resistente a chuva após 30 min da aplicação, mantém o relevo natural da madeira e tem acabamento acetinado premium e fáceis aplicação e manutenção. Sua durabilidade é de 3 anos. Aplicação: portas, janelas, deck e móveis de jardim de madeira.

A AkzoNobel é líder global em tintas e revestimentos e uma das principais produtoras de especialidades químicas do mundo. A empresa fornece ingredientes, proteção e cor essenciais tanto para indústrias quanto para consumidores.

3 4 Preparação inicial

Toda madeira deverá estar firme, seca (com menos de 20% de umidade), coesa, limpa, livre de partes soltas e sem mofo, óleos, graxas, ceras e outros contaminantes. Madeiras "verdes" ou úmidas não podem ser revestidas. **Madeiras já envernizadas:** quando em boas condições, lixar para quebrar o brilho e, então, aplicar o verniz. Se em más condições, remover todo o verniz antigo e, depois, proceder como nas madeiras novas.

3 Preparação inicial

Madeiras novas: lixar na direção dos veios, removendo toda a poeira do lixamento antes da aplicar o verniz. Arestas e cantos devem ser arredondados, e frestas devem ser bem rejuntadas. Não selar a madeira. **Madeiras resinosas e superfícies muito absorventes:** para ambientes internos, aplicar uma demão prévia de Fundo Isolante (Knotting) sobre madeiras resinosas (peroba, ipê, vinhático, sucupira, maçaranduba etc.) ou superfícies muito absorventes, como chapa dura. Essa prática impedirá retardamentos de secagem. Em ambientes externos, aplicar o verniz diretamente sobre a madeira, para obter máxima durabilidade. Após aplicar Fundo Isolante (Knotting) ou a primeira demão de Duplo Filtro Solar, lixar levemente para eliminar as fibras da madeira.

4 Preparação inicial

Madeiras novas: lixar na direção dos veios, removendo toda a poeira antes de aplicar o verniz. Arestas e cantos devem ser arredondados, e frestas devem ser bem rejuntadas. Não selar a madeira em ambientes externos. **Madeiras resinosas e superfícies muito absorventes:** no caso de superfícies internas, aplicar de 2 a 3 demãos e, para uso em superfícies externas, aplicar uma demão do Duplo Filtro Solar Base Água diluído a 10% com água diretamente na madeira e, em seguida, realizar 3 demãos sem diluição. Em ambas as situações, lixar levemente entre demãos a fim de eliminar fibras e obter um acabamento de melhor qualidade, para obter a máxima durabilidade.

3 Precauções / dicas / advertências

Removedores podem ocasionar problemas de secagem e acabamento. Nesse caso, efetuar uma limpeza efetiva da madeira para eliminar a ocorrência desses problemas.

3 Principais atributos do produto 3

Oferece dupla proteção solar e é resistente aos efeitos do sol e da água, enobrecendo a madeira. Tem a excelente durabilidade de 3 anos. Disponível nos acabamentos brilhante e acetinado. Aplicação: portas, portões e janelas de ambientes externos e internos.

4 Principais atributos do produto 4

Oferece dupla proteção solar e excelente durabilidade de 3 anos. Disponível nos acabamentos brilhante a acetinado. Aplicação: portas, portões e janelas de ambientes externos e internos. Produto pronto para uso.

Duplo Filtro Solar 3

O Duplo Filtro Solar é um verniz que tem dupla proteção solar e é resistente aos efeitos do sol e da água, além de enobrecer e revitalizar a madeira.

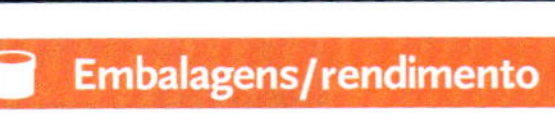

Embalagens/rendimento

Galão (3,6 L): 70 a 110 m^2/demão.
Quarto (0,9 L): 17,5 a 27,5 m^2/demão.

Aplicação

Utilizar pincel, rolo, trincha ou pistola convencional. Aplicar 3 demãos com intervalo de secagem de 24 h.

Cor

Disponível em 3 cores prontas e no sistema tintométrico

Acabamento

Acetinado e brilhante

Diluição

Diluir com Redutor Sparlack em até 20% para pincel, rolo ou trincha e 30% para pistola.

Secagem

Ao toque: 2 h
Completa: 24 h

USE COM: Tingidor
Duplo Filtro Solar Base Água

Duplo Filtro Solar Base Água

4

O Duplo Filtro Solar Base Água é um verniz resistente aos efeitos do sol e da chuva, que enobrece e revitaliza a madeira, além de não ter cheiro e ser de secagem rápida.

Embalagens/rendimento

Galão (3,6 L): 60 a 100 m^2/demão.
Quarto (0,9 L): 17,5 a 27,5 m^2/demão.

Aplicação

Utilizar pincel, rolo, trincha ou pistola convencional. Aplicar 2 demãos para interiores e 3 demãos para exteriores, com intervalo de secagem de 5 h. A primeira demão deve ser aplicada com pincel ou trincha.

Cor

Natural e disponível no sistema tintométrico

Acabamento

Acetinado e brilhante

Diluição

Pronto para uso.

Secagem

Ao toque: 3 h
Completa: 5 h

USE COM: Duplo Filtro Solar

Neutrex

O Neutrex é um verniz tingidor com acabamento extremamente brilhante, formando uma película super-rígida e resistente. Também pode ser utilizado como um impermeabilizante em paredes de alvenaria, reboco e concreto.

Embalagens/rendimento

Lata (18 L): 350 a 600 m²/demão.
Galão (3,6 L): 70 a 120 m²/demão.
Quarto (0,9 L): 17,5 a 30 m²/demão.
1/16 (225 mL): 4 a 7 m²/demão.

Aplicação

Utilizar pincel, rolo, trincha ou pistola convencional. Aplicar 3 demãos com intervalo de secagem de 24 h.

Cor

Disponível em 3 cores

Acabamento

Brilhante

Diluição

Como acabamento sobre madeiras: diluir com Redutor Sparlack em até 20% para aplicar com pincel, trincha ou rolo e até 30% para aplicar com pistola. Como restaurador sobre alvenaria (impermeabilizante): diluir até 100% com Redutor Sparlack, para a máxima penetração do produto na superfície a ser restaurada.

Secagem

Ao toque: 4 h
Completa: 24 h

Seladora
Fundo Isolante (Knotting)

Extra Marítimo

2

O Extra Marítimo é um verniz de acabamento brilhante ou acetinado, que possui filtro solar e boa resistência às intempéries.

Embalagens/rendimento

Lata (18 L): 350 a 550 m²/demão.
Galão (3,6 L): 70 a 110 m²/demão.
Quarto (0,9 L): 17,5 a 27,5 m²/demão.

Aplicação

Utilizar pincel ou trincha de cerdas macias. Aplicar 2 demãos para interior e 3 demãos para exterior com intervalo de secagem de 8 a 12 h.

Cor

Natural e disponível no sistema tintométrico

Acabamento

Acetinado e brilhante

Diluição

Diluir com Redutor Sparlack em até 10% para pincel, rolo ou trincha e 30% para pistola.

Secagem

Ao toque: 2 h
Manuseio: 8 h
Completa: 24 h

Seladora
Fundo Isolante (Knotting)

1 2 Preparação inicial

Toda madeira deverá estar firme, seca (com menos de 20% de umidade), coesa, limpa, livre de partes soltas e sem mofo, óleos, graxas, ceras e outros contaminantes. Madeiras "verdes" ou úmidas não podem ser revestidas. **Madeiras novas:** lixar na direção dos veios, removendo toda a poeira do lixamento antes de aplicar o verniz. **Madeiras envernizadas:** quando em boas condições, lixar para quebrar o brilho e, então, aplicar o verniz. Se em más condições, remover todo o verniz antigo e, depois, proceder como nas madeiras novas. **Madeiras resinosas e superfícies muito absorventes:** para ambientes internos, aplicar uma demão prévia de Fundo Isolante (Knotting) sobre madeiras resinosas (peroba, ipê, vinhático, sucupira, maçaranduba etc.) ou superfícies muito absorventes, como chapa dura. Essa prática impedirá retardamentos de secagem. Em ambientes externos, aplicar o verniz diretamente.

1 Preparação inicial

Alvenaria: raspar ou lixar as partes soltas da superfície. Em seguida, aplicar Neutrex diluído, para permitir a máxima penetração do produto na superfície.

2 Preparação inicial

Após aplicar Fundo Isolante (Knotting) ou a primeira demão de Extra Marítimo, lixar levemente para eliminar as fibras da madeira.

1 2 Precauções/dicas/advertências

Removedores podem ocasionar problemas de secagem e acabamento. Nesse caso, efetuar uma limpeza efetiva da madeira para eliminar a ocorrência desses problemas.

1 Principais atributos do produto 1

Tinge e impermeabiliza, com acabamento de altíssimo brilho, resistência a umidade e bolor e excelente durabilidade de 3 anos. Disponível no acabamento alto brilho. Aplicação: esquadrias, portões de madeira e paredes de alvenaria.

2 Principais atributos do produto 2

Não altera a cor natural da madeira e possui filtro solar, boa resistência a intempéries e durabilidade de 2 anos. Disponível nos acabamentos brilhante e acetinado. Aplicação: portas, forros e esquadrias de madeira.

A AkzoNobel é líder global em tintas e revestimentos e uma das principais produtoras de especialidades químicas do mundo. A empresa fornece ingredientes, proteção e cor essenciais tanto para indústrias quanto para consumidores.

3 | 4 Preparação inicial

Toda madeira deverá estar firme, seca (com menos de 20% de umidade), coesa, limpa, livre de partes soltas e sem mofo, óleos, graxas, ceras e outros contaminantes. Madeiras "verdes" ou úmidas não podem ser revestidas.

3 Preparação inicial

Madeiras novas: lixar na direção dos veios, removendo toda a poeira do lixamento antes de aplicar o verniz. **Madeiras envernizadas:** quando em boas condições, lixar para quebrar o brilho e, então, aplicar o verniz. Se em más condições, remover todo o verniz antigo e, depois, proceder como nas madeiras novas. **Madeiras resinosas e superfícies muito absorventes:** para ambientes internos, aplicar uma demão prévia de Fundo Isolante (Knotting) sobre madeiras resinosas (peroba, ipê, vinhático, sucupira, maçaranduba etc.) ou superfícies muito absorventes, como chapa dura. Essa prática impedirá retardamentos de secagem. Em ambientes externos, aplicar o verniz diretamente sobre a madeira. Após aplicar Fundo Isolante (Knotting) ou a primeira demão de Marítimo Fosco, lixar levemente para eliminar as fibras da madeira.

4 Preparação inicial

Vale lembrar que, além da preparação, outros fatores, como homogeneização, aplicação, temperatura, tempo de secagem etc., influenciam na obtenção de um excelente resultado. **Madeiras novas:** efetuar o lixamento, sempre na direção dos veios da madeira, removendo, a seguir, toda a poeira antes de aplicar o verniz. Arestas e cantos devem ser arredondados e frestas devem ser bem rejuntadas. **Madeiras já envernizadas:** em boas condições, lixar para quebrar totalmente o brilho do verniz antigo, remover a poeira e, em seguida, aplicar Sparlack Extra Marítimo Base Água brilhante ou acetinado; em más condições, remover completamente o verniz antigo e, em seguida, proceder como no caso de madeiras novas.

3 | 4 Precauções / dicas / advertências

Removedores podem ocasionar problemas de secagem e acabamento. Nesse caso, efetuar uma limpeza efetiva da madeira para eliminar a ocorrência desses problemas.

3 Principais atributos do produto 3

Tem aspecto encerado, não altera a cor natural da madeira e possui filtro solar, boa resistência a intempéries e durabilidade de 2 anos. Disponível no acabamento fosco. Aplicação: portas, forros, móveis e esquadrias de madeira.

4 Principais atributos do produto 4

Não altera a cor da madeira, não tem cheiro e possui secagem rápida. Sua fórmula à base d'água oferece durabilidade de 2 anos. Disponível nos acabamentos brilhante e acetinado. Aplicação: portas, janelas, batentes e forros de madeira.

Marítimo Fosco — 3

O Marítimo Fosco é um verniz com acabamento encerado, que não altera a cor da madeira. Proporciona proteção às intempéries, pois possui filtro solar.

USE COM: Seladora; Fundo Isolante (Knotting)

Embalagens/rendimento
Galão (3,6 L): 70 a 120 m²/demão.
Quarto (0,9 L): 17,5 a 27,5 m²/demão.

Aplicação
Utilizar pincel ou trincha de cerdas macias. Aplicar 2 demãos para interiores e 3 demãos para exteriores, com intervalo de secagem de 8 a 12 h.

Cor
Natural e disponível no sistema tintométrico

Acabamento
Fosco

Diluição
Diluir com Redutor Sparlack em até 10% para pincel, rolo ou trincha e 30% para pistola.

Secagem
Ao toque: 1 h
Manuseio: 8 h
Completa: 24 h

Extra Marítimo Base Água — 4

O Extra Marítimo Base Água é um verniz que enobrece e protege as madeiras e possui filtro solar e secagem rápida. Indicado para ambientes externos e internos como portas, janelas, batentes e forros de madeira.

USE COM: Seladora; Fundo Isolante (Knotting)

Embalagens/rendimento
Galão (3,6 L): 70 a 110 m²/demão.
Quarto (0,9 L): 17,5 a 27,5 m²/demão.

Aplicação
Utilizar pincel, trincha ou rolo. Aplicar 3 demãos com intervalo de secagem de 24 h.

Cor
Natural e disponível no sistema tintométrico

Acabamento
Acetinado e brilhante

Diluição
Pronto para uso.

Secagem
Ao toque: 2 h
Manuseio: 8 h
Completa: 24 h

Sparlack
Tudo o que a madeira precisa

Fundo Isolante (Knotting) 

O Fundo Isolante (Knotting) é um isolador da resina natural da madeira. Alguns tipos de madeira possuem muitos nós, e esses nós soltam uma resina natural que interfere na aplicação do verniz. O Fundo Isolante (Knotting) sela e isola essa resina. É indicado para uso em madeiras novas do tipo resinosa.

Embalagens/rendimento

Galão (3,6 L): até 32 m²/demão.
Quarto (0,9 L): até 8 m²/demão.

Aplicação

Utilizar pincel ou rolo. Aplicar 2 ou 3 demãos, dependendo da tonalidade desejada, com intervalo mínimo de secagem de 2 h.

Cor

Não aplicável

Acabamento

Semibrilho

Diluição

Pronto para uso.

Secagem

Ao toque: 20 min
Manuseio: 1 h
Completa: 2 h

Seladora Concentrada 

A Seladora Concentrada é um complemento para a preparação de superfícies de madeira, que elimina a porosidade, impermeabiliza, protege contra a umidade e melhora o rendimento da aplicação do verniz. A Seladora Concentrada é indicada para o tratamento de superfícies novas de madeira.

Embalagens/rendimento

Galão (3,6 L): 32 m²/demão.
Quarto (0,9 L): 8 m²/demão.

Aplicação

Utilizar pincel, trincha, rolo, pistola ou boneca. Aplicar de uma a 2 demãos, dependendo da selagem desejada, com intervalo mínimo de secagem de 2 h.

Cor

Não aplicável

Acabamento

Semibrilho

Diluição

Diluir até 100% com thinner para nitrocelulose.

Secagem

Final: mínimo de 2 h

USE COM: Vernizes Sparlack

1 Preparação inicial

Toda madeira deverá estar firme, seca (contendo menos de 20% de umidade – madeiras "verdes" ou úmidas não podem ser revestidas), coesa, limpa, livre de partes soltas e isenta de mofo, óleos, graxas, ceras e outros contaminantes. **Madeiras novas:** para aparelhá-las, efetuar lixamento, sempre na direção dos veios da madeira, removendo, a seguir, toda a poeira antes de aplicar Fundo Isolante (Knotting). **Madeiras já revestidas:** remover completamente o revestimento antigo. Não aplicar o Fundo Isolante (Knotting) sobre superfícies já revestidas. Observação: todos os acabamentos da AkzoNobel, das marcas Sparlack e Coral, podem ser aplicados sobre o Knotting, por exemplo: tintas a óleo, esmaltes sintéticos, látex PVA e acrílicos, vernizes etc.

2 Preparação inicial

Toda e qualquer madeira a ser envernizada deverá estar firme, seca (contendo menos de 20% de umidade – madeiras "verdes" ou úmidas não podem ser revestidas), coesa, limpa, livre de partes soltas e isenta de mofo, óleos, graxas, ceras e outros contaminantes. **Madeiras novas:** efetuar lixamento na direção dos veios da madeira, utilizando, inicialmente, lixa grana 80 a 100 até 220. Remover, a seguir, toda a poeira antes de aplicar a Seladora. Após a secagem, lixar com lixa grana 280/320, aplicando como acabamento a linha de Vernizes Sparlack. Para obter acabamento do tipo encerado, aplicar a cera após um cuidadoso lixamento. **Madeiras já revestidas:** remover completamente o revestimento antigo. Em seguida, proceder como no caso de madeiras novas.

1 2 Precauções/dicas/advertências

Removedores podem ocasionar problemas de secagem e acabamento. Nesse caso, efetuar uma limpeza efetiva da madeira para eliminar a ocorrência desses problemas.

1 Principais atributos do produto 1

Isola a resina natural da madeira e é indicado para madeiras ricas em nós. Melhora o rendimento e a uniformidade do acabamento final. Tem secagem rápida. Disponível no acabamento semibrilho. Aplicação: madeiras novas do tipo resinosa.

2 Principais atributos do produto 2

Tem fácil aplicação, melhora o rendimento dos Vernizes Sparlack, elimina a porosidade da madeira e possui ótimo poder de enchimento, selagem e aderência.

A AkzoNobel é líder global em tintas e revestimentos e uma das principais produtoras de especialidades químicas do mundo. A empresa fornece ingredientes, proteção e cor essenciais tanto para indústrias quanto para consumidores.

3 Preparação inicial

Toda e qualquer madeira a ser envernizada deverá estar, firme, seca (contendo menos de 20% de umidade – madeiras "verdes" ou úmidas não podem ser revestidas), coesa, limpa, livre de partes soltas e isenta de mofo, óleos, graxas, ceras e outros contaminantes. **Madeiras novas:** efetuar o lixamento na direção dos veios da madeira, utilizando, inicialmente, lixa grana 80 a 100 até 220. Remover, a seguir, toda a poeira antes de aplicar a Seladora Base Água. Após a secagem, lixar com lixa grana 280/320, aplicando como acabamento a linha de Vernizes Sparlack. Para obter acabamento do tipo encerado, aplicar a cera após um cuidadoso lixamento. **Madeiras já revestidas:** remover completamente o revestimento antigo. Em seguida, proceder como no caso de madeiras novas.

4 Preparação inicial

Agitar bem antes de usar. Aplicar em uma ou mais camadas fartas, com pincel ou trincha, forçando contra as reentrâncias que existirem. Aguardar de 10 a 20 min para obter-se o pleno efeito de remoção do Pintoff. Esse tempo poderá variar dependendo da natureza da tinta ou verniz a ser removida. Quando a camada de tinta estiver visivelmente estufada, amolecida e enrugada, removê-la com o auxílio de uma espátula ou palha de aço. Camadas de tintas ou vernizes com espessura muito elevada, ou ainda muito antigas, podem precisar de uma ou 2 aplicações extras. Antes de repintar a superfície, é indispensável a limpeza prévia com Redutor até a completa remoção da parafina residual deixada pelo Pintoff.

3 Precauções / dicas / advertências

Removedores podem ocasionar problemas de secagem e acabamento. Nesse caso, efetuar uma limpeza efetiva da madeira para eliminar a ocorrência desses problemas.

3 Principais atributos do produto 3

Possui excelente poder de selagem da madeira, não tem cheiro após 2 h da aplicação e é fácil de aplicar e de lixar. Pronto para uso.

4 Principais atributos do produto 4

Proporciona facilidade na remoção de tintas e vernizes de secagem ao ar, remove película de variados tipos de superfícies, tem fácil aplicação e é pronto para uso. Limpar a superfície com Redutor antes da repintura.

Seladora Base Água 3

A Seladora Base Água é um produto com excelente poder de selagem e ótimo lixamento, tudo isso aliado a uma formulação sem cheiro (após 2 h de aplicação).

USE COM: Vernizes Sparlack

Embalagens/rendimento
Galão (3,6 L): 36 a 44 m²/demão.
Quarto (0,9 L): 9 a 11 m²/demão.

Aplicação
Utilizar pincel, trincha, rolo, pistola ou boneca. Aplicar uma ou 2 demãos, dependendo da selagem desejada, com intervalo mínimo de secagem de 2 h.

Cor
Não aplicável

Acabamento
Semibrilho

Diluição
Pronto para uso para aplicação com pincel, trincha ou boneca. Para aplicação com pistola, diluir, no máximo, 10% com água.

Secagem
Final: mínimo de 2 h

Pintoff 4

O Pintoff é um removedor de fácil aplicação, pronto para uso e com elevado poder de remoção de esmaltes e vernizes. Indicado para remoção de esmaltes de base alquídica e à base d'água e vernizes à base de solvente, água, nitrocelulose e acrílico. Não é apropriado para remoção de tintas de estufa ou catalisadas (dois componentes), como epóxi e poliuretano.

Embalagens/rendimento
Embalagens (5 L e 1 L).

Aplicação
Aplicar uma ou mais camadas fartas, forçando o pincel ou trincha contra as reentrâncias existentes. Aguardar de 10 a 20 min. Este tempo poderá variar conforme a tinta ou o verniz a ser removido. Quando a camada estiver visivelmente estufada, amolecida e enrugada, removê-la com o auxílio de uma espátula ou palha de aço.

Cor
Incolor

Acabamento
Não aplicável

Diluição
Pronto para uso.

Secagem
Não aplicável

Sparlack

Tudo o que a madeira precisa

Redutor 1

O Redutor é uma aguarrás mineral para diluição de vernizes, esmaltes sintéticos e tintas a óleo, que facilita a aplicação e ajuda na obtenção de uma cobertura homogênea, evitando marcas das ferramentas na pintura da superfície. Indicado para diluição de primers sintéticos, vernizes sintéticos e poliuretanos monocomponentes, esmaltes sintéticos e tintas a óleo em geral.

Embalagens/rendimento

Embalagens (5 L) e litro (0,9 L).

Aplicação

Não aplicável.

Cor

Não aplicável

Acabamento

Não aplicável

Diluição

Não aplicável.

Secagem

Não aplicável

Tingidor 2

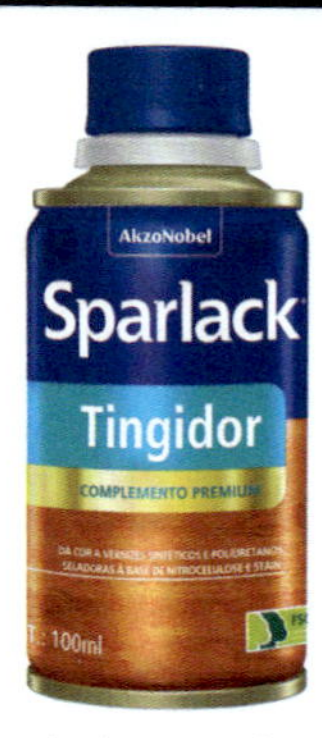

O Tingidor é desenvolvido para dar cor a vernizes do tipo sintético ou poliuretano, seladoras à base de nitrocelulose e stains. Indicado para enobrecimento e personalização de madeiras e móveis, em ambientes externos e internos.

Embalagens/rendimento

Cada embalagem (100 mL) tinge um galão (3,6 L).

Aplicação

Despejar o produto direto no galão ou lata e a aplicação segue a orientação do verniz tingido.

Cor

Disponível em 2 cores prontas

Acabamento

Não aplicável

Diluição

Não diluir este produto, a diluição deverá seguir a indicação do produto a ser tingido.

Secagem

Não aplicável

1 Preparação inicial

Os produtos a serem diluídos com Redutor devem ser previamente bem homogeneizados. Em seguida, o Redutor deve ser adicionado ao produto que se deseja diluir, de forma gradativa e homogeneizando-se com o auxílio de uma espátula de plástico, metal ou madeira, até que seja totalmente incorporado ao produto. A proporção de diluição a ser empregada varia de caso para caso, e também em função do tipo de ferramenta de pintura que será utilizado. Portanto, a diluição deverá seguir as orientações do fabricante do produto a ser diluído. Em geral, para aplicação com pincel, trincha ou rolo, a diluição recomendada é de 5% a 10% por volume e, para revólver de ar comprimido, de 20% a 30% por volume.

2 Preparação inicial

Agitar bem a embalagem antes de usar. Adicionar pequenas quantidades ao verniz a ser tingido, agitando até atingir a tonalidade desejada. Utilizar, no máximo, uma embalagem (100 mL) por galão (3,6 L) do verniz a ser tingido. Misturas entre as cores do Tingidor são possíveis a fim de se obter novas tonalizades, respeitando-se o limite de 100 mL por galão. Não utilizar o produto puro. Produto não secativo.

1 Principais atributos do produto 1

Usado para diluição de vernizes, esmaltes sintéticos e tintas a óleo. Proporciona maior facilidade de aplicação e preserva as propriedades originais do produto. Recomendado para limpeza de ferramentas e respingos e remoção de graxas, óleos e gorduras.

2 Principais atributos do produto 2

Tinge vernizes sintéticos, poliuretanos, seladoras à base de nitrocelulose e stains. Melhora a durabilidade final do verniz a ser tingido. O acabamento varia de acordo com o verniz tingido.

A AkzoNobel é líder global em tintas e revestimentos e uma das principais produtoras de especialidades químicas do mundo. A empresa fornece ingredientes, proteção e cor essenciais tanto para indústrias quanto para consumidores.

3 Preparação inicial

Superfícies em bom estado (com ou sem pintura): lixar e eliminar o pó com pano úmido. **Gesso, concreto ou blocos de cimento:** lixar e eliminar o pó com pano úmido. Aplicar o Fundo Preparador de Paredes da Coral, exceto sobre gesso corrido. Neste caso, deve-se aplicar Direto no Gesso da Coral. **Reboco novo:** aguardar, no mínimo, 30 dias, depois desse tempo, lixar e eliminar o pó com pano úmido. Aplicar o Selador Acrílico da Coral para paredes externas e internas. Caso não seja possível aguardar os 30 dias e a secagem total do reboco, aplicar o Fundo Preparador de Paredes da Coral. **Reboco fraco, paredes pintadas com cal ou que tenham partes soltas:** remover as partes soltas. Lixar e eliminar o pó com pano úmido. Aplicar o Fundo Preparador de Paredes da Coral. **Superfícies com pequenas imperfeições:** corrigir as imperfeições. Para paredes externas, usar Massa Acrílica da Coral e, para paredes internas, usar Massa Corrida da Coral. Lixar e eliminar o pó com pano úmido. **Superfícies com mofo:** misturar água e água sanitária em partes iguais. Lavar bem a área. Esperar 6 e enxaguar com bastante água. Esperar que seque bem para pintar. **Superfícies com umidade:** antes de pintar, resolver o que está causando o problema. **Superfícies com brilho:** lixar até tirar o brilho e eliminar o pó com pano úmido. **Superfícies com gordura:** misturar água com detergente neutro e lavar. Depois, enxaguar com bastante água. Esperar que seque bem para pintar.

4 Preparação inicial

Ferros novos: eliminar graxa ou gorduras. Para melhor aderência, lixar levemente, eliminar o pó e aplicar diretamente o Hammerite na cor desejada. **Ferros com ferrugem:** não é necessário eliminar ou remover a ferrugem incrustada. Basta lixar a superfície para eliminação da ferrugem solta. Em seguida, eliminar o pó do lixamento e aplicar diretamente o Hammerite na cor desejada.

4 Preparação especial

Repintura sobre Hammerite: lixar levemente para remover partes soltas e brilho. Eliminar o pó e repintar o Hammerite na cor desejada.

4 Preparação em demais superfícies

Repintura sobre esmalte convencional: recomendamos fazer um teste prévio em uma pequena área e esperar 1 h. Caso não ocorra reação (enrugamento da película), realizar a repintura. Caso ocorra ataque da película do esmalte, remover a tinta antiga e proceder como superfície nova. Observação: a proteção máxima anticorrosiva só é obtida quando o Hammerite é aplicado diretamente sobre superfícies ferrosas.

3 Principais atributos do produto 3

Tem bom custo-benefício e pinta até 300 m² por demão (lata de 18 L).

4 Principais atributos do produto 4

Tem dupla tecnologia e pode ser aplicado direto na ferrugem.

Paredex — 3

Uma das marcas mais tradicionais do mercado de tintas, colorindo o Brasil desde 1932. O novo Paredex é um látex acrílico para quem deseja a relação ideal entre qualidade e economia, com bom desempenho em superfícies internas. É fácil de aplicar e apresenta rápida secagem, baixo respingamento e acabamento fosco. Produto da AkzoNobel.

USE COM: Selador Acrílico; Fundo Preparador Base Água

Embalagens/rendimento

Lata (18 L): até 300 m²/demão.
Galão (3,6 L): até 60 m²/demão.

Aplicação

Utilizar rolo de lã de pelo baixo, pistola, pincel ou trincha. Normalmente, com 2 a 4 demãos, consegue-se um excelente resultado, porém, dependendo do tipo de superfície e da cor utilizada, pode ser necessário um número maior de demãos.

Cor

Disponível em 14 cores prontas

Acabamento

Fosco

Diluição

Diluir 50% para todas as superfícies não seladas. Para as demais, indicamos diluição de 20%.

Secagem

Ao toque: 30 min
Entre demãos: 4 h
Final: 4 h

Hammerite — 4

O Hammerite é um esmalte fundo e acabamento, que dispensa a aplicação prévia de fundo anticorrosivo, permitindo a aplicação do esmalte diretamente sobre superfícies ferrosas, nuas, isentas de ferrugem ou já enferrujadas. Fácil de aplicar, oferece elevado padrão de acabamento e cobertura, além de 10 anos de durabilidade.

USE COM: Diluente Aguarrás

Embalagens/rendimento

Galão (2,4 L): até 24 m²/demão.
Quarto (0,8 L): até 8 m²/demão.

Aplicação

Utilizar rolo de espuma, pistola ou pincel com cerdas macias. Normalmente, com 2 a 3 demãos, consegue-se um excelente resultado, mas, para aplicação em rolo de lã ou espuma e pistola, são necessárias de 3 a 4 demãos.

Cor

Disponível em 10 cores prontas

Acabamento

Brilhante

Diluição

Diluir 10% para toda as superfícies quando aplicado com pincel/rolo. Para aplicação com pistola, indicamos 15% a 20% de diluição.

Secagem

Ao toque: 1 a 2 h
Entre demãos: 8 h
Final: 18 h

A Tintas Alessi é uma empresa voltada para o mercado de tintas imobiliárias, que iniciou sua produção em 2008. Com um volume crescente, pautado em qualidade e distribuição, a empresa ocupava um galpão de 2 mil m² na cidade de Mandirituba, na região metropolitana de Curitiba. Em 2009, ampliou as instalações para 6.600 m² com investimento em equipamentos, laboratório, profissionais e layout interno para garantia da qualidade e atendimento logístico dos clientes.

A Tintas Alessi está com mercado consolidado nos estados do Paraná, Santa Catarina e Rio Grande do Sul. Com o crescimento da marca, a Tintas Alessi está atuando também nas demais regiões do Brasil.

A empresa tem como prioridade trabalhar inovando e criando diferenciais em seus produtos e, com isso, vem crescendo e abrindo novos mercados.

A utilização de tecnologia avançada em suas fórmulas contribui para que seus produtos de altíssima qualidade atinjam um nível elevado, agregando valor ao produto e gerando alta lucratividade a lojistas e distribuidores.

A Tintas Alessi tem, em seu portfólio, uma linha completa de produtos à base d'água e de solvente para as diversas necessidades do mercado consumidor. Esse portfólio é composto de produtos para aplicação em superfícies de alvenaria, madeiras, metais, telhas e pisos. A Alessi conta ainda com uma linha Super Premium nos acabamentos fosco, semibrilho e acetinado, com produtos de altíssima qualidade que proporcionam acabamento sofisticado, super-cobertura, super-lavabilidade, super-resistência, super-rendimento, além de não ter cheiro.

A empresa está constantemente investindo em material para suporte de vendas e auxílio ao consumidor tanto na escolha do produto quanto da cor por meio de site, blog, mídias sociais, catálogos de cores prontas, além de um sistema tintométrico que disponibiliza mais de mil cores para personalização dos ambientes.

Quem usa Tintas Alessi tem estrutura e qualidade sempre à mão.

CERTIFICAÇÕES

A tinta que dura

Isabela Acrílico Fosco 1

A Isabela Acrílico Fosco foi especialmente desenvolvida para quem busca uma tinta de excelente relação custo-benefício, boa cobertura e bom rendimento. Apresenta boa resistência a intempéries, alcalinidade e mofo. Possui também excelente acabamento, deixando os ambientes mais bonitos. É uma tinta de fácil aplicação, rápida secagem e baixo índice de respingos, minimizando desperdícios e sujeira durante a aplicação.

USE COM:
Alessi Massa Acrílica Premium
Alessi Fundo Preparador para Paredes Premium

Embalagens/rendimento

Lata (18 L): até 300 m²/demão.
Galão (3,6 L): até 60 m²/demão.

Aplicação

Utilizar pincel, pistola e rolo de lã.

Cor

Branco, gelo, marfim, palha, areia e camurça

Acabamento

Fosco

Diluição

Pincel ou rolo de lã: diluir até 20% com água limpa. Pistola: diluir até 30% com água limpa.

Secagem

Ao toque: 1h
Entre demãos: 4 h
Final: 6 h

Isabela Acrílico Profissional 2

A Isabela Acrílico Profissional foi especialmente desenvolvida para quem busca uma tinta de qualidade e econômica. É uma tinta de fácil aplicação, rápida secagem e que proporciona bonito acabamento. Possui boas resistência e cobertura. Sua fórmula especial oferece fácil aplicação com baixo respingamento, minimizando desperdícios e sujeira durante a aplicação e garantindo bom rendimento e secagem rápida.

USE COM:
Alessi Massa Corrida Premium
Alessi Selador Acrílico Pigmentado Branco Premium

Embalagens/rendimento

Lata (18 L): 200 a 300 m²/demão.
Galão (3,6 L): 40 a 60 m²/demão.

Aplicação

Utilizar pincel, pistola, rolo de lã e trincha.

Cor

Branco, gelo, pérola, palha, marfim, areia, vanila, pêssego, mel, erva doce, verde piscina, verde kiwi, verde limão, verde Amazônia, azul céu, azul índigo, Mediterrâneo, roxo púrpura, raio de sol, cenoura, rosa, vermelho sedução, concreto, preto, maçã verde e tulipa amarela

Acabamento

Fosco

Diluição

Pincel ou rolo de lã: diluir de 20% a 30% com água limpa. Airless ou pistola: diluir até 25% com água limpa.

Secagem

Ao toque: 1 h
Entre demãos: 4 h
Final: 12 h

1 2 Preparação inicial

Toda a superfície deve estar firme, coesa, limpa, seca, sem poeira, gordura, graxa, sabão ou mofo.

1 2 Preparação em demais superfícies

Superfícies com graxa ou gordura: limpar com sabão ou detergente neutro. **Superfície com mofo:** limpar com solução 1:1 de água sanitária e água limpa. Enxaguar com água e aguardar a secagem da superfície. **Reboco fraco:** raspar a superfície. Aplicar uma demão de Alessi Fundo Preparador para Paredes. Diluir conforme orientações da embalagem. **Reboco novo:** aguardar a secagem total da superfície no prazo mínimo de 28 dias. Aplicar uma demão de Alessi Fundo Preparador para Paredes. **Cimentos queimados/antigos:** lixar. Aplicar uma solução de ácido muriático na proporção de 7:3. Lavar com água e deixar a superfície secar por 72 h. **Imperfeições na superfície:** corrigir com Alessi Massa Corrida para interiores e Alessi Massa Acrílica para exteriores. Em casos de imperfeições profundas, deve-se corrigir com reboco e aguardar a secagem de 28 dias. **Gesso e fibrocimentos:** aplicar Alessi Fundo Preparador. Em chapas com desmoldantes não adequados, deve-se aplicar Alessi Fundo Sintético Nivelador e, em seguida, uma demão de acabamento.

1 2 Precauções/dicas/advertências

Evitar pintar em dias chuvosos, com ventos fortes, temperatura abaixo de 10 °C e/ou umidade superior a 90%. Até duas semanas após a pintura, pingos de chuva podem provocar manchas. Se isso ocorrer, lavar imediatamente toda a superfície com água. Cores intensas estarão mais suscetíveis a manchamentos por água de chuva, mesmo após transcorridas as duas semanas. Evitar retoques isolados após a secagem do produto. Antes de usar, ler com atenção as instruções do rótulo. Ao abrir a embalagem, mexer até a homogeneização completa. Durante aplicação e secagem, o ambiente deve estar ventilado. Cores intensas no acabamento fosco podem esbranquiçar com o atrito.

1 Principais atributos do produto 1

Oferece maior cobertura, contém antimofo e possui boa resistência.

2 Principais atributos do produto 2

Oferece ótimo rendimento e maior cobertura e contém antimofo.

A Tintas Alessi investe em tecnologias e infraestrutura para oferecer produtos que, além de embelezar, protegem os substratos, deixando-os com aspecto de novos por muito mais tempo.

A tinta que dura

3 4 Preparação inicial

Toda a superfície deve estar firme, coesa, limpa, seca, sem poeira, gordura, graxa, sabão ou mofo.

3 4 Preparação em demais superfícies

Superfícies com graxa ou gordura: limpar com sabão ou detergente neutro. **Superfícies com mofo:** limpar com solução 1:1 de água sanitária e água limpa. Enxaguar com água e aguardar a secagem da superfície. **Reboco fracos:** raspar a superfície. Aplicar uma demão de Alessi Fundo Preparador para Paredes. Diluir conforme orientações da embalagem. **Reboco novo:** aguardar a secagem total da superfície no prazo mínimo de 28 dias. Aplicar uma demão de Alessi Fundo Preparador para Paredes. **Cimentos queimados/antigos:** lixar. Aplicar uma solução de ácido muriático na proporção de 7:3. Lavar com água e deixar a superfície secar por 72 h. **Imperfeições na superfície:** corrigir com Alessi Massa Corrida para interiores e Alessi Massa Acrílica para exteriores. Em casos de imperfeições profundas, deve-se corrigir com reboco e aguardar a secagem de 28 dias. **Gesso e fibrocimentos:** aplicar Alessi Fundo Preparador. Em chapas com desmoldantes não adequados, deve-se aplicar Alessi Fundo Sintético Nivelador e, em seguida, uma demão de acabamento.

3 4 Precauções/dicas/advertências

Evitar pintar em dias chuvosos, com ventos fortes, temperatura abaixo de 10 °C e/ou umidade superior a 90%. Até duas semanas após a pintura, pingos de chuva podem provocar manchas. Se isso ocorrer, lavar imediatamente toda a superfície com água. Cores intensas estarão mais suscetíveis a manchamentos por água de chuva, mesmo após transcorridas as duas semanas. Evitar retoques isolados após a secagem do produto. Antes de usar, ler com atenção as instruções do rótulo. Ao abrir a embalagem, mexer até a homogeneização completa. Durante aplicação e secagem, o ambiente deve estar ventilado. Cores intensas no acabamento fosco podem esbranquiçar com o atrito.

3 Principais atributos do produto 3

Oferece boa cobertura e bom acabamento e contém antimofo.

4 Principais atributos do produto 4

É superlavável, oferece supercobertura e super-resistência e não tem cheiro.

Isabela Acrílico Econômico — 3

A Isabela Acrílico Econômico foi desenvolvida para quem busca uma tinta de qualidade e econômica. É uma tinta de fácil aplicação, rápida secagem e que proporciona um bonito acabamento. Possui boas resistência e cobertura. É ideal para paredes internas de alvenaria, massa corrida ou acrílica, reboco, concreto, fibrocimento, gesso, texturas e repintura sobre látex. Oferece fácil aplicação e baixo respingo.

USE COM:
Alessi Massa Corrida Premium
Alessi Fundo Preparador para Paredes Premium

Embalagens/rendimento
Lata (18 L): até 250 m²/demão.
Galão (3,6 L): até 50 m²/demão.

Aplicação
Utilizar pincel, pistola e rolo de lã.

Cor
Branco, gelo, marfim, palha, areia e camurça

Acabamento
Fosco

Diluição
Diluir de 20% a 30% com água potável.

Secagem
Ao toque: 1 h
Entre demãos: 4 h
Final: 12 h

Alessi Acrílico Superior Semibrilho Super Premium — 4

É uma tinta de altíssima qualidade e acabamento semibrilho, que deixa ambientes muito mais charmosos e bonitos. Possui super-resistência a intempéries, alcalinidade e mofo e excelente lavabilidade, permitindo que as paredes de corredores, quartos de crianças, cozinhas, salas de estar, salas de jantar e muros sejam facilmente limpas, eliminando manchas e sujeiras. Por ser uma tinta sem cheiro, permite que o ambiente seja ocupado em até 3 h após a aplicação, tornando sua utilização muito mais segura e agradável.

USE COM:
Alessi Massa Acrílica Premium
Alessi Fundo Preparador para Paredes Premium

Embalagens/rendimento
Lata (18 L): 225 a 330 m²/demão.
Galão (3,6 L): 45 a 66 m²/demão.
Quarto (0,9 L): 11,25 a 16,5 m²/demão.

Aplicação
Utilizar pincel, pistola, rolo de lã e trincha.

Cor
Branco, algodão egípcio, gelo, marfim, palha, pérola, areia, camurça, Marrocos, tangerina, vermelho sedução, chocolate suíço, erva doce, verde tropical e azul índigo. Disponível também no Alessi Sitema Cores

Acabamento
Semibrilho

Diluição
Diluir até 20% com água potável.

Secagem
Ao toque: 2 h
Entre demãos: 4 h
Final: 12 h

TINTAS ALESSI Premium

A tinta que dura

Alessi Acrílico Fosco para Gesso 1

A Alessi Acrílico Fosco para Gesso foi especialmente desenvolvida para aplicar diretamente sobre o gesso, proporcionando menor custo da pintura por dispensar o uso de fundo. Protege e decora superfícies de gesso e drywall. Possui excelentes aderência e penetração no substrato, fixando as partículas soltas do gesso e impedindo que a superfície sofra descascamentos.

USE COM:
Alessi Massa Corrida Premium
Alessi Fundo Preparador para Paredes Premium

Embalagens/rendimento

Lata (18 L): até 230 m^2/demão.
Galão (3,6 L): até 46 m^2/demão.

Aplicação

Utilizar pincel, pistola e rolo de lã.

Cor

Branco

Acabamento

Fosco

Diluição

Pincel ou rolo de lã: diluir até 20% com água limpa. Pistola: diluir até 30% com água limpa.

Secagem

Ao toque: 1 h
Entre demãos: 4 h
Final: 6 h

Alessi Acrílico Emborrachado 6 em 1 Semibrilho Premium 2

É uma tinta com máxima elasticidade que cobre e previne trincas e fissuras em paredes e em diversas outras superfícies. Impermeabiliza a superfície impedindo a penetração de água e evitando problemas como mofo, umidade e descascamento. Possui máxima resistência a sol, chuva e maresia com alta durabilidade. É uma tinta elástica que permite que o filme da tinta acompanhe os movimentos de retração e dilatação da parede evitando que surjam rachaduras e deformações.

USE COM:
Alessi Massa Acrílica Premium
Alessi Fundo Preparador para Paredes Premium

Embalagens/rendimento

Lata (18 L): 200 a 250 m^2/demão.
Galão (3,6 L): 40 a 50 m^2/demão.

Aplicação

Utilizar pincel, pistola, rolo de lã e trincha.

Cor

Branco

Acabamento

Semibrilho

Diluição

Diluir, no máximo, 10% com água potável.

Secagem

Ao toque: 2 h
Entre demãos: 4 h
Final: 24 h

1 Preparação inicial

Toda a superfície deve estar firme, coesa, limpa, seca, sem poeira, gordura, graxa, sabão ou mofo.

2 Preparação inicial

Toda a superfície deve estar firme, coesa, limpa, seca, sem poeira, gordura, graxa, sabão ou mofo antes de iniciar a pintura.

1 2 Preparação em demais superfícies

Superfícies com graxa ou gordura: limpar com sabão ou detergente neutro. **Superfícies com mofo:** limpar com solução 1:1 de água sanitária e água limpa. Enxaguar com água e aguardar a secagem da superfície. **Reboco fraco:** raspar a superfície. Aplicar uma demão de Alessi Fundo Preparador para Paredes. Diluir conforme orientações da embalagem. **Reboco novo:** aguardar a secagem total da superfície no prazo mínimo de 28 dias. Aplicar uma demão de Alessi Fundo Preparador para Paredes. **Cimentos queimados/antigos:** lixar. Aplicar uma solução de ácido muriático na proporção de 7:3. Lavar com água e deixar a superfície secar por 72 h. **Imperfeições na superfície:** corrigir com Alessi Massa Corrida para interiores e Alessi Massa Acrílica para exteriores. Em casos de imperfeições profundas, deve-se corrigir com reboco e aguardar a secagem de 28 dias. **Gesso e fibrocimentos:** aplicar Alessi Fundo Preparador. Em chapas com desmoldantes não adequados, deve-se aplicar Alessi Fundo Sintético Nivelador e, em seguida, uma demão de acabamento.

1 2 Precauções/dicas/advertências

Evitar pintar em dias chuvosos, com ventos fortes, temperatura abaixo de 10 °C e/ou umidade superior a 90%. Até duas semanas após a pintura, pingos de chuva podem provocar manchas. Se isso ocorrer, lavar imediatamente toda a superfície com água. Cores intensas estarão mais suscetíveis a manchamentos por água de chuva, mesmo após transcorridas as duas semanas. Evitar retoques isolados após a secagem do produto. Antes de usar, ler com atenção as instruções do rótulo. Ao abrir a embalagem, mexer até a homogeneização completa. Durante aplicação e secagem, o ambiente deve estar ventilado. Cores intensas no acabamento fosco podem esbranquiçar com o atrito.

1 Principais atributos do produto 1

Oferece boa cobertura e bom acabamento e contém antimofo.

2 Principais atributos do produto 2

Sela, pinta, elimina fissuras e impermeabiliza. Sua película é flexível e elástica. Oferece redução térmica e acústica.

A tinta que dura

3 4 Preparação inicial

Toda a superfície deve estar firme, coesa, limpa, seca, sem poeira, gordura, graxa, sabão ou mofo antes de iniciar a pintura.

3 4 Preparação em demais superfícies

Superfícies com graxa ou gordura: limpar com sabão ou detergente neutro. **Superfícies com mofo:** limpar com solução 1:1 de água sanitária e água limpa. Enxaguar com água e aguardar a secagem da superfície. **Reboco fraco:** raspar a superfície. Aplicar uma demão de Alessi Fundo Preparador para Paredes. Diluir conforme orientações da embalagem. **Reboco novo:** aguardar a secagem total da superfície no prazo mínimo de 28 dias. Aplicar uma demão de Alessi Fundo Preparador para Paredes. **Cimentos queimados/antigos:** lixar. Aplicar uma solução de ácido muriático na proporção de 7:3. Lavar com água e deixar a superfície secar por 72 h. **Imperfeições na superfície:** corrigir com Alessi Massa Corrida para interiores e Alessi Massa Acrílica para exteriores. Em casos de imperfeições profundas, deve-se corrigir com reboco e aguardar a secagem de 28 dias. **Gesso e fibrocimentos:** aplicar Alessi Fundo Preparador. Em chapas com desmoldantes não adequados, deve-se aplicar Alessi Fundo Sintético Nivelador e, em seguida, uma demão de acabamento.

3 4 Precauções / dicas / advertências

Evitar pintar em dias chuvosos, com ventos fortes, temperatura abaixo de 10 °C e/ou umidade superior a 90%. Até duas semanas após a pintura, pingos de chuva podem provocar manchas. Se isso ocorrer, lavar imediatamente toda a superfície com água. Cores intensas estarão mais suscetíveis a manchamentos por água de chuva, mesmo após transcorridas as duas semanas. Evitar retoques isolados após a secagem do produto. Antes de usar, ler com atenção as instruções do rótulo. Ao abrir a embalagem, mexer até a homogeneização completa. Durante aplicação e secagem, o ambiente deve estar ventilado. Cores intensas no acabamento fosco podem esbranquiçar com o atrito.

3 Principais atributos do produto 3

Sela, pinta, elimina fissuras e impermeabiliza. Sua película é flexível e elástica. Oferece redução térmica e acústica.

4 Principais atributos do produto 4

É hidrorrepelente, tem fácil aplicação e propicia efeitos decorativos.

Alessi Acrílico Emborrachado 6 em 1 Fosco Premium 3

É uma tinta com máxima elasticidade que cobre e previne trincas e fissuras em paredes e em diversas outras superfícies. Impermeabiliza a superfície impedindo a penetração de água e evitando problemas como mofo, umidade e descascamento. Possui máxima resistência a sol, chuva e maresia com alta durabilidade. É uma tinta elástica que permite que o filme da tinta acompanhe os movimentos de retração e dilatação da parede evitando que surjam rachaduras e deformações.

USE COM: Alessi Massa Acrílica Premium
Alessi Fundo Preparador para Paredes Premium

Embalagens/rendimento

Lata (18 L): 200 a 250 m²/demão.
Galão (3,6 L): 40 a 50 m²/demão.

Aplicação

Utilizar pincel, pistola, rolo de lã e trincha.

Cor

Branco

Acabamento

Fosco

Diluição

Diluir, no máximo, 10% com água potável.

Secagem

Ao toque: 2 h
Entre demãos: 4 h
Final: 24 h

Alessi Textura Premium 4

Embalagens/rendimento

Lata (25 kg), balde (25 kg) e embalagem (15 kg).
Texturas desenho e lisa
1,5 a 2 kg/m²/demão.
Texturas rústica e projetada
2,5 a 4 kg/m²/demão.

Aplicação

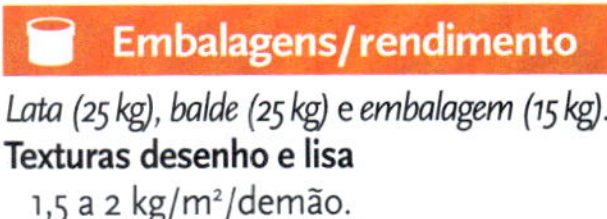

Texturas desenho, rústica e lisa: utilizar desempenadeira de aço e desempenadeira de plástico. Textura projetada: utilizar pistola.

Cor

Texturas projetada e lisa: branco. Texturas desenho e rústica: branco, gelo, palha, marfim, areia, camurça, cenoura, vermelho, Havana, marrom sereno, capuccino, marrom café, lua cheia, verde kiwi, verde floresta, concreto. Disponível também no Alessi Sistema Cores

Acabamento

Fosco

Diluição

Diluir até 5% com água potável.

Secagem

Inicial: 6 h
Final: até 30 dias

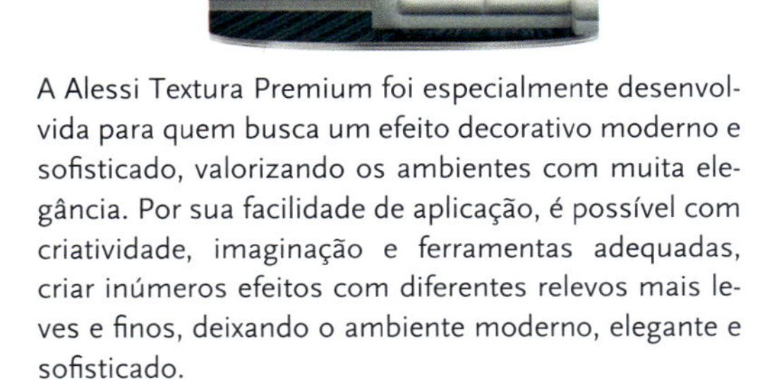

A Alessi Textura Premium foi especialmente desenvolvida para quem busca um efeito decorativo moderno e sofisticado, valorizando os ambientes com muita elegância. Por sua facilidade de aplicação, é possível com criatividade, imaginação e ferramentas adequadas, criar inúmeros efeitos com diferentes relevos mais leves e finos, deixando o ambiente moderno, elegante e sofisticado.

USE COM: Alessi Fundo Preparador para Paredes Premium
Alessi Selador Acrílico Pigmentado Branco Premium

(41) 3626-2636
www.alessi.ind.br

A tinta que dura

Alessi Massa Acrílica Premium 

A Alessi Massa Acrílica Premium foi especialmente desenvolvida para quem busca nivelar, corrigir pequenas imperfeições e uniformizar ambientes externos e internos de alvenaria, reboco, gesso, concreto e paredes pintadas com látex em geral. Possui alto poder de enchimento e é fácil de aplicar e lixar. Possui elevada consistência e excelente resistência a sol e chuva.

USE COM: Alessi Fundo Preparador para Paredes Premium

Embalagens/rendimento

Balde (25 kg): 35 a 50 m²/demão.
Lata (25 kg): 35 a 50 m²/demão.
Refil (15 kg): 21 a 30 m²/demão.
Galão (6 kg): 10 a 15 m²/demão.
Quarto (1,5 kg): 2 a 3 m²/demão.

Aplicação

Utilizar desempenadeira de aço e espátula.

Cor

Branco

Acabamento

Fosco

Diluição

Diluir de 10% a 20% com água potável.

Secagem

Ao toque: 1 h
Final: 4 h

Alessi Massa Corrida Premium 

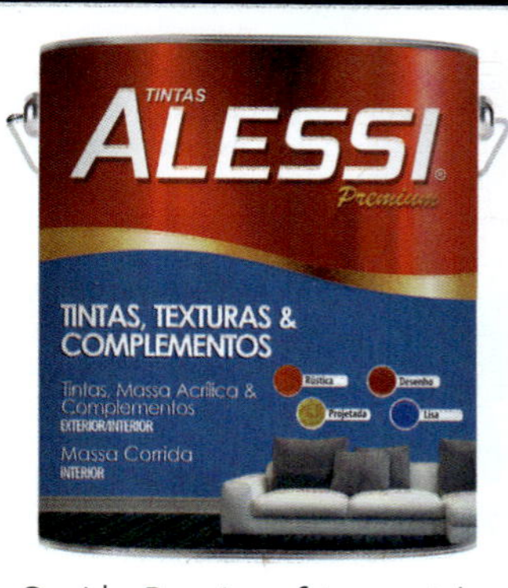

A Alessi Massa Corrida Premium foi especialmente desenvolvida para quem busca nivelar e corrigir pequenas imperfeições e uniformizar ambientes internos de alvenaria, reboco, gesso, concreto e paredes pintadas com látex em geral. Possui elevada consistência, alto poder de enchimento e é fácil de aplicar e lixar.

USE COM: Alessi Acrílico Superior Super Premium
Alessi Fundo Preparador para Paredes Premium

Embalagens/rendimento

Balde (25 kg): 35 a 50 m²/demão.
Lata (25 kg): 35 a 50 m²/demão.
Refil (15 kg): 21 a 30 m²/demão.
Galão (6 kg): 10 a 15 m²/demão.
Quarto (1,5 kg): 2 a 3 m²/demão.

Aplicação

Utilizar desempenadeira de aço e espátula.

Cor

Branco

Acabamento

Fosco

Diluição

Pronta para uso.

Secagem

Ao toque: 1 h
Final: 4 h

1 2 Preparação inicial

Toda a superfície deve estar firme, coesa, limpa, seca, sem poeira, gordura, graxa, sabão ou mofo.

1 2 Preparação em demais superfícies

Superfícies com graxa ou gordura: limpar com sabão ou detergente neutro. **Superfícies com mofo:** limpar com solução 1:1 de água sanitária e água limpa. Enxaguar com água e aguardar a secagem da superfície. **Reboco fraco:** raspar a superfície. Aplicar uma demão de Alessi Fundo Preparador para Paredes. Diluir conforme orientações da embalagem. **Reboco novo:** aguardar a secagem total da superfície no prazo mínimo de 28 dias. Aplicar uma demão de Alessi Fundo Preparador para Paredes. **Cimentos queimados/antigos:** lixar. Aplicar uma solução de ácido muriático na proporção de 7:3. Lavar com água e deixar a superfície secar por 72 h. **Imperfeições na superfície:** corrigir com Alessi Massa Corrida para interiores e Alessi Massa Acrílica para exteriores. Em casos de imperfeições profundas, deve-se corrigir com reboco e aguardar a secagem de 28 dias. **Gesso e fibrocimentos:** aplicar Alessi Fundo Preparador. Em chapas com desmoldantes não adequados, deve-se aplicar Alessi Fundo Sintético Nivelador e, em seguida, uma demão de acabamento.

1 2 Precauções/dicas/advertências

Evitar pintar em dias chuvosos, com ventos fortes, temperatura abaixo de 10 °C e/ou umidade superior a 90%. Até duas semanas após a pintura, pingos de chuva podem provocar manchas. Se isso ocorrer, lavar imediatamente toda a superfície com água. Cores intensas estarão mais suscetíveis a manchamentos por água de chuva, mesmo após transcorridas as duas semanas. Evitar retoques isolados após a secagem do produto. Antes de usar, ler com atenção as instruções do rótulo. Ao abrir a embalagem, mexer até a homogeneização completa. Durante aplicação e secagem, o ambiente deve estar ventilado. Cores intensas no acabamento fosco podem esbranquiçar com o atrito.

1 Principais atributos do produto 1

Tem alto poder de enchimento, corrige e nivela imperfeições, oferece excelente resistência e é fácil de aplicar e lixar.

2 Principais atributos do produto 2

Tem alto poder de enchimento, oferece maior economia, corrige e nivela imperfeições e é fácil de aplicar e lixar.

A prioridade da Tintas Alessi é atender a todas as necessidades do mercado. A empresa mantém seu portfólio completo, com produtos premium, standard e econômicos, oferecendo produtos com excelente custo-benefício.

A tinta que dura

3 4 Preparação inicial

Toda a superfície deve estar firme, coesa, limpa, seca, sem poeira, gordura, graxa, sabão ou mofo.

3 4 Preparação em demais superfícies

Superfícies com graxa ou gordura: limpar com sabão ou detergente neutro. **Superfícies com mofo:** limpar com solução 1:1 de água sanitária e água limpa. Enxaguar com água e aguardar a secagem da superfície. **Reboco fraco:** raspar a superfície. Aplicar uma demão de Alessi Fundo Preparador para Paredes. Diluir conforme orientações da embalagem. **Reboco novo:** aguardar a secagem total da superfície no prazo mínimo de 28 dias. Aplicar uma demão de Alessi Fundo Preparador para Paredes. **Cimentos queimados/antigos:** lixar. Aplicar uma solução de ácido muriático na proporção de 7:3. Lavar com água e deixar a superfície secar por 72 h. **Imperfeições na superfície:** corrigir com Alessi Massa Corrida para interiores e Alessi Massa Acrílica para exteriores. Em casos de imperfeições profundas, deve-se corrigir com reboco e aguardar a secagem de 28 dias. **Gesso e fibrocimentos:** aplicar Alessi Fundo Preparador. Em chapas com desmoldantes não adequados, deve-se aplicar Alessi Fundo Sintético Nivelador e, em seguida, uma demão de acabamento.

3 4 Precauções/dicas/advertências

Evitar pintar em dias chuvosos, com ventos fortes, temperatura abaixo de 10 °C e/ou umidade superior a 90%. Até duas semanas após a pintura, pingos de chuva podem provocar manchas. Se isso ocorrer, lavar imediatamente toda a superfície com água. Cores intensas estarão mais suscetíveis a manchamentos por água de chuva, mesmo após transcorridas as duas semanas. Evitar retoques isolados após a secagem do produto. Antes de usar, ler com atenção as instruções do rótulo. Ao abrir a embalagem, mexer até a homogeneização completa. Durante aplicação e secagem, o ambiente deve estar ventilado. Cores intensas no acabamento fosco podem esbranquiçar com o atrito.

3 Principais atributos do produto 3

Nivela imperfeições, tem alto poder de enchimento, não retrai nem trinca e é fácil de lixar.

4 Principais atributos do produto 4

Uniformiza a absorção, tem alto poder de enchimento e oferece maior economia e ótima aderência.

(41) 3626-2636

www.alessi.ind.br

Alessi Multimassa Tapa Buraco Premium 3

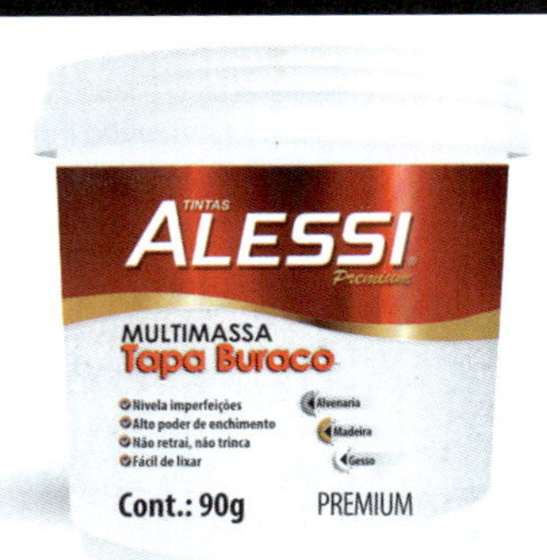

Alessi Multimassa Tapa Buraco Premium é uma massa superleve que preenche e nivela imperfeições, fissuras, espaços deixados por pregos e parafusos e também fendas de nó de madeira dos mais diversos tipos de superfícies, possibilitando a correção de forma rápida e em uma única aplicação, sem rachaduras e retração. Indicado para superfícies internas e externas de alvenaria, madeira, gesso e semelhantes.

USE COM: Alessi Fundo Preparador para Paredes Premium

Embalagens/rendimento

Potes plásticos (340 g e 90 g).
Rendimento variável de acordo com rugosidade, preparação da superfície, tamanho e profundidade do orifício a ser preenchido.

Aplicação

Utilizar espátula e desempenadeira de aço.

Cor

Branco

Acabamento

Não aplicável

Diluição

Pronta para uso.

Secagem

Ao toque: 3 h
Final: 6 h

Alessi Selador Acrílico Pigmentado Premium 4

O Alessi Selador Acrílico Pigmentado Premium é o produto ideal para uniformizar a absorção em superfícies de alvenaria nova e proporcionar um excelente poder de enchimento e cobertura, em exteriores e interiores. Proporciona maior economia da tinta de acabamento, excelente acabamento e ótima aderência às mais diversas superfícies. Oferece excelente rendimento, além de fácil aplicação com o mínimo respingo.

USE COM: Alessi Massa Acrílica Premium
Alessi Fundo Preparador para Paredes Premium

Embalagens/rendimento

Balde (18 L).
Lata (18 L): 100 a 125 m²/demão.
Galão (3,6 L): 12 a 17 m²/demão.

Aplicação

Utilizar pincel, pistola, rolo de lã e trincha.

Cor

Branco

Acabamento

Fosco

Diluição

Diluir de 10% a 20% com água potável.

Secagem

Ao toque: 2 h
Final: 24 h

Alessi Fundo Flex Premium 1

Alessi Fundo Flex Premium é um produto de alta performance desenvolvido para impermeabilização de marquises e lajes onde não haja trânsito. Sua cor branca reflete raios solares evitando o aquecimento destas. Indicado também como fundo impermeabilizante para paredes expostas a chuva. É um produto flexível que acompanha o movimento de dilatação e retração que causa pequenas trincas e fissuras.

USE COM: Alessi Superior Super Premium Fosco
Alessi Superior Super Premium Semibrilho

Embalagens/rendimento

Lata (18 L): 40 a 100 m²/demão.
Galão (3,6 L): 8 a 20 m²/demão.

Aplicação

Utilizar pincel, pistola e rolo de lã.

Cor

Branco

Acabamento

Não aplicável

Diluição

Diluir de 10% a 20% com água potável.

Secagem

Ao toque: 4 h
Entre demãos: 4 h
Final: 12 h

Alessi Fundo Preparador para Paredes Base Água Premium 2

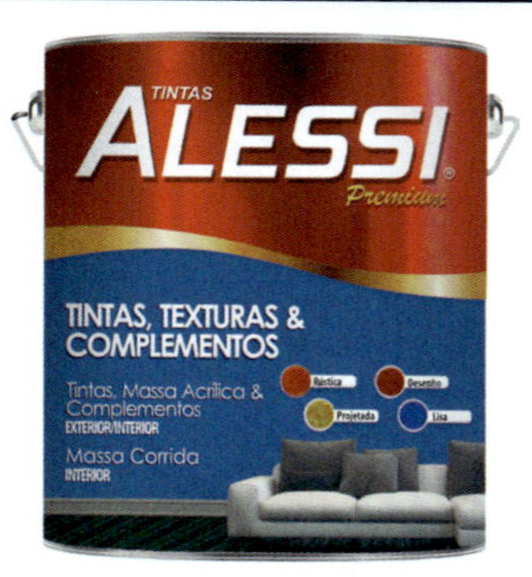

O Alessi Fundo Preparador para Paredes Base Água Premium foi desenvolvido para selar e uniformizar a absorção das tintas em paredes de alvenaria, gesso e concreto para receber a tinta de acabamento. Atua como agregador de partículas soltas proporcionando uma ótima aderência da tinta de acabamento, fixando as partículas soltas de superfícies, aumentando o rendimento das tintas e garantindo maior durabilidade da pintura.

USE COM: Alessi Massa Corrida Premium
Alessi Selador Acrílico Pigmentado Premium

Embalagens/rendimento

Lata (18 L): 145 a 270 m²/demão.
Galão (3,6 L): 29 a 45 m²/demão.
Quarto (0,9 L): 7,2 a 13,5 m²/demão.

Aplicação

Utilizar pincel, pistola, rolo de lã e trincha.

Cor

Incolor

Acabamento

Não aplicável

Diluição

Gesso: diluir de 10% a 100% com água potável. Demais superfícies: diluir até 20% com água potável.

Secagem

Ao toque: 30 min

1 2 Preparação inicial

Toda a superfície deve estar firme, coesa, limpa, seca, sem poeira, gordura, graxa, sabão ou mofo.

1 Preparação especial

Certificar-se de que a superfície a ser reparada esteja isenta de gordura, partículas soltas e umidade. Aplicar com rolo de lã de pelo alto, pincel ou trincha. Número de demãos para impermeabilização de lajes: 4 a 6 demãos cruzadas. Superfícies com fissura: 3 demãos. Paredes: 2 demãos.

1 2 Preparação em demais superfícies

Superfícies com graxa ou gordura: limpar com sabão ou detergente neutro. **Superfícies com mofo:** limpar com solução 1:1 de água sanitária e água limpa. Enxaguar com água e aguardar a secagem da superfície. **Reboco fraco:** raspar a superfície. Aplicar uma demão de Alessi Fundo Preparador para Paredes. Diluir conforme orientações da embalagem. **Reboco novo:** aguardar a secagem total da superfície no prazo mínimo de 28 dias. Aplicar uma demão de Alessi Fundo Preparador para Paredes. **Cimentos queimados/antigos:** lixar. Aplicar uma solução de ácido muriático na proporção de 7:3. Lavar com água e deixar a superfície secar por 72 h. **Imperfeições na superfície:** corrigir com Alessi Massa Corrida para interiores e Alessi Massa Acrílica para exteriores. Em casos de imperfeições profundas, deve-se corrigir com reboco e aguardar a secagem de 28 dias. **Gesso e fibrocimentos:** aplicar Alessi Fundo Preparador. Em chapas com desmoldantes não adequados, deve-se aplicar Alessi Fundo Sintético Nivelador e, em seguida, uma demão de acabamento.

1 2 Precauções/dicas/advertências

Evitar pintar em dias chuvosos, com ventos fortes, temperatura abaixo de 10 °C e/ou umidade superior a 90%. Até duas semanas após a pintura, pingos de chuva podem provocar manchas. Se isso ocorrer, lavar imediatamente toda a superfície com água. Cores intensas estarão mais suscetíveis a manchamentos por água de chuva, mesmo após transcorridas as duas semanas. Evitar retoques isolados após a secagem do produto. Antes de usar, ler com atenção as instruções do rótulo. Ao abrir a embalagem, mexer até a homogeneização completa. Durante aplicação e secagem, o ambiente deve estar ventilado. Cores intensas no acabamento fosco podem esbranquiçar com o atrito.

1 Principais atributos do produto 1

Sela, evita infiltrações, previne fissuras e forma película flexível.

2 Principais atributos do produto 2

Tem alto poder de penetração e ótima aderência. Fixa partículas soltas.

A tinta que dura

3 4 Preparação inicial

Toda a superfície deve estar firme, coesa, limpa, seca, sem poeira, gordura, graxa, sabão ou mofo.

3 4 Preparação em demais superfícies

Madeiras com partes soltas ou mal-aderidas: eliminar as partes com problema, raspando ou escovando a superfície. **Superfícies com partes mofadas:** lavar com uma solução de água sanitária na proporção 1:1 (1 parte de água para 1 parte de água sanitária), enxaguar e secar a superfície com pano. **Madeiras novas:** lixar a superfície para eliminação de farpas. Aplicar uma demão de Alessi Fundo Sintético Nivelador Premium (somente para superfícies internas). Após a secagem, lixar e eliminar o pó. **Madeiras (repintura):** lixar a superfície para eliminação de farpas e de pó. Aplicar a tinta de acabamento. **Ferros novos sem ferrugem:** lixar a superfície, eliminar o pó e aplicar uma demão de Alessi Fundo Zarcão. Aguardar secagem e aplicar a tinta de acabamento. **Ferros com ferrugem:** fazer a total remoção da ferrugem utilizando lixa ou escova de aço. Aplicar uma demão de Alessi Fundo Zarcão. Após a secagem, lixar novamente a superfície e eliminar o pó. **Ferros (repintura):** lixar a superfície e eliminar o pó. **Alumínios e galvanizados novos:** deve-se aplicar uma demão de Alessi Fundo para Galvanizados. Após a secagem, lixar a superfície e eliminar o pó. **Repintura:** lixar a superfície e eliminar o pó.

3 4 Precauções / dicas / advertências

Evitar pintar em dias chuvosos, com ventos fortes, temperatura abaixo de 10 °C e/ou umidade superior a 90%. Até duas semanas após a pintura, pingos de chuva podem provocar manchas. Se isso ocorrer, lavar imediatamente toda a superfície com água. Cores intensas estarão mais suscetíveis a manchamentos por água de chuva, mesmo após transcorridas as duas semanas. Evitar retoques isolados após a secagem do produto. Antes de usar, ler com atenção as instruções do rótulo. Ao abrir a embalagem, mexer até a homogeneização completa. Durante aplicação e secagem, o ambiente deve estar ventilado. Cores intensas no acabamento fosco podem esbranquiçar com o atrito.

3 Principais atributos do produto 3

Oferece maior proteção, alta cobertura e alto rendimento.

4 Principais atributos do produto 4

Oferece maior proteção, alta cobertura e alto rendimento.

Alessi Esmalte Sintético Extra Rápido Premium 3

O Alessi Esmalte Sintético Extra Rápido Premium é um esmalte de alta proteção e durabilidade com belíssimo acabamento. Possui secagem extrarrápida (45 min entre demãos), ótimo rendimento e excelente cobertura. Possui ótima aderência, garantindo maior proteção e não descascando com o tempo. É ideal para superfícies externas e internas de metais ferrosos, galvanizados, alumínio, madeira e cerâmica não vitrificada.

Alessi Aguarrás Premium
Alessi Fundo Sintético Nivelador Premium

Embalagens/rendimento

Lata (18 L): até 375 m²/demão.
Galão (3,6 L): até 75 m²/demão.
Quarto (0,9 L): até 18,7 m²/demão.
1/16 (225 mL): até 4,6 m²/demão.

Aplicação

Utilizar pincel, pistola, rolo de lã e trincha.

Cor

Branco, gelo, palha, marfim, creme, areia, camurça, amarelo ouro, laranja, vermelho, colorado, vinho chassis, marrom conhaque, tabaco, marrom, verde Nilo, verde folha, verde colonial, celeste, azul mar, azul França, azul Del Rey, platina, cinza médio, cinza escuro, preto, alumínio, grafite claro e grafite escuro

Acabamento

Fosco, acetinado e brilhante

Diluição

Diluir com Alessi Aguarrás Premium. Madeiras novas: 15% na primeira demão e 10% nas demais demãos. Demais superfícies: 10% em todas as demãos.

Secagem

Entre demãos: 45 min

Alessi Esmalte Sintético Extra Rápido Metálico Premium 4

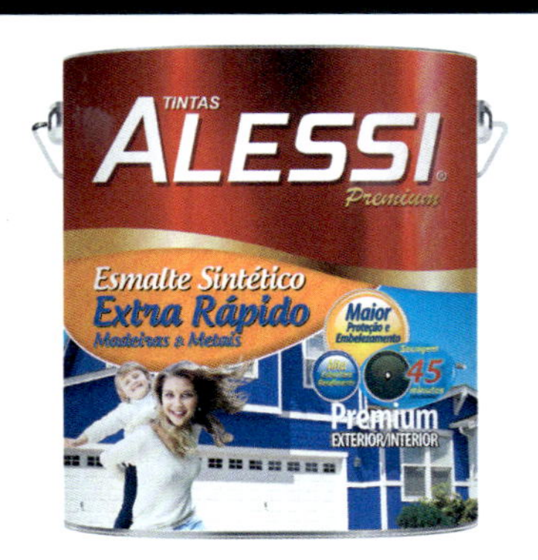

O Alessi Esmalte Sintético Extra Rápido Metálico Premium é um esmalte de alta proteção e durabilidade. Possui secagem extra rápida (45 min entre demãos), ótimo rendimento, excelente cobertura e ótima aderência. Proporciona superior acabamento e boa resistência ao intemperismo. É ideal para superfícies externas e internas de metais ferrosos, galvanizados, alumínio, madeira e cerâmica não vitrificada.

Alessi Fundo Zarcão Premium
Alessi Fundo Sintético Nivelador Premium

Embalagens/rendimento

Galão (3,6 L): 40 a 50 m²/demão.
Quarto (0,9 L): 10 a 12,5 m²/demão.

Aplicação

Utilizar pincel, pistola, rolo de lã e trincha.

Cor

Amarelo ouro, marrom avelã, ouro savoia Ford 83, ouro talismã, ouro antigo Ford 75, marrom bronze GM 81, prata lunar e cinza grafite VW 79

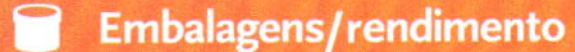

Acabamento

Brilhante

Diluição

Diluir com Alessi Aguarrás Premium. Madeiras novas: 15% na primeira demão e 10% nas demais demãos. Demais superfícies: 10% em todas as demãos.

Secagem

Entre demãos: 45 min

TINTAS ALESSI Premium

A tinta que dura

Isabela Esmalte Sintético 1

O Isabela Esmalte Sintético foi desenvolvido para quem busca proteção e resistência com bonito acabamento para portas, janelas, grades e portões. Fácil de aplicar, possui alto poder de cobertura e rendimento, além de secagem rápida. Possui fácil aplicação e ótima aderência, garantindo maior proteção e facilidade de limpeza.

USE COM:
Alessi Fundo Zarcão Premium
Alessi Esmalte Base Água Eco Rápido Premium

Embalagens/rendimento

Galão (3,6 L): 40 a 48 m²/demão.
Quarto (0,9 L): 10 a 12 m²/demão.

Aplicação

Utilizar pincel, pistola, rolo de lã e trincha.

Cor

Branco, gelo, marfim, creme, areia, amarelo ouro, laranja, vermelho, vinho chassis, colorado, marrom conhaque, tabaco, marrom, platina, cinza escuro, cinza médio, preto, celeste, azul mar, azul França, azul Del Rey, verde Nilo e verde folha

Acabamento

Brilhante

Diluição

Pincel ou rolo de espuma: diluir até 10% com Alessi Aguarrás Premium, se necessário. Pistola: diluir até 30% com Alessi Aguarrás Premium.

Secagem

Ao toque: 5 a 6 h
Entre demãos: 10 h
Total: 24 h

Alessi Tinta Óleo 2

A Alessi Tinta Óleo é uma tinta para quem busca beleza e proteção para madeiras e metais. Sua formulação oferece fácil aplicação e ótima aderência. Proporciona ótimo acabamento e boa resistência ao intemperismo. Possui alto poder de cobertura e rendimento. Oferece alta proteção e durabilidade para madeiras. É ideal para superfícies externas e internas de madeiras e metais.

USE COM:
Alessi Aguarrás Premium
Alessi Fundo Sintético Nivelador Premium

Embalagens/rendimento

Lata (18 L): 140 a 200 m²/demão.
Galão (3,6 L): 28 a 40 m²/demão.
Quarto (0,9 L): 7 a 10 m²/demão.

Aplicação

Utilizar pincel, pistola, rolo de lã e trincha.

Cor

Branco, gelo, palha, marfim, creme, areia, camurça, amarelo ouro, laranja, vermelho, colorado, vinho chassis, marrom conhaque, tabaco, marrom, verde tropical, verde primavera, verde Nilo, verde folha, celeste, azul mar, azul França, azul Del Rey, platina, cinza médio, cinza escuro e preto

Acabamento

Brilhante

Diluição

Pincel ou rolo de espuma: diluir 10% com Alessi Aguarrás Premium. Pistola: diluir até 20% com Alessi Aguarrás Premium.

Secagem

Ao toque: 6 a 8 h
Entre demãos: 12 h
Final: 24h

1 2 Preparação inicial

Toda a superfície deve estar firme, coesa, limpa, seca, sem poeira, gordura, graxa, sabão ou mofo.

1 2 Preparação em demais superfícies

Ferros novos sem ferrugem: lixar a superfície, eliminar o pó e aplicar uma demão de Alessi Fundo Zarcão. Aguardar secagem e aplicar a tinta de acabamento. **Ferros com ferrugem**: fazer a total remoção da ferrugem utilizando lixa ou escova de aço. Aplicar uma demão de Alessi Fundo Zarcão. Após a secagem, lixar novamente a superfície e eliminar o pó. **Ferros (repintura):** lixar a superfície e eliminar o pó. **Madeiras com partes soltas ou mal-aderidas:** eliminar as partes com problema, raspando ou escovando a superfície. **Superfícies com partes mofadas:** lavar com uma solução de água sanitária na proporção 1:1 (1 parte de água para 1 parte de água sanitária), enxaguar e secar a superfície com pano. **Madeiras novas:** lixar a superfície para eliminação de farpas. Aplicar uma demão de Alessi Fundo Sintético Nivelador Premium (somente para superfícies internas). Após a secagem, lixar e eliminar o pó. **Madeiras (repintura):** lixar a superfície para eliminação de farpas e de pó. Aplicar a tinta de acabamento. **Alumínios e galvanizados novo:** deve-se aplicar uma demão de Alessi Fundo para Galvanizados. Após a secagem, lixar a superfície e eliminar o pó. **Alumínios e galvanizados (reintura):** lixar a superfície e eliminar o pó.

1 2 Precauções/dicas/advertências

Evitar pintar em dias chuvosos, com ventos fortes, temperatura abaixo de 10 °C e/ou umidade superior a 90%. Até duas semanas após a pintura, pingos de chuva podem provocar manchas. Se isso ocorrer, lavar imediatamente toda a superfície com água. Cores intensas estarão mais suscetíveis a manchamentos por água de chuva, mesmo após transcorridas as duas semanas. Evitar retoques isolados após a secagem do produto. Antes de usar, ler com atenção as instruções do rótulo. Ao abrir a embalagem, mexer até a homogeneização completa. Durante aplicação e secagem, o ambiente deve estar ventilado. Cores intensas no acabamento fosco podem esbranquiçar com o atrito.

2 Principais atributos do produto 2

Oferece maior proteção, alta cobertura e alto rendimento.

Proteção e beleza são prioridades da Tintas Alessi. A empresa trata todos os substratos. Em uma de suas linhas, disponibiliza produtos para madeira. Além de realçar os veios naturais, o verniz protege a madeira deixando-a muito mais sofisticada e resistente.

A tinta que dura

3 4 Preparação inicial

Toda a superfície deve estar firme, coesa, limpa, seca, sem poeira, gordura, graxa, sabão ou mofo.

3 4 Preparação em demais superfícies

Madeiras com partes soltas ou mal-aderidas: eliminar as partes com problema, raspando ou escovando a superfície. **Superfícies com partes mofadas:** lavar com uma solução de água sanitária na proporção 1:1 (1 parte de água para 1 parte de água sanitária), enxaguar e secar a superfície com pano. **Madeiras novas:** lixar a superfície para eliminação de farpas. Aplicar uma demão de Alessi Fundo Sintético Nivelador Premium (somente para superfícies internas). Após a secagem, lixar e eliminar o pó. **Madeiras (repintura):** lixar a superfície para eliminação de farpas e de pó. Aplicar a tinta de acabamento. **Ferros novos sem ferrugem:** lixar a superfície, eliminar o pó e aplicar uma demão de Alessi Fundo Zarcão. Aguardar secagem e aplicar a tinta de acabamento. **Ferros com ferrugem:** fazer a total remoção da ferrugem utilizando lixa ou escova de aço. Aplicar uma demão de Alessi Fundo Zarcão. Após a secagem, lixar novamente a superfície e eliminar o pó. **Ferros (repintura):** lixar a superfície e eliminar o pó. **Alumínios e galvanizados novos:** deve-se aplicar uma demão de Alessi Fundo para Galvanizados. Após a secagem, lixar a superfície e eliminar o pó. **Alumínios e galvanizados (repintura):** lixar a superfície e eliminar o pó.

3 4 Precauções / dicas / advertências

Evitar pintar em dias chuvosos, com ventos fortes, temperatura abaixo de 10 °C e/ou umidade superior a 90%. Até duas semanas após a pintura, pingos de chuva podem provocar manchas. Se isso ocorrer, lavar imediatamente toda a superfície com água. Cores intensas estarão mais suscetíveis a manchamentos por água de chuva, mesmo após transcorridas as duas semanas. Evitar retoques isolados após a secagem do produto. Antes de usar, ler com atenção as instruções do rótulo. Ao abrir a embalagem, mexer até a homogeneização completa. Durante aplicação e secagem, o ambiente deve estar ventilado. Cores intensas no acabamento fosco podem esbranquiçar com o atrito.

3 Principais atributos do produto 3

Oferece maiores proteção e durabilidade, secagem rápida, excelente cobertura e baixíssimo odor.

4 Principais atributos do produto 4

Oferece maior proteção, alta cobertura e alto rendimento e é anticorrosivo.

Alessi Esmalte Base Água Eco Rápido Premium 3

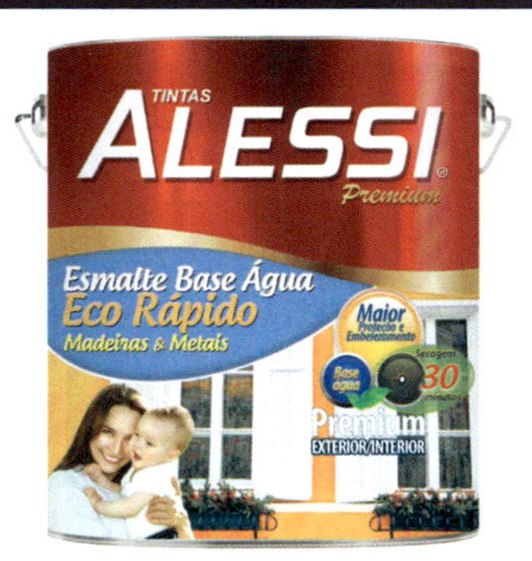

O Alessi Esmalte Base Água Eco Rápido Premium é um esmalte para quem deseja superproteção e alta durabilidade com secagem ultrarrápida e baixíssimo odor, ecologicamente correto. Não amarela com o passar do tempo e possui excelente cobertura, ótimo rendimento e excelente acabamento. É ideal para superfícies externas e internas de madeira, metais ferrosos, galvanizados e alumínio.

USE COM: Alessi Fundo Zarcão Premium
Alessi Fundo Sintético Nivelador Premium

Embalagens/rendimento
Galão (3,6 L): até 76 m²/demão.
Quarto (0,9 L): até 19 m²/demão.

Aplicação
Utilizar pincel, pistola, rolo de lã e trincha.

Cor
Branco

Acabamento
Acetinado e brilhante

Diluição
Diluir até 10% com água potável.

Secagem
Ao toque: 30 min

Alessi Esmalte Fundo e Acabamento Premium 4

Alessi Esmalte Fundo e Acabamento Premium é um produto de dupla ação, desenvolvido especialmente para quem busca proteção e durabilidade, que dispensa a aplicação prévia de fundo anticorrosivo, permitindo a aplicação do esmalte diretamente sobre superfícies ferrosas, nuas e isentas de ferrugem. Oferece alta cobertura, secagem rápida e alto brilho e protege contra corrosão. Indicado para superfícies internas e externas.

USE COM: Alessi Aguarrás Premium

Embalagens/rendimento
Lata (18 L): até 300 m²/demão.
Galão (3,6 L): até 60 m²/demão.
Quarto (0,9 L): até 15 m²/demão.

Aplicação
Utilizar pincel, pistola, rolo de lã e trincha.

Cor
Branco

Acabamento
Brilhante

Diluição
Diluir com Alessi Aguarrás Premium. Madeiras novas: 15% na primeira demão e 10% nas demais demãos. Demais superfícies: 10% em todas as demãos.

Secagem
Entre demãos: 45 min

(41) 3626-2636
www.alessi.ind.br

A tinta que dura

Você está na seção:

1 METAL > COMPLEMENTO

2 OUTRAS SUPERFÍCIES

Alessi Fundo para Galvanizados Premium 1

O Alessi Fundo para Galvanizados Premium é um fundo para dar ótima aderência sobre ferro galvanizado, alumínio e superfícies recobertas com zinco. Por promover a maior aderência da tinta de acabamento, protege por muito mais tempo a beleza do acabamento final. Possui excelente rendimento, ótima aderência e elevado poder anticorrosivo.

USE COM: Alessi Esmalte Sintético Extra Rápido Premium
Alessi Esmalte Base Água Eco Rápido Premium

Embalagens/rendimento

Balde (18 L): 250 a 340 m²/demão.
Galão (3,6 L): 50 a 68 m²/demão.
Quarto (0,9 L): 12,5 a 17 m²/demão.

Aplicação

Utilizar pincel, pistola e rolo de espuma.

Cor

Branco

Acabamento

Fosco

Diluição

Diluir de 10% a 30% com Alessi Aguarrás Premium.

Secagem

Ao toque: 1 h
Entre demãos: 2 h
Final: 24 h

Alessi Resina Acrílica Multiuso Premium Base Água 2

A Alessi Resina Acrílica Multiuso Premium Base Água foi desenvolvida para quem busca superproteção e embelezamento de revestimentos internos e externos de telhas de barro ou fibrocimento, tijolos aparentes, pedras naturais e concreto aparente, cerâmicas e paredes pintadas com tintas PVA ou acrílicas. Possui ação repelente a água e umidade, conferindo alta resistência e durabilidade, além de excelente aderência e fácil aplicação.

Alessi Fundo Preparador para Paredes Base Água Premium

Embalagens/rendimento

Lata (18 L): 100 a 200 m²/demão.
Galão (3,6 L): 20 a 40 m²/demão.
Quarto (0,9 L): 5 a 10 m²/demão.

Aplicação

Utilizar pincel, pistola, rolo de lã e trincha.

Cor

Branco, pérola, caramelo, cerâmica telha, cerâmica ônix, vermelho óxido, pinhão, cinza médio, grafite e incolor

Acabamento

Fosco e brilhante

Diluição

Incolor: pronta para uso. Incolor e demais cores (concentrada): diluir até 20% com água potável.

Secagem

Ao toque: 1 h
Entre demãos: 6 h
Final: 120 h

1 Preparação inicial

Toda a superfície deve estar firme, coesa, limpa, seca, sem poeira, gordura, graxa, sabão ou mofo.

2 Preparação inicial

Toda a superfície deve estar firme, coesa, limpa, seca, sem poeira, gordura, graxa, sabão ou mofo antes de iniciar a pintura.

1 Preparação em demais superfícies

Ferros novos sem ferrugem: lixar a superfície, eliminar o pó e aplicar uma demão de Alessi Fundo Zarcão. Aguardar secagem e aplicar a tinta de acabamento. **Ferros com ferrugem:** fazer a total remoção da ferrugem utilizando lixa ou escova de aço. Aplicar uma demão de Alessi Fundo Zarcão. Após a secagem, lixar novamente a superfície e eliminar o pó. **Ferros (repintura):** lixar a superfície e eliminar o pó. Alumínios e galvanizados novos: deve-se aplicar uma demão de Alessi Fundo para Galvanizados. Após a secagem, lixar a superfície e eliminar o pó. **Alumínios e galvanizados (repintura):** lixar a superfície e eliminar o pó.

2 Preparação em demais superfícies

Substratos novos (telhas, pedras naturais, tijolos etc.): partes soltas ou mal-aderidas devem ser removidas e todo o pó deve ser eliminado. **Substratos envernizados (telhas, pedras naturais, tijolos etc.):** a superfície deve ser totalmente lixada até eliminar todo o brilho e, em seguida, deve-se eliminar todo o pó. **Substratos encerados ou polidos (telhas, pedras naturais, tijolos etc.):** lavar toda a superfície com pano embebido em Diluente Alessi A500 e esfregar com escova de aço. Remover a sujeira e aguardar 24 h. **Superfícies com manchas de gordura ou graxa:** limpar com sabão ou detergente neutro. **Superfícies com mofo:** lavar a superfície com água sanitária, enxaguar e aguardar secagem.

1 2 Precauções/dicas/advertências

Evitar pintar em dias chuvosos, com ventos fortes, temperatura abaixo de 10 °C e/ou umidade superior a 90%. Até duas semanas após a pintura, pingos de chuva podem provocar manchas. Se isso ocorrer, lavar imediatamente toda a superfície com água. Cores intensas estarão mais suscetíveis a manchamentos por água de chuva, mesmo após transcorridas as duas semanas. Evitar retoques isolados após a secagem do produto. Antes de usar, ler com atenção as instruções do rótulo. Ao abrir a embalagem, mexer até a homogeneização completa. Durante aplicação e secagem, o ambiente deve estar ventilado. Cores intensas no acabamento fosco podem esbranquiçar com o atrito.

1 Principais atributos do produto 1

Oferece superproteção e durabilidade, maior rendimento dos acabamentos e ótima aderência.

2 Principais atributos do produto 2

É impermeabilizante e oferece beleza, proteção, durabilidade e resistência. Facilita a limpeza e é ecológica.

A tinta que dura

3 Preparação inicial

Toda a superfície deve estar firme, coesa, limpa, seca, sem poeira, gordura, graxa, sabão ou mofo antes de iniciar a pintura.

3 Preparação em demais superfícies

Substratos novos (telhas, pedras naturais, tijolos etc.): partes soltas ou mal-aderidas devem ser removidas e todo o pó deve ser eliminado. **Substratos envernizados (telhas, pedras naturais, tijolos etc.):** a superfície deve ser totalmente lixada até eliminar todo o brilho e, em seguida, deve-se eliminar todo o pó. **Substratos encerados ou polidos (telhas, pedras naturais, tijolos etc.):** lavar toda a superfície com pano embebido em Alessi Diluente Secagem Rápida Premium e esfregar com escova de aço. Remover a sujeira e aguardar 24 h. **Superfícies com manchas de gordura ou graxa e mofos:** lavar a superfície com água sanitária, enxaguar e aguardar secagem.

3 Precauções / dicas / advertências

Não deve ser aplicado sobre superfícies metálicas, esmaltadas, vitrificadas, enceradas ou qualquer outra área não porosa. Verificar se a superfície tem absorção pingando uma gota de água sobre a superfície seca. Se a gota for rapidamente absorvida, a superfície está em condições de ser pintada.

4 Precauções / dicas / advertências

Manter a embalagem fechada, fora do alcance de crianças e animais. Não reutilizar a embalagem. Armazenar em local coberto, fresco, ventilado e longe de fontes de calor. Manter o ambiente ventilado durante preparação, aplicação e secagem. Recomendamos usar óculos de segurança, luvas e máscara protetora.

3 Principais atributos do produto 3

Oferece alto brilho, é durável e tem secagem rápida.

4 Principais atributos do produto 4

Oferece alto poder de solvência e secagem uniforme.

Alessi Resina Acrílica Multiuso Premium Base Solvente — 3

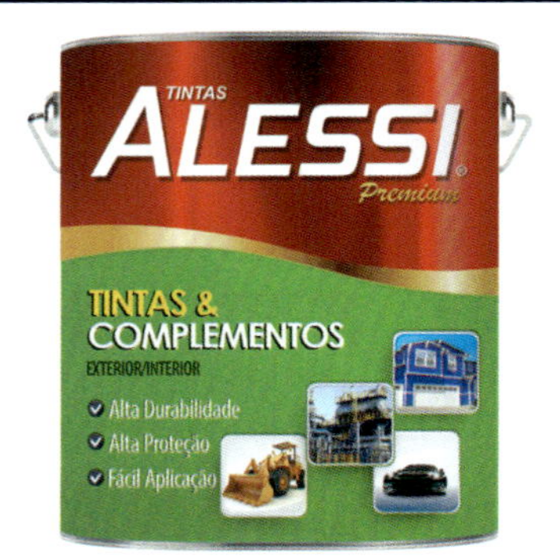

A Alessi Resina Acrílica Multiuso Premium Base Solvente é um produto para quem busca proteção e embelezamento de revestimentos internos e externos de telhas de barro ou fibrocimento, paredes de pedras naturais como ardósia, miracema, São Tomé, mineira e goiana, tijolo e concreto aparente e cerâmicas. Produto de alta performance que oferece proteção contra as ações do tempo, pois possui alto poder de impermeabilização.

USE COM: Alessi Diluente Secagem Rápida Premium

Embalagens/rendimento

Lata (18 L): 125 a 240 m²/demão.
Galão (3,6 L): 20 a 40 m²/demão.
Quarto (0,9 L): 6 a 12 m²/demão.

Aplicação

Utilizar pincel, pistola e rolo de lã.

Cor

Incolor

Acabamento

Brilhante

Diluição

Pronta para uso.

Secagem

Ao toque: 1 h
Entre demãos: 6 h
Final: 120 h

Alessi Aguarrás Premium — 4

A Alessi Aguarrás Premium é um solvente para facilitar a aplicação e melhorar o nivelamento de esmaltes sintéticos, vernizes e tintas a óleo, melhorando a resistência e a durabilidade dos produtos. Sua formulação de alto poder de solvência proporciona diluição ideal e secagem uniforme, melhorando o alastramento, o nivelamento e o acabamento final desses produtos.

USE COM: Alessi Tinta Óleo
Alessi Esmalte Sintético Extra Rápido Premium

Embalagens/rendimento

Lata (18 L), galão (3,6 L) e litro (0,9 L).
Rendimento variável de acordo com o produto.

Aplicação

Utilizar bico dosador.

Cor

Incolor

Acabamento

Não aplicável

Diluição

Não aplicável.

Secagem

Não aplicável

Alessi Diluente Secagem Rápida Multiuso Premium 1

O Alessi Diluente Secagem Rápida Multiuso Premium é um solvente para facilitar a aplicação e melhorar o nivelamento dos esmaltes automotivos, industriais e de demarcação, melhorando a resistência e a durabilidade dos produtos. Sua formulação de alto poder de solvência proporciona diluição ideal e secagem uniforme, melhorando o alastramento, o nivelamento e o acabamento final desses produtos.

USE COM: Alessi Esmalte Automotivo
Alessi Esmalte Agroindustrial

Embalagens/rendimento
Lata (18 L), galão (3,6 L) e litro (0,9 L). Rendimento variável de acordo com o produto.

Aplicação
Utilizar bico dosador.

Cor
Incolor

Acabamento
Não aplicável

Diluição
Não aplicável.

Secagem
Não aplicável

Alessi Demarcação Viária Premium 2

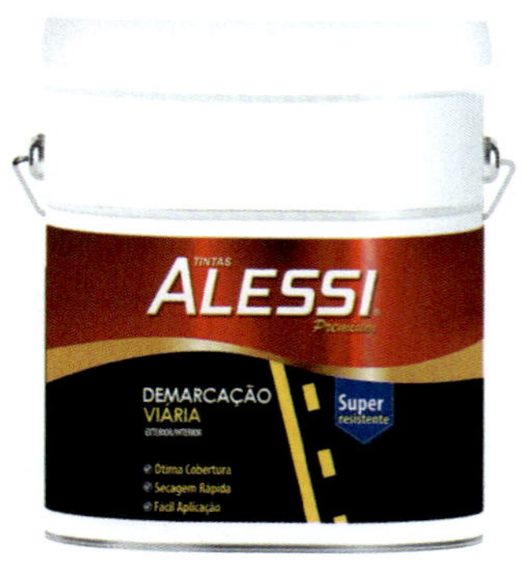

A Alessi Demarcação Viária Premium é uma tinta formulada com resina acrílica, o que lhe confere secagem rápida, boa aderência e excelente resistência ao atrito. Fácil de aplicar, oferece grandes opacidade e rendimento. Recomenda-se para pinturas de faixas para demarcação de ruas, estradas, depósitos e estacionamentos dos mais variados tipos de pavimentos, como: concreto, asfalto e pedras.

USE COM: Alessi Diluente Secagem Rápida Premium

Embalagens/rendimento
Balde (18 L): até 175 m²/demão.
Galão (3,6 L): até 35 m²/demão, variando conforme condições gerais e porosidade da superfície.

Aplicação
Utilizar rolo, pincel e pistola.

Cor
Branco e amarelo

Acabamento
Fosco

Diluição
Diluir de 20% a 30% com Alessi Diluente Secagem Rápida Premium.

Secagem
Ao toque: 30 min

2 Preparação inicial
Toda a superfície deve estar firme, coesa, limpa, seca, sem poeira, gordura, graxa, sabão ou mofo.

2 Preparação em demais superfícies
Deverá, preferencialmente, ser aplicada sobre superfícies rugosas, o que garantirá aderência e durabilidade ainda maiores. Superfícies vitrificadas, esmaltadas, enceradas ou qualquer outra área não porosa, bem como pisos impregnados com óleo ou graxa, não permitirão a boa aderência do produto, levando a falhas por má aderência e destacamento da película.

1 Precauções/dicas/advertências
Manter a embalagem fechada, fora do alcance de crianças e animais. Não reutilizar a embalagem. Armazenar em local coberto, fresco, ventilado e longe de fontes de calor. Manter o ambiente ventilado durante preparação, aplicação e secagem. Recomendamos usar óculos de segurança, luvas e máscara protetora.

2 Precauções/dicas/advertências
Manter a embalagem longe do alcance de crianças e animais. Durante aplicação e secagem, o ambiente deve estar ventilado. Evitar inalação dos vapores, principalmente na aplicação com pistola, usando mascara protetora, luvas e óculos de segurança apropriados. Ao abrir a embalagem, mexer até a homogeneização.

1 Principais atributos do produto 1
Melhora o acabamento final e facilita a aplicação. Oferece maiores alastramento e nivelamento.

2 Principais atributos do produto 2
Tem ótima cobertura, secagem rápida e fácil aplicação.

A Tintas Alessi proporciona sofisticação aos ambientes com produtos de qualidade, as cores mais incríveis e as emoções mais duradouras. Quem usa Alessi tem estrutura e qualidade sempre à mão. Alessi, a tinta que dura.

A tinta que dura

3 Preparação inicial

Toda a superfície deve estar firme, coesa, limpa, seca, sem poeira, gordura, graxa, sabão ou mofo antes de iniciar a pintura.

4 Preparação inicial

Toda a superfície deve estar firme, coesa, limpa, seca, sem poeira, gordura, graxa, sabão ou mofo.

3 Preparação em demais superfícies

Superfícies com graxa ou gordura: limpar com sabão ou detergente neutro. **Superfícies com mofo:** limpar com solução 1:1 de água sanitária e água limpa. Enxaguar com água e aguardar a secagem da superfície. **Reboco fraco:** raspar a superfície. Aplicar uma demão de Alessi Fundo Preparador para Paredes. Diluir conforme orientações da embalagem. **Reboco novo:** aguardar a secagem total da superfície no prazo mínimo de 28 dias. Aplicar uma demão de Alessi Fundo Preparador para Paredes. **Cimentos queimados/antigos:** lixar. Aplicar uma solução de ácido muriático na proporção de 7:3. Lavar com água e deixar a superfície secar por 72 h. **Imperfeições na superfície:** corrigir com Alessi Massa Corrida para interiores e Alessi Massa Acrílica para exteriores. Em casos de imperfeições profundas, deve-se corrigir com reboco e aguardar a secagem de 28 dias. **Gesso e fibrocimentos:** aplicar Alessi Fundo Preparador. Em chapas com desmoldantes não adequados, deve-se aplicar Alessi Fundo Sintético Nivelador e, em seguida, uma demão de acabamento.

4 Preparação em demais superfícies

Eliminar qualquer tipo de resíduo, como poeira, graxa, gordura, pintura velha, materiais soltos etc., que possa afetar a aderência da tinta. Não deve ser aplicado com qualquer vestígio de umidade.

3 Precauções / dicas / advertências

Evitar pintar em dias chuvosos, com ventos fortes, temperatura abaixo de 10 °C e/ou umidade superior a 90%. Até duas semanas após a pintura, pingos de chuva podem provocar manchas. Se isso ocorrer, lavar imediatamente toda a superfície com água. Cores intensas estarão mais suscetíveis a manchamentos por água de chuva, mesmo após transcorridas as duas semanas. Evitar retoques isolados após a secagem do produto. Antes de usar, ler com atenção as instruções do rótulo. Ao abrir a embalagem, mexer até a homogeneização completa. Durante aplicação e secagem, o ambiente deve estar ventilado. Cores intensas no acabamento fosco podem esbranquiçar com o atrito.

4 Precauções / dicas / advertências

Recomenda-se o uso de luvas, máscaras e óculos de proteção. Aplicar em ambientes ventilados. Aplicar em demãos finas e cruzadas a uma distância de 20 a 25 cm para evitar escorrimentos indesejáveis, respeitando o intervalo entre demãos de 5 a 10 min.

3 Principais atributos do produto 3

Tem baixo odor e fácil aplicação e propicia efeitos decorativos.

4 Principais atributos do produto 4

É fácil de usar e tem ótimo acabamento e secagem.

Alessi Gel de Efeitos Especiais Premium 3

O Alessi Gel de Efeitos Especiais Premium foi especialmente desenvolvido para aplicação sobre as texturas Alessi, destacando os riscos e os grãos dos efeitos decorativos, criando novos efeitos de envelhecimento e manchamento nas paredes e deixando os ambientes muito mais charmosos. É prático e versátil, conseguindo fazer vários efeitos como pátina, espatulado, manchado, esponjado, camurça, jeans, bambu e outros.

USE COM: Alessi Texturas Premium

Embalagens/rendimento

Litro (0,8 L): 8,75 a 10 m²/demão.

Aplicação

Utilizar rolo de lã e pincel.

Cor

Disponível no Alessi Sistema Cores

Acabamento

Acetinado

Diluição

Diluir até 5% com água potável.

Secagem

Ao toque: 1 h
Final: 4 h

Alessi Spray Multiuso Premium 4

Os Alessi Sprays Uso Geral, Metálico, Cromado e Alta Temperatura Premium são super-resistentes à ação das intempéries e especialmente desenvolvidos para pinturas e retoques ou reparos rápidos. O resultado final é de excelente qualidade, apresentando textura uniforme e uma secagem ultrarrápida. O Alta Temperatura é indicado para escapamento de automóveis e motos, churrasqueiras, lareiras e chaminés.

USE COM: Alessi Fundo Zarcão Premium
Alessi Fundo Sintético Nivelador Premium

Embalagens/rendimento

Embalagem (400 mL/250 g).
Rendimento variável de acordo com a superfície a ser aplicada.

Aplicação

Aplicação direta com bico próprio.

Cor

Uso geral: branco brilhante, branco fosco, cinza médio, amarelo, laranja, vermelho, marrom, azul médio, azul escuro, verde escuro, preto brilhante e preto fosco. Metálicas: alumínio, grafite, ouro, dourado, cobre, vermelho, azul, verde e prata. Alta temperatura: alumínio e preto fosco. Cromado: cromado. Luminosas: amarelo, laranja, pink, verde e vermelho

Acabamento

Fosco e brilhante

Diluição

Pronto para uso.

Secagem

Total: 24 h

Aprovada pelo tempo.

"Buscar ser melhor a cada dia." Com essa filosofia, em abril de 1986 em Criciúma (SC), surgia a Anjo Tintas. Seu início foi sob a denominação de "Colombo Indústria e Comércio de Massas Plásticas", com uma produção de 2 toneladas de massa plástica por mês.

Em 1993, a Anjo se torna líder no mercado brasileiro em massa plástica e inicia a produção de complementos automotivos. Em 1994, a massa plástica supera a marca de 252 toneladas por mês, assumindo definitivamente a liderança do mercado nacional. A partir daí, a empresa começa a produzir thinners e solventes, concretizando a marca Anjo como referencial de qualidade.

A Anjo Tintas conquista, em abril de 1999, a Certificação da Norma ISO 9001. Em 2000, começa a atuar no setor de impressão, passando a atender a indústrias dessa área, oferecendo solventes e tintas e atendendo as necessidades específicas de cada cliente.

Em 2002, a empresa inaugura a unidade fabril da linha imobiliária base solvente.

Em 2007, a empresa começa a trabalhar com o conceito de unidades de negócios, inaugurando, em abril desse ano, uma área industrial exclusiva para a Linha de Impressão.

Em 2008, é implantada a Unidade de Negócio Revenda, que atende as Linhas Automotiva e Imobiliária. A Unidade de Negócio Apoio também é implantada em 2008 e engloba os setores de compras, financeiro, contabilidade, marketing, gestão de pessoas, qualidade, meio ambiente, controladoria, logística, informática, comunicação e projetos. Em 2015, é lançada no mercado a linha AnjoTech, de produtos exclusivos para as indústrias, que faz parte da Unidade B2B.

Atualmente, a Anjo Tintas possui cinco unidades fabris, sendo quatro localizadas em Criciúma (SC) e uma em Morro da Fumaça (SC). Possui também três filiais de distribuição, uma no estado de São Paulo, uma em Goiás e outra em Pernambuco.

Assim, a Anjo é marca de produtos de quatro linhas: Linha Automotiva, Linha Imobiliária, Linha de Impressão e Linha AnjoTech.

CERTIFICAÇÕES

ANJO TINTAS

Tinta Acrílica Total 

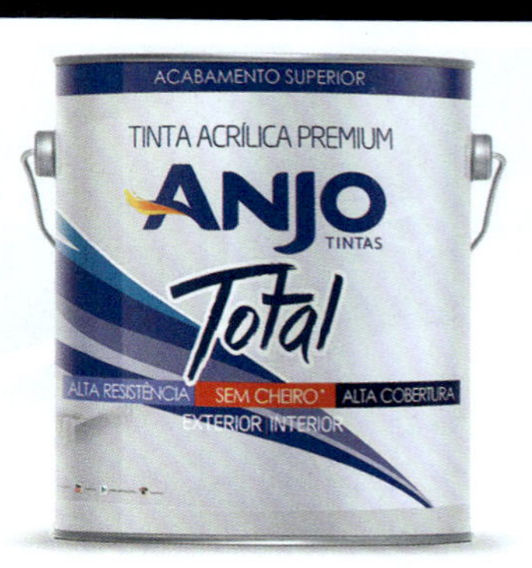

Pintura sem cheiro em até 3 h após a aplicação? Com Anjo Total é possível! Além de ser a tinta mais completa para sua obra ou reforma, a Total garante rapidez e resultado perfeito! É uma tinta com excelente poder de cobertura, boa resistência a intempéries e de fácil aplicação. Indicada para proteção e decoração de superfícies internas e externas.

USE COM: Fundo Preparador; Massa Corrida Super Leve

Embalagens/rendimento

Acabamento fosco
Lata (18 L): 350 a 375 m^2/demão.
Galão (3,6 L): 70 a 75 m^2/demão.
Quarto (0,9 L): 17 a 18 m^2/demão.
Acabamento semibrilho
Lata (18 L): 325 a 375 m^2/demão.
Galão (3,6 L): 65 a 75 m^2 /demão.
Quarto (0,9 L): 16 a 17 m^2/demão.

Aplicação

Utilizar rolo, pincel ou pistola. Aplicar de 2 a 3 demãos com intervalo mínimo de 4 h.

Cor

Além das 30 cores de linha, possui mais 1.800 cores no Sistema Aquarelas

Acabamento

Fosco e semibrilho

Diluição

Rolo e pincel: diluir de 15% a 20% com água potável. Pistola: diluir de 20% a 30% com água potável.

Secagem

Ao toque: 2 h
Manuseio/repintura: 4 h
Final: 12 h

Tinta Acrílica Anjo Mais 

Procurando uma tinta que rende muito mais que as tintas comuns? Escolha a Anjo Mais e faça a aposta certa! Além de ser a tinta mais econômica na relação custo-benefício, pode ser diluída em até 60% e cobrir áreas muito maiores: é possível adicionar água à tinta para pintar grandes áreas sem perder a qualidade de uma tinta premium. Isso reduz custos, tempo de aplicação e quantidade de tinta gasta em uma obra.

USE COM: Fundo Preparador de Paredes; Massa Corrida Super Leve

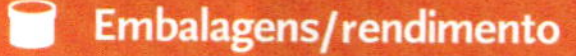

Embalagens/rendimento

Lata (18 L): 550 a 600 m^2/demão.
Galão (3,6 L): 110 a 120 m^2/demão.

Aplicação

Utilizar rolo, pincel ou pistola. Aplicar de 2 a 3 demãos com intervalo mínimo de 4 h.

Cor

Além das 19 cores de linha, conta com mais 712 cores no Sistema Aquarelas

Acabamento

Fosco

Diluição

Pincel ou rolo: diluir 60% com água potável.

Secagem

Toque: 2 h
Entre demãos: 4 h
Final: 12 h

1 2 Preparação inicial

A superfície deverá estar seca, firme e sem poeira, isenta de contaminantes, com o fundo recomendado devidamente aplicado. As partes soltas ou mal-aderidas deverão ser raspadas e/ou escovadas. Sobre tinta envelhecida, lixar superficialmente, deixando a superfície isenta de brilho. Remover as partículas soltas.

1 Preparação especial

Para proporcionar e assegurar a qualidade dos produtos, é fundamental a utilização do nosso sistema de pintura completo. Não guardar o produto diluído. Não utilizar lotes diferentes para continuação de pinturas (poderá haver mudança na tonalidade e no acabamento). O rendimento do produto depende de tipo de superfície, sistema de pintura a ser realizado, espessura aplicada, método e técnica de aplicação. Normalmente, com 2 ou 3 demãos, consegue-se ótimo resultado. Dependendo da cor ou do estado da parede, podem ser necessárias mais demãos. O uso de solventes diferentes do especificado, sem a aprovação prévia da Anjo Tintas, pode afetar o desempenho do produto e anular a garantia deste.

2 Preparação especial

Não pintar em dias chuvosos, temperaturas abaixo de 10 °C ou acima de 35 °C e umidade superior a 80%. A limpeza da superfície pintada só poderá ser realizada após 30 dias de sua aplicação, com água e detergente neutro, esponja macia ou pano. A limpeza deverá ser suave e em toda a superfície para evitar problemas de manchamento ou remoção da tinta. Não limpar com pano seco, pois poderá ocorrer o polimento da superfície. Pode ocorrer desbotamento em algumas cores, dependendo da combinação de pigmentos utilizada, porém sem ocasionar nenhum problema à integridade do filme da tinta.

1 2 Preparação em demais superfícies

Reboco novo: aguardar secagem e cura (mínimo 28 dias). Aplicar Selador Acrílico Pigmentado Anjo. **Concreto novo:** aguardar secagem e cura (mínimo 28 dias). Aplicar Fundo Preparador de Paredes Anjo (ver diluição do produto). **Gesso, fibrocimento:** aplicar Fundo Preparador de Paredes Anjo (ver diluição do produto). **Reboco fraco:** aguardar secagem e cura (mínimo 28 dias). Aplicar Fundo Preparador de Paredes Anjo (ver diluição do produto). **Superfícies com imperfeições rasas:** corrigir com Massa Acrílica Anjo (superfícies externas e internas) ou Massa Corrida Anjo (superfícies internas) seguida de uma demão do Fundo Preparador de Paredes Anjo (ver diluição do produto). **Superfícies caiadas ou com partículas soltas ou mal-aderidas:** raspar e/ou escovar a superfície eliminando as partes soltas. Aplicar Fundo Preparador de Paredes Anjo (ver diluição do produto). **Superfícies com manchas de gordura ou graxa:** lavar com água e detergente, enxaguar e aguardar secagem. **Superfícies com partes mofadas:** lavar com água sanitária e água na proporção de 1:1, enxaguar e aguardar secagem.

1 2 Precauções/dicas/advertências

Ler atentamente as instruções da embalagem antes de manusear e/ou utilizar o produto.

1 Principais atributos do produto 1

Acabamento superior, alta resistência, sem cheiro, alta cobertura, ambientes externos e internos.

2 Principais atributos do produto 2

Alto rendimento, sem cheiro, ambientes externos e internos.

3 4 Preparação inicial

A superfície deverá estar seca, firme e sem poeira, isenta de contaminantes, com o fundo recomendado devidamente aplicado. As partes soltas ou mal-aderidas deverão ser raspadas e/ou escovadas. Sobre tinta envelhecida, lixar superficialmente, deixando a superfície isenta de brilho. Remover as partículas soltas.

3 4 Preparação especial

Não pintar em dias chuvosos, temperaturas abaixo de 10 °C ou acima de 35 °C e umidade superior a 80%. A limpeza da superfície pintada só poderá ser realizada após 30 dias de sua aplicação, com água e detergente neutro, esponja macia ou pano. A limpeza deverá ser suave e em toda a superfície para evitar problemas de manchamento ou remoção da tinta. Não limpar com pano seco, pois poderá ocorrer o polimento da superfície. Pode ocorrer desbotamento em algumas cores, dependendo da combinação de pigmentos utilizada, porém sem ocasionar nenhum problema à integridade do filme da tinta.

3 Preparação em demais superfícies

Reboco novo: aguardar secagem e cura (mínimo 28 dias). Aplicar Selador Acrílico Pigmentado Anjo. **Concreto novo:** aguardar secagem e cura (mínimo 28 dias). Aplicar Fundo Preparador de Paredes Anjo (ver diluição do produto). **Gesso, fibrocimento:** aplicar Fundo Preparador de Paredes Anjo (ver diluição do produto). **Reboco fraco:** aguardar secagem e cura (mínimo 28 dias). Aplicar Fundo Preparador de Paredes Anjo (ver diluição do produto). **Superfícies com imperfeições rasas:** corrigir com Massa Acrílica Anjo (superfícies externas e internas) ou Massa Corrida Anjo (superfícies internas) seguida de uma demão do Fundo Preparador de Paredes Anjo (ver diluição do produto). **Superfícies caiadas ou com partículas soltas ou mal-aderidas:** raspar e/ou escovar a superfície eliminando as partes soltas. Aplicar Fundo Preparador de Paredes Anjo (ver diluição do produto). **Superfícies com manchas de gordura ou graxa:** lavar com água e detergente, enxaguar e aguardar secagem. **Superfícies com partes mofadas:** lavar com água sanitária e água na proporção de 1:1, enxaguar e aguardar secagem.

4 Preparação em demais superfícies

Drywall e placas de gesso: aplicação direta, dispensa uso de fundo. **Superfícies com imperfeições rasas:** corrigir com Massa Acrílica Anjo (superfícies externas e internas) ou Massa Corrida Anjo (superfícies internas) seguida de uma demão do Fundo Preparador de Paredes Anjo (ver diluição do produto).

4 Precauções / dicas / advertências

Ler atentamente as instruções da embalagem antes de manusear e/ou utilizar o produto.

3 Principais atributos do produto 3

Alta cobertura, baixo odor, boa resistência e antimofo.

4 Principais atributos do produto 4

Direto no gesso e drywall. Aderência direta, bom rendimento e boa cobertura.

Tinta Acrílica Arquitetura 3

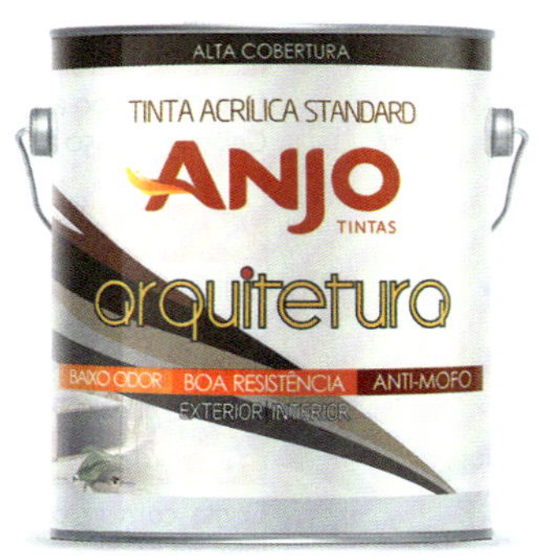

Quer uma tinta com custo baixo e alta resistência? Escolha a Arquitetura da Anjo! Seja em obras ou reformas de paredes externas e internas, a Anjo Arquitetura é a tinta acrílica com o melhor custo-benefício. Tinta com odor suave, boa cobertura e secagem rápida. Seguindo o padrão standard, a Arquitetura é uma tinta sem cheiro forte, que seca rápido e cobre bem a superfície.

USE COM: Fundo Preparador; Massa Corrida Super Leve

Embalagens/rendimento

Acabamento fosco
Lata (18 L): 275 a 300 m^2/demão.
Galão (3,6 L): 55 a 60 m^2/demão.
Acabamento semibrilho
Lata (18 L): 200 a 275 m^2/demão.
Galão (3,6 L): 40 a 55 m^2/demão.

Aplicação

Utilizar rolo, pincel ou pistola. Aplicar de 2 a 3 demãos com intervalo mínimo de 4 h.

Cor

Além das 31 cores de linha, conta com 884 cores no Sistema Aquarelas

Acabamento

Fosco e semibrilho

Diluição

Rolo e pincel: diluir de 15% a 20% com água potável. Pistola: diluir de 20% a 30% com água potável.

Secagem

Ao toque: 2 h
Manuseio/repintura: 4 h
Final: 12 h

Tinta Acrílica para Gesso 4

ECONÔMICA
PROGRAMA SETORIAL da Qualidade
TINTAS IMOBILIÁRIAS
ABRAFATI
ACABAMENTO FOSCO

Tinta desenvolvida para aplicação direta em superfícies internas de gesso e drywall, dispensando o uso de fundo preparador, pois apresenta ótima aderência e penetração, fixando o pó que é solto pelo gesso.

Massa Acrílica; Massa Corrida Super Leve

Embalagens/rendimento

Lata (18 L): 150 a 200 m^2/demão.
Galão (3,6 L): 30 a 40 m^2/demão.

Aplicação

Trincha/pincel: retoques e demais acabamentos onde o rolo não consegue alcançar. Rolo de lã de carneiro de pelo baixo: necessita de demãos adicionais para atingir a espessura desejada. Rolo de lã sintética antigota: 10 mm. Pistola convencional DeVilbiss: 502 EX 67 ou similar. Pressão no tanque: 0,5 a 1,5 kgf. Pressão de pulverização: 2,5 a 3,5 kgf/cm^2 (35 a 50 psi).

Cor

Branco

Acabamento

Fosco

Diluição

Primeira demão: diluir 40% com água potável. Demais demãos: diluir 20% com água potável.

Secagem

Ao toque: 2 h
Entre demãos: 4 h
Final: 12 h

Você está na seção:

1 ALVENARIA > ACABAMENTO

2 ALVENARIA > COMPLEMENTO

Textura Lisa Hidrorrepelente 1

Perfeita para fazer efeitos e texturas em paredes de alvenaria, a Textura Lisa Hidrorrepelente da Anjo é o complemento ideal para dar acabamento e proteger superfícies. Use a textura lisa como efeito decorativo e aproveite ainda os benefícios hidrorrepelentes do produto, que dá acabamento, evita umidade e mantém a superfície protegida por mais tempo.

USE COM: Tinta Acrílica Anjo Mais; Fundo Preparador de Paredes

Embalagens/rendimento

Lata (23 kg): 34 a 35 m²/demão.
Lata (6 kg): 3,5 a 5 m²/demão.

Aplicação

Utilizar desempenadeira de aço ou rolos especiais para textura, podendo-se obter diversos tipos de desenhos.

Cor

Branco

Acabamento

Fosco

Diluição

Pronta para uso.

Secagem

Ao toque: 2 h
Lixamento/repintura: 4 h
Final: 24 h

Massa Acrílica 2

Quer pintar paredes com resultado perfeito? A Massa Acrílica evita umidade e garante uma pintura protegida dos efeitos da água por muito mais tempo. Ela prepara a superfície para as intempéries e ajuda na manutenção de paredes externas que têm contato direto com chuva. Além de garantir proteção para a parede, a pintura feita sobre a massa acrílica se mantém como nova por muito mais tempo.

USE COM: Tinta Acrílica Total; Tinta Acrílica Anjo Mais

Embalagens/rendimento

Lata (29 kg): 45 a 48 m²/demão.
Lata (6 kg): 8 a 12 m²/demão.

Aplicação

Utilizar desempenadeira de metal e espátula.

Cor

Branco

Acabamento

Fosco

Diluição

Pronta para uso. Caso necessário, diluir 10% com água potável.

Secagem

Toque: 2 h
Lixamento/repintura: 4 h
Final: 12 h

1 2 Preparação inicial

A superfície deverá estar seca, firme e sem poeira, isenta de contaminantes, com o fundo recomendado devidamente aplicado. As partes soltas ou mal-aderidas deverão ser raspadas e/ou escovadas. Sobre tinta envelhecida, lixar superficialmente, deixando a superfície isenta de brilho. Remover as partículas soltas.

1 2 Preparação especial

Não pintar em dias chuvosos, temperaturas abaixo de 10 °C ou acima de 35 °C e umidade superior a 80%. A limpeza da superfície pintada só poderá ser realizada após 30 dias de sua aplicação, com água e detergente neutro, esponja macia ou pano. A limpeza deverá ser suave e em toda a superfície para evitar problemas de manchamento ou remoção da tinta. Não limpar com pano seco, pois poderá ocorrer o polimento da superfície. Pode ocorrer desbotamento em algumas cores, dependendo da combinação de pigmentos utilizada, porém sem ocasionar nenhum problema à integridade do filme da tinta.

1 2 Preparação em demais superfícies

Reboco novo: aguardar secagem e cura (mínimo 28 dias). Aplicar Selador Acrílico Pigmentado Anjo. **Concreto novo:** aguardar secagem e cura (mínimo 28 dias). Aplicar Fundo Preparador de Paredes Anjo (ver diluição do produto). **Gesso, fibrocimento:** aplicar Fundo Preparador de Paredes Anjo (ver diluição do produto). **Reboco fraco:** aguardar secagem e cura (mínimo 28 dias). Aplicar Fundo Preparador de Paredes Anjo (ver diluição do produto). **Superfícies com imperfeições rasas:** corrigir com Massa Acrílica Anjo (superfícies externas e internas) ou Massa Corrida Anjo (superfícies internas) seguida de uma demão do Fundo Preparador de Paredes Anjo (ver diluição do produto). **Superfícies caiadas ou com partículas soltas ou mal-aderidas:** raspar e/ou escovar a superfície eliminando as partes soltas. Aplicar Fundo Preparador de Paredes Anjo (ver diluição do produto). **Superfícies com manchas de gordura ou graxa:** lavar com água e detergente, enxaguar e aguardar secagem. **Superfícies com partes mofadas:** lavar com água sanitária e água na proporção de 1:1, enxaguar e aguardar secagem.

1 2 Precauções/dicas/advertências

Ler atentamente as instruções da embalagem antes de manusear e/ou utilizar o produto.

1 Principais atributos do produto 1

É hidrorrepelente.

2 Principais atributos do produto 2

Excelente resistência ao intemperismo, fácil aplicação e lixamento e grande poder de enchimento.

3 4 Preparação inicial

A superfície deverá estar seca, firme e sem poeira, isenta de contaminantes, com o fundo recomendado devidamente aplicado. As partes soltas ou mal-aderidas deverão ser raspadas e/ou escovadas. Sobre tinta envelhecida, lixar superficialmente, deixando a superfície isenta de brilho. Remover as partículas soltas.

3 4 Preparação especial

Não pintar em dias chuvosos, temperaturas abaixo de 10 °C ou acima de 35 °C e umidade superior a 80%. A limpeza da superfície pintada só poderá ser realizada após 30 dias de sua aplicação, com água e detergente neutro, esponja macia ou pano. A limpeza deverá ser suave e em toda a superfície para evitar problemas de manchamento ou remoção da tinta. Não limpar com pano seco, pois poderá ocorrer o polimento da superfície. Pode ocorrer desbotamento em algumas cores, dependendo da combinação de pigmentos utilizada, porém sem ocasionar nenhum problema à integridade do filme da tinta.

3 Preparação em demais superfícies

Reboco novo: aguardar secagem e cura (mínimo 28 dias). Aplicar Selador Acrílico Pigmentado Anjo. **Concreto novo:** aguardar secagem e cura (mínimo 28 dias). Aplicar Fundo Preparador de Paredes Anjo (ver diluição do produto). **Gesso, fibrocimento:** aplicar Fundo Preparador de Paredes Anjo (ver diluição do produto). **Reboco fraco:** aguardar secagem e cura (mínimo 28 dias). Aplicar Fundo Preparador de Paredes Anjo (ver diluição do produto). **Superfícies com imperfeições rasas:** corrigir com Massa Acrílica Anjo (superfícies externas e internas) ou Massa Corrida Anjo (superfícies internas) seguida de uma demão do Fundo Preparador de Paredes Anjo (ver diluição do produto). **Superfícies caiadas ou com partículas soltas ou mal-aderidas:** raspar e/ou escovar a superfície eliminando as partes soltas. Aplicar Fundo Preparador de Paredes Anjo (ver diluição do produto). **Superfícies com manchas de gordura ou graxa:** lavar com água e detergente, enxaguar e aguardar secagem. **Superfícies com partes mofadas:** lavar com água sanitária e água na proporção de 1:1, enxaguar e aguardar secagem.

3 Precauções/dicas/advertências

Ler atentamente as instruções da embalagem antes de manusear e/ou utilizar o produto.

3 Principais atributos do produto 3

Grande poder de enchimento, ótima aderência e fácil aplicação e lixamento.

4 Principais atributos do produto 4

Rende 25% mais e é leve para aplicar e lixar.

Massa Corrida 3

Com grande poder de enchimento, ótima aderência, fáceis aplicação e lixamento, a Massa Corrida é indicada para nivelar e corrigir imperfeições rasas de superfícies internas de reboco, concreto aparente, gesso, fibrocimento e paredes pintadas com látex, proporcionando um acabamento liso.

USE COM: Tinta Acrílica Anjo Mais; Tinta Acrílica Arquitetura

Embalagens/rendimento

Lata (27 kg): até 27 m²/demão.
Lata (6 kg): 5 a 6 m²/demão.

Aplicação

Utilizar desempenadeira de metal e espátulas. Não aplicar com umidade relativa do ar superior a 80%.

Cor

Branco

Acabamento

Fosco

Diluição

Pronta para uso. Caso necessário, diluir o produto com, no máximo, 10% de água potável.

Secagem

Ao toque: 2 h
Lixamento/repintura: 4 h
Final: 12 h

Massa Corrida Super Leve G2 4

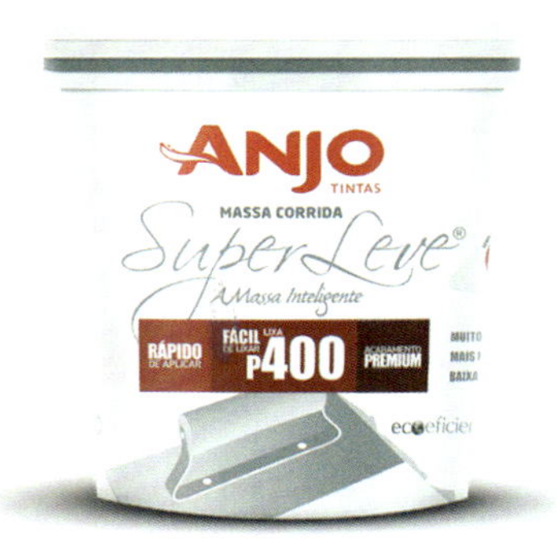

Aplicar massa corrida nunca foi tão fácil! Ainda mais com a segunda geração da Super Leve: produto único no mercado, com a menor densidade e o maior rendimento para sua obra. Para cobrir pequenos buracos na parede ou imperfeições no reboco, a Super Leve da Anjo é a massa corrida que você procura, mais resistente, fácil de aplicar, lixar e muito mais leve.

USE COM: Selador Acrílico Pigmentado; Fundo Preparador de Paredes

Embalagens/rendimento

Balde (16 kg): 19 a 20 m²/demão.
Balde (3,6 kg): 3 a 4 m²/demão.
O rendimento prático pode variar em função de rugosidade e absorção da superfície, camada do produto depositada, condições atmosféricas, métodos e técnicas de aplicação.

Aplicação

Utilizar desempenadeira de metal e espátulas. Não aplicar com umidade relativa do ar superior a 80%.

Cor

Branco

Acabamento

Fosco

Diluição

Pronta para uso. Caso necessário, diluir o produto com, no máximo, 10% de água potável.

Secagem

Ao toque: 2 h
Lixamento/repintura: 4 h
Final: 12 h
A secagem pode variar conforme a espessura da camada a ser aplicada.

Selador Acrílico Pigmentado 1

Invista na melhor opção para preparar superfícies de alvenaria! O Selador Acrílico Pigmentado ajuda na economia de tempo e material e garante um resultado profissional para a pintura.

Embalagens/rendimento

Lata (18 L): 175 a 200 m²/demão.
Galão (3,6 L): 35 a 40 m²/demão.

Aplicação

Utilizar rolo, pincel ou pistola. Aplicar uma demão.

Cor

Branco

Acabamento

Fosco

Diluição

Rolo e pincel: diluir de 15% a 20% com água potável. Pistola: diluir de 20% a 30% com água potável.

Secagem

Ao toque: 2 h
Manuseio/repintura: 4 h
Final: 12 h

USE COM:

Tinta Acrílica Total
Tinta Acrílica Anjo Mais

Fundo Preparador de Paredes 2

Um acabamento perfeito depende da preparação da superfície. Por isso, é essencial investir no Fundo Preparador de Paredes da Anjo para tornar a superfície uniforme e ter resultados ainda melhores com a pintura.

Embalagens/rendimento

Lata (18 L): 150 a 275 m²/demão.
Galão (3,6 L): 30 a 55 m²/demão.

Aplicação

Utilizar rolo ou pincel.

Cor

Incolor

Acabamento

Fosco

Diluição

Rolo e pincel: diluir de 10% a 100% com água potável. Observação: faça testes prévios de diluição até obter o aspecto sem brilho do produto aplicado para definir a porcentagem de diluição a ser utilizada.

Secagem

Ao toque: 2 h
Manuseio/repintura: 4 h
Final: 12 h

USE COM:

Tinta Acrílica Anjo Mais
Tinta Acrílica Arquitetura

1 2 Preparação inicial

A superfície deverá estar seca, firme e sem poeira, isenta de contaminantes, com o fundo recomendado devidamente aplicado. As partes soltas ou mal-aderidas deverão ser raspadas e/ou escovadas. Sobre tinta envelhecida, lixar superficialmente, deixando a superfície isenta de brilho. Remover as partículas soltas.

1 2 Preparação especial

Não pintar em dias chuvosos, temperaturas abaixo de 10 °C ou acima de 35 °C e umidade superior a 80%. A limpeza da superfície pintada só poderá ser realizada após 30 dias de sua aplicação, com água e detergente neutro, esponja macia ou pano. A limpeza deverá ser suave e em toda a superfície para evitar problemas de manchamento ou remoção da tinta. Não limpar com pano seco, pois poderá ocorrer o polimento da superfície. Pode ocorrer desbotamento em algumas cores, dependendo da combinação de pigmentos utilizada, porém sem ocasionar nenhum problema à integridade do filme da tinta.

1 2 Preparação em demais superfícies

Reboco novo: aguardar secagem e cura (mínimo 28 dias). Aplicar Selador Acrílico Pigmentado Anjo. **Concreto novo:** aguardar secagem e cura (mínimo 28 dias). Aplicar Fundo Preparador de Paredes Anjo (ver diluição do produto). **Gesso, fibrocimento:** aplicar Fundo Preparador de Paredes Anjo (ver diluição do produto). **Reboco fraco:** aguardar secagem e cura (mínimo 28 dias). Aplicar Fundo Preparador de Paredes Anjo (ver diluição do produto). **Superfícies com imperfeições rasas:** corrigir com Massa Acrílica Anjo (superfícies externas e internas) ou Massa Corrida Anjo (superfícies internas) seguida de uma demão do Fundo Preparador de Paredes Anjo (ver diluição do produto). **Superfícies caiadas ou com partículas soltas ou mal-aderidas:** raspar e/ou escovar a superfície eliminando as partes soltas. Aplicar Fundo Preparador de Paredes Anjo (ver diluição do produto). **Superfícies com manchas de gordura ou graxa:** lavar com água e detergente, enxaguar e aguardar secagem. **Superfícies com partes mofadas:** lavar com água sanitária e água na proporção de 1:1, enxaguar e aguardar secagem.

1 2 Precauções/dicas/advertências

Ler atentamente as instruções da embalagem antes de manusear e/ou utilizar o produto.

1 Principais atributos do produto 1

Secagem rápida, fácil aplicação e resistente à alcalinidade.

3 4 Preparação inicial

A superfície deverá estar seca, firme e sem poeira, isenta de contaminantes, com o fundo recomendado devidamente aplicado. As partes soltas ou mal-aderidas deverão ser raspadas e/ou escovadas. Sobre tinta envelhecida, lixar superficialmente, deixando a superfície isenta de brilho. Remover as partículas soltas.

3 Preparação especial

Para proporcionar e assegurar a qualidade dos produtos, é fundamental a utilização do nosso sistema de pintura completo. Não guardar o produto diluído. Não utilizar lotes diferentes para continuação de pinturas (poderá haver mudança na tonalidade e acabamento). O rendimento do produto depende de tipo de superfície, sistema de pintura a ser realizado, espessura aplicada, método e técnica de aplicação. Normalmente, com 2 ou 3 demãos, consegue-se ótimo resultado. Dependendo da cor ou do estado da parede, podem ser necessárias mais demãos. O uso de solventes diferentes do especificado, sem a aprovação prévia da Anjo Tintas, pode afetar o desempenho do produto e anular a garantia deste.

4 Preparação especial

Não pintar em dias chuvosos, temperaturas abaixo de 10 °C ou acima de 35 °C e umidade superior a 80%. A limpeza da superfície pintada só poderá ser realizada após 30 dias de sua aplicação, com água e detergente neutro, esponja macia ou pano. A limpeza deverá ser suave e em toda a superfície para evitar problemas de manchamento ou remoção da tinta. Não limpar com pano seco, pois poderá ocorrer o polimento da superfície. Pode ocorrer desbotamento em algumas cores, dependendo da combinação de pigmentos utilizada, porém sem ocasionar nenhum problema à integridade do filme da tinta.

3 4 Preparação em demais superfícies

Madeiras novas: lixar as farpas da madeira. Aplicar uma demão do Fundo Nivelador Branco Anjo diluído de 10% a 15% com Aguarrás Anjo. Após 24 h, lixar e remover o pó. **Repintura:** eliminar brilho antes da aplicação. **Ferros novos com indício de ferrugem:** lixar e aplicar uma demão do Fundo Laranja (Cor Zarcão) Anjo. Aguardar 24 h. **Ferros com ferrugem:** remover totalmente a ferrugem com lixa e/ou escova de aço. Aplicar uma demão do Fundo Laranja (Cor Zarcão) Anjo. **Repintura:** lixar e eliminar totalmente o brilho. Tratar os pontos com ferrugem conforme instruções acima. **Alumínios e galvanizados novos:** aplicar Wash Primer (alumínio) e Fundo para Galvanizado (galvanizado). **Repintura:** remover a tinta antiga e mal-aderida e aplicar o fundo apropriado. **Manchas de gordura ou graxa:** lavar com água e detergente, enxaguar e aguardar secagem. **Partes mofadas:** lavar com água sanitária e água na proporção de 1:1, enxaguar e aguardar secagem.

3 4 Precauções / dicas / advertências

Ler atentamente as instruções da embalagem antes de manusear e/ou utilizar o produto.

3 Principais atributos do produto 3

Secagem rápida, alto brilho, baixo nível de amarelamento, para madeira e metal.

4 Principais atributos do produto 4

Secagem rápida, boa cobertura, para madeira e metal, ambientes externos e internos.

Esmalte Sintético Premium Fluence 3

Procura cobertura para dois tipos de superfícies diferentes em um só produto? O esmalte para madeira e metal Fluence da Anjo é a solução perfeita! Invista em um esmalte sintético premium e obtenha resultados incríveis na pintura em metal ou madeira, seja para áreas internas ou externas.

Aguarrás
Fundo Sintético Nivelador

Embalagens/rendimento

Acabamento acetinado/fosco
Galão (3,6 L): 30 a 50 m²/demão.
Quarto (0,9 L): 7 a 12 m²/demão.
Acabamento brilhante
Galão (3,6 L): 60 a 75 m²/demão.
Quarto (0,9 L): 15 a 19 m²/demão.
1/16 (225 mL): 3,75 a 4,5 m²/demão.

Aplicação

Utilizar rolo, pincel ou pistola. Aplicar de 2 a 3 demãos com intervalo mínimo de 45 min.

Cor

Brilhante: 26 cores prontas e mais de 1.800 no Sistema Aquarelas. Acetinado: branco. Fosco: branco e preto

Acabamento

Fosco, acetinado e brilhante

Diluição

Rolo ou pincel: diluir de 10% a 15% com Aguarrás Anjo. Pistola: diluir de 20% a 30% com Aguarrás Anjo.

Secagem

Ao toque: 2 a 4 h
Manuseio/repintura: 45 min
Final: 5 a 7 h

Esmalte Sintético Tomplus

Realce a beleza da madeira em casa com o brilho irresistível do Esmalte Sintético Tomplus da Anjo. Aposte na tinta para madeira e metal que protege, dá brilho, decora as superfícies e ainda é o esmalte mais econômico em relação ao custo-benefício.

Fundo Laranja
Fundo Nivelador Branco

Embalagens/rendimento

Galão (3,6 L): 40 a 50 m²/demão.
Quarto (0,9 L): 10 a 12,5 m²/demão.
1/16 (225 mL): 2,5 a 3,10 m²/demão.

Aplicação

Utilizar rolo, pincel ou pistola. Aplicar de 2 a 3 demãos com intervalo mínimo de 7 h.

Cor

Conta com 18 cores prontas em seu catálogo

Acabamento

Brilhante

Diluição

Pincel ou rolo: diluir de 10% a 15% com Aguarrás Anjo. Pistola: diluir de 20% a 30% com Aguarrás Anjo (pressão entre 40 e 50 lb/pol²).

Secagem

Ao toque: 2 a 4 h
Entre demãos: 7 h
Final: 21 h

Esmalte Sintético Metálico 1

A nobreza dos metais agora pode durar por muito mais tempo. Aplique o Esmalte Sintético Metálico e tenha superfícies metálicas protegidas como nunca.

Embalagens/rendimento

Galão (3,6 L): 25 a 32 m²/demão.
Quarto (0,9 L): 6 a 8 m²/demão.

Aplicação

Utilizar rolo, pincel ou pistola. Aplicar de 2 a 3 demãos com intervalo mínimo de 7 h.

Cor

Conta com 13 cores prontas no catálogo de cores

Acabamento

Brilhante

Diluição

Rolo ou pincel: diluir de 10% a 15% com Thinner 2750 Anjo. Pistola: diluir de 20% a 30% com Thinner Eco 2750.

Secagem

Ao toque: 2 a 4 h
Entre demãos: 7 h
Final: 21 h

USE COM: Fundo Laranja
Fundo Nivelador Branco

Esmalte Base Água Premium Acqua 2

Quer um esmalte com cheiro suave para ambientes delicados? Invista no Acqua da Anjo e tenha efeito de um esmalte tipo brilho com a delicadeza de um produto à base d'água. A mesma resistência de um esmalte premium com menos agressividade ao ambiente e ao aplicador: a base d'água garante efeito brilhante sem cheiro forte na aplicação e secagem rápida.

Embalagens/rendimento

Galão (3,6 L): 55 a 75 m²/demão.
Quarto (0,9 L): 13 a 18 m²/demão.

Aplicação

Utilizar rolo, pincel ou pistola. Aplicar de 2 a 3 demãos com intervalo mínimo de 4 h.

Cor

Conta com 16 cores no acabamento brilhante, mais 712 cores no Sistema Aquarelas e a cor branca no acabamento acetinado

Acabamento

Acetinado e brilhante

Diluição

Pincel ou rolo: diluir de 15% a 20% com água potável. Pistola: diluir de 20% a 30%, com pressão de 30 a 40 lb/pol².

Secagem

Ao toque: 30 a 40 min
Entre demãos: 4 h
Final: 5 h

USE COM: Fundo Laranja
Fundo Nivelador Branco

1 2 Preparação inicial

A superfície deverá estar seca, firme e sem poeira, isenta de contaminantes, com o fundo recomendado devidamente aplicado. As partes soltas ou mal-aderidas deverão ser raspadas e/ou escovadas. Sobre tinta envelhecida, lixar superficialmente, deixando a superfície isenta de brilho. Remover as partículas soltas.

1 Preparação especial

Não pintar em dias chuvosos, temperaturas abaixo de 10 °C ou acima de 35 °C e umidade superior a 80%. A limpeza da superfície pintada só poderá ser realizada após 30 dias de sua aplicação, com água e detergente neutro, esponja macia ou pano. A limpeza deverá ser suave e em toda a superfície para evitar problemas de manchamento ou remoção da tinta. Não limpar com pano seco, pois poderá ocorrer o polimento da superfície. Pode ocorrer desbotamento em algumas cores, dependendo da combinação de pigmentos utilizada, porém sem ocasionar nenhum problema à integridade do filme da tinta.

2 Preparação especial

Para melhor retenção de brilho do esmalte aplicado, recomendamos aplicação de uma demão de Verniz PU 5001 Anjo após 72 h da aplicação da tinta. Não pintar em dias chuvosos, temperaturas abaixo de 10 °C ou acima de 35 °C e umidade superior a 80%. A limpeza da superfície pintada deverá ser feita com água e detergente neutro, esponja macia ou pano. Homogeneizar durante a aplicação. Diferenças de tonalidade podem ocorrer quando houver: diferenças de percentual de diluição entre amostras; diferença de pressão da pistola durante a aplicação; camadas excessivas ou muito finas; diferença de distância entre a pistola e o substrato (superfície).

1 Preparação em demais superfícies

Madeiras novas: lixar as farpas da madeira. Aplicar uma demão do Fundo Nivelador Branco Anjo diluído de 10% a 15% com Aguarrás Anjo. Após 24 h, lixar e remover o pó. **Repintura:** eliminar brilho antes da aplicação. **Ferros novos com indício de ferrugem:** lixar e aplicar uma demão do Fundo Laranja (Cor Zarcão) Anjo. Aguardar 24 h. **Ferros com ferrugem:** remover totalmente a ferrugem com lixa e/ou escova de aço. Aplicar uma demão do Fundo Laranja (Cor Zarcão) Anjo. **Repintura:** lixar e eliminar totalmente o brilho. Tratar os pontos com ferrugem conforme instruções acima. **Alumínios/galvanizados/PVC novos:** não é necessário aplicação de fundo. **Repintura:** raspar e lixar até eliminar o brilho e remover a tinta antiga e mal-aderida. **Zincados novos:** aplicar Fundo para Galvanizado Anjo. **Repintura:** raspar e lixar até eliminar o brilho e remover a tinta antiga e mal-aderida.

2 Preparação em demais superfícies

Ferros novos: aplicar uma demão do Fundo Laranja (Cor Zarcão) Anjo. Aguardar 24 h. **Ferros com ferrugem:** remover totalmente a ferrugem com lixa e/ou escova de aço. Aplicar uma demão do Fundo Laranja (Cor Zarcão) Anjo. Aguardar 24 h. **Galvanizados:** aplicar Fundo para Galvanizado ou Wash Primer Anjo. **Alumínios:** aplicar Wash Primer Anjo. **Manchas de gordura ou graxa:** lavar com água e detergente, enxaguar e aguardar secagem.

1 2 Precauções/dicas/advertências

Ler atentamente as instruções da embalagem antes de manusear e/ou utilizar o produto.

1 Principais atributos do produto 1

Não amarela, não descasca, tem menos cheiro e é ecologicamente correto.

2 Principais atributos do produto 2

Secagem rápida, elevada resistência, excelente acabamento, ótimo brilho, ambientes externos e internos.

3 4 Preparação inicial

A superfície deverá estar seca, firme e sem poeira, isenta de contaminantes, com o fundo recomendado devidamente aplicado. As partes soltas ou mal-aderidas deverão ser raspadas e/ou escovadas. Sobre tinta envelhecida, lixar superficialmente, deixando a superfície isenta de brilho. Remover as partículas soltas.

3 4 Preparação especial

Não pintar em dias chuvosos, temperaturas abaixo de 10 °C ou acima de 35 °C e umidade superior a 80%. A limpeza da superfície pintada só poderá ser realizada após 30 dias de sua aplicação, com água e detergente neutro, esponja macia ou pano. A limpeza deverá ser suave e em toda a superfície para evitar problemas de manchamento ou remoção da tinta. Não limpar com pano seco, pois poderá ocorrer o polimento da superfície. Pode ocorrer desbotamento em algumas cores, dependendo da combinação de pigmentos utilizada, porém sem ocasionar nenhum problema à integridade do filme da tinta.

3 Preparação em demais superfícies

Madeiras novas/internas: a superfície deve estar limpa e seca. Aplicar uma demão da Seladora Fundo Acabamento 8030 conforme orientações. Após lixar, remover o pó com pano. **Madeiras novas/externas:** a superfície deve estar limpa e seca. Aplicar uma demão do próprio verniz diluído 100%. Lixar e remover o pó com pano. **Repintura/madeiras já envernizadas:** lixar a superfície até que o brilho desapareça. Remover partes soltas e remover o pó.

4 Preparação em demais superfícies

Estruturas metálicas em geral: lixar a superfície eliminando ferrugem ou partes soltas. Eliminar contaminantes oleosos ou pó com pano umedecido com Solução Desengraxante Anjo. Aplicar o Primer Epóxi PDA Clássico Anjo e aguardar o tempo de intervalo entre demãos de 16 a 24 h para aplicação da tinta acabamento. **Madeiras:** lixar a superfície eliminando farpas e/ou partes soltas. Eliminar o pó. Aplicar o Primer Epóxi PDA Clássico Anjo e aguardar o tempo de intervalo entre demãos de 16 a 24 h para aplicação da tinta acabamento. Madeiras "verdes" não deverão ser pintadas. **Pisos de concreto:** para superfícies de reboco e concreto, aguardar a cura de, no mínimo, 28 dias, apresentando-se bem firmes e isentas de cal. Lavar previamente com solução a 10% de ácido muriático. Enxaguar com água em abundância e deixar secar por completo. Aplicar uma demão de selador epóxi para piso utilizando trincha, rolo ou pistola convencional. Não aplicar com temperatura abaixo de 10 °C e umidade relativa do ar superior a 80%. Aplicar o Primer Epóxi PDA Clássico Anjo e aguardar o tempo de intervalo entre demãos de 16 a 24 h para aplicação da tinta acabamento. **Manchas de gordura ou graxa:** lavar com água e detergente, enxaguar e aguardar secagem.

3 4 Precauções/dicas/advertências

Ler atentamente as instruções da embalagem antes de manusear e/ou utilizar o produto.

3 Principais atributos do produto 3

Maior rendimento, cobertura e acabamento.

4 Principais atributos do produto 4

Melhora o rendimento, ótimo enchimento e acabamento.

Verniz PU Marítimo 3

Realce a beleza e o brilho da madeira sem esconder seus traços naturais! Com o Verniz PU Marítimo da Anjo, a madeira se transforma no destaque da sua obra. Aposte em um verniz para madeira natural que dá alto brilho, resistência e ainda preserva a textura clássica da madeira.

USE COM: Aguarrás

Embalagens/rendimento

Galão (3,6 L): 30 a 50 m^2/demão.

Aplicação

Utilizar rolo, pincel ou pistola. Aplicar de 2 a 3 demãos com intervalo mínimo de 6 h.

Cor

Incolor

Acabamento

Acetinado e brilhante

Diluição

Pincel ou rolo: diluir de 10% a 15% com Aguarrás Anjo. Pistola: diluir de 20% a 30% com Aguarrás Anjo.

Secagem

Ao toque: 2 a 4 h
Entre demãos: 6 h
Final: 24 h

Seladora Fundo Acabamento 8030 4

Alcance resultados profissionais com acabamento brilhante e proteção que faz a pintura de verniz na madeira durar por muito mais tempo. Para selar superfícies de madeira em áreas internas e garantir alto brilho, aposte na Seladora Fundo Acabamento 8030 da Anjo.

USE COM: Thinner 3020

Embalagens/rendimento

Galão (3,6 L): 20 a 30 m^2/demão.

Aplicação

Utilizar rolo, pincel ou pistola. Aplicar de 2 a 3 demãos com intervalo mínimo de 20 a 30 min.

Cor

Incolor natural

Acabamento

Acetinado

Diluição

Rolo, pincel ou pistola: diluir de 20% a 30% com Thinner 3020.

Secagem

Ao toque: 5 a 10 min
Entre demãos: 20 a 30 min
Final: 1 h

Primer Epóxi PDA Clássico 1

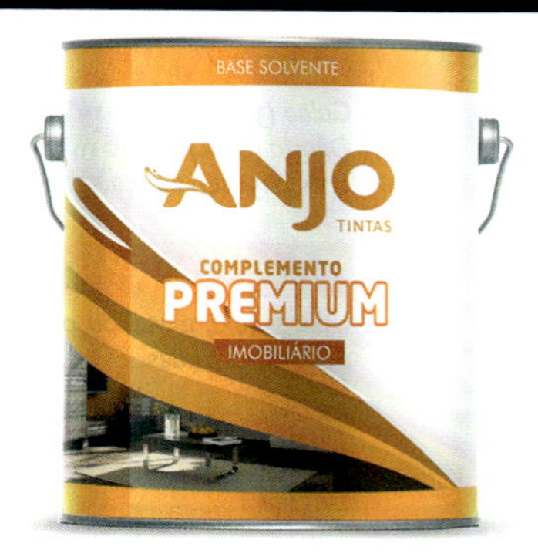

Indicado como fundo anticorrosivo na preparação de superfícies metálicas em geral que ficarão expostas a umidade e ataques químicos e físicos de baixa a média agressividade. Pode ser aplicado em tanques, estruturas metálicas em geral, máquinas, equipamentos, entre outros. Apresenta boa resistência a umidade.

USE COM: Primer Epóxi
Solução Desengraxante

Embalagens/rendimento

Componente A (2,88 L) + Componente B (720 mL): 47 a 50 m²/L para uma camada seca de 40 µm.
Componente A (720 mL) + Componente B (180 mL): 11 a 12 m²/L para uma camada seca de 40 µm.

Aplicação

Utilizar rolo, trincha ou pistola. Aplicar uma demão cruzada, ou conforme a necessidade, respeitando o intervalo de 16 a 24 h entre as demãos.

Cor

Branco e cinza claro

Acabamento

Fosco

Diluição

Diluir de 15% a 20% com Redutor Thinner Anjo 4000. Utilizar régua medidora para efetuar a catálise do produto. A catálise incorreta pode causar problemas na pintura.

Secagem

Ao toque: 1 h
Manuseio: 5 h
Repintura: 16 a 24 h
Cura total: 7 dias

Aguarrás Anjo 2

Indicado na diluição de esmaltes sintéticos imobiliários, Verniz PU Marítimo, Fundo Nivelador e Fundo Laranja.

USE COM: Verniz PU Marítimo
Fundo Sintético Nivelador

Embalagens/rendimento

Tambor (200 L), lata (18 L), lata (5 L) e quarto (0,9 L).
Rendimento de acordo com o produto usado.

Aplicação

Indicado na diluição de esmaltes sintéticos longos em óleo, desengraxante e desengordurante. Diluição de acordo com o produto utilizado.

Cor

Incolor

Acabamento

Não aplicável

Diluição

Pronto para uso.

Secagem

Não aplicável

1 Preparação inicial

A superfície deverá estar seca, firme e sem poeira, isenta de contaminantes, com fundo recomendado devidamente aplicado. As partes soltas ou mal-aderidas deverão ser raspadas e/ou escovadas. Sobre tinta envelhecida, lixar superficialmente, deixando a superfície isenta de brilho. Remover as partículas soltas.

2 Preparação inicial

Produto pronto para uso.

1 Preparação especial

A mistura dos componentes A+B deve ser executada conforme recomendação do boletim técnico.

2 Preparação especial

Produto pronto para uso.

1 Preparação em demais superfícies

Estruturas metálicas em geral: lixar a superfície eliminando ferrugem ou partes soltas. Eliminar contaminantes oleosos ou pó com pano umedecido com Solução Desengraxante Anjo. Aplicar o Primer Epóxi PDA Clássico Anjo e aguardar o tempo de intervalo entre demãos de 16 a 24 h para aplicação da tinta acabamento. **Madeiras:** lixar a superfície eliminando farpas e/ou partes soltas. Eliminar o pó. Aplicar o Primer Epóxi PDA Clássico Anjo e aguardar o tempo de intervalo entre demãos de 16 a 24 h para aplicação da tinta acabamento. Madeiras "verdes" não deverão ser pintadas. **Pisos de concreto:** para superfícies de reboco e concreto, aguardar a cura de, no mínimo, 28 dias, apresentando-se bem firmes e isentas de cal. Lavar previamente com solução a 10% de ácido muriático. Enxaguar com água em abundância e deixar secar por completo. Aplicar uma demão de selador epóxi para piso utilizando trincha, rolo ou pistola convencional. Não aplicar com temperatura abaixo de 10 °C e umidade relativa do ar superior a 80%. Aplicar o Primer Epóxi PDA Clássico Anjo e aguardar o tempo de intervalo entre demãos de 16 a 24 h para aplicação da tinta acabamento. **Manchas de gordura ou graxa:** lavar com água e detergente, enxaguar e aguardar secagem.

2 Preparação em demais superfícies

Produto pronto para uso.

2 Precauções/dicas/advertências

Guardar o produto sempre com a tampa fechada para evitar a evaporação.

1 Principais atributos do produto 1

Alta resistência química.

2 Principais atributos do produto 2

Média evaporação e bom poder de solvência.

3 4 Preparação inicial

De acordo com o produto aplicado.

3 4 Preparação especial

De acordo com o produto aplicado.

3 4 Preparação em demais superfícies

De acordo com o produto aplicado.

3 4 Precauções / dicas / advertências

Ler atentamente as instruções da embalagem antes de manusear e/ou utilizar o produto.

3 Principais atributos do produto 3

Reduz o impacto ambiental, não afeta o sistema nervoso central, não causa dependência química e é produzido com matérias-primas de fontes renováveis.

Thinner Eco 2750 — 3

Indicado para diluição de esmaltes sintéticos industriais, automotivos, primers sintéticos, primers e desengraxantes de superfícies em geral. Não afeta o sistema nervoso central, não causa dependência química e é produzido com matérias-primas de fontes renováveis.

USE COM: Tinta Poliéster
Fundo para Galvanizado

Embalagens/rendimento

Tambor (200 L), lata (18 L), lata (5 L) e *quarto (0,9 L).*
Rendimento de acordo com o produto aplicado.

Aplicação

Não aplicável.

Cor

Incolor

Acabamento

Não aplicável

Diluição

Não aplicável.

Secagem

Não aplicável

Thinner 2750 — 4

Thinner é uma mistura de solventes voláteis, devidamente balanceados, límpida, incolor, com odor característico e inflamável. É indicado para diluição de esmaltes sintéticos industriais, automotivos, primers sintéticos e desengraxantes de superfícies em geral.

Esmalte Sintético Fluence
Esmalte Sintético Metálico

Embalagens/rendimento

Tambor (200 L), lata (18 L), lata (5 L) e *quarto (0,9 L).*
Rendimento de acordo com o produto usado.

Aplicação

Não aplicável.

Cor

Não aplicável

Acabamento

Não aplicável.

Diluição

Não aplicável.

Secagem

Não aplicável

Esmalte Epóxi PDA Clássico 1

Indicado para aplicação em estruturas metálicas em geral, madeiras, pisos cimentados e alvenaria. Ótima resistência a ataques químicos, físicos e umidade. Esmalte Epóxi PDA Clássico (componente A) e Catalisador (componente B).

USE COM: Primer Epóxi
Solução Desengraxante

Embalagens/rendimento

Componente A (2,88 L) + Componente B (720 mL): 50 a 54 m²/L para uma camada seca de 30 µm.
Componente A (720 mL) + Componente B (180 mL): 12 a 13 m²/L para uma camada seca de 30 µm.

Aplicação

Utilizar rolo, pincel ou pistola.

Cor

Branco e cinza

Acabamento

Brilhante

Diluição

Diluir de 15% a 20% com Redutor Thinner Anjo 4000.

Secagem

Ao toque: 1 h
Manuseio: 5 h
Repintura: 8 a 48 h
Cura total: 7 dias

1 Preparação inicial

A superfície deverá estar seca, firme, sem poeira, isenta de contaminantes, como óleos, sais, graxas, gorduras, poeiras etc., e com o fundo recomendado devidamente aplicado. As partes soltas ou mal-aderidas deverão ser raspadas e/ou escovadas. Sobre tinta envelhecida, lixar superficialmente, deixando a superfície isenta de brilho. Remover as partículas soltas.

1 Preparação especial

A mistura dos componentes A+B deve ser executada conforme recomendação do boletim técnico.

1 Preparação em demais superfícies

Estruturas metálicas em geral: lixar a superfície eliminando ferrugem ou partes soltas. Eliminar contaminantes oleosos ou pó com pano umedecido com Solução Desengraxante Anjo. Aplicar o Primer Epóxi PDA Clássico Anjo e aguardar o tempo de intervalo entre demãos de 16 a 24 h para aplicação da tinta acabamento. **Madeiras:** lixar a superfície eliminando farpas e/ou partes soltas. Eliminar o pó. Aplicar o Primer Epóxi PDA Clássico Anjo e aguardar o tempo de intervalo entre demãos de 16 a 24 h para aplicação da tinta acabamento. Madeiras "verdes" não deverão ser pintadas. **Pisos de concreto:** para superfícies de reboco e concreto, aguardar a cura de, no mínimo, 28 dias, apresentando-se bem firmes e isentas de cal. Lavar previamente com solução a 10% de ácido muriático. Enxaguar com água em abundância e deixar secar por completo. Aplicar uma demão de selador epóxi para piso utilizando trincha, rolo ou pistola convencional. Não aplicar com temperatura abaixo de 10 °C e umidade relativa do ar superior a 80%. Aplicar o Primer Epóxi PDA Clássico Anjo e aguardar o tempo de intervalo entre demãos de 16 a 24 h para aplicação da tinta acabamento. Paredes de alvenaria: aguardar a cura do cimento (mínimo 28 dias). Caso deseje aplicar massa, obrigatoriamente aplicar massa acrílica e uma demão de Primer Epóxi PDA Clássico. **Superfícies com manchas de gordura ou graxa:** lavar com água e detergente, enxaguar e aguardar secagem.

1 Precauções/dicas/advertências

Ler atentamente as instruções da embalagem antes de manusear e/ou utilizar o produto.

1 Principais atributos do produto 1

Resistência a ataques químicos e alto brilho.

A nossa história começou em 23 de junho de 1982, sendo resultado da realização de um sonho. O sr. Luiz Gonzaga Machado enxergou a possibilidade de um mercado em expansão: o de argamassas. Nascia, então, a Argalit, na cidade de Cachoeiro de Itapemirim (ES).

Mais tarde, em 1984, com a necessidade de ficar próximo de matérias-primas com melhor qualidade para aperfeiçoar ainda mais os produtos, a fábrica chegou a Cariacica, na região metropolitana do Espírito Santo, onde hoje são produzidas as argamassas e os rejuntes.

Com o passar dos anos, a marca foi conquistando a todos e se firmando no mercado. E como toda boa história, essa também precisava de cores para ganhar ainda mais vida! Foi aí que pintou a ideia de explorar um outro mercado: o de tintas imobiliárias.

Hoje, contamos com uma linha diversificada, que vai desde tintas acrílicas, texturas, esmaltes e complementos para madeira até massas corridas, rejuntes e argamassas.

Motivo de maior orgulho ainda é pensar que esses produtos unem a nossa história com a de milhares de pessoas, saindo das nossas unidades de Cariacica (ES), Viana (ES) e Campos dos Goytacazes (RJ) e colorindo o lar de cada um.

Mas, claro, por trás do nosso sucesso existe muita dedicação e responsabilidade. Toda a nossa linha de produtos é atestada por organismos nacionais e internacionais. E não para por aí: trabalhamos com fatores fundamentais de pesquisa e tecnologia para garantir que o cliente esteja levando um produto de altíssimo padrão, testado e selecionado com procedimentos certificados conforme a ISO 9001, sem esquecer, é claro, do meio ambiente. E sobre cuidados com a natureza, a Argalit entende, afinal, não é à toa que recebemos, em 2014, o certificado ISO 14001. Tudo para que a nossa história continue sendo colorida por muito e muito tempo.

CERTIFICAÇÕES

Grupo
ARGALIT
UNIDADE INDUSTRIAL GOLDER
PARE
Unidade Industrial
HIPERFLEX
Campos - RJ
Grupo
ARGALIT
Elit
Tintas
Elit
A nova queridinha do pintor
ARGALIT

Tintas Elit

Elit Super Rendimento 1

O rendimento da Elit Super Rendimento vai virar paixão. Ela possui um fino acabamento fosco em ambientes internos e externos e uma ótima resistência às intempéries. Sua formulação superconcentrada e sua ótima cobertura são a certeza do melhor custo-benefício.

Embalagens/rendimento

Lata (18 L): até 500 m²/demão.
Galão (3,6 L): até 100 m²/demão.

Aplicação

Misturar bem o produto antes e durante a utilização e aplicar por igual, evitando repasses excessivos. Não interromper a aplicação durante o processo e respeitar os intervalos de repintura. Evitar retoques isolados após a secagem do produto. Para melhor acabamento, aplicar de 2 a 5 demãos.

Cor

Branco neve, gelo, palha, marfim, pérola, areia, mostarda, mel, amarelo canário, pêssego, acqua, girassol, verde piscina, verde primavera, pedra azul, terracota, verde limão, amarelo Camaro e pacífico

Acabamento

Fosco e semibrilho

Diluição

Diluir até 60%.

Secagem

Completa: 12 h

USE COM: Elit Pintalit
Elit Super Premium

Elit Pisos e Fachadas 2

A Elit Pisos e Fachadas é uma tinta à base de resina acrílica especialmente desenvolvida para pisos cimentados, mesmo que já tenham sido pintados anteriormente. Indicada para quadras poliesportivas, demarcação de garagens, entre outros. Tem grande poder de cobertura, alta durabilidade e é muito resistente ao tráfego de pessoas e carros e a intempéries.

Embalagens/rendimento

Lata (18 L): até 300 m²/demão.
Galão (3,6 L): até 60 m²/demão.

Aplicação

Misturar bem o produto antes e durante a utilização e aplicar por igual, evitando repasses excessivos. Não interromper a aplicação durante o processo e respeitar os intervalos de repintura. Evitar retoques isolados após a secagem do produto. Para melhor acabamento, aplicar de 2 a 3 demãos.

Cor

Branco neve, cinza, concreto, verde, amarelo, vermelho e azul

Acabamento

Fosco

Diluição

Diluir até 30%.

Secagem

Completa: 12 h

USE COM: Elit Super Premium
Elit Super Rendimento

1 2 Preparação inicial

Para a aplicação, as superfícies devem estar totalmente limpas e secas, isentas de sujeira, umidade, óleos, pó, pinturas velhas, ferrugem, partes soltas ou agentes capazes de comprometer a qualidade do produto e seu acabamento.

1 2 Preparação em demais superfícies

Superfícies com manchas de gordura, óleo ou graxa: lavar com solução de água e detergente neutro, enxaguar e aguardar a secagem total antes da aplicação do produto. **Superfícies com fungos ou bolor:** lavar a superfície com cloro e água, misturando as soluções em partes iguais. Deixar agir por 15 min. Em seguida, enxaguar com água limpa e aguardar a secagem total antes da aplicação do produto. **Superfícies fracas (reboco fraco, caiação e pintura desbotada):** raspar, lixar e/ou escovar até completa remoção. Em seguida, aplicar Elit Fundo Preparador para torná-las firmes. **Cimento queimado:** aplicar solução de ácido muriático (2 partes de água para uma parte de ácido muriático). Deixar agir por 30 min. Enxaguar com água limpa em abundância e aguardar a secagem final para aplicação. **Superfícies com pequenas imperfeições:** corrigir com Argalit Massa Corrida (áreas internas) e/ou Argalit Massa Acrílica (áreas internas e externas). **Superfícies novas (cimento novo não queimado, argamassa de cimento, reboco e concreto novo):** aguardar a secagem e a cura completa do substrato por 28 dias. Após o tempo de cura, aplicar o Selador Acrílico Pigmentado a fim de uniformizar a absorção, reduzindo o consumo de tinta e melhorando a aparência e a resistência do acabamento.

1 2 Precauções/dicas/advertências

Antes e durante a aplicação, a tinta deve ser homogeneizada, mantendo sua viscosidade e sua fluidez. A aplicação do produto não deve ser feita em dias chuvosos ou com ventos fortes e, ainda, com temperatura ambiente abaixo de 10 °C ou superior a 35 °C. A umidade relativa do ar não deve estar acima de 90%.

1 Principais atributos do produto 1

Pinta até 500 m², é superconcentrada, tem excelente rendimento e baixo odor, pode ser utilizada em áreas internas e externas, possibilita até 60% de diluição e possui ótima cobertura.

2 Principais atributos do produto 2

Pinta até 300 m², pode ser utilizada em áreas internas e externas, é lavável e resistente ao tráfego de pessoas e automóveis e possui alta resistência.

A Tintas Elit tem a qualidade testada por pintores e comprovada por especialistas. Tão comprovada que, em 2016, conquistou a certificação da ABRAFATI.

ARGALIT

3 4 Preparação inicial

Para a aplicação, as superfícies devem estar totalmente limpas e secas, isentas de sujeira, umidade, óleos, pó, pinturas velhas, ferrugem, partes soltas ou agentes capazes de comprometer a qualidade do produto e seu acabamento.

3 4 Preparação em demais superfícies

Superfícies com manchas de gordura, óleo ou graxa: lavar com solução de água e detergente neutro, enxaguar e aguardar a secagem total antes da aplicação do produto. **Superfícies com fungos ou bolor:** lavar a superfície com cloro e água, misturando as soluções em partes iguais. Deixar agir por 15 min. Em seguida, enxaguar com água limpa e aguardar a secagem total antes da aplicação do produto. **Superfícies fracas (reboco fraco, caiação e pintura desbotada):** raspar, lixar e/ou escovar até completa remoção. Em seguida, aplicar Elit Fundo Preparador para torná-las firmes. **Cimento queimado:** aplicar solução de ácido muriático (2 partes de água para uma parte de ácido muriático). Deixar agir por 30 min. Enxaguar com água limpa em abundância e aguardar a secagem final para aplicação. **Superfícies com pequenas imperfeições:** corrigir com Argalit Massa Corrida (áreas internas) e/ou Argalit Massa Acrílica (áreas internas e externas). **Superfícies novas (cimento novo não queimado, argamassa de cimento, reboco e concreto novo):** aguardar a secagem e a cura completa do substrato por 28 dias. Após o tempo de cura, aplicar o Selador Acrílico Pigmentado a fim de uniformizar a absorção, reduzindo o consumo de tinta e melhorando a aparência e a resistência do acabamento.

3 4 Precauções/dicas/advertências

Antes e durante a aplicação, a tinta deve ser homogeneizada, mantendo sua viscosidade e sua fluidez. A aplicação do produto não deve ser feita em dias chuvosos ou com ventos fortes e, ainda, com temperatura ambiente abaixo de 10 °C ou superior a 35 °C. A umidade relativa do ar não deve estar acima de 90%.

3 Principais atributos do produto 3

Pinta até 350 m^2, pode ser utilizada em áreas internas, tem baixo odor, é antimofo e possui ótima cobertura.

4 Principais atributos do produto 4

Possui boa durabilidade, acabamento fosco aveludado, proteção antimofo, boa cobertura e bom rendimento.

Elit Pintalit 3

A Elit Pintalit é uma tinta de acabamento fosco, de fácil aplicação para áreas internas e também possui uma resistência muito boa a intempéries. Oferece excelentes rendimento e durabilidade, possui ação antimofo e ótima cobertura.

USE COM:
Elit Super Premium
Elit Super Rendimento

Embalagens/rendimento

Lata (18 L): até 350 m^2/demão.
Galão (3,6 L): até 70 m^2/demão.

Aplicação

Misturar bem o produto antes e durante a utilização e aplicar por igual, evitando repasses excessivos. Não interromper a aplicação durante o processo e respeitar os intervalos de repintura. Evitar retoques isolados após a secagem do produto. Para melhor acabamento, aplicar de 2 a 5 demãos.

Cor

Branco neve, gelo, palha, marfim, pérola, areia, amarelo canário, pêssego, acqua, verde piscina, mar azul, amarelo colonial, rosa flor, camurça, concreto, amarelo ouro, rubi e verde kiwi

Acabamento

Fosco

Diluição

Diluir até 30%.

Secagem

Completa: 12 h

Acrílica Econômica 4

A Acrílica Econômica é a tinta ideal para quem quer obter um bom resultado com um custo mais acessível. Tem acabamento fosco, é de fácil aplicação para áreas internas e possui muito boa resistência a intempéries, durabilidade, rendimento e secagem rápida.

Elit Pintalit
Elit Super Premium

Lata (18 L): até 280 m^2/demão.
Galão (3,6 L): até 56 m^2/demão.

Aplicação

Misturar bem o produto antes e durante a utilização e aplicar por igual, evitando repasses excessivos. Respeitar os intervalos de repintura. Evitar retoques isolados após a secagem do produto. Para melhor acabamento, aplicar de 2 a 4 demãos.

Cor

Branco neve, gelo, palha, marfim, pérola, areia, mostarda, mel, amarelo canário, pêssego, acqua, verde piscina, verde primavera, pedra azul, vanilla, flamingo, rosa pétala, lilás, azul laguna, cenoura, verde abacate e azul oceano

Acabamento

Fosco

Diluição

Diluir até 30%.

Secagem

Completa: 12 h

Elit Super Premium 1

A Elit Super Premium é uma tinta desenvolvida à base de resina acrílica de alto desempenho e fácil aplicação, disponível nos acabamentos fosco, acetinado e semibrilho. Possui excelentes cobertura, durabilidade e lavabilidade, é resistente às intempéries e à luz e indicada para aplicação em áreas internas e externas.

USE COM: Elit Pintalit
Elit Super Rendimento

Embalagens/rendimento

Lata (18 L): até 380 m²/demão.
Galão (3,6 L): até 76 m²/demão.

Aplicação

Misturar bem o produto antes e durante a utilização e aplicar por igual, evitando repasses excessivos. Não interromper a aplicação durante o processo e respeitar os intervalos de repintura. Evitar retoques isolados após a secagem do produto. Para melhor acabamento, aplicar de 2 a 4 demãos.

Cor

Branco neve, gelo, palha, pérola, areia, girassol, laranja plus, vermelho Elit, esmeralda, verde floresta, crepúsculo e pacífico

Acabamento

Fosco, semibrilho e acetinado

Diluição

Diluir até 40%.

Secagem

Completa: 12 h

Tinta Direto no Gesso 2

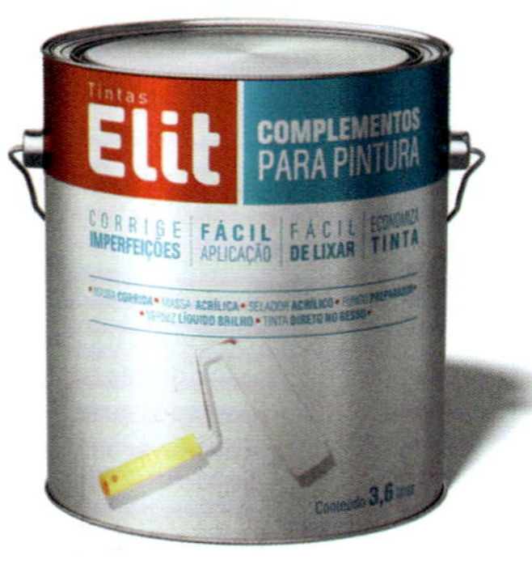

A Tinta Direto no Gesso é um produto especialmente desenvolvido para aplicação diretamente sobre o gesso. Sua formulação evita o amarelamento e o descascamento. Além de proporcionar uma melhor finalização à superfície, o produto também serve como fundo preparador.

USE COM: Verniz Líquido Brilho
Selador Acrílico Pigmentado

Embalagens/rendimento

Lata (18 L): até 200 m²/demão.
Galão (3,6 L): até 40 m²/demão.

Aplicação

Misturar bem o produto antes e durante a utilização e aplicar por igual, evitando repasses excessivos. Não interromper a aplicação durante o processo e respeitar os intervalos de repintura. Evitar retoques isolados após a secagem do produto. Para melhor acabamento, aplicar 2 demãos.

Cor

Branco

Acabamento

Fosco

Diluição

Diluir até 40%.

Secagem

Completa: 4 h

1 2 Preparação inicial

Para a aplicação, as superfícies devem estar totalmente limpas e secas, isentas de sujeira, umidade, óleos, pó, pinturas velhas, ferrugem, partes soltas ou agentes capazes de comprometer a qualidade do produto e seu acabamento.

1 2 Preparação em demais superfícies

Superfícies com manchas de gordura, óleo ou graxa: lavar com solução de água e detergente neutro, enxaguar e aguardar a secagem total antes da aplicação do produto. **Superfícies com fungos ou bolor:** lavar a superfície com cloro e água, misturando as soluções em partes iguais. Deixar agir por 15 min. Em seguida, enxaguar com água limpa e aguardar a secagem total antes da aplicação do produto. **Cimento queimado:** aplicar solução de ácido muriático (2 partes de água para uma parte de ácido muriático). Deixar agir por 30 min. Enxaguar com água limpa em abundância e aguardar a secagem final para aplicação. **Superfícies com pequenas imperfeições:** corrigir com Argalit Massa Corrida (áreas internas) e/ou Argalit Massa Acrílica (áreas internas e externas). **Superfícies novas (cimento novo não queimado, argamassa de cimento, reboco e concreto novo):** aguardar a secagem e a cura completa do substrato por 28 dias. Após o tempo de cura, aplicar o Selador Acrílico Pigmentado a fim de uniformizar a absorção, reduzindo o consumo de tinta e melhorando a aparência e a resistência do acabamento.

1 Preparação em demais superfícies

Superfícies fracas (reboco fraco, caiação e pintura desbotada): raspar, lixar e/ou escovar até completa remoção. Em seguida, aplicar Elit Fundo Preparador para torná-las firmes.

2 Preparação em demais superfícies

Superfícies fracas (reboco fraco, caiação e pintura desbotada): raspar, lixar e/ou escovar até completa remoção.

1 2 Precauções/dicas/advertências

Antes e durante a aplicação, a tinta deve ser homogeneizada, mantendo sua viscosidade e sua fluidez. A aplicação do produto não deve ser feita em dias chuvosos ou com ventos fortes e, ainda, com temperatura ambiente abaixo de 10 °C ou superior a 35 °C. A umidade relativa do ar não deve estar acima de 90%.

1 Principais atributos do produto 1

Pinta até 380 m², pode ser utilizada em áreas internas e externas, é sem cheiro, tem supercobertura e cores que não desbotam e é lavável.

2 Principais atributos do produto 2

Pinta até 200 m², não amarela, fixa o pó, evita o descascamento e pode ser utilizada em áreas internas e externas.

3 4 Preparação inicial

Para a aplicação, as superfícies devem estar totalmente limpas e secas, isentas de sujeira, umidade, óleos, pó, pinturas velhas, ferrugem, partes soltas ou agentes capazes de comprometer a qualidade do produto e seu acabamento.

3 4 Preparação em demais superfícies

Superfícies com manchas de gordura, óleo ou graxa: lavar com solução de água e detergente neutro, enxaguar e aguardar a secagem total antes da aplicação do produto. **Superfícies com fungos ou bolor:** lavar a superfície com cloro e água, misturando as soluções em partes iguais. Deixar agir por 15 min. Em seguida, enxaguar com água limpa e aguardar a secagem total antes da aplicação do produto. **Superfícies fracas (reboco fraco, caiação e pintura desbotada):** raspar, lixar e/ou escovar até completa remoção. Em seguida, aplicar Elit Fundo Preparador para torná-las firmes. **Superfícies novas (cimento novo, argamassa de cimento, reboco e concreto novo):** aguardar a secagem e a cura completa do substrato por 28 dias. Após o tempo de cura, aplicar o Selador Acrílico Pigmentado a fim de uniformizar a absorção, reduzindo o consumo de textura e melhorando a aparência e a resistência do acabamento.

3 4 Precauções / dicas / advertências

Antes e durante a aplicação, a tinta deve ser homogeneizada, mantendo sua viscosidade e sua fluidez. A aplicação do produto não deve ser feita em dias chuvosos ou com ventos fortes e, ainda, com temperatura ambiente abaixo de 10 °C ou superior a 35 °C. A umidade relativa do ar não deve estar acima de 90%.

3 Principais atributos do produto 3

Possui acabamento decorativo, hidrorrepelente, pode ser utilizada em áreas internas e externas e também está disponível no acabamento liso.

4 Principais atributos do produto 4

Possui acabamento decorativo, é hidrorrepelente, pode ser utilizada em áreas internas e externas e também está disponível no acabamento rústico.

Texturalit Rústica 3

A Texturalit Rústica é uma textura desenvolvida à base de resina acrílica, indicada para ser aplicada em áreas externas ou internas. Própria para a obtenção de efeitos especiais. Proporciona um aspecto decorativo inovador, com beleza e requinte no acabamento final, garantindo, assim, maior durabilidade e resistência às intempéries.

USE COM: Texturalit Lisa; Elit Super Premium

Embalagens/rendimento

Lata (28 kg): até 7 m²/demão.
Saco (15 kg).

Aplicação

Misturar bem o produto antes e durante a utilização e aplicar por igual, evitando repasses excessivos. Não interromper a aplicação durante o processo e respeitar os intervalos de repintura. Evitar retoques isolados após a secagem do produto. Para melhor acabamento, aplicar uma demão para selar e uma para efetuar a textura.

Cor

Branco

Acabamento

Não aplicável

Diluição

Pronta para uso.

Secagem

Completa: 12 h

Texturalit Lisa 4

A Texturalit Lisa é uma textura desenvolvida à base de resina acrílica, indicada para ser aplicada em áreas externas ou internas. Própria para a obtenção de efeitos especiais, proporciona um aspecto decorativo inovador, com beleza e requinte no acabamento final, garantindo, assim, maior durabilidade e resistência às intempéries.

USE COM: Texturalit Rústica; Elit Super Premium

Embalagens/rendimento

Lata (28 kg): até 23 m²/28 kg/demão.
Saco (15 kg).

Aplicação

Misturar bem o produto antes e durante a utilização e aplicar por igual, evitando repasses excessivos. Não interromper a aplicação durante o processo e respeitar os intervalos de repintura. Evitar retoques isolados após a secagem do produto. Para melhor acabamento, aplicar uma demão para selar e uma para efetuar a textura.

Cor

Branco

Acabamento

Não aplicável

Diluição

Pronta para uso.

Secagem

Completa: 12 h

Argalit Massa Acrílica

A Argalit Massa Acrílica é um produto para áreas internas e externas, de fáceis aplicação e lixamento e de secagem rápida. Possui um ótimo poder de enchimento e é indicada para nivelar e corrigir imperfeições rasas de superfícies como reboco, gesso, massa fina, concreto e paredes pintadas em geral, proporcionando um acabamento liso e sofisticado.

Embalagens/rendimento

Saco (20 kg), saco (10 kg) e saco (5 kg).
Lata (18 L/27 kg): até 46 m²/demão.
Galão (3,6 L): até 6 m²/demão.

Aplicação

Aplicar com desempenadeira e espátula de aço. Recomenda-se aplicar em camadas finas até obter o nivelamento desejado.

Cor

Branco

Acabamento

Não aplicável

Diluição

Pronta para uso.

Secagem

Completa: 4 h

USE COM: Argalit Massa Corrida
Elit Fundo Preparador

Argalit Massa Corrida

2

A Argalit Massa Corrida é um produto de fáceis aplicação e lixamento e de secagem rápida. Possui um ótimo poder de enchimento e é indicada para nivelar e corrigir imperfeições rasas de superfícies como reboco, gesso, massa fina, concreto e paredes pintadas em geral, proporcionando um acabamento liso e sofisticado.

Embalagens/rendimento

Saco (20 kg), saco (10 kg) e saco (5 kg).
Lata (18 L/27 kg): até 46 m²/demão.
Galão (3,6 L): até 6 m²/demão.

Aplicação

Aplicar com desempenadeira e espátula de aço. Recomenda-se aplicar em camadas finas até obter o nivelamento desejado.

Cor

Branco

Acabamento

Não aplicável

Diluição

Pronta para uso.

Secagem

Completa: 4 h

Argalit Massa Acrílica
Elit Fundo Preparador

1 2 Preparação inicial

Para a aplicação, as superfícies devem estar firmes, coesas, limpas e secas, sem poeira, gordura, graxa, sabão ou mofo.

1 2 Preparação em demais superfícies

Superfícies com partes soltas ou caiadas, reboco fraco (baixa coesão): raspar ou escovar até completa remoção. Aplicar uma ou duas demãos de Elit Fundo Preparador. **Superfícies mofadas:** lavar com água e água sanitária (1:1), enxaguar e esperar secar bem. Aplicar de uma a duas demãos de Elit Fundo Preparador. **Superfícies com manchas gordurosas ou de graxas:** lavar com água e detergente neutro, enxaguar e secar bem. **Superfícies com imperfeições profundas:** corrigir com Pront Massa Argalit. Aguardar secagem de 14 dias. **Reboco e concreto novos:** aguardar cura de 28 dias. Aplicar uma demão de Selador Acrílico Pigmentado. **Gesso, fibrocimento e tijolo:** aplicar de uma a 2 demãos de Elit Fundo Preparador. **Superfícies com imperfeições rasas:** corrigir com Argalit Massa Corrida (áreas internas) e ou/ Argalit Massa Acrílica (áreas internas/externas). **Repinturas:** lixar a superfície antes da aplicação, em especial paredes com acabamento com brilho.

1 2 Precauções/dicas/advertências

A aplicação do produto não deve ser feita em dias chuvosos ou com ventos fortes e, ainda, com temperatura ambiente abaixo de 10 °C ou superior a 35 °C. A umidade relativa do ar não deve estar acima de 90%.

1 Principais atributos do produto 1

Para áreas interna e externas, é de fácil aplicação, nivela e corrige imperfeições.

2 Principais atributos do produto 2

Para áreas internas, é de fácil aplicação, nivela e corrige imperfeições.

Além da certificação da ABRAFATI, a Tintas Elit também é atestada em conformidade com as normas ISO 9001 e ISO 14001.

3 4 Preparação inicial

Para a aplicação, as superfícies devem estar totalmente limpas e secas, isentas de sujeira, umidade, óleos, pó, pinturas velhas, ferrugem, partes soltas ou agentes capazes de comprometer a qualidade do produto e seu acabamento.

3 4 Preparação em demais superfícies

Superfícies com manchas de gordura, óleo ou graxa: lavar com solução de água e detergente neutro, enxaguar e aguardar a secagem total antes da aplicação do produto. **Superfícies com fungos ou bolor:** lavar a superfície com cloro e água, misturando as soluções em partes iguais. Deixar agir por 15 min. Em seguida, enxaguar com água limpa e aguardar a secagem total antes da aplicação do produto. **Cimento queimado:** aplicar solução de ácido muriático (2 partes de água para uma parte de ácido muriático). Deixar agir por 30 min enxaguar com água limpa em abundância e aguardar a secagem final para aplicação. **Superfícies com pequenas imperfeições:** corrigir com Argalit Massa Corrida (áreas internas) e/ou Argalit Massa Acrílica (áreas internas e externas). **Superfícies novas (cimento novo não queimado, argamassa de cimento, reboco e concreto novo):** aguardar a secagem e a cura completa do substrato por 28 dias. Após o tempo de cura, aplicar o Selador Acrílico Pigmentado a fim de uniformizar a absorção, reduzindo o consumo de tinta e melhorando a aparência e a resistência do acabamento.

3 Preparação em demais superfícies

Superfícies fracas (reboco fraco, caiação e pintura desbotada): raspar, lixar e/ou escovar até completa remoção.

4 Preparação em demais superfícies

Superfícies fracas (reboco fraco, caiação e pintura desbotada): raspar, lixar e/ou escovar até completa remoção. Em seguida, aplicar Elit Fundo Preparador para torná-las firmes.

3 4 Precauções/dicas/advertências

Antes e durante a aplicação, o produto deve ser homogeneizado, mantendo sua viscosidade e sua fluidez. A aplicação do produto não deve ser feita em dias chuvosos ou com ventos fortes e, ainda, com temperatura ambiente abaixo de 10 °C ou superior a 35 °C. A umidade relativa do ar não deve estar acima de 90%.

3 Principais atributos do produto 3

Pinta até 75 m², pode ser utilizado em áreas internas e externas e aumenta o rendimento da tinta.

4 Principais atributos do produto 4

Pinta até 275 m², pode ser utilizado em áreas internas e externas e prepara e uniformiza a superfície.

Selador Acrílico Pigmentado 3

O Selador Acrílico Pigmentado é indicado para selar e uniformizar a absorção de superfícies novas, externas e internas.

USE COM: Verniz Líquido Brilho; Elit Fundo Preparador

Embalagens/rendimento

Lata (18 L): até 75 m²/demão.
Galão (3,6 L): até 15 m²/demão.

Aplicação

Misturar bem o produto antes e durante a utilização e aplicar por igual, evitando repasses excessivos. Não interromper a aplicação durante o processo e respeitar os intervalos de repintura. Evitar retoques isolados após a secagem do produto. Para melhor acabamento, aplicar de 2 a 3 demãos.

Cor

Branco

Acabamento

Fosco

Diluição

Diluir até 15%.

Secagem

Completa: 5 h

Elit Fundo Preparador 4

O Elit Fundo Preparador é um produto para selar e aumentar a coesão de superfícies internas e externas. Com grande poder de penetração e de fácil aplicação, proporciona ótima aderência para os acabamentos.

USE COM: Verniz Líquido Brilho; Selador Acrílico Pigmentado

Embalagens/rendimento

Lata (18 L): até 275 m²/demão.
Galão (3,6 L): até 54 m²/demão.

Aplicação

Misturar bem o produto antes e durante a utilização e aplicar por igual, evitando repasses excessivos. Não interromper a aplicação durante o processo e respeitar os intervalos de repintura. Evitar retoques isolados após a secagem do produto. Para melhor acabamento, aplicar de 2 a 3 demãos.

Cor

Incolor

Acabamento

Fosco

Diluição

Diluir até 10%.

Secagem

Completa: 6 h

Elit Esmalte Sintético 1

O Elit Esmalte Sintético é um produto de fácil aplicação, com excelentes durabilidade e resistência a intempéries e finíssimo acabamento brilhante. Indicado para proteger, embelezar e revestir superfícies de metal, madeira e alvenaria, tanto em áreas externas quanto internas.

Elit Super Premium

Elit Super Rendimento

Embalagens/rendimento

Galão (3,6 L): até 66 m²/demão.
Quarto (0,9 L): até 16,5 m²/demão.

Aplicação

Eliminar qualquer brilho usando lixa de grana 360/400. Misturar bem o produto antes e durante a utilização e aplicar por igual, evitando repasses excessivos. Respeitar os intervalos de repintura. Evitar retoques isolados após secagem do produto. Para melhor acabamento, aplicar de 2 a 3 demãos.

Cor

Branco, platina, cinza médio, cinza escuro, preto, marfim, gelo, amarelo ouro, vermelho, conhaque, colorado, tabaco, verde Nilo, verde folha, azul celeste, azul França e azul del rey

Acabamento

Brilhante

Diluição

Pincel/rolo: diluir até 10%. Pistola: diluir até 20%.

Secagem

Completa: 24 h

Elit Esmalte Base Água 2

O Elit Esmalte Base Água é um produto de fácil aplicação, desenvolvido para superfícies internas e externas. Possui secagem rápida, bom alastramento, boa aderência e brilho. Oferece baixo odor e facilidade na limpeza, além de não amarelar.

Elit Super Premium

Elit Esmalte Sintético

Embalagens/rendimento

Galão (3,6 L): até 60 m²/demão.
Quarto (0,9 L): até 15 m²/demão.

Aplicação

Eliminar qualquer espécie de brilho usando lixa de grana 220/240. Misturar bem o produto antes e durante a utilização e aplicar por igual, evitando repasses excessivos. Não interromper a aplicação no meio da superfície e respeitar os intervalos de repintura. Evitar retoques isolados após secagem do produto. Para melhor acabamento, aplicar de 2 a 3 demãos.

Cor

Branco, platina, gelo, preto e tabaco

Acabamento

Brilhante

Diluição

Pincel/rolo: diluir até 15%. Pistola: diluir até 30%.

Secagem

Completa: 5 h

1 2 Preparação inicial

Para a aplicação, as superfícies devem estar totalmente limpas e secas, isentas de sujeira, umidade, óleos, pó, pinturas velhas, ferrugem, partes soltas ou agentes capazes de comprometer a qualidade do produto e seu acabamento.

1 2 Preparação em demais superfícies

Superfícies com manchas de gordura, óleo ou graxa: lavar com solução de água e detergente neutro, enxaguar e aguardar a secagem total antes da aplicação do produto. Esperar sempre um intervalo de 4 h entre as demãos. **Madeiras novas:** lixar com grana 220 para eliminar farpas e aplicar fundo preparador para madeiras. Após a secagem, lixar com grana 240 e eliminar o pó. **Madeiras novas resinosas:** lavar toda a superfície com thinner, aguardar a secagem e repetir a operação. Aplicar uma demão de fundo preparador para madeiras, aguardar a secagem e lixar com grana 220/240. Após a secagem, lixar com grana 220/240 e eliminar o pó. **Madeiras (repintura):** lixar com grana 220/240 até eliminar o brilho. Corrigir as imperfeições com massa para madeiras. Após secagem, lixar com grana 220/240 e eliminar o pó. **Ferros sem indícios de ferrugem:** lixar a superfície e aplicar uma demão de Elit Zarcão. Após a secagem, lixar novamente. **Ferros com indícios de ferrugem:** remover totalmente a ferrugem utilizando lixa com grana 80 a 150 e/ou escova de aço e aplicar uma demão de Elit Zarcão. Após a secagem, lixar com grana 220/240 e eliminar o pó. **Ferros (repintura):** lixar a superfície com grana 220/240 até eliminar o brilho e remover o pó. **Superfícies galvanizadas/alumínio (novas):** não é necessária a aplicação de fundo. **Superfícies zincadas (repintura):** raspar e lixar até eliminar o brilho e remover a tinta antiga mal-aderida. **Alvenaria:** lixar a superfície com lixa grana 220/240 para eliminar o brilho e eliminar o pó.

1 2 Precauções/dicas/advertências

Antes e durante a aplicação, a tinta deve ser homogeneizada, mantendo sua viscosidade e sua fluidez. A aplicação do produto não deve ser feita em dias chuvosos ou com ventos fortes e, ainda, com temperatura ambiente abaixo de 10 °C ou superior a 35 °C. A umidade relativa do ar não deve estar acima de 90%.

1 Principais atributos do produto 1

Pinta até 66 m², pode ser utilizado em áreas internas e externas de metais e madeiras, possui alta resistência e secagem ao toque de 45 min.

2 Principais atributos do produto 2

Pinta até 60 m², pode ser utilizado em áreas internas e externas de metais e madeiras, possui alta resistência e não tem cheiro.

3 4 Preparação inicial

Para a aplicação, as superfícies devem estar totalmente limpas e secas, isentas de sujeira, umidade, óleos, pó, pinturas velhas, ferrugem, partes soltas ou agentes capazes de comprometer a qualidade do produto e seu acabamento.

3 4 Preparação em demais superfícies

Superfícies com mofo: deve-se sempre lavar com uma solução de água e água sanitária em partes iguais, esperar 4 a 6 h, enxaguar bem com água e aguardar secar totalmente para aplicar o produto. **Superfícies com manchas de gordura, óleo ou graxa:** lavar com solução de água e detergente neutro, enxaguar e esperar a secagem total antes da aplicação do produto. Aguardar sempre um intervalo de 4 h entre as demãos. **Madeiras novas:** lixar com grana 220 para eliminar farpas e aplicar uma demão de fundo preparador para madeiras. Se desejar corrigir imperfeições ou nivelar a superfície, aplicar massa para madeiras. Após a secagem, lixar com grana 240 e eliminar o pó. **Madeiras novas resinosas:** lavar toda a superfície com thinner, aguardar a secagem e repetir a operação. Aplicar uma demão de fundo preparador para madeiras, aguardar a secagem e lixar com grana 220/240. Se necessário, corrigir as imperfeições com massa para madeira. Após a secagem, lixar com grana 220/240 e eliminar o pó. **Madeiras (repintura):** lixar com grana 220/240 até eliminar o brilho. Corrigir as imperfeições com massa para madeiras. Após a secagem, lixar com grana 220/240 e eliminar o pó.

3 4 Precauções / dicas / advertências

Antes e durante a aplicação, a tinta deve ser homogeneizada, mantendo sua viscosidade e sua fluidez. A aplicação do produto não deve ser feita em dias chuvosos ou com ventos fortes e, ainda, com temperatura ambiente abaixo de 10 °C ou superior a 35 °C. A umidade relativa do ar não deve estar acima de 90%.

3 Principais atributos do produto 3

Possui proteção contra raios ultravioleta, é indicado para áreas internas e externas e tem ótimas aderência e resistência a intempéries.

4 Principais atributos do produto 4

Pode ser utilizado em áreas internas e externas e possui ótima aderência, rápida secagem, flexibilidade e excelente resistência a intempéries.

Complementos para Madeira: Verniz 3

Complementos para Madeira: Verniz é um produto de fácil aplicação, bom alastramento, boa aderência e excelente resistência ao intemperismo e aos raios ultravioleta, além de enobrecer e revitalizar a madeira. Indicado para proteção de superfícies externas e internas de madeira.

USE COM: Elit Esmalte Sintético
Elit Esmalte Base Água

Embalagens/rendimento

Galão (3,6 L): até 120 m²/demão.
Quarto (0,9 L): até 30 m²/demão.

Aplicação

Eliminar qualquer espécie de brilho usando lixa grana 220/240. Misturar bem o produto antes e durante a utilização e aplicar por igual, evitando repasses excessivos. Não interromper a aplicação durante o processo e respeitar os intervalos de repintura. Evitar retoques isolados após a secagem do produto.

Cor

Incolor

Acabamento

Brilhante

Diluição

Pincel/rolo/trincha: diluir até 20%.
Pistola: diluir até 30%.

Secagem

Completa: 24 h

Complementos para Madeira: Seladora 4

Recomendado para superfícies de madeira, o Complementos para Madeira: Seladora reduz a porosidade proporcionando uma película impermeável, homogênea e flexível, sem perder as características originais da madeira. Indicado para móveis em geral, como armários embutidos, madeiras decorativas, portas, janelas e forros, além de aglomerados e diversos tipos de compensados.

USE COM: Elit Esmalte Sintético
Elit Esmalte Base Água

Embalagens/rendimento

Galão (3,6 L): até 32 m²/demão.
Quarto (0,9 L): até 10,8 m²/demão.

Aplicação

Eliminar qualquer espécie de brilho usando lixa grana 220/240. Misturar o produto antes e durante a aplicação. Aplicar por igual, evitando repasses excessivos. Não interromper a aplicação durante o processo. Respeitar os intervalos de repintura. Evitar retoques isolados após a secagem do produto.

Cor

Incolor, mogno e imbuia

Acabamento

Brilhante

Diluição

Para selar: diluir 30%. Acabamento encerado: diluir até 100%.

Secagem

Ao toque: 15 min
Final: 3 h

(27) 2122-0444
www.argalit.com.br

Verniz Líquido Brilho — 1

O Verniz Líquido Brilho é um produto à base de emulsão acrílica para proteção de concreto aparente, tijolos à vista, pedra mineira e telhas quando se desejar manter o aspecto original da superfície e, ainda, pode ser usado como selagem de gesso.

Embalagens/rendimento

Lata (18 L): até 225 m²/demão.
Galão (3,6 L): até 45 m²/demão.

Aplicação

Misturar bem o produto antes e durante a utilização e aplicar por igual, evitando repasses excessivos. Não interromper a aplicação durante o processo e respeitar os intervalos de repintura. Evitar retoques isolados após a secagem do produto. Para melhor acabamento, aplicar de 2 a 3 demãos.

Cor

Incolor

Acabamento

Brilhante

Diluição

Diluir até 20%.

Secagem

Completa: 4 h

USE COM: Selador Acrílico Pigmentado
Elit Fundo Preparador

Resina Multiuso — 2

A Resina Multiuso impermeabiliza a superfície em que é aplicada, além de embelezar e proteger telhas de cerâmica, concreto aparente, fibrocimento e tijolos à vista, proporcionando um acabamento brilhante. A superfície torna-se impermeável, impedindo a formação de limo e as demais ações de intempéries.

Embalagens/rendimento

Lata (18 L): até 200 m²/demão.
Galão (3,6 L): até 40 m²/demão.

Aplicação

Misturar bem o produto antes e durante a utilização e aplicar por igual, evitando repasses excessivos. Não interromper a aplicação durante o processo e respeitar os intervalos de repintura. Evitar retoques isolados após a secagem do produto. Para melhor acabamento, aplicar de 2 a 3 demãos.

Cor

Incolor, cerâmica telha, cerâmica ônix e vermelho óxido

Acabamento

Brilhante

Diluição

Revólver: diluir até 30%. Rolo: diluir até 20% na primeira pintura e até 10% na repintura.

Secagem

Completa: 8 h

USE COM: Elit Esmalte Sintético
Complementos para Madeira: Verniz

1 2 Preparação inicial

Para a aplicação, as superfícies devem estar totalmente limpas e secas, isentas de sujeira, umidade, óleos, pó, pinturas velhas, ferrugem, partes soltas ou agentes capazes de comprometer a qualidade do produto e seu acabamento.

1 2 Preparação em demais superfícies

Superfícies com manchas de gordura, óleo ou graxa: lavar com solução de água e detergente neutro, enxaguar e aguardar a secagem total antes da aplicação do produto. **Superfícies com fungos ou bolor:** lavar a superfície com cloro e água, misturando as soluções em partes iguais. Deixar agir por 15 min. Em seguida, enxaguar com água limpa e aguardar a secagem total antes da aplicação do produto.

1 Preparação em demais superfícies

Superfícies fracas (reboco fraco, caiação e pintura desbotada): raspar, lixar e/ou escovar até completa remoção. Em seguida, aplicar Elit Fundo Preparador para torná-las firmes. **Cimento queimado:** aplicar solução de ácido muriático (2 partes de água para uma parte de ácido muriático). Deixar agir por 30 min. Enxaguar com água limpa em abundância e aguardar a secagem final para aplicação do Elit Fundo Preparador. **Superfícies com pequenas imperfeições:** corrigir com Argalit Massa Corrida (áreas internas) e/ou Argalit Massa Acrílica (áreas internas e externas). **Superfícies novas (cimento novo não queimado, argamassa de cimento, reboco e concreto novo):** aguardar a secagem e a cura completa do substrato por 28 dias. Após o tempo de cura, aplicar o Selador Acrílico Pigmentado a fim de uniformizar a absorção, reduzindo o consumo de tinta e melhorando a aparência e a resistência do acabamento.

1 2 Precauções/dicas/advertências

A aplicação do produto não deve ser feita em dias chuvosos ou com ventos fortes e, ainda, com temperatura ambiente abaixo de 10 °C ou superior a 35 °C. A umidade relativa do ar não deve estar acima de 90%.

1 Precauções/dicas/advertências

Antes e durante a aplicação, a tinta deve ser homogeneizada, mantendo sua viscosidade e sua fluidez.

1 Principais atributos do produto 1

Pinta até 225 m² e pode ser utilizado em áreas internas e externas.

2 Principais atributos do produto 2

Pode ser aplicada em tijolo, telha, concreto e pedras, impermeabiliza e protege, é à base d'água, proporciona conforto térmico e impede a formação de limo.

O que une o Grupo Argalit a cada um dos seus clientes é essa essência de querer transformar o seu mundo. Seja na marca Argalit ou Tintas Elit, o desejo é o mesmo: fazer o melhor por você.

A Tintas Ciacollor foi fundada em 2003 e, desde então, atua no mercado de tintas e construção civil. A empresa tem como compromisso fabricar produtos que levem bem-estar para as pessoas, preservando o meio ambiente.

Uma fábrica 100% nacional que cresceu no interior do Paraná buscando desenvolver produtos que atendessem à necessidade do consumidor, atrelados a serviços de qualidade e tecnologia, levando aos consumidores produtos inovadores que transformam suas residências em ambientes cheios de vida.

Atualmente, a Tintas Ciacollor opera em uma área de 14 mil m², sendo 4.600 m² de área construída, e suas fábricas estão localizadas em Maringá (PR) e em Presidente Prudente (SP). Emprega mais de 100 colaboradores de forma direta e produz cerca de 12 milhões de litros de tintas anualmente, que são destinados para grande parte do território brasileiro e países do Mercosul, oferecendo uma linha completa de produtos no segmento de tintas imobiliárias. A inovação faz parte do nosso DNA, assim, ano após ano, lançamos produtos novos que visam atender prontamente ao mercado. Contamos com uma equipe de profissionais qualificada e experiente que sempre está disposta a ajudar a todos os parceiros.

A Tintas Ciacollor participa do PSQ (Programa Setorial da Qualidade)/ABRAFATI ligado ao Programa PBQP-H do Ministério das Cidades. Este certificado de qualidade coloca a empresa no mesmo patamar de qualidade das multinacionais do mercado e garante ao consumidor que a empresa atende às normas técnicas do setor, gerando mais segurança no momento da aquisição dos nossos produtos.

A nossa preocupação vai muito além de apenas oferecer produtos de qualidade, por isso, a empresa se preocupa com o meio ambiente, preserva-o e desenvolve ações que geram menos impacto em sua atividade produtiva, como reúso da água, reaproveitamento de resíduos da ETE (Estação de Tratamento de Efluentes) e separação dos resíduos para reciclagem. A Tintas Ciacollor capacita os seus colaboradores a fazerem o mesmo por meio de treinamento e incentivos para reduzir, reciclar e reutilizar os recursos disponíveis.

A Tintas Ciacollor evidencia a importancia de seus parceiros. Para isso, agrega serviços que estimulam a compra e a aceitação de uma nova marca no mercado, com projetos extras que divulgam os produtos diretamente para quem os utiliza e indica que é pintor por meio do Clube do Pintor, vendedores por meio do Clube do Vendedor, revendedores, clientes, estudantes, arquitetos e engenheiros.

Por esse motivo, a Tintas Ciacollor dispõe de um corpo técnico cuja prioridade é atender prontamente à solicitação dos clientes. Essa relação estreita com o mercado nos permite sanar todas as dúvidas, realizar testes de produtos e aproveitar os conhecimentos absorvidos do mercado para melhorar cada dia mais nossa qualidade.

Nossa missão: produzir soluções práticas para proteção e decoração com ética, transparência e respeito ao meio ambiente, agregando valor aos imóveis.

Nossa visão: ser referência em atendimento e inovação de produtos e serviços, com ações voltadas para a preservação do meio ambiente, sendo reconhecida no Brasil e na América Latina.

CERTIFICAÇÕES

TINTAS Ciacollor

qualidade e economia

Tinta Acrílica Premium 1

ACABAMENTO FOSCO

É uma tinta acrílica à base d'água com alto poder ligante, de fácil aplicação, que proporciona baixo nível de respingo e excelente acabamento. Indicada para pintura de superfícies em áreas internas e externas, como alvenaria, reboco, fibrocimento, concreto e gesso. Disponível nos acabamentos: fosco, acetinado (Max Lavável) e semibrilho. Segue as normas NBR 15079 e 11702 – tipos 4.5.1 e 4.5.4.

USE COM: Massa Corrida

Fundo Preparador de Paredes

Embalagens/rendimento

Lata (18 L ou 16,2 L): até 350 m²/demão.
Galão (3,6 L ou 3,24 L): até 70 m²/demão.
Litro (0,9 L ou 0,81 L): 17 m²/demão.

Aplicação

Aplicar 2 demãos, respeitando o tempo de 4 h entre demãos. Dependendo das condições da superfície, pode haver necessidade de uma demão adicional.

Cor

34 cores disponíveis em linha e mais 1.500 no Ciasystem Ciacollor

Acabamento

Fosco, semibrilho e acetinado

Diluição

Primeira demão: diluir 20% com água limpa. Segunda demão: diluir 10% com água limpa. Mexer o produto para que atinja o ponto ideal de aplicação e rendimento.

Secagem

Ao toque: 1 h
Entre demãos: 4 h
Final: 72 h

Tinta Acrílica Ciaturbo 2

ACABAMENTO FOSCO

É uma tinta acrílica de alto rendimento indicada para pintura externa e interna de paredes em geral. Esse produto segue classificação das normas NBR 11702 – tipo 4.5.2 – e NBR 15079.

USE COM: Massa Corrida

Fundo Preparador de Paredes

Embalagens/rendimento

Lata (18 L ou 16,2 L): até 500 m²/demão.
Galão (3,6 L ou 3,24 L): até 100 m²/demão.
Litro (0,9 L): até 30 m²/demão.

Aplicação

Aplicar 2 demãos, respeitando o tempo de 4 h entre demãos. Dependendo das condições da superfície, pode haver necessidade de uma demão adicional.

Cor

18 cores disponíveis em linha e mais 1.500 no Ciasystem Ciacollor

Acabamento

Fosco

Diluição

Diluir, no mínimo, 50% e, no máximo, 80% com água limpa em todas as demãos. Mexer o produto para que atinja o ponto ideal de aplicação e rendimento.

Secagem

Ao toque: 1 h
Entre demãos: 4 h
Final: 72 h

1 2 Preparação inicial

Toda superfície deve estar devidamente limpa, porosa e seca, isenta de pó ou qualquer outro tipo de sujeira. **Superfícies engorduradas ou com graxa:** remover primeiramente a sujeira com água e detergente. **Superfícies mofadas:** aplicar solução de água e hipoclorito na proporção de uma parte de água para uma parte de hipoclorito e enxaguar após 6 h. Aplicar após, no mínimo, 24 h de secagem. **Superfícies com brilho:** devem ser lixadas e limpas antes da aplicação.

1 2 Preparação especial

Não aplicar o produto em superfícies úmidas. Tratar o problema da umidade antes da aplicação da tinta. O produto não pode ser aplicado sobre superfícies esmaltadas, vitrificadas, enceradas ou não porosas.

1 2 Preparação em demais superfícies

Reboco fraco ou caiações: proceder a remoção das partes soltas, lixar e aplicar o Fundo Preparador de Paredes Ciacollor. Em alguns casos, faz-se necessário o uso de massa acrílica (exterior) ou massa corrida (interior) para correção da superfície antes da aplicação da tinta. **Reboco novo:** aguardar tempo de cura de, no mínimo, 30 dias e utilizar uma demão de Selador Acrílico Ciacollor. Após esse processo, aplicar a tinta.

1 2 Precauções / dicas / advertências

Ler atentamente a embalagem antes de utilizar o produto. Mantê-lo fora do alcance de crianças e animais. Não ingerir ou inalar os vapores. Evitar o contato com a pele e os olhos. Em caso de contato com a pele, procurar um médico.

1 Principais atributos do produto 1

Tem alto rendimento, baixo odor e acabamento refinado.

2 Principais atributos do produto 2

Oferece alto rendimento, mais cobertura e até 80% de diluição.

A Tintas Ciacollor é uma fábrica 100% nacional e sua matriz está localizada no interior do Paraná. Conta também com uma filial no interior de São Paulo, opera em uma área de 14 mil m² e emprega mais de 100 colaboradores.

3 4 Preparação inicial

Toda superfície deve estar devidamente limpa, porosa e seca, isenta de pó ou qualquer outro tipo de sujeira. **Superfícies engorduradas ou com graxa:** remover primeiramente a sujeira com água e detergente. **Superfícies mofadas:** aplicar solução de água e hipoclorito na proporção de uma parte de água para uma parte de hipoclorito e enxaguar após 6 h. Aplicar após, no mínimo, 24 h de secagem. **Superfícies com brilho:** devem ser lixadas e limpas antes da aplicação.

3 4 Preparação especial

Não aplicar o produto em superfícies úmidas. Tratar o problema da umidade antes da aplicação da tinta. O produto não pode ser aplicado sobre superfícies esmaltadas, vitrificadas, enceradas ou não porosas.

3 4 Preparação em demais superfícies

Reboco fraco ou caiações: proceder a remoção das partes soltas, lixar e aplicar o Fundo Preparador de Paredes Ciacollor. Em alguns casos, faz-se necessário o uso de massa acrílica (exterior) ou massa corrida (interior) para correção da superfície antes da aplicação da tinta. **Reboco novo:** aguardar tempo de cura de, no mínimo, 30 dias e utilizar uma demão de Selador Acrílico Ciacollor. Após esse processo, aplicar a tinta.

3 4 Precauções / dicas / advertências

Ler atentamente a embalagem antes de utilizar o produto. Mantê-lo fora do alcance de crianças e animais. Não ingerir ou inalar os vapores. Evitar o contato com a pele e os olhos. Em caso de contato com a pele, procurar um médico.

3 Principais atributos do produto 3

Tem alto rendimento, baixo odor e acabamento refinado.

4 Principais atributos do produto 4

Tem excelente rendimento, baixo odor e é antimofo.

Tinta Acrílica Standard — 3

STANDARD

PROGRAMA SETORIAL da Qualidade TINTAS IMOBILIÁRIAS ABRAFATI

ACABAMENTO FOSCO

É uma tinta indicada para pintura de superfícies em áreas internas e externas, como alvenaria, reboco, fibrocimento, concreto e gesso. Esse produto segue classificação das normas NBR 11702 – tipo 4.5.2 – e NBR 15079.

USE COM: Massa Corrida; Fundo Preparador de Paredes

Embalagens/rendimento

Lata (18 L ou 16,2 L): até 300 m²/demão.
Galão (3,6 L ou 3,24 L): até 60 m²/demão.

Aplicação

Aplicar 2 demãos, respeitando o tempo de 4 h entre demãos. Dependendo das condições da superfície, pode haver necessidade de uma demão adicional.

Cor

18 cores disponíveis em linha e mais 1.500 no Ciasystem Ciacollor

Acabamento

Fosco

Diluição

Primeira demão: diluir 20% com água limpa. Segunda demão: diluir 10% com água limpa. Mexer o produto para que atinja o ponto ideal de aplicação e rendimento.

Secagem

Ao toque: 1 h
Entre demãos: 4 h
Final: 72 h

Tinta Acrílica Econômica — 4

ECONÔMICA

ACABAMENTO FOSCO

É uma tinta acrílica fosca à base d'água, de fácil aplicação, que proporciona baixo nível de respingo e oferece bom acabamento. Indicada para pinturas de superfícies de alvenaria em áreas internas. Esse produto segue classificação da norma NBR 11702 – tipo 4.5.3.

USE COM: Massa Corrida; Fundo Preparador de Paredes

Embalagens/rendimento

Lata (18 L ou 16,2 L): até 300 m²/demão.
Galão (3,6 L ou 3,24 L): até 60 m²/demão.

Aplicação

Aplicar 2 demãos, respeitando o tempo de 4 h entre demãos. Dependendo das condições da superfície, pode haver necessidade de uma demão adicional.

Cor

18 cores disponíveis em linha e mais 1.500 no Ciasystem Ciacollor

Acabamento

Fosco

Diluição

Primeira demão: diluir 20% com água limpa. Segunda demão: diluir 10% com água limpa. Mexer o produto para que atinja o ponto ideal de aplicação e rendimento.

Secagem

Ao toque: 1 h
Entre demãos: 4 h
Final: 72 h

TINTAS Ciacollor
qualidade e economia

Eleganza — 1

Produto indicado para obtenção de efeito texturizado sobre alvenaria bem-nivelada, sem necessidade de aplicação de acabamento posterior, em superfícies externas e internas. Possui um risco ainda mais fino que o Finezza e o Collorgraf, proporcionando uma espessura de camada menor à superfície. Está disponível nas versões Naturale (sem brilho) e Iluminare (com brilho).

USE COM: Verniz Acrílico
Fundo Preparador de Paredes

Embalagens/rendimento

Barrica ou lata (25 kg): 11 a 12 m²/demão.
Saco (15 kg): 7 a 8 m²/demão.
Galão (3,6 L): 2,5 a 3 m²/demão.

Aplicação

Aplicar uma demão.

Cor

Sob encomenda

Acabamento

Fosco e brilhante

Diluição

Pronto para uso.

Secagem

Ao toque: 4 h
Final: 7 dias
Esse tempo pode variar de acordo com as condições climáticas locais no momento da aplicação.

Finezza — 2

Produto indicado para obtenção de efeito texturizado sobre alvenaria, sem necessidade de aplicação de acabamento posterior, em superfícies externas e internas. Possui um risco mais fino que o Collorgraf convencional, proporcionando uma espessura de camada menor à superfície. Está disponível nas versões Naturale (sem brilho) e Iluminare (com brilho).

USE COM: Verniz Acrílico
Fundo Preparador de Paredes

Embalagens/rendimento

Barrica ou lata (25 kg): 9 a 11 m²/demão.
Saco (15 kg): 5 a 7 m²/demão.
Galão (3,6 L): 2 a 3 m²/demão.

Aplicação

Aplicar uma demão.

Cor

Sob encomenda

Acabamento

Fosco e brilhante

Diluição

Pronto para uso.

Secagem

Ao toque: 4 h
Final: 7 dias
Esse tempo pode variar de acordo com as condições climáticas locais no momento da aplicação.

1 2 Preparação inicial

Toda superfície deve estar devidamente limpa, porosa e seca, isenta de pó ou qualquer outro tipo de sujeira. **Superfícies engorduradas ou com graxa:** remover primeiramente a sujeira com água e detergente. **Superfícies mofadas:** aplicar solução de água e hipoclorito na proporção de uma parte de água para uma parte de hipoclorito e enxaguar após 6 h. Aplicar após, no mínimo, 24 h de secagem. **Superfícies com brilho:** devem ser lixadas e limpas antes da aplicação.

1 2 Preparação especial

Não aplicar o produto em superfícies úmidas. Tratar o problema da umidade antes da aplicação da tinta. Não pode ser aplicado sobre superfícies esmaltadas, vitrificadas, enceradas ou não porosas.

1 2 Preparação em demais superfícies

Reboco fraco ou caiações: proceder a remoção das partes soltas, lixar e aplicar o Fundo Preparador de Paredes Ciacollor. Em alguns casos, faz-se necessário o uso de massa acrílica (exterior) ou massa corrida (interior) para correção da superfície antes da aplicação do acabamento. **Reboco novo:** aguardar tempo de cura de, no mínimo, 30 dias e utilizar uma demão de Selador Acrílico ou Primer Ciacollor. Após esse processo, aplicar o acabamento.

1 2 Precauções/dicas/advertências

Ler atentamente a embalagem antes de utilizar o produto. Mantê-lo fora do alcance de crianças e animais. Não ingerir ou inalar os vapores. Evitar o contato com a pele e os olhos. Em caso de contato com a pele, procurar um médico.

1 Principais atributos do produto 1

Tem efeito rústico e acabamento fino ideal para ambientes diferenciados e com requinte.

2 Principais atributos do produto 2

Tem efeito rústico e é um produto diferenciado, ideal para ambientes internos e externos.

A Tintas Ciacollor participa do PSQ (Programa Setorial da Qualidade) da ABRAFATI ligado ao Programa PBQP-H, do Ministério das Cidades. Esse certificado garante ao consumidor que a empresa atende às normas do setor, proporcionando mais segurança.

3 4 Preparação inicial

Toda superfície deve estar devidamente limpa, porosa e seca, isenta de pó ou qualquer outro tipo de sujeira. **Superfícies engorduradas ou com graxa:** remover primeiramente a sujeira com água e detergente. **Superfícies mofadas:** aplicar solução de água e hipoclorito na proporção de uma parte de água para uma parte de hipoclorito e enxaguar após 6 h. Aplicar após, no mínimo, 24 h de secagem. **Superfícies com brilho:** devem ser lixadas e limpas antes da aplicação.

3 4 Preparação especial

Não aplicar o produto em superfícies úmidas. Tratar o problema da umidade antes da aplicação da tinta. O produto não pode ser aplicado sobre superfícies esmaltadas, vitrificadas, enceradas ou não porosas.

3 4 Preparação em demais superfícies

Reboco fraco ou caiações: proceder a remoção das partes soltas, lixar e aplicar o Fundo Preparador de Paredes Ciacollor. Em alguns casos, faz-se necessário o uso de massa acrílica (exterior) ou massa corrida (interior) para correção da superfície antes da aplicação do acabamento. **Reboco novo:** aguardar tempo de cura de, no mínimo, 30 dias e utilizar uma demão de Selador Acrílico ou Primer Ciacollor. Após esse processo, aplicar o acabamento.

3 4 Precauções / dicas / advertências

Ler atentamente a embalagem antes de utilizar o produto. Mantê-lo fora do alcance de crianças e animais. Não ingerir ou inalar os vapores. Evitar o contato com a pele e os olhos. Em caso de contato com a pele, procurar um médico.

3 Principais atributos do produto 3

Tem efeito rústico e é um produto refinado, ideal para ambientes internos e externos.

4 Principais atributos do produto 4

É ideal para locais de grande fluxo, pois não possui relevos pontiagudos.

Projetada Gratare — 3

Produto indicado para obtenção de efeito texturizado com acabamento único e diferenciado sobre alvenaria, em áreas internas e externas. Pode receber aplicação posterior de tinta acrílica.

USE COM:
Tinta Acrílica Premium
Fundo Preparador de Paredes

Embalagens/rendimento

Barrica ou lata (25 kg): 10 a 12 m²/demão.
Saco (15 kg): 6 a 8 m²/demão.
Galão (3,6 L): 2 a 3 m²/demão.

Aplicação

Aplicar uma demão.

Cor

Sob encomenda

Acabamento

Fosco

Diluição

Utilizar até 400 mL de água limpa para cada barrica de 25 kg.

Secagem

Ao toque: 1 h
Final: 7 dias
Esse tempo pode variar de acordo com as condições climáticas locais no momento da aplicação.

Inovare — 4

Produto indicado para obtenção de efeito texturizado rústico sobre alvenaria, sem necessidade de aplicação de acabamento posterior, em superfícies externas e internas. Ideal para áreas de alto tráfego de pessoas, já que não machuca se houver contato. Está disponível nas versões Naturale (sem brilho) e Iluminare (com brilho).

USE COM:
Primer
Fundo Preparador de Paredes

Embalagens/rendimento

Barrica ou lata (25 kg): 13 a 16 m²/demão.
Saco (15 kg): 3 a 4 m²/demão.
Galão (3,6 L): 3 a 5 m²/demão.

Aplicação

A aplicação deve ser feita apenas com desempenadeira, deixando o produto com aspecto plano, sem risco ou aspecto pontiagudo.

Cor

Sob encomenda

Acabamento

Fosco e brilhante

Diluição

Pronto para uso.

Secagem

Ao toque: 4 h
Final: 7 dias
Esse tempo pode variar de acordo com as condições climáticas locais no momento da aplicação.

Textura Emborrachada 1

É uma textura acrílica indicada para obtenção de efeito texturizado sobre alvenaria, sem necessidade de aplicação de acabamento posterior, em superfícies externas e internas. O produto apresenta uma boa elasticidade, o que proporciona uma excelente solução para microfissuras (até 0,05 mm) em paredes de alvenaria. Segue classificação da norma NBR 11702 – tipo 4.6.2.

USE COM: Primer
Fundo Preparador de Paredes

Embalagens/rendimento

Barrica ou lata (25 kg): 13 a 16 m²/demão.
Saco (15 kg): 8 a 9 m²/demão.
Galão (3,6 L): 3 a 4 m²/demão.

Aplicação

Aplicar uma demão. Se necessária uma segunda demão, respeitar o tempo de 4 h entre demãos.

Cor

Sob encomenda

Acabamento

Fosco

Diluição

Pronta para uso. Diluir até 6% com água limpa.

Secagem

Ao toque: 4 h
Entre demãos: 4 h
Final: 7 dias
Esse tempo pode variar de acordo com as condições climáticas locais no momento da aplicação.

Massa Acrílica 2

Esse produto é indicado para nivelar e corrigir imperfeições em paredes e tetos de alvenaria, gesso, reboco, fibrocimento, concreto e cimentado em áreas internas e externas. Segue classificação das normas NBR 11702 – tipo 4.7.1 – e NBR 15348.

USE COM: Ciaturbo
Tinta Acrílica Premium

Embalagens/rendimento

Barrica ou lata (25 kg): 24 a 26 m²/demão.
Balde (25 kg): 24 a 26 m²/demão.
Saco (15 kg): 14 a 16 m²/demão.
Saco (5 kg): 4 a 6 m²/demão.
Balde (3,6 L): 5,5 a 6,5 m²/demão.
Litro (0,9 L): 1,4 a 1,8 m²/demão.

Aplicação

Aplicar 2 demãos, respeitando o tempo de 4 h entre demãos. Dependendo das condições da superfície, pode haver necessidade de uma demão adicional.

Cor

Branco

Acabamento

Não aplicável

Diluição

Pronta para uso.

Secagem

Ao toque: 30 min
Entre demãos: 4 h
Final: 6 h

1 Preparação inicial

Toda superfície deve estar devidamente limpa, porosa e seca, isenta de pó ou qualquer outro tipo de sujeira. **Superfícies engorduradas ou com graxa:** remover primeiramente a sujeira com água e detergente. **Superfícies mofadas:** aplicar solução de água e hipoclorito na proporção de uma parte de água para uma parte de hipoclorito e enxaguar após 6 h. Aplicar após, no mínimo, 24 h de secagem. **Superfícies com brilho:** devem ser lixadas e limpas antes da aplicação.

2 Preparação inicial

O produto não exige homogeneização.

1 Preparação especial

Não aplicar o produto em superfícies úmidas. Tratar o problema da umidade antes da aplicação da tinta. O produto não pode ser aplicado sobre superfícies esmaltadas, vitrificadas, enceradas ou não porosas.

1 Preparação em demais superfícies

Reboco fraco ou caiações: proceder a remoção das partes soltas, lixar e aplicar o Fundo Preparador de Paredes Ciacollor. Em alguns casos, faz-se necessário o uso de massa acrílica (exterior) ou massa corrida (interior) para correção da superfície antes da aplicação do acabamento. **Reboco novo:** aguardar tempo de cura de, no mínimo, 30 dias e utilizar uma demão de Selador Acrílico ou Primer Ciacollor. Após esse processo, aplicar o acabamento.

1 2 Precauções/dicas/advertências

Ler atentamente a embalagem antes de utilizar o produto. Mantê-lo fora do alcance de crianças e animais. Não ingerir ou inalar os vapores. Evitar o contato com a pele e os olhos. Em caso de contato com a pele, procurar um médico.

1 Principais atributos do produto 1

Oferece flexibilidade, excelente aderência e alto poder de enchimento.

2 Principais atributos do produto 2

Tem fácil aplicação e alta resistência, nivela e corrige imperfeições.

A Tintas Ciacollor dispõe de um corpo técnico cuja prioridade é atender às solicitações dos clientes. Essa relação com o mercado permite sanar todas as dúvidas, realizar testes e aproveitar esses conhecimentos para melhorar a qualidade dos produto e do atendimento.

3 Preparação inicial

O produto não exige homogeneização.

4 Preparação inicial

Remover toda poeira, gordura, graxa, mofo ou brilho. **Superfícies engorduradas ou com graxa:** utilizar água e detergente para limpeza. **Superfícies mofadas:** utilizar uma solução de água e hipoclorito de sódio na relação 1:1.

4 Preparação em demais superfícies

Em superfícies onde a penetração do produto é difícil, alargar a fissura com auxílio da ferramenta abre trinca antes da aplicação da massa. Com auxílio de uma espátula flexível ou celuloide, aplicar uma demão da Massa Tapa-Tudo Ciacollor e espalhar uniformemente até o preenchimento total da superfície. Aguardar uma hora e lixar até dar o acabamento necessário. Após 6 h, aplicar a Tinta Acrílica Ciacollor.

4 Precauções / dicas / advertências

Ler atentamente a embalagem antes de utilizar o produto. Mantê-lo fora do alcance de crianças e animais. Não ingerir ou inalar os vapores. Evitar o contato com a pele e os olhos. Em caso de contato com a pele, procurar um médico.

3 Principais atributos do produto 3

É fácil de aplicar e de lixar, nivela e corrige imperfeições.

4 Principais atributos do produto 4

Não retrai, tem alto poder de enchimento, secagem rápida e nivela imperfeições.

Massa Corrida PVA Premium 3

Esse produto é indicado para nivelar e corrigir imperfeições em paredes e tetos de alvenaria, gesso, reboco, fibrocimento, concreto e cimentado em áreas internas. Segue classificação das normas NBR 11702 tipo – 4.7.2 – e NBR 15348.

Embalagens/rendimento

Barrica ou lata (25 kg): 24 a 26 m²/demão.
Balde (25 kg): 24 a 26 m²/demão.
Saco (15 kg): 14 a 16 m²/demão.
Saco (5 kg): 4 a 6 m²/demão.
Balde (3,6 L): 5,5 a 6,5 m²/demão.
Litro (0,9 L): 1,4 a 1,8 m²/demão.

Aplicação

Aplicar 2 demãos, respeitando o tempo de 4 h entre demãos. Dependendo das condições da superfície, pode haver necessidade de uma demão adicional.

Cor

Branco

Acabamento

Não aplicável

Diluição

Pronta para uso.

Secagem

Ao toque: 30 min
Entre demãos: 4 h
Final: 6 h

USE COM: Ciaturbo
Tinta Acrílica Premium

Massa Tapa-Tudo 4

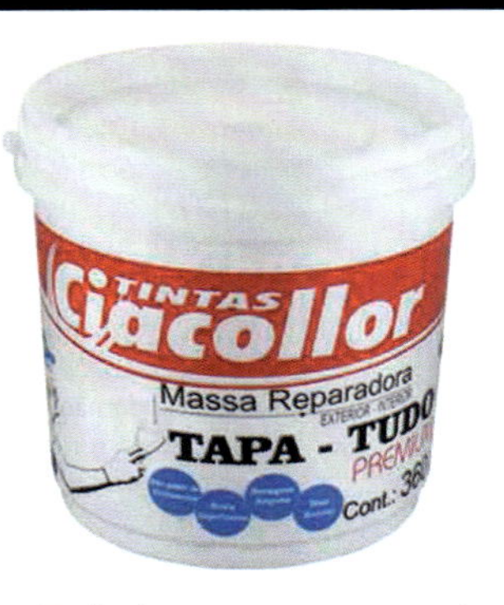

A Massa Tapa-Tudo é uma massa reparadora de fácil aplicação e baixo odor indicada para reparos e preenchimento de microfissuras, fissuras, rachaduras e buracos em paredes de alvenaria, cimento, gesso, reboco e madeira, em superfícies internas e externas. Disponível em embalagens de 90 g, 360 g e 1,44 kg.

Embalagens/rendimento

Pote plástico (360 g e 90 g).
Não determinável, pois furos, trincos e rachaduras podem ser das mais diversas espessuras e profundidades. O rendimento pode variar de acordo com as condições da superfície, os equipamentos utilizados e a experiência do aplicador.

Aplicação

Aplicar uma demão. Se necessária uma segunda demão, respeitar o tempo de 6 h entre demãos.

Cor

Branco

Acabamento

Não aplicável

Diluição

Pronta para uso.

Secagem

Ao toque: 1 h
Final: 6 h

USE COM: Massa Corrida
Massa Acrílica

0800-006-2323
www.ciacollor.com.br

Fundo Preparador de Paredes 1

Esse produto é indicado para selar superfícies em alvenaria porosa, aumentando seu poder de coesão em áreas internas e externas. Segue classificação da norma NBR 11702 – tipo 4.1.2.7.

Embalagens/rendimento

Balde (18 L): 200 a 250 m²/demão.
Balde (3,6 L): 40 a 50 m²/demão.
Litro (0,9 L): 10 a 13 m²/demão.

Aplicação

Aplicar uma demão.

Cor

Incolor

Acabamento

Não aplicável

Diluição

Diluir até 50% com água limpa.

Secagem

Ao toque: 30 min
Final: 4 h

USE COM: Ciaturbo; Tinta Acrílica Premium

Fundo Preparador Base Solvente 2

É um fundo indicado para aplicação em superfícies de reboco novo, reboco fraco, tijolo, gesso, caiação e concreto. Esse produto segue classificação da norma NBR 11702 – tipo 4.1.1.5.

Embalagens/rendimento

Lata (18 L): 100 a 200 m²/demão.
Galão (3,6 L): 20 a 40 m²/demão.
Litro (0,9 L): 5 a 10 m²/demão.

Aplicação

Aplicar uma ou 2 demãos dependendo das condições da superfície, respeitando o tempo de 6 h entre demãos.

Cor

Incolor

Acabamento

Não aplicável

Diluição

Pronto para uso.

Secagem

Ao toque: 10 min
Entre demãos: 6 h
Final: 12 h

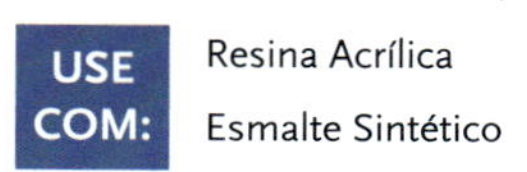

Resina Acrílica
Esmalte Sintético

1 2 Preparação inicial

Superfícies engorduradas ou com graxa: remover primeiramente a sujeira com água e detergente. **Superfícies mofadas:** aplicar solução de água e hipoclorito na proporção de uma parte de água para uma parte de hipoclorito e enxaguar após 6 h. Aplicar o fundo após, no mínimo, 24 h de secagem.

1 Preparação inicial

Toda superfície deve estar devidamente limpa, porosa e seca, isenta de pó ou qualquer outro tipo de sujeira. **Superfícies com brilho:** devem ser lixadas e limpas antes da aplicação.

2 Preparação inicial

A superfície deve estar firme (coesa), limpa, seca, sem poeira, gordura ou mofo. Raspar ou escovar as partes soltas antes da aplicação.

1 Preparação especial

Não aplicar o produto em superfícies úmidas. Tratar o problema da umidade antes da aplicação. O produto não pode ser aplicado sobre superfícies esmaltadas, vitrificadas, enceradas ou não porosas.

2 Preparação especial

Não utilizar o produto em superfícies esmaltadas, vitrificadas, com cera ou silicone ou, ainda, em pisos de cimento queimado.

1 Preparação em demais superfícies

Reboco fraco ou caiações: proceder a remoção das partes soltas, lixar e aplicar o Fundo Preparador de Paredes Ciacollor. Em alguns casos, faz-se necessário o uso de massa acrílica (exterior) ou massa corrida (interior) para correção da superfície antes da aplicação do acabamento.

1 2 Precauções/dicas/advertências

Ler atentamente a embalagem antes de utilizar o produto. Mantê-lo fora do alcance de crianças e animais. Não ingerir ou inalar os vapores. Evitar o contato com a pele e os olhos. Em caso de contato com a pele, procurar um médico.

2 Precauções/dicas/advertências

Produto inflamável.

1 Principais atributos do produto 1

Tem excelente poder de agregação de partículas, prepara e uniformiza a superfície.

2 Principais atributos do produto 2

Oferece maior aderência na pintura final, prepara e uniformiza a superfície.

qualidade e economia

3 Preparação inicial

Toda superfície deve estar devidamente limpa, porosa e seca, isenta de pó ou qualquer outro tipo de sujeira. **Superfícies engorduradas ou com graxa:** remover primeiramente a sujeira com água e detergente. **Superfícies mofadas:** aplicar solução de água e hipoclorito na proporção de uma parte de água para uma parte de hipoclorito e enxaguar após 6 h. Aplicar após, no mínimo, 24 h de secagem. **Superfícies com brilho:** devem ser lixadas e limpas antes da aplicação.

4 Preparação inicial

Toda a superfície deve estar devidamente limpa e seca, isenta de pó ou qualquer outro tipo de sujeira, graxa, desmoldante etc. A superfície não deve apresentar tijolos ou blocos quebrados, rachados ou trincados. Em caso de peças quebradas ou buracos, tratar o problema antes de iniciar o nivelamento da superfície. A superfície não deve estar com umidade nem com bolor.

3 Preparação especial

Não aplicar o produto em superfícies úmidas. Tratar o problema da umidade antes da aplicação da tinta. O produto não pode ser aplicado sobre superfícies esmaltadas, vitrificadas, enceradas ou não porosas.

4 Preparação especial

Em virtude de seu alto poder de enchimento, o Revestimento Nivelador Exterior pode ser utilizado para nivelar superfícies que possuam textura ou Collorgraf. A não observância dessas recomendações pode acarretar problemas de aderência e manchamentos.

3 Preparação em demais superfícies

Reboco fraco ou caiações: proceder a remoção das partes soltas, lixar e aplicar o Fundo Preparador de Paredes Ciacollor. Em alguns casos, faz-se necessário o uso de massa acrílica (exterior) ou massa corrida (interior) para correção da superfície antes da aplicação do acabamento. **Reboco novo:** aguardar tempo de cura de, no mínimo, 30 dias e utilizar uma demão de Selador Acrílico ou Primer Ciacollor. Após esse processo, aplicar o acabamento.

3 4 Precauções / dicas / advertências

Ler atentamente a embalagem antes de utilizar o produto. Mantê-lo fora do alcance de crianças e animais. Não ingerir ou inalar os vapores. Evitar o contato com a pele e os olhos. Em caso de contato com a pele, procurar um médico.

3 Principais atributos do produto 3

Oferece mais cobertura, tem excelente poder de enchimento e é utilizado como fundo para Collorgraf Ciacollor.

4 Principais atributos do produto 4

Substitui reboco, nivela e corrige imperfeições, permite 10% de diluição, tem excelente acabamento e é para uso interior.

Primer 3

Esse produto é indicado para selar superfícies em alvenaria reduzindo a absorção em áreas internas e externas.

USE COM: Textura; Collorgraf

Embalagens/rendimento

Barrica (20 kg): 85 a 125 m²/demão.
Lata (18 L): 100 a 150 m²/demão.
Galão (3,6 L): 20 a 25 m²/demão.
O rendimento pode sofrer alteração de acordo com a superfície, a ferramenta utilizada e a experiência do aplicador.

Aplicação

Aplicar de uma a 3 demãos.

Cor

30 cores disponíveis em estoque e disponível no Ciasystem Ciacollor

Acabamento

Fosco

Diluição

Diluir até 10% com água limpa. Antes de iniciar a pintura, mexer o produto novamente para que atinja o ponto ideal de aplicação e rendimento.

Secagem

Ao toque: 30 min
Entre demãos: 4 h
Final: 6 h
Esse tempo pode variar de acordo com as condições climáticas locais no momento da aplicação.

Revestimento Nivelador Exterior 4

É um revestimento acrílico com excelente poder de enchimento, indicado para substituir o reboco em paredes de tijolos cerâmicos ou blocos de boa qualidade com assentamento bem-feito. Também pode ser usado para nivelar e corrigir imperfeições em paredes de alvenaria em geral.

USE COM: Textura; Massa de Assentamento

Embalagens/rendimento

Barrica (25 kg): 7 a 8 m²/demão.
Saco (15 kg): 4 a 5 m²/demão.
Saco (5 kg): 1,5 a 2 m²/demão.

Aplicação

Aplicar 2 demãos, respeitando o tempo de 4 h entre demãos. A espessura de camada ideal é de 1,5 a 2 mm por demão aplicada. Dependendo das condições da superfície, pode haver necessidade de uma demão adicional.

Cor

Branco

Acabamento

Não aplicável

Diluição

Pode-se usar até 10% de água limpa para diluição dependendo do equipamento de aplicação.

Secagem

Ao toque: 30 min
Entre demãos: 4 h
Final: 6 h

Você está na seção:

1 ALVENARIA > COMPLEMENTO

2 METAIS E MADEIRA > ACABAMENTO

Revestimento Nivelador Interior 1

É um revestimento acrílico com excelente poder de enchimento, indicado para substituir o reboco em paredes de tijolos cerâmicos ou blocos de boa qualidade com assentamento bem-feito. Também pode ser usado para nivelar e corrigir imperfeições em paredes de alvenaria em geral.

Embalagens/rendimento

Barrica (25 kg): 7 a 8 m²/demão.
Saco (15 kg): 4 a 5 m²/demão.
Saco (5 kg): 1,5 a 2 m²/demão.

Aplicação

Aplicar 2 demãos, respeitando o tempo de 4 h entre demãos. A espessura de camada ideal é de 1,5 a 2 mm por demão aplicada. Dependendo das condições da superfície, pode haver necessidade de uma demão adicional.

Cor

Branco

Acabamento

Não aplicável

Diluição

Pode-se usar até 10% de água limpa para diluição dependendo do equipamento de aplicação.

Secagem

Ao toque: 30 min
Entre demãos: 4 h
Final: 6 h

Textura

Massa de Assentamento

Esmalte Sintético 2

É um esmalte indicado para aplicação em superfícies metálicas, madeira ou alvenaria, em áreas externas e internas. Proporciona excelente resistência ao intemperismo e à radiação solar, prolongando a durabilidade da pintura.

Embalagens/rendimento

Lata (18 L ou 16,2 L) : 200 a 240 m²/demão.
Galão (3,6 L ou 3,24 L): 40 a 48 m²/demão.
Litro (0,9 L ou 0,81 L): 10 a 12 m²/demão.
Embalagem (225 mL): 2,5 a 3 m²/ demão.

Aplicação

Aplicar 2 demãos, respeitando o tempo de 4 h entre demãos. Dependendo das condições da superfície, pode haver necessidade de uma demão adicional.

Cor

29 cores disponíveis em linha e mais 1.500 no Ciasystem Ciacollor

Acabamento

Fosco, acetinado e brilhante

Diluição

Diluir de 10% a 20% com aguarrás.

Secagem

Ao toque: 2 a 4 h
Entre demãos: 6 h
Final: 72 h

Zarcão Universal

Fundo Sintético Nivelador

1 Preparação inicial

Toda a superfície deve estar devidamente limpa e seca, isenta de pó ou qualquer outro tipo de sujeira, graxa, desmoldante etc. A superfície não deve apresentar tijolos ou blocos quebrados, rachados ou trincados. Em caso de peças quebradas ou buracos, tratar o problema antes de iniciar o nivelamento da superfície. A superfície não deve estar com umidade, nem com bolor.

2 Preparação inicial

Madeiras novas: eliminar as farpas, retirando a poeira com um pano úmido. Aplicar uma demão de Fundo Sintético Nivelador Ciacollor. Em caso de imperfeições, corrigir com Massa para Madeira. Nivelar a porosidade com mais uma demão de Fundo Sintético Nivelador Ciacollor. Em seguida, aplicar o Esmalte Sintético Ciacollor. Em caso de aplicação de vernizes, preparar a superfície com uma demão de Seladora para Madeira diluída com thinner forte. Lixar após uma hora e eliminar a poeira. Finalizar aplicando o verniz.

1 Preparação especial

Em virtude de seu alto poder de enchimento, o Revestimento Nivelador Interior pode ser utilizado para nivelar superfícies que possuam textura ou Collorgraf. A não observância dessas recomendações pode acarretar problemas de aderência e manchamentos.

2 Preparação especial

Repintura: certificar-se de que não há brilho na superfície e, apenas depois, aplicar o esmalte. Se houver brilho, eliminar com lixa adequada. A não observância desse processo pode acarretar problemas de baixo brilho e aderência.

2 Preparação em demais superfícies

Ferros ou aços: eliminar possíveis pontos de ferrugem ou qualquer outra impureza. Limpar a superfície com um pano seco embebido em thinner ou aguarrás. Aplicar uma demão de Zarcão Universal Ciacollor. Após secagem do zarcão, aplicar o Esmalte Sintético Ciacollor. **Galvanizados ou alumínios:** limpar com um pano úmido e aguardar a secagem. Aplicar uma demão de Fundo para Galvanizado. Aguardar secagem do fundo e, depois, aplicar o esmalte.

1 Precauções/dicas/advertências

Manter o produto fora do alcance de crianças e animais. Não ingerir ou inalar os vapores. Evitar o contato com a pele e os olhos. Em caso de contato com a pele, procurar um médico.

2 Precauções/dicas/advertências

Contém líquidos e vapores inflamáveis. Provoca irritação à pele. Pode provocar reações alérgicas na pele. Suspeita-se de que prejudique a fertilidade ou o feto. Suspeito de provocar câncer. Tóxico para organismos aquáticos, com efeitos prolongados. Manter fora do alcance das crianças.

1 Principais atributos do produto 1

Substitui reboco, nivela e corrige imperfeições, permite 10% de diluição, tem excelente acabamento e é para uso exterior.

2 Principais atributos do produto 2

Tem alto rendimento, secagem rápida e é para aplicação interior e exterior.

3 4 Preparação inicial

Madeiras novas: eliminar as farpas, retirando a poeira com um pano úmido. Aplicar uma demão de Fundo Sintético Nivelador Ciacollor. Em caso de imperfeições, corrigir com Massa para Madeira. Nivelar a porosidade com mais uma demão de Fundo Sintético Nivelador Ciacollor. Em seguida, aplicar o produto.

3 4 Preparação especial

Repintura: certificar-se de que não há brilho na superfície e, apenas depois, aplicar o produto. Se houver brilho, eliminar com lixa adequada. A não observância desse processo pode acarretar problemas de baixo brilho e aderência.

4 Preparação em demais superfícies

Ferros ou aços: eliminar possíveis pontos de ferrugem ou qualquer outra impureza. Limpar a superfície com um pano seco embebido em thinner ou aguarrás. Proceder a diluição do produto e aplicar de 2 a 3 demãos do Esmalte Base Água Ciacollor diretamente na superfície. **Galvanizados ou alumínios:** limpar com um pano úmido e aguardar a secagem. Proceder a diluição do produto e aplicar de 2 a 3 demãos do Esmalte Base Água Ciacollor diretamente na superfície galvanizada.

3 Precauções / dicas / advertências

Contém líquidos e vapores inflamáveis. Provoca irritação à pele. Pode provocar reações alérgicas na pele. Suspeita-se de que prejudique a fertilidade ou o feto. Suspeito de provocar câncer. Tóxico para organismos aquáticos, com efeitos prolongados. Manter fora do alcance das crianças.

4 Precauções / dicas / advertências

Ler atentamente a embalagem antes de utilizar o produto. Mantê-lo fora do alcance de crianças e animais. Não ingerir ou inalar os vapores. Evitar o contato com a pele e os olhos. Em caso de contato com a pele, procurar um médico.

3 Principais atributos do produto 3

Oferece excelente brilho, ótima cobertura e acabamento brilhante.

4 Principais atributos do produto 4

Tem baixo odor, acabamento brilhante e secagem rápida.

Tinta a Óleo 3

ACABAMENTO BRILHANTE

É um produto indicado para aplicação em superfícies de madeira, em áreas externas e internas. Esse produto segue classificação das normas NBR 11702 – tipo 4.2.1.3 – e NBR 15494.

Embalagens/rendimento

Lata (18 L): 200 a 240 m²/demão.
Galão (3,6 L): 40 a 48 m²/demão.
Litro (0,9 L): 10 a 12 m²/demão.

Aplicação

Aplicar 2 demãos. Se necessária uma terceira demão, respeitar o tempo de 4 h entre demãos.

Cor

Branco, gelo, marfim, areia, platina e camurça

Acabamento

Brilhante

Diluição

Diluir de 10% a 20% com aguarrás.

Secagem

Ao toque: 4 a 6 h
Entre demãos: 8 h
Final: 72 h

USE COM: Aguarrás
Fundo Sintético Nivelador

Esmalte Base Água 4

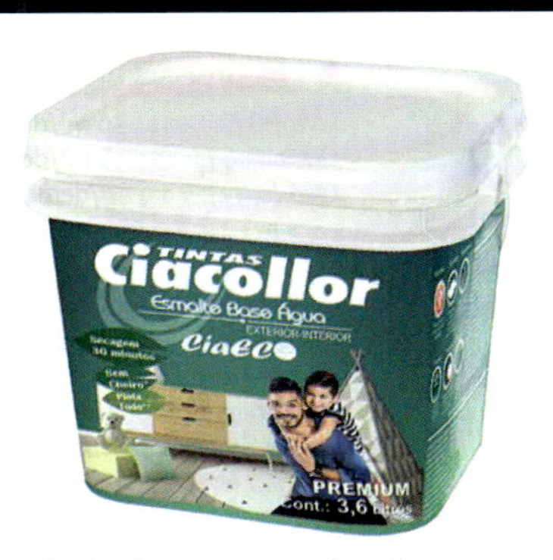

É um esmalte indicado para aplicação em superfícies de metais ferrosos, madeira, alumínio ou galvanizado, em áreas externas e internas. Esse produto segue classificação da norma NBR 11702 – tipo 4.2.2.1.

Embalagens/rendimento

Lata (18 L ou 16,2 L): 175 a 225 m²/demão.
Galão (3,6 L ou 3,24 L): 35 a 45 m²/demão.
Lata (0,9 L ou 0,81 L): 9 a 11 m²/demão.

Aplicação

Aplicar 2 demãos. Se necessária uma terceira demão, respeitar o tempo de 4 h entre demãos.

Cor

29 cores disponíveis em linha e mais 1.500 no Ciasystem Ciacollor

Acabamento

Acetinado e brilhante

Diluição

Pistola: diluir até 30% com água limpa. Pincel, trincha ou rolo: diluir até 10% com água limpa.

Secagem

Ao toque: 30 min
Entre demãos: 4 h
Final: 72 h

Esmalte Metálico

É um esmalte indicado para aplicação em superfícies metálicas em geral, em áreas externas e internas. Apresenta aspecto metalizado, embelezando e protegendo grades, portões, corrimãos etc. Esse produto segue classificação da norma NBR 11702 – tipo 4.2.1.6.

Embalagens/rendimento

Galão (3,6 L): 32 a 40 m²/demão.
Litro (0,9 L): 8 a 10 m²/demão.

Aplicação

Aplicar 2 demãos. Se necessária uma terceira demão, respeitar o tempo de 4 h entre demãos.

Cor

Cinza grafite, dourado laredo, marrom avelã 80, marrom bronze I, marrom bronze II, ouro antigo, ouro Savoia, ouro velho e ouro Vila Rica

Acabamento

Brilhante

Diluição

Diluir de 10% a 20% com aguarrás.

Secagem

Ao toque: 1 a 2 h
Entre demãos: 4 h
Final: 72 h

USE COM: Aguarrás
Zarcão Universal

Fundo para Galvanizado

É um fundo indicado para aplicação em superfícies galvanizadas e metais. Esse produto segue classificação da norma NBR 11702 – tipo 4.1.1.1.

Embalagens/rendimento

Galão (3,6 L): 40 a 48 m²/demão.
Litro (0,9 L): 10 a 12 m²/demão.

Aplicação

Aplicar uma ou 2 demãos dependendo das condições da superfície, respeitando o tempo de 6 h entre demãos.

Cor

Branco

Acabamento

Fosco

Diluição

Diluir de 10% a 20% com aguarrás.

Secagem

Ao toque: 2 a 4 h
Entre demãos: 6 h
Final: 72 h

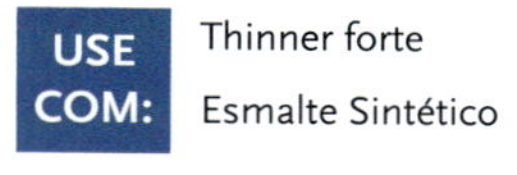

USE COM: Thinner forte
Esmalte Sintético

1 Preparação inicial

Ferros ou aços: eliminar possíveis pontos de ferrugem ou qualquer outra impureza. Limpar a superfície com um pano seco embebido em thinner ou aguarrás. Aplicar uma demão de Zarcão Universal Ciacollor. Após secagem do zarcão, aplicar o Esmalte Metálico Ciacollor.

2 Preparação inicial

A superfície deve ser limpa com pano úmido para remoção de toda a sujeira impregnada. Aplicar uma demão de Fundo para Galvanizado. Apenas após a secagem do fundo, aplicar o esmalte.

1 Preparação especial

Repintura: certificar-se de que não há brilho na superfície e, apenas depois, aplicar o esmalte. Se houver brilho, eliminar com lixa adequada. A não observância desse processo pode acarretar problemas de baixo brilho e aderência no acabamento.

2 Preparação especial

Não aplicar o produto em superfícies vitrificadas, esmaltadas, enceradas ou com silicone. A não observância desse processo pode acarretar problemas de aderência.

1 Preparação em demais superfícies

Galvanizados ou alumínios: limpar com um pano úmido e aguardar a secagem. Aplicar uma demão de Fundo para Galvanizado. Aguardar secagem do fundo e, depois, aplicar o esmalte.

1 Precauções/dicas/advertências

Contém líquidos e vapores inflamáveis. Provoca irritação à pele. Pode provocar reações alérgicas na pele. Suspeita-se de que prejudique a fertilidade ou o feto. Suspeito de provocar câncer. Tóxico para organismos aquáticos, com efeitos prolongados. Manter fora do alcance das crianças.

2 Precauções/dicas/advertências

Manter o produto fora do alcance de crianças e animais. Produto inflamável. Não ingerir ou inalar os vapores. Evitar o contato com a pele e os olhos. Em caso de contato com a pele, procurar um médico.

1 Principais atributos do produto 1

Oferece secagem rápida, extrabrilho e excelente acabamento.

2 Principais atributos do produto 2

Tem excelente aderência, fácil aplicação e alta cobertura.

A Tintas Ciacollor disponibiliza vídeos explicativos de alguns produtos de nossa ampla linha. Visite nossa página na internet e acompanhe.

3 Preparação inicial

Toda superfície deve estar devidamente limpa, porosa e seca, isenta de pó ou qualquer outro tipo de sujeira. **Superfícies engorduradas ou com graxa:** remover primeiramente a sujeira com água e detergente. **Superfícies mofadas:** aplicar solução de água e hipoclorito na proporção de uma parte de água para uma parte de hipoclorito e enxaguar após 6 h. Aplicar após, no mínimo, 24 h de secagem. **Superfícies com brilho:** devem ser lixadas e limpas antes da aplicação.

4 Preparação inicial

A superfície deve estar firme (coesa), limpa e seca, sem poeira, gordura ou mofo. Se a superfície não estiver regularizada e com caimento, realizar a regularização utilizando uma argamassa com traço 3:1, areia e cimento e deixar um caimento para saídas de água.

3 Preparação em demais superfícies

Telhados galvanizados velhos: remover toda a ferrugem, limpar a superfície, aplicar uma demão de Primer para Galvanizado Ciacollor e, após secagem, aplicar a Tinta Emborrachada Ciacollor. **Telhados galvanizados novos:** limpar a superfície com desengraxante e, após secagem, aplicar a Tinta Emborrachada Ciacollor.

4 Preparação em demais superfícies

As trincas devem ser previamente corrigidas utilizando-se uma tela de poliéster. Após esses procedimentos, realizar a aplicação da primeira demão com o Cialajes. Respeitando o intervalo de 4 h entre uma demão e outra, realizar a aplicação de mais 2 demãos de forma cruzada.

3 4 Precauções / dicas / advertências

Ler atentamente a embalagem antes de utilizar o produto. Mantê-lo fora do alcance de crianças e animais. Não ingerir ou inalar os vapores. Evitar o contato com a pele e os olhos. Em caso de contato com a pele, procurar um médico.

3 Principais atributos do produto 3

Sela, pinta, é antimofo, impermeabiliza, elimina fissuras e protege contra chuva.

4 Principais atributos do produto 4

Impermeabiliza, reflete a luz solar e tem alta flexibilidade.

Ciaflex 6 em 1 — 3

O Ciaflex 6 em 1 possui excelentes elasticidade, cobertura e acabamento. Pode ser utilizado para aplicação em paredes de alvenaria em geral corrigindo microfissuras. Também pode ser aplicado em telhados de zinco, alumínio ou galvanizados conferindo redução de ruído e temperatura no ambiente aplicado. Esse produto segue classificação da norma NBR 11702 – tipo 4.5.8.

USE COM: Fundo Preparador de Paredes

Embalagens/rendimento

Lata (18 kg): 100 a 200 m²/demão.
Galão (3,6 kg): 20 a 40 m²/demão.
Litro (0,9 kg): 5 a 10 m²/demão.

Aplicação

Paredes de alvenaria: aplicar de 3 a 4 demãos para cobertura do produto. Telhados de zinco, alumínio ou galvanizados: aplicar de 3 a 4 demãos fartas de forma cruzada.

Cor

10 cores disponíveis em linha e mais 1.500 no Ciasystem Ciacollor

Acabamento

Fosco

Diluição

Todas as demãos: diluir com até 10% de água limpa.

Secagem

Ao toque: 1 h
Entre demãos: 4 h
Final: 72 h

Cialajes — 4

Utilizado para evitar infiltração de água em áreas não sujeitas a tráfego, como lajes, coberturas inclinadas e marquises. O produto possui excelente elasticidade e alta capacidade de reflexão da luz solar, aumentando sua durabilidade e reduzindo o calor absorvido pelo substrato, proporcionando maior conforto térmico.

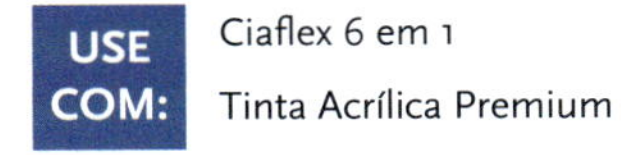
USE COM: Ciaflex 6 em 1
Tinta Acrílica Premium

Embalagens/rendimento

Lata (18 kg): até 45 m²/demão.
Galão (3,6 kg): até 9 m²/demão.

Aplicação

Para se obter um bom resultado, aplicar, no mínimo, 3 demãos cruzadas, respeitando o rendimento de, no mínimo, 400 g/m²/demão. A não observância desse consumo mínimo por área pode prejudicar a eficiência do produto contra penetração de água.

Cor

Branco e outras cores sob encomenda

Acabamento

Fosco

Diluição

Primeira demão: diluir de 10% a 20% com água limpa. Demais demãos: não necessitam de diluição. Homogeneizar o produto utilizando uma espátula retangular.

Secagem

Ao toque: 1 h
Entre demãos: 4 h
Final: 24 h

Resina Acrílica Base Água — 1

É uma resina acrílica brilhante à base d'água que tem como características baixo odor, facilidade de aplicação, baixo VOC e excelente resistência à água. Indicada para aplicação em telhas cerâmicas, de concreto e de amianto, pedras naturais, pisos cimentados, tijolos à vista e concreto aparente. Esse produto segue classificação da norma NBR 11702 – tipo 4.8.3.

Embalagens/rendimento

Balde (18 L): 160 a 200 m²/demão.
Balde (3,6 L): 32 a 40 m²/demão.
Litro (0,9 L): 8 a 10 m²/demão.

Aplicação

Aplicar 2 demãos, respeitando o tempo de 6 h entre demãos.

Cor

Incolor

Acabamento

Brilhante

Diluição

A resina pode ser diluída com 10% a 20% de água limpa.

Secagem

Ao toque: 1 h
Entre demãos: 6 h
Final: 24 h

USE COM: Revestimento Acrílico

Resina Acrílica Base Solvente — 2

É uma resina acrílica brilhante à base de solvente indicada para aplicação em telhas cerâmicas, de concreto e de amianto, pedras naturais, tijolos à vista e concreto aparente. Esse produto segue classificação da norma NBR 11702 – tipo 4.8.3.

Embalagens/rendimento

Lata (18 L): 185 a 225 m²/demão.
Galão (3,6 L): 38 a 45 m²/demão.

Aplicação

Aplicar 2 demãos, respeitando o tempo de 6 h entre demãos. Dependendo das condições da superfície, pode haver necessidade de uma demão adicional.

Cor

Incolor

Acabamento

Brilhante

Diluição

Pronta para uso.

Secagem

Ao toque: 30 min
Entre demãos: 6 h
Final: 12 h
Esse tempo pode variar de acordo com as condições climáticas locais no momento da aplicação.

USE COM: Fundo Preparador de Paredes Base Solvente

1 2 Preparação inicial

Toda superfície deve estar devidamente limpa, porosa e seca, isenta de pó ou qualquer outro tipo de sujeira. **Superfícies engorduradas ou com graxa:** remover primeiramente a sujeira com água e detergente. **Superfícies mofadas:** aplicar solução de água e hipoclorito na proporção de uma parte de água para uma parte de hipoclorito e enxaguar após 6 h. Aplicar após, no mínimo, 24 h de secagem. **Superfícies com brilho:** devem ser lixadas e limpas antes da aplicação.

1 2 Preparação especial

O produto não é recomendado para aplicação em pedras basálticas, pois pode haver esbranquiçamento da superfície. Não utilizar o produto em superfícies esmaltadas, vitrificadas, com cera ou silicone ou, ainda, em pisos de cimento queimado sem tratamento prévio. Se o produto for aplicado em superfícies úmidas, pode haver esbranquiçamento da superfície. A não observância dessas recomendações pode acarretar problemas de baixo brilho e aderência.

1 Precauções/dicas/advertências

Ler atentamente a embalagem antes de utilizar o produto. Mantê-lo fora do alcance de crianças e animais. Não ingerir ou inalar os vapores. Evitar o contato com a pele e os olhos. Em caso de contato com a pele, procurar um médico.

2 Precauções/dicas/advertências

Contém líquidos e vapores inflamáveis. Provoca irritação à pele. Pode provocar reações alérgicas na pele. Suspeita-se de que prejudique a fertilidade ou o feto. Suspeito de provocar câncer. Tóxico para organismos aquáticos, com efeitos prolongados. Manter fora do alcance das crianças.

2 Principais atributos do produto 2

Tem excelente brilho e ótimo acabamento e vem pronta para uso.

Nossa missão: produzir soluções práticas para proteção e decoração com ética, transparência e respeito ao meio ambiente, agregando valor aos imóveis.

3 4 Preparação inicial

Toda superfície deve estar devidamente limpa, porosa e seca, isenta de pó ou qualquer outro tipo de sujeira. **Superfícies engorduradas ou com graxa:** remover primeiramente a sujeira com água e detergente. **Superfícies mofadas:** aplicar solução de água e hipoclorito na proporção de uma parte de água para uma parte de hipoclorito e enxaguar após 6 h. Aplicar após, no mínimo, 24 h de secagem. **Superfícies com brilho:** devem ser lixadas e limpas antes da aplicação.

3 4 Preparação especial

O produto não é recomendado para aplicação em pedras basálticas, pois pode haver esbranquiçamento da superfície. Não utilizar o produto em superfícies esmaltadas, vitrificadas, com cera ou silicone ou, ainda, em pisos de cimento queimado. Se o produto for aplicado em superfícies úmidas, pode haver esbranquiçamento da superfície. A não observância dessas recomendações pode acarretar problemas de baixo brilho e aderência.

3 Preparação em demais superfícies

Pisos de cimento queimado (baixa porosidade): antes de aplicar o produto, faz-se necessário tratar a superfície com ácido muriático para abrir a porosidade. Diluir uma parte do ácido muriático em 2 partes de água e espalhar por toda a superfície. Deixar o ácido agir por cerca de uma hora. Enxaguar bem a superfície com água limpa para garantir que todo o ácido foi removido. Aplicar a resina após 24 h.

3 Precauções / dicas / advertências

Contém líquidos e vapores inflamáveis. Provoca irritação à pele. Pode provocar reações alérgicas na pele. Suspeita-se de que prejudique a fertilidade ou o feto. Suspeito de provocar câncer. Tóxico para organismos aquáticos, com efeitos prolongados. Manter fora do alcance das crianças.

4 Precauções / dicas / advertências

Ler atentamente a embalagem antes de utilizar o produto. Mantê-lo fora do alcance de crianças e animais. Não ingerir ou inalar os vapores. Evitar o contato com a pele e os olhos. Em caso de contato com a pele, procurar um médico.

3 Principais atributos do produto 3

Tem excelente brilho, ótimo acabamento e secagem rápida.

4 Principais atributos do produto 4

Tem alto brilho e excelente acabamento e impermeabiliza o substrato.

Resina Acrílica Base Solvente Colorida 3

É uma resina acrílica brilhante à base de solvente indicada para aplicação em pisos cimentados, telhas cerâmicas, de concreto e de amianto, pedras naturais, tijolos à vista e concreto aparente. Esse produto segue classificação da norma NBR 11702 – tipo 4.8.3.

USE COM: Resina Acrílica Base Solvente
Fundo Preparador de Paredes Base Solvente

Embalagens/rendimento

Lata (18 L): 185 a 225 m²/demão.
Galão (3,6 L): 38 a 45 m²/demão.

Aplicação

Aplicar 2 demãos, respeitando o tempo de 6 h entre demãos. Dependendo das condições da superfície, pode haver necessidade de uma demão adicional.

Cor

Cinza e grafite. Outras cores sob encomenda

Acabamento

Brilhante

Diluição

Pronta para uso. Se necessário diluir, pode-se usar até 10% de thinner forte.

Secagem

Ao toque: 30 min
Entre demãos: 6 h
Final: 12 h

Tinta Telha 4

É uma tinta acrílica à base d'água de fácil aplicação e excelente acabamento. Pode ser aplicada em telhas cerâmicas, de concreto e de amianto, tijolos à vista, pedras naturais e concreto aparente. Esse produto segue classificação da norma NBR 11702 – tipo 4.8.5. Está disponível no acabamento brilhante, nas versões incolor e colorida.

USE COM: Resina Ecológica

Embalagens/rendimento

Balde (18 L): 175 a 200 m²/demão.
Balde (3,6 L): 36 a 40 m²/demão.
O rendimento pode variar em função da experiência do aplicador, da porosidade da superfície e da diluição utilizada na pintura.

Aplicação

Aplicar 2 demãos. Em alguns casos, há necessidade de terceira demão.

Cor

Incolor, branco, cerâmica natural, castanho, pérola, vermelho óxido, caramelo, ônix, cinza, grafite universal, cerâmica e concreto

Acabamento

Brilhante

Diluição

Diluir todas as demãos de 10% a 20% com água limpa.

Secagem

Ao toque: 30 min
Entre demãos: 6 h
Final: 12 h

Você está na seção:

1 OUTRAS SUPERFÍCIES

2 OUTROS PRODUTOS

Verniz Acrílico

1

É um verniz à base d'água indicado para aplicação em ardósias, paredes de concreto, pedras naturais e tijolos à vista. Esse produto segue classificação das normas NBR 11702 – tipo 4.3.1.2.

Embalagens/rendimento

Balde (18 L): 200 a 250 m^2/demão.
Balde (3,6 L): 40 a 50 m^2/demão.

Aplicação

Aplicar 2 demãos. Se necessária uma terceira demão, respeitar o tempo de 4 h entre demãos.

Cor

Incolor

Acabamento

Brilhante

Diluição

Pistola: diluir até 20% com água limpa. Trincha ou rolo: diluir até 10% com água limpa.

Secagem

Ao toque: 30 min
Entre demãos: 4 h
Final: 6 h

USE COM: Textura
Collorgraf

Esmalte Industrial

2

Esmalte indicado para aplicação em superfícies metálicas em geral, como implementos agrícolas, equipamentos industriais e peças metálicas.

Embalagens/rendimento

Lata (18 L): 160 a 190 m^2/demão.
Galão (3,6 L): 36 a 44 m^2/demão.
Litro (0,9 L): 9 a 11 m^2/demão.

Aplicação

Aplicar 2 demãos, respeitando o tempo de 15 a 30 min entre demãos.

Cor

Branco e preto. Outras cores sob encomenda

Acabamento

Fosco e brilhante

Diluição

Pistola: diluir de 15% a 20% com thinner forte. Pincel ou rolo: diluir até 10% com thinner forte.

Secagem

Ao toque: 30 h
Manuseio: 12 h
Final: 72 h

USE COM: Primer Universal
Zarcão Universal

1 Preparação inicial

Toda superfície deve estar devidamente limpa, porosa e seca, isenta de pó ou qualquer outro tipo de sujeira. **Superfícies engordurados ou com graxa:** remover primeiramente a sujeira com água e detergente. **Superfícies mofadas:** aplicar solução de água e hipoclorito na proporção de uma parte de água para uma parte de hipoclorito e enxaguar após 6 h. Aplicar o verniz após, no mínimo, 24 h de secagem. **Superfícies com brilho:** devem ser lixadas e limpas antes da aplicação do acabamento.

2 Preparação inicial

Ferros ou aços: eliminar possíveis pontos de ferrugem ou qualquer outra impureza e lixar, se necessário. Limpar a superfície com um pano embebido em thinner. Aplicar uma demão de Primer Cromato de Zinco Verde e, após secagem, aplicar o Esmalte Industrial.

2 Preparação especial

Assim que abrir a embalagem, mexer o produto com uma espátula/régua ou similar para que ele se torne homogêneo. Ao misturar o solvente, certificar-se de que este esteja totalmente misturado ao produto antes de iniciar a pintura. A não observância desse procedimento, bem como limpeza inadequada, podem causar manchamento, alastramento e descascamento do produto.

1 Preparação em demais superfícies

O Verniz Acrílico Ciacollor pode ser utilizado sobre revestimentos acrílicos (textura, Collorgraf etc.) para proteger a superfície contra penetração de água e também diminuir o desbotamento em cores muito intensas.

2 Preparação em demais superfícies

Galvanizados ou alumínios: limpar com um pano úmido e aguardar a secagem. Aplicar uma demão de Wash Primer. Aguardar secagem do fundo e, depois, aplicar o Esmalte Industrial.

1 2 Precauções/dicas/advertências

Contém líquidos e vapores inflamáveis. Provoca irritação à pele. Pode provocar reações alérgicas na pele. Suspeita-se de que prejudique a fertilidade ou o feto. Suspeito de provocar câncer. Tóxico para organismos aquáticos, com efeitos prolongados. Manter fora do alcance das crianças.

1 Principais atributos do produto 1

Tem alto brilho, excelente resistência e não branqueia.

2 Principais atributos do produto 2

Tem secagem rápida, excelente brilho e ótimo acabamento.

Nossa visão: ser referência em atendimento e inovação de produtos e serviços, com ações voltadas para a preservação do meio ambiente, sendo reconhecida no Brasil e na América Latina.

3 Preparação inicial

Toda superfície deve estar devidamente limpa, porosa e seca, isenta de pó ou qualquer outro tipo de sujeira. **Superfícies engorduradas ou com graxa:** remover primeiramente a sujeira com água e detergente. **Superfícies mofadas:** aplicar solução de água e hipoclorito na proporção de uma parte de água para uma parte de hipoclorito e enxaguar após 6 h. Aplicar após, no mínimo, 24 h de secagem. **Superfícies com brilho:** devem ser lixadas e limpas antes da aplicação.

4 Preparação inicial

A superfície deve estar firme (coesa), limpa, seca e sem poeira, gordura ou mofo. Eliminar qualquer espécie de brilho usando lixa de grana adequada. Raspar ou escovar as partes soltas antes da aplicação.

3 Preparação especial

Não utilizar o produto em superfícies esmaltadas, vitrificadas, com cera, siliconadas, engorduradas ou com óleo. A não observância dessas recomendações pode acarretar problemas de aderência.

3 4 Precauções / dicas / advertências

Ler atentamente a embalagem antes de utilizar o produto. Mantê-lo fora do alcance de crianças e animais. Não ingerir ou inalar os vapores. Evitar o contato com a pele e os olhos. Em caso de contato com a pele, procurar um médico.

4 Precauções / dicas / advertências

Não aplicar o produto em dias chuvosos ou com umidade do ar acima de 90% e temperaturas abaixo de 10 °C. Essas condições de clima podem prejudicar a cura do produto e, consequentemente, o resultado final esperado.

3 Principais atributos do produto 3

Tem secagem rápida, excelente cobertura e ótimo rendimento.

4 Principais atributos do produto 4

Impermeabiliza, não modifica a superfície e evita mofo.

Tinta Demarcação Viária

Tinta acrílica à base de solvente indicada para demarcação em pisos de concreto ou asfalto em áreas de estacionamento ou sujeitas a tráfego de pessoas ou veículos. O produto é de fácil aplicação e tem excelentes cobertura e rendimento.

USE COM: Thinner forte

Embalagens/rendimento

Lata (18 L): até 175 m^2/demão.
Galão (3,6 L): até 35 m^2/demão.

Aplicação

Aplicar 2 demãos, respeitando o tempo de 3 h entre demãos. Dependendo das condições da superfície, pode haver necessidade de uma demão adicional.

Cor

Branco e amarelo demarcação. Outras cores sob encomenda

Acabamento

Fosco

Diluição

Diluir até 20% com thinner forte.

Secagem

Ao toque: 30 min
Entre demãos: 3 h
Final: 6 h
Esse tempo pode variar de acordo com as condições climáticas locais no momento da aplicação.

Silicone Hidrofugante

4

É um hidrofugante, ou seja, evita a penetração da água nas superfícies. É indicado para proteger superfícies como: tijolo à vista, telhas de cerâmica, pedras naturais, cerâmica porosa e concreto aparente. Também pode ser utilizado em rejuntes, evitando manchas e escurecimento. Produto incolor, não dá brilho e não modifica a cor da superfície. Esse produto segue norma NBR 11702 – tipo 4.8.2.

USE COM: Detergente; Hipoclorito de sódio

Embalagens/rendimento

Porosidade grande
Lata (18 L): 20 a 35 m^2/demão.
Galão (3,6 L): 4 a 7 m^2/demão.
Porosidade média
Lata (18 L): 50 a 70 m^2/demão.
Galão (3,6 L): 10 a 14 m^2/demão.
Porosidade pequena
Lata (18 L): 90 a 150 m^2/demão.
Galão (3,6 L): 18 a 30 m^2/demão.

Aplicação

Aplicar uma demão bem carregada. Para um resultado mais efetivo, aplicar 2 demãos, sendo úmido sobre úmido.

Cor

Incolor

Acabamento

Não aplicável

Diluição

Pronto para uso.

Secagem

Final: 8 h

TINTAS Ciacollor

qualidade e economia

Ciabloq

Revestimento acrílico impermeabilizante à base de solvente de alto poder de penetração, indicado para bloquear a umidade. Ideal para superfícies de alvenaria e reboco, especialmente rodapés sujeitos a umidade ascendente, paredes de aterros, muros de arrimos, garagens subterrâneas, pinturas externas de caixas d'água, cisternas, floreiras etc.

Embalagens/rendimento

Lata (18 L): 100 a 125 m²/demão.
Galão (3,6 L): 20 a 25 m²/demão.

Aplicação

Aplicar 2 demãos, respeitando o tempo de 4 h entre demãos. Para evitar umidade ascendente, o produto precisa ser aplicado numa altura de, pelo menos, um metro a partir do piso.

Cor

Branco

Acabamento

Fosco

Diluição

Aplicar a primeira demão do Ciabloq diluída com 30% de thinner forte para penetrar eficientemente na superfície. Aplicar as demais demãos diluídas com 20% de thinner forte de forma cruzada.

Secagem

Ao toque: 1 h
Entre demãos: 4 h
Final: 24 h

USE COM: Massa Tapa-Tudo; Tinta Acrílica Premium

Ciapren

É um impermeabilizante indicado como fundo para evitar penetração de água e corrigir microfissuras em paredes de alvenaria. O produto também é indicado para redução de temperatura e barulho em telhados galvanizados, telhados de zinco e fibrocimento. Esse produto segue classificação da norma NBR 11702 – tipo 4.5.8.

Embalagens/rendimento

Lata (18 kg): 100 a 125 m²/demão.
Galão (3,6 kg): 20 a 25 m²/demão.

Aplicação

Paredes de alvenaria: aplicar de 3 a 4 demãos para cobertura do produto. Telhados de zinco, alumínio ou galvanizados: aplicar de 3 a 4 demãos fartas de forma cruzada.

Cor

Branco

Acabamento

Não aplicável

Diluição

Todas as demãos: diluir de 10% a 20% com água limpa.

Secagem

Ao toque: 1 h
Entre demãos: 4 h
Final: 72 h

USE COM: Tinta Acrílica Premium; Fundo Preparador de Paredes

1 Preparação inicial

Toda superfície deve estar devidamente limpa, porosa e seca, isenta de pó ou qualquer outro tipo de sujeira. **Superfícies engorduradas ou com graxa:** remover primeiramente a sujeira com água e detergente. **Superfícies mofadas:** aplicar solução de água e hipoclorito na proporção de uma parte de água para uma parte de hipoclorito e enxaguar após 6 h. Aplicar após, no mínimo, 24 h de secagem. **Superfícies com brilho:** devem ser lixadas e limpas antes da aplicação.

2 Preparação inicial

A superfície deve estar firme (coesa), limpa, seca e sem poeira, gordura ou mofo. Eliminar qualquer espécie de brilho usando lixa de grana adequada. Raspar ou escovar as partes soltas antes da aplicação.

1 Preparação especial

Prevenção do aparecimento de umidade em superfícies de alvenaria: o produto pode ser utilizado preventivamente em obras recém-construídas. Garantir que a superfície a ser protegida esteja limpa e livre de pó.

1 Preparação em demais superfícies

Superfícies desagregadas (com partes soltas): remover com auxílio de uma espátula, garantindo que toda a pintura, massa ou reboco que esteja solta seja totalmente removida. Limpar a superfície com um pano umedecido em thinner para tirar qualquer resíduo de pó. Aplicar a primeira demão do Ciabloq diluída com 30% de thinner forte para penetrar eficientemente na superfície. Aplicar as demais demãos diluídas com 20% de thinner forte de forma cruzada. O número mínimo recomendado é de 4 demãos para essa situação. Aplicar Massa Acrílica ou Massa Tapa-Tudo Ciacollor, tinta ou revestimento acrílico de acabamento após, no mínimo, 2 semanas da aplicação do Ciabloq. **Superfícies com fissuras ou trincos:** tratar os trincos e as fissuras com massa cimentícia antes da aplicação do Ciabloq. Em seguida, seguir o procedimento de aplicação conforme indicado para superfícies desagregadas.

2 Preparação em demais superfícies

Telhados galvanizados ou de zinco velhos: remover toda a ferrugem, limpar a superfície, aplicar uma demão de Primer para Galvanizado Ciacollor e, após secagem, aplicar de 5 a 6 demãos cruzadas do Ciapren. **Telhados novos:** limpar a superfície com desengraxante e, após secagem, aplicar de 5 a 6 demãos cruzadas do Ciapren. **Fibrocimento:** em superfícies velhas e mofadas, lavar a superfície com uma solução de hipoclorito de sódio e água na proporção de 1:1. Enxaguar e só iniciar a aplicação do Ciapren após a secagem total da superfície. Aplicar de 5 a 6 demãos cruzadas do Ciapren. **Alvenaria:** para impermeabilizar e cobrir microfissuras, aplicar de 3 a 4 demãos cruzadas do Ciapren e, depois, aplicar pelo menos 2 demãos de Tinta Acrílica Premium Ciacollor.

1 2 Precauções/dicas/advertências

Ler atentamente a embalagem antes de utilizar o produto. Mantê-lo fora do alcance de crianças e animais. Não ingerir ou inalar os vapores. Evitar o contato com a pele e os olhos. Em caso de contato com a pele, procurar um médico.

1 Principais atributos do produto 1

É bloqueador de umidade e tem alto poder de penetração e excelente poder de enchimento.

2 Principais atributos do produto 2

Corrige microfissuras, impermeabiliza e sela a superfície.

Fundada em 1985, com a missão de desenvolver e comercializar produtos para embelezar e melhorar a vida das pessoas com qualidade, preço justo e com visão de ser referência em tintas imobiliárias através de práticas sustentáveis, a TINTAS DACAR obteve crescimentos expressivos em seus objetivos.

Hoje, é líder na fabricação de tintas imobiliárias no Paraná e conta com uma linha de mais de 600 ítens rigorosamente testados em todas as fases de produção e distribuição, sendo fiscalizada através do PSQ (Programa Setorial da Qualidade) da ABRAFATI (Associação Brasileira dos Fabricantes de Tintas).

Para garantir a agilidade e entrega rápida dos produtos ao lojista, a DACAR possui um Sistema de Gestão Integrada - SGI, que controla com rapidez o relacionamento entre indústria, vendedor e consumidor, utilizando também uma área de armazenagem de 10.000 m² com todo o estoque verticalizado.

O seu parque industrial conta com 110.000 m² de área e está localizado junto aos principais corredores de ligação norte-sul do país e do Mercosul. A DACAR mantém em sua planta a divisão de produção de Resinas alquídicas e emulsões acrílicas para fortalecer ainda mais a qualidade e a padronização das características e especificações dos produtos.

Além da preocupação com a qualidade, produção e logística, a DACAR está em constante busca por inovações, pesquisas e treinamentos, buscando atender as necessidades de seus consumidores, motivo pelo qual tem conquistado o mercado nacional e internacional com grande aceitação de seus produtos

CERTIFICAÇÕES

INFORMAÇÕES DE SERVIÇO AO CONSUMIDOR

A empresa dispõe de Serviço de Atendimento ao Consumidor pelos canais:
E-mail: dacar@dacar.ind.br

www.dacar.ind.br

SAC (41) 3382-3332

Acrílico Premium 1

É uma tinta indicada para aplicações em superfícies de paredes externas e internas de alvenaria, massa corrida ou acrílica, reboco, concreto, fibrocimento, gesso, texturas e repintura sobre tinta látex. Sua formulação foi especialmente desenvolvida para oferecer uma aplicação com baixo respingo de tinta e excelente rendimento. É lavável e sem cheiro em até 3 h após a aplicação.

USE COM: Massa Corrida; Massa Acrílica

Embalagens/rendimento

Lata (18 L): até 350 m²/demão.
*Lata (16,2 L):** até 310 m²/demão.
Galão (3,6 L): até 70 m²/demão.
*Galão (3,2 L):** até 64 m²/demão.
*Quarto (0,81 L):** até 16 m²/demão.

**Embalagens disponíveis somente no sistema tintométrico.*

Aplicação

Utilizar rolo de lã, pincel ou pistola. Aplicar de 2 a 3 demãos.

Cor

Conforme cartela de cores e disponível também no sistema tintométrico Servcor

Acabamento

Fosco, semibrilho e acetinado

Diluição

Pincel ou rolo: diluir de 10% a 20% com água potável. Pistola: diluir 30% com água potável.

Secagem

Ao toque: 1 h
Entre demãos: 4 h
Final: 12 h

Acrílico Standard 2

Tinta desenvolvida para quem busca uma ótima relação custo-benefício, pois apresenta um excelente rendimento e uma ótima cobertura com resistência aos rigores do sol e da chuva. Tem fácil aplicação e baixo índice de respingos. Indicada para paredes externas e internas de alvenaria, massa corrida ou acrílica, reboco, concreto, fibrocimento, gesso, texturas e repintura sobre tinta látex.

USE COM: Massa Corrida; Massa Acrílica

Embalagens/rendimento

Lata (18 L): até 300 m²/demão.
Galão (3,6 L): até 60 m²/demão.

Aplicação

Utilizar rolo de lã, pincel ou pistola. Aplicar de 2 a 3 demãos.

Cor

Conforme cartela de cores e disponível também no sistema tintométrico Servcor (cores claras)

Acabamento

Fosco e semibrilho

Diluição

Pincel ou rolo: diluir de 10% a 20% com água potável. Pistola: diluir 30% com água potável.

Secagem

Ao toque: 1 h
Entre demãos: 4 h
Final: 12 h

1 2 Preparação inicial

Conforme a NBR 13245, a superfície deve estar limpa, seca, curada, lisa e nivelada, isenta de partículas soltas, óleos, ceras, graxas, mofo, sabão, sais solúveis ou qualquer outra sujidade, com texturas e grau de absorção uniformes.

1 2 Preparação especial

Para uma cobertura perfeita e uniforme da superfície, dependendo das condições de porosidade, uniformidade, textura, contrastes e cor, poderá ser necessário maior número de demãos. Ao trocar a tonalidade de uma superfície, utilizar uma demão de Selador Acrílico Pigmentado Dacar ou uma demão de Acrílico Fosco Branco.

1 2 Preparação em demais superfícies

Superfícies com mofo: limpar com solução 1:1 de água sanitária e água potável. Enxaguar com água e aguardar a secagem da superfície. **Reboco fraco, caiações e partes soltas:** raspar a superfície. Aplicar uma demão de Fundo Preparador de Paredes Base Água diluído com 30% de água potável. **Reboco novo:** aguardar a secagem total da superfície no prazo mínimo de 28 dias. **Imperfeições na superfície:** corrigir com Massa Corrida Dacar para interiores e Massa Acrílica Dacar para exteriores. Em casos de imperfeições profundas, deve-se corrigir com reboco e aguardar a secagem de 28 dias. **Superfícies com gordura ou graxa:** lavar com uma solução de detergente neutro e enxaguar a superfície. Aguardar a secagem para pintar. **Gesso e fibrocimento:** aplicar em ambientes internos 3 demãos de Gesso Dacar e não lavar a superfície durante 30 dias. Em chapas com desmoldantes não adequados, deve-se aplicar Fundo a Óleo Branco. Em seguida, aplicar uma demão de Gesso Dacar.

1 2 Precauções/dicas/advertências

Evitar pintar em dias chuvosos, com ventos fortes, temperaturas abaixo de 10 °C e umidade superior a 85%. Até duas semanas após a pintura, pingos de chuva podem provocar manchas. Se isso ocorrer, lavar toda a superfície com água imediatamente. Evitar retoques isolados após a secagem do produto e utilizar o mesmo lote na continuação da pintura para evitar a variação de cor e acabamento. Ler atentamente as instruções da embalagem ou verificar a Ficha Técnica e/ou a Ficha de Segurança de Produtos Químicos (FISPQ).

1 Principais atributos do produto 1

É lavável e sem cheiro e tem excelente cobertura com um ótimo rendimento.

2 Principais atributos do produto 2

Tem ótima relação custo-benefício e excelente rendimento com uma ótima cobertura.

3 4 Preparação inicial

Conforme a NBR 13245, a superfície deve estar limpa, seca, curada, lisa e nivelada, isenta de partículas soltas, óleos, ceras, graxas, mofo, sabão, sais solúveis ou qualquer outra sujidade, com texturas e grau de absorção uniformes.

3 4 Preparação especial

Para uma cobertura perfeita e uniforme da superfície, dependendo das condições de porosidade, uniformidade, textura, contrastes e cor, poderá ser necessário maior número de demãos.

3 Preparação especial

Ao trocar a tonalidade de uma superfície, utilizar uma demão de Selador Acrílico Pigmentado Dacar ou uma demão de Acrílico Fosco Branco.

4 Preparação especial

Não aplicar em superfície lisa, emborrachada ou vítrea.

3 Preparação em demais superfícies

Superfícies com mofo: limpar com solução 1:1 de água sanitária e água potável. Enxaguar com água e aguardar a secagem da superfície. **Reboco fraco, caiações e partes soltas:** raspar a superfície. Aplicar uma demão de Fundo Preparador de Paredes Base Água diluído com 30% de água potável. **Superfícies com gordura ou graxa:** lavar com uma solução de detergente neutro e enxaguar a superfície. Aguardar a secagem para pintar. **Reboco novo:** aguardar a secagem total da superfície no prazo mínimo de 28 dias. **Imperfeições na superfície:** corrigir com Massa Corrida Dacar para interiores. Em casos de imperfeições profundas, deve-se corrigir com reboco e aguardar a secagem de 28 dias.

4 Preparação em demais superfícies

Superfícies com graxa ou gordura: limpar com sabão ou detergente neutro. **Superfícies com mofo:** limpar com solução 1:1 de cloro e água potável. **Reboco novo:** aguardar a secagem total da superfície no prazo mínimo de 28 dias. **Cimento liso/queimado, antigo ou pouco absorvente:** lixar. Aplicar uma solução de ácido muriático na proporção de 7:3. Lavar com água e deixar a superfície secar por 72 h. **Imperfeições na superfície:** corrigir com reboco e aguardar a secagem de 28 dias. **Telhas antigas:** limpar com água e sabão e, se necessário, limpar com solução 1:1 de cloro e água potável.

3 4 Precauções / dicas / advertências

Evitar pintar em dias chuvosos, com ventos fortes, temperaturas abaixo de 10 °C e umidade superior a 85%. Evitar retoques isolados após a secagem do produto e utilizar o mesmo lote na continuação da pintura para evitar a variação de cor e acabamento. Ler atentamente as instruções da embalagem ou verificar a Ficha Técnica e/ou a Ficha de Segurança de Produtos Químicos (FISPQ).

4 Precauções / dicas / advertências

Até duas semanas após a pintura, pingos de chuva podem provocar manchas. Se isso ocorrer, lavar toda a superfície com água imediatamente. Cores que contenham pigmentos de tom vermelho, amarelo e laranja podem sofrer desbotamento com a incidência de raios UV.

3 Principais atributos do produto 3

Proporciona alta cobertura para aplicações internas.

4 Principais atributos do produto 4

Possui alta resistência.

Acrílico Profissional 3

Produto desenvolvido para quem busca uma tinta de qualidade com economia, proporcionando um belo acabamento com muita cobertura. É ideal para paredes internas de alvenaria, massa corrida ou acrílica, reboco, concreto, fibrocimento, texturas e repintura sobre tinta látex.

USE COM:
Massa Corrida
Massa Acrílica

Embalagens/rendimento

Lata (18 L): até 250 m²/demão.
Balde (18 L): até 250 m²/demão.
Galão (3,6 L): até 50 m²/demão.

Aplicação

Utilizar rolo de lã, pincel ou pistola. Aplicar de 2 a 3 demãos.

Cor

Conforme cartela de cores e disponível também no sistema tintométrico Servcor (cores claras)

Acabamento

Fosco

Diluição

Pincel ou rolo: diluir de 10% a 20% com água potável. Pistola: diluir 30% com água potável.

Secagem

Ao toque: 1 h
Entre demãos: 4 h
Final: 12 h

Acrílico Pisos e Quadras 4

O Acrílico Pisos e Quadras foi especialmente desenvolvido para aplicação em superfícies onde há grande circulação, sobre pisos cimentados, como quadras poliesportivas, calçadas, áreas de lazer, demarcações de garagens, pisos comerciais e outras áreas de concreto rústico. Oferece também uma ótima cobertura com um excelente acabamento, garantindo a aderência necessária para o seu piso.

USE COM:
Selador Acrílico Pigmentado
Fundo Preparador de Paredes

Embalagens/rendimento

Lata (18 L): 250 a 300 m²/demão.
Galão (3,6 L): 50 a 70 m²/demão.
Quarto (0,9 L): 12,5 a 17,5 m²/demão.

Aplicação

Utilizar rolo de lã, pincel ou pistola. Aplicar de 2 a 3 demãos.

Cor

Conforme catálogo de cores

Acabamento

Fosco

Diluição

Primeira demão (pincel ou rolo): diluir de 30% a 40% com água potável. Demais demãos (pincel ou rolo): diluir 30% com água potável. Pistola: diluir 30% com água potável.

Secagem

Ao toque: 1 h
Entre demãos: 4 h
Final: 12 h
Tráfego de pessoas: 24 h
Tráfego de veículos leves: 48 h
Tráfego de veículos pesados: 72 h

Textura Acrílica Rústica 1

A Textura Acrílica Rústica é indicada para uso em superfícies internas e externas de reboco, blocos de concreto, fibrocimento, concreto aparente e pinturas sobre PVA e acrílico. Sua estrutura forma um acabamento riscado com característica hidrorrepelente.

Embalagens/rendimento

Lata (28 kg): 8 a 15 m²/demão.
Lata (24 kg): 7 a 13 m²/demão.

Aplicação

Utilizar desempenadeira.

Cor

Branco, natural e disponível também no sistema tintométrico Servcor

Acabamento

Fosco

Diluição

Pronta para uso.

Secagem

Ao toque: 1 h
Entre demãos: 4 h
Final: 7 dias

Selador Acrílico Pigmentado
Fundo Preparador de Paredes Base Água

Textura Acrílica Desenho 2

A Textura Acrílica Desenho é indicada para aplicação em superfícies internas e externas e possui característica hidrorrepelente, impedindo a penetração de umidade. Em sua formulação, há pequenas quantidades de partículas de quartzo formando uma textura fina.

Embalagens/rendimento

Lata (28 kg): 19 a 29 m²/demão.
Lata (24 kg): 17 a 25 m²/demão.

Aplicação

Utilizar rolo para texturas ou desempenadeira.

Cor

Branco, natural e disponível também no sistema tintométrico Servcor

Acabamento

Fosco

Diluição

Pronta para uso.

Secagem

Ao toque: 1 h
Entre demãos: 4 h
Final: 7 dias

Selador Acrílico Pigmentado
Fundo Preparador de Paredes Base Água.

Preparação inicial

Conforme a NBR 13245, a superfície deve estar limpa, seca, curada, lisa e nivelada, isenta de partículas soltas, óleos, ceras, graxas, mofo, sabão, sais solúveis ou qualquer outra sujidade, com texturas e grau de absorção uniformes.

1 2 Preparação especial

Para uma cobertura perfeita e uniforme da superfície, dependendo das condições de porosidade, uniformidade, textura, contrastes e cor, poderá ser necessário maior número de demãos. Ao trocar a tonalidade de uma superfície, utilizar uma demão de Selador Acrílico Pigmentado Dacar ou uma demão de Acrílico Fosco Branco.

1 2 Preparação em demais superfícies

Superfícies com mofo: limpar com solução 1:1 de água sanitária e água potável. Enxaguar com água e aguardar a secagem da superfície. **Reboco fraco, caiações e partes soltas:** raspar a superfície. Aplicar uma demão de Fundo Preparador de Paredes Base Água diluído com 30% de água potável. **Superfícies com gordura ou graxa:** lavar com uma solução de detergente neutro e enxaguar a superfície. Aguardar a secagem para pintar. **Reboco novo:** aguardar a secagem total da superfície no prazo mínimo de 28 dias. Aplicar uma demão de Selador Acrílico Pigmentado. **Imperfeições na superfície:** corrigir com Massa Corrida Dacar para interiores e Massa Acrílica Dacar para exteriores. Em casos de imperfeições profundas, deve-se corrigir com reboco e aguardar a secagem de 28 dias.

1 2 Precauções/dicas/advertências

Evitar pintar em dias chuvosos, com ventos fortes, temperaturas abaixo de 10 °C e umidade superior a 85%. Evitar retoques isolados após a secagem do produto e utilizar o mesmo lote na continuação da pintura para evitar a variação de cor e acabamento. Ler atentamente as instruções da embalagem ou verificar a Ficha Técnica e/ou a Ficha de Segurança de Produtos Químicos (FISPQ).

1 Principais atributos do produto 1

É resistente e hidrorrepelente.

2 Principais atributos do produto 2

É resistente e hidrorrepelente.

Com a qualidade de seus produtos reconhecida pela ABRAFATI (Associação Brasileira dos Fabricantes de Tintas), a Dacar oferece inovação e excelência em toda a sua linha.

Você está na seção:

3 ALVENARIA > ACABAMENTO

4 ALVENARIA > COMPLEMENTO

3 4 Preparação inicial

Conforme a NBR 13245, a superfície deve estar limpa, seca, curada, lisa e nivelada, isenta de partículas soltas, óleos, ceras, graxas, mofo, sabão, sais solúveis ou qualquer outra sujidade, com texturas e grau de absorção uniformes.

3 Preparação especial

Para uma cobertura perfeita e uniforme da superfície, dependendo das condições de porosidade, uniformidade, textura, contrastes e cor, poderá ser necessário maior número de demãos. Ao trocar a tonalidade de uma superfície, utilizar uma demão de Selador Acrílico Pigmentado Dacar ou uma demão de Acrílico Fosco Branco.

4 Preparação especial

Não aplicar em superfícies com brilho ou camadas altas de massa.

3 4 Preparação em demais superfícies

Superfícies com mofo: limpar com solução 1:1 de água sanitária e água potável. Enxaguar com água e aguardar a secagem da superfície. **Reboco fraco, caiações e partes soltas:** raspar a superfície. Aplicar uma demão de Fundo Preparador de Paredes Base Água diluído com 30% de água potável. **Reboco novo:** aguardar a secagem total da superfície no prazo mínimo de 28 dias. Aplicar uma demão de Selador Acrílico Pigmentado. **Superfícies com gordura ou graxa:** lavar com uma solução de detergente neutro e enxaguar a superfície. Aguardar a secagem para pintar.

3 Preparação em demais superfícies

Imperfeições na superfície: não é necessário corrigir com Massa Corrida ou Massa Acrílica, mas, nos casos de imperfeições profundas, deve-se corrigir com reboco e aguardar a secagem de 28 dias.

3 4 Precauções / dicas / advertências

Evitar pintar em dias chuvosos, com ventos fortes, temperaturas abaixo de 10 °C e umidade superior a 85%. Ler atentamente as instruções da embalagem ou verificar a Ficha Técnica e/ou a Ficha de Segurança de Produtos Químicos (FISPQ).

3 Precauções / dicas / advertências

Evitar retoques isolados após a secagem do produto e utilizar o mesmo lote na continuação da pintura para evitar a variação de cor e acabamento. Para aplicações externas, aplicar tinta acrílica como acabamento.

3 Principais atributos do produto 3

Tem grande poder de enchimento e fácil aplicação.

4 Principais atributos do produto 4

Proporciona economia na tinta de acabamento, é fácil de lixar e tem rápida secagem.

Textura Acrílica Lisa — 3

A Textura Acrílica Lisa é indicada para quem busca um suave efeito decorativo, personalizando e valorizando o ambiente. Pode ser utilizada em superfícies internas e externas de alvenaria, reboco, concreto e fibrocimento.

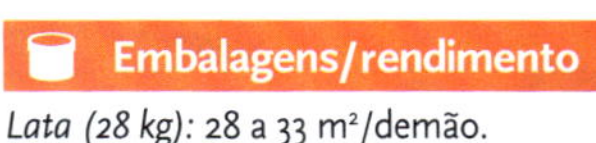

Embalagens/rendimento

Lata (28 kg): 28 a 33 m²/demão.
Lata (24 kg): 24 a 29 m²/demão.

Aplicação

Utilizar rolo para texturas ou desempenadeira.

Cor

Branco, natural e disponível também no sistema tintométrico Servcor

Acabamento

Fosco

Diluição

Pronta para uso.

Secagem

Ao toque: 1 h
Entre demãos: 4 h
Final: 7 dias

USE COM:

Selador Acrílico Pigmentado

Fundo Preparador de Paredes Base Água

Massa Acrílica — 4

A Massa Acrílica foi especialmente desenvolvida para nivelar, corrigir pequenas imperfeições e uniformizar ambientes externos e internos de alvenaria, reboco, gesso, concreto e paredes pintadas com látex em geral. Possui elevada consistência, alto poder de enchimento e excelente aderência.

Embalagens/rendimento

Lata (28 kg): 33 a 45 m²/demão.
Lata (24 kg): 29 a 39 m²/demão.
Saco (15 kg): 17,5 a 25 m²/demão.
Galão (6 kg): 7 a 10 m²/demão.
Litro (1,5 kg): 2 a 2,5 m²/demão.

Aplicação

Utilizar espátula ou desempenadeira de aço.

Cor

Branco

Acabamento

Brilhante

Diluição

Pronta para uso.

Secagem

Ao toque: 30 min
Entre demãos: 1 h
Final: 4 h

Selador Acrílico Pigmentado

Fundo Preparador de Paredes Base Água

Massa Corrida 1

A Massa Corrida foi desenvolvida para quem busca nivelar, corrigir pequenas imperfeições e uniformizar ambientes internos de alvenaria, reboco, gesso, concreto e paredes pintadas com látex em geral. Possui elevada consistência, alto poder de enchimento e ótima aderência.

Embalagens/rendimento

Lata (28 kg): 33 a 45 m²/demão.
Lata (24 kg): 29 a 39 m²/demão.
Saco (15 kg): 17,5 a 25 m²/demão.
Galão (6 kg): 7 a 10 m²/demão.
Litro (1,5 kg): 2 a 2,5 m²/demão.

Aplicação

Utilizar espátula ou desempenadeira de aço.

Cor

Branco

Acabamento

Fosco

Diluição

Pronta para uso.

Secagem

Ao toque: 30 min
Entre demãos: 1 h
Final: 4 h

USE COM: Selador Acrílico Pigmentado
Fundo Preparador de Paredes Base Água

Selador Acrílico Pigmentado 2

O Selador Acrílico Pigmentado é indicado para uniformizar a absorção em superfícies de alvenaria nova e proporcionar um excelente poder de enchimento e cobertura por possuir características selantes que garantem uma maior economia da tinta de acabamento. Possui rápida secagem e ótima aderência às mais diversas superfícies. Pode ser aplicado em áreas internas e externas.

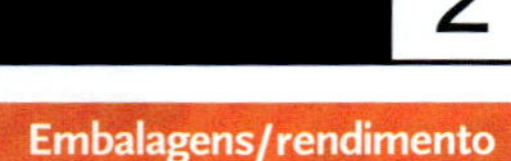

Embalagens/rendimento

Lata (18 L): 100 a 150 m²/demão.
Galão (3,6 L): 20 a 30 m²/demão.

Aplicação

Utilizar rolo de lã, pincel ou pistola. Aplicar uma ou mais demãos de acordo com o estado da superfície.

Cor

Branco

Acabamento

Fosco

Diluição

Diluir de 10% a 20% com água potável.

Secagem

Ao toque: 2 h
Entre demãos: 4 h
Final: 24 h

USE COM: Massa Corrida
Massa Acrílica

1 2 Preparação inicial

Conforme a NBR 13245, a superfície deve estar limpa, seca, curada, lisa e nivelada, isenta de partículas soltas, óleos, ceras, graxas, mofo, sabão, sais solúveis ou qualquer outra sujidade, com texturas e grau de absorção uniformes.

1 Preparação especial

Não aplicar em superfícies com brilho ou camadas altas de massa.

2 Preparação especial

Para uma cobertura perfeita e uniforme da superfície, dependendo das condições de porosidade, uniformidade, textura, contrastes e cor, poderá ser necessário maior número de demãos.

1 2 Preparação em demais superfícies

Superfícies com mofo: limpar com solução 1:1 de água sanitária e água potável. Enxaguar com água e aguardar a secagem da superfície. **Reboco fraco, caiações e partes soltas:** raspar a superfície. Aplicar uma demão de Fundo Preparador de Paredes Base Água diluído com 30% de água potável. **Superfícies com gordura ou graxa:** lavar com uma solução de detergente neutro e enxaguar a superfície. Aguardar a secagem para pintar.

1 Preparação em demais superfícies

Reboco novo: aguardar a secagem total da superfície no prazo mínimo de 28 dias. Aplicar uma demão de Selador Acrílico Pigmentado.

2 Preparação em demais superfícies

Superfícies em bom estado: lixar e eliminar o pó. **Superfícies com umidade:** identificar a origem e tratar de maneira adequada. **Reboco novo:** aguardar a secagem total da superfície no prazo mínimo de 28 dias. **Imperfeições na superfície:** corrigir com Massa Corrida Dacar para interiores e Massa Acrílica Dacar para exteriores. Em casos de imperfeições profundas, deve-se corrigir com reboco e aguardar a secagem de 28 dias. **Superfícies com brilho:** lixar até eliminar o brilho. Retirar o pó e limpar com pano umedecido com água. Aguardar a secagem para aplicar o Selador Acrílico Pigmentado.

1 2 Precauções/dicas/advertências

Evitar pintar em dias chuvosos, com ventos fortes, temperaturas abaixo de 10 °C e umidade superior a 85%. Ler atentamente as instruções da embalagem ou verificar a Ficha Técnica e/ou a Ficha de Segurança de Produtos Químicos (FISPQ).

1 Principais atributos do produto 1

Proporciona economia na tinta de acabamento, é fácil de lixar e tem rápida secagem.

2 Principais atributos do produto 2

Tem excelente poder de enchimento e cobertura.

3 4 Preparação inicial

Conforme a NBR 13245, a superfície deve estar limpa, seca, curada, lisa e nivelada, isenta de partículas soltas, óleos, ceras, graxas, mofo, sabão, sais solúveis ou outra sujidade, com texturas e grau de absorção uniformes.

3 Preparação especial

Não aplicar em superfícies esmaltadas. Aplicar somente uma demão e verificar a não formação de brilho para evitar uma superfície vítrea.

4 Preparação especial

Para uma cobertura perfeita e uniforme da superfície, dependendo das condições de porosidade, uniformidade, textura, contrastes e cor, poderá ser necessário maior número de demãos.

3 Preparação em demais superfícies

Superfícies em bom estado: lixar e eliminar o pó. **Superfícies com umidade:** identificar a origem e tratar de maneira adequada. **Superfícies com gordura ou graxa:** lavar com uma solução de detergente neutro e enxaguar. Aguardar a secagem para pintar. **Superfícies com mofo:** lavar com solução 1:1 de água sanitária e água potável. Enxaguar com água e aguardar a secagem. **Reboco fraco, caiações e partes soltas:** raspar e aplicar uma demão de Fundo Preparador de Paredes Base Água diluído com 30% de água potável. **Reboco novo:** aguardar a secagem total no prazo mínimo de 28 dias. **Imperfeições na superfície:** corrigir com Massa Corrida Dacar para interiores e Massa Acrílica Dacar para exteriores. Em casos de imperfeições profundas, deve-se corrigir com reboco e aguardar a secagem de 28 dias.

4 Preparação em demais superfícies

Madeiras novas: lixar para eliminar farpas. Aplicar uma demão de Fundo Sintético Nivelador. Aguardar a secagem e aplicar tinta de acabamento. **Madeiras (repintura):** lixar para eliminar farpas e de pó. Aplicar a tinta de acabamento. **Partes soltas ou mal-aderidas:** eliminar as partes com problema, raspando ou escovando a superfície. **Partes mofadas:** lavar com uma solução de água sanitária e água na proporção 1:1. Enxaguar e secar com pano. **Ferros novos (sem ferrugem):** lixar, eliminar o pó e aplicar uma demão de Fundo Zarcão. Aguardar secagem e aplicar a tinta de acabamento. **Ferros com ferrugem:** fazer a total remoção da ferrugem utilizando lixa ou escova de aço. Aplicar uma demão de Fundo Zarcão. Após a secagem, lixar novamente e eliminar o pó. **Ferros (repintura):** lixar e eliminar o pó. **Galvanizados novos:** aplicar uma demão de Fundo para Galvanizados Após a secagem, lixar e eliminar o pó. **Galvanizados (repintura):** lixar e eliminar o pó.

3 4 Precauções / dicas / advertências

Evitar pintar em dias chuvosos, com ventos fortes, temperaturas abaixo de 10 °C e umidade superior a 85%. Ler atentamente as instruções da embalagem ou verificar a Ficha Técnica e/ou a Ficha de Segurança de Produtos Químicos (FISPQ).

4 Precauções / dicas / advertências

Uma característica natural da linha de produtos à base de solvente é a tendência à perda gradativa de brilho em ambientes externos e ao amarelecimento das tonalidades branca e gelo em superfícies internas, porém essas características não influenciam na resistência ou na durabilidade da pintura.

3 Principais atributos do produto 3

Tem alto poder de aderência, fixando partículas soltas.

4 Principais atributos do produto 4

Proporciona alta proteção em madeiras e metais, com belíssimo acabamento, e é isento de metais pesados.

Fundo Preparador de Paredes 3

Produto indicado para selar e uniformizar a absorção em paredes internas e externas pulverulentas, atuando como agregador de partículas soltas e proporcionando uma ótima aderência da tinta de acabamento.

USE COM: Massa Corrida; Massa Acrílica

Embalagens/rendimento

Lata (18 L): 150 a 275 m²/demão.
Galão (3,6 L): 30 a 55 m²/demão.

Aplicação

Utilizar rolo de lã, pincel ou pistola.

Cor

Incolor

Acabamento

Semibrilho

Diluição

Diluir de 10% a 100% com água potável. Fazer um teste aplicando o produto na superfície e verificar se há formação de brilho após a aplicação. O correto é diluir até não aparecer brilho.

Secagem

Ao toque: 30 min
Entre demãos: 2 h
Final: 4 h

Esmalte Sintético Premium 4

Produto ideal para superfícies externas e internas de metais ferrosos, galvanizados, madeira, cerâmica não vitrificada e alvenaria. Sua formulação é de alta qualidade e contém silicone, garantindo maior proteção e facilidade de limpeza e reduzindo a aderência de sujeira. Proporciona superior acabamento e super-resistência ao intemperismo.

USE COM: Aguarrás; Fundo para Galvanizados

Embalagens/rendimento

Galão (3,6 L): até 70 m²/demão.
*Galão (3,2 L):** até 64 m²/demão.
Quarto (0,9 L): até 17,5 m²/demão.
*Quarto (0,81 L):** até 16 m²/demão.

*Embalagens disponíveis somente no sistema tintométrico.

Aplicação

Utilizar rolo de espuma, pincel ou pistola. Aplicar de 2 a 3 demãos.

Cor

Conforme cartela de cores e disponível também no sistema tintométrico Servcor

Acabamento

Fosco, acetinado e brilhante

Diluição

Pincel ou rolo: diluir 10% com aguarrás.
Pistola: diluir 30% com aguarrás.

Secagem

Ao toque: 1 a 3 h
Entre demãos: 8 h
Final: 18 h

Esmalte Sintético Standard 1

Produto ideal para superfícies externas e internas de metais ferrosos, galvanizados e madeiras. Sua formulação é de boa qualidade, garantindo maior proteção e facilidade de limpeza e reduzindo a aderência de sujeira. Proporciona superior acabamento e boa resistência ao intemperismo. Fácil de aplicar, possui alto poder de cobertura e rendimento, além de secagem rápida.

USE COM: Aguarrás
Fundo para Galvanizados

Embalagens/rendimento

Galão (3,6 L): até 50 m²/demão.
Quarto (0,9 L): até 12,5 m²/demão.
1/16 (225 mL): até 3,0 m²/demão.
1/32 (112,5 mL): até 1,5 m²/demão.

Aplicação

Utilizar rolo de espuma, pincel ou pistola. Aplicar de 2 a 3 demãos.

Cor

Conforme cartela de cores

Acabamento

Brilhante

Diluição

Pincel ou rolo: diluir 10% com aguarrás.
Pistola: diluir 30% com aguarrás.

Secagem

Ao toque: 4 a 6 h
Entre demãos: 8 h
Final: 24 h

Tinta Óleo 2

STANDARD
PROGRAMA SETORIAL da Qualidade TINTAS IMOBILIÁRIAS ABRAFATI
ACABAMENTO BRILHANTE

Produto indicado para superfícies externas e internas de madeiras, como: portas, esquadrias, portões, beirais, lambris, entre outras. Pode ser aplicado também em superfícies de metal e alvenaria. Fácil de aplicar, proporcionando excelente proteção, com ótima resistência e bom rendimento.

USE COM: Aguarrás
Fundo para Galvanizados

Embalagens/rendimento

Galão (3,6 L): até 40 m²/demão.
Quarto (0,9 L): até 10 m²/demão.

Aplicação

Utilizar rolo de espuma, pincel ou pistola. Aplicar de 2 a 3 demãos.

Cor

Conforme cartela de cores

Acabamento

Brilhante

Diluição

Pincel ou rolo: diluir 10% com aguarrás.
Pistola: diluir 30% com aguarrás.

Secagem

Ao toque: 4 a 6 h
Entre demãos: 8 h
Final: 24 h

1 2 Preparação inicial

Conforme a NBR 13245, a superfície deve estar limpa, seca, curada, lisa e nivelada, isenta de partículas soltas, óleos, ceras, graxas, mofo, sabão, sais solúveis ou qualquer outra sujidade, com texturas e grau de absorção uniformes.

1 2 Preparação especial

Para uma cobertura perfeita e uniforme da superfície, dependendo das condições de porosidade, uniformidade, textura, contrastes e cor, poderá ser necessário maior número de demãos.

1 2 Preparação em demais superfícies

Madeiras novas: lixar a superfície para eliminação de farpas. Aplicar uma demão de Fundo Sintético Nivelador. Aguardar a secagem e aplicar tinta de acabamento. **Madeiras (repintura):** lixar a superfície para eliminação de farpas e de pó. Aplicar a tinta de acabamento. **Superfícies com partes soltas ou mal-aderidas:** eliminar as partes com problema, raspando ou escovando a superfície. **Superfícies com partes mofadas:** lavar com uma solução de água sanitária na proporção 1:1 (uma parte de água para uma parte de água sanitária). Enxaguar e secar a superfície com pano. **Ferros novos (sem ferrugem):** lixar a superfície, eliminar o pó e aplicar uma demão de Fundo Zarcão. Aguardar secagem e aplicar a tinta de acabamento. **Ferros com ferrugem:** fazer a total remoção da ferrugem utilizando lixa ou escova de aço. Aplicar uma demão de Fundo Zarcão. Após a secagem, lixar novamente a superfície e eliminar o pó. **Ferros (repintura):** lixar a superfície e eliminar o pó. **Galvanizados novos:** deve-se aplicar uma demão de Fundo para Galvanizados. Após a secagem, lixar a superfície e eliminar o pó. **Galvanizados (repintura):** lixar a superfície e eliminar o pó.

1 2 Precauções/dicas/advertências

Evitar pintar em dias chuvosos, com ventos fortes, temperaturas abaixo de 10 °C e umidade superior a 85%. Uma característica natural da linha de produtos à base de solvente é a tendência à perda gradativa de brilho em ambientes externos e ao amarelecimento das tonalidades branca e gelo em superfícies internas, porém essas características não influenciam na resistência ou na durabilidade da pintura. Ler atentamente as instruções da embalagem ou verificar a Ficha Técnica e/ou a Ficha de Segurança de Produtos Químicos (FISPQ).

1 Principais atributos do produto 1

Proporciona ótima proteção e resistência.

2 Principais atributos do produto 2

Proporciona alta proteção.

3 | 4 Preparação inicial

Conforme a NBR 13245, a superfície deve estar limpa, seca, curada, lisa e nivelada, isenta de partículas soltas, óleos, ceras, graxas, mofo, sabão, sais solúveis ou outra sujidade, com texturas e grau de absorção uniformes.

3 Preparação especial

Para uma cobertura perfeita e uniforme da superfície, dependendo das condições de porosidade, uniformidade, textura, contrastes e cor, poderá ser necessário maior número de demãos.

4 Preparação especial

Para se ter um brilho perfeito e uniforme da superfície, verificar porosidade, uniformidade e textura da madeira, pois esses fatores podem solicitar um número maior de demãos.

3 | 4 Preparação em demais superfícies

Partes soltas ou mal-aderidas: eliminar as partes com problema, raspando ou escovando a superfície. **Partes mofadas:** lavar com uma solução de água sanitária na proporção 1:1 (uma parte de água para uma parte de água sanitária). Enxaguar e secar a superfície com pano.

3 Preparação em demais superfícies

Madeiras novas: lixar a superfície para eliminação de farpas. Aplicar uma demão de Fundo Sintético Nivelador. Aguardar a secagem e aplicar tinta de acabamento. **Madeiras (repintura):** lixar a superfície para eliminação de farpas e de pó. Aplicar a tinta de acabamento. **Ferros novos (sem ferrugem):** lixar a superfície, eliminar o pó e aplicar uma demão de Fundo Zarcão. Aguardar secagem e aplicar a tinta de acabamento. **Ferros com ferrugem:** fazer a total remoção da ferrugem utilizando lixa ou escova de aço. Aplicar uma demão de Fundo Zarcão. Após a secagem, lixar novamente a superfície e eliminar o pó. **Ferros (repintura):** lixar a superfície e eliminar o pó. **Galvanizados novos:** deve-se aplicar uma demão de Fundo para Galvanizados. Após a secagem, lixar a superfície e eliminar o pó. **Galvanizados (repintura):** lixar a superfície e eliminar o pó.

4 Preparação em demais superfícies

Madeiras novas: lixar para eliminar farpas. Remover o pó com pano úmido. Nunca pintar sobre madeira verde e/ou úmida. **Madeiras resinosas:** lixar para eliminar farpas. Lavar com solvente de boa qualidade e aguardar a evaporação. Repetir o processo se necessário. **Madeiras envernizadas ou pintadas:** remover a aplicação anterior e proceder conforme repintura. **Madeiras velhas:** lavar com solução de cloro ativo ou com restauradores de madeiras. Lixar e remover o pó. **Repintura:** lixar suavemente na direção dos veios da madeira até a remoção do brilho e remover o pó. Nas partes com bolhas ou imperfeições, remover a pintura e passar novamente o produto.

3 | 4 Precauções / dicas / advertências

Evitar pintar em dias chuvosos, com ventos fortes, temperaturas abaixo de 10 °C e umidade superior a 85%. Ler atentamente as instruções da embalagem ou verificar a Ficha Técnica e/ou a Ficha de Segurança de Produtos Químicos (FISPQ).

4 Precauções / dicas / advertências

Não aplicar o produto sobre madeiras deterioradas e infectadas por fungos ou cupins.

3 Principais atributos do produto 3

Tem secagem rápida, sem cheiro e com baixo índice de compostos orgânicos voláteis.

4 Principais atributos do produto 4

Proporciona brilho e proteção contínua.

Esmalte Ecológico Premium — 3

Esmalte indicado para superfícies de madeiras, metais ferrosos, galvanizados e alumínio. Sua formulação, solúvel em água, proporciona facilidade de aplicação, secagem rápida e baixíssimo odor; tem também um excelente acabamento, com grande poder de cobertura e baixo índice de respingos, e sua tonalidade não amarela.

USE COM: Fundo Zarcão
Fundo para Galvanizados

Embalagens/rendimento

Galão (3,6 L): até 60 m^2/demão.
*Galão (3,2 L):** até 53,5 m^2/demão.
Quarto (0,9 L): até 15 m^2/demão.
*Quarto (0,81 L):** até 13 m^2/demão.
**Embalagens disponíveis somente no sistema tintométrico.*

Aplicação

Utilizar rolo de lã, pincel ou pistola. Aplicar de 2 a 3 demãos.

Cor

Conforme cartela de cores e disponível também no sistema tintométrico Servcor

Acabamento

Fosco, acetinado e brilhante

Diluição

Pincel ou rolo: diluir de 10% a 20% com água potável. Pistola: diluir 20% com água potável.

Secagem

Ao toque: 30 min
Entre demãos: 3 h
Final: 4 h

Verniz Copal — 4

Produto desenvolvido para quem busca realçar os veios naturais da madeira. Sua formulação proporciona acabamento brilhante formando uma película que embeleza as madeiras internas de sua casa. É fácil de aplicar e tem boas aderência e resistência. É indicado para os mais variados tipos de madeira em interiores, como portas, esquadrias, forros, móveis e artesanatos.

USE COM: Aguarrás

Embalagens/rendimento

Galão (3,6 L): até 48 m^2/demão.
Quarto (0,9 L): até 12 m^2/demão.

Aplicação

Utilizar rolo de espuma, pincel ou pistola. Aplicar de 2 a 3 demãos.

Cor

Incolor

Acabamento

Brilhante

Diluição

Pincel ou rolo: diluir de 10% a 20% com aguarrás. Pistola: diluir até 30% com aguarrás.

Secagem

Ao toque: 1 h
Entre demãos: 4 a 6 h
Final: 24 h

Fundo Zarcão

Produto desenvolvido para quem busca proteção contra ferrugem. Sua formulação possui inibidores anticorrosivos que podem ser aplicados sobre as superfícies ferrosas, como grades, esquadrias e portões, garantindo uma superfície preparada para tintas de acabamento.

Embalagens/rendimento

Galão (3,6 L): até 48 m²/demão.
Quarto (0,9 L): até 12 m²/demão.

Aplicação

Utilizar rolo de espuma, pincel ou pistola.

Cor

Laranja

Acabamento

Fosco

Diluição

Pincel ou rolo: diluir 10% com aguarrás.
Pistola: diluir 30% com aguarrás.

Secagem

Ao toque: 1 h
Entre demãos: 2 h
Final: 24 h

USE COM: Aguarrás
Esmalte Sintético Premium

Fundo para Galvanizados 2

Fundo especialmente formulado para preparação de pinturas sobre metais galvanizados. Possui ótima aderência sobre ferro galvanizado e superfícies recobertas com zinco em pinturas externas e internas.

Embalagens/rendimento

Galão (3,6 L): até 70 m²/demão.
Quarto (0,9 L): até 17,5 m²/demão.

Aplicação

Utilizar rolo de espuma, pincel ou pistola. Aplicar uma demão.

Cor

Branco

Acabamento

Fosco

Diluição

Pincel ou rolo: diluir 10% com aguarrás.
Pistola: diluir 30% com aguarrás.

Secagem

Ao toque: 1 h
Entre demãos: 2 h
Final: 24 h

USE COM: Aguarrás
Esmalte Sintético Premium

1 2 Preparação inicial

Conforme a NBR 13245, a superfície deve estar limpa, seca, curada, lisa e nivelada, isenta de partículas soltas, óleos, ceras, graxas, mofo, sabão, sais solúveis ou qualquer outra sujidade, com texturas e grau de absorção uniformes.

1 Preparação especial

Para uma cobertura perfeita e uniforme da superfície, dependendo das condições de porosidade, uniformidade, textura, contrastes e cor, poderá ser necessário maior número de demãos.

2 Preparação especial

Não aplicar camadas altas sobre o metal e respeitar o indicativo de diluição. Aplicar a tinta de acabamento sobre o Fundo para Galvanizados num prazo máximo de 7 dias.

1 Preparação em demais superfícies

Ferros novos (sem ferrugem): lixar a superfície, eliminar o pó e aplicar uma demão de Fundo Zarcão. Aguardar secagem e aplicar a tinta de acabamento. **Ferros com ferrugem:** fazer a total remoção da ferrugem utilizando lixa ou escova de aço. Aplicar uma demão de Fundo Zarcão. Após a secagem, lixar novamente a superfície e eliminar o pó. **Repintura:** lixar a superfície e eliminar o pó.

2 Preparação em demais superfícies

Galvanizados novos: deve-se aplicar uma demão de Fundo para Galvanizados. Após a secagem, lixar a superfície e eliminar o pó. **Repintura:** lixar a superfície e eliminar o pó.

1 2 Precauções/dicas/advertências

Evitar pintar em dias chuvosos, com ventos fortes, temperaturas abaixo de 10 °C e umidade superior a 85%. Ler atentamente as instruções da embalagem ou verificar a Ficha Técnica e/ou a Ficha de Segurança de Produtos Químicos (FISPQ).

1 Principais atributos do produto 1

Promove proteção ao metal ferroso.

2 Principais atributos do produto 2

Tem ótima aderência sobre metal galvanizado.

Sempre em busca de excelência em seus produtos, a Dacar deseja atender às expectativas do consumidor e oferecer o que de melhor se possa esperar.

3 4 Preparação inicial

Conforme a NBR 13245, a superfície deve estar limpa, seca, curada, lisa e nivelada, isenta de partículas soltas, óleos, ceras, graxas, mofo, sabão, sais solúveis ou qualquer outra sujidade, com texturas e grau de absorção uniformes.

3 4 Preparação especial

Para uma cobertura perfeita e uniforme da superfície, dependendo das condições de porosidade, uniformidade, textura, contrastes e cor, poderá ser necessário maior número de demãos.

4 Preparação especial

Não utilizar sabão em pó na limpeza e na preparação da superfície; usar somente sabão neutro.

3 4 Preparação em demais superfícies

Superfícies com mofo: lavar com solução 1:1 de água limpa e água sanitária, esperar 6 h e enxaguar bem. Aguardar a secagem para pintar. **Superfícies com brilho:** lixar até retirar o brilho. Eliminar o pó existente. Limpar com pano umedecido com água e aguardar a secagem. **Superfícies com gordura ou graxa:** lavar com solução de água e detergente neutro e enxaguar. Aguardar a secagem para pintar. **Superfícies em bom estado:** lixar e eliminar o pó. **Superfícies com umidade:** identificar a origem e tratar de maneira adequada.

3 4 Precauções / dicas / advertências

Telhas com diferenças de queima e de porosidade podem apresentar falta de aderência. Isso é comum em telhas de cerâmica branca. Caso ocorra, não aplicar a Resina Acrílica sem consultar o departamento técnico da Dacar. Em casos de formação de bolhas na aplicação, deve-se corrigir o defeito imediatamente para evitar um possível descascamento. Para aplicação em tijolos à vista, poderá haver um branqueamento se houver infiltração de água em alguns pontos da superfície. Não aplicar o produto em superfícies esmaltadas, enceradas, vitrificadas ou não porosas.

3 Principais atributos do produto 3

Promove proteção com brilho e hidrorrepelência.

4 Principais atributos do produto 4

Proporciona brilho e muita proteção.

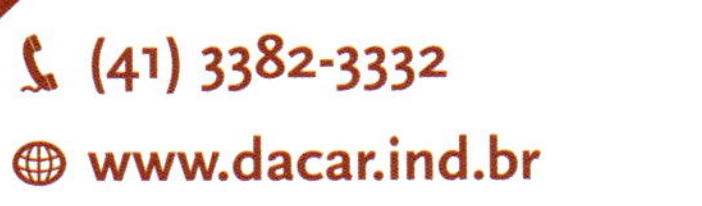

Resina Acrílica Base Água 3

A Resina Acrílica foi especialmente desenvolvida para proteção e embelezamento de telhas de barro ou fibrocimento, tijolos aparentes, paredes ou pisos de pedras naturais, como ardósia, miracema, São Tomé, mineira e goiana, e concreto aparente. Possui ação repelente à água e à umidade, e seu acabamento facilita a limpeza e ajuda a destacar a beleza das superfícies.

Embalagens/rendimento

Lata (18 L): até 225 m²/demão.
Galão (3,6 L): até 45 m²/demão.

Aplicação

Utilizar rolo de lã, pincel ou pistola. Aplicar de 2 a 3 demãos.

Cor

Incolor e cores conforme catálogo

Acabamento

Brilhante

Diluição

Incolor: pronta para uso. Colorida (pincel ou rolo): diluir 20% com água potável. Colorida (pistola): diluir 30% com água potável.

Secagem

Ao toque: 1 h
Entre demãos: 4 h
Final: 24 h

Resina Acrílica Base Solvente 4

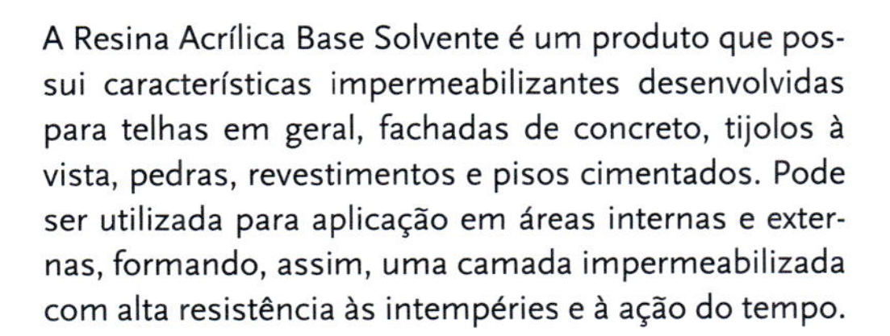

A Resina Acrílica Base Solvente é um produto que possui características impermeabilizantes desenvolvidas para telhas em geral, fachadas de concreto, tijolos à vista, pedras, revestimentos e pisos cimentados. Pode ser utilizada para aplicação em áreas internas e externas, formando, assim, uma camada impermeabilizada com alta resistência às intempéries e à ação do tempo.

Embalagens/rendimento

Lata (18 L): até 180 m²/demão.
Galão (3,6 L): até 36 m²/demão.

Aplicação

Utilizar rolo de lã, pincel ou pistola. Aplicar de 2 a 3 demãos.

Cor

Incolor

Acabamento

Brilhante

Diluição

Pronta para uso.

Secagem

Ao toque: 30 min
Entre demãos: 6 h
Final: 24 h

Líquido para Brilho
Selador Acrílico Pigmentado

Aguarrás

A Aguarrás é o solvente específico para a diluição de produtos à base de resina alquídica, como esmaltes sintéticos, tintas óleo, vernizes, fundos para metais e complementos para madeira, garantindo uma melhor performance dos produtos.

USE COM:
Esmalte Sintético Premium
Esmalte Sintético Standard

Embalagens/rendimento
Consultar orientações do produto a ser diluído.

Aplicação
Para diluição e limpeza de material.

Cor
Não aplicável

Acabamento
Não aplicável

Diluição
Pronta para uso.

Secagem
Não aplicável

Linha Spray Dacar

Spray Uso Geral: indicado para diversos tipos de pinturas em ambientes externos e internos de metal ou madeira. Spray Metálica: ideal para decorações de objetos metálicos com efeitos decorativos metalizados, para uso interno. Spray Luminosa: ideal para decorações de objetos com efeitos decorativos luminosos. Spray Alta Temperatura: indicado para superfícies metálicas expostas a temperaturas de até 600 °C.

USE COM:
Fundo Zarcão
Fundo para Galvanizados

Embalagens/rendimento
Tubo (400 mL): até 2 m²/embalagem.

Aplicação
Utilização com spray.

Cor
Conforme catálogo de cores

Acabamento
Fosco, brilhante, metálico e luminescente

Diluição
Pronto para uso.

Secagem
Ao toque: 15 a 20 min
Entre demãos: 1 a 2 h
Final: 24 h

2 Preparação inicial
Conforme a NBR 13245, a superfície deve estar limpa, seca, curada, lisa e nivelada, isenta de partículas soltas, óleos, ceras, graxas, mofo, sabão, sais solúveis ou qualquer outra sujidade, com texturas e grau de absorção uniformes.

2 Preparação especial
Evitar o escorrimento da tinta aplicando a primeira demão bem fina, como uma névoa. Agitar bem a lata e fazer um teste verificando o formato do jato.

2 Preparação em demais superfícies
Superfícies com partes mofadas: lavar com uma solução de água sanitária na proporção 1:1 (uma parte de água para uma parte de água sanitária). Enxaguar e secar a superfície com pano. **Ferros novos (sem ferrugem):** lixar a superfície, eliminar o pó e aplicar uma demão de Fundo Zarcão. Aguardar secagem e aplicar a tinta de acabamento. **Ferros com ferrugem:** fazer a total remoção da ferrugem utilizando lixa ou escova de aço. Aplicar uma demão de Fundo Zarcão. Após a secagem, lixar novamente a superfície e eliminar o pó. **Ferros (repintura):** lixar a superfície e eliminar o pó. **Galvanizados novos:** deve-se aplicar uma demão de Fundo para Galvanizados. Após a secagem, lixar a superfície e eliminar o pó. **Galvanizados (repintura):** lixar a superfície e eliminar o pó.

1 Precauções/dicas/advertências
Manter a embalagem fora do alcance de crianças e animais. Durante a aplicação, o ambiente deve estar ventilado. Em caso de inalação, retirar a vitima da área contaminada. Em contato com pele e olhos, lavar com água e sabão em abundância por 15 min (mínimo). Se ingerido, não provocar vômito; chamar/encaminhar ao médico. Evitar inalação dos vapores, principalmente na aplicação com pistola, usando máscara protetora, luvas e óculos de segurança apropriados. A embalagem não deve ser incinerada, reutilizada ou perfurada.

2 Precauções/dicas/advertências
Evitar pintar em dias chuvosos, com ventos fortes, temperaturas abaixo de 10 °C e umidade superior a 85%. Ler atentamente as instruções da embalagem ou verificar a Ficha Técnica e/ou a Ficha de Segurança de Produtos Químicos (FISPQ). Cuidado: produto inflamável e pressurizado, pode romper ao ser aquecido.

2 Principais atributos do produto 2
Tem secagem rápida, ótimo rendimento e grande variedade de cores.

A Unidade Tintas e Vernizes da Eucatex, fundada em 1994, conta com equipamentos de última geração e laboratórios que empregam as melhores tecnologias na fabricação de tintas imobiliárias.

São duas plantas: a Eucatex Tintas e Vernizes, instalada em Salto, interior do estado de São Paulo, já nasceu como uma das mais modernas fábricas da época; a Eucatex Nordeste, localizada em Cabo de Santo Agostinho, região metropolitana do Recife (PE), é a mais nova fábrica do Grupo Eucatex e destina-se ao abastecimento de toda a região Nordeste e dos estados de Roraima e Amazonas, no norte do país.

Linhas completas de tintas acrílicas, látex PVA, esmaltes, texturas, tintas para pisos, vernizes e complementos, além dos sprays, compõem o portfólio das Tintas Eucatex, que está em constante estudo para atender às necessidades dos profissionais e dos consumidores, que se tornam cada vez mais exigentes não apenas no que se refere à qualidade, mas também à praticidade e à contemporaneidade, ou seja, ao que é tendência, ao que responde aos desejos por ambientes que expressem a personalidade de quem mora ou trabalha neles.

E não faltam opções para agradar os mais diferentes gostos e aspirações. O E-Colors, sistema tintométrico da Eucatex, ultrapassa 5 mil cores e permite, com alta tecnologia e rapidez, a criação de qualquer tom desejado. Por meio do leque ou acessando o site www.tintaseucatex.com.br, é possível conhecer esse universo.

Com atuação cada vez mais arrojada no mercado brasileiro, a marca passou a eleger, a partir 2013, a sua "Cor do Ano". Um evento especial, normalmente realizado no mês de novembro, celebra essa escolha realizada sempre a partir de um estudo de tendências. Assim ocorreu com tangerina (2014), fúcsia (2015), hortelã (2016) e arquipélago (2017).

As Tintas Eucatex vêm também sendo presença constante em mostras e eventos relacionados à decoração e ao design de interiores, que concentram profissionais renomados em todo o território nacional. Essa conquista de espaço tem uma relação direta com qualidade, diversificação de produtos e disponibilidade em ouvir o mercado.

Essas mesmas características tornam as Tintas Eucatex mais presentes no cotidiano tanto do profissional de pintura como do consumidor brasileiro, seja aquele que faz suas compras na pequena loja de uma cidadezinha do interior do país ou aquele que escolheu a tonalidade que deseja para sua sala visitando ambientes de uma importante mostra de decoração.

CERTIFICAÇÕES

INFORMAÇÕES DE SERVIÇO AO CONSUMIDOR

A empresa dispõe de Serviço de Atendimento ao Consumidor pelos canais:
E-mail: atendimento@eucatex.com.br

www.tintaseucatex.com.br SAC 0800-17-2554

Eucatex Acrílico Super Premium 1

É uma tinta acrílica ideal para áreas urbanas, campos ou regiões litorâneas. Especialmente formulada para proporcionar alta resistência em ambientes externos e internos que tenham forte ação de maresia e umidade, pois contém poderosos algicida e fungicida que protegem a pintura contra mofo, fungos e algas.

USE COM: Eucatex Massa Corrida
Eucatex Selador Acrílico

Embalagens/rendimento

Lata (18 L): 250 a 380 m²/demão (fosco); 250 a 330 m²/demão (acetinado).
Lata (16 L): 222 a 338 m²/demão (fosco); 222 a 293 m²/demão (acetinado).
Galão (3,6 L): 50 a 76 m²/demão (fosco); 50 a 66 m²/demão (acetinado).
Galão (3,2 L): 44 a 68 m²/demão (fosco); 44 a 59 m²/demão (acetinado).
Litro (0,8 L): 11 a 17 m²/demão (fosco); 11 a 15 m²/demão (acetinado).

Aplicação

Utilizar rolo de lã, pincel ou trincha.

Cor

Além das cores de catálogo, podem-se obter outros tons com o uso de Eucatex Corante Líquido ou no Eucatex E-Colors

Acabamento

Fosco e acetinado

Diluição

Diluir com 30% de água em todas as demãos (fosco), ou com 20% a 30% de água na primeira demão e 10% a 20% de água nas demais (acetinado).

Secagem

Ao toque: 2 h
Entre demãos: 4 h
Final: 12 h

Eucatex Acrílico Premium 2

É uma tinta acrílica premium de alta performance com maiores desempenho, durabilidade e rendimento em pinturas de áreas externas e internas. Tem ótima cobertura e baixo respingamento e é resistente às intempéries, além de possuir excelente alastramento e ótimo acabamento. Sua fórmula permite a pintura em áreas internas, garantindo que o ambiente fique sem cheiro após 3 h da aplicação do produto.

USE COM: Eucatex Massa Acrílica
Eucatex Fundo Preparador de Paredes

Embalagens/rendimento

Lata (18 L): 250 a 380 m²/demão (fosco); 250 a 320 m²/demão (semibrilho).
Lata (16 L): 222 a 338 m²/demão (fosco); 222 a 284 m²/demão (semibrilho).
Galão (3,6 L): 50 a 76 m²/demão (fosco); 50 a 64 m²/demão (semibrilho).
Galão (3,2 L): 44 a 68 m²/demão (fosco); 44 a 57 m²/demão (semibrilho).
Litro (0,8 L): 13 a 19 m²/demão (fosco); 13 a 16 m²/demão (semibrilho).

Aplicação

Utilizar rolo de lã, pincel ou trincha.

Cor

Além das cores de catálogo, podem-se obter outros tons com o uso de Eucatex Corante Líquido ou no Eucatex E-Colors

Acabamento

Fosco e semibrilho

Diluição

Diluir com 30% de água em todas as demãos (fosco), ou com 20% a 30% de água na primeira demão e 10% a 20% de água nas demais (semibrilho).

Secagem

Ao toque: 2 h
Entre demãos: 4 h
Final: 12 h

1 2 Preparação inicial

A superfície deve estar firme, coesa, limpa e seca, isenta de poeira, materiais gordurosos e mofo.

1 2 Preparação em demais superfícies

Superfícies com partes soltas ou caiadas: devem ser raspadas ou escovadas até completa remoção, para, em seguida, receber o Eucatex Fundo Preparador de Paredes, conforme indicação da embalagem. **Superfícies mofadas:** lavar com solução de água com água sanitária na proporção de 1:1, enxaguar e aguardar a secagem (devem ser corrigidas as possíveis causas da geração do mofo). **Superfícies com manchas gordurosas:** lavar com solução de água e detergente neutro, enxaguar e aguardar a secagem. **Reboco novo:** deve-se aguardar a cura por, no mínimo, 30 dias. Aplicar uma ou 2 demãos de Eucatex Selador Acrílico, conforme recomendação da embalagem. Se necessário, nivelar a superfície aplicando de 2 a 3 demãos de Eucatex Massa Acrílica (áreas molháveis) ou Eucatex Massa Corrida (áreas não molháveis). **Reboco fraco (baixa coesão):** aplicar Eucatex Fundo Preparador de Paredes conforme recomendação da embalagem e nivelar a superfície, aplicando de 2 a 3 demãos de Eucatex Massa Acrílica (áreas molháveis) ou Eucatex Massa Corrida (áreas não molháveis).

1 2 Precauções / dicas / advertências

Manter a embalagem bem fechada, sempre na posição vertical, em local coberto, fresco, ventilado e longe de fontes de calor e umidade. Não perfurar, não queimar e não reutilizar para outros fins. Manter fora do alcance de crianças e animais. Não colocar em contato com alimentos e água para consumo. Durante preparação, aplicação e secagem do produto, manter o ambiente ventilado e utilizar máscara protetora, luvas e óculos de segurança apropriados. Em caso de contato acidental com a pele, lavar com água limpa e sabão. Se houver contato com os olhos, lavar com água corrente limpa por, no mínimo, 15 min. Se houver inalação acidental dos vapores do produto, levar a pessoa para local ventilado. Não ingerir o produto. Caso isso ocorra, não provocar vômito.

1 Precauções / dicas / advertências

Pessoa com precedente de alergia ao produto deve evitar seu manuseio.

1 Principais atributos do produto 1

Tem alta durabilidade, é superlavável, sem cheiro, resistente a mofo, fungos e algas.

2 Principais atributos do produto 2

Proporciona maior cobertura, é extralavável, sem cheiro e super-resistente.

3 4 Preparação inicial

A superfície deve estar firme, coesa, limpa e seca, isenta de poeira, materiais gordurosos e mofo.

3 4 Preparação em demais superfícies

Superfícies com partes soltas ou caiadas: devem ser raspadas ou escovadas até completa remoção, para, em seguida, receber o Eucatex Fundo Preparador de Paredes, conforme indicação da embalagem. **Superfícies mofadas:** lavar com solução de água com água sanitária na proporção de 1:1, enxaguar e aguardar a secagem (devem ser corrigidas as possíveis causas da geração do mofo). **Superfícies com manchas gordurosas:** lavar com solução de água e detergente neutro, enxaguar e aguardar a secagem. **Reboco novo:** deve-se aguardar a cura por, no mínimo, 30 dias. Aplicar uma ou 2 demãos de Eucatex Selador Acrílico, conforme recomendação da embalagem. Se necessário, nivelar a superfície aplicando de 2 a 3 demãos de Eucatex Massa Acrílica (áreas molháveis) ou Eucatex Massa Corrida (áreas não molháveis). **Reboco fraco (baixa coesão):** aplicar Eucatex Fundo Preparador de Paredes conforme recomendação da embalagem e nivelar a superfície, aplicando de 2 a 3 demãos de Eucatex Massa Acrílica (áreas molháveis) ou Eucatex Massa Corrida (áreas não molháveis).

3 4 Precauções / dicas / advertências

Manter a embalagem bem fechada, sempre na posição vertical, em local coberto, fresco, ventilado e longe de fontes de calor e umidade. Não perfurar, não queimar e não reutilizar para outros fins. Manter fora do alcance de crianças e animais. Não colocar em contato com alimentos e água para consumo. Durante preparação, aplicação e secagem do produto, manter o ambiente ventilado e utilizar máscara protetora, luvas e óculos de segurança apropriados. Em caso de contato acidental com a pele, lavar com água limpa e sabão. Se houver contato com os olhos, lavar com água corrente limpa por, no mínimo, 15 min. Se houver inalação acidental dos vapores do produto, levar a pessoa para local ventilado. Não ingerir o produto. Caso isso ocorra, não provocar vômito.

3 Principais atributos do produto 3

Tem alta resistência, maior rendimento e finíssimo acabamento.

4 Principais atributos do produto 4

Tem suave perfume, baixo respingamento e ótima cobertura.

Eucatex Látex Acrílico Standard 3

É uma tinta acrílica com excelente rendimento, alto poder de cobertura, ótimo alastramento e baixo respingamento durante a aplicação, proporcionando requinte e sofisticação aos ambientes. Indicada para a pintura de alvenaria em áreas externas e internas de massa corrida ou acrílica, fibrocimento, texturas, reboco, concreto, cerâmica não vitrificada e repinturas sobre tinta látex e/ou acrílica.

USE COM: Eucatex Massa Acrílica; Eucatex Selador Acrílico

Embalagens/rendimento

Lata (18 L): 250 a 380 m²/demão (fosco); 200 a 275 m²/demão (semibrilho).
Lata (16 L): 222 a 338 m²/demão (fosco); 178 a 244 m²/demão (semibrilho).
Galão (3,6 L): 50 a 76 m²/demão (fosco); 40 a 55 m²/demão (semibrilho).
Galão (3,2 L): 44 a 68 m²/demão (fosco); 36 a 49 m²/demão (semibrilho).
Litro (0,8 L): 11 a 17 m²/demão (fosco); 9 a 12 m²/demão (semibrilho).

Aplicação

Utilizar rolo de lã, pincel ou trincha.

Cor

Além das cores de catálogo, podem-se obter outros tons com o uso de Eucatex Corante Líquido, ou ainda por meio do Eucatex E-Colors

Acabamento

Fosco e semibrilho

Diluição

Diluir com 20% de água em todas as demãos.

Secagem

Ao toque: 2 h
Entre demãos: 4 h
Final: 12 h

Eucatex Rendimento Extra 4

Tinta acrílica de alta performance indicada para quem deseja maior desempenho na aplicação em áreas externas e internas. Adere a diferentes superfícies, tem maior consistência e permite uma diluição superior à dos produtos convencionais, obtendo 30% mais rendimento sem perder cobertura e resistência. Apresenta alto poder de cobertura e resistência ao mofo, além de suave perfume.

USE COM: Eucatex Massa Corrida; Eucatex Selador Acrílico

Embalagens/rendimento

Lata (18 L): 300 a 500 m²/demão.
Lata (16 L): 266 a 444 m²/demão.
Galão (3,6 L): 60 a 100 m²/demão.
Galão (3,2 L): 53 a 88 m²/demão.

Aplicação

Utilizar rolo de lã, pincel ou trincha.

Cor

Além das cores de catálogo, podem-se obter outros tons com o uso de Eucatex Corante Líquido, ou ainda por meio do Eucatex E-Colors

Acabamento

Fosco

Diluição

Diluir com 80% de água em todas as demãos.

Secagem

Ao toque: 2 h
Entre demãos: 4 h
Final: 12 h

Eucatex Massa Corrida 1

Indicada para selar e uniformizar a absorção de superfícies novas externas e internas de reboco, concreto e gesso.

USE COM: Eucatex Acrílico Premium
Eucatex Acrílico Acetinado Premium Toque Suave

Embalagens/rendimento

Lata (29 kg): 40 a 50 m²/demão.
Balde (27 kg): 37 a 47 m²/demão.
Saco (15 kg): 21 a 26 m²/demão.
Galão (5,8 kg): 8 a 10 m²/demão.
Quarto (1,45 kg): 2 a 2,5 m²/demão.

Aplicação

Utilizar desempenadeira ou espátula de aço. Aplicar em camadas finas até obter o nivelamento desejado.

Cor

Branco

Acabamento

Não aplicável

Diluição

Pronta para uso.

Secagem

Ao toque: 1 h
Final: 4 h

Eucatex Massa Multiuso Tapa Tudo 2

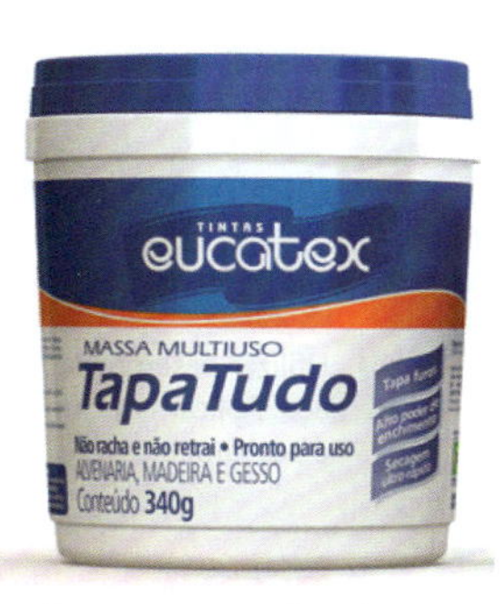

É indicada para furos em paredes, buracos em alvenaria, madeira e gesso, trincas e fissuras estabilizadas e pode ser aplicada em áreas internas ou externas.

USE COM: Eucatex Látex Acrílico Standard
Eucatex Esmalte Premium Eucalux

Embalagens/rendimento

Potes plásticos (340 g e 90 g).
Rendimento variável de acordo com profundidade, tamanho e porosidade da superfície.

Aplicação

Utilizar espátula ou desempenadeira.

Cor

Branco

Acabamento

Não aplicável

Diluição

Pronta para uso.

Secagem

Ao toque: 1 h
Total: 6 h

1 Preparação inicial

A superfície deve estar firme, coesa, limpa e seca, isenta de poeira, materiais gordurosos e mofo.

2 Preparação inicial

A superfície deve estar limpa, sem pó, seca e curada, isenta de graxa, óleo e partículas soltas.

1 2 Precauções/dicas/advertências

Manter a embalagem bem fechada, sempre na posição vertical, em local coberto, fresco, ventilado e longe de fontes de calor e umidade. Não perfurar, não queimar e não reutilizar para outros fins. Manter fora do alcance de crianças e animais. Não colocar em contato com alimentos e água para consumo. Durante preparação, aplicação e secagem do produto, manter o ambiente ventilado e utilizar máscara protetora, luvas e óculos de segurança apropriados. Em caso de contato acidental com a pele, lavar com água limpa e sabão. Se houver contato com os olhos, lavar com água corrente limpa por, no mínimo, 15 min. Se houver inalação acidental dos vapores do produto, levar a pessoa para local ventilado. Não ingerir o produto. Caso isso ocorra, não provocar vômito.

1 Principais atributos do produto 1

Tem secagem rápida e é fácil de lixar.

2 Principais atributos do produto 2

Tapa furos, tem alto poder de preenchimento e secagem ultrarrápida.

A Unidade Tintas e Vernizes da Eucatex, fundada em 1994, conta com equipamentos de última geração e laboratórios que empregam as melhores tecnologias na fabricação de tintas imobiliárias.

4 Preparação inicial

A superfície deve estar firme, coesa, limpa e seca, isenta de poeira, materiais gordurosos e mofo.

3 4 Precauções / dicas / advertências

Manter a embalagem bem fechada, sempre na posição vertical, em local coberto, fresco, ventilado e longe de fontes de calor e umidade. Não perfurar, não queimar e não reutilizar para outros fins. Manter fora do alcance de crianças e animais. Não colocar em contato com alimentos e água para consumo. Durante preparação, aplicação e secagem do produto, manter o ambiente ventilado e utilizar máscara protetora, luvas e óculos de segurança apropriados. Em caso de contato acidental com a pele, lavar com água limpa e sabão. Se houver contato com os olhos, lavar com água corrente limpa por, no mínimo, 15 min. Se houver inalação acidental dos vapores do produto, levar a pessoa para local ventilado. Não ingerir o produto. Caso isso ocorra, não provocar vômito. Pessoa com precedente de alergia ao produto deve evitar seu manuseio.

3 Principais atributos do produto 3

Possui alto poder de preenchimento.

Eucatex Selador Acrílico 3

O Eucatex Selador Acrílico é indicado para selar e uniformizar a absorção de superfícies novas externas e internas de reboco, blocos de concreto, concreto, fibrocimento e massa fina.

Eucatex Textura Acrílica

Eucatex Acrílico Premium

Embalagens/rendimento

Lata/balde (18 L): 75 a 100 m²/demão.
Galão/balde (3,6 L): 15 a 20 m²/demão.

Aplicação

Utilizar rolo de lã, pincel ou trincha.

Cor

Branco

Acabamento

Não aplicável

Diluição

Diluir com água até 15% em todas as demãos.

Secagem

Ao toque: 2 h
Total: 6 h

Eucatex Verniz Acrílico 4

Indicado para selar e uniformizar a absorção de superfícies novas externas e internas de reboco, concreto e gesso e superfícies em repintura.

Eucatex Acrílico Premium

Eucatex Acrílico Rendimento Extra

Embalagens/rendimento

Lata/balde (18 L): 200 a 250 m²/demão.
Galão (3,6 L): 40 a 50 m²/demão.

Aplicação

Utilizar rolo de lã, pincel, trincha ou pistola.

Cor

Leitoso na embalagem e incolor após secagem

Acabamento

Brilhante

Diluição

Para aplicação sobre fibrocimento, tijolo ou concreto aparente e pinturas PVA ou acrílicas, diluir 30% a primeira demão e 10% as demais, com água.

Secagem

Ao toque: 2 h
Final: 4 h

Você está na seção:

1 ALVENARIA > COMPLEMENTO

2 METAIS E MADEIRA > ACABAMENTO

Eucatex Fundo Preparador de Paredes 1

Indicado para selar e uniformizar a absorção de superfícies novas externas e internas de reboco, concreto e gesso e superfícies em repintura.

Embalagens/rendimento

Lata (18 L): 150 a 275 m^2/demão.
Galão (3,6 L): 30 a 55 m^2/demão.

Aplicação

Utilizar rolo de lã, pincel ou trincha.

Cor

Incolor

Acabamento

Não aplicável

Diluição

Diluir de 10% a 100% com água, dependendo da absorção da superfície aplicada.

Secagem

Ao toque: 1 h
Final: 4 h

USE COM: Eucatex Acrílico Premium; Eucatex Rendimento Extra

Eucatex Esmalte Premium Eucalux 

É indicado para aplicação em superfícies de madeira e metal, com alta resistência às intempéries e ótima secagem, além de proporcionar excelente acabamento. Sua fórmula siliconada permite uma menor aderência de sujeira, facilitando a limpeza.

Embalagens/rendimento

Galão (3,6 L): 40 a 50 m^2/demão.
Galão (3,2 L): 35 a 45 m^2/demão.
Quarto (0,9 L): 10 a 12 m^2/demão.
Quarto (0,8 L): 9 a 11 m^2/demão.
1/16 (225 mL): 2,5 a 3 m^2/demão.

Aplicação

Utilizar rolo de espuma, pincel ou pistola.

Cor

Além das cores de catálogo, podem-se obter outros tons por meio do Eucatex E-Colors

Acabamento

Fosco, acetinado e alto brilho

Diluição

Diluir 10% todas as demãos para acabamentos alto brilho, acetinado e fosco em metais. Diluir 15% na primeira demão e 10% nas demais para abacamentos alto brilho e acetinado em madeira.

Secagem

Ao toque: 2 a 4 h
Manuseio: 12 h
Final: 24 h

Eucatex Zarcão; Eucatex Fundo para Galvanizado

1 2 Preparação inicial

A superfície deve estar firme, coesa, limpa e seca, isenta de poeira, materiais gordurosos e mofo.

2 Preparação em demais superfícies

Metais: lixar a ferrugem e outras impurezas. Limpar com um pano embebido em aguarrás. Aplicar uma ou 2 demãos de Eucatex Zarcão (em metais ferrosos oxidados), Eucafer Fundo Acabamento (em metais ferrosos novos) ou Eucatex Fundo para Galvanizado (em alumínio e galvanizados). **Madeiras:** lixar as farpas e limpar a poeira com um pano embebido em aguarrás. Aplicar uma ou 2 demãos de Eucatex Fundo para Madeira. Corrigir as imperfeições com Eucatex Massa para Madeira. **Repinturas:** em superfícies brilhantes em bom estado, lixar até eliminar o brilho. **Sobre Eucatex Massa Corrida e Massa Acrílica:** aplicar antes uma demão de Eucatex Fundo Preparador de Paredes.

1 2 Precauções/dicas/advertências

Manter a embalagem bem fechada, sempre na posição vertical, em local coberto, fresco, ventilado e longe de fontes de calor e umidade. Não perfurar, não queimar e não reutilizar para outros fins. Manter fora do alcance de crianças e animais. Não colocar em contato com alimentos e água para consumo. Durante preparação, aplicação e secagem do produto, manter o ambiente ventilado e utilizar máscara protetora, luvas e óculos de segurança apropriados. Em caso de contato acidental com a pele, lavar com água limpa e sabão. Se houver contato com os olhos, lavar com água corrente limpa por, no mínimo, 15 min. Se houver inalação acidental dos vapores do produto, levar a pessoa para local ventilado. Não ingerir o produto. Caso isso ocorra, não provocar vômito.

1 Principais atributos do produto 1

Tem grande poder de penetração, fácil aplicação e proporciona ótima aderência.

2 Principais atributos do produto 2

Tem alto brilho, maior durabilidade e cobertura superior.

A Unidade Tintas e Vernizes da Eucatex, fundada em 1994, conta com equipamentos de última geração e laboratórios que empregam as melhores tecnologias na fabricação de tintas imobiliárias.

3 4 Preparação inicial

A superfície deve estar firme, coesa, limpa e seca, isenta de poeira, materiais gordurosos e mofo.

3 Preparação em demais superfícies

Metais: lixar a ferrugem e outras impurezas. Limpar com um pano embebido em aguarrás. Aplicar uma ou 2 demãos de Eucatex Zarcão (em metais ferrosos oxidados), Eucafer Fundo Acabamento (em metais ferrosos novos) ou Eucatex Fundo para Galvanizado (em alumínio e galvanizados). **Madeiras:** lixar as farpas e limpar a poeira com um pano embebido em aguarrás. Aplicar uma ou 2 demãos de Eucatex Fundo para Madeira. Corrigir as imperfeições com Eucatex Massa para Madeira. **Repinturas:** em superfícies brilhantes em bom estado, lixar até eliminar o brilho. **Sobre Eucatex Massa Corrida e Massa Acrílica:** aplicar antes uma demão de Eucatex Fundo Preparador de Paredes.

4 Preparação em demais superfícies

Superfícies que apresentam brilho: deverão receber lixamento até o completo fosqueamento antes de ser iniciada a aplicação. **Superfícies com manchas gordurosas:** devem ser tratadas com solução de água e detergente neutro. Feito o tratamento, enxaguar bem, aguardar a secagem e aplicar o produto. **Madeiras novas não secas:** devem receber sucessivas aplicações de Eucatex Thinner até a completa eliminação da resina natural da madeira, que pode causar danos à pintura. **Madeiras novas secas:** lixar as farpas e limpar a poeira com um pano embebido em Eucatex Ráz. Aplicar uma ou 2 demãos de Eucatex Fundo para Madeira. Corrigir as imperfeições com Eucatex Massa para Madeira. **Metais:** lixar a ferrugem e outras impurezas. Limpar com um pano embebido em Eucatex Ráz. Aplicar uma ou 2 demãos de Eucatex Zarcão (em metais ferrosos oxidados), Eucatex Eucafer Cinza (em metais ferrosos novos) ou Eucatex Fundo para Galvanizado (em alumínio e galvanizados). **Repinturas:** em superfícies brilhantes em bom estado, lixar até eliminar o brilho. Limpar com um pano embebido em Eucatex Ráz.

3 4 Precauções / dicas / advertências

Manter a embalagem bem fechada, sempre na posição vertical, em local coberto, fresco, ventilado e longe de fontes de calor e umidade. Não perfurar, não queimar e não reutilizar para outros fins. Manter fora do alcance de crianças e animais. Não colocar em contato com alimentos e água para consumo. Durante preparação, aplicação e secagem do produto, manter o ambiente ventilado e utilizar máscara protetora, luvas e óculos de segurança apropriados. Em caso de contato acidental com a pele, lavar com água limpa e sabão. Se houver contato com os olhos, lavar com água corrente limpa por, no mínimo, 15 min. Se houver inalação acidental dos vapores do produto, levar a pessoa para local ventilado. Não ingerir o produto. Caso isso ocorra, não provocar vômito. Pessoa com precedente de alergia ao produto deve evitar seu manuseio.

3 Principais atributos do produto 3

Para uso rural, possui secagem de 30 min ao toque, é fácil de aplicar e proporciona ótima cobertura.

4 Principais atributos do produto 4

Tem alta durabilidade, maior rendimento e é fácil de aplicar.

Eucatex Esmalte Secagem Extra Rápida — 3

O Eucatex Esmalte Secagem Extra Rápida é indicado para aplicação em superfícies de madeira, metal, metal ferroso, alumínio, galvanizados e alvenaria com característica de alta resistência às intempéries.

USE COM: Eucatex Fundo para Madeira; Eucatex Fundo para Galvanizado

Embalagens/rendimento
Galão (3,6 L): 40 a 50 m²/demão.
Quarto (0,9 L): 10 a 12 m²/demão.

Aplicação
Utilizar rolo de espuma, pincel, trincha ou pistola.

Cor
Conforme cartela de cores

Acabamento
Acetinado e alto brilho

Diluição
Diluir 10% com Eucatex Ráz em todas as demãos.

Secagem
Ao toque: 30 min
Entre demãos: 2 a 4 h
Final: 6 a 8 h

Peg & Pinte Esmalte — 4

É indicado para pintura de superfícies externas e internas de madeira, metal ferroso, alumínio, galvanizados e alvenaria. Possui resistência às intempéries, alta durabilidade e alto rendimento, além de apresentar fácil aplicação. Disponível nos acabamentos brilhante e acetinado.

USE COM: Eucatex Ráz; Eucatex Fundo para Galvanizado

Embalagens/rendimento
Galão (3,6 L): 40 a 50 m²/demão.
Quarto (0,9 L): 10 a 12 m²/demão.

Aplicação
Utilizar rolo de espuma, pincel, trincha ou pistola.

Cor
Conforme cartela de cores

Acabamento
Acetinado e brilhante

Diluição
Diluir 15% na primeira demão e 10% nas demais.

Secagem
Ao toque: 4 a 5 h
Manuseio: 12 h
Final: 24 h

Eucatex Esmalte Premium Base Água 1

Indicado para aplicação em superfícies externas e internas de madeiras, metais ferrosos, galvanizados, alumínio e PVC. É um produto à base d'água que proporciona ótima aplicação e fácil limpeza de ferramentas. Apresenta baixíssimo odor, não amarela e oferece ótima resistência às intempéries, além de possuir secagem rápida e proporcionar excelente acabamento.

Embalagens/rendimento

Galão (3,6 L): 40 a 50 m²/demão.
Galão (3,2 L): 35 a 44 m²/demão.
Quarto (0,9 L): 10 a 12 m²/demão.
Quarto (0,8 L): 9 a 11 m²/demão.

Aplicação

Utilizar rolo, pincel, trincha ou pistola de pintura.

Cor

Além das cores de catálogo, podem-se obter outros tons com o uso de Eucatex Corante Líquido, ou ainda por meio do Eucatex E-Colors

Acabamento

Acetinado e alto brilho

Diluição

Diluir 10% em todas as demãos, se necessário. Pistola: diluir 20% em todas as demãos.

Secagem

Ao toque: 30 min*
Entre demãos: 4 h
Final: 5 h
*Próximo a 25 °C e com umidade relativa do ar de cerca de 70%.

Eucatex Zarcão

Eucatex Fundo para Galvanizado

Eucatex Verniz Copal 2

O Eucatex Verniz Copal é um produto de acabamento brilhante e natural. Fácil de aplicar, tem elevado poder de penetração, secagem rápida, alto rendimento e grande aderência ao substrato. É indicado para aplicação em superfícies internas de madeira como portas, corrimãos, balcões, móveis, forros etc.

Embalagens/rendimento

Galão (3,6 L): 35 a 45 m²/demão.
Quarto (0,9 L): 8 a 12 m²/demão.

Aplicação

Utilizar rolo de espuma, pincel ou pistola.

Cor

Incolor

Acabamento

Brilhante

Diluição

Diluir de 20% a 30% na primeira demão e 15% nas demais com Eucatex Ráz.

Secagem

Ao toque: 4 a 6 h
Final: 24 h

Eucatex Seladora Extra

Eucatex Seladora Concentrada

1 2 Preparação inicial

A superfície deve estar firme, coesa, limpa e seca, isenta de poeira, materiais gordurosos e mofo.

1 Preparação em demais superfícies

Superfícies que apresentam brilho: deverão receber lixamento até o completo fosqueamento antes de ser iniciada a aplicação. **Superfícies com manchas gordurosas:** devem ser tratadas com solução de água e detergente neutro. Feito o tratamento, enxaguar bem, aguardar a secagem e aplicar o produto. **Madeiras novas não secas:** devem receber sucessivas aplicações de Eucatex Thinner até a completa eliminação da resina natural da madeira, que pode causar danos à pintura. **Madeiras novas secas:** lixar as farpas e limpar a poeira com um pano embebido em Eucatex Ráz. Aplicar uma ou 2 demãos de Eucatex Fundo para Madeira. Corrigir as imperfeições com Eucatex Massa para Madeira. **Metais:** lixar a ferrugem e outras impurezas. Limpar com um pano embebido em Eucatex Ráz. Aplicar uma ou 2 demãos de Eucatex Zarcão (em metais ferrosos oxidados), Eucatex Eucafer Cinza (em metais ferrosos novos) ou Eucatex Fundo para Galvanizado (em alumínio e galvanizados). **Repinturas:** em superfícies brilhantes em bom estado, lixar até eliminar o brilho. Limpar com um pano embebido em Eucatex Ráz.

1 2 Precauções/dicas/advertências

Manter a embalagem bem fechada, sempre na posição vertical, em local coberto, fresco, ventilado e longe de fontes de calor e umidade. Não perfurar, não queimar e não reutilizar para outros fins. Manter fora do alcance de crianças e animais. Não colocar em contato com alimentos e água para consumo. Durante preparação, aplicação e secagem do produto, manter o ambiente ventilado e utilizar máscara protetora, luvas e óculos de segurança apropriados. Em caso de contato acidental com a pele, lavar com água limpa e sabão. Se houver contato com os olhos, lavar com água corrente limpa por, no mínimo, 15 min. Se houver inalação acidental dos vapores do produto, levar a pessoa para local ventilado. Não ingerir o produto. Caso isso ocorra, não provocar vômito. Pessoa com precedente de alergia ao produto deve evitar seu manuseio.

1 Principais atributos do produto 1

Tem alta durabilidade, maior rendimento e é fácil de aplicar.

2 Principais atributos do produto 2

Tem secagem rápida, alto brilho e fácil aplicação.

A Unidade Tintas e Vernizes da Eucatex, fundada em 1994, conta com equipamentos de última geração e laboratórios que empregam as melhores tecnologias na fabricação de tintas imobiliárias.

3 4 Preparação inicial

A superfície deve estar firme, coesa, limpa e seca, isenta de poeira, materiais gordurosos e mofo.

3 4 Precauções / dicas / advertências

Manter a embalagem bem fechada, sempre na posição vertical, em local coberto, fresco, ventilado e longe de fontes de calor e umidade. Não perfurar, não queimar e não reutilizar para outros fins. Manter fora do alcance de crianças e animais. Não colocar em contato com alimentos e água para consumo. Durante preparação, aplicação e secagem do produto, manter o ambiente ventilado e utilizar máscara protetora, luvas e óculos de segurança apropriados. Em caso de contato acidental com a pele, lavar com água limpa e sabão. Se houver contato com os olhos, lavar com água corrente limpa por, no mínimo, 15 min. Se houver inalação acidental dos vapores do produto, levar a pessoa para local ventilado. Não ingerir o produto. Caso isso ocorra, não provocar vômito. Pessoa com precedente de alergia ao produto deve evitar seu manuseio.

3 Principais atributos do produto 3

Tem fácil aplicação, acabamento brilhante transparente e bom rendimento, para uso exterior e interior.

4 Principais atributos do produto 4

Tem alta durabilidade (5 anos), oferece superproteção contra sol e chuva, maior rendimento e acabamento brilhante, para uso exterior e interior.

Eucatex Verniz Marítimo — 3

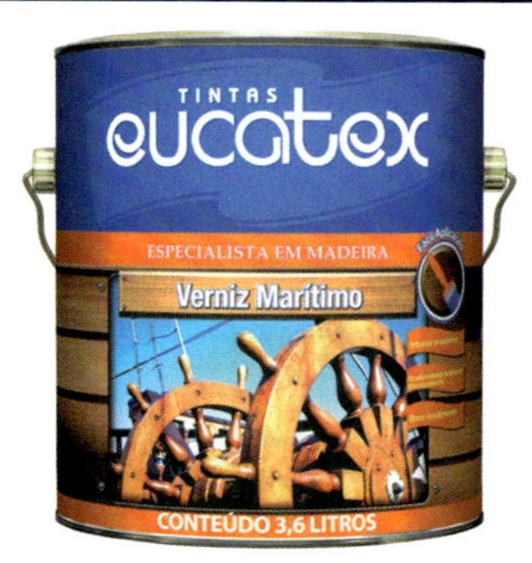

O Eucatex Verniz Marítimo é um produto de fácil aplicação, bom alastramento, boa aderência e secagem rápida que realça o aspecto natural da madeira, proporcionando acabamentos brilhante transparente ou acetinado. É indicado para proteção e decoração de superfícies internas e externas de madeira, como casas de madeira, portas, janelas, móveis e madeiras decorativas em geral, conferindo boa resistência às intempéries.

USE COM:
Eucatex Seladora Extra
Eucatex Seladora Concentrada

Embalagens/rendimento

Galão (3,6 L): 35 a 45 m²/demão.
Quarto (0,9 L): 8 a 12 m²/demão.
1/16 (225 mL): 2 a 3 m²/demão.

Aplicação

Utilizar rolo de espuma, pincel ou pistola.

Cor

Natural, podendo-se obter outros tons por meio do Eucatex E-Colors

Acabamento

Acetinado e brilhante

Diluição

Diluir de 10% a 20% em todas as demãos com Eucatex Ráz.

Secagem

Ao toque: 4 a 6 h
Final: 24 h

Eucatex Verniz Ultratex — 4

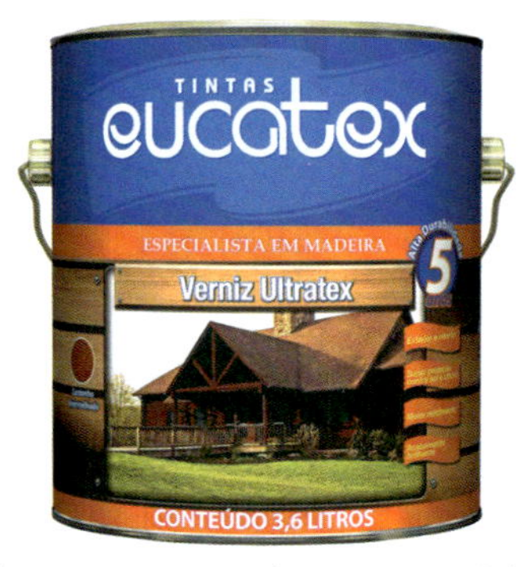

É um produto 3 em 1: tingidor, impermeabilizante e fundo preparador de paredes. Sua composição confere versatilidade, proteção, beleza e durabilidade. Fácil de aplicar, tem alto rendimento, secagem rápida e bom alastramento. Possui excepcional transparência, que ressalta os veios e o aspecto natural da madeira. Embeleza e tinge as madeiras e impermeabiliza e dá acabamento às superfícies de reboco, fibrocimento e tijolos aparentes.

USE COM:
Eucatex Seladora Extra
Eucatex Seladora Concentrada

Embalagens/rendimento

Galão (3,6 L): 40 a 50 m²/demão.
Quarto (0,9 L): 10 a 12 m²/demão.

Aplicação

Utilizar rolo de espuma, pincel ou pistola.

Cor

Castanho avermelhado

Acabamento

Brilhante

Diluição

Diluir com Eucatex Ráz na proporção de 1:1 na primeira demão e 15% nas demais.

Secagem

Ao toque: 4 a 6 h
Final: 24 h

Eucatex Seladora Extra 

Indicada para selar e uniformizar superfícies novas de madeira em geral, como portas, janelas, móveis e gabinetes, além de aglomerados e compensados em ambientes internos. É um produto de fácil aplicação, boa cobertura dos poros e fácil lixamento.

USE COM: Eucatex Verniz Copal
Eucatex Verniz Marítimo

Embalagens/rendimento

Tambor (200 L).
Lata (18 L): 120 a 160 m²/demão.
Galão (3,6 L): 24 a 32 m²/demão.
Quarto (0,9 L): 6 a 8 m²/demão.

Aplicação

Utilizar rolo de espuma, pincel ou pistola.

 Cor

Natural

Acabamento

Aspecto encerado

Diluição

Diluir de 30% a 100% em todas as demãos com Eucatex Thinner para Nitrocelulose.

Secagem

Ao toque: 15 min
Final: 2 h

Eucatex Seladora Concentrada 2

Possui ótimo poder de enchimento, formando uma película flexível e transparente. Fácil de aplicar, oferece acabamento sedoso e encerado. É indicada para selar e uniformizar superfícies novas de madeira em geral, como portas, janelas, móveis e gabinetes, além de aglomerados e compensados em ambientes internos.

USE COM: Eucatex Verniz Copal
Eucatex Verniz Duplo Filtro Solar

Embalagens/rendimento

Tambor (200 L).
Lata (18 L): 150 a 200 m²/demão.
Galão (3,6 L): 30 a 40 m²/demão.
Quarto (0,9 L): 7,5 a 10 m²/demão.

Aplicação

Utilizar rolo de espuma, pincel ou pistola.

Cor

Natural

Acabamento

Aspecto encerado

Diluição

Diluir de 30% a 100% em todas as demãos com Eucatex Thinner para Nitrocelulose.

Secagem

Ao toque: 15 min
Final: 2 h

1 2 Preparação inicial

A superfície deve estar firme, coesa, limpa e seca, isenta de poeira, materiais gordurosos e mofo.

1 2 Precauções / dicas / advertências

Manter a embalagem bem fechada, sempre na posição vertical, em local coberto, fresco, ventilado e longe de fontes de calor e umidade. Não perfurar, não queimar e não reutilizar para outros fins. Manter fora do alcance de crianças e animais. Não colocar em contato com alimentos e água para consumo. Durante preparação, aplicação e secagem do produto, manter o ambiente ventilado e utilizar máscara protetora, luvas e óculos de segurança apropriados. Em caso de contato acidental com a pele, lavar com água limpa e sabão. Se houver contato com os olhos, lavar com água corrente limpa por, no mínimo, 15 min. Se houver inalação acidental dos vapores do produto, levar a pessoa para local ventilado. Não ingerir o produto. Caso isso ocorra, não provocar vômito. Pessoa com precedente de alergia ao produto deve evitar seu manuseio.

1 Principais atributos do produto 1

Tem secagem rápida, é um produto à base de nitrocelulose, fácil de aplicar e com ótimo rendimento.

2 Principais atributos do produto 2

Tem secagem rápida, é um produto à base de nitrocelulose, fácil de aplicar e com ótimo rendimento.

A Unidade Tintas e Vernizes da Eucatex, fundada em 1994, conta com equipamentos de última geração e laboratórios que empregam as melhores tecnologias na fabricação de tintas imobiliárias.

3 4 Preparação inicial

A superfície deve estar firme, coesa, limpa e seca, isenta de poeira, materiais gordurosos e mofo.

3 4 Precauções / dicas / advertências

Manter a embalagem bem fechada, sempre na posição vertical, em local coberto, fresco, ventilado e longe de fontes de calor e umidade. Não perfurar, não queimar e não reutilizar para outros fins. Manter fora do alcance de crianças e animais. Não colocar em contato com alimentos e água para consumo. Durante preparação, aplicação e secagem do produto, manter o ambiente ventilado e utilizar máscara protetora, luvas e óculos de segurança apropriados. Em caso de contato acidental com a pele, lavar com água limpa e sabão. Se houver contato com os olhos, lavar com água corrente limpa por, no mínimo, 15 min. Se houver inalação acidental dos vapores do produto, levar a pessoa para local ventilado. Não ingerir o produto. Caso isso ocorra, não provocar vômito. Pessoa com precedente de alergia ao produto deve evitar seu manuseio.

3 Principais atributos do produto 3

Tem fáceis aplicação e lixamento e ótimo enchimento.

4 Principais atributos do produto 4

É um produto de secagem rápida.

Eucatex Fundo para Madeira — 3

O Eucatex Fundo para Madeira é especialmente indicado para aplicação em superfícies externas e internas de madeiras novas.

Embalagens/rendimento

Galão (3,6 L): 16 a 36 m²/demão.
Quarto (0,9 L): 4 a 8 m²/demão.

Aplicação

Utilizar rolo de espuma, pincel, trincha ou pistola.

Cor

Branco

Acabamento

Fosco

Diluição

Diluir 10% em todas as demãos com aguarrás.

Secagem

Ao toque: 4 h
Entre demãos: 12 h
Total: 24 h

USE COM:
Eucatex Esmalte Premium Eucalux
Eucatex Esmalte Secagem Extra Rápida

Eucatex Eucafer Cinza — 4

O Eucatex Eucafer Cinza é especialmente indicado como fundo e acabamento anticorrosivo para superfícies ferrosas externas e internas, novas ou com indícios de corrosão.

Embalagens/rendimento

Galão (3,6 L): 25 a 30 m²/demão.
Quarto (0,9 L): 6,5 a 7,5 m²/demão.

Aplicação

Utilizar rolo de espuma, pincel ou pistola.

Cor

Cinza

Acabamento

Fosco

Diluição

Diluir 10% em todas as demãos com aguarrás.

Secagem

Ao toque: 4 h
Entre demãos: 12 h
Final: 24 h

USE COM:
Eucatex Esmalte Premium Eucalux
Eucatex Esmalte Secagem Extra Rápida

0800-17-2554
www.tintaseucatex.com.br

Eucatex Fundo para Galvanizado 1

O Eucatex Fundo para Galvanizado é especialmente indicado para aplicação sobre superfícies galvanizadas externas e internas, novas ou com indícios de corrosão.

USE COM: Eucatex Esmalte Premium Eucalux
Eucatex Esmalte Premium Base Água

Embalagens/rendimento

Galão (3,6 L): 50 a 70 m²/demão.
Quarto (0,9 L): 12,5 a 17,5 m²/demão.

Aplicação

Utilizar rolo de espuma, pincel, trincha ou pistola.

Cor

Branco

Acabamento

Fosco

Diluição

Diluir 10% em todas as demãos com aguarrás.

Secagem

Ao toque: 4 h
Entre demãos: 12 h
Total: 24 h

Eucatex Fundo Cromato de Zinco 2

O Eucatex Fundo Cromato de Zinco é indicado como fundo anticorrosivo para superfícies metálicas novas (alumínio, galvanizados e ferro) ou repinturas externas e internas, que ainda não tenham indícios de corrosão.

USE COM: Eucatex Esmalte Premium Eucalux
Eucatex Esmalte Secagem Extra Rápida

Embalagens/rendimento

Galão (3,6 L): 25 a 30 m²/demão.
Quarto (0,9 L): 6,5 a 7,5 m²/demão.

Aplicação

Utilizar rolo de espuma, pincel, trincha ou pistola.

Cor

Verde

Acabamento

Fosco

Diluição

Diluir 10% em todas as demãos com aguarrás.

Secagem

Ao toque: 4 h
Entre demãos: 12 h
Total: 24 h

1 2 Preparação inicial

A superfície deve estar firme, coesa, limpa e seca, isenta de poeira, materiais gordurosos e mofo.

1 2 Precauções/dicas/advertências

Manter a embalagem bem fechada, sempre na posição vertical, em local coberto, fresco, ventilado, longe de fontes de calor e umidade. Não perfurar, não queimar e não reutilizar para outros fins. Manter fora do alcance de crianças e animais. Não colocar em contato com alimentos e água para consumo. Durante preparação, aplicação e secagem do produto, manter o ambiente ventilado e utilizar máscara protetora, luvas e óculos de segurança apropriados. Em caso de contato acidental com a pele, lavar com água limpa e sabão. Se houver contato com os olhos, lavar com água corrente limpa por, no mínimo, 15 min. Se houver inalação acidental dos vapores do produto, levar a pessoa para local ventilado. Não ingerir o produto. Caso isso ocorra, não provocar vômito.

1 Principais atributos do produto 1

É um produto fácil de aplicar.

2 Principais atributos do produto 2

Tem fácil aplicação, boa aderência e é fácil de lixar.

A Unidade Tintas e Vernizes da Eucatex, fundada em 1994, conta com equipamentos de última geração e laboratórios que empregam as melhores tecnologias na fabricação de tintas imobiliárias.

3 4 Preparação inicial

A superfície deve estar firme, coesa, limpa e seca, isenta de poeira, materiais gordurosos e mofo.

4 Preparação em demais superfícies

Superfícies com manchas de gordura ou graxa: lavar com solução de água e detergente neutro, enxaguar e aguardar a secagem. **Superfícies com partes soltas ou caiadas:** devem ser raspadas ou escovadas até completa remoção. Em seguida, aplicar Eucatex Fundo Preparador de Paredes, conforme indicação da embalagem. **Superfícies mofadas:** lavar com solução de água com água sanitária na proporção de 1:1, enxaguar e aguardar a secagem. **Reboco novo:** deve-se aguardar a cura por, no mínimo, 30 dias. **Azulejos, pastilhas e vidros (primeira pintura):** caso necessário, lavar com detergente ou sabão neutro, enxaguando bem. Secar com pano limpo e repetir esse procedimento até limpeza total. **Azulejos, pastilhas e vidros (repintura):** a superfície deve ser limpa e lixada para a remoção do brilho da pintura anterior. **Madeiras (repintura):** lixar para eliminar o brilho da pintura anterior. Se necessário, nivelar a superfície aplicando Eucatex Massa para Madeira. **Metais novos ou com ferrugem:** lixar, remover todos os pontos de ferrugem e limpar com um pano umedecido. Aplicar uma demão de Eucatex Zarcão (metais ferrosos), Eucatex Fundo para Galvanizado (metais galvanizados) ou Eucatex Fundo Cromato de Zinco (alumínio, zinco ou galvanizado).

3 4 Precauções / dicas / advertências

Manter a embalagem bem fechada, sempre na posição vertical, em local coberto, fresco, ventilado, longe de fontes de calor e umidade. Não perfurar, não queimar e não reutilizar para outros fins. Manter fora do alcance de crianças e animais. Não colocar em contato com alimentos e água para consumo. Durante preparação, aplicação e secagem do produto, manter o ambiente ventilado e utilizar máscara protetora, luvas e óculos de segurança apropriados. Em caso de contato acidental com a pele, lavar com água limpa e sabão. Se houver contato com os olhos, lavar com água corrente limpa por, no mínimo, 15 min. Se houver inalação acidental dos vapores do produto, levar a pessoa para local ventilado. Não ingerir o produto. Caso isso ocorra, não provocar vômito.

4 Principais atributos do produto 4

Tem baixo odor, secagem rápida, altíssima durabilidade e é antimofo.

Eucatex Zarcão 3

O Eucatex Zarcão é especialmente indicado como fundo anticorrosivo para superfícies ferrosas externas e internas, novas ou com indícios de corrosão.

USE COM: Eucatex Esmalte Premium Eucalux; Eucatex Esmalte Secagem Extra Rápida

Embalagens/rendimento

Galão (3,6 L): 25 a 30 m²/demão.
Quarto (0,9 L): 6,5 a 7,5 m²/demão.

Aplicação

Utilizar rolo de espuma, pincel, trincha ou pistola.

Cor

Laranja

Acabamento

Fosco

Diluição

Diluir 10% em todas as demãos com aguarrás.

Secagem

Ao toque: 4 h
Entre demãos: 12 h
Total: 24 h

Eucatex Epóxi Base Água 4

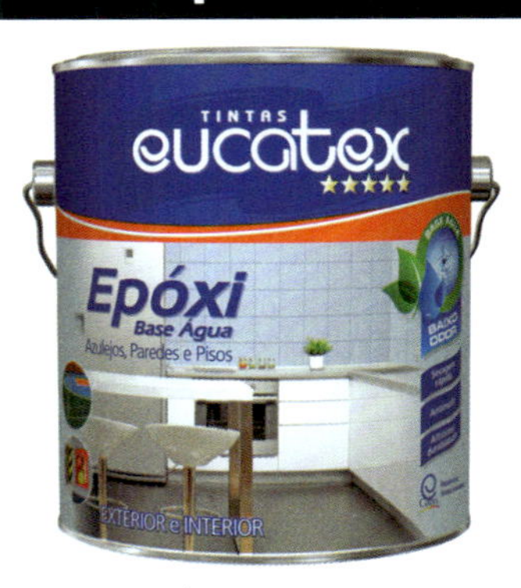

A Eucatex Epóxi Base Água é uma tinta de acabamento brilhante que possui altíssimas resistência e durabilidade, secagem rápida, baixo odor e ação antimofo. Foi desenvolvida especialmente para aplicação em azulejos, pastilhas, paredes, pisos, vidros, metais e madeiras. Indicada para banheiros, cozinhas, lavanderias e outros ambientes expostos à umidade e que necessitem de alta resistência à limpeza frequente.

USE COM: Eucatex Zarcão; Eucatex Fundo para Galvanizado

Embalagens/rendimento

Galão (3,6 L): 50 a 70 m²/demão.
Galão (3,2 L): 44 a 62 m²/demão.
Quarto (0,9 L): 13 a 18 m²/demão.
Quarto (0,8 L): 12 a 16 m²/demão.

Aplicação

Utilizar rolo de lã para epóxi, pincel, trincha ou pistola de pintura.

Cor

Além das cores de catálogo, podem-se obter outros tons com o uso de Eucatex Corante Líquido, ou ainda por meio do Eucatex E-Colors

Acabamento

Brilhante

Diluição

Diluir 20% na primeira demão e 10% nas demais. Repintura: diluir 10% em todas as demãos. Pistola: diluir 20% em todas as demãos.

Secagem

Ao toque: 1 h
Entre demãos: 2 a 4 h
Final: 7 dias
Tráfego de pessoas: 48 h
Tráfego de veículos: 72 h

www.tintaseucatex.com.br

Eucatex Resina Acrílica 1

É indicada para superfícies externas e internas de pedras naturais (ardósia, pedra mineira, São Tomé, pedra goiana, entre outras), concreto aparente, fibrocimento, telhas de barro e tijolos aparentes. Sua formula à base de resina acrílica impermeabiliza a superfície protegendo-a contra a ação das intempéries, por sua excelente resistência e seu acabamento brilhante.

USE COM: Massa Acrílica
Selador Acrílico Pigmentado

Embalagens/rendimento

Lata (18 L): 150 a 180 m²/demão.
Galão (5 L): 40 a 50 m²/demão.
Quarto (0,9 L): 7 a 9 m²/demão.

Aplicação

Utilizar rolo de lã, pincel, trincha ou pistola.

Cor

Natural

Acabamento

Brilhante

Diluição

Pronta para uso.

Secagem

Ao toque: 1 h
Final: 12 h

Eucatex Resina Acrílica Base Água 2

É indicada para superfícies externas e internas de pedras naturais (ardósia, pedra mineira, São Tomé, pedra goiana, entre outras), concreto aparente, fibrocimento, telhas de barro e tijolos aparentes. Sua formula à base de resina acrílica impermeabiliza a superfície protegendo-a contra a ação das intempéries, por sua excelente resistência e seu acabamento brilhante.

Embalagens/rendimento

Lata (18 L): 150 a 180 m²/demão.
Galão (5 L): 40 a 50 m²/demão.
Quarto (0,9 L): 7 a 9 m²/demão.

Aplicação

Utilizar rolo de lã, pincel, trincha ou pistola.

Cor

Conforme catálogo de produtos

Acabamento

Incolor

Diluição

Pronta para uso. Em cores, diluir em 10% com água em todas as demãos.

Secagem

Ao toque: 1 h
Final: 12 h
Tráfego de pessoas: 48 h
Tráfego de veículos: 72 h

1 2 Preparação inicial

A superfície deve estar firme, coesa, limpa e seca, isenta de poeira, materiais gordurosos e mofo.

1 2 Preparação em demais superfícies

Superfícies mofadas: lavar com solução de água com água sanitária na proporção de 1:1, enxaguar e aguardar a secagem. Corrigir as possíveis causas da geração do mofo. **Superfícies com manchas gordurosas:** devem ser tratadas com solução de água e detergente neutro. Feito o tratamento, enxaguar bem, aguardar secagem e aplicar o produto. **Superfícies com partes soltas:** devem ser raspadas ou escovadas até completa remoção. **Concreto:** deve-se aguardar a cura por, no mínimo, 30 dias. Em seguida, seguir com a aplicação. **Repintura (bom estado):** deve-se efetuar lixamento até total perda do brilho seguido pela limpeza com pano úmido. Aguardar a secagem.

1 2 Precauções / dicas / advertências

Manter a embalagem bem fechada, sempre na posição vertical, em local coberto, fresco, ventilado, longe de fontes de calor e umidade. Não perfurar, não queimar e não reutilizar para outros fins. Manter fora do alcance de crianças e animais. Não colocar em contato com alimentos e água para consumo. Durante preparação, aplicação e secagem do produto, manter o ambiente ventilado e utilizar máscara protetora, luvas e óculos de segurança apropriados. Em caso de contato acidental com a pele, lavar com água limpa e sabão. Se houver contato com os olhos, lavar com água corrente limpa por, no mínimo, 15 min. Se houver inalação acidental dos vapores do produto, levar a pessoa para local ventilado. Não ingerir o produto. Caso isso ocorra, não provocar vômito.

1 Principais atributos do produto 1

Proporciona brilho, proteção e resistência.

2 Principais atributos do produto 2

Proporciona brilho, proteção e resistência.

A Unidade Tintas e Vernizes da Eucatex, fundada em 1994, conta com equipamentos de última geração e laboratórios que empregam as melhores tecnologias na fabricação de tintas imobiliárias.

3 4 Preparação inicial

Observar, na embalagem dos produtos que serão diluídos, a proporção recomendada pelo fabricante. Antes e depois de diluir, homogeneizar bem o produto na embalagem com o auxílio de espátula apropriada (não utilizar chave de fenda).

4 Preparação em demais superfícies

Superfícies com partes soltas: devem ser raspadas ou escovadas até completa remoção. **Superfícies mofadas:** lavar com solução de água com água sanitária na proporção de 1:1, enxaguar e aguardar a secagem. Corrigir as possíveis causas da geração do mofo. **Superfícies com manchas gordurosas:** devem ser tratadas com solução de água e detergente neutro. Feito o tratamento, enxaguar bem, aguardar secagem e aplicar o produto. **Concreto:** deve-se aguardar a cura por, no mínimo, 30 dias. Em seguida, seguir com a aplicação. **Repintura (bom estado):** deve-se efetuar lixamento até total perda do brilho seguido pela limpeza com pano úmido. Aguardar a secagem.

3 4 Precauções / dicas / advertências

Manter a embalagem bem fechada, sempre na posição vertical, em local coberto, fresco, ventilado, longe de fontes de calor e umidade. Não perfurar, não queimar e não reutilizar para outros fins. Manter fora do alcance de crianças e animais. Não colocar em contato com alimentos e água para consumo. Durante preparação, aplicação e secagem do produto, manter o ambiente ventilado e utilizar máscara protetora, luvas e óculos de segurança apropriados. Em caso de contato acidental com a pele, lavar com água limpa e sabão. Se houver contato com os olhos, lavar com água corrente limpa por, no mínimo, 15 min. Se houver inalação acidental dos vapores do produto, levar a pessoa para local ventilado. Não ingerir o produto. Caso isso ocorra, não provocar vômito.

0800-17-2554
www.tintaseucatex.com.br

Eucatex Ráz — 3

O Eucatex Ráz é indicado para diluição de esmaltes sintéticos e vernizes à base de resina alquídica.

USE COM: Eucatex Zarcão
Eucatex Esmalte Premium Eucalux

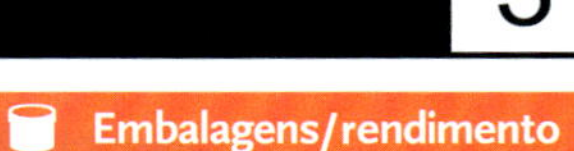

Embalagens/rendimento

Galão (5 kg) e quarto (0,9 L).

Aplicação

Não aplicável.

Cor

Não aplicável

Acabamento

Não aplicável

Diluição

Não aplicável.

Secagem

Não aplicável

Eucatex Thinner 9800/9116 — 4

Indicado para ajustar a viscosidade de tintas e vernizes, auxiliando o alastramento e o nivelamento da película.

USE COM: Eucatex Seladora Extra
Eucatex Seladora Concentrada

Embalagens/rendimento

Tambor (200 L), lata (18 L), galão (5 kg) e quarto (0,9 L).

Aplicação

Não aplicável.

Cor

Não aplicável

Acabamento

Não aplicável

Diluição

Não aplicável.

Secagem

Não aplicável

Eucatex Silicone 1

É indicado para proteger superfícies externas e internas de tijolo à vista, concreto aparente, cerâmica porosa, telhas de barro e blocos de concreto. Protege inibindo a infiltração de água e impedindo o aparecimento de manchas, além do escurecimento precoce dos rejuntes. É um produto incolor que não modifica o brilho, mantendo inalterada a aparência da superfície e permitindo que ela "respire" normalmente.

Eucatex Resina Acrílica
Eucatex Verniz Acrílico

Embalagens/rendimento

Lata (18 L): 25 a 65 m²/demão.
Lata (5 L): 7 a 18 m²/demão.

Aplicação

Utilizar rolo de lã de pelos altos, pincel, trincha ou pistola.

Cor

Não aplicável

Acabamento

Não aplicável

Diluição

Pronto para uso.

Secagem

Final: 1 a 2 h

Eucatex Impermeabilizante Parede 2

Revestimento acrílico para exteriores, indicado contra a batida de chuva nas paredes e os consequentes males que a infiltração provoca. É indicado para selar, impermeabilizar, eliminar microfissuras e pintar superfícies externas (novas e repinturas) de reboco, blocos e calhas de concreto, telhas de fibrocimento, massa acrílica, telhas cerâmicas e blocos cerâmicos (não vitrificados).

Eucatex Massa Acrílica
Eucatex Fundo Preparador de Paredes

Embalagens/rendimento

Lata (18 L): 56 a 66 m²/demão.
Galão (3,6 L): 11 a 13 m²/demão.

Aplicação

Utilizar rolo de lã, pincel ou trincha.

Cor

Além das cores de catálogo, podem-se obter outros tons com o uso de Eucatex Corante Líquido, ou ainda por meio do Eucatex E-Colors

Acabamento

Fosco

Diluição

Diluir com 10% de água em todas as demãos.

Secagem

Ao toque: 2 h
Entre demãos: 4 h
Final: 12 h

1 2 Preparação inicial

A superfície deve estar firme, coesa, limpa e seca, isenta de poeira, gordura, graxa, sabão ou mofo.

1 Preparação em demais superfícies

Superfícies com manchas de gordura ou graxa: lavar com solução de água e detergente neutro, enxaguar e aguardar a secagem. **Superfícies com partes soltas:** devem ser raspadas ou escovadas até completa remoção. **Superfícies mofadas:** lavar com solução de água e água sanitária na proporção de 1:1, enxaguar e aguardar a secagem. Corrigir as possíveis causas da geração do mofo. **Concreto:** deve-se aguardar a cura por, no mínimo, 30 dias. Em seguida, seguir com a aplicação. **Repintura:** o Eucatex Silicone deve ser aplicado diretamente sobre superfícies porosas, sem que tenham recebido nenhum outro tipo de acabamento.

2 Preparação em demais superfícies

Superfícies com partes soltas ou caiadas: devem ser raspadas ou escovadas até completa remoção, para, em seguida, receber o Eucatex Fundo Preparador de Paredes, conforme indicação da embalagem. **Superfícies mofadas:** lavar com solução de água com água sanitária na proporção de 1:1, enxaguar e aguardar a secagem. Corrigir as possíveis causas da geração do mofo. **Superfícies com manchas gordurosas:** lavar com solução de água e detergente neutro, enxaguar e aguardar a secagem. **Reboco novo:** deve-se aguardar a cura por, no mínimo, 30 dias. Aplicar uma ou 2 demãos de Eucatex Selador Acrílico, conforme recomendação da embalagem. Se necessário, nivelar a superfície aplicando de 2 a 3 demãos de Eucatex Massa Acrílica (áreas molháveis) ou Eucatex Massa Corrida (áreas não molháveis). **Reboco fraco (baixa coesão):** aplicar Eucatex Fundo Preparador de Paredes conforme recomendação da embalagem e nivelar a superfície, aplicando de 2 a 3 demãos de Eucatex Massa Acrílica (áreas molháveis) ou Eucatex Massa Corrida (áreas não molháveis). **Repintura:** as superfícies já pintadas devem ser lixadas até ficarem nas condições descritas anteriormente.

1 2 Precauções/dicas/advertências

Manter a embalagem bem fechada, sempre na posição vertical, em local coberto, fresco, ventilado, longe de fontes de calor e umidade. Não perfurar, não queimar e não reutilizar para outros fins. Manter fora do alcance de crianças e animais. Não colocar em contato com alimentos e água para consumo. Durante preparação, aplicação e secagem do produto, manter o ambiente ventilado e utilizar máscara protetora, luvas e óculos de segurança apropriados. Em caso de contato acidental com a pele, lavar com água limpa e sabão. Se houver contato com os olhos, lavar com água corrente limpa por, no mínimo, 15 min. Se houver inalação acidental dos vapores do produto, levar a pessoa para local ventilado. Não ingerir o produto. Caso isso ocorra, não provocar vômito. Venda proibida para menores de 18 anos.

1 Principais atributos do produto 1

É hidrorrepelente, incolor, fácil de aplicar e tem alto poder de penetração. Não cria bolhas nem descasca.

2 Principais atributos do produto 2

É uma tinta elástica, emborrachada 5 em 1, fácil de aplicar e que elimina fissuras.

3 4 Preparação inicial

A superfície deve estar firme, coesa, limpa e seca, isenta de poeira, materiais gordurosos e mofo.

3 4 Precauções / dicas / advertências

Manter a embalagem bem fechada, sempre na posição vertical, em local coberto, fresco, ventilado, longe de fontes de calor e umidade. Não perfurar, não queimar e não reutilizar para outros fins. Manter fora do alcance de crianças e animais. Não colocar em contato com alimentos e água para consumo. Durante preparação, aplicação e secagem do produto, manter o ambiente ventilado e utilizar máscara protetora, luvas e óculos de segurança apropriados. Em caso de contato acidental com a pele, lavar com água limpa e sabão. Se houver contato com os olhos, lavar com água corrente limpa por, no mínimo, 15 min. Se houver inalação acidental dos vapores do produto, levar a pessoa para local ventilado. Não ingerir o produto. Caso isso ocorra, não provocar vômito. Venda proibida para menores de 18 anos.

3 Principais atributos do produto 3

É um produto próprio para lajes, marquises, coberturas, jardineiras e telhados.

Eucatex Impermeabilizante Branco 3

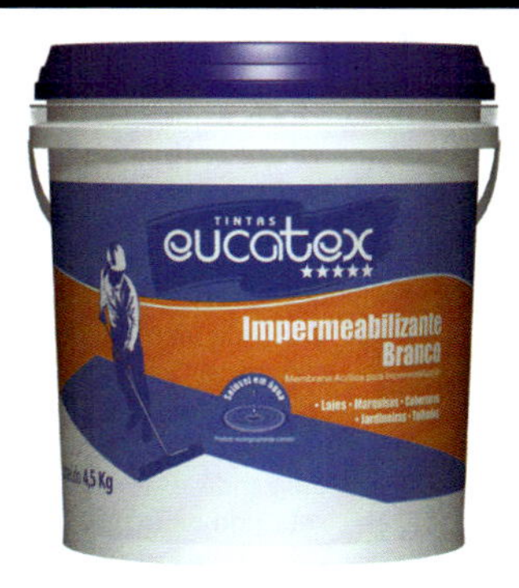

Impermeabilizante acrílico de alta elasticidade para aplicação a frio, que forma uma membrana elástica de grande poder de aderência e resistência às intempéries moldada no local. É indicado para impermeabilização de áreas não sujeitas ao tráfego de veículos ou pedestres, como lajes, marquises, jardineiras, calhas, telhados de fibrocimento, abóbadas, coberturas inclinadas etc.

USE COM: Eucatex Impermeabilizante Parede

Embalagens/rendimento
Lata (18 kg) e *galão (3,6 kg)*.
Rende 400 g/m²/demão.

Aplicação
Utilizar vassourão/escovão de pelo macio, pincel, trincha ou broxa.

Cor
Branco

Acabamento
Fosco

Diluição
Diluir com 15% de água na primeira demão e utilizar puro nas demais.

Secagem
Entre demãos: 6 h
Final: 12 h

Eucatex Gel Removedor 4

O Eucatex Gel Removedor é fácil de aplicar e possui um elevado poder de remoção de tintas (imobiliárias, industriais e automotivas). Remove a película dos mais variados tipos de superfícies como esmaltes de base alquídica, vernizes e óleos. Apresenta excelente desempenho na remoção de acabamentos sobre cerâmicas, superfícies cimentadas, metais ferrosos e não ferrosos e plásticos de engenharia (para-choques).

USE COM: Eucatex Esmalte Premium Eucalux
Eucatex Esmalte Secagem Extra Rápida

Embalagens/rendimento
Galão (3,6 L) e *quarto (0,9 L)*.
Rendimento variável de acordo com a rugosidade e a absorção do substrato, o método e as técnicas de aplicação.

Aplicação
O tempo médio de remoção é de 20 a 30 min.

Cor
Âmbar

Acabamento
Não aplicável

Diluição
Não aplicável.

Secagem
Não aplicável

Eucatex Spray Premium Luminosa 1

Indicada para uso escolar e decoração de vitrines, salões e artesanatos em geral, em ferro, gesso, papel, vidro, isopor e folhagens, exclusiva para ambientes internos. Suas cores proporcionam efeito luminoso.

Embalagens/rendimento

Lata (400 mL).

Aplicação

Agitar bem a lata antes de cada aplicação e durante o uso. Fazer um pequeno teste do aplicador pressionando a válvula algumas vezes em qualquer superfície, verificando o formato do jato. Pulverizar a superfície desejada a uma distância de 25 a 30 cm do local utilizando e movimentos uniformes e cobrindo bem a área desejada. Aplicar várias demãos até atingir o acabamento desejado, sempre evitando escorrimentos e excesso de produto.

Cor

Conforme catálogo de cores

Acabamento

Luminosa

Diluição

Não aplicável.

Secagem

Ao toque: 15 min
Manuseio: 1 h
Total: 24 h

USE COM: Líquido para Brilho; Selador Acrílico Pigmentado

Eucatex Spray Premium Envelopador 2

O Eucatex Spray Premium Envelopador isola, veda, reveste e protege objetos de metal, cromado, superfícies já pintadas, vidro, borracha, fibra de vidro, cordas etc., sendo removível manualmente das superfícies lisas. É antiderrapante, isolante, flexível e durável.

Embalagens/rendimento

Lata (500 mL).

Aplicação

Agitar o tubo antes e durante a aplicação. Manter o tubo entre 15 e 20 cm de distância da superfície a ser pintada, em movimento de vaivém, sendo obtida melhor cobertura com 4 demãos cruzadas aguardando-se 15 min entre elas. Aplicar uma camada suficientemente fina de modo que a superfície fique uniforme com aspecto molhado.

Cor

Conforme catálogo de cores

Acabamento

Fosco e semibrilho

Diluição

Não aplicável.

Secagem

Total: 4 h após aplicação da última camada

USE COM: Líquido para Brilho; Selador Acrílico Pigmentado

1 Preparação inicial

Metais não ferrosos (alumínio, cobre, latão, galvanizados etc.): usar lixa 400 e limpar bem a superfície a ser aplicada. Utilizar um pano úmido com solvente e retirar as impurezas, como pó, ceras, gorduras, óleos, graxas e resíduos existentes. Aplicar o Fundo Branco Luminosa de forma homogênea, cobrindo bem a superfície, e aguardar a secagem. Repetir a operação de lixamento até deixar a superfície bem lisa. **Gesso:** proceder as operações de limpeza e lixamento iguais às das demais superfícies. A aplicação deverá ser feita normalmente. **Isopores:** aplicar diretamente, porém o excesso de tinta poderá deformar o isopor. Limpar bem a superfície com um pano limpo seco, isento de solventes, e retirar as impurezas, como pó, ceras, gorduras, óleos, graxas e resíduos existentes antes de aplicar. Aplicar uma demão bem fina a uma distância de 25 a 30 cm até formar uma base. Aguardar a secagem e repetir a operação, aplicando de forma homogênea até a cobertura desejada, nunca aplicando em excesso. Não aplicar nenhum tipo de fundo preparador ou verniz em isopor. Aplicar somente a Eucatex Spray Premium Luminosa diretamente no isopor, seguindo corretamente as instruções de uso acima.

2 Preparação inicial

A superfície deve estar limpa e seca. Para obter melhores resultados, evitar luz solar direta, umidade ou muito vento durante a aplicação. Não usar fundo primer ou qualquer outro produto como fundo.

1 2 Precauções/dicas/advertências

Em dias de muito frio, deixar as peças expostas ao sol, para que fiquem aquecidas antes da pintura. Não realizar a aplicação em locais fechados ou sem circulação de ar. Conteúdo sob pressão. Não perfurar a embalagem, mesmo vazia. Não jogar no fogo nem incinerar. Cuidado: inflamável. Manter longe de chamas ou superfícies aquecidas. Não expor a temperaturas superiores a 50 °C. Não inalar nem deixar em contato com a pele ou olhos. Em contato com os olhos e a pele, lavar com água. Se ingerido, não provocar vômito. Em caso de gravidade das situações acima citadas, procurar auxílio médico e levar consigo a embalagem ou entrar em contato com o Centro de Informações Toxicológicas (CIT/RS 0800-721-3000). Fazer um teste, numa pequena área, para certificar-se da compatibilidade e da secagem do produto em papel, gesso, metal, couro, cerâmica, vime, plástico e acrílico.

1 Precauções/dicas/advertências

Após a utilização, virar o frasco de cabeça para baixo e pressionar a válvula até que se note somente a saída de gás. Isso evitará possíveis entupimentos. Em caso de entupimentos, mergulhar o bico aplicador em algum tipo de solvente. Não deixar o frasco dentro do veículo.

2 Precauções/dicas/advertências

Para mais informações, consultar a Ficha de Segurança de Produto Químico – FISPQ, disponível no site www.tintaseucatex.com.br.

1 Principais atributos do produto 1

Tem efeito luminoso e pode ser aplicada sobre isopor, com secagem rápida de 15 min.

2 Principais atributos do produto 2

Proporciona uma película removível, flexível e durável.

4 Preparação inicial

Manter a superfície bem limpa e seca. Se necessário, lixar a parte a ser aplicada e retirar as impurezas, como pó, ceras, gorduras, óleos e resíduos existentes.

3 4 Precauções / dicas / advertências

Em dias de muito frio, deixar as peças ao sol antes da pintura. Não realizar a aplicação em locais fechados ou sem circulação de ar. Fazer um teste, numa pequena área, para certificar-se da compatibilidade e da secagem do produto em papel, gesso, metal, couro, cerâmica, vime, plástico e acrílico. Após a utilização, virar o frasco de cabeça para baixo e pressionar a válvula até que se note somente a saída de gás. Isso evitará possíveis entupimentos. Em caso de entupimentos, mergulhar o bico aplicador em algum tipo de solvente. Cuidado: inflamável. Conteúdo sob pressão. Não perfurar a embalagem, mesmo quando vazia. Não jogar no fogo nem incinerar. Manter longe de chamas ou superfícies aquecidas. Não expor a temperaturas superiores a 50 °C. Não inalar. Não deixar em contato com a pele ou os olhos. Em contato com os olhos e a pele, lavar com água em abundância. Se ingerido, não provocar vômito.

3 Principais atributos do produto 3

É uma tinta para uso decorativo, artístico e profissional.

4 Principais atributos do produto 4

Tem secagem rápida e é resistente a até 600 °C.

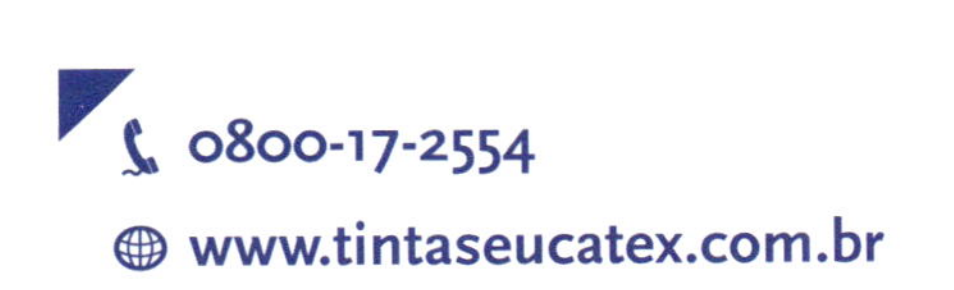

Eucatex Spray Premium Multiuso 3

Tinta desenvolvida para aplicação em superfícies de metal (aço e ferro), couro, gesso e cerâmica. Indicada para pintura de geladeiras, bicicletas, móveis de aço, brinquedos, objetos artesanais e decoração em geral, em ambientes externos e internos. Possui acabamento brilhante, ótima aderência, secagem rápida e excelentes durabilidade e resistência.

USE COM:
Eucatex Spray Premium Multiuso Verniz Brilhante
Eucatex Spray Premium Multiuso Fundo Preparador Cinza

Embalagens/rendimento

Lata (400 mL).

Aplicação

Pulverizar a uma distância mínima de 10 cm do local, utilizando movimentos uniformes e cobrindo a área desejada.

Cor

Conforme catálogo de cores

Acabamento

Fosco e brilhante

Diluição

Não aplicável.

Secagem

Ao toque: 15 min
Manuseio: 1 h
Total: 24 h

Eucatex Spray Premium Alta Temperatura 4

É uma tinta em spray especialmente desenvolvida para pintura de partes externas de objetos ou superfícies metálicas expostas a altas temperaturas, apresentando resistência a até 600 °C. Indicada para escapamentos, chaminés, lareiras, caldeiras, tubulações e parte externa de churrasqueiras e fogões.

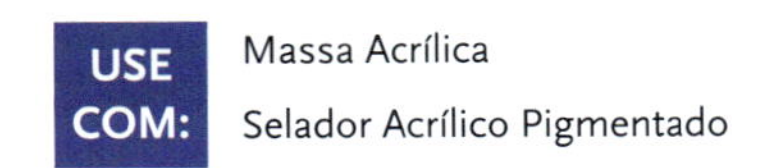

Embalagens/rendimento

Lata (400 mL).

Aplicação

Pulverizar a uma distância mínima de 10 a 20 cm do local, utilizando movimentos uniformes e cruzados, cobrindo a área desejada.

Cor

Conforme catálogo de cores

Acabamento

Fosco e metálico

Diluição

Não aplicável.

Secagem

Ao toque: 20 min
Manuseio: 2 h
Total: 24 h

Além de atuar no setor de construção civil, prestando serviços de pintura imobiliária interna e externa, revestimento texturizado e tratamento de estruturas de concreto, a Fibra Colt produz todas as tintas utilizadas para execução do projeto. Este é mais um diferencial da Fibra Colt frente aos demais concorrentes.

Visão
Ser reconhecida como a mais eficiente empreendedora do mercado de fabricação de tintas e de prestação de serviços de pintura imobiliária.

Missão
Fabricar e aplicar produtos para o embelezamento e a valorização do patrimônio dos nossos clientes.

Política de qualidade
A Fibra Colt está comprometida com a evolução dos produtos, buscando melhoria contínua e satisfação dos clientes.

Rua Doutor Agostinho Porto, 100 – Agostinho Porto – São João de Meriti (RJ)

CERTIFICAÇÕES

INFORMAÇÕES DE SERVIÇO AO CONSUMIDOR

A empresa dispõe de Serviço de Atendimento ao Consumidor pelos canais:
E-mail: fibracolt@ig.com.br

www.fibracolt.com.br

SAC (21) 2756-6745

Fundada em 1990, a Tintas Fortex iniciou suas atividades com uma pequena fábrica em Fortaleza (CE), produzindo: tinta látex, massa PVA e textura acrílica, traçando uma trajetória marcada por muita seriedade, determinação e trabalho.

Com o crescimento da empresa, em 1991, surgiu a necessidade de expansão e a sua sede foi transferida para um novo local, também em Fortaleza. Essa transferência possibilitou o desenvolvimento e o lançamento de novos produtos. Desde então, a empresa vem ampliando, inovando e pesquisando, sempre estruturada e ligada aos seus revendedores e consumidores.

Apesar de várias ampliações, as instalações passaram a limitar os planos de expansão da empresa.

A história de sucesso que impulsiona a Fortex a se lançar em desafios, aliada a constante preocupação com a modernização e a organização das suas instalações, visão de qualidade, aumento de produtividade e atendimento ao mercado consumidor, fez a empresa inaugurar, em 2008, sua atual unidade.

Com instalações que ocupam uma área urbanizada de 11 mil m², a sede está próxima aos principais corredores de ligação do Ceará com o nordeste do país, em Maracanaú, região metropolitana de Fortaleza. A fábrica atual, com capacidade de produção de 5 milhões de litros/mês, está entre as mais modernas indústrias do Nordeste brasileiro. Sua concepção é funcional e obedece aos mais rígidos e avançados controles de segurança, respeitando o meio ambiente.

O rigoroso controle na escolha dos fornecedores e em todas as etapas de produção garante a qualidade do produto nas embalagens e permite ao consumidor saber que está adquirindo produto de qualidade.

Atualmente, a Tintas Fortex é fornecedora dos principais construtores e incorporadores do nordeste brasileiro e distribui seus produtos por meio de mais de 1.400 pontos de venda, no Ceará e em todos os estados do Nordeste.

CERTIFICAÇÕES

Tintas
fortex
Massa Acrílica
FORTGESSO
ECONÔMICA
Cont.:3,6L
Fortpiso
Fortvias
Fortlar
Lisa
STANDARD
Cont.:28kg
COMPLEMENTO
Fortmais
Fortcryl
STANDARD
Cont.:18L
Fortplus
COMPLEMENTO
SINTÉTICO
CONT. 3,6L
Textura Acrílica
Rústica
MASSA CORRIDA
Textura Acrílica
Lisa
PREMIUM
Cont.:28kg
FORTMAX

Fortcryl Tinta Acrílica Standard 1

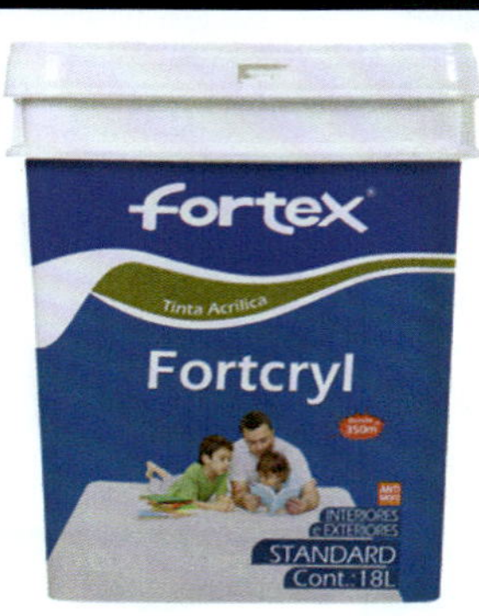

Tinta acrílica com bom rendimento e boa cobertura. Produto desenvolvido para conferir à superfície maior resistência, secagem rápida, fácil aplicação e baixíssimo respingamento. Apresenta um bom acabamento fosco e toque agradável.

Embalagens/rendimento

Balde (18 L): até 350 m²/demão.
Galão (3,6 L): até 70 m²/demão.
Quarto (0,9 L): até 17,5 m²/demão.

Aplicação

Utilizar rolo de lã, trincha ou pincel de cerdas macias. Aplicar de 2 a 4 demãos.

Cor

Disponível em 34 cores: branco neve, branco gelo, marfim, palha, pérola, pêssego, verde Caribe, areia, azul celeste, laranja, terracota, lírio, ocre Marajó, ocre colonial, verde primavera, verde cítrico, verde kiwi, verde limão, verde floresta, concreto, telha, violeta, azul especial, azul profundo, amarelo canário, mostarda real, vermelho cardeal, entre outras

Acabamento

Fosco e aveludado

Diluição

Diluir com até 25% de água potável.

Secagem

Ao toque: 30 min
Entre demãos: 4 h
Final: 6 h

Massa Acrílica Premium
Massa Corrida Econômica

Fortmais Tinta Acrílica Econômica 2

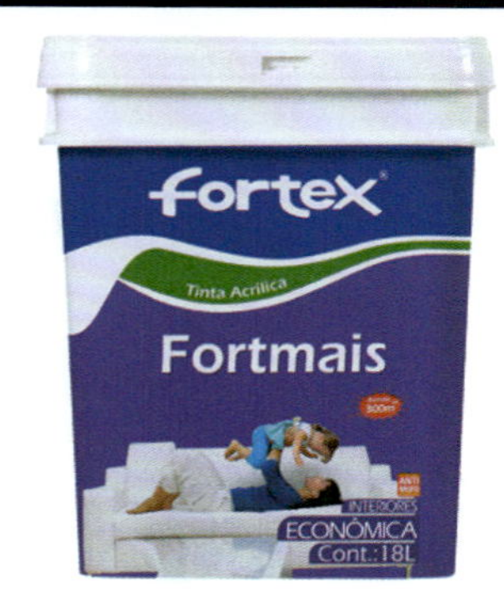

Tinta acrílica de baixo odor e acabamento fosco e aveludado, indicada para pintura de superfícies internas. Boa cobertura com excelente rendimento quando usada sobre Massa Corrida Econômica.

Embalagens/rendimento

Balde (18 L): até 300 m²/demão.
Galão (3,6 L): até 60 m²/demão.

Aplicação

Utilizar rolo de lã, trincha ou pincel de cerdas macias. Com aplicação de 2 a 4 demãos, normalmente, obtém-se um ótimo resultado.

Cor

Disponível em 21 cores: branco neve, branco gelo, marfim, palha, pérola, pêssego, verde Caribe, areia, azul celeste, lilás, laranja, rosa suave, terracota, damasco, amarelo claro, lírio, ocre Marajó, ocre colonial, verde primavera e verde cítrico

Acabamento

Fosco e aveludado

Diluição

Diluir com até 20% de água potável.

Secagem

Ao toque: 30 min
Entre demãos: 4 h
Final: 5 h

Massa Acrílica Premium
Massa Corrida Econômica

1 2 Preparação inicial

A superfície deve estar seca e limpa de qualquer resíduo, partes soltas, poeira, gordura e mofo.

1 2 Preparação especial

Evitar a aplicação do produto em dias chuvosos, com temperatura abaixo de 10 °C ou acima de 40 °C e umidade relativa do ar superior a 85%. Validade conforme a etiqueta. Após aberto, utilizar o produto em até 90 dias, desde que permaneça fechado e armazenado adequadamente, sem diluir. Não é recomendada a diluição com outros produtos.

1 2 Preparação em demais superfícies

Reboco ou concreto novos: aguardar secagem e cura (30 dias, no mínimo). **Reboco fraco (baixa coesão) ou altamente absorvente (fibrocimento):** aguardar a secagem e a cura (30 dias, no mínimo). Aplicar uma demão de fundo preparador de paredes, conforme a indicação da embalagem. **Superfícies com imperfeições rasas:** aplicar uma demão de fundo preparador de paredes, conforme a recomendação da embalagem. Corrigir com Massa Acrílica Premium Fortex (superfícies externas ou internas) ou Massa Corrida Econômica Fortex (superfícies internas). **Superfícies com imperfeições profundas:** corrigir com reboco e aguardar a cura (30 dias, no mínimo). **Superfícies caiadas ou com partículas soltas/mal-aderidas:** raspar ou escovar a superfície, eliminando as partes soltas. Aplicar uma demão de fundo preparador de paredes, conforme a indicação da embalagem. **Superfícies com manchas de gordura ou graxa:** lavar com solução de água e detergente, enxaguar e aguardar secagem. **Superfícies com partes mofadas:** lavar com solução de água e água sanitária em partes iguais, esperar 6 h e enxaguar bem. Aguardar a secagem.

1 2 Precauções/dicas/advertências

Ler atentamente as instruções da embalagem antes de manusear e/ou utilizar o produto.

1 Principais atributos do produto 1

Tem alta resistência e baixo odor. Pode ser utilizada em interiores e exteriores.

2 Principais atributos do produto 2

Tem baixo odor e boa cobertura. Indicada para pintura de interiores.

Fundada em 1990, a Tintas Fortex iniciou suas atividades com uma pequena fábrica em Fortaleza (CE), produzindo: tinta látex, massa PVA e textura acrílica, traçando uma trajetória marcada por muita seriedade, determinação e trabalho.

3 4 Preparação inicial

A superfície deve estar seca e limpa de qualquer resíduo, partes soltas, poeira, gordura e mofo.

3 4 Preparação especial

Evitar a aplicação do produto em dias chuvosos, com temperatura abaixo de 10 °C ou acima de 40 °C e umidade relativa do ar superior a 85%. Validade conforme a etiqueta. Após aberto, utilizar o produto em até 90 dias, desde que permaneça fechado e armazenado adequadamente, sem diluir. Não é recomendada a diluição com outros produtos.

3 4 Preparação em demais superfícies

Reboco ou concreto novos: aguardar secagem e cura (30 dias, no mínimo). **Reboco fraco (baixa coesão) ou altamente absorvente (fibrocimento):** aguardar a secagem e a cura (30 dias, no mínimo). Aplicar uma demão de fundo preparador de paredes, conforme a indicação da embalagem. **Superfícies com imperfeições rasas:** aplicar uma demão de fundo preparador de paredes, conforme a recomendação da embalagem. Corrigir com Massa Acrílica Premium Fortex (superfícies externas ou internas) ou Massa Corrida Econômica Fortex (superfícies internas). **Superfícies com imperfeições profundas:** corrigir com reboco e aguardar a cura (30 dias, no mínimo). **Superfícies caiadas ou com partículas soltas/mal-aderidas:** raspar ou escovar a superfície, eliminando as partes soltas. Aplicar uma demão de fundo preparador de paredes, conforme a indicação da embalagem. **Superfícies com manchas de gordura ou graxa:** lavar com solução de água e detergente, enxaguar e aguardar secagem. **Superfícies com partes mofadas:** lavar com solução de água e água sanitária em partes iguais, esperar 6 h e enxaguar bem. Aguardar a secagem.

4 Preparação em demais superfícies

Pisos de cimento queimado novo: aguardar a secagem e a cura (30 dias, no mínimo). Aplicar solução com 2 partes de água e uma de ácido muriático. Deixar agir por 30 min e enxaguar com água potável em abundância. **Pisos com imperfeições profundas:** corrigir com reboco e aguardar secagem. **Pisos, reboco ou concreto novos:** aguardar a secagem e a cura (30 dias, no mínimo).

3 4 Precauções/dicas/advertências

Ler atentamente as instruções da embalagem antes de manusear e/ou utilizar o produto.

3 Principais atributos do produto 3

Tem alta resistência e é lavável. Pode ser utilizada em interiores e exteriores.

4 Principais atributos do produto 4

Tem alta resistência. Para uso interno e externo.

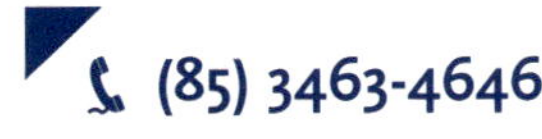

www.tintasfortex.com.br

Fortplus Tinta Acrílica Premium 3

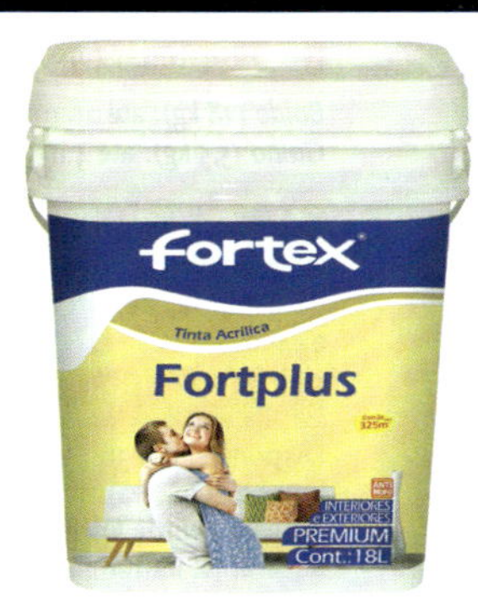

Tinta acrílica lavável, de alta resistência e baixo odor, com acabamento semibrilho, indicada para pintura de interiores e exteriores. Ótima cobertura com excelente rendimento quando usada sobre Massa Corrida Econômica ou Massa Acrílica Premium.

USE COM: Massa Acrílica Premium
Massa Corrida Econômica

Embalagens/rendimento

Balde (18 L): até 325 m²/demão.
Galão (3,6 L): até 65 m²/demão.

Aplicação

Utilizar rolo de lã, trincha, pincel de cerdas macias, pistola ou airless. Com aplicação de 2 a 4 demãos, normalmente, obtém-se um ótimo resultado.

Cor

Disponível em 8 cores: branco neve, branco gelo, marfim, palha, pérola, pêssego, verde Caribe e areia

Acabamento

Semibrilho

Diluição

Diluir com até 25% de água potável.

Secagem

Ao toque: 30 min
Entre demãos: 4 h
Final: 6 h

Fortpiso Tinta Acrílica Premium 4

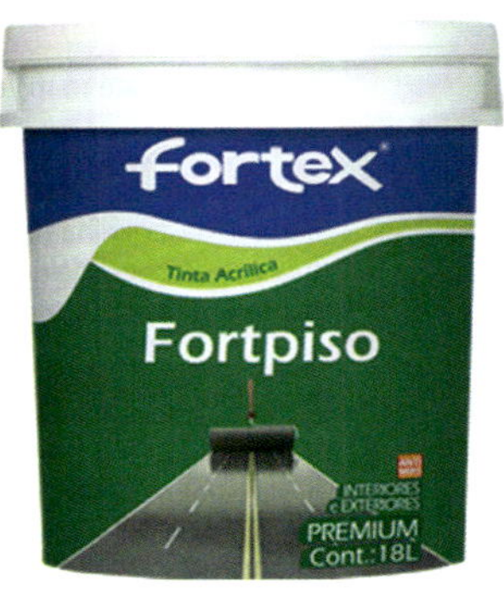

Tinta acrílica de altíssima resistência, indicada para pintura de superfícies internas e externas em pisos cimentados, cerâmicas, telhas de fibrocimento, áreas de circulação, calçadas, estacionamentos e quadras esportivas, proporcionando acabamento liso e fosco.

Embalagens/rendimento

Balde (18 L): até 250 m²/demão.
Galão (3,6 L): até 50 m²/demão.

Aplicação

Utilizar rolo de lã, trincha ou pincel de cerdas macias. Com aplicação de 2 a 3 demãos, normalmente, obtém-se um ótimo resultado.

Cor

Disponível em 8 cores: branco neve, verde, cinza, azul, amarelo, concreto, preto e vermelho

Acabamento

Fosco e liso

Diluição

Diluir com até 20% de água potável.

Secagem

Ao toque: 30 min
Entre demãos: 4 h
Final: 5 h
Tráfego de pessoas: 48 h
Tráfego de veículos: 72 h

A Futura foi inaugurada no dia 13 de abril de 1981 em Sapopemba, São Paulo, com o nome de Cortex, uma fábrica de látex e massa corrida. O ano de 1984 foi marcante na história da Cortex: um grande trabalho de expansão e desenvolvimento liderado por Ricardo Stiepcich começou nesse ano, fazendo com que as cores da marca chegassem a milhares de paredes.

Em 1988, a fábrica foi atingida por uma grande enchente e os colaboradores formaram uma força-tarefa, responsável por salvar o estoque de produtos e manter acesa a esperança de um recomeço. Apenas 3 meses depois, a fábrica da Cortex voltou a funcionar, porém em um novo endereço: Guarulhos.

Stiepcich passou a ter o controle acionário da Cortex em 1990. Como pensar em conjunto é melhor que pensar sozinho, Ricardo convida Rubens Sidorovich para ser seu sócio. A dupla junta forças e passa a distribuir produtos no Brasil inteiro.

Uma grande mudança aconteceu em 1993. Os produtos Cortex passaram a receber um novo nome: Futura Tintas. Em 1995, a fábrica mudou de endereço para a Rua Umbuzeiro, ainda em Guarulhos.

A Futura buscava novas ideias para continuar crescendo. Para isso, em 1996, uma terceira pessoa se juntou à sociedade: José Edglê Teixeira, proprietário da Kariu Resinas, passou a fazer parte da família Futura.

Em 2004, com o aumento das vendas, a fábrica precisou mudar de endereço, sendo instalada em um novo local, ainda em Guarulhos, com 10 mil m² de área. Aproveitando a mudança de sede, a Futura investiu no desenvolvimento de um laboratório químico completo, voltado à elaboração de fórmulas para resinas e tintas.

O ano de 2010 foi para pensar no futuro. Os setores de vendas e marketing receberam o desafio de fazer com que a Futura estivesse ainda mais presente no dia a dia dos consumidores.

Universidade Futura do Pintor

No ano de 2014, a Futura iniciou um novo capítulo de sua história e colocou em prática o seu propósito de colorir vidas, abrindo as portas da Universidade Futura do Pintor. Mais que cursos, a Universidade Futura do Pintor oferece, em sua sede em São Paulo e em módulos itinerantes que viajam o Brasil, um completo processo de aprendizado e conhecimento, voltado para os aspectos técnico e humano.

A Universidade Futura do Pintor oferece dois módulos de aprendizado: a Escola do Pintor, para aqueles que desejam ingressar na profissão, e a Academia do Pintor, que oferece novos conhecimentos para quem já exerce a atividade.

CERTIFICAÇÕES

Universidade FUTURA do Pintor
Futura
Colorindo vidas
Seja bem-vindo
Futura

Futura tintas

Tinta Acrílica Fosca Absoluto Futura Premium 1

Tinta premium de qualidade superior e de maior lavabilidade, possui alta cobertura e excelente acabamento. Forma película mais resistente e proporciona uma maior facilidade na remoção de sujeiras.

Selador Acrílico Futura

Fundo Preparador de Paredes Futura

Embalagens/rendimento

Lata (18 L): 380 m^2/demão.
Galão (3,6 L): 76 m^2/demão.

Aplicação

Utilizar rolo de lã de carneiro ou pincel macio. Para melhor acabamento e alastramento, aconselha-se usar rolo de pelo baixo. Pistola com pressão de pulverização de 30 a 35 lb/pol². Misturar a tinta, antes e durante a aplicação, com espátula apropriada, isenta de impurezas ou contaminantes. Para limpeza de ferramentas, utilizar água e sabão.

Cor

29 cores conforme catálogo e disponível em mais de 2 mil cores no sistema Magia das Cores

Acabamento

Fosco

Diluição

Diluir com 20% de água.

Secagem

Ao toque: 1 h
Entre demãos: 4 h
Final: 12 h

Tinta Látex Acrílica Super Rendimento Futura 2

Produto à base de látex acrílico com alta consistência, possibilitando diluição em até 50% de água limpa. Possui mínimo odor residual (sem cheiro após 3 h de aplicação, em ambiente ventilado). A Tinta Látex Acrílica Super Rendimento Futura oferece excelente cobertura e alto rendimento: até 500 m^2/demão por lata (18 L), ótimo alastramento e fino acabamento, com boa resistência ao intemperismo.

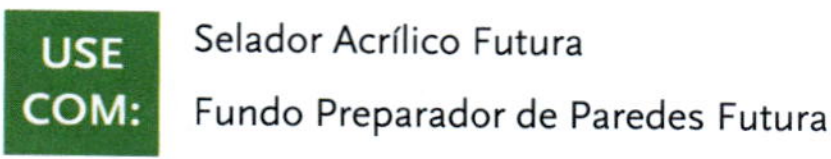

Selador Acrílico Futura

Fundo Preparador de Paredes Futura

Embalagens/rendimento

Lata (18 L): até 500 m^2/demão.
Galão (3,6 L): até 100 m^2/demão.

Aplicação

Utilizar rolo de lã de carneiro ou trincha macia. Para melhor acabamento e alastramento, aconselha-se usar rolo de pelo baixo. Pistola com pressão de 30 a 35 lb/pol². Misturar a tinta, antes e durante a aplicação, com espátula apropriada, isenta de impurezas ou contaminantes. Para limpeza de ferramentas, utilizar água e sabão.

Cor

31 cores de acordo com catálogo e mais de 2 mil no sistema Magia das Cores

Acabamento

Fosco

Diluição

Diluir com 50% de água.

Secagem

Ao toque: 1 h
Entre demãos: 3 a 4 h
Completa: 12 h

1 2 Preparação inicial

Toda e qualquer superfície deve estar limpa, seca, firme, coesa, isenta de poeira, gordura, graxa, sabão ou mofo.

1 2 Preparação em demais superfícies

Superfícies em bom estado (com ou sem pintura): lixar e eliminar a poeira e demais sujeiras com pano úmido. Aguardar secagem. **Gesso, concreto ou fibrocimento:** lixar e eliminar a poeira com pano branco umedecido em água limpa. Em superfícies de concreto e fibrocimento com a presença de partículas soltas, antes da pintura, aplicar o Fundo Preparador de Paredes Futura. Para as superfícies de gesso, aplicar a Tinta para Gesso Futura. **Reboco novo:** aguardar a cura de, no mínimo, 30 dias e aplicar uma demão de Selado Acrílico Futura ou uma demão da própria tinta diluída com água potável a 50%, em volume. **Repintura:** eliminar partes soltas, sendo que as superfícies brilhantes devem ser lixadas até a perda total do brilho.

1 2 Precauções/dicas/advertências

Manter as embalagens sempre fechadas após o uso e fora do alcance de crianças e animais. Armazenar em local coberto, fresco, seco, ventilado e longe de fontes de calor e umidade. A embalagem não deve ser incinerada ou reutilizada para armazenar alimentos, água para consumo ou outros fins. Manter o ambiente bem ventilado durante a preparação, aplicação e secagem. Manusear, preparar e aplicar o produto utilizando máscara protetora, luvas e óculos de segurança.

1 Principais atributos do produto 1

Tem altíssima consistência, rendimento de até 500 m^2/demão, ótimo alastramento e fino acabamento, sem odor após 3 h. Está disponível no sistema Magia das Cores.

2 Principais atributos do produto 2

Sem odor após 3 h e tem acabamento refinado com excelentes cobertura e resistência a intempéries.

Mais que fabricar tintas, o negócio da Futura Tintas é colorir vidas. E faz isso com pessoas produzindo com qualidade máxima, comprometendo-se com lojistas, preparando pintores e decorando ambientes.

3 4 Preparação inicial

Toda e qualquer superfície deve estar limpa, seca, firme, coesa, isenta de poeira, gordura, graxa, sabão ou mofo.

3 4 Preparação em demais superfícies

Superfícies em bom estado (com ou sem pintura): lixar e eliminar a poeira e demais sujeiras com pano úmido. Aguardar secagem. **Repintura:** eliminar partes soltas, sendo que as superfícies brilhantes devem ser lixadas até a perda total do brilho.

3 Preparação em demais superfícies

Gesso, concreto ou fibrocimento: lixar e eliminar a poeira com pano branco umedecido em água limpa. Em superfícies de concreto e fibrocimento com a presença de partículas soltas, antes da pintura, aplicar o Fundo Preparador de Paredes Futura. Para as superfícies de gesso, aplicar a Tinta para Gesso Futura. **Reboco novo:** aguardar a cura de, no mínimo, 30 dias e aplicar uma demão de Selado Acrílico Futura ou uma demão da própria tinta diluída com água potável a 50%, em volume.

4 Preparação em demais superfícies

Gesso novo: aguardar a secagem total do gesso, remover todo o pó e aplicar uma demão de Tinta para Gesso Futura diluída em 50% com água limpa. **Placas de gesso pré-moldadas:** na fabricação de placas de gesso pré-moldadas, eventualmente, podem ser utilizados desmoldantes não indicados ou inadequados, que ocasionam manchas amareladas na superfície. Para correção desse problema, aplicar uma demão de Fundo Branco para Madeiras Futurit, seguindo diluição e secagem da embalagem. Após esse procedimento, aplicar nova demão de Tinta para Gesso Futura.

3 4 Precauções / dicas / advertências

Manter as embalagens sempre fechadas após o uso e fora do alcance de crianças e animais. Armazenar em local coberto, fresco, seco, ventilado e longe de fontes de calor e umidade. A embalagem não deve ser incinerada ou reutilizada para armazenar alimentos, água para consumo ou outros fins. Manter o ambiente bem ventilado durante a preparação, aplicação e secagem. Manusear, preparar e aplicar o produto utilizando máscara protetora, luvas e óculos de segurança.

3 Principais atributos do produto 3

Oferece excelente economia e aplicação eficiente com ótimo acabamento.

4 Principais atributos do produto 4

Tem secagem rápida e fórmula especial com função fixadora de partículas. Pode-se aplicar direto sobre sancas e todos os demais tipos de gesso sem a necessidade de fundo.

Tinta Acrílica Cortex 3

Inovadora e econômica, é a tinta ideal para quem procura uma ótima finalização e uma aplicação eficiente e sem cheiro. Reveste superfícies internas de alvenaria, massa corrida ou acrílica, texturas e gesso. Com a Tinta Acrílica Cortex Econômica, sua casa tem tudo para ganhar mais vida.

USE COM: Selador Acrílico Futura
Fundo Preparador de Paredes Futura

Embalagens/rendimento

Lata (18 L): até 320 m²/demão.
Galão (3,6 L): até 64 m²/demão.

Aplicação

Utilizar rolo de lã de carneiro ou pincel macio. Para melhor acabamento e alastramento, aconselha-se usar rolo de pelo baixo. Pistola com pressão de pulverização de 30 a 35 lb/pol². Misturar a tinta, antes e durante a aplicação, com espátula apropriada, isenta de impurezas ou contaminantes. Para limpeza de ferramentas, utilizar água e sabão.

Cor

18 cores conforme catálogo

Acabamento

Fosco

Diluição

Diluir com 10% a 30% de água.

Secagem

Ao toque: 1 h
Entre demãos: 4 h
Final: 12 h

Tinta para Gesso Futura 4

Resultado extraordinário, nem precisa de fundo preparador de paredes! É isso que surpreende na Tinta para Gesso Futura. Sua fórmula especial tem função fixadora de partículas soltas sobre o gesso. Reveste com bom rendimento e alastramento, além de secar rapidamente. Indicada para gesso e placas de gesso ou acartonado tipo drywall.

USE COM: Massa Corrida Futura
Massa Acrílica Futura

Embalagens/rendimento

Lata (18 L): 200 m²/demão.
Galão (3,6 L): 40 m²/demão.

Aplicação

Utilizar rolo de lã de carneiro ou pincel macio. Para melhor acabamento e alastramento, aconselha-se usar rolo de pelo baixo. Pistola com pressão de pulverização de 30 a 35 lb/pol². Misturar a tinta, antes e durante a aplicação, com espátula apropriada, isenta de impurezas ou contaminantes. Para limpeza de ferramentas, utilizar água e sabão.

Cor

Branco

Acabamento

Fosco

Diluição

Diluir em 50% na primeira demão e de 20% a 30% nas demais.

Secagem

Ao toque: 1 h
Entre demãos: 4 h
Final: 12 h

Massa Acrílica Futura 1

As áreas externas e internas com pequenas imperfeições pedem a Massa Acrílica Futura. Indicada para nivelar e corrigir alvenaria, fibrocimento, reboco, gesso, gesso acartonado e áreas já pintadas anteriormente, proporcionando acabamento liso e fino. Ainda possui excelente poder de cobertura, enchimento e rendimento, sendo fácil de aplicar e muito resistente.

USE COM: Selador Acrílico Futura
Fundo Preparador de Paredes Futura

Embalagens/rendimento

Lata (29 kg): até 60 m²/demão.
Galão (5,8 kg): até 12 m²/demão.
Quarto (1,5 kg): até 3 m²/demão.

Aplicação

Utilizar desempenadeira de aço lisa e espátula apropriada. Misturar a massa, antes e durante a aplicação, com espátula apropriada, isenta de impurezas ou contaminantes. Para limpeza de ferramentas, utilizar água e sabão.

Cor

Branco

Acabamento

Fosco

Diluição

Pronta para uso.

Secagem

Ao toque: 1 h
Entre demãos: 2 a 3 h
Final: 12 h

Massa Corrida Futura 2

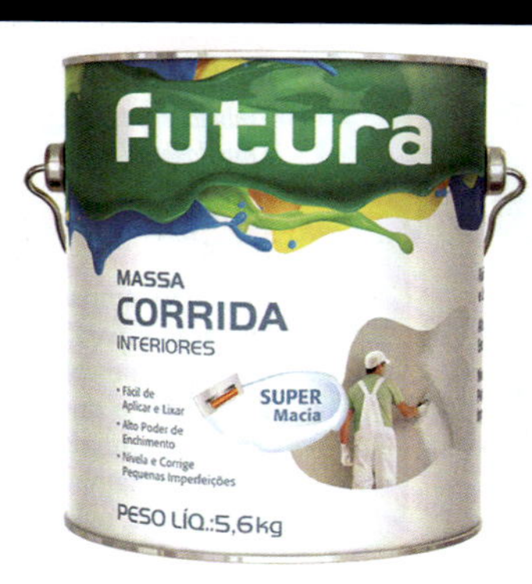

Perfeita para áreas internas ou não molháveis de reboco, gesso, gesso acartonado e locais já pintados anteriormente. Muito macia e com excelente poder de enchimento, deixa uma aparência lisa, fina e ainda é fácil de lixar.

USE COM: Selador Acrílico Futura
Fundo Preparador de Paredes Futura

Embalagens/rendimento

Lata (28 kg): até 60 m²/demão.
Lata (22 kg): até 47 m²/demão.
Galão (5,6 kg): até 12 m²/demão.
Quarto (1,5 kg): até 3 m²/demão.

Aplicação

Utilizar desempenadeira de aço lisa e espátula apropriada. Misturar a massa, antes e durante a aplicação, com espátula apropriada, isenta de impurezas ou contaminantes. Para limpeza de ferramentas, utilizar água e sabão.

Cor

Branco

Acabamento

Fosco

Diluição

Pronta para uso.

Secagem

Ao toque: 1 h
Entre demãos: 2 a 3 h
Final: 12 h

1 2 Preparação inicial

Toda e qualquer superfície deve estar limpa, seca, firme, coesa, isenta de poeira, gordura, graxa, sabão ou mofo.

1 2 Preparação em demais superfícies

Superfícies em bom estado (com ou sem pintura): lixar e eliminar a poeira e demais sujeiras com pano branco umedecido em água corrente. **Reboco novo:** aguardar a cura de, no mínimo, 30 dias e aplicar uma demão de Selador Acrílico Futura ou uma demão da própria tinta diluída com água potável a 50%, em volume. **Repintura:** eliminar partes soltas, sendo que as superfícies brilhantes devem ser lixadas até a perda total do brilho. **Superfícies com baixa coesão, calcinação e partículas mal-aderidas:** raspar ou escovar a superfície eliminando partes soltas. Em seguida, aplicar Fundo Preparador de Paredes Futura. **Superfícies com manchas de gordura ou graxa:** lavar com água e sabão ou detergente neutro, enxaguar e aguardar a secagem. **Superfícies com partes mofadas:** limpar com solução de água sanitária com água corrente na proporção de 1:1, enxaguar e aguardar a secagem. **Superfícies com umidade:** a pintura deve ser iniciada somente após tratamento da superfície com umidade. Identificar a causa e tratar adequadamente.

1 2 Precauções/dicas/advertências

Manter as embalagens sempre fechadas após o uso e fora do alcance de crianças e animais. Armazenar em local coberto, fresco, seco, ventilado e longe de fontes de calor e umidade. A embalagem não deve ser incinerada ou reutilizada para armazenar alimentos, água para consumo ou outros fins. Manter o ambiente bem ventilado durante a preparação, aplicação e secagem. Manusear, preparar e aplicar o produto utilizando máscara protetora, luvas e óculos de segurança.

1 Principais atributos do produto 1

Tem excelente poder de enchimento e é fácil de aplicar e lixar, com aparência lisa e fina. Nivela e corrige superfícies internas ou externas.

2 Principais atributos do produto 2

Tem excelente poder de enchimento e é fácil de aplicar e lixar, com aparência lisa e fina. Nivela e corrige superfícies internas secas.

Mais que fabricar tintas, o negócio da Futura Tintas é colorir vidas. E faz isso com pessoas produzindo com qualidade máxima, comprometendo-se com lojistas, preparando pintores e decorando ambientes.

3 4 Preparação inicial

Toda e qualquer superfície deve estar limpa, seca, firme, coesa, isenta de poeira, gordura, graxa, sabão ou mofo.

3 Preparação em demais superfícies

Superfícies com baixa coesão, calcinação e partículas mal-aderidas: raspar ou escovar a superfície eliminando partes soltas. Em seguida, aplicar Fundo Preparador de Paredes Futura. **Superfícies em bom estado (com ou sem pintura):** lixar e eliminar a poeira e demais sujeiras com pano branco umedecido em água corrente. **Superfícies com manchas de gordura ou graxa:** lavar com água e sabão ou detergente neutro, enxaguar e aguardar a secagem. **Superfícies com partes mofadas:** limpar com solução de água sanitária com água corrente na proporção de 1:1, enxaguar e aguardar a secagem. **Superfícies com umidade:** a pintura deve ser iniciada somente após tratamento da superfície com umidade. Identificar a causa e tratar adequadamente. **Reboco novo:** aguardar a cura de, no mínimo, 30 dias e aplicar uma demão de Selador Acrílico Futura.

4 Preparação em demais superfícies

Superfícies caiadas, calcinadas e desgastadas: raspar ou escovar a superfície eliminando cal e partes soltas. Em seguida, aplicar o produto. **Superfícies em bom estado (com ou sem pintura):** lixar e eliminar a poeira e demais sujeiras com pano úmido. Aguardar secagem. **Gesso, concreto ou fibrocimento:** lixar e eliminar a poeira com pano branco umedecido em água limpa. Em superfícies de concreto e fibrocimento com a presença de partículas soltas, antes da pintura, aplicar o Fundo Preparador de Paredes Futura. Para as superfícies de gesso, aplicar a Tinta para Gesso Futura. **Reboco novo:** aguardar a cura de, no mínimo, 30 dias e aplicar uma demão de Selador Acrílico Futura ou uma demão da própria tinta diluída com água potável a 50%, em volume. **Repintura:** eliminar partes soltas, sendo que as superfícies brilhantes devem ser lixadas até a perda total do brilho.

3 4 Precauções / dicas / advertências

Manter as embalagens sempre fechadas após o uso e fora do alcance de crianças e animais. Armazenar em local coberto, fresco, seco, ventilado e longe de fontes de calor e umidade. A embalagem não deve ser incinerada ou reutilizada para armazenar alimentos, água para consumo ou outros fins. Manter o ambiente bem ventilado durante a preparação, aplicação e secagem. Manusear, preparar e aplicar o produto utilizando máscara protetora, luvas e óculos de segurança.

3 Principais atributos do produto 3

Tem ótima cobertura e fácil aplicação.

4 Principais atributos do produto 4

Penetra na superfície melhorando a aderência. Não tem odor após 3 h. Indicado para repinturas externas e internas.

Selador Acrílico Futura 3

Se o assunto é preparação de reboco, o Selador Acrílico Futura aparece na conversa. Afinal, tem ótimo poder de cobertura e rendimento, além de ser fácil de aplicar. É indicado para selar e uniformizar a absorção de superfícies de áreas internas de reboco novo, concreto aparente, blocos de concreto, fibrocimento e massa fina.

USE COM:
Tinta Acrílica Futura Premium
Fundo Preparador de Paredes Futura

Embalagens/rendimento

Lata (18 L): até 100 m²/demão.
Galão (3,6 L): até 20 m²/demão.

Aplicação

Utilizar rolo de lã ou pincel macio. Misturar o selador acrílico, antes e durante a aplicação, com espátula apropriada, isenta de impurezas ou contaminantes. Para limpeza de ferramentas, utilizar água e sabão.

Cor

Branco

Acabamento

Fosco

Diluição

Diluir em 10% de água.

Secagem

Ao toque: 30 min
Final: 5 h

Fundo Preparador de Paredes Futura 4

Preparar superfícies ficou ainda mais prático! O Fundo Preparador de Paredes Futura é indicado para locais que apresentam baixa coesão em áreas internas e externas de reboco fraco, massa fina, superfícies caiadas, calcinadas, descascadas, gesso, gesso acartonado e pinturas antigas. Possui excelente poder de aglutinação de partículas soltas, pois penetra na superfície melhorando a aderência.

USE COM:
Massa Acrílica Futura
Selador Acrílico Futura

Embalagens/rendimento

Lata (18 L): até 275 m²/demão.
Galão (3,6 L): até 55 m²/demão.

Aplicação

Utilizar rolo de lã de carneiro, trincha ou pincel apropriado. Misturar o fundo preparador de paredes, antes e durante a aplicação, com espátula apropriada, isenta de impurezas ou contaminantes. Para limpeza de ferramentas, utilizar água e sabão.

Cor

Incolor

Acabamento

Não aplicável

Diluição

Diluir com até 10% de água.

Secagem

Ao toque: 1 h
Entre demãos: 3 h
Completa: 6 h

Futura tintas

Esmalte Sintético Secagem Ultrarrápida Futurit Premium 1

Possui altíssimos brilho e nivelamento, secagem ultrarrápida e um acabamento branco mais branco. Proporciona fácil aplicação, confere perfeita aderência, não descasca e tem menor tendência a amarelar com o tempo.

Embalagens/rendimento

Galão (3,6 L): até 65 m²/demão.
Quarto (0,9 L): até 16 m²/demão.

Aplicação

Utilizar rolo de espuma, pincel macio ou pistola (com pressão de pulverização de 30 a 35 lb/pol²). Misturar o esmalte sintético, antes e durante a aplicação, com espátula apropriada, isenta de impurezas ou contaminantes. Para limpeza de ferramentas, utilizar aguarrás.

Cor

Branco

Acabamento

Brilhante

Diluição

Diluir com 10% de aguarrás. Para aplicação com pistola, diluir em 20% de aguarrás.

Secagem

Ao toque: 30 min
Entre demãos: 2 a 4 h
Final: 8 h

USE COM:
Zarcão Futurit
Fundo Cinza Anticorrosivo Futurit

Esmalte Sintético Futurit 2

Escolha a cor e o efeito que mais se encaixam em seu sonho. Com o Esmalte Sintético Futurit, é possível surpreender até nos detalhes. As variações brilhante, fosco e acetinado oferecem possibilidades diferentes de acabamentos para uma pintura marcante. De fácil aplicação e resistência fantástica, é a linha ideal para pinturas internas e externas de metal, madeira, metal galvanizado, alumínio e PVC.

Embalagens/rendimento

Galão (3,6 L): 50 m²/demão.
Quarto (0,9 L): 12,5 m²/demão.

Aplicação

Utilizar rolo de espuma, pincel macio ou pistola. Pistola com pressão de pulverização de 30 a 35 lb/pol². Misturar o esmalte sintético, antes e durante a aplicação, com espátula apropriada, isenta de impurezas ou contaminantes. Para limpeza de ferramentas, utilizar aguarrás.

Cor

26 cores conforme catálogo e mais de 2 mil no sistema Magia das Cores

Acabamento

Fosco, acetinado e brilhante

Diluição

Diluir com 10% a 20% de aguarrás. Para aplicação com pistola, diluir em 30% de aguarrás.

Secagem

Ao toque: 45 min
Entre demãos: 4 a 6 h
Final: 10 h

USE COM:
Zarcão Futurit
Fundo Branco Fosco Futurit

1 2 Preparação inicial

Toda e qualquer superfície deve estar limpa, seca, firme, coesa, isenta de poeira, gordura, graxa, sabão ou mofo.

1 Preparação em demais superfícies

Metais ferrosos: lixar e limpar a superfície, com pano limpo e umedecido em aguarrás. Aplicar uma a 2 demãos de Zarcão Futurit ou Fundo Cinza Anticorrosivo Futurit. Aguardar intervalo de secagem recomendado e aplicar 2 demãos de Esmalte Sintético Futurit Premium. **Madeiras:** lixar a superfície para eliminação de farpas. Aplicar uma a 2 demãos de Fundo Branco para Madeiras Futurit. Aguardar intervalo de secagem recomendado e aplicar 2 demãos de Esmalte Sintético Futurit Premium. **Alumínios e galvanizados:** utilizar fundos apropriados, que garantam a perfeita aderência da pintura, antes da aplicação do acabamento. Consultar o SAC da Futura. **Metais ferrosos com indícios de ferrugem:** remover a ferrugem por completo com a utilização de lixa para ferro ou escova de aço. Aplicar uma a 2 demãos de Zarcão Futurit ou Fundo Cinza Anticorrosivo Futurit. Aguardar intervalo de secagem recomendado e aplicar 2 demãos de Esmalte Sintético Futurit Premium, obedecendo os intervalos para aplicação do produto. **Repintura:** eliminar partes soltas e demais sujeiras com pano umedecido em aguarrás, sendo que as superfícies brilhantes devem ser lixadas até a perda total do brilho. **Superfícies de cerâmica não vitrificada:** lixar e limpar a superfície com pano limpo e umedecido em aguarrás. Para um perfeito acabamento, aplicar uma demão de Fundo Branco para Madeiras Futurit e, após secagem, aplicar 2 demãos do acabamento.

2 Preparação em demais superfícies

Superfícies em bom estado (com ou sem pintura): lixar e eliminar a poeira e demais sujeiras com pano branco umedecido em aguarrás. **Pinturas novas:** preparar a superfície a ser pintada adequadamente, pois esse é o ponto principal para se obter um bom resultado no acabamento. Aplicar fundo apropriado para cada tipo de acabamento. **Madeiras:** aplicar uma a 2 demãos de Fundo Branco para Madeiras Futurit, seguindo as orientações do produto. **Metais ferrosos:** aplicar uma a 2 demãos de Zarcão Futurit ou de Fundo Cinza Anticorrosivo Futurit, seguindo as orientações dos produtos. **Alumínios e galvanizados:** utilizar fundos apropriados antes de aplicar o acabamento. **Repintura:** eliminar partes soltas e demais sujeiras com pano umedecido em aguarrás, sendo que as superfícies brilhantes devem ser lixadas até a perda total do brilho.

1 2 Precauções/dicas/advertências

Manter as embalagens sempre fechadas após o uso e fora do alcance de crianças e animais. Armazenar em local coberto, fresco, seco, ventilado e longe de fontes de calor e umidade. A embalagem não deve ser incinerada ou reutilizada para armazenar alimentos, água para consumo ou outros fins. Manter o ambiente bem ventilado durante a preparação, aplicação e secagem. Manusear, preparar e aplicar o produto utilizando máscara protetora, luvas e óculos de segurança.

1 Principais atributos do produto 1

Tem acabamento refinado premium, brilho resistente às intempéries e alto poder de cobertura e aderência.

2 Principais atributos do produto 2

Tem fácil aplicação e alta resistência e é ideal para pintura sobre metal, madeira e PVC. Disponível no sistema Magia das Cores em mais de 2 mil cores.

3 4 Preparação inicial

Toda e qualquer superfície deve estar limpa, seca, firme, coesa, isenta de poeira, gordura, graxa, sabão ou mofo.

3 4 Preparação em demais superfícies

Superfícies em bom estado (com ou sem pintura): lixar e eliminar a poeira e demais sujeiras com pano branco umedecido em aguarrás. **Pinturas novas:** preparar a superfície a ser pintada adequadamente, pois esse é o ponto principal para se obter um bom resultado no acabamento. Aplicar fundo apropriado para cada tipo de acabamento. **Madeiras:** aplicar uma a 2 demãos de Fundo Branco para Madeiras Futurit, seguindo as orientações do produto. **Metais ferrosos:** aplicar uma a 2 demãos de Zarcão Futurit ou de Fundo Cinza Anticorrosivo Futurit, seguindo as orientações dos produtos. **Alumínios e galvanizados:** utilizar fundos apropriados antes de aplicar o acabamento. **Repintura:** eliminar partes soltas e demais sujeiras com pano umedecido em aguarrás, sendo que as superfícies brilhantes devem ser lixadas até a perda total do brilho.

3 4 Precauções / dicas / advertências

Manter as embalagens sempre fechadas após o uso e fora do alcance de crianças e animais. Armazenar em local coberto, fresco, seco, ventilado e longe de fontes de calor e umidade. A embalagem não deve ser incinerada ou reutilizada para armazenar alimentos, água para consumo ou outros fins. Manter o ambiente bem ventilado durante a preparação, aplicação e secagem. Manusear, preparar e aplicar o produto utilizando máscara protetora, luvas e óculos de segurança.

3 Principais atributos do produto 3

Oferece secagem de 30 min ao toque, alto brilho, alta resistência, acabamento sofisticado e supercobertura.

4 Principais atributos do produto 4

Tem fácil aplicação e alta resistência e é ideal para pintura sobre metal, madeira e PVC.

Esmalte Sintético Metálico Futurit 3

Escolha a cor e o efeito que mais se encaixam em seu sonho. Com o Esmalte Sintético Metálico Futurit, é possível surpreender até nos detalhes. O acabamento metálico oferece possibilidades diferentes de acabamentos para uma pintura marcante. De fácil aplicação e resistência fantástica, é a linha ideal para pinturas internas e externas de metal, madeira, metal galvanizado, alumínio e PVC.

USE COM: Zarcão Futurit

Embalagens/rendimento

Galão (3,6 L): 50 m²/demão.
Quarto (0,9 L): 12,5 m²/demão.

Aplicação

Utilizar rolo de lã baixa para solvente, trincha macia ou pistola. Pistola com pressão de pulverização de 30 a 35 lb/pol². Misturar o esmalte sintético, antes e durante a aplicação, com espátula apropriada, isenta de impurezas ou contaminantes. Para limpeza de ferramentas, utilizar aguarrás.

Cor

6 cores conforme catálogo

Acabamento

Metálico

Diluição

Diluir com 10% a 20% de aguarrás. Para aplicação com pistola, diluir em 30% de aguarrás.

Secagem

Ao toque: 45 min
Entre demãos: 4 a 6 h
Final: 10 h

Esmalte Base Água Futura Premium 4

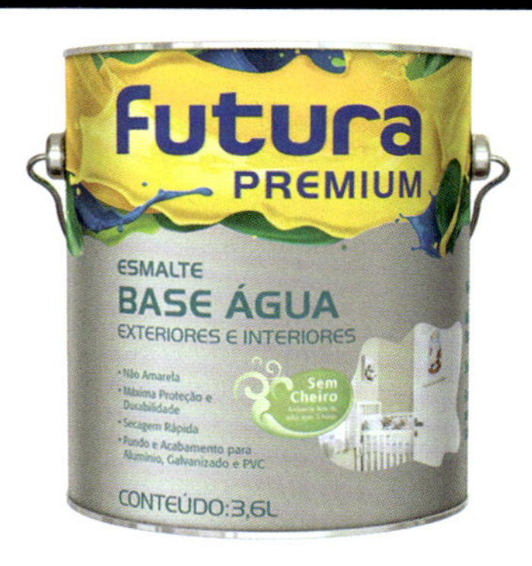

Para quem gosta de produtos ecologicamente corretos, o Esmalte Base Água Futura Premium é a melhor opção. Com fórmula à base d'água, apresenta secagem rápida e resistência prolongada. Ainda oferece diversas vantagens: fácil aplicação, baixo odor e acabamento primoroso, além de não amarelar. Indicado para uso em metal, madeira, metal galvanizado, alumínio e PVC.

USE COM: Zarcão Futurit
Fundo Branco para Madeiras Futurit

Embalagens/rendimento

Galão (3,6 L): até 75 m²/demão.
Quarto (0,9 L): até 18 m²/demão.

Aplicação

Utilizar rolo de espuma ou lã de pelo baixo, pincel macio e pistola. Pistola com pressão de pulverização de 30 a 35 lb/pol². Misturar o produto, antes e durante a aplicação, com espátula apropriada, isenta de impurezas ou contaminantes. Para limpeza de ferramentas, utilizar água e sabão.

Cor

8 cores conforme catálogo e mais de 2 mil no sistema Magia das Cores

Acabamento

Acetinado e brilhante

Diluição

Diluir com 20% de água. Para aplicação com pistola, diluir em 30% de água.

Secagem

Ao toque: 30 a 40 min
Entre demãos: 4 h
Final: 5 h

Zarcão Futurit 1

Contra a ferrugem, um bom protetor é a opção. Ainda mais se tiver bom rendimento e ótima cobertura como o Zarcão Futurit. Ele atua como inibidor da corrosão e dá acabamento fosco na cor laranja óxido. Indicado para proteger superfícies internas ou externas de metais.

USE COM: Esmalte Sintético Futurit
Esmalte Sintético Secagem Ultrarrápida Futurit Premium

Embalagens/rendimento

Galão (3,6 L): 40 m²/demão.
Quarto (0,9 L): 10 m²/demão.

Aplicação

Utilizar rolo de espuma ou pincel macio. Pistola com pressão de pulverização de 30 a 35 lb/pol². Misturar o complemento sintético, antes e durante a aplicação, com espátula apropriada, isenta de impurezas ou contaminantes. Para limpeza de ferramentas, utilizar aguarrás.

Cor

Laranja

Acabamento

Fosco

Diluição

Diluir com 10% a 20% de aguarrás. Para aplicação com pistola, diluir com 30% de aguarrás.

Secagem

Ao toque: 2 h
Entre demãos: 12 h
Final: 24 h

Fundo Cinza Anticorrosivo Futurit 2

Para não enferrujar, é preciso muito mais que uma simples camada de tinta. É aí que entra o Fundo Cinza Anticorrosivo Futurit. Ele tem o poder de proteger superfícies internas e externas de metais contra a ferrugem e a maresia. Seu acabamento fosco na cor cinza atua como inibidor da corrosão. Tem excelentes desempenho e alastramento e ainda facilita a aplicação de outros produtos.

USE COM: Esmalte Sintético Futurit
Esmalte Sintético Secagem Ultrar Rápida Futurit Premium

Embalagens/rendimento

Galão (3,6 L): 40 m²/demão.
Quarto (0,9 L): 10 m²/demão.

Aplicação

Utilizar rolo de espuma, trincha macia ou pistola (com pressão de pulverização de 30 a 35 lb/pol²). Misturar o complemento sintético, antes e durante a aplicação, com espátula apropriada, isenta de impurezas ou contaminantes. Para limpeza de ferramentas, utilizar aguarrás.

Cor

Cinza

Acabamento

Fosco

Diluição

Diluir com 10% a 20% de aguarrás. Diluir em 30% para aplicação com pistola.

Secagem

Ao toque: 2 h
Entre demãos: 12 h
Final: 24 h

1 2 Preparação inicial

Toda e qualquer superfície deve estar limpa, seca, firme, coesa, isenta de poeira, gordura, graxa, sabão ou mofo.

1 2 Preparação em demais superfícies

Superfícies em bom estado (com ou sem pintura): lixar e eliminar a poeira e demais sujeiras com pano branco umedecido em aguarrás. **Pinturas novas:** preparar a superfície a ser pintada adequadamente, pois esse é o ponto principal para se obter um bom resultado no acabamento. Aplicar fundo apropriado para cada tipo de acabamento. **Madeiras:** aplicar uma a 2 demãos de Fundo Branco para Madeiras Futurit, seguindo as orientações do produto. **Metais ferrosos:** aplicar uma a 2 demãos de Zarcão Futurit ou de Fundo Cinza Anticorrosivo Futurit, seguindo as orientações dos produtos. **Alumínios e galvanizados:** utilizar fundos apropriados antes de aplicar o acabamento. **Repintura:** eliminar partes soltas e demais sujeiras com pano umedecido em aguarrás, sendo que as superfícies brilhantes devem ser lixadas até a perda total do brilho.

1 2 Precauções/dicas/advertências

Manter as embalagens sempre fechadas após o uso e fora do alcance de crianças e animais. Armazenar em local coberto, fresco, seco, ventilado e longe de fontes de calor e umidade. A embalagem não deve ser incinerada ou reutilizada para armazenar alimentos, água para consumo ou outros fins. Manter o ambiente bem ventilado durante a preparação, aplicação e secagem. Manusear, preparar e aplicar o produto utilizando máscara protetora, luvas e óculos de segurança.

1 Principais atributos do produto 1

Oferece máxima proteção contra ferrugem e acabamento fosco na cor laranja. Indicado para metais ferrosos em área interna ou externa.

2 Principais atributos do produto 2

Protege o metal contra oxidação, evita ação da maresia e auxilia na aplicação de outros produtos.

Mais que fabricar tintas, o negócio da Futura Tintas é colorir vidas. E faz isso com pessoas produzindo com qualidade máxima, comprometendo-se com lojistas, preparando pintores e decorando ambientes.

3 4 Preparação inicial

Toda e qualquer superfície deve estar limpa, seca, firme, coesa, isenta de poeira, gordura, graxa, sabão ou mofo.

3 4 Preparação em demais superfícies

Madeiras novas: lixar a madeira para eliminar farpas (lixa granas 180/240), na direção dos veios. Eliminar todo o pó utilizando pano limpo embebido em aguarrás, se necessário. Lixar, entre demãos, com lixa fina (grana 360 ou 400). Aplicar, no mínimo, 3 demãos para garantia de um desempenho satisfatório. Selar a madeira com o mesmo verniz que será utilizado para o acabamento, diluído na proporção de 1:1 com aguarás. **Madeiras (repintura):** eliminar partes soltas e demais sujeiras com pano umedecido em aguarrás, sendo que as superfícies brilhantes devem ser lixadas até a perda total do brilho. Em seguida, proceder como para madeiras novas. Caso a película de verniz antigo estiver extremamente deteriorado, realizar sua total remoção e proceder conforme pinturas em madeiras novas. **Repintura em madeiras resinosas (imbuia, peroba, ipê etc.):** fazer um teste em uma área pequena antes da aplicação, para verificar amarelamento ou outras reações. Lavar com solvente (álcool ou thinner), para extração da resina interna. Aguardar secagem e envernizar normalmente.

3 4 Precauções / dicas / advertências

Manter as embalagens sempre fechadas após o uso e fora do alcance de crianças e animais. Armazenar em local coberto, fresco, seco, ventilado e longe de fontes de calor e umidade. A embalagem não deve ser incinerada ou reutilizada para armazenar alimentos, água para consumo ou outros fins. Manter o ambiente bem ventilado durante a preparação, aplicação e secagem. Manusear, preparar e aplicar o produto utilizando máscara protetora, luvas e óculos de segurança.

3 Principais atributos do produto 3

Tem fino acabamento, secagem rápida e brilho intenso e é resistente.

4 Principais atributos do produto 4

Tem alta durabilidade, com 5 anos de garantia e proteção contra raios UV. Renova e enobrece a madeira.

Verniz Protetor de Madeira Futurit — 3

A madeira finamente espelhada com os veios realçados completa a decoração. O Verniz Marítmo Futurit tem o poder cristalino de dar mais vida e alta resistência à cor natural da madeira. Ainda tem fácil aplicação e está disponível no sistema Magia das Cores, que utiliza como base o verniz incolor.

Embalagens/rendimento

Galão (3,6 L): até 110 m²/demão.
Quarto (0,9 L): até 27 m²/demão.

Aplicação

Utilizar rolo de espuma, pincel macio ou pistola. Pistola com pressão de pulverização de 30 a 35 lb/pol². Misturar o verniz, antes e durante a aplicação, com espátula apropriada, isenta de impurezas ou contaminantes. Para limpeza de ferramentas, utilizar aguarrás.

Cor

Incolor e mais 6 cores disponíveis no sistema Magia das Cores

Acabamento

Brilhante

Diluição

Diluir com 10% de aguarrás para aplicação com rolo e pincel. Diluir com 30% de aguarrás para aplicação com rolo e pistola.

Secagem

Ao toque: 4 h
Entre demãos: 8 h
Final: 24 h

Verniz Protetor de Madeira Duplo Filtro Solar Futurit — 4

Como acontece na pele, a madeira também precisa de cuidados para manter sua beleza e seu aspecto renovado. Com o Verniz Duplo Filtro Solar Futurit, os raios ultravioleta do sol são absorvido pelo aditivo para garantir proteção, durabilidade e alta resistência à madeira.

Embalagens/rendimento

Galão (3,6 L): 110 m²/demão.
Quarto (0,9 L): 27 m²/demão.

Aplicação

Utilizar rolo de espuma, pincel macio ou pistola. Pistola com pressão de pulverização de 30 a 35 lb/pol². Misturar o verniz, antes e durante a aplicação, com espátula apropriada, isenta de impurezas ou contaminantes. Para limpeza de ferramentas, utilizar aguarrás.

Cor

Natural, mogno e imbuia

Acabamento

Brilhante

Diluição

Diluir com 10% de aguarrás para aplicação com rolo e pincel. Diluir com 30% de aguarrás para aplicação com rolo e pistola.

Secagem

Ao toque: 4 h
Entre demãos: 8 h
Final: 24 h

Fundo Branco para Madeiras Futurit 1

Ideal para nivelar e uniformizar a absorção da tinta em madeiras de áreas internas e externas. Aumenta o rendimento e confere melhor finalização. Perfeito para garantir o desempenho do produto de acabamento.

Embalagens/rendimento

Galão (3,6 L): 40 m²/demão.
Quarto (0,9 L): 10 m²/demão.

Aplicação

Utilizar rolo de espuma ou pincel macio. Pistola com pressão de pulverização de 30 a 35 lb/pol². Misturar o complemento sintético, antes e durante a aplicação, com espátula apropriada, isenta de impurezas ou contaminantes. Para limpeza de ferramentas, utilizar aguarrás.

Cor

Branco

Acabamento

Fosco

Diluição

Diluir com 10% a 20% de aguarrás. Para aplicação com pistola, diluir em 30% de aguarrás.

Secagem

Ao toque: 2 h
Entre demãos: 12 h
Final: 24 h

Esmalte Sintético Futurit

Esmalte Sintético Secagem Ultrarrápida Futurit Premium

Resina Protetora para Pedra e Telha Futura Premium 2

Proteção e beleza caminham lado a lado quando se trata da Resina Protetora para Pedra e Telha Futura Premium. Com sua formulação à base d'água e baixíssimo odor, é indicada para superfícies porosas como telhas de barro ou fibrocimento, pedras naturais, concreto ou tijolo aparente e cerâmica. Resistência e extrabrilho para os ambientes.

Embalagens/rendimento

Lata (18 L): até 200 m²/demão.
Galão (3,6 L): até 40 m²/demão.

Aplicação

Utilizar rolo de lã de carneiro ou pincel macio. Pistola com pressão de pulverização de 30 a 35 lb/pol². Misturar a resina, antes e durante a aplicação, com espátula apropriada, isenta de impurezas ou contaminantes. Para limpeza de ferramentas, utilizar água e sabão.

Cor

Incolor e mais 5 cores conforme catálogo

Acabamento

Brilhante

Diluição

Diluir com 20% de água. Na aplicação com pistola, diluir com 30%.

Secagem

Ao toque: 1 h
Entre demãos: 3 h
Completa: 12 h

1 2 Preparação inicial

Toda e qualquer superfície deve estar limpa, seca, firme, coesa, isenta de poeira, gordura, graxa, sabão ou mofo.

1 Preparação em demais superfícies

Superfícies em bom estado (com ou sem pintura): lixar e eliminar a poeira e demais sujeiras com pano branco umedecido em aguarrás. **Repintura:** eliminar partes soltas e demais sujeiras com pano umedecido em aguarrás, sendo que as superfícies brilhantes devem ser lixadas até a perda total do brilho. **Pinturas novas:** preparar a superfície a ser pintada adequadamente, pois esse é o ponto principal para se obter um bom resultado no acabamento. Aplicar fundo apropriado para cada tipo de acabamento. **Madeiras:** aplicar uma a 2 demãos de Fundo Branco para Madeiras Futurit, seguindo as orientações do produto. **Metais ferrosos:** aplicar uma a 2 demãos de Zarcão Futurit ou de Fundo Cinza Anticorrosivo Futurit, seguindo as orientações dos produtos. **Alumínios e galvanizados:** utilizar fundos apropriados antes de aplicar o acabamento.

2 Preparação em demais superfícies

Superfícies em bom estado (com ou sem pintura): lixar e eliminar a poeira e demais sujeiras com pano úmido. **Repintura:** eliminar partes soltas, sendo que as superfícies brilhantes devem ser lixadas até a perda total do brilho. **Superfícies com manchas de gordura ou graxa:** lavar com água e sabão ou detergente neutro, enxaguar e aguardar a secagem. **Superfícies com mofo ou limo:** limpar com solução de água sanitária com água corrente na proporção de 1:1, enxaguar e aguardar a secagem. **Superfícies com umidade:** a pintura deve ser iniciada somente após tratamento da superfície com umidade. Identificar a causa e tratar adequadamente.

1 2 Precauções/dicas/advertências

Manter as embalagens sempre fechadas após o uso e fora do alcance de crianças e animais. Armazenar em local coberto, fresco, seco, ventilado e longe de fontes de calor e umidade. A embalagem não deve ser incinerada ou reutilizada para armazenar alimentos, água para consumo ou outros fins. Manter o ambiente bem ventilado durante a preparação, aplicação e secagem. Manusear, preparar e aplicar o produto utilizando máscara protetora, luvas e óculos de segurança.

1 Principais atributos do produto 1

Melhora o acabamento da pintura, prolonga a vida da madeira, nivela a superfície e homogeneiza o consumo de tinta.

2 Principais atributos do produto 2

Oferece resistência e brilho extraforte e tem fácil aplicação e ótimo rendimento.

Gel de Efeitos Futura Premium 3

Obtenha efeitos surpreendentes: desde um ar mais rústico com aparência de envelhecimento até efeitos como pátina, trapeado, escovado, manchado, jeans e muito mais. Também pode ser colorido com inúmeras tonalidades no sistema Magia das Cores (para o tingimento, utilizar somente base incolor). Antes do tingimento, é necessário agitar o produto por um minuto no misturador.

Textura Acrílica Futura Premium

Embalagens/rendimento

Quarto (0,9 kg): até 10 m²/demão.

Aplicação

Utilizar rolo de lã ou pincel macio e, para efeitos decorativos, são sugeridas as ferramentas mais diversas e apropriadas. Misturar o gel de efeitos, antes e durante a aplicação, com espátula apropriada, isenta de impurezas ou contaminantes. Para limpeza de ferramentas, utilizar água e sabão.

Cor

Disponível no sistema Magia das Cores

Acabamento

Acetinado

Diluição

Pronta para uso.

Secagem

Para efeito: 3 min
Ao toque: 30 min
Final: 12 h

3 Preparação inicial

Toda e qualquer superfície deve estar limpa, seca, firme, coesa, isenta de poeira, gordura, graxa, sabão ou mofo.

3 Preparação em demais superfícies

Manter as embalagens sempre fechadas após o uso e fora do alcance de crianças e animais. Armazenar em local coberto, fresco, seco, ventilado e longe de fontes de calor e umidade. A embalagem não deve ser incinerada ou reutilizada para armazenar alimentos, água para consumo ou outros fins. Manter o ambiente bem ventilado durante a preparação, aplicação e secagem. Manusear, preparar e aplicar o produto utilizando máscara protetora, luvas e óculos de segurança.

3 Precauções / dicas / advertências

Manter as embalagens sempre fechadas após o uso e fora do alcance de crianças e animais. Armazenar em local coberto, fresco, seco, ventilado e longe de fontes de calor e umidade. A embalagem não deve ser incinerada ou reutilizada para armazenar alimentos, água para consumo ou outros fins. Manter o ambiente bem ventilado durante a preparação, aplicação e secagem. Manusear, preparar e aplicar o produto utilizando máscara protetora, luvas e óculos de segurança.

3 Principais atributos do produto 3

É indicado para paredes, texturas, madeira e metal. Produto de fácil aplicação, alta resistência e rápida secagem.

Líder nacional na produção de tinta em pó hidrossolúvel e supercal desde sua fundação, há mais de 50 anos, a marca cearense Hidracor conta com uma linha completa de tintas látex, esmaltes, texturas, complementos acrílicos, solventes, corantes, tinta em pó e supercal, sem contar um sistema tintométrico próprio: o Hidracores.

A empresa faz parte do Grupo J. Macêdo – um dos maiores do Norte-Nordeste do Brasil e de ação nacional na área de alimentos. São mais de 20 mil pontos de venda e 8 mil clientes diretos, com distribuição para cerca de 1.200 municípios brasileiros.

Na linha pó, a marca alcançou grande destaque, sendo agraciada diversas vezes com o prêmio de Melhor Produto do Ano pela revista Revenda Construção. Esse reconhecimento é fruto de um trabalho feito com profissionalismo e com rigoroso controle de qualidade, que vai desde o início do processo, com a extração do calcário dolomítico em suas minas, até o produto final nos lares brasileiros.

Impulsionada pelo rápido sucesso da tinta em pó, a Hidracor logo ampliou as instalações de sua fábrica e desenvolveu novos produtos para a construção civil, buscando sempre garantir a satisfação dos seus clientes, oferecendo produtos de qualidade, atendendo em todas as linhas aos requisitos técnicos e às normas do setor, desenvolvendo seu capital humano e melhorando continuamente seus processos e recursos.

Totalmente mecanizada e informatizada, a fábrica obedece aos mais rígidos e avançados controles de processo, o que garantiu, em 2009, a premiação da FIEC-CE com o certificado de produção limpa.

Atualmente, possui duas unidades fabris no estado do Ceará – uma em Maracanaú e uma em Acarape. Possui uma das maiores redes de pontos de venda no mercado no qual atua, indo de Minas Gerais a Roraima.

Para o futuro, não há dúvidas: o objetivo é crescer ainda mais, o que não podia ser diferente para uma empresa que tem como valores a evolução como propósito e a busca por excelência.

CERTIFICAÇÕES

Você está na seção:

1 ALVENARIA > COMPLEMENTO

2 METAIS E MADEIRA > ACABAMENTO

Massa Corrida 1

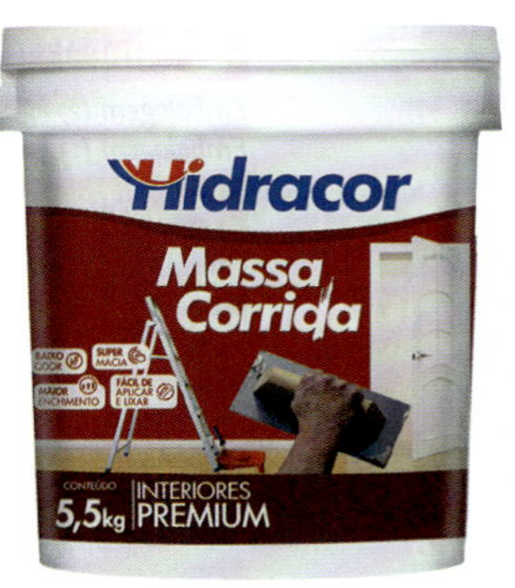

A Massa Corrida é um produto fácil de aplicar e de lixar. É supermacia, com rendimento superior, elevada consistência e grande poder de enchimento, que permite nivelar e corrigir imperfeições rasas em áreas internas em geral, deixando a superfície lisa e proporcionando uma pintura com acabamento perfeito.

USE COM: Selador Acrílico; Fundo Preparador de Paredes

Embalagens/rendimento

Sobre massa grossa
Embalagens (27 kg): 20 a 30 m²;
(25 kg): 18 a 27 m²; *(13,5 kg):* 10 a 15 m²;
(5,5 kg): 4 a 6 m²; *(1,4 kg):* 1 a 1,5 m².
Sobre massa fina
Embalagens (27 kg): 40 a 55 m²;
(25 kg): 37 a 50 m²; *(13,5 kg):* 20 a 27,5 m²;
(5,5 kg): 7 a 11 m²; *(1,4 kg):* 2 a 3 m².

Aplicação

Utilizar desempenadeira ou espátula de aço.

Cor

Não aplicável

Acabamento

Não aplicável

Diluição

Pronta para uso.

Secagem

Ao toque: 1 a 2 h
Entre demãos: 2 a 4 h
Final: 5 h

Esmalte Sintético Hidra+ 2

De fácil aplicação e secagem ultrarrápida, o Esmalte Sintético Hidra+ possui um alto poder de cobertura garantindo um ótimo padrão de qualidade à pintura e muita praticidade.

USE COM: Massa para Madeira; Fundo Anticorrosivo Hfer

Embalagens/rendimento

Galão (3,6 L): até 56 m²/demão.
Quarto (0,9 L): até 14 m²/demão.
1/32 (112,5 mL): até 1,75 m²/demão.

Aplicação

Utilizar rolo de espuma, pincel ou pistola.

Cor

Disponível em 29 cores de linha

Acabamento

Brilhante

Diluição

Diluir em aguarrás na proporção de 10%.

Secagem

Ao toque: 20 a 30 min
Entre demãos: 2 a 4 h
Final: 8 a 10 h

1 2 Preparação inicial

A superfície deve estar firme, coesa, limpa, seca e sem poeira, gordura, graxa, sabão ou mofo.

1 Preparação em demais superfícies

Reboco ou concreto novo: aguardar a secagem e a cura por, no mínimo, 28 dias. Lixar e eliminar o pó. Aplicar o selador para alvenaria. **Reboco fraco (baixa coesão) ou altamente absorvente (fibrocimento):** aguardar a secagem e a cura por, no mínimo, 28 dias. Eliminar o pó e aplicar fundo preparador de paredes. **Superfícies com imperfeições rasas:** lixar e eliminar o pó. Aplicar uma demão de fundo preparador de paredes e corrigir com massa niveladora. **Superfícies com imperfeições profundas:** corrigir com reboco e aguardar a cura por, no mínimo, 28 dias. Lixar e eliminar o pó. Aplicar selador para alvenaria. **Superfícies caiadas ou com partículas soltas ou mal-aderidas:** raspar ou escovar eliminando as partes soltas. Aplicar uma demão de fundo preparador de paredes. **Superfícies com manchas de gordura ou graxa:** lavar com solução de água e detergente neutro. Enxaguar e aguardar a secagem. **Superfícies com partes mofadas:** lavar com água e água sanitária em partes iguais. Esperar 6 h e enxaguar bem. Aguardar a secagem.

2 Preparação em demais superfícies

Madeiras novas, sem acabamento: lixar para eliminar as farpas e limpar a poeira com um pano umedecido com aguarrás ou thinner. Se necessário, reparar com massa para madeira. Lixar e remover o pó. Aplicar de uma a 2 demãos de fundo branco nivelador. Lixar, remover o pó e aplicar o esmalte de acabamento. **Madeiras de repinturas com acabamento:** lixar e limpar o pó com um pano umedecido com aguarrás ou thinner. Se necessário, repetir a preparação de superfície para madeira nova e aplicar o esmalte de acabamento. **Metal ferroso novo, sem acabamento:** lixar e limpar com um pano umedecido com aguarrás ou thinner. Aplicar de uma a 2 demãos de fundo anticorrosivo. Se necessário, lixar e limpar novamente e aplicar o esmalte de acabamento. **Metais ferrosos de repinturas com acabamento:** lixar até eliminar o brilho e limpar com um pano umedecido com aguarrás ou thinner. Repetir o mesmo tratamento para metal ferroso novo e aplicar o esmalte de acabamento. **Metais não ferrosos (alumínio, galvanizado) sem acabamento:** lixar e limpar com um pano umedecido com aguarrás ou thinner. Aplicar de uma a 2 demãos de fundo promotor de aderência. Se necessário, lixar e limpar novamente e aplicar o esmalte de acabamento. **Metais oxidados/enferrujados:** eliminar a oxidação com lixa e/ou escova de aço. Repetir o mesmo tratamento para metal ferroso novo. **Superfícies com gordura ou graxa:** lavar com solução de água e detergente neutro e enxaguar. Aguardar a secagem. **Partes mofadas:** lavar com solução de água e água sanitária em partes iguais, esperar 6 h e enxaguar bem. Aguardar a secagem.

1 2 Precauções/dicas/advertências

Evitar aplicar o produto em dias chuvosos, com temperatura abaixo de 10 °C ou acima de 40 °C e umidade relativa do ar superior a 90%. Não expor a superfície pintada a esforços durante 20 dias.

1 Precauções/dicas/advertências

Para obter a garantia e os melhores resultados, utilizar sempre os produtos Hidracor, desde a preparação das superfícies até o acabamento final.

1 Principais atributos do produto 1

Massa Corrida tem baixo odor, oferece maior enchimento, é supermacia, fácil de aplicar e lixar.

2 Principais atributos do produto 2

Esmalte Sintético Hidra+ tem secagem ultrarrápida, garantindo maior proteção e excelente acabamento.

[3] [4] Preparação inicial

Para atingir o resultado esperado, cuidados prévios devem ser rigorosamente tomados. A superfície deve estar firme, coesa, limpa, seca e sem poeira, gordura, graxa, sabão ou mofo.

[3] [4] Preparação em demais superfícies

Madeiras novas sem acabamento: lixar a superfície para eliminar as farpas e limpar a poeira com um pano umedecido com aguarrás ou thinner. Se necessário, reparar com massa para madeira. Lixar e remover o pó. Aplicar de uma a 2 demãos de fundo branco nivelador. Lixar, remover o pó e aplicar o esmalte de acabamento. **Madeiras de repinturas com acabamento:** lixar a superfície e limpar o pó com um pano umedecido com aguarrás ou thinner. Se necessário, repetir a preparação de superfície para madeira nova e aplicar o esmalte de acabamento. **Metais ferrosos novos sem acabamento:** lixar a superfície e limpar com um pano umedecido com aguarrás ou thinner. Aplicar de uma a 2 demãos de fundo anticorrosivo. Se necessário, lixar e limpar novamente e aplicar o esmalte de acabamento. **Metais ferrosos de repinturas com acabamento:** lixar a superfície até eliminar o brilho e limpar com um pano umedecido com aguarrás ou thinner. Repetir o mesmo tratamento para metal ferroso novo e aplicar o esmalte de acabamento. **Metais não ferrosos (alumínio, galvanizado) sem acabamento:** lixar a superfície e limpar com um pano umedecido com aguarrás ou thinner. Aplicar de uma a 2 demãos de fundo promotor de aderência. Se necessário, lixar e limpar novamente e aplicar o esmalte de acabamento. **Metais oxidados/enferrujados:** eliminar toda a oxidação com lixa e/ou escova de aço. Repetir o mesmo tratamento para metal ferroso novo. **Superfícies com gordura ou graxa:** lavar com solução de água e detergente neutro e enxaguar. Aguardar a secagem. **Superfícies com partes mofadas:** lavar com solução de água e água sanitária em partes iguais, esperar 6 h e enxaguar bem. Aguardar a secagem.

[3] [4] Precauções / dicas / advertências

Evitar aplicar o produto em dias chuvosos, com temperatura abaixo de 10 °C ou acima de 40 °C e umidade relativa do ar superior a 90%. Não expor a superfície pintada a esforços durante 20 dias. Para obter a garantia e os melhores resultados, utilizar sempre os produtos Hidracor, desde a preparação das superfícies até o acabamento final.

[3] Principais atributos do produto 3

Esmalte Sintético Hidralar proporciona economia com qualidade, é fácil de aplicar, tem excelente custo-benefício e vem pronto para uso.

[4] Principais atributos do produto 4

Esmalte Base Água Hidralit Eco tem zero odor, seca rápido e oferece finíssimo acabamento.

Esmalte Sintético Hidralar [3]

À base de resina alquídica modificada, o Esmalte Sintético Hidralar combina economia e qualidade. Com ótimo custo-benefício, é um produto pronto para uso, de fácil aplicação, secagem rápida, boa cobertura, ótimo rendimento e alta durabilidade.

USE COM: Massa para Madeira; Fundo Anticorrosivo Hfer

Embalagens/rendimento

Galão (3,6 L): até 50 m²/demão.
Quarto (0,9 L): até 12,5 m²/demão.
1/32 (112,5 mL): até 1,5 m²/demão.

Aplicação

Utilizar rolo de lã, pincel, trincha ou pistola.

Cor

Disponível em 21 cores de linha

Acabamento

Brilhante

Diluição

Pronto para uso.

Secagem

Ao toque: 1 a 2 h
Entre demãos: 6 a 8 h
Final: 12 a 18 h

Esmalte Base Água Hidralit Eco [4]

O Esmalte Base Água Hidralit Eco é um esmalte indicado para embelezar e proteger superfícies de metal e madeira. À base d'água, possui baixo odor e facilita a limpeza das ferramentas, já que dispensa o uso de águarrás. É um produto de secagem rápida, fácil de aplicar, com ótimo alastramento e boa aderência. Oferece resistência a fungos e não amarela.

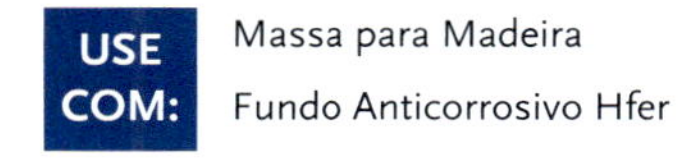

USE COM: Massa para Madeira; Fundo Anticorrosivo Hfer

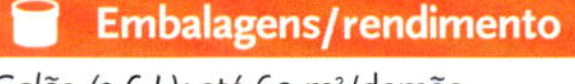

Embalagens/rendimento

Galão (3,6 L): até 60 m²/demão.
Quarto (0,9 L): até 15 m²/demão.

Aplicação

Utilizar rolo de espuma, pincel ou pistola.

Cor

Disponível em 10 cores de linha

Acabamento

Acetinado e brilhante

Diluição

Diluir com até 10% de água.

Secagem

Ao toque: 30 min
Entre demãos: 3 a 4 h
Final: 5 h

A Hidrotintas – Indústria e Comércio de Tintas Ltda, localizada no Distrito Industrial de Maracanaú (CE), é uma empresa 100% brasileira, com trajetória de mais de quatro décadas na fabricação de tintas imobiliárias. Produzindo inicialmente tintas à base d'água, rapidamente assumiu a liderança no mercado regional. Uma década depois, a Hidrotintas expandia a sua produção com uma nova fábrica destinada à produção e à comercialização de tintas de base acrílica e sintética.

Tendo como conceito e missão desenvolver tintas com qualidade e tecnologia, a Hidrotintas logo diversificou a sua linha de produção com látex, esmaltes sintéticos, texturas e massas niveladoras.

Mas foi nesta última década que a Hidrotintas alcançou extraordinário desempenho industrial, com o desenvolvimento de 15 linhas de produtos em seu moderno parque industrial, expandindo, assim, o seu mercado para todo o Norte e o Nordeste do Brasil. Em 2010, foi inaugurada a sua unidade fabril no vizinho município de Pacatuba, com área de 20 mil m² para a produção de tintas à base d'água.

A Hidrotintas, com a certificação ISO 9001 e o selo de qualidade ABRAFATI, coloca-se entre as principais fabricantes de tintas nacionais, preocupada em oferecer, aos clientes e aos fornecedores, produtos de qualidade e com excelência tecnológica.

CERTIFICAÇÕES

Você está na seção:
[1] [2] ALVENARIA > ACABAMENTO

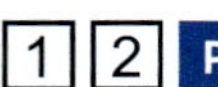

Hidrotintas
Mais Qualidade. Mais Tecnologia.

Extra 1

A tinta acrílica Extra é de finíssimo acabamento, fácil aplicação, secagem rápida, tem baixo odor e mínimo respingamento. Possui boa impermeabilidade, ótimo rendimento e ótima cobertura. É indicado para pinturas em alvenaria, fibrocimento, cerâmica não vitrificada, telhas e blocos de cimento em ambientes internos e externos.

Embalagens/rendimento

Lata (18 L): até 400 m²/demão.
Galão (3,6 L): até 80 m²/demão.

Aplicação

Utilizar rolo de lã de pelo curto ou pincel de cerdas macias.

Cor

29 cores disponíveis

Acabamento

Fosco

Diluição

Diluir com até 60% de água.

Secagem

Ao toque: 30 min
Entre demãos: 1 a 2 h
Final: 24 h

USE COM: Massa Corrida
Selador Pigmentado

Super Demais 2

Tinta de boa qualidade que oferece um fino acabamento. Produto de fácil aplicação, secagem rápida, baixo odor e mínimo respingamento. É indicado para pinturas em alvenaria, fibrocimento, cerâmica não vitrificada, telhas e blocos de cimento em ambientes internos.

Embalagens/rendimento

Lata (18 L): até 300 m²/demão.
Galão (3,6 L): até 60 m²/demão.

Aplicação

Utilizar em paredes em ambientes internos.

Cor

24 cores disponíveis

Acabamento

Fosco

Diluição

Pronta para uso.

Secagem

Ao toque: 30 min
Entre demãos: 4 h
Total: 24 h

USE COM: Massa Corrida
Selador Acrílico

[1] [2] Preparação inicial

Para obter o resultado esperado, alguns cuidados devem ser tomados. A superfície deve estar seca e limpa de resíduos, poeira, partes soltas, mofo e gordura.

[1] [2] Preparação especial

Concreto, gesso e blocos de cimento: aplicar o Fundo Preparador de Paredes Hidrotintas. **Reboco fraco, caiações, desagregados ou com partes soltas:** lixar a superfície retirando e eliminando o pó. Aplicar o Fundo Preparador de Paredes Hidrotintas. **Superfícies com mofo:** lavar com uma solução de água e água sanitária em partes iguais. Aplicar a solução, aguardar 5 h. Enxaguar com água a superfície e aguardar a secagem. **Superfícies com gordura:** lavar com água e sabão neutro, enxaguar em seguida. Aguardar a secagem da superfície.

[1] Preparação especial

Reboco novo: aguardar a cura por, no mínimo, 30 dias. Aplicar o Selador Acrílico Hidrotintas para exteriores. Caso não seja possível aguardar a cura total do reboco, aplicar o Fundo Preparador de Paredes Hidrotintas.

[2] Preparação especial

Reboco novo: aguardar a cura por, no mínimo, 30 dias. Aplicar o Selador Acrílico Hidrotintas. Caso não seja possível aguardar a cura total do reboco, aplicar o Fundo Preparador de Paredes Hidrotintas.

[1] Principais atributos do produto 1

Possui bom rendimento e vasto leque de cores.

[2] Principais atributos do produto 2

Possui boa cobertura e bom rendimento.

A Hidrotintas, localizada no Distrito Industrial de Maracanaú (CE), é uma empresa 100% brasileira, com trajetória de mais de quatro décadas na fabricação de tintas imobiliárias.

Mais Qualidade. Mais Tecnologia.

3 4 Preparação inicial

Para obter o resultado esperado, alguns cuidados devem ser tomados. A superfície deve estar seca e limpa de resíduos, poeira, partes soltas, mofo e gordura.

3 4 Preparação especial

Concreto, gesso e blocos de cimento: aplicar o Fundo Preparador de Paredes Hidrotintas. **Reboco novo:** aguardar a cura por, no mínimo, 30 dias. Aplicar o Selador Acrílico Hidrotintas para exteriores, ou o Selador Látex Acrílico Hidrotintas para interiores. Caso não seja possível aguardar a cura total do reboco, aplicar o Fundo Preparador de Paredes Hidrotintas. **Reboco fraco, caiações, desagregados ou com partes soltas:** lixar a superfície retirando e eliminando o pó. Em seguida, aplicar o Fundo Preparador de Paredes Hidrotintas. **Superfícies com mofo:** lavar com uma solução de água e água sanitária em partes iguais. Aplicar a solução, aguardar 5 h, então enxaguar com água a superfície e aguardar a secagem. **Superfícies com gordura:** lavar com água e sabão neutro, enxaguar em seguida. Aguardar a secagem da superfície.

3 Principais atributos do produto 3

Possui boa aderência e durabilidade.

4 Principais atributos do produto 4

Possui bom rendimento e acabamento.

Massa Acrílica 3

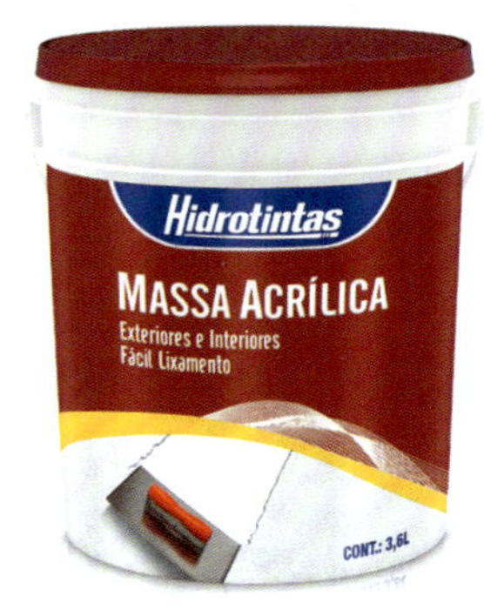

A Massa Acrílica é um produto de alta qualidade, excelente poder de enchimento, aderência, cobertura, é de fácil lixamento e tem baixo odor. É cremosa e mais econômica. Indicada para corrigir pequenas imperfeições, nivelar e uniformizar superfícies de gesso, fibrocimento e concreto em ambientes internos e externos.

Embalagens/rendimento

Balde (27 kg): 30 a 40 m²/demão.
Galão (5,5 kg): 6 a 8 m²/demão.

Aplicação

A aplicação deve ser feita em camadas finas, utilizando espátula ou desempenadeira de aço, até que seja atingido o nivelamento esperado.

Cor

Branco

Acabamento

Fosco

Diluição

Pronta para uso.

Secagem

Ao toque: 1 h
Entre demãos: 3 h
Final: 5 h

USE COM: Selador Acrílico

Massa Corrida 4

PROGRAMA SETORIAL da Qualidade TINTAS IMOBILIÁRIAS ABRAFATI

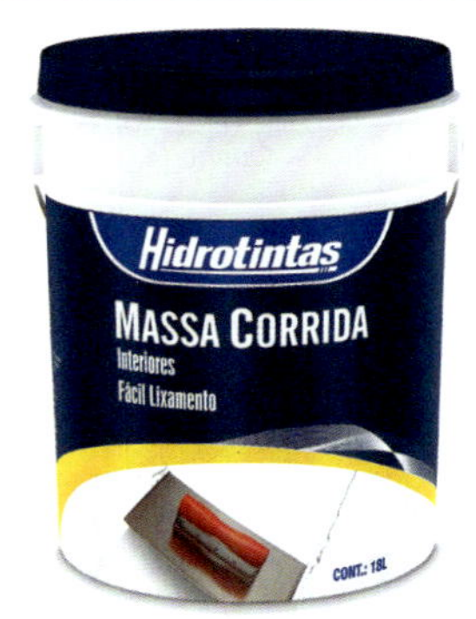

A Massa Corrida é um produto de alta qualidade, excelente poder de enchimento, aderência, cobertura, fácil lixamento e baixo odor. É cremosa e mais econômica. Indicada para corrigir pequenas imperfeições, nivelar e uniformizar superfícies de gesso, fibrocimento e concreto em ambientes internos.

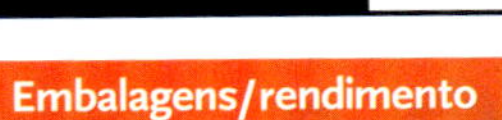

Balde (27 kg): 30 a 40 m²/demão.
Saco (15 kg): 15 a 20 m²/demão.
Galão (5,5 kg): 6 a 8 m²/demão.
Embalagem (1,4 kg).

Aplicação

A aplicação deve ser feita em camadas finas, utilizando espátula ou desempenadeira de aço, até que seja atingido o nivelamento esperado.

Cor

Branco

Acabamento

Fosco

Diluição

Pronta para uso.

Secagem

Ao toque: 1 h
Entre demãos: 3 h
Total: 5 h

Mais Qualidade. Mais Tecnologia.

Você está na seção:

1 METAIS E MADEIRA > ACABAMENTO

2 MADEIRA > ACABAMENTO

Maxlit 1

Esmalte sintético de boa qualidade. Possui ótimo rendimento e bom poder de cobertura. É de fácil aplicação e oferece boa resistência. Produto com ótimo custo-benefício. É indicado para pinturas em metais ferrosos e madeiras.

Hidrofer/Zarcão

Massa para Madeira

Embalagens/rendimento

Galão (3,6 L): 40 a 48 m²/demão.
Quarto (0,9 L): 10 a 12 m²/demão.
1/32 (112,5 mL): 1,25 a 1,5 m²/demão.

Aplicação

Utilizar em madeiras e metais.

Cor

23 cores disponíveis

Acabamento

Alto brilho

Diluição

Pronto para uso. Quando necessário, utilizar até 5% de aguarrás para pincel, rolo de espuma e pistola.

Secagem

Ao toque: 1 a 2 h
Entre demãos: 6 a 8 h
Final: 18 a 24 h

Verniz Sintético 2

O Verniz Sintético é um produto à base de resina alquídica, que protege e realça a superfície da madeira. Tem fácil aplicação, bom rendimento e alta durabilidade. É indicado para pinturas e revestimento de madeiras em ambientes internos e externos.

Seladora para Madeira

Embalagens/rendimento

Galão (3,6 L): 25 a 30 m²/demão.
Quarto (0,9 L): 6,25 a 7,5 m²/demão.

Aplicação

Utilizar pincel, rolo de espuma ou pistola.

Cor

Incolor

Acabamento

Alto brilho

Diluição

Pronto para uso.

Secagem

Ao toque: 15 min
Entre demãos: 4 h
Final: 24 h

1 2 Preparação inicial

Para obter o resultado esperado, alguns cuidados devem ser tomados. A superfície deve estar seca e limpa de resíduos, poeira, partes soltas, mofo e gordura.

1 Preparação especial

Metais ferrosos: lixar a superfície retirando a ferrugem. Em seguida, aplicar uma ou 2 demãos de Hidrofer Fundo Anticorrosivo. **Galvanizados e alumínios:** aplicar o Fundo para Galvanizados ou o Fundo Fosfatizante. **Superfícies com imperfeições:** aplicar a Massa para Madeira Hidrotintas e, para repintura, lixar a superfície até a perda total do brilho. **Madeiras:** lixar a superfície retirando as farpas e, então, aplicar uma demão de Fundo Branco Fosco Hidrotintas. Para repintura, lixar a superfície até a perda total do brilho.

2 Preparação especial

Superfícies com manchas de gordura e mofo: limpar a superfície com thinner. Aguardar a secagem, corrigir as imperfeições com uma lixa grana 150 no desbaste. Em seguida, lixar com lixa grana 220. Para acabamento, remover o pó. **Selagens:** utilizar uma Laca Seladora Nitrocelulose abrandando com lixa para madeira grana 400.

1 Principais atributos do produto 1

Possui boa secagem e bom brilho.

2 Principais atributos do produto 2

Possui secagem rápida.

A Hidrotintas, localizada no Distrito Industrial de Maracanaú (CE), é uma empresa 100% brasileira, com trajetória de mais de quatro décadas na fabricação de tintas imobiliárias.

Atuante no mercado há oito anos, a Hipercor apresenta em seu portfólio tintas industriais e imobiliárias ideais para pinturas em paredes, estruturas metálicas, madeiras e botijões de cozinha.

Suas três fábricas instaladas em Acarape, no Ceará, têm o potencial de produção anual de 42 milhões de litros de tinta. A empresa destaca-se por ser uma das mais modernas do segmento e possuir uma das maiores minas de calcário dolomítico do Brasil.

Em seu primeiro ano de existência, foi agraciada com o atestado de qualidade da Associação Brasileira dos Fabricantes de Tintas (ABRAFATI), garantindo, assim, o compromisso de levar seus itens para residências, empresas e instituições nacionais e tornando-se escolha primordial quando o assunto é pintura – sempre ressaltando a importância de desenvolver e fabricar produtos com qualidade e tecnologia.

CERTIFICAÇÕES

Tintas hipercor

Tinta Acrílica Standard 1

ACABAMENTO FOSCO

Tinta acrílica com bom rendimento e cobertura. Produto foi desenvolvido para conferir à superfície maior resistência e secagem rápida, fácil aplicação e baixíssimo respingamento. Apresenta um bom acabamento fosco e toque agradável.

Massa Acrílica

Selador Acrílico Pigmentado

Embalagens/rendimento

Lata (18 L): até 400 m²/demão.
Galão (3,6 L): até 80 m²/demão.
Quarto (0,9 L): até 20 m²/demão.

Aplicação

Utilizar rolo de lã de pelo baixo ou pincel de cerdas macias. Aplicar de 2 a 4 demãos.

Cor

Consultar catálogo de cores

Acabamento

Fosco

Diluição

Diluir em água potável até 10%. Superfícies não seladas: diluir a primeira demão em água potável até 50%.

Secagem

Ao toque: 30 min
Entre demãos: 2 a 4 h
Completa: 4 h

Tinta Acrílica Econômica 2

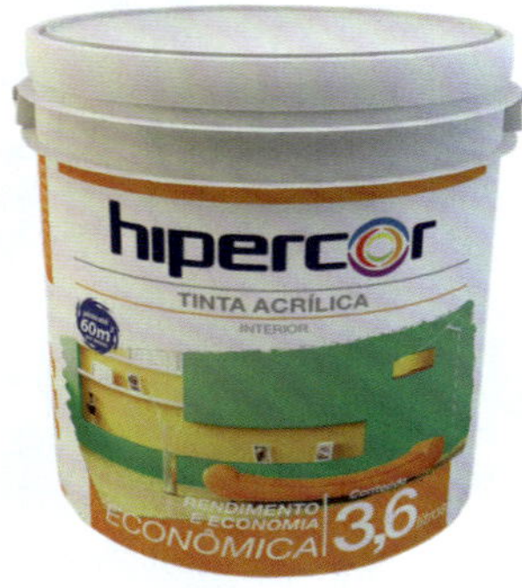

Tinta acrílica de boa qualidade e econômica. Produto desenvolvido para proporcionar um acabamento fosco com boa cobertura e rendimento.

Massa Corrida

Selador Acrílico Pigmentado

Embalagens/rendimento

Lata (18 L): até 300 m²/demão.
Galão (3,6 L): até 60 m²/demão.

Aplicação

Utilizar rolo de lã de pelo baixo ou pincel de cerdas macias. Aplicar de 2 a 4 demãos.

Cor

Consultar catálogo de cores

Acabamento

Fosco

Diluição

Diluir em água potável até 10%. Superfícies não seladas: diluir a primeira demão em água potável até 50%.

Secagem

Ao toque: 30 min
Entre demãos: 2 a 4 h
Completa: 4 h

1 2 Preparação inicial

A superfície deve estar seca e limpa de qualquer resíduo, livre de partes soltas, poeira, gordura e mofo. Antes da pintura, aplicar uma demão de Selador Acrílico Pigmentado Hipercor.

1 2 Preparação especial

Superfícies em mau estado de conservação: remover as partes soltas e sem aderência, aplicando, em seguida, uma demão de Fundo Acrílico Preparador de Paredes Hipercor. **Superfícies com gordura ou graxa:** lavar com água e detergente neutro e enxaguar logo em seguida. Aguardar a secagem. **Superfícies mofadas:** limpar com uma solução de água sanitária diluída em água potável, em partes iguais. Aguardar 2 h e enxaguar com bastante água.

1 2 Preparação em demais superfícies

Superfícies com pequenas imperfeições: para ambientes externos, corrigir com Massa Acrílica Hipercor e, em ambientes internos, aplicar Massa Corrida Hipercor. **Reboco novo:** aguardar, no mínimo, 30 dias para a cura total, aplicando, em seguida, uma demão de Selador Acrílico Pigmentado. **Superfícies com umidade:** identificar a origem e tratar de maneira adequada.

1 Precauções/dicas/advertências

Após homogeneizar bem o produto na embalagem com instrumento adequado, certificar-se de que a superfície de aplicação esteja seca, limpa e preparada para receber a tinta. Em seguida, aplicar o produto com pincel, rolo de lã ou pistola, diluído em água potável até 10%.

2 Precauções/dicas/advertências

Após preparar bem a superfície, uniformizar o produto com o auxílio de uma espátula. Diluir com água potável até 10%. Aplicar de 2 a 4 demãos, dependendo do estado da superfície, com pincel, rolo de lã ou pistola.

Atuante no mercado há oito anos, a Hipercor apresenta em seu portfólio tintas industriais e imobiliárias ideais para pinturas em paredes, estruturas metálicas, madeiras e botijões de cozinha.

3 Preparação inicial

A superfície deve estar seca e limpa de qualquer resíduo, livre de partes soltas, poeira, gordura e mofo. Antes da pintura, aplicar uma demão diluída em água potável até 50% para servir como selador.

4 Preparação inicial

A superfície deve estar seca e limpa de qualquer resíduo, livre de partes soltas, poeira, gordura e mofo. Antes da pintura, aplicar uma demão de Selador Acrílico Pigmentado Hipercor.

3 4 Preparação especial

Superfícies mofadas: limpar com uma solução de água sanitária diluída em água potável, em partes iguais. Aguardar 2 h e enxaguar com bastante água. **Superfícies com gordura ou graxa:** lavar com água e detergente neutro e enxaguar logo em seguida. Aguardar a secagem.

3 Preparação especial

Superfícies em mau estado de conservação: remover as partes soltas e sem aderência, aplicando, em seguida, uma demão diluída em água potável até 50% e aguardar a secagem.

4 Preparação especial

Superfícies em mau estado de conservação: remover as partes soltas e sem aderência, aplicando, em seguida, uma demão de Fundo Acrílico Preparador de Paredes Hipercor.

3 4 Preparação em demais superfícies

Superfícies com pequenas imperfeições: para ambientes externos, corrigir com Massa Acrílica Hipercor e, em ambientes internos, aplicar Massa Corrida Hipercor. **Reboco novo:** aguardar, no mínimo, 30 dias para a cura total, aplicando, em seguida, uma demão de Selador Acrílico Pigmentado. **Superfícies com umidade:** identificar a origem e tratar de maneira adequada.

3 4 Precauções/dicas/advertências

Após homogeneizar bem o produto na embalagem com instrumento adequado, certificar-se de que a superfície de aplicação esteja seca, limpa e preparada para receber a tinta. Em seguida, aplicar o produto com pincel, rolo de lã ou pistola, diluído em água potável até 20%.

(85) 3466-8877
www.hipercor.com.br

Tinta para Gesso 3

ACABAMENTO FOSCO

Produto desenvolvido para aplicação sobre gesso que age como fixador de partículas soltas promovendo uma ótima aderência.

USE COM: Massa Corrida; Selador Acrílico Pigmentado

Embalagens/rendimento
Lata (18 L): até 240 m²/demão.
Galão (3,6 L): até 48 m²/demão.

Aplicação
Utilizar rolo de lã de pelo baixo ou pincel de cerdas macias. Aplicar de 2 a 3 demãos.

Cor
Branco

Acabamento
Fosco

Diluição
Diluir em água potável até 10%. Superfícies não seladas: diluir a primeira demão em água potável até 50%.

Secagem
Ao toque: 30 min
Entre demãos: 3 a 4 h
Completa: 4 h

Tinta Acrílica Premium 4

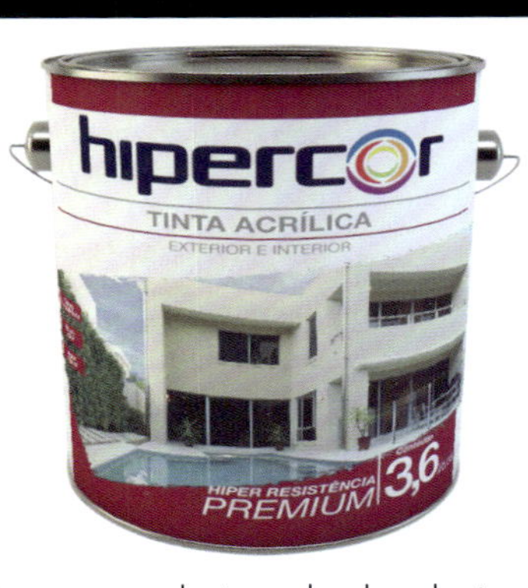

Tinta acrílica com excelente poder de cobertura, altíssima resistência e baixo odor. Formulada para proporcionar um finíssimo acabamento semibrilhante que destaca e embeleza o ambiente.

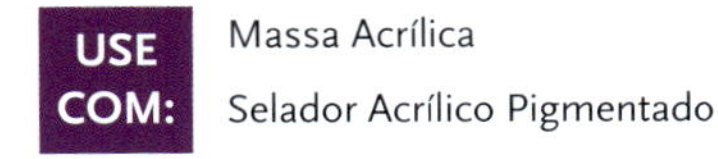

USE COM: Massa Acrílica; Selador Acrílico Pigmentado

Embalagens/rendimento
Lata (18 L): até 270 m²/demão.
Galão (3,6 L): até 54 m²/demão.

Aplicação
Utilizar rolo de lã de pelo baixo ou pincel de cerdas macias. Aplicar de 2 a 3 demãos.

Cor
Consultar catálogo de cores

Acabamento
Semibrilho

Diluição
Diluir em água potável até 20%. Superfícies não seladas: diluir a primeira demão em água potável até 50%.

Secagem
Ao toque: 2 h
Entre demãos: 4 a 6 h
Completa: 12 h

Tintas hipercor

Textura Acrílica Rústica Premium 1

Revestimento texturizado rústico hidrorrepelente à base de emulsão acrílica, de elevada consistência e altíssima resistência à abrasão, que disfarça as pequenas imperfeições da superfície. Produto fácil de aplicar e secagem hiper-rápida. Apresenta em sua formulação partículas maiores que conferem um efeito arranhado com riscos em baixo-relevo.

USE COM: Líquido para Brilho
Selador Acrílico Pigmentado

Embalagens/rendimento

Lata (18 L): 8 a 12 m²/31 kg/demão; até 6 m²/15 kg/demão.

Aplicação

Utilizar desempenadeira de aço e desempenadeira de plástico.

Cor

Consultar catálogo de cores

Acabamento

Fosco

Diluição

Produto pronto para uso.

Secagem

Ao toque: 1 h
Completa: 4 h

Textura Acrílica Lisa Premium 2

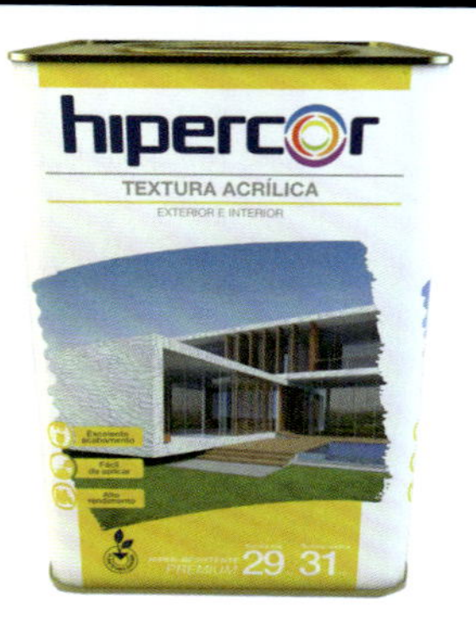

Revestimento texturizado hidrorrepelente à base de emulsão acrílica, de elevada consistência e altíssima resistência, que disfarça as pequenas imperfeições da superfície. Produto fácil de aplicar e secagem hiper-rápida.

USE COM: Líquido para Brilho
Selador Acrílico Pigmentado

Embalagens/rendimento

Lata (18 L): 20 a 35 m²/29 kg/demão; até 18 m²/15 kg/demão.

Aplicação

Utilizar rolo texturizador, rolo de lã, desempenadeira e espátula de aço, trincha, escova, brocha etc.

Cor

Consultar catálogo de cores

Acabamento

Fosco

Diluição

Diluir em água potável conforme relevo desejado. Relevos altos: sem diluição. Relevos baixos: diluir em até 10% de água potável.

Secagem

Ao toque: 2 h
Completa: 5 h

1 2 Preparação inicial

A superfície deve estar seca e limpa de qualquer resíduo, livre de partes soltas, poeira, gordura e mofo.

1 2 Preparação especial

Superfícies em mau estado de conservação: remover as partes soltas e sem aderência, aplicando, em seguida, uma demão de Fundo Acrílico Preparador de Paredes Hipercor. **Superfícies com gordura ou graxa:** lavar com água e detergente neutro e enxaguar logo em seguida. Aguardar a secagem. **Superfícies mofadas:** limpar com uma solução de água sanitária, diluída em água potável, em partes iguais. Aguardar 2 h e enxaguar com bastante água.

1 2 Preparação em demais superfícies

Pequenas imperfeições: para ambientes externos, corrigir com Massa Acrílica Hipercor e, em ambientes internos, aplicar Massa Corrida Hipercor. **Reboco novo:** aguardar no mínimo 30 dias para a cura total, aplicando, em seguida, uma demão de Selador Acrílico Hipercor. **Superfícies com umidade:** identificar a origem e tratar de maneira adequada.

1 Precauções/dicas/advertências

Antes de começar a aplicação, certifique-se de que a superfície esteja seca, limpa e preparada para receber a textura. Em seguida, aplique uma demão de Selador Acrílico Pigmentado Hipercor, diluído em água potável até 10%. Aguarde a completa secagem do produto e, depois, com uma desempenadeira de aço, espalhe a Textura Acrílica Lisa Premium Hipercor, sem diluição, em áreas de até 2 m². Aguarde de 5 a 10 minutos e, com uma desempenadeira de plástico, repasse diversas vezes, na vertical, para conferir o efeito "arranhado". Outros acabamentos poderão ser produzidos, dependendo da criatividade do aplicador. **Obs.:** aconselha-se pintar previamente a parede na mesma cor da textura, pois, ao criar o efeito texturizado, o fundo da parede poderá ficar visível.

2 Precauções/dicas/advertências

Antes de começar a aplicação, certifique-se de que a superfície esteja seca, limpa e preparada para receber a textura. Em seguida, aplique uma demão de Selador Acrílico Pigmentado Hipercor, diluído em água potável até 10%. Aguarde a completa secagem do produto e depois, com um rolo texturizador, aplique a Textura Acrílica Lisa Premium Hipercor, diluída conforme relevo desejado. Outros acabamentos poderão ser produzidos, dependendo da criatividade do aplicador e do instrumento utilizado.

Atuante no mercado há oito anos, a Hipercor apresenta em seu portfólio tintas industriais e imobiliárias ideais para pinturas em paredes, estruturas metálicas, madeiras e botijões de cozinha.

3 4 Preparação inicial

A superfície deve estar seca e limpa de qualquer resíduo, livre de partes soltas, poeira, gordura e mofo.

3 4 Preparação especial

Superfícies em mau estado de conservação: remover as partes soltas e sem aderência, aplicando, em seguida, uma demão de Fundo Acrílico Preparador de Paredes Hipercor.
Superfícies com gordura ou graxa: lavar com água e detergente neutro e enxaguar logo em seguida. Aguardar a secagem.
Superfícies mofadas: limpar com uma solução de água sanitária, diluída em água potável, em partes iguais. Aguardar 2 h e enxaguar com bastante água.

3 4 Preparação em demais superfícies

Pequenas imperfeições: para ambientes externos, corrigir com Massa Acrílica Hipercor e, em ambientes internos, aplicar Massa Corrida Hipercor.
Reboco novo: aguardar no mínimo 30 dias para a cura total, aplicando, em seguida, uma demão de Selador Acrílico Hipercor.
Superfícies com umidade: identificar a origem e tratar de maneira adequada.

3 Precauções / dicas / advertências

Após homogeneizar bem o produto na embalagem com instrumento adequado, certifique-se de que a superfície de aplicação esteja seca, limpa e preparada para receber a massa. Em seguida, aplique com espátula ou desempenadeira de aço, 2 a 3 demãos de Massa Acrílica Hipercor em camadas finas e sucessivas, com intervalos de 1 a 2 h.

4 Precauções / dicas / advertências

Após homogeneizar bem o produto na embalagem com instrumento adequado, certifique-se de que a superfície de aplicação esteja seca, limpa e preparada para receber a massa. Em seguida, aplique com espátula ou desempenadeira de aço, 2 a 3 demãos de Massa Corrida Hipercor em camadas finas e sucessivas, com intervalos de 2 a 3 h.

Massa Acrílica 3

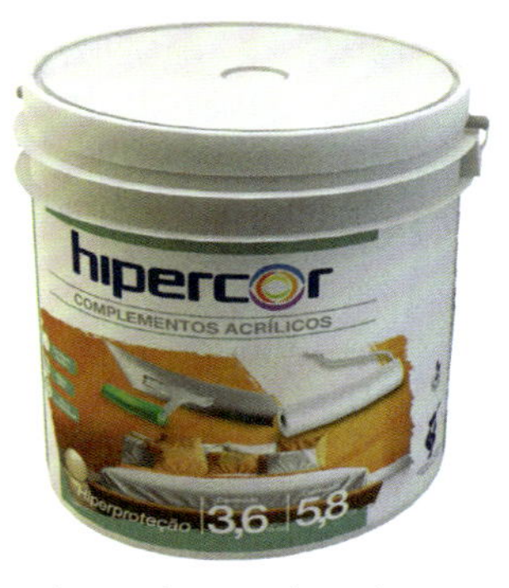

Formulada à base de emulsão acrílica, de ótima aderência e excelente resistência às intempéries. Tem alto poder de enchimento, elevada consistência, secagem rápida e fácil aplicação.

Embalagens/rendimento
Lata (29 kg): até 50 m²/demão.
Galão (5,8 kg): até 10 m²/demão.

Aplicação
Utilizar espátula ou desempenadeira de aço.

Cor
Branco

Acabamento
Fosco

Diluição
Produto pronto para uso.

Secagem
Ao toque: 30 min
Entre demãos: 3 h
Completa: 5 h

USE COM: Tinta Acrílica Premium
Selador Acrílico Pigmentado

Massa Corrida 4

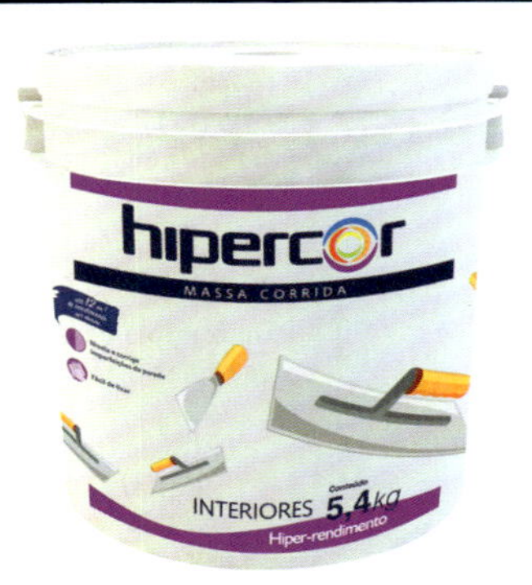

Massa corrida de ótima aderência e poder de enchimento, boa consistência, secagem rápida e fácil aplicação.

Embalagens/rendimento
Lata (27 kg): até 60 m²/demão;
Galão (5,4 kg): até 12 m²/demão.

Aplicação
Utilizar espátula ou desempenadeira de aço.

Cor
Branco

Acabamento
Fosco

Diluição
Produto pronto para uso.

Secagem
Ao toque: 30 min
Entre demãos: 3 h
Completa: 5 h

USE COM: Massa Acrílica
Selador Acrílico Pigmentado

(85) 3466-8877
www.hipercor.com.br

Selador Acrílico Pigmentado 1

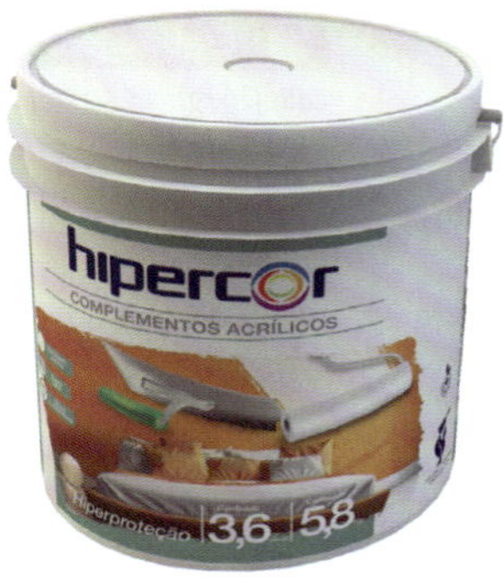

O Selador Acrílico Pigmentado é formulado à base de emulsão acrílica, que confere elevado poder selante e ótima aderência, uniformizando as mais diversas superfícies.

Embalagens/rendimento

Lata (18 L): até 100 m²/demão.
Galão (3,6 L): até 20 m²/demão.

Aplicação

Utilizar rolo de lã ou pincel.

Cor

Branco

Acabamento

Fosco

Diluição

Diluir em água potável na proporção de 10%.

Secagem

Ao toque: 30 min
Entre demãos: 4 h
Completa: 6 h

Massa Corrida
Massa Acrílica

Líquido para Brilho 2

Produto formulado à base de emulsão acrílica, ótimo rendimento, secagem rápida, boa aderência e baixo odor. De fácil aplicação, alastramento de aparência leitosa, proporciona um filme incolor, transparente, brilhante e resistente após sua secagem.

Embalagens/rendimento

Lata (18 L): até 225 m²/demão.
Galão (3,6 L): até 45 m²/demão.

Aplicação

Utilizar rolo de lã de pelo baixo e pincel de cerdas macias.

Cor

Incolor

Acabamento

Brilhante

Diluição

Diluir em água potável na proporção de 10%.

Secagem

Ao toque: 1 h
Completa: 8 h

USE COM: Tinta Acrílica Standard
Tinta Acrílica Econômica

1 2 Preparação inicial

A superfície deve estar seca e limpa de qualquer resíduo, livre de partes soltas, poeira, gordura e mofo.

1 Preparação especial

Superfícies com gordura ou graxa: lavar com água e detergente neutro e enxaguar logo em seguida. Aguardar a secagem. **Superfícies mofadas:** limpar com uma solução de água sanitária, diluída em água potável, em partes iguais. Aguardar 2 h e enxaguar com bastante água.

1 Preparação em demais superfícies

Reboco novo: aguardar no mínimo 30 dias para a cura total e aplique o produto.

2 Preparação em demais superfícies

Pequenas imperfeições: para ambientes externos, corrigir com Massa Acrílica Hipercor e, em ambientes internos, aplicar Massa Corrida Hipercor. **Reboco novo:** aguardar, no mínimo, 30 dias para a cura total, aplicando, em seguida, uma demão de Selador Acrílico Pigmentado. **Superfícies com umidade:** identificar a origem e tratar de maneira adequada.

1 Precauções/dicas/advertências

Após homogeneizar bem o produto na embalagem com instrumento adequado, certifique-se de que a superfície de aplicação esteja seca, limpa e preparada para receber o produto. Aplique de 2 a 3 demãos com rolo de lã, pincel ou pistola, diluído em água limpa com intervalo de 4 h.

Atuante no mercado há oito anos, a Hipercor apresenta em seu portfólio tintas industriais e imobiliárias ideais para pinturas em paredes, estruturas metálicas, madeiras e botijões de cozinha.

3 4 Preparação inicial

Para atingir o resultado esperado, cuidados prévios devem ser rigorosamente observados. A superfície deve estar seca e limpa de qualquer resíduo, livre de partes soltas, poeira, farpas e ferrugem.

3 4 Preparação especial

Madeiras: utilizar uma lixa para retirar as farpas e, para eliminar a poeira, usar um pano umedecido com aguarrás. Aplicar uma demão de Fundo Sintético Nivelador Hipercor Branco Fosco diluído em aguarrás a 20%. **Metais ferrosos:** retirar a ferrugem utilizando lixa e/ou escova de aço. Em seguida, aplicar uma ou 2 demãos de Fundo Anticorrosivo Hipercor.

3 4 Preparação em demais superfícies

Alumínios e galvanizados: utilizar um fundo fosfatizante ou um fundo para galvanizados. **Superfícies com pequenas imperfeições:** aplicar a Massa para Madeira Hipercor. Em seguida, aplicar sobre a massa uma nova demão de Fundo Sintético Nivelador Hipercor branco fosco. Para repintura, lixar a superfície até a perda total do brilho.

3 4 Precauções/dicas/advertências

Após homogeneizar bem o produto na embalagem com instrumento adequado, certificar-se de que a superfície de aplicação esteja seca, limpa e preparada para receber a tinta. Em seguida, aplicar o produto com pincel ou rolo de espuma, diluído em aguarrás até 10%. Para aplicação com pistola, diluir com aguarrás até atingir a vicosidade ideal.

Esmalte Sintético Hipermax 3

ACABAMENTO BRILHANTE

Esmalte sintético à base de resina alquídica, de fácil aplicação, ótima cobertura e secagem rápida.

Massa para Madeira

Fundo Sintético Nivelador

Embalagens/rendimento

Galão (3,6 L): até 60 m^2/demão.
Quarto (0,9 L): até 15 m^2/demão.

Aplicação

Utilizar rolo de espuma, pincel ou pistola.

Cor

Consultar catálogo de cores

Acabamento

Brilhante, acetinado ou fosco

Diluição

Produto pronto para uso. Diluir em aguarrás se necessário. Aplicação em pincel/rolo: diluir em até 10%. Aplicação com pistola: diluir até atingir a viscosidade ideal.

Secagem

Ao toque: 20 min
Entre demãos: 2 h
Completa: 8 h

Esmalte Sintético Hiperlar 4

ACABAMENTO BRILHANTE

Esmalte sintético à base de resina alquídica, de fácil aplicação, ótima cobertura e alto brilho.

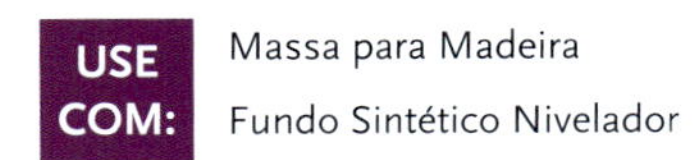

Massa para Madeira

Fundo Sintético Nivelador

Embalagens/rendimento

Galão (3,6 L): até 60 m^2/demão.
Quarto (0,9 L): até 15 m^2/demão.
1/32 (0,1125 L): até 1,5 m^2/demão.

Aplicação

Utilizar rolo de espuma, pincel ou pistola.

Cor

Consultar catálogo de cores

Acabamento

Brilhante

Diluição

Produto pronto para uso. Diluir em aguarrás se necessário. Aplicação com pincel/rolo: diluir em até 10%. Aplicação com pistola: diluir até atingir a viscosidade ideal.

Secagem

Ao toque: 1 h
Entre demãos: 4 h
Completa: 12 h

Você está na seção:

1 | METAIS E MADEIRA > ACABAMENTO

2 | METAIS E MADEIRA > COMPLEMENTO

Esmalte Base Água Premium 

Esmalte Base Água é o esmalte ecológico da Hipercor, um produto à base de água com ótimo rendimento, secagem hiper-rápida e fino acabamento. Por ser a base de água, substitui o cheiro característico das tintas à óleo, trazendo conforto e bem-estar durante e após a aplicação, evitando os transtornos de uma pintura convencional, pois, na sua composição, não contém aguarrás. Esmalte Base Água garante mais saúde e segurança para você e para o meio ambiente.

USE COM: Massa para Madeira; Fundo Sintético Nivelador

Embalagens/rendimento

Galão (3,6 L): 48 a 56 m²/demão.
Quarto (0,9 L): 12 a 14 m²/demão.

Aplicação

Utilizar rolo de lã ou de espuma, pincel ou pistola.

Cor

Consultar catálogo de cores

Acabamento

Brilhante ou acetinado

Diluição

Diluir em água potável. Aplicação com pincel/rolo: diluir em 10%. Aplicação com pistola: diluir em 20%.

Secagem

Ao toque: 30 min
Entre demãos: 4 h
Completa: 5 h

Fundo Anticorrosivo 

Fundo sintético à base de resina alquídica, de fácil aplicação, secagem rápida e boa lixabilidade.

USE COM: Massa para Madeira; Fundo Sintético Nivelador

Embalagens/rendimento

Galão (3,6 L): 30 a 40 m²/demão.
Quarto (0,9 L): 7,5 a 10 m²/demão.

Aplicação

Utilizar rolo de espuma, pincel ou pistola.

Cor

Consultar catálogo de cores

Acabamento

Fosco

Diluição

Diluir em aguarrás. Aplicação com pincel/rolo: diluir em até 10%. Aplicação com pistola: diluir até atingir a viscosidade ideal.

Secagem

Ao toque: 2 a 4 h
Entre demãos: 6 a 8 h
Completa: 18 a 24 h

1 2 Preparação inicial

Para atingir o resultado esperado, cuidados prévios devem ser rigorosamente observados. A superfície deve estar seca e limpa de qualquer resíduo, livre de partes soltas, poeira, farpas e ferrugem.

1 Preparação especial

Madeiras: lixar as farpas e eliminar a poeira. Aplicar uma demão de Fundo Sintético Nivelador branco fosco. **Metais ferrosos:** retirar a ferrugem utilizando uma lixa e/ou uma escova de aço. Em seguida, aplicar uma ou 2 demãos de Fundo Anticorrosivo Hipercor.

1 Preparação em demais superfícies

Alumínios e galvanizados: limpar com pano úmido. Aguardar a secagem e aplicar de 2 a 3 demãos de Esmalte Base Água Hipercor Eco. **Alvenaria:** para aplicações sobre Massa Corrida ou Massa Acrílica Hipercor, utilizar como fundo o Selador Acrílico Pigmentado Hipercor.

1 Precauções/dicas/advertências

Após homogeneizar bem o produto na embalagem com instrumento adequado, certificar-se de que a superfície de aplicação esteja seca, limpa e preparada para receber a tinta. Em seguida, aplicar o produto com pincel ou rolo de espuma, diluído em água potável até 10%. Para aplicação com pistola, diluir até atingir a viscosidade ideal.

Atuante no mercado há oito anos, a Hipercor apresenta em seu portfólio tintas industriais e imobiliárias ideais para pinturas em paredes, estruturas metálicas, madeiras e botijões de cozinha.

[3] Preparação inicial

Limpe a superfície eliminando imperfeições, partes soltas, poeira, mofo, gordura etc. Em caso de superfície nova, aplique previamente uma demão de Fundo Sintético Nivelador Hipercor. Depois de seco, lixe e aplique o produto em camadas finas e mais uma demão de Fundo Sintético Nivelador Hipercor.

[4] Preparação inicial

Limpe a superfície eliminando poeira, mofo, gordura etc. Aplique o produto diretamente sobre a superfície. Lixe as farpas após a secagem.

Massa para Madeira — 3

Massa para madeira à base de emulsão acrílica, com alto poder de enchimento e boa lixabilidade.

USE COM: Fundo Sintético Nivelador
Esmalte Sintético Hiperlar

Embalagens/rendimento

Galão (3,6 L): 10 a 15 m^2/5,8 kg/demão.
Quarto (0,9 L): 2,50 a 3,75 m^2/1,45 kg/demão.

Aplicação

Utilizar espátula ou desempenadeira de aço.

Cor

Branco

Acabamento

Fosco

Diluição

Produto pronto para uso.

Secagem

Ao toque: 2 a 4 h
Entre demãos: 3 h
Completa: 6 h

Fundo Sintético Nivelador — 4

Fundo sintético à base de resina alquídica, com alto poder de enchimento, boa cobertura, secagem rápida e ótima lixabilidade.

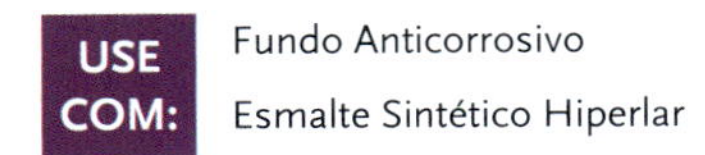

Embalagens/rendimento

Galão (3,6 L): 25 a 30 m^2/demão.
Quarto (0,9 L): 6,25 a 7,50 m^2/demão.

Aplicação

Utilizar rolo de espuma, pincel ou pistola.

Cor

Branco

Acabamento

Fosco

Diluição

Diluir em aguarrás. Aplicação com pincel/rolo: diluir em até 10%. Aplicação com pistola: diluir até atingir a viscosidade ideal.

Secagem

Ao toque: 2 a 4 h
Entre demãos: 6 a 8 h
Completa: 18 a 24 h

A história da Hydronorth começa há 35 anos, mais precisamente em 1981, na cidade de Londrina, no Paraná, quando ainda se dedicava unicamente à fabricação de produtos de limpeza e manutenção industrial. Após quatro anos, a empresa vislumbrou o mercado da construção civil, que oferecia oportunidades, e trouxe ao mercado os impermeabilizantes e, em seguida, a linha de resinas acrílicas, tornando-se líder de mercado.

Com sua matriz industrial na cidade de Cambé, a Hydronorth deu início a uma série de lançamentos de sucesso, graças às tecnologias de proteção e embelezamento dos novos produtos, com destaque para o impermeabilizante Hydronorth Color. Os anos seguintes traçaram uma trajetória de sucesso e evolução. A empresa inaugurou a segunda unidade industrial e um moderno laboratório para desenvolvimento de novos produtos, além de entrar para o nicho de tintas imobiliárias. Foi nesse momento que nasceu a tinta acrílica Novopiso, uma das mais vendidas e premiadas do Brasil.

A Hydronorth continuou inovando com tecnologias revolucionárias e lançou produtos de destaque, como a linha de impermeabilizantes Acqua e o Bio-Pruf™, que age contra algas, fungos e bactérias, oferecendo ultraproteção contra radiação UV. Em 2007, lançou a linha de texturas Graffiato. Outros itens inovadores foram as Resinas para Telhas Cerâmica, Cimento e Galvanizada, o Super Novopiso, a Resina de Alto Desempenho para Pisos e a Resina para Madeira, que garante até 8 anos de durabilidade.

Atualmente, a Hydronorth permanece em busca de tecnologias de ponta, com o objetivo de continuar inovando. Um exemplo disso é a criação da linha Ecopintura, que atende aos requisitos internacionais de sustentabilidade e meio ambiente.

Missão e valores

A Hydronorth tem como missão prover soluções inovadoras para preservação e embelezamento de ambientes ou superfícies, por meio de proteção e resultados surpreendentes, que priorizam o bem-estar. Espiritualidade, simplicidade, credibilidade, valorização das pessoas, foco para resultados, respeito e sustentabilidade são os pilares fundamentais desta empresa, que visa caminhar de mãos dadas com a natureza, a tecnologia e a humanidade.

CERTIFICAÇÕES

Tintas e Resinas
Hydronorth
Preservando o seu bem estar

Tinta Acrílica Premium 1

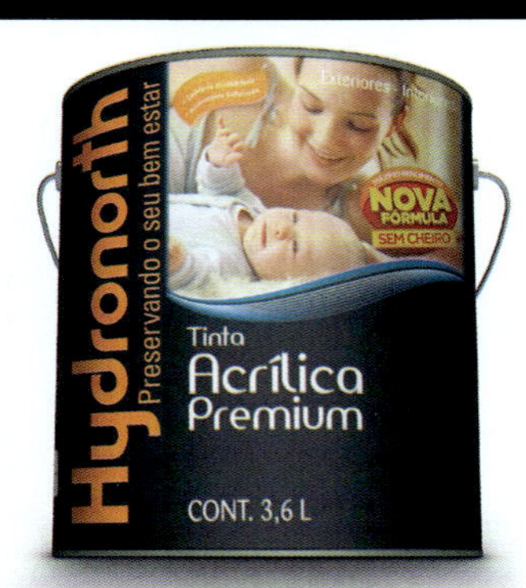

É um produto premium, de alta qualidade, formulado especialmente para proteção e embelezamento de fachadas e paredes. Apresenta excelente poder de lavabilidade (nos acabamentos acetinado e semibrilho). Está disponível em diversas cores, nos acabamentos fosco, semibrilho e acetinado. Sua fórmula é diferenciada e apresenta cheiro muito mais agradável que as tintas convencionais. O produto oferece excelentes rendimento e acabamento.

USE COM: Selador Acrílico
Fundo Preparador de Paredes

Embalagens/rendimento

Lata (18 L): até 350 m²/demão.
Galão (3,6 L): até 70 m²/demão.

Aplicação

Utilizar equipamento airless, rolo de lã de pelo baixo para áreas lisas e de pelo alto para reboco e chapiscos, trincha ou pincel.

Cor

Fosco: 24 cores
Semibrilho: 17 cores
Acetinado: 4 cores

Acabamento

Fosco, semibrilho e acetinado

Diluição

Diluir em água potável. Superfícies não seladas: na primeira demão, diluir de 20% a 40%. Nas demais demãos, de 10% a 20%. Superfícies seladas e repintura: diluir todas as demãos de 10% a 20%.

Secagem

Ao toque: 1 h
Entre demãos: 4 h
Final: 12 h
Cura total: 72 h

Tinta Acrílica Ecológica Premium 2

É indicada para pintura sustentável de fachadas, tetos e paredes externas e internas em geral. Sua fórmula especial reúne benefícios importantes para a construção civil, desde a produtividade na aplicação até suas funcionalidades em ambientes e fachadas. Apresenta baixa emissão de COV, secagem ultrarrápida e alta luminosidade, refletindo muito mais luz que as tintas tradicionais.

USE COM: Massa Acrílica Ecológica
Fundo Preparador de Paredes

Embalagens/rendimento

Lata (18 L): até 500 m²/demão.
Galão (3,6 L): até 100 m²/demão.

Aplicação

Utilizar rolo de lã de pelo baixo, pincel, trincha ou equipamento airless.

Cor

Cores sob consulta

Acabamento

Fosco

Diluição

Superfícies não seladas: diluir em até 60% a primeira demão. Nas demais demãos, diluir de 40% a 50% com água limpa. Superfícies seladas/repintura: diluir todas as demãos de 30% a 40% com água limpa.

Secagem

Ao toque: 1 h
Entre demãos: 3 h
Final: 8 h

1 2 Preparação inicial

A superfície deve estar limpa e lixada, isenta de brilho, pó, graxa, óleo e/ou umidade.

2 Preparação inicial

Caso haja mofo, lavar com solução de água sanitária e água (1:1). Não aplicar em superfícies esmaltadas, enceradas, vitrificadas ou não porosas.

1 Preparação especial

Este produto não pode ser aplicado em superfícies esmaltadas, enceradas, vitrificadas ou não porosas.

1 Preparação em demais superfícies

Superfícies com reboco "fraco", caiações e repintura com problemas: lixar e eliminar as partes soltas e, em seguida, aplicar Fundo Preparador de Paredes. **Imperfeições rasas:** devem ser corrigidas com Massa Acrílica para Paredes Hydronorth (reboco externo e interno) e Massa Corrida Hydronorth (reboco interno). **Alvenaria nova e curada:** aplicar previamente Base Protetora para Paredes Hydronorth: Selador Acrílico. **Concreto novo:** aguardar a cura total por 30 dias antes de pintar. **Superfícies com manchas de gordura ou graxa:** devem ser eliminadas com solução de água e detergente ou desengraxante/desengordurante. Em seguida, enxaguar e aguardar a secagem. **Partes mofadas:** devem ser eliminadas lavando-se a superfície com água sanitária e enxaguando em seguida. Aguardar secagem. **Superfícies de gesso com manchas originadas por sangramento da corda utilizada na fixação das placas, utilização de desmoldantes ou de outros contaminantes:** utilizar o Fundo Branco Fosco Hydronorth. **Imperfeições profundas do reboco/cimentado:** devem ser corrigidas com argamassa de cimento: areia média e traço 1:3 (aguardar cura por 30 dias). **Repintura:** eliminar qualquer espécie de brilho usando lixa adequada de acordo com a rusticidade da superfície.

2 Preparação em demais superfícies

Paredes desgastadas/desagregando: raspar ou escovar as partes soltas. Aplicar previamente Fundo Preparador de Paredes. **Concreto novo:** aguardar a cura total por 28 dias antes de pintar. Caso contrário, corrigir as imperfeições com Ecopintura Massa Ecológica de Paredes. **Alvenaria nova e curada:** aplicar previamente Ecopintura Selador Acrílico. **Demais superfícies:** aplicar previamente Fundo Preparador de Paredes.

1 Precauções/dicas/advertências

Manter o ambiente ventilado durante a aplicação e a secagem. Utilizar equipamentos de proteção individual para evitar a inalação de vapores e/ou o contato com o produto. Caso respingue tinta na pele, lavar com água e sabão ou com produto específico para limpeza de pele. Se respingar nos olhos, lavar imediatamente com água em abundância durante 15 min e procurar auxílio médico.

2 Precauções/dicas/advertências

Pode provocar reações alérgicas na pele. Evitar respirar poeira, fumos, gases, névoas e aerossóis. Usar luvas de proteção, proteção ocular e proteção facial. Em caso de irritação ou erupção cutânea, consultar um médico. Em caso de contato com a pele, lavar com água e sabão em abundância. Eliminar o conteúdo/recipiente em um ponto de coleta de resíduos especiais ou perigosos respeitando a legislação local.

1 Principais atributos do produto 1

Possui excelente resistência a intempéries, excelente rendimento, é superlavável e não possui cheiro.

2 Principais atributos do produto 2

É uma tinta de secagem ultrarrápida, altíssima concentração e sem cheiro.

3 4 Preparação inicial

A superfície deve estar limpa e lixada, isenta de brilho, pó, graxa, óleo e/ou umidade.

3 4 Preparação especial

Este produto não pode ser aplicado em superfícies esmaltadas, enceradas, vitrificadas ou não porosas.

3 4 Preparação em demais superfícies

Superfícies com reboco "fraco", caiações e repintura com problemas: lixar e eliminar as partes soltas e, em seguida, aplicar Fundo Preparador de Paredes. **Imperfeições rasas:** devem ser corrigidas com Massa Acrílica para Paredes Hydronorth (reboco externo e interno) e Massa Corrida Hydronorth (reboco interno). **Alvenaria nova e curada:** aplicar previamente Base Protetora para Paredes Hydronorth: Selador Acrílico. **Concreto novo:** aguardar a cura total por 30 dias antes de pintar. **Superfícies com manchas de gordura ou graxa:** devem ser eliminadas com solução de água e detergente ou desengraxante/desengordurante. Em seguida, enxaguar e aguardar a secagem. **Partes mofadas:** devem ser eliminadas lavando-se a superfície com água sanitária e enxaguando em seguida. Aguardar secagem. **Superfícies de gesso com manchas originadas por sangramento da corda utilizada na fixação das placas, utilização de desmoldantes ou de outros contaminantes:** utilizar o Fundo Branco Fosco Hydronorth. **Imperfeições profundas do reboco/cimentado:** devem ser corrigidas com argamassa de cimento: areia média e traço 1:3 (aguardar cura por 30 dias). **Repintura:** eliminar qualquer espécie de brilho usando lixa adequada de acordo com a rusticidade da superfície.

3 Precauções / dicas / advertências

Manter o ambiente ventilado durante a aplicação e a secagem. Utilizar equipamentos de proteção individual para evitar a inalação de vapores e/ou o contato com o produto. Caso respingue tinta na pele, lavar com água e sabão ou com produto específico para limpeza de pele. Se respingar nos olhos, lavar imediatamente com água em abundância durante 15 min e procurar auxílio médico.

3 Principais atributos do produto 3

Oferece maior rendimento, fácil aplicação, ótima cobertura e secagem rápida, com maior resistência e durabilidade.

4 Principais atributos do produto 4

Tem alta cobertura, baixo odor, ótimo rendimento, ótima durabilidade e fácil aplicação.

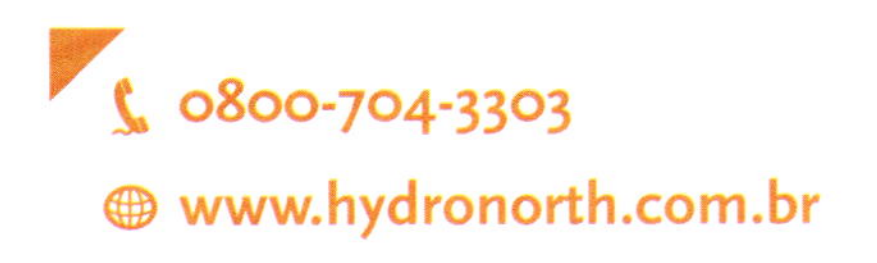

Tinta Acrílica Standard — 3

Indicada para pintura interna e externa de paredes em geral, formulada especialmente para proteção e embelezamento de paredes. Sua fórmula apresenta alto rendimento – pinta até 400 m²/lata (18 L) –, fino acabamento e ótima resistência às variações climáticas. É fácil aplicar, possui ótima cobertura e tem cheiro agradável durante a aplicação.

USE COM:
Selador Acrílico
Fundo Preparador de Paredes

Embalagens/rendimento

Lata (18 L): até 400 m²/demão.
Galão (3,6 L): até 80 m²/demão.

Aplicação

Utilizar equipamento airless, rolo de lã de pelo baixo para áreas lisas e de pelo alto para reboco e chapiscos, trincha ou pincel.

Cor

27 cores

Acabamento

Fosco e semibrilho

Diluição

Diluir em água potável. Superfícies não seladas: na primeira demão, diluir em até 60%. Nas demais demãos, de 20% a 40%. Superfícies seladas e repintura: diluir todas as demãos de 20% a 40%. Para pintar até 400 m²/lata (18 L), é necessário diluir o produto com 60% de água.

Secagem

Ao toque: 1 h
Entre demãos: 4 h
Final: 12 h
Cura total: 72 h

Tinta Látex — 4

Produto desenvolvido especialmente para proteção e embelezamento de superfícies. É indicado para pintura externa e interna de paredes e tetos em geral. Apresenta alta resistência e cobertura com acabamento superior. É de fácil aplicação, não respinga e tem cheiro agradável durante a aplicação.

USE COM:
Selador Acrílico
Fundo Preparador de Paredes

Embalagens/rendimento

Lata (18 L): até 300 m²/demão.
Galão (3,6 L): até 60 m²/demão.
Quarto (0,9 L): até 15 m²/demão.

Aplicação

Utilizar equipamento airless, rolo de lã de pelo baixo para áreas lisas e de pelo alto para reboco e chapiscos, trincha ou pincel.

Cor

22 cores

Acabamento

Fosco

Diluição

Diluir em água potável. Superfícies não seladas: na primeira demão, diluir em até 40%. Nas demais demãos, de 10% a 20%. Superfícies seladas e repintura: diluir todas as demãos de 10% a 20%.

Secagem

Ao toque: 1 h
Entre demãos: 4 h
Final: 12 h
Cura total: 72 h

Tintas e Resinas
Hydronorth
Preservando o seu bem estar

Tinta Acrílica Econômica 1

Indicada para pintura de paredes internas de alvenaria, reboco, concreto, massa corrida e massa acrílica, gesso, fibrocimento e tetos. Apresenta boas durabilidade e cobertura. É de fácil aplicação, confere excelente aderência à superfície e possui cheiro agradável durante a aplicação.

USE COM: Selador Acrílico
Fundo Preparador de Paredes

Embalagens/rendimento

Lata (18 L): até 250 m²/demão.
Galão (3,6 L): até 50 m²/demão.

Aplicação

Utilizar equipamento airless, rolo de lã de pelo baixo para áreas lisas e de pelo alto para reboco e chapiscos, trincha ou pincel.

Cor

24 cores

Acabamento

Fosco

Diluição

Diluir em água potável. Superfícies não seladas: na primeira demão, diluir em até 30%. Nas demais demãos, de 10% a 20%. Superfícies seladas e repintura: diluir todas as demãos de 10% a 20%.

Secagem

Ao toque: 1 h
Entre demãos: 4 h
Final: 12 h
Cura total: 72 h

Novopiso Premium 2

É indicado para proteger e dar vida a pisos em geral. Pode ser aplicado em superfícies internas e externas. Oferece alta resistência ao atrito e tem ótimo poder de cobertura e cheiro agradável durante a aplicação. É facilmente lavável e tem excelente rendimento.

USE COM: Super Novopiso
Selador Hysoterm

Embalagens/rendimento

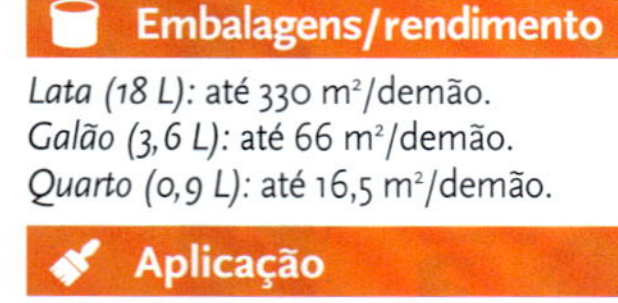

Lata (18 L): até 330 m²/demão.
Galão (3,6 L): até 66 m²/demão.
Quarto (0,9 L): até 16,5 m²/demão.

Aplicação

Utilizar equipamento airless, rolo de lã, trincha ou pincel. Fazer o recorte dos cantos e de áreas menores com trincha, para evitar falhas prematuras nessas áreas.

Cor

14 cores

Acabamento

Fosco

Diluição

Diluir em água potável. Superfícies não seladas: na primeira demão, diluir em até 40%. Nas demais demãos, de 10% a 20%. Superfícies seladas e repintura: diluir todas as demãos de 10% a 20%.

Secagem

Ao toque: 1 h
Entre demãos: 3 h
Final: 72 h

1 2 Preparação inicial

A superfície deve estar limpa e lixada, isenta de brilho, pó, graxa, óleo e/ou umidade.

1 2 Preparação especial

Este produto não pode ser aplicado em superfícies esmaltadas, enceradas, vitrificadas ou não porosas.

1 2 Preparação em demais superfícies

Superfícies com manchas de gordura ou graxa: devem ser eliminadas com solução de água e detergente ou desengraxante/desengordurante. Em seguida, enxaguar e aguardar a secagem. **Repintura:** eliminar qualquer espécie de brilho usando lixa adequada de acordo com a rusticidade da superfície.

1 Preparação em demais superfícies

Superfícies com reboco "fraco", caiações e repintura com problemas: lixar e eliminar as partes soltas e, em seguida, aplicar Fundo Preparador de Paredes. **Imperfeições rasas:** devem ser corrigidas com Massa Acrílica para Paredes Hydronorth (reboco externo e interno) e Massa Corrida Hydronorth (reboco interno). **Alvenaria nova e curada:** aplicar previamente Base Protetora para Paredes Hydronorth: Selador Acrílico. **Concreto novo:** aguardar a cura total por 30 dias antes de pintar. **Partes mofadas:** devem ser eliminadas lavando-se a superfície com água sanitária e enxaguando em seguida. Aguardar secagem. **Superfícies de gesso com manchas originadas por sangramento da corda utilizada na fixação das placas, utilização de desmoldantes ou de outros contaminantes:** utilizar o Fundo Branco Fosco Hydronorth. **Imperfeições profundas do reboco/cimentado:** devem ser corrigidas com argamassa de cimento: areia média e traço 1:3 (aguardar cura por 30 dias).

2 Preparação em demais superfícies

Pisos desgastados/desagregados: raspar ou escovar as partes soltas. Pisos impregnados de cera: lixar e remover a cera antes da pintura. **Concreto novo:** aguardar a cura total por 30 dias antes de pintar. **Partes mofadas:** devem ser eliminadas, lavando-se a superfície com solução de água e água sanitária em partes iguais. Enxaguar em seguida e aguardar secagem. **Imperfeições profundas do piso:** devem ser corrigidas com argamassa de cimento: areia média, traço 1:3 (aguardar cura por 30 dias).

1 2 Precauções/dicas/advertências

Manter o ambiente ventilado durante a aplicação e a secagem. Utilizar equipamentos de proteção individual para evitar a inalação de vapores e/ou o contato com o produto. Caso respingar tinta na pele, lavar com água e sabão ou com produto específico para limpeza de pele. Se respingar nos olhos, lavar imediatamente com água em abundância durante 15 min e procurar auxílio médico.

1 Principais atributos do produto 1

Não tem cheiro e apresenta bom rendimento e boa cobertura, facilidade na aplicação, boa aderência em diversos substratos e excelente custo-benefício. Indicada para áreas internas.

2 Principais atributos do produto 2

Tem nova fórmula premium, 3 vezes mais resistente que a anterior, com alta resistência ao atrito, ótimo poder de cobertura, cheiro agradável durante a aplicação, ótima resistência a limpeza, excelente rendimento e fácil aplicação.

3 4 Preparação inicial

A superfície deve estar limpa e lixada, isenta de pó, brilho, graxa, óleo e/ou umidade. Caso seja identificado mofo, lavar com solução de água sanitária em partes iguais.

3 Preparação especial

Por se tratar de um revestimento acrílico texturizado formulado com partículas minerais, eventualmente poderão ocorrer diferenças de tonalidade entre os lotes de fabricação, que poderão se tornar mais evidentes quando aplicados na mesma parede ou superfície. Isso não é caracterizado como vício do produto. Procurar sempre aplicar lotes iguais na mesma parede ou superfície. Este produto não pode ser aplicado em superfícies esmaltadas, enceradas, vitrificadas ou não porosas.

4 Preparação especial

Este produto não pode ser aplicado em superfícies esmaltadas, enceradas, vitrificadas ou não porosas. Evitar pintar em dias chuvosos, em superfícies aquecidas pelo sol ou sob ventos fortes.

3 Preparação em demais superfícies

Paredes desgastadas/desagregando: raspar ou escovar as partes soltas. Aplicar uma demão de Fundo Preparador de Paredes. **Concreto novo:** aguardar a cura total por 28 dias antes de aplicar o produto. Para aplicação do Graffiato Riscado, aplicar previamente Primer Graffiato na mesma cor que será aplicado o Graffiato.

4 Preparação em demais superfícies

Paredes desgastadas/desagregadas: raspar ou escovar as partes soltas e aplicar Base Protetora para Paredes Hydronorth: Fundo Preparador de Paredes. **Paredes de concreto novo:** aguardar a cura total por 28 dias. Aplicar previamente Ecopintura Tinta Acrílica Ecológica ou Ecopintura Selador Acrílico Ecológico na mesma cor em que será aplicado o Revestimento Texturizado Ecológico.

3 Precauções / dicas / advertências

Manter o ambiente ventilado durante a aplicação e a secagem. Utilizar equipamentos de proteção individual para evitar a inalação de vapores e/ou contato com o produto.

4 Precauções / dicas / advertências

Pode provocar reações alérgicas na pele. Evitar respirar poeiras, fumos, gases, névoas e aerossóis. Usar luvas de proteção, roupa de proteção, proteção ocular e proteção facial. Em caso de irritação ou erupção cutânea, consultar um médico. Em caso de contato com a pele: lavar com água e sabão em abundância. Eliminar o conteúdo/recipiente em um ponto de coleta de resíduos especiais ou perigosos respeitando a legislação local. Em caso de gravidade, procurar auxílio médico levando consigo a embalagem ou entrar em contato com o Ceatox, Centro de Assistência Toxicológica, pelo telefone 0800-14-8110.

3 Principais atributos do produto 3

Oferece cores vivas por muito mais tempo, baixo consumo, menor desperdício e previne fissuras.

4 Principais atributos do produto 4

Tem baixa emissão de COV e alta luminosidade e não tem cheiro.

Graffiato Premium 3

Revestimento acrílico texturizado de última geração, ideal para projetos decorativos que exigem arte, estilo e personalização.

USE COM: Primer Graffiato
Tinta Acrílica Standard

Embalagens/rendimento

Riscado: *Lata (28 kg)*: até 12 m²/demão.
Galão (6 kg): até 2,6 m²/demão.
Arte: *Lata (25 kg)*: até 20 m²/demão.
Galão (6 kg): até 4,5 m²/demão.
Liso: *Lata (25 kg)*: até 22 m²/demão.
Galão (6 kg): até 5 m²/demão.

Aplicação

Riscado: utilizar desempenadeira de aço, desempenadeira de acrílico (PVC) e espátula. Arte: utilizar rolo para texturas. Liso: utilizar rolo para texturas.

Cor

22 cores

Acabamento

Não aplicável

Diluição

Riscado: até 5%. Arte: com desempenadeira, até 5%; com rolo de textura, até 30% na primeira demão e até 10% na segunda demão. Liso: com desempenadeira, até 5%; com rolo de textura, até 10% em todas as demãos.

Secagem

Ao toque: 4 h
Final: 18 h
Cura total: 7 dias

Revestimento Ecológico Graffiato 4

É indicado para decorar ambientes internos e externos, criando efeitos especiais sofisticados. Por sua elevada consistência, disfarça imperfeições da superfície e dispensa o uso de massas. Sua fórmula especial é hidrorrepelente e proporciona secagem ultrarrápida e baixa emissão de COV, aumentando a produtividade da obra.

USE COM: Fundo Preparador de Paredes
Ecopintura Tinta Acrílica Ecológica Standard

Embalagens/rendimento

Riscado
Lata (14 L/28 kg): até 10 m²/demão.
Lata (25 kg): até 9 m²/demão.
Saco (15 kg): até 5,5 m²/demão.
Rolado
Lata (14 L/28 kg): até 20 m²/demão.
Lata (25 kg): até 18 m²/demão.
Saco (15 kg): até 11 m²/demão.

Aplicação

Riscado: espátula, desempenadeira de aço e desempenadeira de acrílico. Rolado: rolo de espuma para textura.

Cor

Cores sob consulta

Acabamento

Fosco

Diluição

Riscado: diluir até 5%. Arte: com desempenadeira, diluir até 5%; com rolo de textura, diluir até 30% na primeira demão e até 10% na segunda.

Secagem

Ao toque: 4 h
Final: 18 h
Cura total: 7 dias

Impermeabilizante Paredes e Muros 1

Elimina e previne microfissuras e fissuras de até 0,5 mm. Possui alta elasticidade, que acompanha as movimentações dos substratos suportando dilatações e contrações sem sofrer deformações em seu filme. Protege a parede contra a umidade mantendo a construção protegida por muito mais tempo. As características de selar, impermeabilizar e dar acabamento final ao mesmo tempo propiciam economia em dinheiro, tempo e mão de obra.

USE COM: Massa Acrílica para Paredes
Fundo Preparador de Paredes

Embalagens/rendimento

Balde (18 L): até 220 m²/demão.
Galão (3,6 L): até 44 m²/demão.

Aplicação

Utilizar equipamento airless, rolo de lã de pelo baixo para áreas lisas e de pelo alto para reboco e chapiscos, trincha ou pincel. Fazer o recorte dos cantos e das áreas menores com trincha, para evitar falhas prematuras nessas áreas.

Cor

10 cores

Acabamento

Acetinado

Diluição

Diluir 10% para todas as demãos. Antes e durante a pintura, mexer a tinta novamente para que ela atinja o ponto ideal para aplicação e rendimento.

Secagem

Ao toque: 1 h
Entre demãos: 4 h
Final: 72 h

Massa Acrílica para Paredes 2

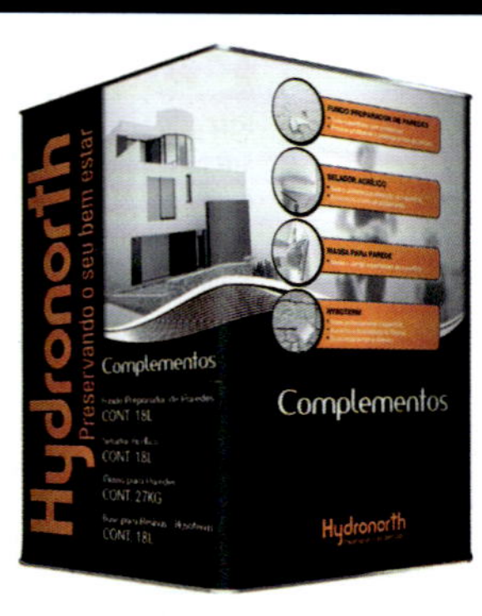

É indicada para a correção de imperfeições em paredes e tetos de ambientes externos e internos. Sua fórmula especial proporciona fácil aplicação.

USE COM: Selador Acrílico
Fundo Preparador de Paredes

Embalagens/rendimento

Embalagem (27 kg): até 60 m²/demão.

Aplicação

Utilizar desempenadeira ou espátula de aço. Aplicar de 2 a 3 demãos.

Cor

Branco

Acabamento

Fosco

Diluição

Pronta para uso.

Secagem

Ao toque: 30 min
Final: 6 h

1 2 Preparação inicial

A superfície deve estar limpa e lixada, isenta de brilho, pó, graxa, óleo e/ou umidade.

1 Preparação especial

Evitar pintar em dias chuvosos, em superfícies aquecidas pelo sol ou sob ventos fortes. Este produto não pode ser aplicado em superfícies esmaltadas, enceradas, vitrificadas ou não porosas.

1 2 Preparação em demais superfícies

Superfícies com reboco "fraco", caiações e repintura com problemas: lixar e eliminar as partes soltas e, em seguida, aplicar Fundo Preparador de Paredes. **Concreto novo:** aguardar a cura total por 30 dias antes de pintar. **Superfícies com manchas de gordura ou graxa:** devem ser eliminadas com solução de água e detergente. Em seguida, enxaguar e aguardar a secagem. **Superfícies com partes mofadas:** lavar a superfície com água sanitária. Enxaguar e aguardar secagem.

1 Preparação em demais superfícies

Imperfeições rasas: devem ser corrigidas com Massa Acrílica para Paredes Hydronorth (reboco externo e interno) e Massa Corrida Hydronorth (reboco interno). **Superfícies cerâmicas (não esmaltadas):** aplicar solução de ácido muriático e água e enxaguar em abundância. **Imperfeições profundas do reboco/cimentado:** devem ser corrigidas com argamassa de cimento: areia média e traço 1:3 (aguardar cura por 30 dias).

2 Preparação em demais superfícies

Imperfeições rasas: corrigir com Massa Acrílica para Paredes (áreas internas e externas e sujeitas a contato com água). **Alvenaria nova e curada:** aplicar previamente Selador Acrílico. **Gesso:** utilizar o Fundo Branco Fosco onde existam problemas de manchas originados por sangramento da corda utilizada na fixação das placas, utilização de desmoldantes ou de outros contaminantes. **Superfícies com imperfeições profundas do reboco/cimentado:** corrigir com argamassa de cimento: areia média e traço 1:3 (aguardar cura por 30 dias). **Repintura:** eliminar qualquer espécie de brilho, usando lixa adequada de acordo com a rusticidade da superfície.

1 Precauções/dicas/advertências

Manter o ambiente ventilado durante a aplicação e a secagem. Utilizar equipamentos de proteção individual para evitar a inalação de vapores e/ou o contato com o produto. Caso respingue tinta na pele, lavar com água e sabão ou com produto específico para limpeza de pele. Se respingar nos olhos, lavar imediatamente com água em abundância durante 15 min e procurar auxílio médico.

2 Precauções/dicas/advertências

Pode provocar reações alérgicas na pele. Evitar respirar poeiras, fumos, gases, névoas e aerossóis. Usar luvas de proteção, roupa de proteção, proteção ocular e proteção facial. Em caso de irritação ou erupção cutânea, consultar um médico. Em caso de contato com a pele: lavar com água e sabão em abundância. Eliminar o conteúdo/recipiente em um ponto de coleta de resíduos especiais ou perigosos respeitando a legislação local. Em caso de gravidade, procurar auxílio médico levando consigo a embalagem ou entrar em contato com o Ceatox, Centro de Assistência Toxicológica, pelo telefone 0800-14-8110.

2 Principais atributos do produto 2

Tem baixa emissão de COV, alta luminosidade e não tem cheiro.

3 Preparação inicial

A superfície deve estar limpa e lixada, isenta de brilho, pó, graxa, óleo e/ou umidade.

4 Preparação inicial

Deixar a superfície limpa e lixada, isenta de brilho, pó, graxa, óleo e umidade. Eliminar qualquer espécie de brilho usando lixa de grana 360/400. Não aplicar em superfícies esmaltadas, enceradas ou vitrificadas.

3 Preparação especial

Este produto não pode ser aplicado em superfícies esmaltadas, enceradas, vitrificadas ou não porosas. Este produto não deve ser utilizado como acabamento. Deve-se aplicar tinta de acabamento sobre ele tão logo ocorra sua secagem final.

3 4 Preparação em demais superfícies

Superfícies com manchas de gordura ou graxa: eliminar com solução de água e detergente. Enxaguar e aguardar a secagem.

3 Preparação em demais superfícies

Imperfeições rasas: devem ser corrigidas com Massa Acrílica para Paredes Hydronorth (áreas internas sujeitas a umidade) e Massa Corrida Hydronorth (reboco interno). **Concreto novo:** aguardar a cura total por 30 dias antes de pintar. **Partes mofadas:** devem ser eliminadas lavando a superfície com água sanitária. Enxaguar em seguida e aguardar secagem. **Imperfeições profundas do reboco/cimentado:** devem ser corrigidas com argamassa de cimento: areia média e traço 1:3 (aguardar cura por 30 dias).

4 Preparação em demais superfícies

Partes soltas ou mal-aderidas: eliminar raspando ou escovando a superfície. **Metais:** remover a sujeira utilizando uma espátula e/ou lixa. Aplicar uma camada de Zarcão. **Madeiras:** retirar impurezas, limpar as farpas e lixar até obter uma superfície lisa. Limpar com aguarrás embebida em pano. Aplicar uma camada de Fundo Nivelador. **Madeiras novas:** utilizar estopa embebida em aguarrás ou thinner. **Partes mofadas:** eliminar limpando a superfície com água sanitária. Passar pano úmido e aguardar a secagem.

3 4 Precauções/dicas/advertências

Manter o ambiente ventilado durante a aplicação e a secagem. Utilizar equipamentos de proteção individual para evitar a inalação de vapores e/ou contato com o produto. Se respingar tinta na pele, lavar com água e sabão ou produto específico. Nos olhos, lavar imediatamente com água em abundância por 15 min e procurar auxílio médico.

3 Principais atributos do produto 3

Sela e uniformiza a absorção de superfícies de reboco novo. Tem alto poder de enchimento e cobertura, fácil aplicação e secagem rápida.

4 Principais atributos do produto 4

É versátil e fácil de aplicar, tem secagem rápida e retém cores e brilho por mais tempo.

Selador Acrílico 3

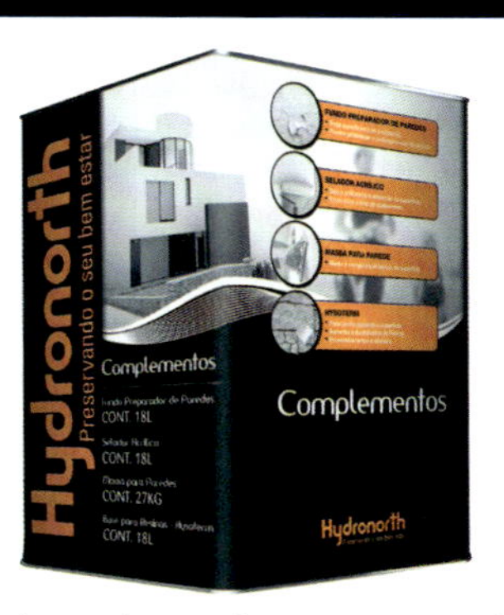

O Selador Acrílico é destinado à preparação de superfícies novas de alvenaria para a primeira pintura. É um fundo de cor branca e acabamento fosco com ótimo poder de enchimento e cobertura. Ele sela e uniformiza a absorção das superfícies, reduzindo a porosidade do substrato e diminuindo, assim, o consumo da tinta de acabamento. Também auxilia na melhoria do acabamento final da pintura.

USE COM: Selador Hysoterm; Fundo Preparador de Paredes

Embalagens/rendimento

Lata (18 L): até 125 m²/demão.
Galão (3,6 L): até 25 m²/demão.

Aplicação

Utilizar rolo de lã, pincel ou trincha.

Cor

Branco

Acabamento

Fosco

Diluição

Diluir em 10% com água potável.

Secagem

Ao toque: 1 h
Final: 6 h

Esmalte Multiuso 4

ACABAMENTO BRILHANTE

Produto de alta qualidade destinado à pintura de metais e madeiras. É indicado para proteger e embelezar janelas, portas, grades e portões. Pode ser aplicado em ambientes internos e externos. Apresenta bom poder de cobertura e alta resistência às variações climáticas. É fácil de aplicar e tem secagem rápida.

USE COM: Fundo Nivelador; Hydronorth Zarcão

Embalagens/rendimento

Galão (3,6 L): até 50 m²/demão.
Quarto (0,9 L): até 12 m²/demão.
1/16 (225 mL): até 3 m²/demão.

Aplicação

Utilizar pistola, rolo de espuma ou pincel de cerdas macias. Fazer o recorte dos cantos e de áreas menores com pincel, para evitar falhas prematuras nessas áreas.

Cor

30 cores

Acabamento

Fosco, acetinado e alto brilho

Diluição

Diluir em aguarrás. Pistola: no máximo 25%. Pincel: no máximo 10%. Não diluir com nenhum outro tipo de diluente, utilizar somente aguarrás.

Secagem

Ao toque: 45 min
Entre demãos: 2 h
Final: 7 h
Total: 18 h

Resina Madeira Alta Performance 1

A Resina Madeira Alta Performance é formulada com a mais alta tecnologia, tem secagem rápida e é indicada especialmente para proteção e embelezamento de madeiras. Tem como principal característica sua combinação de resinas aditivadas, que confere alto poder de impermeabilização, repele a água e proporciona máxima proteção contra sol e chuva, protegendo a madeira e conferindo alta resistência e durabilidade com brilho intenso e duradouro.

USE COM: Madeira Bonita Cores
Madeira Bonita Acetinada

Embalagens/rendimento
Galão (3,2 L): até 120 m²/demão.
Lata (0,8 L): até 30 m²/demão.

Aplicação
Utilizar pincel, trincha de cerdas macias ou pistola.

Cor
Incolor e, por meio da adição do sachê Madeira Bonita Cores (tingidor), as cores imbuia, mogno, cedro, cerejeira e ipê

Acabamento
Acetinado e brilhante

Diluição
Madeiras novas: na primeira demão, diluir em 30%. Nas demais, em até 10%. Superfícies seladas e repintura: diluir até 10%.

Secagem
Ao toque: 3 h
Entre demãos: 8 a 12 h
Final: 20 h
Cura total: 7 dias

Telhado Branco 2

O Telhado Branco é um revestimento refletivo e impermeabilizante para lajes, telhados e coberturas que atende aos principais requisitos de qualidade e desempenho de acordo com normas nacionais (ABNT: NBR 13321) e internacionais (ASTM E1980; California Energy Comission Title 24; Energy Star) de refletância e emissividade (SRI).

USE COM: Limpador de Telhas

Embalagens/rendimento
Alta camada
Lata (18 L): até 135 m²/demão.
Galão (3,6 L): até 27 m²/demão.
Baixa camada
Lata (18 L): até 120 m²/demão.
Galão (3,6 L): até 24 m²/demão.

Aplicação
Alta camada: rolo de lã, pincel, trincha ou vassoura de poliéster (grandes superfícies). Baixa camada: pistola, rolo de lã, pincel, trincha ou equipamento airless.

Cor
Branco

Acabamento
Fosco e brilhante

Diluição
Alta camada (laje): até 20% de água na primeira demão e não diluir as demais. Alta camada (outros substratos): até 20% de água na primeira demão e até 10% nas demais. Baixa camada: até 10% de água em todas as demãos.

Secagem
Ao toque: 1 h
Entre demãos: 3 h (baixa) e 4 h (alta)
Final: 8 h (baixa) e 72 h (alta)

1 Preparação inicial
Deixar a superfície firme, limpa e lixada, isenta de brilho, pó, mofo, graxa, óleo e umidade. Não aplicar em superfícies esmaltadas, enceradas, vitrificadas ou não porosas.

2 Preparação inicial
A superfície deve estar limpa e isenta de pó, brilho, graxa, óleo e/ou umidade. Caso seja identificado mofo, lavar com solução de água sanitária e água em partes iguais.

2 Preparação especial
No caso de aplicação em lajes, recomenda-se utilizar tela de poliéster para potencializar a impermeabilização: fixar a tela imediatamente antes de aplicar a segunda demão do revestimento impermeabilizante alta camada.

1 Preparação em demais superfícies
Madeiras úmidas/"verdes": não devem ser revestidas. **Madeiras novas:** lixar com grana 180/240 no sentido dos veios. Eliminar o pó com pano limpo umedecido em aguarrás. **Madeiras (repintura):** para superfícies em boas condições, lixar levemente para quebrar o brilho, remover o pó e aplicar a Resina Madeira conforme recomendações. Se a superfície estiver em más condições e o revestimento antigo apresentar descascamento ou craqueamento, removê-lo completamente por lixamento, raspagem ou removedor pastoso. Proceder conforme orientação para superfícies novas. **Madeiras resinosas:** lavar a madeira com thinner, deixar secar e repetir a operação. Lixar com grana 180/240 para eliminar farpas. Importante: se utilizar removedores, efetuar limpeza criteriosa da superfície com thinner, pois podem ocasionar problemas de secagem, aderência e acabamento aos revestimentos.

2 Preparação em demais superfícies
Paredes desgastadas/desagregadas: raspar ou escovar as partes soltas. **Superfícies cerâmicas (não esmaltadas):** utilizar o Limpador de Telhas Hydronorth. Após a limpeza, aguardar completa secagem antes de impermeabilizar.

1 Precauções/dicas/advertências
Manter o ambiente ventilado durante a aplicação e a secagem. Utilizar equipamentos de proteção individual para evitar a inalação de vapores e/ou contato com o produto. Não ingerir o produto. Caso ocorra, não provocar vômito. Se houver inalação acidental, levar a pessoa a um local fresco e ventilado. Em caso de contato acidental com pele, lavar com água limpa e sabão. Em caso de contato com olhos, lavar com água limpa por, no mínimo, 15 min. Não utilizar solvente ou diluente na pele ou nos olhos.

2 Precauções/dicas/advertências
Evitar pintar em dias chuvosos, em superfícies aquecidas pelo sol ou sob ventos fortes. Utilizar sempre equipamentos de proteção individual (EPI).

1 Principais atributos do produto 1
Único produto da categoria com Bio-Pruf™ (proteção contra algas, fungos e bactérias). Sua fórmula com filtro solar proporciona 6 anos de proteção UV; adicionar o Madeira Bonita Cores eleva em 2 anos a proteção.

2 Principais atributos do produto 2
Tem tecnologia Bio-Pruf™, que combate o crescimento de mofo, algas e bactérias em superfícies internas e externas. Desenvolvida pela Dow® para a Hydronorth, protege ambientes contra micro-organismos que podem causar alergia, comprometer a qualidade do ar e danificar a aparência da superfície.

3 Preparação inicial

A superfície deve estar limpa e isenta de poeira e poluição, graxa, óleo e/ou umidade. Não aplicar sobre superfícies esmaltadas e/ou vitrificadas. Evitar espessuras excessivas em uma única demão, pois elevarão o tempo de secagem.

4 Preparação inicial

A superfície deve estar limpa e lixada, isenta de brilho, pó, graxa, óleo e/ou umidade. Caso sejam identificados mofo, resíduos de poluição ou algas na superfície, deve ser efetuada uma limpeza com lixa ou escova de aço e também com o Limpador de Telhas Concentrado Hydronorth ou uma solução de água sanitária e água em partes iguais, com auxílio de hidrojateamento mecânico até a remoção total da sujidade. Após a limpeza, aguardar secagem de, no mínimo, 48 h para iniciar a aplicação. Não utilizar ácido muriático para limpeza.

4 Preparação especial

Este produto não pode ser aplicado em superfícies esmaltadas, enceradas, vitrificadas ou não porosas.

3 Preparação em demais superfícies

Superfícies lisas de baixa porosidade: aplicar solução de ácido muriático e água e enxaguar bem para abrir poros. **Superfícies esmaltadas e vitrificadas, como cerâmicas:** o produto não apresenta boa aderência. **Reboco "fraco", caiações e repintura com problemas:** lixar e eliminar as partes soltas e, em seguida, aplicar Fundo Preparador de Paredes. **Pisos de concreto:** devem estar perfeitamente curados por 28 dias. Se houver a presença de mofo, lavar com uma parte de água sanitária em 3 partes de água limpa e enxaguar com água abundante. Deixar secar. Não devem ficar sobre a superfície os resíduos de produtos utilizados na limpeza. É importante que as superfícies não retenham água proveniente de infiltrações ou vazamentos, já que isso poderá causar a formação de bolhas e o desprendimento do produto. Deve ser observada a resistência do concreto antes da aplicação do impermeabilizante. Concreto desagregando ou com falta de coesão, normalmente, causa falha prematura no revestimento. Os cantos devem ser arredondados.

4 Preparação em demais superfícies

Superfícies novas: aguardar a cura total por 30 dias antes de impermeabilizá-la, com exceção de telhados. Para garantir aderência, melhor desempenho e durabilidade da resina sobre a superfície, aplicar previamente uma camada de Base Protetora para Resinas: Hysoterm. **Telhas cerâmicas, cimento e fibrocimento:** aplicar a Base Protetora para Telhas. Aguardar, no mínimo, 6 h para iniciar a aplicação da Resina Multiuso.

3 Precauções / dicas / advertências

Manter o ambiente ventilado durante a aplicação e a secagem. Utilizar equipamentos de proteção individual para evitar a inalação de vapores e/ou o contato com o produto. Caso respingue tinta na pele, lavar com água e sabão ou com produto específico para limpeza de pele. Se respingar nos olhos, lavar imediatamente com água em abundância durante 15 min e procurar auxílio médico.

3 Principais atributos do produto 3

Resistente a intempéries e raios UV. Com tecnologia Bio-Pruf™, que ajuda na baixa retenção de sujeiras, mantendo a superfície limpa por mais tempo. Dispensa proteção mecânica para áreas com trânsito eventual de pessoas.

4 Principais atributos do produto 4

Tem alto poder impermeabilizante, superbrilho, fácil aplicação, secagem extremamente rápida, excelente rendimento, alta resistência e durabilidade. Nas cores claras, contribui para redução de temperatura do ambiente. É a primeira resina ecológica do Brasil.

Impermeabilizante Telhados e Lajes 3

Produto profissional de alta performance formulado a partir de resinas acrílicas, especialmente criado para impermeabilização e proteção de superfícies externas e internas de telhados, lajes, paredes, entre outras. O Impermeabilizante Telhados e Lajes, após aplição e cura, forma uma membrana elástica impermeável de alto desempenho e elevada durabilidade.

USE COM: Limpador de Telhas Concentrado
Impermeabilizante Paredes e Muros

Embalagens/rendimento

Balde (16 kg): até 100 m²/demão.
Galão (5 kg): até 31 m²/demão.

Aplicação

Utilizar rolo de lã, pincel, trincha, vassoura de poliéster (grandes superfícies) ou equipamento airless.

Cor

5 cores

Acabamento

Fosco

Diluição

Laje: na primeira demão, 20% de diluição com água limpa e, nas demais demãos, sem diluição. Outros substratos: na primeira demão, 20% de diluição com água limpa e, nas demais demãos, 10%.

Secagem

Ao toque: 1 h
Entre demãos: 4 h
Final: 72 h
Cura total: 7 dias

Resina Impermeabilizante Multiuso 4

Primeira resina ecológica do Brasil. Produto de alto desempenho que pode ser aplicado em diversos tipos de superfícies. Trata-se de um produto pioneiro, formulado pela Hydronorth com a mais alta tecnologia em resinas impermeabilizantes. Tem como principais características o poder de impermeabilização da superfície e o brilho intenso, conferindo alta resistência e durabilidade.

USE COM: Selador Hysoterm
Limpador de Telhas Concentrado

Embalagens/rendimento

Lata (18 L): 100 a 160 m²/demão.
Galão (3,6 L): 20 a 30 m²/demão.
Quarto (0,9 L): 5 a 7,5 m²/demão.

Aplicação

Utilizar equipamento airless, pistola, rolo de lã ou pincel.

Cor

15 cores e incolor

Acabamento

Fosco e brilhante

Diluição

Diluir apenas para a versão em cores. Diluir em 20% na primeira demão e em 10% na segunda demão.

Secagem

Ao toque: 30 min
Entre demãos: 6 h
Final: 120 h

Em 1977, os sócios fundadores da Ibratin, Luciano Rolleri e Giovanni Bracco, chegaram ao Brasil e trouxeram na bagagem muitos sonhos e pretensões. Ambos já haviam sido bem-sucedidos na Itália, em uma empresa que atuava na construção civil. Por isso, aproveitando o *know-how* adquirido na Europa, resolveram criar a Ibratin, que, anos mais tarde, se consolidaria como o maior grupo vendedor de tintas texturizadas no Brasil.

Com um modelo de negócio focado na venda direta para construtoras, por meio de representantes de vendas, a empresa tomou forma e ganhou força. Com 10 anos de atuação, já possuía duas fábricas, a primeira fundada em 1977, em Franco da Rocha (SP), e a segunda fundada em 1989, na cidade de Maceió (AL).

Com dois parques fabris em diferentes estados, a Ibratin vem fazendo cada vez mais parte das paisagens brasileiras. A harmonia entre os pilares econômico, ambiental e social, com ética e transparência, também garante esse sucesso. Existe uma preocupação constante com a melhoria contínua nas cinco frentes que "movem" a companhia: produto, cliente, competitividade, sustentabilidade e segurança. E como as atividades, a visibilidade e as cores da companhia não param de crescer. Hoje, a Ibratin participa do lançamento de novas tendências, investe em tecnologia de ponta e treinamento para os colaboradores e disponibiliza suporte técnico para assessorar construtores, arquitetos e aplicadores sobre a melhor forma de utilização de seus produtos.

Em 2013, a Ibratin expandiu para o mercado do varejo, tendo como objetivo ser a empresa mais completa deste ramo e estar presente em todos os canais de comunicação e de venda para o cliente com produtos de qualidade, alinhado à experiência em revestimentos externos e tintas acrílicas que a marca possui. Tem em sua linha tintas acrílicas, tintas para pisos, fundo preparador, selador acrílico para paredes, massa corrida, Repinta Textura, Textura Cristallini Premium, Anti-Mofo, Pinta Gesso, Pinta Gesso Drywall e silicone.

Já em janeiro de 2014, o grande lançamento foi a linha de efeitos decorativos Elegance, com produtos diferenciados e de alta qualidade, em que o próprio consumidor pode mudar a cara do ambiente, com texturas e cores novas. Os produtos são divididos em: Tinta Premium Decora Paredes, Efeito Marmorizado, Cimento Queimado, Estrelado, Aveludado, Manchado, Aveludado Brilho Suave, Verniz Estrelado, Primer, Tijolo e Pedra, Efeito Glitter e Aço Corten.

Fale com a Ibratin:

Franco da Rocha (SP): End.: Av. Sinato, 105 – Chácara Maristela – Franco da Rocha (SP) – CEP: 07830-350 | Fábrica: (11) 4443-1400 | E-mail: falecom@ibratin.com.br

Maceió (AL): End.: Segunda Travessa do Distrito Industrial Governador Luís Cavalcante, s/n – Quadra B – Tabuleiro dos Martins – Maceió (AL) – CEP: 57081-033 | Fábrica: (82) 2121-4949 | E-mail: ibratin@ibratin.com.br

CERTIFICAÇÕES

INFORMAÇÕES DE SERVIÇO AO CONSUMIDOR

A empresa dispõe de Serviço de Atendimento ao Consumidor pelos canais:

www.ibratin.com.br

SAC 0800-113-3397

Pintalar 1

É uma tinta látex à base de emulsão vinil-acrílica, de boa qualidade e rendimento econômico. É indicada para pintura e decoração de superfícies de alvenaria em ambientes internos.

Embalagens/rendimento

Lata (18 L): até 300 m²/demão.
Galão (3,6 L): até 60 m²/demão.

Aplicação

A tinta precisa estar bem homogênea e na diluição correta. Normalmente, 2 a 4 demãos são suficientes, mas, dependendo do estado da superfície, esse número pode ser maior. Utilizar pincel, rolo de lã, pistola ou airless.

Cor

Conforme cartela de cores

Acabamento

Fosco

Diluição

Diluir 20%. Utilizar 5 partes de tinta com até uma parte de água.

Secagem

Ao toque: 30 min
Entre demãos: 2 a 4 h
Final: 4 h

USE COM: Selador PVA Iquine
Selador Acrílico Iquine

Diagesso 2

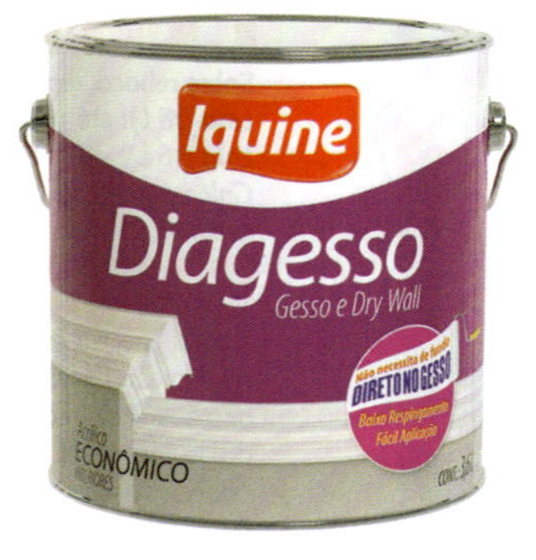

É uma tinta acrílica com fórmula exclusiva, especialmente desenvolvida para a pintura em ambientes internos de gesso e drywall. Com acabamento fosco, que disfarça pequenas imperfeições da superfície, possui baixo índice de respingamento e secagem rápida, facilitando sua aplicação. Contém aditivos antimofo e bactericidas.

Embalagens/rendimento

Lata (18 L): até 200 m²/demão.
Galão (3,6 L): até 40 m²/demão.

Aplicação

A tinta precisa estar bem homogênea e na diluição correta. Normalmente, 2 demãos com intervalo de 3 a 4 h são suficientes. Utilizar pincel, rolo de lã, pistola ou airless.

Cor

Branco neve

Acabamento

Fosco

Diluição

Na primeira demão, diluir 40%. Usar 5 partes de tinta com até 2 partes de água. Nas demais demãos, diluir 30%. Usar 5 partes de tinta com até uma parte e meia de água.

Secagem

Ao toque: 30 min
Entre demãos: 2 a 4 h
Final: 4 h

USE COM: Massa Corrida Iquine
Selador Acrílico Iquine

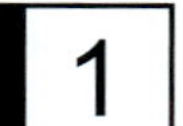

1 2 Preparação inicial

A superfície deve estar firme, limpa, seca e sem poeira, partes soltas, gordura, graxa ou mofo.

1 2 Preparação em demais superfícies

Pequenas imperfeições: corrigir utilizando Massa Corrida Iquine.

1 Preparação em demais superfícies

Superfícies com manchas de gordura: limpar com água e sabão ou detergente neutro e enxaguar logo em seguida. Aguardar a secagem. **Superfícies com manchas de mofo:** limpar com uma solução de água sanitária diluída em água potável na proporção de 1:1, enxaguar após 2 h e aguardar a secagem. **Superfícies com partes soltas ou malconservadas:** remover as partes sem aderência e aplicar, em seguida, uma demão de Fundo Preparador de Paredes (Base Água) Iquine. A aplicação desse produto serve também para aumentar a coesão e diminuir a alcalinidade. Aguardar a secagem. **Reboco novo sem pintura:** aguardar, no mínimo, 30 dias para a cura total; depois, aplicar uma demão de Selador Acrílico Iquine. Se a cura não estiver completa, aplicar uma demão de Fundo Preparador de Paredes (Base Água) Iquine.

2 Preparação em demais superfícies

Gesso em bom estado: lixar e eliminar o pó. **Manchas de gordura:** limpar com água e sabão ou detergente neutro. Enxaguar logo em seguida e aguardar a secagem. **Manchas de mofo:** limpar com uma solução de água sanitária diluída em água potável na proporção de 1:1, aguardar 6 h e enxaguar. **Superfícies com umidade:** antes de pintar, resolver a causa do problema. **Imperfeições acentuadas:** lixar e eliminar o pó. Corrigir com massa acrílica, massa corrida ou argamassa de gesso. Se for utilizar massa, aplicar antes uma demão de Diagesso diluído com 40% de água para selar. **Repintura:** lixar a superfície com lixa para massa corrida e madeira grana 280; em seguida, remover o pó e aplicar uma demão de Selador Acrílico Iquine.

1 2 Precauções/dicas/advertências

Manter a embalagem bem fechada e em bom estado de conservação, guardando-a em local ventilado, coberto e seco, sempre na posição vertical e sem diluir. Não queimar nem reutilizar a embalagem para outros fins. Quando for fazer a aplicação do produto, abrir portas e janelas. Utilizar sempre equipamentos de proteção e segurança. Manter o produto fora do alcance de crianças, animais e fontes de calor. Em caso de ingestão ou inalação excessiva, não provocar vômito. Procurar imediatamente um médico, informando o tipo de produto usado. Evitar pintar em dias chuvosos, com ventos fortes, temperatura abaixo de 10 °C e umidade relativa do ar superior a 90%. Não expor a superfície pintada a esforços durante 20 dias. Nesse período, pingos de chuva ou respingos de água podem causar manchas. Caso isso ocorra, lavar toda a superfície com água limpa corrente imediatamente.

1 Precauções/dicas/advertências

Descartar o conteúdo/recipiente em um ponto de coleta de resíduos especiais ou perigosos. Pode provocar reações alérgicas na pele. Em caso de contato com os olhos: enxaguar cuidadosamente com água durante vários minutos. No caso de uso de lentes de contato, removê-las, se for fácil, e continuar enxaguando. Em caso de contato com a pele: lavar com água e sabão em abundância. Em caso de irritação ou erupção cutânea: consultar um médico.

1 Principais atributos do produto 1

Rende até 300 m² por demão e tem fácil aplicação.

2 Principais atributos do produto 2

Oferece baixo respingamento e fácil aplicação e não necessita de fundo. É aplicável direto sobre o gesso.

3 4 **Preparação inicial**

A superfície deve estar firme, limpa, seca e sem poeira, partes soltas, gordura, graxa ou mofo.

3 4 **Preparação em demais superfícies**

Superfícies com manchas de gordura: limpar com água e sabão ou detergente neutro e enxaguar logo em seguida. Aguardar a secagem. **Superfícies com manchas de mofo:** limpar com uma solução de água sanitária diluída em água potável na proporção de 1:1, enxaguar após 2 h e aguardar a secagem. **Superfícies com partes soltas ou malconservadas:** remover as partes sem aderência e aplicar, em seguida, uma demão de Fundo Preparador de Paredes (Base Água) Iquine. A aplicação desse produto serve também para aumentar a coesão e diminuir a alcalinidade. Aguardar a secagem.

3 **Preparação em demais superfícies**

Reboco novo sem pintura: aguardar, no mínimo, 30 dias para a cura total; depois, aplicar uma demão de Selador Acrílico Iquine. Se a cura não estiver completa, aplicar uma demão de Fundo Preparador de Paredes (Base Água) Iquine. **Superfícies com pequenas imperfeições:** utilizar Massa Acrílica Iquine em exteriores e, em interiores, Massa Corrida Iquine. Após o uso da massa, aplicar uma demão de selador acrílico.

4 **Preparação em demais superfícies**

Cimentos novos/queimados: aguardar, no mínimo, 30 dias para a secagem e cura total. Lavar com ácido muriático diluído em água na proporção de 1:4 e enxaguar logo em seguida. **Cimentos antigos lisos/queimados ou pouco absorventes:** lavar com ácido muriático diluído em água na proporção de 1:4 e enxaguar logo em seguida. **Cimentos novos rústicos/não queimados:** aguardar, no mínimo, 30 dias para a secagem e cura total. **Pequenas imperfeições:** corrigir utilizando argamassa de areia e cimento. Aguardar, no mínimo, 30 dias para a secagem e cura total. Depois, lavar com ácido muriático diluído em água na proporção de 1:4, enxaguar e aguardar a secagem.

3 4 **Precauções / dicas / advertências**

Manter a embalagem bem fechada e em bom estado de conservação, guardando-a em local ventilado, coberto e seco, sempre na posição vertical e sem diluir. Não queimar nem reutilizar a embalagem para outros fins. Descartar o conteúdo/recipiente em um ponto de coleta de resíduos especiais ou perigosos. Quando for fazer a aplicação do produto, abrir portas e janelas. Utilizar sempre equipamentos de proteção e segurança. Manter o produto fora do alcance de crianças, animais e fontes de calor. Em caso de ingestão ou inalação excessiva, não provocar vômito. Procurar imediatamente um médico, informando o tipo de produto usado. Evitar pintar em dias chuvosos, com ventos fortes, temperatura abaixo de 10 °C e umidade relativa do ar superior a 90%. Não expor a superfície pintada a esforços durante 20 dias. Nesse período, pingos de chuva ou respingos de água podem causar manchas. Caso isso ocorra, lavar toda a superfície com água limpa corrente imediatamente.

3 **Principais atributos do produto 3**

Oferece mais rendimento e melhor acabamento.

4 **Principais atributos do produto 4**

Rende até 360 m², tem maior resistência ao tráfego e é ideal para quadras, estacionamentos, garagens etc.

Diatex Pinta Mais — 3

ACABAMENTO FOSCO

É uma tinta látex formulada à base de emulsão copolímera, aditivada com antimofo, proporcionando boa resistência, bom rendimento e cobertura superior. De fácil aplicação, ótimo alastramento e secagem rápida, é indicada para superfícies de alvenaria em áreas internas, oferecendo um acabamento fosco-aveludado.

USE COM: Selador PVA Iquine
Selador Acrílico Iquine

Embalagens/rendimento

Lata (18 L): até 360 m²/demão.
Lata (16 L): até 320 m²/demão.
Galão (3,6 L): até 72 m²/demão.
Galão (3,2 L): até 64 m²/demão.

Aplicação

A tinta precisa estar bem homogênea e na diluição correta. Normalmente, 2 a 4 demãos são suficientes, mas, dependendo do estado da superfície, esse número pode ser maior. Utilizar pincel, rolo de lã, pistola ou airless.

Cor

Conforme cartela de cores e leque Icores

Acabamento

Fosco

Diluição

Para superfícies em condições ideais, 20% de diluição. Para superfícies não seladas, na primeira demão, 50% de diluição e, nas demais, 20% de diluição.

Secagem

Ao toque: 30 min
Entre demãos: 2 a 4 h
Final: 4 h

Diapiso — 4

É uma tinta látex-acrílica com excelentes rendimento e cobertura. De fácil aplicação, possui fórmula exclusiva, com alto teor de sólidos, que confere à película excepcional durabilidade e resistência ao intemperismo. É indicada para o revestimento de pisos e cimentados em ambientes externos e internos.

USE COM: Fundo Acrílico Preparador de Paredes (Base Água)

Embalagens/rendimento

Lata (18 L): até 360 m²/demão.
Galão (3,6 L): até 72 m²/demão.
Quarto (0,9 L): até 18 m²/demão.

Aplicação

A aplicação de 2 a 4 demãos, com intervalos de 3 a 4 h, é suficiente. Dependendo do estado da superfície, esse número pode ser maior. Obs.: não aplicar em superfícies não porosas (vitrificadas, esmaltadas, enceradas, lajotas lisas etc.).

Cor

Conforme cartela de cores

Acabamento

Fosco

Diluição

Para superfícies em condições ideais, diluir 5 partes de tinta com até uma parte e meia de água. Para superfícies não seladas, diluir 5 partes de tinta com até 2 partes de água.

Secagem

Ao toque: 2 h
Tráfego de pessoas: 24 h
Tráfego de veículos leves: 48 h
Tráfego de veículos pesados: 72 h

Brilho da Seda

É uma tinta acrílica com excepcional poder de cobertura e resistência, além de ter ação contra bactérias, mofos e fungos. Possui uma fórmula exclusiva que confere finíssimo acabamento acetinado, transmitindo uma sensação de requinte e sofisticação. É indicada para superfícies de alvenaria, bloco de concreto ou cimento-amianto, em áreas externas e internas.

USE COM: Selador PVA Iquine; Selador Acrílico Iquine

Embalagens/rendimento

Lata (18 L): até 340 m^2/demão.
Lata (16 L): até 300 m^2/demão.
Galão (3,6 L): até 68 m^2/demão.
Galão (3,2 L): até 60 m^2/demão.

Aplicação

A tinta precisa estar bem homogênea e na diluição correta. Normalmente, 2 a 4 demãos são suficientes, mas, dependendo do estado da superfície, esse número pode ser maior. Utilizar pincel, rolo de lã ou pistola ou airless.

Cor

Conforme cartela de cores e leque Icores

Acabamento

Acetinado

Diluição

Para superfícies em condições ideais, 20% de diluição. Diluir 5 partes de tinta com até uma parte de água. Para superfícies não seladas, 50% de diluição. Diluir 5 partes de tinta com até 2,5 partes de água.

Secagem

Ao toque: 30 min
Entre demãos: 2 a 4 h
Final: 12 h

Limpa Fácil

É uma tinta látex à base de emulsão acrílica, com bons rendimento e cobertura. Sua fórmula exclusiva cria uma película extremamente lisa, facilitando a remoção de sujeiras e manchas. Com aditivos antimofo e bactericida, confere à superfície maior resistência, além de baixo respingamento. Tem acabamento semibrilho, que proporciona um toque agradável. É indicada para pintura de alvenaria em ambientes externos e internos.

USE COM: Selador PVA Iquine; Selador Acrílico Iquine

Embalagens/rendimento

Lata (18 L): até 280 m^2/demão.
Lata (16 L): até 250 m^2/demão.
Galão (3,6 L): até 56 m^2/demão.
Galão (3,2 L): até 50 m^2/demão.

Aplicação

A tinta precisa estar bem homogênea e na diluição correta. Normalmente, 2 a 4 demãos são suficientes, mas, dependendo do estado da superfície, esse número pode ser maior. Utilizar pincel, rolo de lã ou pistola ou airless.

Cor

Conforme cartela de cores e leque Icores

Acabamento

Semibrilho

Diluição

Na primeira demão, 30% de diluição. Diluir 5 partes de tinta com até uma parte e meia de água. Nas demais demãos, 20% de diluição. Diluir 5 partes de tinta com até uma parte de água.

Secagem

Ao toque: 30 min
Entre demãos: 2 a 4 h
Final: 12 h

1 2 Preparação inicial

A superfície deve estar firme, limpa, seca e sem poeira, partes soltas, gordura, graxa ou mofo. Obs.: após a limpeza da superfície, aplicar uma demão de Selador PVA Iquine em interiores ou Selador Acrílico Iquine em exteriores. Isso dará uma maior durabilidade à sua pintura.

1 2 Preparação em demais superfícies

Superfícies com manchas de gordura: limpar com água e sabão ou detergente neutro e enxaguar logo em seguida. Aguardar a secagem. I na proporção de 1:1, enxaguar após 2 h e aguardar a secagem. **Superfícies com partes soltas ou malconservadas:** remover as partes sem aderência e aplicar, em seguida, uma demão de Fundo Preparador de Paredes (Base Água) Iquine. A aplicação desse produto serve também para aumentar a coesão e diminuir a alcalinidade. Aguardar a secagem. **Reboco novo sem pintura:** aguardar, no mínimo, 30 dias para a cura total; depois, aplicar uma demão de Selador Acrílico Iquine. Se a cura não estiver completa, aplicar uma demão de Fundo Preparador de Paredes (Base Água) Iquine. **Superfícies com pequenas imperfeições:** utilizar Massa Acrílica Iquine em exteriores e, em interiores, Massa Corrida Iquine. Após o uso da massa, aplicar uma demão de selador acrílico.

1 Preparação em demais superfícies

Superfícies com manchas de mofo: limpar com uma solução de água sanitária diluída em água potável na proporção de 1:1, enxaguar após 2 h e aguardar a secagem.

2 Preparação em demais superfícies

Acentuado crescimento de mofo em camadas: raspar com o auxílio de uma espátula e, em seguida, aplicar a tinta diretamente sobre a superfície.

1 2 Precauções/dicas/advertências

Manter a embalagem bem fechada e em bom estado de conservação, guardando-a em local ventilado, coberto e seco, sempre na posição vertical e sem diluir. Não queimar nem reutilizar a embalagem para outros fins. Descartar o conteúdo/recipiente em um ponto de coleta de resíduos especiais ou perigosos. Quando for fazer a aplicação do produto, abrir portas e janelas. Utilizar sempre equipamentos de proteção e segurança. Manter o produto fora do alcance de crianças, animais e fontes de calor. Em caso de ingestão ou inalação excessiva, não provocar vômito. Procurar imediatamente um médico, informando o tipo de produto usado. Evitar pintar em dias chuvosos, com ventos fortes, temperatura abaixo de 10 °C e umidade relativa do ar superior a 90%. Não expor a superfície pintada a esforços durante 20 dias. Nesse período, pingos de chuva ou respingos de água podem causar manchas. Caso isso ocorra, lavar toda a superfície com água limpa corrente imediatamente.

1 Precauções/dicas/advertências

Descartar o conteúdo/recipiente em um ponto de coleta de resíduos especiais ou perigosos.

1 Principais atributos do produto 1

Tem ação contra bactérias, mofos e fungos. Reduz 99% das bactérias da parede por 2 anos. Não tem cheiro em até 3 h após a aplicação.

2 Principais atributos do produto 2

É antimanchas, repele a sujeira e não tem cheiro em até 3 h após a aplicação.

3 4 Preparação inicial

A superfície deve estar firme, limpa, seca e sem poeira, partes soltas, gordura, graxa ou mofo.

4 Preparação inicial

Após a limpeza da superfície, aplicar, com rolo de lã, uma demão de Selador Acrílico Iquine diluído em 10% de água e aguardar a completa secagem.

3 4 Preparação em demais superfícies

Superfícies com partes soltas ou malconservadas: remover as partes sem aderência e aplicar, em seguida, uma demão de Fundo Acrílico Preparador de Paredes (Base Água). Aguardar a secagem.

3 Preparação em demais superfícies

Fissuras (abertura de até 0,3 mm): limpar e escovar a superfície eliminando o pó e partes soltas. Aplicar Fundo Acrílico Preparador de Paredes (Base Água) Iquine. **Trincas (abertura acima de 0,3 mm):** abrir a trinca em V, limpar e escovar a superfície eliminando o pó e partes soltas. Aplicar o Fundo Acrílico Preparador de Paredes (Base Água) Iquine e preencher as trincas com a seguinte mistura: uma parte de Fachadas sem Fissuras Iquine para 2 a 3 partes de areia fina. Depois, aplicar uma demão de Fachadas sem Fissuras Iquine sobre uma tela de poliéster. Para acabamento, aplicar, no mínimo, 3 demãos de Fachadas sem Fissuras Iquine. **Reboco novo sem pintura:** aguardar, no mínimo, 30 dias para a cura total. Após a cura, aplicar, no mínimo, 3 demãos de Fachadas sem Fissuras. **Superfícies com umidade:** eliminar totalmente as partes úmidas. Obs.: a umidade vinda do interior do substrato exerce uma pressão na película; como consequência, há formação de bolhas.

4 Preparação em demais superfícies

Superfícies com manchas de gordura: limpar com água e sabão ou detergente neutro e enxaguar logo em seguida. Aguardar a secagem. **Superfícies com manchas de mofo:** limpar com uma solução de água sanitária diluída em água potável na proporção de 1:1, aguardar 2 h e enxaguar. **Reboco novo sem pintura:** aguardar, no mínimo, 30 dias para a cura total; depois, aplicar uma demão de Selador Acrílico Iquine. Se a cura não estiver completa, aplicar uma demão de Fundo Preparador de Paredes (Base Água) Iquine. **Blocos de concreto:** nivelar os rejuntes e, em seguida, aplicar uma demão de Fundo Preparador de Paredes (Base Água) Iquine.

3 4 Precauções / dicas / advertências

Manter a embalagem bem fechada e em bom estado de conservação, guardando-a em local ventilado, coberto e seco, sempre na posição vertical e sem diluir. Não queimar nem reutilizar a embalagem para outros fins. Quando for fazer a aplicação do produto, abrir portas e janelas. Utilizar sempre equipamentos de proteção e segurança. Manter o produto fora do alcance de crianças, animais e fontes de calor. Em caso de ingestão ou inalação excessiva, não provocar vômito. Procurar imediatamente um médico, informando o tipo de produto usado. Evitar pintar em dias chuvosos, com ventos fortes, temperatura abaixo de 10 °C e umidade relativa do ar superior a 90%.

3 Precauções / dicas / advertências

Não expor a superfície pintada a esforços durante 20 dias.

3 Principais atributos do produto 3

Impermeabiliza e protege contra fungos, algas, mofo e maresia. Seu filme elástico acompanha a contração e a dilatação da parede.

4 Principais atributos do produto 4

É hidrorrepelente e mais resistente ao sol e à chuva e tem fórmula com quartzo de tamanho pequeno.

Fachadas sem Fissuras — 3

É uma tinta acrílica elastomérica com excepcional poder de cobertura e resistência, com tecnologia antifissuras que impermeabiliza as paredes protegendo contra o aparecimento de fissuras, além de uma fórmula flexível que acompanha os movimentos de contração e dilatação das paredes. É indicada para superfície com reboco, massa acrílica, repinturas, concreto e fibrocimento, em áreas externas e internas.

USE COM: Fundo Acrílico Preparador de Paredes (Base Água)

Embalagens/rendimento

Lata (18 L): até 275 m²/demão.
Galão (3,6 L): até 55 m²/demão.

Aplicação

A tinta precisa estar bem homogênea e na diluição correta. Normalmente, 3 demãos com intervalos de 4 h são suficientes, mas, dependendo do estado da superfície, esse número pode ser maior.

Cor

Conforme cartela de cores e leque Icores

Acabamento

Fosco

Diluição

Para superfícies em condições ideais, 10% de diluição. Diluir 5 partes de tinta com até meia parte de água.

Secagem

Ao toque: 2 h
Entre demãos: 4 h
Final: 24 h

Decoratto Clássico — 4

É um revestimento texturizado à base de emulsão acrílica estirenada, de elevadas consistência e resistência, que disfarça as imperfeições da superfície e dispensa o uso de massa fina. Possui grande poder de dureza e aderência. Sua aplicação é simples, mas recomenda-se mão de obra qualificada. É indicado para a personalização de ambientes internos e externos, em alvenaria e blocos de concreto.

USE COM: Selador Acrílico Iquine
Fundo Acrílico Preparador de Paredes (Base Água)

Embalagens/rendimento

Sobre reboco
Embalagem (29 kg): até 29 m².
Embalagem (27 kg): até 27 m².

Aplicação

A textura precisa estar bem homogênea e na diluição correta. Com um rolo texturizador, aplicar Decoratto Clássico. Dependendo da sua criatividade e do instrumento utilizado, podem-se criar outros tipos de acabamentos.

Cor

Conforme cartela de cores e leque Icores

Acabamento

Fosco

Diluição

Diluir 10%, se necessário. Usar 5 partes da textura com até meia parte de água.

Secagem

Ao toque: 1 a 2 h
Final: 4 a 6 h
Cura total: 4 dias

Decoratto Rústico 1

Apresenta, em sua formulação, partículas maiores de quartzo, que, ao serem friccionadas sobre a superfície, conferem um aspecto arranhado de baixo-relevo. Possui também um grande poder de dureza e aderência, além de ser hidrorrepelente. Sua aplicação é simples, mas recomenda-se mão de obra qualificada. É indicado para personalização de ambientes externos e internos, em alvenaria e blocos de concreto.

USE COM: Selador Acrílico Iquine
Fundo Acrílico Preparador de Paredes (Base Água)

Embalagens/rendimento

Sobre reboco
Embalagem (29 kg): até 8,2 m².
Embalagem (27 kg): até 7,65 m².

Aplicação

A textura precisa estar bem homogênea e na diluição correta. Com uma desempenadeira de aço, aplicar Decoratto Rústico em áreas de até 2 m². Aguardar de 5 a 10 min e, com uma desempenadeira de plástico, repassar diversas vezes, na vertical, para conferir o efeito "arranhado".

Cor

Conforme cartela de cores e leque Icores

Acabamento

Fosco

Diluição

Diluir 10%, se necessário. Usar 5 partes da textura com até meia parte de água.

Secagem

Ao toque: 1 a 2 h
Final: 4 a 6 h
Cura total: 4 dias

Dialine Seca Rápido 2

É um esmalte sintético com fórmula exclusiva que cria uma película extremamente lisa que dificulta a aderência de sujeiras e riscos, facilitando a limpeza da superfície. Fácil de aplicar, tem altas cobertura e resistência e garante um fino acabamento, elevando o padrão e a qualidade da pintura. Indicado para o revestimento de metais ferrosos, galvanizados, madeiras e alvenaria, em ambientes externos e internos.

USE COM: Wash Primer Iquine
Galvomax Fundo para Galvanizados Iquine

Embalagens/rendimento

Galão (3,6 L): até 75 m²/demão.
Quarto (0,9 L): até 18,75 m²/demão.
1/16 (225 mL): até 4,68 m²/demão.
1/32 (112,5 mL): até 2,34 m²/demão.

Aplicação

O esmalte precisa estar bem homogêneo e na diluição correta. Normalmente, 2 a 3 demãos são suficientes, mas, dependendo do estado da superfície, esse número pode ser maior. Utilizar pincel, rolo de espuma ou pistola.

Cor

Conforme cartela de cores

Acabamento

Fosco, acetinado e alto brilho

Diluição

Pronto para uso. Pincel ou rolo de espuma: diluir 5 partes de tinta com até uma parte de Solvente 1030 Iquine, se necessário. Pistola: diluir em Thinner 1010 Iquine até atingir a viscosidade ideal.

Secagem

Ao toque: 20 min
Entre demãos: 30 min a 2 h
Final: 5 a 7 h

1 2 Preparação inicial

A superfície deve estar firme, limpa, seca e sem poeira, partes soltas, gordura, graxa ou mofo.

1 Preparação especial

Após a limpeza da superfície, aplicar, com rolo de lã, uma demão de Selador Acrílico Iquine diluído em 10% de água e aguardar a completa secagem.

1 Preparação em demais superfícies

Superfícies com manchas de gordura: limpar com água e sabão ou detergente neutro e enxaguar logo em seguida. Aguardar a secagem. **Superfícies com manchas de mofo:** limpar com uma solução de água sanitária diluída em água potável na proporção de 1:1, aguardar 2 h e enxaguar. **Partes soltas ou malconservadas:** remover as partes sem aderência e aplicar, em seguida, uma demão de Fundo Acrílico Preparador de Paredes (Base Água) Iquine. A aplicação desse produto serve também para aumentar a coesão e diminuir a alcalinidade. Aguardar a secagem. **Reboco novo sem pintura:** aguardar, no mínimo, 30 dias para a cura total; depois, aplicar uma demão de Selador Acrílico Iquine. Se a cura não estiver completa, aplicar uma demão de Fundo Preparador de Paredes (Base Água) Iquine. **Blocos de concreto:** nivelar os rejuntes e, em seguida, aplicar uma demão de Fundo Preparador de Paredes (Base Água) Iquine.

2 Preparação em demais superfícies

Alumínios: utilizar Wash Primer ou Zarcofer Fundo Anticorrosivo (Base Água). **Galvanizados:** utilizar Galvomax Fundo para Galvanizados Iquine. **Alvenaria:** para aplicações sobre massa corrida, usar como fundo Selador PVA; sobre massa acrílica, utilizar como fundo Selador Acrílico. **Metais ferrosos:** retirar a ferrugem, utilizando lixa e/ou escova de aço. Em seguida, aplicar uma ou 2 demãos de Zarcofer Fundo Anticorrosivo ou Zarcofer Fundo Anticorrosivo (Base Água). **Madeiras:** lixar para retirar as farpas, depois usar um pano umedecido em Solvente 1030 Iquine para limpar a sujeira. Em seguida, aplicar uma demão de Fundo Nivelador Branco (Base Água). **Superfícies com pequenas imperfeições:** aplicar Massa para Madeira (Base Água) e, em seguida, aplicar sobre a massa uma demão de Fundo Nivelador Branco (Base Água). **Repintura:** lixar a superfície até a perda total do brilho. **Superfícies engorduradas:** passar um pano embebido de Thinner 1010 Iquine até tirar toda a gordura.

1 2 Precauções/dicas/advertências

Manter a embalagem bem fechada e em bom estado de conservação, guardando-a em local ventilado, coberto e seco, sempre na posição vertical e sem diluir. Não queimar nem reutilizar a embalagem para outros fins. Quando for fazer a aplicação do produto, abrir portas e janelas. Utilizar sempre equipamentos de proteção e segurança. Manter o produto fora do alcance de crianças, animais e fontes de calor. Em caso de ingestão ou inalação excessiva, não provocar vômito. Procurar imediatamente um médico, informando o tipo de produto usado. Evitar pintar em dias chuvosos, com ventos fortes, temperatura abaixo de 10 °C e umidade relativa do ar superior a 90%.

2 Precauções/dicas/advertências

Não expor a superfície pintada a esforços durante 20 dias.

1 Principais atributos do produto 1

É hidrorrepelente e mais resistente ao sol e à chuva e tem fórmula com quartzo.

2 Principais atributos do produto 2

Tem baixo odor, maior durabilidade e fórmula com silicone que facilita a limpeza.

3 4 Preparação inicial

A superfície deve estar firme, limpa, seca e sem poeira, partes soltas, gordura, graxa ou mofo.

3 4 Preparação em demais superfícies

Metais ferrosos: remover eventuais pontos de ferrugem com lixa e/ou escova de aço e, em seguida, aplicar uma ou 2 demãos de Zarcofer Fundo Anticorrosivo ou Fundo para Metais (Base Água) Iquine.

3 Preparação em demais superfícies

Alumínios: utilizar Wash Primer. **Alvenaria:** para aplicações sobre massa corrida, utilizar como fundo Selador PVA; sobre massa acrílica, utilizar como fundo Selador Acrílico. **Madeiras:** lixar para retirar as farpas, depois usar um pano umedecido em Solvente 1030 Iquine para limpar a sujeira. Em seguida, aplicar uma demão de Fundo Nivelador Branco (Base Água) Iquine. **Superfícies com pequenas imperfeições:** aplicar Massa para Madeira (Base Água) e, em seguida, aplicar sobre a massa uma demão de Fundo Nivelador Branco (Base Água) Iquine. **Repintura:** lixar a superfície até a perda total do brilho. **Superfícies engorduradas:** passar um pano embebido de Thinner 1010 Iquine até tirar toda a gordura. Galvanizados: utilizar Galvomax Fundo para Galvanizados Iquine ou Zarcofer Fundo Anticorrosivo (Base Água).

4 Preparação em demais superfícies

Alumínios, galvanizados e PVC novos: não é necessário aplicação de fundo. **Alumínios, galvanizados e PVC (repintura):** remover resíduos mal-aderidos, lixar até eliminar o brilho e corrigir as imperfeições da superfície. **Madeiras novas:** lixar para retirar farpas. Aplicar uma demão de Fundo Nivelador Branco (Base Água) Iquine. Para nivelar a superfície, aplicar Massa para Madeira (Base Água) Iquine e lixar após secar. **Madeiras (repintura):** lixar até eliminar totalmente o brilho e corrigir as imperfeições da superfície. **Zincado novo:** aplicar Galvomax Fundo para Galvanizados Iquine. **Zincado (repintura):** remover resíduos mal-aderidos e lixar até eliminar o brilho.

3 4 Precauções / dicas / advertências

Manter a embalagem bem fechada e em bom estado de conservação, guardando-a em local ventilado, coberto e seco, sempre na posição vertical e sem diluir. Não queimar nem reutilizar a embalagem para outros fins. Quando for fazer a aplicação do produto, abrir portas e janelas. Utilizar sempre equipamentos de proteção e segurança. Manter o produto fora do alcance de crianças, animais e fontes de calor. Em caso de ingestão ou inalação excessiva, não provocar vômito. Procurar imediatamente um médico, informando o tipo de produto usado. Evite pintar em dias chuvosos, com ventos fortes, temperatura abaixo de 10 °C e umidade relativa do ar superior a 90%. Não expor a superfície pintada a esforços durante 20 dias. Nesse período, pingos de chuva ou respingos de água podem causar manchas. Caso isso ocorra, lavar toda a superfície com água limpa corrente imediatamente.

3 Principais atributos do produto 3

Pode ser aplicado sobre madeiras e metais e tem secagem rápida, fácil aplicação e baixo odor.

4 Principais atributos do produto 4

Não requer solvente, pode ser aplicado em madeiras e metais e tem secagem rápida.

Delanil Trinta Minutos — 3

ACABAMENTO BRILHANTE

É um esmalte à base de resina alquídica, de fácil aplicação, secagem rápida, boa cobertura e alto brilho. É indicado para a pintura de superfícies externas e internas de metal, madeira e alvenaria.

USE COM: Galvomax Fundo para Galvanizados Iquine
Zarcofer Fundo Anticorrosivo (Base Água) Iquine

Embalagens/rendimento

Galão (3,6 L): até 45 m²/demão.
Quarto (0,9 L): até 11,25 m²/demão.
1/16 (225 mL): até 2,81 m²/demão.
1/32 (112,5 mL): até 1,40 m²/demão.

Aplicação

O esmalte precisa estar bem homogêneo e na diluição correta. Normalmente, 2 a 3 demãos são suficientes, mas, dependendo do estado da superfície, esse número pode ser maior. Utilizar pincel, rolo de espuma ou pistola.

Cor

Conforme cartela de cores

Acabamento

Alto brilho

Diluição

Pronto para uso. Pincel ou rolo de espuma: diluir 5 partes de tinta com até uma parte de Solvente 1030 Iquine, se necessário. Pistola: diluir em Thinner 1010 Iquine até atingir a viscosidade ideal.

Secagem

Ao toque: 30 min
Entre demãos: 2 a 4 h
Final: 8 a 10 h

Dialine Base Água — 4

É um esmalte de secagem rápida que dispensa o uso de aguarrás. Sua fórmula apresenta baixo odor e proporciona uma película lisa que dificulta a aderência de sujeiras e facilita a limpeza. É resistente a fungos, possui bom alastramento e boa aderência e confere às superfícies beleza e proteção duradoura. É indicado para superfícies externas e internas de madeiras, metais ferrosos, galvanizados, alumínio e PVC.

USE COM: Massa para Madeira (Base Água) Iquine
Galvomax Fundo para Galvanizados Iquine

Embalagens/rendimento

Galão (3,6 L): até 75 m²/demão.
Galão (3,2 L): até 70 m²/demão.
Embalagem (0,9 L): até 18,75 m²/demão.
Embalagem (0,8 L): até 17,50 m²/demão.

Aplicação

A tinta precisa estar bem homogênea e na diluição correta. Normalmente, 2 a 3 demãos são suficientes, mas, dependendo do estado da superfície, esse número pode ser maior. Aplicar com pincel, rolo de espuma ou pistola.

Cor

Conforme cartela de cores e leque Icores

Acabamento

Acetinado e alto brilho

Diluição

Pincel ou rolo: 10% de diluição. Diluir 5 partes do esmalte com até meia parte de água. Pistola: 30% de diluição. Diluir 5 partes do esmalte com até uma parte e meia de água.

Secagem

Ao toque: 30 min
Manuseio: 4 h
Final: 5 h

Verniz Extrarrápido

Verniz à base de resina alquídica que protege e realça a superfície da madeira e possui boa durabilidade, secagem extrarrápida, grande poder de penetração e fácil aplicação. Sua formulação com alto teor de sólidos proporciona um excelente rendimento, além de um duradouro acabamento brilhante. É indicado para o revestimento de superfícies internas de madeira.

USE COM: Thinner 1010 Iquine
Seladora Concentrada Iquine

Embalagens/rendimento

Tambor (200 L): até 5.555 m²/demão.
Lata (18 L): até 500 m²/demão.
Galão (3,6 L): até 100 m²/demão.
Quarto (0,9 L): até 25 m²/demão.

Aplicação

O produto precisa estar bem homogêneo e na diluição correta. Normalmente, 2 a 3 demãos, com intervalos de 2 a 4 h, são suficientes. Utilizar pincel, rolo de espuma ou pistola.

Cor

Conforme cartela de cores

Acabamento

Alto brilho

Diluição

Aplicação com pincel ou rolo: diluir 10%. Usar 5 partes de verniz com até meia parte de Solvente 1030 Iquine. Aplicação com pistola: de 10% a 20% de diluição. Diluir com Thinner 1010 Iquine até atingir a viscosidade ideal.

Secagem

Ao toque: 15 min
Manuseio: 2 a 4 h
Completo: 8 h

Verniz Copal

Verniz à base de resina alquídica, que protege e realça a superfície da madeira. Possui boa durabilidade, grande poder de penetração, fácil aplicação e excelente rendimento, além de um duradouro acabamento brilhante. É indicado para o revestimento de superfícies internas de madeira.

USE COM: Thinner 1010 Iquine
Solvente 1030 Iquine

Embalagens/rendimento

Galão (3,6 L): até 100 m²/demão.
Quarto (0,9 L): até 25 m²/demão.

Aplicação

O verniz precisa estar bem homogêneo e na diluição correta. Normalmente, 2 a 3 demãos, com intervalos de 8 a 12 h, são suficientes. Utilizar pincel, rolo de espuma ou pistola.

Cor

Incolor

Acabamento

Alto brilho

Diluição

Aplicação com pincel ou rolo: diluir 10%. Usar 5 partes de verniz com até uma parte de Solvente 1030 Iquine. Aplicação com pistola: de 20% a 30% de diluição. Diluir com Thinner 1010 Iquine até atingir a viscosidade ideal.

Secagem

Ao toque: 2 a 4 h
Manuseio: 6 a 8 h
Completo: 24 h

1 2 Preparação inicial

Para atingir o resultado esperado, cuidados prévios devem ser rigorosamente observados. A superfície deve estar seca, limpa e isenta de qualquer resíduo, partes soltas, poeira, gordura, óleos vegetais ou mofo.

1 2 Preparação em demais superfícies

Superfícies com manchas de gordura ou mofo: limpar utilizando Thinner 1010 Iquine. Aguardar a secagem. **Superfícies com pequenas imperfeições:** utilizar lixa para madeira grana 150 no desbaste e, em seguida, lixa para madeira grana 220 no acabamento. Remover o pó.

1 Preparação em demais superfícies

Selagem: sugere-se o uso de Seladora Concentrada, abrandando com lixa para madeira grana 400.

1 Precauções/dicas/advertências

Manter a embalagem bem fechada e em bom estado de conservação, guardando-a em local ventilado, coberto e seco, sempre na posição vertical e sem diluir. Não queimar nem reutilizar a embalagem para outros fins. Quando for fazer a aplicação do produto, abrir portas e janelas. Utilizar sempre equipamentos de proteção e segurança. Manter o produto fora do alcance de crianças, animais e fontes de calor. Em caso de ingestão ou inalação excessiva, não provocar vômito. Procurar imediatamente um médico, informando o tipo de produto usado. Evitar pintar em dias chuvosos, com ventos fortes, temperatura abaixo de 10 °C e umidade relativa do ar superior a 90%. Não expor a superfície pintada a esforços durante 20 dias. Nesse período, pingos de chuva ou respingos de água podem causar manchas.

1 Principais atributos do produto 1

Oferece acabamento perfeito, ideal para superfícies internas de madeira, e secagem ao toque de 15 min.

2 Principais atributos do produto 2

Realça os veios naturais da madeira, oferece brilho duradouro e secagem rápida e é ideal para móveis e artesanato. Tem um ano de garantia.*

*A Iquine garante o desempenho desse produto por um ano, após a aplicação, desde que aplicado rigorosamente conforme as instruções da embalagem, com espessura igual ou superior a 70 µm. Manter em seu poder a nota fiscal original de compra, o número do lote de fabricação e o prazo de validade, para obter o direito de reposição do produto caso haja desempenho insatisfatório. Fissuras e rachaduras da madeira não são cobertas pela garantia.

A Iquine é a maior indústria de tintas 100% brasileira e uma das cinco maiores da América Latina, produzindo mais de 60 milhões de litros por ano.

3 4 Preparação inicial

Para atingir o resultado esperado, cuidados prévios devem ser rigorosamente observados. A superfície deve estar seca, limpa e isenta de qualquer resíduo, partes soltas, poeira, gordura, óleos vegetais ou mofo.

3 4 Preparação em demais superfícies

Superfícies com manchas de gordura ou mofo: limpar utilizando Solvente 1030 Iquine. Aguardar a secagem. **Superfícies com pequenas imperfeições:** utilizar lixa para madeira grana 150 no desbaste e, em seguida, lixa para madeira grana 220 no acabamento. Remover o pó.

3 4 Precauções / dicas / advertências

Manter a embalagem bem fechada e em bom estado de conservação, guardando-a em local ventilado, coberto e seco, sempre na posição vertical e sem diluir. Não queimar nem reutilizar a embalagem para outros fins. Quando for fazer a aplicação do produto, abrir portas e janelas. Utilizar sempre equipamentos de proteção e segurança. Manter o produto fora do alcance de crianças, animais e fontes de calor. Em caso de ingestão ou inalação excessiva, não provocar vômito. Procurar imediatamente um médico, informando o tipo de produto usado. Evitar pintar em dias chuvosos, com ventos fortes, temperatura abaixo de 10 °C e umidade relativa do ar superior a 90%. Não expor a superfície pintada a esforços durante 20 dias. Nesse período, pingos de chuva ou respingos de água podem causar manchas.

3 Principais atributos do produto 3

Tem triplo filtro solar e baixo odor e é ideal para casas, portas, portões e janelas. Tem 3 anos de garantia.*

*A Iquine garante o desempenho desse produto por 3 anos, após a aplicação, desde que aplicado rigorosamente conforme as instruções da embalagem, com espessura igual ou superior a 70 µm. Manter em seu poder a nota fiscal original de compra, o número do lote de fabricação e o prazo de validade, para obter o direito de reposição do produto caso haja desempenho insatisfatório. Fissuras e rachaduras da madeira não são cobertas pela garantia.

4 Principais atributos do produto 4

Tem baixo odor, realça e protege a madeira contra as intempéries e é ideal para portas e janelas de madeira. Tem 2 anos de durabilidade.*

*A Iquine garante o desempenho desse produto por 2 anos, após a aplicação, desde que aplicado rigorosamente conforme as instruções da embalagem, com espessura igual ou superior a 70 µm. Manter em seu poder a nota fiscal original de compra, o número do lote de fabricação e o prazo de validade, para obter o direito de reposição do produto caso haja desempenho insatisfatório. Fissuras e rachaduras da madeira não são cobertas pela garantia.

Verniz Sol & Chuva 3

Verniz com triplo filtro solar que protege e realça a superfície da madeira, impedindo a ação danosa dos raios ultravioleta. Possui boa durabilidade, baixo odor, secagem rápida, excepcional poder de penetração e fácil aplicação. Sua formulação exclusiva proporciona à película proteção contra água, fungos e intemperismo. É indicado para o revestimento de superfícies externas e internas de madeira.

USE COM: Thinner 1010 Iquine
Solvente 1030 Iquine

Embalagens/rendimento

Galão (3,6 L): até 112 m²/demão.
Quarto (0,9 L): até 28 m²/demão.

Aplicação

O verniz precisa estar bem homogêneo e na diluição correta. Normalmente, 2 a 3 demãos, com intervalos de 16 a 24 h, são suficientes. Utilizar pincel, rolo de espuma ou pistola.

Cor

Conforme cartela de cores

Acabamento

Acetinado e alto brilho

Diluição

Aplicação com pincel ou rolo: até 20% de diluição. Diluir 5 partes de verniz com até uma parte de Solvente 1030 Iquine. Aplicação com pistola: de 20% a 30% de diluição. Diluir em Thinner 1010 Iquine, até atingir viscosidade ideal.

Secagem

Ao toque: 4 a 6 h
Final: 24 h

Verniz Marítimo 4

À base de resina poliuretânica, tem elevada resistência, bom alastramento e secagem rápida. De fácil aplicação, é indicado para proteção de superfícies internas e externas de madeira, conferindo boa resistência às intempéries. Possui um perfeito acabamento que realça o aspecto natural da madeira.

Thinner 1010 Iquine
Solvente 1030 Iquine

Embalagens/rendimento

Galão (3,6 L): até 112 m²/demão.
Quarto (0,9 L): até 28 m²/demão.

Aplicação

O verniz precisa estar bem homogêneo e na diluição correta. Normalmente, 2 a 3 demãos, com intervalos de 12 h, são suficientes. Utilizar pincel, rolo de espuma ou pistola.

Cor

Incolor

Acabamento

Fosco, acetinado e alto brilho

Diluição

Aplicação com pincel ou rolo: diluir com até 20% de Solvente 1030 Iquine. Aplicação com pistola: diluir com até 30% de Thinner 1010 Iquine.

Secagem

Ao toque: 4 a 6 h
Final: 24 h

Seladora Acabamento 1

Seladora à base de resina alquídica e solução de nitrocelulose, que protege e realça a superfície da madeira. Possui boa durabilidade, grande poder de penetração, secagem ultrarrápida, fácil aplicação e excelente rendimento, além de um duradouro acabamento acetinado. É indicada para revestimento de superfícies internas de madeira em geral.

USE COM: Thinner 1010 Iquine

Embalagens/rendimento

Galão (3,6 L): até 40 m²/demão.
Quarto (0,9 L): até 10 m²/demão.

Aplicação

O produto precisa estar bem homogêneo e na diluição correta. Normalmente, 2 a 3 demãos, com intervalos de 30 min, são suficientes.

Cor

Incolor

Acabamento

Acetinado

Diluição

Diluir 20%. Usar 5 partes de Seladora Acabamento com até uma parte de Thinner 1010 Iquine.

Secagem

Ao toque: 5 min
Manuseio: 20 min
Lixamento: 3 h

Stain Impregnante 2

Formulado com resina alquídica especial, com filtro solar e fungicida. De fácil aplicação, além de ser hidrorrepelente, penetra fundo na madeira, tratando e realçando a beleza natural dos seus veios. É indicado para proteção de portas, portões, janelas, esquadrias, cercas, lambris, casas pré-fabricadas de madeira, móveis de madeira para jardins e madeiras decorativas em geral.

USE COM: Aguarrás Iquine

Embalagens/rendimento

Galão (3,6 L): até 100 m²/demão.
Quarto (0,9 L): até 25 m²/demão.

Aplicação

O produto precisa estar bem homogêneo e na diluição correta. Para exterior, aplicar 3 demãos e, para interior, 2 demãos, com intervalos de 12 h. Não é necessário lixar entre as demãos. Para aplicação com pincel, fazer pinceladas longas no sentido dos veios da madeira, deixando o mínimo possível de produto aplicado, a fim de construir uma camada mais uniforme após as demãos necessárias.

Cor

Incolor

Acabamento

Acetinado

Diluição

Pronto para uso. Agitar bem antes de usar e durante a aplicação.

Secagem

Ao toque: 4 a 6 h
Entre demãos: 12 h
Completo: 24 h

1 2 Preparação inicial

Para atingir o resultado esperado, cuidados prévios devem ser rigorosamente observados.

1 Preparação inicial

A superfície deve estar seca, limpa e isenta de qualquer resíduo, parrtes soltas, poeira, gordura, óleos vegetais ou mofo.

2 Preparação inicial

A madeira deve estar firme, seca (com menos de 20% de umidade), coesa, limpa, livre de partes soltas e sem mofo, óleos, graxas, ceras e outros contaminantes.

1 Preparação em demais superfícies

Superfícies com manchas de gordura ou mofo: limpar utilizando Thinner 1010. Aguardar a secagem. **Superfícies com pequenas imperfeições:** utilizar lixa para madeira grana 150 no desbaste e, em seguida, lixa para madeira grana 220 no acabamento. Remover o pó.

2 Preparação em demais superfícies

Madeiras novas: utilizar lixa para madeira grana 180 ou 240 para eliminar farpas. Remover o pó e aplicar uma demão de Stain Impregnante. **Repintura:** utilizar lixa para madeira grana 360 ou 400 até eliminar o brilho. Remover o pó. Obs.: vernizes de outros fabricantes e resíduos de removedores devem ser eliminados. **Superfícies com manchas de gordura ou graxa:** limpar com um pano umedecido em Aguarrás Iquine. **Superfícies com partes mofadas:** lavar com água sanitária, enxaguar e aguardar a secagem.

1 2 Precauções/dicas/advertências

Manter a embalagem bem fechada e em bom estado de conservação, guardando-a em local ventilado, coberto e seco, sempre na posição vertical e sem diluir. Não queimar nem reutilizar a embalagem para outros fins. Quando for fazer a aplicação do produto, abrir portas e janelas. Utilizar sempre equipamentos de proteção e segurança. Manter o produto fora do alcance de crianças, animais e fontes de calor. Em caso de ingestão ou inalação excessiva, não provocar vômito. Procurar imediatamente um médico, informando o tipo de produto usado. Evitar pintar em dias chuvosos, com ventos fortes, temperatura abaixo de 10 °C e umidade relativa do ar superior a 90%. Não expor a superfície pintada a esforços durante 20 dias. Nesse período, pingos de chuva ou respingos de água podem causar manchas.

1 Principais atributos do produto 1

Tem secagem ultrarrápida e grande poder de penetração e é ideal para superfícies novas de madeira. Tem dupla ação: sela e confere acabamento à madeira.

2 Principais atributos do produto 2

É resistente a água e umidade, penetra e protege a madeira. É ideal para decks, portas e beirais. Tem 3 anos de garantia.*

*A Iquine garante o desempenho desse produto por 3 anos, após a aplicação, desde que aplicado rigorosamente conforme as instruções da embalagem, com espessura igual ou superior a 70 μm. Manter em seu poder a nota fiscal original de compra, o número do lote de fabricação e o prazo de validade, para obter o direito de reposição do produto caso haja desempenho insatisfatório. Fissuras e rachaduras da madeira não são cobertas pela garantia.

3 4 Preparação inicial

A superfície deve estar firme, limpa, seca e sem poeira, partes soltas, gordura, graxa ou mofo.

3 Preparação inicial

Não pode ser aplicado em superfícies esmaltadas, enceradas, vitrificadas ou não porosas.

3 4 Preparação em demais superfícies

Superfícies com manchas de gordura: limpar com água e sabão ou detergente neutro e enxaguar logo em seguida. Aguardar a secagem. **Superfícies com manchas de mofo:** limpar com uma solução de água sanitária diluída em água potável na proporção de 1:1, enxaguar após 2 h e aguardar secagem.

3 Preparação em demais superfícies

Telhas e cerâmicas: escovar até eliminar toda a sujeira acumulada, lavar com água e aguardar a secagem.

4 Preparação em demais superfícies

Superfícies com partes soltas ou malconservadas: remover as partes sem aderência e aplicar, em seguida, uma demão de Fundo Acrílico Preparador de Paredes (Base Água) Iquine. A aplicação desse produto serve também para aumentar a coesão e diminuir a alcalinidade. **Azulejos, vidros ou pastilhas:** limpar a superfície, principalmente os rejuntes. Caso necessário, lavar com detergente ou sabão neutro. Após a secagem, aplicar Massa Acrílica Iquine. **Madeiras (novas):** lixar para retirar farpas. Aplicar um demão de Fundo Nivelador Branco (Base Água) Iquine. Caso deseje nivelar a superfície, aplicar Massa para Madeira (Base Água) Iquine e lixar após secar. **Madeiras (repintura):** lixar até eliminar totalmente o brilho e corrigir as imperfeições da superfície. **Metais ferrosos:** remover eventuais pontos de ferrugem com lixa e/ou escova de aço e, em seguida, aplicar uma ou duas demãos de Zarcofer Fundo Anticorrosivo ou Zarcofer Fundo Anticorrosivo (Base Água).

3 4 Precauções / dicas / advertências

Manter a embalagem bem fechada e em bom estado de conservação, guardando-a em local ventilado, coberto e seco, sempre na posição vertical e sem diluir. Não queimar nem reutilizar a embalagem para outros fins. Quando for fazer a aplicação do produto, abrir portas e janelas. Utilizar sempre equipamentos de proteção e segurança. Manter o produto fora do alcance de crianças, animais e fontes de calor. Em caso de ingestão ou inalação excessiva, não provocar vômito. Procurar imediatamente um médico, informando o tipo de produto usado. Evitar pintar em dias chuvosos, com ventos fortes, temperatura abaixo de 10 °C e umidade relativa do ar superior a 90%. Não expor a superfície pintada a esforços durante 20 dias. Nesse período, pingos de chuva ou respingos de água podem causar manchas. Caso isso ocorra, lavar toda a superfície com água limpa corrente imediatamente.

3 Principais atributos do produto 3

Apresenta alta proteção aos raios UV e não requer solvente. Impermeabiliza, embeleza e protege seu telhado.

4 Principais atributos do produto 4

É à base d'água, antimofo e resistente à limpeza do dia a dia.

Telha Cerâmica 3

É uma resina impermeabilizante, com alto poder de proteção contra os raios UV, capaz de deixar as telhas de cerâmica bonitas como novas. É indicada para superfícies de tijolos e telhas não vitrificados, em áreas externas e internas.

Embalagens/rendimento

Lata (18 L): até 200 m² (até 3.200 telhas montadas).
Galão (3,6 L): até 40 m² (até 640 telhas montadas).

Aplicação

A resina precisa estar bem homogênea e na diluição correta. Normalmente, 2 demãos são suficientes, mas, dependendo do estado da superfície, esse número pode ser maior.

Cor

Conforme cartela de cores

Acabamento

Brilhante

Diluição

Pronta para uso. Se necessário, para aplicação com pistola, diluir uma parte da resina com até meia parte de água.

Secagem

Ao toque: 30 min
Entre demãos: 4 h
Final: 12 h

Banheiros e Cozinhas 4

É uma tinta epóxi à base d'água, com acabamento acetinado, fórmula antimofo e baixo odor. Oferece maiores durabilidade e resistência, na limpeza do dia a dia, à superfície de azulejos, pastilhas, alvenaria, vidros, madeiras e metais. É indicada para renovar ambientes internos e externos de banheiros, cozinhas, lavanderias e outros.

USE COM:
Zarcofer Fundo Anticorrosivo Iquine
Fundo Acrílico Preparador de Paredes (Base Água)

Embalagens/rendimento

Galão (3,6 L): até 70 m²/demão.
Quarto (0,9 L): até 17,5 m²/demão.

Aplicação

A tinta epóxi precisa estar bem homogênea e na diluição correta. Normalmente, 2 a 3 demãos são suficientes, mas, dependendo do estado da superfície, esse número pode ser maior.

Cor

Conforme cartela de cores

Acabamento

Acetinado

Diluição

Para azulejos, pastilhas, alvenaria, vidros, madeiras e metais: 10% de diluição. Diluir 5 partes de tinta com até meia parte de água. Para massa acrílica, reboco novo e concreto novo: 30% de diluição. Diluir 5 partes de tinta com até uma parte e meia de água.

Secagem

Ao toque: 30 a 40 min
Entre demãos: 3 h
Final: 7 dias

Resina Multiúso Base Água 1

É uma resina à base d'água que facilita a limpeza e protege as superfícies externas e internas de pedras, tijolos à vista e concreto aparente. Apresenta ótimo rendimento e excelente acabamento. Após a secagem, forma uma camada espessa, impermeável e resistente às intempéries. Não recomendamos sua aplicação em pisos. Obs.: esse produto não pode ser aplicado sobre superfícies esmaltadas, enceradas ou vitrificadas.

Embalagens/rendimento

Lata (18 L): até 225 m²/demão.
Galão (3,6 L): até 45 m²/demão.

Aplicação

A resina precisa estar bem homogênea. Para isso, utilizar uma ferramenta adequada. Normalmente, 2 demãos, com intervalo de 4 h, são suficientes, mas, dependendo do estado da superfície, esse número pode ser maior.

Cor

Incolor

Acabamento

Semibrilho

Diluição

Pronto para uso.

Secagem

Ao toque: 1 a 2 h
Entre demãos: 4 h
Final: 12 h

1 Preparação inicial

A superfície deve estar firme, limpa, seca e sem poeira, partes soltas, gordura, graxa ou mofo.

1 Preparação em demais superfícies

Superfícies com manchas de gordura: limpar com água e sabão ou detergente neutro e enxaguar logo em seguida. Aguardar a secagem. **Superfícies com manchas de mofo:** limpar com uma solução de água sanitária diluída em água potável na proporção de 1:1, enxaguar após 2 h e aguardar secagem. **Paredes em pedra, tijolo e concreto:** escovar até eliminar toda a sujeira acumulada, depois lavar com água e aguardar a secagem.

1 Precauções/dicas/advertências

Manter a embalagem bem fechada e em bom estado de conservação, guardando-a em local ventilado, coberto e seco, sempre na posição vertical e sem diluir. Não queimar nem reutilizar a embalagem para outros fins. Quando for fazer a aplicação do produto, abrir portas e janelas. Utilizar sempre equipamentos de proteção e segurança. Manter o produto fora do alcance de crianças, animais e fontes de calor. Em caso de ingestão ou inalação excessiva, não provocar vômito. Procurar imediatamente um médico, informando o tipo de produto usado. Evitar pintar em dias chuvosos, com ventos fortes, temperatura abaixo de 10 °C e umidade relativa do ar superior a 90%. Não expor a superfície pintada a esforços durante 20 dias. Nesse período, pingos de chuva ou respingos de água podem causar manchas. Caso isso ocorra, lavar toda a superfície com água limpa corrente imediatamente.

1 Principais atributos do produto 1

Não requer solvente e é ideal para pedras, tijolos e concreto. Impermeabiliza, protegendo a superfície.

Sua Cor 2

É um corante indicado para tingimento de tintas látex à base d'água (PVA, vinil-acrílica e acrílica). Disponível em diversas cores que permitem a obtenção de várias tonalidades, tem alto poder de tingimento e resistência e é de fácil homogeneização.

Embalagens/rendimento

Embalagem (500 mL): dependendo da cor desejada, até 5 potes por lata (16 L) de tinta, e até um pote por galão (3,2 L) de tinta.

Aplicação

Adicionar o corante Sua Cor em uma tinta látex branca ou colorida. Misturar bem até homogeneizar o produto.

Cor

18 cores, conforme cartela de cores

Acabamento

Não aplicável

Diluição

Conforme indicação da tinta utilizada no tingimento.

Secagem

Conforme indicação da tinta utilizada no tingimento

Tintas Látex Iquine
Bases Sua Cor Iquine

A Iquine é a maior indústria de tintas 100% brasileira e uma das cinco maiores da América Latina, produzindo mais de 60 milhões de litros por ano.

3 Preparação inicial

A superfície deve estar firme, limpa, seca e sem poeira, partes soltas, gordura, graxa ou mofo.

4 Preparação inicial

O produto precisa estar bem homogêneo e na diluição correta. Devem ser aplicadas 2 demãos com intervalo mínimo de 2 h entre demãos. Aguardar 7 dias após a última demão para comprovar a estanqueidade do sistema. Para isso, deve-se vedar ralos e deixar uma lâmina de água de 5 cm de altura por, no mínimo, 72 h.

3 Preparação em demais superfícies

Alvenaria: a superfície deve estar isenta de cal e umidade (30 dias de cura). Aplicar uma demão de Fundo Epóxi Catalisável Iquine. Após secagem, lixar e retirar o pó. **Pisos de cimento:** aguardar a secagem e a cura completa de 30 dias. Aplicar uma demão de Fundo Epóxi Catalisável Iquine. **Pisos de cimento queimado:** lavar com uma solução de ácido muriático e enxaguar com água em abundância. Após a secagem, aplicar uma demão de Fundo Epóxi Catalisável Iquine. **Tijolos e azulejos:** retirar a poeira e aplicar uma demão de Fundo Epóxi Catalisável Iquine. **Azulejos:** limpar bem com detergente, principalmente os rejuntes. Enxaguar e aguardar a secagem. Depois, aplicar uma demão de Fundo Epóxi Catalisável Iquine. **Aços, ferros, galvanizados e alumínios:** eliminar a oxidação, as graxas ou outros contaminantes, depois aplicar uma demão de Fundo Epóxi Catalisável Iquine. **Madeiras internas:** aplicar uma demão de Fundo Epóxi Catalisável Iquine. Após a secagem, lixar e eliminar o pó.

4 Preparação em demais superfícies

Lajes e coberturas: arredondar os cantos vivos e regularizar perfeitamente com argamassa, com traço de 1:4, dando caimento mínino de 1% em direção aos coletores de águas pluviais/ralos. **Paredes:** limpar, secar e retirar poeira, graxa, sabão ou mofo seguindo norma NBR 13245.

3 4 Precauções / dicas / advertências

Manter a embalagem bem fechada e em bom estado de conservação, guardando-a em local ventilado, coberto e seco, sempre na posição vertical e sem diluir. Não queimar nem reutilizar a embalagem para outros fins. Quando for fazer a aplicação do produto, abrir portas e janelas. Utilizar sempre equipamentos de proteção e segurança. Manter o produto fora do alcance de crianças, animais e fontes de calor. Em caso de ingestão ou inalação excessiva, não provocar vômito. Procurar imediatamente um médico, informando o tipo de produto usado. Evitar pintar em dias chuvosos, com ventos fortes, temperatura abaixo de 10 °C e umidade relativa do ar superior a 90%. Não expor a superfície pintada a esforços durante 20 dias.

3 Precauções / dicas / advertências

Nesse período, pingos de chuva ou respingos de água podem causar manchas. Caso isso ocorra, lavar toda a superfície com água limpa corrente imediatamente.

3 Principais atributos do produto 3

Oferece mais aderência e durabilidade, é resistente à umidade e à abrasão e ideal para pintura de tubulações, máquinas, estruturas metálicas, pisos, azulejos, concreto etc.

4 Principais atributos do produto 4

É superflexível (até 400% de elasticidade), veda trincas e fissuras e possui secagem rápida, com apenas 2 demãos.

Diepóxi 3

É um esmalte formulado com resina epóxi que proporciona grande durabilidade e resistência química. De acabamento brilhante, oferece ótima aderência aos mais diversos tipos de superfícies externas e internas de concreto, alvenaria, metálicas, de alumínio, galvanizadas, pisos de cimentos, tijolos e azulejos.

USE COM: Diepóxi Complemento B Iquine
Fundo Epóxi Catalisável Iquine

Embalagens/rendimento

Galão (3,6 L): até 50 m²/demão.

Aplicação

Aplicar de 2 a 3 demãos com intervalos de 12 a 48 h. Importante: a mistura do esmalte com o catalisador é obrigatória para a correta aplicação do produto. Sua reação química é irreversível, preparar apenas o volume a ser utilizado.

Cor

Conforme cartela de cores

Acabamento

Brilhante

Diluição

Pincel e trincha: diluir 5 partes da tinta catalisada com até meia parte de Diluente Epóxi Iquine. Rolo e pistola: diluir 5 partes da tinta catalisada com até uma parte de Diluente Epóxi Iquine.

Secagem

Flash-off: 20 a 30 s
Ao toque: 2 h
Manuseio: 6 h
Pot life da mistura: 8 h
Entre demãos: 12 a 48 h
Final: 24 h
Cura total: 7 dias

Manta Líquida 4

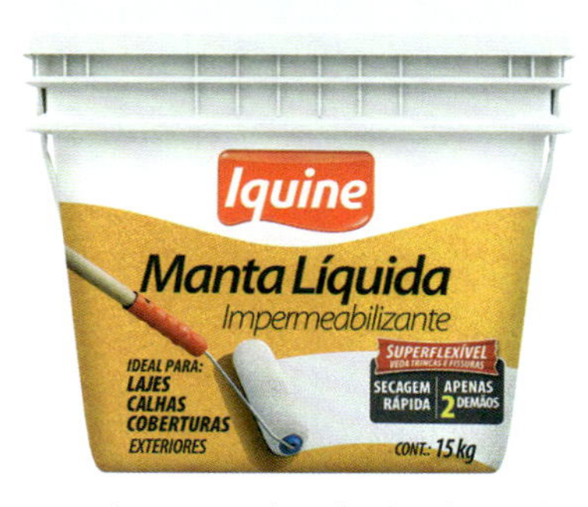

É um impermealizante acrílico de alta elasticidade que evita a passagem da água na superfície. Apresenta grande resistência a pressões hidrostáticas positivas. É indicado para coberturas, lajes, marquises, calhas, telhas de fibrocimento e áreas externas dos reservatórios. Não suporta pressões hidrostáticas negativas nem pode ser aplicado em substratos úmidos, piscinas e no interior dos reservatórios de água.

Embalagens/rendimento

Embalagem (5 kg): até 4 m², já com 2 demãos.
Embalagem (15 kg): até 12 m², já com 2 demãos.

Aplicação

A superfície deve estar limpa, seca, sem partes soltas e sem impregnação de produtos que prejudiquem a aderência. Garantir que a aderência entre o concreto e a argamassa esteja com coesão e que ralos, rodapés, trincas e canos estejam regularizados com argamassa e com caimento de 1%. Aguardar a secagem da argamassa por 7 dias antes de aplicar a Manta Líquida Iquine. Utilizar rolo de lã alta ou vassoura de pelo macio.

Cor

Branco

Acabamento

Fosco

Diluição

Na primeira demão, diluir 10%. Sem diluição na segunda demão.

Secagem

Ao toque: 1 h
Final: 72 h

Dialine Seca Rápido Spray

É um esmalte sintético em spray com fórmula exclusiva que cria uma película extremamente lisa, que dificulta a aderência de sujeiras e riscos. Fácil de aplicar, tem altas cobertura e resistência e garante um fino acabamento, elevando o padrão e a qualidade da pintura. Indicado para o revestimento de metais ferrosos, galvanizados, madeiras e alvenaria, em ambientes externos e internos.

USE COM:

Wash Primer Iquine

Galvomax Fundo para Galvanizados Iquine

Embalagens/rendimento

Embalagem (400 mL): até 1,3 m².

Aplicação

Após uma homogeneização mínima de 30 s, aplicar Dialine Seca Rápido Spray em demãos finas e cruzadas, à distância de 20 a 25 cm, para evitar escorrimento. Aplicar de 2 a 3 demãos, com intervalo de 5 a 10 min.

Cor

Conforme cartela de cores

Acabamento

Fosco e alto brilho

Diluição

Pronto para uso.

Secagem

Ao toque: 15 min
Entre demãos: 30 min a 2 h
Final: 5 a 7 h

1 Preparação inicial

A superfície deve estar firme, limpa, seca e sem poeira, partes soltas, gordura, graxa ou mofo. Antes de aplicar, agitar vigorosamente o tubo até ouvir o impacto da esfera de vidro no fundo da embalagem. Não expor a superfície pintada a esforços durante 20 dias. Após esse período, limpar a superfície utilizando pano ou esponja macia umedecida com água e detergente neutro. Não indica-se a utilização combinada ou em mistura com outros produtos não especificados na embalagem.

1 Preparação em demais superfícies

Alumínios: utilizar Wash Primer. **Alvenaria:** para aplicações sobre massa corrida, utilizar como fundo Selador PVA; sobre massa acrílica, utilizar como fundo Selador Acrílico. **Metais ferrosos:** retirar a ferrugem, utilizando lixa e/ou escova de aço e, em seguida, aplicar uma ou 2 demãos de Zarcofer Fundo Anticorrosivo ou Zarcofer Fundo Anticorrosivo (Base Água). **Madeiras:** lixar para retirar as farpas, depois usar um pano umedecido em Solvente 1030 Iquine para limpar a sujeira. Em seguida, aplicar uma demão de Fundo Nivelador Branco (Base Água) Iquine. **Superfícies com pequenas imperfeições:** aplicar Massa para Madeira (Base Água) e, em seguida, aplicar sobre a massa uma demão de Fundo Nivelador Branco (Base Água) Iquine. **Repintura:** lixar a superfície até a perda total do brilho. **Superfícies engorduradas:** passar um pano embebido de Thinner 1010 Iquine até tirar toda a gordura. **Galvanizados:** utilizar Galvomax Fundo para Galvanizados.

1 Precauções/dicas/advertências

Manter a embalagem bem fechada e em bom estado de conservação, guardando-a em local ventilado, coberto e seco, sempre na posição vertical e sem diluir. Não queimar nem reutilizar a embalagem para outros fins. Quando for fazer a aplicação do produto, abrir portas e janelas. Utilizar sempre equipamentos de proteção e segurança. Manter o produto fora do alcance de crianças, animais e fontes de calor. Em caso de ingestão ou inalação excessiva, não provocar vômito. Procurar imediatamente um médico, informando o tipo de produto usado.

1 Principais atributos do produto 1

Tem baixo odor, maior durabilidade e fórmula com silicone que facilita a limpeza.

A Iquine é a maior indústria de tintas 100% brasileira e uma das cinco maiores da América Latina, produzindo mais de 60 milhões de litros por ano.

MAIS DE 65 ANOS DE HISTÓRIA

A Tintas Irajá desenvolve, produz e comercializa produtos dentro dos melhores padrões de qualidade e sustentabilidade e que satisfazem plenamente as necessidades de clientes e consumidores, respeitando a saúde das pessoas e dos animais e a natureza.

Fundada em 1952, iniciou suas atividades com a produção de sabão em pedra, pasta e esmalte sintético. Também envasava querosene, aguarrás e outros produtos químicos para revenda.

Entre 1967 e 1968, entraram para o quadro societário da empresa os srs. Carlos Paulo Kroschinsky e Osvaldo Luiz Kroschinsky.

No ano de 1994, a empresa colocou em prática o seu plano de expansão, iniciando a produção de uma linha mais completa de tintas imobiliárias.

Em setembro de 2000, instalou-se no Parque Industrial em São Mateus, na Rua Forte de Rio Branco, 619, onde está até hoje, ocupando uma área fabril de 6.500 m^2 de área construída, compreendendo dois andares de área produtiva e uma capacidade de produção mensal de 4 milhões de litros.

No ano de 2004, saiu da sociedade Osvaldo Luiz Kroschinsky e ingressaram Carlos Paulo Kroschinsky Jr. e Rafael Kroschinsky.

Em 2009, a Indústria Química Irajá conquistou a certificação NBR ISO 9001, que atesta a conformidade da empresa segundo os requisitos da Norma de Gestão de Qualidade em Tintas.

Hoje, a Irajá possui um portfólio de produtos da linha decorativa para pintura de alvenaria, madeira e metal, com produtos nas categorias premium, standard e econômico, atendendo às normas da ABNT e em conformidade com o Programa Setorial da Qualidade da ABRAFATI.

Nestas seis décadas, a empresa construiu uma relação de confiança e de respeito com seus fornecedores, clientes e consumidores. Sempre com muita ética, buscou atender a seu público de forma pontual e transparente.

Desde 2011, a empresa iniciou um processo de profissionalização e redefinição do seu modelo de negócio, com o objetivo de conquistar patamares maiores dentro do mercado de tintas decorativas. Para isso, iniciou uma série de investimentos em seu parque fabril, seja em equipamentos, processos ou recursos humanos.

Todos os processos e produtos da empresa foram e continuam sendo reavaliados e, boa parte deles, reformulados. A Irajá fortaleceu a relação com os atuais fornecedores e desenvolveu novos parceiros, adequando o portfólio de matérias-primas; implantou novos processos e controles mais robustos, tanto para insumos como para produto acabado; e iniciou um processo contínuo e permanente de busca de excelência.

CERTIFICAÇÕES

Iraja

TINTAS
Irajá
É COMO SE NÃO EXISTISSE
CHEIRO DE TINTA.

Tinta Acrílica Irajá Premium 1

A Tinta Acrílica Irajá Premium ajuda você a deixar a sua casa com a sua cara. A cor da parede é um elemento de decoração muito importante para criar o ambiente que você tanto quer, com o seu toque pessoal. E, para ajudá-lo, a Tinta Acrílica Premium conta com tecnologia de ponta para o desenvolvimento de cores, e você pode escolher uma das prontas disponíveis no catálogo.

USE COM:
Massa Acrílica Irajá
Selador Acrílico

Embalagens/rendimento

Lata (18 L): até 500 m²/demão.
Galão (3,6 L): até 100 m²/demão.
Quarto (0,9 L): até 25 m²/demão.

Aplicação

Utilizar rolo de lã de pelo baixo ou pincel de cerdas macias.

Cor

Branco

Acabamento

Fosco, semibrilho e acetinado

Diluição

Diluir com água em até 50% para todas as superfícies, ou seja, 2 partes de tinta para uma parte de água.

Secagem

Ao toque: 30 min
Final: 4 h

Tinta Acrílica Irajá Standard 2

A Tinta Acrílica Irajá Standard ajuda você a deixar a sua casa com a sua cara. A cor da parede é um elemento de decoração muito importante para criar o ambiente que você tanto quer, com o seu toque pessoal. E, para ajudá-lo, a Tinta Acrílica Standard conta com tecnologia de ponta para o desenvolvimento de cores, e você pode escolher uma das prontas disponíveis no catálogo.

USE COM:
Massa Corrida PVA Irajá (interior)
Massa Acrílica Irajá (exterior e interior)

Embalagens/rendimento

Lata (18 L): até 500 m²/demão.
Galão (3,6 L): até 100 m²/demão.

Aplicação

Utilizar rolo de lã de pelo baixo ou pincel de cerdas macias.

Cor

Branco

Acabamento

Fosco

Diluição

Diluir com água em até 50% para todas as superfícies, ou seja, 2 partes de tinta para uma parte de água.

Secagem

Ao toque: 30 min
Final: 4 h

A Tintas Irajá desenvolve, produz e comercializa produtos dentro dos melhores padrões de qualidade e sustentabilidade e que satisfazem plenamente às necessidades de clientes e consumidores, respeitando a saúde das pessoas e dos animais e a natureza.

Tinta Acrílica Irajá Econômica 3

A Tinta Acrílica Irajá Econômica ajuda você a deixar a sua casa com a sua cara. A cor da parede é um elemento de decoração muito importante para criar o ambiente que você tanto quer, com o seu toque pessoal. E, para ajudá-lo, a Tinta Acrílica Econômica conta com tecnologia de ponta para o desenvolvimento de cores, e você pode escolher uma das prontas disponíveis no catálogo.

USE COM: Massa Corrida PVA Irajá

Embalagens/rendimento

Lata (18 L): até 300 m²/demão.
Galão (3,6 L): até 60 m²/demão.

Aplicação

Utilizar rolo de lã de pelo baixo ou pincel de cerdas macias.

Cor

Branco

Acabamento

Fosco

Diluição

Diluir com água em até 30% para todas as superfícies, ou seja, 3 partes de tinta para uma parte de água.

Secagem

Ao toque: 30 min
Final: 4 h

Tinta Acrílica Econômica Iragesso 4

A Tinta Acrílica Econômica Iragesso é um acrílico de qualidade superior indicado para ambientes internos de gesso e drywall com alto rendimento. Disponível somente na cor branca.

USE COM: Fundo Preparador de Paredes

Embalagens/rendimento

Lata (18 L): até 300 m²/demão.
Galão (3,6 L).

Aplicação

Utilizar rolo de lã de pelo baixo ou pincel de cerdas macias.

Cor

Branco

Acabamento

Fosco

Diluição

Diluir com água em até 30% para todas as superfícies, ou seja, 3 partes de tinta para uma parte de água.

Secagem

Ao toque: 30 min
Final: 4 h

Tinta Acrílica Premium Irapiso

1

A Tinta Acrílica Premium Irapiso está 2 vezes mais durável e foi especialmente desenvolvida para ser aplicada em áreas em que há grande circulação, pois é resistente ao tráfego. Estacionamentos, garagens, quadras poliesportivas, calçadas, escadarias, áreas de lazer e outras áreas, se pintados com Irapiso, estarão sempre protegidos das ações do sol e da chuva e também dos desgastes causados por atritos.

Fundo Preparador de Paredes

Lata (18 L): até 325 m²/demão.
Galão (3,6 L): até 65 m²/demão.

Aplicação

Utilizar rolo de lã de pelo baixo ou pincel de cerdas macias.

Cor

Branco, cinza, azul, amarelo demarcação, preto, cinza chumbo, verde quadra, vermelho segurança, concreto e vermelho quadra

Acabamento

Fosco

Diluição

Diluir com água em até 30% para todas as superfícies, ou seja, 3 partes de tinta para uma parte de água.

Secagem

Tráfego de pessoas: 48 h
Tráfego de veículos: 72 h

Textura Riscada Hidrorrepelente

A Textura Riscada Hidrorrepelente pode ser aplicada diretamente sobre o reboco e disfarça pequenas imperfeições da superfície. É de cor branca, mas você pode obter um efeito decorativo com outras cores aplicando tinta de acabamento sobre a textura. Além disso, é muito simples utilizar o produto: ele dispensa o uso de massa fina em superfícies de alvenaria e pode ser aplicado em ambientes internos e externos.

USE COM:

Selador Acrílico
Fundo Preparador de Paredes

Embalagens/rendimento

Lata (25 kg): 8 a 12 m²/demão.
Lata (12,5 L).

Aplicação

Utilizar rolo de borracha, rolo de lã, rolo de espuma, desempenadeira, espátula, escova etc.

Cor

Branco

Acabamento

Fosco

Diluição

Pronta para uso.

Secagem

Ao toque: 2 h
Final: 4 h

A Tintas Irajá desenvolve, produz e comercializa produtos dentro dos melhores padrões de qualidade e sustentabilidade e que satisfazem plenamente às necessidades de clientes e consumidores, respeitando a saúde das pessoas e dos animais e a natureza.

Textura Design Hidrorrepelente 3

A Textura Design Hidrorrepelente pode ser aplicada diretamente sobre o reboco e disfarça pequenas imperfeições da superfície. É de cor branca, mas você pode obter um efeito decorativo com outras cores aplicando tinta de acabamento sobre a textura. Além disso, é muito simples utilizar o produto: ele dispensa o uso de massa fina em superfícies de alvenaria e pode ser aplicado em ambientes internos e externos.

USE COM:
Selador Acrílico
Fundo Preparador de Paredes

Embalagens/rendimento
Lata (25 kg): 8 a 12 m²/demão.
Lata (12,5 L).

Aplicação
Utilizar rolo de borracha, rolo de lã, rolo de espuma, desempenadeira, espátula, escova etc.

Cor
Branco

Acabamento
Fosco

Diluição
Pronta para uso.

Secagem
Ao toque: 2 h
Final: 4 h

Textura Lisa Hidrorrepelente 4

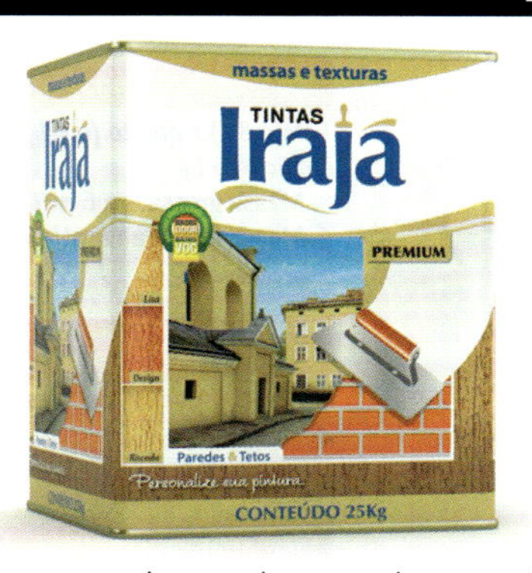

A Textura Lisa Hidrorrepelente pode ser aplicada diretamente sobre o reboco e disfarça pequenas imperfeições da superfície. É de cor branca, mas você pode obter um efeito decorativo com outras cores aplicando tinta de acabamento sobre a textura. Além disso, é muito simples utilizar o produto: ele dispensa o uso de massa fina em superfícies de alvenaria e pode ser aplicado em ambientes internos e externos.

USE COM:
Selador Acrílico
Fundo Preparador de Paredes

Embalagens/rendimento
Lata (25 kg): 8 a 12 m²/demão.
Lata (12,5 L).

Aplicação
Utilizar rolo de borracha, rolo de lã, rolo de espuma, desempenadeira, espátula, escova etc.

Cor
Branco

Acabamento

Fosco

Diluição
Pronta para uso.

Secagem
Ao toque: 2 h
Final: 4 h

(11) 2018-9999
www.tintasiraja.com.br

Tintas Killing – Torna sua vida mais fácil

Tudo sempre pode ser mais fácil. É assim que a Killing pensa: um problema pode ser resolvido de forma simples, uma meta sempre pode ser alcançada, a vida pode ser mais fácil. Na Killing, todo mundo só pensa nisso: em facilitar a vida das pessoas.

É para isso que, há mais de meio século, a Killing trabalha no desenvolvimento de soluções para simplificar a vida de quem usa seus produtos. Líder na América Latina no segmento de adesivos para calçados e entre os maiores fabricantes de tintas do país, destaca-se pela visão diferenciada e empreendedora focada no relacionamento próximo e confiável com clientes, parceiros e fornecedores.

Com unidades localizadas em Novo Hamburgo, Bahia, Argentina e México, a empresa oferece soluções para os segmentos de tintas industriais, tintas imobiliárias e adesivos industriais.

A Killing é destaque no mercado pelos conceitos de qualidade amplamente adotados na fabricação de seus inúmeros produtos e no relacionamento com os mercados em que atua e com as comunidades onde estão localizadas as suas unidades.

Toda essa preocupação está refletida em um posicionamento voltado ao mercado e amparada pelos valores culturais da organização, como proximidade e confiabilidade.

- Portfólio de aproximadamente 2.500 itens, entre tintas, vernizes, massas, texturas, adesivos, solventes, aditivos e produtos complementares.
- Produção mensal de mais de 3 milhões de litros.
- Gestão familiar profissionalizada.
- ISO 9001.
- Visão: consolidar a posição de empresa diferenciada, competitiva e rentável, em produtos e serviços de pintura e colagem, atuando em nichos, desenvolvendo tecnologias e produtos ecologicamente adequados.

Em tintas imobiliárias, a Killing conta com uma equipe focada em entender as demandas de cada um dos seus clientes com soluções rápidas e práticas, gerando um relacionamento de confiança e proximidade muito valorizado por aqueles que conhecem esse diferencial.

Contando com um portfólio variado, que permite diferentes soluções para todas as necessidades de uma obra, a Killing oferece ainda o mais completo sistema tintométrico do mercado. Com o Colorline, é possível pigmentar tintas acrílicas, esmaltes e vernizes com mais de 3 mil cores. E a sua obra é 100% atendida com a Tintas Killing.

Tintas Killing – Torna sua vida mais fácil.

CERTIFICAÇÕES

INFORMAÇÕES DE SERVIÇO AO CONSUMIDOR

A empresa dispõe de Serviço de Atendimento ao Consumidor pelos canais:
www.tintaskilling.com.br

www.killing.com.br SAC 0800-886-3434

Kisacril Tinta Acrílica Sem Cheiro 1

ACABAMENTO FOSCO

Indicada para acabamento em superfícies externas e internas de reboco, concreto, massa acrílica, massa corrida, texturas e repinturas. Proporciona excelente acabamento e extraordinária resistência ao intemperismo. Produto de fácil aplicação, ótima cobertura e excelentes alastramento e durabilidade.

Embalagens/rendimento

Lata (18 L): 225 a 325 m²/demão.
Galão (3,6 L): 45 a 65 m²/demão.
Quarto (0,9 L): 11 a 16 m²/demão.

Aplicação

Utilizar rolo de lã de pelo baixo ou pincel de cerdas macias.

Cor

Disponível no sistema tintométrico Colorline e em cores prontas

Acabamento

Fosco, semibrilho e acetinado

Diluição

Massa corrida/acrílica: diluir com 20% a 30% de água na primeira demão; e com 10% a 20% de água na segunda demão. Reboco, concreto e repintura: diluir com 10% a 20% de água para todas demãos.

Secagem

Completa: 6 h

USE COM: Killing Massa Acrílica
Killing Textura Acrilica

Bellacasa Tinta Acrílica Standard 2

ACABAMENTO FOSCO

Tinta acrílica com acabamento semibrilho ou fosco indicada para superfícies externas e internas de reboco, concreto, massa acrílica, massa corrida, texturas e repintura. O acabamento fosco também é indicado para pintura direto em superfícies de gesso comum e acartonado em interiores. Proporciona alta cobertura e ótima lavabilidade. Produto de fácil aplicação e excelente rendimento.

Embalagens/rendimento

Lata (18 L): 180 a 220 m²/demão.
Galão (3,6 L): 36 a 44 m²/demão.
Quarto (0,9 L): 9 a 11 m²/demão.

Aplicação

Utilizar rolo de lã de pelo baixo ou pincel de cerdas macias.

Cor

Disponível no sistema tintométrico Colorline e em cores de linha

Acabamento

Fosco e semibrilho

Diluição

Massa corrida/acrílica, reboco e concreto: 20% de água na primeira demão; de 10% a 20% de água na segunda demão. Repintura: de 10% a 20% de água em todas as demãos. Gesso (fosco): 30% de água na primeira demão; 10% a 20% de água na segunda demão.

Secagem

Completa: 6 h

USE COM: Killing Selador Acrílico Premium
Killing Fundo Preparador de Paredes

1 2 Preparação inicial

A superfície deverá estar firme, seca, limpa e isenta de pó, gordura, graxa, mofo ou qualquer outro material que possa comprometer a aderência da tinta. **Reboco novo:** deverá estar completamente seco com, no mínimo, 30 dias de cura. **Reboco fraco, pintura antiga calcinada, pintura descascando ou paredes caiadas:** após as adequadas preparação e limpeza, aplicar em toda a superfície uma demão de Killing Fundo Preparador de Paredes.

1 Principais atributos do produto 1

Sem cheiro, tem cobertura e fácil aplicação.

2 Principais atributos do produto 2

Tem ótima cobertura, alto rendimento e é antimofo.

3 4 Preparação inicial

A superfície deverá estar firme, seca, limpa e isenta de pó, gordura, graxa, mofo ou qualquer outro material que possa comprometer a aderência da tinta. **Reboco novo:** deverá estar completamente seco com, no mínimo, 30 dias de cura. **Reboco fraco, pintura antiga calcinada, pintura descascando ou paredes caiadas:** após as adequadas preparação e limpeza, aplicar em toda a superfície uma demão de Killing Fundo Preparador de Paredes.

3 Principais atributos do produto 3

Tem alto rendimento e baixo respingamento.

4 Principais atributos do produto 4

Tem ótima cobertura, alto rendimento e é antimofo.

Bellacasa Pinta Mais – Tinta Acrílica 3

Tinta acrílica fosca indicada para acabamento em superfícies externas e internas de reboco, concreto, massa acrílica, massa corrida, texturas e repintura. Permite uma diluição maior, o que resulta em rendimento superior, boa cobertura, fácil aplicação e baixo respingamento.

USE COM:
Bellacasa Textura Rústica
Bellacasa Textura Clássica

Embalagens/rendimento

Lata (18 L): até 500 m²/demão.
Galão (3,6 L): até 100 m²/demão.

Aplicação

Utilizar rolo de lã de pelo baixo ou pincel de cerdas macias.

Cor

Disponível no sistema tintométrico Colorline e em cores prontas

Acabamento

Fosco

Diluição

Massa corrida/acrílica, reboco, concreto e repintura: diluir em até 60% com água potável.

Secagem

Completa: 6 h

Bellacasa Tinta Acrílica Econômica 4

Indicada para acabamento em superfícies internas de reboco, concreto, massa corrida e repinturas. Produto de fácil aplicação, ótima cobertura e alto rendimento.

USE COM:
Killing Massa Corrida
Killing Selador Acrílico

Embalagens/rendimento

Lata (18 L): 150 a 225 m²/demão.
Galão (3,6 L): 30 a 45 m²/demão.

Aplicação

Utilizar rolo de lã de pelo baixo ou pincel de cerdas macias.

Cor

Conforme catálogo, e mais de 2 mil cores no sistema tintométrico Colorline

Acabamento

Fosco

Diluição

Primeira demão: diluir 20% de água. Demais demãos: diluir 10% a 20% de água.

Secagem

Completa: 6 h

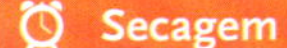

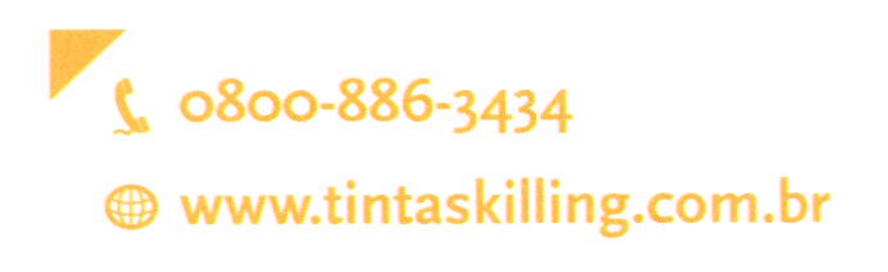

Kisacril Emborrachada Tinta Acrílica 1

Tinta acrílica elástica que forma uma película flexível e impermeável, indicada para proteger superfícies externas e internas de alvenaria e concreto contra a ação do sol, das chuvas e da maresia. É fácil de aplicar e possui excelente cobertura com acabamento fosco, proporcionando ótimas resistência e durabilidade.

USE COM: Killing Selador Acrílico Premium
Killing Fundo Preparador de Paredes

Embalagens/rendimento

Lata (18 L): 175 a 250 m²/demão.
Galão (3,6 L): 35 a 50 m²/demão.

Aplicação

Utilizar rolo de lã de pelo baixo ou pincel de cerdas macias. É necessária a aplicação de 3 demãos.

Cor

Disponível no sistema tintométrico Colorline e em cores prontas

Acabamento

Fosco

Diluição

Diluir todas as demãos em 10% de água potável.

Secagem

Ao toque: 1 h
Entre demãos: 6 h

1 Preparação inicial

A superfície deverá estar firme, seca, limpa e isenta de pó, gordura, graxa, mofo ou qualquer outro material que possa comprometer a aderência da tinta. **Reboco novo:** deverá estar completamente seco com, no mínimo, 30 dias de cura. **Reboco fraco, pintura antiga calcinada, pintura descascando ou paredes caiadas:** após as adequadas preparação e limpeza, aplicar em toda a superfície uma demão de Killing Fundo Preparador de Paredes.

2 Preparação inicial

Não aplicar em condições adversas, como temperatura abaixo de 10 °C e umidade relativa do ar superior a 90%. Limpar o material de pintura, logo após o uso, com água. O desempenho e a performance da pintura dependem da preparação e da uniformidade da superfície. Fatores externos, alheios ao controle do fabricante, como conhecimentos técnicos ou práticos do aplicador, entre outros, também podem comprometer a performance.

1 Principais atributos do produto 1

Tem excelente cobertura e ótimas resistência e durabilidade.

Killing Massa Acrílica 2

Indicada para nivelar e corrigir imperfeições em superfícies de reboco em exterior e interior. Exige acabamento.

USE COM: Kisacril Tinta Acrílica Sem Cheiro
Bellacasa Pinta Mais – Tinta Acrílica

Embalagens/rendimento

Lata (18 L): 25 a 45 m²/28 kg/demão.
Galão (3,6 L): 5 a 9 m²/5,6 kg/demão.

Aplicação

Utilizar desempenadeira de aço em camadas finas.

Cor

Branco

Acabamento

Não aplicável

Diluição

Pronta para uso.

Secagem

Completa: 3 a 4 h

3 Preparação inicial

Não aplicar em condições adversas, como temperatura abaixo de 10 °C e umidade relativa do ar superior a 90%. Limpar o material de pintura, logo após o uso, com água. O desempenho e a performance da pintura dependem da preparação e da uniformidade da superfície. Fatores externos, alheios ao controle do fabricante, como conhecimentos técnicos ou práticos do aplicador, entre outros, também podem comprometer a performance.

4 Preparação inicial

A superfície deverá estar firme, seca, limpa e isenta de pó, gordura, graxa, ferrugem ou qualquer outro material que possa comprometer a aderência da tinta. Em caso de repintura, remover completamente pinturas em estado de descascamento, bolhas ou mofos. Antes de aplicar o acabamento, observar as seguintes recomendações. **Madeiras internas:** corrigir as imperfeições com Killing Massa para Madeira Base Água. Lixar. Aplicar uma demão de Killing Fundo Branco Fosco. Lixar. **Madeiras externas:** aplicar direto sobre a superfície, diluindo mais na primeira demão, ou aplicar uma demão de Killing Fundo Branco Fosco. **Madeiras resinosas:** aplicar de 2 a 3 demãos de Kisalack Seladora para Madeira. **Ferros:** aplicar uma demão de Killing Fundo para Metal. **Alumínios e galvanizados:** aplicar uma demão de Killing Fundo para Metal: Galvanizado e Alumínio.

4 Principais atributos do produto 4

Tem secagem rápida.

Killing Massa Corrida 3

Indicada para nivelar e corrigir imperfeições em superfícies de reboco e concreto em interior. Exige acabamento.

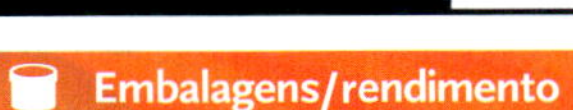

Embalagens/rendimento

Lata (18 L): 25 a 45 m²/28 kg/demão.
Galão (3,6 L): 5 a 9 m²/5,6 kg/demão.

Aplicação

Utilizar desempenadeira de aço em camadas finas.

Cor

Branco

Acabamento

Não aplicável

Diluição

Pronta para uso.

Secagem

Completa: 4 h

USE COM: Killing Selador Acrílico Premium
Killing Fundo Preparador de Paredes

Kisacril Esmalte Sintético 4

Indicado para acabamento em superfícies externas e internas de madeira, ferro, alumínio e galvanizado. Também pode ser aplicado em superfícies de alvenaria, observando a adequada preparação da superfície. Proporciona excelente acabamento e extraordinária durabilidade.

Embalagens/rendimento

Galão (3,6 L): 50 a 60 m²/demão.
Quarto (0,9 L): 12,5 a 15 m²/demão.

Aplicação

Utilizar pincel de cerdas macias, rolo ou pistola. Aplicar de 2 a 3 demãos.

Cor

Conforme catálogo e mais de 2 mil cores no sistema tintométrico Colorline

Acabamento

Acetinado e brilhante

Diluição

Pincel de cerdas macias ou rolo: usar Kisa-Rás com uma diluição de 10% a 15%. Pistola: usar Kisa-Rás com uma diluição de 15% a 20%.

Secagem

Ao toque: 4 a 6 h
Completa: 10 a 12 h

USE COM: Zarcolit
Killing Fundo Branco Fosco

0800-886-3434
www.tintaskilling.com.br

Há mais de 35 anos, a Leinertex Tintas nasceu com um único objetivo: fazer a melhor tinta para os nossos clientes. E é exatamente isso o que nós fazemos até hoje.

Somos mais de 300 funcionários espalhados por diversos cantos do país, expandindo para todo o Centro-Oeste, Sudeste, Norte e Nordeste. Atualmente, contamos com um amplo e moderno parque industrial em Goiás, na cidade de Aparecida de Goiânia, e um centro de distribuição em Palmas (TO). Isso significa que, nos últimos 5 anos, dobramos de tamanho, refletindo a consolidação de uma marca forte no segmento de tintas por todo o Brasil.

Hoje, produzimos um mix completo que conta com diversos produtos, como tintas acrílicas, revestimentos, massas, esmaltes, seladores, resinas e vernizes, e estamos sempre em busca de novas possibilidades.

Nos últimos anos, investimos em equipamentos de ponta para os laboratórios, pesquisas que simulam testes reais de nossos produtos, infraestrutura e aprimoramento profissional. Constantemente, são feitos investimentos em maquinários, novas tecnologias, matérias-primas nacionais e importadas e qualidade de vida para os nossos colaboradores. Tudo isso sempre em busca dos melhores resultados.

Atendemos a varejistas, construtoras e incorporadoras por todo o território nacional, com produtos econômicos de alta qualidade, que podem ser customizados e manipulados de acordo com a necessidade e as especificações de cada obra e cliente.

Para atender a toda essa demanda, contamos com uma equipe de mais de 40 representantes e uma frota com mais de 50 caminhões espalhados por todo o país, com opção de vendas por financiamento via BNDES.

Todo esse trabalho e essa dedicação nos deram em troca diversos certificados importantes, como o selo ISO 9001 e a qualificação ofertada pela ABRAFATI e pelo Programa Brasileiro da Qualidade e Produtividade do Habitat. Isso significa mais qualidade, credibilidade e garantia.

Tudo isso para que você tenha a certeza de que será sempre muito bem atendido, seja por nossos técnicos, pelo SAC ou por meio de nosso site. Nossa dedicação continua em evolução e estamos inovando cada vez mais para atender com eficiência aos consumidores mais exigentes. Por isso, conte sempre com a gente.

CERTIFICAÇÕES

Super Premium 1

Tinta à base de resinas acrílicas para exteriores e interiores, indicada para pintura de superfícies internas e externas de reboco, massa acrílica, texturas, concreto e fibrocimento e superfícies internas de massa corrida e gesso. Possui ótimo nivelamento, excelente cobertura, alta durabilidade e resistência às intempéries. Contém antimofo.

Massa Acrílica
Massa Corrida

Embalagens/rendimento

Lata (18 L): até 380 m²/demão.
Galão (3,6 L): até 75 m²/demão.

Aplicação

Utilizar rolo de lã, pincel ou pistola. Aplicar de 2 a 3 demãos.

Cor

Conforme cartela de cores

Acabamento

Fosco, semibrilho e acetinado

Diluição

Diluir de 20% a 40% com água potável.

Secagem

Ao toque: 1 h
Entre demãos: 4 h
Final: 12 h
Cura: 72 h

Evolution Acrílica 2

Tinta à base de resinas acrílicas para exteriores e interiores, de fácil aplicação e excelente cobertura. Tem ótimos nivelamento e espalhamento, com excelente cobertura úmida e seca, além de aderência, dureza e resistência às intempéries. Contém antimofo.

Embalagens/rendimento

Lata (18 L): até 350 m²/demão.
Galão (3,6 L): até 70 m²/demão.

Aplicação

Utilizar rolo de lã, pincel ou pistola. Aplicar de 2 a 3 demãos.

Cor

Conforme cartela de cores

Acabamento

Fosco e semibrilho

Diluição

Diluir de 20% a 40% com água potável.

Secagem

Ao toque: 1 h
Entre demãos: 4 h
Final: 12 h
Cura: 72 h

1 2 Preparação inicial

A preparação da superfície é indispensável e fundamental para se obter uma pintura econômica, uniforme e durável. Toda superfície deve estar firme, coesa, limpa, seca e sem poeira, gordura, graxa, sabão ou mofo.

1 2 Preparação especial

Reboco e concreto novos: aguardar secagem e cura total por até 28 dias, no mínimo. Aplicar o Selador Plástico Acrílico ou Pigmentado Leinertex, conforme instruções de uso de cada produto. **Reboco fraco e de baixa coesão:** remover o que estiver solto e aplicar Fundo Preparador de Paredes Leinertex, conforme instruções de uso do produto. **Superfícies altamente absorventes como gesso e fibrocimento:** aplicar Fundo Preparador de Paredes Leinertex ou Selador Plástico Acrílico Leinertex, conforme instruções de uso de cada produto. **Superfícies caiadas, descascadas, muito porosas ou calcinadas:** raspar, lixar, escovar e aplicar o Fundo Preparador de Paredes Leinertex, conforme instruções de uso do produto. **Superfícies com imperfeições rasas:** para superfícies externas, corrigir com Massa Acrílica Leinertex; para superfícies internas, usar Massa Corrida Leinertex. **Superfícies com imperfeições profundas:** corrigir com reboco e aguardar secagem e cura total por até 28 dias, no mínimo. Aplicar o Selador Plástico Acrílico Leinertex.

1 2 Preparação em demais superfícies

Superfícies com manchas de gordura ou graxa: lavar com solução de água potável e detergente doméstico. Enxaguar e aguardar secagem antes de pintar. **Superfícies com áreas mofadas:** eliminar a causa da umidade relativa. Ex.: infiltrações, goteiras ou vazamentos. Lavar a área mofada com solução de água potável (18 L) e água sanitária (3 copos). Enxaguar e aguardar a secagem antes de pintar. **Superfícies brilhantes e acetinadas:** necessitam de lixamento até a eliminação total do brilho. Posteriormente, eliminar o pó.

1 2 Precauções/dicas/advertências

Misturar bem a tinta antes de diluir. Evitar aplicações em dias chuvosos, com temperatura abaixo de 10 °C ou acima de 40 °C e umidade relativa do ar superior a 90%. Evitar aplicar sob a luz direta do sol ou com vento muito forte. Nunca usar caiação como fundo. Até 2 semanas após a pintura, pingos de chuva podem provocar manchas. Se isso ocorrer, lavar toda a superfície com água imediatamente.

1 Principais atributos do produto 1

Tem excelentes cobertura e nivelamento, baixo respingamento e alta resistência.

2 Principais atributos do produto 2

Tem excelentes cobertura e nivelamento e baixo respingamento.

3 4 Preparação inicial

A preparação da superfície é indispensável e fundamental para se obter uma pintura econômica, uniforme e durável. Toda superfície deve estar firme, coesa, limpa, seca e sem poeira, gordura, graxa, sabão ou mofo.

3 4 Preparação especial

Reboco e concreto novos: aguardar secagem e cura total por até 28 dias, no mínimo. Aplicar o Selador Plástico Acrílico ou Pigmentado Leinertex, conforme instruções de uso de cada produto. **Reboco fraco e de baixa coesão:** remover o que estiver solto e aplicar Fundo Preparador de Paredes Leinertex, conforme instruções de uso do produto. **Superfícies altamente absorventes como gesso e fibrocimento:** aplicar Fundo Preparador de Paredes Leinertex ou Selador Plástico Acrílico Leinertex, conforme instruções de uso de cada produto. **Superfícies caiadas, descascadas, muito porosas ou calcinadas:** raspar, lixar, escovar e aplicar o Fundo Preparador de Paredes Leinertex, conforme instruções de uso do produto. **Superfícies com imperfeições rasas:** para superfícies externas, corrigir com Massa Acrílica Leinertex; para superfícies internas, usar Massa Corrida Leinertex. **Superfícies com imperfeições profundas:** corrigir com reboco e aguardar secagem e cura total por até 28 dias, no mínimo. Aplicar o Selador Plástico Acrílico Leinertex.

3 4 Preparação em demais superfícies

Superfícies com manchas de gordura ou graxa: lavar com solução de água potável e detergente doméstico. Enxaguar e aguardar secagem antes de pintar. **Superfícies com áreas mofadas:** eliminar a causa da umidade relativa. Ex.: infiltrações, goteiras ou vazamentos. Lavar a área mofada com solução de água potável (18 L) e água sanitária (3 copos). Enxaguar e aguardar a secagem antes de pintar. **Superfícies brilhantes e acetinadas:** necessitam de lixamento até a eliminação total do brilho. Posteriormente, eliminar o pó.

3 4 Precauções / dicas / advertências

Misturar bem a tinta antes de diluir. Evitar aplicações em dias chuvosos, com temperatura abaixo de 10 °C ou acima de 40 °C e umidade relativa do ar superior a 90%. Evitar aplicar sob a luz direta do sol ou com vento muito forte. Nunca usar caiação como fundo. Até 2 semanas após a pintura, pingos de chuva podem provocar manchas. Se isso ocorrer, lavar toda a superfície com água imediatamente.

3 Principais atributos do produto 3

Tem excelentes cobertura e nivelamento, baixo respingamento e alta resistência.

4 Principais atributos do produto 4

Oferece boa cobertura e bom nivelamento.

Vivacor Acrílica — 3

Tinta acrílica com acabamento liso fosco. Indicada para pintura de superfícies internas de reboco, massa acrílica, texturas, concreto, blocos, fibrocimento e massa corrida. Possui fácil aplicação, secagem rápida e ótimos nivelamento e espalhamento. Com excelente cobertura úmida e seca, oferece desempenho para uma pintura fácil e econômica. Contém antimofo.

USE COM: Massa Corrida; Selador Acrílico Pigmentado

Embalagens/rendimento

Lata (18 L): até 240 m²/demão.
Galão (3,6 L): até 45 m²/demão.

Aplicação

Utilizar rolo de lã, pincel ou pistola. Aplicar de 2 a 3 demãos.

Cor

Conforme cartela de cores

Acabamento

Fosco

Diluição

Diluir de 20% a 40% com água potável.

Secagem

Ao toque: 1 h
Entre demãos: 4 h
Final: 12 h
Cura: 72 h

Savana Acrílico Plus — 4

Tinta acrílica de ótimo rendimento, boa cobertura e acabamento fosco. Indicada para pinturas internas em alvenaria, concreto ou blocos de cimento. Garante também um ótimo desempenho nas repinturas. Contém antimofo.

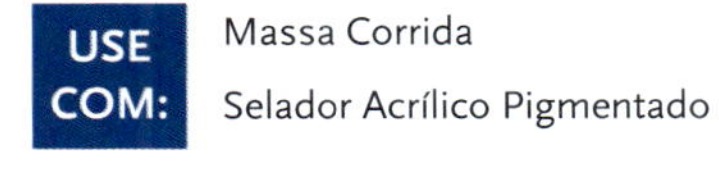

Embalagens/rendimento

Balde (16 L): até 177 m²/demão.
Galão (3,6 L): até 40 m²/demão.

Aplicação

Utilizar rolo de lã, pincel ou pistola. Aplicar de 2 a 3 demãos.

Cor

Conforme cartela de cores

Acabamento

Fosco

Diluição

Diluir de 20% a 40% com água potável.

Secagem

Ao toque: 1 h
Entre demãos: 4 h
Final: 12 h
Cura: 72 h

Vivacor Gesso e Drywall 1

Ideal para aplicação direta no gesso sem a necessidade de aplicação de fundo. Por seu alto poder de penetração, promove excelente aderência ao gesso, melhorando sua coesão. Possui ainda ótima cobertura úmida e seca e bom rendimento.

USE COM: Massa Acrílica; Massa Corrida

Embalagens/rendimento

Lata (18 L): até 190 m²/demão.
Galão (3,6 L): até 38 m²/demão.

Aplicação

Utilizar rolo de lã baixa ou de espuma fina, pincel ou trincha de cerdas macias ou pistola.

Cor

Branco

Acabamento

Fosco

Diluição

Diluir de 20% a 40% com água potável.

Secagem

Ao toque: 1 h
Entre demãos: 4 h
Final: 12 h
Cura: 72 h

Vivacor Acrílica Construção 2

Desenvolvida especialmente para o mercado de construtoras e incorporadoras, é uma tinta acrílica com acabamento fosco, indicada para pintura de superfícies internas de reboco, massa acrílica, texturas, concreto, blocos, fibrocimento, massa corrida e gesso. A Vivacor Acrílica Construção tem fácil aplicação, ótimo nivelamento e alto poder de retoque. Com excelente cobertura úmida e seca, oferece grande rendimento.

USE COM: Massa Corrida; Selador Acrílico

Embalagens/rendimento

Lata (18 L): até 220 m²/demão.

Aplicação

Utilizar rolo de lã baixa ou de espuma fina, pincel ou trincha de cerdas macias.

Cor

Branco neve e branco gelo

Acabamento

Fosco

Diluição

Diluir de 30% a 40% com água potável.

Secagem

Ao toque: 1 h
Entre demãos: 4 h
Final: 12 h
Cura: 72 h

1 2 Preparação inicial

A preparação da superfície é indispensável e fundamental para se obter uma pintura econômica, uniforme e durável. Toda superfície deve estar firme, coesa, limpa, seca e sem poeira, gordura, graxa, sabão ou mofo.

1 2 Preparação especial

Reboco e concreto novos: aguardar secagem e cura total por até 28 dias, no mínimo. Aplicar o Selador Plástico Acrílico ou Pigmentado Leinertex, conforme instruções de uso de cada produto. **Reboco fraco e de baixa coesão:** remover o que estiver solto e aplicar Fundo Preparador de Paredes Leinertex, conforme instruções de uso do produto. **Superfícies altamente absorventes como gesso e fibrocimento:** aplicar Fundo Preparador de Paredes Leinertex ou Selador Plástico Acrílico Leinertex, conforme instruções de uso de cada produto. **Superfícies caiadas, descascadas, muito porosas ou calcinadas:** raspar, lixar, escovar e aplicar o Fundo Preparador de Paredes Leinertex, conforme instruções de uso do produto. **Superfícies com imperfeições rasas:** para superfícies externas, corrigir com Massa Acrílica Leinertex; para superfícies internas, usar Massa Corrida Leinertex. **Superfícies com imperfeições profundas:** corrigir com reboco e aguardar secagem e cura total por até 28 dias, no mínimo. Aplicar o Selador Plástico Acrílico Leinertex.

1 2 Preparação em demais superfícies

Superfícies com manchas de gordura ou graxa: lavar com solução de água potável e detergente doméstico. Enxaguar e aguardar secagem antes de pintar. **Superfícies com áreas mofadas:** eliminar a causa da umidade relativa. Ex.: infiltrações, goteiras ou vazamentos. Lavar a área mofada com solução de água potável (18 L) e água sanitária (3 copos). Enxaguar e aguardar a secagem antes de pintar. **Superfícies brilhantes e acetinadas:** necessitam de lixamento até a eliminação total do brilho. Posteriormente, eliminar o pó.

1 2 Precauções/dicas/advertências

Misturar bem a tinta antes de diluir. Evitar aplicações em dias chuvosos, com temperatura abaixo de 10 °C ou acima de 40 °C e umidade relativa do ar superior a 90%. Evitar aplicar sob a luz direta do sol ou com vento muito forte. Nunca usar caiação como fundo. Até 2 semanas após a pintura, pingos de chuva podem provocar manchas. Se isso ocorrer, lavar toda a superfície com água imediatamente.

1 Principais atributos do produto 1

Possui alto poder de penetração e promove excelente aderência e ótima cobertura úmida e seca.

2 Principais atributos do produto 2

Tem secagem rápida, ótimos nivelamento e espalhamento e excelente custo-benefício.

3 4 Preparação inicial

A preparação da superfície é indispensável e fundamental para se obter uma pintura econômica, uniforme e durável. Toda superfície deve estar firme, coesa, limpa, seca e sem poeira, gordura, graxa, sabão ou mofo.

4 Preparação especial

Reboco e concreto novos: aguardar secagem e cura total por até 28 dias, no mínimo. Aplicar o Selador Plástico Acrílico ou Pigmentado Leinertex, conforme instruções de uso de cada produto. **Reboco fraco e de baixa coesão:** remover o que estiver solto e aplicar Fundo Preparador de Paredes Leinertex, conforme instruções de uso do produto. **Superfícies altamente absorventes como gesso e fibrocimento:** aplicar Fundo Preparador de Paredes Leinertex ou Selador Plástico Acrílico Leinertex, conforme instruções de uso de cada produto. **Superfícies caiadas, descascadas, muito porosas ou calcinadas:** raspar, lixar, escovar e aplicar o Fundo Preparador de Paredes Leinertex, conforme instruções de uso do produto. **Superfícies com imperfeições rasas:** para superfícies externas, corrigir com Massa Acrílica Leinertex; para superfícies internas, usar Massa Corrida Leinertex. **Superfícies com imperfeições profundas:** corrigir com reboco e aguardar secagem e cura total por até 28 dias, no mínimo. Aplicar o Selador Plástico Acrílico Leinertex.

3 Preparação em demais superfícies

Superfícies com manchas de gordura ou graxa: lavar com solução de água potável e detergente doméstico. Enxaguar e aguardar secagem antes de pintar. **Superfícies com áreas mofadas:** eliminar a causa da umidade relativa. Ex.: infiltrações, goteiras ou vazamentos. Lavar a área mofada com solução de água potável (18 L) e água sanitária (3 copos). Enxaguar e aguardar a secagem antes de pintar. **Superfícies brilhantes e acetinadas:** necessitam de lixamento até a eliminação total do brilho. Posteriormente, eliminar o pó.

3 Precauções / dicas / advertências

Não aplicar Pisos e Cimentados em superfícies com fungo, bolor, cimento queimado, piso em processo de cura inferior a 40 dias, argamassa de cimento, piso de granito, pisos esmaltados, vitrificados ou porcelanizados, cerâmica ou qualquer superfície polida ou com brilho.

4 Precauções / dicas / advertências

Misturar bem a tinta antes de diluir. Evitar aplicações em dias chuvosos, com temperatura abaixo de 10 °C ou acima de 40 °C e umidade relativa do ar superior a 90%. Evitar aplicar sob a luz direta do sol ou com vento muito forte. Nunca usar caiação como fundo. Até 2 semanas após a pintura, pingos de chuva podem provocar manchas. Se isso ocorrer, lavar toda a superfície com água imediatamente.

3 Principais atributos do produto 3

É muito resistente ao tráfego de pessoas e carros e às intempéries.

4 Principais atributos do produto 4

Repele água e possui grande consistência, disfarçando imperfeições da superfície.

Pisos e Cimentados 3

Produto à base de resina acrílica especial para pisos cimentados, telhas cerâmicas e de fibrocimento, mesmo que já tenham sido pintados anteriormente. Indicado para quadras poliesportivas, demarcação de garagens, pisos e cimentados e áreas de recreação. Tem grande poder de cobertura e alta durabilidade. Muito resistente ao tráfego de pessoas e carros e às intempéries.

Embalagens/rendimento

Lata (18 L): até 200 m²/demão.
Galão (3,6 L): até 40 m²/demão.

Aplicação

Utilizar rolo de lã baixa ou de espuma fina, pincel ou trincha de cerdas macias.

Cor

Conforme cartela de cores

Acabamento

Fosco

Diluição

Primeira e segunda demãos: diluir de 30% a 40% com água limpa. Demais demãos: diluir de 10% a 15% com água limpa.

Secagem

Ao toque: 1 h
Entre demãos: 4 h
Tráfego de pessoas: 24 h
Tráfego de veículos leves: 48 h
Tráfego de veículos pesados: 72 h

Textucril Textura e Rústico 4

Produto à base de resina acrílica hidrorrepelente, para aplicação em ambientes internos e externos. Possibilita vários efeitos decorativos, combinando criatividade e equipamento de aplicação. A grande consistência permite disfarçar imperfeições da superfície.

Massa Acrílica
Selador Acrílico

Embalagens/rendimento

Textura acrílica
Lata (25 kg): até 14,5 m²/demão.
Caixa (20 kg): até 11,6 m²/demão.
Galão (6 kg): até 3,5 m²/demão.
Revestimento rústico
Lata (25 kg): até 8,3 m²/demão.
Caixa (20 kg): até 6,6 m²/demão.
Galão (6 kg): até 2 m²/demão.

Aplicação

Textura acrílica: utilizar rolo para textura. Revestimento rústico: utilizar desempenadeiras metálica e plástica.

Cor

Conforme cartela de cores

Acabamento

Textura em relevo

Diluição

Textura acrílica: se necessário, diluir até 5% com água potável. Revestimento rústico: se necessário, diluir até 3 % com água potável.

Secagem

Ao toque: 1 h
Entre demãos: 4 h
Final: 12 h / Cura: 72 h

Selador Acrílico Pigmentado 1

Fundo branco fosco indicado para corrigir e uniformizar a absorção de superfícies externas e internas de reboco, concreto, bloco e fibrocimento, melhorando o rendimento e a aderência da tinta de acabamento.

Embalagens/rendimento

Lata (18 L): até 175 m²/demão.
Balde (16 L): até 150 m²/demão.
Balde (3,6 L): até 35 m²/demão.

Aplicação

Utilizar rolo de lã baixa ou de espuma fina, pincel ou trincha de cerdas macias.

Cor

Branco

Acabamento

Fosco

Diluição

Diluir até 30% com água.

Secagem

Ao toque: 1 h
Entre demãos: 4 h
Final: 12 h

USE COM: Textura Acrílica
Revestimento Rústico

Selador Plástico Acrílico

2

Indicado para uniformizar a absorção e aumentar a coesão de superfícies porosas externas e internas, para a aplicação da tinta de acabamento.

Embalagens/rendimento

Lata (18 L): até 200 m²/demão.
Balde (16 L): até 170 m²/demão.
Balde (3,6 L): até 40 m²/demão.

Aplicação

Utilizar rolo de lã baixa ou de espuma fina, pincel ou trincha de cerdas macias.

Cor

Incolor

Acabamento

Não aplicável

Diluição

Primeira e segunda demãos: diluir de 30% a 40% com água limpa. Demais demãos: diluir de 10% a 15% com água limpa.

Secagem

Ao toque: 1 h
Entre demãos: 4 h
Final: 12 h

USE COM: Massa Corrida
Massa Acrílica

1 2 Preparação inicial

A preparação da superfície é indispensável e fundamental para se obter uma pintura econômica, uniforme e durável. Toda superfície deve estar firme, coesa, limpa, seca e sem poeira, gordura, graxa, sabão ou mofo.

1 2 Preparação especial

Reboco e concreto novos: aguardar secagem e cura total por até 28 dias, no mínimo. Aplicar o Selador Plástico Acrílico ou Pigmentado Leinertex, conforme instruções de uso de cada produto. **Reboco fraco e de baixa coesão**: remover o que estiver solto e aplicar Fundo Preparador de Paredes Leinertex, conforme instruções de uso do produto. **Superfícies altamente absorventes como gesso e fibrocimento:** aplicar Fundo Preparador de Paredes Leinertex ou Selador Plástico Acrílico Leinertex, conforme instruções de uso de cada produto. **Superfícies caiadas, descascadas, muito porosas ou calcinadas:** raspar, lixar, escovar e aplicar o Fundo Preparador de Paredes Leinertex, conforme instruções de uso do produto. **Superfícies com imperfeições rasas:** para superfícies externas, corrigir com Massa Acrílica Leinertex; para superfícies internas, usar Massa Corrida Leinertex. **Superfícies com imperfeições profundas:** corrigir com reboco e aguardar secagem e cura total por até 28 dias, no mínimo. Aplicar o Selador Plástico Acrílico Leinertex.

1 2 Preparação em demais superfícies

Superfícies com manchas de gordura ou graxa: lavar com solução de água potável e detergente doméstico. Enxaguar e aguardar secagem antes de pintar. **Superfícies com áreas mofadas:** eliminar a causa da umidade relativa. Ex.: infiltrações, goteiras ou vazamentos. Lavar a área mofada com solução de água potável (18 L) e água sanitária (3 copos). Enxaguar e aguardar a secagem antes de pintar. **Superfícies brilhantes e acetinadas:** necessitam de lixamento até a eliminação total do brilho. Posteriormente, eliminar o pó.

1 2 Precauções / dicas / advertências

Misturar bem a tinta antes de diluir. Evitar aplicações em dias chuvosos, com temperatura abaixo de 10 °C ou acima de 40 °C e umidade relativa do ar superior a 90%. Evitar aplicar sob a luz direta do sol ou com vento muito forte. Nunca usar caiação como fundo. Até 2 semanas após a pintura, pingos de chuva podem provocar manchas. Se isso ocorrer, lavar toda a superfície com água imediatamente.

Há mais de 35 anos, a Leinertex Tintas nasceu com um único objetivo: fazer a melhor tinta para os nossos clientes.
E é exatamente isso o que nós fazemos até hoje.

3 4 Preparação inicial

A preparação da superfície é indispensável e fundamental para se obter uma pintura econômica, uniforme e durável. Toda superfície deve estar firme, coesa, limpa, seca e sem poeira, gordura, graxa, sabão ou mofo.

3 4 Preparação especial

Reboco e concreto novos: aguardar secagem e cura total por até 28 dias, no mínimo. Aplicar o Selador Plástico Acrílico ou Pigmentado Leinertex, conforme instruções de uso de cada produto. **Reboco fraco e de baixa coesão:** remover o que estiver solto e aplicar Fundo Preparador de Paredes Leinertex, conforme instruções de uso do produto. **Superfícies altamente absorventes como gesso e fibrocimento:** aplicar Fundo Preparador de Paredes Leinertex ou Selador Plástico Acrílico Leinertex, conforme instruções de uso de cada produto. **Superfícies caiadas, descascadas, muito porosas ou calcinadas:** raspar, lixar, escovar e aplicar o Fundo Preparador de Paredes Leinertex, conforme instruções de uso do produto. **Superfícies com imperfeições rasas:** para superfícies externas, corrigir com Massa Acrílica Leinertex; para superfícies internas, usar Massa Corrida Leinertex. **Superfícies com imperfeições profundas:** corrigir com reboco e aguardar secagem e cura total por até 28 dias, no mínimo. Aplicar o Selador Plástico Acrílico Leinertex.

3 4 Preparação em demais superfícies

Superfícies com manchas de gordura ou graxa: lavar com solução de água potável e detergente doméstico. Enxaguar e aguardar secagem antes de pintar. **Superfícies com áreas mofadas:** eliminar a causa da umidade relativa. Ex.: infiltrações, goteiras ou vazamentos. Lavar a área mofada com solução de água potável (18 L) e água sanitária (3 copos). Enxaguar e aguardar a secagem antes de pintar. **Superfícies brilhantes e acetinadas:** necessitam de lixamento até a eliminação total do brilho. Posteriormente, eliminar o pó.

3 4 Precauções / dicas / advertências

Misturar bem a tinta antes de diluir. Evitar aplicações em dias chuvosos, com temperatura abaixo de 10 °C ou acima de 40 °C e umidade relativa do ar superior a 90%. Evitar aplicar sob a luz direta do sol ou com vento muito forte. Nunca usar caiação como fundo. Até 2 semanas após a pintura, pingos de chuva podem provocar manchas. Se isso ocorrer, lavar toda a superfície com água imediatamente.

3 Principais atributos do produto 3

Tem alto poder de penetração, o que proporciona a coesão das partículas soltas da superfície em que é aplicado.

Fundo Preparador de Paredes 3

Ideal para preparar superfícies que estão em más condições (caiadas, descascadas, com reboco fraco) para receber o acabamento. Possui alto poder de penetração, o que proporciona a coesão das partículas soltas da superfície em que é aplicado.

USE COM: Massa Acrílica; Massa Corrida

Embalagens/rendimento

Lata (18 L): até 275 m^2/demão.
Galão (3,6 L): até 55 m^2/demão.

Aplicação

Utilizar rolo de lã baixa ou de espuma fina, pincel ou trincha de cerdas macias.

Cor

Não aplicável

Acabamento

Não aplicável

Diluição

Pronto para uso.

Secagem

Ao toque: 30 min
Final: 4 h

Liquibrilho 4

Verniz aquoso que pode ser aplicado sobre superfícies foscas e preferencialmente lisas para melhor efeito, proporcionando acabamento semibrilhante, ou como aditivo regulador de brilho para tintas látex acrílicas foscas.

USE COM: Vivacor Acrílica; Evolution Fosca Standard

Embalagens/rendimento

Lata (18 L): até 200 m^2/demão.
Galão (3,6 L): até 40 m^2/demão.

Aplicação

Utilizar rolo de lã baixa ou de espuma fina, pincel ou trincha de cerdas macias.

Cor

Incolor

Acabamento

Acetinado ou brilhante, dependendo da quantidade adicionada

Diluição

Brilhante: 2 demãos com diluição de 10% de água. Acetinado: adicionar até 40% de Liquibrilho à última demão da tinta acrílica fosca. Selador: após a adequada preparação, pode ser utilizado como excelente selador para superfícies caiadas, calcinadas, descascadas e muito absorventes, como gesso e fibrocimento. Diluir com água em até 30%.

Secagem

Ao toque: 1 h
Entre demãos: 4 h
Final: 12 h / Cura: 72 h

Base Niveladora 1

Base Niveladora Interior: de uso exclusivamente interno, é ideal para corrigir pequenas imperfeições e nivelar superfícies de concreto. Possui maior capacidade de enchimento que a massa corrida convencional. Base Niveladora Exterior: de uso interno e externo, é ideal para corrigir pequenas imperfeições e nivelar superfícies de concreto. Possui maior capacidade de enchimento que a massa acrílica convencional. Ambas as bases reduzem o prazo para a conclusão do serviço que seria feito somente com massa niveladora convencional.

USE COM: Massa Corrida; Textura Acrílica

Embalagens/rendimento

Base Niveladora Interior
Caixa (25 kg): até 13,3 m²/demão.
Base Niveladora Exterior
Caixa (25 kg): até 13,3 m²/demão.

Aplicação

Utilizar desempenadeira metálica.

Cor

Branco

Acabamento

Fosco

Diluição

Pronta para uso.

Secagem

Ao toque: 30 a 60 min
Manuseio: 1 a 3 h
Final: até 8 h

Esmalte Sintético Secagem Rápida 2

É um produto elaborado com resinas alquídicas especialmente selecionadas, proporcionando um elevado padrão de qualidade, definido por acabamento superior, alta resistência, excelente poder de cobertura, secagem rápida e grande rendimento.

Diluente Aguarrás

Embalagens/rendimento

Galão (3,6 L): até 50 m²/demão.
Quarto (0,9 L): até 12,5 m²/demão.
1/16 (225 mL): até 3 m²/demão.
1/32 (112,5 mL): até 1,5 m²/demão.

Aplicação

Áreas grandes: utilizar rolo de espuma ou pistola. Áreas pequenas: utilizar pincel de cerdas macias.

Cor

Conforme cartela de cores

Acabamento

Fosco, acetinado e alto brilho

Diluição

Diluição somente com aguarrás. Para aplicação com pincel/rolo: diluir até 10%. Para aplicação com pistola: diluir até 30%.

Secagem

Ao toque: 2 h
Entre demãos: 4 a 8 h
Final: 24 h
Cura total: dureza máxima em 10 dias

1 Preparação inicial

Toda superfície a ser pintada deve estar firme, coesa, limpa, seca e sem poeira, gordura, graxa, sabão ou mofo. **Reboco e concreto novos:** aguardar secagem e cura total por até 28 dias, no mínimo. Aplicar o Selador Plástico Acrílico ou Pigmentado Leinertex, conforme instruções de uso. **Reboco fraco, caiações, gesso, fibrocimento, superfícies com pintura velha/descascada ou calcinadas:** raspar e/ou lixar e tratar com Fundo Preparador de Paredes Leinertex, conforme instruções de uso. **Superfícies com imperfeições rasas:** corrigir com Massa Corrida Leinertex, em interiores, ou Massa Acrílica Leinertex, em exteriores. **Superfícies com imperfeições profundas:** corrigir com reboco e aguardar a cura e a secagem total por até 28 dias, no mínimo. Aplicar Selador Plástico Leinertex.

2 Preparação inicial

A superfície deve estar seca e sem sujeira e poeira, isenta de óleos, graxas, ferrugem, sabão ou mofo. Remover depósitos superficiais com escova de aço, palha de aço ou lixa. Remover resíduos de graxas, óleos ou gorduras esfregando a superfície com pano embebido em aguarrás. O brilho deve ser eliminado por meio de lixamento.

1 Preparação especial

Superfícies com manchas de gordura ou graxa: lavar com solução de água potável e detergente. Aguardar a secagem total. **Superfícies com áreas mofadas:** eliminar a causa da umidade. Lavar com mistura de cloro e água (1:1). Deixar agir por 15 min e enxaguar com água limpa. Repetir a operação, se necessário. Aguardar a secagem completa.

2 Preparação especial

Metais novos: lixar com grana 180 a 320. Remover a poeira com ar comprimido e/ou pano embebido em aguarrás. Aplicar primer anticorrosivo. **Metais com ferrugem:** remover a ferrugem usando lixa e/ou escova de aço. Limpar com aguarrás. Aplicar uma demão de zarcão ou fundo anticorrosivo. Após a secagem, lixar. **Repintura:** lixar. Tratar os pontos de ferrugem conforme indicação acima.

1 Preparação em demais superfícies

Retirar e isolar produtos sujeitos a reação, como desmoldantes. Remover qualquer resíduo do produto antes de a superfície ser revestida de pintura/acabamento. Consultar a assistência técnica da Leinertex. Solicitar também o boletim técnico e/ou a FISPQ do produto pelo SAC ou no site da Leineretx. Para um acabamento liso, aplicar uma demão de Massa Corrida Leinertex, em interiores, ou Massa Acrílica Leinertex, em exteriores.

2 Preparação em demais superfícies

Alumínios e galvanizados novos: aplicar uma demão de fundo para galvanizado. **Repintura:** raspar e lixar para remoção da tinta antiga e mal-aderida. **Madeiras:** lixar para eliminar farpas e fiapos. Limpar a poeira com pano umedecido com aguarrás. Aplicar selador de madeira.

1 Precauções/dicas/advertências

Evitar aplicações em dias chuvosos, com temperatura abaixo de 10 °C ou acima de 40 °C e umidade do ar superior a 90%. Até 2 semanas após a pintura, pingos de chuva podem provocar manchas. Caso ocorra, lavar com água.

2 Precauções/dicas/advertências

Não aplicar o produto em dias chuvosos, com vento forte, temperatura abaixo de 10 °C ou acima de 40 °C e umidade do ar superior a 80%. Não misturar o produto com redutores, aceleradores, catalisadores ou produtos similares de composição química diferente ou desconhecida. Após aberta a embalagem, o produto poderá sofrer alterações de performance nas sobras não utilizadas e guardadas.

3 4 Preparação inicial

A preparação da superfície é indispensável e fundamental para se obter uma pintura econômica, uniforme e durável. Toda superfície deve estar firme, coesa, limpa, seca e sem poeira, gordura, graxa, sabão ou mofo.

3 4 Preparação especial

Madeiras novas: lixar e remover farpas, retirando a poeira com pano úmido. Aplicar de uma a 2 demãos de Fundo Metal e Madeira Base Água. Caso a superfície apresente imperfeições, corrigi-las utilizando massa para madeira e, em seguida, aplicar de uma a 2 demãos de Fundo Metal e Madeira Base Água. Aplicar de 2 a 3 demãos de Esmalte Base Água. **Repintura:** lixar certificando-se da total eliminação do brilho e limpar com pano úmido. Aplicar de 2 a 3 demãos de Esmalte Base Água. Caso a superfície apresente imperfeições, corrigi-las.

3 4 Preparação em demais superfícies

Metais novos e repintura: lixar e eliminar possíveis pontos de ferrugem ou qualquer outra impureza. Limpar a superfície com pano seco. Aplicar uma ou 2 demãos de Fundo Metal e Madeira Base Água. Em seguida, aplicar de 2 a 3 demãos de Esmalte Base Água. **Alumínios e galvanizados:** limpar com pano úmido e aguardar a secagem. Aplicar fundo especial para galvanizado. A seguir, aplicar de 2 a 3 demãos de Esmalte Base Água.

3 4 Precauções / dicas / advertências

Não aplicar o produto em dias chuvosos, com vento forte, temperatura abaixo de 10 °C ou acima de 40 °C e umidade relativa do ar superior a 80%. Não misturar o produto com redutores, aceleradores, catalisadores ou produtos similares de composição química diferente ou desconhecida. Após aberta a embalagem, o produto poderá sofrer alterações de performance nas sobras não utilizadas e guardadas.

3 Principais atributos do produto 3

Tem ótima secagem e excelente rendimento.

4 Principais atributos do produto 4

Tem secagem rápida e excelentes resistência e acabamento.

Esmalte Base Água Premium 3

Esmalte à base de água de baixo odor, secagem rápida e excelente acabamento. Indicado para pintura de madeira e metais.

USE COM: Fundo Metal e Madeira Base Água

Embalagens/rendimento

Galão (3,6 L): 40 a 60 m²/demão.
Quarto (0,9 L): 10 a 15 m²/demão.

Aplicação

Utilizar pincel, rolo de lã ou espuma e pistola. Quando optar por pistola, para melhor desempenho do produto, usar compressor de alta pressão para aplicação.

Cor

Conforme cartela de cores

Acabamento

Acetinado e brilhante

Diluição

Diluir até 30% com água limpa.

Secagem

Ao toque: 30 min
Entre demãos: 4 h
Final: 24 h

Esmalte Metálico 4

É um produto elaborado com pigmentos metálicos, com elevado padrão de qualidade, definido por acabamento superior, boa resistência, excelente poder de cobertura e grande rendimento. Quando aplicado à pistola, gera uma película de aspecto metálico. É indicado para a aplicação em superfícies de metais ferrosos. Oferece acabamento metalizado.

USE COM: Diluente Aguarrás

Embalagens/rendimento

Galão (3,6 L): 30 a 40 m²/demão.
Quarto (0,9 L): 7,5 a 10 m²/demão.

Aplicação

Utilizar pistola (40 a 50 lb/cm²).

Cor

Conforme cartela de cores

Acabamento

Metalizado

Diluição

Usar somente aguarrás. Diluir até 50%.

Secagem

Ao toque: 2 a 3 h
Entre demãos: 4 a 8 h
Final: 72 h

Fundo Metal e Madeira Base Água 1

Produto à base de água desenvolvido para proteger, selar e uniformizar superfícies de madeira e metal, de uso interno e externo. Possui excelentes aderência e resistência, proporcionando ótimo desempenho como fundo preparador para o Esmalte Base Água.

USE COM: Esmalte Base Água

Embalagens/rendimento

Galão (3,6 L): 30 a 45 m²/demão.
Quarto (0,9 L): 7,5 a 11,25 m²/demão.

Aplicação

Utilizar pincel, rolo de lã ou espuma ou pistola. Quando optar por pistola, para melhor desempenho do produto, usar compressor de alta pressão.

Cor

Branco

Acabamento

Fosco

Diluição

Primeira demão: diluir de 30% a 40% com água limpa. Segunda demão: diluir de 10% a 20% com água limpa.

Secagem

Ao toque: 30 min
Entre demãos: 3 h
Final: 12 h

Verniz Copal 2

De bom rendimento e fácil aplicação, o Verniz Copal possui acabamento brilhante e é indicado para aplicações em móveis de madeira e madeiras decorativas em geral de uso interno.

USE COM: Diluente Aguarrás

Embalagens/rendimento

Galão (3,6 L): até 48 m²/demão.
Quarto (0,9 L): até 12 m²/demão.

Aplicação

Áreas grandes: utilizar rolo de espuma ou pistola. Áreas pequenas: utilizar pincel de cerdas pequenas.

Cor

Incolor

Acabamento

Brilhante

Diluição

Diluição somente com aguarrás. Para aplicação com pincel/rolo: diluir até 10%. Para aplicação com pistola: diluir até 30%. Misturar bem com espátula de plástico, metal ou madeira antes, durante e depois da diluição.

Secagem

Ao toque: 2 a 4 h
Entre demãos: 6 h
Final: 24 h

1 Preparação inicial

A preparação da superfície é indispensável e fundamental para se obter uma pintura econômica, uniforme e durável. Toda superfície deve estar firme, coesa, limpa, seca e sem poeira, gordura, graxa, sabão ou mofo.

2 Preparação inicial

Madeiras novas: lixar e remover todo e qualquer tipo de resíduo. Em madeiras que estejam impregnadas com produto à base de óleo, removê-lo com thinner adequado para esta finalidade. Promover um lixamento adequado, no sentido das fibras da madeira. Remover o pó resultante do lixamento. Selar a superfície com o próprio verniz diluído 1:1 com aguarrás ou com fundo selador (base solvente – tipo 4.1.1.8 – NBR 11702). Vãos e fendas devem ser atentamente envernizados. Aplicar as demais demãos com diluição conforme recomendado, respeitando o intervalo entre demãos e repassando um lixa grana 320 a 400 antes da demão subsequente. **Madeiras resinosas:** selar com 2 demãos de produto fabricado para este fim, evitando, assim, manchas e alterações na secagem.

1 Preparação especial

Madeiras novas: lixar e remover farpas, retirando a poeira com pano úmido. Aplicar de uma a 2 demãos de Fundo Metal e Madeira Base Água. Caso a superfície apresente imperfeições, corrigi-las utilizando massa para madeira e, em seguida, aplicar de uma a 2 demãos de Fundo Metal e Madeira Base Água. Aplicar de 2 a 3 demãos de Esmalte Base Água. **Repintura:** lixar certificando-se da total eliminação do brilho e limpar com pano úmido. Aplicar de 2 a 3 demãos de Esmalte Base Água. Caso a superfície apresente imperfeições, corrigi-las.

2 Preparação especial

Repintura: em pinturas em boas condições, lixar com lixa 240 ou 280, remover resíduos de pó e aplicar o verniz. Em superfícies brilhantes, lixar até a eliminação total do brilho. Para repinturas que apresentem fissuras, partículas soltas ou descascamentos ou estejam sem aderência, com camada muito espessa, ou com ataque de fungos, remover completamente o acabamento anterior.

1 Preparação em demais superfícies

Metais novos e repintura: lixar e eliminar possíveis pontos de ferrugem ou qualquer outra impureza. Limpar a superfície com pano seco. Aplicar uma ou 2 demãos de Fundo Metal e Madeira Base Água. Em seguida, aplicar de 2 a 3 demãos de Esmalte Base Água. Alumínios e galvanizados: limpar com pano úmido e aguardar a secagem. Aplicar fundo especial para galvanizado. A seguir, aplicar de 2 a 3 demãos de Esmalte Base Água.

1 2 Precauções / dicas / advertências

Não aplicar o produto em dias chuvosos, com vento forte, temperatura abaixo de 10 °C ou acima de 40 °C e umidade relativa do ar superior a 80%. Não misturar o produto com redutores, aceleradores, catalisadores ou produtos similares de composição química diferente ou desconhecida. Após aberta a embalagem, o produto poderá sofrer alterações de performance nas sobras não utilizadas e guardadas.

2 Precauções / dicas / advertências

Para garantir a durabilidade do produto, aguardar 2 semanas para a limpeza da superfície pintada. Limpar com pano levemente umedecido com água. Não expor a superfície pintada a esforços durante 20 dias.

1 Principais atributos do produto 1

Oferece excelentes aderência e resistência.

2 Principais atributos do produto 2

Tem fácil aplicação, boa aderência e bom alastramento.

3 Preparação inicial

Madeiras novas: lixar e remover todo e qualquer tipo de resíduo. Em madeiras que estejam impregnadas com produto à base de óleo, removê-lo com thinner adequado para esta finalidade. Promover um lixamento adequado, no sentido das fibras da madeira. Remover o pó resultante do lixamento. Selar a superfície com o próprio verniz diluído 1:1 com aguarrás ou com fundo selador (base solvente – tipo 4.1.1.8 – NBR 11702). Vãos e fendas devem ser atentamente envernizados. Aplicar as demais demãos com diluição conforme recomendado, respeitando o intervalo entre demãos e repassando uma lixa grana 320 a 400 antes da demão subsequente. **Madeiras resinosas:** selar com 2 demãos de produto fabricado para este fim, evitando, assim, manchas e alterações na secagem.

4 Preparação inicial

A preparação da superfície é indispensável e fundamental para se obter uma pintura econômica, uniforme e durável. Toda superfície deve estar firme, coesa, limpa, seca e sem poeira, gordura, graxa, sabão ou mofo.

3 Preparação especial

Repintura: em pinturas em boas condições, lixar com lixa 240 ou 280, remover resíduos de pó e aplicar o verniz. Em superfícies brilhantes, lixar até a eliminação total do brilho. Para repinturas que apresentem fissuras, partículas soltas ou descascamentos ou estejam sem aderência, com camada muito espessa, ou com ataque de fungos, remover completamente o acabamento anterior.

4 Preparação especial

Superfícies com fungos ou bolor: removê-los com uma solução composta de água sanitária e água limpa, ambas na mesma proporção. **Repintura:** remover as partes soltas ou mal-aderidas, retirar o pó proveniente do lixamento e efetuar a nova pintura. **Telhas e superfícies mais antigas ou de difícil limpeza:** devem ser lixadas e lavadas com água e detergente neutro.

3 Precauções / dicas / advertências

Não aplicar o produto em dias chuvosos, com vento forte, temperatura abaixo de 10 °C ou acima de 40 °C e umidade relativa do ar superior a 80%. Para garantir a durabilidade do produto, aguardar 2 semanas para a limpeza da superfície pintada. Limpar com pano levemente umedecido com água. Não expor a superfície pintada a esforços durante 20 dias. Não misturar o produto com redutores, aceleradores, catalisadores ou produtos similares de composição química diferente ou desconhecida. Após aberta a embalagem, o produto poderá sofrer alterações de performance nas sobras não utilizadas e guardadas.

4 Precauções / dicas / advertências

Misturar bem a tinta antes de diluir. Evitar aplicações em dias chuvosos, com temperatura abaixo de 10 °C ou acima de 40 °C e umidade relativa do ar superior a 90%. Evitar aplicar sob a luz direta do sol ou com vento muito forte. Nunca usar caiação como fundo. Até 2 semanas após a pintura, pingos de chuva podem provocar manchas. Se isso ocorrer, lavar toda a superfície com água imediatamente.

3 Principais atributos do produto 3

Tem fácil aplicação, bom alastramento e alta resistência às intempéries.

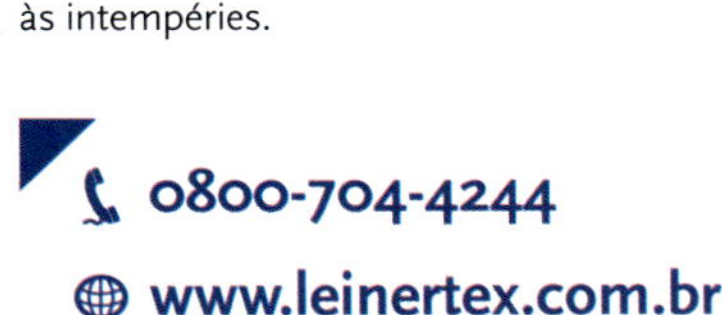

Vernizes Marítimo e Restaurador 3

Verniz Marítimo: produto de fácil aplicação, boa aderência e bom alastramento. Indicado para acabamento de portas, janelas e madeiras decorativas em geral, em exterior e interior, conferindo boa resistência a intempéries. Verniz Restaurador: verniz sintético de acabamento brilhante. Indicado para decorar e proteger superfícies de madeira em ambientes externos e internos, está disponível nas cores mogno e imbuia.

USE COM: Diluente Aguarrás

Embalagens/rendimento

Galão (3,6 L): até 60 m²/demão.
Quarto (0,9 L): até 15 m²/demão.

Aplicação

Áreas grandes: utilizar rolo de espuma ou pistola. Áreas pequenas: utilizar pincel de cerdas pequenas.

Cor

Conforme cartela de cores

Acabamento

Brilhante

Diluição

Diluição somente com aguarrás. Para aplicação com pincel/rolo: diluir até 10%. Para aplicação com pistola: diluir até 30%. Misturar bem com espátula de plástico, metal ou madeira antes, durante e depois da diluição.

Secagem

Ao toque: 4 a 6 h
Entre demãos: 8 h
Final (Marítimo): 24 h
Final (Restaurador): 48 h

Resina Acrílica 4

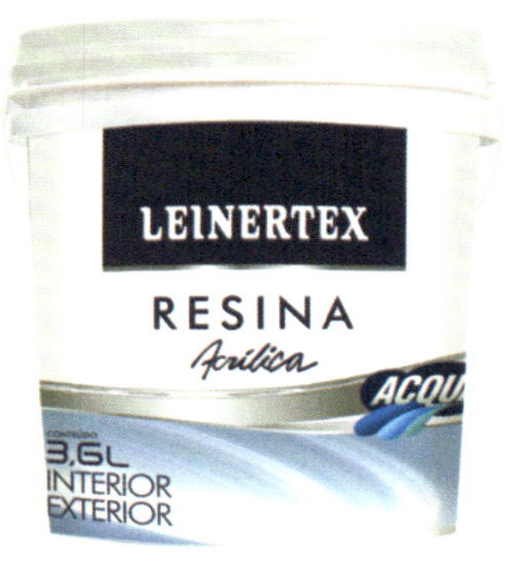

Produto à base de água, desenvolvido para proteger e decorar telhas em geral, tijolos à vista e concreto aparente. De fácil aplicação, deixa a superfície repelente à água e à umidade e o ambiente, renovado.

Embalagens/rendimento

Balde (16 L): até 160 m²/demão.
Galão (3,6 L): até 40 m²/demão.

Aplicação

Utilizar rolo ou pistola.

Cor

Conforme cartela de cores

Acabamento

Brilhante

Diluição

Primeira demão: diluir 20% com água limpa. Segunda demão: diluir 10 % com água limpa.

Secagem

Ao toque: 40 min
Entre demãos: 4 h
Final: 12 h

O grupo iniciou suas atividades em 1949 sob a visão e o talento de seu fundador, Domingos Potomati, conquistando a confiança do mercado por uma razão simples: respeito ao consumidor.

A marca Lukscolor foi apresentada ao mercado de tintas imobiliárias em 1989, dando continuidade à filosofia e ao sonho de Domingos Potomati.

Motivada pela busca por produtos inovadores e de alto desempenho, com foco nas necessidades do consumidor e na qualidade dos seus produtos, a Lukscolor investe continuamente em pesquisas de novas tecnologias e em treinamento de seu corpo técnico. Foi a primeira empresa a estampar em suas embalagens o selo *"sempre produtos de primeira qualidade"*, como expressão da sua filosofia de fabricar exclusivamente produtos de alta performance.

Introduziu, com pioneirismo, produtos e soluções que revolucionaram o mercado de tintas imobiliárias:

- Apresentou um novo conceito em efeitos especiais de pintura: o Luksglaze.

- Lançou as *tintas com suave perfume* e assumiu em todas as suas embalagens a categoria premium.

- Foi a primeira e única empresa brasileira a fazer parte do Color Marketing Group, organização internacional que dita tendências de cores em nível mundial.

- Lançou alguns produtos inéditos no mercado brasileiro: o Luksclean – o único acrílico ultralavável do mercado, em acabamento fosco; a Textura Remov Fácil – com tecnologia inovadora, essa textura pode ser removida com grande facilidade, usando apenas vapor e espátula; a Nova-Raz Innovation – com suave perfume; e o Poupa Tempo Selador Acrílico, reduzindo o tempo de espera para cura do reboco novo de 28 para 7 dias.

- Foi a primeira empresa do setor a se autorregulamentar no quesito VOC, baseada nos parâmetros internacionais de limites de emissão de componentes orgânicos voláteis, lançando, assim, o selo Lukscolor Green.

- Inovou em embalagens lançando a Luksbox, desenvolvida para ser reutilizada como ferramenta prática de trabalho, facilitando a diluição das tintas.

- Lançou o Top 10 Acrílico Ultra Premium Plus, desenvolvido com nanotecnologia, que soluciona ao mesmo tempo várias situações de pintura.

Investir em pesquisas de novos produtos e criar soluções para um consumidor moderno: essa é a essência da Lukscolor.

CERTIFICAÇÕES

CENTRO
DE
DISTRIBUIÇÃO
LUKSCOLOR
TINTAS
LUKSCOLOR
TINTAS

Q: 515

LUKSCOLOR
LATEX

LUKSCOLOR
TOP 10

LUKSCOLOR
TINTAS

Top 10 Acrílico Ultra Premium Plus 1

Soluciona várias situações de pintura ao mesmo tempo. Previne surgimento de mofo, resiste à maresia, ao sol e à chuva, não mancha com respingos d'água e reduz o acúmulo de sujeira necessitando pouca manutenção da pintura. Reduz em 99% as bactérias das paredes e mantém as cores vivas por muito mais tempo. Para praia, campo ou cidade, em ambientes externos ou internos, Top 10 é a solução imbatível para a sua pintura.

USE COM: Massa Acrílica
Poupa Tempo Selador Acrílico

Embalagens/rendimento

Lata (18 L): até 350 m²/demão.
Galão (3,6 L): até 70 m²/demão.

Aplicação

Utilizar rolo de lã, trincha, pincel ou revólver. Aplicar de 2 a 3 demãos com intervalo de 4 h entre demãos.

Cor

Disponível em 12 cores prontas

Acabamento

Fosco

Diluição

Pincel, trincha ou rolo de lã: diluir 10 medidas do produto com uma a 2 medidas de água. Revólver e superfícies não seladas e/ou emassadas: diluir 10 medidas do produto com 2 a 3 medidas de água.

Secagem

Ao toque: 1 h
Final: 4 h
Limpeza: 15 dias

Luksclean Acrílico Premium Plus 2

Luksclean Acrílico Premium Plus decora e protege superfícies internas e externas de alvenaria. Ultrarresistente e lavável, permite a limpeza sem alterar o aspecto da pintura. Reduz até 99% das bactérias das paredes, portanto, é ideal para ambientes hospitalares, clínicas, restaurantes, residências e áreas sujeitas a limpeza frequente. Mantém as cores vivas por muito mais tempo e apresenta menor índice de manchamento por respingos d'água.

USE COM: Massa Acrílica
Poupa Tempo Selador Acrílico

Embalagens/rendimento

Lata (18 L): até 350 m²/demão.
Lata (16,2 L): até 315 m²/demão.
Galão (3,6 L): até 70 m²/demão.
Galão (3,2 L): até 63 m²/demão.
Quarto (0,81 L): até 16 m²/demão.

Aplicação

Utilizar rolo de lã, trincha, pincel ou revólver. Aplicar de 2 a 3 demãos com intervalo de 4 h entre demãos.

Cor

Disponível em 8 cores prontas e mais de 2 mil no Lukscolor System

Acabamento

Fosco

Diluição

Pincel, trincha ou rolo de lã: diluir 10 medidas do produto com uma a 2 medidas de água. Revólver e superfícies não seladas e/ou emassadas: diluir 10 medidas do produto com 2 a 3 medidas de água.

Secagem

Ao toque: 1 h
Final: 4 h
Limpeza: 15 dias

1 2 Preparação inicial

Toda e qualquer superfície tem de estar bem preparada. É importante que esteja limpa, seca e sem partes soltas de reboco ou pintura velha. Antes de pintar, corrigir as imperfeições e eliminar umidade, mofo, pó, manchas de gordura e outros contaminantes que podem comprometer o resultado da pintura. **Superfícies com poeira e pó de lixamento:** remover com escova de pelos e pano limpo umedecido com água e deixar secar. **Superfícies brilhantes:** lixar até a perda total do brilho e remover o pó de lixamento. **Superfícies com manchas gordurosas e graxas:** lavar com água e detergente, enxaguar e deixar secar. **Superfícies com mofo:** limpar com água sanitária e deixar agir por alguns minutos. Enxaguar e deixar secar. **Superfícies com umidade:** identificar a causa e tratar adequadamente. **Pinturas soltas, blocos de concreto, reboco fraco, superfícies porosas e caiações:** raspar e lixar as partes soltas, remover o pó e aplicar uma demão prévia de Fundo Preparador Lukscolor. **Superfícies com imperfeições rasas:** corrigir com Massa Acrílica ou com Massa Corrida Lukscolor. **Superfícies com imperfeições profundas:** reparar com reboco e proceder como em rebocos novos.

1 2 Preparação especial

Superfícies novas de reboco, emboço ou concreto: após 7 dias da execução do reboco ou concreto, aplicar Poupa Tempo Selador Acrílico Lukscolor. Para um acabamento liso, após o uso do selador, aplicar Massa Acrílica ou Massa Corrida Lukscolor. Em seguida, aplicar o produto. **Repintura:** lixar, remover o pó e aplicar o produto.

1 2 Preparação em demais superfícies

Superfícies de gesso corrido, placas de gesso e gesso acartonado/drywall: aguardar a secagem total e remover o pó. Utilizar Luksgesso ou Fundo Preparador Lukscolor. Aguardar a secagem e aplicar o produto.

1 2 Precauções/dicas/advertências

Evitar pintar em dias chuvosos, com ventos fortes, temperatura inferior a 10 °C ou superior a 35 °C e umidade relativa do ar superior a 90%. Durante 15 dias após a aplicação, não submeter a superfície pintada a esforços. Não fazer nenhum procedimento de limpeza nesse período.

1 Principais atributos do produto 1

Tem baixíssimo respingo, apresenta ultrarresistência às ações da maresia, do sol e da chuva e excepcional durabilidade. Reduz o acúmulo de sujeira e é ultralavável, com excepcionais cobertura e rendimento.

2 Principais atributos do produto 2

Tem baixíssimo respingo, altíssimas durabilidade, resistência às ações do tempo e a fungos (mofo) e cobertura e rendimento superiores.

3 4 Preparação inicial

Toda e qualquer superfície tem de estar bem preparada. É importante que esteja limpa, seca e sem partes soltas de reboco ou pintura velha. Antes de pintar, corrigir as imperfeições e eliminar umidade, mofo, pó, manchas de gordura e outros contaminantes que podem comprometer o resultado da pintura. **Superfícies com poeira e pó de lixamento:** remover com escova de pelos e pano limpo umedecido com água e deixar secar. **Superfícies brilhantes:** lixar até a perda total do brilho e remover o pó de lixamento. **Superfícies com manchas gordurosas e graxas:** lavar com água e detergente, enxaguar e deixar secar. **Superfícies com mofo:** limpar com água sanitária e deixar agir por alguns minutos. Enxaguar e deixar secar. **Superfícies com umidade:** identificar a causa e tratar adequadamente. **Pinturas soltas, blocos de concreto, reboco fraco, superfícies porosas e caiações:** raspar e lixar as partes soltas, remover o pó e aplicar uma demão prévia de Fundo Preparador Lukscolor. **Superfícies com imperfeições rasas:** corrigir com Massa Acrílica ou com Massa Corrida Lukscolor. **Superfícies com imperfeições profundas:** reparar com reboco e proceder como em rebocos novos.

3 4 Preparação especial

Superfícies novas de reboco, emboço ou concreto: após 7 dias da execução do reboco ou concreto, aplicar Poupa Tempo Selador Acrílico Lukscolor. Para um acabamento liso, após o uso do selador, aplicar Massa Acrílica ou Massa Corrida Lukscolor. Em seguida, aplicar o produto. **Repintura:** lixar, remover o pó e aplicar o produto.

3 4 Preparação em demais superfícies

Superfícies de gesso corrido, placas de gesso e gesso acartonado/drywall: aguardar a secagem total e remover o pó. Utilizar Luksgesso ou Fundo Preparador Lukscolor. Aguardar a secagem e aplicar o produto.

3 4 Precauções / dicas / advertências

Evitar pintar em dias chuvosos, com ventos fortes, temperatura inferior a 10 °C ou superior a 35 °C e umidade relativa do ar superior a 90%. Durante 15 dias após a aplicação, não submeter a superfície pintada a esforços; caso haja manchas causadas por respingos de água, lavar prontamente com água, sem esfregar.

3 Principais atributos do produto 3

Tem baixíssimo respingo, altas durabilidade e resistência às ações do tempo e a fungos (mofo) e cobertura e rendimento superiores.

4 Principais atributos do produto 4

Alto poder de cobertura e rendimento e durabilidade e resistência às ações do tempo e a fungos (mofo).

Acrílico Premium Plus Fosco — 3

ACABAMENTO FOSCO

Com o Acrílico Premium Plus Fosco, você protege e decora superfícies externas e internas em geral. Com suave perfume, proporciona conforto e bem-estar, permitindo a sua permanência no ambiente do início ao fim da pintura.

USE COM: Massa Acrílica; Poupa Tempo Selador Acrílico

Embalagens/rendimento

Lata (18 L): até 380 m²/demão.
Lata (16,2 L): até 342 m²/demão.
Galão (3,6 L): até 76 m²/demão.
Galão (3,2 L): até 68 m²/demão.
Quarto (0,81 L): até 17 m²/demão.

Aplicação

Utilizar rolo de lã, trincha, pincel ou revólver. Aplicar 2 a 3 demãos com intervalo de 4 h entre demãos.

Cor

Disponível em 28 cores prontas e mais de 2 mil no Lukscolor System

Acabamento

Fosco

Diluição

Rolo de lã, trincha ou pincel: diluir 10 medidas do produto com uma a 2 medidas de água. Revólver e superfícies não seladas e/ou emassadas: diluir 10 medidas do produto com 2 a 3 medidas de água.

Secagem

Ao toque: 1 h
Final: 4 h

Látex Premium Plus — 4

Com o Látex Premium Plus, você protege e decora superfícies externas e internas em geral. Proporciona um fino acabamento fosco aveludado que valoriza ainda mais seus ambientes. Com suave perfume, proporciona conforto e bem-estar, permitindo a sua permanência no ambiente do início ao fim da pintura.

USE COM: Massa Acrílica; Poupa Tempo Selador Acrílico

Embalagens/rendimento

Lata/Box (18 L): até 380 m²/demão.
Lata (16,2 L): até 315 m²/demão.
Galão (3,6 L): até 76 m²/demão.
Galão (3,2 L): até 63 m²/demão.
Quarto (0,9 L): até 19 m²/demão.
Quarto (0,81 L): até 16 m²/demão.

Aplicação

Utilizar rolo de lã, trincha, pincel ou revólver. Aplicar de 2 a 3 demãos com intervalo de 2 h entre demãos.

Cor

Disponível em 26 cores prontas e mais de 2 mil no Lukscolor System

Acabamento

Fosco

Diluição

Pincel, trincha ou rolo de lã: diluir 10 medidas do produto com 2 a 5 medidas de água. Revólver: diluir 10 medidas do produto com 3 a 5 medidas de água.

Secagem

Ao toque: 1 h
Final: 4 h

Acrílico Premium Plus Semibrilho 1

Com o Acrílico Premium Plus Semibrilho, você protege e decora superfícies externas e internas em geral. Com suave perfume, proporciona conforto e bem-estar, permitindo a sua permanência no ambiente do início ao fim da pintura.

Massa Corrida

Massa Acrílica

Embalagens/rendimento

Lata (18 L): até 320 m²/demão.
Lata (16,2 L): até 288 m²/demão.
Galão (3,6 L): até 64 m²/demão.
Galão (3,2 L): até 58 m²/demão.
Quarto (0,81 L): até 14 m²/demão.

Aplicação

Utilizar rolo de lã, trincha, pincel ou revólver. Aplicar de 2 a 3 demãos com intervalo de 4 h entre demãos.

Cor

Disponível em 15 cores prontas e mais de 2 mil no Lukscolor System

Acabamento

Semibrilho

Diluição

Pincel, trincha ou rolo de lã: diluir 10 medidas do produto com uma a 2 medidas de água. Revólver e superfícies não seladas e/ou emassadas: diluir 10 medidas do produto com 2 a 3 medidas de água.

Secagem

Ao toque: 1 h
Final: 4 h

Luksseda Acrílico Premium Plus 2

Com Luksseda Acrílico Premium Plus, você protege e decora superfícies externas e internas em geral. Possui um finíssimo acabamento acetinado, com a maciez e a sofisticação da seda, que deixa seus ambientes elegantes e requintados. Com suave perfume, proporciona conforto e bem-estar, permitindo a sua permanência no ambiente do início ao fim da pintura.

USE COM: Massa Corrida

Massa Acrílica

Embalagens/rendimento

Lata (18 L): até 330 m²/demão.
Lata (16,2 L): até 297 m²/demão.
Galão (3,6 L): até 66 m²/demão.
Galão (3,2 L): até 60 m²/demão.
Quarto (0,81 L): até 15 m²/demão.

Aplicação

Utilizar rolo de lã, trincha, pincel ou revólver. Aplicar de 2 a 3 demãos com intervalo de 4 h entre demãos.

Cor

Disponível em 9 cores prontas e mais de 2 mil no Lukscolor System

Acabamento

Acetinado

Diluição

Pincel, trincha ou rolo de lã: diluir 10 medidas do produto com uma a 2 medidas de água. Revólver e superfícies não seladas e/ou emassadas: diluir 10 medidas do produto com 2 a 3 medidas de água.

Secagem

Ao toque: 1 h
Final: 4 h

1 2 Preparação inicial

A superfície deve estar limpa e seca, sem partes soltas de reboco ou pintura velha. Antes de pintar, corrigir as imperfeições e eliminar umidade, mofo, pó, manchas de gordura e outros contaminantes. **Superfícies com poeira e pó de lixamento:** remover com escova de pelos e pano limpo umedecido com água e deixar secar. **Superfícies brilhantes:** lixar até a perda total do brilho e remover o pó de lixamento. **Superfícies com manchas gordurosas e graxas:** lavar com água e detergente, enxaguar e deixar secar. **Superfícies com mofo:** limpar com água sanitária e deixar agir por alguns minutos. Enxaguar e deixar secar. **Superfícies com umidade:** identificar a causa e tratar adequadamente. **Pinturas soltas, blocos de concreto, rebocos fracos, superfícies porosas e caiações:** raspar e lixar as partes soltas, remover o pó e aplicar uma demão prévia de Fundo Preparador Lukscolor. **Superfícies com imperfeições rasas:** corrigir com Massa Acrílica ou com Massa Corrida Lukscolor. **Superfícies com imperfeições profundas:** reparar com reboco e proceder como em rebocos novos.

1 2 Preparação especial

Superfícies novas de reboco, emboço ou concreto: após 7 dias da execução do reboco ou concreto, aplicar Poupa Tempo Selador Acrílico Lukscolor. Para um acabamento liso, após o uso do selador, aplicar Massa Acrílica ou Massa Corrida Lukscolor. Aguardar 21 dias e aplicar o produto. **Repintura:** lixar, remover o pó e aplicar o produto.

1 2 Preparação em demais superfícies

Superfícies de gesso corrido, placas de gesso e gesso acartonado/drywall: aguardar a secagem total e remover o pó. Utilizar Luksgesso Lukscolor ou Fundo Preparador Lukscolor. Aguardar a secagem e aplicar o produto. **Repintura:** observar o estado geral da pintura antiga. Estando em boas condições, lixar, remover o pó e aplicar a tinta de acabamento.

1 2 Precauções/dicas/advertências

Não pintar em dias chuvosos, com ventos fortes, temperatura inferior a 10 °C ou superior a 35 °C e umidade relativa do ar superior a 90%. Durante 15 dias após a aplicação, não submeter a superfície pintada a esforços. Caso apareçam manchas causadas por respingos de água na pintura, até um período de 15 dias após a aplicação da tinta, lavar prontamente a superfície com água, sem esfregar.

1 Principais atributos do produto 1

Forma uma película brilhante resistente às ações do tempo e a fungos (mofo), realça o aspecto natural da superfície e facilita a sua limpeza.

2 Principais atributos do produto 2

Tem baixíssimo respingo, altas durabilidade e resistência às ações do tempo e a fungos (mofo) e cobertura e rendimento superiores.

Motivada pela busca de produtos inovadores e de alto desempenho, com foco nas necessidades do consumidor e na qualidade dos seus produtos, a Lukscolor investe continuamente em pesquisas de novas tecnologias e em treinamento de seu corpo técnico.

3 4 Preparação inicial

A superfície deverá estar limpa, seca e sem partes soltas de reboco ou pintura velha. Antes de pintar, corrigir as imperfeições e eliminar contaminantes. **Superfícies com poeira e pó de lixamento:** remover com escova de pelos e pano umedecido com água e deixar secar. **Superfícies com mofo:** limpar com água sanitária e deixar agir por alguns minutos. Enxaguar e deixar secar. **Superfícies com umidade:** identificar a causa e tratar adequadamente.

3 Preparação inicial

Superfícies brilhantes: lixar até a perda do brilho e remover o pó. **Superfícies com manchas gordurosas, ceras e graxas:** lavar com água e detergente, enxaguar e deixar secar. **Superfícies com pinturas soltas, pisos cimentados fracos e superfícies porosas:** raspar e lixar as partes soltas, remover o pó e aplicar uma demão prévia de Fundo Preparador Lukscolor. **Repintura:** observar o estado geral da pintura antiga. Estando em boas condições, lixar, remover o pó e aplicar o Lukspiso Acrílico Premium Plus. **Superfícies com imperfeições profundas:** reparar com argamassa e proceder como em pisos novos de concreto e cimento não queimado.

4 Preparação inicial

Superfícies com manchas gordurosas, ceras e graxas: lavar com água e detergente, enxaguar e deixar secar, ou utilizar um pano umedecido com Nova-Raz Innovation ou Nova-Raz 260 Luksnova. **Superfícies com imperfeições rasas:** corrigir com Massa Acrílica Lukscolor (ambientes externos ou internos) ou com Massa Corrida Lukscolor (ambientes internos).

3 Preparação especial

Pisos novos de concreto e cimento não queimado: após 7 dias da execução do piso ou concreto, aplicar o Poupa Tempo Selador Acrílico Lukscolor. No entanto, se optar por aplicar Resina Acrílica Lukscolor sobre o Lukspiso, será necessário aguardar os 30 dias de cura para aplicar o Poupa Tempo Selador Acrílico Lukscolor.

4 Preparação especial

Superfícies de gesso corrido, placas de gesso e gesso acartonado/drywall: aguardar a secagem total, remover o pó e aplicar Luksgesso Lukscolor.

3 Preparação em demais superfícies

Superfícies de cimento queimado: lavar com uma mistura de 4 medidas de água e uma medida de ácido muriático. Verificar se a superfície tornou-se porosa. Caso contrário, repetir o procedimento. Enxaguar bem e deixar secar. **Cimento queimado novo:** aguardar a cura por, no mínimo, 30 dias.

3 4 Precauções / dicas / advertências

Evitar pintar em dias chuvosos, com ventos fortes, temperatura inferior a 10 °C ou superior a 35 °C e umidade relativa do ar superior a 90%.

3 Precauções / dicas / advertências

Durante 15 dias após a aplicação, não submeter a superfície pintada a esforços.

4 Precauções / dicas / advertências

Para eliminar manchas amareladas das placas de gesso, aplicar uma demão de Fundo Nivelador Lukscolor ou Esmalte Premium Plus Fosco Branco Lukscolor. Em seguida, aplicar uma demão de Luksgesso Lukscolor.

4 Principais atributos do produto 4

Fixa partículas soltas, ótimo efeito decorativo e de proteção à superfície, não necessita do uso de fundo específico.

Lukspiso Acrílico Premium Plus 3

Com o Lukspiso Acrílico Premium Plus, você protege, decora e demarca pisos cimentados em geral. Indicado para pintura de quadras poliesportivas, calçadas, estacionamentos, garagens, pisos industriais e comerciais, em ambientes externos e internos. Com suave perfume, proporciona conforto e bem-estar, permitindo a sua permanência no ambiente do início ao fim da pintura. Oferece cobertura e rendimento superiores e é superaderente e ultrar-resistente à ação do tempo e ao desgaste.

USE COM: Resina Acrílica Base Água; Fundo Preparador Base Água

Embalagens/rendimento

Lata (18 L): até 350 m²/demão.
Galão (3,6 L): até 70 m²/demão.
Quarto (0,9 L): até 18 m²/demão.

Aplicação

Utilizar rolo de lã, trincha ou pincel. Aplicar de 2 a 3 demãos com intervalo de 4 h entre demãos.

Cor

Disponível em 13 cores prontas

Acabamento

Fosco

Diluição

Pincel, trincha ou rolo de lã: diluir 10 medidas do produto com uma a 2 medidas de água. Superfícies não seladas: diluir 10 medidas do produto com 2 a 3 medidas de água.

Secagem

Ao toque: 30 min
Final: 4 h
Tráfego de pessoas: 24 h
Tráfego de veículos leves: 48 h

Luksgesso: Tinta para Gesso

É uma tinta acrílica com suave perfume para aplicação diretamente sobre gesso corrido, placas de gesso e gesso acartonado/drywall.

USE COM: Massa Corrida; Fundo Preparador Base Água

Embalagens/rendimento

Lata (18 L): até 225 m²/demão.
Galão (3,6 L): até 45 m²/demão.

Aplicação

Utilizar rolo de lã de pelo baixo ou pincel de cerdas macias. Aplicar 3 demãos, uma para selagem da superfície e as outras para acabamento, com intervalo de 2 h entre demãos.

Cor

Branco

Acabamento

Fosco

Diluição

Primeira demão: diluir 10 medidas do produto com 3 a 5 medidas de água. Demais demãos: diluir 10 medidas do produto com uma a 2 medidas de água.

Secagem

Ao toque: 30 min
Final: 4 h

LUKSCOLOR
TINTAS

Verniz Acrílico 1

Protege, impermeabiliza e decora superfícies externas e internas de concreto aparente, tijolos à vista, pedras naturais, telhas cerâmicas e paredes pintadas com tintas de acabamento fosco. Forma uma película brilhante resistente às ações do tempo e a fungos (mofo), realça o aspecto natural da superfície e facilita a sua limpeza. Apresenta secagem rápida e ótimo rendimento. Não é indicado para áreas de piso.

USE COM:
Massa Acrílica
Fundo Preparador Base Água

Embalagens/rendimento

Lata (18 L): até 275 m²/demão.
Galão (3,6 L): até 55 m²/demão.

Aplicação

Utilizar rolo de lã, trincha, pincel ou revólver. Aplicar de 2 a 3 demãos com intervalo de 4 h entre demãos.

Cor

Incolor

Acabamento

Brilhante

Diluição

Pincel, trincha ou rolo de lã (pelo baixo): diluir 10 medidas do produto com uma a 2 medidas de água. Revólver: diluir 10 medidas do produto com 2 a 3 medidas de água.

Secagem

Ao toque: 1 h
Final: 4 h

Textura Acrílica Luksarte Ateliê 2

Textura lisa, sem cristais de quartzo. Seus efeitos são um pouco mais sutis, oferecendo aos ambientes um acabamento aconchegante e suave. É indicada para ambientes internos e externos. Por sua hidrorrepelência, proporciona elevada resistência às ações do tempo, à abrasão e à alcalinidade. Para obter efeitos envelhecidos, aplicar sobre a textura o Luksgel Envelhecedor.

Luksgel Envelhecedor
Fundo Preparador Base Água

Embalagens/rendimento

Lata (28 kg): até 24 m²/demão.
Lata (27 kg): até 23 m²/demão (System).
Galão (5,6 kg): até 5 m²/demão.
Galão (5,4 kg): até 4,5 m²/demão (System).

Aplicação

Após preparação e tratamento da superfície, aplicar uma demão de Luksarte Ateliê, sem diluição, com rolo de espuma rígida para texturas, desempenadeira ou espátula de aço, dependendo do aspecto final ou efeito desejado. Trabalhar áreas verticais de até um metro de largura por vez.

Cor

Branco e centenas de cores no Lukscolor System

Acabamento

Não aplicável

Diluição

Pronta para uso.

Secagem

Ao toque: 2 h
Final: 12 h
Cura total: 7 dias

1 2 Preparação inicial

A superfície deve estar limpa e seca, sem partes soltas ou pintura velha. Antes de pintar, corrigir as imperfeições e eliminar umidade, mofo, pó, manchas de gordura e outros contaminantes. **Superfícies com poeira e pó de lixamento:** remover com escova de pelos e pano limpo umedecido com água e deixar secar. **Superfícies brilhantes:** lixar até a perda do brilho e remover o pó. **Superfícies com manchas gordurosas e graxas:** lavar com água e detergente, enxaguar e deixar secar. **Superfícies com mofo:** limpar com água sanitária e deixar agir por alguns minutos. Enxaguar e deixar secar. **Superfícies com umidade:** identificar a causa e tratar adequadamente. **Pinturas soltas, blocos de concreto, rebocos fracos, superfícies porosas e caiações:** raspar e lixar as partes soltas, remover o pó e aplicar uma demão prévia de Fundo Preparador Lukscolor. **Superfícies com imperfeições profundas:** reparar com reboco e proceder como em rebocos novos.

1 Preparação inicial

Superfícies com imperfeições rasas: corrigir com Massa Acrílica ou com Massa Corrida Lukscolor.

2 Preparação inicial

Superfícies com imperfeições rasas: corrigir com o produto.

1 Preparação especial

Superfícies de fibrocimento, telhas cerâmicas e tijolos à vista: lavar com solução de água e detergente neutro, enxaguar e aguardar a secagem. Em seguida, aplicar o Verniz Acrílico Lukscolor. **Superfícies de concreto aparente novo:** aguardar a cura por, no mínimo, 30 dias. Remover o pó e aplicar o Verniz Acrílico Lukscolor.

2 Preparação especial

Superfícies novas de reboco, emboço ou concreto: após 7 dias da execução do reboco ou concreto, aplicar Poupa Tempo Selador Acrílico Lukscolor. Após o uso do selador, aplicar o produto. **Repintura:** lixar, remover o pó e aplicar o produto.

1 2 Preparação em demais superfícies

Superfícies de gesso corrido, placas de gesso e gesso acartonado/drywall: aguardar a secagem total e remover o pó. Utilizar Luksgesso ou Fundo Preparador Lukscolor. Aguardar a secagem e aplicar o produto.

1 Preparação em demais superfícies

Superfícies de gesso corrido, placas de gesso e gesso acartonado/drywall (repintura): observar o estado geral da pintura antiga. Estando em boas condições, lixar, remover o pó e aplicar a tinta de acabamento.

1 2 Precauções/dicas/advertências

Não pintar em dias chuvosos, com ventos fortes, temperatura inferior a 10 °C ou superior a 35 °C e umidade relativa do ar superior a 90%.

2 Precauções/dicas/advertências

A cura total da textura ocorre após 7 dias da aplicação. Não se deve aplicar nenhum tipo de esforço sobre a superfície com a textura durante 20 dias. Após esse período, pode-se lavar a superfície com água, detergente neutro e esponja macia. Aplicar a textura em pequenas áreas de cada vez, facilitando a execução do efeito desejado.

2 Principais atributos do produto 2

Hidrorrepelente de alto poder de enchimento, ótima aderência, excelente rendimento, secagem rápida e fácil aplicação. Dispensa o uso de massas.

3 4 Preparação inicial

Toda e qualquer superfície tem que estar bem preparada. É importante que esteja limpa, seca e sem partes soltas de reboco ou pintura velha. Antes de pintar, corrigir as imperfeições e eliminar umidade, mofo, pó, manchas de gordura e outros contaminantes que podem comprometer o resultado da pintura. **Superfícies com poeira e pó de lixamento:** remover com escova de pelos e pano limpo umedecido com água e deixar secar. **Superfícies brilhantes:** lixar até a perda total do brilho e remover o pó de lixamento. **Superfícies com manchas gordurosas e graxas:** lavar com água e detergente, enxaguar e deixar secar. **Superfícies com mofo:** limpar com água sanitária e deixar agir por alguns minutos. Enxaguar e deixar secar. **Superfícies com umidade:** identificar a causa e tratar adequadamente. **Pinturas soltas, blocos de concreto, reboco fraco, superfícies porosas e caiações:** raspar e lixar as partes soltas, remover o pó e aplicar uma demão prévia de Fundo Preparador Lukscolor. **Superfícies com imperfeições rasas:** corrigir com o produto. **Superfícies com imperfeições profundas:** reparar com reboco e proceder como em rebocos novos.

3 4 Preparação especial

Superfícies novas de reboco, emboço ou concreto: após 7 dias da execução do reboco ou concreto, aplicar Poupa Tempo Selador Acrílico Lukscolor. Após o uso do selador, aplicar o produto. **Repintura:** lixar, remover o pó e aplicar o produto.

3 4 Preparação em demais superfícies

Superfícies de gesso corrido, placas de gesso e gesso acartonado/drywall: aguardar a secagem total e remover o pó. Utilizar Luksgesso ou Fundo Preparador Lukscolor. Aguardar a secagem e aplicar o produto.

3 4 Precauções/dicas/advertências

Evitar pintar em dias chuvosos, com ventos fortes, temperatura inferior a 10 °C ou superior a 35 °C e umidade relativa do ar superior a 90%. A cura total da textura ocorre após 7 dias da aplicação. Não se deve aplicar nenhum tipo de esforço sobre a superfície com a textura durante 20 dias. Após esse período, pode-se lavar a superfície com água, detergente neutro e esponja macia. Aplicar a textura em pequenas áreas de cada vez, facilitando a execução do efeito desejado.

3 Principais atributos do produto 3

É hidrorrepelente e tem alto poder de enchimento, ótima aderência, excelente rendimento, secagem rápida e fácil aplicação. Dispensa o uso de massas.

4 Principais atributos do produto 4

É hidrorrepelente e tem alto poder de enchimento, ótima aderência, excelente rendimento, secagem rápida e fácil aplicação. Dispensa o uso de massas.

Textura Acrílica Luksarte Creative — 3

Textura de maior consistência, pois contém cristais de quartzo de tamanho médio. Proporciona efeitos um pouco mais rústicos e sofisticados. Em virtude de sua hidrorrepelência, oferece alta resistência às intempéries, sendo indicada para ambientes externos e internos. Para obter efeitos envelhecidos, aplicar sobre a textura o Luksgel Envelhecedor Premium Plus.

USE COM: Fundo Preparador Base Água
Luksgel Envelhecedor Premium Plus

Embalagens/rendimento

Lata (26 kg): até 28 m²/demão.
Galão (5,2 kg): até 5,6 m²/demão.

Aplicação

Aplicar uma demão de Látex Premium Plus Lukscolor tingido na mesma cor da textura a ser aplicada. Após secagem, aplicar uma demão de Textura Acrílica Luksarte Creative Lukscolor, sem diluição, com rolo de espuma rígida para texturas, desempenadeira ou espátula de aço, dependendo do aspecto final ou do efeito desejado. Trabalhar áreas verticais de até um metro de largura por vez.

Cor

Branco e centenas de cores no Lukscolor System

Acabamento

Não aplicável

Diluição

Pronta para uso.

Secagem

Ao toque: 2 h
Final: 12 h
Cura total: 7 dias

Textura Acrílica Luksarte Graf — 4

Textura encorpada de alta consistência, pois contém cristais de quartzo de tamanho grande. Seus efeitos rústicos, fortes e peculiares remetem à beleza encontrada nas antigas fachadas da Europa. Em virtude de sua hidrorrepelência, oferece alta resistência às intempéries, sendo indicada para ambientes externos e internos. Para obter efeitos envelhecidos, aplicar sobre a textura o Luksgel Envelhecedor Premium Plus.

USE COM: Fundo Preparador Base Água
Luksgel Envelhecedor Premium Plus

Embalagens/rendimento

Lata (26 kg): até 12 m²/demão.
Galão (5,2 kg): até 2,5 m²/demão.

Aplicação

Aplicar uma demão de Látex Premium Plus Lukscolor tingido na mesma cor da textura a ser aplicada. Após secagem, aplicar Luksarte Graf com desempenadeira de aço, espalhando o produto de maneira uniforme em áreas verticais de até um metro de largura, retirando o excesso de material.

Cor

Branco e centenas de cores no Lukscolor System

Acabamento

Não aplicável

Diluição

Pronta para uso.

Secagem

Ao toque: 2 h
Final: 12 h
Cura total: 7 dias

Textura Remov Fácil Luksarte 1

Textura acrílica de tecnologia inovadora, apresentada nas versões de acabamento Ateliê, Creative e Graf, possibilita a decoração de ambientes internos, permitindo a criação de inúmeros efeitos que tornam seus ambientes únicos, modernos e sofisticados. Produto inédito no Brasil, difere das texturas convencionais por possuir uma tecnologia inovadora que permite a sua remoção com jatos de vapor.

USE COM: Fundo Preparador Base Água; Luksgel Envelhecedor Premium Plus

Embalagens/rendimento

Ateliê
Lata (24 kg): até 20 m²/demão.
Galão (5,5 kg): até 5 m²/demão.
Creative
Lata (24 kg): até 26 m²/demão.
Galão (5,5 kg): até 6 m²/demão.
Graf
Lata (24 kg): até 11 m²/demão.
Galão (5,5 kg): até 2,5 m²/demão.

Aplicação

Utilizar rolo de espuma rígida para texturas, desempenadeira ou espátula de aço.

Cor

Branco

Acabamento

Não aplicável

Diluição

Pronta para uso.

Secagem

Ao toque: 2 h
Final: 12 h

Massa Acrílica 2

Com a Massa Acrílica, você nivela e corrige imperfeições rasas em superfícies externas e internas em geral. Deixa a superfície lisa, proporcionando uma pintura com acabamento perfeito. É um produto fácil de aplicar e de lixar, que apresenta grande resistência às ações do tempo e à alcalinidade, apresentando rendimento superior, elevada consistência e grande poder de enchimento.

USE COM: Poupa Tempo Selador Acrílico; Fundo Preparador Base Água

Embalagens/rendimento

Lata (28 kg): até 60 m²/demão.
Galão (5,6 kg): até 12 m²/demão.
Quarto (1,4 kg): até 3 m²/demão.

Aplicação

Utilizar desempenadeira ou espátula de aço. Aplicar, em camadas finas, de 2 a 3 demãos com intervalo de uma hora entre demãos.

Cor

Branco

Acabamento

Não aplicável

Diluição

Pronta para uso.

Secagem

Ao toque: 30 min
Lixamento: 3 h

1 2 Preparação inicial

Toda e qualquer superfície tem que estar bem preparada. É importante que esteja limpa, seca e sem partes soltas de reboco ou pintura velha. Antes de pintar, corrigir as imperfeições e eliminar umidade, mofo, pó, manchas de gordura e outros contaminantes que podem comprometer o resultado da pintura. **Superfícies com poeira e pó de lixamento:** remover com escova de pelos e pano limpo umedecido com água e deixar secar. **Superfícies brilhantes:** lixar até a perda total do brilho e remover o pó de lixamento. **Superfícies com manchas gordurosas e graxas:** lavar com água e detergente, enxaguar e deixar secar. **Superfícies com mofo:** limpar com água sanitária e deixar agir por alguns minutos. Enxaguar e deixar secar. **Superfícies com umidade:** identificar a causa e tratar adequadamente. **Pinturas soltas, blocos de concreto, reboco fraco, superfícies porosas e caiações:** raspar e lixar as partes soltas, remover o pó e aplicar uma demão prévia de Fundo Preparador Lukscolor. **Superfícies com imperfeições rasas:** corrigir com o produto. **Superfícies com imperfeições profundas:** reparar com reboco e proceder como em rebocos novos. **Repintura:** observar o estado geral da pintura antiga. Estando em boas condições, lixar, remover o pó e aplicar a tinta de acabamento.

1 2 Preparação especial

Superfícies novas de reboco, emboço ou concreto: após 7 dias da execução do reboco ou concreto, aplicar Poupa Tempo Selador Acrílico. Para um acabamento liso, após o uso do selador, aplicar o produto. Antes de pintar, consultar instruções de aplicação do selador e verificar como proceder em cada um dos diferentes tipos de acabamento.

1 2 Preparação em demais superfícies

Superfícies de gesso corrido, placas de gesso e gesso acartonado/drywall: aguardar a secagem total e remover o pó. Utilizar Luksgesso ou Fundo Preparador Lukscolor. Aguardar a secagem e aplicar o produto.

2 Preparação em demais superfícies

Fibrocimento ou substratos cerâmicos porosos: lavar com água e detergente neutro, enxaguar e deixar secar. Em seguida, aplicar o Poupa Tempo Selador Acrílico Lukscolor.

1 2 Precauções / dicas / advertências

Evitar utilizar em dias chuvosos, com ventos fortes, temperatura inferior a 10 °C ou superior a 35 °C e umidade relativa do ar superior a 90%.

1 Precauções / dicas / advertências

A cura total da textura ocorre após 7 dias da aplicação. Não se deve aplicar nenhum tipo de esforço sobre a superfície com a textura durante 20 dias. Após esse período, pode-se lavar a superfície com água, detergente neutro e esponja macia. Aplicar a textura em pequenas áreas de cada vez, facilitando a execução do efeito desejado.

1 Principais atributos do produto 1

Produto inédito no Brasil, é a única textura acrílica que pode ser removida sem reformas, com rapidez e facilidade.

2 Principais atributos do produto 2

Nivela e corrige imperfeições rasas em áreas internas e externas, é fácil de aplicar e de lixar, e tem rendimento superior, elevada consistência e grande poder de enchimento.

3 4 Preparação inicial

A superfície deve estar limpa e seca, sem partes soltas de reboco ou pintura velha. Antes de pintar, corrigir as imperfeições e eliminar contaminantes. **Superfícies com poeira e pó de lixamento:** remover com escova de pelos e pano limpo umedecido com água e deixar secar. **Superfícies brilhantes:** lixar até a perda total do brilho e remover o pó de lixamento. **Superfícies com manchas gordurosas e graxas:** lavar com água e detergente, enxaguar e deixar secar. **Superfícies com mofo:** limpar com água sanitária e deixar agir por alguns minutos. Enxaguar e deixar secar. **Superfícies com umidade:** não iniciar a pintura sobre superfícies com problemas de umidade. Identificar a causa e tratar adequadamente. **Pinturas soltas, blocos de concreto, reboco fraco, superfícies porosas e caiações:** raspar e lixar as partes soltas, remover o pó e aplicar uma demão prévia de Fundo Preparador Lukscolor. **Superfícies com imperfeições rasas:** corrigir aplicando o produto.

3 Preparação inicial

Repintura: observar o estado geral da pintura antiga. Estando em boas condições, lixar, remover o pó e aplicar a tinta de acabamento.

3 4 Preparação especial

Superfícies novas de reboco, emboço ou concreto: após 7 dias da execução do reboco ou concreto, aplicar Poupa Tempo Selador Acrílico Lukscolor e, para acabamento liso, aplicar também Massa Acrílica ou Massa Corrida Lukscolor.

3 Preparação especial

Antes de pintar, consultar instruções de aplicação do selador e verificar como proceder em cada um dos diferentes tipos de acabamento. **Imperfeições profundas:** reparar com reboco e proceder como em reboco novo.

4 Preparação especial

Acabamento fosco: após 7 dias da execução do reboco ou concreto, aplicar o selador. **Acabamento liso:** após o uso do selador, emassar e pintar. **Acabamento acetinado ou brilhante:** aplicar o selador após 7 dias da execução do reboco. Emassar a superfície e aguardar 21 dias para realizar a pintura.

3 4 Preparação em demais superfícies

Superfícies de gesso corrido, placas de gesso e gesso acartonado/drywall: aguardar a secagem total e remover o pó. Utilizar Luksgesso Lukscolor ou Fundo Preparador Base Água Lukscolor.

3 Preparação em demais superfícies

Fibrocimento ou substratos cerâmicos porosos: lavar com água e detergente neutro, enxaguar e deixar secar. Em seguida, aplicar o Poupa Tempo Selador Acrílico Lukscolor.

3 4 Precauções / dicas / advertências

Evitar utilizar o produto em temperatura inferior a 10 °C ou superior a 35 °C e umidade relativa do ar superior a 90%.

4 Precauções / dicas / advertências

O produto não deve ficar exposto por mais de 21 dias sem aplicação da tinta de acabamento.

3 Principais atributos do produto 3

Nivela e corrige imperfeições rasas em áreas internas, é fácil de aplicar e de lixar, e tem rendimento superior, elevada consistência e grande poder de enchimento.

4 Principais atributos do produto 4

Poupa Tempo uniformiza a absorção da superfície e bloqueia a ação da alcalinidade.

Massa Corrida 3

Com a Massa Corrida, você nivela e corrige imperfeições rasas em áreas internas em geral. Deixa a superfície lisa, proporcionando uma pintura com acabamento perfeito. É um produto fácil de aplicar e de lixar, que apresenta rendimento superior, elevada consistência e grande poder de enchimento.

USE COM:
Poupa Tempo Selador Acrílico
Fundo Preparador Base Água

Embalagens/rendimento

Lata (28 kg): até 60 m²/demão.
Galão (5,6 kg): até 12 m²/demão.
Quarto (1,4 kg): até 3 m²/demão.

Aplicação

Utilizar desempenadeira ou espátula de aço. Aplicar, em camadas finas, de 2 a 3 demãos com intervalo de uma hora entre demãos.

Cor

Branco

Acabamento

Não aplicável

Diluição

Pronta para uso.

Secagem

Ao toque: 30 min
Lixamento: 3 h

Poupa Tempo Selador Acrílico 4

É um produto inovador indicado para superfícies novas de reboco ou concreto em geral. É multifuncional: uniformiza a absorção da superfície, aumentando o rendimento da tinta de acabamento, e bloqueia a ação da alcalinidade, portanto, pode ser aplicado diretamente após 7 dias da execução do reboco ou concreto, sem a necessidade de aguardar os 30 dias de cura. Isso significa uma grande redução de tempo da obra.

USE COM:
Luksclean Acrílico Premium Plus
Top 10 Acrílico Ultra Premium Plus

Embalagens/rendimento

Lata (18 L): até 175 m²/demão.
Galão (3,6 L): até 35 m²/demão.

Aplicação

Utilizar rolo de lã, trincha ou pincel. Aplicar de uma a 2 demãos com intervalo de 4 h entre demãos.

Cor

Branco

Acabamento

Não aplicável

Diluição

Pincel, trincha ou rolo de lã: diluir 10 medidas do produto com uma a 2 medidas de água.

Secagem

Ao toque: 1 h
Final: 4 h

Fundo Preparador Base Água 1

O Fundo Preparador Base Água aglutina partículas soltas, uniformiza a absorção, reforça a coesão das superfícies e melhora a aderência de tintas e massas, em ambientes externos e internos. Produto de fácil aplicação, secagem rápida e elevado poder penetrante. Com suave perfume, proporciona conforto e bem-estar, permitindo a sua permanência no ambiente do início ao fim da pintura.

USE COM: Massa Corrida; Massa Acrílica

Embalagens/rendimento

Lata (18 L): até 275 m²/demão.
Galão (3,6 L): até 55 m²/demão.

Aplicação

Utilizar rolo de lã, trincha ou pincel. Aplicar uma demão.

Cor

Branco (após seco, torna-se incolor)

Acabamento

Não aplicável

Diluição

Pincel, trincha ou rolo de lã: diluir 10 medidas do produto com uma a 2 medidas de água. Gesso: diluir 10 medidas do produto com uma a 10 medidas de água.

Secagem

4 h para a aplicação do acabamento

Esmalte Premium Plus 2

Com o Esmalte Premium Plus, você protege e decora superfícies de madeira e metal em geral. Indicado para pintura de portas, janelas, portões, móveis, objetos etc. Possui excelentes cobertura e rendimento secagem rápida e não descasca, além de ser fácil de limpar. Disponível nos acabamentos alto brilho e acetinado para ambientes externos ou internos e no acabamento fosco para ambientes internos.

USE COM: Fundo Universal; Massa para Madeira

Embalagens/rendimento

Galão (3,6 L): até 75 m²/demão.
Galão (3,2 L): até 67 m²/demão.
Quarto (0,9 L): até 20 m²/demão.
Quarto (0,81 L): até 17 m²/demão.
1/16 (225 mL): até 5 m²/demão.

Aplicação

Utilizar rolo de espuma, pincel ou revólver. Aplicar de 2 a 3 demãos com intervalo de 8 h entre demãos.

Cor

Disponível em 44 cores prontas no acabamento alto brilho; 9 cores prontas no acetinado; 2 cores prontas no fosco e mais de 2 mil no Lukscolor System

Acabamento

Fosco, acetinado e alto brilho

Diluição

Pincel ou rolo de espuma: diluir 10 medidas do produto com uma medida de Nova-Raz Innovation. Revólver: diluir 10 medidas do produto com 3 medidas de Nova-Raz Innovation.

Secagem

Ao toque: 1 a 3 h
Final: 18 h

1 2 Preparação inicial

A superfície deve estar limpa e seca, sem partes soltas de reboco ou pintura velha. Antes de pintar, corrigir as imperfeições e eliminar contaminantes. **Superfícies com poeira e pó de lixamento:** remover com escova de pelos e pano limpo umedecido com água e deixar secar. **Superfícies com manchas de gordura e graxa:** lavar com água e detergente, enxaguar e deixar secar. **Superfícies brilhantes:** lixar até a perda do brilho e remover o pó. **Superfícies com mofo:** limpar com água sanitária e deixar agir por alguns minutos. Enxaguar e deixa secar. **Superfícies com umidade:** identificar a causa e tratar. **Pinturas soltas, blocos de concreto, rebocos fracos, superfícies porosas e caiações:** raspar e lixar as partes soltas, remover o pó e aplicar uma demão prévia de Fundo Preparador Lukscolor. **Superfícies com imperfeições rasas:** corrigir com Massa Acrílica ou com Massa Corrida Lukscolor. **Superfícies com imperfeições profundas:** reparar com reboco e proceder como em rebocos novos.

2 Preparação inicial

Repintura: lixar e remover o pó. **Metais enferrujados:** lixar para eliminar a ferrugem e proceder como em metais ferrosos novos. **Madeiras novas:** lixar até eliminar as farpas e remover o pó. Aplicar de uma demão de Fundo Nivelador Lukscolor. **Metais ferrosos novos:** lixar e eliminar o pó. Em seguida, aplicar de uma a 2 demãos de Fundo Zarcão ou Primer Cromato de Zinco Verde. Lixar e remover o pó. **Aços galvanizados e alumínios:** lixar e eliminar o pó. Aplicar uma demão de Luksgalv Lukscolor ou Fundo Universal Base Água Lukscolor. Lixar e remover o pó.

1 Preparação especial

Superfícies novas de reboco, emboço ou concreto: após 7 dias da execução do reboco ou concreto, aplicar Poupa Tempo Selador Acrílico Lukscolor e, para acabamento liso, aplicar Massa Acrílica ou Massa Corrida Lukscolor. **Acabamento fosco:** após 7 dias da execução do reboco ou concreto, aplicar o selador. **Acabamento liso:** após o uso do selador, emassar e pintar. **Acabamento acetinado ou brilhante:** aplicar o selador após 7 dias da execução do reboco. Emassar a superfície e aguardar 21 dias para pintar.

2 Preparação especial

Superfícies novas de reboco, emboço ou concreto: após 7 dias da execução, aplicar Selador Acrílico. **Acabamento liso:** após selador, aplicar Massa Acrílica ou Corrida. Aguardar 21 dias e aplicar o produto.

1 Preparação em demais superfícies

Superfícies de gesso corrido, placas de gesso e gesso acartonado/drywall: aguardar a secagem total e remover o pó. Utilizar Luksgesso Lukscolor ou Fundo Preparador Base Água Lukscolor.

2 Preparação em demais superfícies

Superfície de PVC: lixar, eliminar o pó e aplicar o esmalte.

1 2 Precauções/dicas/advertências

Evitar utilizar em dias chuvosos, com ventos fortes, temperatura inferior a 10 °C ou superior a 35 °C e umidade relativa do ar superior a 90%.

1 Precauções/dicas/advertências

O produto não deve ficar exposto por mais de 21 dias sem aplicação da tinta de acabamento.

2 Precauções/dicas/advertências

Durante 15 dias após a aplicação, não submeter a superfície pintada a esforços.

1 Principais atributos do produto 1

Fácil de aplicar, secagem rápida e alto poder penetrante.

2 Principais atributos do produto 2

Alta durabilidade e resistência e acabamento impecável.

3 Preparação inicial

Superfícies com poeira e pó de lixamento: remover com escova de pelos e pano limpo umedecido com Diluente para Epóxi Lukscolor. **Superfícies brilhantes:** lixar até a perda total do brilho e remover o pó. **Superfícies com mofo:** limpar com água sanitária e deixar agir por alguns minutos. Enxaguar e deixa secar. **Superfícies com umidade:** identificar a causa e tratar. **Manchas gordurosas e graxas:** utilizar pano limpo umedecido com Diluente para Epóxi Lukscolor. **Madeiras novas:** deverão estar secas. Madeiras verdes não deverão ser pintadas. Eliminar as farpas. **Metais ferrosos novos:** lixar a superfície e eliminar o pó. Aplicar o Fundo Epóxi Lukscolor. **Ferrugem:** lixar até total remoção da ferrugem, limpar e remover o pó. Aplicar o Fundo Epóxi Lukscolor. **Aços galvanizados e alumínios:** lixar a superfície e eliminar o pó. Aplicar o Fundo Epóxi Lukscolor. **Azulejo:** lavar superfície e rejuntes com água e detergente. Enxaguar e aguardar a secagem. **Emboço, reboco ou concreto novos, pisos cimentados novos:** aguardar a cura (mínimo de 30 dias). **Pinturas soltas, blocos de concreto, rebocos fracos, superfícies porosas e caiações:** raspar e lixar as partes soltas, remover o pó e aplicar o Fundo Preparador Lukscolor. **Superfícies com imperfeições profundas:** reparar e proceder como em rebocos novos. **Pisos cimentados antigos:** lavar com água e detergente, enxaguar e aguardar a secagem. **Repintura:** testar se a pintura antiga resiste ao sistema de solventes do produto aplicando numa pequena área. Caso não haja enrugamento, lixar, remover o pó e aplicar o produto.

4 Preparação inicial

Por este produto ser um componente indispensável de tintas epóxi, as instruções referentes à preparação de superfícies encontram-se nos produtos: Epóxi Catalisável Premium Plus Lukscolor, Fundo Epóxi Catalisável Lukscolor e Diluente para Epóxi Lukscolor.

3 Precauções / dicas / advertências

Não aplicar em ambientes com temperatura inferior a 10 °C ou superior a 35 °C e umidade relativa do ar superior a 90%.

Epóxi Catalisável Premium Plus 3

Tinta que, depois de misturada ao catalisador, proporciona um revestimento de alta dureza, muito resistente a abrasão, de fácil limpeza e com excelentes características anticorrosivas. Possui elevada resistência a agentes químicos, solventes e umidade. Indicado para pintura de azulejos, paredes de reboco e concreto, madeiras, máquinas, tubulações e estruturas metálicas em geral, em ambientes domésticos ou industriais, em áreas externas e internas. Produto não indicado para piscinas.

USE COM: Catalisador para Epóxi; Fundo Epóxi Catalisável

Embalagens/rendimento
Galão (2,7 L): até 50 m²/demão.
Galão (2,43 L): até 45 m²/demão.

Aplicação
Utilizar rolo de lã para epóxi, trincha, pincel ou revólver. Aplicar de 2 a 3 demãos com intervalo de 12 h entre demãos.

Cor
Disponível em 11 cores prontas e milhares de opções no Lukscolor System

Acabamento
Alto brilho

Diluição
A diluição deverá ser feita 20 min após a mistura da parte A com a parte B, utilizando o Diluente para Epóxi Lukscolor. Rolo ou revólver: diluir 10 medidas de mistura com 2 medidas do diluente. Pincel ou trincha: diluir 10 medidas de mistura com uma medida do diluente.

Secagem
Ao toque: 2 h
Final: 24 h
Cura total: 7 dias

Catalisador para Epóxi 4

O Catalisador para Epóxi (parte B) deve, obrigatoriamente, ser adicionado ao Epóxi Catalisável Premium Plus ou ao Fundo Epóxi Catalisável. Catalisador para Epóxi Poliamida: maior resistência à água, melhor adesão e flexibilidade. Catalisador para Epóxi Poliamina: alta resistência química (solventes, álcalis, sais e óleos).

USE COM: Fundo Epóxi Catalisável; Epóxi Catalisável Premium Plus

Embalagens/rendimento
Quarto (0,9 L).

Aplicação
Deve, obrigatoriamente, ser adicionado ao Epóxi Catalisável Premium Plus Lukscolor ou ao Fundo Epóxi Catalisável Lukscolor.

Cor
Não aplicável

Acabamento
Não aplicável

Diluição
A diluição deverá ser feita 20 min após a mistura da parte A com a parte B, utilizando o Diluente para Epóxi Lukscolor. Rolo ou revólver: diluir 10 medidas de mistura com 2 medidas do diluente. Pincel ou trincha: diluir 10 medidas de mistura com uma medida do diluente.

Secagem
Não aplicável

0800-14-4234
www.lukscolor.com.br

Fundo Epóxi Catalisável 1

Fundo que confere proteção anticorrosiva e alto poder de enchimento, garantindo a integridade de superfícies de metais ferrosos e não ferrosos (galvanizados e alumínio) e a uniformidade de absorção em superfícies de alvenaria e madeira, em áreas externas e internas. Possui alta resistência a agentes químicos, solventes e umidade.

USE COM:
Catalisador para Epóxi
Epóxi Catálisavel Premium Plus

Embalagens/rendimento
Galão (2,7 L): até 54 m²/demão.

Aplicação
Utilizar rolo de lã especial para epóxi, trincha, pincel ou revólver. Aplicar de uma a 2 demãos com intervalo de 12 h entre demãos.

Cor
Cinza

Acabamento
Fosco

Diluição
A diluição deverá ser feita 20 min após a mistura da parte A com a parte B, utilizando o Diluente para Epóxi Lukscolor. Rolo ou revólver: diluir 10 medidas de mistura com 2 medidas do diluente. Pincel ou trincha: diluir 10 medidas de mistura com uma medida do diluente.

Secagem
Ao toque: 2 h
Manuseio: 6 h
Final: 24 h
Cura total: 7 dias

Primer Luksmagnetic 2

Trata as paredes transformando-as em áreas criativas para a fixação de magnetos, eliminando a necessidade de alfinetes, percevejos e fitas e evitando marcas na parede. Indicado para quartos infantis, salas de aula, salas de reunião, estúdios, escritórios etc. Este produto, necessita sempre de uma tinta de acabamento, evitando sua oxidação com o passar do tempo. Recomenda-se utilizar Luksclean Acrílico Premium Plus.

USE COM:
Acrílico Premium Plus Fosco
Acrílico Premium Plus Semibrilho

Embalagens/rendimento
Galão (2,4 L): até 28 m²/demão.
Quarto (0,9 L): até 7 m²/demão.

Aplicação
Utilizar rolo de lã. Aplicar, no mínimo, 2 demãos com intervalo de 4 h entre demãos.

Cor
Cinza

Acabamento
Não aplicável

Diluição
Pronto para uso.

Secagem
Final: 12 h

1 2 Preparação inicial
Superfícies brilhantes: lixar até a perda total do brilho e remover o pó. **Superfícies com mofo:** limpar com água sanitária e deixar agir por alguns minutos. Enxaguar e deixa secar. **Superfícies com umidade:** identificar a causa e tratar adequadamente.

1 Preparação inicial
Superfícies com poeira e pó de lixamento: remover com escova de pelos e pano limpo umedecido com Diluente para Epóxi Lukscolor. **Superfícies com manchas gordurosas e graxas:** utilizar pano limpo umedecido com Diluente para Epóxi Lukscolor. **Madeiras novas:** deverão estar secas. Madeiras verdes não deverão ser pintadas. Eliminar as farpas. **Metais ferrosos novos:** lixar a superfície e eliminar o pó. Aplicar o Fundo Epóxi Lukscolor. **Ferrugem:** lixar até total remoção da ferrugem, limpar e remover o pó. Aplicar o Fundo Epóxi Lukscolor. **Aços galvanizados e alumínios:** lixar a superfície e eliminar o pó. Aplicar o Fundo Epóxi Lukscolor. **Azulejo:** lavar superfície e rejuntes com água e detergente. Enxaguar e aguardar a secagem. **Emboço, reboco ou concreto novos, pisos cimentados novos:** aguardar a cura (no mínimo, 28 dias). **Pinturas soltas, blocos de cimento, rebocos fracos, superfícies porosas e caiações:** raspar e lixar as partes soltas, remover o pó e aplicar o Fundo Preparador Lukscolor. **Superfícies com imperfeições profundas:** reparar e proceder como em rebocos novos. **Pisos cimentados antigos:** lavar com água e detergente, enxaguar e aguardar a secagem. **Repintura:** testar se a pintura existente resiste ao sistema de solventes do Epóxi Catalisável Premium Plus Lukscolor aplicando numa pequena área. Caso não haja enrugamento, lixar, remover o pó e aplicar o Epóxi Catalisável Premium Plus Lukscolor.

2 Preparação inicial
A superfície deve estar limpa e seca, sem partes soltas de reboco ou pintura velha. Antes de pintar, corrigir as imperfeições e eliminar contaminantes. **Superfícies com poeira e pó de lixamento:** remover com escova de pelos e pano umedecido com água e deixar secar. **Pinturas soltas, blocos de cimento, rebocos fracos, superfícies porosas e caiações:** raspar e lixar as partes soltas, remover o pó e aplicar uma demão prévia de Fundo Preparador Lukscolor. **Superfícies com imperfeições profundas:** reparar com reboco e proceder como em rebocos novos. **Repintura:** para pintura antiga em boas condições, lixar, remover o pó e aplicar a tinta de acabamento. **Superfícies com manchas gordurosas e graxas:** lavar com água e detergente, enxaguar e deixar secar, ou utilizar um pano limpo umedecido com Nova-Raz Innovation ou Nova-Raz 260 Luksnova. **Superfícies de gesso corrido, placas de gesso e gesso acartonado/ drywall:** remover o pó e utilizar o Luksgesso Lukscolor ou aplicar uma demão do Fundo Preparador Lukscolor.

2 Preparação especial
Superfícies novas de reboco, emboço ou concreto: aguardar a cura (mínimo de 30 dias) e aplicar uma demão de Poupa Tempo Selador Acrílico Lukscolor. Após secagem, aplicar Luksmagnetic e acabamento ou produto da linha Luksarte Lukscolor. Para eliminar aspecto rústico, usar previamente Massa Corrida Lukscolor (interiores).

2 Preparação em demais superfícies
Madeiras novas: lixar até eliminar as farpas e remover o pó. Aplicar uma demão de Luksmagnetic e acabamento.

1 2 Precauções/dicas/advertências
Não aplicar em ambientes com temperatura inferior a 10 °C ou superior a 35 °C e umidade relativa do ar superior a 90%.

3 4 Preparação inicial

Antes de pintar, corrigir imperfeições e eliminar contaminantes. **Superfícies brilhantes:** lixar até a perda do brilho, remover o pó. **Mofo:** limpar com água sanitária, deixar agir por alguns minutos, enxaguar, deixar secar. **Umidade:** identificar a causa e tratar. **Madeiras novas:** eliminar as farpas. Aplicar uma demão de Fundo Universal Base Água.

3 Preparação inicial

Superfícies com poeira e pó de lixamento: remover com escova de pelos e pano umedecido com água, deixar secar. **Manchas gordurosas e graxas:** lavar com água e detergente, enxaguar, deixar secar. **Pinturas soltas, blocos de concreto, rebocos fracos, superfícies porosas e caiações:** raspar e lixar as partes soltas, remover o pó, aplicar o Fundo Preparador. **Superfícies de gesso corrido, placas de gesso e gesso acartonado/drywall**: aguardar a secagem total e remover o pó. Aplicar Fundo Preparador. **Superfícies com imperfeições rasas:** alvenaria: corrigir com Massa Acrílica ou Massa Corrida; madeira: corrigir com Massa para Madeira. **Superfícies com imperfeições profundas:** reparar com reboco; proceder como em rebocos novos. **Metais ferrosos novos:** lixar, eliminar o pó, aplicar Fundo Universal Base Água. Lixar, remover o pó, aplicar o Esmalte Base Água. **Metais enferrujados:** lixar para eliminar a ferrugem e proceder como em metais ferrosos novos. **Repintura:** lixar, remover o pó, aplicar Esmalte Base Água. **Aços galvanizados e alumínios:** proceder como em repintura.

4 Preparação inicial

A superfície deve estar limpa, seca, sem partes soltas de reboco ou pintura velha. **Superfícies com poeira e pó de lixamento:** remover com escova de pelos. **Madeiras:** limpar com pano umedecido com água e deixar secar. **Metais:** limpar com pano limpo umedecido com Nova-Raz Innovation ou Nova-Raz 260 Luksnova. **Manchas gordurosas e graxas:** lavar com água e detergente, enxaguar e deixar secar, ou utilizar um pano umedecido com Nova-Raz Innovation ou Nova-Raz 260 Luksnova. **Superfícies de madeira com imperfeições rasas:** aplicar Massa para Madeira Lukscolor, lixar e remover o pó. **Metais ferrosos novos:** lixar e eliminar o pó. Aplicar 2 demãos de Fundo Universal Base Água. Lixar, remover o pó e aplicar Esmalte Premium Plus ou Esmalte Base Água. **Metais enferrujados:** lixar para eliminar completamente a ferrugem e proceder como em metais ferrosos novos. **Aços galvanizados e alumínios:** lixar e eliminar o pó. Aplicar uma demão de Fundo Universal Base Água ou Luksgalv. Lixar, remover o pó e aplicar o Esmalte Premium Plus ou Esmalte Base Água.

3 Preparação especial

Superfícies novas de reboco, emboço ou concreto: após 7 dias da execução do reboco ou concreto, aplicar Poupa Tempo Selador Acrílico. Acabamento liso: após selador, aplicar Massa Acrílica ou Massa Corrida. Aguardar 21 dias e aplicar o Esmalte Base Água.

3 Preparação em demais superfícies

Superfície de PVC: lixar, eliminar o pó e aplicar o Esmalte Base Água.

3 Precauções / dicas / advertências

Durante 15 dias após a aplicação, não submeter a superfície pintada a esforços.

4 Precauções / dicas / advertências

Evitar utilizar em dias chuvosos, com ventos fortes, temperatura inferior a 10 °C ou superior a 35 °C e umidade relativa do ar superior a 90%.

Esmalte Premium Plus Base Água — 3

Com o Esmalte Premium Plus Base Água você protege e decora superfícies de madeira e metal em geral. Indicado para pintura de portas, janelas, portões, móveis, objetos etc. Possui alta durabilidade e resistência, excelente preservação do brilho, não descasca e não amarelece com o tempo. Produto base água, portanto, dispensa o uso de Nova-Raz para diluição. Com suave perfume, proporciona conforto e bem-estar, permitindo a sua permanência no ambiente do início ao fim da pintura.

USE COM: Fundo Universal; Massa para Madeira

Embalagens/rendimento

Galão (3,6 L): até 75 m²/demão.
Galão (3,2 L): até 67 m²/demão.
Quarto (0,9 L): até 20 m²/demão.
Quarto (0,81 L): até 17 m²/demão.

Aplicação

Utilizar rolo de espuma, pincel ou revólver. Aplicar de 2 a 3 demãos com intervalo de 4 h entre demãos.

Cor

Disponível em 12 cores prontas no acabemento brilhante; 5 cores prontas no acetinado; 2 cores prontas no fosco e mais de 2 mil no Lukscolor System

Acabamento

Fosco, acetinado e brilhante

Diluição

Pincel ou rolo de espuma: diluir 10 medidas do produto com uma medida de água. Revólver: diluir 10 medidas do produto com 3 medidas de água.

Secagem

Ao toque: 30 min
Final: 5 h

Fundo Universal Base Água — 4

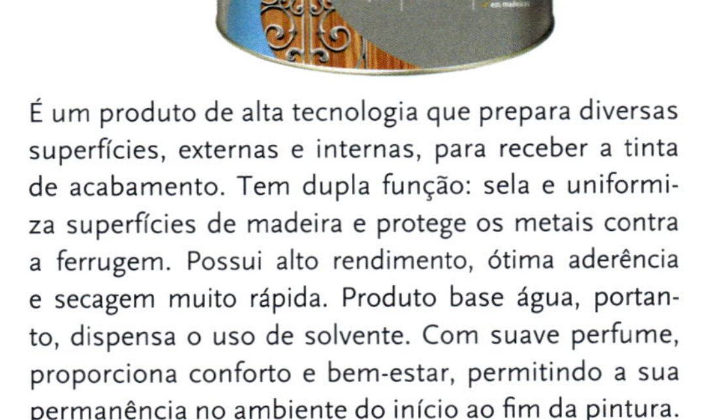

É um produto de alta tecnologia que prepara diversas superfícies, externas e internas, para receber a tinta de acabamento. Tem dupla função: sela e uniformiza superfícies de madeira e protege os metais contra a ferrugem. Possui alto rendimento, ótima aderência e secagem muito rápida. Produto base água, portanto, dispensa o uso de solvente. Com suave perfume, proporciona conforto e bem-estar, permitindo a sua permanência no ambiente do início ao fim da pintura.

USE COM: Esmalte Premium Plus; Esmalte Premium Plus Base Água

Embalagens/rendimento

Galão (3,6 L): até 65 m²/demão.
Quarto (0,9 L): até 16 m²/demão.

Aplicação

Utilizar rolo de espuma, trincha, pincel ou revólver. Aplicar uma a 2 demãos com intervalo de 3 h entre demãos.

Cor

Cinza

Acabamento

Não aplicável

Diluição

Pincel, trincha ou rolo de espuma: diluir 10 medidas do produto com uma a 2 medidas de água. Revólver e superfícies não seladas: diluir 10 medidas do produto com 3 a 4 medidas de água.

Secagem

Ao toque: 30 min
Final: 4 h

Verniz Premium Plus Copal 1

Protege e embeleza portas, lambris, esquadrias e madeiras decorativas em geral, em ambientes internos. Verniz incolor que proporciona fino acabamento, realçando o aspecto natural da madeira. Produto de fácil aplicação, secagem rápida, rendimento superior e excelente alastramento, excedendo as normas estabelecidas para a categoria premium pelo Programa Setorial da Qualidade para Tintas Imobiliárias (PSQ-TI).

Embalagens/rendimento

Galão (3,6 L): até 108 m²/demão.
Quarto (0,9 L): até 27 m²/demão.

Aplicação

Utilizar rolo de espuma, pincel ou revólver. Aplicar de 2 a 3 demãos com intervalo de 12 h entre demãos.

Cor

Incolor

Acabamento

Alto brilho

Diluição

Rolo de espuma e pincel: diluir 10 medidas do produto com uma medida de Nova-Raz Innovation ou Nova-Raz 260 Luksnova. Revólver: diluir 10 medidas do produto com 3 medidas de Nova-Raz Innovation ou Nova-Raz 260 Luksnova.

Secagem

Ao toque: 4 a 6 h
Final: 24 h

USE COM: Nova Raz Innovation
Nova Raz 260 Luksnova

Verniz Premium Plus Power Plus 2

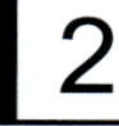

Protege e embeleza portas, janelas, casas de madeira, móveis para piscina e jardins e madeiras decorativas em geral, em ambientes externos e internos. Com tripla proteção – duplo filtro solar e ação fungicida (antimofo), proporciona ultrarresistência ao tempo e aos raios UV, evitando a deterioração prematura da madeira em regiões de intensa ação do sol, da chuva e da maresia por, no mínimo, 6 anos (termo de garantia).

Embalagens/rendimento

Galão (3,6 L): até 120 m²/demão.
Quarto (0,9 L): até 30 m²/demão.

Aplicação

Utilizar pincel de cerdas macias (com pinceladas longas e contínuas). Aplicar, no mínimo, 3 demãos com intervalo de 12 h entre demãos.

Cor

Disponível nas cores canela, cedro, imbuia, ipê e mogno

Acabamento

Acetinado e brilhante

Diluição

Pronto para uso.

Secagem

Ao toque: 4 a 6 h
Final: 24 h

USE COM: Nova Raz Innovation
Nova Raz 260 Luksnova

1 2 Preparação inicial

Toda e qualquer superfície tem que estar bem preparada para receber a pintura. É importante que esteja limpa, seca e sem partes soltas de pintura velha. Corrigir as imperfeições e eliminar a umidade, mofo, pó, manchas de gordura e outros contaminantes que podem comprometer o resultado da pintura. **Superfícies com poeira e pó de lixamento:** remover com escova de pelos e limpar com pano limpo umedecido com Nova-Raz Innovation ou Nova-Raz 260 Luksnova. **Superfícies brilhantes:** lixar até a perda total do brilho e remover o pó de lixamento. **Superfícies com manchas gordurosas e graxas:** lavar com água e detergente, enxaguar e deixar secar, ou utilizar um pano limpo umedecido com Nova-Raz Innovation ou Nova-Raz 260 Luksnova. **Superfícies com mofo:** limpar com água sanitária e deixar agir por alguns minutos. Enxaguar e deixar secar. **Superfícies com umidade:** não iniciar a pintura sobre superfícies com problemas de umidade. Identificar a causa e tratar adequadamente. **Superfícies com partes soltas ou sem aderência:** raspar com espátula e lixar até total remoção. **Madeiras já envernizadas:** observar o estado geral da pintura antiga. Estando em boas condições, lixar, remover o pó e aplicar o produto. **Madeiras novas:** lixar até eliminar as farpas e remover o pó.

1 2 Precauções/dicas/advertências

Evitar a pintura de áreas externas em períodos chuvosos, sobre superfícies quentes ou quando ocorrerem ventos fortes. Não aplicar o produto em ambientes com temperatura inferior a 10 °C ou superior a 35 °C ou, ainda, se a umidade relativa do ar for maior que 90%.

1 Principais atributos do produto 1

Tem fácil aplicação, secagem rápida, rendimento superior e excelente alastramento.

2 Principais atributos do produto 2

Alto rendimento, ultrarresistência a trincas e rachaduras, repelente a água, ótimo alastramento e durabilidade.

Motivada pela busca de produtos inovadores e de alto desempenho, com foco nas necessidades do consumidor e na qualidade dos seus produtos, a Lukscolor investe continuamente em pesquisas de novas tecnologias e em treinamento de seu corpo técnico.

3 4 Preparação inicial

Toda e qualquer superfície tem que estar bem preparada para receber a pintura. É importante que esteja limpa, seca e sem partes soltas de pintura velha. Corrigir as imperfeições e eliminar a umidade, mofo, pó, manchas de gordura e outros contaminantes que podem comprometer o resultado da pintura. **Superfícies com poeira e pó de lixamento:** remover com escova de pelos e limpar com pano limpo umedecido com Nova-Raz Innovation ou Nova-Raz 260 Luksnova. **Superfícies brilhantes:** lixar até a perda total do brilho e remover o pó de lixamento. **Superfícies com manchas gordurosas e graxas:** lavar com água e detergente, enxaguar e deixar secar, ou utilizar um pano limpo umedecido com Nova-Raz Innovation ou Nova-Raz 260 Luksnova. **Superfícies com mofo:** limpar com água sanitária e deixar agir por alguns minutos. Enxaguar e deixar secar. **Superfícies com umidade:** não iniciar a pintura sobre superfícies com problemas de umidade. Identificar a causa e tratar adequadamente. **Superfícies com partes soltas ou sem aderência:** raspar com espátula e lixar até total remoção. **Madeiras já envernizadas:** observar o estado geral da pintura antiga. Estando em boas condições, lixar, remover o pó e aplicar o produto. **Madeiras novas:** lixar até eliminar as farpas e remover o pó.

3 4 Precauções / dicas / advertências

Evitar a pintura de áreas externas em períodos chuvosos, sobre superfícies quentes ou quando ocorrerem ventos fortes. Não aplicar o produto em ambientes com temperatura inferior a 10°C ou superior a 35°C ou, ainda, se a umidade relativa do ar for maior que 90%.

3 Principais atributos do produto 3

Tem elevada resistência às ações do tempo, elevado poder de penetração e alto rendimento.

4 Principais atributos do produto 4

Tinge e realça os veios naturais de madeiras menos nobres, principalmente as mais claras.

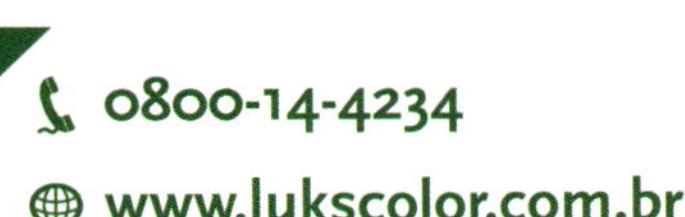

Verniz Premium Plus Duplo Filtro Solar 3

Protege e embeleza portas, janelas, casas de madeira, móveis para piscina e jardins e madeiras decorativas em geral, em ambientes externos e internos. Com tripla proteção – duplo filtro solar e ação fungicida (antimofo), proporciona ótima resistência ao tempo e aos raios UV, evitando a deterioração prematura da madeira em regiões de intensa ação do sol, chuva e maresia por, no mínimo, 3 anos (termo de garantia).

USE COM: Nova Raz Innovation
Nova Raz 260 Luksnova

Embalagens/rendimento

Galão (3,6 L): até 110 m²/demão.
Quarto (0,9 L): até 28 m²/demão.

Aplicação

Utilizar rolo de espuma, p ncel ou revólver. Aplicar, no mínimo, 3 demãos com intervalo de 12 h entre demãos.

Cor

Natural e 6 cores no Lukscolor System

Acabamento

Acetinado e alto brilho

Diluição

Rolo de espuma e pincel: diluir 10 medidas do produto com uma medida de Nova-Raz Innovation ou Nova-Raz 260 Luksnova. Revólver: diluir 10 medidas do produto com 3 medidas de Nova-Raz Innovation ou Nova-Raz 260 Luksnova.

Secagem

Ao toque: 4 a 6 h
Final: 24 h

Verniz Premium Plus Tingidor 4

Indicado para proteger e alterar a tonalidade da madeira ou recuperar madeiras que sofreram desbotamento pela ação do tempo. Embeleza portas, janelas, casas de madeira, móveis e madeiras decorativas em geral, em ambientes externos e internos. Com filtro solar, proporciona ótima proteção contra a ação de sol, chuva e maresia, garantindo um acabamento perfeito por, no mínimo, 2 anos (termo de garantia).

Nova Raz Innovation
Nova Raz 260 Luksnova

Embalagens/rendimento

Galão (3,6 L): até 120 m²/demão.
Quarto (0,9 L): até 30 m²/demão.

Aplicação

Utilizar rolo de espuma, pincel ou revólver. Aplicar, no mínimo, 3 demãos com intervalo de 12 h entre demãos.

Cor

Disponível nas cores imbuia e mogno

Acabamento

Alto brilho

Diluição

Rolo de espuma e pincel: diluir 10 medidas do produto com uma medida de Nova-Raz Innovation. Revólver: diluir 10 medidas do produto com 3 medidas de Nova-Raz Innovation.

Secagem

Ao toque: 4 a 6 h
Final: 24 h

LUKSCOLOR
TINTAS

Verniz Premium Plus Marítimo 1

O Verniz Premium Plus Marítimo protege, decora e embeleza superfícies de madeira em áreas externas e internas. Indicado para casas de madeira, portas, janelas, lambris, esquadrias, móveis e madeiras decorativas em geral. Verniz de grande resistência às ações do tempo, preserva e mantém o aspecto natural da madeira, garantindo um acabamento perfeito por, no mínimo, 2 anos (termo de garantia).

Nova Raz Innovation

Nova Raz 260 Luksnova

Embalagens/rendimento

Galão (3,6 L): até 110 m²/demão.
Quarto (0,9 L): até 28 m²/demão.
1/16 (225 mL): até 7 m²/demão (somente alto brilho).

Aplicação

Utilizar rolo de espuma, pincel ou revólver. Aplicar, no mínimo, 3 demãos com intervalo de 12 h entre demãos.

Cor

Incolor

Acabamento

Acetinado e alto brilho

Diluição

Rolo de espuma e pincel: diluir 10 medidas do produto com uma medida de Nova-Raz Innovation. Revólver: diluir 10 medidas do produto com 3 medidas de Nova-Raz Innovation.

Secagem

Ao toque: 4 a 6 h
Final: 24 h

Verniz Premium Plus Restaurador 2

Indicado para proteger e tingir madeiras novas ou recuperar madeiras desbotadas e degradadas pela ação do tempo. Com filtro solar e ação fungicida, confere altíssima proteção à madeira, em ambientes internos e externos, garantindo fino acabamento por, no mínimo, 3 anos (termo de garantia).

Nova-Raz

Nova-Raz Innovation

Embalagens/rendimento

Galão (3,6 L): até 120 m²/demão.
Quarto (0,9 L): até 30 m²/demão.

Aplicação

Utilizar rolo de espuma, pincel ou revólver. Aplicar, no mínimo, 3 demãos com intervalo de 12 h entre demãos.

Cor

Disponível nas cores imbuia e mogno

Acabamento

Alto brilho

Diluição

Rolo de espuma e pincel: diluir 10 medidas do produto com uma medida de Nova-Raz Innovation ou Nova-Raz 260 Luksnova. Revólver: diluir 10 medidas do produto com 3 medidas de Nova-Raz Innovation ou Nova-Raz 260 Luksnova.

Secagem

Ao toque: 4 a 6 h
Final: 24 h

1 2 Preparação inicial

Toda e qualquer superfície tem que estar bem preparada para receber a pintura. É importante que esteja limpa, seca e sem partes soltas de pintura velha. Corrigir as imperfeições e eliminar a umidade, mofo, pó, manchas de gordura e outros contaminantes que podem comprometer o resultado da pintura. **Superfícies com poeira e pó de lixamento:** remover com escova de pelos e limpar com pano limpo umedecido com Nova-Raz Innovation ou Nova-Raz 260 Luksnova. **Superfícies brilhantes:** lixar até a perda total do brilho e remover o pó de lixamento. **Superfícies com manchas gordurosas e graxas:** lavar com água e detergente, enxaguar e deixar secar, ou utilizar um pano limpo umedecido com Nova-Raz Innovation ou Nova-Raz 260 Luksnova. **Superfícies com mofo:** limpar com água sanitária e deixar agir por alguns minutos. Enxaguar e deixar secar. **Superfícies com umidade:** não iniciar a pintura sobre superfícies com problemas de umidade. Identificar a causa e tratar adequadamente. **Superfícies com partes soltas ou sem aderência:** raspar com espátula e lixar até total remoção. **Madeiras já envernizadas:** observar o estado geral da pintura antiga. Estando em boas condições, lixar, remover o pó e aplicar o produto. **Madeiras novas:** lixar até eliminar as farpas e remover o pó.

1 2 Precauções/dicas/advertências

Evitar a pintura de áreas externas em períodos chuvosos, sobre superfícies quentes ou quando ocorrerem ventos fortes. Não aplicar o produto em ambientes com temperatura inferior a 10 °C ou superior a 35 °C ou, ainda, se a umidade relativa do ar for maior que 90%.

1 Principais atributos do produto 1

Tem alto rendimento, excelente alastramento e elevado poder de penetração. Possui secagem rápida e é fácil de aplicar.

2 Principais atributos do produto 2

Tem elevada resistência às ações do tempo, elevado poder de penetração e alto rendimento.

Motivada pela busca de produtos inovadores e de alto desempenho, com foco nas necessidades do consumidor e na qualidade dos seus produtos, a Lukscolor investe continuamente em pesquisas de novas tecnologias e em treinamento de seu corpo técnico.

3 4 Preparação inicial

Toda e qualquer superfície tem que estar bem preparada para receber a pintura. É importante que esteja limpa, seca e sem partes soltas de pintura velha. Corrigir as imperfeições e eliminar a umidade, mofo, pó, manchas de gordura e outros contaminantes que podem comprometer o resultado da pintura. **Superfícies com poeira e pó de lixamento:** remover com escova de pelos e limpar com pano limpo umedecido com Nova-Raz Innovation ou Nova-Raz 260 Luksnova. **Superfícies brilhantes:** lixar até a perda total do brilho e remover o pó de lixamento. **Superfícies com manchas gordurosas e graxas:** lavar com água e detergente, enxaguar e deixar secar, ou utilizar um pano limpo umedecido com Nova-Raz Innovation ou Nova-Raz 260 Luksnova. **Superfícies com mofo:** limpar com água sanitária e deixar agir por alguns minutos. Enxaguar e deixar secar. **Superfícies com umidade:** não iniciar a pintura sobre superfícies com problemas de umidade. Identificar a causa e tratar adequadamente. **Superfícies com partes soltas ou sem aderência:** raspar com espátula e lixar até total remoção. **Madeiras já envernizadas:** observar o estado geral da pintura antiga. Estando em boas condições, lixar, remover o pó e aplicar o produto. **Madeiras novas:** lixar até eliminar as farpas e remover o pó.

3 4 Preparação em demais superfícies

Superfícies de concreto aparente, tijolos à vista e cerâmicas porosas: lixar, remover o pó e aplicar uma demão prévia de Fundo Preparador Base Água Premium Plus Lukscolor, conforme recomendações na embalagem. Aguardar a secagem e aplicar 2 demãos do Verniz Premium Plus Base Água Duplo Filtro Solar Lukscolor.

3 4 Precauções / dicas / advertências

Durante 15 dias após a aplicação, não submeter a superfície envernizada a esforços. Para selar e uniformizar a absorção, aplicar a primeira demão com o próprio verniz diluído com igual quantidade de água potável. Não aplicar sobre madeiras impregnadas com produtos à base de silicone e/ou óleo (linhaça). Em madeiras resinosas, não aplicar este produto. Nunca utilizar seladora. Para obter um fino acabamento e promover melhor aderência do verniz, entre cada demão, lixar e remover o pó.

3 Principais atributos do produto 3

Tem excepcionais resistência e durabilidade, com dupla ação contra os raios solares e ação fungicida. Realça os veios e preserva o aspecto natural da madeira com secagem superrápida e acabamento perfeito.

4 Principais atributos do produto 4

Tem alto rendimento e fácil aplicação e é indicado para tingir e alterar a tonalidade em madeiras novas ou recuperar a tonalidade de madeiras desbotadas pela ação do tempo.

Verniz Premium Plus Base Água Duplo Filtro Solar 3

Indicado para proteção e decoração de superfícies de madeira em regiões de intensa ação solar e maresia. Sua fórmula confere tripla proteção: dupla ação contra os raios UV e ação fungicida (antimofo). Realça os veios e preserva o aspecto natural da madeira, em ambientes externos e internos. Produto de excepcionais resistência e durabilidade, garantindo um perfeito acabamento por, no mínimo, 3 anos (termo de garantia).

Embalagens/rendimento

Galão (3,6 L): até 110 m²/demão.
Quarto (0,9 L): até 28 m²/demão.

Aplicação

Utilizar rolo de espuma, pincel ou revólver. Aplicar, no mínimo, 3 demãos com intervalo de 4 h entre demãos.

Cor

Disponível na versão natural e também nas cores: mogno, imbuia, nogueira, cedro, canela e ipê no Lukscolor System

Acabamento

Acetinado e brilhante

Diluição

Rolo de espuma e pincel: diluir 10 medidas do produto com uma medida de água. Revólver: diluir 10 medidas do produto com 3 medidas de água.

Secagem

Ao toque: 30 min
Final: 5 h

Verniz Premium Plus Base Água Tingidor

Indicado para tingir e alterar a tonalidade em madeiras novas ou para recuperar a tonalidade de madeiras desbotadas pela ação do tempo, em ambientes externos e internos. Com filtro solar, confere alta proteção contra intempéries, garantindo um fino acabamento por, no mínimo, 2 anos (termo de garantia).

Embalagens/rendimento

Galão (3,6 L): até 110 m²/demão.
Quarto (0,9 L): até 28 m²/demão.

Aplicação

Utilizar rolo de espuma, pincel ou revólver. Aplicar, no mínimo, 3 demãos com intervalo de 4 h entre demãos.

Cor

Disponível nas cores imbuia e mogno

Acabamento

Brilhante

Diluição

Rolo de espuma e pincel: diluir 10 medidas do produto com uma medida de água. Revólver: diluir 10 medidas do produto com 3 medidas de água.

Secagem

Ao toque: 30 min
Final: 5 h

LUKSCOLOR TINTAS

Verniz Premium Plus Base Água Interior 1

Verniz incolor indicado para proteção, preservação e decoração de superfícies internas de madeiras. Valoriza e realça a cor natural da madeira, proporcionando um acabamento com textura lisa e homogênea, de grande durabilidade e resistente à formação de fungos (mofo). Produto de alto rendimento e fácil aplicação, que proporciona excelente preservação de brilho e não amarelece.

Embalagens/rendimento

Galão (3,6 L): até 110 m^2/demão.
Quarto (0,9 L): até 28 m^2/demão.

Aplicação

Utilizar rolo de espuma, pincel ou revólver. Aplicar de 2 a 3 demãos com intervalo de 4 h entre demãos.

Cor

Disponível na versão incolor

Acabamento

Acetinado e brilhante

Diluição

Rolo de espuma e pincel: diluir 10 medidas do produto com uma medida de água. Revólver: diluir 10 medidas do produto com 3 medidas de água.

Secagem

Ao toque: 30 min
Final: 5 h

Stain Premium Plus 2

É um impregnante que atribui à madeira um acabamento transparente e acetinado, protegendo e embelezando portas, janelas, casas de madeira, móveis para piscina e jardins e madeiras decorativas em geral, em ambientes externos e internos. Penetra nas fibras da madeira sem formar filme, realçando seus veios e desenhos naturais, conferindo proteção e evitando falhas como formação de bolhas, trincas e descascamento.

Embalagens/rendimento

Galão (3,6 L): até 100 m^2/demão.
Quarto (0,9 L): até 25 m^2/demão.

Aplicação

Utilizar pincel. Aplicar, com pinceladas longas e contínuas, 2 demãos para interior e 3 demãos para exterior, com intervalo de 6 a 12 h entre demãos.

Cor

Disponível na versão natural e nas cores canela, cedro, imbuia, ipê, mogno e nogueira. A versão natural é indicada só para interiores

Acabamento

Acetinado

Diluição

Pronto para uso.

Secagem

Final: 24 h

1 2 Preparação inicial

Toda e qualquer superfície tem que estar bem preparada para receber a pintura. É importante que esteja limpa, seca e sem partes soltas de pintura velha. Corrigir as imperfeições e eliminar a umidade, mofo, pó, manchas de gordura e outros contaminantes que podem comprometer o resultado da pintura. **Superfícies com poeira e pó de lixamento:** remover com escova de pelos e limpar com pano limpo umedecido com Nova-Raz Innovation ou Nova-Raz 260 Luksnova. **Superfícies brilhantes:** lixar até a perda total do brilho e remover o pó de lixamento. **Superfícies com manchas gordurosas e graxas:** lavar com água e detergente, enxaguar e deixar secar, ou utilizar um pano limpo umedecido com Nova-Raz Innovation ou Nova-Raz 260 Luksnova. **Superfícies com mofo:** limpar com água sanitária e deixar agir por alguns minutos. Enxaguar e deixar secar. **Superfícies com umidade:** não iniciar a pintura sobre superfícies com problemas de umidade. Identificar a causa e tratar adequadamente. **Superfícies com partes soltas ou sem aderência:** raspar com espátula e lixar até total remoção. **Madeiras já envernizadas:** observar o estado geral da pintura antiga. Estando em boas condições, lixar, remover o pó e aplicar o produto. **Madeiras novas:** lixar até eliminar as farpas e remover o pó.

1 Precauções / dicas / advertências

Durante 15 dias após a aplicação, não submeter a superfície envernizada a esforços. Para selar e uniformizar a absorção, aplicar a primeira demão com o próprio verniz diluído com igual quantidade de água potável. Para obter um fino acabamento e promover melhor aderência do verniz, entre cada demão, lixar e remover o pó. Não aplicar sobre madeiras impregnadas com produtos à base de silicone e/ou óleo (linhaça). Em madeiras resinosas, não aplicar este produto. Nunca utilizar seladora. Verniz incolor para uso em áreas internas.

2 Precauções / dicas / advertências

Evitar a pintura de áreas externas em períodos chuvosos, sobre superfícies quentes ou quando ocorrerem ventos fortes. Não aplicar o produto em ambientes com temperatura inferior a 10°C ou superior a 35°C ou, ainda, se a umidade relativa do ar for maior que 90%.

1 Principais atributos do produto 1

Tem alto rendimento e fácil aplicação, proporciona excelente preservação de brilho e não amarelece. Valoriza e realça a cor natural da madeira, proporcionando um acabamento com textura lisa e homogênea, de grande durabilidade e resistente à formação de fungos (mofo).

2 Principais atributos do produto 2

Tem ação fungicida (antimofo), é repelente à água e oferece grande resistência às ações do tempo.

3 4 Preparação inicial

Toda e qualquer superfície tem que estar bem preparada para receber a pintura. Antes de pintar, corrigir as imperfeições e eliminar umidade, mofo, pó, manchas de gordura e outros contaminantes que podem comprometer o resultado da pintura. **Superfícies com poeira e pó de lixamento:** remover com escova de pelos e limpar com pano limpo umedecido com Nova-Raz Innovation. **Superfícies com manchas gordurosas e graxas:** lavar com água e detergente, enxaguar e deixar secar, ou utilizar um pano limpo umedecido com Nova-Raz Innovation. **Superfícies com mofo:** limpar com água sanitária e deixar agir por alguns minutos. Enxaguar e deixar secar. **Superfícies brilhantes:** lixar até a perda total do brilho e remover o pó de lixamento.

3 Preparação inicial

Superfícies de madeira com imperfeições rasas: aplicar Massa para Madeira Lukscolor, lixar e remover o pó. Não aplicar sobre madeira impregnada com produtos à base de silicone e/ou óleo. **Madeiras novas:** lixar até eliminar as farpas e remover o pó. Corrigir as imperfeições com o produto, lixar e remover o pó. Aplicar uma demão de Fundo Universal Base Água Lukscolor. Lixar, remover o pó e aplicar esmalte.

4 Preparação inicial

Superfícies com umidade: não iniciar a pintura sobre superfícies com problemas de umidade. Identificar a causa e tratar adequadamente. **Superfícies com partes soltas ou sem aderência:** raspar com espátula e lixar até total remoção. **Madeiras já envernizadas:** observar o estado geral da pintura antiga. Estando em boas condições, lixar, remover o pó e aplicar a Seladora Premium Plus Lukscolor. **Madeiras novas:** lixar até eliminar as farpas e remover o pó.

3 Precauções / dicas / advertências

Evitar utilizar em dias chuvosos, com ventos fortes, temperatura inferior a 10 °C ou superior a 35 °C e umidade relativa do ar superior a 90%.

4 Precauções / dicas / advertências

Durante 15 dias após a aplicação, não submeter a superfície a esforços. Não aplicar sobre madeiras resinosas ou impregnadas com produtos à base de silicone e/ou óleo (linhaça). Para obter um fino acabamento e promover melhor aderência do verniz, entre cada demão, lixar e remover o pó. Como todo produto à base de nitrocelulose, a Seladora Premium Plus Lukscolor não deve ser utilizada em exteriores.

3 Principais atributos do produto 3

Grande poder de enchimento e secagem rápida.

4 Principais atributos do produto 4

Condiciona a madeira para receber o verniz, selando e uniformizando a absorção. Possui ótimo poder de enchimento e cobertura de poros e é fácil de lixar.

Massa para Madeira — 3

A Massa para Madeira nivela e corrige imperfeições rasas em superfícies de madeira, em áreas externas e internas, preparando portas, janelas, lambris, esquadrias, móveis e madeiras decorativas em geral para receber a tinta de acabamento. Possui fáceis aplicação e lixamento. Não deve ser aplicada sobre madeira impregnada com produtos à base de silicone e óleos (linhaça).

USE COM: Esmalte Premium Plus
Esmalte Premium Plus Base Água

Embalagens/rendimento
Galão (6,5 kg): até 12 m²/demão.
Quarto (1,62 kg): até 3 m²/demão.

Aplicação
Utilizar desempenadeira ou espátula de aço. Aplicar de uma a 2 demãos com intervalo de 2 h entre demãos.

Cor
Branco

Acabamento
Não aplicável

Diluição
Pronta para uso.

Secagem
Ao toque: 30 min
Lixamento: no mínimo, 3 h

Seladora Premium Plus — 4

Sela e uniformiza a absorção das superfícies de madeira. Facilita o lixamento e condiciona a madeira para ser envernizada, promovendo melhores nivelamento, rendimento, aderência e acabamento dos vernizes aplicados sobre ela. Indicada para superfícies novas de madeiras e aglomerados/compensados, portas, janelas, armários, lambris, móveis em geral, apenas em ambientes internos.

Thinner Luksnova 228

Embalagens/rendimento
Galão (3,6 L): até 85 m²/demão.
Quarto (0,9 L): até 21 m²/demão.

Aplicação
Utilizar pincel, boneca ou revólver. Aplicar de 2 a 3 demãos com intervalo de uma hora entre demãos.

Cor
Incolor

Acabamento
Acetinado

Diluição
Diluir 10 medidas do produto com 3 a 10 medidas de Thinner 228 Luksnova.

Secagem
Ao toque: 10 min
Lixamento: 1 h
Final: 24 h

Fundo Nivelador 1

É um produto que sela, nivela e uniformiza a absorção de madeira nova, em áreas externas e internas.

Embalagens/rendimento

Galão (3,6 L): até 60 m²/demão.
Quarto (0,9 L): até 15 m²/demão.

Aplicação

Utilizar rolo de espuma, pincel ou revólver. Aplicar de uma a 2 demãos com intervalo de 8 h entre demãos.

Cor

Branco

Acabamento

Fosco

Diluição

Pincel ou rolo de espuma: diluir 10 medidas do produto com uma a 2 medidas de Nova-Raz Innovation ou Nova-Raz 260 Luksnova. Revólver: diluir 10 medidas do produto com 2 a 3 medidas de Nova-Raz Innovation ou Nova-Raz 260 Luksnova.

Secagem

Ao toque: 2 a 4 h
Final: 24 h

USE COM: Nova Raz Innovation
Nova Raz 260 Luksnova

Tinta Grafite 2

Com a Tinta Grafite, você protege superfícies de metais ferrosos em ambientes externos e internos. É um produto que possui dupla função: fundo e acabamento, isto é, além de decorar a superfície, oferece ampla proteção anticorrosiva sem a necessidade de aplicação prévia de fundos. Possui alto rendimento, ótima cobertura, superior durabilidade e resistência às ações do tempo.

Embalagens/rendimento

Galão (3,6 L): até 75 m²/demão.
Quarto (0,9 L): até 20 m²/demão.

Aplicação

Utilizar rolo de espuma, pincel ou revólver. Aplicar de 2 a 3 demãos com intervalo de 8 h entre demãos.

Cor

Grafite claro e grafite escuro

Acabamento

Fosco

Diluição

Pincel ou rolo de espuma: diluir 10 medidas do produto com uma a 2 medidas de Nova-Raz Innovation ou Nova-Raz 260 Luksnova. Revólver: diluir 10 medidas do produto com 2 a 3 medidas de Nova-Raz Innovation ou Nova-Raz 260 Luksnova.

Secagem

Ao toque: 2 a 4 h
Final: 24 h

USE COM: Nova-Raz
Nova-Raz Innovation

1 2 Preparação inicial

Antes de pintar, corrigir as imperfeições e eliminar contaminantes. **Superfícies com poeira e pó de lixamento:** remover com escova de pelos e limpar com pano limpo umedecido com Nova-Raz Innovation. **Superfícies com manchas gordurosas e graxas:** lavar com água e detergente, enxaguar e deixar secar, ou utilizar um pano limpo umedecido com Nova-Raz Innovation. **Superfícies com mofo:** limpar com água sanitária e deixar agir por alguns minutos. Enxaguar e deixar secar. **Superfícies com umidade:** não iniciar a pintura sobre superfícies com problemas de umidade. Identificar a causa e tratar adequadamente. **Repintura:** observar o estado geral da pintura antiga. Estando em boas condições, lixar, remover o pó, e aplicar a tinta de acabamento. **Superfícies brilhantes:** lixar até a perda total do brilho e remover o pó de lixamento. **Metais enferrujados:** lixar para eliminar completamente a ferrugem e proceder como em metais ferrosos novos. **Aços galvanizados e alumínios:** lixar e eliminar o pó. Aplicar uma demão de Luksgalv Lukscolor. Lixar e remover o pó e aplicar o Esmalte Premium Plus Lukscolor ou o Esmalte Premium Plus Base Água Lukscolor. **Madeiras novas:** lixar até eliminar as farpas e remover o pó. Aplicar uma demão de Fundo Nivelador Lukscolor. Lixar, remover o pó e aplicar o Esmalte Premium Plus Lukscolor ou o Esmalte Premium Plus Base Água Lukscolor.

1 Preparação inicial

Metais ferrosos novos: lixar e eliminar o pó. Aplicar de uma a 2 demãos de Protetor de Metais Zarcão Lukscolor ou Primer Cromato de Zinco Verde Lukscolor. Lixar e remover o pó e aplicar o Esmalte Premium Plus Lukscolor ou o Esmalte Premium Plus Base Água Lukscolor.

2 Preparação inicial

Metais ferrosos novos: lixar e eliminar o pó. Aplicar de uma a 2 demãos de Fundo Zarcão Lukscolor ou Primer Cromato de Zinco Verde Lukscolor. Lixar, remover o pó e aplicar o Esmalte Premium Plus Lukscolor ou o Esmalte Premium Plus Base Água Lukscolor. Se optar por utilizar Ferroluks ou Tinta Grafite Lukscolor, não há necessidade da aplicação de fundos. Esses produtos têm dupla função (fundo/acabamento), portanto, após lixar e remover o pó, aplicar de 2 a 3 demãos de Ferroluks Lukscolor ou Tinta Grafite Lukscolor.

1 2 Precauções/dicas/advertências

Durante 15 dias após a aplicação, não submeter a superfície a esforços.

1 Principais atributos do produto 1

Possui alto rendimento e grande poder de enchimento e é fácil de aplicar e lixar.

Motivada pela busca de produtos inovadores e de alto desempenho, com foco nas necessidades do consumidor e na qualidade dos seus produtos, a Lukscolor investe continuamente em pesquisas de novas tecnologias e em treinamento de seu corpo técnico.

3 4 Preparação inicial

Toda e qualquer superfície tem de estar bem preparada para receber a pintura. Antes de pintar, corrigir as imperfeições e eliminar umidade, mofo, pó, manchas de gordura e outros contaminantes que podem comprometer o resultado da pintura. **Superfícies com poeira e pó de lixamento:** remover com escova de pelos e pano limpo umedecido com Nova-Raz Innovation. **Superfícies com manchas gordurosas e graxas:** lavar com água e detergente, enxaguar e deixar secar, ou utilizar um pano limpo umedecido com Nova-Raz Innovation. **Superfícies com mofo:** limpar com água sanitária e deixar agir por alguns minutos. Enxaguar e deixar secar. **Superfícies com umidade:** não iniciar a pintura sobre superfícies com problemas de umidade. Identificar a causa e tratar adequadamente. **Repintura:** observar o estado geral da pintura antiga. Estando em boas condições, lixar, remover o pó e aplicar a tinta de acabamento. **Superfícies brilhantes:** lixar até a perda total do brilho e remover o pó de lixamento. **Metais ferrosos novos:** lixar e eliminar o pó. Em seguida, aplicar de uma a 2 demãos de Protetor de Metais Zarcão Lukscolor ou Primer Cromato de Zinco Verde Lukscolor. Lixar e remover o pó e aplicar o Esmalte Premium Plus Lukscolor ou o Esmalte Premium Plus Base Água Lukscolor. Se optar por utilizar Ferroluks ou Tinta Grafite Lukscolor, não há necessidade da aplicação de fundos. Esses produtos têm dupla função (fundo/acabamento), portanto, após lixar e remover o pó, aplicar de 2 a 3 demãos de Ferroluks Lukscolor ou Tinta Grafite Lukscolor. **Metais enferrujados:** lixar para eliminar completamente a ferrugem e proceder como em metais ferrosos novos. **Aços galvanizados e alumínios:** lixar e eliminar o pó. Aplicar uma demão de Luksgalv Lukscolor. Lixar e remover o pó e aplicar o Esmalte Premium Plus Lukscolor ou o Esmalte Premium Plus Base Água Lukscolor. **Madeiras novas:** lixar até eliminar as farpas e remover o pó. Aplicar uma demão de Fundo Nivelador Lukscolor. Lixar e remover o pó e aplicar o Esmalte Premium Plus Lukscolor ou o Esmalte Premium Plus Base Água Lukscolor.

3 4 Precauções / dicas / advertências

Durante 15 dias após a aplicação, não submeter a superfície pintada a esforços.

3 Principais atributos do produto 3

Tem dupla função: fundo e acabamento.

4 Principais atributos do produto 4

Possui alto rendimento, fácil aplicação e secagem rápida e prolonga a durabilidade da pintura.

Ferroluks 3

Com Ferroluks, você protege superfícies de metais ferrosos em ambientes externos e internos. É um produto que possui dupla função: fundo e acabamento, isto é, além de decorar a superfície, oferece ampla proteção anticorrosiva sem a necessidade de aplicação prévia de fundos. Possui alto rendimento, ótima cobertura e superiores durabilidade e resistência às ações do tempo.

USE COM: Nova-Raz; Nova-Raz Innovation

Embalagens/rendimento

Galão (3,6 L): até 60 m²/demão.
Quarto (0,9 L): até 15 m²/demão.

Aplicação

Utilizar rolo de espuma, pincel ou revólver. Aplicar de 2 a 3 demãos com intervalo de 8 h entre demãos.

Cor

Cinza, preto e vermelho óxido

Acabamento

Brilhante

Diluição

Pincel ou rolo de espuma: diluir 10 medidas do produto com uma a 2 medidas de Nova-Raz Innovation ou Nova-Raz 260 Luksnova. Revólver: diluir 10 medidas do produto com 2 a 3 medidas de Nova-Raz Innovation ou Nova-Raz 260 Luksnova.

Secagem

Ao toque: 2 a 4 h
Final: 24 h

Primer Cromato de Zinco Verde 4

O fundo Primer Cromato de Zinco Verde proporciona ampla proteção anticorrosiva às superfícies de metais ferrosos, em ambientes externos e internos.

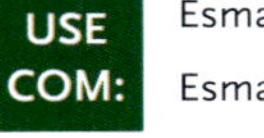

Esmalte Premium Plus
Esmalte Premium Plus Base Água

Embalagens/rendimento

Galão (3,6 L): até 60 m²/demão.
Quarto (0,9 L): até 15 m²/demão.

Aplicação

Utilizar rolo de espuma, pincel ou revólver. Aplicar de uma a 2 demãos com intervalo de 8 h entre demãos.

Cor

Verde

Acabamento

Fosco

Diluição

Pincel ou rolo de espuma: diluir 10 medidas do produto com uma a 2 medidas de Nova-Raz Innovation ou Nova-Raz 260 Luksnova. Revólver: diluir 10 medidas do produto com 2 a 3 medidas de Nova-Raz Innovation ou Nova-Raz 260 Luksnova.

Secagem

Ao toque: 2 a 4 h
Final: 24 h

Luksgalv 1

É um produto que promove a aderência da tinta de acabamento em superfícies de aço galvanizado, alumínio e chapas zincadas, em ambientes externos e internos.

Embalagens/rendimento

Galão (3,6 L): até 60 m²/demão.
Quarto (0,9 L): até 15 m²/demão.

Aplicação

Utilizar rolo de espuma, pincel ou revólver. Aplicar de uma a 2 demãos com intervalo de 8 h entre demãos.

Cor

Branco

Acabamento

Fosco

Diluição

Pincel ou rolo de espuma: diluir 10 medidas do produto com uma a 2 medidas de Nova-Raz Innovation ou Nova-Raz 260 Luksnova. Revólver: diluir 10 medidas do produto com 2 a 3 medidas de Nova-Raz Innovation ou Nova-Raz 260 Luksnova.

Secagem

Ao toque: 2 a 4 h
Final: 24 h

USE COM: Nova-Raz Innovation
Esmalte Premium Plus

Protetor de Metais Zarcão 2

O Protetor de Metais Zarcão proporciona ampla proteção anticorrosiva às superfícies de metais ferrosos, em ambientes externos e internos.

Embalagens/rendimento

Galão (3,6 L): até 60 m²/demão.
Quarto (0,9 L): até 15 m²/demão.
1/16 (225 mL): até 4 m/demão.

Aplicação

Utilizar rolo de espuma, pincel ou revólver. Aplicar de uma a 2 demãos com intervalo de 8 h entre demãos.

Cor

Laranja

Acabamento

Fosco

Diluição

Pincel ou rolo de espuma: diluir 10 medidas do produto com uma a 2 medidas de Nova-Raz Innovation ou Nova-Raz 260 Luksnova. Revólver: diluir 10 medidas do produto com 2 a 3 medidas de Nova-Raz Innovation ou Nova-Raz 260 Luksnova.

Secagem

Ao toque: 2 a 4 h
Final: 24 h

USE COM: Nova-Raz
Nova-Raz Innovation

1 2 Preparação inicial

Toda e qualquer superfície tem de estar bem preparada para receber a pintura. Antes de pintar, corrigir as imperfeições e eliminar umidade, mofo, pó, manchas de gordura e outros contaminantes que podem comprometer o resultado da pintura. **Superfícies com poeira e pó de lixamento:** remover com escova de pelos e pano limpo umedecido com Nova-Raz Innovation. **Superfícies com manchas gordurosas e graxas:** lavar com água e detergente, enxaguar e deixar secar, ou utilizar um pano limpo umedecido com Nova-Raz Innovation. **Superfícies com mofo:** limpar com água sanitária e deixar agir por alguns minutos. Enxaguar e deixar secar. **Superfícies com umidade:** não iniciar a pintura sobre superfícies com problemas de umidade. Identificar a causa e tratar adequadamente. **Repintura:** observar o estado geral da pintura antiga. Estando em boas condições, lixar, remover o pó e aplicar a tinta de acabamento. **Superfícies brilhantes:** lixar até a perda total do brilho e remover o pó de lixamento. **Metais ferrosos novos:** lixar e eliminar o pó. Em seguida, aplicar de uma a 2 demãos de Protetor de Metais Zarcão Lukscolor ou Primer Cromato de Zinco Verde Lukscolor. Lixar e remover o pó e aplicar o Esmalte Premium Plus Lukscolor ou o Esmalte Premium Plus Base Água Lukscolor. Se optar por utilizar Ferroluks ou Tinta Grafite Lukscolor, não há necessidade da aplicação de fundos. Esses produtos têm dupla função (fundo/acabamento), portanto, após lixar e remover o pó, aplicar de 2 a 3 demãos de Ferroluks Lukscolor ou Tinta Grafite Lukscolor. **Metais enferrujados:** lixar para eliminar completamente a ferrugem e proceder como em metais ferrosos novos. **Aços galvanizados e alumínios:** lixar e eliminar o pó. Aplicar uma demão de Luksgalv Lukscolor. Lixar e remover o pó e aplicar o Esmalte Premium Plus Lukscolor ou o Esmalte Premium Plus Base Água Lukscolor. **Madeiras novas:** lixar até eliminar as farpas e remover o pó. Aplicar uma demão de Fundo Nivelador Lukscolor. Lixar e remover o pó e aplicar o Esmalte Premium Plus Lukscolor ou o Esmalte Premium Plus Base Água Lukscolor.

1 2 Precauções/dicas/advertências

Durante 15 dias após a aplicação, não submeter a superfície pintada a esforços.

1 Principais atributos do produto 1

Possui alto rendimento, fácil aplicação e secagem rápida.

2 Principais atributos do produto 2

Possui alto rendimento, fácil aplicação e secagem rápida e prolonga a durabilidade da pintura.

Motivada pela busca de produtos inovadores e de alto desempenho, com foco nas necessidades do consumidor e na qualidade dos seus produtos, a Lukscolor investe continuamente em pesquisas de novas tecnologias e em treinamento de seu corpo técnico.

3 4 Preparação inicial

Toda e qualquer superfície tem que estar bem preparada para receber a pintura. É importante que esteja limpa, seca e sem partes soltas de reboco ou pintura velha. Antes de pintar, corrigir as imperfeições e eliminar umidade, mofo, pó, manchas de gordura e outros contaminantes que podem comprometer o resultado da pintura. **Superfícies com poeira e pó de lixamento:** remover com escova de pelo e pano limpo umedecido com Nova-Raz Innovation. **Superfícies brilhantes:** lixar até a perda total do brilho e remover o pó. **Superfícies com manchas gordurosas e graxas:** utilizar um pano limpo umedecido com Nova-Raz Innovation. **Superfícies com mofo:** limpar com água sanitária e deixar agir por alguns minutos. Enxaguar e deixar secar. **Superfícies com umidade:** não iniciar a pintura sobre superfícies com problemas de umidade. Identificar a causa e tratar adequadamente. **Superfícies com ceras e resinas:** remover com pano umedecido com Thinner 206 Luksnova. Lavar com água e detergente, enxaguar e deixar secar. **Pinturas soltas, blocos de concreto, reboco fraco, superfícies porosas e caiações:** raspar e lixar as partes soltas, remover o pó e aplicar o Fundo Preparador. **Fibrocimento, telhas e/ou substratos cerâmicos porosos:** lavar com água e detergente, enxaguar deixar secar. **Superfícies novas de reboco, emboço ou concreto:** aguardar cura (mínimo de 30 dias). **Superfícies com imperfeições profundas:** reparar com reboco e proceder como em rebocos novos. **Pisos novos de concreto e cimento não queimado:** aguardar cura (mínimo de 30 dias). Lavar, aguardar a secagem e aplicar o produto. **Cimentados novos lisos/queimados ou de difícil limpeza:** aguardar cura (mínimo de 30 dias). Lavar com uma mistura de 4 medidas de água e uma medida de ácido muriático. Verificar se a superfície tornou-se porosa. Caso contrário, repetir o procedimento. Enxaguar bem, deixar secar e aplicar o produto. **Pedras naturais:** lavar com água e detergente, enxaguar, deixar secar e aplicar o produto. **Repintura:** lixar, remover o pó e aplicar o produto.

3 Precauções / dicas / advertências

Evitar o contato com solventes nas áreas onde a Resina Acrílica for aplicada. Não utilizar limpadores do tipo "limpa pedras" durante a preparação da superfície.

4 Precauções / dicas / advertências

Não utilizar limpadores do tipo "limpa pedras" durante a preparação da superfície.

3 Principais atributos do produto 3

Tem secagem rápida e excelente resistência ao tempo e ao atrito.

4 Principais atributos do produto 4

Revestimento brilhante de alta dureza que repele a água e a umidade, evita a formação de fungos (mofo), facilita a limpeza e resiste à ação do tempo e ao desgaste provocado pelo tráfego constante.

Resina Acrílica Premium Plus 3

Embeleza, protege, impermeabiliza e realça a tonalidade natural de superfícies de pedras naturais (ardósia, pedra mineira, São Tomé, pedra goiana, entre outras), concreto aparente, telhas cerâmicas, fibrocimento, tijolos à vista, pisos cimentados e superfícies pintadas com Lukspiso Acrílico Premium Plus, em áreas externas e internas.

USE COM: Lukspiso Acrílico Premium Plus

Embalagens/rendimento

Lata (18 L): até 180 m^2/demão.
Galão (5 L): até 50 m^2/demão.
Quarto (0,9 L): até 9 m^2/demão.

Aplicação

Utilizar rolo de lã para epóxi, pincel ou revólver. Aplicar de 2 a 3 demãos com intervalo de 6 h entre demãos.

Cor

Incolor

Acabamento

Brilhante

Diluição

Pronta para uso.

Secagem

Ao toque: 10 min
Final: 12 h
Cura total: 7 dias

Resina Acrílica Premium Plus Base Água  4

Indicada para embelezar, proteger, impermeabilizar e realçar a tonalidade natural de superfícies de pedras naturais, concreto aparente, telhas cerâmicas, fibrocimento, tijolos à vista, pisos cimentados e superfícies pintadas com Lukspiso Acrílico Premium Plus, em áreas externas e internas. Com suave perfume, proporciona conforto e bem-estar, permitindo a sua permanência no ambiente do início ao fim da pintura.

USE COM: Lukspiso Acrílico Premium Plus

Embalagens/rendimento

Lata (16,2 L): até 183 m^2/demão.
Galão (3,2 L): até 36 m^2/demão.

Aplicação

Utilizar rolo de lã sintética, pincel ou revólver. Aplicar de 2 a 3 demãos com intervalo de 4 h entre demãos.

Cor

Incolor e disponível também em 11 cores no Lukscolor System

Acabamento

Brilhante

Diluição

Pronta para uso.

Secagem

Ao toque: 30 min
Final: 12 h
Cura total: 7 dias

Nova-Raz Innovation 1

O Nova-Raz Innovation é recomendado para diluição de tintas a óleo, esmaltes e vernizes sintéticos imobiliários. O produto também é recomendado para limpeza de máquinas, pisos, ladrilhos e cerâmicas, removendo ceras, graxas e gorduras .

USE COM: Ferroluks
Esmalte Premium Plus

Embalagens/rendimento

Embalagens (0,9 L e 5 L).

Aplicação

Indicado para diluição tintas a óleo, esmaltes e vernizes sintéticos imobiliários.

Cor

Incolor

Acabamento

Não aplicável

Diluição

Pronto para uso.

Secagem

De acordo com o produto utilizado

Diluente para Epóxi 2

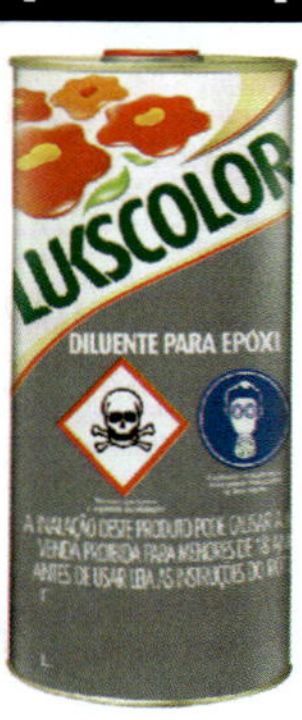

Indicado para diluição de sistemas epóxi catalisáveis (esmaltes e fundos), facilitando sua aplicação com pincel, trincha, rolo e revólver. Pode ser empregado, também, na limpeza de ferramentas e utensílios de pintura e de respingos de superfícies, assim como na remoção de contaminantes como graxas, óleos e gorduras, durante o preparo prévio das superfícies a serem pintadas.

Fundo Epóxi Catalisável
Esmalte Epóxi Catalisável

Embalagens/rendimento

Embalagem (0,9 L).

Aplicação

Indicado para diluição de sistemas epóxi catalisáveis, esmaltes e fundos.

Cor

Incolor

Acabamento

Não aplicável

Diluição

Pronto para uso.

Secagem

De acordo com o produto utilizado

1 2 Precauções / dicas / advertências

Produto inflamável. Manter longe das fontes de calor. Armazenar em local abrigado, seco, arejado, com temperatura entre 10 °C e 40 °C. Manter a embalagem fechada. Durante preparação, aplicação e secagem, manter o ambiente bem ventilado para evitar a inalação de vapores. Utiizar máscara protetora, óculos de segurança e luvas. Em caso de contato com a pele, limpar com um pano limpo e óleo vegetal e, em seguida, lavar com água e detergente. Em caso de contato com os olhos, lavar com água corrente em abundância. Em caso de ingestão, não provocar vômitos. Em caso de inalação acidental, ir para local bem ventilado. Em caso de intoxicação, procurar um Centro de Intoxicações ou serviço de saúde levando a embalagem ou o rótulo do produto. Evitar a utilização em áreas externas em períodos chuvosos, sobre superfícies quentes ou quando ocorrerem ventos fortes. Não aplicar o produto em ambientes com temperatura inferior a 10 °C ou superior a 35 °C ou, ainda, se a umidade relativa do ar for maior que 90%. Em caso de dúvida, ligar para o SAC.

1 Principais atributos do produto 1

Durante a utilização deste produto, o ambiente ficará agradavelmente perfumado.

Motivada pela busca de produtos inovadores e de alto desempenho, com foco nas necessidades do consumidor e na qualidade dos seus produtos, a Lukscolor investe continuamente em pesquisas de novas tecnologias e em treinamento de seu corpo técnico.

3 4 Preparação inicial

A superfície deve estar limpa e seca, sem partes soltas ou pintura velha. Antes de pintar, corrigir as imperfeições e eliminar umidade, mofo, pó, manchas de gordura e outros contaminantes. **Superfícies com poeira e pó de lixamento:** remover com escova de pelos e pano limpo umedecido com água e deixar secar. **Superfícies brilhantes:** lixar até a perda do brilho e remover o pó. **Superfícies com manchas gordurosas e graxas:** lavar com água e detergente, enxaguar e deixar secar. **Superfícies com mofo:** limpar com água sanitária e deixar agir por alguns minutos. Enxaguar e deixar secar. **Superfícies com umidade:** identificar a causa e tratar adequadamente. **Pinturas soltas, blocos de concreto, rebocos fracos, superfícies porosas e caiações:** raspar e lixar as partes soltas, remover o pó e aplicar uma demão prévia de Fundo Preparador Lukscolor. **Superfícies com imperfeições profundas:** reparar com reboco e proceder como em rebocos novos.

3 Preparação inicial

Superfícies com imperfeições rasas: corrigir com Massa Acrílica ou com Massa Corrida.

3 Preparação especial

Superfícies novas de reboco, emboço ou concreto: após 7 dias da execução do reboco ou concreto, aplicar Poupa Tempo Selador Acrílico. Em seguida, aplicar a textura desejada. Após a secagem, aplicar o produto. **Repintura:** lixar, remover o pó e aplicar o produto.

4 Preparação especial

Superfícies novas: aplicar uma demão de fundo adequado. Aplicar uma ou 2 demãos de Acrílico Premium Plus Fosco Lukscolor ou Luksseda Acrílico Premium Plus Lukscolor na cor desejada e aguardar a secagem (24 h). Após a escolha do efeito desejado, aplicar o Luksglaze. O Luksglaze permite trabalhar o efeito por um período de até 30 min. Luksglaze incolor é indicado para a mistura com Luksglaze colorido e com Acrílico Premium Plus Fosco Lukscolor ou Luksseda Acrílico Premium Plus Lukscolor, para incremento do tempo de trabalho e da transparência, possibilitando a execução de infinitos efeitos decorativos. Praticar suas técnicas de efeitos especiais em um quadro de amostra antes do início do trabalho.

3 4 Preparação em demais superfícies

Superfícies de gesso corrido, placas de gesso e gesso acartonado/drywall: aguardar a secagem total e remover o pó. Utilizar Luksgesso Lukscolor ou Fundo Preparador Lukscolor, conforme orientações. Aguardar a secagem e aplicar o produto.

3 4 Precauções/dicas/advertências

Não pintar em dias chuvosos, com ventos fortes, temperatura inferior a 10 °C ou superior a 35 °C e umidade superior a 90%.

3 Precauções/dicas/advertências

A cura total do Luksgel ocorre após 7 dias da aplicação. Não se deve aplicar nenhum tipo de esforço sobre a superfície durante 20 dias. Após esse período, pode-se lavar a superfície com água, detergente neutro e esponja macia. Aplicar em pequenas áreas de cada vez.

4 Principais atributos do produto 4

Permite a criação de infinitos efeitos decorativos.

Luksgel Envelhecedor Premium Plus 3

O Luksgel Envelhecedor Premium Plus decora e embeleza seus ambientes, proporcionando à superfície texturizada um efeito decorativo envelhecido e permitindo a obtenção de diversas nuances que deixam seus ambientes personalizados, aconchegantes e sofisticados. É hidrorrepelente, oferece elevada resistência ao tempo e aumenta a proteção das superfícies, além de possuir secagem rápida e ótima aderência.

Textura Luksarte Ateliê

Textura Luksarte Creative

Embalagens/rendimento

Galão (3,26 kg): até 48 m²/demão.
Quarto (0,826 kg): até 12 m²/demão.

Aplicação

Utilizar rolo de lã. Após a secagem da textura, aplicar uma demão de Luksgel. Com o produto ainda úmido, retirar o excesso com um pano branco, seco e absorvente, fazendo uma bola com o pano, mais ou menos do tamanho da palma da mão, e pressionando sobre a superfície. A intensidade da cor e o efeito de envelhecimento vão depender da pressão utilizada com o pano e da quantidade de gel presente na superfície.

Cor

Disponível em centenas de cores no Lukscolor System

Acabamento

Não aplicável

Diluição

Pronto para uso.

Secagem

Ao toque: 1 h
Final: 12 h

Luksglaze 4

É uma tinta à base d'água formulada para a criação de infinitos e exclusivos efeitos decorativos, por sua transparência e secagem lenta. Luksglaze é um produto para interior, indicado para superfícies de alvenaria, madeira, gesso e cerâmica, como paredes, tetos, mobília, artefatos de decoração etc.

USE COM:

Látex Premium Plus

Luksseda Acrílico Premium Plus

Embalagens/rendimento

Pote (500 mL): até 18 m²/demão.
Pote (0,9 L): até 33 m²/demão.

Aplicação

Para atingir o efeito desejado, pode-se usar todo tipo de ferramenta: panos, espátulas de celulose, escovas, trincha, pentes, esponjas etc.

Cor

Disponível nas cores incolor, pérola, ouro, prata, ouro velho, platina furta-cor e blonde furta-cor

Acabamento

Não aplicável

Diluição

Pronto para uso.

Secagem

Final: 24 h

Spray Premium Alumínio

É uma tinta resistente às intempéries, especialmente desenvolvida para pintura de portas, grades, portões, janelas e esquadrias de alumínio anodizado e alumínio comum não polido (sem tratamento). Para aplicação sobre outros metais, consultar as instruções na embalagem.

Embalagens/rendimento

Tubo (350 mL): 1,0 a 1,5 m².

Aplicação

Aplicar de 2 a 3 demãos com intervalo de 2 a 4 min entre demãos.

Cor

Preto (acabamento fosco); branco (acabamento brilhante); alumínio, bronze claro e bronze escuro (acabamento metálico)

Acabamento

Fosco, brilhante e metálico

Diluição

Pronto para uso.

Secagem

Ao toque: até 30 min
Final: após 24 h

USE COM:
Spray Premium Metalizada
Lukscolor Spray Premium Multiuso

Spray Premium Alta Temperatura

É uma tinta indicada para pintura de partes externas de objetos ou superfícies metálicas que serão expostas a altas temperaturas, como: escapamentos de motos, chaminés, lareiras, churrasqueiras e fogões. A Spray Premium Alta Temperatura tem resistência a temperaturas de até 600 °C.

Embalagens/rendimento

Tubo (300 mL): 1,0 a 1,3 m².

Aplicação

Aplicar de 2 a 3 demãos com intervalo de 5 a 10 min entre demãos.

Cor

Preto (acabamento fosco) e alumínio (acabamento metálico)

Acabamento

Fosco e metálico

Diluição

Pronta para uso.

Secagem

Ao toque: até 30 min
Final: após 24 h

USE COM:
Spray Premium Multiuso
Spray Premium Metalizada

[1] [2] Preparação inicial

A superfície a ser pintada deverá estar limpa e seca, sem poeira, gordura, graxa, ferrugem, sabão, mofo, restos de pintura velha, brilho etc. Proteger a parte que não será pintada com papelão ou plástico. **Restos de pintura velha, partes soltas ou mal-aderidas:** remover com espátula, lixa ou escova de aço. **Pinturas com brilho:** lixar até o fosqueamento.

[1] Preparação inicial

Alumínio anodizado ou alumínio não polido: aplicar Lukscolor Spray Premium Alumínio diretamente sobre a superfície. **Alumínio polido:** aplicar 2 demãos de Wash Primer. **Metais não ferrosos (alumínio galvanizado, cobre, latão e prata):** aplicar Lukscolor Spray Premium Plus Fundo para Alumínio. Aguardar secagem, lixar (lixa d'água 400) e eliminar o pó.

[1] [2] Precauções/dicas/advertências

Em caso de entupimento da válvula, retirar o bico e mergulhá-lo em acetona. Quando necessário, limpar o orifício com uma agulha bem fina. Não aplicar o produto em superfícies quentes, em ambientes com temperatura inferior a 18 °C ou superior a 40 °C, ou ainda se a umidade relativa do ar for maior que 90%. Utilizar máscara protetora, luvas e óculos de segurança. Em caso de dúvida, ligar para o SAC. Produto inflamável. Ler atentamente as instruções da embalagem antes de manusear e/ou utilizar o produto. Armazenar o produto em local coberto, fresco, seco, ventilado e longe de fontes de calor ou raios solares, mantendo o ambiente ventilado durante a aplicação. Quando expostas a calor intenso, as embalagens fechadas podem explodir em função da pressão interna. Nunca furar a embalagem. Em caso de derramamento ou vazamento, absorver com material absorvente (areia, argila etc.) e descartar conforme legislação local. Não permitir o escoamento para córregos, rios ou esgotos. Evitar escorrimento aplicando a primeira demão bem fina para ancorar as demais. Pela incidência de luz, os retoques podem apresentar diferença de cor. Agitar a lata entre as demãos.

[1] Precauções/dicas/advertências

Este produto não deve ser aplicado sobre isopor, superfícies plásticas ou acrílico.

[2] Precauções/dicas/advertências

Este produto não deve ser aplicado em locais que terão contato com alimentos, como a parte interna de fogões e micro-ondas. Durante o processo de aquecimento para obtenção da cura total do produto, a película de tinta aplicada poderá apresentar um leve amolecimento, porém voltará a suas características normais tão logo ocorra o resfriamento. O produto na cor alumínio poderá liberar partículas de pigmento no manuseio da peça.

[2] Principais atributos do produto 2

Resiste a temperaturas de até 600 °C, desde que sejam seguidas corretamente as instruções de uso do produto.

3 Preparação inicial

Agitar bem a lata antes e durante o uso. Aplicar a uma distância de 25 cm da superfície. Limpar a válvula, virando a lata para baixo e pressionando até sair apenas gás.

4 Preparação inicial

A superfície deverá estar limpa, seca e sem poeira, gordura, graxa, ferrugem, sabão, mofo, restos de pintura velha, brilho etc. Proteger a parte que não será pintada com papelão ou plástico. **Madeiras novas:** lixar (lixa grana 220 até 360) e remover o pó. **Madeiras (repintura):** remover toda a pintura antiga com lixa ou Removedor Gel Luksnova e tratar como madeira nova. Aplicar as demãos necessárias da seladora Spray Premium Madeira & Móveis. Após secagem, lixar (lixa grana 360/400) e aplicar as demãos necessárias do verniz.

3 4 Precauções / dicas / advertências

Em caso de entupimento da válvula, retirar o bico e mergulhá-lo em acetona. Quando necessário, limpar o orifício com uma agulha bem fina. Não aplicar o produto em superfícies quentes, em ambientes com temperatura inferior a 18 °C ou superior a 40 °C, ou ainda se a umidade relativa do ar for maior que 90%. Utilizar máscara protetora, luvas e óculos de segurança. Em caso de dúvida, ligar para o SAC. Produto inflamável. Ler atentamente as instruções da embalagem antes de manusear e/ou utilizar o produto. Armazenar o produto em local coberto, fresco, seco, ventilado e longe de fontes de calor ou raios solares, mantendo o ambiente ventilado durante a aplicação. Quando expostas a calor intenso, as embalagens fechadas podem explodir, em função da pressão interna. Nunca furar a embalagem. Em caso de derramamento ou vazamento, absorver com material absorvente (areia, argila etc.) e descartar conforme legislação local. Não permitir o escoamento para córregos, rios ou esgotos.

4 Precauções / dicas / advertências

Agitar a lata entre as demãos.

3 Principais atributos do produto 3

Lubrifica e protege.

Spray Premium Lubrificante 3

É um produto que repele a umidade, evita a ferrugem, facilita a remoção de parafusos e porcas e lubrifica e protege dobradiças, ferramentas, rolamentos, fechaduras, motores, máquinas, brinquedos e utensílios domésticos em geral. Não ataca pinturas, plásticos e borrachas.

USE COM: Spray Premium Multiuso
Spray Premium Metalizada

Embalagens/rendimento
Tubo (300 mL).

Aplicação
Não aplicável.

Cor
Incolor

Acabamento
Não aplicável

Diluição
Pronta para uso.

Secagem
Não aplicável

Spray Premium Madeira & Móveis 4

Realça e embeleza superfícies de madeira como portas, janelas, móveis, tampos de mesa, componentes de lancha e outros objetos em ambientes externos e internos. Disponível nas tonalidades imbuia e mogno com duplo filtro solar e na versão natural com filtro solar. Sua fórmula especial proporciona boa resistência à água e à abrasão.

USE COM: Spray Premium Multiuso
Spray Premium Metalizada

Embalagens/rendimento
Tubo (350 mL).
Verniz: 1,2 a 1,5 m².
Seladora: 1,2 a 1,4 m².

Aplicação
Aplicar as demãos necessárias com intervalo de 5 a 10 min entre elas.

Cor
Disponível nas tonalidades imbuia e mogno com duplo filtro solar e na versão natural com filtro solar

Acabamento
Fosco e brilhante

Diluição
Pronta para uso.

Secagem
Verniz
Ao toque: até 4 h
Final: após 24 h
Seladora
Ao toque: até 30 min
Final: após 3 h

Spray Premium Multiuso 1

É uma tinta desenvolvida para ser aplicada em superfícies de metal (aço e ferro), madeira, gesso e cerâmica. É indicada para pintura de geladeiras, bicicletas, móveis de aço, brinquedos, objetos artesanais e decoração em geral, em ambientes externos e internos.

Embalagens/rendimento

Tubo (400 mL): 1,8 a 2,4 m².

Aplicação

Tinta e verniz: aplicar de 2 a 3 demãos. Fundos: aplicar de uma a 2 demãos. Respeitar intervalo de 5 a 10 min entre demãos.

Cor

Disponível em 10 cores no acabamento metálico, 21 cores no acabamento brilhante e 2 cores no acabamento fosco

Acabamento

Fosco, brilhante e metálico

Diluição

Pronta para uso.

Secagem

Ao toque: até 30 min (tinta e verniz)
Final: 24 h
Final: após 3 h (fundos)

USE COM:

Spray Premium Alumínio
Spray Premium Metalizada

Spray Premium Metalizada 

É uma tinta indicada para valorizar superfícies de ferro, gesso, madeira, cerâmica, papel e metal proporcionando acabamento metálico.

Embalagens/rendimento

Tubo (350 mL).
Tinta: 1,4 a 2,0 m².
Verniz: 1,1 a 1,8 m².

Aplicação

Aplicar de 2 a 3 demãos com intervalo de 1 a 3 min entre demãos.

Cor

Disponível em 6 cores de uso exclusivamente interno e em 4 cores para exterior

Acabamento

Metálico

Diluição

Pronta para uso.

Secagem

Ao toque: até 30 min
Final: após 24 h

Spray Premium Multiuso
Spray Premium Alumínio

1 Preparação inicial

A superfície a ser pintada deverá estar limpa, seca e sem poeira, gordura, graxa, ferrugem, sabão, mofo, restos de pintura velha, brilho etc. Proteger a parte que não será pintada com papelão ou plástico. **Superfícies com restos de pintura velha, partes soltas ou mal-aderidas:** remover com espátula, lixa ou escova de aço. **Pinturas com brilho:** lixar até o fosqueamento. **Metais ferrosos sem oxidação:** aplicar Spray Premium Multiuso Primer Rápido Cinza ou Spray Premium Multiuso Primer Rápido Óxido. Aguardar secagem, lixar (lixa d'água 400) e eliminar o pó. **Metais ferrosos com oxidação:** lixar bem até remover a oxidação e eliminar o pó. Aplicar Spray Premium Multiuso Primer Rápido Óxido. Aguardar secagem, lixar (lixa d'água 400) e eliminar o pó. **Metais não ferrosos (alumínio galvanizado, cobre, latão, prata):** aplicar Spray Premium Multiuso Fundo para Alumínio. Aguardar secagem, lixar (lixa d'água 400) e eliminar o pó. **Madeiras e gessos:** lixar bem. Aplicar Spray Premium Multiuso Primer Rápido Cinza. Aguardar secagem, lixar (lixa d'água 400) e eliminar o pó.

2 Preparação inicial

A superfície a ser pintada deverá estar limpa, seca, sem poeira, gordura, graxa, ferrugem, sabão, mofo, restos de pintura velha, brilho etc. Proteger a parte que não será pintada com papelão ou plástico. **Superfícies com restos de pintura velha, partes soltas ou mal-aderidas:** remover com espátula, lixa ou escova de aço. **Pinturas com brilho**: lixar até o fosqueamento. **Metais ferrosos sem oxidação:** aplicar Spray Premium Multiuso Primer Rápido Cinza ou Primer Rápido Óxido. Aguardar secagem, lixar (lixa d'água 400) e eliminar o pó. **Metais ferrosos com oxidação:** aplicar Spray Premium Multiuso Primer Rápido Óxido. Aguardar secagem, lixar (lixa d'água 400) e eliminar o pó. **Metais não ferrosos (alumínio galvanizado, cobre, latão):** aplicar Spray Premium Multiuso Fundo para Alumínio. Aguardar secagem, lixar (lixa d'água 400) e eliminar o pó. **Madeiras:** aplicar Spray Premium Seladora para Madeira. **Gessos e isopores:** aplicar Spray Premium Fundo Branco para Luminosas, que atuará como fundo isolante. **Papéis:** aplicar Spray Premium Metalizada diretamente sobre o papel, porém a aderência sobre esse tipo de superfície varia de acordo com o grau de absorção do material utilizado.

1 2 Precauções/dicas/advertências

Agitar a lata entre as demãos. Em caso de entupimento da válvula, retirar o bico e mergulhá-lo em acetona. Quando necessário, limpar o orifício com uma agulha bem fina. Não aplicar o produto em superfícies quentes, em ambientes com temperatura inferior a 18 °C ou superior a 40 °C, ou ainda se a umidade relativa do ar for maior que 90%. Utilizar máscara protetora, luvas e óculos de segurança. Em caso de dúvida, ligar para o SAC. Produto inflamável. Ler atentamente as instruções antes de manusear e/ou utilizar o produto. Armazenar o produto em local coberto, fresco, seco, ventilado e longe de fontes de calor ou raios solares, mantendo o ambiente ventilado durante a aplicação. Quando expostas a calor intenso, as embalagens fechadas podem explodir em função da pressão interna. Nunca furar a embalagem. Em caso de derramamento ou vazamento, absorver com material absorvente (areia, argila etc.).

1 Principais atributos do produto 1

Possui excelente acabamento, ótima aderência, secagem rápida, durabilidade e resistência ao sol e à chuva.

2 Principais atributos do produto 2

Valoriza e proporciona efeitos metalizados.

Spray Premium Luminosa 3

Spray Luminosa: indicado para uso escolar, artesanatos em geral, em superfícies de madeira, ferro, gesso, papel, vidro e isopor, em ambientes internos. Proporciona efeito luminoso com a incidência da luz negra. Spray Fundo Branco para Luminosas: indicado para realçar a tonalidade das cores luminosas. Spray Verniz para Luminosas: indicado para melhorar a fixação e proteger contra desbotamento precoce.

Spray Premium Multiuso

Spray Premium Metalizada

Embalagens/rendimento

Tubo (350 mL): 1,2 a 1,6 m²

Aplicação

Tinta: aplicar de 2 a 3 demãos. Fundo e verniz: aplicar 2 demãos. Respeitar intervalo de um a 3 min entre demãos.

Cor

Magenta, amarelo, laranja, verde, vermelho, azul e violeta

Acabamento

Não aplicável

Diluição

Pronto para uso.

Secagem

Tinta
Ao toque: até 30 min
Final: 24 h
Fundo
Ao toque: até 15 min
Final: após 1 h
Verniz
Ao toque: até 30 min
Final: após 1 h

3 Preparação inicial

A superfície a ser pintada deverá estar limpa, seca e sem poeira, gordura, graxa, ferrugem, sabão, mofo, restos de pintura velha, brilho etc. Proteger a parte que não será pintada com papelão ou plástico. **Superfícies com restos de pintura velha, partes soltas ou mal-aderidas:** remover com espátula, lixa ou escova de aço. **Pinturas com brilho:** lixar até o fosqueamento. **Metais ferrosos sem oxidação:** aplicar Spray Premium Multiuso Primer Rápido Cinza ou Spray Premium Multiuso Primer Rápido Óxido. Aguardar secagem, lixar (lixa d'água 400), eliminar o pó e, em seguida, aplicar Spray Premium Fundo Branco para Luminosas. **Metais ferrosos com oxidação:** aplicar Spray Premium Multiuso Primer Rápido Óxido. Aguardar secagem, lixar (lixa d'água 400). Eliminar o pó e, em seguida, aplicar Spray Premium Fundo Branco para Luminosas. **Madeiras, gessos e isopores:** aplicar Spray Premium Fundo Branco para Luminosas.

3 Precauções / dicas / advertências

Agitar a lata entre as demãos. Em caso de entupimento da válvula, retirar o bico e mergulhá-lo em acetona. Quando necessário, limpar o orifício com uma agulha bem fina. Não aplicar o produto em superfícies quentes, em ambientes com temperatura inferior a 18 °C ou superior a 40 °C, ou ainda se a umidade relativa do ar for maior que 90%. Utilizar máscara protetora, luvas e óculos de segurança. Em caso de dúvida, ligar para o SAC. Produto inflamável. Ler atentamente as instruções da embalagem antes de manusear e/ou utilizar o produto. Armazenar o produto em local coberto, fresco, seco, ventilado e longe de fontes de calor ou raios solares, mantendo o ambiente ventilado durante a aplicação. Quando expostas a calor intenso, as embalagens fechadas podem explodir em função da pressão interna. Nunca furar a embalagem. Em caso de derramamento ou vazamento, absorver com material absorvente (areia, argila etc.) e descartar conforme legislação local. Não permitir o escoamento para córregos, rios ou esgotos.

3 Principais atributos do produto 3

Proporciona efeito lumininoso.

Missão: fornecer ao mercado produtos de alta qualidade em proteção e embelezamento para diversos tipos de superfície.

Tudo começou em 1996, às margens da rodovia BR-153, saída para São Paulo, no município de Aparecida de Goiânia, em uma área de 8 mil m². Naquela época, a Luztol fabricava apenas thinners e solventes. A demanda cresceu rapidamente dadas a carência do mercado e a qualidade ofertada em produtos e serviços. Como consequência desse compromisso, novas oportunidades surgiram e, em 1997, foi implementada a linha Madeira com Vernizes e Impregnantes, seguida, em 1998, pela linha Moveleira Industrial. Melhores resultados foram obtidos e, consequentemente, crescimento e rentabilidade permitiram manter a ampliação rumo a sua nova e atual missão. Dessa forma, teve início, em 1999, a fabricação de tintas imobiliárias à base de solvente, como esmaltes sintéticos, resinas impermeabilizantes e tintas industriais. A Luztol, tendo necessidade de maior infraestrutura interna, se instalou no Polo Empresarial de Goiás em 2004. Em 2008, iniciou-se a fabricação de produtos imobiliários à base d'água, como tintas acrílicas, revestimentos texturizados, massas e outros complementos. Sempre prezando pela qualidade, a Luztol, em 2011, exatamente 3 anos após iniciar suas atividades em tintas à base d'água, entrou no Programa Setorial da Qualidade pela ABRAFATI.

Hoje, a Luztol situa-se no Polo Empresarial de Aparecida de Goiânia com 66 mil m² e uma área construída de mais de 20 mil m², com cerca de mil itens de linha nas suas principais famílias de produtos: imobiliária, madeira e industrial.

O sucesso da Luztol alicerça-se aos valores de dinamismo e, principalmente, comprometimento em relação a fornecedores, funcionários, clientes, profissionais e consumidores.

CERTIFICAÇÕES

TINTAS
LUZTOL®
Qualidade Superior

Tinta Acrílica Premium Sofistique 1

A Tinta Acrílica Premium Sofistique é um produto de alto teor tecnológico que possui biocidas de baixo VOC que continuam ativos após a cura da tinta, prevenindo o aparecimento de algas e fungos e eliminando até 99,9% das bactérias em ambientes internos por até 2 anos. Indicada para restaurantes, hospitais, hotéis, escolas e qualquer cômodo em lares onde se deseje maior proteção sem abrir mão de um fino acabamento.

USE COM: Massa Corrida

Selador Acrílico

Embalagens/rendimento

Acabamento fosco
Lata (18 L): até 360 m²/demão.
Galão (3,6 L): até 72 m²/demão.
Acabamentos acetinado e semibrilho
Lata (18 L): até 270 m²/demão.
Galão (3,6 L): até 54 m²/demão.

Aplicação

Aplicar de 2 a 3 demãos. Usar rolo de lã ou pincel/trincha de cerdas macias.

Cor

12 cores

Acabamento

Fosco, semibrilho e acetinado

Diluição

Diluir, no máximo, com 20% de água limpa.

Secagem

Ao toque: 30 min
Entre demãos: 4 h
Final: 12 h

Tinta Acrílica Standard Nobre 2

A Tinta Acrílica Standard Nobre é um produto de excelente cobertura, baixo respingo, alta resistência a intempéries e ótimo alastramento. O produto possui dois tipos de acabamento: o fosco, que proporciona ótimos rendimento e cobertura, e o semibrilho, com maior poder de lavabilidade.

USE COM: Massa Corrida

Selador Acrílico

Embalagens/rendimento

Acabemento fosco
Lata (18 L): até 300 m²/demão.
Galão (3,6 L): até 60 m²/demão.
Acabamento semibrilho
Lata (18 L): até 230 m²/demão.
Galão (3,6 L): até 46 m²/demão.

Aplicação

Aplicar de 2 a 3 demãos. Usar rolo de lã ou pincel/trincha de cerdas macias.

Cor

40 cores

Acabamento

Fosco e semibrilho

Diluição

Diluir, no máximo, com 20% de água limpa.

Secagem

Ao toque: 1 h
Entre demãos: 4 h
Final: 12 h

1 2 Preparação inicial

A superfície deve estar firme, seca, limpa e isenta de óleos, mofo, pó, graxa ou quaisquer outros contaminantes. Não usar cal como fundo.

1 2 Preparação em demais superfícies

Reboco e concreto novo: aguardar secagem total da superfície de, no mínimo, 30 dias. Posteriormente, aplicar Selador Acrílico Luztol. **Reboco fraco e de baixa coesão:** remover as partes soltas e aplicar Fundo Preparador de Paredes Base Água Luztol, conforme as instruções do produto. **Superfícies com imperfeições rasas:** corrigir superfícies externas com Massa Acrílica Luztol e superfícies internas com Massa Corrida ou Acrílica Luztol. **Superfícies brilhantes e acetinadas:** necessitam de lixamento até a eliminação total do brilho antes de pintar. **Superfícies com imperfeições profundas:** corrigir com reboco e aguardar secagem e cura total de, no mínimo, 30 dias. Aplicar Selador Acrílico Luztol. **Superfícies de alta absorção, como gesso e fibrocimento:** aplicar antes Fundo Preparador de Paredes Base Água Luztol. **Superfícies caiadas, descascadas, muito porosas ou calcinadas:** raspar, lixar, escovar e aplicar Fundo Preparador de Paredes Base Água Luztol. **Superfícies com áreas mofadas:** lavar com solução de água potável e água sanitária na proporção de 1 L de água para 1 L de água sanitária. Enxaguar bem e aguardar secagem total antes de pintar. **Superfícies que não aceitam pinturas acrílicas à base d'água:** superfícies esmaltadas, vitrificadas, envernizadas, enceradas, plastificadas e emborrachadas não possibilitam a aderência total da linha Látex ou Acrílica.

1 2 Precauções/dicas/advertências

Manusear em área ventilada. Evitar formação de vapores em concentrações inflamáveis, explosivas ou acima dos limites de exposição ocupacional. Manter longe de fontes de calor. Proibido comer, beber e fumar nas áreas de trabalho. Evitar contato com a pele, os olhos e as roupas. Não ingerir. Evitar a inalação prolongada do produto. Usar equipamentos de proteção individual. Lavar as mãos após o uso do produto.

Nossa missão é fornecer ao mercado produtos de alta qualidade em proteção e embelezamento para diversos tipos de superfície. Conheça nosso site e nossas soluções dentro das famílias de produtos: imobiliária, madeira, industrial e solventes.

3 4 Preparação inicial

A superfície deve estar firme, seca, limpa e isenta de óleos, mofo, pó, graxa ou quaisquer outros contaminantes.

3 Preparação inicial

Não usar cal como fundo.

3 Preparação em demais superfícies

Reboco e concreto novo: aguardar secagem total da superfície de, no mínimo, 30 dias. Posteriormente, aplicar Selador Acrílico Luztol. **Reboco fraco e de baixa coesão:** remover as partes soltas e aplicar Fundo Preparador de Paredes Base Água Luztol, conforme as instruções do produto. **Superfícies com imperfeições rasas:** corrigir superfícies externas com Massa Acrílica Luztol e superfícies internas com Massa Corrida ou Acrílica Luztol. **Superfícies brilhantes e acetinadas:** necessitam de lixamento até a eliminação total do brilho antes de pintar. **Superfícies com imperfeições profundas:** corrigir com reboco e aguardar secagem e cura total de, no mínimo, 30 dias. Aplicar Selador Acrílico Luztol. **Superfícies de alta absorção, como gesso e fibrocimento:** aplicar antes Fundo Preparador de Paredes Base Água Luztol. **Superfícies caiadas, descascadas, muito porosas ou calcinadas:** raspar, lixar, escovar e aplicar Fundo Preparador de Paredes Base Água Luztol. **Superfícies com áreas mofadas:** lavar com solução de água potável e água sanitária na proporção de 1 L de água para 1 L de água sanitária. Enxaguar bem e aguardar secagem total antes de pintar. **Superfícies que não aceitam pinturas acrílicas à base d'água:** superfícies esmaltadas, vitrificadas, envernizadas, enceradas, plastificadas e emborrachadas não possibilitam a aderência total da linha Látex ou Acrílica.

4 Preparação em demais superfícies

Cimentados novos: aguardar secagem e cura de, no mínimo, 28 dias. Não utilizar em cimentado queimado, superfícies enceradas ou esmaltadas. **Superfícies com manchas de gordura ou graxa:** lavar com detergente, enxaguar e aguardar a secagem antes de prosseguir com a pintura. **Superfícies brilhantes e acetinadas:** necessitam de lixamento até a eliminação total do brilho antes de pintar.

3 4 Precauções / dicas / advertências

Manusear em área ventilada. Evitar formação de vapores em concentrações inflamáveis, explosivas ou acima dos limites de exposição ocupacional. Manter longe de fontes de calor. Proibido comer, beber e fumar nas áreas de trabalho. Evitar contato com a pele, os olhos e as roupas. Não ingerir. Evitar a inalação prolongada do produto. Usar equipamentos de proteção individual. Lavar as mãos após o uso do produto.

Tinta Acrílica Econômica Cerrado 3

A Tinta Acrílica Econômica Cerrado é a primeira escolha para quem deseja economia e qualidade. O produto é de fácil aplicação, possui ótimo rendimento e excelente cobertura. A linha Cerrado conta com embalagens especiais com apelo ergonômico, facilitando a homogeneização e o manuseio, e ainda podem ser reutilizadas para diversos fins. Possui baixíssimo odor durante a aplicação e seu cheiro desaparece em poucas horas.

USE COM: Selador Acrílico
Fundo Preparador de Paredes Base Água

Embalagens/rendimento

Lata (18 L): até 250 m^2/demão.
Galão (3,6 L): até 60 m^2/demão.

Aplicação

Aplicar de 2 a 3 demãos. Usar rolo de lã ou pincel/trincha de cerdas macias.

Cor

25 cores

Acabamento

Fosco

Diluição

Diluir, no máximo, com 20% de água limpa ou 40% para aplicação em gesso.

Secagem

Ao toque: 30 min
Entre demãos: 4 h
Final: 12 h

Tinta Acrílica Premium Piso 4

A Tinta Acrílica Premium Piso é um produto que confere à superfície aplicada poder antiderrapante, alta resistência a abrasão e intempéries, fácil aplicação e um bom acabamento para ambientes internos e externos. Possui alto rendimento e baixo odor até sua secagem. Por sua alta resistência ao tráfego, é indicada para quadras poliesportivas cobertas, calçadas e outras superfícies de concreto poroso.

Selador Acrílico

Lata (18 L): até 350 m^2/demão.
Galão (3,6 L): até 70 m^2/demão

Aplicação

Aplicar de 2 a 3 demãos. Usar rolo de lã ou pincel de cerdas macias.

Cor

10 cores

Acabamento

Fosco

Diluição

Diluir, no máximo, com 30% de água limpa na primeira demão e 10% nas demais demãos.

Secagem

Ao toque: 1 h
Entre demãos: 4 h
Tráfego de pessoas (final): 24 h
Tráfego de veículos (total): 72 h

Tinta Elastomérica Vedamais 1

A Tinta Elastomérica Vedamais é um produto de alta flexibilidade e ultradurabilidade formulado com resinas acrílicas de alto poder de elasticidade. O produto possui poder de selar e uniformizar, pois, após a cura, se transforma em uma membrana elástica impermeável que evita manchas, previne microfissuras e possui, ainda, função de isolante térmico. Pode ser utilizada como fundo e acabamento.

USE COM: Massa Corrida
Selador Acrílico

Embalagens/rendimento

Balde (18 L): até 205 m²/demão.
Galão (3,6 L): até 41 m²/demão.

Aplicação

Aplicar de 2 a 3 demãos. Usar rolo de lã ou trincha.

Cor

Branco

Acabamento

Fosco

Diluição

Diluir 10% na primeira demão. Utilizar o produto puro nas demãos seguintes.

Secagem

Entre demãos: 6 h
Secagem final: 12 h
Cura total: 72 h

Revestimento Acrílico Rústico 2

O Revestimento Acrílico Rústico possui alta hidrorrepelência e excelente resistência a intempéries. Além de seu marcante efeito riscado, o produto disfarça imperfeições na superfície por sua alta consistência. O revestimento riscado da Luztol é caracterizado pela tradicional malha 10, de fácil aplicação e grande liberdade decorativa. O produto possui várias cores com alinhamento fiel aos tons das tintas lisas.

USE COM: Massa Corrida
Selador Acrílico

Embalagens/rendimento

Embalagem (25 kg).
Embalagem (20 kg).

Aplicação

Aplicar uma demão. Usar desempenadeira de aço, espátula ou desempenadeira de plástico porosa.

Cor

28 cores

Acabamento

Fosco

Diluição

Pronto para uso.

Secagem

Ao toque: 1 h
Final: 8 h
Cura total: 72 h

1 2 Preparação inicial

A superfície deve estar firme, seca, limpa e isenta de óleos, mofo, pó, graxa ou quaisquer outros contaminantes.

2 Preparação inicial

Não usar cal como fundo.

1 2 Preparação em demais superfícies

Reboco e concreto novo: aguardar secagem total da superfície de, no mínimo, 30 dias. Posteriormente, aplicar Selador Acrílico Luztol. **Reboco fraco e de baixa coesão:** remover as partes soltas e aplicar Fundo Preparador de Paredes Base Água Luztol, conforme as instruções do produto. **Superfícies com imperfeições rasas:** corrigir superfícies externas com Massa Acrílica Luztol e superfícies internas com Massa Corrida ou Acrílica Luztol. **Superfícies brilhantes e acetinadas:** necessitam de lixamento até a eliminação total do brilho antes de pintar. **Superfícies com imperfeições profundas:** corrigir com reboco e aguardar secagem e cura total de, no mínimo, 30 dias. Aplicar Selador Acrílico Luztol. **Superfícies de alta absorção, como gesso e fibrocimento:** aplicar antes Fundo Preparador de Paredes Base Água Luztol. **Superfícies caiadas, descascadas, muito porosas ou calcinadas:** raspar, lixar, escovar e aplicar Fundo Preparador de Paredes Base Água Luztol. **Superfícies com áreas mofadas:** lavar com solução de água potável e água sanitária na proporção de 1 L de água para 1 L de água sanitária. Enxaguar bem e aguardar secagem total antes de pintar. **Superfícies que não aceitam pinturas acrílicas à base d'água:** superfícies esmaltadas, vitrificadas, envernizadas, enceradas, plastificadas e emborrachadas não possibilitam a aderência total da linha Látex ou Acrílica.

1 2 Precauções/dicas/advertências

Manusear em área ventilada. Evitar formação de vapores em concentrações inflamáveis, explosivas ou acima dos limites de exposição ocupacional. Manter longe de fontes de calor. Proibido comer, beber e fumar nas áreas de trabalho. Evitar contato com a pele, os olhos e as roupas. Não ingerir. Evitar a inalação prolongada do produto. Usar equipamentos de proteção individual. Lavar as mãos após o uso do produto.

Nossa missão é fornecer ao mercado produtos de alta qualidade em proteção e embelezamento para diversos tipos de superfície. Conheça nosso site e nossas soluções dentro das famílias de produtos: imobiliária, madeira, industrial e solventes.

3 4 Preparação inicial

A superfície deve estar firme, seca, limpa e isenta de óleos, mofo, pó, graxa ou quaisquer outros contaminantes.

3 Preparação inicial

Não usar cal como fundo.

3 4 Preparação em demais superfícies

Reboco e concreto novo: aguardar secagem total da superfície de, no mínimo, 30 dias. Posteriormente, aplicar Selador Acrílico Luztol. **Reboco fraco e de baixa coesão:** remover as partes soltas e aplicar Fundo Preparador de Paredes Base Água Luztol, conforme as instruções do produto. **Superfícies com imperfeições rasas:** corrigir superfícies externas com Massa Acrílica Luztol e superfícies internas com Massa Corrida ou Acrílica Luztol. **Superfícies brilhantes e acetinadas:** necessitam de lixamento até a eliminação total do brilho antes de pintar. **Superfícies com imperfeições profundas:** corrigir com reboco e aguardar secagem e cura total de, no mínimo, 30 dias. Aplicar Selador Acrílico Luztol. **Superfícies de alta absorção, como gesso e fibrocimento:** aplicar antes Fundo Preparador de Paredes Base Água Luztol. **Superfícies caiadas, descascadas, muito porosas ou calcinadas:** raspar, lixar, escovar e aplicar Fundo Preparador de Paredes Base Água Luztol. **Superfícies com áreas mofadas:** lavar com solução de água potável e água sanitária na proporção de 1 L de água para 1 L de água sanitária. Enxaguar bem e aguardar secagem total antes de pintar. **Superfícies que não aceitam pinturas acrílicas à base d'água:** superfícies esmaltadas, vitrificadas, envernizadas, enceradas, plastificadas e emborrachadas não possibilitam a aderência total da linha Látex ou Acrílica.

3 4 Precauções / dicas / advertências

Manusear em área ventilada. Evitar formação de vapores em concentrações inflamáveis, explosivas ou acima dos limites de exposição ocupacional. Manter longe de fontes de calor. Proibido comer, beber e fumar nas áreas de trabalho. Evitar contato com a pele, os olhos e as roupas. Não ingerir. Evitar a inalação prolongada do produto. Usar equipamentos de proteção individual. Lavar as mãos após o uso do produto.

Revestimento Acrílico Textura — 3

O Revestimento Acrílico Textura possui ótima hidrorrepelência e resistência a intempéries. O produto reproduz um belo efeito que disfarça imperfeições na superfície por sua alta consistência. Além disso, confere ao aplicador fácil manuseio por sua secagem equilibrada que evita manchas e facilita a homogenização do produto na superfície. A textura Luztol possui várias cores com alinhamento fiel aos tons das tintas lisas.

USE COM: Massa Corrida; Selador Acrílico

Embalagens/rendimento

Lata (25 kg): até 11 m²/demão.
Caixa (20 kg): até 15 m²/demão.

Aplicação

Aplicar uma demão. Usar desempenadeira de aço, espátula ou desempenadeira de plástico porosa.

Cor

28 cores

Acabamento

Fosco

Diluição

Pronto para uso.

Secagem

Ao toque: 1 h
Final: 8 h
Cura total: 72 h

Massa Acrílica — 4

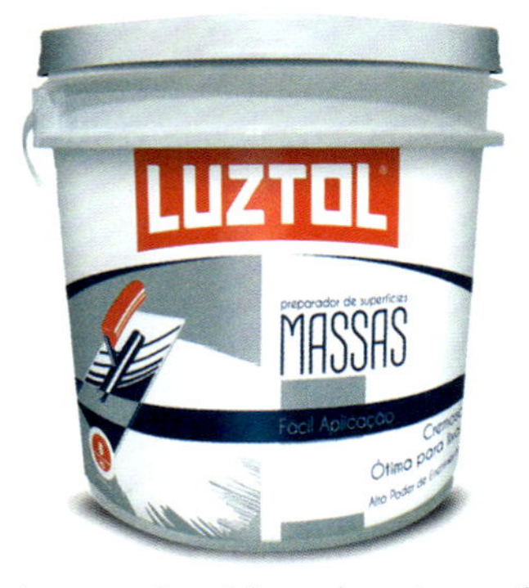

A Massa Acrílica é um produto à base de resina acrílica com grande poder de enchimento, cremoso e de fácil aplicação, elevada consistência, excelente resistência e baixo odor. Possui função de nivelar e corrigir imperfeições rasas em superfícies externas e internas de reboco, concreto, fibrocimento e paredes já pintadas de látex e acrílico, proporcionando um liso acabamento.

USE COM: Massa Corrida; Selador Acrílico

Embalagens/rendimento

Caixa (25 kg): até 41 m²/demão.
Galão (6 kg): até 10,1 m²/demão.
Quarto (1,5 kg): até 2,5 m²/demão.

Aplicação

Aplicar de uma a 2 demãos. Usar espátula de aço e/ou desempenadeira de aço.

Cor

Branco

Acabamento

Fosco

Diluição

Pronta para uso.

Secagem

Ao toque: 30 min a 1 h
Entre demãos: 2 h
Lixamento: após 3 h

0800-62-4080
www.luztol.com.br

Massa Corrida

A Massa Corrida é um produto à base de resina acrílica com grande poder de enchimento, cremoso e de fácil aplicação e baixo odor. Possui função de nivelar e corrigir imperfeições rasas de superfície internas de reboco, concreto, fibrocimento e paredes já pintadas de látex e acrílico, proporcionando um liso acabamento.

Embalagens/rendimento

Caixa (25 kg): 41 m²/demão.
Galão (6 kg): até 10,1 m²/demão.
Quarto (1,5 kg): até 2,5 m²/demão.

Aplicação

Aplicar de uma a 2 demãos. Usar espátula de aço e/ou desempenadeira de aço.

Cor

Branco

Acabamento

Fosco

Diluição

Pronta para uso.

Secagem

Ao toque: 30 min a 1 h
Entre demãos: 1 h
Lixamento: após 3 h

USE COM: Selador Acrílico

Selador Acrílico

O Selador Acrílico é um produto à base de resina acrílica, indicado para paredes internas e externas de reboco. Sua finalidade é selar e uniformizar a absorção da superfície, melhorando o rendimento da tinta de acabamento.

Embalagens/rendimento

Balde (18 L): até 180 m²/demão.
Balde (3,6 L): até 36 m²/demão.

Aplicação

Aplicar de 2 a 3 demãos. Usar rolo de lã, pincel ou trincha.

Cor

7 cores

Acabamento

Fosco

Diluição

Diluir, no máximo, com 20% de água limpa.

Secagem

Ao toque: 1 h
Entre demãos: 4 h
Final: 12 h

Massa Acrílica
Massa Corrida

1 2 Preparação inicial

A superfície deve estar firme, seca, limpa e isenta de óleos, mofo, pó, graxa ou quaisquer outros contaminantes.

2 Preparação inicial

Não usar cal como fundo.

1 2 Preparação em demais superfícies

Reboco e concreto novo: aguardar secagem total da superfície de, no mínimo, 30 dias. Posteriormente, aplicar Selador Acrílico Luztol. **Reboco fraco e de baixa coesão:** remover as partes soltas e aplicar Fundo Preparador de Paredes Base Água Luztol, conforme as instruções do produto. **Superfícies com imperfeições rasas:** corrigir superfícies externas com Massa Acrílica Luztol e superfícies internas com Massa Corrida ou Acrílica Luztol. **Superfícies brilhantes e acetinadas:** necessitam de lixamento até a eliminação total do brilho antes de pintar. **Superfícies com imperfeições profundas:** corrigir com reboco e aguardar secagem e cura total de, no mínimo, 30 dias. Aplicar Selador Acrílico Luztol. **Superfícies de alta absorção, como gesso e fibrocimento:** aplicar antes Fundo Preparador de Paredes Base Água Luztol. **Superfícies caiadas, descascadas, muito porosas ou calcinadas:** raspar, lixar, escovar e aplicar Fundo Preparador de Paredes Base Água Luztol. **Superfícies com áreas mofadas:** lavar com solução de água potável e água sanitária na proporção de 1 L de água para 1 L de água sanitária. Enxaguar bem e aguardar secagem total antes de pintar. **Superfícies que não aceitam pinturas acrílicas à base d'água:** superfícies esmaltadas, vitrificadas, envernizadas, enceradas, plastificadas e emborrachadas não possibilitam a aderência total da linha Látex ou Acrílica.

1 2 Precauções/dicas/advertências

Manusear em área ventilada. Evitar formação de vapores em concentrações inflamáveis, explosivas ou acima dos limites de exposição ocupacional. Manter longe de fontes de calor. Proibido comer, beber e fumar nas áreas de trabalho. Evitar contato com a pele, os olhos e as roupas. Não ingerir. Evitar a inalação prolongada do produto. Usar equipamentos de proteção individual. Lavar as mãos após o uso do produto.

3 Preparação inicial

A superfície deve estar firme, seca, limpa e isenta de óleos, mofo, pó, graxa ou quaisquer outros contaminantes. Não usar cal como fundo.

4 Preparação inicial

A superfície deve estar firme e seca, limpa e isenta de óleos, mofos, pó, graxa ou quaisquer outros contaminantes. O esmalte metalizado não aceita retoques e sua aplicação deve ser feita com pistola.

3 Preparação em demais superfícies

Reboco e concreto novo: aguardar secagem total da superfície de, no mínimo, 30 dias. Posteriormente, aplicar Selador Acrílico Luztol. **Reboco fraco e de baixa coesão:** remover as partes soltas e aplicar Fundo Preparador de Paredes Base Água Luztol, conforme as instruções do produto. **Superfícies com imperfeições rasas:** corrigir superfícies externas com Massa Acrílica Luztol e superfícies internas com Massa Corrida ou Acrílica Luztol. **Superfícies brilhantes e acetinadas:** necessitam de lixamento até a eliminação total do brilho antes de pintar. **Superfícies com imperfeições profundas:** corrigir com reboco e aguardar secagem e cura total de, no mínimo, 30 dias. Aplicar Selador Acrílico Luztol. **Superfícies de alta absorção, como gesso e fibrocimento:** aplicar antes Fundo Preparador de Paredes Base Água Luztol. **Superfícies caiadas, descascadas, muito porosas ou calcinadas:** raspar, lixar, escovar e aplicar Fundo Preparador de Paredes Base Água Luztol. **Superfícies com áreas mofadas:** lavar com solução de água potável e água sanitária na proporção de 1 L de água para 1 L de água sanitária. Enxaguar bem e aguardar secagem total antes de pintar. **Superfícies que não aceitam pinturas acrílicas à base d'água:** superfícies esmaltadas, vitrificadas, envernizadas, enceradas, plastificadas e emborrachadas não possibilitam a aderência total da linha Látex ou Acrílica.

4 Preparação em demais superfícies

Alumínio e metais galvanizados: utilizar o Wash Primer Luztol para garantia de acabamento e resistência maior e mais duradoura. É importante que, para que se forme o efeito metálico, o produto seja aplicado com a pistola, respeitando sempre o sentido e a distância do substrato a ser aplicado. **Repinturas:** em boas condições, lixar e limpar a superfície e continuar com a aplicação do esmalte. Em caso de superfícies com más condições, remover completamente a tinta antiga e inciar todo o processo de pintura como superfície nova.

3 4 Precauções / dicas / advertências

Manusear em área ventilada. Evitar formação de vapores em concentrações inflamáveis, explosivas ou acima dos limites de exposição ocupacional. Manter longe de fontes de calor. Proibido comer, beber e fumar nas áreas de trabalho. Evitar contato com a pele, os olhos e as roupas. Não ingerir. Evitar a inalação prolongada do produto. Usar equipamentos de proteção individual. Lavar as mãos após o uso do produto.

Fundo Preparador de Paredes 3

O Fundo Preparador de Paredes é um produto à base d'água com resinas acrílicas especiais, desenvolvido para solucionar problemas da superfície por meio do seu grande poder de penetração, melhorando a aderência e uniformizando a absorção de reboco fraco, pinturas descascadas, paredes caiadas, gesso e cimento-amianto. Indicado para exteriores e interiores.

USE COM: Massa Acrílica; Massa Corrida

Embalagens/rendimento

Balde (18 L): 160 a 200 m²/demão.
Galão (3,6 L): 38 a 47 m²/demão.

Aplicação

Aplicar uma demão. Usar rolo de lã de pelo baixo ou pincel de cerdas macias.

Cor

Incolor

Acabamento

Fosco

Diluição

Diluir, no máximo, com 20% de água limpa. Aplicar em uma pequena parte da superfície. Após a secagem, verificar se a superfície não apresenta brilho. A ausência de brilho indica que a diluição foi feita de forma adequada.

Secagem

Ao toque: 30 min
Final: 4 h

Esmalte Sintético Premium Metálico 4

O Esmalte Sintético Premium Metálico é um produto de ótimo acabamento, proporcionando brilho, fácil aplicação, secagem extrarrápida, boa aderência à superfície, flexibilidade e alta resistência. Sua formulação especial aceita tanto a aguarrás quanto o Thinner 500.

USE COM: Luztol Raz

Embalagens/rendimento

Galão (3,6 L): até 38 m²/demão.
Quarto (0,9 L): até 9,5 m²/demão.

Aplicação

Aplicar de uma a 2 demãos. Usar pistola convencional.

Cor

8 cores

Acabamento

Brilhante

Diluição

Diluir, no máximo, com 50% de Luztol Raz ou Luztol Solv.

Secagem

Ao toque: 30 a 40 min
Entre demãos: 6 h
Final: 24 h

Esmalte Sintético Tradicional 1

O Esmalte Sintético Standard Tradicional é indicado para ser usado em ambientes externos e internos. O produto possui excelente secagem ao toque, ótima cobertura, fino acabamento e boa aderência em diversos substratos e é indicado para uso em superfícies de madeira, metais ferrosos e alvenaria.

USE COM: Luztol Raz
Fundo Zarcão

Embalagens/rendimento

Lata (18 L): 180 a 216 m^2/demão.
Galão (3,6 L): 36 a 43 m^2/demão.
Quarto (0,9 L): 9 a 11 m^2/demão.
1/6 (225 mL): 2 a 3 m^2/demão.

Aplicação

Aplicar de 2 a 3 demãos de acordo com o estado da superfície. Utilizar rolo, pincel ou pistola.

Cor

Cores prontas para acabamento brilhante: 30. Cores prontas para acabamento fosco: 4. Cores prontas para acabamento acetinado: 2. Cores prontas para acabamento metalizado: 8

Acabamento

Fosco, acetinado, brilhante e metalizado

Diluição

Usar diluente Luztol Raz. Pincel/rolo: diluir, no máximo, com 20%. Pistola: diluir, no máximo, com 40%.

Secagem

Ao toque: 2 a 3 h
Entre demãos: 6 h
Final: 18 a 24 h

Esmalte Epóxi Luzpoxi 2

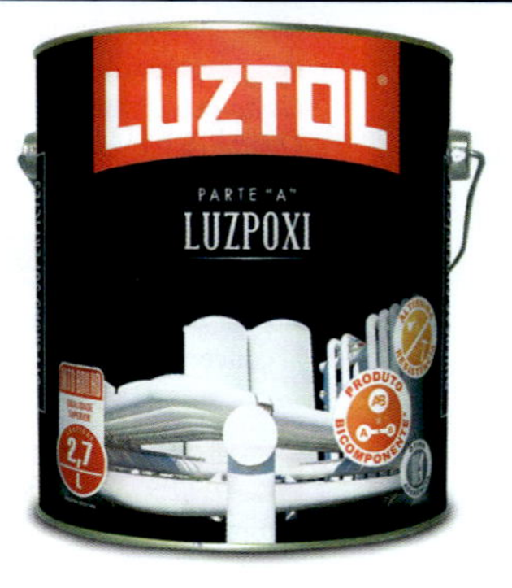

O Luzpoxi é o sistema epóxi bicomponente da Luztol, uma solução entre Parte A (esmalte) e Parte B (catalisador). O produto final confere à superfície excelente durabilidade, alto brilho, ótima aderência e uma maior resistência química e física. É indicado para uso em interiores e exteriores para diversos tipo de superfície, como tubulações, banheiros, refeitórios, pisos cimentados, azulejos porosos e metais em geral.

USE COM: Catalisador Epóxi
Primer Epóxi Luzpoxi

Embalagens/rendimento

Galão (2,7 L): 45 a 50 m^2/demão.

Aplicação

Aplicação por pistola airless: pressão de 2 mil a 2.600 psi, bico de 18 a 24. Pressão de pulverização: de 30 a 50 psi. Pressão do tanque: de 10 a 20 psi. Utilizar rolos especiais para aplicação de epóxi e trinchas somente para retoques. Reforçar todos os cantos vivos, fendas e cordões de solda com trincha para evitar falhas nessas áreas. Aplicar de uma a 2 demãos (45 a 50 micras por demão).

Cor

9 cores

Acabamento

Brilhante

Diluição

Diluir, no máximo, com 10% para cada volume (A+B) com Diluente Epóxi DL-651.

Secagem

Ao toque: 5 h
Entre demãos: 24 h
Final: 7 dias

1 Preparação inicial

A superfície deve estar firme, seca, limpa e isenta de óleos, mofos, pó, graxa ou quaisquer outros contaminantes.

2 Preparação inicial

O substrato deve estar tratado. Lavar previamente com solução de ácido muriático. Enxaguar com água em abundância, deixando seco, limpo, livre de óleos, graxas, pó, sujeira ou materiais estranhos. Este produto é fornecido em duas embalagens (Parte "A" – Esmalte Luzpoxi ou Primer Luzpoxi e Parte "B" – Catalisador) que formam uma unidade (A+B).

1 Preparação em demais superfícies

Madeiras novas: lixar a madeira até a eliminação de farpas e partes soltas. Aplicar uma demão de Primer Sintético Luztol. Após a secagem, lixar e eliminar o pó. **Madeiras (repintura):** lixar a superfície para eliminar brilho, farpas e pó antes da aplicação do acabamento. **Metais novos:** lixar a superfície e limpar com um pano umedecido com Luztol Raz. Aplicar uma demão de Fundo Zarcão Luztol ou Wash Primer Luztol (alumínio e galvanizado). Aguardar secagem e aplicar o Esmalte Sintético Standard Luztol. **Metais com ferrugem:** lixar a superfície, remover toda a ferrugem e limpar com um pano umedecido com Luztol Raz. Aplicar uma demão de Fundo Zarcão Luztol ou Wash Primer Luztol (alumínio e galvanizado). Aguardar secagem e aplicar o Esmalte Sintético Standard Luztol. **Metais (repintura):** lixar a superfície e limpar com um pano umedecido com Luztol Raz. Aplicar uma demão de Fundo Zarcão Luztol ou Wash Primer Luztol (alumínio e galvanizado). Aguardar secagem e aplicar o Esmalte Sintético Standard Luztol.

2 Preparação em demais superfícies

Metais: lixar superfície até remoção completa de partes soltas e ferrugem. Eliminar contaminantes oleosos ou pó com pano umedecido ou solução de desengraxante. Aplicar o Primer Epóxi Luztol, aguardar o tempo de secagem entre demãos de 24 h para fazer lixamento e prosseguir com aplicação da tinta acabamento. **Madeiras:** lixar a madeira até eliminação de farpas e partes soltas. Eliminar o pó. Aplicar Primer Epóxi Luztol e aguardar o tempo de secagem de 24 h, entre demãos, para aplicação da tinta acabamento. Sobre madeiras resinosas e verdes, não deve ser aplicado. **Paredes de alvenaria:** aguardar cura total do cimento de 28 dias. Se houver necessidade de aplicação de massa, aplicar Massa Acrílica. Aplicar uma demão de Primer Epóxi Luztol. Pisos de concreto: para superfície de reboco e concreto, aguardar intervalo de 28 dias para uma cura total. Lavar previamente com solução de ácido muriático. Enxaguar com água em abundância e deixar secar por completo. Aplicar uma demão de selador epóxi para piso ou Wash Primer Luztol, utilizando rolo ou pistola convencional. Não aplicar com temperatura abaixo de 10 °C e umidade relativa do ar superior a 80%. Aplicar Primer Epóxi e aguardar o tempo de secagem de 24 h, entre demãos, para aplicação da tinta acabamento.

1 2 Precauções/dicas/advertências

Manusear em área ventilada. Evitar formação de vapores em concentrações inflamáveis, explosivas ou acima dos limites de exposição ocupacional. Manter longe de fontes de calor. Proibido comer, beber e fumar nas áreas de trabalho. Evitar contato com a pele, os olhos e as roupas. Não ingerir. Evitar a inalação prolongada do produto. Usar equipamentos de proteção individual. Lavar as mãos após o uso do produto.

3 4 Preparação inicial

A superfície deve estar, firme, seca, limpa e sem poeira, ferrugem, cera, gordura, graxa, sabão ou mofo.

3 4 Preparação em demais superfícies

Eliminar brilho quando necessário por meio de lixamento. Gorduras e graxas devem ser eliminadas com água e detergente. Partes mofadas devem ser eliminadas lavando a superfície com uma solução de água sanitária e água em proporção 1:1.

3 4 Precauções / dicas / advertências

Manusear em área ventilada. Evitar formação de vapores em concentrações inflamáveis, explosivas ou acima dos limites de exposição ocupacional. Manter longe de fontes de calor. Proibido comer, beber e fumar nas áreas de trabalho. Evitar contato com a pele, os olhos e as roupas. Não ingerir. Evitar a inalação prolongada do produto. Usar equipamentos de proteção individual. Lavar as mãos após o uso do produto.

Primer Universal 3

O Primer Universal é indicado especialmente para o preparo e o nivelamento de superfícies para recebimento de acabamento de produtos com bases acrílica, poliuretana, sintética e de nitrocelulose. O produto possui alto poder de cobertura e enchimento, excelente aderência, bom lixamento e alta flexibilidade.

USE COM: Thinner 500
Thinner 600

Galão (3,6 L): 21 a 29 m²/litro/demão.
Litro (0,9 L): 6 a 8 m²/litro/demão.

Aplicação

Aplicar de uma a 2 demãos. Utilizar pistola.

Cor

Cinza e branco

Acabamento

Fosco

Diluição

Diluir com Thinner 500 ou Thinner 600 de 80% a 100%.

Secagem

Ao toque: 20 min
Entre demãos: 1 a 2 h
Lixamento: 2 h

Primer Sintético 4

O Primer Sintético é indicado especialmente para o preparo e o nivelamento de superfícies para recebimento de acabamentos sintéticos. O produto possui alto poder de cobertura e enchimento, excelente aderência, bom lixamento e alta flexibilidade.

Luztol Raz
Esmalte Sintético Standard Tradicional

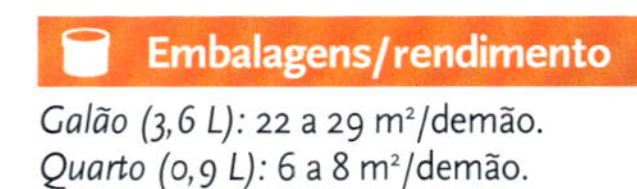

Galão (3,6 L): 22 a 29 m²/demão.
Quarto (0,9 L): 6 a 8 m²/demão.

Aplicação

Aplicar de uma a 2 demãos.

Cor

Branco, cinza e vermelho óxido

Acabamento

Fosco

Diluição

Diluir com até 50% de Luztol Raz ou até 30% de Thinner 500.

Secagem

Ao toque: 15 min
Manuseio: 30 min
Lixamento: 2 h

Fundo Zarcão 1

O Fundo Zarcão é um produto destinado à utilização como fundo para estruturas metálicas industriais e metais em geral e para acabamento com esmaltes. O produto é indicado para ambientes externos e internos e resiste à ferrugem com proteção anticorrosiva e antioxidante.

Embalagens/rendimento

Lata (18 L): 90 a 126 m²/litro/demão.
Galão (3,6 L): 18 a 25,2 m²/litro/demão.
Quarto (0,9 L): 5 a 7 m²/litro/demão.

Aplicação

Aplicar de uma a 2 demãos. Usar rolo, pincel ou pistola.

Cor

Cinza e laranja

Acabamento

Fosco

Diluição

Diluir com Luztol Raz até, no máximo, 30%.

Secagem

Ao toque: 30 min a 1 h
Entre demãos: 2 h
Final: 24 h

USE COM: Esmalte Sintético Standard Tradicional

Verniz Copal 2

O Verniz Copal é um produto que possui um acabamento de aspecto "molhado" de alto brilho. O verniz confere ótima cobertura dos poros e realça os veios da madeira, além de apresentar ótima secagem. É indicado para embelezamento de superfícies de madeira em ambientes internos como balcões, forros, corrimãos e móveis.

Embalagens/rendimento

Galão (3,6 L): 38 a 43 m²/demão.
Quarto (0,9 L): 10 a 12 m²/demão.

Aplicação

Aplicar de 2 a 3 demãos com leve lixamento entre elas, sempre respeitando a direção dos veios da madeira. Usar rolo, pincel ou pistola.

Cor

Incolor

Acabamento

Brilhante

Diluição

Usar diluente Luztol Raz de 10% a 30%.

Secagem

Ao toque: 6 a 8 h
Entre demãos: 12 h
Final: 24 h

Thinner 500
Thinner 600

1 2 Preparação inicial

A superfície deve estar firme, seca, limpa e isenta de óleos, mofos, pó, graxa ou quaisquer outros contaminantes.

1 Preparação em demais superfícies

Metais novos: lixar e limpar a superfície com o solvente adequado.

2 Preparação em demais superfícies

Madeiras novas: lixar a superfície para eliminar farpas e remover, na sequência, todo e qualquer tipo de resíduo e poeira. Em regiões que não recebem umidade constante, aplicar uma demão de Seladora Concentrada diluída com Thinner 500 ou 600, aguardar a secagem, lixar novamente, eliminar toda a poeira e aplicar o verniz. **Repinturas:** para superfície já revestida com Verniz Copal, fazer a remoção, se necessário, com removedor, limpar e seguir com método de aplicação, ou, caso a superfície esteja em bom estado, fazer o lixamento até que o substrato fique totalmente fosco. Na sequência, seguir com todo o procedimento. Demais superfícies revestidas deverão receber lixamento com lixas apropriadas até a completa remoção do brilho. Remover resíduo e pó e, em seguida, aplicar o verniz.

1 2 Precauções/dicas/advertências

Manusear em área ventilada. Evitar formação de vapores em concentrações inflamáveis, explosivas ou acima dos limites de exposição ocupacional. Manter longe de fontes de calor. Proibido comer, beber e fumar nas áreas de trabalho. Evitar contato com a pele, os olhos e as roupas. Não ingerir. Evitar a inalação prolongada do produto. Usar equipamentos de proteção individual. Lavar as mãos após o uso do produto.

Nossa missão é fornecer ao mercado produtos de alta qualidade em proteção e embelezamento para diversos tipos de superfície. Conheça nosso site e nossas soluções dentro das famílias de produtos: imobiliária, madeira, industrial e solventes.

3 4 Preparação inicial

A superfície deve estar firme, seca, limpa e isenta de óleos, mofos, pó, graxa ou quaisquer outros contaminantes.

3 Preparação inicial

O produto é indicado especialmente para superfícies verticais, como portões, portas, beirais, lambris e móveis decorativos que sofrerão com a ação do tempo. Vernizes, quando usados em exteriores, dispensam o uso de seladoras e devem ser utilizados como o próprio fundo. Dessa maneira, é mantida a integridade qualitativa do produto contra intempéries, promovendo maior resistência. Caso queira outro tom para a superfície de madeira, utilize o Tingidor para Madeira Luztol. Considere fazer a preparação adequada do colorante e aplicá-lo diretamente na madeira.

4 Preparação inicial

Vernizes quando usados em exteriores dispensam o uso de seladoras e devem ser utilizados como o próprio fundo. Dessa maneira, é mantida a integridade qualitativa do produto contra intempéries, promovendo maior resistência.

3 Preparação em demais superfícies

Madeiras novas: é a condição ideal para utilização do Verniz Premium Marítimo Luztol. Utilizar o próprio verniz na primeira demão. Fazer um lixamento antes da aplicação e remover toda a poeira até que a superfície fique totalmente limpa, sem nenhum tipo de impureza. Aplicar 3 demãos em camadas fartas e bem distribuídas. **Madeiras (repintura já revestida com Verniz Premium Marítimo Luztol):** fazer a remoção, se necessário, com removedor, limpar e seguir com o método de aplicação ou, se a superfície estiver em bom estado, fazer o lixamento até que o substrato fique totalmente fosco e seguir com o procedimento de madeiras novas. **Madeiras (repintura em superfícies que tenham recebido outro tipo de acabamento):** fazer a remoção, se necessário, com removedor, limpar e seguir com o método de aplicação ou, se a superfície estiver em bom estado, fazer o lixamento até que o substrato fique totalmente fosco e seguir com o procedimento de madeiras novas.

4 Preparação em demais superfícies

Madeiras novas: lixar a superfície para eliminar farpas e remover, na sequência, todo e qualquer tipo de resíduo e poeira. Sobre áreas que recebem umidade constante, aplicar uma demão do Verniz Premium Restaurex Luztol, aguardar secagem, lixar levemente a primeira demão, eliminar toda a poeira e fazer novamente a aplicação do verniz. **Madeiras (repintura):** lixar a superfície até a completa remoção do brilho, deixando a superfície totalmente fosca. Fazer a remoção de todo resíduo e pó e na sequência, fazer a aplicação do produto.

3 4 Precauções / dicas / advertências

Manusear em área ventilada. Evitar formação de vapores em concentrações inflamáveis, explosivas ou acima dos limites de exposição ocupacional. Manter longe de fontes de calor. Proibido comer, beber e fumar nas áreas de trabalho. Evitar contato com a pele, os olhos e as roupas. Não ingerir. Evitar a inalação prolongada do produto. Usar equipamentos de proteção individual. Lavar as mãos após o uso do produto.

Verniz Premium Marítimo 3

O Verniz Premium Marítimo é indicado para acabamento em móveis de madeira, portas, lambris e madeiras decorativas em ambientes internos e externos. O produto confere um fino acabamento mantendo performance no rendimento, ótima cobertura dos poros e excelente resistência por meio da sua inovadora fórmula de triplo filtro solar. O produto é recomendado para ambientes externos.

Luztol Raz

Tingidor para Madeira

Embalagens/rendimento

Galão (3,6 L): 56 a 64,8 m²/demão.
Quarto (0,9 L): 16 a 18 m²/demão.

Aplicação

Aplicar de 2 a 3 demãos direto na madeira (não usar seladoras como fundo). Usar pistola, rolo ou trincha.

Cor

Transparente

Acabamento

Acetinado e brilhante

Diluição

Pronto para uso. Diluir, no máximo, com 20% de Luztol Raz, caso necessário.

Secagem

Ao toque: 10 a 12 h
Entre demãos: 12 h
Final: 24 h

Verniz Premium Restaurex 4

O Verniz Premium Restaurex é um produto de alta performance, ótima secagem, fino trato, acabamento brilhante e excelente durabilidade por seus filtros solares. Além de embelezar, protege a madeira por meio de uma resina especial desenvolvida da castanha-de-caju, atribuindo proteção natural contra os raios ultravioleta. Ainda oferece o poder de renovar a madeira oxidada pela ação do tempo.

USE COM: Luztol Raz

Embalagens/rendimento

Galão (3,6 L): 54 a 61 m²/demão.
Quarto (0,9 L): 15 a 17 m²/demão.

Aplicação

Aplicar 2 demãos em áreas internas e, no mínimo, 3 demãos em áreas externas. Utilizar rolo, pincel e pistola.

Cor

Mogno, imbuia e tabaco

Acabamento

Brilhante

Diluição

Pronto para uso, podendo ser diluído até 20% com Luztol Raz para aplicação com pistola.

Secagem

Ao toque: 10 h
Entre demãos: 12 h
Final: 24 h

Verniz Premium Deck 1

O Verniz Premium Deck confere à superfície um belo acabamento que possui máxima durabilidade contra intempéries e excelente resistência ao tráfego de pessoas. Não descasca nem trinca quando aplicado corretamente, pois forma uma película flexível às dilatações de temperatura. O produto é ideal para aplicação em decks, móveis de jardim, varandas e outras superfícies de madeira para áreas externas.

Embalagens/rendimento

Galão (3,6 L): 54 a 61 m²/demão.

Aplicação

Aplicar 3 demãos fartas direto na madeira (não usar seladoras como fundo) com intervalo mínimo de 24 h. Lixar entre a primeira e a segunda demãos, sendo as demais sem lixamento intermediário. Deve ser aplicado somente com pincel de cerdas macias.

Cor

Natural

Acabamento

Semibrilho

Diluição

Pronto pra uso. Diluir, no máximo, com 10% de Luztol Raz, se necessário.

Secagem

Ao toque: 8 a 12 h
Entre demãos: 24 h
Final: 24 h

USE COM: Luztol Raz

Verniz Sintético 2

O Verniz Sintético confere ótimo acabamento, secagem rápida e brilho de aspecto "molhado" à superfície de madeira. Por se tratar de um produto de aplicação fácil, o verniz foi desenvolvido para atender tanto a grandes indústrias de móveis em produção em linha quanto a aplicações menores em projetos artesanais.

Embalagens/rendimento

Lata (18L): 144 a 180 m²/demão.
Galão (3,6 L): 28 a 36 m²/demão.
Quarto (0,9 L): 8 a 10 m²/demão.

Aplicação

Aplicar de uma a 2 demãos lixando entre elas. Usar pincel, rolo ou pistola.

Cor

Incolor

Acabamento

Brilhante

Diluição

Diluir de 10% a 30% com Luztol Raz.

Secagem

Ao toque: 2 h
Entre demãos: 12 h
Final: 24 h

USE COM: Luztol Raz
Seladora Nitrocelulose

1 2 Preparação inicial

A superfície deve estar firme, seca, limpa e isenta de óleos, mofos, pó, graxa ou quaisquer outros contaminantes.

1 Preparação inicial

Vernizes quando usados em exteriores dispensam o uso de seladoras e devem ser utilizados como o próprio fundo. Dessa maneira, é mantida a integridade qualitativa do produto contra intempéries, promovendo maior resistência. Madeiras "verdes" ou úmidas não podem ser revestidas. Aplicar dos 6 lados da madeira cria uma blindagem em filme que a protege por 5 anos.

1 Preparação em demais superfícies

Madeiras novas: lixar e remover todo tipo de poeira, gorduras e ceras. A madeira deve estar totalmente isenta de partículas soltas e qualquer outro tipo de contaminante. Em seguida, aplicar o Verniz Premium Deck Luztol em camadas fartas e bem distribuídas, sempre no sentido dos veios da madeira. Aplicar o produto nos topos da madeira para garantir uma longa vida útil do filme. **Repinturas (superfícies já revestidas com Verniz Premium Deck Luztol):** dependendo de seu estado, deve passar por um lixamento geral e, logo em seguida, uma demão restauradora. Aplicar pelo menos 2 demãos nas partes não visíveis. Não utilizar qualquer selador para madeira, pois o uso do fundo prejudica a qualidade e a durabilidade do produto. **Demais superfícies revestidas:** precisam passar pela remoção total do revestimento, por meio de raspagem e/ou lixamento, até a exposição da madeira original. Depois, proceder com a preparação de madeira nova. **Madeiras com manchas de gordura:** devem ser tratadas com solução de água e detergente neutro. Enxaguar bem o substrato, aguardar secagem e fazer a aplicação do produto.

2 Preparação em demais superfícies

Madeiras novas: lixar a superfície e eliminar as farpas e qualquer tipo de resíduo, como pó ou poeira. Aplicar de uma a 2 demãos como acabamento sobre Seladora Nitrocelulose Luztol com intervalo de 12 h entre as demãos, fazendo lixamento nesse meio tempo. **Madeiras (repintura):** lixar a superfície até a completa eliminação do brilho, limpar o substrato com um pano umedecido com Luztol Raz e, em seguida, aplicar Verniz Sintético Luztol.

1 2 Precauções/dicas/advertências

Manusear em área ventilada. Evitar formação de vapores em concentrações inflamáveis, explosivas ou acima dos limites de exposição ocupacional. Manter longe de fontes de calor. Proibido comer, beber e fumar nas áreas de trabalho. Evitar contato com a pele, os olhos e as roupas. Não ingerir. Evitar a inalação prolongada do produto. Usar equipamentos de proteção individual. Lavar as mãos após o uso do produto.

3 Preparação inicial

A superfície deve estar firme, seca, limpa e isenta de óleos, mofos, pó, graxa ou quaisquer outros contaminantes. Impregnantes não possuem aderência sobre outros vernizes, portanto, o próprio produto se torna fundo e acabamento. Por outro lado, para maior resistência, o impregnante pode ser usado como fundo para vernizes externos, desde que tenha contato direto com a superfície da madeira. Madeiras com manchas de gordura devem ser tratadas com solução de água e detergente neutro. Enxaguar bem o substrato e aguardar secagem para proceder com a aplicação.

4 Preparação inicial

A madeira deve estar limpa e seca (teor de umidade abaixo de 20%). Acabamentos anteriores, como ceras, tintas e vernizes, devem ser totalmente removidos.

3 Preparação em demais superfícies

Madeiras novas: lixar a superfície e eliminar farpas e qualquer tipo de resíduo, como pó e poeira; em seguida, aplicar o Novo Stain Luztol, seguindo sempre o sentido dos veios da madeira. Em portas e portões, recomendamos aplicação nas partes inferior e posterior (topos) da madeira para evitar a penetração de água, que poderá causar a degradação natural do acabamento. Em caso de imperfeições, buracos ou fissuras, utilizar nossa Massa para Madeira na cor mais próxima e promover o lixamento. **Madeiras (repintura em superfícies que tenham sido acabadas com Novo Stain):** lixar levemente, lavar com detergente neutro e deixar secar. Posteriormente, aplicar novamente o Novo Stain com pelo menos 2 demãos em partes internas e 3 demãos em partes externas. **Madeiras (repintura em superfície que tenha recebido outro tipo de acabamento):** remover completamente o acabamento com removedor pastoso, lavar a superfície com Thinner e deixar secar. Lixar levemente e proceder como pintura de madeira nova. É importante frisar que impregnantes não toleram tingidores para madeira na mistura, nem mesmo por meio da aplicação direta do tingidor para madeira antes do acabamento.

4 Preparação em demais superfícies

Pronta para uso. Aplicar normalmente com espátulas ou desempenadeira de aço, em camadas finas para evitar trincas e tornar a secagem mais rápida. Para calafetação de assoalhos/tacos, é necessário que a madeira esteja seca e firmemente ancorada para não ocorrerem trincas nem estufamento da massa. A aplicação do acabamento deve ser após a secagem (mínimo 24 h), o lixamento e a limpeza.

3 4 Precauções / dicas / advertências

Manusear em área ventilada. Evitar formação de vapores em concentrações inflamáveis, explosivas ou acima dos limites de exposição ocupacional. Manter longe de fontes de calor. Proibido comer, beber e fumar nas áreas de trabalho. Evitar contato com a pele, os olhos e as roupas. Não ingerir. Evitar a inalação prolongada do produto. Usar equipamentos de proteção individual. Lavar as mãos após o uso do produto.

Impregnante Premium Novo Stain — 3

O Impregnante Premium Novo Stain é um produto que possui a função de impregnar dentro dos sulcos da madeira. É indicado para áreas externas e internas, para aplicação em madeiras aplainadas, lixadas e rústicas. O produto não forma película (filme) e, consequentemente, deixa a madeira com aspecto natural com um belo acabamento fosco acetinado.

USE COM: Luztol Raz; Massa para Madeira

Embalagens/rendimento

Galão (3,6 L): 55 a 72 m²/demão.
Quarto (0,9 L): 15 a 18 m²/demão.

Aplicação

Aplicar 2 demãos em áreas internas e, no mínimo, 3 demãos em áreas externas. Usar trincha (pincel chato) de cerdas macias, retirando o excesso com um pano ou boneca; ou rolo de lã (baixa espessura) resistente a solvente, retirando o excesso com um pano ou boneca.

Cor

Clear: cristal. Cores semitransparentes: natural, mogno, imbuia e ipê

Acabamento

Acetinado

Diluição

Pronto para uso. Se necessário diluir, usar o Luztol Raz.

Secagem

Ao toque: 10 h
Entre demãos: 12 h
Final: 24 h

Massa para Madeira — 4

A Massa para Madeira é uma massa acrílica à base d'água desenvolvida para correções e calafetações de superfícies de madeira, como móveis e compensados, e para a marcenaria em geral, deixando a superfície preparada para receber pintura, verniz e cera. O produto é miscível entre suas variedades para maior liberdade na hora de definir exatamente a cor da superfície e é compatível com poliuretano, nitrocelulose e sintético.

USE COM: Verniz Premium Marítimo

Embalagens/rendimento

Quarto (1,5 kg): 3 a 6 m²/demão.
Pote (300 g): 0,44 a 0,88 m²/demão.

Aplicação

Aplicar com espátula ou desempenadeira de aço.

Cor

Branco, mogno, marfim, cerejeira, imbuia, curupixá e ipê

Acabamento

Fosco

Diluição

Pronta para uso.

Secagem

Entre demãos: 3 a 4 h
Final: 24 h

Spray para Pintura Prático

O Spray para Pintura Prático foi desenvolvido para maior praticidade, tanto para o uso profissional quanto casual. O produto é de fácil aplicação, ótimo rendimento e secagem rápida, não contém CFC, é livre de metais pesados e possui boa resistência à corrosão. Disponível em diversos acabamentos e atributos como cor sólida, luminoso, metálico e alta temperatura (600 °C).

USE COM: Primer Sintético; Spray Primer Prático

Embalagens/rendimento

Embalagem (400 mL): até 2 m²/demão.
O rendimento do produto depende diretamente da absorção da superfície e do conhecimento técnico do aplicador.

Aplicação

Spray.

Cor

30 cores

Acabamento

Fosco e brilhante

Diluição

Pronto para uso.

Secagem

Ao toque: 15 min
Final: 24 h

Liquibrilho

O Liquibrilho é um produto à base de resina acrílica cuja finalidade é deixar o substrato com um aspecto semibrilhante, além de conferir também uma maior resistência à lavabilidade onde é aplicado. O produto é especialmente indicado para ser misturado em até uma parte de Liquibrilho para 5 de tinta acrílica fosca (1:5), aumentando sua resistência.

USE COM: Massa Acrílica; Fundo Preparador de Paredes

Embalagens/rendimento

Balde (18 L): até 198 m²/demão.
Galão (3,6 L): até 44 m²/demão.

Aplicação

Aplicar de 2 a 3 demãos. Usar rolo de lã de pelo baixo ou pincel de cerdas macias.

Cor

Incolor

Acabamento

Brilhante

Diluição

Diretamente na superfície: diluir, no máximo, com 20% de água limpa. Misturado com a tinta acrílica: usar, no máximo, uma parte do Liquibrilho para 5 partes da tinta acrílica fosca.

Secagem

Ao toque: 1 h
Entre demãos: 4 h
Final: 12 h

1 2 Preparação inicial

A superfície deve estar firme e seca, limpa e isenta de óleos, mofos, pó, graxa ou quaisquer outros contaminantes.

2 Preparação inicial

Não usar cal como fundo.

1 Preparação em demais superfícies

Metais em geral: limpar a peça com Thinner 400 e aplicar Primer Sintético com lixamento adequado. **Madeiras:** selar com aplicação de Primer Universal e proceder com lixamento com lixa d'água até a superfície ficar lisa. Para evitar problemas durante a aplicação, deve-se agitar bem o produto antes e durante o uso e aplicar a uma distância de 10 cm da superfície. Após o uso, fazer a limpeza do bico. O procedimento indicado é virar o tubo de cabeça para baixo e pressionar até sobrar somente o gás incolor. O Spray Metálico Prático deve ser aplicado em interiores, pois a cor pode ser alterada com incidência de intempéries e possui menor resistência mecânica. **Superfícies zincadas, cromadas ou sobre o próprio spray metálico:** fazer um teste em menor área para verificar aderência e resistência.

2 Preparação em demais superfícies

Reboco e concreto novo: aguardar secagem total da superfície de, no mínimo, 30 dias. Posteriormente, aplicar Selador Acrílico Luztol. **Reboco fraco e de baixa coesão:** remover as partes soltas e aplicar Fundo Preparador de Paredes Base Água Luztol, conforme as instruções do produto. **Superfícies com imperfeições rasas:** corrigir superfícies externas com Massa Acrílica Luztol e superfícies internas com Massa Corrida ou Acrílica Luztol. **Superfícies brilhantes e acetinadas:** necessitam de lixamento até a eliminação total do brilho antes de pintar. **Superfícies com imperfeições profundas:** corrigir com reboco e aguardar secagem e cura total de, no mínimo, 30 dias. Aplicar Selador Acrílico Luztol. **Superfícies de alta absorção, como gesso e fibrocimento:** aplicar antes Fundo Preparador de Paredes Base Água Luztol. **Superfícies caiadas, descascadas, muito porosas ou calcinadas:** raspar, lixar, escovar e aplicar Fundo Preparador de Paredes Base Água Luztol. **Superfícies com áreas mofadas:** lavar com solução de água potável e água sanitária na proporção de 1 L de água para 1 L de água sanitária. Enxaguar bem e aguardar secagem total antes de pintar. **Superfícies que não aceitam pinturas acrílicas à base d'água:** superfícies esmaltadas, vitrificadas, envernizadas, enceradas, plastificadas e emborrachadas não possibilitam a aderência total da linha Látex ou Acrílica.

1 Precauções/dicas/advertências

Atenção: inflamável. Recipiente pressurizado: pode romper se aquecido. Contém gás sob pressão, pode explodir sob ação de calor. Provoca irritação ocular grave e à pele. Pode ser fatal se ingerido e penetrar nas vias respiratórias. Tóxico para organismos aquáticos. Manter afastado de calor, faísca, chama aberta e superfícies quentes. Não fumar próximo ao produto. Não pulverizar sobre chama aberta ou outra fonte de ignição. Não perfurar ou queimar, mesmo após o uso. Utilizar apenas ao ar livre ou em locais bem ventilados. Lavar cuidadosamente após manuseio. Usar luvas de proteção, roupa de proteção, proteção ocular e proteção facial.

2 Precauções/dicas/advertências

Manusear em área ventilada. Evitar formação de vapores em concentrações inflamáveis, explosivas ou acima dos limites de exposição ocupacional. Manter longe de fontes de calor. Proibido comer, beber e fumar nas áreas de trabalho. Evitar contato com a pele, os olhos e as roupas. Não ingerir. Evitar a inalação prolongada do produto. Usar equipamentos de proteção individual. Lavar as mãos após o uso do produto.

HISTÓRIA

O grupo Maxvinil chega a 2017 próximo de completar 80 anos de vida. O início se deu com a J. B. Curvo, empresa comercial de secos e molhados, que atendia a todo o Mato Grosso. A J. B. Curvo possuía um departamento de materiais para construção que, mais tarde, se especializou em tintas, dando origem à empresa Casa das Tintas, a primeira loja de tintas do estado de Mato Grosso. A Casa das Tintas abriu várias filiais nos estados de Mato Grosso, Mato Grosso do Sul e Rondônia. Hoje, o braço comercial do grupo se resume em quatro unidades no Mato Grosso, sendo priorizada a industrialização na Maxvinil Tintas.

Infraestrutura

No ano de 1990, em um processo de verticalização, fundou-se a Maxvinil Tintas, fábrica criada inicialmente para fornecer à Casa das Tintas. Instalada em Cuiabá (MT), em um terreno de 36 mil m², com área construída de 16 mil m², hoje a Maxvinil Tintas possui grande participação de mercado na região Centro-Oeste do país, atendendo a lojas especializadas em tintas, lojas de materiais de construção e construtoras, tendo ainda outra unidade fabril em Aparecida de Goiânia (GO).

Qualidade

Sempre buscando a perfeição e a qualidade máxima em seus produtos, a Maxvinil Tintas conta com um laboratório provido com os mais modernos equipamentos para testes e desenvolvimento de suas tintas. A empresa ainda implantou um Sistema de Gestão de Qualidade baseado nas diretrizes da norma ISO 9001.

Sustentabilidade

O consumidor espera ações voltadas para a sustentabilidade do planeta e, compartilhando desse pensamento, a Maxvinil criou algumas medidas para preservação do ambiente, como:

- coleta e reciclagem de aproximadamente 10 mil litros de óleo de cozinha em Cuiabá (MT);
- Projeto Óleo Ecológico, que troca óleo usado por produtos Maxvinil Tintas ou bonificação. Todo o material coletado é reciclado e transformado em resinas alquídicas e esmaltes sintéticos;
- Projeto Pet Reciclado, que consiste na transformação de garrafas PET em resina.

Em suas fábricas, a Maxvinil também implanta medidas como conservação da água, eficiência energética, controle de qualidade do ar e seleção de matérias-primas.

Consumidor e colaborador

Da mesma maneira que trata o seu consumidor, a Maxvinil trata o seu colaborador. Para o cliente, ela disponibiliza uma equipe técnica para orientar os profissionais que farão uso dos seus produtos. Para o seu colaborador, a empresa dispõe de um ambiente de trabalho saudável com pesquisa de clima anual para promoção de melhoria por meio de planos de ações, em que o RH gerencia as ações previstas e realizadas.

CERTIFICAÇÕES

TINTAS
maxvinil
Colorindo sua vida

TINTAS
maxvinil

TINTAS
maxvinil
Colorindo sua vida

Maxvinil Premium Requinte Perfeito 1

Tinta acrílica de alto desempenho, fácil de aplicar, proporciona acabamentos fosco, semibrilho ou acetinado de excelente cobertura, alastramento e baixo respingamento. Indicada para pintar superfícies de alvenaria em geral, superfícies externas e internas de reboco, massa corrida, texturas, concreto e fibrocimento e internas de massa acrílica.

USE COM: Esmalte Base Água
Massa Corrida PVA

Embalagens/rendimento

Lata (18 L): 324 m²/demão.
Galão (3,6 L): 64,8 m²/demão.
Quarto (0,9 L): 16,2 m²/demão.

Aplicação

Utilizar rolo de lã, pincel, trincha ou pistola. Aplicar de 2 a 3 demãos com intervalo de 4 h.

Cor

Cores disponíveis no catálogo e mais 1.026 no sistema tintométrico Maxmix

Acabamento

Fosco, semibrilho e acetinado

Diluição

Primeira demão: diluir de 20% a 30% com água potável. Demais demãos: diluir de 10% a 20% com água potável.

Secagem

Ao toque: 1 h
Final: 12 h

Tinta Acrílica Standard Cobertex 2

Tinta acrílica fácil de aplicar, proporciona acabamento fosco, ótima cobertura, excelente alastramento e baixo respingamento. Indicada para pintar superfícies de alvenaria em geral e superfícies externas e internas de reboco, massa corrida PVA, texturas, concreto, fibrocimento e massa acrílica.

Massa Acrílica
Massa Corrida PVA

Embalagens/rendimento

Lata (18 L): 270 m²/demão.
Galão (3,6 L): 54 m²/demão.

Aplicação

Utilizar rolo de lã, pincel, trincha ou pistola. Aplicar de 2 a 3 demãos com intervalo de 4 h.

Cor

Cores disponíveis no catálogo e mais 912 no sistema tintométrico Maxmix

Acabamento

Fosco

Diluição

Primeira demão: diluir de 20% a 30% com água potável. Demais demãos: diluir de 10% a 20% com água potável.

Secagem

Ao toque: 1 h
Final: 12 h

1 2 Preparação inicial

A superfície deve estar firme, coesa, seca, limpa, sem poeira, gordura, graxa, sabão ou mofo. Antes de iniciar a pintura, observar as orientações a seguir. **Superfícies com partes soltas ou mal-aderidas:** eliminar as partes soltas raspando, lixando ou escovando a superfície. **Superfícies com manchas de gordura ou graxa:** limpar com solução de água e detergente. Em seguida, enxaguar e aguardar a secagem. **Superfícies com partes mofadas:** lavar a superfície com água sanitária. Em seguida, enxaguar e aguardar secagem. **Superfícies com imperfeições profundas do reboco/cimentado:** devem ser corrigidas com argamassa de cimento (areia média e traço 1:3). Aguardar a cura por 30 dias.

1 2 Preparação especial

Reboco novo: aguardar a secagem e a cura por 30 dias, lixar e eliminar o pó. Aplicar Selador Acrílico Maxvinil.

1 2 Preparação em demais superfícies

Substratos cerâmicos porosos, vitrificados e fibrocimento: lavar com solução de água e detergente neutro e enxaguar. Aguardar a secagem.

Política de qualidade: assegurar a satisfação dos nossos clientes, estabelecendo níveis evolutivos de qualidade com a melhoria contínua de produtos e processos, buscando maior produtividade, rentabilidade e valorização dos talentos humanos.

3 4 Preparação inicial

A superfície deve estar firme, coesa, seca, limpa, sem poeira, gordura, graxa, sabão ou mofo. Antes de iniciar a pintura, observar as orientações a seguir. **Superfícies com partes soltas ou mal-aderidas:** eliminar as partes soltas raspando, lixando ou escovando a superfície. **Superfícies com manchas de gordura ou graxa:** limpar com solução de água e detergente. Em seguida, enxaguar e aguardar a secagem. **Superfícies com partes mofadas:** lavar a superfície com água sanitária. Em seguida, enxaguar e aguardar secagem. **Superfícies com imperfeições profundas do reboco/cimentado:** devem ser corrigidas com argamassa de cimento (areia média e traço 1:3). Aguardar a cura por 30 dias.

3 4 Preparação especial

Reboco novo: aguardar a secagem e a cura por 30 dias, lixar e eliminar o pó. Aplicar Selador Acrílico Maxvinil.

3 4 Preparação em demais superfícies

Substratos cerâmicos porosos, vitrificados e fibrocimento: lavar com solução de água e detergente neutro e enxaguar. Aguardar a secagem.

Tinta Acrílica Econômica Pintamax 3

ECONÔMICA

ACABAMENTO FOSCO

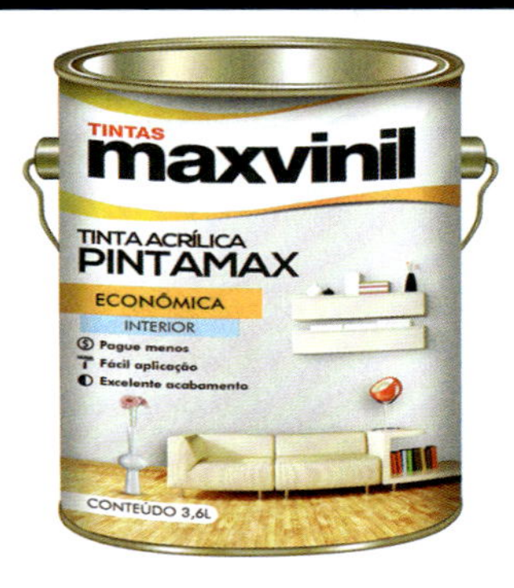

Tinta acrílica fácil de aplicar, proporciona acabamento fosco, ótima cobertura, excelente alastramento e baixo respingamento. Indicada para pintar superfícies internas de alvenaria em geral e superfícies externas e internas de reboco, massa acrílica, texturas, concreto e fibrocimento.

USE COM: Massa Acrílica
Massa Corrida PVA

Embalagens/rendimento

Lata (18 L): 216 m²/demão.
Galão (3,6 L): 43,2 m²/demão.

Aplicação

Utilizar rolo de lã, pincel, trincha ou pistola. Aplicar de 2 a 3 demãos com intervalo de 4 h.

Cor

Branco e conforme catálogo

Acabamento

Fosco

Diluição

Diluir de 10% a 20% com água potável.

Secagem

Ao toque: 1 h
Final: 12 h

Tinta Gesso Alvenaria 4

ECONÔMICA

ACABAMENTO FOSCO

É uma tinta acrílica econômica, fácil de aplicar, que proporciona acabamento fosco, boa cobertura, ótimo alastramento e baixo respingamento. Indicada para pintar superfícies de alvenaria em geral, superfícies internas sobre gesso, reboco, massa acrílica, texturas, concreto, fibrocimento, reboco e massa acrílica.

USE COM: Massa Acrílica
Massa Corrida PVA

Embalagens/rendimento

Lata (18 L): até 360 m²/demão.

Aplicação

Utilizar rolo de lã, pincel, trincha ou pistola. Aplicar de 2 a 3 demãos com intervalo de 4 h.

Cor

Branco e gelo

Acabamento

Fosco

Diluição

Diluir de 40% a 60% com água potável.

Secagem

Ao toque: 30 min
Final: 4 h

(65) 3611-3054
www.maxvinil.com.br

TINTAS
maxvinil
Colorindo sua vida

Maxvinil Max Piso 1

Tinta acrílica fácil de aplicar, com secagem rápida, que proporciona acabamento fosco e excelentes resistência à abrasão, cobertura e aderência. Indicada para pintar e demarcar superfícies internas e externas de pisos de cimento, áreas de lazer, escadas, varandas, quadras poliesportivas e outras superfícies de concreto.

USE COM: Massa Acrílica
Fundo Preparador de Paredes Base Água

Embalagens/rendimento

Lata (18 L): 275 m²/demão.
Galão (3,6 L): 55 m²/demão.
Litro (0,9 L): 13,75 m²/demão.
Embalagem (360 mL).

Aplicação

Utilizar rolo de lã, trincha ou pincel.

Cor

Cores disponíveis no catálogo

Acabamento

Fosco

Diluição

Diluir de 10% a 20% com água limpa.

Secagem

Ao toque: 2 h
Entre demãos: 4 h
Final: 72 h

Textura Externa 2

Indicada para aplicação em superfícies externas e internas de reboco, blocos de concreto, fibrocimento, concreto aparente e repintura. É uma textura em relevo que proporciona um acabamento hidrorrepelente. É de fácil aplicação, tem secagem rápida, boa resistência às intempéries e ótima homogeneidade.

USE COM: Selador Acrílico
Fundo Preparador de Paredes Base Água

Embalagens/rendimento

Lata (25 kg/18 L): até 16,6 m²/demão.
Caixa (20 kg): até 13,3 m²/demão.
Saco (15 kg): até 10 m²/demão.
Galão (3,6 L): até 4,12 m²/demão.

Aplicação

A superfície deve ser selada. Utilizar rolo de espuma rígida para textura, desempenadeira de aço ou rolos especiais.

Cor

Branco, conforme catálogo de cores e no sistema tintométrico Maxmix

Acabamento

Fosco

Diluição

Pronta para uso. Se necessário, adicionar 5% de água potável.

Secagem

Ao toque: 6 h
Final: 12 h
Cura total: 4 dias

1 2 Preparação inicial

A superfície deve estar firme, coesa, seca, limpa, sem poeira, gordura, graxa, sabão ou mofo. Antes de iniciar a pintura, observar as orientações a seguir. **Superfícies com partes soltas ou mal-aderidas:** eliminar as partes soltas raspando, lixando ou escovando a superfície. **Superfícies com manchas de gordura ou graxa:** limpar com solução de água e detergente. Em seguida, enxaguar e aguardar a secagem. **Superfícies com partes mofadas:** lavar a superfície com água sanitária. Em seguida, enxaguar e aguardar secagem. **Superfícies com imperfeições profundas do reboco/cimentado:** devem ser corrigidas com argamassa de cimento (areia média e traço 1:3). Aguardar a cura por 30 dias.

1 Preparação especial

Cimentado novo de difícil limpeza: aguardar a secagem e a cura por, no mínimo, 30 dias.

Política de qualidade: assegurar a satisfação dos nossos clientes, estabelecendo níveis evolutivos de qualidade com a melhoria contínua de produtos e processos, buscando maior produtividade, rentabilidade e valorização dos talentos humanos.

3 4 Preparação inicial

Madeiras sem acabamento (novas): a superfície deve estar seca (no máximo, 20% de umidade) e limpa, livre de pó e gorduras. **Superfícies com partes soltas:** lixar as farpas e limpar a poeira com um pano umedecido com Solvraz ou Maxthinner. **Madeiras envelhecidas:** lixar com maior profundidade ou aplicar tratamento químico adequado. Aplicar fundo específico. **Madeiras com acabamento:** lixar a superfície e limpar o pó com um pano umedecido com Solvraz ou Maxthinner. Em caso de acabamento deteriorado, lixar ou aplicar removedor de pintura até a total remoção do acabamento e limpar superfície com um pano umedecido com Solvraz ou Maxthinner. **Metais sem acabamento:** em metais ferrosos, lixar e limpar com um pano umedecido com Solvraz ou Maxthinner. Aplicar uma demão de Zarcão Maxvinil. **Metais não ferrosos:** lixar e limpar com pano umedecido com Solvraz ou Maxthinner. Aplicar uma demão de fundo promotor de aderência. **Metais oxidados:** lixar e remover toda oxidação. Limpar com um pano umedecido com Solvraz ou Maxthinner. Aplicar uma demão de Zarcão Maxvinil. **Metais com acabamento:** lixar até eliminar o brilho e limpar com pano umedecido com Solvraz ou Maxthinner. Em caso de acabamento deteriorado, lixar ou aplicar removedor de pintura até total remoção do acabamento e limpar a superfície com um pano umedecido com Solvraz ou Maxthinner.

Esmalte Sintético Premium — 3

Indicado para superfícies internas e externas de metais ferrosos e madeira, oferece fácil aplicação, com características de alta resistência a intempéries. Possui excelente secagem e acabamento. Sua fórmula permite uma melhor aderência, facilitando a limpeza.

USE COM: Solvraz
Esmalte Sintético Metálico

Embalagens/rendimento

Lata (18 L): até 250 m²/demão.
Galão (3,6 L): até 50 m²/demão.
Quarto (0,9 L): até 12,5 m²/demão.
1/16 (225 mL): 3,12 m²/demão.

Aplicação

Utilizar rolo de espuma, pincel, trincha e pistola.

Cor

Cores disponíveis no catálogo e mais 1.026 no sistema tintométrico Maxmix

Acabamento

Fosco, acetinado e brilhante

Diluição

Madeiras novas: diluir 15% na primeira demão e 10% nas demais com Solvraz. Demais superfícies: diluir 10% com Solvraz.

Secagem

Ao toque: 2 a 4 h
Final: 24 h

Esmalte Sintético Industrial Premium — 4

O Esmalte Sintético Industrial Premium Maxvinil, de secagem rápida, é um produto recomendado para superfícies metálicas em geral, para pintura parcial ou retoques em equipamentos agrícolas, estruturas metálicas, caminhões e eletrodomésticos.

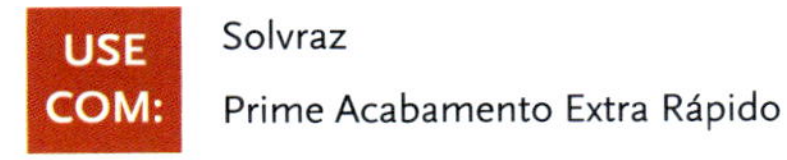

USE COM: Solvraz
Prime Acabamento Extra Rápido

Embalagens/rendimento

Lata (18 L): até 240 m²/demão.
Galão (3,6 L): até 48 m²/demão.
Quarto (0,9 L): até 12 m²/demão.

Aplicação

Utilizar rolo de espuma, pincel e pistola.

Cor

Cores disponíveis no catálogo

Acabamento

Alto brilho

Diluição

Diluir de 15% a 20% com Solvraz.

Secagem

Ao toque: 15 a 20 min
Manuseio: 4 h
Final: 24 h

(65) 3611-3054
www.maxvinil.com.br

Esmalte Sintético Standard Cobertex 1

Indicado para superfícies internas e externas de metais ferrosos e madeira, oferece fácil aplicação, com características de alta resistência a intempéries. Possui excelentes secagem e acabamento.

Embalagens/rendimento

Lata (18 L): até 250 m²/demão.
Galão (3,6 L): até 50 m²/demão.
Quarto (0,9 L): até 12,5 m²/demão.

Aplicação

Utilizar rolo de espuma, pincel e pistola.

Cor

Cores disponíveis no catálogo

Acabamento

Brilhante

Diluição

Madeiras novas: diluir 15% na primeira demão e 10% nas demais com Solvraz. Demais superfícies: diluir 10% com Solvraz.

Secagem

Ao toque: 2 a 4 h
Final: 24 h

USE COM:
Solvraz
Prime Acabamento Extra Rápido

1 Preparação inicial

Madeiras sem acabamento (novas): a superfície deve estar seca (no máximo, 20% de umidade) e limpa, livre de pó e gorduras. **Superfícies com partes soltas:** lixar as farpas e limpar a poeira com um pano umedecido com Solvraz ou Maxthinner. **Madeiras envelhecidas:** lixar com maior profundidade ou aplicar tratamento químico adequado. Aplicar fundo específico. **Madeiras com acabamento:** lixar a superfície e limpar o pó com um pano umedecido com Solvraz ou Maxthinner. Em caso de acabamento deteriorado, lixar ou aplicar removedor de pintura até a total remoção do acabamento e limpar superfície com um pano umedecido com Solvraz ou Maxthinner. **Metais sem acabamento:** em metais ferrosos, lixar e limpar com um pano umedecido com Solvraz ou Maxthinner. Aplicar uma demão de Zarcão Maxvinil. **Metais não ferrosos:** lixar e limpar com pano umedecido com Solvraz ou Maxthinner. Aplicar uma demão de fundo promotor de aderência. **Metais oxidados:** lixar e remover toda oxidação. Limpar com um pano umedecido com Solvraz ou Maxthinner. Aplicar uma demão de Zarcão Maxvinil. **Metais com acabamento:** lixar até eliminar o brilho e limpar com pano umedecido com Solvraz ou Maxthinner. Em caso de acabamento deteriorado, lixar ou aplicar removedor de pintura até total remoção do acabamento e limpar a superfície com um pano umedecido com Solvraz ou Maxthinner.

Solvraz 2

Indicado para diluição de esmaltes sintéticos imobiliários, desengraxantes e desengordurantes em limpeza pesada.

Embalagens/rendimento

Lata (18 L) e *lata (5 L)*.

Aplicação

Não aplicável.

Cor

Incolor

Acabamento

Não aplicável

Diluição

Não aplicável.

Secagem

Não aplicável

USE COM:
Esmalte Sintético Premium
Esmalte Sintético Cobertex Standard

Política de qualidade: assegurar a satisfação dos nossos clientes, estabelecendo níveis evolutivos de qualidade com a melhoria contínua de produtos e processos, buscando maior produtividade, rentabilidade e valorização dos talentos humanos.

No ano de 1993, a Tintas Maza iniciou suas atividades como fabricante de solventes atendendo a algumas regiões do interior paulista. Após alguns anos de atividade nesse segmento, os gestores da empresa decidiram investir no desenvolvimento de tintas imobiliárias lançando tintas e complementos com a marca Maza.

A década de 2000 foi empregada na expansão da Linha Imobiliária, buscando sempre a melhoria de qualidade de produtos e processos fabris.

Em 2009, a Tintas Maza, sempre em busca da excelência em produtos e serviços, adotou os parâmetros da ISO 9001, controlando todo o processo de fabricação de seus produtos.

Em 2010, ampliando seus horizontes e acreditando em sua capacidade de trabalho, investimento e qualidade, lançou a Linha Automotiva e, desde então, vem ampliando seu portfólio de produtos, se colocando-se como um grande fabricante de tintas e complementos automotivos.

Em 2012, sempre acreditando em sua capacidade de inovação e tecnologia, lançou a Linha de Tintas Industriais e de normas Petrobras, com testes e laudos do Certificado de Registro e Classificação Cadastral na Petrobras (CRCC).

Continuando a sua busca por novos mercados, a Tintas Maza lançou, em 2015, sua Linha de Impermeabilizantes com produtos para os mais diversos usos na construção civil.

Participamos e somos aprovados no Programa Setorial da Qualidade de Tintas Imobiliárias e no Coatings Care.

Após muito investimento em tecnologia, inovação, qualidade e respeito ao meio ambiente, aos clientes, aos consumidores e aos colaboradores, temos hoje um parque fabril de mais de 200 mil m² construídos onde estão as plantas de tintas imobiliárias, automotivas, industriais, impermeabilizantes e solventes.

Somos, hoje, uma empresa de tintas com um dos maiores portfólios de produtos do Brasil.

Acreditamos em nosso trabalho e estamos prontos para o futuro.

CERTIFICAÇÕES

Acrílico Premium Total Protect 1

A tinta Acrílico Premium Total Protect é indicada para pinturas de superfícies externas e internas de reboco, massa PVA, massa acrílica, texturas, concreto, fibrocimento, gesso etc. É uma tinta de altíssimo desempenho, durabilidade, máxima cobertura e resistência a intempéries. Sem cheiro.

USE COM: Fundo Nivelador; Mazapren Parede

Embalagens/rendimento

Acabamento fosco
Lata (18 L): até 400 m²/demão.
Galão (3,6 L): até 80 m²/demão.
Quarto (0,9 L): até 20 m²/demão.
Acabamento semibrilho e acetinado
Lata (18 L): até 250 m²/demão.
Galão (3,6 L): até 50 m²/demão.

Aplicação

Utilizar rolo de lã, pincel ou pistola.

Cor

Cores prontas no acabamento fosco: 25. Cores nos acabamentos acetinado e semibrilho: branco e outras cores disponíveis no sistema tintométrico

Acabamento

Fosco, semibrilho e acetinado

Diluição

Acabamento fosco: diluir 50% com água limpa. Acabamentos semibrilho e acetinado: diluir 20% com água limpa.

Secagem

Ao toque: 2 h
Entre demãos: 4 h
Final: 12 h

Acrílico Ultra 2

A tinta Acrílico Ultra é indicada para pinturas de superfícies externas e internas de reboco, massa PVA, massa acrílica, texturas, concreto, fibrocimento, gesso etc. É uma tinta de alto desempenho, alta durabilidade e máximo rendimento. É totalmente sem cheiro.

USE COM: Tapa Fácil; Fundo Preparador de Paredes Base Água

Embalagens/rendimento

Lata (18 L): até 500 m²/demão.
Galão (3,6 L): até 100 m²/demão.

Aplicação

Utilizar rolo de lã, pincel ou pistola.

Cor

Cores prontas no acabamento fosco: 28. Disponível no sistema tintométrico

Acabamento

Fosco

Diluição

Diluir 80% com água limpa.

Secagem

Ao toque: 2 h
Entre demãos: 4 h
Final: 12 h

1 2 Preparação inicial

Qualquer superfície a ser pintada deve estar limpa, seca, lixada, sem poeira e livre de gordura ou graxa, ferrugem, resto de pintura velha, brilho etc. Antes de iniciar a pintura, observar todas as orientações da Preparação especial.

1 2 Preparação especial

Reboco novo: respeitar secagem e cura (mínimo de 30 dias); aplicar Maza Selador Acrílico. **Concreto novo:** respeitar secagem e cura (mínimo de 30 dias); aplicar Maza Fundo Preparador de Paredes. **Reboco fraco (baixa coesão):** respeitar secagem e cura (mínimo de 30 dias); aplicar Maza Fundo Preparador de Paredes. **Superfícies com imperfeições rasas:** corrigir com Maza Massa Acrílica (externo) ou Maza Massa Corrida (interno). **Superfícies com imperfeições profundas:** corrigir com argamassa de reboco e aguardar a secagem e a cura (mínimo de 30 dias). **Superfícies caiadas, com partículas soltas ou mal-aderidas:** raspar e/ou escovar superfície para eliminar a cal o máximo possível; aplicar Maza Fundo Preparador de Paredes. **Superfícies com manchas de gordura ou graxa:** lavar com uma solução de água e detergente, enxaguar e aguardar a secagem. **Superfícies com partes mofadas:** lavar com solução de água e água sanitária em partes iguais; esperar 6 h e enxaguar bem.

1 2 Precauções/dicas/advertências

É fundamental o uso de EPI. Manter longe do alcance de crianças e animais domésticos. Em caso de contato com os olhos, lavar com água corrente em abundância. Em caso de ingestão, não provocar vômito e procurar cuidados médicos.

1 Principais atributos do produto 1

Possui acabamento perfeito, é lavável e sem cheiro.

2 Principais atributos do produto 2

Pode ser utilizada no exterior e no interior, possui supercobertura, excelente rendimento e é superconcentrada.

Com uma produção mensal que supera 4 milhões de litros sem gerar resíduos, possui uma frota de mais de 30 veículos e, para se manter entre as melhores, conta com 300 funcionários e mais de 70 representantes, que atuam em todos os cantos do Brasil, além de contar também com exportações.

3 4 Preparação inicial

Qualquer superfície a ser pintada deve estar limpa, seca, lixada, sem poeiras, livre de gordura ou graxa, ferrugem, resto de pintura velha, brilho etc. Antes de iniciar a pintura, observar todas as orientações da Preparação especial.

3 4 Preparação especial

Reboco novo: respeitar secagem e cura (mínimo de 30 dias); aplicar Maza Selador Acrílico. **Concreto novo:** respeitar secagem e cura (mínimo de 30 dias); aplicar Maza Fundo Preparador de Paredes. **Reboco fraco (baixa coesão):** respeitar secagem e cura (mínimo de 30 dias); aplicar Maza Fundo Preparador de Paredes. **Superfícies com imperfeições rasas:** corrigir com Maza Massa Acrílica (externo) ou Maza Massa Corrida (interno). **Superfícies com imperfeições profundas:** corrigir com argamassa de reboco e aguardar a secagem e a cura (mínimo de 30 dias). **Superfícies caiadas, com partículas soltas ou mal-aderidas:** raspar e/ou escovar superfície para eliminar a cal o máximo possível; aplicar Maza Fundo Preparador de Paredes. **Superfícies com manchas de gordura ou graxa:** lavar com uma solução de água e detergente, enxaguar e aguardar a secagem. **Superfícies com partes mofadas:** lavar com solução de água e água sanitária em partes iguais; esperar 6 h e enxaguar bem.

3 4 Precauções/dicas/advertências

É fundamental o uso de EPI. Manter longe do alcance de crianças e animais domésticos. Em caso de contato com os olhos, lavar com água corrente em abundância. Em caso de ingestão, não provocar vômito e procurar cuidados médicos.

3 Principais atributos do produto 3

Pode ser utilizada no exterior e no interior, é antimofo, algas e fungos e sem cheiro.

4 Principais atributos do produto 4

Desenvolvida para uso no interior, é antimofo, possui boa cobertura e é sem cheiro.

Acrílico Plus – Tripla Ação 3

Produto formulado para obtenção do melhor custo-benefício, podendo ser utilizado externa e internamente. Tem ótima performance, com bom acabamento, boa resistência e boa cobertura. Disponível nos acabamentos fosco e semibrilho.

USE COM: Massa Acrílica; Selador Acrílico

Embalagens/rendimento
Lata (18 L): 300 m²/demão.
Galão (3,6 L): 60 m²/demão.

Aplicação
Utilizar rolo de lã, pincel ou pistola.

Cor
Cores prontas no acabamento fosco: 17.
Cores no acabamento semibrilho: 5

Acabamento
Fosco e semibrilho

Diluição
Diluir 50% com água limpa.

Secagem
Ao toque: 2 h
Entre demãos: 4 h
Final: 12 h

Acrílico Extra 4

A tinta Acrílico Extra foi desenvolvida para uso interno aliando economia com qualidade, fácil aplicação, ação antimofo e bom acabamento.

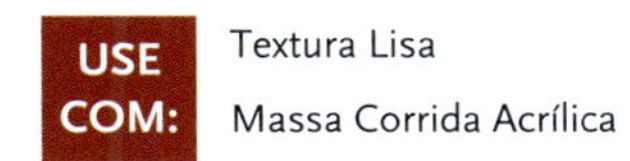
USE COM: Textura Lisa; Massa Corrida Acrílica

Embalagens/rendimento
Lata (18 L): até 300 m²/demão.
Galão (3,6 L): até 60 m²/demão.

Aplicação
Utilizar rolo de lã, pincel ou pistola.

Cor
Cores prontas no acabamento fosco: 21

Acabamento
Fosco

Diluição
Diluir 50% com água limpa.

Secagem
Ao toque: 2 h
Entre demãos: 4 h
Final: 12 h

Acrílico Profissional 1

A tinta Acrílico Profissional é indicada para pinturas de superfícies internas de reboco, massa PVA, massa acrílica, texturas, concreto, fibrocimento, gesso etc. É uma tinta de excelente aplicação.

Embalagens/rendimento

Lata (18 L): até 225 m²/demão.
Galão (3,6 L): até 45 m²/demão.

Aplicação

Utilizar rolo de lã, pincel ou pistola.

Cor

Cores prontas no acabamento fosco: 19

Acabamento

Fosco

Diluição

Diluir 50% com água limpa.

Secagem

Ao toque: 2 h
Entre demãos: 4 h
Final: 12 h

USE COM: Acrílico Litoral e Campo
Fundo Preparador de Paredes Base Água

Massa Corrida Acrílica 2

Massa de uso externo e interno indicada para uniformizar, nivelar e corrigir pequenas imperfeições em alvenaria e concreto. Possui alto poder de enchimento e ótima resistência.

Embalagens/rendimento

Lata (28 kg): 45 m²/demão.
Balde (25 kg): 40 m²/demão.
Balde (5,6 kg): 9 m²/demão.
Lata (1,6 kg): 2,5 m²/demão.

Aplicação

Utilizar desempenadeira de aço ou espátula.

Cor

Branco

Acabamento

Fosco

Diluição

Pronta para uso.

Secagem

Ao toque: 30 min
Entre demãos: 4 h
Final: 6 h

USE COM: Acrílico Litoral e Campo
Acrílico Premium Total Protect

1 2 Preparação inicial

Qualquer superfície a ser pintada deve estar limpa, seca, lixada, sem poeira e livre de gordura ou graxa, ferrugem, resto de pintura velha, brilho etc. Antes de iniciar a pintura, observar todas as orientações da Preparação especial.

1 2 Preparação especial

Reboco novo: respeitar secagem e cura (mínimo de 30 dias); aplicar Maza Selador Acrílico. **Concreto novo:** respeitar secagem e cura (mínimo de 30 dias); aplicar Maza Fundo Preparador de Paredes. **Reboco fraco (baixa coesão):** respeitar secagem e cura (mínimo de 30 dias); aplicar Maza Fundo Preparador de Paredes. **Superfícies com imperfeições rasas:** corrigir com Maza Massa Acrílica (externo) ou Maza Massa Corrida (interno). **Superfícies com imperfeições profundas:** corrigir com argamassa de reboco e aguardar a secagem e a cura (mínimo de 30 dias). **Superfícies caiadas, com partículas soltas ou mal-aderidas:** raspar e/ou escovar superfície para eliminar a cal o máximo possível; aplicar Maza Fundo Preparador de Paredes. **Superfícies com manchas de gordura ou graxa:** lavar com uma solução de água e detergente, enxaguar e aguardar a secagem. **Superfícies com partes mofadas:** lavar com solução de água e água sanitária em partes iguais; esperar 6 h e enxaguar bem.

1 2 Precauções/dicas/advertências

É fundamental o uso de EPI. Manter longe do alcance de crianças e animais domésticos. Em caso de contato com os olhos, lavar com água corrente em abundância. Em caso de ingestão, não provocar vômito e procurar cuidados médicos.

1 Principais atributos do produto 1

Desenvolvida para uso no interior, é antimofo, possui bom rendimento e é sem cheiro.

2 Principais atributos do produto 2

Pode ser utilizada no exterior e no interior, possui alta resistência e excelente nivelamento.

O cuidado nos processos fabris visa à preservação do meio ambiente, tendo a responsabilidade de buscar a excelência, sempre contribuindo para o sucesso dos nossos clientes e superando a expectativa de nossos consumidores.

Você está na seção:

3 ALVENARIA > COMPLEMENTO

4 METAIS E MADEIRA > ACABAMENTO

3 Preparação inicial

Qualquer superfície a ser pintada deve estar limpa, seca, lixada, sem poeira e livre de gordura ou graxa, ferrugem, resto de pintura velha, brilho etc. Antes de iniciar a pintura, observar todas as orientações da Preparação especial.

3 Preparação especial

Reboco novo: respeitar secagem e cura (mínimo de 30 dias); aplicar Maza Selador Acrílico. **Concreto novo:** respeitar secagem e cura (mínimo de 30 dias); aplicar Maza Fundo Preparador de Paredes. **Reboco fraco (baixa coesão):** respeitar secagem e cura (mínimo de 30 dias); aplicar Maza Fundo Preparador de Paredes. **Superfícies com imperfeições rasas:** corrigir com Maza Massa Acrílica (externo) ou Maza Massa Corrida (interno). **Superfícies com imperfeições profundas:** corrigir com argamassa de reboco e aguardar a secagem e a cura (mínimo de 30 dias). **Superfícies caiadas, com partículas soltas ou mal-aderidas:** raspar e/ou escovar superfície para eliminar a cal o máximo possível; aplicar Maza Fundo Preparador de Paredes. **Superfícies com manchas de gordura ou graxa:** lavar com uma solução de água e detergente, enxaguar e aguardar a secagem. **Superfícies com partes mofadas:** lavar com solução de água e água sanitária em partes iguais; esperar 6 h e enxaguar bem.

4 Preparação especial

Metais novos: lixar e limpar com um pano umedecido com aguarrás; aplicar uma demão de Maza Zarcão (metais ferrosos) ou Maza Fundo Galvanizado (alumínio e galvanizados). **Metais com ferrugem:** lixar, remover toda a ferrugem e limpar com um pano umedecido com aguarrás; aplicar uma demão de Maza Zarcão (metais ferrosos) ou Maza Fundo Galvanizado (alumínio e galvanizados). **Madeiras novas:** lixar as farpas e limpar a poeira com um pano umedecido de Maza Aguarrás; aplicar uma demão de Maza Fundo Nivelador Branco. Em caso de fissuras ou imperfeições, utilizar Maza Massa para Madeira e, em seguida, mais uma demão de Maza Fundo Nivelador Branco. **Repinturas:** lixar até eliminar o brilho e limpar toda a superfície com um pano umedecido com Maza Aguarrás.

3 4 Precauções/dicas/advertências

É fundamental o uso de EPI. Manter longe do alcance de crianças e animais domésticos. Em caso de contato com os olhos, lavar com água corrente em abundância. Em caso de ingestão, não provocar vômito e procurar cuidados médicos.

3 Principais atributos do produto 3

É fácil de lixar, possui excelente nivelamento e é fácil de aplicar.

4 Principais atributos do produto 4

Pode ser utilizada no exterior e no interior, é super-resistente e possui ótimo acabamento.

Massa Corrida PVA — 3

PROGRAMA SETORIAL da Qualidade TINTAS IMOBILIÁRIAS ABRAFATI

Produto indicado para uniformizar, nivelar e corrigir pequenas imperfeições em superfícies internas de alvenaria. Tem alto poder de enchimento, ótima aderência, secagem rápida e fácil lixamento.

USE COM: Acrílico Plus; Acrílico Ultra

Embalagens/rendimento

Lata (28 kg): 45 m²/demão.
Lata (1,6 kg): 2,5 m²/demão.
Balde (25 kg): 40 m²/demão.
Balde (5,6 kg): 9 m²/demão.

Aplicação

Utilizar desempenadeira de aço ou espátula.

Cor

Branco

Acabamento

Fosco

Diluição

Pronta para uso.

Secagem

Ao toque: 30 min
Entre demãos: 4 h
Final: 6 h

Esmalte Sintético – Madeira e Metal — 4

Produto de alta qualidade, acabamento superior e super-resistência. Fácil de aplicar, possui excelente poder de cobertura e rendimento. Sua película com alta resistência garante maior proteção e facilidade de limpeza, reduzindo a aderência de sujeira. Ideal para superfícies externas e internas de metais ferrosos, galvanizados, alumínio e madeira.

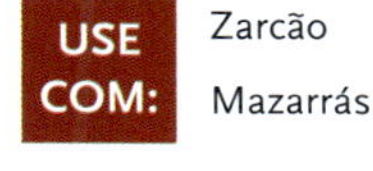

USE COM: Zarcão; Mazarrás

Embalagens/rendimento

Lata (18 L): 200 m²/demão.
Galão (3,6 L): 40 m²/demão.
Quarto (0,9 L): 10 m²/demão.
1/16 (225 mL): 2,5 m²/demão.

Aplicação

Utilizar rolo, pincel ou pistola.

Cor

Cores prontas no acabamento brilhante: 28. Cores prontas no acabamento fosco: 4. Disponível no sistema tintométrico

Acabamento

Fosco, acetinado e brilhante

Diluição

Rolo e pincel: diluição de, no máximo, 15% com aguarrás. Pistola: diluição de, no máximo, 30% com aguarrás.

Secagem

Ao toque: 2 h
Entre demãos: 4 h
Final: 12 h

SV Acrílico Premium 1

Tinta acrílica de alta performance indicada para ambientes externos e internos. Seus principais benefícios são o acabamento perfeito, sua resistência, sua lavabilidade e ainda ser sem cheiro. Disponível nos acabamentos fosco, acetinado e semibrilho.

Fundo Nivelador

Mazapren Parede

Embalagens/rendimento

Acabamento fosco
Lata (18 L): até 400 m²/demão.
Galão (3,6 L): até 80 m²/demão.
Quarto (0,9 L): até 20 m²/demão.
Acabamentos semibrilho e acetinado
Lata (18 L): até 250 m²/demão.
Galão (3,6 L): até 50 m²/demão.

Aplicação

Utilizar rolo de lã, pincel ou pistola.

Cor

Cores prontas no acabamento fosco: 25. Cores nos acabamentos acetinado e semibrilho: branco e outras cores disponíveis no sistema tintométrico

Acabamento

Fosco, semibrilho e acetinado

Diluição

Acabamento fosco: diluir 50% com água limpa. Acabamento acetinado/semibrilho: diluir 20% com água limpa.

Secagem

Ao toque: 2 h
Entre demãos: 4 h
Final: 12 h

SV Acrílico Standard Rende Mais 2

STANDARD

PROGRAMA SETORIAL da Qualidade TINTAS IMOBILIÁRIAS ABRAFATI

ACABAMENTO FOSCO

Tinta acrílica de alto rendimento e grande consistência que pode receber uma diluição maior que outras tintas acrílicas. Ela pode ser diluída de 50% a 80% com água, pintando até 500 m² (lata) por demão. Seu acabamento é perfeito e ainda é sem cheiro. Disponível no acabamento fosco.

Tapa Fácil

Fundo Preparador de Paredes Base Água

Lata (18 L): até 500 m²/demão.
Galão (3,6 L): até 100 m²/demão.

Aplicação

Utilizar rolo de lã, pincel ou pistola.

Cor

Cores prontas no acabamento fosco: 28. Disponível no sistema tintométrico

Acabamento

Fosco

Diluição

Diluir 80% com água limpa.

Secagem

Ao toque: 2 h
Entre: demãos 4 h
Final: 12 h

1 2 Preparação inicial

Qualquer superfície a ser pintada deve estar limpa, seca, lixada, sem poeira e livre de gordura ou graxa, ferrugem, resto de pintura velha, brilho etc. Antes de iniciar a pintura, observar todas as orientações da Preparação especial.

1 2 Preparação especial

Reboco novo: respeitar secagem e cura (mínimo de 30 dias); aplicar Maza Selador Acrílico. **Concreto novo:** respeitar secagem e cura (mínimo de 30 dias); aplicar Maza Fundo Preparador de Paredes. **Reboco fraco (baixa coesão):** respeitar secagem e cura (mínimo de 30 dias); aplicar Maza Fundo Preparador de Paredes. **Superfícies com imperfeições rasas:** corrigir com Maza Massa Acrílica (externo) ou Maza Massa Corrida (interno). **Superfícies com imperfeições profundas:** corrigir com argamassa de reboco e aguardar a secagem e a cura (mínimo de 30 dias). **Superfícies caiadas, com partículas soltas ou mal-aderidas:** raspar e/ou escovar superfície para eliminar a cal o máximo possível; aplicar Maza Fundo Preparador de Paredes. **Superfícies com manchas de gordura ou graxa:** lavar com uma solução de água e detergente, enxaguar e aguardar a secagem. **Superfícies com partes mofadas:** lavar com solução de água e água sanitária em partes iguais; esperar 6 h e enxaguar bem.

1 2 Precauções/dicas/advertências

É fundamental o uso de EPI. Manter longe do alcance de crianças e animais domésticos. Em caso de contato com os olhos, lavar com água corrente em abundância. Em caso de ingestão, não provocar vômito e procurar cuidados médicos.

1 Principais atributos do produto 1

Pode ser utilizada no exterior e no interior, possui supercobertura e excelente rendimento, é lavável e sem cheiro.

2 Principais atributos do produto 2

Pode ser utilizada no exterior e no interior, possui supercobertura, excelente rendimento e é superconcentrado.

No último ano, foram lançados mais de 20 novos produtos nos mais diversos segmentos do ramo de tintas.

3 4 Preparação inicial

Qualquer superfície a ser pintada deve estar limpa, seca, lixada, sem poeira e livre de gordura ou graxa, ferrugem, resto de pintura velha, brilho etc. Antes de iniciar a pintura, observar todas as orientações da Preparação especial.

3 4 Preparação especial

Reboco novo: respeitar secagem e cura (mínimo de 30 dias); aplicar Maza Selador Acrílico. **Concreto novo:** respeitar secagem e cura (mínimo de 30 dias); aplicar Maza Fundo Preparador de Paredes. **Reboco fraco (baixa coesão):** respeitar secagem e cura (mínimo de 30 dias); aplicar Maza Fundo Preparador de Paredes. **Superfícies com imperfeições rasas:** corrigir com Maza Massa Acrílica (externo) ou Maza Massa Corrida (interno). **Superfícies com imperfeições profundas:** corrigir com argamassa de reboco e aguardar a secagem e a cura (mínimo de 30 dias). **Superfícies caiadas, com partículas soltas ou mal-aderidas:** raspar e/ou escovar superfície para eliminar a cal o máximo possível; aplicar Maza Fundo Preparador de Paredes. **Superfícies com manchas de gordura ou graxa:** lavar com uma solução de água e detergente, enxaguar e aguardar a secagem. **Superfícies com partes mofadas:** lavar com solução de água e água sanitária em partes iguais; esperar 6 h e enxaguar bem.

3 4 Precauções / dicas / advertências

É fundamental o uso de EPI. Manter longe do alcance de crianças e animais domésticos. Em caso de contato com os olhos, lavar com água corrente em abundância. Em caso de ingestão, não provocar vômito e procurar cuidados médicos.

3 Principais atributos do produto 3

Pode ser utilizada no exterior e no interior, é antimofo, algas e fungos e sem cheiro.

4 Principais atributos do produto 4

Desenvolvida para uso no interior, é antimofo, possui boa cobertura e é sem cheiro.

SV Acrílico Plus 3

Produto formulado para obtenção do melhor custo-benefício, podendo ser utilizado externa e internamente. Tem ótima performance, com bom acabamento, boa resistência e boa cobertura. Disponível nos acabamentos fosco e semibrilho.

USE COM: Massa Acrílica; Selador Acrílico

Embalagens/rendimento

Lata (18 L): até 300 m²/demão.
Galão (3,6 L): até 60 m²/demão.

Aplicação

Utilizar rolo de lã, pincel ou pistola.

Cor

Cores prontas no acabamento fosco: 17.
Cores no acabamento semibrilho: 5

Acabamento

Fosco e semibrilho

Diluição

Diluir 50% com água limpa.

Secagem

Ao toque: 2 h
Entre: demãos 4 h
Final: 12 h

SV Acrílico Renova 4

Tinta acrílica extra, desenvolvida para uso interno aliando economia com qualidade, fácil aplicação, ação antimofo e bom acabamento.

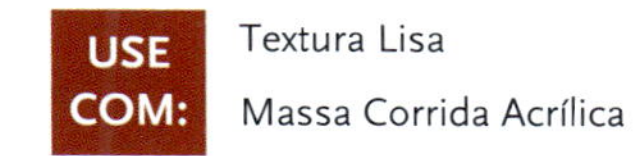

Lata (18 L): até 300 m²/demão.
Galão (3,6 L): até 60 m²/demão.

Aplicação

Utilizar rolo de lã, pincel ou pistola.

Cor

Cores prontas no acabamento fosco: 21

Acabamento

Fosco

Diluição

Diluir 50% com água limpa.

Secagem

Ao toque: 2 h
Entre demãos: 4 h
Final: 12 h

SV Massa Corrida Acrílica 1

Massa de uso externo e interno indicada para uniformizar, nivelar e corrigir pequenas imperfeições em alvenaria e concreto. Possui alto poder de enchimento e ótima resistência.

Embalagens/rendimento

Lata (28 kg): 45 m²/demão.
Balde (25 kg): 40 m²/demão.
Balde (5,6 kg): 9 m²/demão.
Lata (1,6 kg): 2,5 m²/demão.

Aplicação

Utilizar desempenadeira de aço ou espátula.

Cor

Branco

Acabamento

Fosco

Diluição

Pronta para uso.

Secagem

Ao toque: 30 min
Entre demãos: 4 h
Final: 6 h

USE COM:
Acrílico Premium
Acrílico Litoral e Campo

SV Massa Corrida PVA 2

Produto indicado para uniformizar, nivelar e corrigir pequenas imperfeições em superfícies internas de alvenaria. Tem alto poder de enchimento, ótima aderência, secagem rápida e fácil lixamento.

Embalagens/rendimento

Lata (28 kg): 45 m²/demão.
Balde (25 kg): 40 m²/demão.
Balde (5,6 kg): 9 m²/demão.
Lata (1,6 kg): 2,5 m²/demão.

Aplicação

Utilizar desempenadeira de aço ou espátula.

Cor

Branco

Acabamento

Fosco

Diluição

Pronta para uso.

Secagem

Ao toque: 30 min
Entre demãos: 4 h
Final: 6 h

USE COM:
Acrílico Plus
Acrílico Ultra

1 2 Preparação inicial

Qualquer superfície a ser pintada deve estar limpa, seca, lixada, sem poeira e livre de gordura ou graxa, ferrugem, resto de pintura velha, brilho etc. Antes de iniciar a pintura, observar todas as orientações da Preparação especial.

1 2 Preparação especial

Reboco novo: respeitar secagem e cura (mínimo de 30 dias); aplicar Maza Selador Acrílico. **Concreto novo:** respeitar secagem e cura (mínimo de 30 dias); aplicar Maza Fundo Preparador de Paredes. **Reboco fraco (baixa coesão):** respeitar secagem e cura (mínimo de 30 dias); aplicar Maza Fundo Preparador de Paredes. **Superfícies com imperfeições rasas:** corrigir com Maza Massa Acrílica (externo) ou Maza Massa Corrida (interno). **Superfícies com imperfeições profundas:** corrigir com argamassa de reboco e aguardar a secagem e a cura (mínimo de 30 dias). **Superfícies caiadas, com partículas soltas ou mal-aderidas:** raspar e/ou escovar superfície para eliminar a cal o máximo possível; aplicar Maza Fundo Preparador de Paredes. **Superfícies com manchas de gordura ou graxa:** lavar com uma solução de água e detergente, enxaguar e aguardar a secagem. **Superfícies com partes mofadas:** lavar com solução de água e água sanitária em partes iguais; esperar 6 h e enxaguar bem.

1 2 Precauções/dicas/advertências

É fundamental o uso de EPI. Manter longe do alcance de crianças e animais domésticos. Em caso de contato com os olhos, lavar com água corrente em abundância. Em caso de ingestão, não provocar vômito e procurar cuidados médicos.

1 Principais atributos do produto 1

Pode ser utilizada no exterior e no interior, possui alta resistência e excelente nivelamento.

2 Principais atributos do produto 2

É fácil de lixar, possui excelente nivelamento e é fácil de aplicar.

A Tintas Maza tem o compromisso de formular e produzir produtos com garantia, qualidade, tecnologia de ponta e inovação.

3 Preparação inicial

Metais novos: lixar e limpar com um pano umedecido com aguarrás; aplicar uma demão de Maza Zarcão (metais ferrosos) ou Maza Fundo Galvanizado (alumínio e galvanizados). **Metais com ferrugem:** lixar e remover toda a ferrugem e limpar com um pano umedecido com aguarrás; aplicar uma demão de Maza Zarcão (metais ferrosos) ou Maza Fundo Galvanizado (alumínio e galvanizados). **Madeiras novas:** lixar as farpas e limpar a poeira com um pano umedecido de Maza Aguarrás; aplicar uma demão de Maza Fundo Nivelador Branco. Em caso de fissuras ou imperfeições, utilizar Maza Massa para Madeira e, em seguida, mais uma demão de Maza Fundo Nivelador Branco. **Repintura:** lixar até eliminar o brilho e limpar toda a superfície com um pano umedecido com Maza Aguarrás.

3 Precauções / dicas / advertências

É fundamental o uso de EPI. Manter longe do alcance de crianças e animais domésticos. Em caso de contato com os olhos, lavar com água corrente em abundância. Em caso de ingestão, não provocar vômito e procurar cuidados médicos.

3 Principais atributos do produto 3

Pode ser utilizada no exterior e no interior, é super-resistente e possui ótimo acabamento.

(19) 3656-2570

www.maza.com.br

SV Esmalte Sintético 3

Produto de alta qualidade, acabamento superior e super-resistência. Fácil de aplicar, possui excelente poder de cobertura e rendimento. Sua película com alta resistência garante maior proteção e facilidade de limpeza, reduzindo a aderência de sujeira. Ideal para superfícies externas e internas de metais ferrosos, galvanizados, alumínio e madeira.

SV Zarcão

SV Aguarrás

Lata (18 L): 200 m²/demão.
Galão (3,6 L): 40 m²/demão.
Quarto (0,9 L): 10 m²/demão.

Aplicação

Utilizar rolo, pincel ou pistola.

Cor

Cores prontas no acabamento brilhante: 28. Cores prontas no acabamento fosco: 4. Disponível no sistema tintométrico

Acabamento

Fosco, acetinado e brilhante

Diluição

Rolo e pincel: diluição de, no máximo, 15% com aguarrás. Pistola: diluição de, no máximo, 30% com aguarrás.

Secagem

Ao toque: 2 h
Entre demãos: 4 h
Final: 12 h

A Montana Química tem o DNA da inovação. É uma empresa brasileira com mais de 60 anos de atividades nos mercados brasileiro e internacional. Investe sistematicamente no desenvolvimento de tecnologia e na geração de produtos inovadores, eficazes na proteção e no acabamento de madeiras. Para isso, conta com pessoal qualificado e modernos laboratórios próprios.

A tecnologia exclusiva da Montana proporciona melhores aproveitamento e durabilidade para a madeira, matéria-prima nobre e naturalmente original em suas tonalidades e texturas. É um material de incomparável beleza e, também, o único recurso construtivo 100% renovável.

A Montana tem sede em São Paulo, filial em Porto Alegre, revendas, equipes comerciais e representantes estrategicamente localizados em todo o Brasil e no exterior. Disponibiliza uma completa linha de produtos para seus clientes, com assistência técnica gratuita. Mantém foco em três importantes segmentos: construção civil, indústria moveleira e preservação de madeiras.

Líder em tecnologia para madeiras no Brasil, a Montana é responsável pela introdução, no mercado nacional, de conceitos inovadores, como o de stain.

São exemplos marcantes da ação inovadora da empresa produtos como o Osmocolor, stain preservativo, o Osmose K33, preservativo mais utilizado no mundo para tratamento industrial de madeira, e o Goffrato, acabamento texturizado de alto padrão para móveis. São produtos que fazem da Montana uma referência nacional em preservação e acabamento para madeiras.

Ativista em princípios éticos, a Montana tem na pesquisa e no capital humano suas principais fontes para desenvolver soluções que inovam e introduzem melhorias nas cadeias produtivas existentes, ajudando a abrir novos mercados.

A empresa valoriza a responsabilidade socioambiental. É associada a entidades representativas setoriais de grande credibilidade nacional e internacional em seu ramo de atividades: Associação Brasileira dos Fabricantes de Tintas (ABRAFATI), Associação Brasileira da Indústria Química (ABIQUIM), Associação Brasileira de Preservadores de Madeira (ABPM), Instituto Ethos Empresa e Responsabilidade Social e International Research Group on Wood Preservation (IRG/WP).

CERTIFICAÇÕES

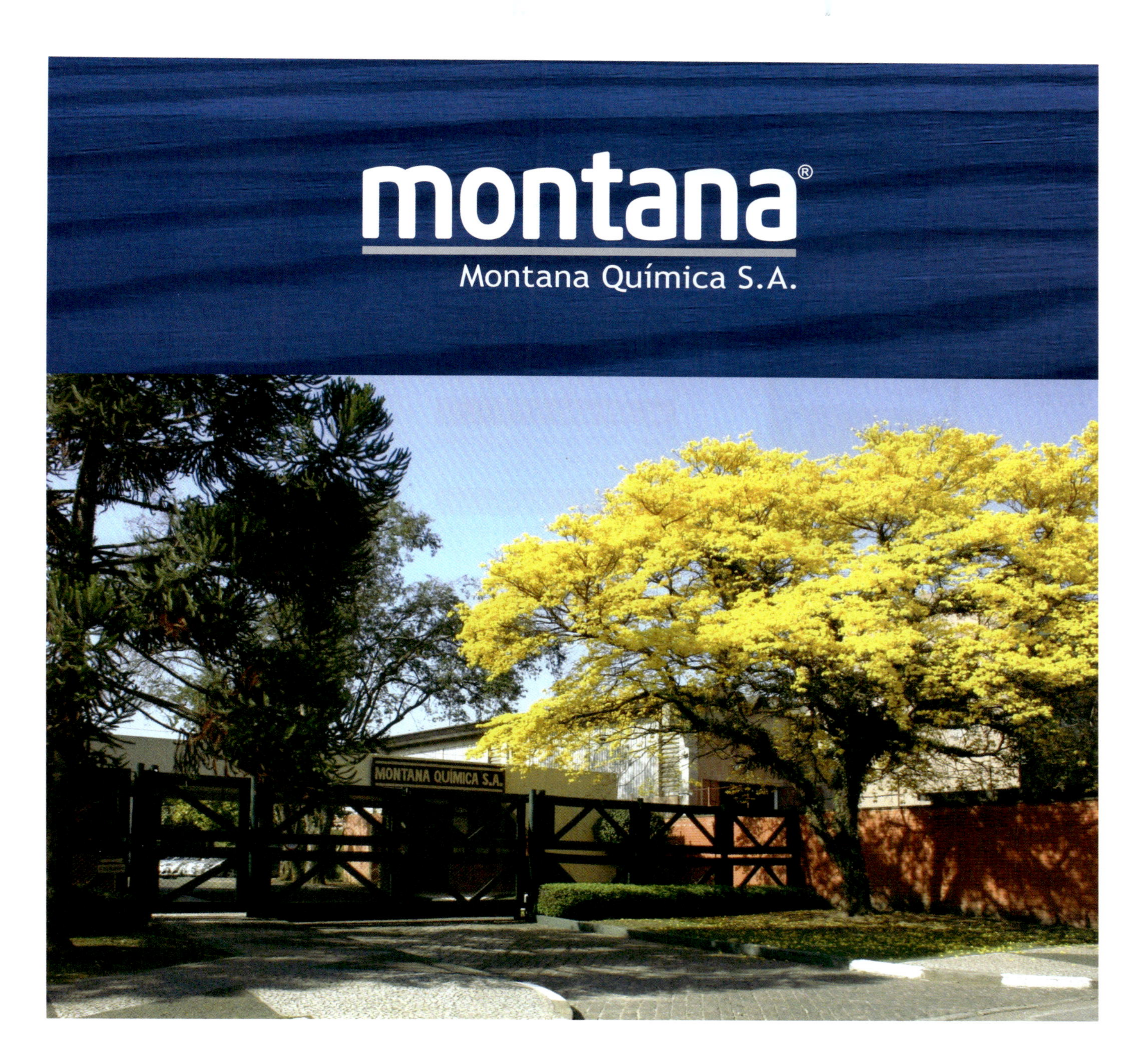

montana®
Montana Química S.A.
MONTANA QUÍMICA S.A.

Solare Premium 1

O verniz é uma das opções mais tradicionais quando se pensa em madeira. Para proporcionar um acabamento cada vez melhor, o verniz Solare Premium sai na frente ao incorporar tecnologias para manter a madeira sempre bonita. Protege por muito mais tempo, contra a ação do sol e da chuva, as instalações e os móveis de madeira, especialmente os que ficam em ambientes externos.

Embalagens/rendimento

Galão (3,6 L): 30 a 36 m²/demão.
Quarto (0,9 L): 7 a 9 m²/demão.

Aplicação

Utilizar trincha (pincel chato) de cerdas macias ou pistola.

Cor

Transparente, mogno antico e imbuia mel

Acabamento

Acetinado e brilhante

Diluição

Trincha e rolo: pronto para uso. Pistola: diluir, no máximo, 15% com Aguarrás Especial.

Secagem

Ao toque: até 12 h
Entre demãos: 12 h
Manuseio: 24 h
Cura total: 7 dias

USE COM: Pentox Super Dupla Ação
Isolare Verniz Isolante

Osmocolor Stain 2

Osmocolor Stain é excelente para dar acabamento, penetra nos veios da madeira e acompanha os movimentos naturais, repele a água e evita o empenamento, além de inibir o aparecimento de trincas superficiais. Osmocolor é sinônimo de qualidade e possui registro no Ibama como stain preservativo, o que comprova sua ação prolongada e eficiente na proteção contra fungos que mancham e diminuem a vida útil da madeira.

Embalagens/rendimento

Balde (18 L): 270 a 360 m²/demão.
Galão (3,6 L): 54 a 72 m²/demão.
Quarto (0,9 L): 13 a 18 m²/demão.

Aplicação

Misturar bem antes e durante a aplicação. Usar trincha (pincel chato) de cerdas macias.

Cor

Versão clear: incolor UV glass, transparente e natural UV gold. Versão cores semitransparentes: castanheira, mogno, cedro, imbuia, canela, nogueira, ipê, black e castanho UV deck. Versão cores sólidas: branco neve, amarelo taiuva, azul del rey, verde floresta, vermelho cerâmica, verde acqua, marfim e pêssego

Acabamento

Acetinado

Diluição

Pronto para uso.

Secagem

Ao toque: até 12 h
Entre demãos: 12 h
Manuseio: 24 h
Cura total: 7 dias

USE COM: Pentox Super Dupla Ação
Isolare Verniz Isolante

1 Preparação inicial

Solare Premium é fornecido com viscosidade que facilita a aplicação. Pode ser diluído de acordo com a necessidade do aplicador, apresentando excelentes alastramento e repasse da trincha. Seu elevado teor de sólidos possibilita a obtenção de uma camada espessa. A peça ou superfície a ser envernizada deverá estar limpa, crua e seca (teor de umidade abaixo de 20%). Madeiras envernizadas há muito tempo, porém que apresentem baixo nível de degradação, poderão ser apenas lixadas. Se a degradação for intensa ou se existirem camadas de verniz envelhecidas, deverá ser feita uma remoção (utilizar Striptizi Gel ou NovoDeck/ClariDeck). Madeiras envelhecidas (acinzentadas), sem nenhum tipo de pintura, devem receber pré-tratamento com ClariDeck, que devolve a cor natural da madeira. Em ambientes internos, a superfície poderá receber previamente uma camada de seladora.

2 Preparação inicial

Para aplicação do produto, a peça deve estar limpa, crua e seca (teor de umidade abaixo de 20%). Pronto para uso, o produto deve apenas ser bem misturado (homogeneizado) e aplicado com trincha.

2 Precauções / dicas / advertências

Pode ser utilizado em ambientes externos ou internos, em estruturas de madeira em geral, aplainadas, lixadas ou rústicas como portas, janelas, portões, beirais, forros, estruturas de telhado, gazebos, varandas, pérgulas, móveis rústicos e de jardim, cercas, guarda-corpos, entre outros.

1 Principais atributos do produto 1

Possui exclusivo flexfilm, uma película flexível que evita o trincamento precoce do acabamento. Solare Premium também é mais ecológico, pois contém um componente utilizado na fabricação de garrafas plásticas PET. Num processo inovador, o produto é incorporado durante a fabricação da resina, responsável pelas maiores resistência e durabilidade do acabamento. A qualidade da película do verniz modificado com PET, aliada à cobertura dos filtros solares, confere tripla proteção. O verniz Solare Premium está disponível nas versões brilhante e acetinado, nas cores transparente, mogno antico e imbuia mel. Tem garantia de 40 meses.

2 Principais atributos do produto 2

Contém duplo filtro solar com proteção UV e resinas que repelem água e evitam o empenamento da madeira. Osmocolor penetra nos veios da madeira e acompanha os movimentos naturais, o que inibe o aparecimento de trincas superficiais. Para repintar a superfície, Osmocolor é muito prático, pois não é necessário remover a camada anterior do produto, ao contrário do que acontece com vernizes, tintas e esmaltes. Sua degradação é lenta, por erosão. Por isso, não ocorrem trincas, bolhas e descolamentos que exigiriam remoção total do acabamento. Basta remover as partículas soltas na superfície e reaplicar. Pronto para o uso, dispensa preparações e misturas. Possui alto rendimento – chega a render 2 vezes mais. Com um galão, podem-se aplicar aproximadamente 2 demãos em 11 portas. Tem alta resistência às ações climáticas. Sua fórmula, registrada no Ibama como stain preservativo, contém um fungicida moderno e de efeito prolongado, o que comprova sua ação eficiente na proteção contra fungos que mancham e diminuem a vida útil da madeira.

3 Preparação inicial

A peça ou superfície deverá estar limpa, crua e seca (teor de umidade abaixo de 20%). Acabamentos anteriores – como tinta, cera e pinturas envelhecidas – devem ser removidos com Striptizi Gel. Madeiras envelhecidas, sem nenhum tipo de pintura, deverão ser lixadas até retomarem a tonalidade e a textura originais. Para acabamento fino, aplicar lixa (280 a 320) sempre no sentido dos veios da madeira. Limpar a peça após o lixamento para eliminar vestígios de poeira. Mazza é fornecida pronta para uso. Aplicar com espátulas ou desempenadeiras de aço, em camadas finas para que a secagem seja rápida. Em rejuntes de assoalhos, tacos e parquetes, a madeira deve estar seca, caso contrário, o produto estará sujeito a estufamento ou trincas. O acabamento final deve ser feito após secagem, lixamento e limpeza da superfície e remoção total do pó. Para o acabamento com stains semitransparentes ou vernizes, com ou sem tingimento, utilizar Mazza na cor mais próxima da superfície. Recomenda-se um teste preliminar em área pequena e pouco visível, para avaliação.

4 Preparação inicial

Para aplicar Pentox Super Dupla Ação, a madeira deve estar limpa, seca e sem acabamento. O produto deve ser aplicado em todos os lados da madeira. Aguardar 72 h para a aplicação de um acabamento. Pentox é um produto de classificação IV, pouco tóxico para manipulação. Oferece facilidade e segurança para aplicação. Pentox Super Dupla Ação possui ação hidrorrepelente e, durante a obra, protege a madeira na fase de colocação de esquadrias, batentes e forros ou no deslocamento de partes e peças no canteiro de obras em períodos chuvosos (desde que a permanência não seja prolongada). Pentox Super Dupla Ação aceita pinturas de acabamento à base de solvente, como stains, vernizes e esmaltes sintéticos.

3 Principais atributos do produto 3

Mazza é fácil de aplicar e lixar e seca rapidamente. Permite receber diretamente acabamentos como stains, vernizes, esmaltes, lacas, seladoras e fundos niveladores. Disponível tanto nas cores tradicionais branco, marfim, ipê, mogno, cerejeira e imbuia quanto nas novas cores: sucupira, cumaru, castanho, jatobá, nó de pinus e verde madeira tratada. Misturadas entre si, essas cores possibilitam a obtenção de diversas tonalidades intermediárias. Mazza é fornecida pronta para uso.

4 Principais atributos do produto 4

Recomendado para tratamento preventivo, possui baixa toxicidade e ação hidrorrepelente, que controla a absorção de umidade, reduzindo empenamentos e rachaduras na madeira. Oferece alta fixação do inseticida na madeira. Vem pronto para uso. Apresentado nas versões incolor (não altera a cor original da madeira) e marrom (para identificação de áreas já aplicadas).

0800-16-7667
www.montana.com.br

Mazza

É comum aparecerem pequenas trincas e rachaduras superficiais em móveis antigos e esquadrias de madeira. Também é comum, com o tempo, que parte da calafetação original descole e deixe acumular poeira nas frestas dos assoalhos. A solução para esses pequenos problemas é prática, rápida, ecológica e de baixo custo: Mazza, massa acrílica à base d'água e com baixo odor.

USE COM: Osmocolor Stain; Solare Premium

Embalagens/rendimento

Lata (6,4 kg): 12,8 a 25,6 m²
Lata (1,6 kg): 3,2 a 6,4 m².
Bisnaga (220 g): 0,44 a 0,88 m².

Aplicação

Utilizar espátula ou desempenadeira de aço.

Cor

Branco, marfim, cerejeira, ipê, mogno, imbuia, sucupira, cumaru, castanho, jatobá, nó de pinus e verde madeira tratada

Acabamento

Fosco

Diluição

Pronta para uso.

Secagem

Camadas finas: até 3 h
Camadas grossas: após 24 h

Pentox Super Dupla Ação

Prevenir é sempre melhor que remediar, já diz o ditado popular. Para isso, o ideal é o Pentox Super Dupla Ação, cupinicida que protege construções, forros, estrutura de telhados, móveis e esquadrias contra a ação de cupins e brocas.

USE COM: Osmocolor Stain; Solare Premium

Embalagens/rendimento

Lata (18 L): 126 a 180 m²/demão.
Galão (3,6 L): 25 a 36 m²/demão.
Quarto (0,9 L): 6,3 a 9 m²/demão.

Aplicação

Utilizar trincha ou imersão.

Cor

Incolor e marrom

Acabamento

Fosco

Diluição

Pronto para uso.

Secagem

Com tempo seco, de 48 a 72 h

Striptizi Gel

1

É o primeiro removedor de tintas e vernizes de consistência gel disponível no mercado brasileiro. É fácil de aplicar, não escorre e tem alto poder de remoção.

USE COM: Osmocolor Stain
Solare Premium

Embalagens/rendimento

Galão (4 kg): 12 a 24 m²/demão.
Lata (1 kg): 3 a 6 m²/demão.

Aplicação

Utilizar trincha.

Cor

Não aplicável

Acabamento

Não aplicável

Diluição

Pronto para uso.

Secagem

Não aplicável

1 Preparação inicial

Para receber Striptizi Gel, a superfície não necessita de qualquer preparação. Depois de bem misturado (homogeneização), o removedor deve ser espalhado com uma trincha sobre a superfície até formar uma camada farta que facilitará a remoção da película. Não deixar o produto secar sobre a superfície. Depois da aplicação do produto, aguardar entre 3 e 15 min para iniciar a remoção da película. O sinal para a remoção será dado assim que o revestimento apresentar enrugamento ou amolecimento. Remover com uma espátula e repetir toda a aplicação, se necessário. A remoção da película deixa resíduos que devem ser limpos com um pano ou papel toalha. Usar luvas e óculos de segurança. Terminada a operação, limpar a superfície com thinner para não comprometer a secagem e a aderência da nova pintura. Papel toalha e panos devem ser descartados após o uso. Deixar secar entre 3 e 5 h. Lixar a superfície, limpar e aplicar acabamento assim que estiver seca. Molduras e cantos podem ser limpos com o auxílio de uma escova ou palha de aço.

1 Principais atributos do produto 1

Striptizi Gel remove películas dos mais variados tipos de substratos, além da madeira. Sua ação potente remove com eficiência esmaltes, stains, texturas, vernizes e seladoras de base alquídica, nitrocelulósica, acrílica ou poliuretânica. Remove ainda texturas de parede e pinturas automotivas com rapidez, inclusive as originais. Especialmente indicado para aplicações seguras em superfícies verticais como portas e janelas, pois não escorre, possui também excelente alastramento em superfícies horizontais. Sua fórmula não contém componentes corrosivos.

A Montana Química tem o DNA da inovação. É uma empresa brasileira com mais de 60 anos de atividades nos mercados brasileiro e internacional. Investe sistematicamente no desenvolvimento de tecnologia e na geração de produtos inovadores, eficazes na proteção e no acabamento de madeiras.

A Euroamerican do Brasil é uma empresa sediada na cidade de Jandira (SP) desde 1976. Além da marca Qualyvinil, que atua no setor de tintas imobiliárias, a Euroamerican também produz para os mercados de colas e adesivos, emulsões acrílicas e aditivos para indústrias, produtos têxteis e papel, sempre comprometida com o desenvolvimento sustentável. Isso significa que a proteção ao meio ambiente e a responsabilidade social caminham dentro da organização, em consonância com os seus objetivos financeiros.

Desde 1979, a Euroamerican está sediada na cidade de Jandira, na Grande São Paulo, ocupando uma área de 33 mil m^2, sendo 17 mil m^2 de área construída. Em 1985, investiu no primeiro reator e ingressou na fabricação de resinas PVA, posteriormente com resinas acrílicas. Hoje, já são 11 reatores, 7 laboratórios de qualidade e pesquisa e desenvolvimento e uma capacidade produtiva superior a 3 mil toneladas/mês, sendo uma das maiores plantas de resinas à base d'água do país. São mais de 300 colaboradores (entre diretos e indiretos).

Em 1999, nasce a Qualyvinil, com uma linha completa de tintas imobiliárias, impermeabilizantes, colas e complementos. Hoje, a empresa atua com tintas à base d'água, esmaltes à base d'água e de solvente, diversos complementos e efeitos especiais, além de produtos para demarcação viária e impermeabilizantes de alta tecnologia.

Além de um portfólio amplo e completo, há ainda a disponibilidade do sistema tintométrico Qualysystem, com mais de mil tonalidades para pintura de ambientes modernos e personalizados. Essa solução é encontrada nas linhas de tintas acrílicas premium e standard e também nos esmaltes sintéticos. O público desse tipo de solução preza por exclusividade, buscando dar seu toque especial aos ambientes. O processo de escolha de uma cor especial é algo que remete a sensações e lembranças de bons momentos da vida, o que torna também o resultado da pintura na realização de um sonho.

A Qualyvinil se preocupa em sempre estar próxima de pintores e parceiros, para atender a suas principais necessidades. É desenvolvido um trabalho constante de escuta atenta e desenvolvimento criativo de soluções que atendam e até superem as expectativas do mercado. É um exercício de criatividade e versatilidade para viabilizar os lançamentos.

CERTIFICAÇÕES

Massa Corrida 1

Com excelente poder de enchimento e secagem rápida, a Massa Corrida é fácil de aplicar e lixar. Indicada para nivelar e corrigir pequenas imperfeições de superfícies internas (não molháveis) de reboco, massa fina, concreto, blocos, gesso e paredes pintadas com tintas PVA ou acrílicas.

Embalagens/rendimento

Lata (27 kg): 38 a 40 m²/demão.
Lata (24 kg): 28 a 42 m²/demão.
Galão (6 kg): 7 a 11 m²/demão.
Quarto (1,5 kg): 1,8 a 2,75 m²/demão.

Aplicação

Aplicar de 2 a 3 demãos com desempenadeira ou espátula em camadas finas até obter o nivelamento desejado. Lixar com lixa fina para evitar riscos.

Cor

Branco

Acabamento

Fosco

Diluição

Pronta para uso.

Secagem

Ao toque: 2 h
Entre demãos: 3 a 4 h (podendo variar de acordo com as condições climáticas)
Final: 12 h

Massa Acrílica
Selador Acrílico

Esmalte Sintético Premium 2

Uma opção de secagem extrarrápida, o Esmalte Sintético Premium apresenta ótima resistência a intempéries, alta cobertura e alto brilho. É uma opção perfeita para quem busca agilidade na obra, com secagem ao toque de apenas 20 min. Produto indicado para superfícies externas e internas de madeira e metal.

Embalagens/rendimento

Galão (3,6 L): 50 a 70 m²/demão.
Quarto (0,9 L): 10 a 20 m²/demão.

Aplicação

Aplicar 2 demãos cruzadas utilizando rolo de espuma, trincha ou pistola. Ao abrir a embalagem, é indispensável homogeneizar o produto.

Cor

Disponível em 2 cores de linha

Acabamento

Brilhante

Diluição

Rolo ou trincha: diluir com 10% de aguarrás. Pistola: diluir com 30% de aguarrás.

Secagem

Ao toque: 20 min
Entre demãos: 4 h
Final: 18 h

Fundo Branco Fosco
Esmalte Sintético Standard

1 2 Preparação inicial

Qualquer que seja a superfície a ser pintada, ela sempre deverá estar coesa, limpa, seca e isenta de pó, gordura (lavar com água e sabão ou detergente neutro), sabão ou mofo (limpar com solução de água sanitária com água na proporção de 1:1, enxaguar e aguardar secagem).

1 Preparação especial

Reboco novo: aguardar a cura de, no mínimo, 28 dias e aplicar uma demão de Selador Acrílico Qualyvinil. **Reboco fraco, paredes calcinadas, superfícies soltas ou mal-aderidas:** raspar ou escovar até a remoção completa e aplicar Fundo Preparador de Paredes Qualyvinil. **Repintura:** eliminar as partes soltas e, em superfícies brilhantes, lixar até a perda total do brilho.

2 Preparação especial

Superfícies brilhantes: eliminar o brilho utilizando lixa de grana adequada. **Superfícies com ferrugem:** lixar até a remoção, limpar com um pano umedecido em aguarrás e aplicar uma demão de Fundo Zarcão Qualyvinil (metais ferrosos oxidados), fundo para ferro (metais ferrosos novos) ou Fundo para Galvanizados Qualyvinil (alumínios e galvanizados). **Superfícies soltas ou mal-aderidas:** raspar ou escovar até a remoção completa.

1 Precauções/dicas/advertências

Produto não recomendado para aplicação em ambientes com temperaturas inferiores a 10 °C ou com umidade relativa do ar acima de 90%. A resistência total da película será obtida após 20 dias da aplicação. Não é recomendado deixar a superfície sem acabamento por mais de 15 dias.

2 Precauções/dicas/advertências

Evitar pinturas externas em dias chuvosos ou com ocorrência de ventos fortes, que possam transportar poeiras e partículas suspensas no ar para a pintura. Produto não recomendado para aplicação em ambientes com temperaturas inferiores a 10 °C ou com umidade relativa do ar acima de 90%. A resistência total da película será obtida após 20 dias da aplicação. Durante esse período, recomenda-se evitar limpezas localizadas e esforços ocasionados por atrito.

A Qualyvinil se preocupa em sempre estar próxima a pintores e parceiros, para atender a suas principais necessidades. É desenvolvido um trabalho de escuta atenta e desenvolvimento criativo de soluções que superem as expectativas do mercado. É um exercício de criatividade e versatilidade para viabilizar os lançamentos.

3 4 Preparação inicial

Qualquer que seja a superfície a ser pintada, ela sempre deverá estar coesa, limpa, seca e isenta de pó, gordura (lavar com água e sabão ou detergente neutro), sabão ou mofo (limpar com solução de água sanitária com água na proporção de 1:1, enxaguar e aguardar secagem).

3 4 Preparação especial

Superfícies brilhantes: eliminar o brilho utilizando lixa de grana adequada. **Superfícies soltas ou mal-aderidas:** raspar ou escovar até a remoção completa.

3 Preparação especial

Superfícies com ferrugem: lixar até a remoção, limpar com um pano umedecido em aguarrás e aplicar uma demão de Fundo Zarcão Qualyvinil (metais ferrosos oxidados), fundo para ferro (metais ferrosos novos) ou Fundo para Galvanizados Qualyvinil (alumínios e galvanizados).

4 Preparação especial

Superfícies com ferrugem: lixar até a remoção e aplicar uma demão de Fundo Zarcão Qualyvinil.

3 4 Precauções / dicas / advertências

Evitar pinturas externas em dias chuvosos ou com ocorrência de ventos fortes, que possam transportar poeiras e partículas suspensas no ar para a pintura. Produto não recomendado para aplicação em ambientes com temperaturas inferiores a 10 °C ou com umidade relativa do ar acima de 90%. A resistência total da película será obtida após 20 dias da aplicação. Durante esse período, recomenda-se evitar limpezas localizadas e esforços ocasionados por atrito.

Esmalte Sintético Standard 3

Uma opção com ampla gama de cores, o Esmalte Sintético Standard apresenta ótima resistência a intempéries, alta cobertura e facilidade de aplicação. É uma opção completa para quem busca acabamentos diferenciados. Produto indicado para superfícies externas e internas de madeira e metal.

USE COM: Fundo Branco Fosco; Esmalte Sintético Premium

Embalagens/rendimento

Galão (3,6 L): 40 a 55 m²/demão.
Quarto (0,9 L): 10 a 14 m²/demão.
1/16 (225 mL): 2,5 a 3,5 m²/demão.

Aplicação

Aplicar 2 demãos cruzadas utilizando rolo de espuma, trincha ou pistola. Ao abrir a embalagem, é indispensável homogeneizar o produto.

Cor

Disponível em 33 cores de linha (sendo 4 tonalidades especiais e 3 metálicas) e mais de mil tonalidades no sistema tintométrico Qualysystem

Acabamento

Fosco, acetinado e brilhante

Diluição

Rolo ou trincha: diluir com 10% de aguarrás. Pistola: diluir com 30% de aguarrás.

Secagem

Ao toque: 4 a 6 h
Entre demãos: 12 h
Final: 24 h

Esmalte Base Água Premium 4

Bom para o meio ambiente e melhor ainda para a sua casa, o Esmalte Base Água Premium apresenta baixo odor, alta cobertura, secagem rápida e facilidade de aplicação. Além de servir como fundo e acabamento para galvanizado e alumínio, não amarela com o tempo. Indicado para superfícies externas e internas de madeira e metal.

USE COM: Esmalte Sintético Standard; Esmalte Sintético Premium

Embalagens/rendimento

Galão (3,6 L): 40 a 55 m²/demão.
Quarto (0,9 L): 10 a 14 m²/demão.

Aplicação

Aplicar de 2 a 3 demãos utilizando rolo de espuma, trincha ou pistola. Ao abrir a embalagem, é indispensável homogeneizar o produto.

Cor

Disponível em 8 cores de linha

Acabamento

Acetinado e brilhante

Diluição

Rolo ou trincha: diluir com 10% de água limpa. Pistola: diluir com 20% de água limpa.

Secagem

Ao toque: 30 min
Entre demãos: 4 h
Final: 12 h

Em março de 1996, a Realplast Indústria e Comércio de Tintas Ltda. começava a exercer suas atividades no município de Mauá (SP). Com profissionalismo e conhecimento de muitos anos na produção e na comercialização de tintas imobiliárias, o crescimento foi inevitável e, necessariamente, o aumento de sua planta industrial.

Foi, então, elaborado o processo de transição da Tintas Realplast de Mauá para a Tintas Real Company, em Guarulhos. Não era apenas a mudança de endereço ou de cidade, era algo muito mais complexo. A transição seria para o crescimento no conceito de nossos fornecedores, clientes e colaboradores. Em um curto período, a Tintas Real Company conquistou o prestígio e o carinho de todos e, hoje, atua no município de Guarulhos como uma das maiores indústrias nacionais de tintas imobiliárias.

Nossos produtos

Normalmente, os industriais olham "de dentro para fora", ou seja, "produzir para vender". Nós optamos por seguir o caminho inverso: produzir o que o mercado quer comprar, a um valor que o cliente possa pagar por um produto de custo-benefício correto. Tudo isso nos leva a buscar excelentes fornecedores, que garantem qualidade, preço e fornecimento, além de uma política de compra que mantém um negócio duradouro.

Um parque fabril moderno, de alta produtividade e qualidade constante, era uma realização de grande importância para a Tintas Real Company.

Nossa missão

Hoje, as indústrias não vivem somente de comprar, produzir e vender.

Nossa responsabilidade vai muito além disso, principalmente a indústria química, no quesito meio ambiente. Por isso, tomamos todos os cuidados com os resíduos industriais, recuperando e reciclando, sem causar qualquer dano ambiental.

Por sermos uma indústria ecologicamente correta, tanto nossos produtos prontos quanto nosso processo de fabricação buscam constantemente a preservação do meio ambiente, com a elevação da qualidade de vida da sociedade.

Nossa missão é desenvolver, produzir e comercializar produtos de qualidade, gerando riqueza e satisfação para nossos clientes e colaboradores e priorizando a integração com a sociedade e o ecossistema, sempre motivados pelo espírito de união que faz de nós uma verdadeira equipe.

Tintas Real – O nosso sucesso é você!

CERTIFICAÇÕES

TINTAS Real

O colorido da vida começa aqui.

Real Verniz Copal

Indicado para superfícies internas de madeira. Possui excelentes acabamento, brilho e aderência.

Embalagens/rendimento

Galão (3,6 L): até 50 m²/demão.
Litro (0,9 L): até 12,5 m²/demão.

Aplicação

Utilizar rolo de espuma, pincel de cerdas macias ou pistola.

Cor

Incolor

Acabamento

Brilhante

Diluição

Superfícies novas: diluir com Real Raz na primeira demão em até 50% e, nas demais demãos, em até 10%. Outras superfícies: diluir de 10% a 20%.

Secagem

Ao toque: 3 h
Entre demãos: 6 h
Final: 24 h

Real Raz

Real Lux Seladora

1 Preparação inicial

Superfícies com óleo, gorduras, graxa e similares: lavar com Real Raz até eliminar todos os resíduos contaminantes. Lixar até obter uma superfície uniforme, eliminar o pó e aplicar o acabamento. **Superfícies envernizadas:** lixar até a remoção de todo o brilho e partes soltas. Eliminar o pó e aplicar o acabamento. **Superfícies úmidas de madeira:** não aplicar. A superfície deve estar totalmente seca para aplicação. **Superfícies resinosas:** nesse caso, deverá ser removida toda a resina e a oleosidade da superfície utilizando-se thinner para que não ocorram manchas durante e após a aplicação. Em seguida, lixar a superfície, eliminar o pó e aplicar o acabamento.

1 Precauções/dicas/advertências

Não aplicar com temperaturas inferiores a 10 °C ou superiores a 40 °C e umidade relativa do ar acima de 90%. Evitar pintar em dias chuvosos ou com ventos fortes. Até 20 dias após a aplicação do produto, pingos isolados de água podem provocar a extração de sais solúveis, causando manchas de escorrimento. Caso isso ocorra, lavar toda a superfície com água sem esfregar, molhando-a uniformemente. Este procedimento eliminará todas as manchas. Porém, se o produto aplicado atingir a cura, o problema será resolvido aplicando-se mais uma demão. Manter a embalagem fechada e o ambiente ventilado durante a aplicação e a secagem. A garantia do produto será aplicada somente se o usuário seguir todas as recomendações contidas na embalagem, mantendo em seu poder a nota fiscal de compra e o número do lote de fabricação para análise do produto. Armazenar em local seco e arejado.

Fundada em 1927, com sede na cidade de Gravataí (RS), a Tintas Renner é líder em vendas no Rio Grande do Sul, chegando a comemorar sua presença no seleto grupo dos 10 vencedores reconhecidos em todas as 26 edições do Top of Mind, realizado pela *Revista Amanhã*, além ser reconhecida 18 vezes como a marca mais lembrada pela pesquisa do prêmio *Marcas de Quem Decide* do Jornal do Comércio.

A Tintas Renner vem expandindo sua presença nos mercados nacional e internacional, oferecendo produtos que atendem especialmente ao segmento arquitetônico – residencial e predial. A empresa apresenta mais de 2 mil cores pelo sistema tintométrico "The Voice of Color" e o mais completo portfólio de produtos, que levam mais cor à vida dos seus consumidores. Entre as principais linhas, estão Rekolor Pró, Extravinil e Extra Esmalte.

Em 2007, passou a fazer parte da multinacional PPG, líder global no segmento de tintas e revestimentos, com o maior portfólio de produtos, tecnologias diferenciadas, serviços e outras soluções para o segmento.

A PPG trabalha todos os dias para desenvolver e entregar as tintas, revestimentos e materiais que os clientes têm confiado por mais de 130 anos. São mais de 46 mil funcionários com a missão de fazer do mundo um lugar mais protegido e sustentável para as próximas gerações. Com dedicação e criatividade, resolve os maiores desafios dos seus clientes, colaborando estreitamente para encontrar o caminho certo a seguir. Com sede em Pittsburgh, a empresa opera e inova em mais de 70 países, atendendo clientes nos segmentos automotivo OEM, repintura automotiva, arquitetônico, industrial, aeroespacial, marítimo e de embalagem.

CERTIFICAÇÕES

TINTAS
RENNER
by PPG

Pintor
Área de Cores
AMOR
Atendimento
RENNER
DÊ MAIS VIDA À SUA VIDA
ESPAÇO COR
MADEIRAS
ESPECIALIDADES
RekolorPró
MAJESTIC

tintasrennerbr

tintasrennerbr

tintasrennerbr

Rekolor Pró Fosco e Acetinado — 1

Rekolor Pró Fosco e Acetinado é uma tinta que deixa sua casa linda e protegida. Sua fórmula especial reduz até 99,9% das bactérias, proporcionando mais saúde para sua família. Possui resistência à alcalinidade, ao mofo e à formação de algas, é hiperlavável, tem baixo odor, excepcional cobertura e fácil aplicação em ambientes internos e externos e ainda proporciona acabamento perfeito.

Massa Corrida

Selador Acrílico

Embalagens/rendimento

Lata (18 L): até 380 m²/demão.
Lata (16 L): até 340 m²/demão.
Galão (3,6 L): até 76 m²/demão.
Galão (3,2 L): até 68 m²/demão.
Litro (800 mL): até 17 m²/demão.

Aplicação

Utilizar pincel, rolo de lã ou pistola. Aplicar de 2 a 3 demãos.

Cor

Branco e mais de 2 mil cores no sistema tintométrico The Voice of Color

Acabamento

Fosco e acetinado

Diluição

Pincel/rolo de lã: diluir 20% com água.
Pistola: diluir 25% com água.

Secagem

Ao toque: 1 h
Entre demãos: 4 h
Final: 4 h

Rekolor Pró Ecológica — 2

Rekolor Pró Ecológica é a primeira tinta zero VOC do mercado brasileiro, desenvolvida com o que há de mais moderno na indústria de revestimentos imobiliários. A alta tecnologia de Rekolor Pró Ecológica concede proteção à saúde da sua família e não agride o meio ambiente, além de oferecer excepcional cobertura, superior resistência à abrasão, altíssima lavabilidade, belíssimo acabamento e alto rendimento.

Massa Corrida

Fundo Preparador de Paredes

Embalagens/rendimento

Galão (3,6 L): até 76 m²/demão.
Galão (3,2 L): até 68 m²/demão.

Aplicação

Utilizar pincel, rolo de lã ou pistola. Aplicar de 2 a 3 demãos.

Cor

Branco e mais de 2 mil cores no sistema tintométrico The Voice of Color

Acabamento

Fosco

Diluição

Pincel/rolo de lã: diluir 20% com água.
Pistola: diluir 25% com água.

Secagem

Ao toque: 1 h
Entre demãos: 4 h
Final: 4 h

1 2 Preparação inicial

O substrato deve estar firme, limpo, coeso, seco, curado e com textura e absorção uniformes. Eliminar partículas soltas, sais solúveis, óleos, graxas, sabões, mofos e algas.

1 2 Preparação em demais superfícies

Gesso, concreto e blocos de cimento: lixar e eliminar o pó. Aplicar previamente o Fundo Preparador de Paredes Renner. **Reboco novo:** aguardar a cura e a secagem por, no mínimo, 28 dias, lixar e eliminar o pó. Aplicar Selador Acrílico Renner. Caso não seja possível aguardar a cura, esperar a secagem da superfície e aplicar uma demão de Fundo Preparador de Paredes Renner. Para uma parede bem nivelada/lisa, aplicar Massa Acrílica Renner (exterior) ou Massa Corrida Renner (interior). **Reboco fraco, caiações e partes soltas:** lixar e eliminar o pó e as partes soltas. Aplicar o Fundo Preparador de Paredes Renner. **Superfícies com imperfeições acentuadas:** lixar e eliminar o pó. Corrigir com Massa Acrílica Renner (exteriores) ou Massa Corrida Renner (interiores). **Superfícies com partes mofadas:** lavar com solução de água e água sanitária em partes iguais, esperar 6 h e enxaguar bem. Aguardar a secagem para pintar. **Superfícies com brilho:** lixar até retirar o brilho e eliminar o pó existente. Limpar utilizando pano umedecido com água e aguardar a secagem para pintar. **Superfícies com gordura ou graxa:** lavar com solução de água e detergente neutro e enxaguar. Aguardar a secagem para pintar. **Superfícies em bom estado:** lixar e eliminar o pó. **Superfícies com umidade:** identificar a origem e tratar de maneira adequada.

1 2 Precauções/dicas/advertências

Evitar aplicar em dias chuvosos ou com vento forte. Aplicar em temperatura entre 10 °C e 40 °C e com umidade relativa do ar entre 40% e 80%.

1 Principais atributos do produto 1

É antibactéria, hiperlavável, sem cheiro e tem excepcional cobertura.

2 Principais atributos do produto 2

Protege a saúde da sua família, pois é antibactéria: reduz até 99,9% das bactérias. Promove supercobertura e é a única tinta sem cheiro de verdade.

Em 2007, a Tintas Renner passou a fazer parte da multinacional PPG, líder global no segmento de tintas e revestimentos, com o maior portfólio de produtos, tecnologias diferenciadas, serviços e outras soluções para o segmento.

3 4 Preparação inicial

O substrato deve estar firme, limpo, coeso, seco, curado e com textura e absorção uniformes. Eliminar partículas soltas, sais solúveis, óleos, graxas, sabões, mofos e algas.

3 4 Preparação em demais superfícies

Gesso, concreto e blocos de cimento: lixar e eliminar o pó. Aplicar previamente o Fundo Preparador de Paredes Renner. **Reboco novo:** aguardar a cura e a secagem por, no mínimo, 28 dias, lixar e eliminar o pó. Aplicar Selador Acrílico Renner. Caso não seja possível aguardar a cura, esperar a secagem da superfície e aplicar uma demão de Fundo Preparador de Paredes Renner. Para uma parede bem nivelada/lisa, aplicar Massa Acrílica Renner (exterior) ou Massa Corrida Renner (interior). **Reboco fraco, caiações e partes soltas:** lixar e eliminar o pó e as partes soltas. Aplicar o Fundo Preparador de Paredes Renner. **Superfícies com imperfeições acentuadas:** lixar e eliminar o pó. Corrigir com Massa Acrílica Renner (exteriores) ou Massa Corrida Renner (interiores). **Superfícies com partes mofadas:** lavar com solução de água e água sanitária em partes iguais, esperar 6 h e enxaguar bem. Aguardar a secagem para pintar. **Superfícies com brilho:** lixar até retirar o brilho e eliminar o pó existente. Limpar utilizando pano umedecido com água e aguardar a secagem para pintar. **Superfícies com gordura ou graxa:** lavar com solução de água e detergente neutro e enxaguar. Aguardar a secagem para pintar. **Superfícies em bom estado:** lixar e eliminar o pó. **Superfícies com umidade:** identificar a origem e tratar de maneira adequada.

3 4 Precauções/dicas/advertências

Evitar aplicar em dias chuvosos ou com vento forte. Aplicar em temperatura entre 10 °C e 40 °C e com umidade relativa do ar entre 40% e 80%.

3 Principais atributos do produto 3

Tem alta resistência, excelente cobertura, é superlavável e sem cheiro.

4 Principais atributos do produto 4

Tem superconsistência, excelente cobertura, finíssimo acabamento e fácil retoque.

0800-51-2380

www.tintasrenner-deco.com.br

Extravinil Sem Cheiro 3

PREMIUM

PROGRAMA SETORIAL da Qualidade TINTAS IMOBILIÁRIAS ABRAFATI

ACABAMENTO FOSCO

Extravinil Sem Cheiro é uma tinta de alta performance que proporciona finíssimo acabamento fosco e semibrilho. Possui excelente nivelamento e ótima resistência às ações do tempo, à alcalinidade e ao mofo. Oferece superlavabilidade, facilitando muito a limpeza, e ainda tem ótimo rendimento e excelente cobertura. Tem fácil aplicação e baixo respingamento, minimizando desperdícios e sujeira durante a aplicação.

USE COM: Massa Corrida
Selador Acrílico

Embalagens/rendimento

Lata (18 L): até 380 m^2/demão.
Lata (16 L): até 340 m^2/demão.
Galão (3,6 L): até 76 m^2/demão.
Galão (3,2 L): até 68 m^2/demão.
Litro (800 mL): até 17 m^2/demão.

Aplicação

Utilizar pincel, rolo de lã ou pistola. Aplicar de 2 a 3 demãos.

Cor

Branco, bianco sereno, branco gelo, marfim, palha, terracota, tangerina e mais de 2 mil cores no sistema tintométrico The Voice of Color

Acabamento

Fosco e semibrilho

Diluição

Pincel/rolo de lã: diluir 20% com água.
Pistola: diluir 25% com água.

Secagem

Ao toque: 1 h
Entre demãos: 4 h
Final: 4 h

Extravinil Hiper 4

ACABAMENTO FOSCO

Extravinil Hiper é uma tinta látex de acabamento fosco com superconsistência e de altíssima qualidade. Possibilita finíssimo acabamento, deixando o ambiente muito mais charmoso e bonito. Possui baixo odor, super-rendimento e ótima cobertura. Para facilitar a aplicação, sua formulação especial permite retoques na pintura com secagem muito rápida.

Massa Corrida
Fundo Preparador de Paredes

Embalagens/rendimento

Lata (18 L): até 380 m^2/demão.
Lata (16 L): até 340 m^2/demão.
Galão (3,6 L): até 76 m^2/demão.
Galão (3,2 L): até 68 m^2/demão.
Litro (900 mL): até 19 m^2/demão.
Litro (800 mL): até 17 m^2/demão.

Aplicação

Utilizar pincel, rolo de lã ou pistola. Aplicar de 2 a 3 demãos.

Cor

Branco e mais de 2 mil cores no sistema tintométrico The Voice of Color

Acabamento

Fosco

Diluição

Pincel/rolo de lã: diluir 50% com água.
Pistola: diluir 50% com água.

Secagem

Ao toque: 1 h
Entre demãos: 4 h
Final: 4 h

Ducryl Rende Mais 1

Ducryl Rende Mais é uma tinta especialmente desenvolvida para oferecer muito mais rendimento. A alta consistência de Ducryl Rende Mais permite uma diluição de até 80% com alto poder de cobertura, baixo odor e alta lavabilidade. Indicada para pintura de superfícies externas e internas de alvenaria, reboco, gesso, cerâmica não vitrificada e blocos de cimento.

USE COM: Massa Corrida
Selador Acrílico

Embalagens/rendimento

Lata (18 L): mais de 500 m²/demão.
Lata (16 L): mais de 445 m²/demão.
Galão (3,6 L): mais de 100 m²/demão.
Galão (3,2 L): mais de 89 m²/demão.
Litro (900 mL): mais de 25 m²/demão.
Litro (800 mL): mais de 22 m²/demão.

Aplicação

Utilizar pincel, rolo de lã ou pistola. Aplicar de 2 a 3 demãos.

Cor

Branco, abacate, areia, azul Bahia, branco gelo, concreto, cromo suave, marfim, palha, pérola, tangerina, terracota, verde limão e mais de mil cores no sistema tintométrico The Voice of Color

Acabamento

Fosco

Diluição

Pincel/rolo de lã: diluir de 60% a 80% com água. Pistola: diluir 80% com água.

Secagem

Ao toque: 1 h
Entre demãos: 4 h
Final: 6 h

Ducryl Obras 2

Ducryl Obras é uma tinta de acabamento fosco destinada à construção civil com excelente cobertura, ótima resistência e super-rendimento. É fácil de aplicar e possui baixo odor e rápida secagem. Indicada para pintura de superfícies externas e internas de alvenaria, reboco, gesso, cerâmica não vitrificada e blocos de cimento.

USE COM: Profissional ACR Massa Corrida
Profissional ACR Selador Acrílico

Embalagens/rendimento

Balde (18 L): até 280 m²/demão.

Aplicação

Utilizar pincel, rolo de lã ou equipamento airless. Aplicar de 2 a 3 demãos.

Cor

Branco, concreto e black magic

Acabamento

Fosco

Diluição

Pincel/rolo de lã: diluir de 20% a 40% com água. Airless: diluir até 50% com água.

Secagem

Ao toque: 1 h
Entre demãos: 4 h
Final: 6 h

1 2 Preparação inicial

O substrato deve estar firme, limpo, coeso, seco, curado, com textura e absorção uniformes. Eliminar partículas soltas, sais solúveis, óleos, graxas, sabões, mofos e algas.

1 2 Preparação em demais superfícies

Gesso, concreto e blocos de cimento: lixar e eliminar o pó. Aplicar previamente o Fundo Preparador de Paredes Renner. **Reboco novo:** aguardar a cura e a secagem por, no mínimo, 28 dias, lixar e eliminar o pó. Aplicar Selador Acrílico Renner. Caso não seja possível aguardar a cura, esperar a secagem da superfície e aplicar uma demão de Fundo Preparador de Paredes Renner. Para uma parede bem nivelada/lisa, aplicar Massa Acrílica Renner (exterior) ou Massa Corrida Renner (interior). **Reboco fraco, caiações e partes soltas:** lixar e eliminar o pó e as partes soltas. Aplicar o Fundo Preparador de Paredes Renner. **Superfícies com brilho:** lixar até retirar o brilho e eliminar o pó existente. Limpar utilizando pano umedecido com água e aguardar a secagem para pintar. **Superfícies com gordura ou graxa:** lavar com solução de água e detergente neutro e enxaguar. Aguardar a secagem para pintar. **Superfícies com partes mofadas:** lavar com solução de água e água sanitária em partes iguais, esperar 6 h e enxaguar bem. Aguardar a secagem para pintar. **Superfícies com imperfeições acentuadas:** lixar e eliminar o pó. Corrigir com Massa Acrílica Renner (exteriores) ou Massa Corrida Renner (interiores). **Superfícies em bom estado:** lixar e eliminar o pó. **Superfícies com umidade:** identificar a origem e tratar de maneira adequada.

1 2 Precauções/dicas/advertências

Evitar aplicar em dias chuvosos ou com vento forte. Aplicar em temperatura entre 10 °C e 40 °C e com umidade relativa do ar entre 40% e 80%.

1 Principais atributos do produto 1

Permite até 80% de diluição e tem excelente cobertura e lavabilidade. Uma lata (18 L) pinta mais de 500 m²/demão.

2 Principais atributos do produto 2

Oferece ótima resistência, super-rendimento e excelente cobertura.

Em 2007, a Tintas Renner passou a fazer parte da multinacional PPG, líder global no segmento de tintas e revestimentos, com o maior portfólio de produtos, tecnologias diferenciadas, serviços e outras soluções para o segmento.

3 4 Preparação inicial

O substrato deve estar firme, limpo, coeso, seco, curado, com textura e absorção uniformes. Eliminar partículas soltas, sais solúveis, óleos, graxas, sabões, mofos e algas.

3 4 Preparação em demais superfícies

Gesso, concreto e blocos de cimento: lixar e eliminar o pó. Aplicar previamente o Fundo Preparador de Paredes Renner. **Reboco fraco, caiações e partes soltas:** lixar e eliminar o pó e as partes soltas. Aplicar o Fundo Preparador de Paredes Renner. **Superfícies com brilho:** lixar até retirar o brilho e eliminar o pó existente. Limpar utilizando pano umedecido com água e aguardar a secagem para pintar. **Superfícies com gordura ou graxa:** lavar com solução de água e detergente neutro e enxaguar. Aguardar a secagem para pintar. **Superfícies com partes mofadas:** lavar com solução de água e água sanitária, esperar 6 h e enxaguar bem. Aguardar a secagem para pintar. **Superfícies em bom estado:** lixar e eliminar o pó. **Superfícies com umidade:** identificar a origem e tratar de maneira adequada.

3 Preparação em demais superfícies

Reboco novo: aguardar a cura e a secagem por, no mínimo, 28 dias, lixar e eliminar o pó. Aplicar Selador Acrílico Profissional ACR. Caso não seja possível aguardar a cura, esperar a secagem da superfície e aplicar uma demão de Fundo Preparador Renner. Para uma parede bem nivelada/lisa, aplicar Profissional ACR Massa Corrida. **Superfícies com imperfeições acentuadas:** lixar e eliminar o pó. Corrigir com Profissional ACR Massa Corrida.

4 Preparação em demais superfícies

Reboco novo: aguardar a cura e a secagem por, no mínimo, 28 dias, lixar e eliminar o pó. Aplicar Selador Acrílico Renner. Caso não seja possível aguardar a cura, esperar a secagem da superfície e aplicar uma demão de Fundo Preparador de Paredes Renner. Para uma parede bem nivelada/lisa, aplicar Massa Acrílica Renner (exterior) ou Massa Corrida Renner (interior). **Superfícies com imperfeições acentuadas:** lixar e eliminar o pó. Corrigir com Massa Acrílica Renner (exteriores) ou Massa Corrida Renner (interiores).

3 4 Precauções / dicas / advertências

Evitar aplicar em dias chuvosos ou com vento forte. Aplicar em temperatura entre 10 °C e 40 °C e com umidade relativa do ar entre 40% e 80%.

3 Principais atributos do produto 3

Tem ótima resistência e super-rendimento, possui ação antimofo e propicia qualidade e economia.

4 Principais atributos do produto 4

Apresenta alta resistência à praia e ao campo, é sem cheiro, oferece excepcional cobertura e possui bloqueador de sujeira.

Profissional ACR Tinta Acrílica 3

A tinta acrílica Profissional ACR foi especialmente formulada para quem deseja economia com qualidade. Proporciona maiores durabilidade e cobertura, fácil aplicação, mínimo respingamento e excelente acabamento. Tem ótima resistência, além de oferecer excelente rendimento e ótima lavabilidade. Indicada para superfícies internas de alvenaria, reboco curado, gesso e concreto.

USE COM: Profissional ACR Massa Corrida
Profissional ACR Selador Acrílico

Embalagens/rendimento

Lata/balde (18 L): até 270 m²/demão.
Lata/balde (16 L): até 240 m²/demão.
Galão (3,6 L): até 54 m²/demão.
Galão (3,2 L): até 48 m²/demão.

Aplicação

Utilizar pincel, rolo de lã ou pistola. Aplicar de 2 a 3 demãos.

Cor

26 cores prontas e mais de mil cores no sistema tintométrico The Voice of Color

Acabamento

Fosco

Diluição

Pincel/rolo de lã: diluir de 20% a 40% com água. Pistola: diluir 50% com água.

Secagem

Ao toque: 1 h
Entre demãos: 4 h
Final: 6 h

Rekolor Pró Semibrilho 4

Rekolor Pró Semibrilho é uma tinta com fórmula especial que dura mais. Contém algicidas e fungicidas que proporcionam alta resistência em ambientes com forte ação de maresia e umidade e possui altíssima tecnologia bloqueadora de sujeira, criando uma barreira protetora que impede que a sujeira e a água penetrem na película da tinta e prolongando a vida útil da pintura por muito mais tempo.

USE COM: Massa Acrílica
Selador Acrílico

Embalagens/rendimento

Lata (18 L): até 380 m²/demão.
Lata (16 L): até 340 m²/demão.
Galão (3,6 L): até 76 m²/demão.
Galão (3,2 L): até 68 m²/demão.
Litro (900 mL): até 19 m²/demão.
Litro (800 mL): até 17 m²/demão.

Aplicação

Utilizar pincel, rolo de lã ou pistola. Aplicar de 2 a 3 demãos.

Cor

Branco e mais de 2 mil cores no sistema tintométrico The Voice of Color

Acabamento

Semibrilho

Diluição

Pincel/rolo de lã: diluir 20% com água. Pistola: diluir 25% com água.

Secagem

Ao toque: 1 h
Entre demãos: 4 h
Final: 4 h

Extravinil Toque de Classe

Extravinil Toque de Classe é uma tinta com um sofisticado acabamento acetinado que deixa seu ambiente muito mais confortável e refinado. Com Extravinil Toque de Classe, as paredes ficam com aspecto sempre limpo e aparência de novas, pois sua alta lavabilidade permite fácil limpeza. Possui excelente cobertura e ótimos nivelamento e rendimento.

USE COM: Massa Corrida
Selador Acrílico

Embalagens/rendimento

Lata (18 L): até 380 m²/demão.
Lata (16 L): até 340 m²/demão.
Galão (3,6 L): até 76 m²/demão.
Galão (3,2 L): até 68 m²/demão.
Litro (800 mL): até 17 m²/demão.

Aplicação

Utilizar pincel, rolo de lã ou pistola. Aplicar de 2 a 3 demãos.

Cor

Branco e mais de 2 mil cores no sistema tintométrico The Voice of Color

Acabamento

Acetinado

Diluição

Pincel/rolo de lã: diluir 20% com água.
Pistola: diluir 25% com água.

Secagem

Ao toque: 1 h
Entre demãos: 4 h
Final: 4 h

Pisos

Pisos é uma tinta com super-resistência a abrasão, tráfego de pessoas e carros. Possui alta proteção contra ações do tempo e ótimas cobertura e aderência em diversos tipos de pisos. É fácil de aplicar e possui secagem rápida. Indicada para pintura e proteção de quadras poliesportivas à base de cimento, pisos cimentados, varandas, calçadas, escadas, lajotas não vitrificadas e demarcações em áreas de concreto rústico.

Embalagens/rendimento

Lata (18 L): até 200 m²/demão.
Galão (3,6 L): até 40 m²/demão.

Aplicação

Utilizar pincel, rolo de lã ou pistola. Aplicar uma demão como selador e de 2 a 3 demãos do acabamento.

Cor

Branco, amarelo, azul, cinza, cinza grafite, concreto, saibro e verde

Acabamento

Fosco

Diluição

Pincel/rolo de lã: diluir 20% com água.
Primeira demão: diluir 40% com água.
Pistola: diluir 25% com água.

Secagem

Ao toque: 30 min
Entre demãos: 4 h
Final: 4 h
Tráfego de pessoas: 48 h

1 2 Preparação inicial

O substrato deve estar firme, limpo, coeso, seco, curado, com textura e absorção uniformes. Eliminar partículas soltas, sais solúveis, óleos, graxas, sabões, mofos e algas.

1 2 Preparação em demais superfícies

Superfícies com gordura ou graxa: lavar com solução de água e detergente neutro e enxaguar. Aguardar a secagem para pintar. **Superfícies em bom estado:** lixar e eliminar o pó. **Superfícies com umidade:** identificar a origem e tratar de maneira adequada. **Superfícies com partes mofadas:** lavar com solução de água e água sanitária em partes iguais, esperar 6 h e enxaguar bem. Aguardar a secagem para pintar. **Superfícies com brilho:** lixar até retirar o brilho. Eliminar o pó existente. Limpar utilizando pano umedecido com água e aguardar a secagem para pintar.

1 Preparação em demais superfícies

Gesso, concreto e blocos de cimento: lixar e eliminar o pó. Aplicar previamente o Fundo Preparador de Paredes Renner. **Reboco novo:** aguardar a cura e a secagem por, no mínimo, 28 dias, lixar e eliminar o pó. Aplicar Selador Acrílico Renner. Caso não seja possível aguardar a cura, esperar a secagem da superfície e aplicar uma demão de Fundo Preparador de Paredes Renner. Para uma parede bem nivelada/lisa, aplicar Massa Acrílica Renner (exterior) ou Massa Corrida Renner (interior). **Reboco fraco, caiações e partes soltas:** lixar e eliminar o pó e as partes soltas. Aplicar o Fundo Preparador de Paredes Renner. **Superfície com imperfeições acentuadas:** lixar e eliminar o pó. Corrigir com Massa Acrílica Renner (exteriores) ou Massa Corrida Renner (interiores).

2 Preparação em demais superfícies

Pisos novos: aguardar a secagem por, no mínimo, 28 dias. **Superfícies de cimento queimado:** lixar para provocar ranhuras e, em seguida, lavar com solução ácida de limpeza, conforme recomendação do produto, para abertura dos poros ou eliminação dos sais solúveis. Deixar a solução agir por 40 min e enxaguar com água em abundância. Aguardar a secagem para pintar.

1 2 Precauções/dicas/advertências

Evitar aplicar em dias chuvosos ou com vento forte. Aplicar em temperatura entre 10 °C e 40 °C e com umidade relativa do ar entre 40% e 80%.

1 Principais atributos do produto 1

Oferece acabamento sofisticado, é superlavável e sem cheiro.

2 Principais atributos do produto 2

Oferece ótima aderência, super-resistência, fácil aplicação, beleza e renovação.

3 4 Preparação inicial

O substrato deve estar firme, limpo, coeso, seco, curado, com textura e absorção uniformes. Eliminar partículas soltas, sais solúveis, óleos, graxas, sabões, mofos e algas.

3 4 Preparação em demais superfícies

Superfícies com partes mofadas: lavar com solução de água e água sanitária em partes iguais, esperar 6 h e enxaguar bem. Aguardar a secagem para pintar. **Superfícies com gordura ou graxa:** lavar com solução de água e detergente neutro e enxaguar. Aguardar a secagem para pintar. **Superfícies com umidade:** identificar a origem e tratar de maneira adequada.

3 Preparação em demais superfícies

Gesso, concreto e blocos de cimento: lixar e eliminar o pó. Aplicar previamente o Fundo Preparador de Paredes Renner. **Reboco novo:** aguardar a cura e a secagem por, no mínimo, 28 dias, lixar e eliminar o pó. Aplicar Selador Acrílico Renner. Caso não seja possível aguardar a cura, esperar a secagem da superfície e aplicar uma demão de Fundo Preparador de Paredes Renner. Para uma parede bem nivelada/lisa, aplicar Massa Acrílica Renner (exterior) ou Massa Corrida Renner (interior). **Reboco fraco, caiações e partes soltas:** lixar e eliminar o pó e as partes soltas. Aplicar o Fundo Preparador de Paredes Renner. **Superfícies com imperfeições acentuadas:** lixar e eliminar o pó. Corrigir com Massa Acrílica Renner (exteriores) ou Massa Corrida Renner (interiores). **Superfícies com brilho:** lixar até retirar o brilho e eliminar o pó existente. Limpar utilizando pano umedecido com água e aguardar a secagem para pintar. **Superfícies em bom estado:** lixar e eliminar o pó.

4 Preparação em demais superfícies

Gesso: lixar e eliminar o pó.

3 4 Precauções / dicas / advertências

Evitar aplicar em dias chuvosos ou com vento forte. Aplicar em temperatura entre 10 °C e 40 °C e com umidade relativa do ar entre 40% e 80%.

3 Principais atributos do produto 3

Oferece mais resistência e proteção e tem superior lavabilidade, excelente cobertura, mais brilho e mais durabilidade.

4 Principais atributos do produto 4

Tem alto poder de aderência, é antimofo e não descasca. De fácil retoque, oferece maior economia: menos tempo e mão de obra, mais proteção e decoração.

0800-51-2380

www.tintasrenner-deco.com.br

Ducryl +Brilho +Durabilidade 3

Ducryl +Brilho +Durabilidade é uma tinta de acabamento semibrilho, especialmente desenvolvida para oferecer maiores proteção e brilho às paredes de sua casa. Tem lavabilidade superior para maior facilidade de remoção de sujeira, excelente cobertura e também é muito fácil de aplicar, pois tem baixo odor, rápida secagem e mínimo respingamento.

USE COM:
- Massa Acrílica
- Fundo Preparador de Paredes

Embalagens/rendimento

Lata (18 L): até 380 m²/demão.
Lata (16 L): até 340 m²/demão.
Galão (3,6 L): até 76 m²/demão.
Galão (3,2 L): até 68 m²/demão.
Litro (900 mL): até 19 m²/demão.
Litro (800 mL): até 17 m²/demão.

Aplicação

Utilizar pincel, rolo de lã ou pistola. Aplicar de 2 a 3 demãos.

Cor

Branco, abacate, areia, branco gelo, marfim, palha, pêssego, tangerina e mais de 2 mil cores no sistema tintométrico The Voice of Color

Acabamento

Semibrilho

Diluição

Pincel/rolo de lã: diluir 20% com água.
Pistola: diluir 25% com água.

Secagem

Ao toque: 1 h
Entre demãos: 4 h
Final: 6 h

Gesso 4

A tinta acrílica para Gesso foi especialmente desenvolvida para aplicar diretamente sobre o gesso, atuando como fundo e acabamento, proporcionando menor custo da pintura por dispensar o uso de fundo e reduzindo também tempo e mão de obra. É uma tinta para facilitar o processo de aplicação. Suas excelentes aderência e penetração no substrato fixam o pó solto e impedem que a superfície sofra descascamentos.

Embalagens/rendimento

Lata (18 L): até 225 m²/demão.
Galão (3,6 L): até 45 m²/demão.

Aplicação

Utilizar pincel, rolo de lã ou pistola. Aplicar de 2 a 3 demãos.

Cor

Branco

Acabamento

Fosco

Diluição

Pincel/rolo de lã: diluir 20% com água.
Primeira demão: diluir 40% com água.
Pistola: diluir 35% com água.

Secagem

Ao toque: 30 min
Entre demãos: 4 h
Final: 4 h

TINTAS RENNER by PPG

Frentes & Fachadas Elástica 1

Frentes & Fachadas Elástica é um produto com máxima elasticidade que cobre e previne trincas e fissuras. Sua formulação elástica permite que o filme da tinta acompanhe os movimentos de retração e dilatação da parede evitando que surjam rachaduras. Possui alta resistência ao sol, à chuva e à maresia, com alta durabilidade. Impermeabiliza a superfície impedindo a penetração de água e evitando mofo, umidade e descascamento.

USE COM: Massa Acrílica

Fundo Prepararador de Paredes

Embalagens/rendimento

Lata (18 L): até 288m^2/demão.
Lata (16 L): até 256 m^2/demão.
Galão (3,6 L): até 58 m^2/demão.
Galão (3,2 L): até 51 m^2/demão.

Aplicação

Utilizar pincel, trincha, rolo de lã ou pistola. Aplicar uma demão como selador e de 2 a 3 demãos do acabamento.

Cor

Branco e mais de mil cores no sistema tintométrico The Voice of Color

Acabamento

Semibrilho

Diluição

Pincel/trincha/rolo de lã: diluir 10% com água. Primeira demão: diluir de 20% a 30% com água. Pistola: diluir 20% com água.

Secagem

Ao toque: 1 h
Entre demãos: 4 h
Final: 6 h

Frentes & Fachadas Emborrachada 2

Frentes & Fachadas Emborrachada é um produto flexível, de acabamento fosco, que age cobrindo trincas e fissuras, formando uma película impermeável que impede a penetração de umidade. Possui alta resistência contra a alcalinidade, o mofo e o descascamento da parede. Apresenta aspecto emborrachado na parede, permitindo um acabamento bonito e eficaz durante muito tempo.

USE COM: Massa Acrílica

Selador Acrílico

Embalagens/rendimento

Lata (18 L): até 288m^2/demão.
Lata (16 L): até 256 m^2/demão.
Galão (3,6 L): até 58 m^2/demão.
Galão (3,2 L): até 51 m^2/demão.

Aplicação

Utilizar pincel, trincha, rolo de lã ou pistola. Aplicar de 2 a 3 demãos.

Cor

Branco e mais de mil cores no sistema tintométrico The Voice of Color

Acabamento

Fosco

Diluição

Pincel/trincha/rolo de lã: diluir 10% com água. Pistola: diluir 20% com água.

Secagem

Ao toque: 1 h
Entre demãos: 4 h
Final: 6 h

1 2 Preparação inicial

O substrato deve estar firme, limpo, coeso, seco, curado e com textura e absorção uniformes. Eliminar partículas soltas, sais solúveis, óleos, graxas, sabões, mofos e algas.

1 2 Preparação inicial

Reboco fraco, caiações e partes soltas: lixar e eliminar o pó e as partes soltas. Aplicar Fundo Preparador de Paredes Renner. **Superfícies com imperfeições acentuadas:** lixar e eliminar o pó. Corrigir com Massa Acrílica Renner (exteriores) ou Massa Corrida Renner (interiores). **Superfícies com partes mofadas:** lavar com solução de água e água sanitária em partes iguais, esperar 6 h e enxaguar bem. Aguardar a secagem para pintar. **Alumínios, galvanizados e zincos:** lixar e eliminar o pó. Aplicar previamente Galvacryl. **Superfícies com gordura ou graxa:** lavar com solução de água e detergente neutro e enxaguar. Aguardar a secagem para pintar. **Gesso, concreto e blocos de cimento:** lixar e eliminar o pó. Aplicar previamente Fundo Preparador de Paredes Renner. **Superfícies com brilho:** lixar até retirar o brilho e eliminar o pó existente. Limpar utilizando pano umedecido com água e aguardar a secagem para pintar. Aguardar a secagem para pintar.

1 Preparação em demais superfícies

Reboco novo: aguardar a cura e a secagem por, no mínimo, 28 dias, lixar e eliminar o pó. Caso não seja possível aguardar a cura, esperar a secagem da superfície e aplicar uma demão de Fundo Preparador Renner. Para uma parede bem nivelada/lisa, aplicar Massa Acrílica Renner (exterior) ou Massa Corrida Renner (interior). **Lajes:** lixar e eliminar o pó. Paredes e muretas devem ter os cantos arredondados. Ralos e canos também devem receber aplicação do produto. Não diluir o produto. **Fissuras (até 0,3 mm):** aplicar uma demão, como selador, do próprio produto diluído com 20% a 30% de água. **Fissuras (0,3 a 1 mm):** preencher e nivelar com massa elastomérica (mistura de 1 parte de Frentes & Fachadas com 2 a 3 partes de areia fina). Em caso de retração, repetir a aplicação da massa até nivelar. **Trincas (1 a 2,5 mm):** abrir a trinca em forma de "V" com 10 mm de largura. Limpar o corte feito eliminando sujeira e partículas soltas. Seguir, então, as recomendações descritas para fissuras de 0,3 a 1 mm.

2 Preparação em demais superfícies

Reboco novo: aguardar a cura e a secagem por, no mínimo, 28 dias, lixar e eliminar o pó. Aplicar Selador Acrílico Renner. Caso não seja possível aguardar a cura, esperar a secagem da superfície e aplicar uma demão de Fundo Preparador Renner. Para uma parede bem nivelada/lisa, aplicar Massa Acrílica Renner (exterior) ou Massa Corrida Renner (interior). **Fissuras (até 0,3 mm):** limpar, escovar a superfície e eliminar o pó. Aplicar Fundo Preparador de Paredes Renner. **Trincas (acima de 0,3 mm):** abrir a trinca em forma de "V". Limpar, escovar a superfície e eliminar o pó. Aplicar Fundo Preparador de Paredes Renner. Preencher as trincas com uma mistura de uma parte de Frentes & Fachadas com 2 a 3 partes de areia fina. Aplicar uma demão de Frentes & Fachadas Emborrachada afixando tela de poliéster e nivelar.

1 2 Precauções/dicas/advertências

Evitar aplicar em dias chuvosos ou com vento forte. Aplicar em temperatura entre 10 °C e 40 °C e com umidade relativa do ar entre 40% e 80%.

1 Principais atributos do produto 1

Cobre e previne trincas e fissuras e possui alta resistência ao sol, à chuva e à maresia. É impermeabilizante e sempre elástica: 800% de elasticidade.

2 Principais atributos do produto 2

Cobre trincas e fissuras, possui alta resistência, é impermeabilizante e promove película flexível: 200% de elasticidade.

3 4 Preparação inicial

O substrato deve estar firme, limpo, coeso, seco, curado, com textura e absorção uniformes. Eliminar partículas soltas, sais solúveis, óleos, graxas, sabões, mofos e algas.

3 4 Preparação em demais superfícies

Gesso, concreto e blocos de cimento: lixar e eliminar o pó. Aplicar previamente o Fundo Preparador de Paredes Renner. **Reboco novo:** aguardar a cura e a secagem por, no mínimo, 28 dias, lixar e eliminar o pó. Aplicar Selador Acrílico Renner. Caso não seja possível aguardar a cura, esperar a secagem da superfície e aplicar uma demão de Fundo Preparador Renner. **Reboco fraco, caiações e partes soltas:** lixar e eliminar o pó e as partes soltas. Aplicar o Fundo Preparador de Paredes Renner. **Superfícies com brilho:** lixar até retirar o brilho e eliminar o pó existente. Limpar utilizando pano umedecido com água e aguardar a secagem para pintar. **Superfícies com gordura ou graxa:** lavar com solução de água e detergente neutro e enxaguar. Aguardar a secagem. **Superfícies em bom estado:** lixar e eliminar o pó. **Superfícies com umidade:** identificar a origem e tratar de maneira adequada. **Superfícies com partes mofadas:** lavar com solução de água e água sanitária em partes iguais, esperar 6 h e enxaguar bem. Aguardar a secagem. **Superfícies com partes mofadas:** lavar com solução de água e água sanitária em partes iguais, esperar 6 h e enxaguar bem. Aguardar a secagem.

3 4 Precauções / dicas / advertências

Evitar aplicar em dias chuvosos ou com vento forte. Aplicar em temperatura entre 10 °C e 40 °C e com umidade relativa do ar entre 40% e 80%.

3 Principais atributos do produto 3

Proporciona sofisticado efeito decorativo, tem alta resistência às ações do tempo, secagem rápida e é fácil de aplicar.

4 Principais atributos do produto 4

Tem suave efeito decorativo, alta resistência às ações do tempo, alto poder de enchimento e secagem rápida.

0800-51-2380

www.tintasrenner-deco.com.br

Textura Adornare Lisa — 3

Textura Adornare Lisa proporciona efeito decorativo fino e sofisticado, que concede a seu ambiente beleza e personalidade. Quando aplicada com ferramentas específicas, possibilita que você crie e desenhe diversos efeitos, tornando seu ambiente muito mais elegante. Além disso, é fácil de ser aplicada e possui rápida secagem, ótimo poder de preenchimento e alta resistência às ações do tempo.

USE COM:
Adornare Gel
Fundo Prepararador de Paredes

Embalagens/rendimento

Lata (25 kg): até 25 m²/demão.
Galão (5 kg): até 5 m²/demão.

Aplicação

Utilizar rolo para textura, desempenadeira ou espátula.

Cor

Branco e mais de 1.300 cores no sistema tintométrico The Voice of Color

Acabamento

Fosco

Diluição

Pronta para uso.

Secagem

Ao toque: 1 h
Entre demãos: 6 h
Final: 6 h

Textura Adornare Média — 4

A Textura Adornare Média é o acabamento perfeito para dar sofisticação e beleza ao seu ambiente. Com efeito suave e moderno, a Textura Adornare Média possibilita a você criar diversos efeitos decorativos, de acordo com o seu gosto e com as ferramentas utilizadas. Além disso, é fácil de ser aplicada e possui rápida secagem, ótimo poder de enchimento e alta resistência às ações do tempo.

USE COM:
Adornare Gel
Fundo Prepararador de Paredes

Embalagens/rendimento

Lata (25 kg): até 25 m²/demão.

Aplicação

Utilizar rolo para textura, desempenadeira ou espátula.

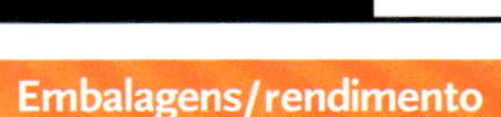

Cor

Branco e mais de 1.300 cores no sistema tintométrico The Voice of Color

Acabamento

Fosco

Diluição

Pronta para uso.

Secagem

Ao toque: 1 h
Entre demãos: 6 h
Final: 6 h

Textura Adornare Rústica 1

A Textura Adornare Rústica é o acabamento rústico e intenso que valoriza o seu ambiente com elegância e sofisticação. Com a Textura Adornare Rústica, você pode criar diversos efeitos utilizando as ferramentas apropriadas, além do tradicional efeito arranhado em alto relevo. É fácil de ser aplicada, possui rápida secagem, tem ótimo poder de preenchimento e é resistente às ações do tempo.

USE COM: Adornare Gel
Fundo Prepararador de Paredes

Embalagens/rendimento

Lata (24 kg): até 12 m²/demão.
Galão (4,8 kg): até 2,4 m²/demão.

Aplicação

Utilizar desempenadeira ou espátula.

Cor

Branco e mais de 1.300 cores no sistema tintométrico The Voice of Color

Acabamento

Fosco

Diluição

Pronta para uso.

Secagem

Ao toque: 1 h
Entre demãos: 6 h
Final: 6 h

Profissional ACR Textura Lisa 2

A textura lisa Profissional ACR proporciona um efeito decorativo que valoriza os ambientes com muita elegância e sofisticação. Possui grande poder de enchimento, fácil aplicação, secagem rápida e alta resistência à abrasão e ao intemperismo. Indicada para aplicação sobre superfícies de reboco curado, blocos de concreto, fibrocimento, concreto aparente, massa corrida ou acrílica e repintura sobre PVA ou acrílico.

USE COM: Profissional ACR Tinta Acrílica
Profissional ACR Selador Acrílico

Embalagens/rendimento

Balde (25 kg): até 30 m²/demão.

Aplicação

Utilizar rolo para textura, desempenadeira ou espátula.

Cor

Branco

Acabamento

Fosco

Diluição

Pronta para uso.

Secagem

Ao toque: 1 h
Final: 6 h

1 2 Preparação inicial

O substrato deve estar firme, limpo, coeso, seco, curado, com textura e absorção uniformes. Eliminar partículas soltas, sais solúveis, óleos, graxas, sabões, mofos e algas.

1 2 Preparação em demais superfícies

Gesso, concreto e blocos de cimento: lixar e eliminar o pó. Aplicar previamente o Fundo Preparador de Paredes Renner. **Reboco fraco, caiações e partes soltas:** lixar e eliminar o pó e as partes soltas. Aplicar o Fundo Preparador de Paredes Renner. **Superfícies com partes mofadas:** lavar com solução de água e água sanitária em partes iguais, esperar 6 h e enxaguar bem. Aguardar a secagem. **Superfícies com brilho:** lixar até retirar o brilho e eliminar o pó existente. Limpar utilizando pano umedecido com água e aguardar a secagem para aplicar. **Superfícies com gordura ou graxa:** lavar com solução de água e detergente neutro e enxaguar. Aguardar a secagem para aplicar. **Superfícies em bom estado:** lixar e eliminar o pó. **Superfícies com umidade:** identificar a origem e tratar de maneira adequada.

1 Preparação em demais superfícies

Reboco novo: aguardar a cura e a secagem por, no mínimo, 28 dias, lixar e eliminar o pó. Aplicar Selador Acrílico Renner. Caso não seja possível aguardar a cura, esperar a secagem da superfície e aplicar uma demão de Fundo Preparador Renner.

2 Preparação em demais superfícies

Reboco novo: aguardar a cura e a secagem por, no mínimo, 28 dias, lixar e eliminar o pó. Aplicar Profissional ACR Selador Acrílico. Caso não seja possível aguardar a cura, esperar a secagem da superfície e aplicar uma demão de Fundo Preparador Renner.

1 2 Precauções/dicas/advertências

Evitar aplicar em dias chuvosos ou com vento forte. Aplicar em temperatura entre 10 °C e 40 °C e com umidade relativa do ar entre 40% e 80%.

1 Principais atributos do produto 1

Oferece acabamento em alto relevo, tem alta resistência às ações do tempo, alto poder de enchimento e secagem rápida.

2 Principais atributos do produto 2

É fácil de aplicar, disfarça imperfeições, possui secagem rápida e oferece qualidade e economia.

Em 2007, a Tintas Renner passou a fazer parte da multinacional PPG, líder global no segmento de tintas e revestimentos, com o maior portfólio de produtos, tecnologias diferenciadas, serviços e outras soluções para o segmento.

3 4 Preparação inicial

O substrato deve estar firme, limpo, coeso, seco, curado, com textura e absorção uniformes. Eliminar partículas soltas, sais solúveis, óleos, graxas, sabões, mofos e algas.

3 4 Preparação em demais superfícies

Gesso, concreto e blocos de cimento: lixar e eliminar o pó. Aplicar previamente o Fundo Preparador de Paredes Renner. **Reboco novo:** aguardar a cura e a secagem por, no mínimo, 28 dias, lixar e eliminar o pó. Aplicar Profissional ACR Selador Acrílico. Caso não seja possível aguardar a cura, esperar a secagem da superfície e aplicar uma demão de Fundo Preparador Renner. **Reboco fraco, caiações e partes soltas:** lixar e eliminar o pó e as partes soltas. Aplicar o Fundo Preparador de Paredes Renner. **Superfícies com partes mofadas:** lavar com solução de água e água sanitária em partes iguais, esperar 6 h e enxaguar bem. Aguardar a secagem para aplicar. **Superfícies com brilho:** lixar até retirar o brilho e eliminar o pó existente. Limpar utilizando pano umedecido com água e aguardar a secagem para aplicar. **Superfícies com gordura ou graxa:** lavar com solução de água e detergente neutro e enxaguar. Aguardar a secagem para aplicar. **Superfícies em bom estado:** lixar e eliminar o pó. **Superfícies com umidade:** identificar a origem e tratar de maneira adequada.

3 4 Precauções / dicas / advertências

Evitar aplicar em dias chuvosos ou com vento forte. Aplicar em temperatura entre 10 °C e 40 °C e com umidade relativa do ar entre 40% e 80%.

3 Principais atributos do produto 3

É fácil de aplicar, disfarça imperfeições, possui secagem rápida e oferece qualidade e economia.

4 Principais atributos do produto 4

É fácil de aplicar, disfarça imperfeições, possui secagem rápida e oferece qualidade e economia.

Profissional ACR Textura Média 3

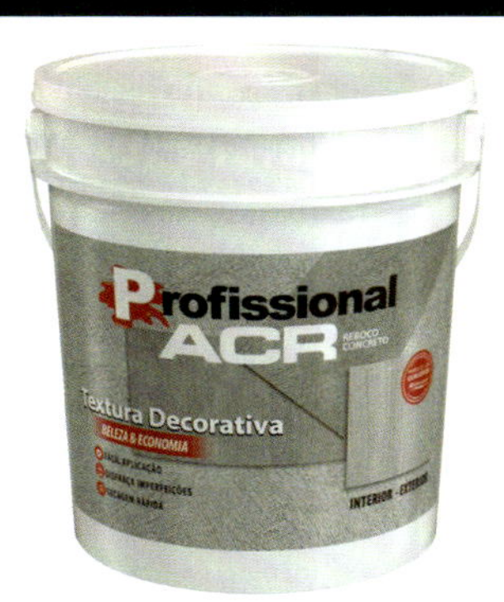

A textura média Profissional ACR proporciona um efeito decorativo que valoriza os ambientes com muita elegância e sofisticação. Possui grande poder de enchimento, fácil aplicação, secagem rápida e alta resistência à abrasão e ao intemperismo. Indicada para aplicação sobre superfícies de reboco curado, blocos de concreto, fibrocimento, concreto aparente, massa corrida ou acrílica e repintura sobre PVA ou acrílico.

USE COM: Profissional ACR Tinta Acrílica
Profissional ACR Selador Acrílico

Embalagens/rendimento
Balde (25 kg): até 30 m²/demão.

Aplicação
Utilizar rolo para textura, desempenadeira ou espátula.

Cor
Branco

Acabamento
Fosco

Diluição
Pronta para uso.

Secagem
Ao toque: 1 h
Final: 6 h

Profissional ACR Textura Rústica 4

A textura rústica Profissional ACR proporciona um efeito decorativo que valoriza os ambientes com muita elegância e sofisticação. Possui grande poder de enchimento, fácil aplicação, secagem rápida e alta resistência à abrasão e ao intemperismo. Indicada para aplicação sobre superfícies de reboco curado, blocos de concreto, fibrocimento, concreto aparente, massa corrida ou acrílica e repintura sobre PVA ou acrílico.

USE COM: Profissional ACR Tinta Acrílica
Profissional ACR Selador Acrílico

Embalagens/rendimento
Balde (26 kg): até 15 m²/demão.

Aplicação
Utilizar desempenadeira ou espátula.

Cor
Branco

Acabamento
Fosco

Diluição
Pronta para uso.

Secagem
Ao toque: 1 h
Final: 6 h

Esmalte Dulit 1

Esmalte Sintético Dulit possui teor reduzido de solventes. Foi desenvolvido para oferecer alta proteção, resistência e belíssimo acabamento para suas portas, janelas, grades e portões. Possui secagem rápida, fácil aplicação e ótima aderência. Ideal para quem busca melhor custo-benefício. Indicado para uso externo e interno em superfícies metálicas e de madeira. No acabamento fosco, uso somente em interiores.

USE COM: Zarcão
Majestic Verniz Isolante

Embalagens/rendimento

Galão (3,6 L): até 70 m²/demão.
Galão (3,2 L): até 62 m²/demão.
Litro (900 mL): até 17 m²/demão.
Litro (800 mL): até 15 m²/demão.

Aplicação

Utilizar pincel, rolo de espuma ou pistola. Aplicar de 2 a 3 demãos.

Cor

23 cores e mais de mil cores no sistema tintométrico The Voice of Color

Acabamento

Fosco, acetinado e brilhante

Diluição

Pincel/rolo de espuma: diluir 10% com aguarrás. Pistola: diluir 20% com aguarrás.

Secagem

Ao toque: 2 h
Entre demãos: 8 h
Final: 18 h

Esmalte Ultrarrápido 2

Esmalte Base Água Ultrarrápido proporciona extrema rapidez na secagem e apresenta extraordinária aderência às superfícies, evitando o desplacamento da tinta. Possui baixo odor, o que permite a ocupação do ambiente no mesmo dia. Por ser à base d'água, possui fácil aplicação e não amarela. Além de todos esses benefícios, oferece grande facilidade de limpeza, já que dispensa o uso de solventes.

USE COM: Multiselador Aquoso
Multimassa Tapa-Tudo

Embalagens/rendimento

Galão (3,6 L): até 60 m²/demão.
Galão (3,2 L): até 53 m²/demão.
Litro (900 mL): até 15 m²/demão.
Litro (800 mL): até 13 m²/demão.

Aplicação

Utilizar pincel, rolo de espuma, rolo de lã ou pistola. Aplicar de 2 a 3 demãos.

Cor

Branco e mais de 2 mil cores no sistema tintométrico para alto brilho e mil cores para acetinado

Acabamento

Acetinado e alto brilho

Diluição

Pincel/rolo de lã: diluir 10% com água.
Pistola: diluir 20% com água.

Secagem

Ao toque: 20 min
Entre demãos: 3 h
Final: 4 h

1 2 Preparação inicial

O substrato deve estar firme, limpo, coeso, seco, curado, com textura e absorção uniformes. Eliminar partículas soltas, sais solúveis, óleos, graxas, sabões, mofos e algas.

1 Preparação em demais superfícies

Metais novos: aplicar uma demão de fundo, de acordo com o tipo de metal, e de 2 a 3 demãos de acabamento. Lixar entre demãos e eliminar o pó com pano umedecido em solvente. **Metais com ferrugem:** remover completamente a ferrugem com lixa e/ou escova de aço. Aplicar uma demão de fundo, de acordo com o tipo de metal, e de 2 a 3 demãos do acabamento. Lixar entre demãos e eliminar o pó com pano umedecido em solvente. **Madeiras e metais (repintura):** lixar até retirar o brilho e remover o pó com um pano umedecido em solvente. **Madeiras novas:** imunizar contra insetos. Lixar para eliminar as farpas. Utilizar Massa para Madeira quando existirem trincas e fissuras. Aplicar uma demão de fundo e de 2 a 3 demãos de acabamento. Lixar entre demãos e eliminar o pó com pano umedecido em solvente. **Superfícies com mofos/algas:** limpar a superfície com água clorada e detergente líquido neutro. Aguardar a secagem. **Superfícies com manchas de gorduras e graxas:** limpar a superfície com mistura de água com detergente líquido neutro e Aguarrás Renner. Aguardar a secagem.

2 Preparação em demais superfícies

Madeiras novas: imunizar contra insetos. Lixar para eliminar as farpas. Utilizar Massa para Madeira quando existirem trincas e fissuras. Aplicar uma demão de fundo, lixar e eliminar o pó com pano umedecido em água. Aplicar de 2 a 3 demãos de acabamento. **Madeiras resinosas:** antes dos procedimentos descritos para madeiras novas, lavar a superfície com solvente (Thinner Renner). Aguardar a secagem e repetir a operação. **Madeiras (repintura):** lixar até eliminar o brilho. Corrigir as imperfeições com Massa para Madeira. Após a secagem, lixar e eliminar o pó. Aplicar uma demão de fundo e de 2 a 3 de acabamento. **Metais ferrosos e não ferrosos (galvanizados e zincados):** lixar a superfície e aplicar uma demão de fundo e de 2 a 3 demãos de acabamento. **Alumínios novos e PVC:** não é necessário o uso de fundo. Lixar para remover o brilho e eliminar o pó. Eliminar toda gordura, graxa ou outros contaminantes com água e detergente líquido. Aguardar a secagem e aplicar 2 a 3 demãos do acabamento. **Metais (repintura):** lixar até eliminar o brilho e remover o pó com pano umedecido com água. Aplicar uma demão de fundo, de acordo com o tipo de substrato, preparado de acordo com o boletim técnico e a embalagem do produto. **Alvenaria:** aguardar a cura por até 28 dias. **Alvenaria (repintura):** lixar até a remoção do brilho e eliminar o pó. Aplicar uma demão de fundo e de 2 a 3 demãos de acabamento.

1 2 Precauções/dicas/advertências

Evitar aplicar em dias chuvosos ou com vento forte. Aplicar em temperatura entre 10 °C e 40 °C e com umidade relativa do ar entre 40% e 80%.

1 Principais atributos do produto 1

Oferece alta proteção e excelente acabamento, é fácil de aplicar e tem 5 anos de durabilidade.

2 Principais atributos do produto 2

Seca em 20 min, tem baixo odor e durabilidade superior. É à base d'água.

3 4 Preparação inicial

O substrato deve estar firme, limpo, coeso, seco, curado, com textura e absorção uniformes. Eliminar partículas soltas, sais solúveis, óleos, graxas, sabões, mofos e algas.

3 Preparação em demais superfícies

Madeiras novas: imunizar contra insetos. Lixar e remover completamente o pó. Retirar a resina superficial da madeira utilizando Thinner Renner e Aguarrás Renner. Sempre aplicar os vernizes diretamente na madeira. **Madeiras (repintura):** imunizar contra insetos. Lixar e remover completamente o pó. Sempre aplicar os vernizes diretamente na madeira. **Superfícies com mofo/algas:** limpar a superfície com água clorada e detergente líquido neutro. Aguardar a secagem. **Superfícies com manchas de gorduras e graxas:** limpar a superfície com mistura de água, detergente líquido neutro e Aguarrás Renner. Aguardar a secagem.

4 Preparação em demais superfícies

Madeiras novas: lixar e remover completamente o pó. Nunca pintar sobre madeira "verde" ou úmida. **Madeiras velhas:** lavar com solução de cloro ativo ou com restauradores de madeira. Tratar contra fungos, mofos e insetos. Lixar e remover completamente o pó. **Madeiras (repintura):** lixar até eliminar o brilho e remover o pó com um pano umedecido em Aguarrás Renner.

3 4 Precauções / dicas / advertências

Evitar aplicar em dias chuvosos ou com vento forte. Aplicar em temperatura entre 10 °C e 40 °C e com umidade relativa do ar entre 40% e 80%.

3 Principais atributos do produto 3

Promove excelente acabamento e não retém sujeira.

4 Principais atributos do produto 4

Corrige imperfeições, possui alto poder de enchimento e nivelamento, é fácil de lixar e tem secagem rápida.

Extra Esmalte Transparente — 3

Extra Esmalte Transparente é um produto de alta qualidade e super-rendimento que deixa as superfícies protegidas e com belíssimo acabamento brilhante ou acetinado. Sua fórmula contém silicone, que reduz a aderência de sujeira e garante a facilidade de limpeza. Possui excelente resistência à água e oferece maior proteção contra os fungos.

USE COM:
Majestic Verniz Isolante
Majestic Seladora Concentrada

Embalagens/rendimento

Galão (3,6 L): até 110 m²/demão.
Litro (900 mL): até 28 m²/demão.

Aplicação

Utilizar pincel, rolo de espuma ou pistola. Aplicar de 2 a 3 demãos.

Cor

Transparente e 8 cores (canela, imbuia, nogueira, jatobá, castanheira, cedro, mogno e cerejeira) no sistema tintométrico The Voice of Color

Acabamento

Acetinado e brilhante

Diluição

Pincel/rolo de espuma: diluir 10% com aguarrás. Pistola: diluir 20% com aguarrás.

Secagem

Ao toque: 2 h
Entre demãos: 8 h
Final: 18 h

Massa para Madeira — 4

Massa para Madeira foi desenvolvida para facilitar o processo de pintura em madeiras, pois corrige e nivela imperfeições existentes deixando o acabamento perfeito e sem irregularidades. Sua fórmula proporciona alto poder de enchimento que deixa a madeira com superfície homogênea para receber qualquer tipo de acabamento, seja à base de solvente ou de água. Oferece rápida secagem e excelente rendimento e é fácil de lixar.

Esmalte Dulit
Fundo Branco Fosco

Embalagens/rendimento

Galão (6 kg): até 12 m²/demão.
Litro (1,5 kg): até 3 m²/demão.

Aplicação

Utilizar desempenadeira ou espátula. Aplicar de uma a 2 demãos.

Cor

Branco

Acabamento

Não aplicável

Diluição

Pronta para uso.

Secagem

Ao toque: 1 h
Entre demãos: 4 h
Final: 6 h

www.tintasrenner-deco.com.br

Fundo Branco Fosco 1

Fundo Branco Fosco é um selador desenvolvido para uniformizar e preparar superfícies de madeira e gesso proporcionando um acabamento muito mais sofisticado. Proporciona uma película que reduz a absorção dos poros da superfície, aumentando o rendimento das tintas de acabamento. Possui alto poder de enchimento e melhora o aspecto final do acabamento. Indicado como primeira demão sobre madeira em geral e gesso.

USE COM: Extra Esmalte
Massa para Madeira

Embalagens/rendimento

Galão (3,6 L): até 40 m²/demão.
Litro (900 mL): até 10 m²/demão.

Aplicação

Utilizar pincel, rolo de espuma ou pistola. Aplicar uma demão.

Cor

Branco

Acabamento

Fosco

Diluição

Pincel/rolo de espuma: diluir 10% com aguarrás. Pistola: diluir 20% com aguarrás.

Secagem

Ao toque: 2 h
Entre demãos: 8 h
Final: 18 h

Esmalte Antiferrugem 2

Esmalte Antiferrugem é um produto de alta tecnologia, inovador e prático desenvolvido com propriedades anticorrosivas que previne e interrompe a oxidação em superfícies ferrosas, protegendo das intempéries. Proporciona economia, é extremamente fácil de aplicar e vem pronto para uso. Possui secagem extrarrápida, ou seja, você pode aplicar duas demãos no mesmo dia. Possui excelente cobertura e ótimo rendimento.

Embalagens/rendimento

Galão (2,4 L): até 32 m²/demão.

Aplicação

Utilizar pincel, rolo de lã para epóxi, rolo de espuma ou pistola. Aplicar de 2 a 3 demãos.

Cor

Branco e mais de 1.300 cores no sistema tintométrico The Voice of Color

Acabamento

Brilhante

Diluição

Pincel/rolo de lã para epóxi ou espuma: diluir até 10% com aguarrás. Pistola: diluir até 20% com aguarrás.

Secagem

Ao toque: 2 h
Entre demãos: 6 h
Final: 18 h

1 2 Preparação inicial

O substrato deve estar firme, limpo, coeso, seco, curado, com textura e absorção uniformes. Eliminar partículas soltas, sais solúveis, óleos, graxas, sabões, mofos e algas.

1 Preparação em demais superfícies

Madeiras novas: lixar e remover o pó com pano úmido. Lixar novamente após a aplicação do fundo para remover as farpas. **Repintura em madeiras:** lixar para remover brilho e partículas soltas. Remover o pó. Nas partes com problemas de bolhas e descascamento, remover a pintura.

2 Preparação em demais superfícies

Metais ferrosos novos: lixar e desengraxar. Limpar com pano umedecido em solvente. **Metais ferrosos oxidados:** retirar as partes soltas com escova de aço, lixar e desengraxar. Limpar com pano umedecido em solvente. **Metais ferrosos oxidados (repintura):** retirar as partes soltas e lixar para remover o brilho. Limpar com pano umedecido em solvente.

1 2 Precauções/dicas/advertências

Evitar aplicar em dias chuvosos ou com vento forte. Aplicar em temperatura entre 10 °C e 40 °C e com umidade relativa do ar entre 40% e 80%.

1 Principais atributos do produto 1

Proporciona maior rendimento e maior cobertura do acabamento, uniformiza a superfície, reduz a absorção e tem maior aderência.

2 Principais atributos do produto 2

Tem secagem extrarrápida, dispensa o uso de fundo, previne e interrompe o processo de ferrugem e é aplicável direto sobre a ferrugem.

Em 2007, a Tintas Renner passou a fazer parte da multinacional PPG, líder global no segmento de tintas e revestimentos, com o maior portfólio de produtos, tecnologias diferenciadas, serviços e outras soluções para o segmento.

3 4 Preparação inicial

O substrato deve estar firme, limpo, coeso, seco, curado, com textura e absorção uniformes. Eliminar partículas soltas, sais solúveis, óleos, graxas, sabões, mofos e algas.

3 Preparação em demais superfícies

Metais ferrosos novos: lixar para eliminar o brilho e a ferrugem. Remover o pó. Em caso de oxidação, remover a ferrugem. **Metais ferrosos (repintura):** lixar para eliminar o brilho e a ferrugem. Remover o pó. Nas partes com problemas de bolhas e descascamento, remover a pintura.

4 Preparação em demais superfícies

Alumínios e aços galvanizados: lixar levemente e remover completamente o pó. Lavar a superfície com água para remover resíduos solúveis em água. Limpar com thinner para remover resíduos de óleos e gorduras.

3 4 Precauções / dicas / advertências

Evitar aplicar em dias chuvosos ou com vento forte. Aplicar em temperatura entre 10 °C e 40 °C e com umidade relativa do ar entre 40% e 80%.

3 Principais atributos do produto 3

É inibidor de ferrugem, oferece proteção anticorrosiva, secagem rápida, ótimo rendimento e fácil aplicação.

4 Principais atributos do produto 4

Tem alto poder de aderência, excelente rendimento e fácil aplicação.

Zarcão 3

Zarcão é um produto que serve de fundo protetor com função anticorrosiva e de uniformização da superfície, permitindo a aplicação de diversos acabamentos com máxima durabilidade. A proteção é transferida formando uma película de cor alaranjada e textura levemente acetinada, com excelente aderência e super-resistente à formação de ferrugem. Indicado como primeira demão sobre superfícies metálicas ferrosas em geral.

USE COM: Removedor
Esmalte Ultrarrápido

Embalagens/rendimento

Galão (3,6 L): até 44 m²/demão.
Litro (900 mL): até 11 m²/demão.

Aplicação

Utilizar pincel, rolo de espuma ou pistola. Aplicar uma demão.

Cor

Alaranjado

Acabamento

Acetinado

Diluição

Pincel/rolo de espuma: diluir 10% com aguarrás. Pistola: diluir 20% com aguarrás.

Secagem

Ao toque: 30 min
Entre demãos: 8 h
Final: 18 h

Galvacryl 4

Galvacryl é um produto inovador e prático. É um fundo que promove a aderência de tintas em superfícies com dificuldade de fixação de tintas de acabamento. Foi especialmente formulado para proporcionar belíssimos acabamentos sobre alumínio e aço galvanizado, pois permite a aderência do produto ao substrato e dos acabamentos recomendados sobre ele. Tem excelente rendimento e é muito fácil de aplicar.

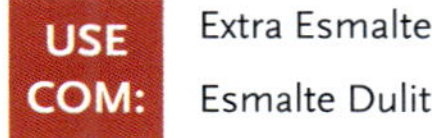

USE COM: Extra Esmalte
Esmalte Dulit

Embalagens/rendimento

Galão (3,6 L): até 52 m²/demão.
Litro (900 mL): até 13 m²/demão.

Aplicação

Utilizar pincel, rolo de espuma ou pistola. Aplicar uma demão.

Cor

Branco

Acabamento

Fosco

Diluição

Pincel/rolo de espuma: diluir 10% com aguarrás. Pistola: diluir 20% com aguarrás.

Secagem

Ao toque: 1 h
Entre demãos: 14 h
Final: 14 h

Telhas 

Telhas é uma tinta à base d'água de acabamento superbrilhante com alta durabilidade. Impermeabiliza e proporciona um perfeito acabamento que evita a formação de limo. Desenvolvida especialmente para proteger, renovar e embelezar telhas (de cerâmica ou amianto), tijolos aparentes e pedras naturais (ardósia, pedra mineira, entre outras). É fácil de aplicar e indicada para uso em exteriores.

Embalagens/rendimento

Lata (18 L): até 225 m²/demão.
Galão (3,6 L): até 45 m²/demão.

Aplicação

Utilizar pincel, rolo de lã ou pistola. Aplicar uma demão como selador e de 2 a 3 demãos do acabamento.

Cor

Incolor, caramelo, cerâmica, cinza claro, cinza grafite e vermelho óxido

Acabamento

Brilhante

Diluição

Pincel/rolo de lã: diluir 10% com água.
Primeira demão: diluir 30% com água.
Pistola: diluir 20% com água.

Secagem

Ao toque: 1 h
Entre demãos: 4 h
Final: 6 h

Piscinas 

Esmalte PU Piscinas é um esmalte poliuretano bicomponente impermeável ideal para pintura de piscinas de concreto e fibra, deixando-as muito mais bonitas e duráveis. Possui excelente aderência e alta durabilidade, pois oferece total proteção contra umidade e excelente resistência química que protege contra intempéries. Com o passar do tempo, a cor não desbota, deixando sempre uma aparência de nova.

Embalagens/rendimento

Kit (4,5 L): até 40 m²/demão.

Aplicação

Utilizar pincel, rolo para epóxi ou pistola. Aplicar de 2 a 3 demãos.

Cor

Azul

Acabamento

Brilhante

Diluição

Pincel/rolo para epóxi: diluir de 10% a 20% com o Redutor Piscinas. Pistola: diluir de 20% a 25% com o Redutor Piscinas.

Secagem

Ao toque: 2 h
Entre demãos: 10 a 24 h
Final: 72 h

1 2 Preparação inicial

O substrato deve estar firme, limpo, coeso, seco, curado, com textura e absorção uniformes. Eliminar partículas soltas, sais solúveis, óleos, graxas, sabões, mofos e algas.

2 Preparação especial

Catálise: 3 partes de A (tinta) para uma parte de B (catalizador). Adicionar componente B no A, agitando e homogeneizando bem. Após efetuar a mistura, aguardar 15 min para proceder a diluição recomendada, agitando e homogeneizando bem. Somente 15 min após esses procedimentos, iniciar a aplicação. Utilizar a tinta em, no máximo, 6 h após a catálise.

1 Preparação em demais superfícies

Superfícies com partes mofadas: lavar com solução de água e água sanitária em partes iguais, esperar 6 h e enxaguar bem. Aguardar a secagem para pintar. Superfícies com brilho: lixar até retirar o brilho e eliminar o pó existente. Limpar utilizando pano umedecido com água e aguardar a secagem para pintar. **Superfícies com gordura ou graxa:** lavar com solução de água e detergente neutro e enxaguar. Aguardar a secagem para pintar. **Superfícies em bom estado:** lixar e eliminar o pó. **Superfícies novas de fibrocimento, cimento queimado ou com eflorescência:** limpar com solução ácida de limpeza, conforme recomendação do produto. Deixar agir por 40 min e enxaguar com água em abundância. Aguardar a secagem para pintar.

2 Preparação em demais superfícies

Concreto novo: aguardar a secagem do concreto por 28 dias. Após a cura, deixar a piscina com água por até 15 dias. Retirar a água e aguardar a secagem da superfície antes da pintura. Aplicar uma demão do Esmalte PU Piscinas como fundo a pincel e diluído a 30%. **Fibras de vidro:** lixar e remover completamente o pó. Lavar bem a superfície com água em abundância para remover resíduos solúveis em água. Limpar com thinner para remover resíduos de óleos ou gorduras. **Repintura sobre o próprio produto:** lixar e remover completamente o pó. Lavar a superfície com água para remover resíduos solúveis em água. Limpar com thinner para remover resíduos de óleos e gorduras. **Repintura sobre outros produtos:** remover produtos antigos e proceder nova pintura.

1 2 Precauções/dicas/advertências

Evitar aplicar em dias chuvosos ou com vento forte. Aplicar em temperatura entre 10 °C e 40 °C e com umidade relativa do ar entre 40% e 80%.

1 Principais atributos do produto 1

Oferece alta proteção, é impermeabilizante e superbrilhante. Deixa sua telha sempre nova.

2 Principais atributos do produto 2

Oferece excelente aderência e alta durabilidade. Não desbota e é super-resistente às intempéries.

3 4 Preparação inicial

O substrato deve estar firme, limpo, coeso, seco, curado, com textura e absorção uniformes. Eliminar partículas soltas, sais solúveis, óleos, graxas, sabões, mofos e algas.

3 Preparação em demais superfícies

Superfícies com partes mofadas: lavar com solução de água e água sanitária em partes iguais, esperar 6 h e enxaguar bem. Aguardar a secagem para pintar. **Superfícies com brilho:** lixar até retirar o brilho. Eliminar o pó existente. Limpar utilizando pano umedecido com água e aguardar a secagem para pintar. **Superfícies com gordura ou graxa:** lavar com solução de água e detergente neutro e enxaguar. Aguardar a secagem para pintar. **Superfícies em bom estado:** lixar e eliminar o pó.

3 4 Precauções / dicas / advertências

Evitar aplicar em dias chuvosos ou com vento forte. Aplicar em temperatura entre 10 °C e 40 °C e com umidade relativa do ar entre 40% e 80%.

3 Principais atributos do produto 3

Oferece superproteção e alto poder de impermeabilização. Mantém aparência natural e possui excelente aderência.

4 Principais atributos do produto 4

Melhora o desempenho e facilita a aplicação.

Stonelack 3

A resina para pedras Stonelack é um produto incolor de alta performance e alto brilho que oferece superproteção contra as ações do tempo, pois possui alto poder de impermeabilização. Embeleza e realça superfícies de pedras naturais decorativas e tijolos à vista mantendo sua aparência natural. Sua moderna formulação oferece um acabamento bonito e super-resistente, inclusive ao tráfego de pessoas.

Embalagens/rendimento

Galão (3,6 L): até 60 m²/demão.
Litro (900 mL): até 15 m²/demão.

Aplicação

Utilizar pincel, rolo de lã ou pistola. Aplicar de 2 a 3 demãos.

Cor

Incolor

Acabamento

Alto brilho

Diluição

Pronta para uso.

Secagem

Ao toque: 2 h
Entre demãos: 2 h
Final: 2 h

Aguarrás 4

Solvente de alta qualidade que, combinado com produtos da Tintas Renner aos quais é necessário, possibilita melhor nivelamento das superfícies ressaltando a beleza da pintura. Com Aguarrás Renner, fica mais fácil aplicar os produtos de acabamento e a limpeza das ferramentas fica mais prática.

Embalagens/rendimento

Lata (5 L) e *litro (900 mL)*.

Aplicação

Não aplicável.

Cor

Não aplicável

Acabamento

Não aplicável

Diluição

Não aplicável.

Secagem

Não aplicável

Extra Esmalte
Esmalte Dulit

Verniz Copal

Majestic Verniz Copal oferece alta proteção, beleza e sofisticação aos ambientes, com um acabamento brilhante e totalmente incolor. Não altera o aspecto natural da madeira e é indicado para uso em interiores sobre diversas superfícies de madeira, como portas, balcões, móveis e outras.

USE COM: Verniz Isolante
Seladora Concentrada

Embalagens/rendimento

Galão (3,6 L): até 110 m^2/demão.
Litro (900 mL): até 28 m^2/demão.

Aplicação

Aplicar de 2 a 3 demãos.

Cor

Incolor e 8 cores (canela, imbuia, nogueira, jatobá, castanheira, cedro, mogno e cerejeira) no sistema tintométrico The Voice of Color

Acabamento

Brilhante

Diluição

Pincel/rolo de espuma: diluir 10% com Aguarrás Renner.

Secagem

Ao toque: 2 h
Entre demãos: 8 h
Final: 18 h

Verniz Marítimo

2

Majestic Verniz Marítimo protege e realça os veios e a cor natural da madeira, criando uma película transparente e de alto brilho que oferece alta resistência às ações do sol, da maresia e da chuva. Indicado para áreas internas e externas e diversas superfícies de madeira. Majestic Verniz Marítimo é a escolha perfeita para proteção e beleza da madeira.

USE COM: Verniz Isolante
Seladora Concentrada

Embalagens/rendimento

Galão (3,6 L): até 110 m^2/demão.
Litro (900 mL) : até 28 m^2/demão.

Aplicação

Aplicar de 2 a 3 demãos.

Cor

Natural e 8 cores (canela, imbuia, nogueira, jatobá, castanheira, cedro, mogno e cerejeira) no sistema tintométrico The Voice of Color

Acabamento

Brilhante

Diluição

Pincel/rolo de espuma: diluir 10% com Aguarrás Renner.

Secagem

Ao toque: 2 h
Entre demãos: 8 h
Final: 18 h

1 2 Preparação inicial

O substrato deve estar firme, limpo, coeso, seco, curado e com textura e absorção uniformes. Eliminar partículas soltas, sais solúveis, óleos, graxas, sabões, mofos e algas.

1 2 Preparação em demais superfícies

Madeiras novas: imunizar contra insetos (cupins e brocas). Lixar e remover completamente o pó. Nunca pintar sobre madeira úmida ou "verde". Lavar a madeira com thinner ou aguarrás para retirar extratos solúveis da superfície. **Madeiras novas (repintura) e madeiras velhas:** sobre produtos Majestic, lixar até eliminar o brilho, remover completamente o pó e aplicar de 2 a 3 demãos do acabamento desejado. Sobre outros vernizes, os resíduos de pintura devem ser eliminados completamente por meio de raspagem e lixamento. Em seguida, proceder conforme a preparação e a aplicação em madeiras novas. **Superfícies com manchas de gordura ou graxa:** limpar com pano umedecido em thinner ou aguarrás. **Superfícies com partes mofadas:** lavar com solução de água e água sanitária na proporção de 1:1. Enxaguar e aguardar a secagem total.

1 2 Precauções/dicas/advertências

Evitar aplicar em dias chuvosos ou com vento forte. Aplicar em temperatura entre 10 °C e 40 °C e com umidade relativa do ar entre 40% e 80%.

1 Principais atributos do produto 1

Oferece proteção e beleza, é totalmente incolor e realça os veios da madeira.

2 Principais atributos do produto 2

Resiste à maresia, ao sol e à chuva, promove alta proteção e beleza e realça os veios da madeira.

Em 2007, a Tintas Renner passou a fazer parte da multinacional PPG, líder global no segmento de tintas e revestimentos, com o maior portfólio de produtos, tecnologias diferenciadas, serviços e outras soluções para o segmento.

3 4 Preparação inicial

O substrato deve estar firme, limpo, coeso, seco, curado e com textura e absorção uniformes. Eliminar partículas soltas, sais solúveis, óleos, graxas, sabões, mofos e algas.

3 4 Preparação em demais superfícies

Madeiras novas: imunizar contra insetos (cupins e brocas). Lixar e remover completamente o pó. Nunca pintar sobre madeira úmida ou "verde". Lavar a madeira com thinner ou aguarrás para retirar extratos solúveis da superfície. **Madeiras novas (repintura) e madeiras velhas:** sobre produtos Majestic, lixar até eliminar o brilho, remover completamente o pó e aplicar de 2 a 3 demãos do acabamento desejado. Sobre outros vernizes, os resíduos de pintura devem ser eliminados completamente por meio de raspagem e lixamento. Em seguida, proceder conforme a preparação e a aplicação em madeiras novas. **Superfícies com manchas de gordura ou graxa:** limpar com pano umedecido em thinner ou aguarrás. **Superfícies com partes mofadas:** lavar com solução de água e água sanitária na proporção de 1:1. Enxaguar e aguardar a secagem total.

3 4 Precauções / dicas / advertências

Evitar aplicar em dias chuvosos ou com vento forte. Aplicar em temperatura entre 10 °C e 40 °C e com umidade relativa do ar entre 40% e 80%.

3 Principais atributos do produto 3

Tem altíssimas durabilidade e resistência, oferece tripla proteção UV, é impermeável, não trinca e não descasca.

4 Principais atributos do produto 4

Possui ultraproteção UV e evita fungos e mofos. É impermeável e apresenta película com aspecto nobre.

0800-51-2380
www.tintasrenner-deco.com.br

Rekol PU Flex — 3

Majestic Rekol PU Flex é um verniz de secagem rápida, belíssimo acabamento, tripla proteção UV, ação fungicida e excelente resistência às ações do sol e da chuva. Possui a capacidade de acompanhar os movimentos da madeira durante o processo de retração e expansão, evitando, assim, o surgimento de trincas e fissuras no acabamento. Indicado para todos os tipos de madeira em exteriores e interiores.

USE COM: Verniz Isolante
Seladora Concentrada

Embalagens/rendimento
Galão (3,6 L): até 65 m²/demão.
Litro (900 mL): até 18 m²/demão.

Aplicação
Aplicar de 2 a 3 demãos.

Cor
Ipê, canela, cedro, imbuia e mogno

Acabamento
Acetinado e brilhante

Diluição
Pronto para uso.

Secagem
Ao toque: 2 h
Entre demãos: 8 h
Final: 18 h

Triplo Filtro Solar — 4

Majestic Triplo Filtro Solar possui proteção UV, excelente resistência contra as ações do sol e da chuva e ação fungicida, para evitar o aparecimento de fungos. Sua tecnologia forma uma película transparente que enobrece e revitaliza a madeira, em ambientes internos e externos, trazendo vida, bem-estar e beleza ao seu ambiente.

Verniz Isolante
Seladora Concentrada

Embalagens/rendimento
Galão (3,6 L): até 110 m²/demão.
Litro (900 mL) : até 28 m²/demão.

Aplicação
Aplicar de 2 a 3 demãos.

Cor
Natural e 8 cores (canela, imbuia, nogueira, jatobá, castanheira, cedro, mogno e cerejeira) no sistema tintométrico The Voice of Color

Acabamento
Acetinado e brilhante

Diluição
Pronto para uso.

Secagem
Ao toque: 2 h
Entre demãos: 8 h
Final: 18 h

PU Pisos 1

Majestic PU Pisos é um verniz poliuretânico monocomponente para pisos e escadas de madeira. Sua fórmula de alta qualidade sela, protege, proporciona excelente aparência vitrificada, realça a beleza natural da madeira e proporciona um acabamento extraordinário, deixando seu ambiente mais belo e sofisticado. Indicado exclusivamente para interiores, o Majestic PU Pisos pode ser aplicado sobre madeira nova ou antiga.

Embalagens/rendimento

Galão (3,6 L): até 60 m²/demão.
Litro (900 mL): até 15 m²/demão.

Aplicação

Aplicar de 2 a 3 demãos.

Cor

Incolor

Acabamento

Acetinado e brilhante

Diluição

Pronto para uso.

Secagem

Ao toque: 2 h
Entre demãos: 8 h
Final: 18 h

Deck Stain 2

Majestic Deck Stain foi especialmente formulado para proteção de decks de madeira e ambientes expostos ao sol e à umidade. Com acabamento impregnante, o Majestic Deck Stain impermeabiliza, oferece tripla proteção UV, não forma película ou filme e possui ação fungicida e alta hidrorrepelência, para deixar seu ambiente protegido e bonito.

Embalagens/rendimento

Galão (3,6 L): até 72 m²/demão.
Litro (900 mL): até 18 m²/demão.

Aplicação

Aplicar de 2 a 3 demãos.

Cor

Cedro

Acabamento

Acetinado

Diluição

Pronto para uso.

Secagem

Ao toque: 2 h
Entre demãos: 8 h
Final: 24 h

1 2 Preparação inicial

O substrato deve estar firme, limpo, coeso, seco, curado e com textura e absorção uniformes. Eliminar partículas soltas, sais solúveis, óleos, graxas, sabões, mofos e algas.

1 2 Preparação em demais superfícies

Madeiras novas: imunizar contra insetos (cupins e brocas). Lixar e remover completamente o pó. Nunca pintar sobre madeira úmida ou "verde". Lavar a madeira com thinner ou aguarrás para retirar extratos solúveis da superfície. **Madeiras novas (repintura) e madeiras velhas:** sobre produtos Majestic, lixar até eliminar o brilho. Remover completamente o pó e aplicar de 2 a 3 demãos do acabamento desejado. Sobre outros vernizes, os resíduos de pintura devem ser eliminados completamente por meio de raspagem e lixamento. Em seguida, proceder conforme a preparação e aplicação em madeiras novas. **Superfícies com manchas de gordura ou graxa:** limpar com pano umedecido em thinner ou aguarrás. **Superfícies com partes mofadas:** lavar com solução de água e água sanitária na proporção de 1:1. Enxaguar e aguardar a secagem total.

1 2 Precauções/dicas/advertências

Evitar aplicar em dias chuvosos ou com vento forte. Aplicar em temperatura entre 10 °C e 40 °C e com umidade relativa do ar entre 40% e 80%.

1 Principais atributos do produto 1

Oferece alta resistência à abrasão e acabamento vitrificado, protege e impermeabiliza.

2 Principais atributos do produto 2

Oferece proteção contra sol, chuva e umidade, alta repelência, tripla proteção UV e ação fungicida e algicida.

Em 2007, a Tintas Renner passou a fazer parte da multinacional PPG, líder global no segmento de tintas e revestimentos, com o maior portfólio de produtos, tecnologias diferenciadas, serviços e outras soluções para o segmento.

[3] [4] Preparação inicial

O substrato deve estar firme, limpo, coeso, seco, curado e com textura e absorção uniformes. Eliminar partículas soltas, sais solúveis, óleos, graxas, sabões, mofos e algas.

[3] [4] Preparação em demais superfícies

Madeiras novas: imunizar contra insetos (cupins e brocas). Lixar e remover completamente o pó. Nunca pintar sobre madeira úmida ou "verde". Lavar a madeira com thinner ou aguarrás para retirar extratos solúveis da superfície. **Madeiras resinosas:** lavar o substrato com thinner para a remoção da resina superficial da madeira. Em seguida, lixar até eliminar o brilho. Remover completamente o pó e aplicar de 2 a 3 demãos do acabamento desejado. **Superfícies com manchas de gordura ou graxa:** limpar com pano umedecido em thinner ou aguarrás. **Superfícies com partes mofadas:** lavar com solução de água e água sanitária na proporção de 1:1. Enxaguar e aguardar a secagem total. **Madeiras novas (repintura) e madeiras velhas:** sobre produtos Majestic, lixar até eliminar o brilho. Remover completamente o pó e aplicar de 2 a 3 demãos do acabamento desejado. Sobre outros vernizes, os resíduos de pintura devem ser eliminados completamente por meio de raspagem e lixamento. Em seguida, proceder conforme a preparação e a aplicação em madeiras novas.

[3] [4] Precauções / dicas / advertências

Evitar aplicar em dias chuvosos ou com vento forte. Aplicar em temperatura entre 10 °C e 40 °C e com umidade relativa do ar entre 40% e 80%.

[3] Principais atributos do produto 3

Promove proteção contra sol e chuva, é hidrorrepelente e não descasca.

[4] Principais atributos do produto 4

Oferece superproteção, alta repelência, proteção UV, fácil aplicação e manutenção e secagem rápida.

Stain [3]

Majestic Stain é um acabamento impregnante e impermeabilizante com tripla proteção UV e excelente resistência às ações do sol e da chuva. Não forma película ou filme e possui ação fungicida e hidrorrepelente, para proteger a madeira contra a umidade e o aparecimento de fungos. O Majestic Stain realça intensamente os veios naturais da madeira, proporcionando um acabamento acetinado com toque sedoso.

Embalagens/rendimento

Galão (3,6 L): até 72 m²/demão.
Litro (900 mL): até 18 m²/demão.

Aplicação

Aplicar de 2 a 3 demãos.

Cor

Imbuia, incolor, mogno e natural

Acabamento

Acetinado

Diluição

Pronto para uso.

Secagem

Ao toque: 2 h
Entre demãos: 8 h
Final: 24 h

Aqua Stain [4]

Majestic Aqua Stain foi especialmente desenvolvido para oferecer proteção e beleza para a madeira e bem-estar para você e sua família. Sua tecnologia à base d'água possui rápida secagem, baixo odor, alta resistência, hidrorrepelência e proteção UV. O Majestic Aqua Stain não forma película ou filme e realça os veios naturais da madeira, proporcionando um acabamento acetinado e sedoso.

Embalagens/rendimento

Galão (3,6 L): até 68 m²/demão.
Litro (900 mL): até 17 m²/demão.

Aplicação

Aplicar 3 demãos.

Cor

Natural

Acabamento

Acetinado

Diluição

Pronto para uso.

Secagem

Ao toque: 1 h
Entre demãos: 4 h
Final: 6 h

Classic Stain 1

Majestic Classic Stain é um acabamento impregnante que concede à madeira hidrorrepelência, tripla proteção UV e excelente resistência às ações do sol e da chuva. Possui ação fungicida e algicida para evitar o aparecimento de fungos e mofos e é fácil de aplicar. O Majestic Classic Stain realça os veios da madeira, proporcionando um acabamento acetinado, com toque macio e sedoso.

Embalagens/rendimento

Balde (18 L): até 360 m²/demão.
Galão (3,6 L): até 72 m²/demão.
Litro (900 mL): até 18 m²/demão.

Aplicação

Aplicar de 2 a 3 demãos.

Cor

Castanheira, incolor, mogno, natural e nogueira

Acabamento

Acetinado

Diluição

Pronto para uso.

Secagem

Ao toque: 2 h
Entre demãos: 8 h
Final: 24 h

Verniz Isolante 2

Majestic Verniz Isolante é um produto especialmente desenvolvido para madeiras novas. Sua tecnologia permite que o verniz penetre na madeira, impedindo a migração de extrativos (tanino) e evitando, assim, que estes comprometam o acabamento final (tinta à base d'água ou de solvente). Possui excelentes aderência, secagem e durabilidade do acabamento.

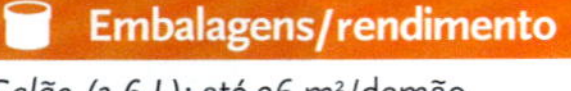

Embalagens/rendimento

Galão (3,6 L): até 26 m²/demão.
Litro (900 mL): até 7 m²/demão.

Aplicação

Aplicar 2 demãos.

Cor

Incolor

Acabamento

Não aplicável

Diluição

Pronto para uso.

Secagem

Ao toque: 3 h
Entre demãos: 3 h
Final: 24 h

Rekol PU Flex
Verniz Copal

1 2 Preparação inicial

O substrato deve estar firme, limpo, coeso, seco, curado e com textura e absorção uniformes. Eliminar partículas soltas, sais solúveis, óleos, graxas, sabões, mofos e algas.

1 2 Preparação em demais superfícies

Madeiras novas: imunizar contra insetos (cupins e brocas). Lixar e remover completamente o pó. Nunca pintar sobre madeira úmida ou "verde". Lavar a madeira com thinner ou aguarrás para retirar extratos solúveis da superfície. **Madeiras novas (repintura) e madeiras velhas:** sobre produtos Majestic, lixar até eliminar o brilho. Remover completamente o pó e aplicar de 2 a 3 demãos do acabamento desejado. Sobre outros vernizes, os resíduos de pintura devem ser eliminados completamente por meio da raspagem e lixamento. Em seguida, proceder conforme a preparação e aplicação em madeiras novas. **Superfícies com manchas de gordura ou graxa:** limpar com pano umedecido em thinner ou aguarrás. **Superfícies com partes mofadas:** lavar com solução de água e água sanitária na proporção de 1:1. Enxaguar e aguardar a secagem total. **Madeiras resinosas:** lavar o substrato com thinner para a remoção da resina superficial da madeira. Em seguida, lixar até eliminar o brilho. Remover completamente o pó e aplicar de 2 a 3 demãos do acabamento desejado.

1 2 Precauções/dicas/advertências

Evitar aplicar em dias chuvosos ou com vento forte. Aplicar em temperatura entre 10 °C e 40 °C e com umidade relativa do ar entre 40% e 80%.

1 Principais atributos do produto 1

Evita fungos e mofos, é hidrorrepelente, possui tripla proteção UV e proteção contra sol e chuva. Tem fácil aplicação e fácil manutenção.

2 Principais atributos do produto 2

Dispensa o uso de thinner para limpeza de extrativos, impede a migração de extrativos de madeiras resinosas e aumenta a durabilidade do acabamento.

Em 2007, a Tintas Renner passou a fazer parte da multinacional PPG, líder global no segmento de tintas e revestimentos, com o maior portfólio de produtos, tecnologias diferenciadas, serviços e outras soluções para o segmento.

3 Preparação inicial

O substrato deve estar firme, limpo, coeso, seco, curado e com textura e absorção uniformes. Eliminar partículas soltas, sais solúveis, óleos, graxas, sabões, mofos e algas.

3 Preparação em demais superfícies

Madeiras novas: imunizar contra insetos (cupins e brocas). Lixar e remover completamente o pó. Nunca pintar sobre madeira úmida ou "verde". Lavar a madeira com thinner ou aguarrás para retirar extratos solúveis da superfície. **Madeiras resinosas:** lavar o substrato com thinner para a remoção da resina superficial da madeira. Em seguida, lixar até eliminar o brilho. Remover completamente o pó e aplicar de 2 a 3 demãos do acabamento desejado. **Madeiras novas (repintura) e madeiras velhas:** sobre produtos Majestic, lixar até eliminar o brilho. Remover completamente o pó e aplicar de 2 a 3 demãos do acabamento desejado. Sobre outros vernizes, os resíduos de pintura devem ser eliminados completamente por meio de raspagem e lixamento. Em seguida, proceder conforme a preparação e a aplicação em madeiras novas. **Superfícies com manchas de gordura ou graxa:** limpar com pano umedecido em thinner ou aguarrás. **Superfícies com partes mofadas:** lavar com solução de água e água sanitária na proporção de 1:1. Enxaguar e aguardar a secagem total.

3 Precauções / dicas / advertências

Evitar aplicar em dias chuvosos ou com vento forte. Aplicar em temperatura entre 10 °C e 40 °C e com umidade relativa do ar entre 40% e 80%.

3 Principais atributos do produto 3

Tem rápida secagem, preenche os poros da madeira e é fácil de aplicar e lixar.

Seladora Concentrada 3

Majestic Seladora Concentrada é um complemento para a preparação de superfícies de madeira que possui ótimo poder de enchimento e rápida secagem, elimina a porosidade da madeira, facilita o lixamento e melhora a aplicação do verniz.

USE COM:
Rekol PU Flex
Verniz Copal

Embalagens/rendimento

Galão (3,6 L): até 22 m²/demão.
Litro (900 mL): até 6 m²/demão.

Aplicação

Aplicar de 2 a 3 demãos.

Cor

Incolor

Acabamento

Não aplicável

Diluição

Pincel/rolo de espuma/boneca: diluir 80% com Aguarrás Renner.

Secagem

Ao toque: 1 h
Entre demãos: 1 h
Final: 1 h

Resicolor Tintas: *soluções de qualidade para decorar, renovar e proteger superfícies.* Inovação, tecnologia e comprometimento com a satisfação dos clientes, foi com a união dessas três características que a Resicolor Tintas se consolidou no mercado como a marca sinônimo de qualidade. A empresa foi fundada na década de 1990, no município de Siderópolis (sul de SC), e hoje possui três unidades fabris, sendo duas em Siderópolis e uma em Goiás (GO).

Inovadores, sustentáveis e de alta qualidade, os produtos da Resicolor Tintas são conhecidos e comercializados em todos os estados brasileiros e em países do Mercosul. Com infraestrutura moderna e inovadora, o processo de fabricação da Resicolor Tintas segue todas as normas, as especificações e os padrões definidos pelos órgãos federais, estaduais e municipais, responsáveis por certificar e fiscalizar a qualidade dos produtos.

Ao longo de sua trajetória, a Resicolor Tintas conquistou várias certificações e prêmios. Prova disso são os selos ISO 9001 e ISO 14001. A empresa também é reconhecida por ser a primeira de Santa Catarina e de Goiás a receber o atestado PBQP-H, que leva em consideração a qualificação do mix de produtos. A organização ainda conta com as certificações Coatings Care – um programa mundial cuja atenção é voltada ao meio ambiente e à segurança do trabalho – e Sistema Globalmente Harmonizado (GHS), programa voltado à classificação e à rotulagem dos produtos químicos.

A empresa oferece suporte e diferenciais às lojas parceiras, com ênfase em treinamento e palestras técnicas junto aos vendedores. Outra grande vantagem de ser loja parceira da Resicolor Tintas é a possibilidade de contar com o Resicolor System, um sistema tintométrico capaz de gerar aproximadamente 30 mil cores.

25 anos de história

Neste ano de 2017, a Resicolor Tintas completa 25 anos. Dentre as muitas conquistas obtidas nesse período, destacam-se os fortes laços firmados com lojas parceiras, fundamentais para a consolidação da marca no Brasil e na América do Sul.

CERTIFICAÇÕES

Resicolor
A RESICOLOR CONTA COM UMA INFRAESTRUTURA MODERNA E INOVADORA PARA GARANTIR A QUALIDADE DE SUAS SOLUÇÕES.

Acrílico Super Premium Ouro 1

ACABAMENTO FOSCO

Acrílico Super Premium Ouro é uma tinta com altíssima cobertura, baixo respingo e sem cheiro. Proporciona um efeito realmente impermeabilizante e é altamente resistente a raios UV, intempéries, alcalinidade, maresia e desbotamento. Indicada para aplicação em exteriores e interiores, mantendo as superfícies pintadas com a tonalidade e a aparência originais por muito mais tempo.

USE COM: Massa Corrida; Massa Acrílica

Embalagens/rendimento

Lata (18 L): 250 a 380 m²/demão.
Lata (16,2 L): 225 a 342 m²/demão.
Galão (3,6 L): 50 a 76 m²/demão.
Galão (3,24 L): 45 a 68 m²/demão.
Quarto (0,9 L): 12 a 19 m²/demão.
Quarto (0,81 L): 11 a 17 m²/demão.
Obs.: rendimento teórico, variável conforme substrato, método e técnica de aplicação.

Aplicação

Utilizar rolo de lã de pelo baixo ou pincel de cerdas macias.

Cor

Disponível em 16 cores prontas e mais 1.039 no Resicolor System

Acabamento

Fosco, semibrilho e acetinado

Diluição

Diluir de 10% a 30% com água.

Secagem

Ao toque: 2 h
Entre demãos: 4 h
Final: 12 h

Acrílico Super Cobertura Mais 2

Tinta acrílica standard de alto rendimento e alta diluição. Elaborada a partir de cargas multifuncionais microporosas que conferem alto poder de opacidade à tinta com excelente performance. A nova fórmula do Acrílico Super Cobertura Mais foi especialmente desenvolvida para permitir uma diluição superior à das tinta convencionais por sua alta consistência, proporcionando altíssimo rendimento.

USE COM: Vedasim Parede; Fundo Preparador de Parede

Embalagens/rendimento

Lata (18 L): até 500 m²/demão.
Lata (16,2 L): até 450 m²/demão.
Galão (3,6 L): até 100 m²/demão.
Galão (3,24 L): até 90 m²/demão.
Quarto (0,9 L): até 25 m²/demão.
Quarto (0,81 L): até 23 m²/demão.

Aplicação

Utilizar rolo de lã de pelo baixo ou pincel de cerdas macias.

Cor

Disponível em 12 cores prontas e mais 526 no Resicolor System

Acabamento

Fosco

Diluição

Diluir de 60% a 80% com água potável.

Secagem

Ao toque: 2 h
Entre demãos: 4 h
Final: 12 h

1 2 Preparação inicial

A superfície deve estar limpa, coesa, firme, seca e sem poeira, gordura, graxa, sabão ou mofo.

1 2 Preparação especial

Para melhor acabamento, recomenda-se maior número de demãos em cores escuras com características de transparência, como: amarelos, laranjas e vermelhos. Cores produzidas com pigmentos orgânicos (amarelos, vermelhos, violetas e laranjas) podem apresentar desbotamento ao longo do tempo quando usadas em exteriores.

1 2 Preparação em demais superfícies

Reboco novo: aguardar secagem e cura de 28 dias, no mínimo. Aplicar uma demão de Selador Acrílico Resicolor. Superfícies próximas ao rodapé devem ser rigorosamente observadas quanto à cura e à secagem mesmo após 28 dias. **Concreto novo altamente absorvente (gesso e fibrocimento):** aplicar Fundo Preparador de Parede Resicolor conforme recomendações da embalagem. **Repintura:** raspar e lixar até eliminar o brilho e remover a tinta antiga mal-aderida.

1 Preparação em demais superfícies

Superfícies com microfissuras: corrigir com Vedasim Rápido ou Vedasim Parede Resicolor microfissuras de até 0,3 mm conforme instruções na embalagem do produto.

2 Preparação em demais superfícies

Superfícies com microfissuras: corrigir com Vedasim Laje ou Vedasim Parede Resicolor microfissuras de até 0,3 mm conforme instruções na embalagem do produto.

1 2 Precauções/dicas/advertências

Evitar aplicar em dias chuvosos, sobre superfícies quentes ou em ambientes com temperatura abaixo de 10 °C e umidade relativa do ar superior a 90%. Pingos de chuva podem provocar manchas na superfície até 30 dias após a aplicação. Caso ocorra o problema, lavar toda a superfície com água em abundância imediatamente. Diferenças de brilho podem ocorrer pela diferença de porosidade da superfície. Nesse caso, antes da aplicação, uniformizar a superfície com Fundo Preparador de Parede Acqualine. Não se recomendam misturas entre tipos de produto. Evitar retocar a pintura após 24 h da aplicação e, quando necessário, repintar a superfície delimitada total. A superfície pintada só poderá ser lavada 30 dias após pintura, tempo de cura completa da tinta. Para limpeza da superfície pintada, usar detergente líquido neutro e esponja macia de forma suave e homogênea em toda a superfície. Enxaguar com água limpa. O uso de produtos abrasivos pode danificar a superfície pintada e provocar manchas com diferenças de tonalidade.

1 Principais atributos do produto 1

Possui algicida, evitando formação de limos e fungos. Sem cheiro 3 h após a aplicação.

2 Principais atributos do produto 2

Tem alto rendimento de até 500 m²/demão e é sem cheiro.

3 4 Preparação inicial

A superfície deve estar limpa, coesa, firme, seca e sem poeira, gordura, graxa, sabão ou mofo.

3 4 Preparação especial

Para melhor acabamento, recomenda-se maior número de demãos em cores escuras com características de transparência, como: amarelos, laranjas e vermelhos. Cores produzidas com pigmentos orgânicos (amarelos, vermelhos, violetas e laranjas) podem apresentar desbotamento ao longo do tempo quando usadas em exteriores.

3 4 Preparação em demais superfícies

Reboco novo: aguardar secagem e cura de 28 dias, no mínimo. Aplicar uma demão de Selador Acrílico Resicolor. Superfícies próximas ao rodapé devem ser rigorosamente observadas quanto à cura e à secagem mesmo após 28 dias. **Concreto novo altamente absorvente (gesso e fibrocimento):** aplicar Fundo Preparador de Parede Resicolor conforme recomendações da embalagem. **Repintura:** raspar e lixar até eliminar o brilho e remover a tinta antiga mal-aderida.

3 Preparação em demais superfícies

Superfícies com microfissuras: corrigir com Vedasim Laje ou Vedasim Parede Resicolor microfissuras de até 0,3 mm conforme instruções na embalagem do produto.

4 Preparação em demais superfícies

Superfícies com microfissuras: corrigir com Vedasim Rápido ou Vedasim Parede Resicolor microfissuras de até 0,3 mm conforme instruções na embalagem do produto.

3 4 Precauções / dicas / advertências

Evitar aplicar em dias chuvosos, sobre superfícies quentes ou em ambientes com temperatura abaixo de 10 °C e umidade relativa do ar superior a 90%. Pingos de chuva podem provocar manchas na superfície até 30 dias após a aplicação. Caso ocorra o problema, lavar toda a superfície com água em abundância imediatamente. Diferenças de brilho podem ocorrer pela diferença de porosidade da superfície. Nesse caso, antes da aplicação, uniformizar a superfície com Fundo Preparador de Parede Acqualine. Não se recomendam misturas entre tipos de produto. Evitar retocar a pintura após 24 h da aplicação e, quando necessário, repintar a superfície delimitada total. O uso de produtos abrasivos pode danificar a superfície pintada e provocar manchas com diferenças de tonalidade. A superfície pintada só poderá ser lavada 30 dias após pintura, tempo de cura completa da tinta. Para limpeza da superfície pintada, usar detergente líquido neutro e esponja macia de forma suave e homogênea em toda a superfície. Enxaguar com água limpa.

3 Principais atributos do produto 3

Não tem cheiro e proporciona pintura mais limpa.

4 Principais atributos do produto 4

Boa cobertura úmida, baixo respingo e sem cheiro.

Acrílico Super Cobertura — 3

Acrílico Super Cobertura é um produto que proporciona embelezamento exclusivo na sua pintura, ótima resistência às intempéries como sol e chuva e efeito Plus na resistência de lavabilidade. Especialmente aditivada com biocidas de última geração, proporciona proteção contra fungos e mofo.

USE COM: Vedasim Parede
Fundo Preparador de Parede

Embalagens/rendimento

Lata (18 L): 200 a 300 m²/demão.
Lata (16,2 L): 180 a 270 m²/demão.
Galão (3,6 L): 40 a 60 m²/demão.
Galão (3,24 L): 36 a 54 m²/demão.
Quarto (0,9 L): 10 a 15 m²/demão.
Quarto (0,81 L): 9 a 14 m²/demão.

Aplicação

Utilizar rolo de lã de pelo baixo ou pincel de cerdas macias.

Cor

Disponível em 18 cores prontas e mais 1.039 no Resicolor System

Acabamento

Fosco e semibrilho

Diluição

Diluir de 10% a 20% com água.

Secagem

Ao toque: 2 h
Entre demãos: 4 h
Final: 12 h

Acrílico Pinta Mais — 4

Acrílico Pinta Mais é uma tinta com alto rendimento, aspecto fosco e aveludado, excelente cobertura úmida e sem cheiro indicada para uso interno, apresentando baixo respingo e proporcionando um ótimo acabamento.

Selador Acrílico Pigmentado
Fundo Preparador de Parede

Embalagens/rendimento

Lata (18 L): 150 a 300 m²/demão.
Lata (16,2 L): 135 a 270 m²/demão.
Galão (3,6 L): 30 a 60 m²/demão.
Galão (3,24 L): 27 a 54 m²/demão.
Quarto (0,9 L): 7 a 15 m²/demão.
Quarto (0,81 L): 6 a 14 m²/demão.

Aplicação

Utilizar rolo de lã de pelo baixo ou pincel de cerdas macias.

Cor

Disponível em 26 cores prontas e mais 231 no Resicolor System

Acabamento

Fosco

Diluição

Diluir de 10% a 20% com água.

Secagem

Ao toque: 2 h
Entre demãos: 4 h
Final: 12 h

A Revprol Indústria e Comércio Ltda. iniciou sua produção em 1997, em Ribeirão Preto (SP), com o objetivo de fabricar os melhores produtos da linha imobiliária, focando inicialmente no segmento de revestimentos acrílicos. Para que isso fosse possível, contratamos profissionais com larga experiência em produção e administração e fizemos uma seleção dos melhores fornecedores de matéria-prima existentes e conhecidos mundialmente, porque fazer tinta é "misturar coisas boas ou coisas ruins" e, assim, com muito trabalho e seriedade, somos hoje uma empresa fornecedora para as melhores construtoras e construtores do país.

Desde o início, atendemos somente a consumidores finais – não temos produtos na rede varejista. Nossos negócios são realizados por meio de representantes e vendedores.

A Revprol é uma empresa familiar fundada pelo Sr. José Francisco Coelho e filhos. Guilherme Coelho, desde o seu início na empresa, é o sucessor.

Em 2009, inauguramos uma nova e moderna fábrica no distrito industrial, com fácil acesso a todas as rodovias do estado e prédio próprio, triplicando nossa capacidade instalada.

Diferentemente de nossa fase inicial, hoje produzimos látex acrílico, selador, Revgraf, texturas e outros tipos de revestimentos. Para melhor atender a nossos clientes, investimos consideravelmente em transporte próprio, facilitando o cumprimento das datas de entregas. Desse modo, completamos nosso objetivo de marketing inovador, ou seja, "qualidade dos produtos e serviços".

A Revprol atende todo o Sudeste e parte do Centro-Oeste. Nossos escritórios de representação estão localizados em cidades estratégicas.

É com orgulho que participamos do Programa Setorial da Qualidade da ABRAFATI. Esse projeto está de acordo com nossa cultura de oferecer ao mercado produtos certificados que atendam às exigências do consumidor. Participamos também do Programa Brasileiro da Qualidade e Produtividade do Habitat e esperamos a certificação de outros produtos que estão em estudos finais.

Conheça melhor a Revprol, seus produtos e clientes em www.revprol.com.br. É possível encontrar imagens de obras de diversas construtoras clientes renomadas com fornecimentos continuados – uma evidência da satisfação de comprar da Revprol.

Nosso lema: *Para que as coisas deem certo, faça certo!*

CERTIFICAÇÕES

INFORMAÇÕES DE SERVIÇO AO CONSUMIDOR

A empresa dispõe de Serviço de Atendimento ao Consumidor pelos canais:
Rua Reinaldo Sandrin, 1031 – Distrito Empresarial – Ribeirão Preto (SP)

www.revprol.com.br

SAC (16) 3623-7877

Látex Acrílico 1

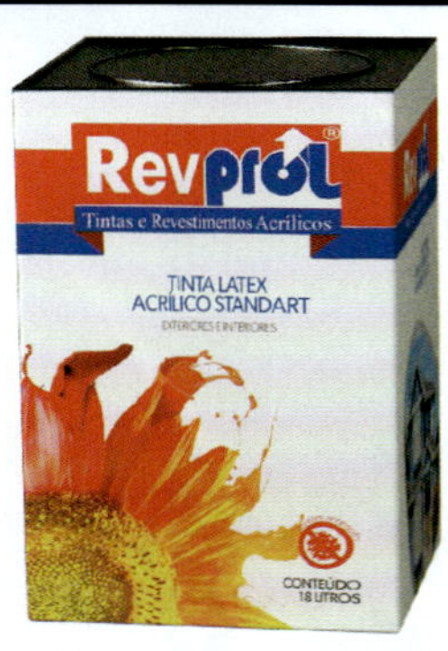

Tinta de acabamento fosco com alto poder de cobertura e resistência. Indicada para uso interno e externo. Pode ser aplicada sobre reboco, concreto, massa corrida e repintura. Tem um ótimo rendimento, podendo ser fornecido na cor especificada pelo cliente.

USE COM: Selador Acrílico

Embalagens/rendimento

Lata (18 L): 350 m²/demão.

Aplicação

Aplicar de 2 a 4 demãos e aguardar 18 h para cura total.

Cor

Conforme cartela de cores

Acabamento

Fosco

Diluição

Diluir com 35% de água limpa na primeira demão e com 20% nas demais demãos.

Secagem

Ao toque: 1 h
Entre demãos: 4 h
Total: 18 h

Revgraff 2

Revestimento acrílico ultrarresistente com acabamento tipo riscado, indicado para aplicação em reboco e demais tipos de alvenaria. Além de proporcionar um ótimo acabamento, ajuda a minimizar as imperfeições da parede.

USE COM: Primer
Selador Acrílico

Embalagens/rendimento

Barrica (30 kg): 9 m²/demão.

Aplicação

Aplicar uma demão com espátula de aço e desempenadeira de acrílico.

Cor

Conforme cartela de cores

Acabamento

Fosco

Diluição

Pronto para uso.

Secagem

Ao toque: 3 h
Cura total: 72 h

1 Preparação inicial

A superfície deve estar seca, limpa e isenta de pó, sabão ou gordura.

2 Preparação inicial

A superfície deve estar seca, limpa e isenta de pó, gordura, sabão ou mofo. Aplicar selador acrílico na cor do produto e aguardar, no mínimo, 6 h e, no máximo, 30 dias.

1 2 Preparação especial

Superfícies com mofo: deverão ser lavadas com água sanitária e água na proporção de 1:1.

1 Preparação em demais superfícies

Superfícies soltas: aplicar fundo preparador de parede.

2 Preparação em demais superfícies

Superfícies soltas: aplicar fundo preparador e, posteriormente, selador acrílico.

1 2 Precauções/dicas/advertências

Não aplicar em dias chuvosos ou com ocorrência de ventos fortes. Não aplicar com temperaturas inferiores a 10 °C ou superiores a 40 °C. Não aplicar com umidade relativa superior a 90%.

1 Principais atributos do produto 1

Tem alto poder de cobertura e resistência.

2 Principais atributos do produto 2

Tem alto poder de cobertura e resitência.

A Revprol oferece produtos de alta qualidade com preços competitivos, além de um atendimento personalizado: nossos vendedores vão até os clientes.

3 4 Preparação inicial

A superfície deve estar seca, limpa e isenta de pó, gordura, sabão ou mofo. Aplicar o selador acrílico na cor do produto e aguardar, no mínimo, 6 h e, no máximo, 30 dias.

3 4 Preparação especial

Superfícies com mofo: deverão ser lavadas com água sanitária e água na proporção de 1:1.

3 4 Preparação em demais superfícies

Superfícies soltas: aplicar fundo preparador de parede e, posteriormente, selador acrílico.

3 4 Precauções / dicas / advertências

Não aplicar em dias chuvosos ou com ocorrência de ventos fortes. Não aplicar com temperaturas inferiores a 10 °C ou superiores a 40 °C. Não aplicar com umidade relativa superior a 90%.

3 Principais atributos do produto 3

Oferece excelentes cobertura e resistência.

4 Principais atributos do produto 4

Tem alto poder de cobertura e resistência.

Imperial 3

Textura tipo rolada, com ótimo acabamento e ótima resistência. Indicada para áreas internas e externas, podendo ser aplicada em qualquer tipo de alvenaria. Fornecida nas cores especificadas pelo cliente.

USE COM: Selador Acrílico

Embalagens/rendimento

Barrica (30 kg): 16 m²/demão.

Aplicação

Aplicar uma demão com rolo de textura.

Cor

Conforme cartela de cores

Acabamento

Fosco

Diluição

Diluir com até 3,5% de água limpa.

Secagem

Ao toque: 3 h
Cura total: 72 h

Lamatã 4

Revestimento acrílico super-resistente com acabamento texturizado. Indicado para aplicação interna e externa e fornecido nas cores especificadas pelo cliente. Pode ser aplicado direto no reboco.

USE COM: Selador Acrílico

Embalagens/rendimento

Barrica (30 kg): 9,5 m²/demão.

Aplicação

Aplicar uma demão com espátula de aço e desempenadeira de acrílico.

Cor

Conforme cartela de cores

Acabamento

Fosco

Diluição

Pronto para uso.

Secagem

Ao toque: 3 h
Cura total: 72 h

Granyl 

Revestimento acrílico ultrarresistente, indicado para aplicação direto no reboco. Sua espessura permite corrigir imperfeições da parede e oferece maior proteção contra a umidade no imóvel.

Embalagens/rendimento

Barrica (30 kg): 6 m²/demão.

Aplicação

Aplicar uma demão com espátula de aço e desempenadeira de acrílico.

Cor

Conforme cartela de cores

Acabamento

Fosco

Diluição

Pronto para uso.

Secagem

Ao toque: 5 h
Cura total: 96 h

USE COM: Selador Acrílico

Revcor 2

Revestimento acrílico decorativo, indicado para interior e exterior. Seu acabamento simula uma fachada envelhecida.

Embalagens/rendimento

Barrica (30 kg): 20 m²/demão.

Aplicação

Aplicar uma demão com desempenadeira de aço.

Cor

Conforme cartela de cores

Acabamento

Semibrilho

Diluição

Pronto para uso.

Secagem

Ao toque: 2 h
Cura total: 72 h

USE COM: Selador Acrílico

1 Preparação inicial

A superfície deve estar seca, limpa e isenta de pó, gordura, sabão ou mofo. Aplicar selador acrílico na cor do produto e aguardar, no mínimo, 6 h e, no máximo, 30 dias.

2 Preparação inicial

A superfície deve estar seca, limpa e isenta de pó, gordura, sabão ou mofo. Aplicar selador acrílico na cor do produto e aguardar, no mínimo, 6 h e, no máximo, 30 dias. Em seguida, aplicar gel reagente.

1 2 Preparação especial

Superfícies com mofo: deverão ser lavadas com água sanitária e água na proporção de 1:1.

1 2 Preparação em demais superfícies

Superfícies soltas: aplicar fundo preparador e, posteriormente, selador acrílico.

1 2 Precauções/dicas/advertências

Não aplicar em dias chuvosos ou com ocorrência de ventos fortes. Não aplicar com temperaturas inferiores a 10 °C ou superiores a 40 °C. Não aplicar com umidade relativa superior a 90%.

1 Principais atributos do produto 1

Oferece excelentes cobertura e resistência.

O rendimento dos produtos pode variar de acordo com a superfície em que são aplicados e a especialização dos aplicadores.

3 Preparação inicial

A superfície deve estar seca, limpa e isenta de pó, gordura ou sabão. Aplicar o selador na cor do produto.

4 Preparação inicial

A superfície deve estar seca, limpa e isenta de pó, gordura, sabão ou mofo. Aplicar selador acrílico na cor do produto e aguardar, no mínimo, 6 h e, no máximo 30 dias.

3 4 Preparação especial

Superfícies com mofo: deverão ser lavadas com água sanitária e água na proporção de 1:1.

3 Preparação em demais superfícies

Superfícies soltas: aplicar fundo preparador de parede.

4 Preparação em demais superfícies

Superfícies soltas: aplicar fundo preparador e, posteriormente, selador acrílico.

3 4 Precauções / dicas / advertências

Não aplicar em dias chuvosos ou com ocorrência de ventos fortes. Não aplicar com temperaturas inferiores a 10 °C ou superiores a 40 °C. Não aplicar com umidade relativa superior a 90%.

3 Principais atributos do produto 3

Oferece excelentes cobertura e resistência.

4 Principais atributos do produto 4

Oferece excelentes cobertura e resistência.

Luminosita 3

Revestimento acrílico resistente que pode ser aplicado direto sobre o reboco. Seu acabamento proporciona um efeito de brilho sobre a superfície. Possui uma ótima cobertura. Fornecido nas cores especificadas pelo cliente.

USE COM: Selador Acrílico

Embalagens/rendimento
Barrica (30 kg): 9 m²/demão.

Aplicação
Aplicar uma demão com desempenadeira de aço.

Cor
Conforme cartela de cores

Acabamento
Brilhante

Diluição
Pronto para uso.

Secagem
Ao toque: 3 h
Cura total: 72 h

Messina 4

Revestimento acrílico resistente, indicado para aplicação interna e externa. Pode ser aplicado direto sobre o reboco e proporciona ótimos acabamento e cobertura. Fornecido nas cores especificadas pelo cliente.

Selador Acrílico

Embalagens/rendimento
Barrica (30 kg): 10 m²/demão.

Aplicação
Aplicar uma demão com espátula de aço e desempenadeira de acrílico.

Cor
Conforme cartela de cores

Acabamento
Fosco

Diluição
Pronto para uso.

Secagem
Ao toque: 4 h
Cura total: 72 h

Primer 1

Selador acrílico indicado para aplicação em todo tipo de alvenaria. Sua função é agregar as partículas soltas da superfície criando maior ancoragem no substrato para receber o produto de acabamento final. Fornecido na cor especificada pelo cliente.

Selador Acrílico

Embalagens/rendimento

Barrica (25 kg): 75 m²/demão.

Aplicação

Aplicar uma demão com rolo de lã alta.

Cor

Branco ou conforme cartela de cores

Acabamento

Fosco

Diluição

Pronto para uso.

Secagem

Completa: 6 h

1 Preparação inicial

A superfície deve estar seca, limpa e isenta de pó, gordura, sabão ou mofo.

1 Preparação especial

Superfícies com mofo: deverão ser lavadas com água sanitária e água na proporção de 1:1.

1 Preparação em demais superfícies

Superfícies soltas: aplicar fundo preparador e, posteriormente, selador acrílico.

1 Precauções / dicas / advertências

Não aplicar em dias chuvosos ou com ocorrência de ventos fortes. Não aplicar com temperaturas inferiores a 10 °C ou superiores a 40 °C. Não aplicar com umidade relativa superior a 90%.

1 Principais atributos do produto 1

Prepara a superfície para receber o produto final.

Conheça melhor a Revprol, seus produtos e clientes em www.revprol.com.br.

Verniz Copal 

Indicado para móveis e madeiras decorativas em geral de uso interior. É fácil de aplicar, com ótimo rendimento e secagem rápida. Pode ser tingido com Tingilack em até 2%.

Embalagens/rendimento

Lata (18 L) e quarto (0,9 L).
Galão (3,6 L)
Pincel/rolo: 40 m²/galão/demão.
Pistola: 20 m²/galão/demão.

Aplicação

Utilizar pincel, pistola ou rolo. Aplicar 3 demãos. Lixar após a primeira demão. Aplicar as demãos seguintes sem lixamento.

Cor

Transparente

Acabamento

Alto brilho

Diluição

Diluir de 10% a 20% com Sayerraz.

Secagem

Entre demãos: 8 h
Completa: 24 h

USE COM: Sayermassa, Remolack Gel

Sintelack Verniz Sintético 

Indicado para acabamento de móveis de madeira e madeiras decorativas em geral, de uso interior, com boa secagem e de fácil aplicação.

Embalagens/rendimento

Lata (18 L) e quarto (0,9 L).
Galão (3,6 L)
Pincel: 40 m²/galão/demão.
Pistola: 20 m²/galão/demão.

Aplicação

Utilizar pincel e pistola: aplicar 3 demãos. Lixar após a primeira demão. Aplicar as demãos seguintes sem lixamento.

Cor

Transparente

Acabamento

Brilhante

Diluição

Diluir de 10% a 20% com Sayerraz.

Secagem

Entre demãos: 8 h
Completa: 24 h

USE COM: Sayermassa, Remolack Gel

1 2 Preparação inicial

Primeira pintura: observar se é necessário aplicar massa em buracos ou fissuras na madeira. Utilizar a Sayermassa com a cor próxima da madeira, aguardar o tempo de secagem e promover o lixamento com lixas apropriadas, seguindo sempre os veios da madeira. Pode-se iniciar com uma lixa grana 180, depois 240, podendo chegar a grana 280 para deixar a superfície mais lisa. Em seguida, limpar os resíduos e o pó do lixamento. Deixar a superfície limpa, seca e isenta de partículas soltas. Em madeiras que estejam impregnadas com produtos à base de óleo (ex.: óleo de linhaça), removê-los com Thinner Especial, Thinner Profissional ou Remolack Gel. Promover um lixamento adequado. Aplicar uma de nossas Seladoras, Concentrada, Extra ou Universal. **Repintura:** em pinturas em boas condições, lixar com lixa 240 ou 280, remover resíduos de pó e aplicar o verniz. Para pinturas que apresentam fissuras ou partículas soltas, recomenda-se remover completamente o acabamento anterior com Remolack Gel, seguindo o boletim de aplicação do produto.

1 2 Preparação especial

Aplicar uma de nossas seladoras base nitrocelulose: Seladora Universal, Seladora Concentrada ou Seladora Extra.

1 Principais atributos do produto 1

É fácil de aplicar e possui ótimo desempenho.

A única empresa brasileira exclusivamente focada em soluções para madeiras, com 48 anos de experiência e líder no mercado da indústria de transformação da madeira.

3 4 Preparação inicial

Primeira pintura: observar se é necessário aplicar massa em buracos ou fissuras na madeira. Utilizar a Sayermassa com a cor próxima da madeira, aguardar o tempo de secagem e promover o lixamento com lixas apropriadas, seguindo sempre os veios da madeira. Pode-se iniciar com uma lixa grana 180, depois 240, podendo chegar a grana 280 para deixar a superfície mais lisa. Em seguida, limpar os resíduos e o pó do lixamento. Deixar a superfície limpa, seca e isenta de partículas soltas. Em madeiras que estejam impregnadas com produtos à base de óleo (ex.: óleo de linhaça), remover com Thinner Especial, Thinner Profissional ou Remolack Gel. Promover um lixamento adequado. **Repintura:** em pinturas que estão em boas condições, lixar com uma lixa 240 ou 280, remover os resíduos de pó e aplicar o verniz. Para pinturas que apresentam fissuras ou partículas soltas, recomenda-se remover completamente o acabamento anterior com Remolack Gel, seguindo o boletim de instruções de aplicação do produto.

3 Precauções / dicas / advertências

Dica: caso queira tingi-lo, usar Tingilack.

3 Principais atributos do produto 3

Contém triplo filtro solar e possui alto rendimento e secagem rápida.

4 Principais atributos do produto 4

Renova, restaura e tinge.

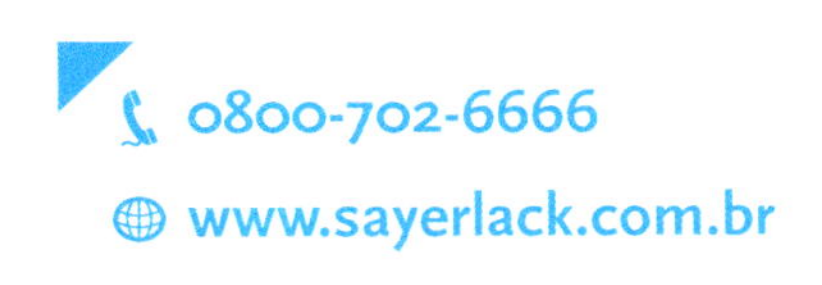

Poliulack Verniz Marítimo Premium 3

Indicado para acabamento de portas, janelas, lambris e madeiras decorativas em geral, em interior e exterior. Verniz marítimo com triplo filtro solar, alto rendimento, secagem rápida e durabilidade de até 2 anos. Pode ser tingido com Tingilack em até 2%.

USE COM: Tingilack
Remolack Gel

Embalagens/rendimento

Lata (18 L), quarto (0,9 L) e 1/16 (225 mL). Galão (3,6 L)
Pincel/rolo: 68 m²/galão/demão.

Aplicação

Pincel ou rolo: aplicar 3 demãos. Indica-se a aplicação com pincel na primeira demão, pois garante a aderência do produto. Depois da primeira demão, aguardar o tempo de secagem e promover um leve lixamento com lixa 240 ou 280; aplicar as demãos seguintes sem lixamento.

Cor

Transparente

Acabamento

Acetinado e brilhante

Diluição

Pronto para uso. Se necessário, diluir com Sayerraz até 10%.

Secagem

Entre demãos: 12 h
Completa: 24 h

Polirex Verniz Restaurador Premium 4

Indicado para acabamento de portas, batentes, beirais, janelas, esquadrias e madeiras decorativas em geral em exterior e interior. Verniz restaurador com triplo filtro solar, renova, restaura e tinge a madeira, com ação fungicida e com durabilidade de até 3 anos. Produto com ótima dureza em relação aos da sua classe.

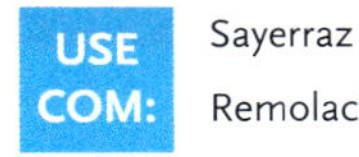
USE COM: Sayerraz
Remolack Gel

Embalagens/rendimento

Lata (18 L), quarto (0,9 L) e 1/16 (225 mL). Galão (3,6 L)
Pincel/rolo: 60 m²/galão/demão.

Aplicação

Pincel ou rolo: aplicar 3 demãos. Indica-se a aplicação com pincel na primeira demão, pois garante a aderência do produto. Depois da primeira demão, aguardar o tempo de secagem e promover um leve lixamento com lixa 240 ou 280; aplicar as demãos seguintes sem lixamento.

Cor

Mogno e imbuia

Acabamento

Brilhante

Diluição

Pronto para uso. Se necessário, diluir até 10 % com Sayerraz.

Secagem

Entre demãos: 12 h
Completa: 24 h

Polikol Verniz Alto Desempenho 1

Indicado para portas, janelas, lambris, casas pré-fabricadas e madeiras decorativas em geral, de uso interno e externo, flexível, não descasca nem trinca, tem excelente resistência a intempéries, com ultrabloqueador solar e durabilidade de até 6 anos.

USE COM: Sayermassa
Remolack Gel

Embalagens/rendimento

Quarto (0,9 L).
Galão (3,6 L)
Pincel/rolo: 60 m²/galão/demão.

Aplicação

Pincel ou rolo de espuma ou de lã rebaixado: aplicar 3 demãos (mínimo de 70 µm). Indica-se a aplicação com pincel na primeira demão, pois garante a aderência do produto. Depois da primeira demão, aguardar o tempo de secagem e promover um leve lixamento com lixa 240 ou 280; aplicar as demãos seguintes sem lixamento.

Cor

Mogno, imbuia, canela e incolor

Acabamento

Acetinado e brilhante

Diluição

Pronto para uso. Agitar bem antes de usar e durante a aplicação.

Secagem

Entre demãos: 8 h
Completa: 24 h

Verniz Marítimo Base Água – Aquaris 2

Indicado para acabamento de portas, janelas, lambris e madeiras decorativas em geral, de uso interno e externo. Verniz marítimo com filtro solar, alto rendimento, secagem rápida e durabilidade de até 2 anos.

USE COM: Sayermassa
Remolack Gel

Embalagens/rendimento

Quarto (0,9 L).
Galão (3,6 L)
Pincel/rolo: 68 m²/galão/demão.

Aplicação

Pincel ou rolo: aplicar 3 demãos (mínimo de 70 µm). Indica-se a aplicação com pincel na primeira demão, pois garante a aderência do produto. Depois da primeira demão, aguardar o tempo de secagem e promover um leve lixamento com lixa 240 ou 280; aplicar as demãos seguintes sem lixamento.

Cor

Transparente

Acabamento

Acetinado

Diluição

Agitar bem. Diluir de 10% a 15% com água.

Secagem

Entre demãos: 4 h
Completa: 24 h

1 2 Preparação inicial

Primeira pintura: observar se é necessário aplicar massa em buracos ou fissuras na madeira. Utilizar a Sayermassa com a cor próxima da madeira, aguardar o tempo de secagem e promover o lixamento com lixas apropriadas, seguindo sempre os veios da madeira. Pode-se iniciar com uma lixa grana 180, depois 240, podendo chegar a grana 280 para deixar a superfície mais lisa. Em seguida, limpar os resíduos e o pó do lixamento. Deixar a superfície limpa, seca e isenta de partículas soltas. Em madeiras que estejam impregnadas com produtos à base de óleo (ex.: óleo de linhaça), remover com Thinner Especial, Thinner Profissional ou Remolack Gel. Promover um lixamento adequado.

2 Preparação especial

Repintura: em pinturas que estão em boas condições, lixar com uma lixa 240 ou 280, remover os resíduos de pó e aplicar o verniz. Para pinturas que apresentam fissuras ou partículas soltas, recomenda-se remover completamente o acabamento anterior com Remolack Gel, seguindo o boletim de instruções de aplicação do produto.

1 Precauções/dicas/advertências

Dica: por se tratar de um produto semitransparente, a cor final do acabamento sofre influência da cor do substrato e do número de demãos aplicadas. A primeira demão do produto garante a aderência, portanto, recomendamos o uso de pincel; as demais podem ser com pincel ou com rolo.

1 Principais atributos do produto 1

É flexível, não descasca nem trinca e contém triplo filtro solar + ultrabloqueador solar.

2 Principais atributos do produto 2

Contém filtro solar e possui secagem rápida, alto rendimento e baixíssimo odor.

3 4 Preparação inicial

Primeira pintura: observar se é necessário aplicar massa em buracos ou fissuras na madeira. Utilizar a Sayermassa com a cor próxima da madeira, aguardar o tempo de secagem e promover o lixamento com lixas apropriadas, seguindo sempre os veios da madeira. Pode-se iniciar com uma lixa grana 180, depois 240, podendo chegar a grana 280 para deixar a superfície mais lisa. Em seguida, limpar os resíduos e o pó do lixamento. Deixar a superfície limpa, seca e isenta de partículas soltas. Em madeiras que estejam impregnadas com produtos à base de óleo (ex.: óleo de linhaça), remover com Thinner Especial, Thinner Profissional ou Remolack Gel. Promover um lixamento adequado. **Repintura:** remover toda a pintura com Remolack Gel, até a exposição da madeira e proceder com pintura nova.

3 Precauções / dicas / advertências

Recomenda-se que os cantos sejam arredondados e que a superfície da madeira esteja livre de imperfeições (fissuras, furos), de maneira a evitar retenção e infiltração de água.

3 Principais atributos do produto 3

Tem secagem rápida, ótimo rendimento, baixíssimo odor e máxima durabilidade.

4 Principais atributos do produto 4

Contém ultrabloqueador + triplo filtro solar, é hidrorrepelente, resistente a mofo e fungos e flexível, não descasca nem trinca.

Verniz Exterior Base Água – Aquaris 3

Indicado para portas, janelas, beirais, portões, casas pré-fabricadas e madeiras decorativas em geral, de uso interno e externo. Fácil de aplicar, tem secagem rápida, baixíssimo odor, ótimo rendimento e ultrabloqueador + triplo filtro solar, com durabilidade de até 6 anos.

USE COM: Sayermassa; Remolack Gel

Embalagens/rendimento

Quarto (0,9 L).
Galão (3,6 L)
Pincel/rolo: 45 m²/galão/demão.
Pistola: 22 m²/galão/demão.

Aplicação

Utilizar pincel, pistola ou rolo. Aplicar 3 demãos (mínimo de 70 μm) com leve lixamento após a primeira demão com lixas 240 ou 280; aplicar as demãos seguintes sem lixamento.

Cor

Transparente

Acabamento

Acetinado

Diluição

Diluir 5% com água.

Secagem

Entre demãos: 6 h
Completa: 24 h

Verniz para Deck Polideck Premium 4

Indicado para decks de madeira, é hidrorrepelente e resistente a mofo e fungos e tem alta durabilidade. É flexível: não descasca nem trinca. Seu acabamento transparente preserva os veios da madeira sem laquear, com ultrabloqueador triplo filtro solar e durabilidade de até 6 anos.

USE COM: Sayermassa; Remolack Gel

Embalagens/rendimento

Quarto (0,9 L).
Galão (3,6 L)
Pincel/rolo: 45 m²/galão/demão.

Aplicação

Utilizar pincel ou rolo: aplicar 3 demãos nos 6 lados da madeira para garantir a aderência do produto e a durabilidade do acabamento, sem lixamento entre demãos.

Cor

Natural e ipê

Acabamento

Semibrilho

Diluição

Pronto para uso. Agitar bem antes de usar e durante a aplicação.

Secagem

Entre demãos: 8 h
Completa: 24 h

A Tintas Sherwin-Williams, fundada há mais de 150 anos na cidade de Cleveland/OH, nos Estados Unidos, pelos americanos Henry Sherwin e Edward Porter Williams, está presente no Brasil há mais de 70 anos, atuando como uma das principais referências do mercado de tintas no país e no mundo, e é líder nos Estados Unidos. Produz para os segmentos imobiliário, industrial, automotivo, aerossol e tinta em pó, com marcas reconhecidas como Metalatex, Novacor, Kem Tone, Colorgin, Aquacryl, SuperPaint, Design, Spazio, Classic e Sumaré, disponíveis em mais de 15 mil pontos de vendas.

A empresa é uma das fabricantes de tintas que mais investe em pesquisa e desenvolvimento, sendo responsável por diversos produtos que se tornaram referência no mercado. A Sherwin-Williams foi eleita pela revista Forbes, por dois anos consecutivos, a empresa mais inovadora do mundo no setor de tintas. Além disso, em 2015, foi premiada na categoria Ouro pela Coca-Cola FEMSA Brasil em seu programa de reconhecimento dos melhores.

Sempre com o foco em inovação, foi a primeira a introduzir a Tinta PVA à base d'água com a marca Kem Tone. Na década de 1970, foi a primeira indústria do setor a utilizar a técnica de mistura de tintas em lojas e lançou a primeira tinta acrílica do mercado brasileiro, a marca Metalatex.

Localizada nos estados de São Paulo e de Pernambuco, a Sherwin-Williams possui escritórios e fábricas nos municípios de Taboão da Serra (SP) e Igarassú (PE), no segmento imobiliário. Também fazem parte do grupo a unidade de tintas industriais, aerossol e tinta em pó em Sumaré (SP), a divisão Lazzuril, voltada para a indústria automotiva, instalada em São Bernardo do Campo (SP), e a divisão Pulverlak, que produz tinta em pó, localizada em Caxias do Sul (RS).

CERTIFICAÇÕES

Descubra uma
tinta excepcional
Tintas
Sherwin
Williams.
© 2016 The Sherwin-Williams Company

TINTAS SHERWIN WILLIAMS

Metalatex Fosco Perfeito 1

SHERWIN WILLIAMS
Metalatex
FOSCO PERFEITO
SUPERLAVÁVEL
Cores que não desbotam
Sem Cheiro
ACRÍLICA PREMIUM

A Metalatex Fosco Perfeito é uma tinta acrílica superlavável de acabamento fosco, indicada para ambientes que necessitem de limpeza frequente. Com fórmula exclusiva, possibilita a remoção de manchas causadas por alimentos, bebidas, lápis de cor e marcas de dedos, mantendo a proteção após a limpeza. Possui excelentes resistência ao desbotamento, cobertura e durabilidade, secagem rápida e ótimo rendimento.

USE COM:
Metalatex Massa Corrida
Metalatex Fundo Preparador de Paredes

Embalagens/rendimento

Lata (18 L): até 380 m²/demão.
Lata (16 L): até 337 m²/demão.
Galão (3,6 L): até 76 m²/demão.
Galão (3,2 L): até 67 m²/demão.
Quarto (0,8 L): até 17 m²/demão.

Aplicação

Utilizar rolo de lã, pincel e pistola. Aplicar de 2 a 3 demãos.

Cor

Conforme cartela de cores e disponível também no sistema tintométrico Color

Acabamento

Fosco

Diluição

Rolo de lã/pincel: diluir todas as demãos com 20% de água limpa. Pistola: diluir com 35% de água limpa.

Secagem

Ao toque: 30 min
Entre demãos: 2 a 4 h
Final: 4 h

Metalatex Litoral 2

A Metalatex Litoral é uma tinta de alta qualidade, sem cheiro, indicada para áreas externas e internas ou para aplicação em superfícies altamente suscetíveis à contaminação por fungos, pois contém poderoso algicida e antimofo. Mantém as cores firmes por mais tempo e não desbota, pois resiste à ação do sol pela exposição aos raios UV. Disponível nos acabamentos acetinado e fosco.

USE COM:
Metalatex Massa Acrílica
Metalatex Fundo Preparador de Paredes

Embalagens/rendimento

Lata (18 L): até 325 m²/demão.
Lata (16 L): até 289 m²/demão.
Galão (3,6 L): até 65 m²/demão.
Galão (3,2 L): até 58 m²/demão.

Aplicação

Utilizar rolo de lã, pincel e pistola. Aplicar de 2 a 3 demãos.

Cor

Conforme cartela de cores e disponível também no sistema tintométrico Color

Acabamento

Fosco e acetinado

Diluição

Rolo de lã/pincel: diluir com 20% de água limpa para todas as demãos. Pistola: diluir com 35% de água limpa.

Secagem

Ao toque: 30 min
Entre demãos: 2 a 4 h
Final: 4 h

[1] [2] Preparação inicial

Qualquer que seja a superfície a ser pintada, sempre deverá estar limpa, seca, lixada, isenta de partículas soltas e completamente livre de gordura, ferrugem, restos de pintura velha, pó, brilho etc., conforme a NBR 13245.

[1] Preparação especial

Superfícies com fungos ou bolor: remover utilizando mistura de água sanitária e água limpa em partes iguais. Deixar agir por 30 min e, em seguida, enxaguar com água limpa. Se necessário, repetir a operação. Aguardar secagem completa antes de iniciar a pintura.

[2] Preparação especial

Reboco fraco, caiações, gesso, pinturas velhas calcinadas, superfícies com partículas soltas e/ou mal-aderidas: raspar e/ou lixar a superfície e tratar com Metalatex Eco Fundo Preparador de Paredes (à base d'água) ou Metalatex Fundo Preparador de Paredes (à base de solvente), conforme instruções de diluição nas embalagens dos produtos.

[1] [2] Preparação em demais superfícies

O produto pode ser aplicado em reboco, massa corrida ou acrílica, gesso, concreto e fibrocimento, considerando as especificações a seguir. Para outras superfícies, entrar em contato com o SAC. **Reboco, concreto e fibrocimento novos:** aguardar secagem e cura completa por 28 dias (no mínimo). Após esse cuidado, aplicar uma demão de Metalatex Selador Acrílico. **Superfícies com imperfeições rasas:** corrigir com Metalatex Massa Acrílica (indicado para áreas externas e internas) ou Metalatex Massa Corrida (indicada somente para áreas internas) em camadas finas, lixando e eliminando a poeira entre demãos.

[2] Preparação em demais superfícies

Reboco fraco, caiações, gesso, pintura velha calcinada, superfícies com partículas soltas e/ou mal-aderidas: raspar e/ou lixar a superfície e tratar com Metalatex Eco Fundo Preparador de Paredes (à base d'água) ou Metalatex Fundo Preparador de Paredes (à base de solvente).

[1] [2] Precauções/dicas/advertências

Ler atentamente as instruções da embalagem antes de manusear e/ou utilizar o produto. Para mais informações, solicitar a Ficha Técnica e/ou a Ficha de Segurança do Produto (FISPQ) pelo SAC (0800-702-4037) ou pelo site www.sherwin-williams.com.br.

[1] Principais atributos do produto 1

É um produto ultraflexível, elastomérico, que corrige microfissuras, mantém as paredes limpas por muito mais tempo, repele a água, tem baixo odor, rápida secagem e é aplicável em áreas externas e internas.

[2] Principais atributos do produto 2

Possui alta resistência ao desbotamento de cores, ao sol, à chuva, à umidade e à maresia. Contém fungicida e algicida.

3 4 Preparação inicial

Qualquer que seja a superfície a ser pintada, sempre deverá estar limpa, seca, lixada, isenta de partículas soltas e completamente livre de gordura, ferrugem, restos de pintura velha, pó, brilho etc., conforme a NBR 13245.

3 4 Preparação especial

Superfícies com fungos ou bolor: remover utilizando mistura de água sanitária e água limpa em partes iguais. Deixar agir por 30 min e, em seguida, enxaguar com água limpa. Se necessário, repetir a operação. Aguardar secagem completa antes de iniciar a pintura.

3 4 Preparação em demais superfícies

Reboco fraco, caiações, gesso, pintura velha calcinada, superfícies com partículas soltas e/ou mal-aderidas: raspar e/ou lixar a superfície e tratar com Metalatex Eco Fundo Preparador de Paredes (à base d'água) ou Metalatex Fundo Preparador de Paredes (à base de solvente).

3 Preparação em demais superfícies

Superfícies com imperfeições rasas: corrigir com Metalatex Massa Acrílica (indicada para áreas externas e internas) ou Metalatex Massa Corrida (indicada somente para áreas internas) em camadas finas, lixando e eliminando a poeira entre demãos.

4 Preparação em demais superfícies

O produto pode ser aplicado em reboco, massa corrida ou acrílica, gesso, concreto e fibrocimento, considerando as especificações a seguir. Para outras superfícies, entrar em contato com o SAC. **Reboco, concreto e fibrocimento novos:** aguardar secagem e cura completa por 30 dias (no mínimo). Após esse cuidado, aplicar uma demão de Metalatex Selador Acrílico.

3 4 Precauções / dicas / advertências

Ler atentamente as instruções da embalagem antes de manusear e/ou utilizar o produto. Para mais informações, solicitar a Ficha Técnica e/ou a Ficha de Segurança do Produto (FISPQ) pelo SAC (0800-702-4037) ou pelo site www.sherwin-williams.com.br.

3 Principais atributos do produto 3

Tem alta durabilidade, excelente cobertura, é fácil de limpar e aplicável em áreas externas e internas.

4 Principais atributos do produto 4

Promove cobertura perfeita, tem excelente rendimento e é sem cheiro.

Aquacryl Super Premium 3

PREMIUM

PROGRAMA SETORIAL da Qualidade TINTAS IMOBILIÁRIAS ABRAFATI

ACABAMENTO FOSCO

É um produto superpremium com fórmula exclusiva de alta performance, poderoso antimofo e rápida secagem. É superlavável com alta resistência a limpeza, altas cobertura e durabilidade, ótimo rendimento e sem cheiro.

Metalatex Massa Corrida

Metalatex Fundo Preparador de Paredes

Embalagens/rendimento

Acabamento fosco
Balde (20 L): até 420 m²/demão.
Galão (3,6 L): até 76 m²/demão.
Acabamento semibrilho
Balde (20 L): até 360 m²/demão.
Galão (3,6 L): até 65 m²/demão.

Aplicação

Utilizar rolo de lã e pincel. Aplicar de 2 a 3 demãos.

Cor

Branco

Acabamento

Fosco e semibrilho

Diluição

Rolo: em todas as demãos, diluir 10 partes do Aquacryl com 3 partes de água limpa. Pistola: diluir 10 partes de Aquacryl Super Premium com 3,5 partes de água.

Secagem

Ao toque: 30 min
Entre demãos: 2 a 4 h
Final: 4 h

Novacor Extra 4

A Novacor Extra é uma tinta acrílica indicada para exteriores e interiores que, em sua nova formulação, rende até 500 m² por demão (lata de 18 L). Por ser sem cheiro, permite que a pintura seja feita em áreas internas ocupadas e garante que o ambiente permaneça sem cheiro em até uma hora após aplicação.

Metalatex Massa Corrida

Metalatex Selador Acrílico

Embalagens/rendimento

Lata (18 L): até 500 m²/demão.
Lata (16 L): até 444 m²/demão.
Galão (3,6 L): até 100 m²/demão.
Galão (3,2 L): até 88 m²/demão.
Quarto (0,8 L): até 22 m²/demão.

Aplicação

Utilizar rolo de lã, pincel e pistola. Aplicar de 2 a 3 demãos.

Cor

Conforme cartela de cores e disponível também no sistema tintométrico Color

Acabamento

Fosco, semibrilho e acetinado

Diluição

Rolo de lã/pincel: diluir com 50% de água limpa no acabamento fosco e com 30% de água limpa nos acabamentos acetinado e semibrilho. Pistola: diluir com 35% de água limpa.

Secagem

Ao toque: 30 min
Entre demãos: 2 a 4 h
Final: 4 h

Novacor Cobre Mais

A Novacor Cobre Mais é uma tinta de acabamento fosco que possui ótimo rendimento aliado a uma cobertura ideal. Possui alto poder de cobertura que permite a pintura de ambientes na medida certa. Indicada para aplicação em ambientes externos e internos. Sua nova formulação proporciona maior poder de cobertura com rendimento ideal.

Metalatex Selador Acrílico

Metalatex Massa Corrida

Embalagens/rendimento

Lata (18 L): até 380 m^2/demão.
Lata (16 L): até 338 m^2/demão.
Galão (3,6 L): até 76 m^2/demão.
Galão (3,2 L): até 67 m^2/demão.

Aplicação

Utilizar rolo de lã, pincel e pistola. Aplicar de 2 a 3 demãos.

Cor

Conforme cartela de cores e disponível também no sistema tintométrico Color

Acabamento

Fosco

Diluição

Rolo de lã/pincel: diluir com 50% de água limpa para todas as demãos. Pistola: diluir com 35% de água limpa.

Secagem

Ao toque: 30 min
Entre demãos: 2 a 4 h
Final: 4 h

Kem Tone

A Kem Tone é uma tinta acrílica de fácil aplicação que garante maior cobertura para sua casa, com um acabamento fosco perfeito e excelente rendimento. Suas cores realçam, embelezam e protegem superfícies internas.

Corante Líquido Xadrez

Corante Líquido Globocor

Embalagens/rendimento

Lata (18 L): até 300 m^2/demão.
Galão (3,6 L): até 60 m^2/demão.

Aplicação

Utilizar rolo de lã, pincel e pistola. Aplicar de 2 a 3 demãos.

Cor

Conforme cartela de cores

Acabamento

Fosco

Diluição

Rolo de lã/pincel: diluir com 20% a 30% de água limpa para todas as demãos. Pistola: diluir com 35% de água limpa.

Secagem

Ao toque: 30 min
Entre demãos: 2 a 4 h
Final: 4 h

1 2 Preparação inicial

Qualquer que seja a superfície a ser pintada, sempre deverá estar limpa, seca, lixada, isenta de partículas soltas e completamente livre de gordura, ferrugem, restos de pintura velha, pó, brilho etc., conforme a NBR 13245.

1 2 Preparação especial

Superfícies com fungos ou bolor: remover utilizando mistura de água sanitária e água limpa em partes iguais. Deixar agir por 30 min e, em seguida, enxaguar com água limpa. Se necessário, repetir a operação. Aguardar secagem completa antes de iniciar a pintura.

2 Preparação especial

Superfícies com imperfeições rasas: corrigir com Metalatex Massa Acrílica (indicada para áreas externas e internas) ou Metalatex Massa Corrida (indicada somente para áreas internas) em camadas finas, lixando e eliminando a poeira entre demãos.

1 2 Preparação em demais superfícies

O produto pode ser aplicado em reboco, massa corrida ou acrílica, gesso, concreto e fibrocimento, considerando as especificações indicadas. Para outras superfícies, entrar em contato com o SAC. **Reboco, concreto e fibrocimento novos:** aguardar secagem e cura completa por 30 dias (no mínimo). Após esse cuidado, aplicar uma demão de Metalatex Selador Acrílico. **Reboco fraco, caiações, gesso, pintura velha calcinada, superfícies com partículas soltas e/ou mal-aderidas:** raspar e/ou lixar a superfície e tratar com Metalatex Eco Fundo Preparador de Paredes (à base d'água) ou Metalatex Fundo Preparador de Paredes (à base de solvente).

1 2 Precauções/dicas/advertências

Ler atentamente as instruções da embalagem antes de manusear e/ou utilizar o produto. Para mais informações, solicitar a Ficha Técnica e/ou a Ficha de Segurança do Produto (FISPQ) pelo SAC (0800-702-4037) ou pelo site www.sherwin-williams.com.br.

1 Principais atributos do produto 1

Promove cobertura perfeita, tem excelente rendimento e é sem cheiro.

2 Principais atributos do produto 2

Promove maior cobertura para sua casa, rende até 300 m^2 (lata/demão) e é mais durável.

A Sherwin-Williams é uma das fabricantes de tintas que mais investem em pesquisa e desenvolvimento, sendo responsável por diversos produtos que se tornaram referência no mercado.

3 4 Preparação inicial

Qualquer que seja a superfície a ser pintada, sempre deverá estar limpa, seca, lixada, isenta de partículas soltas e completamente livre de gordura, ferrugem, restos de pintura velha, pó, brilho etc., conforme a NBR 13245.

3 4 Preparação especial

Superfícies com fungos ou bolor: remover utilizando mistura de água sanitária e água limpa em partes iguais. Deixar agir por 30 min e, em seguida, enxaguar com água limpa. Se necessário, repetir a operação. Aguardar secagem completa antes de iniciar a pintura.

3 4 Preparação em demais superfícies

Reboco fraco, caiações, gesso, pintura velha calcinada, superfícies com partículas soltas e/ou mal-aderidas: raspar e/ou lixar a superfície e tratar com Metalatex Eco Fundo Preparador de Paredes (à base d'água) ou Metalatex Fundo Preparador de Paredes (à base de solvente). **Superfícies com imperfeições rasas:** corrigir com Metalatex Massa Acrílica (indicada para áreas externas e internas) ou Metalatex Massa Corrida (indicada somente para áreas internas) em camadas finas, lixando e eliminando a poeira entre demãos.

4 Preparação em demais superfícies

O produto pode ser aplicado em reboco, massa corrida ou acrílica, gesso, concreto e fibrocimento, considerando as especificações a seguir. Para outras superfícies, entrar em contato com o SAC. **Reboco, concreto e fibrocimento novos:** aguardar secagem e cura completa por 30 dias (no mínimo). Após esse cuidado, aplicar uma demão de Metalatex Selador Acrílico.

3 4 Precauções/dicas/advertências

Ler atentamente as instruções da embalagem antes de manusear e/ou utilizar o produto. Para mais informações, solicitar a Ficha Técnica e/ou a Ficha de Segurança do Produto (FISPQ) pelo SAC (0800-702-4037) ou pelo site www.sherwin-williams.com.br.

3 Principais atributos do produto 3

É antimofo e de fácil aplicação.

4 Principais atributos do produto 4

Tem alta durabilidade, excelente cobertura, é fácil de limpar e aplicável em áreas externas e internas.

0800-702-4037

www.sherwin-williams.com.br

Duraplast 3

A Duraplast é indicada para áreas internas, podendo ser aplicada sobre reboco, massa corrida ou acrílica, concreto, fibrocimento, gesso e repinturas, mesmo que já tenham sido pintadas com tinta látex. Produto de fácil aplicação e ótima cobertura.

USE COM:
Corante Líquido Xadrez
Corante Líquido Globocor

Embalagens/rendimento

Lata (18 L): até 225 m²/demão.
Galão (3,6 L): até 45 m²/demão.

Aplicação

Utilizar rolo de lã, pincel e pistola. Aplicar de 2 a 3 demãos.

Cor

Conforme cartela de cores

Acabamento

Fosco

Diluição

Rolo de lã/pincel: diluir com 20% a 30% de água limpa para todas as demãos.
Pistola: diluir com 30% de água limpa.

Secagem

Ao toque: 30 min
Entre demãos: 2 a 4 h
Final: 4 h

Prolar 4

O Prolar é uma tinta de fácil aplicação que garante um acabamento fosco às superfícies. Suas cores realçam, protegem e embelezam superfícies internas de alvenaria, concreto, reboco, massa corrida e acrílica, tijolo aparente, fibrocimento e gesso (devidamente preparado).

USE COM:
Metalatex Selador Acrílico
Metalatex Fundo Preparador de Paredes

Embalagens/rendimento

Lata (18 L): 150 a 225 m²/demão.
Galão (3,6 L): 30 a 45 m²/demão.

Aplicação

Utilizar rolo de lã, pincel e pistola. Aplicar de 2 a 3 demãos.

Cor

Conforme cartela de cores. Para adquirir uma tonalidade extra, além das cores disponíveis em cartela, misturar as cores do Prolar entre si, ou até uma bisnaga de 50 mL de Corante Líquido Xadrez ou Globocor para cada galão de 3,6 L

Acabamento

Fosco

Diluição

Rolo de lã/pincel: diluir com 20% a 30% de água limpa para todas as demãos.
Pistola: diluir com 35% de água limpa.

Secagem

Ao toque: 30 min
Entre demãos: 2 a 4 h
Final: 4 h

Novacor Gesso & Drywall 1

A Novacor Gesso & Drywall é uma tinta acrílica desenvolvida especialmente para aplicação direta sobre gesso e drywall, proporcionando efeito decorativo e proteção à superfície. Também pode ser aplicada em superfícies internas de reboco e massa corrida. Possui ótima aderência e grande poder de penetração. Economiza tempo e mão de obra, pois atua como fundo e acabamento, fixando partículas soltas e secando rapidamente.

USE COM: Corante Líquido Xadrez
Corante Líquido Globocor

Embalagens/rendimento

Lata (18 L): 150 a 225 m²/demão.
Galão (3,6 L): 30 a 45 m²/demão.

Aplicação

Utilizar rolo de lã, pincel e pistola. Aplicar de 2 a 3 demãos.

Cor

Branco. Para adquirir uma tonalidade extra, misturar até uma bisnaga de 50 mL de Corante Líquido Xadrez ou Globocor para cada galão de 3,6 L

Acabamento

Fosco

Diluição

Rolo de lã/pincel (pintura): diluir a primeira demão com 30% a 50% de água limpa e as demais demãos com 20% a 30% de água limpa. Rolo de lã/pincel (repintura): diluir todas as demãos com 20% a 30% de água limpa. Pistola: diluir com 35% de água limpa.

Secagem

Ao toque: 30 min
Entre demãos: 2 a 4 h
Final: 4 h

Metalatex Brilho Perfeito 2

A Metalatex Brilho Perfeito é uma tinta acrílica superlavável de acabamento semibrilho, indicada para ambientes que necessitem de limpeza frequente. Com fórmula exclusiva, possibilita a remoção de manchas causadas por alimentos, bebidas, lápis de cor e marcas de dedos, mantendo a proteção após a limpeza. Possui excelente resistência ao desbotamento, alta cobertura, durabilidade, secagem rápida e ótimo rendimento.

USE COM: Metalatex Selador Acrílico
Metalatex Fundo Preparador de Paredes

Embalagens/rendimento

Lata (18 L): até 320 m²/demão.
Lata (16 L): até 284 m²/demão.
Galão (3,6 L): até 64 m²/demão.
Galão (3,2 L): até 57 m²/demão.
Quarto (0,8 L): até 14 m²/demão.

Aplicação

Utilizar rolo de lã, pincel e pistola. Aplicar de 2 a 3 demãos.

Cor

Conforme cartela de cores e disponível também no sistema tintométrico Color

Acabamento

Semibrilho

Diluição

Diluir com 20% de água limpa para todas as demãos. Pistola: diluir com 35% de água limpa.

Secagem

Ao toque: 30 min
Entre demãos: 2 a 4 h
Final: 4 h

1 2 Preparação inicial

Qualquer que seja a superfície a ser pintada, sempre deverá estar limpa, seca, lixada, isenta de partículas soltas e completamente livre de gordura, ferrugem, restos de pintura velha, pó, brilho etc., conforme a NBR 13245.

1 2 Preparação especial

Superfícies com fungos ou bolor: remover utilizando mistura de água sanitária e água limpa em partes iguais. Deixar agir por 30 min e, em seguida, enxaguar com água limpa. Se necessário, repetir a operação. Aguardar secagem completa antes de iniciar a pintura.

2 Preparação especial

Superfícies com imperfeições rasas: corrigir com Metalatex Massa Acrílica (indicada para áreas externas e internas) ou Metalatex Massa Corrida (indicada somente para áreas internas) em camadas finas, lixando e eliminando a poeira entre demãos.

1 Preparação em demais superfícies

Superfícies com pequenas imperfeições: aplicar uma demão de Novacor Gesso em toda a superfície e, posteriormente, efetuar correção das imperfeições com Metalatex Massa Corrida ou Metalatex Massa Acrílica.

2 Preparação em demais superfícies

O produto pode ser aplicado em reboco, massa corrida ou acrílica, gesso, concreto e fibrocimento, considerando as especificações a seguir. Para outras superfícies, entrar em contato com o SAC. **Reboco, concreto e fibrocimento novos:** aguardar secagem e cura completa por 30 dias (no mínimo). Após esse cuidado, aplicar uma demão de Metalatex Selador Acrílico. **Reboco fraco, caiações, gesso, pintura velha calcinada, superfícies com partículas soltas e/ou mal -aderidas:** raspar e/ou lixar a superfície e tratar com Metalatex Eco Fundo Preparador de Paredes (à base d'água) ou Metalatex Fundo Preparador de Paredes (à base de solvente).

1 2 Precauções/dicas/advertências

Ler atentamente as instruções da embalagem antes de manusear e/ou utilizar o produto. Para mais informações, solicitar a Ficha Técnica e/ou a Ficha de Segurança do Produto (FISPQ) pelo SAC (0800-702-4037) ou pelo site www.sherwin-williams.com.br.

1 Principais atributos do produto 1

Proporciona ótima aderência, tem secagem rápida, fixa partículas soltas e é aplicável em interiores.

2 Principais atributos do produto 2

Tem brilho perfeito e é superlavável e aplicável em áreas externas e internas, com cores que não desbotam e sem cheiro.

3 Preparação inicial

Qualquer que seja a superfície a ser pintada, sempre deverá ser porosa, estar limpa, seca, lixada, isenta de partículas soltas, fungos, algas e completamente livre de gordura, ferrugem, restos de pintura velha, pó, brilho etc., conforme a NBR 13245.

4 Preparação inicial

Qualquer que seja a superfície a ser pintada, sempre deverá estar limpa, seca, lixada, isenta de partículas soltas e completamente livre de gordura, ferrugem, restos de pintura velha, pó, brilho etc., conforme a NBR 13245.

3 4 Preparação especial

Superfícies com fungos ou bolor: remover utilizando mistura de água sanitária e água limpa em partes iguais. Deixar agir por 30 min e, em seguida, enxaguar com água limpa. Se necessário, repetir a operação. Aguardar secagem completa antes de iniciar a pintura.

3 4 Preparação em demais superfícies

Reboco, concreto e fibrocimento novos: aguardar secagem e cura completa por 28 dias (no mínimo). Após esse cuidado, aplicar uma demão de Metalatex Selador Acrílico. **Superfícies com imperfeições rasas:** corrigir com Metalatex Massa Acrílica (indicada para áreas externas e internas) ou Metalatex Massa Corrida (indicada somente para áreas internas) em camadas finas, lixando e eliminando a poeira entre demãos.

3 Preparação em demais superfícies

O produto pode ser aplicado em reboco, massa corrida ou acrílica, gesso, concreto e fibrocimento, considerando as especificações indicadas. Para outras superfícies, entrar em contato com o SAC. **Reboco fraco, caiações, gesso, pintura velha calcinada, superfícies com partículas soltas e/ou mal-aderidas:** raspar e/ou lixar a superfície e tratar com Metalatex Eco Fundo Preparador de Paredes (à base d'água) ou Metalatex Fundo Preparador de Paredes (à base de solvente).

4 Preparação em demais superfícies

Reboco fraco, caiações, gesso, pintura velha calcinada, superfícies com partículas soltas e/ou mal-aderidas: raspar e/ou lixar a superfície e tratar com Metalatex Eco Fundo Preparador de Paredes (à base d'água) ou Metalatex Fundo Preparador de Paredes (à base de solvente), conforme instrução de diluição na embalagem do produto. O produto Metalatex Requinte pode ser aplicado em reboco, massa corrida ou acrílica, gesso, concreto e fibrocimento, considerando as especificações indicadas. Para outras superfícies, entrar em contato com o SAC.

3 4 Precauções / dicas / advertências

Ler atentamente as instruções da embalagem antes de manusear e/ou utilizar o produto. Para mais informações, solicitar a Ficha Técnica e/ou a Ficha de Segurança do Produto (FISPQ) pelo SAC (0800-702-4037) ou pelo site www.sherwin-williams.com.br.

3 Principais atributos do produto 3

É um produto ultraflexível, elastomérico, que corrige microfissuras, mantém as paredes limpas por muito mais tempo, repele a água, tem baixo odor, rápida secagem e é aplicável em áreas externas e internas.

4 Principais atributos do produto 4

É superlavável e fácil de limpar, não tem cheiro e é aplicável em áreas externas e internas.

Metalatex Elastic 3

A Metalatex Elastic é uma tinta acrílica de alta performance, elastomérica, que repele imediatamente a água deixando as paredes novas por muito mais tempo. Oferece alta proteção contra a umidade e as ações do tempo, além de conferir alta flexibilidade, acompanhando a movimentação da superfície e evitando microfissuras.

USE COM:
Metalatex Massa Acrílica
Metalatex Fundo Preparador de Paredes

Embalagens/rendimento

Lata (18 L): até 300 m²/demão.
Lata (16 L): até 266 m²/demão.
Galão (3,6 L): até 60 m²/demão.
Galão (3,2 L): até 53 m²/demão.

Aplicação

Utilizar rolo de lã, pincel e pistola. Aplicar 3 demãos.

Cor

Conforme cartela de cores, no acabamento acetinado, e disponível também no sistema tintométrico Color

Acabamento

Acetinado

Diluição

Rolo de lã/pincel: diluir a primeira demão com 30% de água limpa e as demais demãos com 10%. Pistola: diluir com 35% de água limpa.

Secagem

Ao toque: 30 min
Entre demãos: 2 a 4 h
Final: 4 h

Metalatex Requinte 4

A Metalatex Requinte é uma tinta acrílica com acabamento acetinado, indicada principalmente para ambientes que necessitem de limpeza frequente como corredores, quartos de criança, salas de jantar, salas de aula, entre outros. Sua fórmula exclusiva facilita a remoção de manchas na pintura.

USE COM:
Metalatex Massa Corrida
Metalatex Eco Fundo Preparador de Paredes

Embalagens/rendimento

Lata (18 L): até 325 m²/demão.
Lata (16 L): até 289 m²/demão.
Galão (3,6 L): até 65 m²/demão.
Galão (3,2 L): até 58 m²/demão.
Quarto (0,8 L): até 14 m²/demão.

Aplicação

Utilizar rolo de lã, pincel e pistola. Aplicar de 2 a 3 demãos.

Cor

Conforme cartela de cores e disponível também no sistema tintométrico Color

Acabamento

Acetinado

Diluição

Rolo de lã/pincel: diluir com 20% de água limpa para todas as demãos. Pistola: diluir com 35% de água limpa.

Secagem

Ao toque: 30 min
Entre demãos: 2 a 4 h
Final: 4 h

Metalatex Bactercryl

A Metalatex Bactercryl é uma tinta acrílica com fórmula inovadora, recomendada para banheiros, cozinhas, adegas, saunas, lavanderias, garagens, telhas de fibrocimento, indústrias, hospitais, hotéis, câmaras frias, restaurantes etc., ou seja, ambientes externos e internos propensos a umidade e vapores. Excelente na prevenção da proliferação de fungos e mofo, pois contém poderoso fungicida.

USE COM: Metalatex Selador Acrílico

Metalatex Fundo Preparador de Paredes

Embalagens/rendimento

Lata (18 L): até 325 m²/demão.
Lata (16 L): até 289 m²/demão.
Galão (3,6 L): até 65 m²/demão.
Galão (3,2 L): até 58 m²/demão.
Quarto (0,9 L): até 16 m²/demão.
Quarto (0,8 L): até 15 m²/demão.

Aplicação

Utilizar rolo de lã, pincel e pistola. Aplicar de 2 a 3 demãos.

Cor

Branco e também em cores no sistema tintométrico Color

Acabamento

Semibrilho e acetinado

Diluição

Rolo de lã/pincel: diluir com 30% de água limpa para todas as demãos. Pistola: diluir com 35% de água limpa para todas as demãos.

Secagem

Ao toque: 30 min
Entre demãos: 2 a 4 h
Final: 4 h

Metalatex Verniz Acrílico

2

O Metalatex Verniz Acrílico é um produto para revestimento e proteção de concreto aparente, tijolos à vista, pedra mineira (em paredes) e telhas de cerâmica, quando se desejar manter a aparência original da superfície, assim como para selagem de gesso. Disponível no acabamento brilhante, possui fácil aplicação proporcionando um filme elástico e resistente de grande durabilidade.

USE COM: Metalatex Selador Acrílico

Metalatex Eco Fundo Preparador de Paredes

Embalagens/rendimento

Lata (18 L): até 225 m²/demão.
Galão (3,6 L): até 45 m²/demão.

Aplicação

Utilizar rolo de lã, pincel e pistola. Aplicar 2 ou mais demãos.

Cor

Incolor

Acabamento

Brilhante

Diluição

Primeira demão: diluir com 50% de água limpa. Demais demãos: diluir com 30% de água limpa.

Secagem

Ao toque: 30 min
Entre demãos: 1 h
Final: 4 h

1 2 Preparação inicial

Qualquer que seja a superfície a ser pintada, sempre deverá estar limpa, seca, lixada, isenta de partículas soltas e completamente livre de gordura, ferrugem, restos de pintura velha, pó, brilho etc., conforme a NBR 13245.

1 2 Preparação especial

Superfícies com fungos ou bolor: remover utilizando mistura de água sanitária e água limpa em partes iguais. Deixar agir por 30 min e, em seguida, enxaguar com água limpa. Se necessário, repetir a operação. Aguardar secagem completa antes de iniciar a pintura.

1 Preparação especial

Superfícies com imperfeições rasas: corrigir com Metalatex Massa Acrílica (indicada para áreas externas e internas) ou Metalatex Massa Corrida (indicada somente para áreas internas) em camadas finas, lixando e eliminando a poeira entre demãos.

1 2 Preparação em demais superfícies

Reboco, concreto e fibrocimento novos: aguardar secagem e cura completa por 30 dias (no mínimo). Após esse cuidado, aplicar uma demão de Metalatex Selador Acrílico. **Reboco fraco, caiações, gesso, pintura velha calcinada, superfícies com partículas soltas e/ou mal-aderidas:** raspar e/ou lixar a superfície e tratar com Metalatex Eco Fundo Preparador de Paredes (à base d'água) ou Metalatex Fundo Preparador de Paredes (à base de solvente).

1 Preparação em demais superfícies

O produto pode ser aplicado em reboco, massa corrida ou acrílica, gesso, concreto e fibrocimento, considerando as especificações a seguir. Para outras superfícies, entrar em contato com o SAC.

1 2 Precauções/dicas/advertências

Ler atentamente as instruções da embalagem antes de manusear e/ou utilizar o produto. Para mais informações, solicitar a Ficha Técnica e/ou a Ficha de Segurança do Produto (FISPQ) pelo SAC (0800-702-4037) ou pelo site www.sherwin-williams.com.br.

1 Principais atributos do produto 1

Possui poderoso antimofo, alta lavabilidade e resistência superior à umidade. É sem cheiro e aplicável em áreas externas e internas.

2 Principais atributos do produto 2

Corrige imperfeições, possui melhor desempenho e secagem rápida e é aplicável em áreas externas e internas.

3 4 Preparação inicial

Qualquer que seja a superfície a ser pintada, sempre deverá estar limpa, seca, lixada, isenta de partículas soltas e completamente livre de gordura, ferrugem, restos de pintura velha, pó, brilho etc., conforme a NBR 13245.

3 4 Preparação especial

Superfícies com fungos ou bolor: remover utilizando mistura de água sanitária e água limpa em partes iguais. Deixar agir por 30 min e, em seguida, enxaguar com água limpa. Se necessário, repetir a operação. Aguardar secagem completa antes de iniciar a pintura.

3 Preparação em demais superfícies

Superfícies com imperfeições rasas: corrigir com Metalatex Massa Acrílica (indicada para áreas externas e internas) ou Metalatex Massa Corrida (indicada somente para áreas internas) em camadas finas, lixando e eliminando a poeira entre demãos. Aplicar o acabamento desejado antes da aplicação do Metalatex Efeitos Decorativos.

4 Preparação em demais superfícies

O produto pode ser aplicado em reboco, massa corrida ou acrílica, gesso, concreto e fibrocimento, considerando as especificações a seguir. Para outras superfícies, entrar em contato com o SAC. **Reboco, concreto e fibrocimento novos:** aguardar secagem e cura completa por 30 dias (no mínimo). Após esse cuidado, aplicar uma demão de Metalatex Selador Acrílico. **Reboco fraco, caiações, gesso, pintura velha calcinada, superfícies com partículas soltas e/ou mal -aderidas:** raspar e/ou lixar a superfície e tratar com Metalatex Eco Fundo Preparador de Paredes (à base d'água) ou Metalatex Fundo Preparador de Paredes (à base de solvente).

3 4 Precauções / dicas / advertências

Ler atentamente as instruções da embalagem antes de manusear e/ou utilizar o produto. Para mais informações, solicitar a Ficha Técnica e/ou a Ficha de Segurança do Produto (FISPQ) pelo SAC (0800-702-4037) ou pelo site www.sherwin-williams.com.br.

3 Principais atributos do produto 3

Proporciona efeitos diferenciados, é hidrorrepelente, tem secagem rápida e é aplicável em áreas externas e internas.

4 Principais atributos do produto 4

É uma textura acrílica que promove efeitos decorativos e melhor acabamento, aplicável em áreas externas e internas.

Metalatex Efeitos Decorativos — 3

O Metalatex Efeitos Decorativos é um verniz acrílico pigmentado, hidrorrepelente e de rápida secagem. Proporciona efeitos decorativos envelhecidos ou manchados às superfícies, variando de acordo com o tipo de ferramenta ou forma de aplicação. Pode ser aplicado sobre Metalatex Texturarte (Riscado, Relevo ou Liso), Novacor Textura Acrílica (Rústica ou Relevo) ou em superfícies já pintadas com tintas acrílicas.

USE COM:
Metalatex Massa Acrílica
Metalatex Massa Corrida

Embalagens/rendimento

Galão (3,2 L): até 44 m²/demão.
Quarto (0,8 L): até 11 m²/demão.

Aplicação

Sobre texturas, utilizar rolo de lã. Sobre superfícies lisas, utilizar rolo de lã baixa ou espuma e demais ferramentas para criação de efeitos decorativos. Dependendo do efeito desejado, uma demão é suficiente.

Cor

Conforme cartela de cores e disponível também no sistema tintométrico Color

Acabamento

Fosco

Diluição

Pronto para uso.

Secagem

Ao toque: 30 min
Entre demãos: 1 a 2 h
Final: 4 h

Novacor Textura Acrílica — 4

A Novacor Textura Acrílica é um produto que possui partículas de quartzo possibilitando um belo efeito decorativo. Tem grande resistência à abrasão. É hidrorrepelente, permitindo proteção e resistência a intempéries. Pode ser encontrada nas versões Rústica (ideal para áreas externas e internas), Relevo (ideal para áreas externas e internas) e Lisa (ideal para áreas internas).

Metalatex Selador Acrílico
Metalatex Eco Fundo Preparador de Paredes

Embalagens/rendimento

Rústica
Lata (18 L): até 11,5 m²/demão.
Lata (16 L): até 9 m²/demão.
Galão (3,6 L): até 2,3 m²/demão.
Relevo
Lata (18 L): até 17 m²/demão.
Lisa
Lata (textura alta):* até 35 m²/demão.
Lata (textura baixa):* até 45 m²/demão.
*Conteúdo conforme indicado na parte frontal da embalagem.

Aplicação

Utilizar desempenadeira de aço para aplicação e ferramentas diversas para acabamento, como desempenadeira de plástico, rolo especial para texturização, espátula etc. Aplicar uma demão.

Cor

Conforme cartela de cores e disponível também no sistema tintométrico Color

Acabamento

Não aplicável

Diluição

Não aplicável.

Secagem

Ao toque: 4 h / Final: 4 dias

Metalatex Textura Acrílica — 1

A Metalatex Textura Acrílica é um produto levemente encorpado com excelentes propriedades de resistência. Proporciona belo efeito decorativo em superfícies de alvenaria, blocos de concreto ou reboco. Indicada para ambientes internos, podendo ser aplicada em ambientes externos desde que com 2 demãos de tinta acrílica como acabamento.

USE COM:

Metalatex Selador Acrílico

Metalatex Eco Fundo Preparador de Paredes

Embalagens/rendimento

Textura baixa
Lata (18 L): até 55 m²/demão.
Galão (3,6 L): até 11 m²/demão.
Textura alta
Lata (18 L): até 35 m²/demão.
Galão (3,6 L): até 7 m²/demão.

Aplicação

Utilizar desempenadeira, espátula e rolo para texturização.

Cor

Branco

Acabamento

Texturizado

Diluição

Pronta para uso.

Secagem

Ao toque: 8 h
Final: 4 dias

Metalatex Texturarte — 2

O Metalatex Texturarte é um produto que possui partículas de quartzo possibilitando um belíssimo efeito decorativo. Corrige pequenas imperfeições e tem excelente resistência à abrasão. É hidrorrepelente, permitindo proteção e resistência a intempéries. Pode ser encontrado nas versões Riscado (ideal para áreas externas e internas), Relevo (ideal para áreas externas e internas) e Liso (ideal para áreas internas).

Metalatex Selador Acrílico

Metalatex Eco Fundo Preparador de Paredes

Embalagens/rendimento

Riscado
Lata (18 L): até 11,5 m²/demão.
Lata (16 L): até 9 m²/demão.
Relevo
Lata (18 L): até 17 m²/demão.
Liso
Lata (textura alta):* até 27 m²/demão.
Lata (textura baixa):* até 35 m²/demão.
**Conteúdo conforme indicado na parte frontal da embalagem.*

Aplicação

Riscado: utilizar desempenadeira de aço para aplicação e de plástico para acabamento. Relevo e Liso: utilizar desempenadeira de aço para aplicação e ferramentas diversas para acabamento (desempenadeira de plástico, rolo especial para texturização e espátula). Aplicar uma demão.

Cor

Branco e também no sistema tintométrico Color

Acabamento

Fosco

Diluição

Pronto para uso.

Secagem

Ao toque: 4 h / Final: 4 dias

1 2 Preparação inicial

Qualquer que seja a superfície a ser pintada, sempre deverá estar limpa, seca, lixada, isenta de partículas soltas e completamente livre de gordura, ferrugem, restos de pintura velha, pó, brilho etc., conforme a NBR 13245.

1 2 Preparação especial

Superfícies com fungos ou bolor: remover utilizando mistura de água sanitária e água limpa em partes iguais. Deixar agir por 30 min e, em seguida, enxaguar com água limpa. Se necessário, repetir a operação. Aguardar secagem completa antes de iniciar a pintura.

1 2 Preparação em demais superfícies

Reboco, concreto e fibrocimento novos: aguardar secagem e cura completa por 30 dias (no mínimo). Após esse cuidado, aplicar uma demão de Metalatex Selador Acrílico. **Reboco fraco, caiações, gesso, pintura velha calcinada, superfícies com partículas soltas e/ou mal-aderidas:** raspar e/ou lixar a superfície e tratar com Metalatex Eco Fundo Preparador de Paredes (à base d'água) ou Metalatex Fundo Preparador de Paredes (à base de solvente).

2 Preparação em demais superfícies

O produto Metalatex Texturarte pode ser aplicado em reboco, massa corrida ou acrílica, gesso, concreto e fibrocimento, considerando as especificações a seguir. Para outras superfícies, entrar em contato com o SAC.

1 2 Precauções/dicas/advertências

Ler atentamente as instruções da embalagem antes de manusear e/ou utilizar o produto. Para mais informações, solicitar a Ficha Técnica e/ou a Ficha de Segurança do Produto (FISPQ) pelo SAC (0800-702-4037) ou pelo site www.sherwin-williams.com.br.

1 Principais atributos do produto 1

Corrige imperfeições, possui melhor desempenho e secagem rápida.

2 Principais atributos do produto 2

Possui efeitos decorativos exclusivos, excelente acabamento e alta durabilidade.

A Sherwin-Williams é uma das fabricantes de tintas que mais investem em pesquisa e desenvolvimento, sendo responsável por diversos produtos que se tornaram referência no mercado.

3 Preparação inicial

Para melhor visualização de cor, o ideal é aplicar em uma superfície branca. Aplicar sobre superfície limpa, seca, firme e sem partículas soltas. Evitar aplicar em dias chuvosos. Obs.: pode ocorrer alteração da cor adquirida ao se utilizarem tintas com brilho e/ou textura.

4 Preparação inicial

Qualquer que seja a superfície a ser pintada, sempre deverá estar limpa, seca, lixada, isenta de partículas soltas e completamente livre de gordura, ferrugem, restos de pintura velha, pó, brilho, resina natural da madeira etc., conforme a NBR 13245.

4 Preparação especial

Superfícies com fungos ou bolor: lavar com mistura de cloro e água em partes iguais. Deixar agir por 15 min e, em seguida, enxaguar com água limpa. Se necessário, repetir a operação. Aguardar secagem completa antes da aplicação do Novacor Risque & Rabisque.

4 Preparação em demais superfícies

Independentemente da superfície, Novacor Risque & Rabisque pode ser aplicado sobre qualquer pintura de látex acrílico, em superfícies lisas, planas ou curvas, desde que tenha sido aplicado o fundo adequado para cada tipo de substrato: alvenaria, concreto, gesso, madeira ou metal, seja plano ou curvo. Para outras superfícies, entrar em contato com o SAC. **Superfícies novas:** deverão estar limpas, secas, lixadas, isentas de partículas soltas e completamente livres de gordura, ferrugem, restos de pintura velha, pó, brilho, resina natural da madeira etc. **Superfícies pintadas com revestimentos de diferentes naturezas químicas, lisos, duros ou brilhantes:** verificar antes a aderência, lixar e aplicar uma área teste com o Novacor Risque & Rabisque. Após secagem completa de 7 dias, verificar aderência. Se a adesão for pequena ou se atacar o produto anterior, a remoção total do revestimento anterior deverá ser efetuada.

3 4 Precauções/dicas/advertências

Ler atentamente as instruções da embalagem antes de manusear e/ou utilizar o produto. Para mais informações, solicitar a Ficha Técnica e/ou a Ficha de Segurança do Produto (FISPQ) pelo SAC (0800-702-4037) ou pelo site www.sherwin-williams.com.br.

4 Principais atributos do produto 4

Aplicável em interior, transforma sua parede em um quadro de escrever.

Amostra Prove e Aprove 3

A Amostra Prove e Aprove é uma base para testar cores em superfícies internas e externas como reboco, gesso, massa corrida ou acrílica. Não deve ser aplicada sobre madeiras e metais. Deve ser utilizada apenas como demostração de cor e não como tinta de acabamento.

USE COM: Metalatex Fosco Perfeito; Metalatex Brilho Perfeito

Embalagens/rendimento

Embalagem (400 mL): até 6 m²/demão.

Aplicação

Utilizar rolo e pincel. Aplicar 2 demãos. Para cores intensas/vibrantes, pode ser necessário número maior de demãos.

Cor

Disponível somente no sistema tintométrico Color

Acabamento

Fosco

Diluição

Pronta para uso.

Secagem

Ao toque: 30 min
Entre demãos: 2 a 4 h
Final: 4 h

Novacor Risque & Rabisque 4

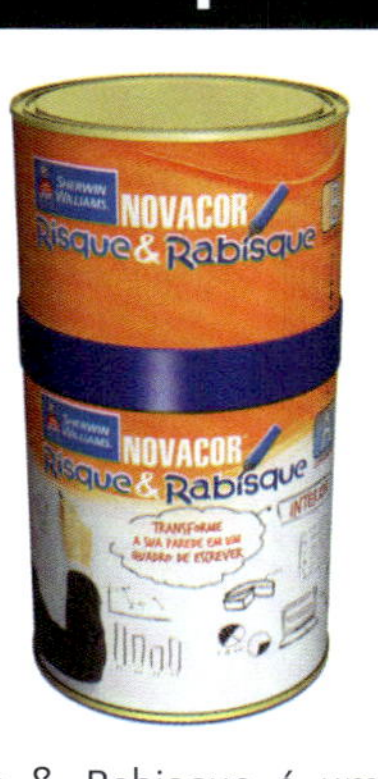

O Novacor Risque & Rabisque é um revestimento transparente com 2 componentes à base d'água que, após misturados, formam uma película transparente e dura sobre a qual é possível escrever, riscar, apagar e voltar a escrever e riscar. Ideal para residências, escolas, instalações comerciais e profissionais como escritórios, salas de reuniões, universidades, hotéis, laboratórios e restaurantes.

Metalatex Fosco Perfeito
Metalatex Brilho Perfeito

Embalagens/rendimento

Quarto (0,9 L): até 12,5 m²/demão (misturado).

Aplicação

Utilizar rolo de lã baixa ou espuma, pincel e pistola. Aplicar 2 demãos, respeitando o intervalo entre demãos.

Cor

Incolor

Acabamento

Não aplicável

Diluição

Diluir o produto com 10% de água limpa. Pistola: se necessário, diluir com água limpa.

Secagem

Ao toque: 4 h
Manuseio: 7 a 8 h
Entre demãos: 8 a 10 h
Final: 7 dias

Metalatex Massa Acrílica 

A Metalatex Massa Acrílica é um produto indicado para corrigir pequenas imperfeições, alisar e uniformizar superfícies de reboco, concreto e argamassas em geral, em ambientes externos e internos, proporcionando um acabamento liso.

USE COM: Metalatex Litoral
Metalatex Fosco Perfeito

Embalagens/rendimento

Lata (18 L): até 60 m²/demão.
Galão (3,6 L): até 12 m²/demão.
Quarto (0,9 L): até 4 m²/demão.

Aplicação

Utilizar desempenadeira e espátula.

 Cor

Branco

Acabamento

Fosco, semibrilho, acetinado, alto brilho, brilhante, perolizado e martelado

Diluição

Pronta para uso.

Secagem

Ao toque: 1 h
Entre demãos: 4 h
Lixamento: 4 h
Final: 6 h

Metalatex Massa Corrida 

A Metalatex Massa Corrida é um produto que possui excelente rendimento, secagem rápida e fácil aplicação, facilitando o lixamento e proporcionando economia da tinta de acabamento. Nivela e corrige pequenas imperfeições em paredes e tetos e proporciona aspecto liso e agradável em superfícies internas de reboco, gesso, fibrocimento e concreto.

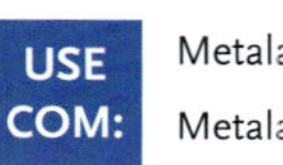
USE COM: Metalatex Fosco Perfeito
Metalatex Selador Acrílico

Embalagens/rendimento

Lata (18 L): até 53 m²/demão.
Galão (3,6 L): até 12 m²/demão.
Quarto (0,9 L): até 4 m²/demão.

Aplicação

Utilizar desempenadeira e espátula. Aplicar de 2 a 3 demãos até o perfeito nivelamento da superfície.

Cor

Branco

Acabamento

Fosco, semibrilho, acetinado, alto brilho, brilhante, perolizado e martelado

Diluição

Não aplicável.

Secagem

Ao toque: 1 h
Entre demãos: 2 a 4 h
Lixamento: 2 a 4 h
Final: 4 h

1 2 Preparação inicial

Qualquer que seja a superfície a ser pintada, sempre deverá estar limpa, seca, lixada, isenta de partículas soltas e completamente livre de gordura, ferrugem, restos de pintura velha, pó, brilho etc., conforme a NBR 13245.

1 2 Preparação especial

Superfícies com fungos ou bolor: remover utilizando mistura de água sanitária e água limpa em partes iguais. Deixar agir por 30 min e, em seguida, enxaguar com água limpa. Se necessário, repetir a operação. Aguardar secagem completa antes de iniciar a pintura.

1 2 Preparação em demais superfícies

Reboco, concreto e fibrocimento novos: aguardar secagem e cura completa por 30 dias (no mínimo). Após esse cuidado, aplicar uma demão de Metalatex Selador Acrílico. **Reboco fraco, caiações, gesso, pintura velha calcinada, superfícies com partículas soltas e/ou mal-aderidas:** raspar e/ou lixar a superfície e tratar com Metalatex Eco Fundo Preparador de Paredes (à base d'água) ou Metalatex Fundo Preparador de Paredes (à base de solvente).

1 2 Precauções/dicas/advertências

Ler atentamente as instruções da embalagem antes de manusear e/ou utilizar o produto. Para mais informações, solicitar a Ficha Técnica e/ou a Ficha de Segurança do Produto (FISPQ) pelo SAC (0800-702-4037) ou pelo site www.sherwin-williams.com.br.

1 Principais atributos do produto 1

Possui melhor desempenho e secagem rápida, corrige imperfeições e é aplicável em ambientes externos.

2 Principais atributos do produto 2

Proporciona melhor nivelamento, é mais fácil de lixar e tem excelente rendimento.

A Sherwin-Williams é uma das fabricantes de tintas que mais investem em pesquisa e desenvolvimento, sendo responsável por diversos produtos que se tornaram referência no mercado.

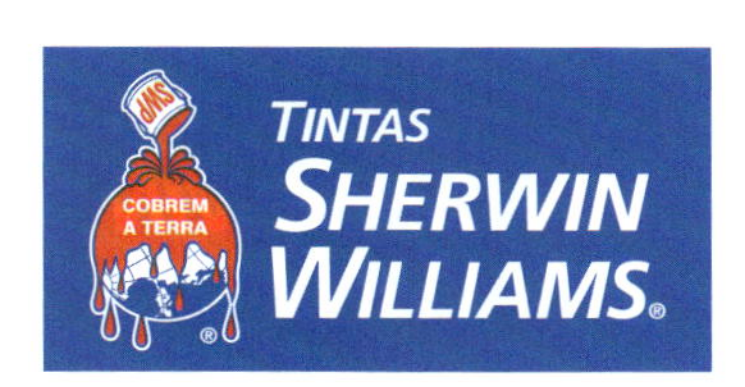

3 4 Preparação inicial

Qualquer que seja a superfície a ser pintada, sempre deverá estar limpa, seca, lixada, isenta de partículas soltas e completamente livre de gordura, ferrugem, restos de pintura velha, pó, brilho etc., conforme a NBR 13245.

3 4 Preparação especial

Superfícies com fungos ou bolor: remover utilizando mistura de água sanitária e água limpa em partes iguais. Deixar agir por 30 min e, em seguida, enxaguar com água limpa. Se necessário, repetir a operação. Aguardar secagem completa antes de iniciar a pintura.

3 4 Preparação em demais superfícies

Reboco, concreto, gesso e fibrocimento novos: aguardar secagem e cura completa por 30 dias (no mínimo). Após esse cuidado, aplicar uma demão de Metalatex Selador Acrílico. **Reboco fraco, caiações, gesso, pintura velha calcinada, superfícies com partículas soltas e/ou mal-aderidas:** raspar e/ou lixar a superfície e tratar com Metalatex Eco Fundo Preparador de Paredes (à base d'água) ou Metalatex Fundo Preparador de Paredes (à base de solvente), conforme instrução de diluição na embalagem do produto.

3 4 Precauções / dicas / advertências

Ler atentamente as instruções da embalagem antes de manusear e/ou utilizar o produto. Para mais informações, solicitar a Ficha Técnica e/ou a Ficha de Segurança do Produto (FISPQ) pelo SAC (0800-702-4037) ou pelo site www.sherwin-williams.com.br.

3 Principais atributos do produto 3

Corrige imperfeições e possui melhor desempenho e secagem rápida.

4 Principais atributos do produto 4

Restaura superfícies com trincas e fissuras.

www.sherwin-williams.com.br

Metalatex Selador Acrílico 3

O Metalatex Selador Acrílico é um fundo destinado a selar superfícies de reboco, concreto, fibrocimento e argamassas em geral, em áreas externas e internas. Proporciona maior economia na pintura final pela redução do número de demãos do acabamento, principalmente sobre superfícies novas e porosas.

Lata (18 L): até 170 m²/demão.
Galão (3,6 L): até 34 m²/demão.

Aplicação

Utilizar rolo de lã, pincel e pistola.

Branco

Acabamento

Fosco

Diluição

Rolo de lã/pincel: diluir com 10% de água limpa. Pistola: diluir com 20% de água limpa.

Secagem

Ao toque: 30 min
Entre demãos: 2 a 4 h
Final: 4 h

USE COM:

Metalatex Massa Acrílica
Metalatex Massa Corrida

SW Complemento Acrílico Flexível 4

O SW Complemento Acrílico Flexível é um produto acrílico de alta performance, desenvolvido especialmente para restauração de superfícies com trincas e fissuras e impermeabilização de paredes expostas à chuva, superfícies de concreto ou fibrocimento, ou ainda lajes onde não haja trânsito. É um produto flexível que acompanha o movimento de dilatação e retração das superfícies, que causa as pequenas trincas e fissuras.

Embalagens/rendimento

Lata (18 L): até 150 m²/demão.
Galão (3,6 L): até 30 m²/demão.

Aplicação

Utilizar rolo de lã de pelo alto e pincel. Aplicar 2 demãos para tratamento de trincas, de 4 a 6 demãos para impermeabilização de lajes e 3 demãos para superfícies com fissuras.

Cor

Branco

Acabamento

Fosco

Diluição

Tratamento de trincas e restauração de superfícies com fissuras: diluir com 10% de água limpa para todas as demãos. Aplicação sobre o Selatrinca: sobre a trinca já vedada, diluir com 10% de água limpa. Sobre a tela de poliéster, não é necessário diluir.

Secagem

Ao toque: 2 h
Entre demãos: 6 h
Final: 48 h

SW Selatrinca
Metalatex Eco Fundo Preparador de Paredes

Metalatex Esmalte Sintético 1

O Metalatex Esmalte Sintético alquídico, com sua fórmula inovadora e de altíssima qualidade, proporciona um belíssimo acabamento para superfícies externas e internas de madeira, metais e vimes. Possui máxima proteção e não descasca.

Embalagens/rendimento

Galão (3,6 L): até 55 m²/demão.
Galão (3,2 L): até 48 m²/demão.
Quarto (0,9 L): até 14 m²/demão.
Quarto (0,8 L): até 12 m²/demão.

Aplicação

Utilizar rolo de espuma, pincel e pistola. Aplicar de 2 a 3 demãos.

Cor

Conforme cartela de cores e disponível também no sistema tintométrico Color

Acabamento

Fosco, acetinado e alto brilho

Diluição

Rolo de espuma/pincel (pintura): diluir a primeira demão 15% com Metalatex Aguarrás e as demais até 10% com Metalatex Aguarrás. Rolo de espuma/pincel (repintura): diluir 10% com Metalatex Aguarrás. Pistola: diluir 20% com Metalatex Aguarrás. Nunca utilizar thinner, gasolina, benzina ou outros solventes.

USE COM: Metalatex Aguarrás; Metalatex Massa Óleo

Secagem

Ao toque: 1 a 4 h
Entre demãos: 8 a 12 h
Final: 24 h

Novacor Esmalte Sintético 2

O Novacor Esmalte Sintético é um produto alquídico de alta qualidade, recomendado para uso em ambientes externos e internos. Possui fácil aplicação, superior durabilidade e secagem rápida, podendo ser aplicado em metais, madeiras e vimes, formando uma película aderente e flexível de grande resistência a intempéries, óleos, graxas e gorduras.

Embalagens/rendimento

Galão (3,6 L): até 50 m²/demão.
Quarto (0,9 L): até 12 m²/demão.
1/16 (225 mL): até 3,5 m²/demão.

Aplicação

Utilizar rolo de espuma, pincel e pistola. Aplicar de 2 a 3 demãos.

Cor

Conforme cartela de cores

Acabamento

Fosco, acetinado e alto brilho

Diluição

Rolo de espuma/pincel: diluir com 10% de Metalatex Aguarrás. Pistola: diluir com 25% de Metalatex Aguarrás. Nunca utilizar thinner, gasolina, benzina ou outros solventes.

USE COM: Metalatex Aguarrás; Novacor Fundo Antiferrugem

Secagem

Ao toque: 4 h
Entre demãos: 12 h
Final: 24 h

1 Preparação inicial

A superfície deverá estar limpa, seca, lixada, isenta de partículas soltas e completamente livre de gordura, ferrugem, restos de pintura velha, pó, brilho, resina natural da madeira etc., conforme a NBR 13245. Para locais de baixa porosidade, como esquadrias com pintura eletrostática, consultar o departamento técnico pelo SAC.

1 Preparação especial

Superfícies com fungos, bolor ou limo: lavar com mistura de água sanitária e água em partes iguais. Deixar agir por 4 h e, em seguida, enxaguar com água limpa. Se necessário, repetir a operação. Aguardar secagem completa antes de iniciar a pintura.

2 Preparação especial

Superfícies com fungos ou bolor: lavar com mistura de cloro e água em partes iguais. Deixar agir por 15 min e, em seguida, enxaguar com água limpa. Se necessário, repetir a operação. Aguardar secagem completa antes de iniciar a pintura.

1 2 Preparação em demais superfícies

Superfícies novas: devem receber uma demão de fundo, conforme especificações. **Pinturas velhas em bom estado de conservação e bem-aderidas:** servem de base para repintura, após lixamento e cuidados iniciais.

1 Preparação em demais superfícies

Pinturas velhas ou em mau estado de conservação: após remover a pintura velha com removedores especiais, preparar a superfície com Metalatex Aguarrás e, após isso, o procedimento deverá ser o mesmo de superfícies novas. **Superfícies com imperfeições rasas:** para obter um fino acabamento e deixar a superfície lisa, utilizar Metalatex Massa Óleo em camadas finas e sucessivas.

2 Preparação em demais superfícies

Pinturas velhas ou em mau estado de conservação: devem ser totalmente removidas com removedores especiais ou thinner, preparadas com Metalatex Aguarrás e, após isso, o procedimento deverá ser o mesmo de superfícies novas.

1 2 Precauções/dicas/advertências

Ler atentamente as instruções da embalagem antes de manusear e/ou utilizar o produto. Para mais informações, solicitar a Ficha Técnica e/ou a Ficha de Segurança do Produto (FISPQ) pelo SAC (0800-702-4037) ou pelo site www.sherwin-williams.com.br.

1 Principais atributos do produto 1

Promove máxima proteção, não descasca, tem durabilidade de 10 anos e é aplicável em áreas externas e internas.

2 Principais atributos do produto 2

É superdurável, tem secagem rápida e durabilidade de 10 anos e pode ser aplicado em áreas externas e internas.

3 Preparação inicial

A superfície deverá estar limpa, seca, lixada, isenta de partículas soltas e livre de gordura, ferrugem, restos de pintura velha, pó, brilho etc., conforme a NBR 13245.

4 Preparação inicial

Qualquer que seja a superfície, sempre deverá estar limpa, seca, lixada, isenta de partículas soltas e completamente livre de gordura, ferrugem, restos de pintura velha, pó, brilho etc., conforme a NBR 13245.

3 4 Preparação especial

Superfícies com fungos ou bolor: lavar com mistura de água sanitária e água em partes iguais. Deixar agir por 4 h e, em seguida, enxaguar com água limpa. Se necessário, repetir a operação. Aguardar secagem completa antes de iniciar a pintura.

3 Preparação em demais superfícies

Metais: usar lixa para ferro, limpar usando pano umedecido com aguarrás e aplicar Novacor Fundo Antiferrugem. Áreas com ferrugens deverão ser lixadas até a exposição do metal. No caso de ferragens novas, remover o fundo proveniente do serralheiro e aplicar o Novacor Fundo Antiferrugem.

4 Preparação em demais superfícies

Madeiras: limpar no sentido dos veios da madeira e passar pano umedecido com aguarrás para remover a oleosidade natural. Remover o pó após o lixamento. Lavar uniformemente com água limpa e sabão ou detergente neutros. Depois, é só enxaguar bem. A superfície só poderá ser lavada 30 dias após a pintura (tempo para a cura completa da tinta).

3 4 Precauções/dicas/advertências

Ler atentamente as instruções da embalagem antes de manusear e/ou utilizar o produto. Para mais informações, solicitar a Ficha Técnica e/ou a Ficha de Segurança do Produto (FISPQ) pelo SAC (0800-702-4037) ou pelo site www.sherwin-williams.com.br.

3 Principais atributos do produto 3

É um complemento para metais e madeiras em ambientes externos e internos.

4 Principais atributos do produto 4

É um complemento para metais e madeiras em ambientes externos e internos.

Novacor Fundo Antiferrugem 3

O Novacor Fundo Antiferrugem é uma tinta anticorrosiva para aplicação em superfícies de ferro ou aço, que, assim como o zarcão, protege contra a ferrugem.

USE COM: Metalatex Aguarrás
Novacor Esmalte Sintético

Embalagens/rendimento

Galão (3,6 L): até 40 m²/demão.
Quarto (0,9 L): até 10 m²/demão.

Aplicação

Utilizar rolo, pincel e pistola.

Cor

Vermelho óxido

Acabamento

Fosco

Diluição

Pincel/rolo: diluir 10% com Metalatex Aguarrás. Pistola: diluir 20% com Metalatex Aguarrás.

Secagem

Entre demãos: 8 h
Final: 24 h

Novacor Fundo Branco Fosco 4

O Novacor Fundo Branco Fosco é uma tinta de fundo elaborada para a preparação de superfícies de madeira em ambientes exteriores e interiores, selando os poros e oferecendo boa base de adesão às demãos de acabamento.

Metalatex Aguarrás
Novacor Esmalte Sintético

Embalagens/rendimento

Galão (3,6 L): até 40 m²/demão.
Quarto (0,9 L): até 10 m²/demão.

Aplicação

Utilizar rolo, pincel e pistola. Aplicar de uma a 2 demãos.

Cor

Branco

Acabamento

Fosco

Diluição

Pincel/rolo: diluir até 10% com Metalatex Aguarrás. Pistola: diluir 20% com Metalatex Aguarrás.

Secagem

Entre demãos: 8 h
Lixamento: 8 h
Final: 24 h

SW Verniz Copal 1

O SW Verniz Copal é um produto para dar acabamento a superfícies de madeira em ambientes internos. É fácil de aplicar e possui bom nivelamento e rápida secagem. Seu acabamento é brilhante, o que realça as superfícies de madeira, sem alterar a sua cor original, pois é incolor.

Embalagens/rendimento

Galão (3,6 L): até 45 m²/demão.
Quarto (0,9 L): até 11 m²/demão.

Aplicação

Utilizar rolo de espuma, pincel e pistola. Aplicar de 2 a 3 demãos.

Cor

Incolor

Acabamento

Brilhante

Diluição

Rolo de espuma/pincel (pintura/madeiras novas): diluir de 30% a 50% na primeira demão e 15% nas demais com Metalatex Aguarrás. Rolo de espuma/pincel (repintura/madeiras já seladas): diluir com 15% de Metalatex Aguarrás em todas as demãos. Pistola: diluir 30% com Metalatex Aguarrás (pressão entre 30 e 35 lbs/pol²).

Secagem

Ao toque: 3 h
Entre demãos: 12 h
Final: 24 h

USE COM: Metalatex Aguarrás
SW Seladora

SW Verniz Premium 2

O SW Verniz Premium é um produto de ultra-ação, sendo ideal para proporcionar o melhor aspecto decorativo e de proteção para superfícies de madeira, oferecendo como diferencial o fato de ser o único produto com baixo odor de sua categoria. Sua formulação superior proporciona excepcional durabilidade, realçando as características naturais da madeira com um acabamento inigualável.

Embalagens/rendimento

Galão (3,6 L): até 65 m²/demão.
Quarto (0,9 L): até 16 m²/demão.

Aplicação

Utilizar rolo de espuma, pincel e pistola. Aplicar de 2 a 3 demãos.

Cor

Conforme cartela de cores

Acabamento

Acetinado e brilhante

Diluição

Rolo de espuma/pincel (madeiras novas internas): diluir de 30% a 50% na primeira demão e 15% nas demais com Metalatex Aguarrás. Rolo de espuma/pincel (madeiras novas externas): diluir 100% na primeira demão e 15% nas demais com Metalatex Aguarrás. Pistola: diluir 30% com Metalatex Aguarrás (pressão entre 30 e 35 lbs/pol²).

Secagem

Ao toque: 3 h
Entre demãos: 12 h
Final: 24 h

USE COM: Metalatex Aguarrás
SW Seladora

1 2 Preparação inicial

Qualquer que seja a superfície a ser pintada, sempre deverá estar limpa, seca, lixada, isenta de partículas soltas e completamente livre de gordura, ferrugem, restos de pintura velha, pó, brilho etc., conforme a NBR 13245.

1 2 Preparação em demais superfícies

Madeiras resinosas: lixar até remover a película superficial, eliminando as farpas. Em seguida, lavar com thinner de boa qualidade e aguardar sua evaporação a fim de extrair a resina natural da madeira. Efetuar novo lixamento. Caso necessário, repetir a operação. **Madeiras já envernizadas em bom estado:** efetuar lixamento. **Madeiras envernizadas com indícios de deterioração:** remover o verniz antigo usando espátula, lixa, raspador ou, ainda, removedores disponíveis no mercado, tendo apenas o cuidado de eliminar totalmente os seus resíduos para não comprometer a durabilidade do novo acabamento. Em seguida, preparar a superfície utilizando Metalatex Aguarrás conforme recomendação da embalagem.

2 Preparação em demais superfícies

Madeiras já envernizadas com SW Verniz Premium em bom estado: efetuar lixamento. Sobre outro tipo de verniz, removê-lo completamente e seguir o mesmo procedimento para madeiras novas.

1 2 Precauções/dicas/advertências

Ler atentamente as instruções da embalagem antes de manusear e/ou utilizar o produto. Para mais informações, solicitar a Ficha Técnica e/ou a Ficha de Segurança do Produto (FISPQ) pelo SAC (0800-702-4037) ou pelo site www.sherwin-williams.com.br.

1 Principais atributos do produto 1

É um produto para interiores, com rápida secagem e facilidade de aplicação.

2 Principais atributos do produto 2

Contém Super Filtro Solar, é hidrorrepelente e tem baixo odor e alta resistência às intempéries. É aplicável em áreas externas e internas.

A Sherwin-Williams é uma das fabricantes de tintas que mais investem em pesquisa e desenvolvimento, sendo responsável por diversos produtos que se tornaram referência no mercado.

3 4 Preparação inicial

Qualquer que seja a superfície a ser pintada, sempre deverá estar limpa, seca, lixada, isenta de partículas soltas e completamente livre de gordura, ferrugem, restos de pintura velha, pó, brilho etc., conforme a NBR 13245.

3 4 Preparação em demais superfícies

Madeiras resinosas: lixar até remover a película superficial, eliminando as farpas. Em seguida, lavar com thinner de boa qualidade e aguardar sua evaporação a fim de extrair a resina natural da madeira. Efetuar novo lixamento. Caso necessário, repetir a operação. **Madeiras já envernizadas em bom estado:** efetuar lixamento. **Madeiras envernizadas com indícios de deterioração:** remover o verniz antigo usando espátula, lixa, raspador ou, ainda, removedores disponíveis no mercado, tendo apenas o cuidado de eliminar totalmente os seus resíduos para não comprometer a durabilidade do novo acabamento. Em seguida, preparar a superfície utilizando Metalatex Aguarrás conforme recomendação da embalagem.

3 4 Precauções / dicas / advertências

Ler atentamente as instruções da embalagem antes de manusear e/ou utilizar o produto. Para mais informações, solicitar a Ficha Técnica e/ou a Ficha de Segurança do Produto (FISPQ) pelo SAC (0800-702-4037) ou pelo site www.sherwin-williams.com.br.

3 Principais atributos do produto 3

Contém filtro solar, possui ótima durabilidade, proporciona maior proteção contra chuva e maresia e é aplicável em exterior e interior.

4 Principais atributos do produto 4

Enobrece a madeira, é resistente ao atrito e possui ótima resistência a intempéries. É aplicável em áreas externas e internas.

SW Verniz Filtro Solar 3

O SW Verniz Filtro Solar é um produto desenvolvido para dar acabamento e proteção, principalmente a superfícies externas e internas de madeira. É resistente à ação nociva de raios ultravioleta sobre a madeira, além de proporcionar maior proteção contra os efeitos da chuva e da maresia, dando uma durabilidade superior à superfície.

USE COM: Metalatex Aguarrás; SW Seladora

Embalagens/rendimento

Galão (3,6 L): até 60 m²/demão.
Quarto (0,9 L): até 15 m²/demão.

Aplicação

Utilizar rolo de espuma, pincel e pistola. Aplicar de 2 a 3 demãos.

Cor

Conforme cartela de cores

Acabamento

Acetinado e brilhante

Diluição

Rolo de espuma/pincel (pintura/madeiras novas internas): diluir de 30% a 50% na primeira demão e 15% nas demais com Metalatex Aguarrás. Rolo de espuma/pincel (madeiras novas externas): diluir 100% na primeira demão e 15% nas demais com Metalatex Aguarrás. Rolo de espuma/pincel (repintura/madeiras já seladas): diluir 15% em todas as demãos com Metalatex Aguarrás. Pistola: diluir 30% com Metalatex Aguarrás (pressão de 30 a 35 lbs/pol²).

Secagem

Ao toque: 3 h
Entre demãos: 12 h
Final: 24 h

SW Verniz Marítimo 4

O SW Verniz Marítimo é um produto indicado para realçar e enobrecer as superfícies de diversos tipos de madeira. Sua variedade de cores e de acabamentos (fosco ou brilhante) permite combinações com diversos estilos de decoração, proporcionando ambientes diferenciados. É um produto de fácil aplicação, boa aderência e secagem rápida.

USE COM: Metalatex Aguarrás; SW Seladora

Embalagens/rendimento

Galão (3,6 L): até 50 m²/demão.
Quarto (0,9 L): até 12,5 m²/demão.

Aplicação

Utilizar rolo de espuma, pincel e pistola. Aplicar de 2 a 3 demãos.

Cor

Conforme cartela de cores

Acabamento

Fosco e brilhante

Diluição

Rolo de espuma/pincel (pintura/madeiras novas internas): diluir de 30% a 50% na primeira demão e 15% nas demais com Metalatex Aguarrás. Rolo de espuma/pincel (pintura/madeiras novas externas): diluir 100% na primeira demão e 15% nas demais com Metalatex Aguarrás. Rolo de espuma/pincel (repintura/madeiras já seladas): diluir 15% em todas as demãos com Metalatex Aguarrás. Pistola: diluir 30% com Metalatex Aguarrás (pressão entre 30 e 35 lbs/pol²).

Secagem

Ao toque: 3 h
Entre demãos: 12 h
Final: 24 h

www.sherwin-williams.com.br

Metalatex Eco Fundo Branco Fosco 1

O Metalatex Eco Fundo Branco Fosco é recomendado para promover a aderência e regular a absorção da tinta de acabamento.

Embalagens/rendimento

Galão (3,6 L): até 50 m²/demão.
Quarto (0,9 L): até 13 m²/demão.

Aplicação

Utilizar rolo de espuma e pincel. Aplicar de uma a 2 demãos.

Cor

Branco

Acabamento

Fosco

Diluição

Diluir com 10% a 20% de água limpa.

Secagem

Ao toque: 30 min
Entre demãos: 2 a 4 h
Final: 4 h

Metalatex Eco Esmalte

Metalatex Eco Massa Niveladora

Metalatex Fundo Branco Fosco 2

O Metalatex Fundo Branco Fosco é um fundo elaborado para a preparação de superfícies de madeira em exteriores e interiores, selando os poros e oferecendo boa base de adesão às demãos de acabamento.

Embalagens/rendimento

Galão (3,6 L): até 30 m²/demão.
Quarto (0,9 L): até 7,5 m²/demão.

Aplicação

Utilizar rolo, pincel e pistola. Aplicar uma demão.

Cor

Branco

Acabamento

Fosco

Diluição

Pincel/rolo: diluir até 10% com Metalatex Aguarrás. Pistola: diluir 20% com Metalatex Aguarrás.

Secagem

Entre demãos: 8 h
Lixamento: 8 h
Final: 24 h

Metalatex Aguarrás

Metalatex Esmalte Sintético

1 Preparação inicial

Qualquer que seja a superfície a ser pintada, sempre deverá estar limpa, seca, lixada, isenta de partículas soltas e completamente livre de gordura, ferrugem, restos de pintura velha, pó, brilho, resina natural da madeira etc., conforme a NBR 13245.

2 Preparação inicial

Qualquer que seja a superfície a ser pintada, sempre deverá estar limpa, seca, lixada e completamente livre de gordura, ferrugem, restos de pintura velha, pó, brilho etc., conforme a NBR 13245.

1 2 Preparação especial

Superfícies com fungos ou bolor: remover utilizando mistura de água sanitária e água limpa em partes iguais. Deixar agir por 30 min e, em seguida, enxaguar com água limpa. Se necessário, repetir a operação. Aguardar secagem completa antes de iniciar a pintura.

1 Preparação em demais superfícies

Madeiras: limpar no sentido dos veios da madeira e passar pano umedecido com thinner para remover a oleosidade natural. Remover o pó após o lixamento.

2 Preparação em demais superfícies

Madeiras novas: lixar no sentido dos veios da madeira, passar um pano umedecido com Metalatex Aguarrás, para remover a oleosidade natural da madeira, e aplicar Metalatex Fundo Branco Fosco conforme recomendação da embalagem. **Madeiras (repintura):** remover partes soltas ou mal-aderidas, lixar e limpar. Obs.: para nivelar ou corrigir imperfeições rasas, aplicar Metalatex Massa Óleo em camadas finas e sucessivas, até o perfeito nivelamento da superfície. Remover o pó após o lixamento. **Metais ferrosos novos:** lixar com lixa de ferro, limpar com pano umedecido com Metalatex Aguarrás e aplicar Metalatex Fundo Antiferrugem (conforme recomendação da embalagem). **Metais ferrosos (repintura):** remover partes soltas ou mal-aderidas, lixar e limpar. Obs.: ferrugens devem ser removidas até a exposição do metal. Aplicar nesses locais Metalatex Fundo Antiferrugem antes da aplicação do esmalte.

1 2 Precauções/dicas/advertências

Ler atentamente as instruções da embalagem antes de manusear e/ou utilizar o produto. Para mais informações, solicitar a Ficha Técnica e/ou a Ficha de Segurança do Produto (FISPQ) pelo SAC (0800-702-4037) ou pelo site www.sherwin-williams.com.br.

1 Principais atributos do produto 1

Tem baixo odor e secagem rápida.

2 Principais atributos do produto 2

Sela os poros e aumenta a adesão das demãos de acabamento.

3 Preparação inicial

Qualquer que seja a superfície a ser pintada, sempre deverá estar limpa, seca, lixada, isenta de partículas soltas e completamente livre de gordura, ferrugem, restos de pintura velha, pó, brilho, resina natural da madeira etc., conforme a NBR 13245.

4 Preparação inicial

Qualquer que seja a superfície a ser pintada, sempre deverá estar limpa, seca, lixada e completamente livre de gordura, ferrugem, restos de pintura velha, pó, brilho etc., conforme a NBR 13245.

3 4 Preparação especial

Superfícies com fungos ou bolor: remover utilizando mistura de água sanitária e água limpa em partes iguais. Deixar agir por 30 min e, em seguida, enxaguar com água limpa. Se necessário, repetir a operação. Aguardar secagem completa antes de iniciar a pintura.

3 Preparação em demais superfícies

Madeiras: limpar no sentido dos veios da madeira e passar pano umedecido com thinner para remover a oleosidade natural. Remover o pó após o lixamento.

4 Preparação em demais superfícies

Madeiras novas: lixar no sentido dos veios da madeira, passar um pano umedecido com Metalatex Aguarrás, para remover a oleosidade natural da madeira, e aplicar Metalatex Fundo Branco Fosco conforme recomendação da embalagem. **Madeiras (repintura):** remover partes soltas ou mal-aderidas, lixar e limpar. Obs.: para nivelar ou corrigir imperfeições rasas, aplicar Metalatex Massa Óleo em camadas finas e sucessivas, até o perfeito nivelamento da superfície. Remover o pó após o lixamento. **Metais ferrosos novos:** lixar com lixa de ferro, limpar com pano umedecido com Metalatex Aguarrás e aplicar Metalatex Fundo Antiferrugem (conforme recomendação da embalagem). **Metais ferrosos (repintura):** remover partes soltas ou mal-aderidas, lixar e limpar. Obs.: ferrugens devem ser removidas até a exposição do metal. Aplicar nesses locais Metalatex Fundo Antiferrugem antes da aplicação do esmalte.

3 4 Precauções / dicas / advertências

"Ler atentamente as instruções da embalagem antes de manusear e/ou utilizar o produto. Para mais informações, solicitar a Ficha Técnica e/ou a Ficha de Segurança do Produto (FISPQ) pelo SAC (0800-702-4037) ou pelo site www.sherwin-williams.com.br.

3 Principais atributos do produto 3

Tem baixo odor e secagem rápida.

4 Principais atributos do produto 4

Corrige imperfeições e nivela a superfície.

Metalatex Eco Massa Niveladora 3

A Metalatex Eco Massa Niveladora nivela as superfícies de madeiras ao ser aplicada em camadas finas e sucessivas.

USE COM: Metalatex Eco Esmalte
Metalatex Eco Fundo Branco Fosco

Embalagens/rendimento
Galão (3,6 L): até 12 m²/demão.
Quarto (0,9 L): até 3 m²/demão.

Aplicação
Utilizar espátula e desempenadeira. Aplicar de 2 a 3 demãos, até o perfeito nivelamento da superfície.

Cor
Branco

Acabamento
Fosco

Diluição
Pronta para uso.

Secagem
Ao toque: 1 h
Entre demãos: 2 a 4 h
Final: 4 a 6 h

Metalatex Massa Óleo 4

A Metalatex Massa Óleo é uma massa ideal para correção de imperfeições e nivelamento de superfícies de madeira, preparando-as para as demãos de acabamento.

USE COM: Metalatex Aguarrás
Metalatex Fundo Branco Fosco

Embalagens/rendimento
Galão (3,6 L): até 16 m²/demão.
Quarto (0,9 L): até 4 m²/demão.

Aplicação
Utilizar espátula e desempenadeira. São necessárias demãos finas até o perfeito nivelamento da superfície.

Cor
Branco

Acabamento
Fosco

Diluição
Diluir até 5% com Metalatex Aguarrás. Nunca utilizar thinner, gasolina, benzina ou outros solventes.

Secagem
Entre demãos: 8 h
Lixamento: 8 h
Final: 24 h

Super Galvite 1

O Super Galvite é um fundo especial indicado para promover aderência sobre superfícies de aço galvanizado e chapas zincadas, canaletas, condutores, calhas, rufos, chapas lisas e onduladas, painéis de propaganda etc.

USE COM: Metalatex Eco Esmalte
Metalatex Esmalte Sintético

Embalagens/rendimento

Galão (3,6 L): até 70 m²/demão.
Quarto (0,9 L): até 17,5 m²/demão.

Aplicação

Utilizar rolo, trincha e pistola. Aplicar uma demão.

Cor

Branco gelo

Acabamento

Fosco

Diluição

Rolo/trincha: diluir com 10% de Metalatex Aguarrás. Pistola: diluir com 30% de Metalatex Aguarrás.

Secagem

Ao toque: 2 h
Final: 24 h

Metalatex Eco Telha Térmica 2

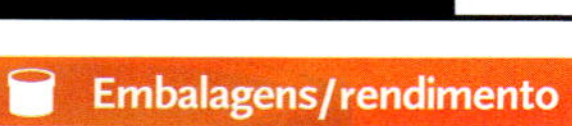

A Metalatex Eco Telha Térmica colore, protege e mantém sua casa mais fresca no verão e quente no inverno, promovendo sensação de conforto térmico no ambiente. É uma tinta que, além de ser à base d'água, ter secagem rápida, ótimo rendimento e excelente cobertura, reduz o consumo de energia pelo uso de ventiladores e condicionadores de ar.

Metalatex Eco Fundo Preparador de Paredes

Embalagens/rendimento

Lata (18 L): até 180 m²/demão.
Galão (3,6 L): até 40 m²/demão.

Aplicação

Utilizar rolo de lã, pincel e pistola. Aplicar de 2 a 3 demãos.

Cor

Conforme cartela de cores

Acabamento

Brilhante

Diluição

Rolo de lã/pincel: diluir a primeira demão com 20% a 30% de água limpa e as demais demãos com 10% a 20% de água limpa. Pistola: diluir com 20% a 30% de água limpa.

Secagem

Ao toque: 30 min
Entre demãos: 2 a 4 h
Final: 8 h

1 2 Preparação inicial

Qualquer que seja a superfície a ser pintada, sempre deverá estar limpa, seca, lixada, isenta de partículas soltas e completamente livre de gordura, ferrugem, restos de pintura velha, pó, brilho etc., conforme a NBR 13245.

2 Preparação especial

Superfícies com fungos, bolor ou limo: remover utilizando mistura de água sanitária e água limpa em partes iguais. Deixar agir por 30 min e, em seguida, enxaguar com água limpa. Se necessário, repetir a operação. Aguardar secagem completa antes de iniciar a pintura.

1 Preparação em demais superfícies

Superfícies novas: efetuar leve lixamento com lixa para metais grana 400 e retirar o pó resultante do lixamento com pano umedecido com Metalatex Aguarrás a fim de preparar a superfície para aplicação do produto. Repetir a operação quantas vezes forem necessárias. Aplicar o produto homogeneamente sobre a chapa fria. **Repintura:** remover pinturas velhas que estejam soltas ou mal-aderidas, remover pontos de ferrugem até a exposição do metal e tratá-los com Metalatex Fundo Óxido. Somente depois aplicar o Super Galvite homogeneamente. Lavar uniformemente com água limpa e sabão ou detergente neutros. Depois, enxaguar bem. A superfície só poderá ser lavada 30 dias após a pintura (tempo para a cura completa da tinta).

2 Preparação em demais superfícies

O produto Metalatex Eco Telha Térmica pode ser aplicado em telhas de barro, cimento e fibrocimento. **Telhas e superfícies mais antigas ou de difícil limpeza:** devem ser lixadas e lavadas com água e detergente neutro. **Repintura:** remover as partes soltas ou mal-aderidas, retirar o pó proveniente do lixamento e efetuar a nova pintura. **Telhas siliconadas, esmaltadas, vitrificadas, enceradas ou não porosas:** lixar até a perda do brilho para evitar problemas de aderência. Remover o pó resultante e efetuar a pintura.

1 2 Precauções/dicas/advertências

Ler atentamente as instruções da embalagem antes de manusear e/ou utilizar o produto. Para mais informações, solicitar a Ficha Técnica e/ou a Ficha de Segurança do Produto (FISPQ) pelo SAC (0800-702-4037) ou pelo site www.sherwin-williams.com.br.

1 Principais atributos do produto 1

É um fundo especial para aço galvanizado.

2 Principais atributos do produto 2

Promove conforto térmico e tem secagem ultrarrápida, ótimo rendimento, excelente cobertura e alta refletância. Aplicável em exterior.

3 Preparação inicial

Qualquer que seja a superfície a ser pintada, sempre deverá estar limpa, seca, lixada, isenta de partículas soltas e completamente livre de gordura, ferrugem, restos de pintura velha, pó, brilho, resina natural da madeira etc., conforme a NBR 13245.

4 Preparação inicial

Qualquer que seja a superfície a ser pintada, sempre deverá estar limpa, seca, lixada, isenta de partículas soltas e completamente livre de gordura, ferrugem, restos de pintura velha, pó, brilho, partículas de borracha etc., conforme a NBR 13245.

3 4 Preparação especial

Superfícies com fungos ou bolor: remover utilizando mistura de água sanitária e água limpa em partes iguais. Deixar agir por 30 min e, em seguida, enxaguar com água limpa. Se necessário, repetir a operação. Aguardar secagem completa antes de iniciar a pintura.

4 Preparação especial

Cimento queimado: aplicar solução de ácido muriático composta por 2 partes de água e uma parte de ácido muriático. Deixar agir por 30 min e, em seguida, enxaguar com água em abundância. Aguardar secagem completa antes de iniciar a pintura. Essa solução não pode ser utilizada sobre concreto armado.

3 Preparação em demais superfícies

Azulejos, vidros e pastilhas: remover todos os resíduos de gordura e outros contaminantes usando água quente com limpador multiuso e esfregar com esponja, principalmente nas áreas com azulejos ou pastilhas de box e pias. Repetir esse processo de 2 a 3 vezes até a limpeza total. Enxaguar bem e secar com pano limpo. Finalmente, passar um pano embebido em álcool em toda a superfície a ser pintada, verificando a especificações. **Metais:** pinturas em bom estado de conservação e bem-aderidas servem de base para repintura após o lixamento. Pinturas velhas ou em mau estado de conservação devem ser totalmente removidas. **Pisos de cimento novo ou queimado:** aguardar cura completa por, no mínimo, 30 dias e efetuar limpeza. Após esses cuidados, aplicar a primeira demão de Novacor Epóxi, com diluição de 30%, para selar a superfície. Nas demais demãos, diluir normalmente. O Novacor Epóxi não deve ser aplicado sobre superfícies imersas em água.

4 Preparação em demais superfícies

Cimento não queimado, concreto e fibrocimento novos: aguardar secagem e cura completa por 30 dias (no mínimo). **Cimento fraco e desagregado:** deverá ser obrigatoriamente raspado e/ou lixado e tratado com Metalatex Eco Fundo Preparador de Paredes (à base d'água) ou Metalatex Fundo Preparador de Paredes (à base de solvente) devidamente diluídos conforme indicado na embalagem do produto.

3 4 Precauções/dicas/advertências

Ler atentamente as instruções da embalagem antes de manusear e/ou utilizar o produto. Para mais informações, solicitar a Ficha Técnica e/ou a Ficha de Segurança do Produto (FISPQ) pelo SAC (0800-702-4037) ou pelo site www.sherwin-williams.com.br.

3 Principais atributos do produto 3

Produto à base d'água para pisos e paredes, com alta durabilidade. É monocomponente e aplicável em áreas externas e internas e tem baixo odor.

4 Principais atributos do produto 4

Produto nº 1 em piso, rende até 350 m²/demão (lata de 18 L), deixa o piso mais resistente e é aplicável em áreas externas e internas.

Novacor Epóxi 3

A Novacor Epóxi é uma tinta epóxi à base d'água de grandes resistência e durabilidade, secagem rápida e acabamento brilhante, desenvolvida especialmente para aplicação em pisos, madeiras, vidros, metais e azulejos em banheiros, cozinhas, lavanderias e outros. Possui alta resistência a limpeza frequente e umidade. Tem o diferencial de ser um produto monocomponente, fácil de aplicar e de baixo odor.

USE COM: Novacor Extra
Novacor Piso Mais Resistente

Embalagens/rendimento

Galão (3,6 L): até 50 m²/demão.
Galão (3,2 L): até 42 m²/demão.

Aplicação

Utilizar rolo especial para epóxi, pincel e pistola. Aplicar 3 demãos.

Cor

Conforme cartela de cores e disponível também no sistema tintométrico Color

Acabamento

Brilhante

Diluição

Pintura: diluir com 20% de água limpa na primeira demão e 10% nas demais. Repintura: diluir com 10% de água limpa para todas as demãos. Pistola: diluir com 35% de água limpa para todas as demãos.

Secagem

Ao toque: 1 h
Entre demãos: 2 a 4 h
Final: 7 dias
Tráfego de pessoas: 48 h
Tráfego de veículos: 72 h

Novacor Piso Mais Resistente 4

A Novacor Piso Mais Resistente é uma tinta acrílica para pisos cimentados, mesmo que já tenham sido pintados anteriormente. Tem grande poder de cobertura e alta durabilidade. Por isso, é muito resistente ao tráfego de pessoas e carros e às intempéries, quando aplicada sobre superfícies corretamente preparadas e conservadas.

Novacor Epóxi
Novacor Piso Ultra

Embalagens/rendimento

Lata (18 L): até 350 m²/demão.
Galão (3,6 L): até 70 m²/demão.
Quarto (0,9 L): até 17,5 m²/demão.

Aplicação

Utilizar rolo de lã, pincel e pistola. Aplicar de 2 a 3 demãos. Obedecer o número mínimo de 2 demãos para pintura/repintura.

Cor

Conforme cartela de cores

Acabamento

Fosco

Diluição

Primeira demão: diluir com 30% de água limpa. Demais demãos: diluir com 10% a 20% de água limpa. Pistola: diluir com 35% de água limpa para todas as demãos.

Secagem

Ao toque: 1 h
Entre demãos: 2 a 4 h
Final: 12 h
Tráfego de pessoas: 48 h
Tráfego de veículos: 72 h

Novacor Piso Ultra

SHERWIN WILLIAMS
NOVACOR
PISO ULTRA
ANTIDERRAPANTE
3,6L
PREMIUM

A Novacor Piso Ultra é uma tinta acrílica indicada para aplicação em superfícies que necessitem de grande resistência ao tráfego de pessoas e automóveis. Sua fórmula permite resistência a produtos de limpeza, gasolina, graxas e óleos, podendo ser aplicada em pisos de postos de gasolina, oficinas mecânicas, entre outros. Possui excelente durabilidade, grande poder de cobertura e acabamento semibrilho.

USE COM: Novacor Epóxi
Novacor Piso Mais Resistente

Embalagens/rendimento

Lata (18 L): até 400 m²/demão.
Galão (3,6 L): até 80 m²/demão.
Quarto (0,9 L): até 20 m²/demão.

Aplicação

Utilizar rolo de lã, pincel e pistola. Aplicar de 2 a 3 demãos. Obedecer o número mínimo de 2 demãos.

Cor

Conforme cartela de cores

Acabamento

Semibrilho

Diluição

Primeira demão: diluir com até 40% de água limpa. Demais demãos: diluir com 30% de água limpa. Pistola: diluir com 35% de água limpa.

Secagem

Ao toque: 2 h
Entre demãos: 2 a 4 h
Final: 12 h
Tráfego de pessoas: 48 h
Tráfego de veículos: 72 h

Novacor Azulejo

A Novacor Azulejo é uma tinta acrílica muito prática, especialmente desenvolvida para possibilitar a mudança e a renovação das cores de azulejos e pastilhas, sem reformas. Proporciona alta aderência à superfície, além de um ótimo rendimento. É recomendada para paredes internas e externas azulejadas, não havendo a necessidade de mão de obra especializada para a sua aplicação.

Corante Líquido Xadrez
Corante Líquido Globocor

Embalagens/rendimento

Galão (3,6 L): até 50 m²/demão.

Aplicação

Utilizar rolo de lã, pincel e pistola. Aplicar de 2 a 3 demãos.

Cor

Conforme cartela de cores. Para adquirir uma tonalidade extra, além das cores disponíveis em cartela, basta misturar até uma bisnaga de 50 mL de Corante Líquido Xadrez ou Globocor para cada galão de 3,6 L

Acabamento

Acetinado

Diluição

Diluir todas as demãos com 10% de água limpa.

Secagem

Ao toque: 1 h
Entre demãos: 4 h
Final: 8 h

1 2 Preparação inicial

Qualquer que seja a superfície a ser pintada, sempre deverá estar limpa, seca, lixada, isenta de partículas soltas e completamente livre de gordura, ferrugem, restos de pintura velha, pó, brilho etc., conforme a NBR 13245.

1 Preparação especial

Superfícies com fungos ou bolor: remover utilizando mistura de água sanitária e água limpa em partes iguais. Deixar agir por 30 min e, em seguida, enxaguar com água limpa. Se necessário, repetir a operação. Aguardar secagem completa antes de iniciar a pintura. **Cimento queimado:** aplicar solução de ácido muriático composta por 2 partes de água e uma parte de ácido muriático. Deixar agir por 30 min e, em seguida, enxaguar com água em abundância. Aguardar secagem completa antes de iniciar a pintura. Essa solução não pode ser utilizada sobre concreto armado.

2 Preparação especial

Remover todos os resíduos de gordura e outros contaminantes usando água quente com limpador multiuso (preferencialmente que contenha amônia) e esfregar com esponja de aço, principalmente nas áreas com azulejos ou pastilhas de box e pias. Repetir esse processo de 2 a 3 vezes até a limpeza total. Enxaguar bem e secar com pano limpo. Finalmente, passar um pano embebido em álcool doméstico em toda a superfície a ser pintada.

1 Preparação em demais superfícies

A Novacor Piso Ultra não deve ser aplicada sobre superfícies metálicas, esmaltadas, vitrificadas, enceradas ou qualquer outra área não porosa. Certificar-se de que a superfície tenha absorção. Testar com uma gota de água sobre a superfície seca. Se ela for rapidamente absorvida, a superfície está em condições de ser pintada. **Cimento não queimado, concreto e fibrocimento novos:** aguardar secagem e cura completa por 30 dias (no mínimo).

2 Preparação em demais superfícies

O produto Novacor Azulejo pode ser aplicado em paredes internas e externas azulejadas de cozinhas, banheiros e lavanderias.

1 2 Precauções / dicas / advertências

Ler atentamente as instruções da embalagem antes de manusear e/ou utilizar o produto. Para mais informações, solicitar a Ficha Técnica e/ou a Ficha de Segurança do Produto (FISPQ) pelo SAC (0800-702-4037) ou pelo site www.sherwin-williams.com.br.

1 Principais atributos do produto 1

É ultrarresistente a tráfego de pessoas e automóveis, manchas de óleo, graxa e gasolina. Dipsonível no acabamento semibrilho, rende mais – até 400 m²/demão (lata de 18 L) – e é aplicável em áreas externas e internas.

2 Principais atributos do produto 2

É prático (somente diluição com água), dispensa diluente químico e é aplicável em áreas externas e internas.

3 Preparação inicial

Qualquer que seja a superfície a ser pintada, sempre deverá estar limpa, seca, lixada, isenta de partículas soltas e completamente livre de gordura, ferrugem, restos de pintura velha, pó, brilho etc., conforme a NBR 13245.

4 Preparação inicial

Eliminar completamente o pó resultante do lixamento antes da aplicação do produto. Manter o ambiente ventilado durante preparação, aplicação e secagem do produto.

3 Preparação especial

Superfícies com mofo, fungo ou limo: remover utilizando mistura de água sanitária e água limpa em partes iguais. Deixar agir por 30 min e, em seguida, enxaguar com água limpa. Se necessário, repetir a operação. Aguardar secagem completa antes de iniciar a pintura. Não deve ser aplicado sobre superfícies esmaltadas, vitrificadas, enceradas ou qualquer área não porosa.

3 Preparação em demais superfícies

O produto Metalatex Eco Resina Impermeabilizante pode ser aplicado em superfícies porosas como: pedras naturais (ardósia, pedra mineira, pedra goiana etc.), concreto aparente, telhas de barro ou fibrocimento, tijolo aparente, cerâmicas. Para outras superfícies, entrar em contato com o SAC. **Pisos queimados:** para aumentar a porosidade, lavá-los com uma solução de água e ácido muriático (2 partes de água e uma parte de ácido muriático), deixando agir por 30 min. Enxaguar com água em abundância e aguardar a secagem total. **Cimentado novo:** aguardar 30 dias para a cura completa antes de efetuar a pintura. **Áreas mais antigas ou de difícil limpeza (pisos, fachadas em tijolo aparente etc.):** devem ser lixadas e lavadas com água e detergente neutro. Pode ser aplicado também sobre piso cimentado e sobre superfícies pintadas com Novacor Piso (mais de 30 dias).

3 4 Precauções / dicas / advertências

Ler atentamente as instruções da embalagem antes de manusear e/ou utilizar o produto. Para mais informações, solicitar a Ficha Técnica e/ou a Ficha de Segurança do Produto (FISPQ) pelo SAC (0800-702-4037) ou pelo site www.sherwin-williams.com.br.

3 Principais atributos do produto 3

É antiderrapante e diluível em água e possui alta durabilidade, baixo odor e secagem rápida.

4 Principais atributos do produto 4

Tem baixo odor.

Metalatex Eco Resina Impermeabilizante 3

A Metalatex Eco Resina Impermeabilizante protege e realça a tonalidade natural de superfícies porosas como pedras naturais (ardósia, pedra mineira, pedra goiana etc.), concreto aparente, telhas (barro/fibrocimento), tijolo aparente e cerâmicas. É antiderrapante, com baixo odor e deixa a superfície repelente à água/umidade, impedindo a formação de limo e manchas, o escurecimento de rejuntes ou qualquer ação de intempéries.

USE COM: Novacor Piso Mais Resistente

Embalagens/rendimento

Lata (18 L): até 275 m²/demão.
Galão (3,6 L): até 55 m²/demão.
Quarto (0,9 L): até 14 m²/demão.

Aplicação

Utilizar rolo de espuma, pincel e pistola. Aplicar de 2 a 3 demãos.

Cor

Incolor

Acabamento

Brilhante

Diluição

Rolo/pincel (pintura): diluir a primeira demão com 50% de água limpa e as demais demãos com 15% de água limpa. Rolo/pincel (repintura): diluir todas as demãos com 15% de água limpa. Pistola: diluir com 25% a 30% de água limpa.

Secagem

Ao toque: 30 min
Entre demãos: 3 h
Final: 6 h
Tráfego de pessoas: 48 h
Tráfego de veículos: 72 h

Metalatex Aguarrás 4

A Metalatex Aguarrás é um solvente ideal para diluição de esmaltes sintéticos, vernizes, tintas a óleo e complementos à base de resinas alquídicas. Também é usado para retirada dos resíduos de tinta dos materiais utilizados em pinturas com produtos à base de solvente. Tem como principal atributo o baixo odor, diferenciando-se dos produtos similares disponíveis no mercado.

USE COM: Novacor Esmalte Sintético
Metalatex Esmalte Sintético

Embalagens/rendimento

Galão (5 L) e quarto (0,9 L).

Aplicação

Não aplicável.

Cor

Incolor

Acabamento

Não aplicável

Diluição

Não aplicável.

Secagem

Não aplicável

Colorgin Móveis & Madeira

1

É uma linha de vernizes em aerossol de excelente qualidade feita para rejuvenescer ou modificar cores de madeiras novas ou envelhecidas e protegê-las contra os raios ultravioleta, pois contém filtro solar. É indicado para uso externo e interno e possui ótima resistência a abrasão, álcool e água.

USE COM: Colorgin Uso Geral Premium
Colorgin Seladora para Madeira

Embalagens/rendimento

Spray (350 mL): 1,2 a 1,4 m²/demão. Como seladora para madeira, o rendimento é de 1,1 a 1,3 m² por embalagem.

Aplicação

Agitar bem a lata antes e durante o uso. Aplicar a uma distância de 25 cm da superfície. Aplicar com movimentos constantes e uniformes. Limpar a válvula, virando a lata para baixo e pressionando até sair apenas gás. Aplicar o fundo adequado para cada tipo de superfície.

Cor

Conforme cartela de cores

Acabamento

Brilhante

Diluição

Pronto para uso.

Secagem

Ao toque: 3 a 4 h
Entre demãos: 15 min
Manuseio: 5 a 6 h
Total: 24 h
Testes mecânicos: 72 h

Colorgin Metallik Exterior

2

É uma tinta em aerossol que proporciona efeitos metálicos para decorar e embelezar objetos de ferro, gesso, madeira, cerâmica, papel e metal, além de proteger contra ferrugem. Indicado para pinturas externas e internas, apresenta secagem rápida e excelente acabamento.

USE COM: Colorgin Esmalte Sintético
Colorgin Uso Geral Premium

Embalagens/rendimento

Spray (350 mL): 1,2 a 1,4 m²/demão.

Aplicação

Agitar bem a lata antes e durante o uso. Aplicar a uma distância de 25 cm da superfície. Aplicar com movimentos constantes e uniformes. Limpar a válvula, virando a lata para baixo e pressionando até sair apenas gás. Aplicar o fundo adequado para cada tipo de superfície.

Cor

Conforme cartela de cores

Acabamento

Brilhante

Diluição

Pronto para uso.

Secagem

Ao toque: até 1 h
Entre demãos: 1 a 3 min
Total: 24 h
Testes mecânicos: 72 h

1 2 Preparação inicial

Qualquer que seja a superfície a ser pintada, sempre deverá estar limpa, seca e completamente livre de gordura, ferrugem, restos de pintura velha, pó, brilho, resina etc. Empapelar a parte que não será pintada ou proteger com papelão ou plástico.

2 Preparação inicial

Aplicar de 2 a 3 demãos de Colorgin Metallik Exterior em camadas finas, respeitando a distância de 25 cm da superfície. O excesso de tinta pode alterar a cor do produto.

1 Preparação especial

Madeiras novas: lixar progressivamente a superfície seguindo os veios da madeira, iniciando com lixa grana 220 até 360. Após o lixamento, remover o pó com um pano úmido.

1 Preparação em demais superfícies

Madeiras (repintura): remover toda a pintura antiga com removedor ou lixa e tratar como madeira nova. Para superfícies que ficarão em ambientes internos, aplicar Seladora para Madeira.

2 Preparação em demais superfícies

Metais com oxidação: aplicar Colorgin Primer Rápido Óxido. **Metais não ferrosos (alumínio sem tratamento ou galvanizado, cobre, latão e prata):** aplicar Colorgin Fundo para Alumínio. **Madeiras e gesso:** aplicar Colorgin Fundo Branco para Luminosa.

1 2 Precauções/dicas/advertências

Ler atentamente as instruções da embalagem antes de manusear e/ou utilizar o produto.

1 Principais atributos do produto 1

Contém filtro solar e possui alta resistência e praticidade na aplicação.

2 Principais atributos do produto 2

Protege contra ferrugem e promove excelente acabamento e efeito metálico. Tem secagem rápida.

A Sherwin-Williams é uma das fabricantes de tintas que mais investem em pesquisa e desenvolvimento, sendo responsável por diversos produtos que se tornaram referência no mercado.

3 4 Preparação inicial

Qualquer que seja a superfície a ser pintada, sempre deverá estar limpa, seca e completamente livre de gordura, ferrugem, restos de pintura velha, pó, brilho, resina etc. Empapelar a parte que não será pintada ou proteger com papelão ou plástico.

4 Preparação especial

Para melhorar o nivelamento da superfície, aplicar massa rápida de boa qualidade e esperar secar. Lixar com lixa d'água 320, secar bem e aplicar Colorgin Primer Rápido.

3 Preparação em demais superfícies

Não aplicar sobre isopor, superfícies de plástico ou acrílico.

4 Preparação em demais superfícies

Após a secagem, lixar com lixa d'água 400 até a superfície ficar bem homogênea e lisa.

3 4 Precauções / dicas / advertências

Ler atentamente as instruções da embalagem antes de manusear e/ou utilizar o produto.

3 Principais atributos do produto 3

Tem praticidade na aplicação, ótimas qualidade e proteção e secagem rápida.

4 Principais atributos do produto 4

Promove ótima cobertura, com secagem rápida e praticidade na aplicação.

Colorgin Plastilac 3

É um verniz em aerossol que tem a função de impermeabilizar objetos em geral. Protege fotos, desenhos, pinturas, gravuras, layouts, documentos, artigos de madeira, metais, gesso, cerâmica, entre outros, contra desbotamento, oxidação, corrosão e ferrugem. É indicado para uso em estúdio fotográfico a fim de evitar o reflexo dos objetos a serem fotografados, sem alterar detalhes e cores.

USE COM: Colorgin Arts
Colorgin Metallik Interior

Embalagens/rendimento

Spray (300 mL): 1 a 1,1 m²/demão.

Aplicação

Agitar bem a lata antes e durante o uso. Aplicar a uma distância de 25 cm da superfície. Aplicar com movimentos constantes e uniformes. Limpar a válvula, virando a lata para baixo e pressionando até sair apenas gás. Aplicar o fundo adequado para cada tipo de superfície.

Cor

Conforme cartela de cores

Acabamento

Fosco e brilhante

Diluição

Pronto para uso.

Secagem

Ao toque: até 30 min
Entre demãos: 1 a 3 min
Total: 24 h
Testes mecânicos: 72 h

Colorgin Automotivo 4

É uma tinta em aerossol de alta qualidade, indicada para retoques de autos e pinturas de motos. Para correta identificação da cor de seu carro, consulte o catálogo de cores.

Colorgin Fumê
Colorgin Seladora para Plásticos

Spray (300 mL): 1,3 a 1,7 m²/demão.

Aplicação

Agitar bem a lata antes e durante o uso. Aplicar a uma distância de 25 cm da superfície. Aplicar com movimentos constantes e uniformes. Limpar a válvula, virando a lata para baixo e pressionando até sair apenas gás. Aplicar o fundo adequado para cada tipo de superfície.

Cor

Conforme cartela de cores

Acabamento

Fosco e brilhante

Diluição

Pronto para uso.

Secagem

Ao toque: 30 min
Entre demãos: 5 a 10 min
Total: 24 h
Testes mecânicos: 72 h

Colorgin Arts

É uma tinta acrílica em aerossol de alta qualidade indicada para pinturas artísticas em geral, telas, grafites e artesanato. Pode ser usada em áreas externas e internas e é indicada para vários tipos de superfícies: madeira, metal, alvenaria, papel e gesso. Possui excelentes cobertura e rendimento e cores variadas.

Embalagens/rendimento

Spray (350 mL): 1,2 a 1,4 m²/demão.

Aplicação

Agitar bem a lata antes e durante o uso. Aplicar a uma distância de 25 cm da superfície. Aplicar com movimentos constantes e uniformes. Limpar a válvula, virando a lata para baixo e pressionando até sair apenas gás. Aplicar o fundo adequado para cada tipo de superfície.

Cor

Conforme cartela de cores

Acabamento

Brilhante

Diluição

Pronto para uso.

Secagem

Ao toque: até 30 min
Entre demãos: 2 a 3 min
Total: 24 h
Testes mecânicos: 72 h

USE COM:
Colorgin Luminosa
Colorgin Metallik Interior

Colorgin Eco Esmalte

2

É uma tinta esmalte à base d'água em aerossol de secagem rápida e baixo odor, que pode ser usada em ambientes internos ou externos. Pode ser aplicada em metais ferrosos e não ferrosos, madeira, cerâmica não vitrificada, isopor, papel, gesso e repintura. Todas as superfícies devem estar devidamente preparadas.

Embalagens/rendimento

Spray (350 mL): 1,2 a 1,5 m²/demão.

Aplicação

Agitar bem a lata antes e durante o uso. Aplicar a uma distância de 25 cm da superfície. Aplicar com movimentos constantes e uniformes. Limpar a válvula, virando a lata para baixo e pressionando até sair apenas gás. Aplicar o fundo adequado para cada tipo de superfície.

Cor

Conforme cartela de cores

Acabamento

Fosco, semibrilho, acetinado, alto brilho, brilhante, perolizado e martelado

Diluição

Pronto para uso.

Secagem

Ao toque: até 30 min
Entre demãos: até 5 min
Manuseio: 2 h
Total: 24 h
Testes mecânicos: 72 h (sob condições normais)

USE COM:
Colorgin Uso Geral Premium
Colorgin Eco Esmalte Primer

1 2 Preparação inicial

Qualquer que seja a superfície a ser pintada, sempre deverá estar limpa, seca e completamente livre de gordura, ferrugem, restos de pintura velha, pó, brilho, resina etc. Empapelar a parte que não será pintada ou proteger com papelão ou plástico.

1 Preparação especial

Metais sem oxidação: aplicar Colorgin Primer Rápido Cinza. Aguardar secagem e lixar com lixa d'água 400 até a superfície ficar homogênea e lisa. **Metais com oxidação:** aplicar Colorgin Primer Rápido Óxido. Aguardar secagem e lixar com lixa d'água 400 até a superfície ficar homogênea e lisa.

2 Preparação especial

Superfícies não coesas: será necessário aplicar fundo preparador de paredes. **Metais ferrosos, não ferrosos, madeiras e galvanizados:** é necessário utilizar o Colorgin Eco Primer. A camada deve ser bem fina, como uma "poeira de tinta", para proteger, criar barreira, inibir corrosão, reduzir o brilho, uniformizar a absorção e promover aderência.

1 Preparação em demais superfícies

Metais não ferrosos (alumínio, cobre, latão e galvanizado): aplicar Colorgin Fundo para Alumínio. Aguardar secagem e lixar com lixa d'água 400 até a superfície ficar homogênea e lisa. **Madeiras e gesso:** aplicar Colorgin Fundo Branco para Luminosa.

2 Preparação em demais superfícies

Não aplicar o produto sobre madeiras resinosas, deterioradas ou infectadas por fungos ou cupins.

1 2 Precauções/dicas/advertências

Ler atentamente as instruções da embalagem antes de manusear e/ou utilizar o produto.

1 Principais atributos do produto 1

Possui bico suave, maior rendimento, cores diferenciadas, secagem rápida e alto poder de cobertura.

2 Principais atributos do produto 2

Tem baixo odor, baixo VOC e secagem rápida e é à base d'água.

A Sherwin-Williams é uma das fabricantes de tintas que mais investem em pesquisa e desenvolvimento, sendo responsável por diversos produtos que se tornaram referência no mercado.

3 4 Preparação inicial

Qualquer que seja a superfície a ser pintada, sempre deverá estar limpa, seca e completamente livre de gordura, ferrugem, restos de pintura velha, pó, brilho, resina etc. Empapelar a parte que não será pintada ou proteger com papelão ou plástico.

3 Preparação especial

Superfícies pintadas: é muito importante aguardar 30 dias para cura total do produto.

3 Preparação em demais superfícies

Este produto não pode ser aplicado em superfícies imersas em água, como piscinas, box de banheiro e banheiras.

3 4 Precauções / dicas / advertências

Ler atentamente as instruções da embalagem antes de manusear e/ou utilizar o produto.

4 Precauções / dicas / advertências

Não aplicar em temperaturas abaixo de 18 °C ou com elevada umidade relativa do ar.

3 Principais atributos do produto 3

Proporciona segurança e possui variedade de acabamentos, secagem rápida e praticidade na aplicação.

4 Principais atributos do produto 4

Possui vários acabamentos e secagem rápida e proporciona efeito decorativo e visual sofisticado.

Colorgin Antiderrapante 3

É uma tinta acrílica em aerossol especialmente desenvolvida para aplicação em superfícies lisas e escorregadias, como cerâmicas, ardósias, cimentados lisos e madeiras. Pode ser utilizado em áreas externas e internas como escadas, rampas e quadras. Indicado também para aplicação sobre superfícies pintadas.

Spray (350 mL): 1,1 a 1,3 m²/demão.

Aplicação

Agitar bem a lata antes e durante o uso. Aplicar a uma distância de 25 cm da superfície. Aplicar com movimentos constantes e uniformes. Limpar a válvula, virando a lata para baixo e pressionando até sair apenas gás. Aplicar o fundo adequado para cada tipo de superfície.

Cor

Conforme cartela de cores

Acabamento

Fosco

Diluição

Pronto para uso.

Secagem

Ao toque: até 30 min
Entre demãos: 2 a 4 min
Total: 24 h
Testes mecânicos: 72 h

USE COM: Colorgin Esmalte Sintético; Colorgin Uso Geral Premium

Colorgin Vidros 4

É uma tinta que proporciona um visual sofisticado e divertido a qualquer superfície de vidro. Pode ser aplicado em objetos de vidro, como garrafas, vasos, espelhos, janelas, arandelas e outros objetos destinados ao uso decorativo.

Spray (150 mL).

Aplicação

Agitar bem a lata antes e durante o uso. Aplicar a uma distância de 25 cm da superfície. Aplicar com movimentos constantes e uniformes. Limpar a válvula, virando a lata para baixo e pressionando até sair apenas gás. Aplicar o fundo adequado para cada tipo de superfície.

Cor

Conforme cartela de cores

Acabamento

Fosco e brilhante

Diluição

Pronto para uso.

Secagem

Ao toque: 30 min
Entre demãos: 5 min
Total: 24 h

Colorgin Arts
Colorgin Glitter

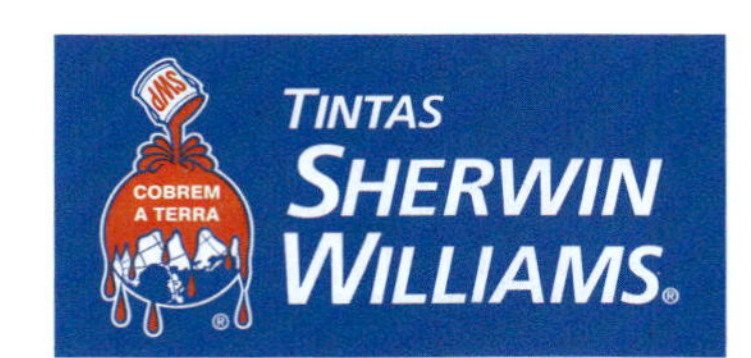

Colorgin Glitter

É uma tinta que cria um acabamento cintilante em diversas superfícies. Pode ser usado em artesanatos, roupas/tecidos, arranjos de flores secas, embrulhos de presentes e fantasias.

USE COM: Colorgin Arts
Colorgin Vidros

Embalagens/rendimento

Spray (150 mL).

Aplicação

Agitar bem a lata antes e durante o uso. Aplicar a uma distância de 25 cm da superfície. Aplicar com movimentos constantes e uniformes. Limpar a válvula, virando a lata para baixo e pressionando até sair apenas gás. Aplicar o fundo adequado para cada tipo de superfície.

Cor

Conforme cartela de cores

Acabamento

Brilhante

Diluição

Pronto para uso.

Secagem

Ao toque: 3 h
Entre demãos: 5 min
Total: 24 h

Colorgin Fosforescente 2

É uma tinta em aerossol especialmente desenvolvida para brilhar no escuro, ideal para aplicação em peças de gesso, madeira, metal, tecido branco, isopor e alvenaria. Por causa de seus pigmentos especiais, proporciona um efeito de fosforescência. Deve ser usado em superfícies internas, para decoração de ambientes, salões de festas, sinalizações, bicicletas, roupas, brinquedos etc.

USE COM: Colorgin Luminosa
Colorgin Fundo Branco para Luminosa

Embalagens/rendimento

Spray (350 mL): 1,1 a 1,3 m²/demão.

Aplicação

Agitar bem a lata antes e durante o uso. Aplicar a uma distância de 25 cm da superfície. Aplicar com movimentos constantes e uniformes. Limpar a válvula, virando a lata para baixo e pressionando até sair apenas gás. Aplicar o fundo adequado para cada tipo de superfície.

Cor

Fosforescente

Acabamento

Fosco

Diluição

Pronto para uso.

Secagem

Ao toque: até 30 min
Manuseio: 1 h
Total: 2 h

1 Preparação inicial

Qualquer que seja a superfície a ser pintada, sempre deverá estar limpa, seca e completamente livre de gordura, ferrugem, restos de pintura velha, pó, brilho, resina etc. Empapelar a parte que não será pintada ou proteger com papelão ou plástico.

2 Preparação inicial

Qualquer que seja a superfície a ser pintada, sempre deverá estar limpa, seca e completamente livre de gordura, ferrugem, restos de pintura velha, pó, brilho, resina etc. Se for uma superfície sem porosidade, lixar com lixa d'água 320. Empapelar a parte que não será pintada ou proteger com papelão ou plástico. Deve estar na cor branca.

2 Preparação especial

Metais ferrosos e não ferrosos: aplicar Colorgin Esmalte Antiferrugem 3 em 1 na cor branca e aguardar secagem.

2 Preparação em demais superfícies

Madeiras e gesso: aplicar Colorgin Fundo Branco para Luminosa e aguardar secagem. **Isopores:** não é necessária a aplicação de fundo.

1 2 Precauções/dicas/advertências

Ler atentamente as instruções da embalagem antes de manusear e/ou utilizar o produto.

1 Precauções/dicas/advertências

Não aplicar em temperaturas abaixo de 18 °C ou com elevada umidade relativa do ar.

1 Principais atributos do produto 1

Possui praticidade na aplicação e secagem rápida e proporciona efeito decorativo e visual sofisticado.

2 Principais atributos do produto 2

Possui praticidade na aplicação, efeito de fosforescência e secagem rápida.

A Sherwin-Williams é uma das fabricantes de tintas que mais investem em pesquisa e desenvolvimento, sendo responsável por diversos produtos que se tornaram referência no mercado.

3 Preparação inicial

Verificar se a superfície não apresenta problemas como descascamento, manchas ou umidade. Qualquer um desses problemas deve ser corrigido com orientação de profissionais e produtos especializados. A superfície deve estar lisa e livre de imperfeições. Sempre lixar a superfície com lixa 220. Qualquer que seja a superfície a ser pintada, sempre deverá estar limpa, seca e completamente livre de gordura, ferrugem, restos de pintura velha, pó, brilho, resina etc.

4 Preparação inicial

Verificar se o objeto a ser decorado está livre de pó, gordura e água. Agitar bastante antes de usar.

3 Preparação especial

Superfícies novas de alvenaria: aplicar 2 demãos de látex ou Colorgin Fundo Branco para Luminosa. **Gesso novo:** aplicar 2 demãos de Colorgin Fundo Branco para Luminosa. **Madeiras novas:** aplicar 2 demãos de Colorgin Fundo Branco para Luminosa ou Colorgin Seladora para Madeira.

4 Preparação especial

Pressionar o atuador a uma distância de aproximadamente 50 cm da superfície a ser decorada. O produto seca em minutos e não tem resistência quando exposto a intempéries.

3 Preparação em demais superfícies

O poder de magnetização com ímãs depende da camada aplicada. Por esse motivo, utilizar a quantidade total da embalagem no local aplicado. Devem ser usados ímãs metálicos, cromados e planos de boa qualidade.

3 4 Precauções/dicas/advertências

Ler atentamente as instruções da embalagem antes de manusear e/ou utilizar o produto.

3 Principais atributos do produto 3

Tem ótima qualidade, alta tecnologa e praticidade na aplicação.

4 Principais atributos do produto 4

Tem ótima qualidade e praticidade na aplicação. Proporciona efeito decorativo.

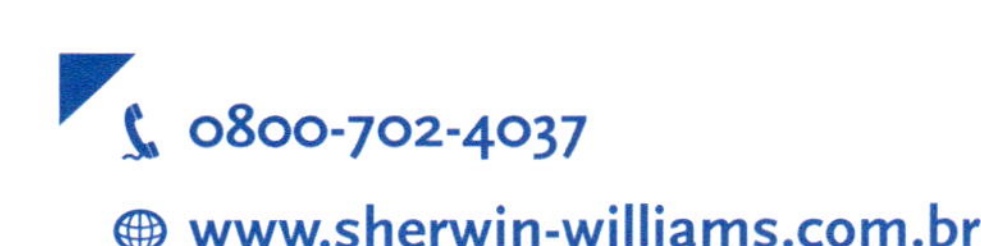

Colorgin Magnética 3

É um produto de alta tecnologia e grande diferencial na linha de spray, pois deixa superfícies de alvenaria, gesso e madeira aptas a receber ímãs metálicos, cromados e planos, permitindo a fixação de fotos, recados, avisos, lembretes, números de telefones etc.

USE COM:
Colorgin Arts
Colorgin Fundo Branco para Luminosa

Embalagens/rendimento

Spray (350 mL): área de 50 x 50 cm.

Aplicação

Agitar bem a lata antes e durante o uso. Aplicar a uma distância de 5 cm da superfície. Aplicar com movimentos constantes e uniformes. Limpar a válvula, virando a lata para baixo e pressionando até sair apenas gás. Aplicar o fundo adequado para cada tipo de superfície.

Cor

Efeito magnético

Acabamento

Não aplicável

Diluição

Pronto para uso.

Secagem

Ao toque: até 1 h
Para aplicação da tinta de acabamento: 2 h

Colorgin Neve Artificial 4

É um produto em aerossol de alta qualidade, exclusivo para decoração em árvores de natal, motivos natalinos, enfeites, presépios, vitrines e outros.

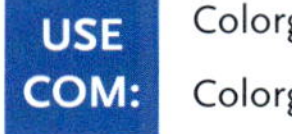

Colorgin Metallik Interior
Colorgin Verniz Metallik Interior

Embalagens/rendimento

Spray (300 mL).

Aplicação

Agitar bem a lata antes e durante o uso. Aplicar a uma distância de 50 cm da superfície. Aplicar com movimentos constantes e uniformes. Limpar a válvula, virando a lata para baixo e pressionando até sair apenas gás. Aplicar o fundo adequado para cada tipo de superfície.

Cor

Efeito neve artificial

Acabamento

Fosco

Diluição

Pronto para uso.

Secagem

Total: até 30 min

Colorgin Super Galvite

É um fundo especial com coloração branco gelo fosco, indicado para promover aderência sobre superfícies de aço galvanizado, chapas zincadas, canaletas, condutores, calhas, rufos, chapas lisas e onduladas, painéis de propaganda etc.

Embalagens/rendimento

Spray (300 mL): 1,4 a 1,7 m^2/demão.

Aplicação

Agitar bem a lata antes e durante o uso. Aplicar a uma distância de 25 cm da superfície. Aplicar com movimentos constantes e uniformes. Limpar a válvula, virando a lata para baixo e pressionando até sair apenas gás. Aplicar o fundo adequado para cada tipo de superfície.

Cor

Branco gelo

Acabamento

Fosco

Diluição

Pronto para uso.

Secagem

Ao toque: 2 h
Final: 24 h

USE COM:
Colorgin Esmalte Sintético
Colorgin Uso Geral Premium

Colorgin Luminosa

É uma tinta acrílica fosca em aerossol, com várias cores cítricas que se evidenciam nos ambientes utilizados, proporcionando efeito luminoso com a incidência da luz. Indicada somente para uso interno, em decoração de vitrines, salões, uso escolar, artesanatos, em superfícies de madeira, ferro, gesso, papel, vidro, isopor e folhagens.

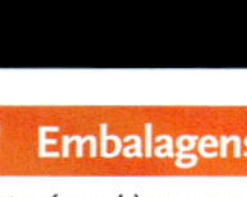

Embalagens/rendimento

Quarto (0,9 L): 12 a 15 m^2/demão.
Spray (350 mL): 1,2 a 1,4 m^2/demão.
1/32 (112,5 mL): 1,1 a 1,5 m^2/demão.

Aplicação

Ler atentamente as instruções da embalagem antes de manusear e/ou utilizar o produto.

Cor

Conforme cartela de cores

Acabamento

Fosco

Diluição

Spray: pronto para uso. Demais embalagens: diluir com 5% de Metalatex Aguarrás quando utilizar o revólver de pintura. Para aplicação com rolo de espuma ou pincel, não é necessário diluir.

Secagem

Spray
Ao toque: até 30 min
Total: 24 h
Demais embalagens
Ao toque: até 1 h
Total: 24 h

USE COM:
Colorgin Fundo Branco para Luminosa
Colorgin Verniz Protetor para Luminosa

1 2 Preparação inicial

Qualquer que seja a superfície a ser pintada, sempre deverá estar limpa, seca e completamente livre de gordura, ferrugem, restos de pintura velha, pó, brilho, resina etc. Empapelar a parte que não será pintada ou proteger com papelão ou plástico.

1 Preparação especial

Superfícies novas: realizar limpeza com pano umedecido com Metalatex Aguarrás a fim de preparar a superfície para aplicação do produto. Repetir a operação quantas vezes forem necessárias. Aplicar Colorgin Super Galvite homogeneamente sobre a chapa fria.

2 Preparação especial

Metais ferrosos: aplicar Colorgin Primer Rápido Cinza. Aguardar secagem e lixar com lixa d'água 400 até a superfície ficar bem homogênea e lisa. Em seguida, aplicar Colorgin Fundo Branco para Luminosa.

1 Preparação em demais superfícies

Repintura: remover pinturas velhas que estejam soltas ou mal-aderidas e pontos de ferrugem até a exposição do metal e tratá-los com Colorgin Primer Rápido Óxido. Após seguir as recomendações de aplicação e secagem da embalagem do primer óxido, aplicar Colorgin Super Galvite homogeneamente.

2 Preparação em demais superfícies

Metais não ferrosos (alumínio, cobre, latão e galvanizado): aplicar Colorgin Fundo para Alumínio. Aguardar a secagem e, em seguida, aplicar Colorgin Fundo Branco para Luminosa. **Madeiras:** aplicar Colorgin Seladora para Madeira. Aguardar a secagem e, em seguida, aplicar Colorgin Fundo Branco para Luminosa. **Gesso e isopor:** aplicar Colorgin Fundo Branco para Luminosa.

1 2 Precauções/dicas/advertências

Ler atentamente as instruções da embalagem antes de manusear e/ou utilizar o produto.

1 Principais atributos do produto 1

Não requer diluição e tem maior durabilidade, secagem rápida e praticidade na aplicação.

2 Principais atributos do produto 2

Proporciona efeito luminoso no acabamento fosco, com cores cítricas e secagem rápida.

A Sherwin-Williams é uma das fabricantes de tintas que mais investem em pesquisa e desenvolvimento, sendo responsável por diversos produtos que se tornaram referência no mercado.

3 4 Preparação inicial

Qualquer que seja a superfície a ser pintada, sempre deverá estar limpa, seca e completamente livre de gordura, ferrugem, restos de pintura velha, pó, brilho, resina etc. Empapelar a parte que não será pintada ou proteger com papelão ou plástico.

4 Preparação inicial

Alumínio polido: aplicar 2 demãos de Wash Primer.

3 Preparação especial

Metais ferrosos: aplicar Colorgin Primer Rápido Cinza. Aguardar secagem e lixar com lixa d'água 400 até a superfície ficar bem homogênea e lisa. **Metais não ferrosos (alumínio sem tratamento ou galvanizado, cobre, latão, prata):** aplicar Colorgin Fundo para Alumínio.

4 Preparação especial

Quando se tratar de retoque em alumínio já colorido, a cor apresentará diferença pela incidência de luz. A cor branca deste produto pode apresentar um leve amarelecimento com o tempo de uso, pela agressão de intempéries. Áreas pintadas com Colorgin Alumen que sofram grande manuseio podem, com o passar do tempo, perder suas características. Não aplicar sobre isopor, superfícies de plástico ou acrílico. Normalmente, obtêm-se bons resultados com a aplicação de 3 demãos.

3 Preparação em demais superfícies

Madeiras: aplicar Colorgin Seladora para Madeira. **Gesso e isopor:** aplicar Colorgin Fundo Branco para Luminosa, que atuará como fundo isolante.

3 4 Precauções / dicas / advertências

Ler atentamente as instruções da embalagem antes de manusear e/ou utilizar o produto.

3 Principais atributos do produto 3

Proporciona efeito decorativo e tem praticidade na aplicação e secagem rápida.

4 Principais atributos do produto 4

Possui secagem rápida, excelente cobertura e ótima resistência.

0800-702-4037

www.sherwin-williams.com.br

Colorgin Metallik Interior 3

É uma tinta acrílica em aerossol especialmente desenvolvida para proporcionar efeitos metálicos que valorizam objetos artesanais, decorações internas, ferro, gesso, madeira, cerâmica, papel e metal. O produto, quando aplicado conforme instruções, tem excelente desempenho.

USE COM: Colorgin Metallik Exterior; Colorgin Verniz Metallik Interior

Embalagens/rendimento

Quarto (0,9 L): 9 a 11 m^2/demão.
Spray (350 mL): 1,2 a 1,7 m^2/demão.
1/32 (112,5 mL): 1 a 1,4 m^2/demão.

Aplicação

Ler atentamente as instruções da embalagem antes de manusear e/ou utilizar o produto.

Cor

Conforme cartela de cores

Acabamento

Brilhante

Diluição

Spray: pronto para uso. Demais embalagens: diluir com 5% de Metalatex Aguarrás quando utilizar o revólver de pintura. Para aplicação com rolo de espuma ou pincel, não é necessário diluir.

Secagem

Spray
Ao toque: até 30 min
Total: 24 h
Demais embalagens
Ao toque: até 1 h
Total: 24 h

Colorgin Alumen 4

É uma tinta acrílica em aerossol de secagem rápida, com excelente poder de cobertura e alta resistência a intempéries. Especialmente formulada para pintura de alumínio anodizado e alumínio comum (sem tratamento) não polido. É indicado para portas, grades, portões, janelas, esquadrias e outros objetos em alumínio anodizado e outros metais.

USE COM: Colorgin Esmalte Sintético; Colorgin Uso Geral Premium

Embalagens/rendimento

Quarto (0,9 L): 7 a 7,5 m^2/demão.
Spray (350 mL): 1 a 1,4 m^2/demão.

Aplicação

Ler atentamente as instruções da embalagem antes de manusear e/ou utilizar o produto.

Cor

Conforme cartela de cores

Acabamento

Brilhante

Diluição

Pronto para uso.

Secagem

Ao toque: até 30 min
Total: 24 h
Testes mecânicos: 72 h

Decor Spray Multiuso

É uma tinta em aerossol formulada com resinas acrílicas de secagem rápida, que garantem ótimo acabamento e grande durabilidade. Indicada para aplicação em qualquer superfície de metal (aço e ferro), madeira, gesso, cerâmica, seja em ambientes internos ou externos. Possui ótimo poder de cobertura, resistência às intempéries e ótimo efeito decorativo, desde que seguidas as instruções.

USE COM: Decor Verniz
Decor Primer Cinza

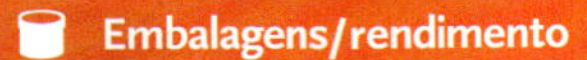

Embalagens/rendimento

Spray (360 mL): 1,6 a 2,1 m²/demão.

Aplicação

Agitar bem a lata antes e durante o uso. Aplicar a uma distância de 25 cm da superfície. Aplicar com movimentos constantes e uniformes. Limpar a válvula, virando a lata para baixo e pressionando até sair apenas gás. Aplicar o fundo adequado para cada tipo de superfície.

Cor

Conforme cartela de cores

Acabamento

Fosco e brilhante

Diluição

Pronto para uso.

Secagem

Ao toque: até 30 min
Entre demãos: 2 a 3 min
Total: 24 h
Testes mecânicos: 72 h

Esmalte Anti Ferrugem 3 em 1

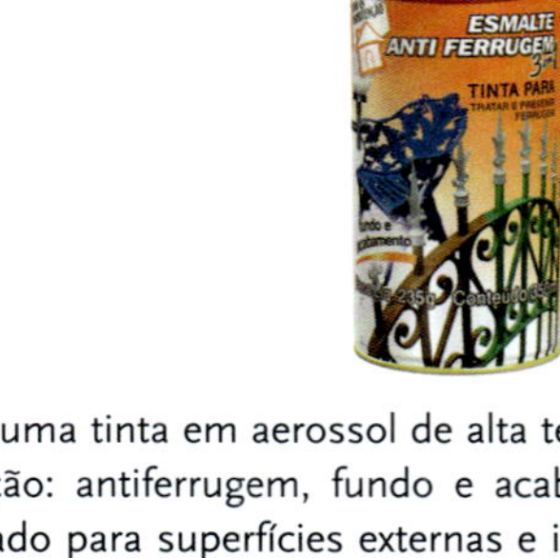

É uma tinta em aerossol de alta tecnologia com tripla ação: antiferrugem, fundo e acabamento. Recomendado para superfícies externas e internas, de ferro ou metal, que já estejam enferrujadas ou que estejam sujeitas a corrosão, por exposição constante ao sol, à chuva e à umidade. Seu acabamento ótimo proporciona proteção e durabilidade, além de efeito decorativo à superfície pintada.

USE COM: Lubgin
Colorgin Uso Geral Premium

Embalagens/rendimento

Spray (350 mL): 1,1 a 1,3 m²/demão.

Aplicação

Agitar bem a lata antes e durante o uso. Aplicar a uma distância de 25 cm da superfície. Aplicar com movimentos constantes e uniformes. Limpar a válvula, virando a lata para baixo e pressionando até sair apenas gás. Aplicar o fundo adequado para cada tipo de superfície.

Cor

Conforme cartela de cores

Acabamento

Brilhante

Diluição

Pronto para uso.

Secagem

Ao toque: até 4 h
Entre demãos: 2 a 3 min
Total: 24 h
Testes mecânicos: 72 h

1 Preparação inicial

Qualquer que seja a superfície a ser pintada, deverá estar limpa, seca e completamente livre de gordura, ferrugem, restos de pintura velha, pó, brilho, resina etc. Empapelar a parte que não será pintada ou proteger com papelão ou plástico. Aplicar o fundo certo para cada tipo de superfície.

2 Preparação inicial

Qualquer que seja a superfície a ser pintada, sempre deverá estar limpa, seca e completamente livre de gordura, ferrugem, restos de pintura velha, pó, brilho, resina etc. Empapelar a parte que não será pintada ou proteger com papelão ou plástico.

1 Preparação especial

Metais sem oxidação: aplicar Colorgin Primer Rápido Cinza. Aguardar secagem e lixar com lixa d'água 400 até a superfície ficar lisa.

2 Preparação especial

Não é necessária a aplicação de fundo anticorrosivo, primer ou zarcão.

1 Preparação em demais superfícies

Metais com oxidação: aplicar Colorgin Primer Rápido Óxido. Aguardar secagem e lixar com lixa d'água 400 até a superfície ficar lisa. **Metais não ferrosos (alumínio, cobre, latão, galvanizado):** aplicar Colorgin Fundo para Alumínio. Aguardar secagem e lixar com lixa d'água 400 até a superfície ficar lisa. **Madeiras e gesso:** aplicar Colorgin Fundo Branco para Luminosa.

1 2 Precauções/dicas/advertências

Ler atentamente as instruções da embalagem antes de manusear e/ou utilizar o produto.

1 Principais atributos do produto 1

Possui variedade de cores, ótimo acabamento, secagem rápida, brilho e excelente aderência.

2 Principais atributos do produto 2

Oferece proteção e durabilidade, possui alta tecnologia e tripla ação e é antiferrugem.

A Sherwin-Williams é uma das fabricantes de tintas que mais investem em pesquisa e desenvolvimento, sendo responsável por diversos produtos que se tornaram referência no mercado.

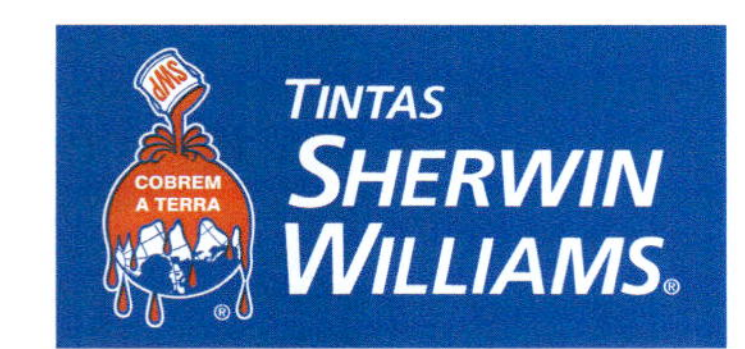

Lubgin

3

3 Preparação inicial

Não aplicar em temperaturas abaixo de 18 °C ou acima de 35 °C e com elevada umidade relativa do ar. Este produto passou por um rigoroso controle de qualidade, sendo garantido, desde que corretamente conservado e utilizado conforme as instruções do fabricante, dentro do prazo de sua validade. Conservar a nota fiscal de compra e o número do lote do produto para a verificação de eventual desconformidade técnica.

3 Preparação em demais superfícies

Ler atentamente as instruções da embalagem antes de manusear e/ou utilizar o produto.

3 Principais atributos do produto 3

Repele a umidade e evita a ferrugem, com praticidade na aplicação, pois inclui aplicador.

0800-702-4037
www.sherwin-williams.com.br

É um lubrificante de alta qualidade em aerossol que penetra, lubrifica, repele a umidade e evita a ferrugem. Indispensável para casa, oficina, escritório, fábrica etc. Protege e lubrifica fechaduras, dobradiças, ferramentas, portas, janelas, brinquedos, rolamentos, máquinas, motores, chaves elétricas e utensílios domésticos em geral.

USE COM:
Colorgin Esmalte Sintético
Colorgin Uso Geral Premium

Embalagens/rendimento

Spray (300 mL).

Aplicação

Agitar bem a lata antes e durante o uso. Aplicar com movimentos constantes e uniformes. Limpar a válvula, virando a lata para baixo e pressionando até sair apenas gás.

Cor

Incolor

Acabamento

Brilhante

Diluição

Pronto para uso.

Secagem

Não aplicável

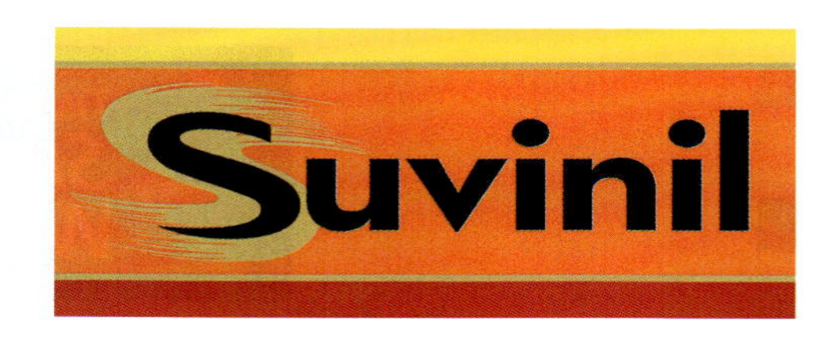

Em 1961, o empresário paulista Olócio Bueno decidiu investir no desenvolvimento de uma tinta à base de látex PVA, conhecida popularmente como Vinil. Bueno passou a chamar sua fábrica de tintas de Suvinil, formado por "Su", de Super, e "Vinil". Na Alemanha, a BASF entrava no ramo de tintas, adquirindo a Glasurit Werke, uma das maiores companhias europeias do setor. Ao saber que a Glasurit pretendia instalar-se no Brasil, Bueno buscou na BASF um sócio que o ajudasse a expandir seu negócio. Em 1969, a BASF fundou a Glasurit do Brasil S.A., que mais tarde incorporou a fábrica de tintas Suvinil.

A década de 1970 foi a de expansão da Suvinil e da Glasurit para outras regiões do país: foram instalados escritórios de vendas no Sul, no Nordeste e no Rio de Janeiro.

Nos anos 1980, a BASF percebeu que precisava inovar e, então, surgiu a primeira tinta não destinada a paredes: a Suvinil Piso, como resultado de avanços tecnológicos que permitiram produzir uma tinta tão resistente que se podia pisar nela. Um ano depois foi lançada a tinta acrílica.

A década de 1990 foi marcada pelo lançamento do Sistema SelfColor, um leque com mais de 1.200 opções de cores nos diversos acabamentos.

Os anos 2000 foram destacados por diversos lançamentos, como Suvinil Esmalte Seca Rápido, Suvinil Acrílicos Sem Cheiro, nova linha de vernizes, efeitos decorativos, texturas, entre outros. Destaque para o lançamento da linha de Acrílicos Menos Sujeira, que facilita o processo da pintura, fazendo com que os incômodos sejam minimizados; e o Suvinil Spray Multiuso, que ganhou o anel colorido com a tampa transparente, que facilita a identificação da cor.

Em 2011, a marca inovou mais uma vez ao lançar a primeira tinta antibacteriana do Brasil aprovada pela Anvisa, com baixo odor e respingamento, ótima resistência à lavagem e que reduz até 99% das bactérias nas paredes por até dois anos após sua aplicação.

No ano de 2015, chega ao mercado o Maxx Rendimento, uma tinta com fórmula superconcentrada comercializada em latas de 12,5 L que rende até 500 m², como uma lata tradicional de 18 L, e ainda proporciona ultra cobertura e alto nível de qualidade.

A Suvinil é a marca de tintas imobiliárias da BASF e tem conquistado cada vez mais a preferência dos consumidores. No segmento premium, a Suvinil prova a liderança e confiança adquiridas. Com fábricas em São Bernardo do Campo (SP) e Jaboatão dos Guararapes (PE), a Suvinil produz uma linha completa de produtos que atendem o mercado nacional e exporta para Paraguai, Uruguai, Cuba, Panamá, Venezuela, Bolívia e alguns países da África.

No mercado econômico, possui a marca Glasurit, que oferece portfólio completo de tintas imobiliárias, produtos de preparação de superfícies e acabamentos, com destaque para a linha Econômica e Standard, testados e aprovados pelo Programa Setorial de Qualidade (PSQ) da ABRAFATI.

CERTIFICAÇÕES

Suvinil Clássica

É um produto especialmente desenvolvido com uma fórmula que garante duas vezes mais resistência e 40% mais rendimento, além de não ter cheiro e oferecer facilidade na aplicação. Possui um acabamento fosco aveludado e é indicada para superfícies de reboco, massa acrílica, texturas, concreto, fibrocimento em ambientes internos e externos e superfícies de massa corrida e gesso em ambientes internos não molháveis.

USE COM:
Suvinil Selador Acrílico
Suvinil Fundo Preparador para Paredes

Embalagens/rendimento

Lata (18 L): até 380 m²/demão.
Lata (16,2 L): até 342 m²/demão.
Galão (3,6 L): até 76 m²/demão.
Galão (3,2 L): até 68 m²/demão.
Quarto (0,9 L): até 19 m²/demão.
Quarto (0,81 L): até 17 m²/demão.

Aplicação

Utilizar pincel, trincha, rolo de lã e pistola.

Cor

Além das cores do catálogo, podem-se obter outros tons misturando as cores entre si ou adicionando Corante Suvinil em até um frasco (50 mL) por galão de 3,6 L, ou ainda pelo sistema Suvinil SelfColor®

Acabamento

Fosco

Diluição

Misturar 2 partes de tinta com uma parte de água (50% de diluição).

Secagem

Ao toque: 2 h.
Entre demãos: 4 h
Final: 12 h

Suvinil Fosco Completo

É uma tinta de alta performance, de fácil aplicação, baixo respingamento, ótima cobertura, resistência às intempéries e excelente alastramento. Indicada para pintura de superfícies de ambientes externos e internos de reboco, massa acrílica, texturas, concreto, fibrocimento e ambientes internos não molháveis de massa corrida e gesso.

USE COM:
Suvinil Selador Acrílico
Suvinil Fundo Preparador para Paredes

Embalagens/rendimento

Lata (18 L): até 380 m²/demão.
Lata (16,2 L): até 342 m²/demão.
Galão (3,6 L): até 76 m²/demão.
Galão (3,2 L): até 68 m²/demão.
Quarto (0,81 L): até 17 m²/demão.

Aplicação

Utilizar pincel, trincha, rolo de lã e pistola.

Cor

Além das cores do catálogo, podem-se obter outros tons misturando as cores entre si ou adicionando Corante Suvinil em até um frasco (50 mL) por galão de 3,6 L, ou ainda pelo sistema Suvinil SelfColor®

Acabamento

Fosco

Diluição

Diluir de 20% a 30% na primeira demão e de 10% a 20% nas demais.

Secagem

Ao toque: 2 h
Entre demãos: 4 h
Final: 12 h

1 2 Preparação inicial

Para ser pintada, a superfície deve estar limpa, seca e firme. Superfícies novas de reboco, gesso ou concreto devem curar por 28 dias ou mais antes da aplicação de qualquer produto. Superfícies com acabamento com brilho devem ser lixadas até ficarem foscas. Remover todo pó após lixar.

1 2 Preparação especial

Pintura solta ou mal-aderida deve ser removida com espátula. Manchas de gordura, óleo ou graxa devem ser removidas com água e detergente. Enxaguar e deixar secar antes de pintar. Manchas de mofo e algas devem ser removidas com água sanitária. Enxaguar e deixar secar antes de pintar.

1 2 Preparação em demais superfícies

Aplicar antes uma demão de Suvinil Fundo Preparador para Paredes em pinturas sobre reboco fraco/mal-aderido, caiação, gesso, fibrocimento, pintura descascada e pintura desbotada/queimada pelo sol.

1 2 Precauções/dicas/advertências

Homogeneizar bem o produto antes de diluir. Evitar pintar em dias chuvosos, com ventos fortes, temperatura abaixo de 10 °C e/ou umidade superior a 90%. O rendimento informado na embalagem é obtido a partir do resultado do ensaio realizado conforme norma da ABNT NBR 14942 e poderá sofrer variações dependendo de fatores externos alheios ao controle do fabricante, como preparação e/ou absorção da superfície e diluição não recomendada. Em caso de irritação ou erupção cutânea: consultar um médico. Evitar respirar poeiras, fumos, gases, névoas, vapores e aerossóis. Usar luvas de proteção, vestuário de proteção, proteção ocular e proteção facial. Se entrar em contato com a pele, lavar com sabonete e água abundantes. Após utilizar totalmente o conteúdo, descartar a embalagem em pontos de coleta/reciclagem de sucata metálica. A Ficha de Informação de Segurança de Produtos Químicos deste produto químico perigoso pode ser obtida no site www.suvinil.com.br. Emergências médicas (24 h): Centro de Assistência Toxicológica (Ceatox): 08000-14-8110. Emergências em caso de acidentes no transporte (24 h): 08000-19-2274. Não perigoso para transporte conforme Resolução 420 ANTT.

1 Principais atributos do produto 1

Oferece supercobertura, menos respingos e mais praticidade.

2 Principais atributos do produto 2

Oferece mais cobertura com menos demãos. Tem longa durabilidade, é lavável e não tem cheiro em até 4 h após a aplicação.

3 4 Preparação inicial

Para ser pintada, a superfície deve estar limpa, seca e firme. Superfícies novas de reboco, gesso ou concreto devem curar por 28 dias ou mais antes da aplicação de qualquer produto. Superfícies com acabamento com brilho devem ser lixadas até ficarem foscas. Remover todo pó após lixar.

3 4 Preparação especial

Pintura solta ou mal-aderida deve ser removida com espátula. Manchas de gordura, óleo ou graxa devem ser removidas com água e detergente. Enxaguar e deixar secar antes de pintar. Manchas de mofo e algas devem ser removidas com água sanitária. Enxaguar e deixar secar antes de pintar.

3 4 Preparação em demais superfícies

Aplicar antes uma demão de Suvinil Fundo Preparador para Paredes em pinturas sobre reboco fraco/ mal-aderido, caiação, gesso, fibrocimento, pintura descascada e pintura desbotada/queimada pelo sol.

3 4 Precauções / dicas / advertências

Homogeneizar bem o produto antes de diluir. Evitar pintar em dias chuvosos, com ventos fortes, temperatura abaixo de 10 °C e/ou umidade superior a 90%. O rendimento informado na embalagem é obtido a partir do resultado do ensaio realizado conforme norma da ABNT NBR 14942 e poderá sofrer variações dependendo de fatores externos alheios ao controle do fabricante, como preparação e/ou absorção da superfície e diluição não recomendada. Em caso de irritação ou erupção cutânea: consultar um médico. Evitar respirar poeiras, fumos, gases, névoas, vapores e aerossóis. Usar luvas de proteção, vestuário de proteção, proteção ocular e proteção facial. Se entrar em contato com a pele, lavar com sabonete e água abundantes. Após utilizar totalmente o conteúdo, descartar a embalagem em pontos de coleta/reciclagem de sucata metálica. A Ficha de Informação de Segurança de Produtos Químicos deste produto químico perigoso pode ser obtida no site www.suvinil.com.br. Emergências médicas (24 h): Centro de Assistência Toxicológica (Ceatox): 08000-14-8110. Emergências em caso de acidentes no transporte (24 h): 08000-19-2274. Não perigoso para transporte conforme Resolução 420 ANTT.

3 Principais atributos do produto 3

Rende até 500 m² por demão, oferece ultracobertura e é fácil de aplicar e retocar.

4 Principais atributos do produto 4

Rende até 500 m² por demão e tem alta cobertura e ótima consistência.

Suvinil Maxx Rendimento 3

PREMIUM

PROGRAMA SETORIAL da Qualidade TINTAS IMOBILIÁRIAS ABRAFATI

ACABAMENTO FOSCO

Tinta látex super concentrada especialmente desenvolvida para garantir alto rendimento, ótima cobertura, excelente alastramento e fácil aplicação. Possui acabamento fosco aveludado, que disfarça imperfeições rasas da parede e facilita os retoques, evitando marcas ou manchas. Indicada para a pintura de superfícies externas e internas de reboco, massa acrílica, massa corrida, texturas, concreto, fibrocimento e gesso.

Suvinil Selador Acrílico

Suvinil Fundo Preparador para Paredes

Lata (12,5 L): até 500 m²/demão.
Quarto (0,9 L): até 36 m²/demão.
Quarto (0,81 L): até 33 m²/demão

Aplicação

Utilizar pincel, trincha e rolo de lã.

Cor

Além das cores do catálogo, podem-se obter outros tons misturando as cores entre si ou adicionando Corante Suvinil em até 3 frascos (150 mL) por lata de 12,5 L, ou ainda pelo sistema Suvinil SelfColor®

Acabamento

Fosco

Diluição

Diluir com 60% a 80% para todas as superfícies. Misturar 10 partes de tinta com 6 partes de água (60% de diluição). Misturar 10 partes de tinta com 8 partes de água (80% de diluição).

Secagem

Ao toque: 2 h
Entre demãos: 4 h
Final: 12 h

Suvinil Rende & Cobre Muito 4

STANDARD

PROGRAMA SETORIAL da Qualidade TINTAS IMOBILIÁRIAS ABRAFATI

ACABAMENTO FOSCO

É uma tinta látex de ótima cobertura e excelentes rendimento e alastramento, além de possuir uma ótima consistência que facilita a aplicação do produto após sua diluição. Indicada para pinturas de superfícies de ambientes externos e internos de reboco, massa acrílica, massa corrida, texturas, concreto, fibrocimento e gesso.

Suvinil Selador Acrílico

Suvinil Fundo Preparador para Paredes

Embalagens/rendimento

Lata (18 L): até 500 m²/demão.
Galão (3,6 L): até 100 m²/demão.
Quarto (0,9 L): até 25 m²/demão.

Aplicação

Utilizar pincel, trincha, rolo de lã e pistola.

Cor

Além das cores do catálogo, podem-se obter outros tons misturando as cores entre si ou adicionando Corante Suvinil em até um frasco (50 mL) por galão de 3,6 L

Acabamento

Fosco

Diluição

Misturar 2 partes de tinta com uma parte de água (50% de diluição).

Secagem

Ao toque: 1 h
Entre demãos: 4 h
Final: 12 h

Suvinil

Suvinil Tetos

É uma tinta acrílica indicada para pintura e repintura de tetos de reboco, massas corrida e acrílica, texturas, concreto, telhas de fibrocimento, gesso e tetos pintados com PVA e acrílico.

USE COM: Suvinil Selador Acrílico
Suvinil Fundo Preparador para Paredes

Embalagens/rendimento

Galão (3,6 L): 40 a 50 m²/demão.
Quarto (0,9 L): 10 a 12 m²/demão.

Aplicação

Utilizar pincel, trincha, rolo de lã e pistola.

Cor

Branco. Podem-se obter outros tons adicionando Corante Suvinil em até um frasco (50 mL) por galão de 3,6 L

Acabamento

Fosco

Diluição

Diluir 20% na primeira demão sobre superfícies novas e 10% na repintura e demais demãos. Misturar 4 partes de tinta com uma parte de água (20% de diluição). Misturar 9 partes de tinta com uma parte de água (10% de diluição).

Secagem

Ao toque: 2 h
Entre demãos: 4 h
Final: 12 h

Suvinil Gesso

É uma tinta indicada para aplicação direta sobre gesso e placas de gesso comum ou acartonado (drywall). Quando usada como fundo sobre gesso, permite a aplicação de tintas látex PVA e acrílicos da Suvinil. Seu acabamento fosco e uniforme possui ótima aderência sobre essas superfícies. Também pode ser aplicado sobre superfícies de ambientes internos de reboco e massa corrida.

USE COM: Suvinil Massa Acrílica
Suvinil Massa Corrida

Embalagens/rendimento

Lata (18 L) e *galão (3,6 L)*.
Sobre gesso: 24 a 30 m²/galão/demão.
120 a 150 m²/lata/demão.
Sobre massa: 28 a 38 m²/galão/demão.
140 a 190 m²/lata/demão.
Sobre reboco, concreto/repintura:
30 a 44 m²/galão/demão.
150 a 220 m²/lata/demão.

Aplicação

Utilizar pincel, trincha, rolo de lã e pistola.

Cor

Branco. Podem-se obter outros tons adicionando Corante Suvinil em até um frasco (50 mL) por galão de 3,6 L

Acabamento

Fosco

Diluição

Diluir de 30% a 50% na primeira demão sobre gesso e massas e de 10% a 20% nas demais demãos e superfícies.

Secagem

Ao toque: 2 h
Entre demãos: 4 h
Final: 12 h

1 2 Preparação inicial

Para ser pintada, a superfície deve estar limpa, seca e firme. Superfícies novas de reboco, gesso ou concreto devem curar por 28 dias ou mais antes da aplicação de qualquer produto. Superfícies com acabamento com brilho devem ser lixadas até ficarem foscas. Remover todo pó após lixar.

1 2 Preparação especial

Pintura solta ou mal-aderida deve ser removida com espátula. Manchas de gordura, óleo ou graxa devem ser removidas com água e detergente. Enxaguar e deixar secar antes de pintar. Manchas de mofo e algas devem ser removidas com água sanitária. Enxaguar e deixar secar antes de pintar.

1 2 Preparação em demais superfícies

Aplicar antes uma demão de Suvinil Fundo Preparador para Paredes em pinturas sobre reboco fraco/mal-aderido, caiação, gesso, fibrocimento, pintura descascada e pintura desbotada/queimada pelo sol.

1 2 Precauções/dicas/advertências

Homogeneizar bem o produto antes de diluir. Evitar pintar em dias chuvosos, com ventos fortes, temperatura abaixo de 10 °C e/ou umidade superior a 90%. O rendimento informado na embalagem é obtido a partir do resultado do ensaio realizado conforme norma da ABNT NBR 14942 e poderá sofrer variações dependendo de fatores externos alheios ao controle do fabricante, como preparação e/ou absorção da superfície e diluição não recomendada. Em caso de irritação ou erupção cutânea: consultar um médico. Evitar respirar poeiras, fumos, gases, névoas, vapores e aerossóis. Usar luvas de proteção, vestuário de proteção, proteção ocular e proteção facial. Se entrar em contato com a pele, lavar com sabonete e água abundantes. Após utilizar totalmente o conteúdo, descartar a embalagem em pontos de coleta/reciclagem de sucata metálica. A Ficha de Informação de Segurança de Produtos Químicos deste produto químico perigoso pode ser obtida no site www.suvinil.com.br. Emergências médicas (24 h): Centro de Assistência Toxicológica (Ceatox): 08000-14-8110. Emergências em caso de acidentes no transporte (24 h): 08000-19-2274. Não perigoso para transporte conforme Resolução 420 ANTT.

1 Principais atributos do produto 1

Oferece baixíssimo respingamento, poderoso antimofo e alta cobertura.

2 Principais atributos do produto 2

Para uso direto sobre o gesso, tem ótima aderência e fácil retoque.

3 4 Preparação inicial

Para ser pintada, a superfície deve estar limpa, seca e firme. Superfícies novas de reboco, gesso ou concreto devem curar por 28 dias ou mais antes da aplicação de qualquer produto. Superfícies com acabamento com brilho devem ser lixadas até ficarem foscas. Remover todo pó após lixar.

3 4 Preparação especial

Pintura solta ou mal-aderida deve ser removida com espátula. Manchas de gordura, óleo ou graxa devem ser removidas com água e detergente. Enxaguar e deixar secar antes de pintar. Manchas de mofo e algas devem ser removidas com água sanitária. Enxaguar e deixar secar antes de pintar.

3 4 Preparação em demais superfícies

Aplicar antes uma demão de Suvinil Fundo Preparador para Paredes em pinturas sobre reboco fraco/mal-aderido, caiação, gesso, fibrocimento, pintura descascada e pintura desbotada/queimada pelo sol.

3 4 Precauções / dicas / advertências

Evitar pintar em dias chuvosos, com ventos fortes, temperaturas abaixo de 10 °C e/ou umidade superior a 90%. O rendimento informado na embalagem é obtido a partir do resultado do ensaio realizado conforme norma da ABNT NBR 14942 e poderá sofrer variações dependendo de fatores externos alheios ao controle do fabricante, como preparação e/ou absorção da superfície e diluição não recomendada. Em caso de irritação ou erupção cutânea, consultar um médico. Evitar respirar poeiras, fumos, gases, névoas, vapores e aerossóis. Usar luvas de proteção, vestuário de proteção, proteção ocular e proteção facial. Se entrar em contato com a pele, lavar com sabonete e água abundantes. Evitar a liberação para o ambiente. Após utilizar totalmente o conteúdo, descartar a embalagem em pontos de coleta/reciclagem de sucata metálica. A Ficha de Informação de Segurança de Produtos Químicos deste produto químico perigoso pode ser obtida no site www.suvinil.com.br. Emergências médicas (24 h): Centro de Assistência Toxicológica (Ceatox): 08000-14-8110. Emergências em caso de acidentes no transporte (24 h): 08000-19-2274. Não perigoso para transporte conforme Resolução 420 ANTT. Homogeneizar bem o produto antes de diluir.

3 Principais atributos do produto 3

Tem alto rendimento e ótima cobertura e é antimofo.

4 Principais atributos do produto 4

É antimofo e fácil de aplicar.

Glasurit Máxima Eficiência 3

É indicado para pintura em ambientes internos e externos de superfícies de reboco, massa acrílica, texturas, concreto e fibrocimento e superfícies em ambientes internos de massa corrida e gesso.

USE COM: Glasurit Selador Acrílico
Glasurit Massa Acrílica

Embalagens/rendimento

Lata (18 L): até 350 m²/demão.
Galão (3,6 L): até 70 m²/demão.

Aplicação

Utilizar pincel, trincha, rolo de lã e pistola.

Cor

Além das cores do catálogo, podem-se obter outros tons misturando as cores entre si ou adicionando Corante Suvinil em até um frasco (50 mL) por galão de 3,6 L

Acabamento

Fosco

Diluição

Misturar 5 partes de tinta com uma parte de água (20% de diluição).

Secagem

Ao toque: 2 h
Entre demãos: 4 h
Final: 12 h

Glasurit Acrílico Econômico 4

É indicado para pintura em ambientes internos de superfícies de reboco, massa acrílica, texturas, concreto, fibrocimento, massa corrida e gesso.

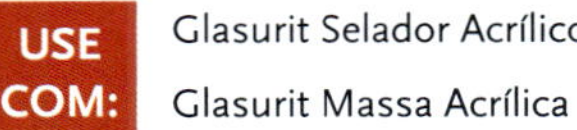

Embalagens/rendimento

Lata (18 L): até 280 m²/demão.
Galão (3,6 L): até 56 m²/demão.

Aplicação

Utilizar pincel, trincha, rolo de lã e pistola.

Cor

Além das cores do catálogo, podem-se obter outros tons misturando as cores entre si ou adicionando Corante Suvinil em até um frasco (50 mL) por galão de 3,6 L

Acabamento

Fosco

Diluição

Misturar 5 partes de tinta com uma parte de água (20% de diluição).

Secagem

Ao toque: 1 h
Entre demãos: 4 h
Final: 12 h

Glasurit Brilho + Lavável 

É indicado para pintura em ambientes internos e externos de superfícies de reboco, massa acrílica, texturas, concreto e fibrocimento e superfícies em ambientes internos de massa corrida e gesso.

Embalagens/rendimento

Lata (18 L): até 280 m²/demão.
Galão (3,6 L): até 56 m²/demão.

Aplicação

Utilizar pincel, trincha, rolo de lã e pistola.

Cor

Além das cores do catálogo, podem-se obter outros tons misturando as cores entre si ou adicionando Corante Suvinil em até um frasco (50 mL) por galão de 3,6 L

Acabamento

Semibrilho

Diluição

Misturar 5 partes de tinta com uma parte de água (20% de diluição).

Secagem

Ao toque: 2 h
Entre demãos: 4 h
Final: 12 h

USE COM: Glasurit Selador Acrílico
Glasurit Massa Acrílica

Suvinil Toque de Seda 

É uma tinta de fácil aplicação, baixo respingamento, ótima cobertura, excelente alastramento e resistência às intempéries e à limpeza. Seu brilho suave proporciona fino acabamento, requinte e sofisticação aos ambientes e extrema facilidade de limpeza. Indicada para pintura de ambientes externos e internos de reboco, massa acrílica, texturas, concreto e fibrocimento e ambientes internos de massa corrida e gesso.

Embalagens/rendimento

Lata (18 L): 180 a 330 m²/demão.
Lata (16,2 L): 180 a 300 m²/demão.
Galão (3,6 L): 36 a 66 m²/demão.
Galão (3,24 L): 36 a 60 m²/demão.
Quarto (0,81 L): até 15 m²/demão.

Aplicação

Utilizar pincel, trincha, rolo de lã e pistola.

Cor

Além das cores do catálogo, podem-se obter outros tons misturando as cores entre si ou adicionando Corante Suvinil em até um frasco (50 mL) por galão de 3,6 L, ou ainda pelo sistema Suvinil SelfColor®

Acabamento

Acetinado

Diluição

Diluir de 20% a 30% na primeira demão e 10% a 20% nas demais.

Secagem

Ao toque: 2 h
Entre demãos: 4 h
Final: 12h

USE COM: Suvinil Selador Acrílico
Suvinil Fundo Preparador para Paredes

1 2 Preparação inicial

Para ser pintada, a superfície deve estar limpa, seca e firme. Superfícies novas de reboco, gesso ou concreto devem curar por 28 dias ou mais antes da aplicação de qualquer produto. Superfícies com acabamento com brilho devem ser lixadas até ficarem foscas. Remover todo pó após lixar.

1 2 Preparação especial

Pintura solta ou mal-aderida deve ser removida com espátula. Manchas de gordura, óleo ou graxa devem ser removidas com água e detergente. Enxaguar e deixar secar antes de pintar. Manchas de mofo e algas devem ser removidas com água sanitária. Enxaguar e deixar secar antes de pintar.

1 2 Preparação em demais superfícies

Aplicar antes uma demão de Suvinil Fundo Preparador para Paredes em pinturas sobre reboco fraco/mal-aderido, caiação, gesso, fibrocimento, pintura descascada e pintura desbotada/queimada pelo sol.

1 2 Precauções / dicas / advertências

Homogeneizar bem o produto antes de diluir. Evitar pintar em dias chuvosos, com ventos fortes, temperaturas abaixo de 10 °C e/ou umidade superior a 90%. O rendimento informado na embalagem é obtido a partir do resultado do ensaio realizado conforme norma da ABNT NBR 14942 e poderá sofrer variações dependendo de fatores externos alheios ao controle do fabricante, como preparação e/ou absorção da superfície e diluição não recomendada. Em caso de irritação ou erupção cutânea, consultar um médico. Evitar respirar poeiras, fumos, gases, névoas, vapores e aerossóis. Usar luvas de proteção, vestuário de proteção, proteção ocular e proteção facial. Se entrar em contato com a pele, lavar com sabonete e água abundantes. Evitar a liberação para o ambiente. Após utilizar totalmente o conteúdo, descartar a embalagem em pontos de coleta/reciclagem de sucata metálica. A Ficha de Informação de Segurança de Produtos Químicos deste produto químico perigoso pode ser obtida no site www.suvinil.com.br. Emergências médicas (24 h): Centro de Assistência Toxicológica (Ceatox): 08000-14-8110. Emergências em caso de acidentes no transporte (24 h): 08000-19-2274. Não perigoso para transporte conforme Resolução 420 ANTT.

1 Principais atributos do produto 1

Oferece alta resistência e brilho duradouro e é fácil de limpar.

2 Principais atributos do produto 2

Oferece acabamento sofisticado, é lavável e não tem cheiro em até 4 h após a aplicação.

3 4 Preparação inicial

Para ser pintada, a superfície deve estar limpa, seca e firme. Superfícies novas de reboco, gesso ou concreto devem curar por 28 dias ou mais antes da aplicação de qualquer produto. Superfícies com acabamento com brilho devem ser lixadas até ficarem foscas. Remover todo pó após lixar.

3 4 Preparação especial

Pintura solta ou mal-aderida deve ser removida com espátula. Manchas de gordura, óleo ou graxa devem ser removidas com água e detergente. Enxaguar e deixar secar antes de pintar. Manchas de mofo e algas devem ser removidas com água sanitária. Enxaguar e deixar secar antes de pintar.

3 4 Preparação em demais superfícies

Aplicar antes uma demão de Suvinil Fundo Preparador para Paredes em pinturas sobre reboco fraco/mal-aderido, caiação, gesso, fibrocimento, pintura descascada e pintura desbotada/queimada pelo sol.

3 4 Precauções/dicas/advertências

Homogeneizar bem o produto antes de diluir. Evitar pintar em dias chuvosos, com ventos fortes, temperatura abaixo de 10 °C e/ou umidade superior a 90%. O rendimento informado na embalagem é obtido a partir do resultado do ensaio realizado conforme norma da ABNT NBR 14942 e poderá sofrer variações dependendo de fatores externos alheios ao controle do fabricante, como preparação e/ou absorção da superfície e diluição não recomendada. Em caso de irritação ou erupção cutânea: consultar um médico. Evitar respirar poeiras, fumos, gases, névoas, vapores e aerossóis. Usar luvas de proteção, vestuário de proteção, proteção ocular e proteção facial. Se entrar em contato com a pele, lavar com sabonete e água abundantes. Após utilizar totalmente o conteúdo, descartar a embalagem em pontos de coleta/reciclagem de sucata metálica. A Ficha de Informação de Segurança de Produtos Químicos deste produto químico perigoso pode ser obtida no site www.suvinil.com.br. Emergências médicas (24 h): Centro de Assistência Toxicológica (Ceatox): 08000-14-8110. Emergências em caso de acidentes no transporte (24 h): 08000-19-2274. Não perigoso para transporte conforme Resolução 420 ANTT.

3 Principais atributos do produto 3

É antibactéria, não tem cheiro e lavável.

4 Principais atributos do produto 4

Oferece acabamento semibrilho, não tem cheiro em até 4 h após a aplicação e é ultralavável.

Suvinil Família Protegida — 3

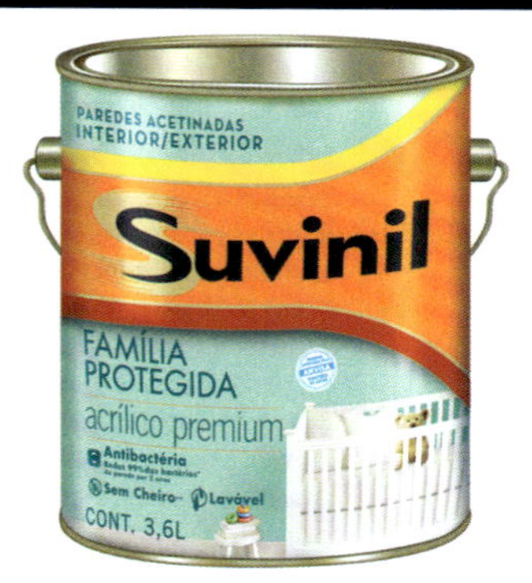

É uma tinta acrílica de acabamento acetinado, baixos odor e respingamento e ótima resistência à limpeza. Especialmente formulada para reduzir 99% das bactérias nas paredes durante o período de 2 anos após sua aplicação. Este produto pode ser utilizado tanto em ambientes externos como internos. A proteção antibactéria (conforme embalagem) é válida apenas para a pintura de paredes em ambientes internos.

USE COM:
Suvinil Selador Acrílico
Suvinil Fundo Preparador para Paredes

Embalagens/rendimento

Lata (18 L): até 330 m²/demão.
Lata (16,2 L): até 300 m²/demão.
Galão (3,6 L): até 66 m²/demão.
Galão (3,2 L): até 60 m²/demão.
Litro (800 mL): até 15 m²/demão.

Aplicação

Utilizar pincel, trincha, rolo de lã e pistola.

Cor

Além das cores do catálogo, podem-se obter outros tons misturando as cores entre si ou adicionando Corante Suvinil em até um frasco (50 mL) por galão de 3,6 L, ou ainda pelo sistema Suvinil SelfColor®

Acabamento

Acetinado

Diluição

Diluir de 20% a 30% na primeira demão e de 10% a 20% nas demais.

Secagem

Ao toque: 2 h
Entre demãos: 4 h
Final: 12 h

Suvinil Ilumina — 4

É uma tinta de alta performance, fácil aplicação, secagem rápida e baixos odor e respingamento. Indicada para pintura de superfícies de ambientes externos e internos de reboco, massa acrílica, texturas, concreto e fibrocimento e ambientes internos não molháveis de massa corrida e gesso.

USE COM:
Suvinil Selador Acrílico
Suvinil Fundo Preparador para Paredes

Embalagens/rendimento

Lata (18 L): até 320 m²/demão.
Lata (16,2 L): até 288 m²/demão.
Galão (3,6 L): até 64 m²/demão.
Galão (3,2 L): até 57 m²/demão.
Quarto (0,81 L): até 14 m²/demão.

Aplicação

Utilizar pincel, trincha, rolo de lã e pistola.

Cor

Além das cores do catálogo, podem-se obter outros tons misturando as cores entre si ou adicionando Corante Suvinil em até um frasco (50 mL) por galão de 3,6 L, ou ainda pelo sistema Suvinil SelfColor®

Acabamento

Semibrilho

Diluição

Diluir de 10% a 20% na repintura e de 20% a 30% nas demais aplicações.

Secagem

Ao toque: 2 h
Entre demãos: 4 h
Final: 12 h

Suvinil Piso

É uma tinta de fácil aplicação e secagem rápida, boa cobertura, bom alastramento e alta aderência para pintar/repintar pisos cimentados ou cerâmicos foscos em ambientes externos e internos. É indicado para áreas de lazer, escadas, varandas, quadras poliesportivas e outras superfícies de concreto rústico e liso ou ainda para repintura, com ótima resistência às intempéries e ao tráfego de pessoas e carros.

USE COM:

Suvinil Fundo Branco Epóxi

Suvinil Fundo Preparador para Paredes

Embalagens/rendimento

Lata (18 L): 175 a 275 m^2/demão.
Galão (3,6 L): 35 a 55 m^2/demão.

Aplicação

Utilizar pincel, trincha e rolo de lã.

Cor

Branco, azul, verde, amarelo demarcação, vermelho demarcação, concreto, cerâmica, cinza, cinza escuro e preto. Além das cores do catálogo, podem-se obter outros ton, misturando as cores entre si ou adicionando Corante Suvinil em até um frasco (50 mL) por galão de 3,6 L

Acabamento

Fosco

Diluição

Diluir 30% na primeira demão e 10% nas demais. Misturar 9 partes de tinta com uma parte de água (10% de diluição). Misturar 7 partes de tinta com 3 partes de água (30% de diluição).

Secagem

Ao toque: 2 h
Entre demãos: 4 h
Final: 72 h

Suvinil Sempre Nova

É uma tinta de acabamento semiacetinado que proporciona excelente desempenho em fachadas. Sua formulação contém nanocompósito que permite que a chuva remova sujeiras provenientes do ar (ex.: poeiras) e da fuligem, proporcionando acabamento sempre limpo e mantendo cor e aparência originais por muito mais tempo. Possui fácil aplicação e maior resistência a maresia e evita o crescimento de algas e fungos.

USE COM:

Suvinil Selador Acrílico

Suvinil Fundo Preparador para Paredes

Embalagens/rendimento

Lata (18 L): até 330 m^2/demão.
Lata (16 L): até 295 m^2/demão.
Galão (3,6 L): até 66 m^2/demão.
Galão (3,2 L): até 60 m^2/demão.

Aplicação

Utilizar pincel, trincha, rolo de lã e pistola.

Cor

Branco. Podem-se obter outros tons pelo sistema Suvinil SelfColor®

Acabamento

Acetinado

Diluição

Diluir de 10% a 20%.

Secagem

Entre demãos: 4 h
Ao toque: 2 h
Final: 12 h

1 2 Preparação inicial

Para ser pintada, a superfície deve estar limpa, seca e firme. Superfícies novas de reboco, gesso ou concreto devem curar por 28 dias ou mais antes da aplicação de qualquer produto. Superfícies com acabamento com brilho devem ser lixadas até ficarem foscas. Remover todo pó após lixar.

1 2 Preparação especial

Pintura solta ou mal-aderida deve ser removida com espátula. Manchas de gordura, óleo ou graxa devem ser removidas com água e detergente. Enxaguar e deixar secar antes de pintar. Manchas de mofo e algas devem ser removidas com água sanitária. Enxaguar e deixar secar antes de pintar.

1 Preparação em demais superfícies

Pisos cimentados muito lisos como "cimento queimado", concreto polido ou revestimentos cerâmicos envelhecidos devem receber aplicação de Suvinil Fundo Branco Epóxi catalisado em vez de Suvinil Fundo Preparador para Paredes.

2 Preparação em demais superfícies

Aplicar antes uma demão de Suvinil Fundo Preparador para Paredes em pinturas sobre reboco fraco/mal-aderido, caiação, gesso, fibrocimento, pintura descascada e pintura desbotada/queimada pelo sol.

1 2 Precauções / dicas / advertências

Evitar pintar em dias chuvosos, com ventos fortes, temperatura abaixo de 10 °C e/ou umidade superior a 90%. Em caso de irritação ou erupção cutânea, consultar um médico. Evitar respirar poeiras, fumos, gases, névoas, vapores e aerossóis. Usar luvas de proteção, vestuário de proteção, proteção ocular e proteção facial. Se entrar em contato com a pele, lavar com sabonete e água abundantes. Após utilizar totalmente o conteúdo, descartar a embalagem em pontos de coleta/reciclagem de sucata metálica. A Ficha de Informação de Segurança de Produtos Químicos deste produto químico perigoso pode ser obtida no site do fabricante. Emergências médicas (24 h): Centro de Assistência Toxicológica (Ceatox): 0800-14-8110. Emergências em caso de acidentes no transporte (24 h): 0800-19-2274. Não perigoso para transporte conforme Resolução 420 ANTT. Homogeneizar bem o produto antes de diluir.

1 Precauções / dicas / advertências

O rendimento informado na embalagem é obtido a partir do resultado do ensaio realizado conforme norma da ABNT NBR 14942 e poderá sofrer variações dependendo de fatores externos alheios ao controle do fabricante, como preparação e/ou absorção da superfície e diluição não recomendada. Em caso de irritação ou erupção cutânea: consultar um médico.

2 Precauções / dicas / advertências

O sistema de autorremoção não se aplica para manchas domésticas internas, como chocolate, gordura, ketchup etc. Nesses casos, é necessária uma força mecânica para removê-las. A película inovadora permite autorremoção de sujidades oriundas da poluição atmosférica depositada na superfície pintada quando ocorrer o contato da parede com água de chuva ou jato de água, desde que rigorosamente seguidas todas as instruções de preparação e aplicação e as recomendações, constantes na embalagem.

1 Principais atributos do produto 1

Tem altíssima resistência, excelente cobertura e alta durabilidade.

2 Principais atributos do produto 2

Mantém fachadas limpas e protegidas, não deixa a sujeira grudar e não desbota.

3 4 Preparação inicial

Para ser pintada, a superfície deve estar limpa, seca e firme. Superfícies novas de reboco, gesso ou concreto devem curar por 28 dias ou mais antes da aplicação de qualquer produto. Superfícies com acabamento com brilho devem ser lixadas até ficarem foscas. Remover todo pó após lixar.

3 4 Preparação especial

Pintura solta ou mal-aderida deve ser removida com espátula. Manchas de gordura, óleo ou graxa devem ser removidas com água e detergente. Enxaguar e deixar secar antes de pintar. Manchas de mofo e algas devem ser removidas com água sanitária. Enxaguar e deixar secar antes de pintar.

3 4 Preparação em demais superfícies

Aplicar antes uma demão de Suvinil Fundo Preparador para Paredes em pinturas sobre reboco fraco/mal-aderido, caiação, gesso, fibrocimento, pintura descascada e pintura desbotada/queimada pelo sol.

3 4 Precauções / dicas / advertências

Homogeneizar bem o produto antes de diluir. Evitar pintar em dias chuvosos, com ventos fortes, temperatura abaixo de 10 °C e/ou umidade superior a 90%. O rendimento informado na embalagem é obtido a partir do resultado do ensaio realizado conforme norma da ABNT NBR 14942 e poderá sofrer variações dependendo de fatores externos alheios ao controle do fabricante, como preparação e/ou absorção da superfície e diluição não recomendada. Em caso de irritação ou erupção cutânea: consultar um médico. Evitar respirar poeiras, fumos, gases, névoas, vapores e aerossóis. Usar luvas de proteção, vestuário de proteção, proteção ocular e proteção facial. Se entrar em contato com a pele, lavar com sabonete e água abundantes. Após utilizar totalmente o conteúdo, descartar a embalagem em pontos de coleta/reciclagem de sucata metálica. A Ficha de Informação de Segurança de Produtos Químicos deste produto químico perigoso pode ser obtida no site www.suvinil.com.br. Emergências médicas (24 h): Centro de Assistência Toxicológica (Ceatox): 08000-14-8110. Emergências em caso de acidentes no transporte (24 h): 08000-19-2274. Não perigoso para transporte conforme Resolução 420 ANTT.

3 Principais atributos do produto 3

Possibilita fachadas sem fissuras, impermeabiliza: filme 100% elástico. Tem ação contra mofo e maresia.

4 Principais atributos do produto 4

É um acabamento versátil para decorar o ambiente.

Suvinil Proteção Total 3

É uma tinta elástica que torna as paredes impermeáveis, protegendo as fachadas contra infiltrações causadas por fissuras (trincas finas) de até 0,3 mm, livrando-as das ações indesejadas de chuvas, sereno, maresia, umidade do ar, mofo e algas. Seu acabamento fosco 100% acrílico oferece proteção contra a ação do sol, da poluição e das demais intempéries. Especialmente indicada para a pintura e a repintura de áreas externas.

USE COM: Suvinil Massa Acrílica
Suvinil Fundo Preparador para Paredes

Embalagens/rendimento

Lata (18 L): até 275 m²/demão.
Lata (16,2 L): até 250 m²/demão.
Galão (3,6 L): até 55 m²/demão.
Galão (3,2 L): até 50 m²/demão.

Aplicação

Utilizar pincel, trincha, rolo de lã e pistola.

Cor

Além das cores do catálogo, podem-se obter outros tons misturando as cores entre si, ou ainda pelo sistema Suvinil SelfColor®

Acabamento

Fosco

Diluição

Máximo de 10% de diluição. Misturar 9 partes de tinta com uma parte de água.

Secagem

Ao toque: 2 h
Entre demãos: 4 h
Final: 24 h

Suvinil Texturatto Liso 4

É um acabamento indicado para texturar superfícies internas e externas de reboco, blocos de concreto, fibrocimento, concreto aparente, massa corrida ou acrílica e repintura sobre PVA ou acrílico. Traz, em sua formulação, componentes que realçam a textura, permitindo a obtenção de diversos efeitos. É um produto de fácil aplicação, secagem rápida, boa aderência e ótima homogeneidade.

USE COM: Suvinil Gel de Efeitos
Suvinil Fundo Preparador para Paredes

Embalagens/rendimento

Lata (18 L): 20 a 35 m²/25 kg/demão.

Aplicação

Utilizar desempenadeira de aço, espátula e rolos especiais para textura.

Cor

Disponíveis no catálogo do sistema Suvinil SelfColor®

Acabamento

Fosco

Diluição

Diluir com até 10% para diversas ferramentas e com 20% a 30% para aplicação com rolo de lã. Misturar 10 partes de tinta com uma parte de água (10% de diluição). Misturar 5 partes de tinta com uma parte de água (20% de diluição). Misturar 10 partes de tinta com 3 partes de água (30% de diluição).

Secagem

Ao toque: 2 h
Entre demãos: 4 h
Final: 12 h

Suvinil Texturatto Clássico 1

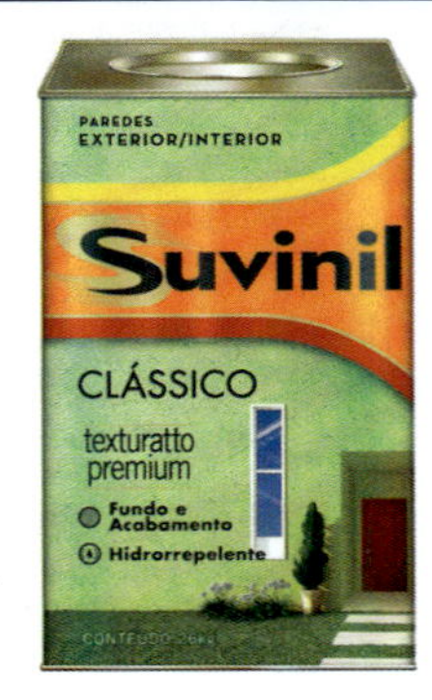

É um acabamento indicado para texturar superfícies internas e externas de reboco, blocos de concreto, fibrocimento, concreto aparente, massa corrida ou acrílica e repintura sobre PVA ou acrílico. Traz, em sua formulação, componentes que realçam a textura e a hidrorrepelência, permitindo a obtenção de diversos efeitos. É um produto de fácil aplicação, secagem rápida, boa aderência e ótima homogeneidade.

USE COM: Suvinil Massa Acrílica
Suvinil Fundo Preparador para Paredes

Embalagens/rendimento

Lata (18 L): até 25 m²/25 kg/demão.

Aplicação

Utilizar desempenadeira de aço, espátula e rolos especiais para textura.

Cor

Disponíveis no catálogo do sistema Suvinil SelfColor®

Acabamento

Fosco

Diluição

Para texturar: pronto para uso. Diluir com 30% a 50% para selar com rolo de lã. Misturar 10 partes de tinta com 3 partes de água (30% de diluição). Misturar 2 partes de tinta com uma parte de água (50% de diluição).

Secagem

Ao toque: 6 h
Final: 12 h
Cura total: 4 dias

Suvinil Texturatto Rústico 2

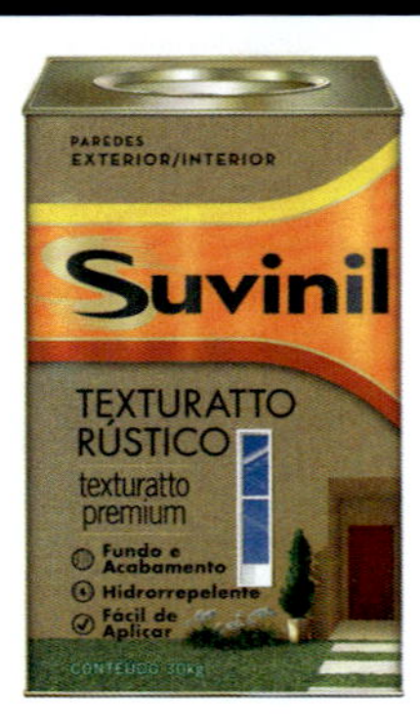

É um acabamento indicado para texturar superfícies internas e externas de reboco, blocos de concreto, fibrocimento, concreto aparente, massa corrida ou acrílica e repintura sobre PVA ou acrílico. Traz, em sua formulação, componentes que realçam a textura e a hidrorrepelência, permitindo a obtenção de diversos efeitos. É um produto de fácil aplicação, secagem rápida, boa aderência e ótima homogeneidade.

Suvinil Massa Acrílica
Suvinil Fundo Preparador para Paredes

Embalagens/rendimento

Lata (18 L): até 11 m²/29 kg/demão.
até 13 m²/30 kg/demão.

Aplicação

Utilizar desempenadeira de aço/plástico, espátula e rolos especiais para textura.

Cor

Disponíveis no catálogo do sistema Suvinil SelfColor®

Acabamento

Fosco

Diluição

Pronto para uso

Secagem

Ao toque: 4 h
Final: 16 h
Cura total: 4 dias

1 2 Preparação inicial

Para ser pintada, a superfície deve estar limpa, seca e firme. Superfícies novas de reboco, gesso ou concreto devem curar por 28 dias ou mais antes da aplicação de qualquer produto. Superfícies com acabamento com brilho devem ser lixadas até ficarem foscas. Remover todo pó após lixar.

1 2 Preparação especial

Pintura solta ou mal-aderida deve ser removida com espátula. Manchas de gordura, óleo ou graxa devem ser removidas com água e detergente. Enxaguar e deixar secar antes de pintar. Manchas de mofo e algas devem ser removidas com água sanitária. Enxaguar e deixar secar antes de pintar.

1 2 Preparação em demais superfícies

Aplicar antes uma demão de Suvinil Fundo Preparador para Paredes em pinturas sobre reboco fraco/mal-aderido, caiação, gesso, fibrocimento, pintura descascada e pintura desbotada/queimada pelo sol.

1 2 Precauções/dicas/advertências

Evitar pintar em dias chuvosos, com ventos fortes, temperatura abaixo de 10 °C e/ou umidade superior a 90%. Em caso de irritação ou erupção cutânea, consultar um médico. Evitar respirar poeiras, fumos, gases, névoas, vapores e aerossóis. Usar luvas de proteção, vestuário de proteção, proteção ocular e proteção facial. Se entrar em contato com a pele, lavar com sabonete e água abundantes. Após utilizar totalmente o conteúdo, descartar a embalagem em pontos de coleta/reciclagem de sucata metálica. A Ficha de Informação de Segurança de Produtos Químicos deste produto químico perigoso pode ser obtida no site do fabricante. Emergências médicas (24 h): Centro de Assistência Toxicológica (Ceatox): 0800-14-8110. Emergências em caso de acidentes no transporte (24 h): 08000-19-2274. Não perigoso para transporte conforme Resolução 420 ANTT. Homogeneizar bem o produto antes de diluir. Usar a própria textura, devidamente diluída, para selar. O rendimento varia conforme a diluição e a forma/ferramenta de aplicação.

1 Precauções/dicas/advertências

Homogeneizar bem o produto antes de diluir. Usar a própria textura, devidamente diluída, para selar. O rendimento varia conforme a diluição e a forma/ferramenta de aplicação.

1 Principais atributos do produto 1

Acabamento versátil para decorar o ambiente, é hidrorrepelente.

2 Principais atributos do produto 2

Oferece acabamento rústico e é hidrorrepelente e fácil de aplicar.

3 4 Preparação inicial

Para ser pintada, a superfície deve estar limpa, seca e firme. Superfícies novas de reboco, gesso ou concreto devem curar por 28 dias ou mais antes da aplicação de qualquer produto. Superfícies com acabamento com brilho devem ser lixadas até ficarem foscas. Remover todo pó após lixar.

3 4 Preparação especial

Pintura solta ou mal-aderida deve ser removida com espátula. Manchas de gordura, óleo ou graxa devem ser removidas com água e detergente. Enxaguar e deixar secar antes de pintar. Manchas de mofo e algas devem ser removidas com água sanitária. Enxaguar e deixar secar antes de pintar.

3 4 Preparação em demais superfícies

Aplicar antes uma demão de Suvinil Fundo Preparador para Paredes em pinturas sobre reboco fraco/mal-aderido, caiação, gesso, fibrocimento, pintura descascada e pintura desbotada/queimada pelo sol.

3 4 Precauções / dicas / advertências

Evitar pintar em dias chuvosos, com ventos fortes, temperaturas abaixo de 10 °C e/ou umidade superior a 90%. Em caso de irritação ou erupção cutânea, consultar um médico. Evitar respirar poeiras, fumos, gases, névoas, vapores e aerossóis. Usar luvas de proteção, vestuário de proteção, proteção ocular e proteção facial. Se entrar em contato com a pele, lavar com sabonete e água abundantes. Evitar a liberação para o ambiente. Após utilizar totalmente o conteúdo, descartar a embalagem em pontos de coleta/reciclagem de sucata metálica. A Ficha de Informação de Segurança de Produtos Químicos deste produto químico perigoso pode ser obtida no site www.suvinil.com.br. Emergências médicas (24 h): Centro de Assistência Toxicológica (Ceatox): 0800-14-8110. Emergências em caso de acidentes no transporte (24 h): 0800-19-2274. Não perigoso para transporte conforme Resolução 420 ANTT.

3 Principais atributos do produto 3

Oferece acabamento uniforme, é hidrorrepelente e contém cristais com brilho.

4 Principais atributos do produto 4

Oferece alta resistência para áreas úmidas e nivela e corrige imperfeições da parede.

Suvinil Toque de Brilho 3

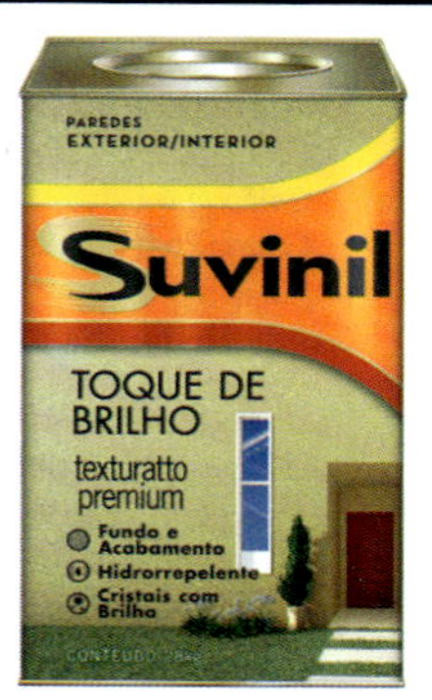

É um acabamento indicado para texturar superfícies internas e externas de reboco, blocos de concreto, fibrocimento, concreto aparente, massa corrida ou acrílica e repintura sobre PVA ou acrílico. Traz, em sua formulação, componentes que reforçam o acabamento com brilho, oferecendo sofisticação ao ambiente. Tem fácil aplicação, secagem rápida, boa aderência, ótima homogeneidade e hidrorrepelência.

USE COM: Suvinil Massa Acrílica
Suvinil Fundo Preparador para Paredes

Embalagens/rendimento

Lata (18 L): até 13 m²/28 kg/demão.
Galão (3,6 L): até 2,6 m²/5,6 kg/demão.

Aplicação

Utilizar desempenadeira de aço/plástico, espátula e escova para lavagem.

Cor

Além das cores do catálogo, podem-se obter outros tons pelo sistema Suvinil SelfColor®

Acabamento

Brilhante

Diluição

Pronto para uso.

Secagem

Ao toque: 4 h
Final/obtenção do brilho: 16 h
Cura total: 4 dias

Suvinil Massa Acrílica 4

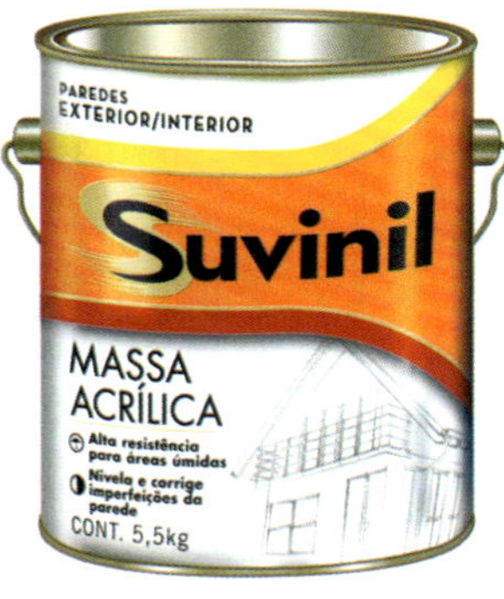

É indicada para nivelar e corrigir imperfeições de superfícies em ambientes externos e internos de reboco, gesso, fibrocimento, concreto aparente, blocos de concreto e paredes pintadas com PVA ou acrílico, proporcionando um acabamento liso. É um produto de fácil aplicação e secagem rápida, permitindo boa aderência e resistência ao intemperismo.

USE COM: Suvinil Selador Acrílico
Suvinil Fundo Preparador para Paredes

Embalagens/rendimento

Lata (18 L): até 60 m²/30 kg/demão.
Galão (3,6 L): até 12 m²/5,5 kg/demão.
Quarto (0,9 L): até 3 m²/1,3 kg/demão.

Aplicação

Utilizar espátula e desempenadeira.

Cor

Branco

Acabamento

Fosco

Diluição

Pronta para uso.

Secagem

Ao toque/lixamento: 1 h
Entre demãos: 4 h
Final: 6 h

Suvinil Massa Corrida 1

É indicada para nivelar e corrigir imperfeições de superfícies de ambientes internos não molháveis de reboco, gesso, fibrocimento, concreto aparente e paredes pintadas com PVA ou acrílico, proporcionando um acabamento liso. É um produto de fácil aplicação e secagem rápida, permitindo uma boa aderência e fácil lixamento.

Embalagens/rendimento

Lata (18 L): até 60 m²/28 kg/demão.
Galão (3,6 L): até 12 m²/5,7 kg/demão.
Quarto (0,9 L): até 3 m²/1,4 kg/demão.

Aplicação

Utilizar espátula e desempenadeira.

Cor

Branco

Acabamento

Fosco

Diluição

Pronta para uso.

Secagem

Ao toque/lixamento: 40 min
Final e entre demãos: 4 h

USE COM:
Suvinil Selador Acrílico
Suvinil Fundo Preparador para Paredes

Glasurit Massa Acrílica 2

É indicada para nivelar e corrigir imperfeições em ambientes externos e internos de superfícies de reboco, concreto, fibrocimento, blocos de concreto e paredes pintadas.

Embalagens/rendimento

Lata (18 L): 40 a 60 m²/27 kg/demão.
Galão (3,6 L): 8 a 12 m²/5,4 kg/demão.

Aplicação

Utilizar espátula e desempenadeira.

Cor

Branco

Acabamento

Fosco

Diluição

Pronta para uso.

Secagem

Ao toque/lixamento: 40 min
Entre demãos: 4 h
Final: 4 h

USE COM:
Glasurit Acrílico Econômico
Glasurit Acrílico Máxima Eficiência

1 2 Preparação inicial

Para ser pintada, a superfície deve estar limpa, seca e firme. Superfícies novas de reboco, gesso ou concreto devem curar por 28 dias ou mais antes da aplicação de qualquer produto. Superfícies com acabamento com brilho devem ser lixadas até ficarem foscas. Remover todo pó após lixar.

1 2 Preparação especial

Pintura solta ou mal-aderida deve ser removida com espátula. Manchas de gordura, óleo ou graxa devem ser removidas com água e detergente. Enxaguar e deixar secar antes de pintar. Manchas de mofo e algas devem ser removidas com água sanitária. Enxaguar e deixar secar antes de pintar.

1 2 Preparação em demais superfícies

Aplicar antes uma demão de Suvinil Fundo Preparador para Paredes em pinturas sobre reboco fraco/mal-aderido, caiação, gesso, fibrocimento, pintura descascada e pintura desbotada/queimada pelo sol.

1 2 Precauções/dicas/advertências

Evitar pintar em dias chuvosos, com ventos fortes, temperatura abaixo de 10 °C e/ou umidade superior a 90%. Em caso de irritação ou erupção cutânea, consultar um médico. Evitar respirar poeiras, fumos, gases, névoas, vapores e aerossóis. Usar luvas de proteção, vestuário de proteção, proteção ocular e proteção facial. Se entrar em contato com a pele, lavar com sabonete e água abundantes. Após utilizar totalmente o conteúdo, descartar a embalagem em pontos de coleta/reciclagem de sucata metálica. A Ficha de Informação de Segurança de Produtos Químicos deste produto químico perigoso pode ser obtida no site do fabricante. Emergências médicas (24 h): Centro de Assistência Toxicológica (Ceatox): 08000-14-8110. Emergências em caso de acidentes no transporte (24 h): 08000-19-2274. Não perigoso para transporte conforme Resolução 420 ANTT.

1 Principais atributos do produto 1

É fácil de aplicar, de lixar e nivela e corrige imperfeições da parede.

2 Principais atributos do produto 2

Tem secagem rápida e fácil aplicação.

3 4 Preparação inicial

Para ser pintada, a superfície deve estar limpa, seca e firme. Superfícies novas de reboco, gesso ou concreto devem curar por 28 dias ou mais antes da aplicação de qualquer produto. Superfícies com acabamento com brilho devem ser lixadas até ficarem foscas. Remover todo pó após lixar.

3 4 Preparação especial

Pintura solta ou mal-aderida deve ser removida com espátula. Manchas de gordura, óleo ou graxa devem ser removidas com água e detergente. Enxaguar e deixar secar antes de pintar. Manchas de mofo e algas devem ser removidas com água sanitária. Enxaguar e deixar secar antes de pintar.

3 Preparação em demais superfícies

Aplicar antes uma demão de Suvinil Fundo Preparador para Paredes em pinturas sobre reboco fraco/mal-aderido, caiação, gesso, fibrocimento, pintura descascada e pintura desbotada/queimada pelo sol.

4 Preparação em demais superfícies

Pisos cimentados muito lisos como "cimento queimado", concreto polido ou revestimentos cerâmicos envelhecidos devem receber aplicação de Suvinil Fundo Branco Epóxi catalisado em vez de Suvinil Fundo Preparador para Paredes.

3 4 Precauções / dicas / advertências

Evitar pintar em dias chuvosos, com ventos fortes, temperatura abaixo de 10 °C e/ou umidade superior a 90%. Em caso de irritação ou erupção cutânea, consultar um médico. Evitar respirar poeiras, fumos, gases, névoas, vapores e aerossóis. Usar luvas de proteção, vestuário de proteção, proteção ocular e proteção facial. Se entrar em contato com a pele, lavar com sabonete e água abundantes. Após utilizar totalmente o conteúdo, descartar a embalagem em pontos de coleta/reciclagem de sucata metálica. A Ficha de Informação de Segurança de Produtos Químicos deste produto químico perigoso pode ser obtida no site do fabricante. Emergências médicas (24 h): Centro de Assistência Toxicológica (Ceatox): 08000-14-8110. Emergências em caso de acidentes no transporte (24 h): 08000-19-2274. Não perigoso para transporte conforme Resolução 420 ANTT.

3 Principais atributos do produto 3

Aumenta o rendimento da tinta. É indicado para primeira pintura.

4 Principais atributos do produto 4

Agrega partículas soltas e prepara e uniformiza a superfície.

Suvinil Selador Acrílico 3

É indicado para selar superfícies de reboco, blocos de concreto e concreto aparente em ambientes externos e internos. Possui ótimo pode de enchimento e é de fácil aplicação.

USE COM: Suvinil Massa Acrílica
Suvinil Massa Corrida

Embalagens/rendimento

Lata (18 L): 80 a 120 m²/demão.
Galão (3,6 L): 16 a 24 m²/demão.

Aplicação

Utilizar pincel, trincha, rolo de lã e pistola.

Cor

Branco

Acabamento

Fosco

Diluição

Misturar 9 partes de tinta com uma parte de água (10% de diluição).

Secagem

Ao toque: 2 h
Para massear/pintar sobre: 6 h

Suvinil Fundo Preparador para Paredes 4

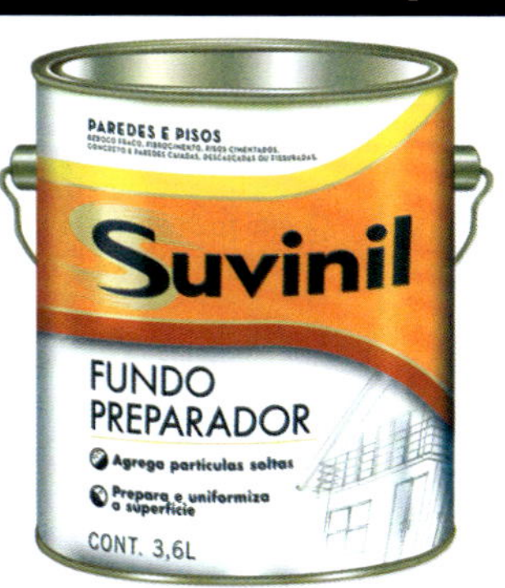

Fórmula base água que proporciona grande poder de penetração, fácil aplicação e baixíssimo odor. Melhora a aderência e a durabilidade de tintas e massas e sela e uniformiza a absorção. Aumenta a coesão de superfícies porosas de ambientes externos e internos como reboco fraco, concreto, pintura descascada ou calcinada, paredes caiadas, gesso, fibrocimento e pisos cimentados, melhorando a aderência das tintas aplicadas.

USE COM: Glasurit Selador Acrílico
Glasurit Massa Acrílica

Embalagens/rendimento

Lata (18 L): 150 a 275 m²/demão.
Galão (3,6 L): 30 a 55 m²/demão.

Aplicação

Utilizar pincel, trincha e rolo de lã.

Cor

Líquido leitoso que se torna transparente após secagem

Acabamento

Não se aplica

Diluição

Gesso novo: misturar uma parte de fundo com uma parte de água (100% de diluição). Demais superfícies: misturar 9 partes de fundo com uma parte de água (10% de diluição). Misturar 4 partes de fundo com uma parte de água (20% de diluição).

Secagem

Ao toque: 30 min
Para pintura sobre: 4 h

Suvinil Esmalte Seca Rápido 1

É indicado para embelezar e proteger superfícies de metal e madeira. É à base de água, oferecendo baixo odor e grande facilidade de limpeza, já que dispensa o uso de aguarrás. Indicado para superfícies internas e externas de madeiras, metais ferrosos, galvanizados, alumínio e PVC. É um produto de secagem rápida, fácil aplicação, bom alastramento e boa aderência. Oferece resistência a fungos, além de não amarelar.

USE COM: Suvinil Zarcão
Suvinil Fundo Seca Rápido

Embalagens/rendimento

Galão (3,6 L): até 75 m²/demão.
Galão (3,2 L): até 68 m²/demão.
Quarto (0,9 L): até 19 m²/demão.
Quarto (0,81 L): até 17 m²/demão.

Aplicação

Utilizar pincel, trincha, rolo de espuma, rolo de lã para epóxi e pistola.

Cor

Além das cores do catálogo, podem-se obter outros tons misturando as cores entre si, ou ainda pelo sistema Suvinil SelfColor®

Acabamento

Acetinado e brilhante

Diluição

Diluir, no máximo, 10% em todas as demãos. Misturar 9 partes de tinta com uma parte de água (10% de diluição).

Secagem

Ao toque: 30 a 40 min
Entre demãos: 4 h
Final: 5 h

Suvinil Esmalte Cor & Proteção 2

Especialmente desenvolvido para oferecer facilidade na aplicação, proporcionando ótima secagem, bom alastramento e boa aderência. Indicado para a pintura de superfícies em ambientes internos e externos de madeira, ferro, alumínio e galvanizados. Sua fórmula siliconada permite uma menor aderência da sujeira, facilitando a limpeza.

USE COM: Suvinil Zarcão
Suvinil Fundo para Galvanizados

Embalagens/rendimento

Galão (3,6 L): até 70 m²/demão.
Galão (3,2 L): até 62 m²/demão.
Quarto (0,9 L): até 18 m²/demão.
Quarto (0,81 L): até 16 m²/demão.
1/16 (225 mL): até 4,5 m²/demão.

Aplicação

Utilizar pincel, trincha, rolo de espuma, rolo de lã para epóxi e pistola.

Cor

Além das cores do catálogo, podem-se obter outros tons misturando as cores entre si ou ainda pelo sistema Suvinil SelfColor®

Acabamento

Fosco, acetinado e brilhante

Diluição

Madeiras novas: diluir 15% na primeira demão e 10% nas demais demãos. Demais superfícies e aplicações: diluir 10%. Misturar 6 partes de tinta com uma parte de aguarrás (15% de diluição). Misturar 9 partes de tinta com uma parte de aguarrás (10% de diluição).

Secagem

Entre demãos: 45 min
Secagem final: 5 h

1 2 Preparação inicial

Para ser pintada, a superfície deve estar limpa, seca e firme, livre de resinas, óleos, graxas ou resíduos de removedores de pinturas anteriores. Na primeira pintura sobre superfície ferrosa, aplicar uma demão de Suvinil Zarcão. Na primeira pintura sobre superfície de madeira, aplicar uma demão de Suvinil Fundo Branco Fosco.

1 2 Preparação especial

Superfícies com acabamento com brilho devem ser lixadas até ficarem foscas. Remover todo o pó, após lixar. Manchas de mofo e algas devem ser removidas com água sanitária. Enxaguar e deixar secar antes de pintar. Pintura solta ou mal-aderida deve ser removida com espátula. Manchas de gordura, óleo, graxa e resíduos de removedores de pinturas devem ser removidas com aguarrás e/ou thinner. Após a limpeza, deixar secar antes de pintar.

1 Preparação especial

Madeiras excessivamente resinosas devem ser lavadas com aplicação de thinner e álcool antes do início da pintura. Ferragens excessivamente enferrujadas devem ser escovadas/lixadas para máxima remoção da ferrugem e, depois, receber Suvinil Zarcão. Primeira pintura sobre galvanizados, alumínio e PVC dispensa fundo. Basta lixar e remover o pó.

2 Preparação especial

Ferragens excessivamente enferrujadas devem ser escovadas/lixadas para máxima remoção da ferrugem e, depois, receber Suvinil Zarcão.

2 Preparação em demais superfícies

É fácil de aplicar, de lixar e nivela e corrige imperfeições da parede.

1 2 Precauções/dicas/advertências

Homogeneizar bem o produto antes e durante a aplicação. Evitar pintar em dias chuvosos, com ventos fortes, temperatura abaixo de 10 °C e/ou umidade superior a 90%. A Ficha de Informação de Segurança de Produtos Químicos deste produto químico perigoso pode ser obtida no site www.suvinil.com.br. Emergências médicas (24 h): Centro de Assistência Toxicológica (Ceatox): 0800-14-8110. Emergências em caso de acidentes no transporte (24 h): 08000-19-2274. Em caso de irritação ou erupção cutânea, consultar um médico. Evitar respirar poeiras, fumos, gases, névoas, vapores e aerossóis. Usar luvas de proteção, vestuário de proteção, proteção ocular e proteção facial. Se entrar em contato com a pele, lavar com sabonete e água abundantes. Evitar a liberação para o ambiente. Após utilizar totalmente o conteúdo, descartar a embalagem em pontos de coleta/reciclagem de sucata metálica. Não perigoso para transporte conforme Resolução 420 ANTT.

1 Principais atributos do produto 1

Sem cheiro, seca em 30 min (ao toque) e excelente aderência.

2 Principais atributos do produto 2

Tem secagem mais rápida e excelente acabamento e não descasca.

3 4 Preparação inicial

Para ser pintada, a superfície deve estar limpa, seca e firme, livre de resinas, óleos, graxas ou resíduos de removedores de pinturas anteriores. Na primeira pintura sobre superfície ferrosa, aplicar uma demão de Suvinil Zarcão. Na primeira pintura sobre superfície de madeira, aplicar uma demão de Suvinil Fundo Branco Fosco.

3 4 Preparação especial

Superfícies com acabamento com brilho devem ser lixadas até ficarem foscas. Remover todo o pó, após lixar. Manchas de mofo e algas devem ser removidas com água sanitária. Enxaguar e deixar secar antes de pintar.

3 Preparação especial

Madeiras excessivamente resinosas devem ser lavadas com aplicação de thinner e álcool antes do início da pintura. Ferragens excessivamente enferrujadas devem ser escovadas/lixadas para máxima remoção da ferrugem e, depois, receber Suvinil Zarcão. Pinturas sobre metais não ferrosos, galvanizados e alumínios: aplicar antes uma demão de Suvinil Fundo para Galvanizados.

4 Preparação especial

Pintura solta ou mal-aderida deve ser removida com espátula. Manchas de gordura, óleo, graxa e resíduos de removedores de pinturas devem ser removidas com aguarrás e/ou thinner. Após a limpeza, deixar secar antes de pintar. Ferragens excessivamente enferrujadas devem ser escovadas/lixadas para máxima remoção da ferrugem e, depois, receber Suvinil Zarcão.

4 Preparação em demais superfícies

Pinturas sobre metais não ferrosos, galvanizados e alumínios: aplicar antes uma demão de Suvinil Fundo para Galvanizados.

3 4 Preparação em demais superfícies

Homogeneizar bem o produto antes e durante a aplicação. Evitar pintar em dias chuvosos, com ventos fortes, temperatura abaixo de 10 °C e/ou umidade superior a 90%. O uso de solventes não indicados na embalagem pode causar a formação de rugas e o retardamento da secagem. Usar luvas de proteção, proteção ocular e proteção facial. Evitar inalar poeiras, gases e névoas. Manter afastado de calor, faísca, chama aberta e superfícies quentes. Não fumar. Em caso de contato com os olhos, enxaguar cuidadosamente com água durante vários minutos. No caso de uso de lentes de contato, removê-las se for fácil. Continuar enxaguando. Em caso de contato com a pele, lavar com água e sabão em abundância. Armazenar em local bem ventilado. Manter em local fresco. Utilizar todo o conteúdo e descartar a embalagem em pontos de coleta seletiva. Consultar o departamento responsável pela coleta do lixo em seu município. A Ficha de Informação de Segurança de Produtos Químicos deste produto químico perigoso pode ser obtida no site www.suvinil.com.br. Emergências médicas (24 h): Centro de Assistência Toxicológica (Ceatox): 08000-14-8110. Emergências em caso de acidentes no transporte (24 h): 08000-19-2274.

3 Principais atributos do produto 3

Pronto para uso, fácil aplicação e excelente acabamento.

4 Principais atributos do produto 4

Oferece alto brilho.

Glasurit Esmalte Secagem + Rápida 3

STANDARD

ACABAMENTO BRILHANTE

É indicado para pintura de superfícies de madeira, metal, alumínio e galvanizados, para ambientes internos e externos. É um produto de fácil aplicação, secagem rápida, bom alastramento e boa aderência.

Embalagens/rendimento
Galão (3,6 L): até 50 m²/demão.
Quarto (0,9 L): até 12 m²/demão.

Aplicação
Utilizar pincel, trincha, rolo de espuma, rolo de lã para epóxi e pistola.

Cor
Grande variedade de cores disponível no catálogo, podendo ser misturadas entre si

Acabamento
Fosco, acetinado e brilhante

Diluição
Pronto para uso. Se necessário, diluir com 10% de aguarrás (10 partes de tinta para uma parte de aguarrás).

Secagem
Entre demãos: 2 a 3 h
Ao toque: 2 h
Final: 5 h

USE COM: Suvinil Zarcão
Suvinil Fundo para Galvanizados

Suvinil Tinta Óleo 4

STANDARD

PROGRAMA SETORIAL da Qualidade TINTAS IMOBILIÁRIAS ABRAFATI

ACABAMENTO BRILHANTE

É indicada para a pintura de superfícies externas e internas de madeira, ferro, alumínio e galvanizados. É um produto de fácil aplicação, boa resistência às intempéries, alto brilho, bom alastramento e boa aderência.

Embalagens/rendimento
Galão (3,6 L): 40 a 50 m²/demão.
Quarto (0,9 L): 10 a 12 m²/demão.

Aplicação
Utilizar pincel, trincha, rolo de espuma, rolo de lã para epóxi e pistola.

Cor
Grande variedade de cores disponível no catálogo, podendo ser misturadas entre si

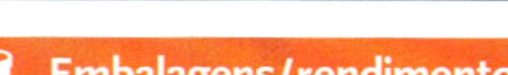
Acabamento
Alto brilho

Diluição
Madeiras novas: diluir 15% na primeira demão e 10% nas demais demãos. Demais superfícies e aplicações: 10% de diluição. Misturar 6 partes de tinta com uma parte de aguarrás (15% de diluição). Misturar 9 partes de tinta com uma parte de aguarrás (10% de diluição).

Secagem
Ao toque: 6 a 8 h
Entre demãos: 8 h
Final: 24 h

USE COM: Suvinil Zarcão
Suvinil Fundo para Galvanizados

Suvinil Verniz Copal

É indicado para proteção de superfícies de madeira em área interna (sem exposição às intempéries). É um produto de fácil aplicação, bom alastramento, boa aderência e alto brilho. Realça o aspecto natural da madeira.

Embalagens/rendimento

Galão (3,6 L): 65 a 105 m²/demão.
Quarto (0,9 L): 16 a 26 m²/demão.

Aplicação

Utilizar pincel, trincha, rolo de espuma e pistola.

Cor

Natural

Acabamento

Alto brilho

Diluição

Diluir, no máximo, 10%. Para aplicação com pistola, diluir 30%. Misturar 9 partes de tinta com uma parte de aguarrás (10% de diluição). Misturar 10 partes de tinta com 3 partes de aguarrás (30% de diluição).

Secagem

Ao toque: 4 a 6 h
Entre demãos: 12 h
Final: 24 h

USE COM:
Suvinil Aguarrás
Suvinil Seladora para Madeira

Suvinil Verniz Marítimo

É indicado para ambientes externos e internos de madeira, conferindo boa resistência às intempéries e realçando o aspecto natural da madeira. É um verniz de fácil aplicação, bom alastramento, boa aderência e secagem rápida. Contém triplo filtro solar. O acabamento fosco é indicado apenas para áreas internas e não molháveis.

Embalagens/rendimento

Galão (3,6 L): 70 a 110 m²/demão.
Quarto (0,9 L): 18 a 28 m²/demão.

Aplicação

Utilizar pincel, trincha, rolo de espuma e pistola.

Cor

Natural

Acabamento

Fosco, acetinado e brilhante

Diluição

Diluir, no máximo, 10%. Para aplicação com pistola, diluir 30%. Misturar 9 partes de tinta com uma parte de aguarrás (10% de diluição). Misturar 10 partes de tinta com 3 partes de aguarrás (30% de diluição).

Secagem

Ao toque: 4 a 6 h
Entre demãos: 12 h
Final: 24 h

Suvinil Aguarrás
Suvinil Seladora para Madeira

1 2 Preparação inicial

Para ser pintada, a superfície deve estar limpa, seca e firme, livre de resinas, óleos, graxas ou resíduos de removedores de pinturas anteriores.

1 2 Preparação especial

Manchas de gordura, óleo, graxa e resíduos de removedores de pinturas devem ser removidas com aguarrás e/ou thinner. Após a limpeza, deixar secar antes de pintar. Madeiras excessivamente resinosas devem ser lavadas com aplicação de thinner e álcool antes do início da pintura. Superfícies com acabamento com brilho devem ser lixadas até ficarem foscas. Remover todo o pó, após lixar. Pintura solta ou mal-aderida deve ser removida com espátula. Manchas de mofo e algas devem ser removidas com água sanitária. Enxaguar e deixar secar antes de pintar.

1 2 Precauções/dicas/advertências

Homogeneizar bem o produto antes e durante a aplicação. Evitar pintar em dias chuvosos, com ventos fortes, temperatura abaixo de 10 °C e/ou umidade superior a 90%. O uso de solventes não indicados na embalagem pode causar a formação de rugas e o retardamento da secagem. Evitar inalar poeiras, gases e névoas. Usar luvas de proteção, proteção ocular e/ou proteção facial. Em caso de contato com os olhos, enxaguar cuidadosamente com água durante vários minutos. No caso de uso de lentes de contato, removê-las, se for fácil. Continuar enxaguando. Armazenar em local bem ventilado. Manter em local fresco e afastado de calor, faísca, chama aberta e superfícies quentes. Não fumar. Utilizar todo o conteúdo e descartar a embalagem em pontos de coleta seletiva. Consultar o departamento responsável pela coleta do lixo em seu município. A Ficha de Informação de Segurança de Produtos Químicos deste produto químico perigoso pode ser obtida no site www.suvinil.com.br. Emergências médicas (24 h): Centro de Assistência Toxicológica (Ceatox): 0800-14-8110. Emergências em caso de acidentes no transporte (24 h): 08000-19-2274.

2 Precauções/dicas/advertências

O acabamento fosco deve ser usado apenas em áreas internas.

1 Principais atributos do produto 1

Tem alto brilho e realça os veios da madeira.

2 Principais atributos do produto 2

Oferece alta resistência e realça e enobrece a cor natural da madeira. Tem 2 anos de garantia (consultar a embalagem para maiores informações sobre as condições dessa garantia).

3 4 Preparação inicial

Para ser pintada, a superfície deve estar limpa, seca e firme, livre de resinas, óleos, graxas ou resíduos de removedores de pinturas anteriores.

3 4 Preparação especial

Superfícies com acabamento com brilho devem ser lixadas até ficarem foscas. Remover todo o pó após lixar. Pintura solta ou mal-aderida deve ser removida com espátula. Manchas de mofo e algas devem ser removidas com água sanitária. Enxaguar e deixar secar antes de pintar. Manchas de gordura, óleo, graxa e resíduos de removedores de pinturas devem ser removidas com aguarrás e/ou thinner. Após a limpeza, deixar secar antes de pintar. Madeiras excessivamente resinosas devem ser lavadas com aplicação de thinner e álcool antes do início da pintura.

3 4 Precauções / dicas / advertências

Homogeneizar bem o produto antes e durante a aplicação. Evitar pintar em dias chuvosos, com ventos fortes, temperatura abaixo de 10 °C e/ou umidade superior a 90%. O uso de solventes não indicados na embalagem pode causar a formação de rugas e o retardamento da secagem. Evitar inalar poeiras, gases e névoas. Usar luvas de proteção, proteção ocular e/ou proteção facial. Em caso de contato com os olhos, enxaguar cuidadosamente com água durante vários minutos. No caso de uso de lentes de contato, removê-las, se for fácil. Continuar enxaguando. Armazenar em local bem ventilado. Manter em local fresco e afastado de calor, faísca, chama aberta e superfícies quentes. Não fumar. Utilizar todo o conteúdo e descartar a embalagem em pontos de coleta seletiva. Consultar o departamento responsável pela coleta do lixo em seu município. A Ficha de Informação de Segurança de Produtos Químicos deste produto químico perigoso pode ser obtida no site www.suvinil.com.br. Emergências médicas (24 h): Centro de Assistência Toxicológica (Ceatox): 08000-14-8110. Emergências em caso de acidentes no transporte (24 h): 08000-19-2274.

3 Principais atributos do produto 3

Tem 2 anos de garantia (consultar a embalagem para maiores informações sobre as condições dessa garantia). Tinge, renova e impermeabiliza a madeira e oferece alto brilho.

4 Principais atributos do produto 4

Oferece máxima resistência e 8 anos de garantia (consultar a embalagem para maiores informações sobre as condições dessa garantia). Tem película inteligente, não trinca e não descasca, proporcionando acabamento perfeito.

Suvinil Verniz Tingidor 3

É indicado para envernizar e alterar a tonalidade de superfícies novas de madeiras ou para a recuperação de madeiras que sofreram desbotamento pela ação do tempo, tanto em áreas internas como externas. Seu acabamento em mogno ou imbuia tinge e valoriza os veios naturais das madeiras menos nobres, sobretudo as mais claras. Possui excelente proteção contra intempéries. Contém triplo filtro solar.

Suvinil Aguarrás

Suvinil Verniz Seca Rápido

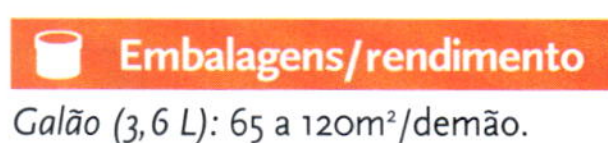

Galão (3,6 L): 65 a 120m²/demão.
Quarto (0,9 L): 16 a 30 m²/demão.

Aplicação

Utilizar pincel, trincha, rolo de espuma e pistola.

Cor

Mogno e imbuia

Acabamento

Brilhante

Diluição

Diluir, no máximo, 10%. Para aplicação com pistola, diluir 30%. Misturar 9 partes de tinta com uma parte de aguarrás (10% de diluição). Misturar 10 partes de tinta com 3 partes de aguarrás (30% de diluição).

Secagem

Ao toque: 4 a 6 h
Entre demãos: 12 h
Final: 24 h

Suvinil Verniz Ultra Proteção 4

Sua película flexível acompanha os movimentos da madeira para dar maiores resistência e durabilidade. Repele a água e confere maior proteção contra a ação do sol, de fungos e umidade, deixando a madeira com acabamento brilhante por muito mais tempo. Contém 3 filtros solares contra a ação dos raios UV e aditivos especiais que impedem o ataque de fungos. Fácil de aplicar, em bom alastramento, boa aderência e secagem rápida.

Suvinil Aguarrás

Suvinil Verniz Triplo Filtro Solar

Embalagens/rendimento

Galão (3,6 L): 40 a 65 m²/demão.
Quarto (0,9 L): 10 a 16 m²/demão.

Aplicação

Utilizar pincel, trincha e rolo de espuma.

Cor

Natural, mogno, imbuia e ipê

Acabamento

Brilhante

Diluição

Pronto para uso.

Secagem

Ao toque: 4 a 6 h
Entre demãos: 8 h
Final: 24 h

Suvinil Verniz Triplo Filtro Solar

Indicado para proteção de superfícies externas e internas de madeira. É um produto de fácil aplicação, bom alastramento e boa aderência. Elaborado com três filtros solares, proporciona à madeira excelente resistência ao intemperismo natural e aos raios ultravioleta.

Embalagens/rendimento

Galão (3,6 L): 65 a 120 m²/demão.
Quarto (0,9 L): 16 a 30 m²/demão.

Aplicação

Utilizar pincel, trincha, rolo de espuma e pistola.

Cor

Natural, mogno, imbuia, canela e nogueira (para acabamento fosco, apenas a cor natural)

Acabamento

Fosco e brilhante

Diluição

Pronto para uso. Se necessário, diluir, no máximo, 10%. Para aplicação com pistola, diluir 30%. Misturar 9 partes de tinta com uma parte de aguarrás (10% de diluição). Misturar 10 partes de tinta com 3 partes de aguarrás (30% de diluição).

Secagem

Ao toque: 4 a 6 h
Entre demãos: 8 h
Final: 24 h

USE COM:
Suvinil Aguarrás
Suvinil Verniz Ultra Proteção

Suvinil Verniz Seca Rápido

É indicado para superfícies de ambientes internos e externos de madeira, como portas, janelas e varandas. É um produto à base de água, de baixo odor, secagem rápida, fácil aplicação, bom alastramento e boa aderência. Possui tripla proteção contra os raios ultravioleta, que proporciona à madeira excelente resistência ao intemperismo natural, além de oferecer brilho intenso e duradouro. Possui garantia de 3 anos.*

**(verifique a embalagem para informações sobre as condições dessa garantia).*

Embalagens/rendimento

Galão (3,6 L): até 100 m²/demão.
Quarto (0,9 L): até 25 m²/demão.

Aplicação

Utilizar pincel, trincha, rolo de espuma, rolo de lã para epóxi e pistola.

Cor

Natural, mogno e imbuia

Acabamento

Brilhante

Diluição

Pronto para uso. Se necessário, diluir, no máximo, 10%. Misturar 9 partes de tinta com uma parte de água (10% de diluição).

Secagem

Entre demãos: 4 h
Ao toque: 1 h
Final: 5 h

USE COM:
Suvinil Esmalte Seca Rápido
Suvinil Seladora para Madeira

1 Preparação inicial

Para ser pintada, a superfície deve estar limpa, seca e firme, livre de resinas, óleos, graxas ou resíduos de removedores de pinturas anteriores.

2 Preparação inicial

Para ser pintada, a superfície deve estar limpa, seca e firme, livre de resinas, óleos, graxas ou resíduos de removedores de pinturas/vernizes anteriores.

1 2 Preparação especial

Superfícies com acabamento com brilho devem ser lixadas até ficarem foscas. Remover todo o pó após lixar. Pintura solta ou mal-aderida deve ser removida com espátula. Manchas de mofo e algas devem ser removidas com água sanitária. Enxaguar e deixar secar antes de pintar. Manchas de gordura, óleo, graxa e resíduos de removedores de pinturas devem ser removidas com aguarrás e/ou thinner. Após a limpeza, deixar secar antes de pintar. Madeiras excessivamente resinosas devem ser lavadas com aplicação de thinner e álcool antes do início da pintura.

1 2 Precauções/dicas/advertências

A Ficha de Informação de Segurança de Produtos Químicos deste produto químico perigoso pode ser obtida no site www.suvinil.com.br. Emergências médicas (24 h): Centro de Assistência Toxicológica (Ceatox): 08000-14-8110. Emergências em caso de acidentes no transporte (24 h): 08000-19-2274. Homogeneizar bem o produto antes e durante a aplicação. Evitar pintar em dias chuvosos, com ventos fortes, temperatura abaixo de 10 °C e/ou umidade superior a 90%.

1 Precauções/dicas/advertências

O uso de solventes não indicados na embalagem pode causar a formação de rugas e o retardamento da secagem. Evitar inalar poeiras, gases e névoas. Usar luvas de proteção, proteção ocular e/ou proteção facial. Em caso de contato com os olhos, enxaguar cuidadosamente com água durante vários minutos. No caso de uso de lentes de contato, removê-las se for fácil. Continue enxaguando. Armazenar em local bem ventilado. Manter em local fresco e afastado de calor, faísca, chama aberta e superfícies quentes. Não fumar. Utilizar todo o conteúdo e descartar a embalagem em pontos de coleta seletiva. Consultar o departamento responsável pela coleta do lixo em seu município.

2 Precauções/dicas/advertências

Após utilizar totalmente o conteúdo, descartar a embalagem em pontos de coleta/reciclagem de sucata metálica. Evitar a liberação para o ambiente. Não perigoso para transporte conforme Resolução 420 ANTT. Nocivo para os organismos aquáticos com efeitos duradouros.

1 Principais atributos do produto 1

Tem 5 anos de garantia (consultar a embalagem para maiores informações sobre as condições dessa garantia). É resistente a água e umidade e tem triplo filtro solar.

2 Principais atributos do produto 2

Tem brilho intenso e duradouro e triplo filtro solar.

3 Preparação inicial

Para ser pintada, a superfície deve estar limpa, seca e firme, livre de resinas, óleos, graxas ou resíduos de removedores de pinturas anteriores.

4 Preparação inicial

Para ser pintada, a superfície deve estar limpa, seca e firme, livre de resinas, óleos, graxas ou resíduos de removedores de pinturas/vernizes anteriores. Superfícies novas de reboco, gesso ou concreto devem curar por 28 dias ou mais antes da aplicação de qualquer produto. Superfícies com acabamento com brilho devem ser lixadas até ficarem foscas. Remover todo o pó após lixar. Na primeira pintura sobre superfície ferrosa, aplicar uma demão de Suvinil Zarcão. Na primeira pintura sobre superfície de madeira, aplicar uma demão de Suvinil Fundo Branco Fosco. A primeira pintura sobre galvanizados, alumínio e PVC dispensa fundo. Basta lixar e remover o pó.

3 4 Preparação especial

Manchas de mofo e algas devem ser removidas com água sanitária. Enxaguar e deixar secar antes de pintar. Manchas de gordura, óleo, graxa e resíduos de removedores de pinturas devem ser removidas com aguarrás e/ou thinner. Após a limpeza, deixar secar antes de pintar.

3 Preparação especial

Madeiras excessivamente resinosas devem ser lavadas com aplicação de thinner e álcool antes do início da pintura. Superfícies com verniz devem ser lixadas até chegar à madeira natural. Remover todo o pó após lixar.

4 Preparação especial

Pintura solta ou mal-aderida deve ser removida com espátula. Ferragens excessivamente enferrujadas devem ser escovadas/lixadas, para máxima remoção da ferrugem, e depois receber Suvinil Zarcão.

3 4 Precauções / dicas / advertências

A Ficha de Informação de Segurança de Produtos Químicos deste produto químico perigoso pode ser obtida no site www.suvinil.com.br. Emergências médicas (24 h): Centro de Assistência Toxicológica (Ceatox): 0800-14-8110. Emergências em caso de acidentes no transporte (24 h): 0800-19-2274. Manter em local fresco e afastado de calor, faísca, chama aberta e superfícies quentes. Não fumar. Usar luvas de proteção, proteção ocular e/ou proteção facial. Em caso de contato com os olhos, enxaguar cuidadosamente com água durante vários minutos. No caso de uso de lentes de contato, removê-las, se for fácil. Continuar enxaguando. Armazenar em local bem ventilado.

3 Precauções / dicas / advertências

Homogeneizar bem o produto antes e durante a aplicação. Evitar pintar em dias chuvosos, com ventos fortes, temperatura abaixo de 10 °C e/ou umidade superior a 90%. O uso de solventes não indicados na embalagem pode causar a formação de rugas e o retardamento da secagem. Evitar inalar poeiras, gases e névoas. Utilizar todo o conteúdo e descartar a embalagem em pontos de coleta seletiva. Consultar o departamento responsável pela coleta do lixo em seu município.

4 Precauções / dicas / advertências

Após utilizar totalmente o conteúdo, descartar a embalagem em pontos de coleta/reciclagem de sucata metálica. Manter em local fresco. Caso sinta indisposição, contatar um centro de informação toxicológica e/ou um médico.

3 Principais atributos do produto 3

É resistente a água e umidade e penetra e protege a madeira. Tem 3 anos de garantia (consultar a embalagem para maiores informações sobre as condições dessa garantia).

4 Principais atributos do produto 4

Ótima aderência, excelente acabamento e secagem rápida.

Suvinil Stain Impregnante 3

É indicado para proteção de áreas internas e externas de madeira, inclusive áreas molháveis como decks. Proporciona à madeira alta resistência ao intemperismo natural e aos raios ultravioleta e flexibilidade. Impregna nos veios da madeira e não forma filme. Possui um belíssimo acabamento acetinado.

USE COM: Suvinil Aguarrás
Suvinil Verniz Tingidor

Embalagens/rendimento

Galão (3,6 L): 60 a 90 m²/demão.
Quarto (0,9 L): 15 a 22 m²/demão.

Aplicação

Utilizar rolo de espuma, pincel e pistola.

 Cor

Natural, mogno e imbuia

Acabamento

Acetinado

Diluição

Pronto para uso. Se necessário, diluir, no máximo, 10%. Misturar 9 partes de tinta com uma parte de aguarrás (10% de diluição).

Secagem

Ao toque: 4 a 6 h
Entre demãos: 8 h
Final: 24 h

Suvinil Spray Multiuso 4

É indicado para pinturas artísticas em geral, grafites, artesanatos, decoração, reparos e uso profissional. Tem excelente acabamento, boa aderência, secagem rápida e resistência extra à ação do sol e da chuva.

USE COM: Suvinil Zarcão
Suvinil Fundo Branco Fosco

Embalagens/rendimento

Tubo (400 mL): 1,2 a 2 m²/demão.

Aplicação

Sobre aço, cobre, alumínio, latão galvanizado, ferro, papel, madeira, cerâmica e gesso.

Cor

Rosa-fada BR, cereja BR, vermelho BR, laranja BR, colorado BR, marrom BR, amarelo-ouro BR, branco BR/FO, cinza BR, alumínio BR, grafite-escuro BR, dourado BR, cobre BR, preto FO/BR, lima BR, verde-folha BR, azul-bebê BR, azul-safira BR, azul Del Rey BR e violeta BR

Acabamento

Fosco e brilhante

Diluição

Pronto para uso.

Secagem

Ao toque: até 30 min
Final: 24 h
Testes mecânicos: mínimo de 72 h

A história da Universo Tintas começou na década de 1940, quando seu fundador, o engenheiro químico Dotscho Ticholoff (Tito), montou uma pequena fábrica de tintas e outros produtos químicos.

Como obteve muito sucesso, Tito sentiu a necessidade de ampliar seus negócios e, em 14 de outubro de 1943, associou-se à empresa Irmãos Medeiros Ltda. Em 1953, a empresa mudou sua razão social para Indústria Química Universo Ltda.

Na década de 1970, a Universo instalou-se na cidade de Diadema (SP), ocupando uma área de 50 mil m², com 19 mil m² de área construída. Em 1996, criou-se a Universo Tintas e Vernizes, sucedendo a Indústria Química Universo.

A linha de produtos é composta de tintas acrílicas à base d'água, nas classificações econômica, standard e premium, nos acabamentos fosco, acetinado e semibrilho; esmaltes sintéticos à base de solvente nas classificações standard e premium; esmalte à base d'água premium; e vernizes, além de complementos como massa corrida, massa acrílica e texturas.

A qualidade e a melhoria de seus produtos faz parte do DNA da empresa e, por essa razão, ela buscou, para melhoria de seus processos e gestão de qualidade, a certificação ISO 9001:2008, tendo como escopo: projeto, desenvolvimento e produção de tintas e vernizes imobiliários e fracionamento e comercialização de solventes e corantes.

A Universo Tintas e Vernizes participa, desde a sua implantação, em 2002, do Programa Setorial da Qualidade – Tintas Imobiliárias, que integra o Programa Brasileiro da Qualidade e Produtividade do Habitat (PBQP-H), do Ministério das Cidades, que visa melhorar a qualidade e modernizar os produtos do setor da construção civil. Essa iniciativa mudou o panorama das tintas no país, contribuindo para o aprimoramento dos produtos e o ordenamento do mercado.

A Universo Tintas e Vernizes participa também do Programa Coatings Care, o mais importante programa de conscientização e compromisso que os agentes de toda a cadeia produtiva de tintas podem assumir em âmbito mundial em prol da saúde, da segurança e da não agressão ao meio ambiente.

CERTIFICAÇÕES

UNIVERSO
TINTAS
UNIVERSO
TINTAS

Acrílico Premium 1

Acrílico Premium é uma tinta de alta qualidade com acabamento nobre, de ótima cobertura, excelente alastramento e alta resistência. Indicada para pintura de superfícies externas e internas de reboco, concreto, fibrocimento, massa acrílica, texturas e para superfícies internas de massa corrida, gesso e drywall.

USE COM: Massa Corrida / Selador Acrílico Premium

Embalagens/rendimento

Acabamento fosco
Lata (18 L): até 380 m²/demão.
Galão (3,6 L): até 76 m²/demão.
Acabamento semibrilho
Lata (18 L): até 340 m²/demão.
Galão (3,6 L): até 68 m²/demão.
Acabamento acetinado
Lata (18 L): até 330 m²/demão.
Galão (3,6 L): até 66 m²/demão.

Aplicação

Utilizar rolo de lã baixa, pincéis ou airless. Recomendam-se de 2 a 3 demãos.

Cor

25 cores prontas para fosco, acetinado e semibrilho. Disponível em mais 620 cores no sistema Unicolors

Acabamento

Fosco, semibrilho e acetinado

Diluição

Na 1ª demão em superfícies não seladas de massa corrida ou acrílica, diluir em 30% com água. Demais demãos ou repintura, diluir de 10% a 20% com água. Para equipamento airless, diluir em até 10% com água.

Secagem

Ao toque: 1 h / Entre demãos: 4 h / Final: 12 h

Acrílico Rende Muito Mais 2

Acrílico Standard Fosco Rende Muito Mais é uma tinta acrílica de alta consistência, desenvolvida a partir de pesquisas com consumidores finais e pintores profissionais. Indicado para pintura de superfícies externas e internas de alvenaria, reboco, concreto, massa acrílica, texturas e superfícies internas de massa corrida, gesso e drywall.

USE COM: Massa Corrida / Selador Acrílico Premium

Embalagens/rendimento

Lata (18 L): até 500 m²/demão.
Galão (3,6 L): até 100 m²/demão.

Aplicação

Utilizar rolo de lã de pelo baixo, pincéis ou airless. Recomendam-se de 2 a 3 demãos para atingir a cobertura adequada, porém a cor, o tipo e o estado da superfície podem exigir mais demãos.

Cor

Disponível em 22 cores prontas

Acabamento

Fosco e semibrilho

Diluição

Na 1ª demão sobre superfícies não seladas de massa corrida, acrílica ou gesso, deve-se diluir com 40% de água. Demais demãos ou repintura, diluir de 20% a 40% com água. Para pintura com equipamento airless, diluir em até 20% com água.

Secagem

Ao toque: 1 h
Entre demãos: 4 h
Final: 12 h

1 2 Preparação inicial

A superfície deve estar firme, coesa, limpa, seca e sem poeira, gordura ou graxa, sabão ou mofo. A preparação cuidadosa é fundamental para que a pintura dure por muito tempo. **Superfícies com imperfeições rasas:** corrigir com Massa Corrida Universo para interior (áreas não molháveis) ou Massa Acrílica Universo para exterior (ou interior em áreas molháveis). **Superfícies caiadas ou com partículas soltas e fibrocimento:** raspar ou escovar para eliminar as partes soltas. **Superfícies mofadas:** lavar com água sanitária, deixando agir por 30 min. **Gesso corrido, placas de gesso e drywall:** por se tratar de superfícies altamente absorventes, recomenda-se aplicar uma demão do Fundo para Gesso ou Unilar Gesso & Drywall Universo antes da tinta.

1 Preparação inicial

Reboco e concreto novos: aguardar a cura e a secagem por 30 dias antes da pintura. **Superfícies com imperfeições profundas:** corrigir com argamassa de cimento, aguardar cura por 30 dias e aplicar uma demão do Selador Acrílico Universo antes da pintura final.

2 Preparação inicial

Reboco e concreto novos: aguardar a cura e a secagem por 30 dias e aplicar uma demão do Selador Acrílico Universo antes da tinta. **Superfícies com imperfeições profundas:** corrigir com argamassa de cimento e aguardar cura por 30 dias.

1 2 Preparação especial

Recomendamos aplicar como fundo uma demão de tinta acrílica fosca antes do acrílico acetinado. A tinta apresenta uma melhor cobertura quando a superfície a ser pintada for da mesma tonalidade da cor a ser utilizada como acabamento.

2 Preparação especial

Para evitar falhas na cobertura da tinta durante a aplicação, é necessário verificar se a superfície não apresenta arranhões provocados por batidas de móveis, riscos de lápis ou canetas, marcas de quadro, sujidades por solas de sapatos, manchas causadas por chá, café ou suco e pequenas correções realizadas com massa corrida ou acrílica sem prévia preparação.

1 2 Precauções/dicas/advertências

Manter o ambiente bem ventilado, com portas e janelas abertas durante a preparação, aplicação e secagem dos produtos. Utilizar máscara protetora, luvas e óculos de segurança durante todos os processos que envolvem a pintura.

1 Principais atributos do produto 1

Tinta sem cheiro. Em até 3 h após a aplicação, você pode usar o ambiente no mesmo dia da pintura (segundo pesquisa realizada em que 96,9% dos consumidores avaliaram a intensidade do cheiro como fraco/sem cheiro). Possui alta cobertura, baixo COV. Com menos demãos, você economiza tempo e esforço na aplicação.

2 Principais atributos do produto 2

Rende Muito Mais é uma tinta acrílica de alta resistência em interiores e exteriores, contém antimofo que permite maior durabilidade do filme da tinta e nova tecnologia que permite menor diluição com o mesmo rendimento.

3 4 Preparação inicial

A preparação cuidadosa é fundamental para que a pintura dure por muito tempo. A superfície deve estar firme, coesa, limpa, seca e sem poeira, gordura ou graxa, sabão ou mofo. **Superfícies com imperfeições rasas:** corrigir com Massa Corrida Universo para interior (áreas não molháveis) ou Massa Acrílica Universo para exterior (ou interior em áreas molháveis). Após a secagem, lixar e eliminar o pó e aplicar uma demão do Fundo Preparador de Paredes antes da pintura. **Manchas de gordura ou graxa:** devem ser eliminadas com solução de água e detergente neutro. Enxaguar e, após a secagem, iniciar a pintura. **Superfícies mofadas:** lavar com água sanitária. Deixar agir por 30 min. Enxaguar bem e, após a secagem, iniciar a pintura. **Superfícies caiadas ou com partículas soltas e fibrocimento:** raspar ou escovar para eliminar as partes soltas. **Superfícies com imperfeições profundas:** corrigir com argamassa de cimento e aguardar cura por 30 dias. **Gesso corrido, placas de gesso e drywall:** aplicar uma demão do Fundo para Gesso ou Unilar Gesso & Drywall antes da tinta. **Reboco e concreto novos:** aguardar a cura e secagem por 30 dias e aplicar uma demão do Selador Acrílico antes da tinta.

3 4 Preparação especial

Aplicar como fundo uma demão de tinta acrílica fosca antes do acrílico acetinado. A tinta apresenta melhor cobertura quando a superfície for da mesma tonalidade da cor utilizada. Verificar se a superfície não apresenta arranhões, riscos, marcas, sujidades, manchas e pequenas correções com massa corrida ou acrílica sem prévia preparação.

3 Precauções / dicas / advertências

Manter o ambiente bem ventilado, com portas e janelas abertas durante a preparação, aplicação e secagem. Utilizar máscara protetora, luvas e óculos de segurança durante todos os processos que envolvem a pintura.

3 Principais atributos do produto 3

Ótimo poder de cobertura, fácil de aplicar, baixo odor e ótima resistência ao intemperismo.

4 Principais atributos do produto 4

Tinta sem cheiro em até 3 h após a aplicação. O ambiente pode ser utilizado no mesmo dia da pintura. Ótima cobertura: com menos demãos, você economiza tempo e esforço na aplicação. Ação antimofo: minimiza a proliferação do mofo nas paredes, além de dar maior durabilidade à pintura. Menor respingamento durante a aplicação. Alta resistência a intempérie em todas as cores.

Acrílico Standard 3

Acrílico Standard é uma tinta acrílica de alta qualidade, desenvolvida a partir de pesquisas com consumidores finais e pintores profissionais e possui excelente lavabilidade, além de rápida secagem. Indicado para pintura de superfícies externas e internas de alvenaria, massa acrílica, texturas e superfícies internas de massa corrida, gesso e drywall.

USE COM: Massa Corrida; Selador Acrílico Premium

Embalagens/rendimento

Acabamento fosco
Lata (18 L): até 320 m²/demão.
Galão (3,6 L): até 64 m²/demão.
Acabamento semibrilho
Lata (18 L): até 300 m²/demão.
Galão (3,6 L): até 60 m²/demão.

Aplicação

Utilizar rolo de lã, pincéis ou airless. Recomendam-se de 2 a 3 demãos.

Cor

20 cores prontas (fosco e semibrilho). Também disponível em mais 620 cores no sistema Unicolors

Acabamento

Fosco e semibrilho

Diluição

Na 1ª demão sobre superfícies não seladas de massa corrida, acrílica ou gesso, deve-se diluir com 40% de água. Demais demãos ou repintura, diluir de 10% a 20% com água. Para pintura com equipamento airless, diluir em até 10% com água.

Secagem

Ao toque: 1 h
Entre demãos: 4 h
Final: 12 h

Maxi Cobertura 4

A Maxi Cobertura é uma tinta acrílica standard de alta qualidade que possui acabamento fosco e acetinado em diversas cores resistente a intempéries. Indicada para pintura de superfícies externas e internas de reboco, massa acrílica, texturas, concreto, fibrocimento, superfícies internas de massa corrida, gesso e drywall.

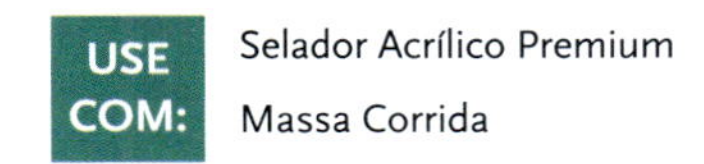

Embalagens/rendimento

Acabamento fosco
Lata (18 L): até 350 m²/demão.
Galão (3,6 L): até 70 m²/demão.
Acabamento acetinado
Lata (18 L): até 300 m²/demão.
Galão (3,6 L): até 60 m²/demão.

Aplicação

Utilizar rolo de lã de pelo baixo, pincéis ou airless. Recomendam-se de 2 a 3 demãos.

Cor

Fosco: disponível em 12 cores prontas.
Acetinado: disponível em 7 cores prontas

Acabamento

Fosco e acetinado

Diluição

Na 1ª demão sobre superfícies não seladas de massa corrida, acrílica ou gesso, deve-se diluir com 40% de água. Demais demãos ou repintura, diluir de 10% a 20% com água. Para pintura com equipamento airless, diluir em até 10% com água.

Secagem

Ao toque: 1 h
Entre demãos: 4 h / Final: 12 h

UNIVERSO TINTAS

Tinta para Piso Premium 1

A Tinta para Piso Premium é uma tinta acrílica de acabamento fosco. Indicada para pintura externa e interna em pisos de cimentados porosos como quadras esportivas, calçadas, escadas e áreas de lazer.

Embalagens/rendimento

Lata (18 L): até 340 m²/demão.
Galão (3,6 L): até 68 m²/demão.

Aplicação

Utilizar rolo de lã, pincéis de cerdas macias ou equipamento airless. Recomendam-se de 2 a 3 demãos para atingir a cobertura adequada, porém a cor, o tipo e o estado da superfície podem exigir um número maior de demãos.

Cor

Disponível em 10 cores prontas

Acabamento

Fosco

Diluição

Na primeira demão, diluir de 40% a 50% com água. Demais demãos ou repintura, a diluição deve ser de até 20% com água.

Secagem

Ao toque: 1 a 2 h
Entre demãos: 4 h
Final: 24 h
Para tráfego de pessoas: 48 h
Para tráfego de veículo: 72 h

Tinta Higiênica Acrílica Premium 2

A Tinta Higiênica Acrílica Acetinada Premium é de alta resistência e de fácil limpeza. O modo de ação do complexo de titânio com a prata forma um campo eletromagnético que repele os micro-organismos da superfície. É indicada para pintura de superfícies externas e internas de reboco e concreto em centros hospitalares, clínicas médicas, hotéis, restaurantes e quartos de bebês. Sem cheiro em até 3 h após a aplicação, o que permite que a pintura seja feita em áreas internas ocupadas, sendo permitido utilizar o ambiente no mesmo dia da pintura.

USE COM: Massa Corrida
Selador Acrílico Premium

Embalagens/rendimento

Lata (18 L): até 280 m²/demão.
Galão (3,6 L): até 56 m²/demão.

Aplicação

Utilizar rolo de lã de pelo baixo, pincéis de cerdas macias ou equipamento airless. Recomendam-se de 2 a 3 demãos para atingir a cobertura adequada, porém a cor, o tipo e o estado da superfície podem exigir um número maior de demãos.

Cor

Disponível em 8 cores prontas

Acabamento

Semibrilho e acetinado

Diluição

Na primeira demão em superfícies não seladas de massa corrida ou acrílica, diluir em 30% com água. Para as demais demãos ou repintura, diluir de 10% a 20% com água. Para equipamento airless, diluir em até 10% com água.

Secagem

Ao toque: 1 h
Entre demãos: 4 h
Final: 12 h

1 Preparação inicial

Cimento novo rústico: aguardar a secagem e a cura (no mínimo, 30 dias), aplicar a tinta conforme instrução de diluição por demão, sendo a primeira demão utilizada como fundo. **Cimento queimado novo:** aguardar a secagem e cura (no mínimo, 30 dias); lavar com ácido muriático na proporção de 2 partes de água para uma parte de ácido, deixar agir por 30 min, enxaguar com água em abundância, aguardar secagem e pintar. Lixar se necessário. **Superfícies fracas:** aplicar Fundo Preparador de Paredes antes da tinta. **Repintura:** eliminar as partes soltas. Se necessário, raspar e escovar até completa remoção. Fazer a lavagem com água, sabão ou detergente neutro; enxaguar até eliminação total do sabão; aguardar a secagem por completo da superfície; aplicar a tinta conforme instrução de diluição.

2 Preparação inicial

A preparação cuidadosa é fundamental para que a pintura dure por muito tempo. A superfície deve estar firme, coesa, limpa, seca e sem poeira, gordura ou graxa, sabão ou mofo. **Superfícies com imperfeições rasas:** corrigir com Massa Corrida Universo para interior (áreas não molháveis) ou Massa Acrílica Universo para exterior (ou interior em áreas molháveis). Após a secagem, lixar e eliminar o pó e aplicar uma demão do Fundo Preparador de Paredes antes da pintura. **Manchas de gordura ou graxa:** devem ser eliminadas com solução de água e detergente neutro. Enxaguar e, após a secagem, iniciar a pintura. **Superfícies mofadas:** lavar com água sanitária. Deixar agir por 30 min. Enxaguar bem e, após a secagem, iniciar a pintura. **Superfícies caiadas ou com partículas soltas e fibrocimento:** raspar ou escovar para eliminar as partes soltas. **Superfícies com imperfeições profundas:** corrigir com argamassa de cimento e aguardar cura por 30 dias. **Reboco e concreto novos:** aguardar a cura e a secagem por 30 dias antes da pintura. **Gesso corrido, placas de gesso e drywall:** por se tratar de superfícies altamente absorventes, recomenda-se aplicar uma demão de fundo adequado.

2 Preparação especial

Aplicar como fundo uma demão de tinta acrílica fosca antes do acrílico acetinado. A tinta apresenta melhor cobertura quando a superfície for da mesma tonalidade do acabamento. Verificar se a superfície não apresenta arranhões, riscos, marcas, sujidades, manchas e pequenas correções com massa corrida ou acrílica sem prévia preparação.

1 2 Precauções/dicas/advertências

Manter o ambiente bem ventilado, com portas e janelas abertas durante a preparação, aplicação e secagem dos produtos. Utilizar máscara protetora, luvas e óculos de segurança durante todos os processos que envolvem a pintura.

1 Principais atributos do produto 1

Excelente resistência ao tráfego, alta durabilidade e ótima cobertura.

2 Principais atributos do produto 2

Minimiza a proliferação de mofo e bactérias nas paredes e permite maior durabilidade. Combate eficaz contra os micro-organismos *Staphylococcus aureus*, *Escherichia coli* e *Pseudomonas aeruginosa*.

3 Preparação inicial

A superfície deve estar firme, coesa, limpa, seca e sem poeira, gordura ou graxa, sabão ou mofo. **Imperfeições rasas:** corrigir com Massa Corrida para interior (áreas não molháveis) ou Massa Acrílica para exterior (ou interior em áreas molháveis). Após a secagem, lixar e eliminar o pó e aplicar uma demão do Fundo Preparador de Paredes antes da pintura. **Manchas de gordura ou graxa:** devem ser eliminadas com solução de água e detergente neutro. **Superfícies mofadas:** lavar com água sanitária. Deixar agir por 30 min. Enxaguar bem e, após a secagem, iniciar a pintura. **Superfícies caiadas ou com partículas soltas e fibrocimento:** raspar ou escovar para eliminar as partes soltas e aplicar uma demão do Fundo Preparador de Paredes antes da pintura final. **Superfícies com imperfeições profundas:** corrigir com argamassa de cimento, aguardar cura por 30 dias e aplicar uma demão do Selador Acrílico antes da pintura final. **Gesso corrido, placas de gesso e drywall:** aplicar uma demão do Fundo para Gesso ou Unilar Gesso & Drywall antes da tinta. **Reboco novo:** aguardar a cura e a secagem por 30 dias e aplicar uma demão do Selador Acrílico antes da tinta. **Concreto novo:** aguardar a cura e a secagem por 30 dias e aplicar uma demão do Fundo Preparador de Paredes antes da tinta.

4 Preparação inicial

A superfície deve estar limpa e completamente livre de umidade, gordura, ferrugem, resíduos de pintura velha, pó, excesso de brilho, resina natural da madeira etc. **Madeiras e metais novos:** receber uma demão de fundo apropriado para cada tipo de superfície. **Pinturas velhas em bom estado de conservação:** servem de base para repintura. **Madeiras contaminadas com bolor, mofo ou fungos:** devem ser previamente tratadas com solução de cloro e água na proporção de 1:1. Deixar agir por 30 min. Enxaguar bem e aguardar secagem antes de pintar. **Superfícies com partes soltas:** raspar, escovar, lixar até completa remoção. **Superfícies brilhantes:** lixar até eliminação total do brilho. **Superfícies com gordura, graxa e ceras:** lavar com uma mistura de água e detergente neutro, enxaguar e aguardar secagem antes de pintar. **Superfícies oxidadas (ferrugem):** escovar e lixar até completa remoção. **Madeiras novas:** lixar para eliminar farpas, aplicar uma demão de Fundo Nivelador para Madeira Universo. Se necessário, aplicar Massa à Base de Água Universo em camadas finas para corrigir pequenas imperfeições e aguardar completa secagem, devendo lixar novamente para o início da pintura de acabamento. **Metais ferrosos:** aplicar como fundo uma demão do Zarcão Ferrolin Universo ou Zarcão Laranja Universo ou Primer Sintético Cinza Universo. **Metais não ferrosos:** lixar bem a superfície e aplicar como promotor de aderência uma demão do Fundo Base Água para Metais Não Ferrosos Universo. Após a secagem, iniciar a aplicação do acabamento escolhido.

3 Preparação especial

Fissuras de até 0,2 mm: aplicar Fachada Premium Acrílica Emborrachada com pincel ou trincha sem diluir.

3 Precauções / dicas / advertências

Não aplicar a tinta sobre texturas hidrorrepelentes recém-aplicadas ou que ainda apresentem hidrorrepelência.

4 Precauções / dicas / advertências

É característica comum às tintas à base de resina alquídica na cor branca apresentar um leve amarelecimento após alguns meses de sua aplicação por exposição à luz.

3 Principais atributos do produto 3

Alta flexibilidade, o que permite maior proteção sobre fissuras e trincas de até 0,2 mm. Alta resistência, acabamento de alto padrão e ótima proteção.

4 Principais atributos do produto 4

Possui secagem rápida, excelente resistência às intempéries, ótimo poder de cobertura e ótimo rendimento.

Fachada Acrílica Emborrachada — 3

Fachada Premium Acrílica Emborrachada é uma tinta elástica de alta qualidade, indicada para pintura e repintura, principalmente de superfícies externas de reboco, podendo ser aplicada sobre Massa Acrílica, repintura e paredes novas, deixando as paredes impermeáveis e protegendo a superfície contra as infiltrações causadas por fissuras de até 0,2 mm.

USE COM: Selador Acrílico Premium; Massa Corrida

Embalagens/rendimento

Lata (18 L): até 220 m²/demão.
Galão (3,6 L): até 44 m²/demão.

Aplicação

Utilizar rolo de lã de pelo baixo ou trincha. Obrigatório aplicar, no mínimo, 3 demãos para atingir a cobertura e a espessura adequadas.

Cor

Branco

Acabamento

Fosco

Diluição

Na primeira demão sobre superfícies não seladas ou sobre repintura, deve-se diluir com 20% de água. Para as demais demãos, diluir em 10% com água.

Secagem

Ao toque: 2 h
Entre demãos: 4 h
Final: 24 h

Esmalte Sintético Premium — 4

O Esmalte Sintético Premium permite uma menor aderência da sujeira, o que facilita a limpeza. É fácil de aplicar e sua película proporciona um acabamento de qualidade. Possui secagem rápida, excelente resistência, maior poder de cobertura e ótimo rendimento. É indicado para pintura de superfícies externas e internas de madeiras e metais.

USE COM: Primer Zarcão para Metais Ferrosos; Fundo Base Água para Metais Não Ferrosos

Embalagens/rendimento

Galão (3,6 L): até 50 m²/demão.
Quarto (0,9 L): até 12,5 m²/demão.
1/16 (225 mL): até 3,1 m²/demão.
1/32 (112,5 mL): até 1,5 m²/demão.

Aplicação

Utilizar rolo de espuma, pincel ou pistola. Recomendam-se de 2 a 3 demãos.

Cor

24 cores brilhantes, 7 cores acetinadas, 2 cores foscas, 2 cores semibrilho. Também disponível em mais 620 cores no sistema Unicolors

Acabamento

Fosco, semibrilho, acetinado e brilhante

Diluição

Para pinturas novas ou repintura, diluir com até 10% de aguarrás para aplicação com rolo de espuma ou pincel. Para aplicação com pistola, diluir com até 30% de aguarrás.

Secagem

Ao toque: 2 a 5 h
Entre demãos: 8 a 12 h
Final: 24 h

Esmalte Sintético Standard 1

O Esmalte Sintético Standard é de fácil aplicação, secagem rápida, ótimo rendimento, alastramento e bom poder de cobertura, proporcionando um acabamento de qualidade com economia. É indicado para pintura de superfícies externas e internas de madeiras e metais.

Embalagens/rendimento

Galão (3,6 L): até 45 m²/demão.
Quarto (0,9 L): até 11,5 m²/demão.
1/16 (225 mL): até 2,8 m²/demão.
1/32 (112,5 mL): até 1,4 m²/demão.

Aplicação

Utilizar rolo de espuma, pincel ou pistola. Recomendam-se de 2 a 3 demãos para atingir a cobertura adequada.

Cor

25 cores prontas brilhantes. Uma cor pronta semibrilhante. Uma cor pronta fosca

Acabamento

Fosco, semibrilho e brilhante

Diluição

Para pinturas novas ou repintura, recomendamos diluir com até 10% de aguarrás para aplicação com rolo de espuma ou pincel. Para aplicação com pistola, diluir com até 30% de aguarrás.

Secagem

Ao toque: 4 a 6 h
Entre demãos: 10 a 12 h
Final: 20 a 24 h

USE COM:
Primer Zarcão para Metais Ferrosos
Fundo Base Água para Metais Não Ferrosos

Esmalte Base Água Premium 2

O Esmalte Base Água Premium é um esmalte à base de resina acrílica modificada, que proporciona baixo odor durante a aplicação e a secagem. Sua formulação utiliza o que há de mais avançado em tecnologia. Possui excelente cobertura, alastramento, além de a cor branca não amarelar. É indicado para pintura de superfícies externas e internas de madeiras e metais.

Embalagens/rendimento

Galão (3,6 L): até 50 m²/demão.
Quarto (0,9 L): até 12,5 m²/demão.

Aplicação

Utilizar rolo de lã, espuma, pincel ou pistola. Recomendam-se de 2 a 3 demãos para atingir a cobertura adequada, porém a cor, o tipo e o estado da superfície podem exigir mais demãos. Homogeneizar bem o produto.

Cor

5 cores prontas no acabamento brilhante. Uma cor no acabamento acetinado

Acabamento

Acetinado e brilhante

Diluição

Para aplicação com rolo de lã, de espuma ou pincel, diluir com até 10% de água. Para aplicação com pistola, diluir com até 30% de água.

Secagem

Ao toque: 30 a 45 min
Entre demãos: 4 h
Final: 12 h

USE COM:
Primer Zarcão para Metais Ferrosos
Fundo Base Água para Metais Não Ferrosos

1 2 Preparação inicial

A superfície a ser pintada deve estar limpa e livre de umidade, gordura, ferrugem, resíduos de pintura velha, pó, excesso de brilho, resina natural da madeira etc. **Madeiras e metais novos:** devem receber uma demão de fundo apropriado para cada tipo de superfície. **Pinturas velhas em bom estado de conservação:** servem de base para repintura. **Pinturas velhas em mau estado de conservação:** devem ser totalmente removidas. **Madeiras contaminadas com bolor, mofo ou fungos:** devem ser previamente tratadas com solução de cloro e água na proporção de 1:1. Deixar agir por 30 min. Enxaguar bem e aguardar secagem antes de pintar. **Superfícies com partes soltas:** raspar, escovar e lixar até completa remoção. **Superfícies brilhantes:** lixar até eliminação total do brilho. **Superfícies com gordura, graxa e ceras:** lavar com uma mistura de água e detergente neutro, enxaguar e aguardar a secagem antes de pintar. **Superfícies oxidadas (ferrugem):** escovar e lixar até completa remoção. **Madeiras novas:** lixar para eliminar farpas, aplicar uma demão de Fundo Nivelador para Madeira. Se necessário, aplicar Massa à Base de Água em camadas finas para corrigir pequenas imperfeições e aguardar completa secagem, devendo lixar novamente para o início da pintura de acabamento. **Metais ferrosos:** aplicar como fundo uma demão do Zarcão Ferrolin ou Zarcão Laranja ou Primer Sintético Cinza. **Metais não ferrosos:** lixar bem a superfície e aplicar como promotor de aderência uma demão do Fundo Base Água para Metais Não Ferrosos. Após secagem, iniciar a aplicação do acabamento escolhido.

1 Precauções/dicas/advertências

É característica comum às tintas à base de resina alquídica na cor branca apresentar um leve amarelecimento após alguns meses de sua aplicação por exposição à luz.

2 Precauções/dicas/advertências

Evitar expor a superfície pintada a esforços durante 3 semanas após aplicação do produto, pois a película da tinta estará em processo de cura. Evitar fazer retoques isolados. Eles deverão ser feitos simultaneamente com a pintura. Manter o ambiente bem ventilado com portas e janelas abertas durante aplicação e secagem.

1 Principais atributos do produto 1

Produto de fácil aplicação, bom poder de cobertura e ótima resistência a intempéries.

2 Principais atributos do produto 2

Baixo odor durante e após a aplicação, excelente cobertura úmida e seca e secagem rápida.

A Universo Tintas e Vernizes participa, desde a sua implantação, em 2002, do PSQ, que visa melhorar a qualidade e modernizar os produtos do setor da construção civil.

3 4 Preparação inicial

Superfícies contaminadas com bolor, mofo e fungos: devem ser previamente tratadas com solução de cloro e água na proporção de 1:1. Deixar agir por 30 min. Enxaguar bem e aguardar secagem. **Superfícies brilhantes:** lixar até eliminação total do brilho antes do início da pintura.

3 Preparação inicial

Qualquer que seja a superfície de madeira interna a ser pintada, esta deverá estar limpa e completamente livre de umidade, gordura, pó e brilho. **Madeiras novas:** devem receber uma demão prévia do verniz, diluído a 15% com Aguarrás Universo. **Repintura onde o verniz esteja em bom estado de conservação e bem aderido:** recomenda-se realizar um bom lixamento, remover o pó e aplicar o verniz em no mínimo 2 demãos. **Repintura onde o verniz esteja em mau estado de conservação:** recomendamos que seja totalmente removido por meio de raspagem ou lixamento para posterior processo de envernizamento, seguindo as mesmas orientações de madeiras novas. **Superfícies com gordura, graxa ou cera:** lavar com uma mistura de água e detergente neutro, enxaguar e aguardar no mínimo 72 h. para secar e depois iniciar o processo de pintar.

4 Preparação inicial

Qualquer que seja a superfície de madeira a ser pintada, esta deverá estar limpa e completamente livre de umidade, gordura, pó e brilho. **Madeiras novas:** devem receber uma demão prévia do verniz, diluído a 50% com Aguarrás Universo. **Repintura onde o verniz esteja em bom estado de conservação e bem-aderido:** recomenda-se realizar um bom lixamento, remover o pó e aplicar o verniz em, no mínimo, 2 demãos. **Repintura onde o verniz esteja em mau estado de conservação:** recomendamos que seja totalmente removido por meio de raspagem ou lixamento para posterior processo de envernizamento, seguindo as mesmas orientações de madeiras novas. **Superfícies com gordura, graxa ou cera:** lavar com uma mistura de água e detergente neutro, enxaguar e aguardar secagem antes de pintar.

3 Precauções / dicas / advertências

Evitar expor a superfície pintada a esforços durante 3 semanas após aplicação do produto, pois a película da tinta estará em processo de cura. Evitar fazer retoques isolados. Eles deverão ser feitos simultaneamente com a pintura. Manter o ambiente bem ventilado com portas e janelas abertas durante aplicação e secagem.

3 Principais atributos do produto 3

Produto de fácil aplicação. Realça a beleza da madeira e é de fácil limpeza.

4 Principais atributos do produto 4

Excelente resistência a intempéries, principalmente aos raios UV. Realça os veios da madeira, ótimo poder de enchimento e tripla proteção solar.

Unilar Verniz Copal — 3

PROGRAMA SETORIAL da Qualidade TINTAS IMOBILIÁRIAS ABRAFATI

Verniz de acabamento brilhante indicado para proteger superfícies de madeira não resinosa em ambientes internos, obrigatoriamente nas áreas não molháveis.

USE COM: Aguarrás

Embalagens/rendimento

Galão (3,6 L): até 40 m²/demão.
Quarto (0,9 L): até 10 m²/demão.
1/16 (225 mL): até 2,5 m²/demão.

Aplicação

Utilizar rolo de espuma, pincel de cerdas macias ou pistola. Recomenda-se de 2 a 3 demãos. Homogeneizar bem o produto antes e durante a aplicação.

Cor

Incolor

Acabamento

Brilhante

Diluição

Madeiras não seladas: diluir a primeira demão com até 15% de aguarrás. Demais demãos ou repintura: diluir até 10% com aguarrás. Aplicação com pistola: diluir em até 30% com aguarrás.

Secagem

Ao toque: 8 a 10 h
Entre demãos: 10 a 12 h
Final: 24 h

Verniz Triplo Filtro Solar Premium — 4

O Verniz Triplo Filtro Solar Premium pode ser aplicado em superfícies externas e internas de madeiras, destacando seu aspecto natural e proporcionando maior resistência às madeiras resinosas e não resinosas expostas às intempéries.

Embalagens/rendimento

Galão (3,6 L): até 40 m²/demão.
Quarto (0,9 L): até 10 m²/demão.

Aplicação

Utilizar rolo de espuma, pincel ou pistola. Recomendam-se de 2 a 3 demãos. Homogeneizar bem o produto.

Cor

Incolor

Acabamento

Brilhante

Diluição

Para madeiras não seladas em ambiente interno, aplicar a primeira demão diluída com 50% de aguarrás. Para madeiras não seladas em ambiente externo, aplicar a primeira demão diluída 1:1 com aguarrás. Nas demais demãos ou na repintura, diluir com até 15% de aguarrás. Para aplicação com pistola, diluir com até 30% de aguarrás.

Secagem

Ao toque: 4 a 6 h
Entre demãos: 10 a 12 h
Final: 24 h

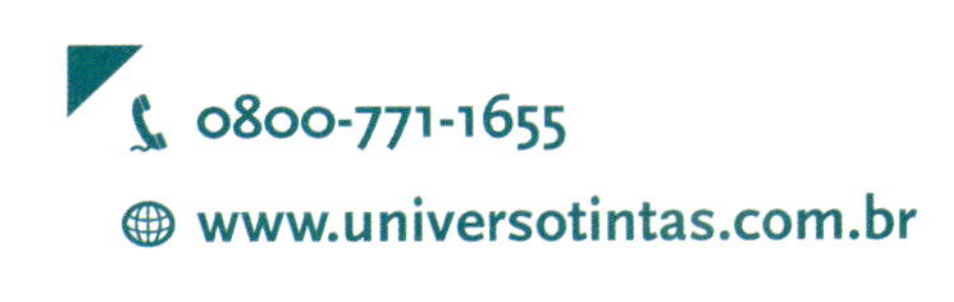
0800-771-1655
www.universotintas.com.br

Telha Nova Resina Acrílica Multiuso 1

Telha Nova Resina Acrílica Multiuso, é um produto ecologicamente correto, com baixo COV, alta performance e resistente a intempéries, além de promover sensação de conforto térmico no ambiente. Possui acabamento brilhante, secagem ultrarrápida e ótimo rendimento. Indicado para superfícies porosas novas e antigas de telhas de barro, fibrocimento e concreto, além de pedras naturais e tijolos à vista em exterior e interior.

Embalagens/rendimento

Lata (18 L): até 250 m²/demão.
Galão (3,6 L): até 50 m²/demão.

Aplicação

Utilizar rolo de lã, pincel, trincha ou pistola.

Cor

Branco, pérola, vermelho óxido, cerâmica telha, cerâmica ônix, cinza médio, cinza grafite e incolor

Acabamento

Brilhante

Diluição

Para pintura nova ou repintura, diluir todas as demãos em até 10% com água. No acabamento incolor, o produto é pronto para uso. Recomenda-se aplicar de 2 a 3 demãos.

Secagem

Ao toque: 30 min
Entre demãos: 2 a 4 h
Final: 8 h

Manta Líquida 2

A Manta Líquida é um impermeabilizante elástico e flexível aplicado a frio, com alto poder de alongamento, que forma uma membrana resistente de ótima performance. Oferece excelente resistência à passagem de água, impermeabilizando e protegendo contra a umidade, e grande durabilidade às ações do sol e da chuva. É indicada para lajes ou calhas de concreto, pré-moldados, marquises e telhados de fibrocimento.

Embalagens/rendimento

Embalagem (4 kg): até 4 m²/demão.
Embalagem (10 kg): até 10 m²/demão.
Embalagem (18 kg): até 18 m²/demão.

Aplicação

Aplicar com rolo de lã de pelo alto, brocha ou trincha. Recomendam-se, no mínimo, 3 demãos, sempre em demãos cruzadas.

Cor

Branco, verde, cinza e vermelho cerâmica

Acabamento

Fosco

Diluição

Na primeira demão em superfícies porosas, diluir com 10% de água. Nas demais demãos, não é necessário diluir.

Secagem

Entre demãos: 3 h
Final: 6 h

1 Preparação inicial

Qualquer que seja a superfície a ser pintada, esta deverá estar limpa e completamente livre de umidade, gordura, restos de pintura velha, pó, brilho etc. **Superfícies novas:** remover resíduos e aplicar o produto com diluição conforme recomendação. **Superfícies contaminadas com bolor, mofo e fungos:** deverão ser previamente tratadas com solução de cloro e água na proporção de 1:1. Deixar agir por 30 min. Enxaguar bem e aguardar secagem. **Superfícies com partes soltas:** raspar, escovar e lixar até completa remoção. **Superfícies com gordura ou graxa:** lavar com uma mistura de água e detergente neutro, enxaguar e aguardar secagem antes de pintar.

2 Preparação inicial

A preparação cuidadosa da superfície é fundamental para que a pintura dure por muito tempo. A superfície a ser impermeabilizada deve ser de cimento e sem resíduos de pó, partes soltas e totalmente seca. A lavagem da área a ser aplicado o produto deve ser feita com detergente neutro e água em abundância e deve-se aguardar 2 dias antes de aplicar o produto. Em períodos chuvosos, aguardar, no mínimo, 2 dias de estiagem. Recomenda-se cobrir a laje com lona plástica afim de evitar que a superfície molhe. Em lajes novas, aguardar cura de, no mínimo, 30 dias antes de aplicar o produto. A superfície deve estar regularizada e, próximo aos ralos, deve-se realizar caimentos com, no mínimo, 1% de desnível. Em superfícies com fissuras, aplicar fita poliéster sobre a fissura. Em seguida, aplicar Manta Líquida Universo para fixar. Todos os cantos vivos, arestas e ralos devem ser arredondados, eliminando os ângulos retos.

1 2 Precauções/dicas/advertências

Evitar pintar em dias chuvosos. Procurar usar em temperatura ambiente entre 10 °C e 40 °C e umidade relativa do ar inferior a 85%. Manter o ambiente bem ventilado com portas e janelas abertas durante preparação, aplicação e secagem e após aplicação.

2 Precauções/dicas/advertências

Evite fazer retoques isolados. Eles deverão ser feitos simultaneamente com a pintura. Utilizar máscara protetora, luvas, óculos de segurança durante lixamento e aplicação da tinta. A performance e o desempenho do produto dependem das condições ideais da preparação da superfície onde será aplicada e de fatores externos alheios ao controle do fabricante (uniformidade da superfície, umidade relativa do ar, temperatura e condições climáticas locais, conhecimentos técnicos e práticos ao aplicar e outros em casos excepcionais).

1 Principais atributos do produto 1

Produto à base d'água, resistente a intempéries. Possui ótima aderência, evita fungos e algas, tem secagem ultrarrápida e baixo teor de COV.

2 Principais atributos do produto 2

Alta resistência a pressões positivas da água, excelente desempenho contra a proliferação de fungos e bactérias, forma uma membrana resistente e de ótima flexibilidade, secagem rápida e ótima durabilidade às ações do sol e da chuva. Menos COV.

É muito bom ter em quem confiar

As Indústrias de Tintas Verbras entram o ano de 2017 com uma inovação que faz da marca uma referência não apenas em termos de qualidade, como de respeito ao consumidor.

A Verbras é a primeira fabricante de tintas no Brasil a adotar o Selo Rendimento Confiável, estampando nas embalagens o rendimento dos seus produtos no acabamento final.*

Sediada no estado do Piauí, a Verbras tem uma história de 31 anos marcada pela confiança e pela ousadia de seu fundador, que deixou o posto de executivo em uma multinacional do ramo para se lançar no mercado com o seu próprio negócio.

Hoje, a Verbras possui grande participação no mercado Norte e Nordeste, contando com suas linhas Econômica, Standard e Premium de produtos reconhecidos por sua excelência. Massas, tintas, texturas, esmaltes, vernizes e complementos formam sua diversificada linha de produtos, testados e aprovados pelo Programa Setorial da Qualidade (PSQ) da ABRAFATI.

No ano de 2002, a Verbras descentralizou a sua produção e, atualmente, possui duas unidades fabris, sendo uma em Demerval Lobão (PI) e a segunda situada no município de Benevides (PA), gerando mais de 300 empregos diretos.

Os produtos Verbras estão presentes em 12 estados brasileiros, conquistando a cada ano e cada vez mais a confiança de distribuidores e de consumidores.

Lançado em 2016, o Selo Rendimento Confiável está estampado nas embalagens de todos os produtos da Verbras e atesta o rendimento obtido no acabamento final de cada um deles.

A garantia de que o rendimento expresso nas embalagens equivale ao obtido no acabamento final é conferida a partir de baterias de testes desenvolvidos nos laboratórios da empresa.

Com isso, a Verbras substitui a estimativa de rendimento e é a primeira fabricante de tintas do Brasil a assegurar ao consumidor o rendimento de seus produtos no acabamento final.*

CERTIFICAÇÕES

É muito bom ter em quem confiar.
Unidade Fabril Demerval Lobão-PI
Unidade Fabril Benevides-PA
VERBRAS
RENDIMENTO CONFIÁVEL
A certeza de que a quantidade indicada na embalagem é igual ao rendimento obtido.
Veja como calcular o rendimento final: www.verbras.com.br
A Verbras é a primeira marca de tintas a adotar o Selo Rendimento Confiável em suas embalagens, certificando o rendimento de seus produtos no acabamento final*.
Você compra apenas a quantidade de tinta necessária.
Economia de verdade!
m²
Saiba mais sobre o Rendimento Confiável no acabamento final*
www.verbras.com.br
TINTAS VERBRAS
PREMIUM
VERLATEX
*Acabamento final: Reboco novo, selador, massa corrida e tinta.

TINTAS VERBRAS

CONFIANÇA: NOSSA HISTÓRIA

Super Verlatex Premium 

Sua fórmula inovadora é superconcentrada permitindo uma diluição de 80% com água potável, proporcionando um super-rendimento. Tem alto poder de cobertura e finíssimo acabamento. É sem cheiro entre 2 a 3 h após a aplicação. Indicado para pinturas externas e internas em superfícies de reboco, massa acrílica (exterior/interior) ou massa corrida (interior), texturas, concreto, gesso, fibrocimento e repintura.

Massa Acrílica Vercryl Verbras

Massa Corrida Verlatex Verbras

Embalagens/rendimento

Lata (16,2 L), galão (3,24 L) e quarto (0,8 L).
Lata (18 L): até 380 m^2 (uma demão); até 190 m^2 (2 demãos); até 127 m^2 (3 demãos).
Galão (3,6 L): até 76 m^2 (uma demão); até 38 m^2 (2 demãos); até 25,4 m^2 (3 demãos).
Quarto (0,9 L): até 19 m^2 (uma demão); até 9,5 m^2 (2 demãos); até 6,4 m^2 (3 demãos).
Consultar no site os rendimentos da versão Color System (leque de cores).

Aplicação

Utilizar rolo de lã de pelo baixo, pincel, trincha ou pistola.

 Cor

Conforme catálogo e em mais de mil cores no leque Color System

Acabamento

Fosco

Diluição

Diluir 80% com água potável. Pistola: diluir 80% com água potável (pressão entre 2,2 e 2,8 kgf/cm^2 ou 30 a 35 lbs/pol^2).

Secagem

Ao toque: 1 h
Entre demãos: 4 h
Final: 8 h

Mix Acrílico Fosco 

Sua fórmula é inovadora e balanceada, com atributos necessários para garantir uma pintura de qualidade. Possui bom acabamento, ótima cobertura e maior resistência. É indicado para áreas externas e internas de reboco, texturas, concreto, massa acrílica ou corrida, fibrocimento e gesso.

Massa Acrílica Vercryl Verbras

Massa Corrida Verlatex Verbras

 Embalagens/rendimento

Balde (18 L): até 320 m^2 (uma demão); até 160 m^2 (2 demãos); até 106,6 m^2 (3 demãos).
Galão (3,6 L): até 64 m^2 (uma demão); até 32 m^2 (2 demãos); até 21,3 m^2 (3 demãos).

Aplicação

Utilizar rolo de lã de pelo baixo, pincel, trincha ou pistola.

Cor

Conforme catálogo de cores

Acabamento

Fosco

Diluição

Diluir 50% com água potável. Pistola: diluir 50% com água potável (pressão entre 2,2 e 2,8 kgf/cm^2 ou 30 a 35 lbs/pol^2).

Secagem

Ao toque: 1 h
Entre demãos: 4 h
Final: 8 h

1 2 Preparação inicial

Conforme a NBR 13245, a superfície deve estar firme, coesa, limpa e seca, sem poeira, gordura, graxa, sabão ou mofo. As partes soltas e/ou mal-aderidas deverão ser raspadas e/ou escovadas. **Reboco novo e coeso:** aplicar uma demão de Selador Acrílico Verbras diluído conforme indicação. Posteriormente, aplicar 2 demãos de Massa Corrida ou Acrílica Verbras para, em seguida, aplicar as demãos necessárias da tinta escolhida para o acabamento final.

1 2 Preparação especial

Concreto novo: aguardar a secagem e a cura (28 dias, no mínimo). Após a cura, aplicar Fundo Preparador de Paredes Verbras. **Reboco fraco:** aguardar a secagem e a cura (28 dias, no mínimo). Após a cura, aplicar Fundo Preparador de Paredes Verbras. **Superfícies altamente absorventes:** aguardar secagem e cura (28 dias, no mínimo). Após a cura, aplicar Fundo Preparador de Paredes Verbras. **Superfícies com imperfeições rasas:** corrigir com Massa Acrílica Verbras (superfícies externas e internas) ou Massa Corrida Verbras (superfícies internas). **Superfícies com imperfeições profundas:** corrigir com reboco e aguardar secagem e cura (28 dias, no mínimo). **Superfícies caiadas, com partículas soltas ou mal-aderidas:** raspar e/ou escovar a superfície, eliminando as partes soltas. Aplicar uma demão de Fundo Preparador de Paredes Verbras. **Superfícies com manchas de gordura ou graxa:** lavar com solução de água e detergente, enxaguar em abundância e aguardar secagem. **Superfícies com partes mofadas:** lavar com água sanitária, enxaguar em abundância e aguardar secagem.

1 2 Precauções/dicas/advertências

Evitar pintar em dias chuvosos, com ventos fortes, temperaturas abaixo de 10 °C ou umidade superior a 90%. Até aproximadamente 2 semanas após a aplicação, pingos de chuva podem provocar manchas. Se ocorrer, lavar toda a superfície com água. Obs.: a luminosidade do ambiente onde será aplicada a tinta também pode interferir na tonalidade da cor escolhida. Proteger batentes, interruptores, rodapés e outras superfícies que não se deseja pintar.

1 Principais atributos do produto 1

É superconcentrado e sem cheiro e tem rendimento confiável, alto poder de cobertura e finíssimo acabamento fosco-aveludado. Sua formulação robusta com aditivos garante alta resistência ao intemperismo.

2 Principais atributos do produto 2

Tem rendimento confiável, alto poder de cobertura e máxima resistência e é antimofo. Sua formulação robusta com aditivos garante alta resistência ao intemperismo.

Os produtos Verbras estão presentes em 12 estados brasileiros, conquistando a cada ano e cada vez mais a confiança de distribuidores e de consumidores.

CONFIANÇA: NOSSA HISTÓRIA

3 4 Preparação inicial

Conforme a NBR 13245, a superfície deve estar firme, coesa, limpa e seca, sem poeira, gordura, graxa, sabão ou mofo. As partes soltas e/ou mal-aderidas deverão ser raspadas e/ou escovadas. **Reboco novo e coeso:** aplicar uma demão de Selador Acrílico Verbras diluído conforme indicação. Posteriormente, aplicar 2 demãos de Massa Corrida ou Acrílica Verbras para, em seguida, aplicar as demãos necessárias da tinta escolhida para o acabamento final.

3 4 Preparação especial

Concreto novo: aguardar a secagem e a cura (28 dias, no mínimo). Após a cura, aplicar Fundo Preparador de Paredes Verbras. **Reboco fraco:** aguardar a secagem e a cura (28 dias, no mínimo). Após a cura, aplicar Fundo Preparador de Paredes Verbras. **Superfícies altamente absorventes:** aguardar secagem e cura (28 dias, no mínimo). Após a cura, aplicar Fundo Preparador de Paredes Verbras. **Superfícies com imperfeições rasas:** corrigir com Massa Acrílica Verbras (superfícies externas e internas) ou Massa Corrida Verbras (superfícies internas). **Superfícies com imperfeições profundas:** corrigir com reboco e aguardar secagem e cura (28 dias, no mínimo). **Superfícies caiadas, com partículas soltas ou mal-aderidas:** raspar e/ou escovar a superfície, eliminando as partes soltas. Aplicar uma demão de Fundo Preparador de Paredes Verbras. **Superfícies com manchas de gordura ou graxa:** lavar com solução de água e detergente, enxaguar em abundância e aguardar secagem. **Superfícies com partes mofadas:** lavar com água sanitária, enxaguar em abundância e aguardar secagem.

3 4 Precauções / dicas / advertências

Evitar pintar em dias chuvosos, com ventos fortes, temperaturas abaixo de 10 °C ou umidade superior a 90%. Até aproximadamente 2 semanas após a aplicação, pingos de chuva podem provocar manchas. Se ocorrer, lavar toda a superfície com água. Obs.: a luminosidade do ambiente onde será aplicada a tinta também pode interferir na tonalidade da cor escolhida. Proteger batentes, interruptores, rodapés e outras superfícies que não se deseja pintar.

3 Principais atributos do produto 3

Tem rendimento confiável, promove ótima cobertura e bom acabamento e é antimofo. Tem bom custo-benefício e sua formulação robusta com aditivos garante boa resistência ao intemperismo.

4 Principais atributos do produto 4

Tem rendimento confiável, super-resistência e boa cobertura e é antimofo. Sua formulação com aditivos garante boa resistência ao intemperismo.

Pop Acrílico Fosco — 3

O Pop Acrílico Fosco é uma tinta à base de resina acrílica. Vem com uma fórmula inovadora, balanceada, com atributos necessários para garantir uma pintura de qualidade. Possui bom acabamento e é indicado para áreas externas e internas de reboco, texturas, concreto, massa acrílica ou corrida, fibrocimento e gesso.

Massa Acrílica Vercryl Verbras
Massa Corrida Verlatex Verbras

Embalagens/rendimento

Lata (18 L): até 300 m² (uma demão); até 150 m² (2 demãos); até 100 m² (3 demãos).
Galão (3,6 L): até 60 m² (uma demão); até 30 m² (2 demãos); até 20 m² (3 demãos).

Aplicação

Utilizar rolo de lã de pelo baixo, pincel, trincha ou pistola.

Cor

Conforme catálogo de cores

Acabamento

Fosco

Diluição

Diluir 50% com água potável. Pistola: diluir 50% com água potável (pressão entre 2,2 e 2,8 kgf/cm² ou 30 a 35 lbs/pol²).

Secagem

Ao toque: 1 h
Entre demãos: 4 h
Final: 8 h

Vertex Acrílico Fosco — 4

O Vertex Acrílico Fosco é uma base de emulsão acrílica. Tem uma fórmula diferenciada, que garante mais qualidade, maior lavabilidade e maior resistência. Possui bom acabamento e é indicado para áreas internas de reboco, texturas, concreto, massa acrílica ou corrida, fibrocimento e gesso.

Massa Acrílica Vercryl Verbras
Massa Corrida Verlatex Verbras

Embalagens/rendimento

Balde (18 L): até 280 m² (uma demão); até 140 m² (2 demãos); até 93,3 m² (3 demãos).
Galão (3,6 L): até 56 m² (uma demão); até 28 m² (2 demãos); até 18,6 m² (3 demãos).

Aplicação

Utilizar rolo de lã de pelo baixo, pincel, trincha ou pistola.

Cor

Conforme catálogo de cores

Acabamento

Fosco

Diluição

Diluir 40% com água potável. Pistola: diluir 40% com água potável (pressão entre 2,2 e 2,8 kgf/cm² ou 30 a 35 lbs/pol²).

Secagem

Ao toque: 1 h
Entre demãos: 4 h
Final: 8 h

CONFIANÇA: NOSSA HISTÓRIA

Vercryl Semibrilho Premium 

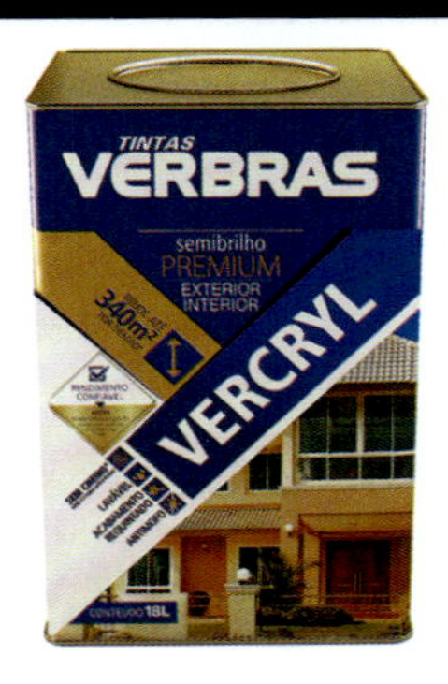

Sua fórmula é inovadora, sem cheiro entre 2 e 3 h após a aplicação. Proporciona conforto e um toque de suavidade e requinte às paredes. Indicado para pinturas externas e internas em superfícies de reboco, massa acrílica (exterior/interior) ou massa corrida (interior), texturas, concreto, gesso, fibrocimento e repintura. Promove maior proteção às paredes e alta resistência ao intemperismo e é lavável.

USE COM: Massa Acrílica Vercryl Verbras

Massa Corrida Verlatex Verbras

Embalagens/rendimento

Lata (16,2 L), galão (3,24 L) e quarto (0,8 L).
Lata (18 L): até 340 m^2 (uma demão); até 170 m^2 (2 demãos); até 114 m^2 (3 demãos).
Galão (3,6 L): até 68 m^2 (uma demão); até 34 m^2 (2 demãos); até 22,7 m^2 (3 demãos).
Consultar no site os rendimentos da versão Color System (leque de cores).

Aplicação

Utilizar rolo de lã de pelo baixo, pincel, trincha ou pistola.

Cor

Conforme catálogo e em mais de mil cores no leque Color System

Acabamento

Semibrilho

Diluição

Diluir 30% com água potável. Pistola: diluir 30% com água potável (pressão entre 2,2 e 2,8 kgf/cm^2 ou 30 a 35 lbs/pol^2).

Secagem

Ao toque: 1 h
Entre demãos: 4 h
Final: 8 h

Vercryl Toque Suave 

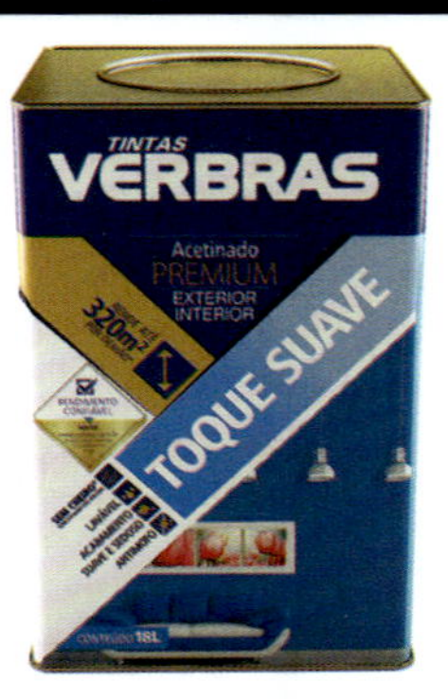

Sua fórmula é inovadora, sem cheiro entre 2 a 3 h após a aplicação. Seu acabamento final proporciona um toque suave e sedoso às paredes, com acabamento acetinado. É indicado para pinturas externas e internas em superfícies de reboco, massa acrílica (exterior/interior) ou massa corrida (interior), texturas, concreto, gesso, fibrocimento e repintura. Possui alta resistência ao intemperismo e é lavável.

USE COM: Massa Acrílica Vercryl Verbras

Massa Corrida Verlatex Verbras

Embalagens/rendimento

Lata (16,2 L), galão (3,24 L) e quarto (0,8 L).
Lata (18 L): até 320 m^2 (uma demão); até 160 m^2 (2 demãos); até 107 m^2 (3 demãos).
Galão (3,6 L): até 64 m^2 (uma demão); até 32 m^2 (2 demãos); até 21,3 m^2 (3 demãos).
Consultar no site os rendimentos da versão Color System (leque de cores).

Aplicação

Utilizar rolo de lã de pelo baixo, pincel, trincha ou pistola.

Cor

Branco neve e mais de mil cores no leque Color System

Acabamento

Acetinado

Diluição

Diluir 30% com água potável. Pistola: diluir 30% com água potável (pressão entre 2,2 e 2,8 kgf/cm^2 ou 30 a 35 lbs/pol^2).

Secagem

Ao toque: 1 h
Entre demãos: 4 h
Final: 8 h

1 2 Preparação inicial

Conforme a NBR 13245, a superfície deve estar firme, coesa, limpa e seca, sem poeira, gordura, graxa, sabão ou mofo. As partes soltas e/ou mal-aderidas deverão ser raspadas e/ou escovadas. **Reboco novo e coeso:** aplicar uma demão de Selador Acrílico Verbras diluído conforme indicação. Posteriormente, aplicar 2 demãos de Massa Corrida ou Acrílica Verbras para, em seguida, aplicar as demãos necessárias da tinta escolhida para o acabamento final.

1 2 Preparação especial

Concreto novo: aguardar a secagem e a cura (28 dias, no mínimo). Após a cura, aplicar Fundo Preparador de Paredes Verbras. **Reboco fraco:** aguardar a secagem e a cura (28 dias, no mínimo). Após a cura, aplicar Fundo Preparador de Paredes Verbras. **Superfícies altamente absorventes:** aguardar secagem e cura (28 dias, no mínimo). Após a cura, aplicar Fundo Preparador de Paredes Verbras. **Superfícies com imperfeições rasas:** corrigir com Massa Acrílica Verbras (superfícies externas e internas) ou Massa Corrida Verbras (superfícies internas). **Superfícies com imperfeições profundas:** corrigir com reboco e aguardar secagem e cura (28 dias, no mínimo). **Superfícies caiadas, com partículas soltas ou mal-aderidas:** raspar e/ou escovar a superfície, eliminando as partes soltas. Aplicar uma demão de Fundo Preparador de Paredes Verbras. **Superfícies com manchas de gordura ou graxa:** lavar com solução de água e detergente, enxaguar em abundância e aguardar secagem. **Superfícies com partes mofadas:** lavar com água sanitária, enxaguar em abundância e aguardar secagem.

1 2 Precauções/dicas/advertências

Evitar pintar em dias chuvosos, com ventos fortes, temperaturas abaixo de 10 °C ou umidade superior a 90%. Até aproximadamente 2 semanas após a aplicação, pingos de chuva podem provocar manchas. Se ocorrer, lavar toda a superfície com água. Obs.: a luminosidade do ambiente onde será aplicada a tinta também pode interferir na tonalidade da cor escolhida. Proteger batentes, interruptores, rodapés e outras superfícies que não se deseja pintar.

1 Principais atributos do produto 1

Tem rendimento confiável, alto poder de cobertura e acabamento requintado e é lavável e sem cheiro. Sua formulação robusta com aditivos garante alta resistência ao intemperismo.

2 Principais atributos do produto 2

Tem rendimento confiável, alto poder de cobertura e acabamento acetinado, suave e sedoso. É lavável e sem cheiro. Sua formulação robusta com aditivos garante alta resistência ao intemperismo.

Os produtos Verbras estão presentes em 12 estados brasileiros, conquistando a cada ano e cada vez mais a confiança de distribuidores e de consumidores.

CONFIANÇA: NOSSA HISTÓRIA

[3] [4] Preparação inicial

Conforme a NBR 13245, a superfície deve estar firme, coesa, limpa e seca, sem poeira, gordura, graxa, sabão ou mofo. As partes soltas e/ou mal-aderidas deverão ser raspadas e/ou escovadas.

[3] Preparação inicial

Com a superfície previamente preparada (conforme orientações da embalagem), aplicar de 2 a 3 demãos, obedecendo a diluição também indicada na embalagem.

[4] Preparação inicial

Reboco novo e coeso: aplicar uma demão de Selador Acrílico Verbras diluído conforme indicação. Posteriormente, aplicar 2 demãos de Massa Corrida ou Acrílica Verbras para, em seguida, aplicar as demãos necessárias da tinta escolhida para o acabamento final.

[3] [4] Preparação especial

Concreto novo: aguardar a secagem e a cura (28 dias, no mínimo). Após a cura, aplicar Fundo Preparador de Paredes Verbras. **Reboco fraco:** aguardar a secagem e a cura (28 dias, no mínimo). Após a cura, aplicar Fundo Preparador de Paredes Verbras. **Superfícies altamente absorventes:** aguardar secagem e cura (28 dias, no mínimo). Após a cura, aplicar Fundo Preparador de Paredes Verbras. **Superfícies com imperfeições rasas:** corrigir com Massa Acrílica Verbras (superfícies externas e internas) ou Massa Corrida Verbras (superfícies internas). **Superfícies com imperfeições profundas:** corrigir com reboco e aguardar secagem e cura (28 dias, no mínimo). **Superfícies caiadas, com partículas soltas ou mal-aderidas:** raspar e/ou escovar a superfície, eliminando as partes soltas. Aplicar uma demão de Fundo Preparador de Paredes Verbras. **Superfícies com manchas de gordura ou graxa:** lavar com solução de água e detergente, enxaguar em abundância e aguardar secagem. **Superfícies com partes mofadas:** lavar com água sanitária, enxaguar em abundância e aguardar secagem.

[3] [4] Precauções / dicas / advertências

Evitar pintar em dias chuvosos, com ventos fortes, temperaturas abaixo de 10 °C ou umidade superior a 90%. Até aproximadamente 2 semanas após a aplicação, pingos de chuva podem provocar manchas. Se ocorrer, lavar toda a superfície com água. Obs.: a luminosidade do ambiente onde será aplicada a tinta também pode interferir na tonalidade da cor escolhida. Proteger batentes, interruptores, rodapés e outras superfícies que não se deseja pintar.

[3] Principais atributos do produto 3

Tem rendimento confiável, máxima durabilidade e alto poder de cobertura e é super-resistente. Sua formulação robusta com aditivos garante alta resistência ao intemperismo.

[4] Principais atributos do produto 4

Tem rendimento confiável, excelente resistência e dispensa o uso de massa. Proporciona diversos efeitos decorativos, é hidrorrepelente e tem acabamento ranhurado. Sua formulação robusta com aditivos garante alta resistência ao intemperismo.

Cimentados e Pisos [3]

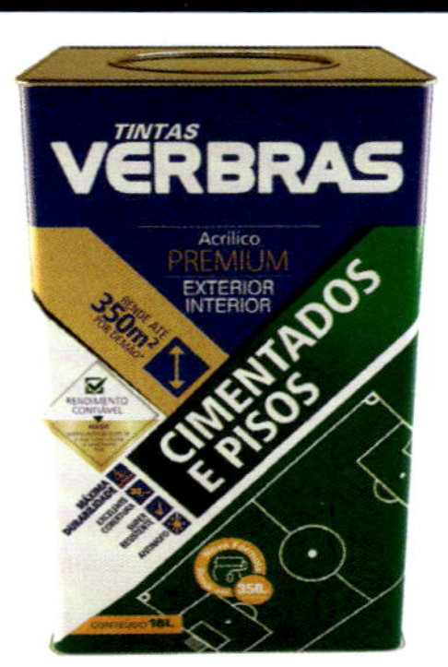

Tem fácil aplicação, secagem extrarrápida e excelentes cobertura e aderência. É super-resistente e de baixo odor. Possui bom alastramento e resistência a alcalinidade e abrasão. Seu acabamento é fosco e é indicado para áreas externas e internas de: pisos e cimentos, quadras poliesportivas, varandas, calçadas, escadarias, demarcação de garagens e outras áreas de concreto rústico.

USE COM: Fundo Preparador de Paredes Verbras

Embalagens/rendimento

Lata (18 L): até 350 m² (uma demão); até 175 m² (2 demãos); até 117 m² (3 demãos). *Galão (3,6 L):* até 70 m² (uma demão); até 35 m² (2 demãos); até 23,3 m² (3 demãos).

Aplicação

Utilizar rolo de lã de pelo baixo, pincel, trincha ou pistola.

Cor

Conforme catálogo de cores

Acabamento

Fosco

Diluição

Diluir 30% com água potável. Pistola: diluir 40% com água potável (pressão entre 2,2 e 2,8 kgf/cm² ou 30 a 35 lbs/pol²).

Secagem

Ao toque: 1 h
Entre demãos: 4 h
Final: 8 h

Textura Nobre Premium [4]

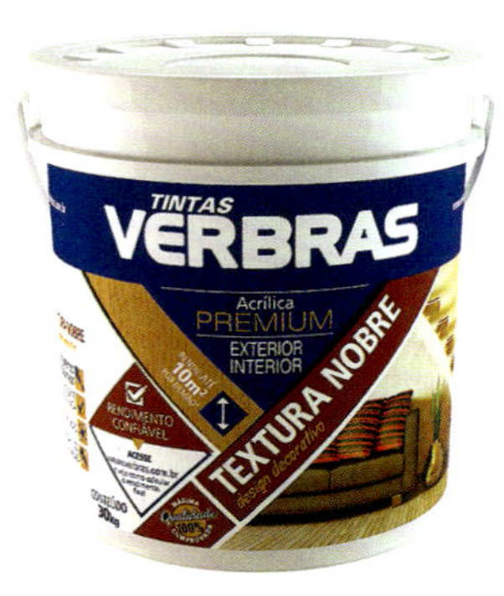

É um revestimento decorativo acrílico com quartzo de granulometrias selecionadas. É hidrorrepelente, com acabamento ranhurado. Possui maiores durabilidade e resistência ao ataque de micro-organismos (mofo), além de cobrir imperfeições do substrato, dispensando o uso de massa fina. É indicada para áreas externas e internas de reboco desempenado, massa acrílica, massa corrida, repinturas, entre outros.

USE COM: Selador Acrílico Verbras
Fundo Preparador de Paredes Verbras

Embalagens/rendimento

Balde (30 kg): até 10 m² (uma demão). *Lata (28 kg):** até 9,3 m² (uma demão). *Balde (18 L).*
*Color System.

Aplicação

Utilizar desempenadeira e espátula de aço e desempenadeira de plástico.

Cor

Conforme catálogo e mais de mil cores no leque Color System

Acabamento

Fosco

Diluição

Pronta para uso.

Secagem

Ao toque: 1 h
Final: 4 h

Vertex Esmalte Premium Extra Rápido 1

É um esmalte premium de secagem extrarrápida (em 15 min ao toque). Tem fácil aplicação, boa cobertura, excelente resistência e acabamento superior, nas opções brilhante, acetinado e fosco. Indicado para superfícies externas e internas de madeira, metais ferrosos, alumínio e galvanizado.

Embalagens/rendimento

Galão (3,6 L): até 40 m² (uma demão); até 20 m² (2 demãos); até 13,3 m² (3 demãos).
Quarto (0,9 L): até 10 m² (uma demão); até 5 m² (2 demãos); até 3,33 m² (3 demãos).
1/32 (112,5 mL): até 1,25 m² (uma demão); até 0,6 m² (2 demãos); até 0,4 m² (3 demãos).

Aplicação

Utilizar rolo de espuma, pincel, trincha ou pistola.

Cor

Conforme cartela de cores

Acabamento

Fosco, acetinado e brilhante

Diluição

Diluir 10% com aguarrás. Pistola: diluir 30% com aguarrás (pressão entre 2,2 e 2,8 kgf/cm² ou 30 a 35 lbs/pol²).

Secagem

Ao toque: 15 min
Entre demãos: 1 a 3 h
Final: 4 a 6 h

USE COM: Zarcão Verbras
Fundo para Galvanizados Verbras

Esmalte Sintético Secagem Rápida 2

É um esmalte de secagem rápida (30 min ao toque). É de fácil aplicação e tem boas cobertura e resistência. Indicado para superfícies externas e internas de madeira, metais ferrosos, alumínio e galvanizados. Tem acabamento brilhante.

Embalagens/rendimento

Galão (3,6 L): até 40 m² (uma demão); até 20 m² (2 demãos); até 13,3 m² (3 demãos).
Quarto (0,9 L): até 10 m² (uma demão); até 5 m² (2 demãos); até 3,33 m² (3 demãos).

Aplicação

Utilizar rolo de espuma, pincel, trincha ou pistola.

Cor

Conforme catálogo de cores

Acabamento

Brilhante

Diluição

Diluir 10% com aguarrás. Pistola: diluir 30% com aguarrás (pressão entre 2,2 e 2,8 kgf/cm² ou 30 a 35 lbs/pol²).

Secagem

Ao toque: 30 min
Entre demãos: 1 a 3 h
Final: 4 a 6 h

USE COM: Zarcão Verbras
Fundo para Galvanizados Verbras

1 2 Preparação inicial

A superfície deve estar firme, coesa, limpa, seca, sem poeira, gordura ou graxa, sabão ou mofo (NBR 13245). Raspar e/ou escovar as partes soltas e/ou mal-aderidas. **Madeiras:** aplicar de uma a 2 demãos de Fundo Branco Fosco ou Fundo Universal. Em seguida, aplicar as demãos necessárias da tinta para acabamento. Respeitar sempre o tempo de secagem entre demãos. **Metais:** aplicar de uma a 2 demãos de Fundo Zarcão ou Fundo Universal para, em seguida, aplicar as demãos necessárias da tinta para acabamento. Respeitar sempre o tempo de secagem entre demãos. **Galvanizados:** aplicar de uma a 2 demãos de Fundo Galvanizado ou Fundo Universal para aplicar a tinta para acabamento. **Madeiras novas:** lixar para eliminar farpas. Aplicar uma demão de Fundo Branco Fosco. Diluir com aproximadamente 20% de aguarrás. Corrigir as imperfeições com Massa para Madeira. Após secagem total, lixar e eliminar o pó. **Madeiras (repintura):** mesmo tratamento das madeiras novas, porém sem o uso do Fundo Branco Fosco Verbras. **Ferros:** remover a ferrugem. Aplicar uma demão de Zarcão Verbras. Após a secagem, lixar. **Ferros (repintura):** lixar a superfície e tratar pontos com ferrugem. **Superfícies com manchas de gordura ou graxa:** lavar com solução de água e detergente, enxaguar com água e aguardar secagem. **Superfícies com partes mofadas:** lavar com água sanitária, enxaguar com água e aguardar secagem.

1 2 Preparação especial

Alumínio: aplicar uma demão de Wash Primer.

1 2 Precauções/dicas/advertências

Evitar pintar em dias chuvosos, com ventos fortes, temperaturas abaixo de 10 °C ou umidade superior a 90%. Até aproximadamente 2 semanas após a aplicação, pingos de chuva podem provocar manchas. Se ocorrer, lavar toda a superfície com água. Obs.: a luminosidade do ambiente onde será aplicada a tinta também pode interferir na tonalidade da cor escolhida. Proteger batentes, interruptores, rodapés e outras superfícies que não se deseja pintar.

1 Principais atributos do produto 1

Tem rendimento confiável, secagem extrarrápida de 15 min ao toque, acabamento superior, excelente resistência e acabamentos fosco, acetinado e brilhante.

2 Principais atributos do produto 2

Tem rendimento confiável, secagem rápida de 30 min ao toque, excelentes resistência e cobertura e acabamento brilhante.

Os produtos Verbras estão presentes em 12 estados brasileiros, conquistando a cada ano e cada vez mais a confiança de distribuidores e de consumidores.

3 4 Preparação inicial

A superfície deve estar firme, coesa, limpa, seca, sem poeira, gordura ou graxa, sabão ou mofo (NBR 13245). Raspar e/ou escovar as partes soltas e/ou mal-aderidas.

3 Preparação inicial

Madeiras: aplicar uma a 2 demãos de Fundo Branco Fosco ou Fundo Universal. Em seguida, aplicar as demãos necessárias da tinta para acabamento. Respeitar sempre o tempo de secagem entre demãos. **Galvanizados:** aplicar uma a 2 demãos de Fundo para Galvanizados ou Fundo Universal para, em seguida, aplicar a tinta escolhida para acabamento. **Madeiras novas:** lixar para eliminar farpas. Aplicar uma demão de Fundo Branco Fosco. Diluir com mais ou menos 20% de aguarrás. Corrigir as imperfeições com Massa para Madeira. Após secagem total, lixar e eliminar o pó. **Madeiras (repintura):** mesmo tratamento das madeiras novas, porém sem o uso do Fundo Branco Fosco Verbras. **Ferros:** remover totalmente a ferrugem. Aplicar uma demão de Zarcão Verbras. Após a secagem, lixar. **Ferros (repintura):** lixar a superfície e tratar pontos com ferrugem. **Superfícies com manchas de gordura ou graxa:** lavar com solução de água e detergente, enxaguar com água em abundância e aguardar secagem. **Superfícies com partes mofadas:** lavar com água sanitária, enxaguar com água em abundância e aguardar secagem. **Metais:** aplicar uma a 2 demãos de Fundo Zarcão ou Fundo Universal para, em seguida, aplicar as demãos necessárias da tinta para acabamento. Respeitar sempre o tempo de secagem entre demãos.

4 Preparação inicial

Madeiras novas e sem imperfeições: ambientes internos: aplicar uma demão de Seladora para Madeira conforme indicações de uso e aplicar o verniz. Ambientes externos: seguir as instruções de aplicação. Aplicar de 2 a 3 demãos.

3 Preparação especial

Alumínio: aplicar uma demão de Fundo Universal Base Água Verbras.

4 Preparação especial

Madeiras novas: lixar para eliminar farpas, retirar o pó e selar a superfície com o próprio Verniz Copal, diluindo em 1:1 com aguarrás. **Madeiras novas resinosas:** lavar toda a superfície com thinner para a remoção da resina. Secar e repetir o procedimento. Após a extração da resina, seguir orientações para madeiras novas. **Madeiras (repintura):** lixar até eliminar o brilho e retirar o pó. Vernizes de outros fabricantes e removedores devem ser retirados. **Superfícies com partes mofadas:** lavar com água sanitária na proporção de 1:1, enxaguar e aguardar secagem.

3 4 Precauções/dicas/advertências

Evitar pintar em dias chuvosos, com ventos fortes, temperaturas abaixo de 10 °C ou umidade superior a 90%. Até aproximadamente 2 semanas após a aplicação, pingos de chuva podem provocar manchas. Se ocorrer, lavar toda a superfície com água. Obs.: a luminosidade do ambiente onde será aplicada a tinta também pode interferir na tonalidade da cor escolhida. Proteger batentes, interruptores, rodapés e outras superfícies que não se deseja pintar.

3 Principais atributos do produto 3

Tem rendimento confiável, secagem rápida de 30 min ao toque, baixo odor, excelente aderência e acabamento superior. É um produto Eco, com baixa taxa de emissão de VOC.

4 Principais atributos do produto 4

Tem rendimento confiável, protege e embeleza superfícies de madeira. Possui alto brilho, secagem rápida e é de fácil aplicação.

Esmalte Base Água Premium — 3

O Esmalte Base Água Premium é especialmente desenvolvido para ser utilizado em madeiras, metais, PVC, alumínio e galvanizados. O trabalho da pintura é facilitado, pois sua tecnologia proporciona: baixo odor, secagem rápida e resistência a fungos. Diluível com água, não amarela e oferece alta resistência às agressões do tempo. Disponível nos acabamentos brilhante e acetinado.

USE COM: Fundo Universal Verbras

Seladora para Madeira Sela Fácil Verbras

Embalagens/rendimento

Galão (3,6 L): até 55 m² (uma demão); até 27,5 m² (2 demãos); até 18,3 m² (3 demãos).
Quarto (0,9 L): até 13,75 m² (uma demão); até 6,87 m² (2 demãos); até 4,5 m² (3 demãos).

Aplicação

Utilizar rolo de espuma, pincel, trincha ou pistola.

Cor

Conforme catálogo de cores

Acabamento

Acetinado e brilhante

Diluição

Diluir 10% com água potável. Pistola: diluir 20% com água potável (pressão entre 2,2 e 2,8 kgf/cm² ou 30 a 35 lbs/pol²).

Secagem

Ao toque: 30 min
Entre demãos: 1 a 4 h
Final: 4 a 6 h

Verniz Copal — 4

PROGRAMA SETORIAL da Qualidade TINTAS IMOBILIÁRIAS ABRAFATI

Verniz Copal Interior Verbras foi especialmente desenvolvido para proteger, melhorar e realçar o aspecto dos veios da madeira. Tem acabamento brilhante, secagem rápida e boa aderência. Não descasca e é de fácil aplicação. Indicado para madeira em ambientes internos.

USE COM: Seladora para Madeira Sela Fácil Verbras

Embalagens/rendimento

Galão (3,6 L): até 40 m² (uma demão); até 20 m² (2 demãos); até 13,3 m² (3 demãos).
Quarto (0,9 L): até 10 m² (uma demão); até 5 m² (2 demãos); até 3,3 m² (3 demãos).

Aplicação

Utilizar rolo de espuma ou pincel de cerdas macias.

Cor

Transparente

Acabamento

Brilhante

Diluição

Diluir 10% com aguarrás para todas as superfícies.

Secagem

Ao toque: 2 h
Entre demãos: 8 h
Final: 24 h

TINTAS VERBRAS

CONFIANÇA: NOSSA HISTÓRIA

Verniz Triplo Filtro Solar 1

O Verniz Triplo Filtro Solar é um produto premium de excelente resistência contra o intemperismo. Protege e embeleza as superfícies de madeira, tem acabamento brilhante superior, secagem rápida e boa aderência, não descasca e é fácil de aplicar. Indicado para madeira em ambientes externos e internos.

Seladora para Madeira Sela Fácil Verbras

Embalagens/rendimento

Galão (3,6 L): até 50 m^2 (uma demão); até 25 m^2 (2 demãos); até 16,6 m^2 (3 demãos).
Quarto (0,9 L): até 12,5 m^2 (uma demão); até 6,25 m^2 (2 demãos); até 4 m^2 (3 demãos).

Aplicação

Utilizar rolo de espuma, pincel, trincha ou pistola.

Cor

Conforme catálogo de cores

Acabamento

Brilhante

Diluição

Diluir 10% com aguarrás. Pistola: diluir 30% com aguarrás (pressão entre 2,2 e 2,8 kgf/cm^2 ou 30 a 35 lbs/pol^2).

Secagem

Ao toque: 2 h
Entre demãos: 8 h
Final: 24 h

1 Preparação inicial

A superfície deve estar firme, coesa, limpa, seca, sem poeira, gordura ou graxa, sabão ou mofo (NBR 13245). Raspar e/ou escovar as partes soltas e/ou mal-aderidas. **Madeiras novas e sem imperfeições:** ambientes internos: aplicar uma demão de Seladora para Madeira conforme indicações de uso e aplicar o verniz. Ambientes externos: seguir as instruções de aplicação. Aplicar de 2 a 3 demãos.

1 Preparação especial

Madeiras novas: lixar para eliminar farpas, retirar o pó e selar a superfície com o próprio Verniz Triplo Filtro Solar, diluindo em 1:1 com aguarrás. **Madeiras novas resinosas:** lavar toda a superfície com thinner para a remoção da resina. Secar e repetir o procedimento. Após a extração da resina, seguir orientações para madeiras novas. **Madeiras (repintura):** lixar até eliminar o brilho e retirar o pó. Vernizes de outros fabricantes e removedores devem ser retirados. **Superfícies com partes mofadas:** lavar com água sanitária na proporção de 1:1, enxaguar e aguardar secagem.

1 Precauções / dicas / advertências

Evitar pintar em dias chuvosos, com ventos fortes, temperaturas abaixo de 10 °C ou umidade superior a 90%. Até aproximadamente 2 semanas após a aplicação, pingos de chuva podem provocar manchas. Se ocorrer, lavar toda a superfície com água. Obs.: a luminosidade do ambiente onde será aplicada a tinta também pode interferir na tonalidade da cor escolhida. Proteger batentes, interruptores, rodapés e outras superfícies que não se deseja pintar.

1 Principais atributos do produto 1

Tem rendimento confiável, protege e embeleza as superfícies de madeira. Possui tripla proteção aos raios UV e é super-resistente ao intemperismo natural. Tem secagem rápida, acabamento perfeito e é fácil de aplicar. Sua formulação robusta com aditivos garante alta resistência ao intemperismo.

Os produtos Verbras estão presentes em 12 estados brasileiros, conquistando a cada ano e cada vez mais a confiança de distribuidores e de consumidores.